计算机科学丛书

Intro to Python®

for Computer Science and Data Science

Python大学教程

面向计算机科学和数据科学

[美] 保罗·戴特尔（Paul Deitel） 哈维·戴特尔（Harvey Deitel） 著

陶先平 汪亮 胡昊 等译

机械工业出版社
CHINA MACHINE PRESS

图书在版编目（CIP）数据

Python 大学教程：面向计算机科学和数据科学 /（美）保罗·戴特尔（Paul Deitel），（美）哈维·戴特尔（Harvey Deitel）著；陶先平等译．—北京：机械工业出版社，2022.8
（计算机科学丛书）

书名原文：Intro to Python for Computer Science and Data Science: Learning to Program with AI, Big Data and the Cloud

ISBN 978-7-111-71791-1

I. ① P… II. ①保… ②哈… ③陶… III. ①软件工具 – 程序设计 – 高等学校 – 教材
IV. ① TP311.561

中国版本图书馆 CIP 数据核字（2022）第 188301 号

北京市版权局著作权合同登记 图字：01-2019-7991 号。

本书是面向初学者的 Python 入门教程，内容涵盖 Python 基础知识，Python 数据结构、字符串和文件，面向对象编程、递归、搜索、排序和性能分析，以及 AI、大数据和云计算领域的案例研究。全书共包含 538 个案例研究、471 道练习题和项目以及 557 道自我测验题，通过基于 IPython 和 Jupyter Notebook 的即时反馈，以及丰富的开源库和可视化方法，帮助读者快速提升编程能力和解决实际问题的能力。

本书适合作为高等院校计算机科学和数据科学等专业的教材，也适合程序设计初学者和爱好者阅读参考。

出版发行：机械工业出版社（北京市西城区百万庄大街 22 号 邮政编码：100037）

策划编辑：曲 熠　　责任编辑：姚 蕾

责任校对：张晓蓉 陈 越　　责任印制：李 昂

印 刷：河北鹏盛贤印刷有限公司　　版 次：2023 年 3 月第 1 版第 1 次印刷

开 本：185mm×260mm 1/16　　印 张：46

书 号：ISBN 978-7-111-71791-1　　定 价：149.00 元

客服电话：（010）88361066 68326294

译者序

Python 语言因为其动态类型、命令式和面向对象的特点，易于初学者入门，成为很多高校程序设计课程的第一门教学语言；同时，Python 语言也因为其兼容函数式风格和大量丰富的库函数（特别是支持非结构化数据处理的库函数）的特点，特别适合数据科学研究和应用领域的问题求解；此外，Python 语言还是一种跨平台的开源语言，这极大地拓展了 Python 语言的受众和应用领域。Python 着实是一门非常“现代”的高级程序设计语言，在高校计算机专业教育甚至计算机基础教育中十分有必要开设相关的课程。

尽管国内有很多高校的知名教师和很多 IT 机构的知名讲师撰写并出版了相关教材和参考书，但“他山之石，可以攻玉”，引进国外信息科学和技术领域的先进教材也是十分必要的。特别是，国外教材通常包含丰富的实践案例，对“编写程序能力”的培养是很关键的。机械工业出版社独具慧眼，从众多的国外 Python 教材中选择了 *Intro to Python for Computer Science and Data Science*，我和我的团队也十分荣幸地被选中承担该书的翻译工作。

本书的作者是 Paul Deitel 和 Harvey Deitel 父子。这对父子在程序设计领域以教育家著称，出版了多部具有世界影响力的高级语言程序设计教材。这些教材无一例外呈现出科学性和趣味性的有效融合，书中丰富的习题和案例也十分有利于初学者的能力训练。除此之外，这本书不仅仅是一本高级语言程序设计教材，还具有鲜明的学科融合特征，是一本较为少见的以数据科学实验和应用为场景的程序设计教材。除基础的程序设计教学内容之外，丰富的针对性习题、案例、项目贯穿全书，对初学者而言具有很好的黏性和吸引力，令人印象深刻。本书还提供了相关的免费训练数据和平台，值得推荐给大家。

对于本书的翻译，我们力求忠于原著，但毕竟文化体系、语言习惯不一样，为更好地适应国内读者，我们在翻译过程中对部分文字进行了调整，但并不影响全书的科学性、逻辑性和丰富性。本书由我、胡昊副教授、汪亮副教授和我们的几个研究生共同完成。特别感谢桑百惠、魏建安、马少聪、吴俊峰几位学生，他们提供了主要内容的翻译初稿。

我们是初次进行翻译工作，由于水平有限且投入精力有限，翻译工作如有瑕疵，还请广大读者不吝赐教！

沿用作者的话作为译者序的结尾：再次欢迎你来到激动人心的 Python 开源编程世界。我们希望你能享受这本书，以及它所包含的各种前沿计算机应用开发技术。最后，我们祝你前程似锦！

陶先平

“塔尔山上有黄金。”[一]

在过去的几十年中，很多发展趋势一一显现。计算机的硬件速度越来越快，价格越来越便宜，尺寸越来越小。网络带宽（携带信息的能力）越来越大，价格越来越便宜。同时软件规模越来越庞大，而“开源”运动又将它们变成完全免费或者接近免费。短时间内，“物联网”将数百亿各种各样的设备连接起来，并快速产生了大规模的数据。

几年之前，如果有人让我们写一本主题为“大数据”和“云计算”的大学阶段编程入门教材，并且在封面上绘制一只彩色的大象（象征“巨大”），我们可能会如此反应：“嗯？”如果他们继续让我们在书名中囊括AI（人工智能），我们可能会说：“真的吗？这对于编程初学者会不会过于超前了？”

如果有人让我们在书名中加上“数据科学”，我们可能会问：“计算机科学不是已经包含了数据吗？为什么我们需要为此单独分一个科目？”好吧，如今谈及程序设计，最酷的说法就是“什么都是数据”——数据科学、数据分析、大数据、关系数据库（SQL）以及NoSQL和NewSQL数据库。

如今我们真的写了这样一本书！欢迎阅读！

在本书中，你将会着手学习当今最引人入胜、最前沿的计算技术——你将会看到，它将计算机科学和数据科学轻松地结合在一起，是一门适用于这些学科和相关学科的入门课程。此外，你将使用Python进行编程，这是世界上发展速度最快、最流行的编程语言之一。在前言中，我们将展示这本书的“灵魂”。

专业程序员常常很快喜欢上Python。他们欣赏Python的表现力、易读性、简洁性和交互性。他们喜欢开源软件世界，这个世界正在为广泛的应用领域不断生成可复用的软件。

无论你是教师、初学者或者有经验的专业人士，这本书都将对你有所帮助。Python对于初学者而言是优秀的第一门编程语言，并且适用于开发工业级的应用。对于初学者而言，本书前面的章节奠定了坚实的编程基础。

我们希望你在这本书中学到知识，并且发现快乐与挑战。徜徉其中，享受乐趣。

将Python用于计算机科学和数据科学教学

许多顶尖的美国大学使用Python作为介绍计算机科学的语言，“CS学科排名前10的有8个（80%）、排名前39的有27个（69%）使用Python”[二]。Python如今在教学和科学计算中

[一] 来源不明，通常误认为是马克·吐温。

[二] Guo, Philip, “Python Is Now the Most Popular Introductory Teaching Language at Top U.S. Universities,” ACM, July 07, 2014, https://cacm.acm.org/blogs/blog-cacm/176450-python-is-nowthe-most-popular-introductory-teaching-language-at-top-u-s-universities/fulltext.

尤其受到欢迎[一]，最近已超过 R 语言并成为最受欢迎的数据科学编程语言[二][三][四]。

模块化体系结构

我们预计计算机科学的本科生课程将会包含数据科学部分——这本书为此而设计，并且在 Python 编程方面满足数据科学入门课程的需求。

本书的模块化体系结构帮助我们满足计算机科学、数据科学和其他相关受众的多样化需求。教师能方便地进行调整，为不同专业的学生开设系列课程。

第 1～11 章介绍传统的计算机科学编程主题。第 1～10 章每章都包含可选的、简洁的“数据科学入门”一节，介绍人工智能、描述性统计学基础知识、趋中和离中度量、模拟、静态 / 动态可视化、CSV 文件的使用、用于数据探索和数据整理的 pandas 库、时间序列和简单的线性回归。这会帮助你学习第 12～17 章中的数据科学、AI、大数据和云计算相关的案例研究，这些案例研究使用了真实数据集。

学完第 1～5 章中的 Python 相关知识以及第 6～7 章中的一些关键部分，你已经能够解决第 12～17 章的数据科学、AI 和大数据案例研究中的关键用例，这对于所有的编程通识课都是实用的：

- 计算机科学方面的课程可以着重于第 1～11 章并略讲第 1～10 章的“数据科学入门”部分。教师还可以介绍第 12～17 章中的部分或者全部案例研究。
- 数据科学方面的课程可以略讲第 1～11 章，着重于大部分或者全部的第 1～10 章中的“数据科学入门”部分以及第 12～17 章中的案例研究。

前言中的“章节依赖关系”部分将展示本书的独特架构并帮助教师规划个性化的教学大纲。

第 12～17 章的内容很酷、很强大、很现代。其中包含能动手实现的案例研究，例如有监督学习、无监督学习、深度学习、强化学习（在练习中）、自然语言处理、Twitter 数据挖掘、IBM Watson 认知计算、大数据以及其他内容。在这个过程中，你将会掌握数据科学的大量术语和概念，包括术语的定义以及在不同规模的程序中使用的概念。

本书读者对象

模块化的结构使得本书适用于以下读者：

- 所有标准的 Python 计算机科学及相关专业。首先，我们的书是一本现代的、可靠的 Python CS1 入门教材。ACM/IEEE 的计算课程建议列出了 5 个类别：计算机工程、计算机科学、信息系统、信息技术和软件工程[五]。这本书对这些类别都适用。
- 数据科学专业的本科生课程。我们的书对许多数据科学课程都是有用的。对于入门级课程而言，它遵循课程建议，整合了所有课程的关键领域。在计算机科学或者数据科学课程计划中，本书都可以作为第一本专业教材，也可用作高年级课程的 Python 参考书。

[一] https://www.oreilly.com/ideas/5-things-to-watch-in-python-in-2017.

[二] https://www.kdnuggets.com/2017/08/python-overtakes-r-leader-analytics-datascience.html.

[三] https://www.r-bloggers.com/data-science-job-report-2017-r-passes-sas-but-pythonleaves-them-both-behind/.

[四] https://www.oreilly.com/ideas/5-things-to-watch-in-python-in-2017.

[五] https://www.acm.org/education/curricula-recommendations.

- 非计算机和数据科学专业学生的辅修课程。
- 数据科学的研究生课程。这本书可以作为入门级课程的主要教材，也可以作为高年级课程的 Python 参考书。
- 两年制学院。这些学校会为准备进入四年制学院的数据科学专业的学生开设相关课程——这本书就是一个合适的选择。
- 高中。就像出于强烈的兴趣爱好而开设计算机课程一样，很多高中已经开设了 Python 编程和数据科学课程[1]。最近在 LinkedIn 上发表的一篇文章写道："高中就应该教授数据科学，课程应该直面我们的学生将要选择的职业类型，直接关注工作和技术的发展方向。"[2]我们相信数据科学很快就会成为一门受欢迎的大学先修课程并且最终会有数据科学的 AP 考试。
- 专业行业培训课程。

本书主要特色

保持简洁，保持短小，保持新颖

- 保持简洁（KIS）。在书的各个方面以及教师和学生资源中，我们都力求简单明了。例如，在写自然语言处理的时候，我们使用了简洁直观的 TextBlob 库而不是更为复杂的 NLTK。一般情况下，当有多个库都能完成相近的任务时，我们选择最简单的一个。
- 保持短小（KIS）。本书的 538 个案例大多数都很短小——伴随交互式 IPython 的即时反馈，通常只有几行代码。我们只在大约 40 个大型脚本和完整案例研究中使用了较长的代码示例。
- 保持新颖（KIT）。我们查阅了大量最新的 Python 编程和数据科学教材以及专业书籍，浏览、阅读或者观看了大约 15 000 篇最新的文献、研究论文、白皮书、视频、博客文章、论坛文章和文档。这让我们能够"把握"Python、计算机科学、数据科学、AI、大数据和云计算社区的脉搏，从而创建出 1566 个崭新的案例、练习题和项目（EEP）。

IPython 的实时反馈、搜索、发现和实验教学方法

- 学习这本书的理想方法是阅读它并同时运行代码示例。在整本书中，我们使用了 IPython 解释器，它采用一种友好的、实时反馈的模式，能够在 Python 及其扩展库上快速进行搜索、发现和实验。
- 大多数代码都在小型的可交互的 IPython 会话中展示。你所写的每一个代码片段，IPython 能够立即读取然后计算并给出结果。这种即时反馈使你保持注意力，并助力学习过程、支撑原型设计和加速软件开发过程。
- 我们的书总是强调实时代码的教学方法，通过样例输入和结果显示，专注于程序的完整和可运行。IPython 的"魔力"在于将代码片段转换为实时代码，每当你输入一行时，这些代码就会"活起来"。这有助于学习并鼓励动手实验。
- IPython 是学习常见错误的报错信息的好方法。我们有时故意犯错来告知你将发生什么，因此，当我们说某件事是错误的时候，试试看会发生什么。

---

[1] http://datascience.la/introduction-to-data-science-for-high-school-students/.

[2] https://www.linkedin.com/pulse/data-science-should-taught-high-school-rebeccacroucher/.

- 本书配有557道自我测验题（适合于“翻转课堂”，稍后介绍）和471道章末练习题和项目，它们中的大多数遵循了同样的实时反馈理念。

Python编程基础

- 首先，本书是一本Python入门教材。我们提供了丰富的Python编程知识和常规的编程基础内容。
- 我们讨论了Python的编程模型——过程式编程、函数式编程和面向对象编程。
- 我们强调问题求解和算法设计。
- 我们为准备进入产业界的学生提供了最佳实践。
- 函数式编程贯穿全书。第4章中的一个图表展示了Python中关键的函数式编程能力及其对应的章节。

538个案例以及471道练习题和项目

- 学生通过动手实践的方法，在广泛选择的真实案例、练习和项目（EEP）中开展学习，这些内容来自计算机科学、数据科学和其他很多领域。
- 538个案例的内容均围绕计算机科学、数据科学、人工智能和大数据，从单个代码片段到完整案例研究均有涉及。
- 471道练习题和项目自然地拓展了章节中的示例。每章都以一系列涵盖了各种主题的练习作为结尾，这有助于教师根据受众的需求调整课程内容并且在每个学期布置不同的作业。
- EEP向你提供了引人入胜的、富有挑战性的、有趣的Python基础知识，包括可以动手实验的AI、计算机科学和数据科学项目。
- 学生将面对令人兴奋且有趣的有关AI、大数据和云技术应用问题的挑战，比如自然语言处理、Twitter数据挖掘、机器学习、深度学习、Hadoop、MapReduce、Spark、IBM Watson、关键的数据科学库（NumPy、pandas、SciPy、NLTK、TextBlob、spaCy、BeautifulSoup、Textatistic、Tweepy、scikit-learn、Keras）、关键的可视化库（Matplotlib、Seaborn、Folium）以及其他。
- 我们的EEP鼓励你思考未来。下述案例研究虽然只出现在前言中，但本书包含了多个发人深省的类似项目：利用深度学习、物联网以及电视摄像机（由体育赛事数据训练出来的），我们可以自动进行统计分析、回顾比赛细节以及即时回放，因此球迷不再需要忍受直播体育赛事的误判和延迟。既然如此，我们可能会产生这样的想法：可以使用这些技术来取消裁判。为什么不呢？我们已经越来越多地把自己的生命托付给基于深度学习的技术，比如机器人外科医生和自动驾驶汽车。
- 项目练习鼓励你更加深入地了解所学的知识并研究本书没有涉及的技术。真正的项目通常规模更大，需要更多的网络搜索和实现代价。
- 在教师手册中，我们提供了许多练习的答案，包括第1～11章中核心的Python代码。答案仅对教师可见，详见后文中关于Pearson教师资源的介绍。但是我们没有提供项目和研究练习的答案。
- 我们鼓励你仔细观看示例和开源代码案例研究（详见GitHub网页），包括课程级别项目、学期级别项目、专业方向级别项目、毕业设计项目和毕业论文。

557 道自我测验题及其答案

- 平均每节后有三道自我测验题。
- 自我测验题的类型包括填空、判断和讨论，能帮你测试是否理解了所学的内容。
- IPython 交互式自我测验题可帮助你不断尝试并强化所学的编程技术。
- 为快速掌握所学知识，自我测验题后面都跟有答案。

避免烦琐的数学语言，多用自然语言进行解释

- 数据科学的主题与数学高度相关。这本书将用作计算机科学和数据科学第一门课的教科书，学生可能没有深厚的数学知识背景，所以我们避免了烦琐的数学语言，把数学内容留在高层次的课程中。
- 在案例、练习和项目中，我们关注数学的概念而不是细节。我们使用 statistics、NumPy、SciPy、pandas 等 Python 库和其他的很多库来解决问题，从而隐藏了数学复杂性。所以，学生能够直接使用数学技术（如线性回归），而不需要知道背后的数学知识。在机器学习和深度学习的案例研究中，我们专注于创建在“幕后”做数学运算的对象——这是基于对象编程的关键之一。这个做法等同于安全地驾驶一辆汽车前往目的地时不需要知道引擎、变速箱、动力转向和防滑刹车系统背后的数学、工程和科学知识。

可视化

- 67 张可视化结果图帮助你理解概念，包含二维或三维的、静态的、动态的、动画的和交互式的图表、图形、图片、动画等。
- 我们关注由 Matplotlib、Seaborn、pandas 和 Folium（用于交互式地图）产生的高层可视化结果。
- 我们使用可视化作为教学工具。例如，我们使用动态掷骰子模拟和柱状图使大数定律“鲜活”起来。随着投掷次数的增加，你将看到每个面在投掷总数中所占的百分比逐渐接近 16.667%（1/6），代表百分比的柱条也趋于一致。
- 你需要了解自己的数据。一种简单的办法是直接看原始数据。即使是少量的数据，你也可能很快迷失在细节当中。对于大数据而言，可视化对于数据探索和传递可复制的研究结果尤为重要，数据规模可能是百万级的、上亿级的甚至更为庞大。通常而言，一图胜千言[㊀]——在大数据中，一个可视化结果能够比得上数据库中数亿甚至更多的个体。
- 有时候，你需要“飞到离数据 40 000 英尺[㊁]高”才能在“大范围”看到它。描述性统计当然有帮助，但是也可能产生误导。你将在练习中研究 Anscombe 的四组数据，这个案例通过可视化直观地表明：差异显著的数据集可能产生几乎相同的描述性统计。
- 我们展示了可视化结果和动画代码以便你能够自己实现。我们也通过 Jupyter Notebook 的形式给出动画的源代码文件，便于你自定义代码和动画参数，进而重新执行动画，然后查看其带来的影响。
- 许多练习都要求你创建自己的可视化结果。

㊀ https://en.wikipedia.org/wiki/A_picture_is_worth_a_thousand_words.

㊁ 1 英尺=0.3048 米。——编辑注

数据经验

- “数据科学本科课程建议”中提出：“数据经验需要在所有课程中扮演核心角色。”[㊀]
- 在本书的案例、练习和项目中，你将使用许多真实数据集和数据源。网上有各种免费的开源数据集供你实验。有些我们参考的网站列出很多数据集，我们鼓励你探索这些数据集。
- 我们收集了上百份教学大纲，追踪了教师的数据集偏好，并研究了最流行的监督机器学习、无监督机器学习和深度学习的数据集。你将会用到的许多库都附带用于实验的标准数据集。
- 你将学习如何进行数据获取和分析准备，学习使用多种技术进行数据分析、模型调整并有效交流结果，特别是通过可视化。

像开发者一样思考

- 你将以开发者为视角，使用像 GitHub 和 StackOverflow 一样的流行网站并且进行大量的互联网搜索。“数据科学入门”部分和第 12～17 章中的案例研究提供了丰富的数据经验。
- GitHub 为寻找开源代码提供了一个优秀的场所，你可以把代码合并到自己的项目中（并将你的代码贡献到开源社区中）。它是软件开发者版本控制工具库中的重要组成部分，这些工具帮助开发团队管理他们的开源（和私有）项目。
- 我们鼓励你学习 GitHub 等网站上发布的代码。
- 在为计算机科学和数据科学的职业生涯做准备的过程中，你将大量使用免费且开源的 Python 和数据科学库，来自政府、工业界和学术界的真实数据集，以及免费、免费试用或免费增值的软件和云服务。

动手实践云计算

- 很多大数据分析发生在云端。在云端动态地度量你的应用程序需要的硬件和软件规模是比较容易的。你将会使用各种各样的云服务（某些是直接的，某些是间接的），包括 Twitter、Google 翻译、IBM Watson、Microsoft Azure、OpenMapQuest、geopy、Dweet.io 和 PubNub。你将在练习和项目中了解更多。
- 我们鼓励你使用各种云服务供应商提供的免费、免费试用或免费增值的服务。我们更喜欢那些不需要信用卡的，因为谁都不想承担意外积攒巨额账单的风险。如果你决定使用需要信用卡的服务，请确保你使用的免费层不会自动跳转到支付层。

数据库、大数据和大数据基础设施

- 根据 IBM（2016 年 11 月）的数据，全球 90% 的数据是在过去的两年内产生的[㊁]。有证据表明，数据产生的速度正在加快。
- 根据 2016 年 3 月 *Analytics Week* 的一篇文章，五年内将有超过 500 亿台设备连接到互

㊀ “Curriculum Guidelines for Undergraduate Programs in Data Science,” http://www.annualreviews.org/doi/full/10.1146/annurev-statistics-060116-053930 (p. 18).

㊁ https://public.dhe.ibm.com/common/ssi/ecm/wr/en/wrl12345usen/watson-customer-engagement-watson-marketing-wr-other-papers-and-reports-wrl12345usen-20170719.pdf.

联网，到 2020 年前，我们将每秒为地球上的每一个人产生 1.7MB 的新数据[1]！

- 本书包含了对关系数据库和带有 SQLite 的 SQL 的探讨。
- 数据库是存储和操作你要处理的大量数据的关键性大数据基础设施。关系数据库处理结构化数据，它们不适用于大数据应用程序中的非结构化和半结构化数据。因此，随着大数据的发展，为了有效处理这些数据，NoSQL 和 NewSQL 数据库应运而生。本书包含对 NoSQL 和 NewSQL 的概述，以及利用 MongoDB JSON 文件数据库的动手实践的案例研究。
- 第 17 章包含关于大数据硬件与软件基础设施的细致讨论。

人工智能案例研究

- 为什么这本书没有关于人工智能的章节呢？毕竟，“AI”是印在封面上的。在第 12～16 章的案例研究中，我们介绍的人工智能主题（计算机科学与数据科学的一个关键交集）包含自然语言处理、利用数据挖掘对 Twitter 进行情感分析、利用 IBM Watson 进行认知计算、监督机器学习、无监督机器学习、深度学习和强化学习（在练习中）。第 17 章介绍了大数据硬件和软件基础设施，这些基础设施支撑了计算机科学家和数据科学家研究的前沿 AI 解决方案。

计算机科学

- 第 1～10 章的 Python 基础知识会让你像计算机科学家一样思考。第 11 章提供了一个更高的视角，其中讨论的都是经典的计算机科学话题。第 11 章强调性能问题。

内置集合：列表、元组、集合、字典

- 今天，大多数应用开发人员不再构建定制的数据结构。这是 CS2 课程的主题——严格来说，我们的范围是 CS1 和相应的数据科学课程。书中用两章的篇幅详细介绍了 Python 的内置数据结构——列表、元组、字典和集合，大多数数据结构任务都可以通过这些数据结构来完成。

使用 NumPy 数组、pandas Series 和 DataFrame 进行面向数组的编程

- 在这本书中我们专注于开源库中的三个关键数据结构——NumPy 数组、pandas `Series` 和 pandas `DataFrame`。这些库被广泛用于数据科学、计算机科学、人工智能和大数据。NumPy 的性能比内置 Python 列表高出两个数量级。
- 第 7 章中详细介绍了 NumPy 数组。pandas 等许多库都是在 NumPy 的基础上构建的。第 7～9 章的“数据科学入门”节介绍了 pandas `Series` 和 `DataFrame`，这两个库以及 NumPy 数组将在其余章节中频繁使用。

文件处理和序列化

- 第 9 章介绍文本文件处理，然后演示了如何使用流行的 JSON（JavaScript 对象表示法）格式将对象序列化。JSON 是一个普遍使用的数据交换格式，在后面的数据科学章节中你会经常见到它——为简单起见通常把 JSON 的细节隐藏在库中。

---

[1] https://analyticsweek.com/content/big-data-facts/.

基于对象编程

- 在我们为本书进行调研期间研究的所有 Python 代码中，很少遇到自定义类，而这在 Python 开发者使用的强大的库中是很常见的。
- 我们强调大量使用 Python 开源社区打包到工业标准类库中的类。你将专注于了解有哪些库，选择你的应用程序需要的库，从现有类（通常是一行或两行代码）创建对象以及让它们“跳起来、舞起来、唱起来”。这叫作基于对象编程——它使你能够简洁地构建令人印象深刻的应用程序，这是体现 Python 吸引力的重要组成部分。
- 通过这种方法，你可以使用机器学习、深度学习、强化学习（在练习中）和其他 AI 技术来解决各种各样有趣的问题，包括语音识别和计算机视觉等认知计算方面的挑战。过去，如果仅仅学过入门级编程课程，是不可能完成这些任务的。

面向对象编程

- 对计算机科学专业的学生来说，开发自定义类是一个至关重要的面向对象编程技能，相关的继承、多态和鸭子类型也同样重要。我们将在第 10 章中讨论这些内容。
- 面向对象编程的讨论是模块化的，所以教师可以分开介绍基础或中级部分。
- 第 10 章包括关于 `doctest` 单元测试的讨论，以及一个有趣的关于洗牌和切牌的模拟案例研究。
- 数据科学、人工智能、大数据和云计算相关的 6 个章节只需要一些简单的特定类定义。不希望讲授第 10 章的教师可以让学生简单地模仿我们的类定义。

隐私性

- 在练习中，你将研究更加严格的隐私法，例如美国的 HIPAA（健康保险便携性和责任法案）和欧盟的 GDPR（一般数据保护条例）。隐私的关键方面是保护用户的个人身份信息（PII），而大数据的一个重要挑战是很容易在数据库中交叉引用个人信息。我们在本书的一些地方都提到了隐私问题。

安全性

- 安全比隐私更为重要。我们有针对性地处理了一些 Python 特有的安全问题。
- 人工智能和大数据带来了独特的隐私、安全和伦理方面的挑战。在练习中，学生将会研究 OWASP Python 安全项目（http://www.pythonsecurity.org/）、异常检测、区块链（比特币和以太坊等数字加密货币背后的技术）等。

伦理观

- 伦理难题：假设利用人工智能的大数据分析预测出一个没有犯罪记录的人有很大概率犯下严重罪行，那么他应该被逮捕吗？在练习中，你将会研究这个问题以及其他伦理问题，包括深度伪造（人工智能生成的仿真图片和视频）、机器学习中的偏好和 CRISPR 基因编辑。学生还可以研究与人工智能和智能助手（例如 IBM Watson、Amazon Alexa、Apple Siri、Google Assistant 和 Microsoft Cortana）有关的隐私和伦理问题。例如，就在最近，一位法官命令亚马逊将 Alexa 的记录用于一起犯罪案件的处理[㊀]。

㊀ https://techcrunch.com/2018/11/14/amazon-echo-recordings-judge-murder-case/.

复现性

- 通常在科学研究中，数据科学尤其需要复现实验和研究的结果，并有效地展现这些结果。Jupyter Notebook 就是做这项工作的首选方式。
- 我们将分享 Jupyter Notebook 的使用经验，它可以帮助你掌握“数据科学本科课程建议”中提到的数据复现技术。
- 我们在关于编程技术和软件的内容中讨论了 Jupyter Notebook 和 Docker 等复现技术。

透明性

- “数据科学本科课程建议”中提到了数据透明。数据透明主要指的是数据可用性。许多政府和组织现在秉持公开数据的原则，使得任何人都可以访问其数据[1]。我们给出了一个由这些实体提供的公共数据集。
- 数据透明的其他方面包括确定数据的正确性和了解其来源（想想那些“假新闻”）。我们使用的许多数据集都与我们提供的关键库绑定在一起，例如机器学习的 scikit-learn 和深度学习的 Keras。我们还提及了各种精挑细选的数据集仓库，例如加州大学欧文分校（UCI）的机器学习库（超过 450 个数据集）[2]和卡内基·梅隆大学的 StatLib 数据集档案（超过 100 个数据集）[3]。

性能

- 我们在一些案例和练习中使用性能测试分析工具比较了执行相同任务的不同方法的性能。其他与性能相关的讨论包括生成器表达式、NumPy 数组与 Python 列表、机器学习和深度学习模型的性能以及 Hadoop 和 Spark 分布式计算的性能。

大数据和并行性

- 计算机应用程序一般擅长一次做一件事。今天更复杂的应用程序需要并行地做很多事情。人类大脑被认为拥有相当于 1000 亿个并行处理器[4]。多年来我们一直在编写程序级别的并行化，这种并行化既复杂又容易出错。
- 在本书中，你不必编写自己的并行代码，而是可以通过让 Keras 在 TensorFlow 上运行、利用 Hadoop 和 Spark 大数据工具实现并行化来开展并行计算。在这个大数据 / 人工智能的时代，纯粹需要处理大量数据的应用程序可以利用多核处理器、图形处理单元（GPU）、张量处理单元（TPU）和大型云端计算机集群开展真正的并行计算。一些大数据任务可能有数千个处理器并行工作，以便在合理的时间内分析大量数据。将这些处理过程顺序化是不可取的，因为会花费太长时间。

章节依赖关系

如果你是一名设计课程大纲的教师，或者一位决定阅读哪些章节的专业人士，这部分将

---

[1] https://www.mckinsey.com/~/media/McKinsey/Business%20Functions/McKinsey%20Digital/Our%20Insights/Big%20data%20The%20next%20frontier%20for%20innovation/MGI_big_data_full_report.ashx (page 56).

[2] https://archive.ics.uci.edu/ml/datasets.html.

[3] http://lib.stat.cmu.edu/datasets/.

[4] https://www.technologyreview.com/s/532291/fmri-data-reveals-the-number-ofparallel-processes-running-in-the-brain/.

帮助你做出最好的决定（见下图）。请阅读本书的目录，它可以帮你快速熟悉本书的独特架构。按照章节顺序教学或阅读是最为简单的。然而，第 1～10 章的“数据科学入门”中的大部分内容以及第 12～17 章的案例研究，只需要掌握下面列出的第 1～5 章的内容和第 6～10 章的小部分内容即可。

第一部分
CS：Python 基础快速入门

CS 第 1 章 计算机和 Python 简介
数据科学入门：人工智能——计算机科学和数据科学的交叉学科
CS 第 2 章 Python 程序设计概述
数据科学入门：描述性统计学基础知识
CS 第 3 章 控制语句和程序开发
数据科学入门：趋中度量——平均数、中位数、众数
CS 第 4 章 函数
数据科学入门：离中度量
CS 第 5 章 序列：列表和元组
数据科学入门：模拟和静态可视化

1. 标有“CS”的第 1～11 章介绍关于 Python 编程和计算机科学的传统内容。
2. 第 1～10 章中的“数据科学入门”节对数据科学相关主题进行了简明介绍。

第二部分
CS：Python 数据结构、字符串和文件

CS 第 6 章 字典和集合
数据科学入门：动态可视化
CS 第 7 章 使用 NumPy 进行面向数组的编程
高性能 NumPy 数组
数据科学入门：pandas Series 和 DataFrame
CS 第 8 章 字符串：深入审视
包括正则表达式
数据科学入门：pandas、正则表达式和数据整理
CS 第 9 章 文件和异常
数据科学入门：CSV 文件综合处理

3. 标有“DS”的第 12～17 章介绍基于 Python 的 AI、大数据和云计算等内容，每一章都包含若干完整实现的案例。
4. 函数式编程相关内容贯穿全书。

第三部分
CS：Python 高阶主题

CS 第 10 章 面向对象程序设计
数据科学入门：时间序列和简单线性回归
CS 第 11 章 计算机科学思维：递归、搜索、排序和大 O
CS 和 DS 其他主题博客

5. 前言介绍了各章节的依赖关系。
6. 可视化相关内容贯穿全书。

第四部分
人工智能、云计算和大数据案例研究

DS 第 12 章 自然语言处理
练习中涉及网页抓取
DS 第 13 章 Twitter 数据挖掘
情感分析、JSON 和 Web 服务
DS 第 14 章 IBM Watson 和认知计算
DS 第 15 章 机器学习：分类、回归和聚类
DS 第 16 章 深度学习
卷积神经网络和循环神经网络，练习中涉及强化学习
DS 第 17 章 大数据：Hadoop、Spark、NoSQL 和 IoT

7. CS 课程可多讲授 Python 相关内容，少讲授 DS 相关内容。数据科学课程则与之相反。
8. 我们将第 5 章放在第一部分，但也可将其放在第二部分。
若有疑问，请发邮件至 deitel@deitel.com。

第一部分：Python 基础快速入门

我们建议所有的课程都涵盖关于 Python 的第 1～5 章：

- 第 1 章介绍在第 2～11 章的 Python 编程以及第 12～17 章的大数据、人工智能和基于云计算的案例研究中需要的基本概念。这一章也包括运用 IPython 和 Jupyter Notebook 的试用案例。
- 第 2 章介绍 Python 编程的基础知识，利用代码示例说明关键语言特性。
- 第 3 章介绍 Python 的控制语句，重点介绍问题求解和算法开发，以及基本的列表处理。
- 第 4 章介绍使用已有函数和自定义函数作为构建块的程序架构，以及使用随机数生成的模拟技术和元组的基本原理。
- 第 5 章介绍 Python 的内置列表和元组集合的更多细节，并开始介绍函数式编程。

第二部分：Python 数据结构、字符串和文件[⊖]

下面总结了关于 Python 的第 6～9 章的章节间依赖关系，并假设你已经阅读了第 1～5 章。

- 第 6 章介绍字典和集合，“数据科学入门”节不依赖于本章内容。

⊖ 我们本可以把第 5 章放在第二部分，但最终选择把它放在第一部分，这是因为它是所有课程都需要覆盖的章节。

- 第 7 章介绍使用 NumPy 进行面向数组的编程，“数据科学入门”节需要关于字典（第 6 章）和数组（第 7 章）的知识。
- 第 8 章进一步深入讨论字符串，“数据科学入门”节需要掌握原始字符串和正则表达式（8.11～8.12 节），以及 7.14 节介绍的 pandas `Series` 和 `DataFrame`。
- 第 9 章介绍文件和异常。对于 JSON 序列化，理解关于字典的基础知识（6.2 节）是很有用的。另外，“数据科学入门”节需要关于内置函数 `open` 和 `with` 语句（9.3 节）以及 `DataFrame`（7.14 节）的知识。

第三部分：Python 高阶主题

下面总结了第 10～11 章的章节间依赖关系，并假设你已经阅读了第 1～5 章。

- 第 10 章介绍面向对象程序设计。“数据科学入门”节需要关于 `DataFrame` 的知识（7.14 节）。只想讲解类和对象的教师可以讲授 10.1～10.6 节；如需讲解更高阶的主题，例如继承、多态和鸭子类型，则可以讲授 10.7～10.9 节。10.10～10.15 节提供了其他高阶视角。
- 第 11 章介绍计算机科学思维。需要的预备知识包括：创建和访问数组中的元素（第 7 章），`%timeit` 简介（7.6 节），字符串合并方法（8.9 节），以及 Matplotlib `FuncAnimation`（6.4 节）等。

第四部分：人工智能、云计算和大数据案例研究

下面总结了第 12～17 章的章节间依赖关系，并假设你已经阅读了第 1～5 章。第 12～17 章的大部分内容还需要 6.2 节中关于字典的基础知识。

- 第 12 章介绍自然语言处理，需要用到关于 `DataFrame` 的内容（7.14 节）。
- 第 13 章介绍 Twitter 数据挖掘，需要用到的知识包括：`DataFrame`（7.14 节），字符串方法 `join`（8.9 节），JSON 基础知识（9.5 节），`TextBlob`（12.2 节），以及词云（12.3 节）。一些例子需要通过继承定义类（第 10 章），但读者可以在阅读第 10 章前简单地模仿我们提供的类定义。
- 第 14 章介绍 IBM Watson 和认知计算，使用了内置函数 `open` 和 `with`。
- 第 15 章介绍机器学习，需要用到的知识包括：NumPy 数组基础知识和 `unique` 方法（第 7 章），`DataFrame`（7.14 节），以及 Matplotlib 函数 `subplots`（10.6 节）。
- 第 16 章介绍深度学习，需要用到的知识包括：NumPy 数组基础知识（第 7 章），字符串方法 `join`（8.9 节），常用的机器学习概念（第 15 章），以及案例研究“用 k 近邻算法和 Digits 数据集进行分类”（第 15 章）。
- 第 17 章介绍大数据，需要用到的知识包括：使用字符串方法 `split`（6.2.7 节），Matplotlib `FuncAnimation`（6.4 节），pandas `Series` 和 `DataFrame`（7.4 节），字符串方法 `join`（8.9 节），JSON 模块（9.5 节），NLTK 停止词（12.2.13 节），以及 Twitter 身份验证、Tweepy 中用于推文流处理的 `StreamListener` 类、`geopy` 和 `folium` 库（第 13 章）。一些例子需要通过继承定义类（第 10 章），但读者可以在阅读第 10 章前简单地模仿我们提供的类定义。

计算和数据科学课程

我们在为写本书做准备时阅读了以下的 ACM/IEEE CS 及其相关课程文档：

- 计算机科学课程 2013[一]
- CC2020：计算课程愿景[二]
- 信息技术课程 2017[三]
- 网络安全课程 2017[四]

以及由 NSF 和高级研究院资助的研究团队发起的 2016 年“数据科学本科课程建议”[五]。

计算课程体系

- 根据“CC2020：计算课程愿景”，课程体系“需要修订和更新，以涵盖计算方面的新兴领域，例如网络安全和数据科学”[六]。
- 数据科学包括一些关键主题（除了常见内容以外），例如机器学习、深度学习、自然语言处理、语音合成与识别以及其他一些经典的人工智能技术，因此也包括计算机科学的一些主题。

数据科学课程

- 研究生层次的数据科学课程建设情况良好，本科生层次的数据科学课程正快速增长以满足强劲的行业需求。基于新课程提议，我们的鼓励动手实践的、非数学的、面向项目的、编程密集型的方法将促进数据科学内容进入本科课程。
- 现在已经有很多本科数据科学和数据分析项目，但是它们并未有机融合。为此，2016 年组建了由 25 位成员构成的数据科学课程委员会，并发布了“数据科学本科课程建议”以及相关的 10 门本科生主修课程。
- 课程委员会认为：“为了提高综合课程所能提供的潜在协同效应和效率，许多传统的计算机科学、统计学和数学课程应该为数据科学专业的学生重新设计。”[七]
- 课程委员会建议利用计算机和数学思维整合这些领域的所有课程，并表明新教科书是不可或缺的[八]——这本书就是根据课程委员会的建议而设计的。
- Python 已经迅速成为世界上非常受欢迎的通用编程语言之一。对于那些只想在数据科学主修课程中教授一种语言的学校来说，选择 Python 是合情合理的。

[一] ACM/IEEE (Assoc. Comput. Mach./Inst. Electr. Electron. Eng.). 2013. Computer Science Curricula 2013: Curriculum Guidelines for Undergraduate Degree Programs in Computer Science (New York: ACM), http://ai.stanford.edu/users/sahami/CS2013/final-draft/CS2013-final-report.pdf.

[二] A. Clear, A. Parrish, G. van der Veer and M. Zhang “CC2020: A Vision on Computing Curricula”, https://dl.acm.org/citation.cfm?id= 3017690.

[三] Information Technology Curricula 2017, http://www.acm.org/binaries/content/assets/education/it2017.pdf.

[四] Cybersecurity Curricula 2017, https://cybered.hosting.acm.org/wp-content/uploads/2018/02/newcover_csec 2017.pdf.

[五] “Curriculum Guidelines for Undergraduate Programs in Data Science”, http://www.annualreviews.org/doi/full/10.1146/annurev-statistics-060116-053930.

[六] http://delivery.acm.org/10.1145/3020000/3017690/p647-clear.pdf.

[七] “Curriculum Guidelines for Undergraduate Programs in Data Science,” http://www.annualreviews.org/doi/full/10.1146/annurev-statistics-060116-053930 (pp. 16–17).

[八] “Curriculum Guidelines for Undergraduate Programs in Data Science,” http://www.annualreviews.org/doi/full/10.1146/annurev-statistics-060116-053930 (pp. 16–17).

数据科学与计算机科学的重叠[1]

在“数据科学本科课程建议”中，包括算法开发、程序设计、计算思维、数据结构、数据库、数学、统计思维、机器学习、数据科学和很多其他的内容——这和计算机科学有明显的重合部分，特别是数据科学课程还包括一些关于 AI 的关键话题。尽管这是一本 Python 编程教材，但是我们有效地将数据科学融入各种示例、练习、项目和完整实现的案例研究中，因此本书仍然涉及推荐的 10 门数据科学课程中相关领域的内容（除了较难的数学知识以外）。

“数据科学本科课程建议”中的关键点

在这一节中，我们从“数据科学本科课程建议”[2]及其附录[3]中摘选了一些关键点，并努力将其和许多其他目标结合在一起：

- 学习计算机科学课程中常见的编程基础知识，包括数据结构的使用。
- 能够通过创建算法来解决问题。
- 学习过程式、函数式和面向对象的编程。
- 全面理解计算思维和统计思维，包括通过模拟来探究概念。
- 使用开发环境（我们使用 IPython 和 Jupyter Notebook）。
- 在每门课程的实际案例研究和项目中使用真实数据。
- 获取、探索和转换（辨析）数据以进行分析。
- 创建静态、动态和交互式的数据可视化。
- 提供可复现的结果。
- 使用现有的软件和基于云计算的工具。
- 使用统计模型和机器学习模型。
- 使用高性能工具（Hadoop、Spark、MapReduce 和 NoSQL）。
- 关注数据的伦理、安全、隐私、可复现和透明性问题。

需要数据科学技能的工作

2011 年，麦肯锡全球研究所发表了报告《大数据：推动创新、竞争和生产力的新浪潮》。报告中写道：“仅仅在美国，对于经验丰富的数据分析技术人员，缺口为 14 万 ~19 万名；对于能够分析大数据并根据分析结论做出决策的经理和分析师，缺口已达到 150 万名。”[4]现在仍然是这样的情况。2018 年 8 月的《 LinkedIn 劳动力报告》指出，美国缺少超过 15 万具有数据科学技能的人[5]。IBM、Burning Glass Technologies 和商业 – 高等教育论坛于 2017 年发布的一份报告称，到 2020 年，美国将会有成千上万的新工作需要数据科学技术[6]。

---

[1] 这一节主要面向数据科学方向的教师。因为针对计算机科学和相关学科而刚刚推出的“2020 计算课程”可能包含一些关键的数据科学话题，所以本节也为计算机科学教师提供了重要信息。

[2] “Curriculum Guidelines for Undergraduate Programs in Data Science,” http://www.annualreviews.org/doi/full/10.1146/annurev-statistics-060116-053930.

[3] “Appendix—Detailed Courses for a Proposed Data Science Major,” http://www.annualreviews.org/doi/suppl/10.1146/annurev-statistics-060116-053930/suppl_file/st04_de_veaux_supmat.pdf.

[4] https://www.mckinsey.com/~/media/McKinsey/Business%20Functions/McKinsey%20Digital/Our%20Insights/Big%20data%20The%20next%20frontier%20for%20innovation/ MGI_big_data_full_report.ashx (page 3).

[5] https://economicgraph.linkedin.com/resources/linkedin-workforce-report-august-2018.

[6] https://www.burning-glass.com/wp-content/uploads/The_Quant_Crunch.pdf (page 3).

Jupyter Notebook

为了方便起见，我们以 Python 源代码（`.py`）文件格式提供本书的示例，可与命令行 IPython 解释器一起使用；同时提供了 Jupyter Notebook（`.ipynb`）文件格式，你可以将其加载到网络浏览器中并执行。你可以使用任意一种喜欢的方式执行代码示例。

Jupyter Notebook 是一个免费的开源项目，支持结合文本、图形、音频、视频和交互式的程序编码，便于在 Web 浏览器中快速且方便地输入、编辑、执行、调试和修改代码。文章《什么是 Jupyter？》这样评价它：

Jupyter 已成为科学研究和数据分析的标准。它将计算和参数结合在一起，让使用者能够构建“计算架构”……并且简化了向同伴和同事分发工作软件的问题[㊀]。

根据我们的经验，它是一个同时适合新手和经验丰富的开发人员的绝佳学习环境与快速原型开发工具。因此，我们使用 Jupyter Notebook 而非 Eclipse、Visual Studio、PyCharm 或 Spyder 等传统的集成开发环境（IDE）。学术界和专业人士已经广泛使用 Jupyter 共享研究成果。传统的开源社区[㊁]机制提供了对 Jupyter Notebook 的支持（具体可参见后文）。

我们认为 Jupyter Notebook 是一种优秀的 Python 教学工具，所以大多数教师都会选择使用 Jupyter。本书的 Jupyter Notebook 包括：

- 例子。
- 自我测验题。
- 所有包含代码的章末练习。
- 可视化和动画，这是本书教学方法中的关键部分。我们以 Jupyter Notebook 格式提供代码，以便学生可以方便地复现我们的结果。

有关运行本书示例的信息，请参见 1.10 节。

合作和分享成果

“数据科学本科课程建议”[㊂]中重点强调了团队合作和研究结果交流，这两方面内容对将要进入数据分析相关的工业、政府、学术领域的学生而言非常重要：

- 只需要复制文件或者通过 GitHub，就可以非常方便地向团队成员分享自己创建的笔记。
- 研究结果（包括代码和心得）可以通过 nbviewer（https://nbviewer.jupyter.org）和 GitHub 之类的工具以静态网页形式共享——两者均自动将笔记变成网页展示。

Jupyter Notebook 对复现性的支持

在数据科学以及其他所有科学中，实验和研究应具有可复现性。这个问题多年来在很多文献中被讨论，包括：

- 高德纳（Donald Knuth）在 1992 年出版的计算机科学著作 *Literate Programming*[㊃]。
- 文章“Language-Agnostic Reproducible Data Analysis Using Literate Programming”[㊄]中认为：

㊀ https://www.oreilly.com/ideas/what-is-jupyter.

㊁ https://jupyter.org/community.

㊂ “Curriculum Guidelines for Undergraduate Programs in Data Science,” http://www.annualreviews.org/doi/full/10.1146/annurev-statistics-060116-053930 (pp. 18–19).

㊃ Knuth, D., “Literate Programming” (PDF), The Computer Journal, British Computer Society, 1992.

㊄ http://journals.plos.org/plosone/article?id=10.1371/journal.pone.0164023.

"Lir（文学，可再现计算）是基于高德纳提出的'literate programming'（文学编程）的概念。"

从本质上讲，可复现性覆盖了用于产生结果的完整环境——硬件、软件、通信、算法（尤其是代码）、数据和数据的来源（起源和沿袭）。

"数据科学本科课程建议"在四个地方提到了可复现性这一目标。文章《数据科学的五十年》中提到："让学生学会让工作可复现，可以让他们更轻松、更深入地评估自己的工作；复现他人的部分分析结果，使他们能够学习诸如'原生数据分析'之类的技能，这些技能通常实践性很强，但未被系统性讲授。对他们开展围绕可复现性的训练，将使他们毕业后完成的工作成果更加可靠。"[1]

Docker

第 17 章将介绍 Docker，它是一种将软件打包到容器中的工具，该工具能够跨平台地、方便地、可复现地和可移植地将软件执行需要的内容打包起来。我们在第 17 章中使用的某些软件包需要复杂的设置和配置。对于其中许多内容，你可以下载免费的现有版本的 Docker 容器。这使你能够避免复杂的安装问题，并在台式机或笔记本电脑上本地运行软件，从而使 Docker 成为一种帮助你快速且便捷地开始使用新技术的好方法。

Docker 还有助于提高可复现性。你可以创建自定义 Docker 容器，并为其配置学习中使用的每个软件和每个库的版本。这将使其他人能够重新构建你所使用的环境，然后再现你的工作，并帮助你再现自己的结果。在第 17 章中，你将使用 Docker 下载并执行一个预先配置的容器，以供你使用 Jupyter Notebook 编写和运行大数据 Spark 应用程序。

课堂测试

在本书编写过程中，我们的一位学术评审人——圣地亚哥大学经济学系助理教授 Alison Sanchez 博士在新课程"商业分析策略"中对本书进行了测试。她评论道："（这门课程）对于来自各种教育背景和专业的 Python 初学者来说真是太棒了。在我的课堂中，商业分析专业的学生刚开始这门课程时几乎没有编程经验。除了喜欢书中内容之外，他们还可以轻松地跟随示例进行练习，并在课程结束时，有能力使用从书中学到的技术来挖掘和分析 Twitter 数据。书中清楚地给出了示例代码的详细解析，这使没有计算机科学背景的学生容易理解。模块化的章节结构、广泛的当代数据科学领域的讨论话题以及配套的 Jupyter Notebook，使本书成为各种数据科学、商业分析、计算机科学等课程的教师和学生的绝佳资源。"

"翻转课堂"

现在，许多教师正在使用"翻转课堂"[2][3]。学生上课之前（通常通过视频授课）自行学习内容，上课时间将用于诸如动手写代码、以小组为单位的工作和讨论等任务。我们的书和附录用于翻转课堂是非常合适的：

- 我们提供了内容丰富的 VideoNotes，本书作者之一 Paul Deitel 将在视频中针对 Python 核心章节讲授相关概念。有关视频获取的详细信息请参见后文。

---

[1] "50 Years of Data Science," http://courses.csail.mit.edu/18.337/2015/docs/50YearsDataScience.pdf, p. 33.

[2] https://en.wikipedia.org/wiki/Flipped_classroom.

[3] https://www.edsurge.com/news/2018-05-24-a-case-for-flipping-learning-without-videos.

- 有些学生通过动手实践才能获得最好的学习效果，而仅仅视频是不够的。这本书非常引人注目的特色之一是交互式教学方法——配有 538 个 Python 案例（许多仅包含一个或几个代码片段）以及 557 道带有答案的自我测验题。这些使学生能够在得到即时反馈的基础上一点一点地学习——完全适合自主掌控节奏。学生可以轻松修改“热门”代码并查看更改的效果。
- 配套的 Jupyter Notebook 补充材料为学生提供了使用代码的便捷机制。
- 我们提供 471 道练习题和项目，学生可以在家中和课堂上进行练习，其中许多都适用于小组项目。
- 我们在练习题和项目中提供了许多有关伦理、隐私、安全等方面的探索性问题，这些适合课堂讨论和小组工作。

特色：IBM Watson 分析和认知计算

在本书编写的初期，我们对 IBM Watson 产生了浓厚的兴趣。我们进行了详尽的服务调查，发现 Watson“免费套餐”中的“不需要信用卡”政策对我们的读者来说是最友好的。

IBM Watson 是一个认知计算平台，已经用于各种实际场景。认知计算系统模拟人脑的模式识别和决策能力，在得到更多的数据后进行“学习”[一][二][三]。书中包含重要的 Watson 实践方案。我们使用免费的 Watson Developer Cloud——Python SDK，它提供了应用程序编程接口（API)，你可以通过编程方式与 Watson 的服务进行交互。Watson 使用起来很有趣，并且是帮助你发挥创意的绝佳平台。你将演示或使用以下 Watson API：对话、发现、语言翻译器、自然语言分类器、自然语言理解、个性洞察、语音转文本、文本转语音、音调分析器和视觉识别。

Watson 的轻量级层服务和 Watson 案例研究

IBM 通过为其 API 提供免费的轻量级层来鼓励学习和实践[四]。在第 14 章中，你将尝试许多 Watson 服务的演示程序[五]。然后，你将使用 Watson 轻量级层的文字转语音、语音转文字和翻译服务去实现“旅行者助手”翻译 app。你将用英语说一个问题，然后该 app 会将你的语音翻译成英语文本，然后再将其翻译成西班牙语，最后变成西班牙语语音。接下来，你要说西班牙语来回答（如果你不会说西班牙语，我们给你提供了一个可以使用的音频文件）。然后，该 app 会将语音快速翻译成西班牙语文本，再将文本翻译成英语并说出英语回复。是不是很酷？！

教学方法

本书包含来自许多领域的丰富的案例、练习和项目。学生基于真实数据集来解决有趣的现实问题。这本书专注于遵守软件工程的基本原则，同时还强调程序的清晰性。

使用不同字体来强调重点内容

我们把关键术语设置为粗体以便于识别，并使用代码体表示 Python 代码。

[一] http://whatis.techtarget.com/definition/cognitive-computing.

[二] https://en.wikipedia.org/wiki/Cognitive_computing.

[三] https://www.forbes.com/sites/bernardmarr/2016/03/23/what-everyone-should-knowabout-cognitive-computing.

[四] 请务必查看 IBM 网站上的最新条款，因为条款和服务可能会发生更改。

[五] https://console.bluemix.net/catalog/.

目标和大纲

每章的开头都是对本章目标的介绍，从而让读者知道接下来会看到什么内容，同时也给予读者一个机会，可以在读完这一章后确定是否达到了预期的目标。章节大纲使得学生能够以自顶向下的方式来理解所学内容。

538 个案例

本书中的 538 个案例包含将近 4000 行代码。对于这么厚的一本书来说，这个代码量可以说是相当少的，这主要得益于 Python 是一门表达能力很强的语言。此外，我们的代码也尽可能地使用强大的类库来完成大部分工作。

160 个表格 / 插图 / 可视化表示

本书包含丰富的表格、线图以及其他的可视化表示。这些可视化表示以 2D、3D、静态、动态和交互式等多种形式呈现。

编程的智慧

我们荟萃了本书作者们加起来 90 多年的丰富编程和教学经验，将其整合到本书对于编程智慧的讨论中，包括：

- 良好的编程实践和我们推荐的 Python 习惯用法能帮助你编写出更清晰、更容易理解和更容易维护的程序。
- 列举了常见的编程错误，降低了你以后犯这些错误的可能性。
- 给出了如何在程序中定位和除去 bug 的建议，描述了如何在一开始就防止 bug 进入程序。
- 重点强调可以使程序跑得更快或者占用更少内存的方法。
- 重点强调软件（尤其是大型系统）体系结构和设计上的问题。

小结

在第 2～17 章的最后都有小结一节，总结了这一章所学的内容。

本书用到的软件

在本书中，所有你需要用到的软件都可以在 Windows、macOS 和 Linux 操作系统下运行，并且可以从因特网上免费下载。我们使用免费的 Anaconda Python 发行版编写本书中的案例，它包含了大部分你需要用到的 Python 库、可视化库和数据科学库，以及 Python、IPython 解释器、Jupyter Notebook 和 Spyder（非常优秀的 Python 数据科学集成开发环境）——虽然我们仅使用 IPython 和 Jupyter Notebook 来开发书中的程序。

Python 文档

在阅读本书时，你会发现以下文档很有帮助：

- Python 标准库：https://docs.python.org/3/library/index.html。
- Python 语言参考：https://docs.python.org/3/reference/index.html。

- Python 文档列表：https://docs.python.org/3/。

解答你的问题

在线论坛使得你可以和其他 Python 程序员互动，并解答你在使用 Python 时遇到的问题。常用的 Python 编程论坛以及通用的编程论坛包括：

- python-forum.io
- StackOverflow.com
- https://www.dreamincode.net/forums/forum/29-python/

除此之外，许多供应商会为其工具和库提供论坛。在本书中你将使用的大部分库都在 github.com 上管理和维护，这些库的维护人员会通过项目主页上的 Issues 板块提供技术支持。如果无法在网上找到相关解答，请访问本书的配套网站来获取帮助：http://www.deitel.com/[⊖]。

获得关于 Jupyter 的帮助

你可以通过以下途径获得关于 Jupyter Notebook 的技术支持：

- Project Jupyter 谷歌论坛群：https://groups.google.com/forum/#!forum/jupyter。
- Jupyter 实时聊天室：https://gitter.im/jupyter/jupyter。
- GitHub：https://github.com/jupyter/help。
- StackOverflow：https://stackoverflow.com/questions/tagged/jupyter。
- Jupyter for Education Google Group（适用于采用 Jupyter 进行教学的教师）：https://groups.google.com/forum/#!forum/jupyter-education。

学生和教师补充资源

下列补充资源适用于学生和教师。

代码示例和入门视频

为了充分理解本书，你应该在阅读相关讨论的同时执行每个代码示例。在本书网站 http://www.deitel.com/ 上，我们提供了以下资源：

- 可下载的 Python 源代码（`.py` 文件）和 Jupyter Notebook 源代码（`.ipynb` 文件），涵盖书中的代码示例、基于代码的自我测验题以及包含代码描述的章末练习。
- 入门视频，展示了如何使用 IPython 和 Jupyter Notebook 运行代码示例。我们会在 1.10 节介绍这些工具。
- 博客文章和本书更新。

配套网站

本书配套网站的地址是 https://www.pearson.com/deitel。配套网站除了包含上面提到的代码外，还有丰富的视频，在这些视频中，作者之一 Paul Deitel 解释了书中核心 Python 章节的大部分案例。

⊖ 我们的网站正在进行重大升级。如果你没有找到需要的东西，请直接通过 deitel@deitel.com 给我们发送电子邮件。

Pearson 教师资源中心的教师资源[注]

以下补充资源仅通过 Pearson Education 的 IRC（教师资源中心，地址为 http://www.pearsonhighered.com/irc）向有资格的教师提供：

- PPT 幻灯片。
- 教师答案手册：包含大部分练习的解析。对于项目和研究练习，我们没有提供答案解析——这其中有许多涉及实质的问题，并且适合作为学期级项目、专业方向级项目、拔尖课程项目和论文题目。在把一道练习布置为作业之前，教师应确保在 IRC 上能找到这道题对应的解答。
- 测验文档：包含多项选择题、简答题及答案，并且这些练习都很容易使用自动化评分工具来进行评分。

请不要直接写信向我们请求拥有上述教师资源（包括练习答案）的访问权限。访问权限只提供给使用这本书进行教学的大学教师。符合条件的教师可以通过 Pearson 代理获取 IRC 的访问权限。如果你不是我们的注册教师成员，请与你的 Pearson 代理联系或者访问以下网址：https://www.pearson.com/replocator。

考试试卷副本

教师可向 Pearson 代理索取关于本书的考试试卷的副本：https://www.pearson.com/replocator。

和作者保持联系

如果需要向我们提问、需要教学进度上的协助或者向我们报告书中的错误，请给我们发送电子邮件：deitel@deitel.com。

或者在社交媒体上和我们互动：

- Facebook（http://www.deitel.com/deitelfan）
- Twitter（@deitel）
- LinkedIn（http://linkedin.com/company/deitel-&-associates）
- YouTube（http://youtube.com/DeitelTV）

致谢

我们要感谢 Barbara Deitel 为这个项目在网络上花费了很长时间收集资料。同时，我们很幸运能够和 Pearson 出版社的专业出版团队合作。我们还要感谢 Tracy Johnson（计算机科学高等教育课件联合执行经理）的指导、智慧和付出——她在本书创作过程中的每一步都向我们提出挑战，要求我们“止于至善”。Carole Snyder 负责这本书的生产制作并且和 Pearson 许可团队沟通，迅速处理了书中的图片和引用涉及的版权问题。我们选定了封面的艺术风格，然后由 Chuti Prasertsith 完成封面的设计。

[注] 关于教辅资源，仅提供给采用本书作为教材的教师用作课堂教学、布置作业、发布考试等用途。如有需要的教师，请直接联系 Pearson 北京办公室查询并填表申请。联系邮箱：Copub.Hed@pearson.com。关于配套网站资源，大部分需要访问码，访问码只有原英文版提供，中文版无法使用。——编辑注

我们还要感谢学术专业评审人所付出的努力。Meghan Jacoby 和 Patricia Byron-Kimball 招募了评审专家并负责管理评审过程。在非常紧张的时间安排下，评审专家仔细审查了我们的工作，在提高表达的准确性、完整性和时效性方面提供了许多建议。

评审专家列表

提案评审人

- Irene Bruno 博士，乔治·梅森大学信息科学与技术系副教授。
- Lance Bryant，希彭斯堡大学数学系副教授。
- Daniel Chen，Lander Analytics 公司数据科学家。
- Garrett Dancik，东康涅狄格州立大学计算机科学 / 生物信息学系副教授。
- Marsha Davis 博士，东康涅狄格州立大学数学科学系主任。
- Roland DePratti，东康涅狄格州立大学计算机科学系兼职教授。
- Shyamal Mitra，得克萨斯大学奥斯汀分校计算机科学系高级讲师。
- Mark Pauley 博士，内布拉斯加大学奥马哈分校信息科学学院生物信息学高级研究员。
- Sean Raleigh，威斯敏斯特学院数学系副教授、数据科学系主任。
- Alison Sanchez，圣地亚哥大学经济学系助理教授。
- Harvey Siy 博士，内布拉斯加大学奥马哈分校计算机科学、信息科学与技术副教授。
- Jamie Whitacre，独立数据科学顾问。

书籍评审人

- Daniel Chen，Lander Analytics 公司数据科学家。
- Garrett Dancik，东康涅狄格州立大学计算机科学 / 生物信息学系副教授。
- Pranshu Gupta，迪西尔斯大学计算机科学系助理教授。
- David Koop，马萨诸塞大学达特茅斯分校数据科学助理教授、数据科学项目联合主任。
- Ramon Mata-Toledo，詹姆斯·麦迪逊大学计算机科学系教授。
- Shyamal Mitra，得克萨斯大学奥斯汀分校计算机科学系高级讲师。
- Alison Sanchez，圣地亚哥大学经济学系助理教授。
- José Antonio González Seco，IT 顾问。
- Jamie Whitacre，独立数据科学顾问。
- Elizabeth Wickes，伊利诺伊大学信息科学学院讲师。

特别感谢

我们要特别感谢圣地亚哥大学的 Alison Sanchez 助理教授，她在圣地亚哥大学新开设的“商业分析策略”课程中使用本书的预发布版进行了课堂测试。她看完了冗长的使用建议，在还没有见过书的情况下就决定采用这本书，并且签字成为本书的评审人。我们真诚地感谢她在整本书的写作过程中提供的指导（和勇气）。

现在让我们开始吧！当你阅读这本书的时候，我们将非常感谢你的评论、批评、纠错和改进建议。你可以将邮件发送到 deitel@deitel.com，我们会在第一时间做出回应。

再次欢迎你来到激动人心的 Python 开源编程世界。我们希望你能享受这本书，以及它所包含的和 Python、IPython、Jupyter Notebook、AI、大数据、云技术相关的前沿计算机应用开发技术。最后，我们祝你前程似锦！

关于作者

Paul J. Deitel，Deitel & Associates 公司首席执行官兼首席技术官，毕业于麻省理工学院，在计算机领域拥有 38 年的经验。Paul 是经验丰富的编程语言培训专家，自 1992 年以来就为软件开发人员教授专业课程。他已经为来自全球的企业客户提供了数百门编程课程，包括思科、IBM、西门子、Sun Microsystems（现在为 Oracle）、戴尔、富达、肯尼迪航天中心的 NASA、国家强风暴实验室、白沙导弹靶场、Rogue Wave 软件、波音、北电网络、彪马、iRobot 等。他和他的合作者 Harvey M. Deitel 博士是世界上畅销的编程语言教科书 / 专业书

籍 / 视频的作者。

Harvey M. Deitel 博士，Deitel & Associates 公司董事长兼首席战略官，在计算领域拥有 58 年的经验。Deitel 博士在麻省理工学院电气工程系获得理学学士学位和硕士学位，在波士顿大学的数学系获得博士学位——他在这些专业分离出计算机科学专业前就已经学过相关知识了。在 1991 年与儿子 Paul 创立 Deitel & Associates 公司之前，他已经获得了波士顿大学的终身职位并担任计算机科学系主任，拥有丰富的大学教学经验。Deitel 品牌的出版物赢得了国际上的广泛认可，并被翻译为日语、德语、俄语、西班牙语、法语、波兰语、意大利语、简体中文、繁体中文、韩语、葡萄牙语、希腊语、乌尔都语和土耳其语等 100 多种语言出版。Deitel 博士已为学术、公司、政府和军事客户提供了数百门编程课程。

关于 Deitel & Associates 公司

Deitel & Associates 公司由 Paul J. Deitel 和 Harvey M. Deitel 创建，是一家国际认可的计算机类著作创作和企业培训组织，专门研究计算机编程语言、对象技术、移动 app 开发以及 Internet 和 Web 软件技术。该公司的培训客户包括一些世界上的大公司、政府机构、军事部门和学术机构。该公司在世界各地的客户网站上提供关于主流编程语言和平台的有讲师指导的培训课程。

通过与 Pearson/Prentice Hall 44 年的合作，Deitel & Associates 公司以印刷物和电子书的形式出版了前沿的编程教科书和专业书籍，发布了前沿的编程方面的 LiveLessons 视频课程、Safari-Live 在线研讨会和 Revel 交互式多媒体课程。如果你需要联系 Deitel & Associates 公司和作者，或者希望给有讲师指导的现场培训课程提出建议，请发送电子邮件至 deitel@deitel.com。希望了解更多关于 Deitel 现场企业培训的信息，请访问 http://www.deitel.com/training。希望购买 Deitel 书籍的个人客户，请访问 https://www.amazon.com/。公司、政府、军队和学术机构的大宗订单请直接与 Pearson 联系。希望了解更多信息，请访问 https://www.informit.com/store/sales.aspx。

本部分包括读者在开始阅读本书前需要了解的信息。如有信息更新，我们会将其放在 http://www.deitel.com 上。

字体和命名约定

我们使用代码体来书写 Python 代码、命令、文件和文件夹名称；用粗体表示屏幕上的内容，如菜单名称等；用楷体来表示强调，或者偶尔会使用粗体来表示着重强调。

获取代码示例

在我们为本书提供的网页（http://www.deitel.com）上，通过点击 Download Examples 链接可以将 `examples.zip` 文件下载到本地计算机，其中包含本书的所有代码示例。大多数浏览器会将文件自动保存到用户账户的 `Downloads` 文件夹中。也可以通过 Pearson 的配套网站（https://pearson.com/deitel）下载本书代码示例。

下载完成后，将其中的 `examples` 文件夹提取到用户账户的 `Documents` 文件夹：

- Windows 用户：`C:\Users\` 用户账户名 `\Documents\examples`
- macOS 或 Linux 用户：`~/Documents/examples`

大多数操作系统有内置的提取工具，读者也可以使用 7-Zip（www.7-zip.org）或 WinZip（www.winzip.com）等压缩工具。

`examples` 文件夹的结构

在本书中，读者将以下面三种形式执行示例：

- IPython 交互式环境中的单独代码段。
- 完整的应用程序，即脚本。
- Jupyter Notebook：一种基于浏览器的交互式便捷编程环境，在该环境中读者可以编写并执行代码，还可以将代码与文本、图像和视频混合在一起。

1.10 节中将给出具体的操作演示。

`examples` 文件夹包含了多个子文件夹，每个子文件夹对应一章。子文件夹命名为 `ch##`，## 是两位数字的章编号 `01~16`，如 `ch01`。除了第 14、16 和 17 章，其他章的文件夹包含以下内容：

- `snippets_ipynb`：包含该章 Jupyter Notebook 文件的文件夹。
- `snippets_py`：包含该章 Python 源代码文件的文件夹。各代码段之间以一个空行分隔。读者可以将这些代码段复制并粘贴到 IPython 或 Jupyter Notebook 中运行。

- 脚本文件及其支持文件。

第 14 章包含了一个应用程序。`ch16` 和 `ch17` 文件夹中所需文件的位置分别在第 16 章和第 17 章进行了说明。

安装 Anaconda

本书使用易于安装的 Anaconda Python 发行版。它包含了执行示例所需的绝大多数内容，包括：

- IPython 解释器。
- 本书所使用的大多数 Python 和数据科学库。
- Jupyter Notebook 本地服务器，以便读者下载并执行我们所提供的 notebook 文件。
- Spyder 集成开发环境（IDE）等其他软件包，本书中仅用到了 IPython 和 Jupyter Notebook。

从 https://www.anaconda.com/download/ 可以下载 Windows、macOS 或 Linux 的 Python 3.x Anaconda 安装程序。下载完成后，运行安装程序并根据屏幕上的提示完成操作。注意安装完成后不要移动安装好的文件位置，以确保 Anaconda 能够正常运行。

更新 Anaconda

接下来，确保 Anaconda 已更新至最新版本。按下面的方式在本地系统上打开一个命令行窗口：

- 对于 macOS，从 Applications 文件夹的 Utilities 子文件夹打开 Terminal。
- 对于 Windows，从开始菜单中打开 Anaconda Prompt。注意，如果是为了更新 Anaconda 或安装新的软件包，则需要右键单击 Anaconda Prompt，然后选择 More>Run as administrator。（如果在开始菜单中找不到 Anaconda Prompt，在屏幕下面的 Type here to search 框中进行搜索即可。）
- 对于 Linux，打开系统的 Terminal 或 shell（不同 Linux 发行版会有所不同）。

在本地系统的命令行窗口执行下面的命令可以将 Anaconda 已安装的包更新到最新版本：

```
1. conda update conda
2. conda update --all
```

包管理器

上面使用的 `conda` 命令会调用 conda 包管理器，这是本书中所使用的两个重要的 Python 包管理器之一。本书所使用的另一个包管理器是 `pip`。软件包包含了安装特定 Python 库或工具所需的文件。在本书中，优先使用 `conda` 安装软件包，只有在无法使用 `conda` 安装软件包时，才会使用 `pip`。有些人喜欢使用 `pip`，因为目前它支持更多的软件包。读者如果在使用 `conda` 安装软件包时遇到问题，请尝试使用 `pip`。

安装 Prospector 静态代码分析工具

读者可能需要使用 Prospector 分析工具来分析 Python 代码，该工具会检查代码中的常见错误并帮助读者进行改进。要安装 Prospector 及其使用的 Python 库，请在命令行窗口中运行以下命令：

```
pip install prospector
```

安装 jupyter-matplotlib

本书使用名为 Matplotlib 的可视化库实现了一些动画。要在 Jupyter Notebook 中使用它们，必须安装一个名为 ipympl 的工具。在先前打开的终端、Anaconda 命令提示符或 shell 中，依次执行以下命令[⊖]：

```
conda install -c conda-forge ipympl
conda install nodejs
jupyter labextension install @jupyter-widgets/jupyterlab-manager
jupyter labextension install jupyter-matplotlib
```

安装其他包

Anaconda 提供了大约 300 种流行的 Python 和数据科学包，如 NumPy、Matplotlib、pandas、Regex、BeautifulSoup、request、Bokeh、SciPy、scikit-learn、Seaborn、spaCy、sqlite、statsmodels 等。运行本书示例代码需要安装的其他软件包数量很少，我们将在必要时提供安装说明。当读者需要安装新的软件包时，可以参考软件包的文档完成安装。

获得 Twitter 开发者账号

如果读者要运行“Twitter 数据挖掘”一章（第 13 章）及后续章节中任何基于 Twitter 的示例，请先申请一个 Twitter 开发者账号。Twitter 现在要求先注册才能访问其 API。要申请 Twitter 开发者账号，请在 https://developer.twitter.com/en/apply-for-access 上填写信息并提交申请。Twitter 会审核每个申请。在撰写本书时，个人开发者账号会立即通过审批；公司账号申请则需要几天到几周的时间，且有可能无法通过审批。

部分章节需要的网络连接

使用本书时，读者需要连接互联网才能安装各种其他 Python 库。在部分章节中，读者需要注册云服务账号来使用其免费套餐，其中某些服务需要通过信用卡验证用户的身份。在一些情况下，读者会使用非免费的服务。此时，读者需要利用供应商提供的货币信用额度，从而免费试用其服务。注意：在完成设置后，某些云服务会产生费用。因此，当读者使用此类服务完成案例研究时，请确保立即删除分配的资源。

⊖ https://github.com/matplotlib/jupyter-matplotlib.

程序输出的细微差异

在执行代码示例时，读者可能会注意到书中给出的结果与自己运行的结果之间存在一些差异：

- 由于不同操作系统进行浮点数（如 –123.45、7.5 或 0.0236937）计算的方式不同，因此可能产生输出结果的细微变化，尤其是距离小数点右边很远的那些数字。
- 当在单独的窗口中显示输出结果时，我们会裁剪窗口以删除其边界。

计算机和 Python 简介

目标

- 了解计算机领域令人兴奋的近期发展。
- 学习计算机硬件、软件和互联网的基础知识。
- 了解从比特到数据库的数据层级结构。
- 了解各种不同类型的编程语言。
- 了解面向对象程序设计的基础。
- 了解 Python 和其他主流编程语言的优势。
- 了解库的重要性。
- 初步认识将在本书中用到的主要的 Python 和数据科学库。
- 尝试使用 IPython 解释器的交互模式运行 Python 代码。
- 执行一个可以使条形图具有动画效果的 Python 脚本。
- 创建并尝试使用基于网页浏览器的 Jupyter Notebook 来实行 Python 代码。
- 了解大数据有多“大”，以及它变大的速度有多快。
- 阅读一个关于移动导航应用的大数据案例研究。
- 初步了解什么是人工智能——一个计算机科学和数据科学的交叉学科。

1.1 简介

欢迎来到 Python 的世界！ Python 是世界上使用最广泛的计算机编程语言之一，根据 *Popularity of Programming Languages (PYPL) Index* 的统计数据，甚至可以说 Python 是当今世界上最流行的编程语言[⊖]之一。你可能已经见过许多由计算机执行的复杂的任务。在本书中，将会收获大量编写 Python 指令的实践经验，这些 Python 指令会控制计算机执行各种各样的任务。在计算机的世界里，由**软件**（即编写的 Python 指令，通常也称作**代码**）来控制**硬件**（即计算机以及相关设备）的执行。

在本章，我们会介绍一些术语和概念，为第 2～11 章的 Python 编程和第12～17 章的大数据、人工智能和基于云计算的案例研究打好基础。我们会介绍硬件和软件的概念，然后概述数据的层级结构，理解数据是怎么从单独的比特位演变到数据库的。数据库可以存储海量的数据，许多现代应用程序依赖于这些数据才能实现，例如谷歌搜索、Waze、优步、爱彼迎以及无数其他的现代应用程序。

我们还将在本章讨论编程语言的类型，介绍面向对象程序设计的术语和概念，并介绍

⊖ https://pypl.github.io/PYPL.html(as of January 2019).

Python 如此受欢迎的原因。接下来，将介绍 Python 标准库和众多的数据科学库，这可以帮助我们避免将时间浪费在重复工作上。使用这些库来创建软件对象，然后和这些软件对象交互，使用少量指令即可执行大量重要的任务。此外，我们还将介绍一些有可能在开发软件时使用到的其他软件技术。

接下来，将完成三个实践练习，展示如何执行 Python 代码：

- 在第一个实践练习中，使用 IPython 交互式地执行 Python 指令并立即查看执行结果。
- 在第二个实践练习中，运行一个将显示一个动态条形图的完整的 Python 应用程序，这个条形图总结投掷一个六面骰子的情况。然后将介绍“大数定律”的作用。在第 6 章，将使用 Matplotlib 可视化库构建这个应用程序。
- 在最后一个实践练习中，我们将使用 JupyterLab 来介绍 Jupyter Notebook。Jupyter Notebook 是一个基于网页浏览器的交互式工具，使用这个工具可以很方便地编写和执行 Python 指令，还可以包含文本、图像、音频、视频、动画和代码。

在过去，大多数计算机应用程序运行在“独立”的计算机上（即不联网）。今天，编写应用程序的目的可以是通过互联网和世界各地的计算机相互通信。我们会介绍互联网、万维网、云计算和物联网的相关知识，为在第 12～17 章学习开发现代应用程序打下基础。

我们还将学习“大数据”到底有多大，以及它变大的速度有多快。接下来，我们会展示一个关于 Waze 移动导航应用的大数据学习案例，这个应用使用了许多现代科技来提供动态的驾驶方向导航，可以使用户尽可能快而安全地到达目的地。在介绍这些技术时，我们将提到会在本书的哪些地方使用到其中许多技术。本章的最后是数据科学入门部分，在其中将讨论计算机科学和数据科学的关键交叉学科——人工智能。

1.2　硬件和软件

计算机可以以远快于人类的速度进行计算和逻辑判断。在今天，许多个人电脑可以在一秒内完成数十亿次计算，这是一个人类花费一生的时间也做不到的。超级计算机已经可以做到每秒执行千万亿个指令了！ IBM 公司开发的 IBM Summit 超级计算机每秒可以进行 122 000 000 亿次运算（122 000 000 亿次浮点运算）！[㊀]从更直观的角度而言，IBM Summit 超级计算机可以在一秒钟内为地球上的每个人执行近 1600 万次计算！[㊁]同时超级计算的上限仍在快速增长。

计算机在指令序列的控制下处理数据，这里的指令序列被称为**计算机程序**（或者简称为**程序**）。这些软件程序通过**程序员**指定的有序的操作指导计算机的运行。

计算机由各种各样被称为硬件的物理设备组成（如键盘、显示器、鼠标、固态硬盘、机械硬盘、内存、DVD 驱动器和处理单元等）。得益于硬件和软件技术的飞速发展，计算成本正在急剧下降。几十年前，计算机可能有一个房间那么大，价值数百万美元；到了今天，计算机可以被刻在一个比指甲盖还小的计算机芯片上，可能只需要花几美元就能买到。具有讽刺意味的是，硅是地球上最丰富的材料之一，它只是普通沙子的一种组成成分。硅芯片技术使得计算变得如此实惠，以至于计算机已经成为一种大众商品了。

㊀ https://en.wikipedia.org/wiki/FLOPS.

㊁ 为了更直观地了解计算性能已经发展到什么程度，考虑这样一个例子：Harvey Deitel 在早期使用计算机计算时，使用的是 Digital Equipment 公司的 PDP-1（https://en.wikipedia.org/ wiki/PDP-1），它每秒只能执行 93 458 次操作。

1.2.1 摩尔定律

每一年，你可能都要为大多数产品和服务多花一点钱。而计算机和通信领域则正好相反，特别是作为技术支撑的硬件部分。几十年来，硬件成本一直在迅速下降。

每过一到两年，计算机的性能几乎会翻一倍，相比而言价格只有少许的增加。这个引人注目的趋势通常被称为**摩尔定律**，以20世纪60年代提出该定律的戈登·摩尔的名字命名。戈登·摩尔是英特尔公司的创始人之一，到如今，英特尔公司已经是全球领先的计算机和嵌入式系统处理器制造商之一了。摩尔定律及类似的言论尤其适用于以下方面：

- 执行程序需要的计算机内存的大小。
- 用来持久化存储程序和数据的辅助存储器（例如固态硬盘）的容量大小。
- 处理器的速度，即处理器执行程序的速度（也就是它们干活的速度）。

相似的增长也发生在通信领域，大量的通信带宽（即信息承载能力）需求引发了激烈的竞争，导致通信成本迅速下降。没有其他领域的技术发展如此之快，而成本下降如此迅速。这些现象级的提升强有力地促进了信息革命。

1.2.2 计算机组成

不管在物理实现上有什么不同，计算机都可以看作由以下**逻辑单元**和部分组成：

输入单元

这个“接收”部分从**输入设备**获取信息（数据和计算机程序），然后交给其他单元处理。大多数用户输入都是通过键盘、触摸屏和鼠标设备输入计算机的。其他输入形式包括接收声音命令、扫描图像或条形码、从辅助存储设备（例如硬盘、蓝光光盘™驱动和U盘——也叫作“闪盘”或“内存条”）读取数据、从网络摄像头接收视频、从互联网接收信息（比如在YouTube®上观看视频或者从Amazon上下载电子书）。更新的输入形式包括从GPS设备读取位置数据、从一个智能手机或者无线游戏手柄（例如Microsoft® Xbox®、Nintendo Switch™和Sony® PlayStation®的手柄）上的加速度传感器（一个可以对上下、前后、左右方向的加速度做出响应的设备）读取动作和方向信息，或经Apple Siri®、Amazon Echo®和Google Home®等智能助手获取声音输入。

输出单元

这个“输送”部分获取计算机已经处理好的信息，然后将其放到多种多样的**输出设备上**，使得可以在计算机外部使用这些信息。在今天，大多数计算机输出的信息通常会显示在显示屏（包括触摸屏）上，打印到纸张上，当作音频或视频在智能手机、平板电脑、个人电脑甚至是体育场的巨型屏幕上播放，在互联网上传输，还可以用于控制其他设备，例如自动驾驶的汽车、机器人或者其他“智能”设备。信息通常也会被输出到辅助存储设备上，例如固态硬盘、机械硬盘、DVD驱动、U盘。最近比较流行的输出形式包括智能手机和游戏手柄的振动；Oculus Rift®、Sony PlayStation VR®、Google Daydream View®和Samsung Gear VR®等虚拟现实设备，或者是Magic Leap® One和Microsoft HoloLens™这种混合现实设备。

存储单元

这个可以快速访问的、容量相对较低的“仓库”部分负责保存从输入单元输入的信息，以便在程序需要处理这些信息时可以立即访问。存储单元同时也负责保存处理过的信息，直到这些信息可以通过输出单元输送到输出设备上。存储单元上存储的信息是非持久的，一旦关机这些信息通常就会丢失。存储单元通常也被称为**内存**、**主存**或者RAM（Random Access

Memory，随机访问存储器）。台式机和笔记本电脑里的主存最多可包含 128GB 的 RAM，尽管最常见的大小是 8 到 16GB。GB 代表千兆字节，1 千兆字节大概是 10 亿个字节。1 个**字节**由 8 个比特组成，1 个比特要么是 0 要么是 1。

算术逻辑单元

这个“加工”部分负责执行计算操作，例如加法、减法、乘法和除法。同时它还包含判断机制，例如使得计算机可以比较存储单元里的两个数据项，以判断它们是否相等。在如今的计算机体系结构里，算术逻辑单元（Arithmetic and Logic Unit，ALU）是下一个我们要介绍的逻辑单元 CPU 中的一部分。

中央处理单元

这个“指挥”部分负责协调和监督其他部分的操作。中央处理单元（Central Processing Unit，CPU）告诉输入单元何时应该把信息读入内存，告诉 ALU 内存单元中的信息应该在何时用于计算，还告诉输出单元应该何时把信息从内存单元输送到指定的输出设备。大多数计算机具有**多核处理器**，而且是在单个集成电路芯片上实现的。这样的处理器可以同时执行多个操作。一个*双核处理器*具有 2 个 CPU，一个*四核处理器*包含 4 个 CPU，而一个*八核处理器*则具有 8 个 CPU。英特尔公司的某些处理器具有多达 72 个内核。如今台式计算机里的处理器可以在 1 秒内执行数十亿条指令。

辅助存储单元

这是一个可以持久化存储的高容量“仓库”部分。通常而言，那些不会经常被其他单元使用到的程序和数据会被存放在辅助存储设备（例如机械硬盘）上，直到它们再次被使用，而这可能是数小时、数天、数月甚至数年后的事情了。辅助存储设备上存储的信息是*持久的*，即使电脑断电这些信息也不会丢失。访问辅助存储器上的信息需要花费的时间远大于访问内存中信息的时间，但是它的单位成本要低得多。辅助存储设备包括固态硬盘（Solid-State Drive，SSD）、机械硬盘、读 / 写蓝光驱动器以及 U 盘等。许多现代磁盘可以保存**太字节**（TB）级别的数据，1TB 包含了大约 10 000 亿字节。典型的台式机和笔记本电脑上的机械硬盘可以保存高达 4TB 的数据，而最近的一些台式电脑的机械硬盘已经可以保存高达 15TB 的数据了[⊖]。

自我测验

1.（*填空题*）每过一到两年，计算机的性能几乎会翻一倍，相比而言价格只有少许的增加。这个引人注目的趋势通常被称为 ________。

答案：摩尔定律。

2.（*判断题*）内存单元上存储的信息是持久的，即使计算机断电这些信息也不会丢失。

答案：错误。内存单元上存储的信息是*非持久的*，一旦关机这些信息通常就会丢失。

3.（*填空题*）大多数计算机具有________处理器，而且是在单个集成电路芯片上实现的。这样的处理器可以同时执行多个操作。

答案：多核。

1.3 数据层级结构

计算机处理的数据项构成了一个**数据层级结构**。我们从最简单的数据项（称为“比特”）

⊖ https://www.zdnet.com/article/worlds-biggest-hard-drive-meet-western-digitals-15tb-monster/.

开始，发展到了更丰富的数据项（如字符和字段），在此过程中数据层级结构逐渐变得更大更复杂。下图展示了数据层级结构的一部分：

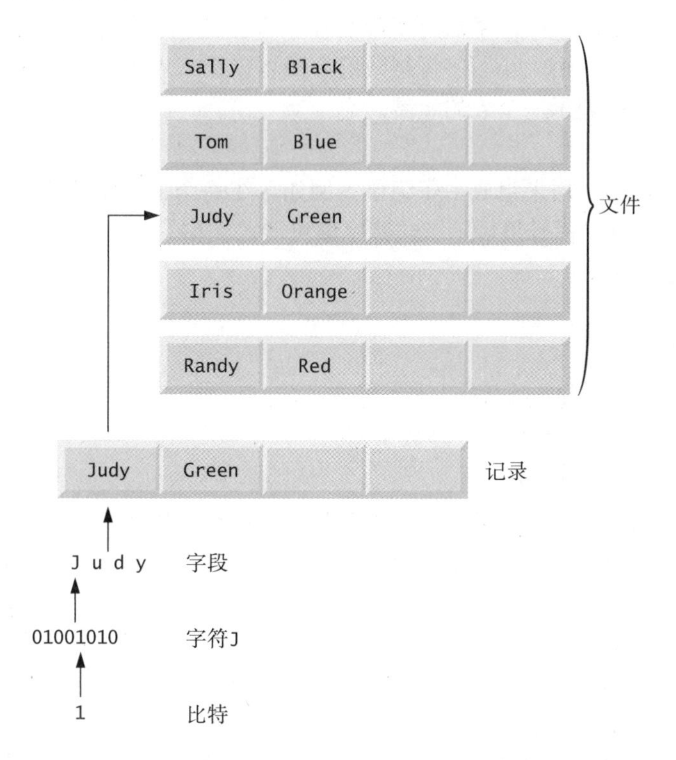

比特

比特（bit 英文中"binary digit"的缩写，可以表示 0 或 1）是计算机中最小的数据项，它可以表示值 0 或 1。值得注意的是，计算机所执行的令人印象深刻的功能来源于最简单的对 01 串的操作——确认一个比特的值、设置一个比特的值以及反转一个比特的值（从 1 到 0 或从 0 到 1）。关于二进制数字系统基础的比特的更多知识，可以在在线"数字系统"附录进行更深入的学习。

字符

处理比特这种低层次形式数据是很冗长乏味的。人们更喜欢使用十进制数（0～9）、字母（A～Z 和 a～z）以及一些特殊符号：

```
$ @ % & * ( ) - + " : ; , ? /
```

数字、字母和特殊符号被称为**字符**。计算机的**字符集**包括用来写程序和表示数据项的字符。计算机只能处理 01 串，所以计算机字符集中的每个字符都由一个 01 串来表示。Python 使用由 1、2、3、4 个字节（分别为 8、16、24、32 个比特）组成的 Unicode® 字符集，称为 **UTF-8 编码**[⊖]。

Unicode 包含世界上许多语言中的字符。ASCII（American Standard Code for Information Interchange，美国信息交换标准码）字符集是表示字母（a～z 和 A～Z）、数字和一些常见特殊字符的 Unicode 字符集的一个子集。可以在以下网址查看 Unicode 的 ASCII 子集：

https://www.unicode.org/charts/PDF/U0000.pdf

包含所有语言、符号、表情以及其他字符的 Unicode 字符集的图表可以在网址 http://

⊖ https://docs.python.org/3/howto/unicode.html.

www.unicode.org/charts/ 查看。

字段

就像字符由比特组成一样，**字段**由字符或者字节组成。字段是一组用于表示特定含义的字符或字节。例如，一个由大小写字母组成的字段可以用来表示一个人的名字，一个由十进制数字组成的字段可以表示一个人的年龄。

记录

多个相关的字段可以用来组成一条**记录**。例如，在一个工资管理系统中，一个员工的记录可能由以下字段组成（括号里展示了这些字段可能的类型）：

- 员工的工号（整数）。
- 名字（字符串）。
- 地址（字符串）。
- 小时工资率（带小数点的数字）。
- 年初至今的总收入（带小数点的数字）。
- 扣缴税额（带小数点的数字）。

因此，一条记录是一组相关的字段。上述列出的所有字段属于同一个员工。一个公司可能有很多员工，每个员工都会有一个工资单记录。

文件

文件是一组相关的记录。更一般地，文件包含以任意格式组织的任意数据。在一些操作系统中，文件被简单地看作一个*字节序列*。文件中字节的任意组织形式，例如将字节组织为记录，都是应用程序员创建的一个视图。我们将在第9章学习这一部分的知识。对于一个机构组织来说，拥有许多文件是很正常的，有些文件包含了数十亿甚至数万亿信息的字符。

数据库

数据库是以便于访问和操作为目的而组织的数据集合。最流行的数据库模型是*关系数据库模型*，其中数据存储在简单的*数据表*中。一个表包含多个*记录和字段*。例如，一张关于学生的数据表可能包含姓氏、名字、专业、年级、学号和学分绩字段。每个学生的数据就是一条记录，每条记录中的单个信息片段就是字段。可以根据数据与多个数据表或数据库间的关系来*搜索*、*排序*或者以其他方式操作数据。例如，一所大学可能会将学生数据库中的数据与课程、校内住宿、膳食计划等数据库中的数据结合使用。我们将在第17章讨论数据库。

大数据

下表展示了一些常用的字节度量单位：

单元	字节	近似于
1 kilobyte (KB)	1024 bytes	10^3 (1 024) bytes
1 megabyte (MB)	1024 kilobytes	10^6 (1 000 000) bytes
1 gigabyte (GB)	1024 megabytes	10^9 (1 000 000 000) bytes
1 terabyte (TB)	1024 gigabytes	10^{12} (1 000 000 000 000) bytes
1 petabyte (PB)	1024 terabytes	10^{15} (1 000 000 000 000 000) bytes
1 exabyte (EB)	1024 petabytes	10^{18} (1 000 000 000 000 000 000) bytes
1 zettabyte (ZB)	1024 exabytes	10^{21} (1 000 000 000 000 000 000 000) bytes

在全世界范围内产生的数据量是巨大的，而且数据量增长的速度越来越快。**大数据**应用可以处理海量的数据。这个领域的发展十分迅速，为软件开发人员创造了很多机会。全球已有数百万个 IT 岗位支持大数据应用。1.13 节将更深入地讨论大数据。我们将会在第 17 章学习大数据及相关技术。

自我测验

1.（填空题）________（英文中“binary digit”的缩写，可以表示 0 或 1）是计算机中最小的数据项。

答案：比特。

2.（判断题）在一些操作系统中，文件被简单地看作一个字节序列。文件中字节的任意组织形式，例如将字节组织为记录，都是应用程序员创建的一个视图。

答案：正确。

3.（填空题）数据库是以便于访问和操作为目的而组织的数据集合。最流行的数据库模型是________数据库模型，其中数据存储在简单的数据表中。

答案：关系

1.4 机器语言、汇编语言和高级语言

程序员用各种编程语言编写指令，有些语言可以直接被计算机所理解，有些则需要中间的翻译步骤。如今，有超过数百种这样的编程语言在使用，可以分为机器语言、汇编语言和高级语言三大类。

机器语言

任何计算机都只能直接理解它们自己的**机器语言**，这些机器语言由它们的硬件设计所定义。机器语言一般由数字串（最终可以化简为 01 串）组成，它们指示计算机一次执行一个最基本的操作。机器语言依赖于机器类型，即一个特定的机器语言只能在一类计算机上运行。这种语言对人类而言非常不友好。例如，下面是一个早期机器语言编写的工资管理系统的代码片段，这个代码片段将加班费和基础工资相加，然后再把结果存到总工资中：

```
+1300042774
+1400593419
+1200274027
```

汇编语言和汇编器

对于大多程序员而言，使用机器语言编写程序实在是太慢太乏味了。于是程序员开始使用英语风格的缩写来表示计算机的基本操作，用来取代之前使用的计算机可以直接理解的数字串。这些缩写组成了**汇编语言**的基础。人们开发了一种被称为**汇编器**的翻译程序，从而可以以计算机的速度将汇编语言转换为机器语言。下面是一个用汇编语言编写的工资管理系统的代码片段，这个代码片段同样将加班费和基础工资相加，然后再把结果存到总工资中：

```
load    basepay
add     overpay
store   grosspay
```

虽然这样的代码对于人类而言更容易理解，但是在将其转换为机器语言之前，计算机都无法理解这些代码。

高级语言和编译器

得益于汇编语言的出现，计算机的使用率迅速提高，但程序员仍然需要使用大量指令来

完成即使是最简单的任务。为了加快程序设计的过程，人们开发了**高级语言**，从而可以编写一条语句来完成大量的任务。一个典型的高级语言程序包含许多语句，人们称之为程序的**源代码**。

被称为**编译器**的翻译程序把高级语言源代码转换为机器语言。高级语言允许编写类似于日常英语的指令，同时包含常用的数学符号。一个用高级语言编写的工资管理程序可能只包含一条语句

```
grossPay = basePay + overTimePay
```

从程序员的角度来看，高级语言相比于机器语言和汇编语言更受欢迎。Python 是世界上使用最广泛的高级编程语言之一。

解释器

将一个大型高级语言程序编译为机器语言需要花费大量的计算机时间。**解释器**程序为直接执行高级语言程序而开发，避免了编译带来的等待时间，尽管它们的运行速度比编译后的程序慢。最为广泛使用的 Python 解释器的实现是 CPython（用 C 语言编写而成），它巧妙地混合了编译和解释两种形式来运行程序[1]。

自我测验

1.（填空题）人们开发了一种被称为________的翻译程序，从而可以以计算机的速度将汇编语言转换为机器语言。

答案：汇编器。

2.（填空题）________程序为直接执行高级语言程序而开发，避免了编译带来的等待时间，尽管它们的运行速度比编译后的程序慢。

答案：解释器。

3.（判断题）高级语言允许编写类似于日常英语的指令，同时包含常用的数学符号。

答案：正确。

1.5　对象技术简介

随着对新的、更强大的软件的需求不断飙升，快速、正确、经济地构建软件非常重要。对象，或者更准确地来说，对象所属的类型，本质上是一种可复用的软件组件。有日期对象、时间对象、音频对象、视频对象、汽车对象和人类对象等。几乎任何名词都可以根据属性（如名称、颜色和大小）和行为（如计算、移动和通信）合理地使用一个软件对象来表示。相比于早期流行的技术（如“结构化程序设计”），软件开发团队可以使用模块化的、面向对象设计和实现的方法来提高软件生产效率。面向对象程序通常也更容易理解、更正和修改。

汽车对象

为了帮助理解对象及其含义，让我们从一个简单的类比开始。假设希望驾驶一辆汽车，并可以通过踩油门让它加速。在能够执行这些操作之前，需要经过哪些过程？显而易见的是，在能够开车之前，必须先有人来设计它。一辆汽车的生产通常从设计图纸开始，这个图纸类似于用来描述房屋设计的蓝图。这些图纸包括油门踏板的设计。油门踏板向驾驶员隐藏了使汽车加速的复杂机制，刹车踏板“隐藏”了使汽车减速的机制，以及方向盘“隐

[1] https://opensource.com/article/18/4/introduction-python-bytecode.

藏”了使汽车转向的机制。这使得那些对发动机、刹车和转向机制知之甚少的人也能够轻松驾驶汽车。

就像不能通过厨房的设计蓝图来烹饪一样，同样不能通过汽车的设计图纸来驾驶汽车。在可以驾驶汽车之前，它必须先通过设计图纸被建造出来。一辆完整的汽车拥有一个可以使它加速的真实油门，但这是不够的，因为非自动驾驶汽车不会自己加速，所以驾驶员还得踩下油门来加速汽车。

方法和类

让我们使用这个汽车的例子来介绍一些重要的面向对象程序设计的概念。在程序中，执行一个任务需要一个**方法**，该方法包含执行其任务的程序语句。与汽车的油门踏板向驾驶员隐藏了使汽车加速的机制一样，该方法向其使用者隐藏了这些程序语句。在 Python 中，称为**类**的程序单元包含了执行类任务的一组方法。例如，一个代表银行账户的类可能包含一个将钱存入账户的方法，一个从账户中取钱的方法，以及一个查询账户余额的方法。类的概念类似于汽车的设计图纸，在汽车设计图纸中包含油门、方向盘以及其他部分的设计。

实例

就像在开车之前必须有人根据设计图纸造出一辆车一样，在程序执行类方法定义的任务之前，必须构建一个类的对象，这个过程称为实例化。实例化的对象称为类的一个**实例**。

复用

就像一个汽车的设计图纸可以被复用很多次来制造许多汽车一样，可以复用一个类很多次来构建许多对象。在开发新的类和程序时，复用现有的类可以节省时间和精力。复用也可以帮助我们构建更可靠和更高效的系统，因为现有的类和组件通常经历过大量的测试、调试（即找出并移除错误）和性能调优过程。正如可交换部件的概念对工业革命至关重要一样，可复用的类对由对象技术推动的软件革命也至关重要。

在 Python 中，通常会使用块构建方法来创建程序。为了避免做重复的工作，将尽可能使用现有的高质量部件。软件复用是面向对象程序设计的核心。

消息和方法调用

驾驶汽车时，踩下油门踏板相当于向汽车发送一个信息来执行一项任务，即加速行驶。类似地，也可以向一个对象发送消息。每个消息都被实现为一个**方法调用**，告诉对象的方法来执行其任务。例如，一个程序可以调用银行账户对象的存款方法来增加账户的余额。

属性和实例变量

一辆汽车，除了有完成任务的能力外，还有一些属性，比如车身的颜色、车门的数量、油箱里的汽油量、当前速度和总行驶里程记录（即里程表读数）。与它的功能一样，车的属性同样包含在设计图纸中，也是设计的一部分（例如，设计图纸中包括里程表和燃料表的设计）。当在驾驶一辆真实的汽车时，它就已经具有这些属性了。每辆汽车保存自身的属性，例如，每辆汽车知道自己油箱里的油量，但不知道其他汽车油箱里的油量。

类似地，在程序中使用的对象也具有一些属性，这些属性被指定为对象所属类的一部分。例如，一个银行账户对象有一个余额属性，用来表示账户中的金额。每个银行账户对象知道自身所代表的账户的余额，但不知道该银行中其他账户的余额。属性由类的**实例变量**所指定。一个类（及其对象）的属性和方法密切相关，因此类可以封装这些属性和方法。

继承

我们可以通过**继承**方便地创建新的对象类，这个新类（称为**子类**）包含现有类（称为**超类**）的所有特征，同时新类可以重定义这些特征，或者添加自己的专属特征。在我们的汽车类比中，一个“敞篷车”类对象当然也是一个更一般的“汽车”类对象，但更具体而言，它的车顶是可以升降的。

面向对象分析和设计

很快就可以用Python编写程序了。你会如何为程序编写代码（即程序指令）呢？也许像许多程序员一样，你只需要简单地打开计算机然后开始敲代码。这种方法可能适用于小型程序（就像我们在本书前几章中展示的那些程序），但如果是要求创建一个软件系统，用于管理控制一家大银行的数千台自动柜员机呢？又或者假设你被要求在一个由1000名软件开发人员组成的团队中工作，来开发下一代的空中交通管制系统呢？对于如此大型而复杂的项目，不应该只是简单地坐下来然后就开始编写程序。

为了创建最好的解决方案，应该遵循一个详细的**分析**过程来确定项目**需求**（例如，确定系统的用途），然后开发一个满足需求的**设计方案**（例如，指明系统应该如何做）。理想情况下，在编写代码之前，应该经历这个过程，并仔细审查设计方案，同时让其他专业软件人员审查设计方案。如果这个过程涉及从面向对象的视角分析和设计系统，那么可以称之为**面向对象分析和设计过程**[Object-Oriented Analysis-and-Design（OOAD）process]。像Python这样的语言就是面向对象的，使用面向对象语言的编程就称为**面向对象程序设计**（Object-Oriented Programming，OOP）。面向对象程序设计使得可以将面向对象设计实现为工作系统。

自我测验

1.（填空题）为了创建最好的解决方案，应该遵循一个详细的分析过程来确定项目________（例如，确定系统的用途），然后开发一个满足需求的设计方案（例如，指明系统应该如何做）。

答案：需求。

2.（填空题）对象的大小、形状、颜色和重量称为对象所属类的________。

答案：属性。

3.（判断题）对象，或者更准确地来说，对象所属的类型，本质上是一种可复用的软件组件。

答案：正确。

1.6　操作系统

操作系统是使用户、应用开发者和系统管理员可以更方便地使用计算机的软件系统。操作系统提供的服务允许多个应用程序安全高效地并发执行。包含操作系统核心组件的软件称为**内核**。Linux、Windows和macOS是流行的桌面计算机操作系统，可以使用它们中的任意一个来学习本书。流行的智能手机和平板电脑移动操作系统是谷歌公司的Android和苹果公司的iOS。

Windows——一个私有的操作系统

在20世纪80年代中期，微软公司开发了**Windows操作系统**，它包含一个建立在DOS（磁盘操作系统）之上的图形化用户接口。在当时，DOS是一个广泛流行的个人计算机操作系统，用户通过键入命令与操作系统交互。Windows 10 是微软最新的操作系统，它包括用于语音交互的个人助手小娜。Windows 是一个私有操作系统，它由微软完全控制。Windows 是目前世界上使用最广泛的桌面操作系统。

Linux——一个开源的操作系统

Linux 操作系统是开源运动最伟大的成果之一。开源软件摒弃了在早期主导软件开发的私有软件开发风格。在开源软件的开发中，个人和公司可以贡献自己的力量来开发、维护和改进软件，来换取为自身目的使用该软件的权利，这通常是免费的。与私有软件相比，开源软件的代码通常会经历更多受众的审查，因此错误通常会更快地被移除。同时，开源运动也鼓励创新。

在开源社区中有许多著名组织：

- **Python 软件基金会**（负责 Python 社群中的各项工作）。
- **GitHub**（提供管理开源项目的工具，其中有数百万个正在开发的开源项目）。
- **Apache 软件基金会**（最初是 Apache 网页服务器的创建者，现在监管着 350 个开源项目，包括我们将在第 17 章中介绍的几个大数据基础设施技术）。
- **Eclipse 基金会**（Eclipse 集成开发环境有助于程序员方便地开发软件）。
- **Mozilla 基金会**（Firefox 网页浏览器的创建者）。
- **OpenML**（专注于机器学习方面的开源工具和数据，第 15 章将介绍机器学习的相关知识）。
- **OpenAI**（致力于人工智能的研究，发布了用于 AI 强化学习研究的开源工具）。
- **OpenCV**（专注于可以跨操作系统、语言无关的开源计算机视觉工具，第 16 章将介绍计算机视觉应用）。

计算和通信技术的快速发展、成本的降低和开源软件的出现使得现在创建基于软件的企业比十年前更容易、更经济。Facebook[㊀]就是一个很好的例子，它是在一个大学宿舍里使用开源软件建立的。

Linux 内核是最流行的开源的、自由发布的、功能齐全的操作系统的核心。它由一个组织松散的志愿者团队开发，在服务器、个人计算机和嵌入式系统（如智能手机、智能电视和汽车系统中的核心计算机系统）领域很受欢迎。与微软的 Windows 和苹果的 macOS 等私有操作系统不同，Linux 源代码（程序代码）对公众开放，任何人都可以对其进行检查和修改，并且可以免费下载和安装。因此，Linux 用户受益于一个巨大的开发人员社区对于内核的积极调试和改进，以及可以定制操作系统以满足特定需求的能力。

苹果的 macOS 和用于 iPhone 和 iPad 设备的 iOS

苹果公司由史蒂夫·乔布斯和史蒂夫·沃兹尼亚克在 1976 年创立，迅速成为了个人计算机领域的领导者。1979 年，乔布斯和几个苹果公司的员工去参观施乐公司的 PARC（Palo Alto 研究中心），见识到了施乐公司的具有图形化用户界面（Graphical User Interface，GUI）的台式计算机。这种图形化用户界面的思想正是苹果公司在 1984 年推出的 Macintosh 计算机的灵感来源。

由 Stepstone 在 20 世纪 80 年代早期创建的 Objective-C 编程语言为 C 语言增加了面向对象程序设计的功能。史蒂夫·乔布斯于 1985 年离开苹果公司并创立了 NeXT 公司。

㊀ 现已更名为 Meta。——编辑注

1988年，NeXT从Stepstone那里获得了Objective-C的许可，开发了Objective-C编译器和库，它们被用作NeXTSTEP操作系统用户接口和Interface Builder的平台，其中Interface Builder用于构建图形化用户界面。

1996年苹果收购NeXT，乔布斯重返苹果公司。苹果公司的**macOS操作系统**是NeXTSTEP操作系统的后继系统。苹果公司的私有操作系统iOS源自macOS，在iPhone、iPad、Apple Watch和Apple TV设备中使用。2014年，苹果公司推出了一个新的编程语言Swift，并于2015年开源。大部分iOS应用开发社区已经从Objective-C转向了Swift。

谷歌公司的Android

Android基于Linux内核以及Java编程语言开发，是成长最快的移动和智能手机操作系统，并且是开源免费的。

idc.com的数据显示，截至2018年，Android占据全球智能手机市场的份额为86.8%，苹果为13.2%[⊖]。Android操作系统被广泛应用于智能手机、电子阅读器、平板电脑、店内触摸屏、汽车、机器人、多媒体播放器等设备上。

数十亿的设备

在今天，有数十亿的个人计算机和甚至更大数目的移动设备在被使用。下面的表格列举了许多计算机化设备。手机、平板电脑和其他设备的爆炸式增长为开发移动应用程序创造了巨大的机会。现在有各种各样的工具可以让我们使用Python来开发Android和iOS应用程序，包括BeeWare、Kivy、PyMob、Pythonista等。其中许多都是**跨平台**的，这意味着我们可以使用它们来开发在Android、iOS和其他平台（如Web）上都能运行的应用程序。

计算机化设备		
访问控制系统	飞机系统	ATM
汽车	蓝光光碟播放器	楼宇控制
有线电视盒	复印机	信用卡
CT扫描仪	台式电脑	电子阅读器
游戏机	GPS导航系统	家用电器
家庭安全系统	IOT网关	电灯开关
逻辑控制器	摇号系统	医疗设备
移动电话	MRI	网络交换器
光学传感器	停车场管理系统	个人电脑
销售点终端	打印机	机器人
路由器	服务器	智能卡
智能仪表	智能笔	智能手机
平板电脑	电视	恒温器
交通通行证	电视机顶盒	车辆诊断系统

自我测验

1.（填空题）Windows是一个________的操作系统，它由微软完全控制。

⊖ https://www.idc.com/promo/smartphone-market-share/os.

答案：私有。

2.（判断题）与开源软件相比，私有软件的代码通常会经历更多受众的审查，因此错误通常会更快地被移除。

答案：错误。与私有软件相比，开源软件的代码通常会经历更多受众的审查，因此错误通常会更快地被移除。

3.（判断题）相比于 Android，iOS 占据了全球智能手机市场的主要份额。

答案：错误。Android 目前占据着智能手机市场的主要份额。

1.7 Python

Python 是一种面向对象的脚本语言，于 1991 年公开发布，由位于阿姆斯特丹的荷兰国家数学与计算机科学研究中心的 Guido van Rossum 开发。

Python 迅速变成了世界上最流行的编程语言之一，现在在教育和科学计算领域特别流行[一]，并且在最近超过 R 语言成为最流行的数据科学编程语言[二][三][四]。下面是 Python 这么流行以及每个人都应该考虑学习它的一些原因[五][六][七]：

- Python 是开源免费的，并且可以通过一个庞大的开源社区轻松地获取。
- Python 比 C、C++、C# 和 Java 等语言更容易学习，使得初学者和专业开发人员都能很快上手。
- 相比于其他流行的编程语言，Python 代码更容易阅读。
- Python 被广泛应用于教育中[八]。
- Python 有大量标准库和数千个第三方开源库，这极大地提高了开发人员的工作效率。程序员可以更快地编写代码，使用最少的代码来执行复杂的任务。我们将在 1.8 节中对此进行更深入的讨论。
- 有大量免费开源的 Python 应用程序。
- Python 在 Web 开发中很流行（例如 Django、Flask）。
- Python 支持流行的编程范式，包括过程式、函数式、面向对象式和反射式[九]。我们将在第 4 章开始介绍函数式编程的特性，并且在后续的章节中使用。
- Python 简化了并发程序设计的过程。使用 asyncio 和 async/await，可以编写单线程风格的并发代码[十]，这极大地简化了编写、调试和维护并发代码的过程[十一]。
- 有许多可以增强 Python 性能的途径。
- 从简单的脚本到拥有大量用户的复杂的应用程序，都可以使用 Python 来构建，例如

[一] https://www.oreilly.com/ideas/5-things-to-watch-in-python-in-2017.

[二] https://www.kdnuggets.com/2017/08/python-overtakes-r-leader-analytics-data-science.html.

[三] https://www.r-bloggers.com/data-science-job-report-2017-r-passes-sas-but-python-leaves-them-both-behind/.

[四] https://www.oreilly.com/ideas/5-things-to-watch-in-python-in-2017.

[五] https://dbader.org/blog/why-learn-python.

[六] https://simpleprogrammer.com/2017/01/18/7-reasons-why-you-should-learn-python/.

[七] https://www.oreilly.com/ideas/5-things-to-watch-in-python-in-2017.

[八] Tollervey, N., Python in Education: Teach, Learn, Program (O'Reilly Media, Inc., 2015).

[九] https://en.wikipedia.org/wiki/Python_(programming_language).

[十] https://docs.python.org/3/library/asyncio.html.

[十一] https://www.oreilly.com/ideas/5-things-to-watch-in-python-in-2017.

Dropbox、YouTube、Reddit、Instagram 和 Quora[一]。
- 人工智能正在迅速发展，而 Python 在人工智能领域非常流行，这之中有部分原因是人工智能与数据科学间存在的特殊关系。
- Python 在金融界也有广泛的应用[二]。
- 现在对于跨多个领域的 Python 程序员而言有非常多的工作机会，尤其是面向数据科学的职位，而且 Python 工作是所有编程工作中报酬最高的工作之一[三][四]。

Anaconda Python 发行版

我们在这本书中使用 Anaconda Python 发行版，因为它非常容易在 Windows、macOS 和 Linux 上安装，并且支持最新版本的 Python（编写此书时是 3.7 版）、IPython 解释器（将在 1.10.1 节介绍）以及 Jupyter Notebook（将在 1.10.3 节介绍）。Anaconda 还包含了其他在 Python 编程和数据科学中常用的软件包和库，使得学生能够专注于学习 Python、计算机科学和数据科学，而不会被软件安装问题所困扰。IPython 解释器[五]具有一些很好的特性，可以帮助学生和高级开发人员使用 Python、Python 标准库和大量第三方库进行探索、发现和实验。

Python 之禅

我们坚持 Tim Peters 的 Python 之禅，其中总结了 Python 创造者 Guido van Rossum 设计 Python 语言的原则。Python 之禅可以在 IPython 中输入 `import this` 命令查看。Python 之禅在 Python 增强提案（Python Enhancement Proposal，PEP）20 中定义。“PEP 是一系列设计文档，可以给 Python 社区提供信息，或是描述 Python 的一个新特性、过程或环境。”[六]

自我测验

1.（填空题）________总结了 Python 创造者 Guido van Rossum 设计 Python 语言的原则。

答案： Python 之禅。

2.（判断题）Python 编程语言支持流行的编程范式，包括过程式、函数式、面向对象式和反射式。

答案： 正确。

3.（判断题）R 语言是最流行的数据科学编程语言。

答案： 错误。Python 在最近超过了 R 语言成为最流行的数据科学编程语言。

1.8　库

纵观本书，我们始终专注于使用现有库来帮助避免重复工作，从而充分利用在项目开发中花费的精力。通常来说，与其消耗时间花费很多成本来开发大量的源代码，可以简单地使用现有库中的类来创建对象，而这仅需要一条 Python 语句。因此，库将帮助我们使用适量的代码来执行重要的任务，将使用广泛的 Python 标准库、数据科学库和其他第三方库。

[一] https://www.hartmannsoftware.com/Blog/Articles_from_Software_Fans/Most-FamousSoftware-Programs-Written-in-Python.

[二] Kolanovic, M. and R. Krishnamachari, Big Data and AI Strategies: Machine Learning and Alternative Data Approach to Investing (J.P. Morgan, 2017).

[三] https://www.infoworld.com/article/3170838/developer/get-paid-10-programming-lan-guages-to-learn-in-2017.html.

[四] https://medium.com/@ChallengeRocket/top-10-of-programming-languages-with-the-highest-salaries-in-2017-4390f468256e.

[五] https://ipython.org/.

[六] https://www.python.org/dev/peps/pep-0001/.

1.8.1 Python 标准库

Python 标准库在文本/二进制数据处理、数学、函数式编程、文件/目录访问、数据持久性、数据压缩/归档、密码学、操作系统服务、并发编程、进程间通信、网络协议、JSON/XML/其他互联网数据格式、多媒体、国际化、GUI、调试、分析等方面提供了丰富的功能。下面列出了一些我们在代码示例中使用到的或者将在练习题中探索的 Python 标准库模块。

我们在书中使用到的一些 Python 标准库模块	
collections——提供了列表、元组、字典和集合之外的数据结构。 csv——处理以逗号分隔值的文件。 datetime、time——日期和时间操作。 decimal——定点和浮点运算，包括货币计算。 doctest——通过验证测试并将预期结果嵌入文档字符串中来进行简单的单元测试。 json——JavaScript 对象表示法（JavaScript Object Notation, JSON）的相关处理，用于 Web 服务和 NoSQL 文档数据库。 math——常用的数学常量和操作。	os——和操作系统进行交互。 timeit——性能分析。 queue——一种先进先出的数据结构。 random——产生伪随机数。 re——用于模式匹配的正则表达式。 sqlite3——SQLite 关系数据库的访问。 statistics——数理统计函数，如求均值、中位数、众数和方差。 string——字符串处理。 sys——命令行参数处理；标准输入、标准输出和标准错误流。

1.8.2 数据科学库

Python 在许多领域都有一个巨大的、快速增长的开源开发者社区。Python 之所以如此流行，其中最大的原因正是存在着大量由开源社区开发的开源库。我们的目标之一是通过创建代码示例、练习、项目（EEP）和实现案例的研究，让我们对 Python 编程有一个有趣的、有挑战的和愉快的了解，同时让我们实际参与数据科学的处理、使用重要的数据科学库等。我们将会惊奇地发现，只需用几行代码就可以完成大量任务。下表列出了各种流行的数据科学库。在学习我们的数据科学示例、完成相关练习和项目时，将会用到它们中的大部分。在可视化方面，我们首要关注 Matplotlib 和 Seaborn，但也有很多别的可视化库。在 http://pyviz.org/ 上有对 Python 可视化库的很好的总结。

流行的 Python 数据科学库
科学计算与统计 NumPy（Numerical Python）——Python 没有内置的数组数据结构，而是使用列表数据结构。列表虽然很方便，但是相对而言比较慢。NumPy 提供了更高效的 ndarray 数据结构来表示列表和矩阵，同时也提供了处理这些数据结构的常用操作。 SciPy（Scientific Python）——建立在 NumPy 上，SciPy 添加了科学处理的常用操作，例如积分、微分方程、额外的矩阵处理等。现在 scipy.org 控制 SciPy 和 NumPy。 StatsModels——为统计模型的估计、统计测试和统计数据探索提供支持。
数据处理和分析 pandas——一个非常流行的数据处理库。pandas 充分使用 NumPy ndarray，pandas 的两个关键的数据结构是 Series（一维）和 DataFrame（二维）。
可视化 Matplotlib——一个高度可定制的可视化和绘图库。支持的绘制格式包括常规图像、散点图、条形图、等高线图、饼状图、有向图、网格、极坐标、3D 和文本。 Seaborn——一个基于 Matplotlib 构建的高级可视化库。Seaborn 添加了更好看的可视化效果，提供了额外的可视化形式，同时使得我们可以使用更少的代码来创建可视化。
机器学习、深度学习和强化学习 scikit-learn——顶级机器学习库。机器学习是 AI 的一个子集，深度学习是机器学习中专注于神经网络方向的一个子集。

（续）

流行的 Python 数据科学库
Keras——最容易使用的深度学习库之一。Keras 运行在 TensorFlow（谷歌）、CNTK（微软的深度学习认知工具包）或者 Theano（蒙特利尔大学）上。
TensorFlow——来自谷歌，是最广泛使用的深度学习库。TensorFlow 使用 GPU（Graphics Processing Unit，图形处理单元）或者谷歌定制 TPU（Tensor Processing Unit，张量处理单元）来加速运算。TensorFlow 在 AI 和大数据分析中很重要，因为处理的需求非常巨大。我们将使用 TensorFlow 中内置的 Keras 版本。 OpenAI Gym——一个用于开发、测试和比较强化学习算法的库和环境。我们将在第 16 章的练习中探索它们。
自然语言处理（Natural Language Processing，NLP） NLTK（Natural Language Toolkit，自然语言工具包）——用于自然语言处理任务。 TextBlob——一个基于 NLTK 和模式 NLP 库的面向对象的 NLP 文本处理库。TextBlob 简化了许多 NLP 任务。 Gensim——类似于 NLTK，常用于为一组文档建立索引，然后确定另一个文档与索引中的每个文档的相似程度。我们将在第 12 章的练习中探索它们。

自我测验

1.（填空题）________可以帮助避免重复工作，从而充分利用在项目开发中花费的精力。

答案：库。

2.（填空题）________为许多常用的 Python 编程任务提供了丰富的功能。

答案：Python 标准库。

1.9 其他流行的编程语言

下面是对其他几种流行编程语言的简要介绍，在下一节中，我们将更深入地研究 Python：

- Basic 语言是达特茅斯学院在 20 世纪 60 年代开发的，目的是让初学者熟悉编程技术。它的许多最新版本都是面向对象的。
- C 语言是贝尔实验室的丹尼斯 · 里奇在 20 世纪 70 年代初发明的，最初是作为开发 UNIX 操作系统的语言而广为人知。如今，绝大多数通用操作系统和其他性能要求苛刻的系统的代码都使用 C/C++ 编写。
- C++ 语言由贝尔实验室的 Bjarne Stroustrup 在 20 世纪 80 年代早期基于 C 语言开发。C++ 提供了增强 C 语言的特性，并添加了对面向对象程序设计的支持。
- Java 语言——Sun Microsystems 公司于 1991 年资助了一个由 James Gosling 领导的内部企业研究项目，最后的成果就是基于 C++ 的面向对象程序设计语言 Java。Java 的一个核心目标是使开发者编写的程序可以运行在各种计算机系统上，这被称为“一次编写，到处运行”。Java 可用于开发企业应用程序、增强 Web 服务器（为网页浏览器提供内容的计算机）的功能、给消费级设备开发应用（例如智能手机、平板电脑、电视机顶盒、家电、汽车等）以及许多其他目的。最初 Java 是开发 Android 智能手机和平板电脑应用程序的核心语言，不过现在也支持其他几个语言了。
- C# 语言基于 C++ 和 Java，是微软 3 个主要的面向对象程序设计语言之一，其他两个是 Visual C++ 和 Visual Basic。C# 的开发是为了把 Web 集成到计算机应用程序中，现在被广泛用于开发不同类型的应用程序。作为微软在过去几年实施的许多开源计划的一部分，微软现在仍然提供 C# 和 Visual Basic 的开源版本。
- JavaScript 语言是最广泛使用的脚本语言，主要用于给网页添加可编程性，例如在网页上播放动画以及和用户交互。所有主流的网页浏览器都支持 JavaScript。许多 Python 可视化库输出 JavaScript 脚本作为可视化的一部分，从而使我们可以使用网页浏览器和这些可视化进行交互。像 NodeJS 这样的工具让 JavaScript 脚本可以运行在网页浏览器之外。

- Swift 语言由苹果公司在 2014 年推出，用于开发 iOS 和 maxOS 应用。Swift 是一种当代语言，包含来自 Objective-C、Java、C#、Ruby、Python 等语言的流行特性。Swift 是开源的，所以它也可以用在非苹果平台上。
- R 是一种流行的开源编程语言，主要用于统计应用程序和可视化。Python 和 R 是使用最广泛的两种数据科学语言。

自我测验

1.（填空题）如今，绝大多数通用操作系统和其他性能要求苛刻的系统的代码都使用________编写。

答案： C/C++。

2.（填空题）________的一个核心目标是使开发者编写的程序可以运行在各种计算机系统上，这被称为“一次编写，到处运行”。

答案： Java。

1.10 实践练习：使用 IPython 和 Jupyter Notebook

在这一节，将尝试使用两种模式下的 IPython 解释器[㊀]：

- 在**交互式模式**下，将键入少量的 Python 代码，被称为**代码片段**，并立即看到它们的执行结果。
- 在**脚本模式**下，将执行从扩展名为 `.py`（Python 的缩写）的文件中载入的代码。这种文件被称为**脚本**或**程序**，它们通常会长于在交互式模式下执行的代码片段。

接下来，将学习如何使用基于浏览器的环境（即 Jupyter Notebook）来编写和执行 Python 代码[㊁]。

1.10.1 将 IPython 的交互式模式当作计算器使用

让我们使用 IPython 的交互式模式来对一些简单的算数表达式进行求值。

以交互式模式进入 IPython

首先，在系统上打开一个命令行窗口：

- 如果是 macOS，从“应用程序”文件夹的“实用程序”子文件夹打开“终端”；
- 如果是 Windows，在开始菜单中打开“Anaconda Command Prompt”；
- 如果是 Linux，打开系统的“终端”或 shell（这因 Linux 发行版而异）；

在命令行窗口下，键入 `ipython`，然后按下 Enter 键（或 Return 键），然后会看到和下面类似的文本，这因平台和 IPython 版本的不同而存在些许差异：

```
Python 3.7.0 | packaged by conda-forge | (default, Jan 20 2019, 17:24:52)
Type 'copyright', 'credits' or 'license' for more information
IPython 6.5.0 -- An enhanced Interactive Python. Type '?' for help.

In [1]:
```

㊀ 在阅读本节之前，请遵循“开始阅读本书之前”部分的指示安装 Anaconda Python 发行版，其中包含了 IPython 解释器。

㊁ Jupyter 可以通过安装不同的“内核”来支持多种编程语言。更多信息参阅 https://github.com/jupyter/jupyter/wiki/Jupyter-kernels。

上图中的“In[1]:”是一个命令提示符，表示IPython正在等待输入。可以键入“?”来寻求帮助或者直接开始输入代码片段，正如我们即将要做的一样。

表达式求值

在交互式模式下，可以对表达式求值：

```
In [1]: 45 + 72
Out[1]: 117

In [2]:
```

在键入45+72然后按下Enter键后，IPython读取代码片段，对它进行求值然后输出结果到Out[1][㊀]。然后IPython显示In[2]命令提示符，表示它正在等待键入下一个代码片段。对每个新的代码片段，IPython就会把方括号里的数字增加1。书中每个In[1]命令提示符意味着我们开启了一个新的交互式会话，我们通常会在章中的每一个新节都这样做。

接下来让我们对一些更复杂的表达式进行求值：

```
In [2]: 5 * (12.7 - 4) / 2
Out[2]: 21.75
```

Python使用星号（*）表示乘法，正斜杠（/）表示除法。就像在数学运算中一样，括号里的表达式优先求值，所以先对括号表达式（12.7-4）求值，得到8.7，然后对5*8.7求值得到43.5，接下来对43.5/2求值得到结果21.75，也就是IPython在Out[2]中显示的数值。所有的整数，如5、4和2，都被称为**整型数**。含小数点的数字，如12.7、43.5和21.75，被称为浮点数。

退出交互式模式

可以通过以下途径退出交互式模式：

- 在当前In[]命令提示符后面键入exit命令然后按下Enter键即可立即退出。
- 按下<Ctrl>+d（或者<control>+d）组合键，然后会显示提示符“Do you really want to exit([y]/n)?”，y被中括号包起来意味着它是默认选项，按下Enter键提交默认选项即可退出。
- 连续按下2次<Ctrl>+d（或者<control>+d）组合键（仅限macOS和Linux）。

自我测验

1.（填空题）在交互式模式下，将键入少量Python代码，被称为________，并立即看到它们的执行结果。

答案：代码片段。

2.（填空题）在________模式下，将执行从扩展名为.py（Python的缩写）的文件中载入的代码。

答案：脚本。

3.（IPython会话）对表达式5 *(3 + 4)带括号和不带括号的版本分别求值，得到的结果一样吗？为什么一样或为什么不一样？

答案：会得到不一样的结果，因为代码片段[1]首先执行3 + 4，得到7，然后乘以5；代码片段[2]首先执行乘法5 * 3，得到15，再加上4。

㊀ 在下一章，我们将看到在某些情况下out[]不会被显示。

```
In [1]: 5 * (3 + 4)
Out[1]: 35

In [2]: 5 * 3 + 4
Out[2]: 19
```

1.10.2　使用 IPython 解释器执行 Python 程序

在这一节，将执行一个名为 `RollDieDynamic.py` 的脚本。在第 6 章，将会亲自编写这个脚本。**.py 文件扩展名**意味着这个文件包含 Python 源代码。`RollDieDynamic.py` 脚本模拟了一个六面骰子的滚动，运行它会展现一个色彩丰富的动画可视化，动态描绘着每一面朝上的频率。

切换到本章的示例文件夹

将在本书 `ch01` 源代码文件夹里找到这个脚本。在“开始阅读本书之前”部分应该把 `examples` 文件夹解压到用户账号的“文档”文件夹下。每个章节都有一个包含该章节的源代码的文件夹。文件夹的命名形式为 `ch##`，`##` 是一个两位数的章节号，数字从 01 到 17。首先打开系统的命令行窗口，接下来使用 `cd`（“切换目标文件夹”）命令来切换到 `ch01` 文件夹：

- 在 macOS/Linux 中，键入 `cd~/Documents/examples/ch01`，然后按下 Enter 键。
- 在 Windows 中，键入 `cd C:\Users\YourAccount\Documents\examples\ch01`，然后按下 Enter 键。

执行脚本

为了执行这个脚本，在命令行键入以下命令，然后按下 Enter 键：

```
ipython RollDieDynamic.py 6000 1
```

这个脚本会显示一个窗口来表现可视化。数字 `6000` 和 `1` 表示这个脚本掷骰子的总次数以及每次掷骰子的个数。在这个例子中，我们会更新这个图表 6000 次，每次掷 1 个骰子。

对于一个六面骰子来说，每个面朝上应该“等可能”出现，即每一面朝上的概率都为 1/6th 或者说大概是 16.667%。如果我们掷一个骰子 6000 次，我们应该期望看到每一面朝上的次数都为 1000。就跟抛硬币一样，掷骰子是*随机的*，所以会出现有些面朝上的次数少于 1000、有些正好 1000 以及有些大于 1000 的情况。我们在下文中放了一张在这个脚本执行过程中的屏幕截图。这个脚本随机生成骰子的值，所以结果可能有所不同。使用这个脚本进行实验，在 1 到 100 以及 1000 到 10 000 之间调整两个参数的值。注意，随着掷骰子的次数越来越多，骰子每一面朝上的频率趋于 16.667%。这是“大数定律”所展现的一种现象。

新建脚本

通常，我们会在文本编辑器中创建 Python 源代码。通过使用这个编辑器，可以编写一个程序，进行任何必要的修改，并将其保存在计算机中。**集成开发环境**（Integrated Development Environments，IDE）提供了给整个软件开发过程提供支持的工具，如编辑器、用于定位导致程序执行不正确的**逻辑错误**的调试器等。一些流行的 Python IDE 包括 Spyder（Anaconda 附带）、PyCharm 和 Visual Studio Code。

Roll the dice 6000 times and roll 1 die each time:

```
ipython RollDieDynamic.py 6000 1
```

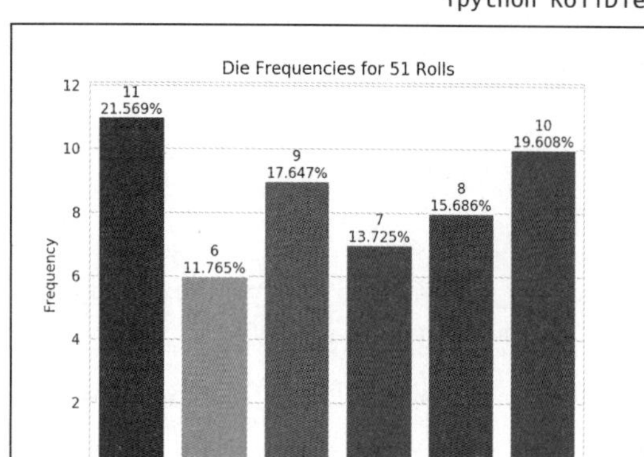

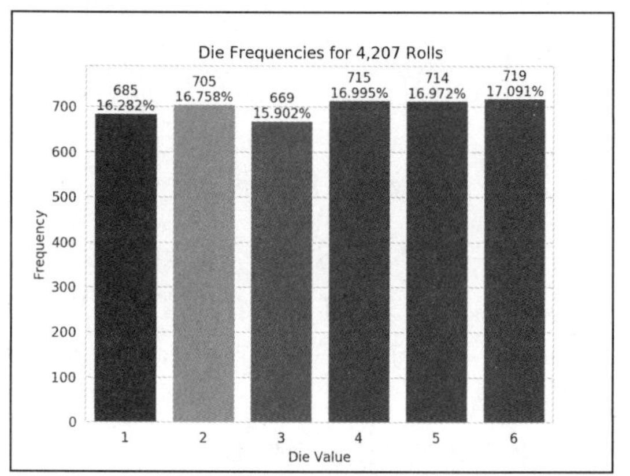

在执行过程中可能发生的错误

通常来说程序的第一次运行总是会出错。例如，一个执行中的程序可能会尝试除0操作（一个Python中的违法操作），这会导致该程序在屏幕上显示错误信息。如果执行某个脚本时发生了这个现象，应该回到编辑器，进行必要的修改然后重新运行这个脚本来确定这个问题是否被修复了。

像除0这种错误发生在程序运行时，所以它们被称为**运行时错误**或者**执行时错误**。**致命的运行时错误**会导致程序立即终止，从而无法成功地完成它们的工作。**非致命的运行时错误**允许程序执行完成，但通常会产生不正确的结果。

自我测验

1.（讨论题）当本节中的示例完成所有6000次投掷时，图表是否显示每个骰子面出现了大约1000次？

答案：大概率是的。这个示例基于随机数生成，所以结果可能会有所变化。因为这种随机性，大部分计数会稍高于或稍低于1000。

2.（讨论题）再次运行本节中的示例，得到的结果和前一次执行一致吗？

答案：大概不会一致。这个示例使用了随机数生成，所以执行成功后可能会产生不同的结果。在第4章，我们会展示如何强制让Python产生相同的随机数序列，这对可再现性很重要。可再现性是数据科学中很关键的一个主题，将在章节练习和整本书中进行研究。我们会希望其他数据科学家能够再现我们的结果，同样地，也希望自己可以再现自己的实验结果。当发现并修复了程序中的一个错误，然后想确保这个错误是否被正确修复了的时候，这将非常有用。

1.10.3　在Jupyter Notebook中编写和执行代码

在“开始阅读本节之前”小节安装的Anaconda Python发行版中附带了Jupyter Notebook——一个可以编写、执行代码并且可以将代码和文本、图片以及视频混合起来的交互式的、基于浏览器的开发实验环境。Jupyter Notebook广泛应用于科学界，特别是数据科学领域，是进行基于Python的数据分析研究和可再现地交流结果的首选方法。实际上Jupyter Notebook环境支持许多编程语言。

为了方便学习这本书中的示例，本书的所有源代码也提供Jupyter Notebook版本，可以轻松地加载和执行。在本节，将使用 **JupyterLab** 接口，JupyterLab 使得我们可以管理 notebook 文件和其他 notebook 用到的文件（例如图片和视频）。正如我们将看到的，JupyterLab 也使得编写代码、执行代码、查看结果、修改代码并重新执行更加方便。

我们将看到在 Jupyter Notebook 中编写代码和在 IPython 中编写代码很类似，事实上，Jupyter Notebook 默认使用的就是 IPython。在本节，将创建一个 notebook，然后添加 1.10.1 节中的代码并执行。

在浏览器中打开 JupyterLab

为了打开 JupyterLab，在终端、shell 或 Anaconda Command Prompt 中切换到 `ch01` 示例文件目录下（就像在 1.10.2 节中的一样），键入以下命令，然后按下 Enter 键（或 Return 键）：

```
jupyter lab
```

这将在电脑上执行 Jupyter Notebook 服务器，并在默认 Web 浏览器中打开 JupyterLab，然后在 JupyterLab 界面左侧的 File browser 选项卡

中显示 `ch01` 文件夹的内容：

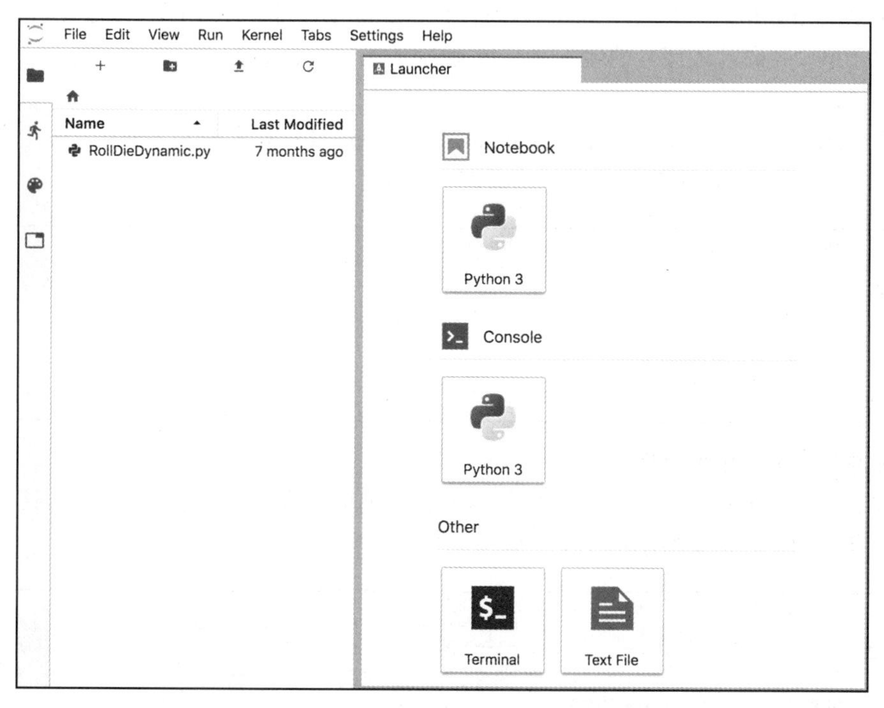

Jupyter Notebook 服务器使得我们可以在网页浏览器上加载和运行 Jupyter Notebook。从 JupyterLab 的 Files 选项卡，可以双击文件来在右边的窗口（也就是 Launcher 选项卡正在显示的地方）打开它们。每个打开的文件都会在这部分窗口显示为一个单独的选项卡。如果不小心关掉了浏览器，可以在网页浏览器中输入以下地址来重新打开 JupyterLab：

```
http://localhost:8888/lab
```

创建一个新的 Jupyter Notebook

在 Notebook 下的 Launcher 选项卡下，单击 Python 3 按钮来创建一个新的名为 `Untitled.ipynb` 的 Jupyter Notebook，可以在其中编写和执行 Python 3 代码。文件扩展名 **`.ipynb`** 是

IPython Notebook 的缩写，IPython Notebook 也是 Jupyter Notebook 最初的名字。

重命名 Notebook

把 `Untitled.ipynb` 重命名为 `TestDrive.ipynb`：

1. 右键单击 `Untitled.ipynb` 选项卡并选择 Rename Notebook….
2. 将文件名改为 `TestDrive.ipynb` 并单击 RENAME。

JupyterLab 的顶部应该显示如下：

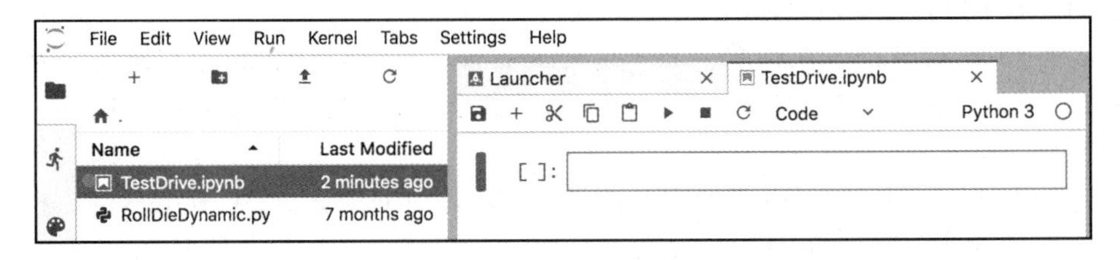

表达式求值

notebook 中的工作单位是一个**单元格**，可以在其中输入代码片段。默认情况下，一个新的 notebook 只包含一个单元格，也就是 `TestDrive.ipynb` notebook 中的长方形，当然可以添加更多的单元格。在单元格的左侧，符号 `[]`：是在执行完单元格后，Jupyter Notebook 将显示单元格中代码片段序号的地方。在单元格中单击，然后键入以下表达式：

```
45 + 72
```

在单元格中按下 Ctrl + Enter（或 control + Enter）组合键来执行单元格中的代码。JupyterLab 会在 IPython 中执行代码，然后在单元格下面显示结果：

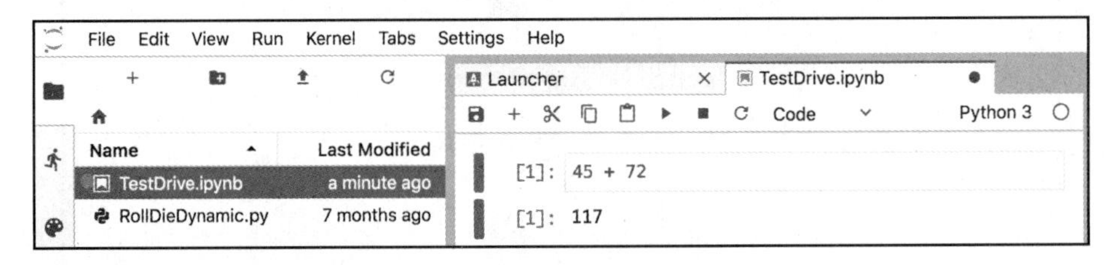

添加并执行另一个单元格

让我们执行一个更复杂的表达式求值。首先，单击在第一个单元格上方的工具栏的 + 按钮，这会在当前单元格下面添加一个新的单元格：

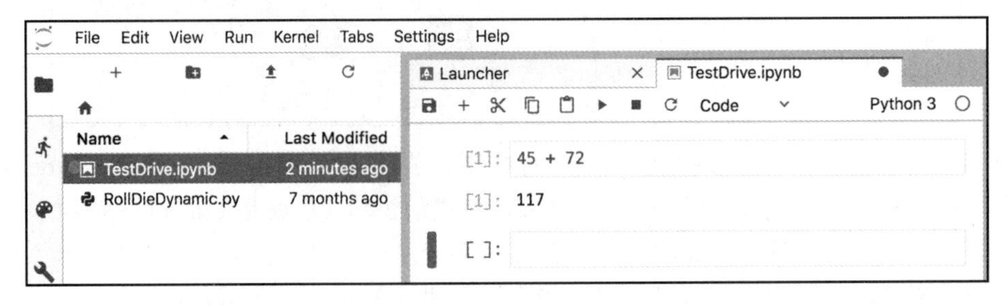

单击新的单元格，然后键入表达式：

```
5 * (12.7 - 4) / 2
```

然后按下 Ctrl + Enter（或 control + Enter）组合键来执行这个单元格：

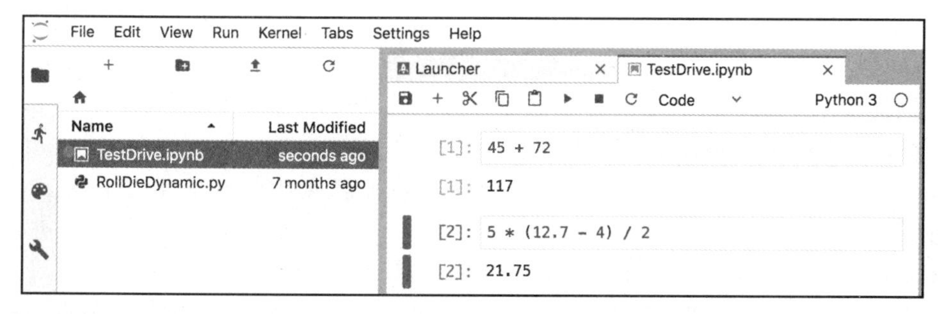

保存 Notebook

如果 notebook 有未保存的修改，notebook 选项卡的 X 会变成●。选择 JupyterLab 的 File 菜单（不是在浏览器窗口的顶部），然后选择 Save Notebook 来保存 notebook。

提供每章代码示例的 Notebook

为了方便学习，每章的代码示例同样会提供不包含输出的可以直接执行的 notebook。这使得在学习过程中可以逐个执行代码片段然后查看输出。

接下来我们将展示如何加载一个已有的 notebook 并执行它的单元格。我们先重置 `TestDrive.ipynb` 这个 notebook 来去掉输出部分和代码片段序号，这会把它还原到和我们为后续章节示例提供的 notebook 一致的状态。从 Kernel 菜单选择 Restart Kernel and Clear All Outputs…，然后单击 RESTART 按钮，这个命令在想重新执行 notebook 中的代码片段时同样很有帮助。重置后的 notebook 应该显示如下：

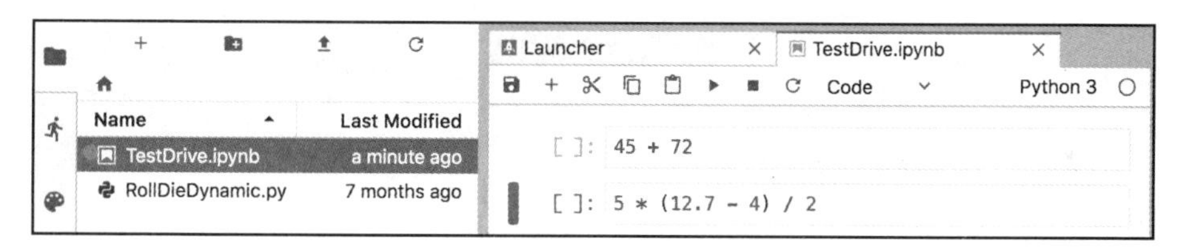

从 File 菜单选择 Save Notebook，然后单击 `TestDrive.ipynb` 选项卡的 X 按钮来关闭 notebook。

打开并执行一个已有的 Notebook

当从我们提供的章节示例代码目录下启动 JupyterLab 时，可以打开当前目录下或者子目录下的所有 notebook。在找到想打开的 notebook 的位置后，就可以双击来打开它。现在重新打开 `TestDrive.ipynb` notebook，在打开一个 notebook 之后，就可以单独地执行每个单元格，就像前面做的一样；或者也可以单击 Run 菜单栏的 Run All Cells 来一次执行整个 notebook，然后 notebook 会按顺序执行单元格，并在每个单元格下面显示该单元格的输出。

关闭 JupyterLab

当完成 Jupyter 中的工作后，可以关闭浏览器选项卡，然后在启动 JupyterLab 服务的终端、shell 或 Anaconda Command Prompt 中连续按下两次 Ctrl + c（或 control + c）组合键来关闭 JupyterLab。

JupyterLab 小技巧

当使用 JupyterLab 时，会发现这些小技巧很有帮助：

- 如果需要输入并执行多个代码片段，可以通过键入 Shift + Enter 而不是 Ctrl + Enter（或 control + Enter）来执行当前单元格并在其下添加一个新的单元格。

- 当进入后续章节的学习时，有些需要键入 Jupyter Notebook 的代码片段会包含很多行代码，这时可以单击 JupyterLab 的 View 菜单栏中的 Show line numbers 来显示每一个单元格内的行数。

更多关于使用 JupyterLab 的信息

JupyterLab 还有非常多有用的特性，我们推荐读者在如下网址阅读 Jupyter 团队对 JupyterLab 的介绍：

`https://jupyterlab.readthedocs.io/en/stable/index.html`

可以单击 GETTING STARTED 下面的 Overview 来快速了解 JupyterLab。同时，可以在 USER GUIDE 下阅读对 The JupyterLab Interface、Working with Files、Text Editor 和 Notebook 的介绍来了解更多额外的特性。

自我测验

1.（判断题）Jupyter Notebook 是进行基于 Python 的数据分析研究和可再现地交流结果的首选方法。

答案：正确。

2.（Jupyter Notebook 会话题）确保 JupyterLab 正在运行，然后打开 `TestDrive.ipynb` notebook。添加并执行两个代码片段，分别对表达式 `5 * (3 + 4)` 带括号和不带括号的版本求值。我们将看到和 1.10.1 节自我测验练习 3 中一样的结果。

答案：

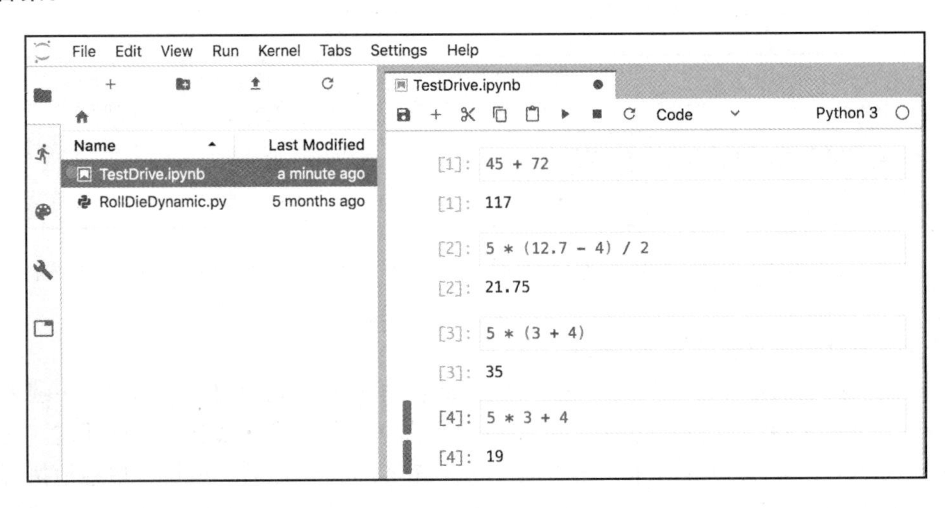

1.11 互联网和万维网

在 20 世纪 60 年代后期，ARPA（美国国防部的高级研究计划局）推出了一项计划，该计划准备将大约 12 所 ARPA 资助的大学以及研究机构的主要计算机系统使用网络连接到一起。这些计算机使用通信线路连接，通信线路的运行速度为 5 万比特每秒，在大多数人（有网络接入的少数人中的大多数）以 110 比特每秒的速度通过电话线来连接计算机的时候，这是一个相当惊人的速度，学术研究即将有一个巨大的飞跃。ARPA 继续将其实现成了 ARPANET，也就是**互联网**的前身。在今天，最快的网速能达到数十亿比特每秒，而兆比特每秒的网速已经在测试中了！[㊀]

㊀ https://testinternetspeed.org/blog/bt-testing-1-4-terabit-internet-connections/.

但事情的发展和最初的计划有所不同。尽管 ARPANET 使得研究者可以把他们的计算机使用网络连接起来，但后来事实证明，它带来的主要好处是使得人们能够通过所谓的电子邮件（e-mail）来进行快速且便捷的通信。即便在今天的互联网上也是如此，电子邮件、即时通信、文件传输以及 Snapchat、Instagram、Facebook 和 Twitter 等社交媒体让全球数十亿人能够快速便捷地交流。

在 ARPANET 上进行通信的协议（规则的集合）被称为**传输控制协议**（Transmission Control Protocol，TCP）。TCP 确保信息（由按顺序编号的“包”组成，一个包仅包含信息的一部分）被正确地从发送方传递到接收方，确保它们可以完好无损地到达并按正确的顺序组装。

1.11.1 互联网：网络的网络

在 Internet 早期发展的同时，世界各地的组织都在为组织内（即组织内部）和组织间（即组织之间）的通信实现自己的网络，因此出现了大量网络相关的硬件和软件。这时，如何使这些不同的网络可以互相通信成为了一个挑战。最终 ARPA 通过开发**互联网协议**（Internet Protocol，IP）解决了这个问题，创建了一个真正的“网络的网络”，也就是我们今天的互联网的架构。合并后的协议集现在称为 **TCP/IP**。每个由互联网连接起来的设备都有一个 **IP 地址**，IP 地址是那些通过 TCP/IP 通信的设备用来在互联网上相互定位的唯一数字标识符。

企业迅速意识到，通过使用互联网，他们可以改善运营并为客户提供新的、更好的服务。各路公司开始投入大量资金来发展和增强他们在互联网上的影响力。这引发了通信运营商、硬件和软件供应商之间的激烈竞争，为满足日益增长的基础设施需求。最终，互联网上的**带宽**（即通信线路的信息承载能力）得到了极大的提高，而硬件成本却直线下降。

1.11.2 万维网：使互联网变得对用户友好

万维网（World Wide Web，简称“Web”）是与互联网相关联的硬件和软件的集合，它允许计算机用户定位和查看几乎所有主题的文档（可以是文本、图形、动画、音频和视频的各种组合）。1989 年，欧洲核子研究组织的 Tim Berners-Lee 开始开发**超文本标记语言**（HyperText Markup Language，HTML），这是一种可以通过“超链接”文本文档共享信息的技术。他还编写了通信协议，如**超文本传输协议**（HyperText Transfer Protocol，HTTP），来形成他新创的超文本信息系统的主干，他称之为万维网。

1994 年，Berners-Lee 创建了**万维网联盟**（World Wide Web Consortium，W3C，https://www.w3.org），致力于开发 Web 技术。W3C 的主要目标之一是让所有人都能同样地访问 Web，而不受残疾、语言或者文化的影响。

1.11.3 云计算

在今天，越来越多的计算在“云”上完成，也就是分布在全球范围内的互联网上。日常使用的应用很大程度上依赖于各种**云计算服务**，这些服务使用了大量计算资源（计算机、处理器、内存、磁盘驱动器等）的集群和数据库，这些数据库通过互联网和彼此以及使用的应用通信。一个在互联网上提供自身访问的服务被称为 **Web 服务**。接下来我们会看到，在 Python 中使用云计算服务通常和创建一个软件对象并和它交互一样简单，这个对象接下来会使用以用户的名义连接到云端的 Web 服务。

纵观第12～17章的示例和练习，将会用到许多云计算服务：

- 在第13章和第17章，将使用推特的Web服务（通过Python库Tweepy）来获取与特定推特用户有关的信息，可以搜索最近7天的推文或者实时接收推文数据流。
- 在第12章和第13章，将使用Python库TextBlob在不同语言间翻译文本。在这背后，TextBlob使用了Google翻译的Web服务来实现翻译的功能。
- 在第14章，将使用IBM Watson的Text to Speech、Speech to Text和Translate服务，然后会实现一个旅者助手翻译程序，使得我们可以用英语读问题，然后把语音转换为文本，再把文本翻译为西班牙语，然后把西班牙语的文本读出来。然后这个程序允许使用西班牙语回应（如果不会说西班牙语，我们提供了一个音频文件供使用），把西班牙语音转换为文本，再把文本翻译为英语，然后使用英语来回应。在第14章中，通过IBM Watson的演示，还将体验许多其他Watson的云服务。
- 在第17章学习如何使用Apache的Hadoop和Spark来实现大数据应用时，会用到微软Azure的HDInsight服务和其他Azure的Web服务。Azure是微软云服务的集合。
- 在第17章，将使用Dweet.io的Web服务来模拟一个联网的恒温器，可以在线发布温度读数。还将使用一个基于Web的服务来创建一个“仪表盘”，来将随着时间变化的温度读数可视化，并在温度过低或过高时发出警告。
- 在第17章，将使用一个基于Web的仪表板来可视化来自PubNub Web服务的模拟实时传感数据流。还会创建一个Python应用，来可视化PubNub模拟的实时股价变化数据流。
- 将在许多练习中研究、探索和使用Wikipedia的Web服务。

在大多数情况下，只需要新建Python对象，这个对象会代表用户和Web服务交互，而隐藏了如何通过互联网访问这些服务的细节。

mashup

mashup的应用程序开发方法学使得我们可以通过结合补充的Web服务和其他形式的信息流（就像在我们的IBM Watson旅行助手翻译程序中将要做的一样）来迅速开发强大的软件应用程序，且这个过程通常是免费的。首先会使用的mashup之一将http://www.craigslist.org提供的房地产清单与Google Maps的绘图功能结合起来，提供显示给定地区待售或出租房屋位置的地图。

ProgrammableWeb（http://www.programmableweb.com/）提供了一个超过20 750个Web服务和接近8000个插件的目录。它们还提供了关于如何使用Web服务以及如何创建自己的mashup的指南和示例代码。根据它们的网站，一些最广泛使用的Web服务是Facebook、Google Maps、Twitter和YouTube。

1.11.4　物联网

互联网不再只是计算机的网络，它还是一个**物联网**（Internet of Things，IoT）。“物”是指任何拥有IP地址以及能够通过互联网自动发送（在某些情况下接收）数据的对象。这样的物有：

- 可支持自动付费的汽车；
- 车库里监视停车位可用性的监控；
- 植入人体的心脏监测器；

- 水质监视器；
- 一个可以报告能源使用量的智能电表；
- 辐射探测器；
- 仓库中的物品追踪器；
- 可以追踪移动和位置信息的移动应用；
- 根据天气预报和家里的活动程度调节房间温度的智能恒温器；
- 智能家居。

根据 statista.com 的数据，现在有超过 230 亿的物联网设备在使用，到 2025 年这个数字将会超过 750 亿[⊖]。

自我测验

1. (填空题)________是互联网的前身。

答案：ARPANET。

2. (填空题)________(简称“ Web”) 是与互联网相关联的硬件和软件的集合，它允许计算机用户定位和查看几乎所有主题的文档（可以是文本、图形、动画、音频和视频的各种组合）。

答案：万维网（World Wide Web）。

3.(填空题) 在物联网中，“物”是指任何拥有________以及能够通过互联网自动发送（在某些情况下接收）数据的对象。

答案：IP 地址。

1.12 软件技术

当学习并进行软件开发时，会频繁地遇到以下术语：

- **重构：**重新构造程序，使它们更清晰、更容易维护，同时保持它们的正确性和保留程序原有的功能。许多 IDE 都包含内置的*重构工具*来自动完成重构的主要部分。
- **设计模式：**成熟的软件架构，使用这些架构可以构建灵活和可维护的面向对象软件。设计模式领域试图列举那些重复出现的模式，鼓励软件设计者*重用*它们，从而可以花费更少的时间、金钱和精力来开发质量更高的软件。
- **云计算：**可以使用存储在“云端”的按需提供的软件和数据，即通过互联网从一个远程的计算机（或服务器）上访问，而不是将其存储在本地的台式机、笔记本计算机或移动设备上。这允许在任何给定时间增加或减少计算资源来满足需求，相比于为满足偶尔的峰值需求而购买硬件来提供足够的存储和处理能力来说更划算。云计算还通过将管理这些应用的负担（例如安装和升级软件、保证应用安全性、管理备份和崩溃恢复）转移给服务提供商来节省资金。
- **软件开发工具包（SDK）：**开发者用来编写应用程序的工具和文档。例如，在第 14 章，将在一个 Python 应用程序中使用 Watson Developer Cloud Python SDK 来和 IBM Watson 服务进行交互。

自我测验

(填空题)________是一个重新构造程序，使它们更清晰、更容易维护，同时保持它们的

⊖ https://www.statista.com/statistics/471264/iot-number-of-connected-devices-world-wide/.

正确性和保留程序原有的功能的过程。

答案：重构。

1.13 大数据有多大

对于计算机科学家和数据科学家来说，数据现在和编写程序同样重要。根据 IBM 的数据，每天大约产生 2.5×10^{18} 字节大小的数据㊀，而全世界 90% 的数据是在过去的两年产生的㊁。根据 IDC 的数据，到 2025 年，全球数据供应量将达到每年 1750ZB（相当于 17 500GB 或 1750TB）㊂。下面是各种流行的数据度量的示例。

兆字节（MB）

一兆字节大约是一百万（实际上是 2^{20}）字节。许多我们日常使用的文件基本上都需要一个或多个 MB 的存储。下面是一些例子：

- MP3 音频文件——高品质的 MP3 音频每分钟大小可达 1 到 2.4MB 不等㊃。
- 照片——用数码相机拍摄的 JPEG 格式照片每张大约需要 8 到 10MB。
- 视频——智能手机的相机可以以多种分辨率来拍摄视频。每分钟视频可能需要许多兆字节的存储空间。例如，在我们的一款 IPhone 上，**相机**设置应用报告 1080p、30 帧每秒（FPS）的视频需要 130M/ 分钟，而 4K、30FPS 的视频需要 350M/ 分钟。

千兆字节（GB）

一千兆字节大概是 1000 兆字节（实际上是 2^{30} 字节）。一个双层的 DVD 可以存储高达 8.5GB 的数据㊄，相当于：

- 141 个小时的 MP3 音频；
- 大约 1000 张由 1600 万像素的摄像头拍摄的照片；
- 大约 7.7 分钟的 1080p、30FPS 视频；
- 大约 2.85 分钟的 4K、30FPS 视频。

当前最大容量的超高清蓝光光盘可以存储高达 100GB 的视频㊅。播放 4K 电影每小时可用 7GB 到 10GB（需要高度压缩）。

兆兆字节（TB）

一兆兆字节大约是 1000 千兆字节（实际上是 2^{40} 字节）。最近的台式电脑硬盘的大小高达 15TB㊆，相当于：

- 长度大概为 28 年的 MP3 音频；
- 大约 168 万张由 1600 万像素的摄像头拍摄的照片；
- 大约 226 小时的 1080p、30FPS 视频；
- 大约 84 小时的 4K、30FPS 视频。

㊀ https://www.ibm.com/blogs/watson/2016/06/welcome-to-the-world-of-a-i/.

㊁ https://public.dhe.ibm.com/common/ssi/ecm/wr/en/wrl12345usen/watson-customer-engagement-watson-marketing-wr-other-papers-and-reports-wrl12345usen-20170719.pdf.

㊂ https://www.networkworld.com/article/3325397/storage/idc-expect-175-zettabytes-of-data-worldwide-by-2025.html.

㊃ https://www.audiomountain.com/tech/audio-file-size.html.

㊄ https://en.wikipedia.org/wiki/DVD.

㊅ https://en.wikipedia.org/wiki/Ultra_HD_Blu-ray.

㊆ https://www.zdnet.com/article/worlds-biggest-hard-drive-meet-western-digitals-15tb-monster/.

Nimbus Data 目前拥有容量最大的高达 100TB 的固态硬盘，可以存储上述 15-TB 音频、照片和视频示例的 6.67 倍[一]。

PB、EB 和 ZB

现在每天有接近 40 亿人在线产生大约 2.5×10^{18} 字节的数据[二]，也可以说是 2500PB（每 PB 大约是 1000TB）或者 2.5EB（每 EB 大约是 1000PB）大小的数据。根据 2016 年 3 月 *Analytics Week* 的一篇文章，五年内将有超过 500 亿台设备连接到互联网（其中大部分通过物联网来连接，也就是我们在 1.11.4 节和 17.8 节讨论的）。到 2020 年，地球上的每一个人在每秒将产生 1.7 兆字节的新数据[三]。按今天的人口数（大约 77 亿人[四]）来算的话，大概是

- 每秒 13PB 的新数据；
- 每分钟 780PB；
- 每小时 46 800PB（46.8EB）；
- 每天 1123EB，或者每天 1.123ZB（每 ZB 大约是 1000EB）。

这相当于每天产生超过 550 万小时（超过 600 年）的 4K 视频或大约 1160 亿张照片！

其他大数据相关统计

为了实时感受大数据，请访问 https://www.internetlivestats.com/，这个网站包含各种统计数据，包括

- 谷歌搜索次数；
- 推文数；
- YouTube 上的视频播放量；
- 上传到 Instagram 的图片数量。

可以单击每个统计数据来深入了解更多信息。例如，网站显示截至 2018 年，全球共发送了 2500 亿条推文。

其他有趣的大数据事实如下：

- YouTube 用户每小时上传 24 000 小时的视频，在 YouTube 上每天有近 10 亿小时的视频被播放[五]。
- 每秒有 51 773 GB（或 51.773 TB）的互联网流量在产生，7894 条推文被发送，64 332 次谷歌搜索和 72 029 个 YouTube 视频被观看[六]。
- 在 Facebook 上每天会有 8 亿个 “likes” [七],6000 万个表情符号被发送[八]。Facebook 创建以来，用户已发布了超过 25 000 亿条帖子，搜索量超过 20 亿次[九]。
- 2017 年 6 月，Planet 公司的 CEO Will Marshal 表示，他们拥有 142 颗卫星，并且每天都会拍摄一次整个地球的陆地图像。他们每天会增加一百万张图片以及 7TB 的新

㊀ https://www.cinema5d.com/nimbus-data-100tb-ssd-worlds-largest-ssd/.

㊁ https://public.dhe.ibm.com/common/ssi/ecm/wr/en/wrl12345usen/watson-customer-engagement-watson-marketing-wr-other-papers-and-reports-wrl12345usen-20170719.pdf.

㊂ https://analyticsweek.com/content/big-data-facts/.

㊃ https://en.wikipedia.org/wiki/World_population.

㊄ https://www.brandwatch.com/blog/youtube-stats/.

㊅ http://www.internetlivestats.com/one-second.

㊆ https://newsroom.fb.com/news/2017/06/two-billion-people-coming-together-on-facebook.

㊇ https://mashable.com/2017/07/17/facebook-world-emoji-day/.

㊈ https://techcrunch.com/2016/07/27/facebook-will-make-you-talk/.

数据。他们与合作伙伴一起，使用机器学习技术对这些数据进行分析，以提高作物产量，观察给定港口的轮船数，以及追踪森林砍伐的情况。关于亚马逊的森林砍伐，他说："在过去几年，我们突然醒悟过来，因为亚马逊森林出现了一个大洞。而现在，毫不夸张地说，我们可以做到每天数一遍地球上的每一棵树。"[一]

Domo 公司有一个很好的信息图表，名为"Data Never Sleeps 6.0"，显示了每分钟有多少数据在产生，包括[二]：

- 473 400 条推文被发送；
- 2 083 333 张 Snapchat 照片被分享；
- 97 222 小时的 Netflix 视频被观看；
- 12 986 111 000 000 条文本信息被发送；
- 49 380 条 Instagram 的帖子被发送；
- 176 220 次 Skype 通话；
- 750 000 条 Spotify 歌曲被播放；
- 3 877 140 次 Google 搜索；
- 4 333 560 次 YouTube 视频的播放。

计算能力发展的历史

在数据变得越来越大的同时，处理数据的计算能力也在变得越来越强。在今天，我们通常使用 FLOPS（每秒浮点运算次数）来衡量处理器的性能。在 20 世纪 90 年代早期到中期，最快的超级计算机的运算速度使用每秒十亿次浮点运算（10^9 FLOPS）为单位来衡量，到了 90 年代末期，英特尔公司生产出了第一台每秒万亿次浮点运算（10^{12} FLOPS）的超级计算机。在 21 世纪前十年的早期到中期，超级计算机的运算速度达到了每秒数百万亿次浮点运算，接着到 2008 年，IBM 发布了第一台每秒千万亿次浮点运算（10^{15} FLOPS）的超级计算机。目前，最快的超级计算机是位于美国能源部（DOE）橡树岭国家实验室（ORNL）的 IBM Summit，每秒可以进行 12.23 亿亿次浮点运算[三]。

分布式计算可以把成千上万台个人计算机通过互联网连接到一起，从而产生更强的计算能力。在 2016 年末，Folding@home 网络——一个人们自愿将个人电脑资源用于疾病研究和药物设计的分布式网络[四]，每秒可以进行 10 亿亿次浮点运算[五]。像 IBM 这样的公司正在研制每秒 100 亿亿次浮点运算（10^{18} FLOPS）的超级计算机[六]。

目前正在开发的**量子计算机**理论上是今天"传统计算机"速度的 18 000 000 000 000 000 000 倍！[七]这个数字相当惊人，这意味着在一秒内，一个量子计算机理论上可以进行比自计算机诞生以来所有计算机所做的计算总和还要多得多的计算。这种难以想象的计算能力可能会对比特币等基于区块链的加密货币带来毁灭性破坏。工程师们已经在重新考虑区块链技

[一] https://www.bloomberg.com/news/videos/2017-06-30/learning-from-planet-s-shoe-boxed-sized-satellites-video June 30.2017.

[二] https://www.domo.com/learn/data-never-sleeps-6.

[三] https://en.wikipedia.org/wiki/FLOPS.

[四] https://en.wikipedia.org/wiki/Folding@home.

[五] https://en.wikipedia.org/wiki/FLOPS.

[六] https://www.ibm.com/blogs/research/2017/06/supercomputing-weather-model-exascale/.

[七] https://medium.com/@n.biedrzycki/only-god-can-count-that-fast-the-world-of-quan-tum-computing-406a0a91fcf4.

术以应对计算能力的大幅提升[一]。

超级计算机计算能力发展的历史最终从实验室走向了大众，这些实验室为实现上述象征着计算性能的数字花费了相当大数额的金钱，才有了今天的“价格合理”的商用计算机系统，甚至是台式电脑、笔记本电脑、平板电脑和智能手机。

计算能力的成本在持续下降，特别是云计算方面。人们在过去经常会问，“我需要多少计算能力来满足我的系统的峰值计算需求？”在今天，这个顾虑变成了“我能否在快速云上创建出我急需完成的复杂的临时计算任务？”。只需为完成给定任务所需的算力付费。

处理全球的数据需要大量电力

全球联网设备产生的数据正在爆炸式增长，而处理这些数据需要大量能源。根据最近的一篇文章，在 2015 年，用于数据处理的能源以每年 20% 的速度增长，消耗了全球 3%～5% 的能源。这篇文章指出，到 2025 年，用于数据处理的能源消耗总量将达到全球能源消耗总量的 20%[二]。

基于区块链的加密货币比特币是另一个大量电力资源的消耗者。仅仅处理一笔比特币交易就要消耗大约相当于美国家庭平均一周使用的电量。这些能源消耗来自比特币“矿工”用于证明交易数据有效性的过程[三]。

根据某些专家机构的估计，比特币交易一年消耗的能源要高于许多国家[四]。比特币和以太坊（另一个流行的基于区块链的平台和加密货币）每年消耗的能源总和超过了以色列，几乎和希腊一样多[五]。

Morgan Stanley 在 2018 年预测，“在 2025 年，创建加密货币所需的电力消耗将超过该公司预计的全球电动汽车电力需求总和[六]。”这种情况是不可持续的，特别是考虑到基于区块链的应用的巨大利益，甚至超过了加密货币的爆炸式增长。现阶段区块链社区已经在想办法进行修复了[七][八]。

大数据带来的机会

未来几年，大数据很可能仍然会持续以指数级爆炸式增长。随着即将到来的 500 亿台计算设备，我们可以想象在接下来的几十年里还有多少数据会产生。如何驾驭这些数据对于企业、政府、军队甚至个人来说都至关重要。

有趣的是，一些大数据、数据科学、人工智能等方面的最佳著作都出自著名的商业组织，比如 J.P、Morgan、McKinsey 等。鉴于大数据取得的成就日新月异，大数据对大型企业的吸引力是不可否认的。许多公司正使用本书介绍的技术来进行重大投资决定，并获得了价值不菲的回报，这些技术包括大数据、机器学习、深度学习和自然语言处理。同时这也迫使竞争对手使用这些技术进行投资，从而对具有数据科学和计算机科学经验的计算机专业人

㊀ https://singularityhub.com/2017/11/05/is-quantum-computing-an-existential-threat-to-blockchain-technology/.

㊁ https://www.theguardian.com/environment/2017/dec/11/tsunami-of-data-could-consume-fifth-global-electricity-by-2025.

㊂ https://motherboard.vice.com/en_us/article/ywbbpm/bitcoin-mining-electricity-consumption-ethereum-energy-climate-change.

㊃ https://digiconomist.net/bitcoin-energy-consumption.

㊄ https://digiconomist.net/ethereum-energy-consumption.

㊅ https://www.morganstanley.com/ideas/cryptocurrencies-global-utilities.

㊆ https://www.technologyreview.com/s/609480/bitcoin-uses-massive-amounts-of-energy-but-theres-a-plan-to-fix-it/.

㊇ http://mashable.com/2017/12/01/bitcoin-energy/.

员的需求迅速增加，并且这种增长很可能还会持续很多年。

自我测验

1.（填空题）在今天，我们通常使用________来衡量处理器的性能。

答案：FLOPS（每秒浮点运算次数）。

2.（填空题）可能会对比特币和其他基于区块链的加密货币带来毁灭性破坏的技术是________。

答案：量子计算机。

3.（判断题）无论使用多少云计算服务，都要为云服务支付固定的价格。

答案：错误。云计算的一个关键好处就是只需支付用于完成给定任务的算力的费用。

1.13.1　大数据分析

数据分析是一门成熟且发展良好的学术专业学科。“数据分析”一词诞生于1962年[一]，尽管几千年来人们一直在利用统计学来分析数据，最早可追溯到古埃及时代[二]。大数据分析更是一个最近才出现的现象，毕竟“大数据”一词出现在2000年左右[三]。

大数据的四个“V”[四][五]：

1. 规模（Volume）——全球产生的数据量正在以指数级增长。

2. 速度（Velocity）——数据产生的速度、数据在组织间流动的速度以及数据变化的速度都在迅速增长[六][七][八]。

3. 多样化（Variety）——在过去，数据通常由字母、数字、标点和一些特殊符号组成，如今，它还包括图像、音频、视频和越来越多的物联网传感器的数据，这些物联网传感器可能来自我们的家庭、企业、汽车、城市等。

4. 真实性（Veracity）——数据的有效性，数据是否完整且准确？在做重要决定时，我们能相信这些数据吗？它是真实的吗？

如今，大多数数据都以多样化类型、海量规模、惊人的流动速度被数字化创建。摩尔定律和相关的观察使我们能够更经济地存储数据，更快速地处理和移动数据，同时这些数据都在以指数级的速度随时间增长。数字数据存储现在具有容量大、成本低且体积小的特点，以至于我们现在可以方便而经济地保存我们创造的所有数字数据[九]。这就是大数据。

下面对于Richard W. Hamming的引用奠定了本书剩余部分的基调，尽管这句话出现于1962年：

“计算的目的不是算数，而是洞察其本质。”[十]

[一] https://www.forbes.com/sites/gilpress/2013/05/28/a-very-short-history-of-data-science/.

[二] https://www.flydata.com/blog/a-brief-history-of-data-analysis/.

[三] https://bits.blogs.nytimes.com/2013/02/01/the-origins-of-big-data-an-etymological-detective-story/.

[四] https://www.ibmbigdatahub.com/infographic/four-vs-big-data.

[五] 有很多文章和论文都添加了许多其他的“V”到这个列表中。

[六] https://www.zdnet.com/article/volume-velocity-and-variety-understanding-the-three-vs-of-big-data/.

[七] https://whatis.techtarget.com/definition/3Vs.

[八] https://www.forbes.com/sites/brentdykes/2017/06/28/big-data-forget-volume-and-variety-focus-on-velocity.

[九] http://www.lesk.com/mlesk/ksg97/ksg.html.（下面的文章向我们介绍了Michael Lesk的文章：https://www.forbes.com/sites/gilpress/2013/05/28/a-very-short-historyof-data-science/。）

[十] Hamming，R. W.，Numerical Methods for Scientists and Engineers（New York，NY.，McGraw Hill，1962）.（下面的文章向我们介绍了Hamming的书和我们引用的他的话：https://www.forbes.com/sites/gilpress/2013/05/28/a-very-short-history-of-data-science/。）

数据科学正在迅速地产生新的、更深入、更微妙和更有价值的见解，这个过程意义重大。大数据分析是这个答案中不可或缺的一部分。我们将在第 17 章中通过有关 NoSQL 数据库、Hadoop MapReduce 编程、Spark、实时物联网（IoT）数据流编程等实践案例来介绍大数据的基础架构。

为了感受一下在工业界、政府和学术界中大数据的规模，来看看下面这张高分辨率的图片[一]，可以单击放大图片以方便查看：

```
http://mattturck.com/wp-content/uploads/2018/07/
   Matt_Turck_FirstMark_Big_Data_Landscape_2018_Final.png
```

1.13.2 数据科学和大数据正在改变世界：用例

因为正在产生显著的成果，数据科学领域正在迅速发展。我们在下表中列举了数据科学和大数据的用例。我们希望这些用例和我们的示例、练习、和项目可以激发读者对学期级项目、专业方向级项目、拔尖课程项目和论文研究的兴趣。大数据分析带来了利润的提高、客户关系的改善，甚至帮助运动队赢得了更多的比赛和冠军，并且还减少了对运动员的投入[二][三][四]。

数据科学用例		
异常检测	减少客户流失	面部识别
帮助残疾人	提升客户体验	健身记录追踪
汽车保险风险预测	保留客户	诈骗识别
自动关闭字幕	提升消费者满意度	游戏
自动显示字幕	客户服务升级	基因组学与医疗保健
自动化投资	客户服务代理升级	地理信息系统（GIS）
自主船舰	定制化饮食	GPS 系统
大脑图谱	网络安全	改善健康结果
来电识别	数据挖掘	减少住院率
癌症诊断 / 治疗	数据可视化	人类基因组测序
减少碳排放	检测新型病毒	身份盗用预防
笔迹分类	诊断乳腺癌	免疫疗法
计算机视觉	诊断心脏病	保险定价
信用评分	诊断医学	智能助手
犯罪：地点预测	灾难受害者识别	物联网（IoT）和医疗器械监控
犯罪：再犯预测	无人机	物联网与天气预测
犯罪：预测性警务	动态驾驶路线规划	存货控制
犯罪：预防犯罪	动态定价	语言翻译
CRISPR 基因编辑	电子健康记录	智能恒温器
提高作物产量	情绪检测	智能交通控制
数据科学用例	减少能耗	社会分析

[一] Turck, M., and J. Hao, " Great Power, Great Responsibility: The 2018 Big Data & AI Landscape," http://mattturck.com/bigdata2018/.

[二] Sawchik, T., Big Data Baseball: Math, Miracles, and the End of a 20-Year Losing Streak (New York, Flat Iron Books, 2015).

[三] Ayres, I., Super Crunchers (Bantam Books, 2007), pp. 7–10.

[四] Lewis, M., Moneyball: The Art of Winning an Unfair Game (W. W. Norton & Company, 2004).

（续）

数据科学用例		
基于位置的服务	预测天气敏感产品的销售情况	社交图分析
忠诚度计划	预测分析	垃圾邮件检测
恶意软件检测	预防医学	空间数据分析
映射	预防疾病爆发	体育招聘和指导
市场营销	阅读手语	股票市场预测
营销分析	房地产估价	学生表现评估
音乐制作	推荐系统	概括文本
自然语言翻译	减少超额预定	远程医疗
新药研制	共享单车	预防恐怖袭击
阿片类药物滥用预防	风险最小化	防盗
个人助理	机器人财务顾问	旅游推荐
个性化药物治疗	安全增强	流行追踪
个性化购物	自动驾驶汽车	视觉产品搜索
网络钓鱼清除	情感分析	语音识别
减少污染	共享经济	声音搜索
精密医疗	相似度检测	天气预报
预测癌症存活	智慧城市	
预测疾病爆发	智能家居	
预测健康结果	智能电表	
预测在校学生人数		

1.14 案例研究：一个大数据移动应用

谷歌的 Waze GPS 导航应用每月有 9000 万活跃用户[㊀]，是使用最广泛的大数据应用之一。早期的 GPS 导航设备和应用程序依靠静态的地图和 GPS 坐标来确定到达目的地的最佳路线，这种做法无法动态地调整路线来适应不断变化的交通状况。

Waze 要处理大量**众包数据**，即由它们来自全球的用户以及用户的设备持续提供的数据。Waze 会在收到这些数据时进行分析，以确定能在最短时间内让用户到达目的地的最佳路线。为了实现这个目标，Waze 依赖于智能手机的互联网连接。这个应用会自动发送位置更新信息到服务器（假定在允许的情况下）。它们使用这些信息来基于当前的交通状况动态重新规划路线，同时也用于调整地图。而用户报告的其他信息，如路障、建筑、障碍物、故障车道上的车辆、警察位置、油价等，则可被 Waze 用来提醒处于相应位置的其他车辆。

Waze 使用了许多技术来提供服务。我们不知道 Waze 是如何实现的，但我们推测了一些它们可能使用的技术。我们将在第 12～17 章看到其中很多技术，例如：

- 如今大多数应用程序都或多或少地使用了开源软件。在本书的学习过程中，将会用到许多开源的库和工具，并充分体会到它们带来的好处。
- Waze 的服务器通过互联网和它们的用户的移动设备进行通信。在今天，这种数据传输一般以 JSON（JavaScript 对象表示法）格式进行，我们将在第 9 章中介绍并在后面的章节中使用这项技术。通常使用的库会将这些 JSON 数据传输的细节隐藏起来。
- Waze 使用语音合成技术播报驾驶方向和警报，使用语音识别技术来理解用户说的命令。我们会在第 14 章使用 IBM Watson 的语言合成和语音识别功能。

㊀ https://www.waze.com/brands/drivers/.

- 一旦 Waze 将语音自然语言命令转换为文本，它就会确定下一步需要执行的正确操作，在这个过程中需要进行自然语言处理（NLP）。我们会在第 12 章介绍 NLP 技术，并在随后的几章中使用。
- Waze 可以显示动态更新的可视化，例如警报和地图。Waze 还允许与地图进行互动，可以移动或放缩地图。在整本书中，我们使用 Matplotlib 和 Seaborn 创建动态可视化，并在第 13 章和第 17 章中使用 Folium 来显示交互式地图。
- Waze 把手机当作一个流式物联网（IoT）设备使用。每一部手机都是一个不断向 Waze 发送流数据的 GPS 传感器。在第 17 章，我们会介绍物联网技术并使用模拟的物联网流传感器进行学习。
- Waze 一次会从数百万台手机上接收物联网流数据，它必须立即处理、存储和分析这些数据来更新设备上的地图，然后显示并播报相关的警报，可能还会更新驾驶方向。这就需要有大规模并行处理的能力，通过云端的计算机集群实现。在第 17 章，我们将介绍各种大数据基础架构技术，以接收流数据、存储大数据到合适的数据库中，然后使用软件和提供大规模并行处理能力的硬件来处理数据。
- Waze 使用人工智能技术来执行数据分析任务，使其能够根据接收到的信息预测最佳路径。在第 15 章和 16 章，我们分别使用机器学习和深度学习来分析大量数据，然后基于这些数据进行预测。
- Waze 可能将其路由信息存储到了一个图数据库中。这种数据库可以高效地计算最短路径。我们会在第 17 章介绍图数据库，如 Neo4j。练习 17.7 会要求使用 Neo4j 解决流行的“六度分隔”问题。
- 现在许多汽车都配备了可以“看到”周围其他车辆或障碍物的设备。这些设备可用于实现自动刹车系统，同时也是自动驾驶汽车技术中的关键部分。导航应用程序可以利用这些摄像头或其他传感器设备，结合深度学习计算机视觉技术，“飞速”分析图像，并自动报告这些项目，而不是依靠用户来报告障碍物和停在路边的车辆的位置。我们会在第 16 章介绍计算机视觉中的深度学习技术。

1.15　数据科学入门：人工智能——计算机科学和数据科学的交叉学科

当一个婴儿第一次睁开眼睛的时候，他“看”到了父母的脸吗？他是否理解“脸”的概念？更甚者，他知道“形状”是什么吗？婴儿必须“学习”他们周围的世界，这就是人工智能（Artificial Intelligence，AI）今天在做的事情：不断搜寻大量数据然后从中学习。人工智能被用于玩游戏、实现大范围的计算机视觉应用程序、实现自动驾驶汽车、帮助机器人学会执行新的任务、诊断疾病、近乎实时地将语音翻译成其他语言、创建使用了大规模知识数据库的可以回答任何问题的聊天机器人，以及实现许多其他功能。在几年前，谁都猜不到使用人工智能技术的自动驾驶汽车可以被批准上路驾驶，甚至变成了普遍现象。然而，这是一个竞争非常激烈的领域。所有这些学习的最终目标都是**通用人工智能**，即一种能够像人类一样执行智能任务的人工智能。

人工智能的里程碑

人工智能的几个里程碑引起了人们的关注和想象，让公众开始认为人工智能是真实存在的，也让企业开始考虑将人工智能商业化：

- 在 1997 年 IBM **深蓝**计算机系统与国际象棋大师加里·卡斯帕罗夫（Gary Kasparov）

的一场比赛中，深蓝成为第一台在锦标赛条件下击败卫冕国际象棋冠军的计算机[一]。IBM给深蓝装载了成千上万的国际象棋大师级别对局[二]。深蓝可以在一秒内暴力计算高达2亿步棋[三]！这背后是大数据在起作用。IBM因此获得了卡耐基梅隆大学的弗雷德金（Fredkin）奖，该奖项在1980年创建，计划授予第一台击败国际象棋世界冠军的计算机的发明者10万美元[四]。

- 2011年，IBM Watson在一场奖金高达一百万美元的《危险边缘》（Jeopardy!）对决中打败了当时最成功的两位人类选手。Watson同时使用数百种语言分析技术来在2亿页内容（包括所有的维基百科内容）中定位正确答案，光存储这些信息就需要4TB的存储空间[五][六]。Watson使用了机器学习技术和**强化学习技术**来进行训练[七]。第16章讨论了**机器学习**技术，在第17章的练习介绍了**强化学习**技术。
- 围棋是几千年前起源于中国的一种棋盘游戏[八]，被普遍认为是有史以来最复杂的棋盘游戏之一，包含10^{170}种可能的棋局情况[九]。读者可能对这个数字的大小没有概念，而现在一般认为我们已知的宇宙（仅）包含10^{78}到10^{87}个原子[十][十一]！在2015年，由谷歌DeepMind组创造的AlphaGo使用深度学习技术（包含两个神经网络）打败了欧洲围棋冠军樊辉。围棋被认为是一种比国际象棋复杂得多的游戏。第17章将讨论神经网络和深度学习技术。
- 最近，谷歌将其AlphaGo人工智能进行推广，创建了AlphaZero，一个能够自学习玩其他游戏的游戏人工智能。在2017年12月，AlphaZero使用强化学习技术在4小时内学会了国际象棋规则并自学了如何下棋。接下来它在包含100场对局的对决中打败了国际象棋冠军程序Stockfish 8，每一场对局都为获胜或平局。仅在围棋环境中自我训练8小时后，AlphaZero就能够和它的前辈AlphaGo对抗了，在100场对局中赢下了60场[十二]。我们将在第17章讨论强化学习技术。

个人轶事

在20世纪60年代中期，当这本书的其中一个作者Harvey Deitel还是一个MIT的本科生时，他选修了一门研究生级别的人工智能课程，由马文·闵斯基执教（这本书就是献给他的）。马文·闵斯基是人工智能的创始人之一。Harvey写道：

闵斯基教授要求我们完成一个专业学期项目。他让我们好好思考什么是智能，并尝试让计算机做一些智能的事情。这门课的成绩几乎仅依赖于这个项目。这对我来说毫无压力！

[一] https://en.wikipedia.org/wiki/Deep_Blue_versus_Garry_Kasparov.

[二] https://en.wikipedia.org/wiki/Deep_Blue_（chess_computer).

[三] https://en.wikipedia.org/wiki/Deep_Blue_（chess_computer).

[四] https://articles.latimes.com/1997/jul/30/news/mn-17696.

[五] https://www.techrepublic.com/article/ibm-watson-the-inside-story-of-how-the-jeopardy-winning-supercomputer-was-born-and-what-it-wants-to-do-next/.

[六] https://en.wikipedia.org/wiki/Watson_（computer).

[七] https://www.aaai.org/Magazine/Watson/watson.php，AI Magazine，Fall 2010.

[八] http://www.usgo.org/brief-history-go.

[九] https://www.pbs.org/newshour/science/google-artificial-intelligence-beats-champion-at-worlds-most-complicated-board-game.

[十] https://www.universetoday.com/36302/atoms-in-the-universe/.

[十一] https://en.wikipedia.org/wiki/Observable_universe#Matter_content.

[十二] https://www.theguardian.com/technology/2017/dec/07/alphazero-google-deepmind-ai-beats-champion-program-teaching-itself-to-play-four-hours.

我研究了学校用来帮助评估学生智力的标准化智商测试。本着内心对数学的热爱，我决定解决一个流行的智商测试问题，即预测任意长度和复杂度的数字序列中的下一个数字。我使用交互式的 Lisp 语言运行在早期 Digital Equipment 公司的 PDP-1 上，并使得我的序列预测器能运行在一些相当复杂的东西上，解决的问题远超我在 IQ 测试上看到的。Lisp 递归地处理任意长度列表的能力正是我所需要的，它可以满足我的项目的需求。Python 提供了递归（第 11 章）和通用列表处理（第 5 章）。

我在许多我的 MIT 的同学身上试用了这个序列预测器。他们会编造一个数字序列并将其键入我的预测器。然后 PDP-1 会“思考”一会儿——通常会比较久，但几乎总能得出正确答案。

然而接下来我碰到了一个硬茬。我的一个同学键入了 14、23、34 和 42，我的预测器随之开始运行。然后这台 PDP-1 嘎吱嘎吱响了好久，最终没能得出正确答案。我同样也想不出来答案是什么。我的同学让我好好想一晚上，然后他会在第二天告诉我答案，并且他声称这是一个简单的序列。但我还是想不出来。

第二天他告诉我下一个数字是 57，但我不能理解为什么。所以他又让我好好想一个晚上。过了一天他告诉我再下一个数字是 125，然而我还是毫无头绪。最后他说这个序列是曼哈顿的双行道的号码。我叫道：“可恶。”但他说这符合“预测数字序列中下一个数字”的标准。我站在数学的角度看待世界，而他看待世界的角度更开阔。

多年来，我尝试向许多朋友、亲戚和职业的同事询问这个序列。一些住在曼哈顿或在那里生活过的人能说出正确答案。我的序列预测器需要一些数学以外的知识来解决这类问题，需要（可能是大量的）世界知识。

Watson 和大数据开启了新的可能性

当 Paul 和我开始写这本书时，我们很快就被 IBM 的 Watson 折服了，它利用大数据和人工智能技术，如自然语言处理和机器学习，击败了两个世界上最优秀的《危机边缘》（Jeopardy！）选手。我们意识到 Watson 可能可以处理序列预测器这类问题，因为它被载入了世界上所有街道的地图以及更多别的东西。这激发了我们深入挖掘大数据和当今人工智能技术的欲望。

值得注意的是，第 12 章到第 17 章所有的数据科学实现案例研究，要么以人工智能技术为基础，要么涉及大数据硬件和软件基础架构，这些软硬件让数据科学家可以高效地实现前沿的基于人工智能的解决方案。

人工智能：一个只有问题但没有解决方案的领域

数十年来，人工智能一直是一个充满问题却没有解决方案的领域。这是因为一旦一个特定的问题被解决了，人们就会说，“好了，这才不是智能，它只不过是一个告诉计算机如何执行的计算机程序罢了。”然而，利用机器学习（第 15 章）、深度学习（第 16 章）和强化学习（第 16 章的练习），我们没有预先为特定的问题设计好解决方案。取而代之的是，我们让计算机通过从数据中学习来解决问题，而且通常是大量数据。

许多最有趣和最具挑战性的问题正在通过深度学习进行研究。仅谷歌就有数千个正在进行的深度学习项目，而且这个数字还在快速地增长[㊀][㊁]。在学习这本书的过程中，我们将向读者介绍许多前沿的人工智能、大数据和云技术，并将接触到数百个（通常是有趣的）示例、

㊀ http://theweek.com/speedreads/654463/google-more-than-1000-artificial-intelli-gence-projects-works.

㊁ https://www.zdnet.com/article/google-says-exponential-growth-of-ai-is-changing-nature-of-compute/.

练习和项目。

自我测验

1.（填空题）人工智能的终极目标是创造________。

答案：通用人工智能。

2.（填空题）IBM 的 Watson 打败了两个最优秀的《危险边缘》（Jeopardy！）人类选手。Watson 结合使用了________学习和________学习技术来进行训练。

答案：机器，深度。

3.（填空题）谷歌的________使用强化学习技术在 4 个小时内自我学习国际象棋，然后击败了国际象棋世界冠军程序 Stockfish 8，在 100 场对局中每场对局都获胜或平局。

答案：AlphaZero。

练习

1.1 （IPython 会话）使用在 1.10.1 节中学习的技术，执行下列表达式。哪个（如果有的话）会产生运行时错误？

a）10 / 3

b）10 // 3

c）10 / 0

d）10 // 0

e）0 / 10

f）0 // 10

1.2 （IPython 会话）使用在 1.10.1 节中学习的技术，执行下列表达式。哪个（如果有的话）会产生运行时错误？

a）10 / 3 + 7

b）10 // 3 + 7

c）10 / (3 + 7)

d）10 / 3 – 3

e）10 / (3 – 3)

f）10 // (3 – 3)

1.3 （创建一个 Jupyter Notebook）使用在 1.10.3 节中学到的技术，创建一个包含上一个练习的表达式的单元格的 Jupyter Notebook，并执行这些表达式。

1.4 （计算机组成）完成下列陈述的填空：

a）从计算机外部接收信息供计算机使用的逻辑单元是________。

b）负责把计算机已经处理过的信息发送给各种设备，以便在计算机外部使用的逻辑单元是________。

c）________和________是计算机用于存储信息的逻辑单元。

d）________是计算机执行计算的逻辑单元。

e）________是计算机执行逻辑判断的逻辑单元。

f）________是负责协调计算机所有其他逻辑单元的活动的逻辑单元。

1.5 （把钟表作为对象）钟表是世界上最常见的对象。讨论以下术语和概念，思考它们应该如何在钟表这个概念下应用：类、对象、实例化、实例变量、复用、方法、继承（例如，考虑一个闹钟）、超类、子类。

1.6 （性别中立）写下处理一段文字的手工程序的步骤，用中性的词替换区分性别的词。这里假设已经有了一个区分性别的单词和它们中性的替代词的列表（例如，使用“配偶”替换“妻子”和“丈夫”，用“人”替换“男人”和“女人”，用“孩子”替换“女儿”和“儿子”，等等）。解释程序是如何读取一段文字并手动执行这些替换的。程序为何会生成像“woperchild”这样的奇怪术语？应该如何修改程序以避免发生这种情况？在第 3 章，将接触到一个关于“程序”的更正式的计算术语“算法”，算法指定了要执行的步骤和执行的顺序。

1.7 （自动驾驶汽车）就在几年前，无人驾驶汽车在路上行驶这个概念似乎是不可能的（实际上，我们的拼写检查软件认不出“无人驾驶”这个词）。在本书中学习的许多技术正在使自动驾驶汽车成为可能，它们在某些领域已经很常用了。

a）如果你叫了一辆出租车，而一辆无人驾驶出租车停在面前，你会坐到后座去吗？告诉它想去哪里，并相信它会让你到达那里，这是否会让你觉得有些奇怪？你觉得应该采取哪些安全措施？如果它驶向了错误的方向，你会怎么做？

b）如果两辆自动驾驶汽车从相反的方向驶向一座单车道桥会怎么样？它们应该通过什么协议来决定哪辆车应该继续前进？

c）如果一名交警拦下了一辆超速行驶的无人驾驶汽车，而你是该车唯一的乘客，那么由谁，或者由哪个实体来支付罚单呢？

d）如果停在一辆车后面等红灯，红灯变绿之后前车没有动，你会怎么做？你不停按喇叭，但什么也没发生。下车然后注意到没有司机。这时你会怎么做？

e）关于自动驾驶汽车的一个忧虑是，它们可能随时会被黑客攻击。某些黑客可能会把速度调的很高（或很低），显然这是很危险的。如果他们把你重定向到另一个目的地，而不是你想要的地方，你会怎么办？

f）想象一下自动驾驶汽车可能会遇到的其他场景。

1.8 （调研：可再现性）数据科学研究中一个关键的概念是可再现性，这可以帮助其他人（以及你自己）重现结果。调研可再现性，并列出在数据科学研究中用于创造可再现结果的概念。研究并讨论 Jupyter Notebook 在可再现性方面的作用。

1.9 （调研：通用人工智能）人工智能领域最雄心勃勃的目标之一是实现通用人工智能，即机器智能的能力等同于人类智能。调研这个有趣的主题，预测这会在什么时候实现。但是这引发了哪些关键的伦理问题？人类的智力在较长时期内似乎是稳定的，具有通用人工智能的强大计算机可以（而且很快）进化出远远超过人类的智能。研究并讨论由此引发的问题。

1.10 （调研：智能助手）许多公司现在都提供电脑化的智能助手，比如 IBM 的 Watson、亚马逊的 Alexa、苹果的 Siri、谷歌助手以及微软的小娜。调研这些智能助手和其他的智能助手，列出可以改善人们生活的使用场景。研究智能助手的隐私和伦理问题。查找一些有趣的智能助手轶事。

1.11 （调研：医疗领域中的人工智能）调研迅速发展的 AI 大数据在医疗领域的应用。例如，假设一个医疗诊断应用程序可以访问所有的 x 光片以及对应的诊断，这无疑就是大数据。正如我们将在第 16 章所看到的，计算机视觉应用程序可以利用这些“有标签”数据进行学习，从而进行医学诊断。调研医学诊断中的深度学习，并描述其中一些最重要的成就。使用机器而不是人类医生来进行医疗诊断存在哪些伦理问题？你会相信机器生成的诊断吗？还会征求其他医生的诊断吗？

1.12 （调研：大数据、人工智能和云计算——企业如何使用这些技术）对于选择的一个需要主要调查的组织机构，调研它们可能会怎样使用下面这些会在这本书中使用的技术：Python、人工智能、大数据、云计算、移动计算、自然语言处理、语音识别、语音合成、数据库、机器学习、深度学习、强化学习、Hadoop、Spark、物联网（IoT）以及 Web 服务。

1.13 （调研：树莓派和物联网）目前几乎所有种类的设备的核心都可以装备计算单元，并且能够将这些设备连接到互联网，这就促进了目前已经互联数十亿设备的物联网的诞生。树莓派是一种非常划算的计算设备，它经常作为物联网设备的计算核心。请调研树莓派这种设备，并且在众多的使用树莓派的物联网应用中调研其中一部分应用。

1.14 （调研：Deep Fakes 技术中的伦理道德问题）人工智能技术使得创造 Deep Fakes 成为可能：逼真的人物仿造视频，通过捕捉人物的外貌、声音、肢体动作以及面部表情进行视频仿造。可以让他们在视频中说以及做任何指定的事情。调研 Deep Fakes 技术中涉及的伦理道德问题。想象一下，如果打开电视，看到的是利用 Deep Fakes 技术伪造的一个著名的政府官员或者新闻播报员报道称一场核武器袭击即将发生的画面，会发生什么？查找有关奥逊·威尔斯（Orson Welles）以及他在 1938 年引起大规模恐慌的广播播报“世界之战（War of the Worlds）”的相关资料。

1.15 （公钥加密）加密是维护隐私和安全的关键技术。调研 Python 在加密方面能做的事情。上网查找有关公钥加密技术如何应用于比特币加密货币中的简易解释资料。

1.16 （区块链：充满机遇的世界）像比特币和以太坊这样的加密货币是基于一种被称为区块链的技术实现的。区块链技术在过去几年中呈现了爆炸性增速的发展。查找有关区块链起源、应用以及它是怎样称为加密货币基础技术的相关资料。查找区块链的其他主要应用场景。在未来许多年内那些理解区块链应用开发技术的软件开发人员将会拥有空前多的机遇。

1.17 （OWASP Python 安全计划）构建安全的计算机应用程序是一项极难的挑战。世界上许多企业巨头、政府机关以及军事机构的系统都暴露出了安全隐患。OWASP 计划重点关注如何“加固”计算机系统以及应用以抵抗攻击。调研 OWASP 计划并且探讨它们已经取得的成就以及目前面临的挑战。

1.18 （IBM Watson）我们将在第 14 章中探讨 IBM Watson。我们将利用它的认知计算能力来快速构建一些非常有趣的应用程序。IBM 与数以万计的公司——包括本书的英文原版书的出版商：Pearson Education——开展了囊括业界众多领域的相关合作。调研 Watson 的一些关键成果以及 IBM 与其合作伙伴目前正在着力解决的挑战性问题。

1.19 （调研：利用 Python 开发移动应用程序）调研可以用于基于 Python 的 iOS 和安卓应用程序开发的工具组件，例如 BeeWare、Kivy、PyMob、Pythonista 等。上述哪些工具组建是跨平台的？移动应用开发是目前发展速度最快的软件开发领域之一，并且它是学期级项目、专业方向级项目、拔尖课程项目和论文研究很好的选题来源。通过使用跨平台应用程序开发工具组件，我们将能够编写属于自己的应用程序并且将它们快速投放到很多应用程序商店中。

第 2 章

Intro to Python for Computer Science and Data Science: Learning to Program with AI, Big Data and the Cloud

Python 程序设计概述

目标

- 继续用 IPython 交互模式输入代码段，并立即查看执行结果。
- 编写简单的 Python 语句和脚本。
- 创建存储数据的变量为以后使用。
- 熟悉内置的数据类型。
- 使用算术操作符和比较操作符，同时理解它们的优先级。
- 使用单引号、双引号、三引号字符串。
- 使用内置的 `print` 函数显示文本。
- 使用内置的 `input` 函数提示用户从键盘输入数据，并且将得到的数据在程序中使用。
- 使用内置的 `int` 函数将文本转换为整型值。
- 使用比较操作符和 `if` 语句来判定是执行一条语句还是一组语句。
- 学习对象和 Python 中的动态类型。
- 使用内置的 `type` 函数得到对象的类型。

2.1 简介

在本章中，我们会介绍 Python 编程，同时给出一些例子来阐明这个语言的关键特征。我们假设读者已经读过第 1 章的 IPython 实践练习，其中介绍了 IPython 解释器，并且使用它计算了简单的算术表达式。

2.2 变量和赋值语句

已经有过将 IPython 的交互模式当作带表达式的计算器的使用经历，比如：

```
In [1]: 45 + 72
Out[1]: 117
```

与代数一样，Python 表达式中也可以含有**变量**，为后续代码中的使用存储值。让我们来创建一个变量 `x`，存储整数值 `7`，`7` 就是这个变量的**值**：

```
In [2]: x = 7
```

代码片段 `[2]` 是一条**语句**。每一条语句说明一个要执行的任务。前面的语句创建 `x` 并且使用**赋值符号（=）**给 `x` 一个值。整个语句是一个**赋值语句**，我们读作“`x` 被赋值成 `7`”。大多数语句在行末结束，尽管有时候语句可能横跨不止一行。下面的语句创建变量 `y` 并且将值 `3`

赋值给它。

```
In [3]: y = 3
```

变量值相加并且查看结果

现在可以在表达式中使用 x 和 y 的值：

```
In [4]: x + y
Out[4]: 10
```

+ 号是**加法操作符**。这是一个**双目操作符**，因为它在两个**运算数**上进行它的操作（在这个例子中，是变量 x 和 y）。

赋值语句中的计算

我们经常要为以后的使用存储计算结果。下面的赋值语句将变量 x 和 y 的值相加，然后将结果赋值给变量 total，最后我们将 total 显示为：

```
In [5]: total = x + y

In [6]: total
Out[6]: 10
```

代码片段 [5] 读作“ total 被赋值成 x+y 的值”。= 符号不是一个操作符。= 符号的右边总是先执行，然后结果被赋值给符号左边的变量。

Python 代码风格

Style Guide for Python Code[⊖]帮助编写符合 Python 代码习惯的代码。风格指南建议在赋值符号 = 和像 + 之类的双目操作符的左右两边各加上一个空格，使得程序更加易读。

变量名称

变量的名字，比如 x，是一个**标识符**。每个标识符由字母、数字和下划线（_）组成，但是不能以数字开头。Python 是**大小写敏感**的语言，所以 number 和 Number 是不同的标识符，因为前者以小写字符开头而后者以大写字符开头。

类型

Python 中每个值都有一个**类型**，表明这个值代表了什么类型的数据。可以查看一个值的类型，比如：

```
In [7]: type(x)
Out[7]: int

In [8]: type(10.5)
Out[8]: float
```

变量 x 含有整数值 7（代码片段 [2]），所以 Python 显示 int 类型（整型单词 integer 的缩写）。值 10.5 是一个**浮点数**（含有小数点的数字），所以 Python 显示 float 类型。

Python **内置的类型函数**决定了一个值的类型。当通过将**函数**的名字后面加上一对括号 () **调用**函数时，它会执行任务。括号中包含这个函数的**参数**——也就是 type 函数执行相应的任务需要的数据。将会在后面的章节创建自定义函数。

自我测验

1.（判断题）以下是合法的变量名：3g、87 和 score_4。

⊖ https://www.python.org/dev/peps/pep-0008/.

答案：错。因为 3g 和 87 都以数字开头，是不合法的名字。

2.（判断题）Python 将 y 和 Y 识别为同一个标识符。

答案：错。Python 是大小写敏感的语言，所以 y 和 Y 是不同的标识符。

3.（IPython 会话）计算 10.8、12.2 和 0.2 的和，将其存放到变量 total 中，然后显示 total 的值。

答案：

```
In [1]: total = 10.8 + 12.2 + 0.2

In [2]: total
Out[2]: 23.1
```

2.3 算术运算

许多程序执行算术运算。下面的表格总结了**算术操作符**，包含了一些代数中不会用到的符号。

Python 运算操作	代数符号	代数表达式	Python 表达式
加法	+	$f + 7$	f + 7
减法	–	$p - c$	p - c
乘法	*	$b \cdot m$	b * m
乘方	**	x^y	x ** y
真除法	/	x/y or $\frac{x}{y}$ or $x \div y$	x / y
取整除法	//	$\lfloor x/y \rfloor$ or $\left\lfloor \frac{x}{y} \right\rfloor$ or $\lfloor x \div y \rfloor$	x // y
余数（取模）	%	$r \bmod s$	r % s

乘法（*）

与代数中的点乘号（.）不同，Python 使用**星号（*）**代表**乘法操作符**：

```
In [1]: 7 * 4
Out[1]: 28
```

乘方（）**

乘方（）操作符**计算一个数的幂：

```
In [2]: 2 ** 10
Out[2]: 1024
```

如果要计算平方根，可以将指数设为 1/2（就是 0.5）：

```
In [3]: 9 ** (1 / 2)
Out[3]: 3.0
```

真除法与取整除法

真除法（/）将分子除以分母，并产生带小数点的浮点数，如下所示：

```
In [4]: 7 / 4
Out[4]: 1.75
```

取整除法（//）将分子除以分母，并产生不大于结果的最大的整数。Python **截断**（忽略）小数部分。

```
In [5]: 7 // 4
Out[5]: 1

In [6]: 3 // 5
Out[6]: 0

In [7]: 14 // 7
Out[7]: 2
```

在真除法中，`-13` 除以 `4` 得到 `-3.25`：

```
In [8]: -13 / 4
Out[8]: -3.25
```

在取整除法中，返回不超过 `-3.25` 的最大的整数，即 `-4`：

```
In [9]: -13 // 4
Out[9]: -4
```

异常和追溯

在 / 和 // 除法中，除数为 0 是不允许的，这会导致**异常**——标志着出现了一个问题：

```
In [10]: 123 / 0
-------------------------------------------------------------------------
ZeroDivisionError                         Traceback (most recent call last)
<ipython-input-10-cd759d3fcf39> in <module>()
----> 1 123 / 0

ZeroDivisionError: division by zero
```

Python 报告一个带有**追溯**的异常。这条追溯表明一个类型为 `ZeroDivisionError` 的异常出现了——大多数的异常名称都以 `Error` 结尾。在交互模式下，导致异常的代码段编号会被标有 `10` 的那一行指明。

```
<ipython-input-10-cd759d3fcf39> in <module>()
```

以 `---->1` 开头的那一行显示导致异常的代码。有时候代码段有不止一行的代码，`---->` 右边的 `1` 指明代码段的第一行导致了异常。最后一行显示了发生的异常，后面跟着冒号（`:`）和一条说明了关于异常的更多信息的错误消息。

```
ZeroDivisionError: division by zero
```

第 9 章将会详细讨论异常。

如果尝试使用还没有创建的变量，也会出现异常。下面的代码段尝试将 `7` 与还没有定义的变量 `z` 相加，导致 `NameError`：

```
In [11]: z + 7
-------------------------------------------------------------------------
NameError                                 Traceback (most recent call last)
<ipython-input-11-f2cdbf4fe75d> in <module>()
----> 1 z + 7

NameError: name 'z' is not defined
```

余数操作符

Python 的**余数操作符**（%）在左操作数除以右操作数后产生余数：

```
In [12]: 17 % 5
Out[12]: 2
```

在这个例子中，17 除以 5 的商为 3，余数为 2。这个操作符最常用于整数，但是也可以用于其他数字类型：

```
In [13]: 7.5 % 3.5
Out[13]: 0.5
```

在练习中，我们用余数操作符判定一个数是不是另一个数的倍数——其中一个特例是判定一个数是奇数还是偶数。

直线形式

一些代数符号，比如：

$$\frac{a}{b}$$

通常是不被编译器和解释器所接受的。因为这个原因，代数表达式必须用 Python 的操作符以**直线形式**书写。上面的表达式必须写为 a/b（或者是取整除法 a//b），这样所有的操作符和操作数都出现在一条水平直线上。

用括号将表达式分组

括号可以分组 Python 表达式，和它们在代数表达式中的作用一样。例如，下面的代码用 10 乘 5+3 的值：

```
In [14]: 10 * (5 + 3)
Out[14]: 80
```

没有这对括号，结果是不同的：

```
In [15]: 10 * 5 + 3
Out[15]: 53
```

如果去掉了括号仍然得到相同的结果，那么它们就是**多余的**（不必要的）。

操作符优先级规则

Python 根据以下**操作符优先级规则**使用算术表达式中的操作符。这些规则总体上和代数中的相同：

1. 括号中的表达式最先计算，所以括号可以强行将计算顺序变为任何想要的顺序。括号拥有最高的优先级。在有**嵌套括号**的表达式中，比如（a / (b - c)），在**最内层**括号中的表达式（即 b-c）会被第一个计算。

2. 其次计算求幂运算。如果表达式包含几个求幂操作符，Python 按照从左到右的顺序进行计算。

3. 其次计算乘法、除法和取模运算。如果表达式中包含几个乘法、真除法、取整除法和取模运算，Python 按照从左到右的顺序进行计算。乘法、除法和取模具有相同的优先级。

4. 最后计算加法和减法运算。如果表达式中有几个加法和减法运算，Python 按照从左到右的顺序进行计算。加法和减法拥有相同的运算优先级。

我们以后会在介绍其他操作符的时候扩展这些规则。有关操作符及其优先级的详细列表

（按照从低到高的顺序），参照：

https://docs.python.org/3/reference/expressions.html#operator-precedence

操作符结合律

当我们说 Python 对某些操作符按照从左到右的顺序计算，我们指的是操作符的**结合顺序**。比如，在表达式

```
a + b + c
```

中，加法操作符（+）按照从左到右的顺序结合，等价于我们给表达式加上括号变成（a+b）+c。所有相同优先级的 Python 操作符都是左结合，除了幂乘操作符（**）是右结合。

多余括号

可以用多余的括号给子表达式分组，让表达式更清楚。例如，二次多项式

```
y = a * x ** 2 + b * x + c
```

为了清晰度，可以添加括号，变成：

```
y = (a * (x ** 2)) + (b * x) + c
```

将复杂的表达式分解为更短、更简单的表达式语句序列，也可以提升清晰度。

操作数类型

每个算术操作符可能与整数和浮点数一起使用。如果两个操作数都是整数，那么结果是整数——除了真除法操作符（/）总是产生浮点数。如果两个操作数都是浮点数，则结果是浮点数。含有整数和浮点数的表达式被称为**混合型表达式**——这种表达式总是产生浮点数。

自我测验

1.（*多项选择*）给定表达式 $y = ax^3+7$，以下哪个语句不是这个表达式的正确表示？

a) `y = a * x * x * x + 7`
b) `y = a * x ** 3 + 7`
c) `y = a * (x * x * x) + 7`
d) `y = a * x * (x * x + 7)`

答案：d 是错误的。

2.（*判断题*）在嵌套的括号中，最内层括号对中的表达式最后计算。

答案：错。最内层括号中的表达式最先计算。

3.（*IPython 会话*）分别带括号和不带括号地计算表达式 3*（4-5）。这里的括号是否多余？

答案：

```
In [1]: 3 * (4 - 5)
Out[1]: -3

In [2]: 3 * 4 - 5
Out[2]: 7
```

括号不是多余的，如果去除它们，结果值不同。

4.（*IPython 会话*）计算表达式 4**3**2、（4**3）**2 和 4**（3**2）。这些括号是否多余？

答案：

```
In [3]: 4 ** 3 ** 2
Out[3]: 262144
```

```
In [4]: (4 ** 3) ** 2
Out[4]: 4096

In [5]: 4 ** (3 ** 2)
Out[5]: 262144
```

只有最后一个表达式里的括号是多余的。

2.4 print 函数、单引号字符串和双引号字符串

内置的 **print 函数**将其参数显示为一行文本：

```
In [1]: print('Welcome to Python!')
Welcome to Python!
```

在这个例子中，参数 'Welcome to Python' 是一个**字符串**——一个被单引号括起来的字符序列（'）。与用交互模式计算表达式不同，这里 print 显示的文本前没有 Out[1]。同样，print 不会显示字符串的引号，尽管我们很快会展示如何显示字符串中的引号。

也可以用双引号（"）包围字符串，如下所示：

```
In [2]: print("Welcome to Python!")
Welcome to Python!
```

Python 程序员通常更喜欢使用单引号。

当 print 完成它的任务时，它将屏幕光标定位在下一行的开头。这和在一个文本编辑器中打字，按下回车键（或者 Return）的时候发生的情况类似。

输出以逗号分隔的对象列表

print 函数可以接收以逗号分隔的参数列表，如下所示：

```
In [3]: print('Welcome', 'to', 'Python!')
Welcome to Python!
```

print 函数显示参数，每个参数之间用空格隔开，产生和之前的两个代码段同样的输出。这里我们展示了一列以逗号分隔的字符串，但是值可以是任何类型。我们会在下一章展示如何避免值之间的自动空格或者是使用除空格以外的分隔符。

用一条语句输出多行文本

当反斜杠（\）出现在字符串中时，它被称为**转义字符**。反斜杠和紧随其后的字符一起构成**转义序列**。例如，\n 代表**换行符**转义序列，它告诉 print 函数将输出光标移动到下一行。将两个换行符紧挨着放在一起会显示一个空行。下面的代码段用三个换行符来创建多行输出：

```
In [4]: print('Welcome\nto\n\nPython!')
Welcome
to

Python!
```

其他转义序列

下面的表格展示了一些常见的转义序列。

转义序列	描述
\n	将换行符插入字符串。当字符串显示的时候，每碰到一个换行符，移动屏幕光标到下一行的开头
\t	插入水平制表符。当字符串显示的时候，每碰到一个制表符，移动屏幕光标到下一个制表位
\\	将反斜杠字符插入字符串
\"	将双引号字符插入字符串
\'	将单引号字符插入字符串

忽略长字符串中的换行

也可以使用\ **续行符**让该行的最后一个字符忽略换行，将长字符串（或者是长语句）分割为多行：

```
In [5]: print('this is a longer string, so we \
   ...: split it over two lines')
this is a longer string, so we split it over two lines
```

解释器将字符串的各个部分重新组装，变成一个没有换行的字符串。尽管前面代码段中反斜杠字符在字符串的内部，它并不是转义字符，因为另一个字符没有紧跟其后。

输出表达式的值

`print` 语句也可以进行计算：

```
In [6]: print('Sum is', 7 + 3)
Sum is 10
```

自我测验

1. （填空题）________函数指示计算机在屏幕上显示信息。

答案：`print`

2. （填空题）________数据类型的值包含一串字符。

答案：字符串（`str` 类型）

3. （IPython 会话）请写出一个能够显示 `'word'` 的类型的表达式

答案：

```
In [1]: type('word')
Out[1]: str
```

4. （IPython 会话）如下 `print` 语句会显示什么结果？

```
print('int(5.2)', 'truncates 5.2 to', int(5.2))
```

答案：

```
In [2]: print('int(5.2)', 'truncates 5.2 to', int(5.2))
int(5.2) truncates 5.2 to 5
```

2.5 三引号字符串

先前，我们介绍了被一对单引号（`'`）或者是一对双引号（`"`）划定边界的字符串。**三引号字符串**以三个双引号（`"""`）或者是三个单引号（`'''`）开头和结尾。*Style Guide for Python Code* 中建议使用三个双引号（`"""`）。可以使用这些创建：

- 多行字符串。

- 含有单引号和双引号的字符串
- **注释字符串**，它是注释某些程序组成部分的目的的推荐方法。

在字符串中包含引号

在单引号划定边界的字符串中，可以包含双引号字符：

```
In [1]: print('Display "hi" in quotes')
Display "hi" in quotes
```

但是不能包含单引号：

```
In [2]: print('Display 'hi' in quotes')
  File "<ipython-input-2-19bf596ccf72>", line 1
    print('Display 'hi' in quotes')
                     ^
SyntaxError: invalid syntax
```

除非使用 `\'` 转义序列：

```
In [3]: print('Display \'hi\' in quotes')
Display 'hi' in quotes
```

代码片段 `[2]` 显示了**语法错误**，即违反了 Python 的语言规则，在这个例子中即为在单引号字符串中包含单引号。IPython 显示导致语法错误的代码行信息并且用 ^ 符号指向错误。它还显示信息：`SyntaxError: invalid syntax`。

双引号划定边界的字符串可以包含单引号字符：

```
In [4]: print("Display the name O'Brien")
Display the name O'Brien
```

但是不能包含双引号，除非使用 `\"` 转义序列：

```
In [5]: print("Display \"hi\" in quotes")
Display "hi" in quotes
```

为了避免在字符串中使用 `\'` 和 `\"`，可以用三引号包围这样的字符串：

```
In [6]: print("""Display "hi" and 'bye' in quotes""")
Display "hi" and 'bye' in quotes
```

多行字符串

下面的代码段将一个多行三引号字符串赋值给 `triple_quoted_string`：

```
In [7]: triple_quoted_string = """This is a triple-quoted
   ...: string that spans two lines"""
```

IPython 知道字符串是不完整的，因为我们没有在回车前打 `"""` 作为结束。所以，IPython 显示一个**继续提示**…:，在这个位置可以输入多行字符串的下一行。这个提示会持续，直到输入 `"""` 结尾并且按下回车。下面的代码显示了 `triple_quoted_string`：

```
In [8]: print(triple_quoted_string)
This is a triple-quoted
string that spans two lines
```

Python 存储带有嵌入式换行符转义序列的多行字符串。当我们计算 `triple_quoted_string` 而不是输出它的时候，IPython 用单引号和 `\n` 显示字符串，`\n` 的位置是在代码片段 `[7]` 中敲下回车的位置。IPython 显示的引号说明了 `triple_quoted_string` 是一个字符串，引号不是字符串中的内容：

```
In [9]: triple_quoted_string
Out[9]: 'This is a triple-quoted\nstring that spans two lines'
```

自我测验

1.（填空题）多行字符串被________或者是________包围。

答案：`"""`（三个双引号）或者是`'''`（三个单引号）。

2.（IPython会话）当执行下面的语句后，会显示什么结果？

```
print("""This is a lengthy
   multiline string containing
a few lines \
of text""")
```

答案：

```
In [1]: print("""This is a lengthy
   ...:    multiline string containing
   ...: a few lines \
   ...: of text""")
This is a lengthy
   multiline string containing
a few lines of text
```

2.6　从用户处获得输入

内置的 **input** 函数请求并获得用户输入：

```
In [1]: name = input("What's your name? ")
What's your name? Paul

In [2]: name
Out[2]: 'Paul'

In [3]: print(name)
Paul
```

代码段按照如下描述执行：

- 首先，input 显示其字符串参数（称为**提示**），告诉用户该输入什么，并等待用户响应。我们输入 Paul（没有引号）并且按下回车。我们用**加粗**字体以区分用户输入和 input 函数显示的提示文本。
- input 函数以程序可以用的字符串形式**返回**那些字符。这里我们将字符串赋值给变量 name。

代码片段 [2] 显示 name 的值。给 name 取值会用单引号显示它的值 'Paul'，因为它是一个字符串。输出 name（代码片段 [3] 中）显示字符串是不带引号的。如果输入引号，它们就是字符串的一部分，比如：

```
In [4]: name = input("What's your name? ")
What's your name? 'Paul'

In [5]: name
Out[5]: "'Paul'"

In [6]: print(name)
'Paul'
```

input 函数总是返回字符串

考虑以下尝试读取两个数字并将其相加的代码段：

```
In [7]: value1 = input('Enter first number: ')
Enter first number: 7

In [8]: value2 = input('Enter second number: ')
Enter second number: 3

In [9]: value1 + value2
Out[9]: '73'
```

Python 不会将整数 7 和 3 相加得到 10，而是将字符串值 '7' 和 '3' “相加”，得到字符串 '73'。这被称为**字符串拼接**。它创建了一个新的字符串，包含左操作数的值跟着右操作数的值。

从用户处获得整数

如果需要整数值，使用内置 **int 函数**将字符串转换成整数值。

```
In [10]: value = input('Enter an integer: ')
Enter an integer: 7

In [11]: value = int(value)

In [12]: value
Out[12]: 7
```

我们可以将代码片段 [10] 和 [11] 结合：

```
In [13]: another_value = int(input('Enter another integer: '))
Enter another integer: 13

In [14]: another_value
Out[14]: 13
```

变量 value 和 another_value 现在包含整数。将它们相加产生整型结果（而不是将它们拼接）。

```
In [15]: value + another_value
Out[15]: 20
```

如果传输给 int 函数的字符串不能被转换成整数值，会发生 ValueError：

```
In [16]: bad_value = int(input('Enter another integer: '))
Enter another integer: hello
------------------------------------------------------------------------
ValueError                                Traceback (most recent call last)
<ipython-input-16-cd36e6cf8911> in <module>()
----> 1 bad_value = int(input('Enter another integer: '))

ValueError: invalid literal for int() with base 10: 'hello'
```

int 函数也可以将浮点数转换成整数：

```
In [17]: int(10.5)
Out[17]: 10
```

要将字符串转换成浮点数，使用内置的 **float 函数**。

自我测验

1.（填空题）内置的________函数将浮点数值转换成整数值，或者将字符串表示的整数转换成整型值。

答案：int

2.（判断题）内置的 `get_input` 函数请求并从用户处获得输入。

答案：错。内置的函数名为 `input`。

3.（IPython 会话）用 `float` 将 `'6.2'`（字符串）转换成浮点数值。再将这个值乘 `3.3` 并且显示结果。

答案：

```
In [1]: float('6.2') * 3.3
Out[1]: 20.46
```

2.7　决策：if 语句和比较操作符

条件是一个布尔表达式，其值为 `True` 或 `False`。下面的代码判定了 7 是大于 4 还是小于 4：

```
In [1]: 7 > 4
Out[1]: True

In [2]: 7 < 4
Out[2]: False
```

关键字 `True` 和 `False` 是 Python 为其语言特征保留的单词。使用关键字作为标识符会导致 `SyntaxError`。`True` 和 `False` 开头均为大写。

会经常使用下表中的**比较操作符**创建条件：

代数操作符	Python 操作符	条件例子	意思
>	>	x > y	x 大于 y
<	<	x < y	x 小于 y
≥	>=	x >= y	x 大于等于 y
≤	<=	x <= y	x 小于等于 y
=	==	x == y	x 等于 y
≠	!=	x != y	x 不等于 y

操作符 >、<、>= 和 <= 有相同的优先级。操作符 == 和! = 有相同的优先级，它们的优先级低于 >、<、>= 和 <=。当操作符 ==、! =、>= 和 <= 成对的符号中间含有空格时，会出现语法错误。

```
In [3]: 7 > = 4
  File "<ipython-input-3-5c6e2897f3b3>", line 1
    7 > = 4
      ^
SyntaxError: invalid syntax
```

另一种语法错误会出现在将! =，>= 和 <= 操作符符号颠倒时（写成 = !，=> 和 =<）。

用 `if` 语句做决定：脚本简介

我们现在给出 **`if` 语句**的简单版本，用一个条件去决定是否执行一个语句（或者是一组语句）。这里我们将会从用户那里读取两个整数，然后用六个连续的 `if` 语句比较它们，每条语句对应一个比较操作符。如果一个 `if` 语句中的条件为 `True`，对应的 `print` 语句将会执行；否则，它会被跳过。

IPython 交互模式有助于执行简短的代码段同时查看即时的结果。当有许多语句要作为一组执行时，通常将它们写成脚本存储在拓展名为 `.py`（Python 的缩写）的文件中，比如 `fig02_01.py` 作为这个例子的脚本。脚本又被叫作程序。有关查找和执行本书中脚本的操作指南，请参见 1.10 节。

每次执行这个脚本，六个条件中的三个是 `True`。为了展示这个结果，我们将脚本执行三次——第一次第一个整数小于第二个，第二次两个整数值相同，第三次第一个整数大于第二个整数。三个样例执行在脚本后显示。

图 2.1 显示了该脚本。每次我们展示一个脚本，都会在图片前先介绍它，然后在图片后解释脚本中的代码。为了方便起见，我们显示行号，这些不是 Python 的一部分。集成开发环境可以让我们选择是否显示行号。要运行这个例子，先切换到本章 `ch02` 样例的文件夹下，然后输入：

```
ipython fig02_01.py
```

或者，如果已经在 IPython 里，则使用命令：

```
run fig02_01.py
```

```
 1  # fig02_01.py
 2  """Comparing integers using if statements and comparison operators."""
 3
 4  print('Enter two integers, and I will tell you',
 5        'the relationships they satisfy.')
 6
 7  # read first integer
 8  number1 = int(input('Enter first integer: '))
 9
10  # read second integer
11  number2 = int(input('Enter second integer: '))
12
13  if number1 == number2:
14      print(number1, 'is equal to', number2)
15
16  if number1 != number2:
17      print(number1, 'is not equal to', number2)
18
19  if number1 < number2:
20      print(number1, 'is less than', number2)
21
22  if number1 > number2:
23      print(number1, 'is greater than', number2)
24
25  if number1 <= number2:
26      print(number1, 'is less than or equal to', number2)
27
28  if number1 >= number2:
29      print(number1, 'is greater than or equal to', number2)
```

图 2.1　用 `if` 语句和比较操作符比较整数

```
Enter two integers and I will tell you the relationships they satisfy.
Enter first integer: 37
Enter second integer: 42
37 is not equal to 42
37 is less than 42
37 is less than or equal to 42
```

```
Enter two integers and I will tell you the relationships they satisfy.
Enter first integer: 7
Enter second integer: 7
7 is equal to 7
7 is less than or equal to 7
7 is greater than or equal to 7
```

```
Enter two integers and I will tell you the relationships they satisfy.
Enter first integer: 54
Enter second integer: 17
54 is not equal to 17
54 is greater than 17
54 is greater than or equal to 17
```

图 2.1 （续）

注释

第一行以井号（#）开头，表示这一行的剩余部分是**注释**。

```
# fig02_01.py
```

将注释插入代码进行记录，增加代码的可读性。注释可以帮助其他的程序员读懂和理解代码。当代码执行时，它们不会导致计算机做任何动作。为了方便参考，我们在每个脚本的开头都有一个注释，显示这个脚本的文件名。

注释也可以从某一行代码的右端开始直到这一行结束。这个注释记录了它左侧的代码。

文档字符串

Style Guide for Python Code 中说，每一个脚本都应该以文档字符串开始，解释这个脚本的目的，比如例子中的第二行：

```
"""Comparing integers using if statements and comparison operators."""
```

对于更复杂的脚本，文档字符串通常横跨很多行。在之后的章节中，会使用文档字符串去描述定义的脚本组成部分，比如新函数和叫作类的新类型。我们之后还会讨论如何用 IPython 的帮助机制访问文档字符串。

空行

第三行是一个空行。使用空行和空格字符可以使代码更方便阅读。空行、空格字符和制表符一起被称为**空白**。Python 忽略大多数空白，但是会发现有些缩进是需要的。

跨行拆分冗长的语句

第 4～5 行

```
print('Enter two integers, and I will tell you',
      'the relationships they satisfy.')
```

显示对用户的操作指示。这些太长了，无法塞进一行，所以我们将它们拆分成两个字符串。回想一下，可以通过向 `print` 转递一个逗号分隔的列表，来显示多个值——`print` 使用空格字符将每个值和下一个值分隔。

通常将语句写在一行里。可以用 \ 续行符将一个冗长的句子分散到多行。Python 也允许不用续行符而是括号拆分长代码行（比如第 4～5 行）。根据 *Style Guide for Python Code*，这是拆分长代码行的最佳方法。总是要选择合理的分割点，比如在之前调用 `print` 的逗号之后，或者是一个冗长的表达式的操作符之前。

从用户读入整型值

接下来，第 8 行和第 11 行用内置的 `input` 和 `int` 函数提示用户和从用户读取两个整型值。

`if` 语句

第 13～14 行的 `if` 语句：

```
if number1 == number2:
    print(number1, 'is equal to', number2)
```

用 `==` 比较操作符判断变量 `number1` 和 `number2` 的值是否相等。如果相等，条件为 `True`，第 14 行显示一行文本，表示值相等。如果任何剩下的 `if` 语句的条件为 `True`（第 16、19、22、25 和 28 行），对应的 `print` 语句会显示一行文本。

每个 `if` 语句均由关键字 `if`、要测试的条件和一个冒号（`:`）组成，紧接着一个缩进的部分叫作**代码组**。每个代码组必须包含一个或多个语句。忘记条件后的冒号（`:`）是一个常见的语法错误。

代码组缩进

Python 要求缩进代码组中的语句。*Style Guide for Python Code* 中建议使用四空格缩进，我们在整本书中都使用该约定。我们在下一章会看到，不正确的缩进会导致错误。

混淆 == 和 =

在 `if` 语句中使用赋值符号（`=`）而不是等于操作符（`==`）是一个常见的语法错误。为了避免这种情况，将 `==` 读作"等于"，将 `=` 读作"被赋值为"。在下一章会看到，在赋值语句中 `=` 的位置使用 `==` 会导致细微的问题。

链式比较

可以使用链式比较来检查一个值是否在范围内。下面的比较确定了 `x` 是否在 `1` 到 `5` 的范围内（包括 `1` 和 `5`）：

```
In [1]: x = 3

In [2]: 1 <= x <= 5
Out[2]: True

In [3]: x = 10

In [4]: 1 <= x <= 5
Out[4]: False
```

目前为止我们给出的操作符的优先级

本章中介绍的操作符的优先级如下所示：

操作符	结合性	类型
()	左结合	括号
**	右结合	乘方
* / // %	左结合	乘法、真除法、取整除法，求余
+ -	左结合	加法、减法
> <= < >=	左结合	小于、小于或等于、大于、大于或等于
== !=	左结合	等于、不等于

表格中以从上到下优先级逐渐降低的顺序列出了操作符。当书写包含多个操作符的表达式时，确认它们按照期望的顺序进行计算，从以下网址参见操作符优先级表 https://docs.python.org/3/reference/expressions.html#operatorprecedence。

自我测验

1.（填空题）使用________来记录代码和增强其可读性。

答案： 注释

2.（判断题）比较操作符按照从左到右的顺序进行计算，并且都有相同的优先级。

答案： 错。操作符 <、<=、> 和 >= 有相同的优先级，并且按照从左到右的顺序进行计算。操作符 == 和 != 拥有相同的优先级并且按照从左到右的顺序进行计算。它们的优先级是低于 <、<=、> 和 >= 的。

3.（IPython 会话）对于 !=、>=、<= 中任意一个操作符，请展示如果在条件中反转符号会出现语法错误。

答案：

```
In [1]: 7 =< 10
  File "<ipython-input-1-090d4004a38e>", line 1
    7 =< 10
       ^
SyntaxError: invalid syntax
```

4.（IPython 会话）使用全部六个比较操作符比较值 5 和 9。使用 `print` 在一行中显示这些值。

答案：

```
In [2]: print(5 < 9, 5 <= 9, 5 > 9, 5 >= 9, 5 == 9, 5 != 9)
True True False False False True
```

2.8 对象和动态类型

第 1 章介绍了类和对象，2.2 节我们讨论了变量、值和类型。`7`（整数）、`4.1`（浮点数）和 `'dog'` 等值都是对象。每个对象都有类型和值：

```
In [1]: type(7)
Out[1]: int

In [2]: type(4.1)
Out[2]: float

In [3]: type('dog')
Out[3]: str
```

对象的值就是存储在对象中的数据。上面的代码段显示了 Python 内置类型 `int`（用于整数）、`float`（用于浮点数）和 `str`（用于字符串）的对象。

变量引用对象

将对象分配给变量会将变量名称**绑定**（关联）到对象。和我们看到的一样，然后就可以在代码中使用变量来访问对象的值。

```
In [4]: x = 7

In [5]: x + 10
Out[5]: 17

In [6]: x
Out[6]: 7
```

在代码片段 `[4]` 的赋值之后，变量 `x` **指向**包含 `7` 的整型对象。如代码片段 `[6]` 所示，代码片段 `[5]` 并没有改变 `x` 的值。可以用如下方法改变 `x`：

```
In [7]: x = x + 10

In [8]: x
Out[8]: 17
```

动态类型

Python 使用**动态类型**——它在执行代码的时候决定变量引用的对象的类型。我们可以通过将变量 `x` 重新绑定给不同的对象并检查其类型来证明这一点：

```
In [9]: type(x)
Out[9]: int

In [10]: x = 4.1

In [11]: type(x)
Out[11]: float

In [12]: x = 'dog'

In [13]: type(x)
Out[13]: str
```

垃圾收集

Python 在内存中创建对象，并在需要时将其从内存中删除。执行完代码片段 `[10]` 之后，变量 `x` 现在引用一个 `float` 对象。代码片段 `[7]` 中的整数对象不再绑定到变量。正如我们将在下一章中讨论的那样，Python 会自动从内存中删除此类对象。这个过程称为**垃圾收集**，帮助确保有足够的空间可以提供给创建的新对象。

自我测验

1.（填空题）将对象分配给变量会将变量名称________到对象。

答案：绑定

2.（判断题）一个变量总是引用同一个对象。

答案：错。可以让一个现存的变量引用另一个不同的对象，甚至是另一个不同的类型。

3.（IPython 会话）表达式 `7.5*3` 的类型是什么？

答案：

```
In [1]: type(7.5 * 3)
Out[1]: float
```

2.9 数据科学入门：描述性统计学基础知识

在数据科学中，会经常使用统计学来描述和总结数据。在这里，我们首先介绍几种此类**描述性统计学**内容，包括：

- **最小值**——值集合中的最小值。
- **最大值**——值集合中的最大值。
- **范围**——最小值到最大值的值范围。
- **计数**——集合中值的数量。
- **总和**——集合中值的总和。

在下一章中，我们将关注如何确定*计数*和*总和*。**离中度量**（也称为**差异度量**），例如*范围*，有助于确定值有多分散。我们将在后面的章节中介绍的其他离散量数包括*方差*和*标准差*。

确定三个值中的最小值

首先，让我们展示如何手动确定三个值中的最小值，该过程的代码表示如图 2.2 所示。下面的脚本提示并输入三个值，使用 `if` 语句确定最小值，然后显示结果。

```
1  # fig02_02.py
2  """Find the minimum of three values."""
3
4  number1 = int(input('Enter first integer: '))
5  number2 = int(input('Enter second integer: '))
6  number3 = int(input('Enter third integer: '))
7
8  minimum = number1
9
10 if number2 < minimum:
11     minimum = number2
12
13 if number3 < minimum:
14     minimum = number3
15
16 print('Minimum value is', minimum)
```

```
Enter first integer: 12
Enter second integer: 27
Enter third integer: 36
Minimum value is 12
```

```
Enter first integer: 27
Enter second integer: 12
Enter third integer: 36
Minimum value is 12
```

图 2.2 找到三个值中的最小值

```
Enter first integer: 36
Enter second integer: 27
Enter third integer: 12
Minimum value is 12
```

图 2.2 （续）

输入三个值之后，我们一次处理一个值：

- 首先，我们假设 number1 中包含最小值，所以第 8 行将其分配给变量 minimum。当然，number2 或 number3 可能包含实际的最小值，所以我们仍然必须将这两个数字与 minimum 进行比较。
- 第一个 if 语句（第 10～11 行）测试 number2 < minimum，如果此条件为 True，则将 number2 赋给 minimum。
- 第二个 if 语句（第 13～14 行）测试 number3 <minimum，如果此条件为 True，则将 number3 赋给 minimum。

现在，minimum 包含最小值，所以我们将其显示。我们执行了 3 次脚本，以表明无论用户输入的最小值是第一个、第二个还是第三个，它总是会找到最小值。

使用内置函数 min 和 max 确定最小值和最大值

Python 有许多用于执行常见任务的内置函数。内置函数 min 和 max 分别计算值集合的最小值和最大值：

```
In [1]: min(36, 27, 12)
Out[1]: 12

In [2]: max(36, 27, 12)
Out[2]: 36
```

函数 min 和 max 可以接收任意数量的参数。

确定值集合的范围

值的范围就是从最小的值到最大的值。在这种情况下，范围是 12～36。许多数据科学致力于了解数据。描述性统计学是其中的关键部分，但还必须了解如何解释统计数据。例如，如果有 100 个数字，范围在 12～36 之间，则这些数字可能在该范围内平均分布。在相反的极端情况下，可能有聚在一起的 99 个 12 和一个 36，或者是一个 12 和 99 个 36。

函数式编程：缩减

对各种函数式编程能力的介绍贯穿全书。这些使我们能够编写更简洁、更清晰和更易于**调试**（即查找并更正错误）的代码。min 和 max 函数是被称为**缩减**的函数式编程概念的示例。它们将值的集合减少至单个值。我们将看到的其他缩减包括一组值的总和、平均值、方差和标准差。我们还将学习如何定义自定义缩减。

即将到来的数据科学部分介绍

在接下来的两章中，我们将继续关于基本描述统计学的讨论，其中趋中度量包括均值、中位数和众数，以及离中度量包括方差和标准差。

自我测验

1.（填空题）值集合的范围是一种________度量。

答案：离中

2.（IPython 会话）对于值 47、95、88、73、88 和 84，计算它们的最小值、最大值和范围。

答案：

```
In [1]: min(47, 95, 88, 73, 88, 84)
Out[1]: 47

In [2]: max(47, 95, 88, 73, 88, 84)
Out[2]: 95

In [3]: print('Range:', min(47, 95, 88, 73, 88, 84), '-',
   ...:       max(47, 95, 88, 73, 88, 84))
   ...:
Range: 47 - 95
```

2.10 小结

本章继续讨论算术。我们使用变量存储值以供以后使用。我们介绍了 Python 的算术操作符，并说明必须以直线形式书写所有表达式。使用内置函数 print 来显示数据。我们创建了单引号、双引号和三引号字符串。使用三引号字符串来创建多行字符串，并在字符串中嵌入单引号或双引号。

本章使用 input 函数来提示用户并从键盘上获得用户的输入。我们使用 int 和 float 函数将字符串转换为数值。介绍 Python 的比较操作符。然后，在脚本中使用它们，该脚本从用户读取两个整数，并使用一系列 if 语句比较它们的值。

我们讨论了 Python 的动态类型，并使用内置的 type 函数来显示对象的类型。最后，我们介绍了基本描述性统计学的最小值和最大值，并使用它们来计算值集合的范围。在下一章中，我们将学习 Python 的控制语句和程序开发。

练习

除非另有说明，否则每次练习都使用 IPython 会话。

2.1 （这段代码是干什么的？）创建变量 x=2 和 y=3，然后确定如下每个语句显示什么：

a) `print('x =', x)`
b) `print('Value of', x, '+', x, 'is', (x + x))`
c) `print('x =')`
d) `print((x + y), '=', (y + x))`

2.2 （这段代码有什么问题？）下面的代码应该将一个整数读入变量 rating：

```
rating = input('Enter an integer rating between 1 and 10')
```

2.3 （填入缺失的代码）用语句替换下面代码中的 ***，能够输出消息 'Congratulations！ Your grade of 91 earns you an A in this course'。语句应该能够输出存储在变量 grade 中的值。

```
if grade >= 90:
    ***
```

2.4 （算术）对于每个算术操作符 +、-、*、/、// 和 **，将 27.5 作为表达式的左操作数，将 2 作为右操作数，显示表达式的值。

2.5 （圆的面积、直径和周长）对于半径为 2 的圆，显示直径、周长和面积。用值 3.141 59 作为 π

的近似值。使用以下公式（r 是半径）：直径 $=2r$，周长 $=2\pi r$，面积 $=\pi r^2$。[在下一章中，我们将介绍 Python 的 `math` 模块，其中包含 π 的更高精度表示。]

2.6 （奇数或偶数）使用 `if` 语句确定整数是奇数还是偶数。[提示：请使用余数操作符。偶数是 2 的倍数。任何 2 的倍数除以 2 的余数都是 0。]

2.7 （倍数）使用 `if` 语句确定 1024 是不是 4 的倍数，以及 2 是不是 10 的倍数。（提示：请使用余数操作符。）

2.8 （平方和立方表）编写一个脚本，计算从 0 到 5 的数字的平方和立方。以表格的形式输出结果值，如下所示。使用制表符转义序列可实现三列输出。

```
number  square  cube
0       0       0
1       1       1
2       4       8
3       9       27
4       16      64
5       25      125
```

下一章将介绍如何“右对齐”数字。可以作为额外的挑战在这里尝试一下。输出为：

```
number  square  cube
     0       0     0
     1       1     1
     2       4     8
     3       9    27
     4      16    64
     5      25   125
```

2.9 （字符的整数值）这是个小剧透。在本章中，我们学习了字符串。字符串中的每个字符都有一个整数表示。一台计算机使用的字符集以及这些字符的整数表示被称为该计算机的字符集。可以在程序中通过将字符括在引号中来表示字符值，例如 `'A'`。要确定字符的整数值，调用内置函数 **ord**：

```
In [1]: ord('A')
Out[1]: 65
```

显示字符 `B C D b c d 0 1 2 $ * +` 和空格的整数等价值。

2.10 （算术、最小和最大）编写一个脚本，该脚本从用户输入三个整数。显示总和、平均值、乘积、最小值和最大值。请注意，它们中的每个都是函数式编程里的缩减。

2.11 （分割整数中的数字）编写一个脚本，该脚本从用户输入一个五位数的整数。将数字分割成一个一个单独的数字。然后输出它们，以三个空格分隔。例如，如果用户键入数字 `42339`，则脚本应输出

```
4   2   3   3   9
```

假设用户输入了正确的数字位数。使用取整除法和余数运算来“提取”每个数字。

2.12 （7% 的投资回报率）一些投资顾问表示，股票市场中的长期回报率预期为 7% 是合理的。假设以 1000 美元起步，而没有投入任何额外资金，请计算并显示 10 年、20 年和 30 年后将拥有多少钱。使用以下公式确定这些金额：

$a = p(1 + r)^n$

其中

p 是原始投资金额（即本金 1000 美元），

r 是年收益率（7%），

n 是年数（10、20 或 30），

a 是第 n 年末的存款金额。

2.13 （Python 的整数最大能有多大？）我们将在本书的后面部分回答这个问题。现在，使用指数操作符 `**` 和非常大的指数来生成一些巨大的整数，并将它们赋值给变量 `number` 来查看 Python 是否接受它们。是否找到 Python 不会接受的整数值？

2.14 （目标心率计算器）运动时，可以使用心率监视器查看心率是否在医生和训练师建议的安全范围内。根据美国心脏协会（AHA）的计算（http://bit.ly/AHATargetHeartRates），用于计算每分钟心跳次数的最大心率的公式是 220 减去年龄（以年为单位）。目标心率是最大心率的 50%～85%。编写脚本，以提示并输入用户的年龄，计算并显示用户的最大心率以及用户目标心率的范围。（这些公式是 AHA 提供的估算值；最大和目标心率可能会因个人的健康状况和性别而异。在开始或修改锻炼程序之前，请务必咨询医师或合格的医疗保健专业人员。）

2.15 （升序排列）编写一个脚本，该脚本从用户输入三个不同的浮点数。按升序显示数字。回想一下，`if` 语句的代码组可以包含不止一条语句。通过在脚本上运行所有六种可能的数字顺序，证明脚本是正确的。脚本对重复的数字有效吗？（这是具有挑战性的。在后面的章节中，将更方便地实现这个问题，同时能够比较更多的数字。）

控制语句和程序开发

目标

- 用 `if`、`if...else`、`if...elif...else` 语句决定是否执行操作。
- 用 `while` 和 `for` 语句重复执行语句。
- 用增量赋值缩短赋值表达式。
- 用 `for` 语句和内置 `range` 函数对一系列值进行重复操作。
- 用 `while` 语句实现卫士控制重复。
- 学习问题求解的技巧：理解问题的需求，将问题分解成更小的部分，开发解决问题的算法，并在代码中实现这些算法。
- 通过自顶向下、逐步细化的过程开发算法。
- 用布尔操作符 `and`、`or` 和 `not` 创建复合条件。
- 用 `break` 停止循环。
- 用 `continue` 使循环进入下一次迭代。
- 用一些函数式编程特征来编写脚本，这些脚本更简洁、更清晰、更容易调试，并且更容易并行化。

3.1 简介

在编写解决特定问题的程序之前，必须理解问题，并有一个精心计划的方法来解决它。此外，还必须了解 Python 的构成模块并使用经过验证的程序构建原则。

3.2 算法

可以通过以特定顺序执行一系列操作的方式解决任何计算问题。**算法**是从以下几个方面解决问题的过程：

1. 要执行的**操作**。
2. 执行这些操作的**顺序**。

准确指定操作执行的顺序是必不可少的。一名主管起床上班时遵循的“rise-and-shine 算法”是这样的：（1）起床，（2）脱下睡衣，（3）淋浴，（4）穿衣服，（5）吃早饭，（6）拼车去上班。这种惯例可以让主管为做出关键决策做好充分的准备。假设这名主管以不同的顺序执行这些步骤：（1）起床，（2）脱下睡衣，（3）穿衣服，（4）淋浴，（5）吃早饭，（6）拼车去上班。现在，主管将全身湿透地去上班。**程序控制**指定程序中语句（操作）执行的顺序。本章研究使用 Python 的**控制语句**进行的程序控制。

自我测验

（填空题）________是解决问题的过程。它指定了要执行的________和执行它们的________。

答案：算法，操作，顺序。

3.3 伪代码

伪代码是一种非正式的、类似英语的、用于体现算法思想的语言。伪代码描述了程序应该做什么，然后可以利用 Python 等价物将伪代码转换为 Python 代码。

Addition-Program 伪代码

下面的伪代码算法提示用户输入两个整数，用户通过键盘输入、相加、存储并显示它们的和：

Prompt the user to enter the first integer
Input the first integer

Prompt the user to enter the second integer
Input the second integer

Add first integer and second integer, store their sum
Display the numbers and their sum

这是一段完整的伪代码算法。在本章的后面，我们将展示一个从需求声明创建伪代码算法的简单过程。英语伪代码语句指定了希望执行的操作以及执行它们的顺序。

自我测验

1.（判断题）伪代码是一种简单的程序设计语言。

答案：错误。伪代码不是程序设计语言。它是一种可以帮助开发算法的人造非正式语言。

2.（IPython 会话）编写 Python 语句来执行本节伪代码所描述的任务。输入的整数为 `10` 和 `5`。

答案：

```
In [1]: number1 = int(input('Enter first integer: '))
Enter first integer: 10

In [2]: number2 = int(input('Enter second integer: '))
Enter second integer: 5

In [3]: total = number1 + number2

In [4]: print('The sum of', number1, 'and', number2, 'is', total)
The sum of 10 and 5 is 15
```

3.4 控制语句

通常，程序中的语句是按照写入的顺序执行的，这叫作顺序执行。各种 Python 语句使你能够指定要执行的下一个语句不是顺序中的下一个语句，这被称为控制转移，这是通过 Python 控制语句实现的。

控制形式

20世纪60年代，控制转移的广泛使用给软件开发带来了困难，人们将其归咎于 goto 语句。这条语句允许将控制权转移到程序中许多可能的目的地之一。Bohm 和 Jacopini 的研究[⊖]表明，程序可以在没有 goto 语句的情况下编写。结构化编程的概念几乎成了“消除 goto”的同义词。Python 中没有 goto 语句。结构化编程更清晰，更容易调试和修改，而且更有可能不产生错误。

Bohm 和 Jacopini 证实了所有程序都可以使用三种形式的控制来编写——**顺序**、**选择**和**重复**。顺序执行很简单，就是 Python 语句一个接一个“按顺序”执行，除非另有指示。

流程图

流程图是算法或算法中一部分的图形化表示。可以使用矩形、菱形、圆角矩形和小圆圈来绘制流程图，并通过**流程线**的箭头将它们连接起来。与伪代码一样，流程图对于开发和表示算法也很有用。它们清楚地展示了各种控制形式是如何运作的。思考下面的流程图片段，它显示了顺序执行：

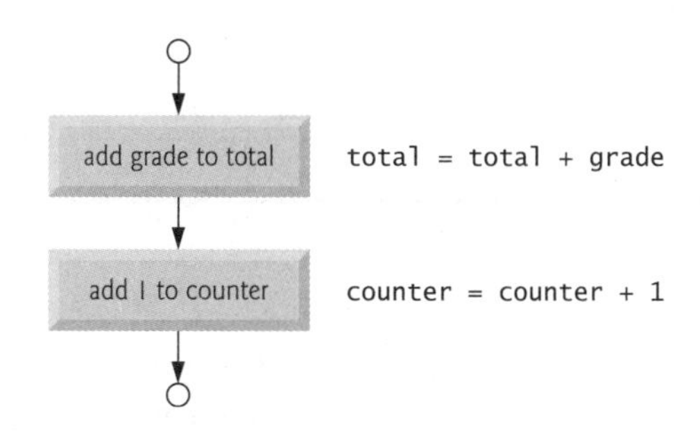

我们使用**矩形（或操作）符号**来指明操作，例如计算或输入/输出操作。流程线显示了操作执行的顺序。首先，将 grade 加到 total 中，然后计数器 counter 加 1。我们在每个矩形符号旁边展示了 Python 代码，以便进行比较。这些代码不是流程图的一部分。

在一个完整算法的流程图中，第一个符号是一个包含单词“Begin”的**圆角矩形**。最后一个符号是一个包含单词“End”的圆角矩形。在非完整算法的流程图中，我们省略了圆角矩形，而使用名为**连接器符号**的小圆圈。最重要的符号是表示要做出决策的**决策（或菱形）符号**，例如在 if 语句中。我们将在下一节开始使用决策符号。

选择语句

Python 提供了三种选择语句，它们根据条件（一个计算结果为 True 或 False 的表达式）执行代码。

- **if 语句**：如果条件为 True 则执行操作，反之跳过该操作。
- **if...else 语句**：如果条件为 True 则执行操作，反之执行另一个操作。
- **if...elif...else 语句**：根据不同条件的真假，执行许多不同操作中的一个。

任何可以放置单个操作的地方都可以放置一组操作。

if 语句被称为**单一选择语句**，因为它选择或忽略单个操作（或一组操作）。if...else 语句被称为**双选择语句**，因为它在两个不同的操作（或操作组）之间进行选择。if...

⊖ Bohm, C., and G. Jacopini, “Flow Diagrams, Turing Machines, and Languages with Only Two Formation Rules,” *Communications of the ACM*, Vol. 9, No. 5, May 1966, pp. 336–371.

elif...else 语句被称为**多重选择语句**，因为它选择了许多不同操作（或操作组）中的一个。

重复语句

Python 提供了两种重复语句——while 语句和 for 语句：

- 只要条件保持为 True，while 语句就重复一个操作（或一组操作）。
- for 语句对元素序列中的每个元素重复一个操作（或一组操作）。

关键字

单词 if、elif、else、while、for、True 和 False 是 Python 保留用来实现其特性（如控制语句）的关键字。使用关键字作为标识符（如变量名）是一种语法错误。下表列出了 Python 的关键字。

Python 的关键字						
and	as	assert	async	await	break	class
continue	def	del	elif	else	except	False
finally	for	from	global	if	import	in
is	lambda	None	nonlocal	not	or	pass
raise	return	True	try	while	with	yield

控制语句总结

可以将实现算法所需的各类型控制语句组合起来，从而形成 Python 程序。使用**单入口/单出口**（单向进入/单向退出）**控制语句**，一个出口点连接到下一个入口点。这类似于一个孩子堆叠建筑模块的方式——因此这被称为**控制语句堆叠**。**控制语句嵌套**还连接了控制语句，我们将在本章后面看到如何进行嵌套。

可以使用六种不同的控制形式（顺序执行，以及 if、if...else、if...elif...else、while 和 for 语句）构造任何 Python 程序。只有两种方法可以组合它们（控制语句堆叠和控制语句嵌套）。这就是简单的本质。

自我测验

1.（填空题）可以用三种控制形式编写各种程序：________、________和________。

答案：顺序执行、选择语句、重复语句

2.（填空题）________是算法的图形化表示。

答案：流程图

3.5 if 语句

假设考试及格分数是 60 分。以下伪代码

If student's grade is greater than or equal to 60
Display 'Passed'

可以判定条件“学生的成绩大于或等于 60”是否为真。如果条件为真，则显示 'Passed'。然后，按顺序执行下一个伪代码语句“performed”。（请记住，伪代码并不是真正的编程语言。）如果条件为假，则不显示任何内容，下一个伪代码语句是“performed”。伪代码的第二行是缩进的。Python 代码需要缩进。这里强调了“Passed”只在条件为真时才显示。

将变量 grade 赋值为 85，然后显示并执行上述伪代码对应的 Python if 语句：

```
In [1]: grade = 85

In [2]: if grade >= 60:
   ...:     print('Passed')
   ...:
Passed
```

if 语句与伪代码非常相似。因为条件 grade>= 60 为 True，因此缩进的 print 语句显示 'Passed'。

代码组缩进

一个代码组需要缩进。否则，将会出现 IndentationError 这种语法错误：

```
In [3]: if grade >= 60:
   ...: print('Passed')  # statement is not indented properly
  File "<ipython-input-3-f42783904220>", line 2
    print('Passed')  # statement is not indented properly
        ^
IndentationError: expected an indented block
```

如果在一个代码组中有多个语句，而这些语句没有相同的缩进，那么也会出现 IndentationError：

```
In [4]: if grade >= 60:
   ...:     print('Passed')  # indented 4 spaces
   ...:   print('Good job!)  # incorrectly indented only two spaces
  File <ipython-input-4-8c0d75c127bf>, line 3
    print('Good job!)  # incorrectly indented only two spaces
    ^
IndentationError: unindent does not match any outer indentation level
```

有时错误信息可能不清楚。事实上，Python 给出的提示信息通常足以让我们找出哪里出了问题。在代码中应该统一遵循缩进约定，缩进不一致的程序是很难阅读的。

if 语句流程图

代码片段 [2] 中 if 语句的流程图如下所示：

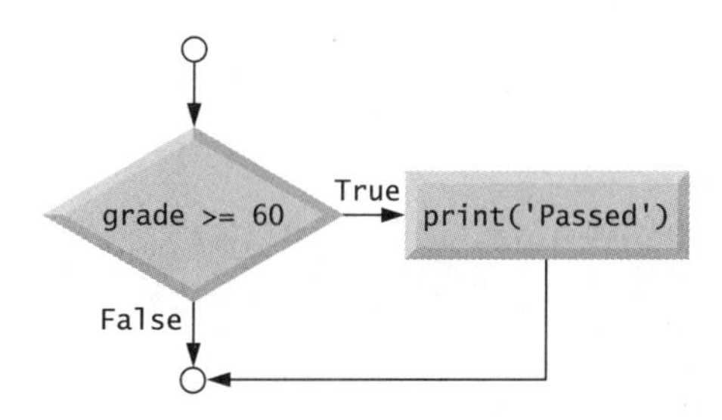

决策（或菱形）符号包含一个可以为 True 或 False 的条件，有两条流程线从它指出：

- 一条指明了当条件为 True 时要遵循的方向，箭头指向应该执行的操作（或操作组）。
- 另一条指明了当条件为 False 时应该遵循的方向。图例中跳过了操作（或操作组）部分。

每一个表达式都可以被解释为 True 或 False

可以根据任何表达式来做出决策。非零值为 True，零为 False：

```
In [5]: if 1:
   ...:     print('Nonzero values are true, so this will print')
   ...:
Nonzero values are true, so this will print

In [6]: if 0:
   ...:     print('Zero is false, so this will not print')

In [7]:
```

包含字符的字符串为 True，空字符串（''、"" 或 """"""）为 False。

关于混淆 == 和 = 的补充说明

在赋值语句中使用相等操作符 == 而非赋值符号 = 可能会导致一些微妙的问题。例如，在本小节中，代码片段 [1] 用以下声明定义了变量 grade：

```
grade = 85
```

如果我们误写成这样：

```
grade == 85
```

那么，变量 grade 将是未定义的，我们将得到一个命名错误（NameError）。

如果在以上语句之前已经定义了 grade，那么 grade == 85 将根据 grade 的值被评估为真或假，而不是执行预期的任务。这是一个逻辑错误。

自我测验

1.（判断题）如果缩进了一个代码组的语句，不会得到一个 IndentationError。

答案：错误。一个代码组中的所有语句必须具有相同的缩进。否则，将出现 IndentationError。

2.（IPython 会话）重做本节的代码片段 [1] 和 [2]，然后将 grade 更改为 55，并重复 if 语句，以显示其代码组没有执行。下一节将展示如何回调和重新执行先前的代码片段，以避免重新键入代码。

答案：

```
In [1]: grade = 85

In [2]: if grade >= 60:
   ...:     print('Passed')
   ...:
Passed

In [3]: grade = 55

In [4]: if grade >= 60:
   ...:     print('Passed')
   ...:

In [5]:
```

3.6 if...else 和 if...elif...else 语句

if...else 语句根据条件的真假执行不同的代码组。下面的伪代码中，如果学生的成绩大于或等于 60，则显示 'Passed'；否则显示 'Failed'：

If student's grade is greater than or equal to 60
Display 'Passed'
Else
Display 'Failed'

在任何一种情况下，在整个 if...else 之后的下一个伪代码语句都会执行。对 if 和 else 的代码组采用相同的缩进。我们创建并**初始化**（即给它一个起始值）变量 grade，然后显示并执行与上述伪代码对应的 Python if...else 语句。

```
In [1]: grade = 85

In [2]: if grade >= 60:
   ...:     print('Passed')
   ...: else:
   ...:     print('Failed')
   ...:
Passed
```

上述条件为真，因此 if 代码组显示 'Passed'。注意，当输入 print('Passed') 后按下 Enter 键时，IPython 将下一行缩进四个空格。必须删除这四个空格，以使“else:”准确地与 if 中的 i 对齐。

下面的代码给变量 grade 赋值 57，然后再次显示 if...else 语句，以证明只有 else 代码组在条件为假时执行：

```
In [3]: grade = 57

In [4]: if grade >= 60:
   ...:     print('Passed')
   ...: else:
   ...:     print('Failed')
   ...:
Failed
```

键盘上的向上箭头和向下箭头按键可以来回切换当前交互的代码片段。按 Enter 键可以重新执行显示出的代码片段。我们将变量 grade 设置为 99，按两次向上箭头按键来回调代码片段 [4]，然后按 Enter 键来将其作为代码片段 [6] 重新执行。执行的每个回调的代码片段都会得到一个新 ID：

```
In [5]: grade = 99

In [6]: if grade >= 60:
   ...:     print('Passed')
   ...: else:
   ...:     print('Failed')
   ...:
Passed
```

if...else 语句流程图

下面的流程图展示了先前的 if...else 语句的控制流。

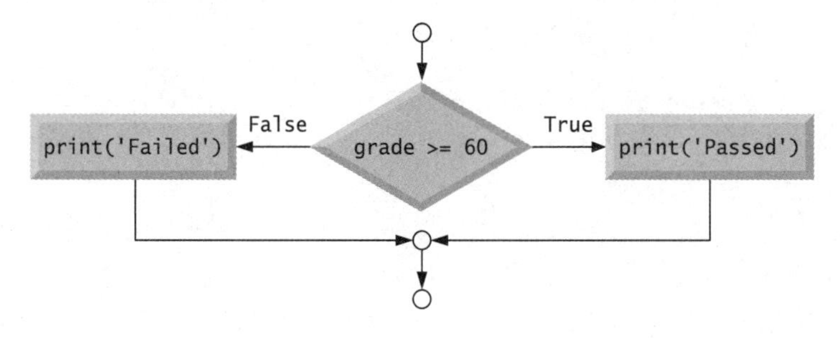

条件表达式

有时 if...else 语句中的代码组会根据条件为变量赋不同的值，例如：

```
In [7]: grade = 87

In [8]: if grade >= 60:
   ...:     result = 'Passed'
   ...: else:
   ...:     result = 'Failed'
   ...:
```

然后我们可以输出或计算这个变量：

```
In [9]: result
Out[9]: 'Passed'
```

可以用一个简洁的**条件表达式**写出类似代码片段 [8] 的语句：

```
In [10]: result = ('Passed' if grade >= 60 else 'Failed')

In [11]: result
Out[11]: 'Passed'
```

括号不是必需的，但它们清楚地表明语句将条件表达式的值赋给 result 变量。首先，Python 判断 grade>= 60 这个条件：

- 如果为真，则代码片段 [10] 为 result 赋值 if *左边*的表达式值，即 'Passed'。else 部分不执行。
- 如果为假，则代码片段 [10] 为 result 赋值 if *右边*的表达式值，即 'Failed'。

在交互模式下，还可以直接计算条件表达式，例如：

```
In [12]: 'Passed' if grade >= 60 else 'Failed'
Out[12]: 'Passed'
```

一个代码组中出现多条语句

下面的代码显示了 if...else 语句中 else 代码组的两条语句：

```
In [13]: grade = 49

In [14]: if grade >= 60:
    ...:     print('Passed')
    ...: else:
    ...:     print('Failed')
    ...:     print('You must take this course again')
```

```
   ...:
Failed
You must take this course again
```

在本例中，grade 小于 60，因此执行 else 代码组中的两条语句。如果没有缩进第二个 print，那么它就不在 else 的代码组中。因此，该语句总是会执行，产生奇怪的不正确输出：

```
In [15]: grade = 100

In [16]: if grade >= 60:
    ...:     print('Passed')
    ...: else:
    ...:     print('Failed')
    ...: print('You must take this course again')
    ...:
Passed
You must take this course again
```

if...elif...else 语句

可以使用 if...elif...else 语句测试许多情况。下面的伪代码展示了 grade 大于或等于 90 为 “A”，在 80～89 范围内为 “B”，在 70～79 范围内为 “C”，在 60～69 范围内为 “D”，其他值为 “F”：

If student's grade is greater than or equal to 90
Display "A"
Else If student's grade is greater than or equal to 80
Display "B"
Else If student's grade is greater than or equal to 70
Display "C"
Else If student's grade is greater than or equal to 60
Display "D"
Else
Display "F"

只有遇到第一个 True 条件的操作才会执行。我们展示并执行与上述伪代码对应的 Python 代码。伪代码 Else If 是用关键字 elif 编写的。代码片段 [18] 的输出为 C，因为 grade 的值为 77：

```
In [17]: grade = 77

In [18]: if grade >= 90:
    ...:     print('A')
    ...: elif grade >= 80:
    ...:     print('B')
    ...: elif grade >= 70:
    ...:     print('C')
    ...: elif grade >= 60:
    ...:     print('D')
    ...: else:
    ...:     print('F')
    ...:
C
```

第一个条件 grade>= 90 为 False，所以跳过 print ('A')。第二个条件 grade>= 80 也为 False，所以跳过 print('B')。第三个条件 grade>= 70 为 True，所以执行 print('C')。

然后跳过 if...elif...else 语句中的所有剩余代码。一个 if...elif...else 语句比多个分开的 if 语句更快，因为条件测试在条件为 True 时会立即停止。

if...elif...else 语句流程图

下面的流程图展示了 if...elif...else 语句的一般流程。如图中所示，在任何代码组执行之后，都会立即退出该语句。左侧的单词不是流程图的一部分。我们添加它们是为了显示流程图如何与等效的 Python 代码相对应。

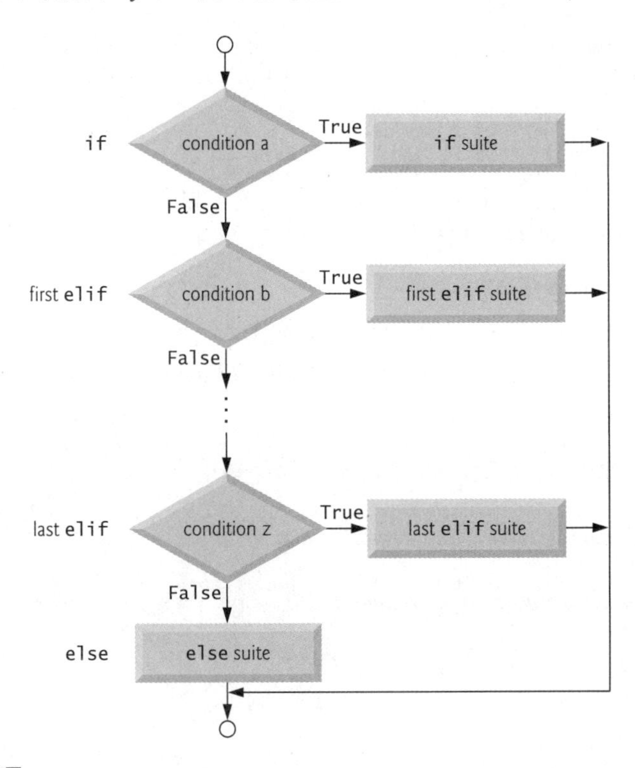

else 是可选项

if...elif...else 语句中的 else 是可选项。包含它使我们能够处理不满足任何条件的值。当不带 else 的 if...elif 语句测试一个不使其任何条件为真的值时，程序不会执行 if...elif 语句的任何代码组，而是会执行 if...elif 语句之后的下一条语句。如果指定 else，则必须将其放在最后一个 elif 之后；否则，将会出现 SyntaxError。

逻辑错误

代码片段 [16] 中不正确的缩进代码段是一个**非致命逻辑错误**的示例。虽然这段代码会执行，但会产生不正确的结果。对于脚本中的**致命逻辑错误**，会出现异常（例如试图除以 0 时出现的 ZeroDivisionError），因此 Python 将显示一个报错反馈，然后终止脚本。交互模式中的致命错误仅终止当前代码段。然后，IPython 将等待下一个输入。

自我测验

1.（判断题）一个致命的逻辑错误会导致脚本产生不正确的结果，然后继续执行。

答案：错误。一个致命的逻辑错误会导致脚本终止。

2.（IPython 会话）尝试制造一次 SyntaxError：在 if...elif 语句的最后一个 elif 之前指定 else。

答案：

```
In [1]: grade >= 90:

In [2]: if grade >= 90:
   ...:     print('A')
   ...: else:
   ...:     print('Not A or B')
   ...: elif grade >= 80:
  File "<ipython-input-2-033bcba40157>", line 5
    elif grade >= 80:
       ^
SyntaxError: invalid syntax
```

3.7 while 语句

while 语句允许在条件持续为真的情况下重复一个或多个操作。这样的语句通常被称为**循环**。

下面的伪代码指定了购物时发生的情况：

While there are more items on my shopping list
Buy next item and cross it off my list

如果条件“there are more items on my shopping list”为真，则执行“Buy next item and cross it off my list”。当该条件持续为真时，重复这个操作。当该条件为假时，即当已经划掉购物清单上的所有物品时，将停止重复此操作。

让我们用 while 语句来求出第一个大于 50 的 3 的幂：

```
In [1]: product = 3

In [2]: while product <= 50:
   ...:     product = product * 3
   ...:

In [3]: product
Out[3]: 81
```

首先，我们创建 product 变量并将其初始化为 3。然后 while 语句按如下方式执行：

1. Python 测试条件 product <= 50 为真，因为 product 的值为 3。该代码组中的语句将 product 乘以 3，并将结果（9）赋值给 product。循环的一次迭代就完成了。

2. Python 再次测试该条件，因为 product 现在是 9，所以该条件为真。代码组中的语句将 product 赋值为 27，完成循环的第二次迭代。

3. Python 再次测试该条件，因为 product 现在是 27，所以该条件为真。代码组中的语句将 product 赋值为 81，完成循环的第三次迭代。

4. Python 再次测试该条件，因为 product 现在是 81，所以该条件为假，重复终止。

代码片段 [3] 求得 product 的值为 81，它是第一个大于 50 的 3 的幂。如果这个 while 语句是更大规模脚本的一部分，则在 while 之后将继续执行下一条语句。

while 语句代码组中的某些内容必须更改 product 的值，使得判断条件的结果最终变为 False。否则，会出现一个被称为**无限循环**的逻辑错误。这种错误使得 while 语句永远无法终止——程序将一直处于“挂起”状态。在从终端、命令行或 shell 脚本执行的应用程序中，键入 Ctrl + c 或 control + c（取决于键盘）可以终止无限循环。集成开发环境（Integrated Development Environment，IDE）通常有一个工具栏按钮或菜单选项来停止程序的执行。

while 语句流程图

下面的流程图展示了先前的 while 语句的控制流。

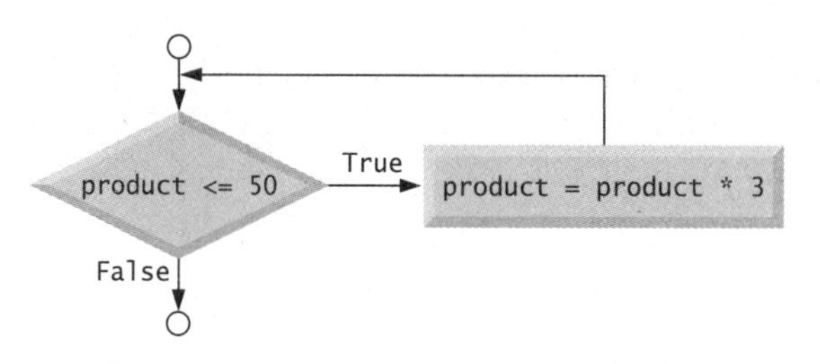

按照流程线来执行循环。从矩形发出的流程线通过回到 product<=50 这个判断条件来形成闭环，该条件在每次迭代中都要判断一次。当该条件的结果变为 False 时，将退出 while 语句，并按顺序继续执行下一条语句。

自我测验

1.（判断题）while 语句在某个条件持续为真时，一直执行代码组中的语句。

答案：正确。

2.（IPython 会话）利用代码找出第一个大于 1000 的 7 的幂。

答案：

```
In [1]: product = 7

In [2]: while product <= 1000:
   ...:     product = product * 7
   ...:

In [3]: product
Out[3]: 2401
```

3.8 for 语句

与 while 语句一样，**for 语句**允许重复一个或多个操作。for 语句对一个元素**序列**中的每个元素执行操作。例如，字符串是单个字符的序列。让我们用两个空格作为分隔符来显示 'Programming'：

```
In [1]: for character in 'Programming':
   ...:     print(character, end='  ')
   ...:
P  r  o  g  r  a  m  m  i  n  g
```

for 语句执行过程如下：

- 在输入语句时，它将 'Programming' 中的 'P' 赋值给关键字 for 和 in 之间的**目标变量**——在本例中为 character。
- 接下来，执行代码组中的语句，显示 character 的值以及紧随的两个空格——我们将马上对此进行详细说明。

- 执行完该代码组后，Python 将序列中的下一项赋值给 character（即 'Programming' 中的 'r'），然后再次执行该代码组。
- 当序列中有更多的元素需要处理时，这个过程将继续进行。在本例中，该语句在显示字符 'g' 以及紧随的两个空格之后终止。

在代码组中使用目标变量（就像我们在这里显示其值那样）是常见的，但不是必需的。

for 语句流程图

for 语句的流程图和 while 语句的流程图十分相似：

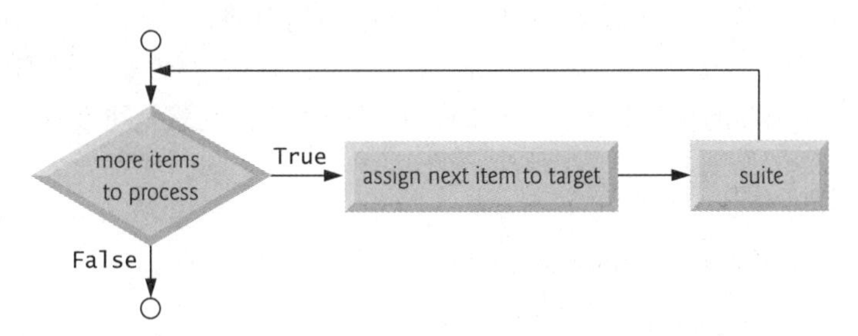

首先，Python 确定是否还有元素需要处理。如果是，for 语句将下一元素分配给目标变量，然后执行代码组中的操作。

print 函数的 end 关键字参数

内置函数 print 显示其参数，然后将光标移动到下一行。可以使用参数 **end** 更改此行为：

```
print(character, end='  ')
```

我们使用了两个空格（' '），所以每次调用 print 都会显示字符的值以及紧随的两个空格。因此，所有的字符都水平地显示在同一行上。Python 将 end 调用为**关键字参数**，但 end 不是 Python 关键字。end 关键字参数是可选的。如果不使用它，print 函数默认使用换行符（'\n'）。*Style Guide for Python Code* 中建议在关键字参数的 = 周围不要放置空格。关键字参数有时也被称为命名参数。

print 函数的 sep 关键字参数

可以使用关键字参数 **sep**（separator 的缩写）来指定显示在 print 的项之间的字符串。如果未指定此参数，则 print 函数默认情况下使用空格字符作为分隔符。让我们显示三个数字，每个数字与下一个数字之间有一个逗号和一个空格，而不仅仅是一个空格：

```
In [2]: print(10, 20, 30, sep=', ')
10, 20, 30
```

如果想删除默认的空格，请使用引号之间不含字符的空字符串。

3.8.1 可迭代变量、列表和迭代器

for 语句的 in 关键字右边的序列必须是**可迭代**变量，for 语句一次只能从中获取一项，直到没有其他项剩余为止。除了字符串，Python 还有其他可迭代序列类型。最常见的一种是**列表**，它是用方括号（[和]）括起来的、以逗号分隔的元素集合。下面的代码在一个列表中总共有五个整数：

```
In [3]: total = 0

In [4]: for number in [2, -3, 0, 17, 9]:
```

```
   ...:     total = total + number
   ...:

In [5]: total
Out[5]: 25
```

每个序列都有一个**迭代器**。for 语句在“幕后”利用迭代器获取每个连续的项，直到没有需要处理的项为止。迭代器就像一个书签——它总是知道自己在序列中的位置，因此当调用它时，它可以返回下一项。

对于列表中的每个数字 number，代码组将其添加到总数 total 中。当没有更多要处理的项时，total 包含了列表中所有项的总和（25）。我们将在第 5 章中详细介绍列表。在那里，我们将发现列表中项的顺序是十分重要的，并且列表中的元素是**可变的**（即可修改的）。

3.8.2 内置 range 函数

让我们使用 for 语句和内置的 **range 函数**精确地迭代 10 次，显示从 0 到 9 的值：

```
In [6]: for counter in range(10):
   ...:     print(counter, end=' ')
   ...:
0 1 2 3 4 5 6 7 8 9
```

函数调用 range(10) 创建一个可迭代的对象，该对象表示从 0 开始一直到参数值（10）的连续整数值序列，但不包括参数值（10）。在这种情况下，序列是 0 1 2 3 4 5 6 7 8 9。当处理完 range 函数生成的最后一个整数时，for 语句将退出。迭代器和可迭代对象是 Python 的两个*函数式编程*特性。我们将在本书中介绍更多相关内容。

off-by-one 错误

当假定 range 的参数值包含在生成的序列中时，会发生称为 **off-by-one 错误**的逻辑错误。例如，如果在尝试生成序列 0 到 9 时将 9 作为 range 的参数，那么 range 只生成 0 到 8。

自我测验

1.（*判断题*）________函数可以生成一个整数序列。

答案：range

2.（*IPython 会话*）使用 range 函数和 for 语句计算从 0 到 1 000 000 的整数的总数。

答案：

```
In [1]: total = 0

In [2]: for number in range(1000001):
   ...:     total = total + number
   ...:

In [3]: total
Out[3]: 500000500000
```

3.9 增广赋值

当相同的变量名出现在赋值 = 的左右两边时，**增广赋值**可以简化赋值表达式，例如在计算 total 时：

```
for number in [1, 2, 3, 4, 5]:
    total = total + number
```

代码片段 [2] 使用一个**加法增广赋值（+=）语句**重现了这一过程：

```
In [1]: total = 0

In [2]: for number in [1, 2, 3, 4, 5]:
   ...:     total += number  # add number to total
   ...:

In [3]: total
Out[3]: 15
```

代码片段 [2] 中的 += 表达式首先将 number 的值添加到当前的 total 中，然后将新值存储到 total 中。下表显示了增广赋值的示例：

增广赋值符号	表达式示例	解释说明	赋值
假设：c = 3, d = 5, e = 4, f = 2, g = 9, h = 12			
+=	c += 7	c = c + 7	c = 10
-=	d -= 4	d = d - 4	d = 1
*=	e *= 5	e = e * 5	e = 20
**=	f **= 3	f = f ** 3	f = 8
/=	g /= 2	g = g / 2	g = 4.5
//=	g //= 2	g = g // 2	g = 4
%=	h %= 9	h = h % 9	h = 3

自我测验

1.（填空题）如果 x 为 7，那么计算 x *= 5 之后 x 的值为________。

答案： 35

2.（IPython 会话）创建一个值为 12 的变量 x，利用求幂增广赋值语句计算 x 的平方的值，显示 x 的新值。

答案：

```
In [1]: x = 12

In [2]: x **= 2

In [3]: x
Out[3]: 144
```

3.10 程序开发：序列控制重复

经验表明，在计算机上解决问题最具挑战性的部分是为解决方案开发一种算法。正如我们将看到的，一旦指定了正确的算法，根据该算法创建一个有效的 Python 程序通常非常简单。本节和下一节将以解决两个类平均问题的脚本为案例，展示如何解决问题以及如何进行程序设计。

3.10.1　需求说明

需求说明描述了一个程序应该做什么，而非怎么做。思考以下简单的需求说明：

一个由 10 名学生组成的班级参加了一次测试，他们的分数（从 0 到 100 的整数）分别是 98、76、71、87、83、90、57、79、82、94。计算该班在此次测试中的平均分。

一旦知道了问题的需求，就可以开始开发一个算法来解决它。然后，可以用一个程序来实现这个解决方案。

求解该问题的算法必须：

1. 维护一个动态的总成绩。
2. 计算平均分——总成绩除以总个数。
3. 显示结果。

对于本例，我们将把 10 个分数放在一个列表中，还可以通过键盘输入用户的分数（就像我们在下一个例子中所做的那样），或者从文件中读取它们（将在第 9 章中介绍如何操作）。在后面的章节中，我们还将展示如何从 SQL 和 NoSQL 数据库中读取数据。

3.10.2　算法的伪代码形式

下面的伪代码列出了要执行的操作，并指定了它们应该执行的顺序：

Set total to zero
Set grade counter to zero
Set grades to a list of the ten grades

For each grade in the grades list:
　　Add the grade to the total
　　Add one to the grade counter

Set the class average to the total divided by the number of grades
Display the class average

注意其中提到的 `total` 和 `grade` 计数器。在图 3.1 的脚本中，变量 `total`（第 5 行）存储

```
1  # fig03_01.py
2  """Class average program with sequence-controlled repetition."""
3
4  # initialization phase
5  total = 0  # sum of grades
6  grade_counter = 0
7  grades = [98, 76, 71, 87, 83, 90, 57, 79, 82, 94]  # list of 10 grades
8
9  # processing phase
10 for grade in grades:
11     total += grade  # add current grade to the running total
12     grade_counter += 1  # indicate that one more grade was processed
13
14 # termination phase
15 average = total / grade_counter
16 print(f'Class average is {average}')
```

```
Class average is 81.7
```

图 3.1　利用序列控制重复实现的计算班级平均分程序

了所有 grade 值的动态总数，grade_counter（第 6 行）记录了我们已经处理过的 grade 的个数。我们将用这些来计算平均值。在使用总和和计数变量之前，它们通常被初始化为 0，正如我们在第 5 行和第 6 行中所做的那样。

3.10.3 Python 中算法的编码

下面的脚本实现了伪代码的算法。

执行阶段

我们使用空行和注释将脚本分成三个**执行阶段**——初始化、处理和终止：

- **初始化阶段**创建处理分数所需的变量，并将这些变量设置为适当的初始值。
- **处理阶段**处理这些分数，计算动态总数以及到目前为止已处理的分数的个数。
- **终止阶段**计算并显示班级平均分。

许多脚本可以**分解**为这三个阶段。

初始化阶段

第 5～6 行创建了变量 total 和 grade_counter，并将它们初始化为 0。

```
grades = [98, 76, 71, 87, 83, 90, 57, 79, 82, 94]  # list of 10 grades
```

第 7 行创建了变量 grades，并使用包含 10 个整数的列表初始化它。

处理阶段

for 语句处理列表 grades 中的每个 grade。第 11 行将当前 grade 累加到 total 中。然后，第 12 行将变量 grade_counter 加 1，以记录已处理的 grade 的个数。当处理完列表中的所有 10 个 grade 时，重复终止。这被称为**确定重复**，因为在循环开始执行之前就已知了重复次数。在本例中，重复次数就是列表 grades 中元素的数量。*Style Guide for Python Code* 建议在每个控制语句的上面和下面放一个空行（如第 8 行和第 13 行所示）。

终止阶段

当 for 语句结束时，第 15 行计算平均分并将其赋值给变量 average。然后，第 16 行显示 average。在本章的后面，我们将使用函数式编程特性来更精确地计算列表元素的平均值。

3.10.4 格式化字符串

第 16 行使用以下简单的 f-string［**格式字符串**（formatted string）的缩写］，通过将平均值 average 插入字符串中来格式化这个脚本的结果：

```
f'Class average is {average}'
```

字符串的单引号前的字母 f 表示这是一个 f-string。可以使用由花括号（{ 和 }）分隔的占位符来指定要插入值的位置。占位符

```
{average}
```

将变量 average 的值转换为字符串表示形式，然后用**替换文本**替换 {average}。替换文本表达式可以包含值、变量或其他表达式，如计算或函数调用。在第 16 行中，我们可以使用 total / grade_counter 来代替 average，从而简化第 15 行的内容。

自我测验

1.（填空题）________描述了一个程序应该做什么，而非怎么做。

答案：需求说明。

2.（填空题）许多脚本可以分解为三个阶段：________、________和________。

答案：初始化阶段，处理阶段，终止阶段。

3.（IPython会话）显示一个f-string，在其中插入变量`number1(7)`和`number2(5)`及其乘积的值。显示的字符串应该是

```
7 times 5 is 35
```

答案：

```
In [1]: number1 = 7

In [2]: number2 = 5

In [3]: print(f'{number1} times {number2} is {number1 * number2}')
7 times 5 is 35
```

3.11 程序开发：卫士控制重复

让我们推广以下班级平均分问题。思考如下的需求说明：

开发一个计算班级平均分的程序，在程序每次执行时可以处理任意数量的分数。

在第一个“班级平均分”案例中，我们提前知道了10个需要处理的分数。需求说明没有说明分数是什么、是多少，所以我们将让用户在程序中输入分数。如果希望程序能够处理任意数量的分数，它如何决定何时停止处理，以便继续计算及显示班级的平均分呢？

解决这个问题的一种方法是使用一个称为**卫士值**（sentinel value）（也称为**信号值**、**假值**或**标记值**）的特殊值来表示“数据输入结束”。这有点像守车（通常挂在列车末尾，供列车员工使用）“标记”火车尾部的方式。用户每次输入一个分数，直到输入完所有分数。然后用户输入卫士值来表示没有需要输入的分数了。**卫士控制重复**通常被称为**不确定重复**，因为重复的次数在循环开始执行之前是未知的。

卫士值不能与任何合理输入值相混淆。一次测验中的分数通常是0到100之间的非负整数，因此–1是这个问题合理的卫士值。因此，“班级平均分”程序的一次运行可以处理如95、96、75、74、89和–1的输入流。然后，该程序将计算并输出95、96、75、74和89的班级平均分。卫士值–1不参与平均分计算。

开发自顶向下、逐步细化的伪代码算法

我们使用一种称为**自顶向下、逐步细化**的技术来处理这个“班级平均分”问题。我们以如下的“顶层”伪代码表述开始：

Determine the class average for the quiz

这是一条表达程序整体功能的语句。尽管它是一个程序的完整表示，但很少传达编写程序所需的细节。“顶层设计”指定了应该做什么，但没有说明如何实现它。所以我们开始**细化过程**。我们将“顶层设计”分解为一系列更小的任务——这个过程有时被称为**分而治之**。第一次细化结果如下所示：

Initialize variables
Input, sum and count the quiz grades
Calculate and display the class average

每一次细化都可以代表完整算法——只是细化的级别不同。在上述的第一次细化中，这三行伪代码语句恰好与上一节中描述的三个执行阶段相对应。该算法还没有为我们编写 Python 程序提供足够的细节。所以，我们继续进行下一次细化。

第二次细化

为了开展**第二次细化**，我们需要指定特定的变量。程序需要维护

- 分数变量 grade，用户的每个输入将被存储在其中；
- 动态分数总和 total；
- 计数器 grade_counter，记录已经处理了多少个 grade；
- 存储平均值计算结果的变量。

伪代码语句

Initialize variables

可细化如下：

Initialize total to zero
Initialize grade_counter to zero

只有 total 和 grade_counter 变量在使用前需要初始化。我们不对用户输入和平均值计算结果的变量进行初始化，它们的值将分别在用户每次输入分数时和计算平均值时被替换。我们将在需要时创建这些变量。

下一个伪代码语句需要一个循环，该循环可以依次输入每个分数 grade：

Input, sum and count the quiz grades

我们不知道将输入多少个分数，所以使用卫士控制重复的方法。用户依次输入合法的分数。在输入最后一个合法分数之后，用户输入卫士值。程序在输入每个等级后测试卫士值，并在输入卫士值后终止循环。前面的伪代码语句的第二次细化结果如下：

```
Input the first grade (possibly the sentinel)
While the user has not entered the sentinel
    Add this grade into the running total
    Add one to the grade counter
    Input the next grade (possibly the sentinel)
```

伪代码语句

Calculate and display the class average

可细化如下：

```
If the counter is not equal to zero
    Set the average to the total divided by the grade counter
    Display the average
Else
    Display "No grades were entered"
```

注意，我们检测了除以 0 的可能情况。如果没有做这个检测，将导致致命的逻辑错误。在第 9 章中，我们将讨论如何编写程序来识别这些异常并采取适当的措施。

下面是“班级平均分”问题的第二次细化的完整结果：

Initialize total to zero
Initialize grade counter to zero

Input the first grade (possibly the sentinel)
While the user has not entered the sentinel
　　Add this grade into the running total
　　Add one to the grade counter
　　Input the next grade (possibly the sentinel)

If the counter is not equal to zero
　　Set the average to the total divided by the counter
　　Display the average
Else
　　Display "No grades were entered"

有时甚至需要进行两次以上的细化。当有足够的细节可以将伪代码转换为 Python 代码时，就停止细化。为了保证可读性，我们使用空行。在这里，碰巧将算法分为三个主流的执行阶段。

实现卫士控制重复

图 3.2 中的脚本实现了伪代码算法，并显示了一个示例的执行过程，其中用户输入了三个分数和一个卫士值。

```
1  # fig03_02.py
2  """Class average program with sentinel-controlled iteration."""
3
4  # initialization phase
5  total = 0  # sum of grades
6  grade_counter = 0  # number of grades entered
7
8  # processing phase
9  grade = int(input('Enter grade, -1 to end: '))  # get one grade
10
11 while grade != -1:
12     total += grade
13     grade_counter += 1
14     grade = int(input('Enter grade, -1 to end: '))
15
16 # termination phase
17 if grade_counter != 0:
18     average = total / grade_counter
19     print(f'Class average is {average:.2f}')
20 else:
21     print('No grades were entered')
```

```
Enter grade, -1 to end: 97
Enter grade, -1 to end: 88
Enter grade, -1 to end: 72
Enter grade, -1 to end: -1
Class average is 85.67
```

图 3.2　利用卫士控制重复解决“班级平均分”问题

卫士控制重复的程序逻辑

在卫士控制重复中，程序在到达 while 语句之前读取第一个值（第 9 行）。第 9 行演示了为什么在程序中需要变量 grade 时才创建它。如果我们对它进行了初始化，那么这个值就会立即被赋值所替换。

第 9 行输入的值决定了程序的控制流是否应该进入 while 代码组（第 12～14 行）。如果第 11 行中的条件为 False，即用户输入了卫士值（-1），则该代码组不会执行，因为用户没有输入任何分数。如果条件为 True，则执行代码组，将分数值 grade 加到总数 total 中，并将计数器 grade_counter 加 1。接下来，用户在第 14 行中输入一个分数。然后，使用用户新输入的 grade 再次测试 while 的条件（第 11 行）。grade 的值总是在程序测试 while 条件之前立即输入，因此我们可以在将该值处理为 grade 之前确定其是不是卫士值。当输入卫士值时，循环终止，且程序不在总数 total 中加 -1。在卫士控制循环中，任何需要用户输入的地方（第 9 行和第 14 行）都应该提醒用户这个卫士值。

循环终止后，执行 if...else 语句（第 17～21 行）。第 17 行判断用户是否输入了一个分数。如果没有，则执行 else 部分（第 20～21 行）并显示消息 'No grades were entered'，然后终止程序。

以两位小数的格式将班级平均分格式化

这个例子用小数点右边的两个数字格式化了班级平均分。在 f-string 中，可以视需要在替换文本表达式后面加上冒号（:），以及描述如何格式化替换文本的**格式说明符**。格式说明符 .2f（第 19 行）将平均值 average 格式化为一个在小数点右边有两个数字（.2）的浮点数（f）。在本例中，分数的总和是 257，除以 3 得到的结果为 85.666 666 6…。用 .2f 格式化平均值，使其*四舍五入*到百分位，生成替换文本 85.67。小数点右边只有一个数字的平均值被格式化时将**在末尾补零**（例如 85.50）。第 8 章将讨论许多字符串格式化特性。

控制语句堆叠

在本例中，请注意控制语句是按顺序堆叠的。while 语句（第 11～14 行）后面紧接着一个 if...else 语句（第 17～21 行）。

自我测验

1.（*填空题*）卫士控制重复被称为________，因为重复次数在循环开始执行之前是未知的。

答：不确定重复。

2.（*判断题*）卫士控制重复用一个计数器变量来控制一组指令执行的次数。

答案：错误。卫士控制重复在遇到卫士值时终止重复。

3.12 程序开发：嵌套控制语句

让我们来解决另一个完整的问题。同样，我们使用伪代码和自顶向下、逐步细化来规划算法，并开发相应的 Python 脚本。思考以下需求说明：

一所大学开设了一门课程，为学生准备房地产经纪人的国家执照考试。去年，有几名修完这门课程的学生参加了执照考试。学校想知道学生们考试考得怎么样。要求编写一个程序来统计结果，已经得到了 10 个学生的名单。如果学生通过了考试，在其名字旁边有一个 1；如果学生未通过则有一个 2。

程序应该按如下方式分析考试结果：

1. 输入每个考试结果（即 1 或 2）。每当程序请求另一个考试结果时，显示"Enter

result”信息。

2. 计算每种类型的考试结果的数量。

3. 显示考试结果的总计，写明通过考试的学生人数和未通过考试的学生人数。

4. 如果超过 8 名学生通过考试，显示“Bonus to instructor”。

在仔细阅读了需求说明后，我们对这个问题做了以下分析：

1. 程序必须处理 10 个测试结果。我们将使用 `for` 语句和 `range` 函数来实现重复过程。

2. 每个测试结果都是一个数字——要么是 1，要么是 2。每次程序读取一个测试结果时，程序必须判断这个数字是 1 还是 2。在我们的算法中以 1 为测试条件。如果数字不是 1，我们就假设它是 2。（本章末尾的练习考虑了这一假设的后果。）

3. 我们将使用两个计数器——一个用来计算通过考试的学生人数，另一个用来计算未通过考试的学生人数。

4. 当脚本处理完所有结果后，必须判断通过考试的学生人数是否超过 8 名，以奖励教师。

自顶向下、逐步细化

我们以“顶层”伪代码表述开始：

Analyze exam results and decide whether instructor should receive a bonus

同样，顶层设计是程序的完整表述，但是在伪代码能够自然地演变成 Python 程序之前，可能还需要进行一些细化。

第一次细化

第一次细化结果如下：

Initialize variables
Input the ten exam grades and count passes and failures
Summarize the exam results and decide whether instructor should receive a bonus

在这里，即使我们有整个程序的完整表述，也需要进一步细化。再次注意，第一次细化恰好对应三个执行阶段模型。

第二次细化

我们现在致力于特定的变量。我们需要计数器来记录通过和未通过的学生人数，以及一个变量来存储用户输入。伪代码语句

Initialize variables

可以细化如下：

Initialize passes to zero
Initialize failures to zero

只有记录通过和未通过人数的计数器需要初始化。

伪代码语句

Input the ten exam grades and count passes and failures

需要一个连续输入每个考试结果的循环。这里预先知道有 10 个考试结果，因此 `for` 语句和 `range` 函数是合适的。在循环内部（也就是说，嵌套在循环内部），`if...else` 语句判断每个考试结果是通过还是未通过，并为相应的计数器加 1。前面伪代码语句的细化结果如下：

```
For each of the ten students
    Input the next exam result

    If the student passed
        Add one to passes
    Else
        Add one to failures
```

If…Else 前面的空行提高了可读性。

伪代码语句

```
Summarize the exam results and decide whether instructor should receive a bonus
```

可以细化如下：

```
Display the number of passes
Display the number of failures

If more than eight students passed
    Display "Bonus to instructor"
```

完整的算法伪代码

伪代码现在已经足够精练，可以转换成 Python 代码了——第二次细化的完整结果如下所示：

```
Initialize passes to zero
Initialize failures to zero

For each of the ten students
    Input the next exam result

    If the student passed
        Add one to passes
    Else
        Add one to failures

Display the number of passes
Display the number of failures

If more than eight students passed
    Display "Bonus to instructor"
```

实现算法

图 3.3 中的脚本实现了该算法，并执行了两个示例。再次注意，Python 代码与伪代码非常相似。第 9～16 行循环 10 次，每次输入和处理一个考试结果。处理每个结果的 `if...else` 语句（第 13～16 行）嵌套在 `for` 语句中，也就是说，它是 `for` 语句代码组的一部分。如果结果是 `1`，则给 `passes` 加 `1`；否则，我们假设结果是 `2`，并给 `failures` 加 `1`。输入 10 个值后，循环终止，第 19 行和第 20 行显示通过和未通过的人数统计结果。第 22～23 行判断通过考试的学生人数是否超过 8 名，如果是，则显示 `'Bonus to instructor'`。

```
1  # fig03_03.py
2  """Using nested control statements to analyze examination results."""
3
4  # initialize variables
5  passes = 0  # number of passes
6  failures = 0  # number of failures
7
8  # process 10 students
9  for student in range(10):
10     # get one exam result
11     result = int(input('Enter result (1=pass, 2=fail): '))
12
13     if result == 1:
14         passes = passes + 1
15     else:
16         failures = failures + 1
17
18 # termination phase
19 print('Passed:', passes)
20 print('Failed:', failures)
21
22 if passes > 8:
23     print('Bonus to instructor')
```

```
Enter result (1=pass, 2=fail): 1
Enter result (1=pass, 2=fail): 2
Enter result (1=pass, 2=fail): 2
Enter result (1=pass, 2=fail): 1
Enter result (1=pass, 2=fail): 1
Enter result (1=pass, 2=fail): 1
Enter result (1=pass, 2=fail): 2
Enter result (1=pass, 2=fail): 1
Enter result (1=pass, 2=fail): 1
Enter result (1=pass, 2=fail): 2
Passed: 6
Failed: 4
```

```
Enter result (1=pass, 2=fail): 1
Enter result (1=pass, 2=fail): 1
Enter result (1=pass, 2=fail): 1
Enter result (1=pass, 2=fail): 1
Enter result (1=pass, 2=fail): 2
Enter result (1=pass, 2=fail): 1
Enter result (1=pass, 2=fail): 1
Enter result (1=pass, 2=fail): 1
Enter result (1=pass, 2=fail): 1
Enter result (1=pass, 2=fail): 1
Passed: 9
Failed: 1
Bonus to instructor
```

图 3.3　考试结果分析

自我测验

（IPython 会话）使用 `for` 语句输入两个整数。使用嵌套的 `if...else` 语句来判断每个值是偶数还是奇数。输入 `10` 和 `7` 测试代码。

答案：

```
In [1]: for count in range(2):
   ...:     value = int(input('Enter an integer: '))
   ...:     if value % 2 == 0:
   ...:         print(f'{value} is even')
   ...:     else:
   ...:         print(f'{value} is odd')
   ...:
Enter an integer: 10
10 is even
Enter an integer: 7
7 is odd
```

3.13 内置函数 range：深入审视

range 函数也有双参数和三参数的版本。正如我们所看到的，range 的单参数版本可以生成一个从 0 到参数值（但不包括参数值）的连续整数序列。函数 range 的双参数版本可以产生一个连续整数序列，从第一个参数值一直到第二个参数值，但不包括第二个参数值，如下所示：

```
In [1]: for number in range(5, 10):
   ...:     print(number, end=' ')
   ...:
5 6 7 8 9
```

range 函数的三参数版本可以生成一个整数序列，从第一个参数值一直到第二个参数值（但不包括第二个参数值），而且以第三个参数值为差递增，也就是所谓的等差：

```
In [2]: for number in range(0, 10, 2):
   ...:     print(number, end=' ')
   ...:
0 2 4 6 8
```

如果第三个参数值为负数，则序列从第一个参数值一直到第二个参数值，但不包括第二个参数值，以第三个参数值为差递减，如下所示：

```
In [3]: for number in range(10, 0, -2):
   ...:     print(number, end=' ')
   ...:
10 8 6 4 2
```

自我测验

1.（判断题）调用函数 range（1，10）生成序列 1 到 10。

答案：错误。调用函数 range（1，10）生成序列 1 到 9。

2.（IPython 会话）如果试图输出 range（10，0，2）的元素，会发生什么？

答案：不显示任何内容，因为差值不是负数（这不是一个致命错误）：

```
In [1]: for number in range(10, 0, 2):
   ...:     print(number, end=' ')
   ...:

In [2]:
```

3.（IPython 会话）使用 for 语句、range 和 print 在一行中显示值 99　88　77　66

55 44 33 22 11 0的序列，每个序列用一个空格隔开。

答案：

```
In [3]: for number in range(99, -1, -11):
   ...:     print(number, end=' ')
   ...:
99 88 77 66 55 44 33 22 11 0
```

4.（IPython会话）使用for和range对从2到100的偶数求和，然后显示结果。

答案：

```
In [4]: total = 0

In [5]: for number in range(2, 101, 2):
   ...:     total += number
   ...:

In [6]: total
Out[6]: 2550
```

3.14　使用Decimal类型表达货币总量

在本节中，我们将介绍精确货币计算的Decimal功能。如果进入银行业或其他需要由Decimal类型提供精确度的领域，则应该深入研究Decimal功能。

对于大多数使用带小数点的数字的科学和其他数学应用程序来说，Python的内置浮点数非常高效。例如，当我们谈到“正常”体温98.6°F[㊀]时，我们不需要精确到很多位。当我们查看温度计上的温度并把它读成98.6时，实际的值可能是98.599 947 321 064 3。这里的重点是，读数98.6足以适用于大多数体温应用场景。

浮点值以二进制格式存储（我们在第1章中介绍了二进制）。有些浮点值只有在被转换成二进制时才近似表示。例如，计算美元和美分总值为112.31的变量amount。如果想要显示amount的值，它将呈现赋给它的准确值：

```
In [1]: amount = 112.31

In [2]: print(amount)
112.31
```

但是，如果以小数点后20位的精度输出amount，就会发现内存中实际的浮点值并不是112.31，而只是一个近似值：

```
In [3]: print(f'{amount:.20f}')
112.31000000000000227374
```

许多应用要求用带有小数点的数字进行精确表示。像银行这样每天处理成百上千万甚至过亿笔交易的机构，必须将其交易额精确到“每一分钱上”。浮点数可以表示一些，但不是所有的财务金额都精确到“分”。

Python标准库[㊁]中提供了许多预定义的功能，可以在Python代码中使用这些功能来避免重复工作。对于货币计算以及其他需要精确表示和操作带小数点的数字的应用程序来说，

㊀ 1°F = 1°C × 9/5+32。

㊁ https://docs.python.org/3.7/library/index.html.

Python 标准库提供了 Decimal 类型，它使用一种特殊的编码方案来解决精确到“分”的问题。该方案需要额外的内存来保存这些数字并需要额外的处理时间来计算，但它提供了货币计算所需的精确到分的精度。银行还必须处理其他问题，例如在计算账户日利息时使用公平的舍入算法。Decimal 类型提供了这样的功能[⊖]。

从 decimal 模块导入 Decimal 类型

我们使用了几种内置类型——int（用于整数，如 10）、float（用于浮点数，如 7.5）和 str（用于字符串，如 'Python'）。Decimal 类型不是内置在 Python 中的。相反，它是 Python 标准库的一部分，该库被划分为相关功能的**模块**组。decimal 模块定义了 Decimal 类型及其功能。

要使用一个模块的功能，首先必须**导入（import）**整个模块，如：

```
import decimal
```

并将 Decimal 类型称为 decimal.Decimal，或者必须使用 from...import... 指定一个特定的功能来导入，如下所示：

```
In [4]: from decimal import Decimal
```

这只是从 decimal 模块导入 Decimal 类型，以便可以在代码中使用它。我们将在下一章讨论其他的导入形式。

创建小数

通常可以用一个字符串创建一个小数（Decimal）：

```
In [5]: principal = Decimal('1000.00')

In [6]: principal
Out[6]: Decimal('1000.00')

In [7]: rate = Decimal('0.05')

In [8]: rate
Out[8]: Decimal('0.05')
```

我们将在复利计算中使用变量 principal（本金）和 rate（利率）。

小数运算

Decimal 支持标准的算术操作符 +、-、*、/、//、** 和 %，以及相应的增广赋值：

```
In [9]: x = Decimal('10.5')

In [10]: y = Decimal('2')

In [11]: x + y
Out[11]: Decimal('12.5')

In [12]: x // y
Out[12]: Decimal('5')

In [13]: x += y

In [14]: x
Out[14]: Decimal('12.5')
```

⊖ 更多 decimal 模块功能，请访问 https://docs.python.org/3.7/library/decimal.html。

可以在小数和整数之间执行算术运算，但不能在小数和浮点数之间执行算术运算。

复利问题的需求说明

让我们使用 Decimal 类型来计算复利，以进行精确的货币计算。思考以下需求声明：

一个人将1000美元存到储蓄账户，利息为5%。假设这个人把所有的利息都留在账户上，每年年底计算并查看账户上的金额，持续10年。使用以下公式来确定这些数值：

$$a = p(1 + r)^n$$

其中，p 为初始存款金额（即本金），r 为年利率，n 为年数，a 为第 n 年末的存款金额。

计算复利

为了解决这个问题，我们将使用在代码片段 [5] 和 [7] 中定义的变量 principal 和 rate，以及一个 for 语句，该语句用于计算10年中每一年的利息以及账户的存款总额。对应每一年的循环中都要显示一个格式化字符串，其中包含年份和年底的存款金额：

```
In [15]: for year in range(1, 11):
    ...:     amount = principal * (1 + rate) ** year
    ...:     print(f'{year:>2}{amount:>10.2f}')
    ...:
 1   1050.00
 2   1102.50
 3   1157.62
 4   1215.51
 5   1276.28
 6   1340.10
 7   1407.10
 8   1477.46
 9   1551.33
10   1628.89
```

需求说明中的代数表达式 $(1 + r)^n$ 可写成

```
(1 + rate) ** year
```

其中 rate 代表 r，year 代表 n。

格式化年份和存款金额

语句

```
print(f'{year:>2}{amount:>10.2f}')
```

使用带有两个占位符的 f-string 来格式化循环的输出。

占位符

```
{year:>2}
```

使用格式说明符 >2 来指明年份的值应该在宽度为2的字段中**右对齐**（>）——**字段宽度**指定了显示值时使用的字符位数。对于个位数为1～9的年份值，格式说明符 >2 将使该值紧随在一个空格字符之后显示，从而将年份右对齐到第一列中。

下面的图显示了字段宽度为2的数字1和10：

字段宽度2
前导空格 ─ | |1|
|1|0|

可以用 < 实现**左对齐**。

占位符中的格式说明符 10.2f

```
{amount:>10.2f}
```

将 amount 格式化，变成一个右对齐（>）、字段宽度为 10、小数点后保留两位数字（.2）的浮点数（f）。以这种方式格式化金额会使它们的小数点垂直对齐，这在格式化金额时很常见。在 10 个字符位置中，最右边的 3 个字符是数字的小数点以及小数点后两位数字。其余 7 个字符的位置是前导空格和小数点左边的数字。在本例中，所有金额的小数点左边都是四位数字，因此每个数字都用三个前导空格来格式化。下图显示了值 1050.00 的格式化形式：

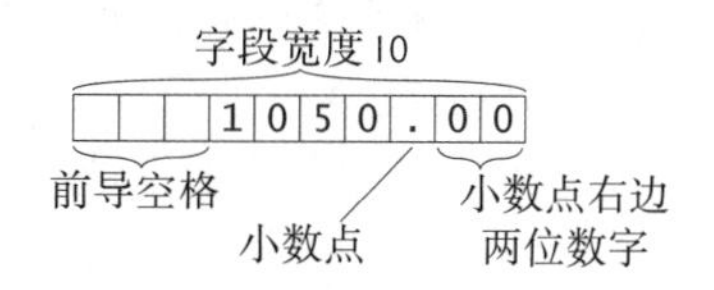

自我测验

1.（填空题）字段宽度指定了显示值时的________。

答案：字符位数。

2.（IPython 会话）假设餐馆账单的税率是 6.25%，账单金额是 37.45 美元。使用 Decimal 类型来计算账单总额，然后输出保留小数点后两位的结果。

答案：

```
In [1]: from decimal import Decimal

In [2]: print(f"{Decimal('37.45') * Decimal('1.0625'):.2f}")
39.79
```

3.15 break 和 continue 语句

break 和 continue 语句改变循环的控制流。在 while 或 for 语句中执行 break 语句将立即退出循环。在下面的代码中，range 产生整数序列 0～99，但是当 number 为 10 时循环终止：

```
In [1]: for number in range(100):
   ...:     if number == 10:
   ...:         break
   ...:     print(number, end=' ')
   ...:
0 1 2 3 4 5 6 7 8 9
```

在脚本中，接下来将继续执行 for 循环后的下一条语句。while 和 for 语句都有一个可选的 else 子句，只有在循环正常终止时才执行该子句（而不是由于 break 语句提前终止）。我们将在练习中探讨这一点。

在 while 或 for 循环中执行 continue 语句会跳过循环代码组的其余部分。在 while 语句中，将测试条件以判断循环是否应继续执行。在 for 语句中，循环将处理序列中的下一元素（如果有的话）：

```
In [2]: for number in range(10):
   ...:     if number == 5:
   ...:         continue
   ...:     print(number, end=' ')
```

```
   ...:
0 1 2 3 4 6 7 8 9
```

3.16 布尔操作符 and、or 和 not

条件操作符 >、<、>=、<=、== 和 != 可以用来形成简单的条件，比如 grade>= 60。使用 and、or 和 not 布尔操作符并结合简单条件形成更复杂的条件。

布尔操作符 and

为了确保在执行控制语句代码组之前两个条件都为真，可以使用**布尔操作符** and 来组合条件。下面的代码定义了两个变量，然后测试一个条件，当且仅当两个简单条件都为真它才为真——如果两个简单条件中有一个（或两个）为假，则整个 and 表达式为假：

```
In [1]: gender = 'Female'

In [2]: age = 70

In [3]: if gender == 'Female' and age >= 65:
   ...:     print('Senior female')
   ...:
Senior female
```

上述 if 语句中有两个简单的条件：

- gender == 'Female' 决定一个人是不是女性。
- age >= 65 决定此人是不是老年人。

先计算 and 操作符左边的简单条件，因为 == 的优先级高于 and。接下来计算 and 右边的简单条件，因为 >= 的优先级高于 and（稍后我们将讨论为什么只有当 and 操作符的左边为真时，才会计算它的右边）。当且仅当两个简单条件都成立，整个 if 语句条件为真。通过添加多余的（不必要的）括号可以使组合条件更清楚。

```
(gender == 'Female') and (age >= 65)
```

下表总结了*表达式* 1 和*表达式* 2 的真假值的四种可能组合，这样的表叫作*真值表*：

表达式 1	表达式 2	表达式 1 and 表达式 2
False	False	False
False	True	False
True	False	False
True	True	True

布尔操作符 or

使用布尔操作符 or 来测试两个条件中是否有一个为真，或者两个条件都为真。下面的代码进行条件测试，如果其中一个或两个简单条件为真，则整个 or 表达式为真；只有当两个简单条件都为假时，整个条件才为假：

```
In [4]: semester_average = 83

In [5]: final_exam = 95

In [6]: if semester_average >= 90 or final_exam >= 90:
```

```
   ...:     print('Student gets an A')
   ...:
Student gets an A
```

代码片段 [6] 包含两个简单的条件：

- semester_average >= 90 决定学生在本学期的平均成绩是不是 A（90 或以上）。
- final_exam >= 90 决定学生的期末考试成绩是不是 A。

下面的真值表总结了布尔操作符 or 的真假值情况。操作符 and 具有比 or 更高的优先级。

表达式 1	表达式 2	表达式 1 or 表达式 2
False	False	False
False	True	True
True	False	True
True	True	True

通过短路求值提高性能

一旦 Python 知道整个条件为假，它就会停止对 and 表达式求值。类似地，一旦 Python 知道整个条件为真，它就停止对 or 表达式求值。这叫作*短路求值*。所以，如果 gender 不等于 'Female'，条件

```
gender == 'Female' and age >= 65
```

将立即停止计算，因为整个表达式必定为假。如果 gender 等于 'Female'，计算将继续，因为如果 age 大于或等于 65，整个表达式将为真。

同样，如果 semester_average 大于或等于 90，条件

```
semester_average >= 90 or final_exam >= 90
```

将立即停止计算，因为整个表达式必定为真。如果 semester_average 小于 90，则继续执行，因为如果 final_exam 大于或等于 90，表达式可能仍然为真。

在使用操作符 and 的表达式中，应将更有可能为假的条件放在整个条件的最左边。在操作符 or 的表达式中，应将更有可能为真的条件放在整个条件的最左边。这样可以减少程序的执行时间。

布尔操作符 not

布尔操作符 not 可以“反转”条件的含义——将 True 变为 False，将 False 变为 True。这是一个**一元操作符**，它只有一个操作数。将操作符 not 放在条件之前，以在原始条件（没有 not 操作符）为 False 的情况下选择执行路径，如下面的代码所示：

```
In [7]: grade = 87

In [8]: if not grade == -1:
   ...:     print('The next grade is', grade)
   ...:
The next grade is 87
```

通常，可以用一种更“自然”或更方便的方式来表述条件，从而避免使用 not。例如，上述 if 语句也可以写成如下形式：

```
In [9]: if grade != -1:
   ...:     print('The next grade is', grade)
   ...:
The next grade is 87
```

下面的真值表总结了 not 操作符的真假值情况。

表达式	not 表达式
False	True
True	False

下表显示了迄今为止介绍的操作符的优先级和主次关系，按优先级递减的顺序从上到下排列。

操作符	主次关系
()	左结合
**	右结合
* / // %	左结合
+ -	左结合
< <= > >= == !=	左结合
not	左结合
and	左结合
or	左结合

自我测验

（IPython 会话）假设 i = 1，j = 2，k = 3，m = 2。请问下面的每一个条件的真假值是什么？

a）(i >= 1) and (j < 4)

b）(m <= 99) and (k < m)

c）(j >= i) or (k == m)

d）(k + m < j) or (3 - j >= k)

e）not (k > m)

答案：

```
In [1]: i = 1

In [2]: j = 2

In [3]: k = 3

In [4]: m = 2

In [5]: (i >= 1) and (j < 4)
Out[5]: True

In [6]: (m <= 99) and (k < m)
Out[6]: False
```

```
In [7]: (j >= i) or (k == m)
Out[7]: True

In [8]: (k + m < j) or (3 - j >= k)
Out[8]: False

In [9]: not (k > m)
Out[9]: False
```

3.17 数据科学入门：趋中度量——平均数、中位数、众数

在这里，我们继续讨论如何利用几种描述性统计量进行数据分析，其中包括：

- **平均数** —— 一组值的平均值。
- **中位数** —— 所有值按排序顺序排列时的中间值。
- **众数** —— 出现频率最高的值。

这些都是**趋中度量**——每个都是产生可以代表一系列值的“中心”值的一种方式，也就是说，该值在某种意义上是其他值的代表。

让我们计算一组整数的平均数、中位数和众数。下述代码创建了一个名为 `grades` 的列表，然后使用内置的 `sum` 和 `len` 函数“手工”计算平均数——`sum` 计算成绩总数（397），`len` 返回成绩的数量（5）：

```
In [1]: grades = [85, 93, 45, 89, 85]

In [2]: sum(grades) / len(grades)
Out[2]: 79.4
```

上一章提到了 Python 内置函数 `len` 和 `sum` 中实现的描述性统计量 count（计数）和 sum（求和）。像 `min` 和 `max` 函数一样（在前一章中介绍过），`sum` 和 `len` 都是函数式编程“简化”的例子——它们将一组值简化为单个值，即这些值的总和以及这些值的个数。在图 3.1 的“班级平均分”示例中，我们可以删除第 10～15 行，用上述代码片段 `[2]` 中的计算替换第 16 行中的 `average`。

Python 标准库的 **`statistics`（统计）模块**提供了计算平均数、中位数和众数的函数。要使用这些功能，首先要导入统计模块：

```
In [3]: import statistics
```

然后，通过在“`statistics.`”后面加上要调用的函数名，即可使用该模块的各种函数。下述代码使用统计模块的 `mean`、`median` 和 `mode` 函数分别计算成绩列表的平均数、中位数和众数：

```
In [4]: statistics.mean(grades)
Out[4]: 79.4

In [5]: statistics.median(grades)
Out[5]: 85

In [6]: statistics.mode(grades)
Out[6]: 85
```

每个函数的参数必须是可迭代的——在本例中，列表 `grades` 就是可迭代的。为了确认中

位数和众数是正确的，可以使用内置的 **sorted（排序）函数**来获得一个按递增顺序排列的列表 grades 的副本：

```
In [7]: sorted(grades)
Out[7]: [45, 85, 85, 89, 93]
```

列表 grades 中数字的个数为奇数（5），所以 median 返回中间值（85）。如果列表中数字的个数是偶数，则 median 返回中间两个中间值的平均数。

仔细观察排序后的值，可以看到 85 是众数，因为它出现得最频繁（两次）。mode 函数针对如下列表将产生一个 StatisticsError（统计错误）：

```
[85, 93, 45, 89, 85, 93]
```

其中有两个或多个“最频繁的”值。这样一组值被称为**双峰的**。这里 85 和 93 都出现了两次。我们将在本章末尾的练习中讨论更多关于平均数、中位数和众数的内容。

自我测验

1.（填空题）________统计量表示一组数据的平均值。

答案：平均数

2.（填空题）________统计量表示一组数据中出现频率最高的数。

答案：众数

3.（填空题）________统计量表示一组数据中居于最中间位置的数。

答案：中位数

4.（IPython 会话）对于一组数据 47、95、88、73、88、84，使用 statistics 模块计算平均数、中位数和众数。

答案：

```
In [1]: import statistics

In [2]: values = [47, 95, 88, 73, 88, 84]

In [3]: statistics.mean(values)
Out[3]: 79.16666666666667

In [4]: statistics.median(values)
Out[4]: 86.0

In [5]: statistics.mode(values)
Out[5]: 88
```

3.18 小结

在本章中，我们讨论了 Python 的控制语句，包括 if、if...else、if...elif...else、while、for、break 和 continue。我们使用伪代码和自顶向下、逐步细化的方法开发了几种算法。我们已经了解到，许多简单算法通常有三个执行阶段——初始化、处理和终止。

for 语句执行序列控制重复——它处理可迭代对象中的每个元素，比如一个范围内的整数、一个字符串或一个列表。可以使用内置函数 range 生成从 0 到所输入参数（但不包括该参数）的整数序列，并确定 for 语句的迭代次数。在 while 语句中使用卫士控制重复来创建循环，该循环将持续执行，直到遇到卫士值为止。可以使用内置函数 range 的双参数版本生成从第一个参数值到第二个参数值（但不包括）的整数序列。还可以使用三参数版本，其中第三个参数表示范围内整数之间的差值。

我们介绍了用于精确货币计算的 Decimal 类型，并使用它来计算复利。可以使用 f-string 和各种格式说明符来创建格式化的输出。我们介绍了 break 和 continue 语句，它们用于更改循环中的控制流。我们讨论了通过组合简单条件来创造复杂条件的布尔操作符 and、or 和 not。

最后，我们继续讨论描述性统计量，介绍了三种趋中度量——平均数、中位数和众数，并使用 Python 标准库 statistics 模块中的函数计算它们。

在下一章中，我们将创建自定义函数并使用 Python 的 math 和 random 模块中的函数。我们将介绍一些预定义的函数编程简化方法，并了解更多 Python 的函数编程功能。

练习

除非特别说明，每个练习都使用 IPython。

3.1 （验证输入）修改图 3.3 的脚本以验证其输入。如果输入的值不是 1 或 2，就继续循环直到用户输入正确的值为止。使用一个计数器来记录通过考试的学生人数，然后在接收到用户的所有输入后计算未通过考试的学生人数。

3.2 （代码纠错）下面的代码有什么问题？

```
a = b = 7
print('a =', a, '\nb =', b)
```

首先回答问题，然后在 IPython 中进行验证。

3.3 （代码分析）下述程序输出了什么？

```
for row in range(10):
    for column in range(10):
        print('<' if row % 2 == 1 else '>', end='')
    print()
```

3.4 （代码补全）补全下述代码中 *** 的部分：

```
for ***:
    for ***:
        print('@')
    print()
```

当执行代码时，它将显示两行，每一行包含七个 @ 符号，如下所示：

```
@@@@@@@
@@@@@@@
```

3.5 （if...else 语句）使用三个 if...else 语句而非六个 if 语句再现图 2.1 的代码。【提示：例如，可以将 == 和! = 视为“相反的”判断条件。】

3.6 （图灵测试）著名英国数学家阿兰·图灵提出了一个简单的测试，以确定机器是否可以表现出智能行为。一个用户坐在一台电脑前，与一个坐在电脑前的人以及一台自我操作的电脑进行同样的文本聊天。用户不知道响应是来自人还是独立的计算机。如果用户不能区分哪些反应来自人，哪些来自计算机，那么我们就有理由说计算机表现出了智能。

创建一个脚本扮演独立计算机的角色，为用户提供一个简单的医疗诊断。脚本应该提示用户 'What is your problem?'，当用户回答并按下回车键时，脚本应该简单地忽略用户的输入，然后再次提示用户 'Have you had this problem before (yes or no)?'。如果用户输入 'yes'，就回复他 'Well, you have it again.'。如果用户回答 'no'，就回复他 'Well, you have it now.'。

这个对话是否可以让用户相信另一端的实体展示了智能行为？为什么可以？为什么不可以？

3.7 （平方和立方表）在练习2.8中，我们编写了一个脚本来计算从0到5的数字的平方和立方，然后以表格格式输出结果值。使用for循环和本章学习过的f-string功能重新执行脚本，生成下表，要求每列的数字右对齐。

```
number  square  cube
     0       0     0
     1       1     1
     2       4     8
     3       9    27
     4      16    64
     5      25   125
```

3.8 （四则运算及最值）在练习2.10中，我们编写了一个脚本，输入3个整数，然后显示这些值的总和、平均数、乘积、最小值和最大值。用输入4个整数的循环再现代码。

3.9 （整数分割）在练习2.11中，我们编写了一个脚本，该脚本将一个五位整数的各位数字分开显示。再现该脚本，使用一个循环，在每次迭代中使用除法操作符//和取余操作符%筛选出每一位数字（从左到右），然后显示该数字。

3.10 （7%投资回报）再现练习2.12，利用循环计算并显示在第1年到第30年每个年末时将拥有的钱的数量。

3.11 （续航里程）司机通常非常在意汽车的续航里程。一名司机通过记录行驶的里程数和耗油量来计算每加仑[1]汽油的续航里程。开发一个卫士控制重复的程序，提示用户输入每箱油的行驶里程和耗油量。该程序应该计算并显示每加仑油可行驶的英里[2]数。在处理所有输入信息之后，该程序应该计算并显示总体每加仑油可行驶的英里数（即行驶总英里数除以总油耗）。

```
Enter the gallons used (-1 to end): 12.8
Enter the miles driven: 287
The miles/gallon for this tank was 22.421875
Enter the gallons used (-1 to end): 10.3
Enter the miles driven: 200
The miles/gallon for this tank was 19.417475
Enter the gallons used (-1 to end): 5
Enter the miles driven: 120
The miles/gallon for this tank was 24.000000
Enter the gallons used (-1 to end): -1
The overall average miles/gallon was 21.601423
```

3.12 （回文）回文是一种向后或向前读都相同的数字、单词或文本短语。例如，以下每一个五位整数都是回文数：12 321、55 555、45 554和11 611。编写一个程序，读入一个五位整数并判断它是不是回文。【提示：使用//和%操作符可以分割每一位数字。】

3.13 （阶乘）阶乘计算在概率中很常见。一个非负整数n的阶乘写成$n!$，当n大于或等于1时定义如下：

$$n! = n \cdot (n - 1) \cdot (n - 2) \cdot \cdots \cdot 1$$

当n为0时，$n!$定义为1。所以，

$$5! = 5 \cdot 4 \cdot 3 \cdot 2 \cdot 1$$

的结果是120。阶乘的大小增长得非常快。编写一个脚本，输入一个非负整数，计算并显示它的阶乘。试着用脚本输入整数10、20、30以及更大的数。能否找到Python不能生成整数阶乘

[1] 1 USgal = 3.785 41dm^3。——编辑注

[2] 1 mile = 1609.344m。——编辑注

值的整数输入？

3.14 （挑战：近似数学常量 π）编写一个脚本，用下面的无穷级数计算 π 的值。打印一个表，其中利用下列级数展开式中的一项、两项、三项等近似 π。要用多少项才能得到 3.14、3.141、3.1415 和 3.141 59？

$$\pi = 4 - \frac{4}{3} + \frac{4}{5} - \frac{4}{7} + \frac{4}{9} - \frac{4}{11} + \cdots$$

3.15 （挑战：近似数学常量 e）编写一个脚本，使用下面的公式近似估算数学常量 e 的值。脚本可以在将 10 个元素加和后停止。

$$e = 1 + \frac{1}{1!} + \frac{1}{2!} + \frac{1}{3!} + \ldots$$

3.16 （嵌套控制语句）使用循环查找所输入 10 个数中较大的两个值。

3.17 （嵌套循环）编写一个脚本，分别显示以下三角形模式，一个在另一个下面，用一个空行将每个模式与下一个模式分开。使用 for 循环生成模式。用下述语句显示所有星号（*）：

```
print('*', end='')
```

这条语句使得星号并排显示。【提示：对于最后两种模式，每行以零或更多空格字符开始。】

```
(a)           (b)           (c)           (d)
*            **********   **********            *
**           *********     *********           **
***          ********       ********          ***
****         *******         *******         ****
*****        ******           ******        *****
******       *****             *****       ******
*******      ****               ****      *******
********     ***                 ***     ********
*********    **                   **    *********
**********   *                     *   **********
```

3.18 （挑战：嵌套循环）修改练习 3.17 中的脚本，通过巧妙地使用嵌套 for 循环来并排显示所有四个模式（如上图所示）。用三个横向并列的空格将每个三角形与下一个三角形分开。【提示：for 循环应该控制行号。它的嵌套 for 循环应该根据行号为每一个模式计算星号和空格的合适数量。】

3.19 （暴力计算：毕达哥拉斯三元组）一个直角三角形的边可以都是整数。一个直角三角形的三个整数值的集合叫作毕达哥拉斯三元组。三条边必须满足两个直角边平方和等于斜边平方的关系式。找出所有不大于 20 的边 1、边 2 和斜边（如 3、4 和 5）的毕达哥拉斯三元组。使用三层嵌套 for 循环尝试所有可能性。这是“暴力”计算的一个例子。我们会在更高级的计算机科学课程中了解到，有许多有趣的问题除了暴力没有已知的算法可以解决。

3.20 （二进制转十进制）输入一个包含 0 和 1 的整数（即“二进制”整数），并显示其等价的十进制数。在线附录“数字系统”将讨论二进制数字系统。【提示：使用模数和除法操作符从右到左逐个选取“二进制”数字。就像在十进制数字系统中，最右边的数字位置值为 1，左边下一位的值为 10，然后是 100、1000 等。在二进制数字系统中，最右边的数字位置值为 1，左边下一位的值为 2，然后是 4、8 等。因此，十进制数 234 可以解释为 2 * 100 + 3 *10 + 4 * 1。二进制 1101 的十进制等价于 1 * 8 + 1 * 4 + 0 * 2 + 1 * 1。】

3.21 （最少硬币找零）编写一个脚本，输入商品的购买价格（1 美元或更少）。假设购买者用 1 美元支付，确定收银员应退还给买方的零钱数。用最少的 1 美分、5 美分、10 美分和 25 美分来显示退还的零钱数。例如，如果购买者应该获得 73 美分的找零，脚本将输出：

```
Your change is:
2 quarters
2 dimes
3 pennies
```

3.22 （循环的可选 else 子句）while 和 for 语句都有一个可选的 else 子句。在 while 语句中，当条件为 False 时执行 else 子句。在 for 语句中，当没有更多的元素要处理时，执行 else 子句。如果使用 break 跳出了一个带有 else 子句的 while 或 for 语句，则 else 部分不会执行。执行下面的代码，验证 else 子句只在 break 语句不生效时才执行：

```
for i in range(2):
    value = int(input('Enter an integer (-1 to break): '))
    print('You entered:', value)

    if value == -1:
        break
else:
    print('The loop terminated without executing the break')
```

有关循环 else 子句的更多信息，请参见

```
https://docs.python.org/3/tutorial/controlflow.html#break-and-
continue-statements-and-else-clauses-on-loops
```

3.23 （验证缩进）本章 ch03 示例文件夹中的 validate_indents.py 文件包含以下缩进错误的代码：

```
grade = 93

if grade >= 90:
    print('A')
  print('Great Job!')
   print('Take a break from studying')
```

Python 标准库包含一个名为 tabnanny 的代码缩进验证器模块，可以将其作为脚本运行，以检查代码是否正确缩进——这是众多静态代码分析工具之一。在 ch03 文件夹中执行以下命令，查看 validate_indents.py 分析的结果：

```
python -m tabnanny validate_indents.py
```

假设意外地将第二个 print 语句对齐到 if 关键字的 i 下面，那会是什么样的错误呢？你认为 tabnanny 会把它标记为错误吗？

3.24 （项目：使用 prospector 静态代码分析工具）prospector 工具可以运行几个流行的静态代码分析工具，以检查 Python 代码中常见的错误，并帮助改进代码。参见“开始阅读本书之前”，请检查是否安装了 prospector。对本章中的每个脚本运行 prospector。为此，在终端（macOS/Linux）、命令提示符（Windows）或 shell（Linux）中打开包含该脚本的文件夹，然后在该文件夹下运行下述命令：

```
prospector --strictness veryhigh --doc-warnings
```

研究输出结果，查看 prospector 在 Python 代码中定位的问题类型。通常情况下，建议对创建的所有新代码都运行 prospector 进行分析。

3.25 （项目：使用 prospector 分析 GitHub 上的开源代码）寻找一个 GitHub 上的 Python 开源项目，下载它的源代码并解压到系统上的一个文件夹中。在终端（macOS/Linux）、命令提示符

（Windows）或 shell（Linux）中打开该文件夹，然后在该文件夹下运行下述命令：

```
prospector --strictness veryhigh --doc-warnings
```

研究输出结果，查看 prospector 在 Python 代码中定位的更多问题类型。

3.26 （研究：Anscombe 的四组数据）在本书的数据科学案例研究中，我们将强调“了解数据”的重要性。在本章和前一章的数据科学入门中看到的描述性统计学基础知识无疑会帮助我们更好地了解数据。不过，需要注意的是，尽管不同数据集的数据可能显著不同，但它们可能具有相似甚至几乎相同的描述性统计。举一个这种现象的例子，研究 Anscombe 的四组数据。应该可以找到四个数据集和相应的可视化结果。正是这些可视化结果让我们相信数据集是完全不同的。在后面一章的练习中，将创建这些可视化效果。

3.27 （世界人口增长）几个世纪以来，世界人口显著增长。持续的人口增长给可呼吸空气、饮用水、可耕地和其他有限资源带来极大挑战。有证据表明，人口增长近年来一直在放缓，世界人口可能在 21 世纪的某个时候达到顶峰，然后开始下降。

本题即研究世界人口增长问题。这是一个有争议的话题，所以一定要调查不同的观点。了解当前世界人口及其增长率的估计值。编写一个脚本，计算未来 100 年世界人口每年的增长，使用简化的假设，即当前的增长率将保持不变。在表格中打印结果。第一列显示从 1 到 100 的年份，第二列显示预期的当年年底世界人口，第三列显示该年将出现的世界人口增量。利用结果，确定在什么年份人口将是现在的两倍以及四倍。

3.28 （数据科学入门：平均数、中位数、众数）计算 9、11、22、34、17、22、34、22 和 40 的平均数、中位数和众数。假设在此之外再加一个 34，可能会出现什么问题？

3.29 （数据科学入门：中位数的问题）对于奇数个值，要得到中位数，只需把它们按顺序排列，然后取中间值。对于偶数，需要取中间两个数的平均数。如果这两个数不一样，会出现什么问题？

3.30 （数据科学入门：离群值）在统计学中，离群值是指不寻常的值。有时，离群值仅仅是不良数据。在数据科学案例研究中，我们将看到离群值会使结果失真。在我们讨论的三种趋中度量中，平均数、中位数和众数哪一种受离群值的影响最大？为什么？哪一种不受影响或影响最小？为什么？

3.31 （数据科学入门：分类数据）平均数、中位数和众数都能很好地展示数值趋势特征。可以在计算中使用它们，并按有意义的顺序排列它们。分类数据是描述性的名字，如 Boxer、Poodle、Collie、Beagle、Bulldog 和 Chihuahua。通常，我们不会在计算中使用它们，也不会对它们排序。哪一种描述统计更适用于分类数据呢？

函　　数

目标

- 创建自定义函数。
- 导入并使用 Python 标准库模块（例如 random 和 math），以实现代码复用，避免重复工作。
- 在函数之间传递数据。
- 生成一个给定范围内的随机数序列。
- 利用随机数生成器学习模拟技术。
- 将值存入元组中，并从元组中取出值。
- 通过元组从函数中返回多个值。
- 理解标识符的作用域是如何决定程序中可以使用它的位置的。
- 创建具有默认参数值的函数。
- 调用带有关键字参数的函数。
- 创建可以接收任意个参数的函数。
- 使用针对对象的方法。

4.1　简介

经验表明，开发和维护大型程序的最佳方法是从更小、更易于管理的部分构建它。这种技术叫作**分而治之**。使用现有函数作为创建新程序的构建块是**软件可复用性**的一个关键方面——这也是面向对象程序设计的一个主要优点。将代码打包为函数允许通过调用函数在程序中的不同位置执行它，而不是复制可能很长的代码。这也使得程序更容易修改。当更改一个函数的代码时，所有对该函数的调用都将执行更新后的版本。

4.2　函数的定义

已经调用了许多内置函数（int、float、print、input、type、sum、len、min 和 max）和 statistics 统计模块中的一些函数（mean、median 和 mode）。每个函数都执行一个单独的、定义良好的任务。我们将经常定义并调用自定义函数。下面的交互代码定义了一个 square 函数，它可以计算其参数的平方。下面代码中调用了两次该函数，一次是计算 int 值 7 的平方（结果为 int 值 49），一次是 float 值 2.5 的平方（结果为 float 值 6.25）：

```
In [1]: def square(number):
   ...:     """Calculate the square of number."""
```

```
   ...:     return number ** 2
   ...:

In [2]: square(7)
Out[2]: 49

In [3]: square(2.5)
Out[3]: 6.25
```

在第一个代码片段中定义函数的语句只编写一次，但是可以在整个程序中从多个点调用它们来“完成它们的工作”，而且调用的次数可以由喜好而定。使用非数值参数（如 'hello'）调用 square 函数会导致 TypeError（类型错误），因为求幂操作符（**）只对数值有效。

定义一个自定义函数

函数定义（例如代码片段 [1] 中的 square）以 def **关键字**开头，紧随其后的是函数名（square）、一组括号和一个冒号（:）。与变量标识符一样，约定函数名应该以小写字母开头，多单词函数名中的每个单词应该用下划线隔开。

所需的圆括号包含了函数的**参数列表**——以逗号分隔的**参数**列表，表示函数执行其任务所需的数据。square 函数只有一个名为 number 的参数——需要计算其平方的值。

如果圆括号为空，则该函数执行其任务时不需要参数。练习 4.7 要求我们编写一个无参数的 date_and_time 函数，它通过从计算机的系统时钟读取当前日期和时间并显示出来。

冒号（:）后的缩进行是函数**块**，它由一个可选的文档字符串和执行函数任务的语句组成。我们将指出函数块和控制语句代码组之间的区别。

指定自定义函数的文档字符串

Style Guide for Python Code 中写道，函数块的第一行应该是一个文档字符串，简要说明函数的用途：

```
"""Calculate the square of number."""
```

要提供更多细节，可以使用多行文档字符串——*Style Guide for Python Code* 中建议以一个简短的解释开始，然后是一个空行和其他详细信息。

将结果返回给函数的调用者

当一个函数完成执行时，它将控制权返回给它的调用者——调用该函数的代码行。在 square 函数的代码块中，return 语句如下所示：

```
return number ** 2
```

首先计算 number 的平方，然后终止函数并将结果返回给调用者。在本例中，第一次调用是代码片段 [2] 中的 square(7)，因此 IPython 将结果显示在 Out[2] 中。可以用返回值 49 简单地替换 square(7)。替换之后，In[2] 输入变为 49，这使得 Out[2] 的结果为 49。第二次调用 square(2.5) 在代码片段 [3] 中，因此 IPython 在 Out[3] 中显示结果 6.25。

函数调用也可以嵌入表达式中。下面的代码先调用 square，然后 print 显示结果：

```
In [4]: print('The square of 7 is', square(7))
The square of 7 is 49
```

这里，也可以看作返回值 49 简单地替换了 square(7)，它确实会产生如上所示的输出。

还有另外两种方法将控制从函数返回给其调用者：

- 在执行 return 语句终止函数时没有伴随一条表达式，将隐式地将值 None 返回给调用者。Python 文档中声明 None 表示没有值。在判断条件中将 None 看作 False。

- 如果函数中没有 return 语句，则在执行完函数块中最后一条语句后隐式地返回 None。

当调用一个函数时发生了什么

表达式 square(7) 将实际参数 7 传递给 square 的形式参数 number。然后 square 计算 number** 2 并返回结果。形式参数 number 仅在函数调用期间存在。它在函数每次被调用时创建，以接收实际参数值；当函数将结果返回给调用者时，它将被销毁。

虽然我们没有在 square 的函数块中定义变量，但是可以这样做。函数的参数和在其函数块中定义的变量都是**局部变量**——它们只能在函数内部使用，并且只在函数执行时存在。试图在函数块之外访问局部变量会导致 NameError，它是指该变量未定义。我们将很快看到一种称为*函数调用栈*的幕后机制是如何支持自动创建并销毁函数的局部变量，以及如何帮助函数返回到其调用者位置的。

通过 IPython 的帮助机制访问函数的文档字符串

IPython 可以帮助我们了解要在代码中使用的模块和函数以及 IPython 本身。例如，要查看一个函数的文档字符串来学习如何使用该函数，键入函数名后加上一个**问号（?）**：

```
In [5]: square?
Signature: square(number)
Docstring: Calculate the square of number.
File:      ~/Documents/examples/ch04/<ipython-input-1-7268c8ff93a9>
Type:      function
```

对于我们的 square 函数，显示的信息包括：

- 函数的名称和参数列表——称为它的**签名**。
- 函数的文档字符串。
- 包含函数定义的文件名称。对于交互式会话中的函数，这一行显示了定义该函数的代码片段的信息——"<ipython-input-1-7268c8ff93a9>" 中的 1 表示代码片段 [1]。
- 访问 IPython 的帮助机制的项的类型——在本例中是“function（函数）”。

如果函数的源代码可以从 IPython 访问——例如在当前会话中定义的函数或从 .py 文件导入到会话中的函数——可以使用 ?? 以获得函数的完整源代码定义：

```
In [6]: square??
Signature: square(number)
Source:
def square(number):
    """Calculate the square of number."""
    return number ** 2
File:      ~/Documents/examples/ch04/<ipython-input-1-7268c8ff93a9>
Type:      function
```

如果无法从 IPython 访问源代码，?? 只简单地显示文档字符串。

如果文档字符串与窗口大小匹配，IPython 将显示下一个 In[] 提示符。如果文档字符串太长以至于无法匹配，IPython 通过在窗口底部显示冒号（:）来表明还有更多内容，按空格键将显示下一个部分。可以分别使用向上和向下箭头键在文档字符串里上下浏览。IPython 将在文档字符串的末尾显示 (END)。在任意 : 或 (END) 提示符处按 q[表示 quit(退出)] 返回到下一个 In[] 提示符。要了解 IPython 的特性，在任意 In[] 提示符下输入 ?，按 Enter 键，然后阅读帮助文档概述。

自我测验

1.（判断题）函数体被称为它的代码组。

答案：错误。函数体被称为它的代码块。

2.（判断题）函数的局部变量存在于函数返回给调用者之后。

答案：错误。函数的局部变量存在于函数返回给调用者之前。

3.（IPython 会话）定义一个函数 `square_root`，它接收一个数字作为参数，并返回该数字的平方根。求出 `6.25` 的平方根。

答案：

```
In [1]: def square_root(number):
   ...:     return number ** 0.5  # or number ** (1 / 2)
   ...:

In [2]: square_root(6.25)
Out[2]: 2.5
```

4.3 多参数函数

让我们定义一个 `maximum` 函数来计算并返回三个数中的最大值——下面的交互代码中分别针对整数、浮点数和字符串调用该函数三次。

```
In [1]: def maximum(value1, value2, value3):
   ...:     """Return the maximum of three values."""
   ...:     max_value = value1
   ...:     if value2 > max_value:
   ...:         max_value = value2
   ...:     if value3 > max_value:
   ...:         max_value = value3
   ...:     return max_value
   ...:

In [2]: maximum(12, 27, 36)
Out[2]: 36

In [3]: maximum(12.3, 45.6, 9.7)
Out[3]: 45.6

In [4]: maximum('yellow', 'red', 'orange')
Out[4]: 'yellow'
```

我们没有在 `if` 语句的上面和下面放置空行，因为在交互模式中按下回车键添加空行会立即结束函数的定义。

也可以针对混合类型的数据调用 `maximum`，比如整数和浮点数：

```
In [5]: maximum(13.5, -3, 7)
Out[5]: 13.5
```

调用 `maximum(13.5, 'hello', 7)` 会导致 `TypeError`（类型错误），因为字符串和数字不能通过大于操作符（>）进行比较。

`maximum` 函数的定义

`maximum` 函数在以逗号分隔的参数列表中指定了三个形式参数。代码片段 `[2]` 的实际参数 12、27 和 36 分别被分配给形式参数 value1、value2 和 value3。

为了确定最大值，我们一次处理一个值：

- 最初，我们假设 value1 是最大值，因此我们将其赋值给局部变量 max_value。当然，value2 或 value3 可能是实际的最大值，因此我们必须将它们与 max_value 进行比较。
- 第一个 if 语句判断 value2 > max_value，如果该条件为 True，则将 value2 赋值给 max_value。
- 第二个 if 语句判断 value3 > max_value，如果该条件为 True，则将 value3 赋值给 max_value。

现在，max_value 存储了最大值，所以我们将它作为函数的返回值。当控制权返回给调用者时，函数块中的形式参数 value1、value2 和 value3 以及变量 max_value（都是局部变量）将不再存在。

Python 内置的 **max** 和 **min** 函数

对于许多常见任务，需要的功能在 Python 中已经存在。例如，内置的 max 和 min 函数知道如何确定其两个或多个参数中的最大值和最小值：

```
In [6]: max('yellow', 'red', 'orange', 'blue', 'green')
Out[6]: 'yellow'

In [7]: min(15, 9, 27, 14)
Out[7]: 9
```

这些函数还可以接收一个可迭代的参数，如列表或字符串。使用内置函数或来自 Python 标准库模块的函数而非自己编写函数，可以减少开发时间，提高程序的可靠性、可移植性和性能。有关 Python 的内置函数和模块的列表，请参见 https://docs.python.org/3/library/index.html。

自我测验

1.（填空题）多参数函数在________中指定其参数。

答案：以逗号分隔的参数列表。

2.（判断题）在 IPython 交互模式下定义函数时，在空白行上按 Enter 键将导致 IPython 显示另一个继续提示符，以便继续定义该函数块。

答案：错误。在 IPython 交互模式下定义函数时，在空行上按 Enter 键即可终止函数定义。

3.（IPython 会话）以列表 [14, 27, 5, 3] 作为实际参数调用 max 函数，然后以字符串 'orange' 作为实际参数调用 min 函数。

答案：

```
In [1]: max([14, 27, 5, 3])
Out[1]: 27

In [2]: min('orange')
Out[2]: 'a'
```

4.4 随机数生成

现在我们将简单介绍一种流行的应用程序——模拟和游戏。可以通过 Python 标准库的 **random** 模块了解偶然性元素。

掷一个六面骰子

让我们在 1～6 的范围内产生 10 个随机整数来模拟掷一个六面骰子：

```
In [1]: import random

In [2]: for roll in range(10):
   ...:     print(random.randrange(1, 7), end=' ')
   ...:
4 2 5 5 4 6 4 6 1 5
```

首先，导入 random，这样我们就可以使用该模块的功能了。randrange 函数在第一个参数值到第二个参数值（但不包括第二个参数值）的范围内生成一个整数。让我们使用向上箭头键来再次调用 for 语句，然后按 Enter 键重新执行它。注意，会显示不同的值：

```
In [3]: for roll in range(10):
   ...:     print(random.randrange(1, 7), end=' ')
   ...:
4 5 4 5 1 4 1 4 6 5
```

有时，可能想要保证随机序列的**可再现性**——例如用于调试。在本节的最后，我们将展示如何使用 random 模块的 seed 函数来实现这一点。

掷一个六面骰子 600 万次

如果 randrange 真的随机生成整数，那么每次调用它时，其范围内的每个数字都有相同的**概率**（或机会 / 可能性）出现。为了显示骰子的 1～6 以相同的可能性出现，下面的脚本模拟了 600 万次掷骰。运行脚本时，骰子的每个面应该出现大约 100 万次，如图 4.1 示例输出中所示。

```
 1  # fig04_01.py
 2  """Roll a six-sided die 6,000,000 times."""
 3  import random
 4
 5  # face frequency counters
 6  frequency1 = 0
 7  frequency2 = 0
 8  frequency3 = 0
 9  frequency4 = 0
10  frequency5 = 0
11  frequency6 = 0
12
13  # 6,000,000 die rolls
14  for roll in range(6_000_000):  # note underscore separators
15      face = random.randrange(1, 7)
16
17      # increment appropriate face counter
18      if face == 1:
19          frequency1 += 1
20      elif face == 2:
21          frequency2 += 1
22      elif face == 3:
23          frequency3 += 1
24      elif face == 4:
25          frequency4 += 1
26      elif face == 5:
27          frequency5 += 1
28      elif face == 6:
```

图 4.1　掷一个六面骰子 600 万次

```
29            frequency6 += 1
30
31    print(f'Face{"Frequency":>13}')
32    print(f'{1:>4}{frequency1:>13}')
33    print(f'{2:>4}{frequency2:>13}')
34    print(f'{3:>4}{frequency3:>13}')
35    print(f'{4:>4}{frequency4:>13}')
36    print(f'{5:>4}{frequency5:>13}')
37    print(f'{6:>4}{frequency6:>13}')
```

```
Face    Frequency
   1       998686
   2      1001481
   3       999900
   4      1000453
   5       999953
   6       999527
```

图 4.1 （续）

该脚本使用嵌套的控制语句（嵌套在 for 语句中的 if…elif 语句）来确定骰子每个面出现的次数。for 语句迭代 600 万次。我们使用 Python 的下划线（ _ ）数字分隔符来提高 6 000 000 这个值的可读性。表达式 range（6 000 000）是不正确的。在函数调用中，逗号用来分隔参数，因此 Python 将 range（6 000　000）当作对三个参数为（6、0、0）的 range 的调用。

每次投掷，脚本将相应的计数器变量加 1。运行程序并观察结果。这个程序可能需要几秒钟才能完成执行。我们将看到，每次执行都会产生不同的结果。

注意，我们在 if...elif 语句中没有提供 else 子句。练习 4.1 要求对这种情况可能产生的后果发表评论。

利用随机数产生器的 seed 实现可再现性

randrange 函数实际上生成的是**伪随机数**，它基于从一个称为**种子（seed）**的数值开始的内部计算。反复调用 randrange 会产生一系列看起来是随机的数字，因为每次启动一个新的交互式会话或执行一个使用 random 模块函数的脚本时，Python 都在内部使用一个不同的种子值。[⊖] 当在对使用了随机数的程序调试逻辑错误时，在使用其他值测试程序之前，使用相同的随机数序列可能会对消除逻辑错误有所帮助。为此，可以使用 random 模块的 seed 函数**来为随机数生成器"播下种子"**——这迫使 randrange 从指定的种子开始计算其伪随机数字序列。在接下来的会话中，代码片段 [5] 和 [8] 产生了相同的结果，因为代码片段 [4] 和 [7] 使用了相同的种子（32）：

```
In [4]: random.seed(32)

In [5]: for roll in range(10):
   ...:     print(random.randrange(1, 7), end=' ')
   ...:
1 2 2 3 6 2 4 1 6 1
In [6]: for roll in range(10):
   ...:     print(random.randrange(1, 7), end=' ')
   ...:
```

⊖ 根据规范文件，Python 的种子值基于系统时钟或与操作系统相关的随机源。对于需要安全随机数的应用程序，比如密码学，文档建议使用 secrets 模块，而不是 random 模块。

```
1 3 5 3 1 5 6 4 3 5
In [7]: random.seed(32)

In [8]: for roll in range(10):
   ...:     print(random.randrange(1, 7), end=' ')
   ...:
1 2 2 3 6 2 4 1 6 1
```

代码片段 [6] 生成不同的值，因为它只是延续了在代码片段 [5] 开始的伪随机数序列。

自我测验

1.（填空题）利用________模块可以将偶然性元素引入计算机应用中。

答案：random。

2.（填空题）random 模块的________功能实现了随机数序列的可再现性。

答案：seed。

3.（IPython 会话）需求语句：使用 for 语句、randrange 和条件表达式（在前一章中介绍）来模拟 20 次抛硬币，将 H 表示正面，T 表示反面显示在同一行上，每个结果之间用一个空格隔开。

答案：

```
In [1]: import random

In [2]: for i in range(20):
   ...:     print('H' if random.randrange(2) == 0 else 'T', end=' ')
   ...:
T H T T H T T T T H T H H T H T H H H H
```

在代码片段 [2] 的输出中，出现了相同数量的 T 和 H——这并不总是生成随机数时会出现的情况。

4.5 案例研究：碰运气游戏

在本节中，我们将模拟一种流行的骰子游戏“craps”。以下是需求语句：

掷两个六面骰子，每个骰子的面分别包含一个、两个、三个、四个、五个和六个点。当骰子静止时，计算两个向上的面的点的总和。如果第一次的和是 7 或 11，就赢了。如果第一次的和是 2、3 或 12，就输了。如果第一次的和是 4、5、6、8、9 或 10，这个和就是“你的点数”。为了获胜，必须继续掷骰子，直到再次掷出“点数”。在此过程中掷出 7，就输了。

如图 4.2 的脚本模拟了此游戏并显示了几个执行示例，演示了在第一次掷中获胜、在第一次掷中失败、在随后的掷中获胜和在随后的掷中失败的不同情况。

```
1  # fig04_02.py
2  """Simulating the dice game Craps."""
3  import random
4
5  def roll_dice():
6      """Roll two dice and return their face values as a tuple."""
7      die1 = random.randrange(1, 7)
8      die2 = random.randrange(1, 7)
9      return (die1, die2)  # pack die face values into a tuple
10
```

图 4.2　模拟掷骰子游戏 craps

```
11  def display_dice(dice):
12      """Display one roll of the two dice."""
13      die1, die2 = dice  # unpack the tuple into variables die1 and die2
14      print(f'Player rolled {die1} + {die2} = {sum(dice)}')
15
16  die_values = roll_dice()  # first roll
17  display_dice(die_values)
18
19  # determine game status and point, based on first roll
20  sum_of_dice = sum(die_values)
21
22  if sum_of_dice in (7, 11):  # win
23      game_status = 'WON'
24  elif sum_of_dice in (2, 3, 12):  # lose
25      game_status = 'LOST'
26  else:  # remember point
27      game_status = 'CONTINUE'
28      my_point = sum_of_dice
29      print('Point is', my_point)
30
31  # continue rolling until player wins or loses
32  while game_status == 'CONTINUE':
33      die_values = roll_dice()
34      display_dice(die_values)
35      sum_of_dice = sum(die_values)
36
37      if sum_of_dice == my_point:  # win by making point
38          game_status = 'WON'
39      elif sum_of_dice == 7:  # lose by rolling 7
40          game_status = 'LOST'
41
42  # display "wins" or "loses" message
43  if game_status == 'WON':
44      print('Player wins')
45  else:
46      print('Player loses')
```

```
Player rolled 2 + 5 = 7
Player wins
```

```
Player rolled 1 + 2 = 3
Player loses
```

```
Player rolled 5 + 4 = 9
Point is 9
Player rolled 4 + 4 = 8
Player rolled 2 + 3 = 5
Player rolled 5 + 4 = 9
Player wins
```

```
Player rolled 1 + 5 = 6
Point is 6
Player rolled 1 + 6 = 7
Player loses
```

图 4.2 （续）

roll_dice 函数——通过元组返回多个值

函数 roll_dice（第 5～9 行）模拟了每次掷两个骰子的过程。该函数只定义一次，然后在程序中的多个位置调用（第 16 行和第 33 行）。空的参数列表说明 roll_dice 不需要参数来执行其任务。

到目前为止，调用的内置和自定义函数都返回一个值。有时候需要返回多个值，比如 roll_dice，它将两个骰子的值（第 9 行）作为一个**元组**返回——一个**不可变**（即不可修改）的值序列。要创建一个元组，需要用逗号分隔它的值，如第 9 行：

```
(die1, die2)
```

这被称为**构建元组**。括号是可选的，但是为了清晰起见，我们建议使用括号。我们将在下一章深入讨论元组。

display_dice 函数

要使用元组的值，可以将它们赋值给以逗号分隔的变量列表，该列表将**拆解**元组。为了显示骰子每次掷出的结果，display_dice 函数（在第 11～14 行定义，在第 17 行和第 34 行调用）将拆解它接收到的元组（第 13 行）。= 左边的变量数量必须与元组中的元素数量匹配；否则，将出现 ValueError（值错误）。第 14 行打印了包含骰子点值及其加和的格式化字符串。我们通过将元组传递给内置的 sum 函数来计算骰子点数之和。元组和列表一样，也是一个序列。

注意，roll_dice 和 display_dice 函数在它们的代码块开始时都使用了一个文档字符串，该文档字符串声明了函数的作用。另外，这两个函数都包含局部变量 die1 和 die2。这些变量不会“冲突”，因为它们属于不同函数的块。每个局部变量只能在定义它的代码块中访问。

第一次投掷

当脚本开始执行时，第 16～17 行投掷骰子并显示了结果。第 20 行计算在第 22～29 行中需要使用的骰子点数总和。我们可以在第一轮或以后的任何一轮中赢或输。变量 game_status 记录了输赢的状态。

第 22 行中的 **in** 操作符

```
sum_of_dice in (7, 11)
```

判断元组（7, 11）是否包含 sum_of_dice 的值。如果这个条件为真，表明掷出了 7 或 11。在本例中，我们在第一轮中获胜，因此脚本将 game_status 设置为 'WON'。操作符的右操作数可以是任何可迭代的。还有一个 not in 操作符可以判断一个值是否在迭代变量中。上述简洁的判断条件等同于

```
(sum_of_dice == 7) or (sum_of_dice == 11)
```

类似地，第 24 行中的条件

```
sum_of_dice in (2, 3, 12)
```

判断元组（2, 3, 12）是否包含 sum_of_dice 的值。如果包含，那么我们在第一次掷骰子时就输了，因此脚本将 game_status 设置为 'LOST'。

对于骰子的任何其他加和（4、5、6、8、9 或 10）：

- 第 27 行将 game_status 设置为 'CONTINUE'，所以可以继续投掷。

- 第 28 行在 my_point 中存储骰子的总和，以跟踪投掷的总和必须是多少才能赢。
- 第 29 行显示 my_point。

随后的投掷

如果 game_status 等于 'CONTINUE'（第 32 行），那么没有赢也没有输，因此会执行 while 语句代码组（第 33～40 行）。每个循环迭代调用 roll_dice，显示投掷值并计算它们的和。如果 sum_of_dice 等于 my_point（第 37 行）或 7（第 39 行），该脚本将分别将 game_status 设置为 'WON' 或 'LOST'，然后终止循环。否则，while 循环继续执行下一次投掷。

显示最终结果

当循环结束时，脚本继续执行 if...else 语句（第 43～46 行），如果 game_status 是 'WON'，则输出 'Player wins'，否则输出 'Player lost'。

自我测验

1.（填空题）________操作符判断其可迭代的右操作数是否包含其左操作数的值。

答案： in

2.（IPython 会话）构建一个 student 元组，其中包含名字 'Sue' 和列表 [89, 94, 85]，显示该元组，然后将其拆解到变量 name 和 grade 中，并显示它们的值。

答案：

```
In [1]: student = ('Sue', [89, 94, 85])

In [2]: student
Out[2]: ('Sue', [89, 94, 85])

In [3]: name, grades = student

In [4]: print(f'{name}: {grades}')
Sue: [89, 94, 85]
```

4.6 Python 标准库

通常，编写 Python 程序的方法是利用模块中定义的已存在函数和类（如 Python 标准库和其他库中的函数和类）创建自己的函数和类（即自定义类型），并将其结合起来。一个关键的编程目标是避免重复工作。

模块是对相关函数、数据和类进行分组的文件。Python 标准库中 decimal 模块的 Decimal 类型实际上是一个类。我们在第 1 章简要介绍了类，并将在第 10 章中详细讨论它们。**package（包）**将相关的模块分组在一起。在本书中，将使用许多预先存在的模块和包，并且将创建自己的模块——实际上，我们创建的每个 Python 源代码（.py）文件都是一个模块。创建包超出了本书的范围。它们通常用于将大型库的功能组织为更小的子集，使之更易于维护、更便于单独导入。例如，我们将在 5.17 节中使用的 Matplotlib 可视化库具有大量功能（它的文档超过 2300 页），因此我们将只导入示例中需要的子集（pyplot 和 animation）。

Python 标准库是由核心 Python 语言提供的。它的包和模块包含可以完成各种日常编程任务的功能[1]。可以在下述网站上看到标准库模块的完整列表

[1] Python 教程将其称为“包含电池”方法。

https://docs.python.org/3/library/

已经使用了 decimal、statistics 和 random 模块的功能。在下一节中，将使用 math 模块中的数学功能。在本书的示例和练习中，我们将看到许多其他 Python 标准库模块，包括许多下表中的模块：

一些流行的 Python 标准库模块
collections（集合）——列表、元组、字典和集合之外的数据结构
密码学模块——为安全传输加密数据
csv——处理以逗号分隔的值文件（例如 Excel 中的文件）
datetime（日期）——日期和时间操作。同时包含 time（时间）和 calendar（日历）
decimal——定点和浮点运算，包括货币计算
doctest——在文档字符串中嵌入验证测试和预期结果，用于简单的单元测试
gettext 和 locale——国际化和本地化模块
json——JavaScript Object Notation（JSON）与网络服务和 NoSQL 文件数据库一起使用
math——常用的数学常量和运算
os——与操作系统交互
profile、pstats、timeit——性能分析
random——伪随机数
re——用于模式匹配的正则表达式
sqlite3——访问 SQLite 关系数据库
statistics——数学统计功能，例如平均数、中位数、众数和方差
string——字符串处理
sys——命令行参数处理；标准输入、标准输出和标准错误流
tkinter——图形用户界面（GUI）和基于 canvas 的图形
turtle——Turtle 图形化
webbrowser——便于在 Python 应用程序中显示 Web 页面

自我测验

1.（填空题）________定义了相关的函数、数据和类。________将相关模块分组在一起。

答案：模块，包。

2.（填空题）创建的每个 Python 源代码（.py）文件都是________。

答案：模块。

4.7 math 模块函数

math 模块定义了用于执行各种常见数学计算的函数。回想一下前一章，import 语句使我们通过模块的名称和一个点（.）可以就使用该模块中定义的功能：

```
In [1]: import math
```

例如，下面的代码片段通过调用 math 模块的 **sqrt 函数**来计算 900 的平方根，该函数以浮点数的形式返回结果：

```
In [2]: math.sqrt(900)
Out[2]: 30.0
```

类似地，下面的代码片段通过调用 math 模块的 **fabs 函数**来计算 -10 的绝对值，该函数以浮点数的形式返回结果：

```
In [3]: math.fabs(-10)
Out[3]: 10.0
```

下面总结了一些 math 模块的函数，可以在下述网址中浏览完整列表：

https://docs.python.org/3/library/math.html

函数	描述	样例
ceil(*x*)	将 *x* 近似到不小于 *x* 的最小整数	ceil(9.2) = 10.0 ceil(-9.8) = -9.0
floor(*x*)	将 *x* 近似到不大于 *x* 的最大整数	floor(9.2) = 9.0 floor(-9.8) = -10.0
sin(*x*)	三角函数 sin *x*（*x* 以弧度表示）	sin(0.0) = 0.0
cos(*x*)	三角函数 cos *x*（*x* 以弧度表示）	cos(0.0) = 0.0
tan(*x*)	三角函数 tan *x*（*x* 以弧度表示）	tan(0.0) = 0.0
exp(*x*)	指数函数 e^x	exp(1.0) = 2.718282 exp(2.0) = 7.389056
log(*x*)	*x* 的自然对数（以 e 为底）	log(2.718282) = 1.0 log(7.389056) = 2.0
Log10(*x*)	*x*（以 10 为底）的对数	log10(10.0) = 1.0 log10(100.0) = 2.0
pow(*x*, *y*)	*x* 的 *y* 次方（x^y）	pow(2.0, 7.0) = 128.0 pow(9.0, 0.5) = 3.0
sqrt(*x*)	*x* 的平方根	sqrt(900.0) = 30.0 sqrt(9.0) = 3.0
fabs(*x*)	*x* 的绝对值——总是返回一个浮点数 Python 还有内置函数 abs，它根据参数类型决定返回 int 或 float	fabs(5.1) = 5.1 fabs(-5.1) = 5.1
fmod(*x*, *y*)	*x*/*y* 的余数，以浮点数的形式返回结果	fmod(9.8, 4.0) = 1.8

4.8　IPython 的 Tab 补全

可以在 IPython 交互模式中通过 **Tab 补全**查看模块的文档——这个**发现**特性可以加快编码和学习过程。键入标识符的一部分并按 Tab 键后，IPython 将为我们补全标识符，或者提供以目前键入标识符开始的标识符列表。这可能会根据操作系统平台和导入 IPython 会话中的内容而有所不同：

```
In [1]: import math

In [2]: ma<Tab>
        map          %macro       %%markdown
        math         %magic       %matplotlib
        max()        %man
```

可以使用向上和向下箭头键滚动选择这些标识符。与此同时，IPython 将高亮显示选择的标识符，并将其显示在 In[] 提示符的右侧。

查看模块中的标识符

要查看模块中定义的标识符列表，输入模块名称和点（.），然后按 Tab 键：

```
In [3]: math.<Tab>
          acos()       atan()       copysign()   e            expm1()
          acosh()      atan2()      cos()        erf()        fabs()
          asin()       atanh()      cosh()       erfc()       factorial() >
          asinh()      ceil()       degrees()    exp()        floor()
```

如果要显示的标识符比当前显示的多，IPython将（在某些平台上）在右边缘显示 > 符号，本例中是在 `factorial()` 的右侧。可以使用向上和向下箭头键来滚动列表。在标识符列表中：

- 后面跟着括号的标识符是函数（或方法，我们稍后将看到）。
- 以大写字母开头的单字标识符（如 `Employee`）和每个单词以大写字母开头的多字标识符（如 `CommissionEmployee`）表示类名（前面的列表中没有类名）。*Style Guide for Python Code* 推荐的这种命名约定称为CamelCase，因为大写字母就像驼峰一样突出。
- 不带括号的小写标识符是变量，如 `pi`（未在前面的列表中显示）和 `e`。标识符 `pi` 的值为 `3.141592653589793`，标识符 `e` 的值为 `2.718281828459045`。在 `math` 模块中，`pi` 和 `e` 分别代表数学常量 π 和 e。

Python没有常量，尽管Python中的许多对象是不可变的（不可修改的）。所以即使 `pi` 和 `e` 是真实世界中的常量，也不能给它们赋新值，因为那样会改变它们的值。为了将常量与其他变量区分开来，*Style Guide for Python Code* 建议在命名自定义常量时每个字母都使用大写字母。

使用当前高亮显示的函数

当浏览标识符时，如果希望使用当前高亮显示的函数，只需直接在括号中键入参数。然后，IPython将隐藏自动完成列表。如果需要更多关于当前高亮标识符的信息，可以通过在其名称后面输入一个问号（`?`）并按Enter键查看帮助文档，来查看它的文档字符串。下面显示了 `fabs` 函数的文档字符串：

```
In [4]: math.fabs?
Docstring:
fabs(x)

Return the absolute value of the float x.
Type:      builtin_function_or_method
```

上面显示的 `builtin_function_or_method` 表明 `fabs` 是Python标准库模块的一部分。这些模块是构建到Python中的。在本例中，`fabs` 是来自 `math` 模块的内置函数。

自我测验

1.（判断题）在IPython交互模式中，要查看模块中定义的标识符列表，请键入模块名称和点（`.`），然后按Enter键。

答案：错误。应该按Tab键，而非Enter键。

2.（判断题）Python没有常量。

答案：正确。

4.9 缺省形参值

在定义函数时，可以指定参数具有**缺省形参值**。在调用该函数时，如果省略了与具有缺省形参值的形式参数对应的实际参数，则该缺省形参值将自动传递。让我们用缺省形参值定义 rectangle_area 函数：

```
In [1]: def rectangle_area(length=2, width=3):
   ...:     """Return a rectangle's area."""
   ...:     return length * width
   ...:
```

可以通过在参数名称后面加上一个 = 和一个值来指定缺省形参值——在本例中，length 和 width 的缺省形参值分别为 2 和 3。具有缺省形参值的任何形式参数都必须出现在参数列表中没有缺省形参值的形式参数的右边。

下面对 rectangle_area 的调用没有实际参数，因此 IPython 使用这两个缺省形参值，就像调用 rectangle_area（2，3）一样：

```
In [2]: rectangle_area()
Out[2]: 6
```

下面对 rectangle_area 的调用只有一个实际参数。实际参数是从左到右赋值给形式参数的，因此把 10 赋值给 length。解释器将缺省形参值 3 传递给 width，就像调用 rectangle_area（10，3）一样：

```
In [3]: rectangle_area(10)
Out[3]: 30
```

下面调用 rectangle_area 时同时具有实际参数 length 和 width，因此 IPython 忽略缺省形参值：

```
In [4]: rectangle_area(10, 5)
Out[4]: 50
```

自我测验

1.（判断题）当函数调用中省略了具有缺省形参值的实际参数时，解释器会自动在调用时传递缺省形参值。

答案： 正确。

2.（判断题）具有缺省形参值的形式参数必须是函数参数列表中*最左边*的参数。

答案： 错误。具有默认参数值的形式参数必须出现在没有缺省形参值的形式参数的*右边*。

4.10　关键字实参

在调用函数时，可以使用**关键字实参**以任何顺序传递参数。为了演示关键字参数，我们重新定义 rectangle_area 函数——这次不使用缺省形参值：

```
In [1]: def rectangle_area(length, width):
   ...:     """Return a rectangle's area."""
   ...:     return length * width
   ...:
```

函数调用中的每个关键字实参的形式都是*形式参数名 = 值*。下面的调用表明关键字实参的顺序并不重要——它们不需要匹配相应形式参数在函数定义中的位置：

```
In [2]: rectangle_area(width=5, length=10)
Out[3]: 50
```

在每次函数调用中，必须将关键字实参放置在函数的位置参数（即未指定参数名称的参数）

之后。这些实参根据其在实际参数列表中的位置从左到右分配给函数的形式参数。关键字实参也有助于提高函数调用的可读性，特别是对于有很多参数的函数。

自我测验

（判断题）必须按照与函数定义的参数列表中对应参数相同的顺序传递关键字实参。

答案：错误。关键字实参的顺序并不重要。

4.11 任意实参表

具有任意实参表的函数（例如内置函数 min 和 max）可以接收任意数量的实参。思考下述对 min 函数的调用：

```
min(88, 75, 96, 55, 83)
```

函数的文档声明，min 有两个必需的参数（命名为 arg1 和 arg2）和一个可选的第三个参数 *args，它使得函数可以接收任意数量的附加参数。参数名称前的 * 使得 Python 将所有其余参数打包到一个元组中，该元组将被传递给 args 参数。在上面的调用中，参数 arg1 为 88，参数 arg 为 75，参数 args 为元组（96，55，83）。

定义带有任意实参表的函数

让我们定义一个可以接收任意数量的参数的 average 函数。

```
In [1]: def average(*args):
   ...:     return sum(args) / len(args)
   ...:
```

参数名称 args 是按约定使用的，但可以使用任何标识符。如果函数有多个参数，*args 参数必须是最右边的参数。

现在，让我们用不同长度的任意实参表调用几次 average：

```
In [2]: average(5, 10)
Out[2]: 7.5

In [3]: average(5, 10, 15)
Out[3]: 10.0

In [4]: average(5, 10, 15, 20)
Out[4]: 12.5
```

为了计算平均值，将 args 元组中的元素总和（由内置函数 sum 返回）除以元组的元素数（由内置函数 len 返回）。注意，在我们的 average 定义中，如果 args 的长度为 0，就会发生 ZeroDivisionError（除零错误）。在下一章中，我们将看到如何在不拆解元组的情况下访问其中的元素。

将可迭代变量的各个元素作为函数参数传递

可以拆解元组、列表或其他可迭代变量的元素，将它们作为单独的函数参数传递。当 * **操作符**应用于函数调用中的可迭代参数时，将解包其中的元素。下面的代码创建了一个包含 5 个元素的 grades 列表，然后使用表达式 *grades 将其元素拆解为 average 的实参：

```
In [5]: grades = [88, 75, 96, 55, 83]

In [6]: average(*grades)
Out[6]: 79.4
```

上述函数调用等同于 average(88, 75, 96, 55, 83)。

自我测验

1.（填空题）若要定义具有任意实参表的函数，请指定参数________。

答案：*args（再次说明，变量名 args 是按照约定使用的，而非必需的）。

2.（IPython 会话）创建一个名为 calculate_product 的函数，该函数接收任意实参表并返回所有参数的乘积。将 10、20 和 30 作为参数调用该函数，然后再使用 range(1, 6, 2) 生成的整数序列作为参数调用该函数。

答案：

```
In [1]: def calculate_product(*args):
   ...:     product = 1
   ...:     for value in args:
   ...:         product *= value
   ...:     return product
   ...:

In [2]: calculate_product(10, 20, 30)
Out[2]: 6000

In [3]: calculate_product(*range(1, 6, 2))
Out[3]: 15
```

4.12　方法：属于对象的函数

方法就是以如下形式在对象上调用的函数：

object_name.method_name(arguments)

例如，下面的代码中创建了字符串变量 s，并给它赋值字符串对象 'Hello'。然后调用该对象的 lower 和 upper 方法，这些方法产生的新字符串是将原始字符串 s 改写为全小写和全大写版本：

```
In [1]: s = 'Hello'

In [2]: s.lower()  # call lower method on string object s
Out[2]: 'hello'

In [3]: s.upper()
Out[3]: 'HELLO'

In [4]: s
Out[4]: 'Hello'
```

下述网址

https://docs.python.org/3/library/index.html

的 Python 标准库中描述了内置类型和 Python 标准库中各类型的方法。在第 10 章中，将创建被称为类的自定义类型，并定义可供调用的这些类对象的自定义方法。

4.13　作用域规则

每个标识符都有一个**作用域**，它决定了在程序中可以使用它的位置。我们称出现在该段程序中的标识符“在作用域内”。

局部作用域

局部变量的标识符具有**局部作用域**。它只有从它的定义到函数块的末尾才“在作用域内”。当函数返回其调用者时，它就“超出作用域”。因此，局部变量只能在定义它的函数内部使用。

全局作用域

定义在任何函数（或类）之外的标识符都具有**全局作用域**——这些可能包括函数、变量和类。具有全局作用域的变量称为**全局变量**。具有全局作用域的标识符在定义后可以在 .py 文件或交互式会话的任何位置使用。

在函数中访问全局变量

可以在函数中访问全局变量的值：

```
In [1]: x = 7

In [2]: def access_global():
   ...:     print('x printed from access_global:', x)
   ...:

In [3]: access_global()
x printed from access_global: 7
```

然而，默认情况下，不能在函数中修改全局变量——当第一次在函数块中给一个变量赋值时，Python 会创建一个新的局部变量：

```
In [4]: def try_to_modify_global():
   ...:     x = 3.5
   ...:     print('x printed from try_to_modify_global:', x)
   ...:

In [5]: try_to_modify_global()
x printed from try_to_modify_global: 3.5

In [6]: x
Out[6]: 7
```

在 try_to_modify_global 函数块中，局部变量 x **遮蔽**了全局变量 x，使得全局变量 x 在函数块中不可访问。代码片段 [6] 显示，全局变量 x 仍然存在，并且在函数 try_to_modify_global 执行后仍保留其原始值（7）。

要修改函数块中的全局变量，必须使用 **global** 语句声明该变量是在全局作用域内定义的：

```
In [7]: def modify_global():
   ...:     global x
   ...:     x = 'hello'
   ...:     print('x printed from modify_global:', x)
   ...:

In [8]: modify_global()
x printed from modify_global: hello

In [9]: x
Out[9]: 'hello'
```

代码块和代码组

现在已经定义了函数的代码块和控制语句的代码组。当在一个代码块中创建一个变量时，它是该代码块的局部变量。然而，当在控制语句的代码组中创建一个变量时，该变量的作用域取决于定义控制语句的位置：

- 如果控制语句在全局作用域内，那么在控制语句中定义的任何变量都有全局作用域。
- 如果控制语句在函数的代码块中，那么在控制语句中定义的任何变量都有局部作用域。

我们将在第 10 章中介绍自定义类时，继续讨论有关作用域的相关内容。

遮蔽函数

在前几章中，当对值求和时，我们将总和存储在一个名为 `total` 的变量中。我们这么做的原因是 `sum` 是一个内置函数。如果定义一个名为 `sum` 的变量，它会遮蔽内置函数，使其在代码中不可访问。当执行以下赋值语句时，Python 将标识符 `sum` 绑定到值为 `15` 的 `int` 对象。此时，标识符 `sum` 不再引用内置函数。所以，当尝试将 `sum` 作为一个函数使用时，就会出现 `TypeError`（类型错误）：

```
In [10]: sum = 10 + 5

In [11]: sum
Out[11]: 15

In [12]: sum([10, 5])
-------------------------------------------------------------------------
TypeError                                 Traceback (most recent call last)
<ipython-input-12-1237d97a65fb> in <module>()
----> 1 sum([10, 5])

TypeError: 'int' object is not callable
```

全局作用域的语句

在目前看到的脚本中，我们在全局作用域的函数外部编写了一些语句，在函数代码块内部编写了一些语句。全局作用域的脚本语句一被解释器遇到就执行，而代码块中的语句只有在调用函数时才执行。

自我测验

1.（填空题）标识符的________描述了程序中可以访问该标识符值的区域。

答案：作用域。

2.（判断题）一旦一个代码块终止执行（例如，当一个函数返回时），在该代码块中定义的所有标识符将“超出作用域”，并且无法再被访问到。

答案：正确。

4.14　`import`：深入审视

我们已经使用如下语句导入了一些模块（如 `math` 和 `random`）：

`import` *module_name*

然后通过每个模块的名称和一个点（`.`）来访问它们的特性。此外，已经从模块（比如 `decimal` 模块的 `Decimal` 类型）导入了一个特定的标识符，并使用如下语句：

`from` *module_name* `import` *identifier*

然后使用该标识符时就不必在其前面加上模块名和点（.）了。

从一个模块导入多个标识符

使用 from...import 语句，可以从模块中导入一个由逗号分隔的标识符列表，然后在代码中使用它们，而不需要在它们前面加上模块名和点（.）：

```
In [1]: from math import ceil, floor

In [2]: ceil(10.3)
Out[2]: 11

In [3]: floor(10.7)
Out[3]: 10
```

尝试使用未导入的函数会导致 NameError（命名错误），表示未定义该名称。

注意：避免使用通配符 import

可以按照如下方式使用**通配符 import** 导入模块中定义的所有标识符：

```
from modulename import *
```

这使得模块的所有标识符都可以在代码中使用。使用通配符 import 导入模块的标识符可能会导致一些微妙的错误——这被认为是一种应当避免的危险做法。思考以下代码片段：

```
In [4]: e = 'hello'

In [5]: from math import *

In [6]: e
Out[6]: 2.718281828459045
```

最初，我们将字符串 'hello' 赋值给一个名为 e 的变量。在执行代码片段 [5] 之后，变量 e 被替换为 math 模块的常量 e，它表示数学中自然常量 e 的浮点值。

绑定模块和模块标识符的名称

有时，导入模块并使用其缩写来简化代码是很有帮助的。import 语句的 as 子句允许我们指定用于引用模块标识符的名称。例如，在 3.17 节中，我们可以按照如下方式导入 statistics 模块并访问其 mean 函数：

```
In [7]: import statistics as stats

In [8]: grades = [85, 93, 45, 87, 93]

In [9]: stats.mean(grades)
Out[9]: 80.6
```

正如我们将在后面的章节中看到的，import...as 经常用于利用方便的缩写导入 Python 库，比如 statistics 模块的 stats。再举一个例子，我们通常按照如下方式导入 numpy 模块：

```
import numpy as np
```

库文档经常提到流行的速记名称。

通常，在导入模块时，应该使用 import 或 import...as 语句，然后分别通过模块名称或 as 关键字后面的缩写来访问模块。这确保我们不会意外地导入与代码中的标识符冲突的标识符。

自我测验

1.（判断题）必须始终导入给定模块的所有标识符。

答案：错误。通过使用 from...import 语句，可以只导入所需的标识符。

2.（IPython 会话）使用缩写名称 dec 导入 decimal 模块，然后创建一个值为 2.5 的 Decimal 对象，并计算它的平方。

答案：

```
In [1]: import decimal as dec

In [2]: dec.Decimal('2.5') ** 2
Out[2]: Decimal('6.25')
```

4.15 函数的实参传递：深入讨论

让我们仔细看看实参是如何传递给函数的。在许多编程语言中，有两种传递实参的方法——**值传递**和**引用传递**（有时分别称为**值调用**和**引用调用**）：

- 使用值传递，被调用的函数将接收参数值的副本，并仅处理该副本。对副本的更改不会影响调用方中原始变量的值。
- 使用引用传递，被调用的函数可以直接访问调用方中的参数值，如果值是可变的，则可以修改其值。

Python 实参总是通过引用传递的。有些人称之为**通过对象传递**，因为“Python 中的所有东西都是对象”㊀。当函数调用提供一个实参时，Python 将实参对象的引用（而不是对象本身）复制到相应的形参中。这将大大提高性能。函数经常对大型对象进行操作——频繁地复制它们将消耗大量计算机内存并显著降低程序性能。

内存地址、引用和“指针”

可以通过引用与对象交互，该引用实际上是对象在计算机内存中的地址（或位置）——有时在其他语言中称为“指针”。在如下的赋值之后：

```
x = 7
```

变量 x 实际上并不存储 7。相反，它存储一个在内存其他位置存储了 7 的对象的引用（以及一些将在后面的章节中讨论的其他数据）我们可能会说 x“指向”（即引用）存储 7 的对象，如下图所示：

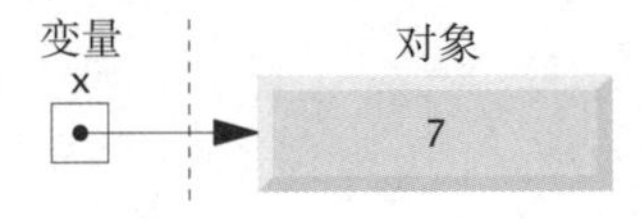

内置 id 函数和对象标识符

让我们思考一下如何将实参传递给函数。首先，让我们创建上面提到的整型变量 x——稍后我们将使用 x 作为函数实参：

```
In [1]: x = 7
```

现在 x 引用（或“指向”）存储数值 7 的整数对象。两个独立的对象不能占用内存中的

㊀ 甚至本章中定义的函数和后面章节中定义的类（自定义类型）都是 Python 中的对象。

同一个地址，因此内存中的每个对象都有一个唯一的地址。虽然我们不能看到一个对象的地址，但是我们可以使用内置的 **id 函数**来获得一个唯一的 int 值，它只能用于标识在内存中的那个对象（在你的电脑上运行如下代码时，可能会得到一个不同的值）：

```
In [2]: id(x)
Out[2]: 4350477840
```

调用 id 函数得到的整数结果被称为这个对象的**标识**。[⊖] 内存中的任意两个对象都不能有相同的标识。我们将使用对象标识来证明对象是通过引用传递的。

将对象传递给函数

让我们定义一个 cube 函数来显示其参数的标识，并返回该参数值的立方：

```
In [3]: def cube(number):
   ...:     print('id(number):', id(number))
   ...:     return number ** 3
   ...:
```

接下来，我们使用参数 x 调用 cube，x 指向存储数值 7 的整数对象：

```
In [4]: cube(x)
id(number): 4350477840
Out[4]: 343
```

cube 的形参 number 的标识 4350477840 与前面 x 显示的标识相同。因为每个对象都有唯一的标识，所以在 cube 执行时，实参 x 和形参 number 都引用同一个对象。因此，当 cube 在其计算中使用形参 number 时，它将从调用者中的原始对象中获取 number 的值。

使用 is 操作符测试对象标识

还可以使用 Python 的 **is 操作符**证明实参和形参引用相同的对象，如果它的两个操作数具有相同的标识，则返回 True：

```
In [5]: def cube(number):
   ...:     print('number is x:', number is x)  # x is a global variable
   ...:     return number ** 3
   ...:

In [6]: cube(x)
number is x: True
Out[6]: 343
```

不可修改对象作为参数

当一个函数接收到一个不可修改对象的引用作为参数时（例如整数、浮点数、字符串或元组），即使可以在调用者中直接访问原始对象，也不能改变不可修改对象的原始值。为了证明这一点，我们首先让 cube 显示通过增广赋值为形参 number 赋予一个新对象前后的 id (number)：

```
In [7]: def cube(number):
   ...:     print('id(number) before modifying number:', id(number))
   ...:     number **= 3
   ...:     print('id(number) after modifying number:', id(number))
   ...:     return number
```

⊖ Python 文档中提到，根据正在使用的 Python 实现，对象的标识可能是对象的实际内存地址，但这不是必需的。

```
   ...:

In [8]: cube(x)
id(number) before modifying number: 4350477840
id(number) after modifying number: 4396653744
Out[8]: 343
```

当我们调用 cube(x) 时，第一个 print 语句显示的 id(number) 与代码片段 [2] 中的 id(x) 相同。数值是不可变的，所以语句

```
number **= 3
```

实际上创建了一个包含立方值的新对象，然后将该对象的引用赋值给形参 number。回想一下，如果没有更多对原始对象的引用，它将被垃圾收集。cube 函数的第二个 print 语句显示了新对象的标识。对象标识必须是唯一的，因此 number 必须引用不同的对象。为了证明 x 没有被修改，我们再次显示它的值和标识：

```
In [9]: print(f'x = {x}; id(x) = {id(x)}')
x = 7; id(x) = 4350477840
```

可修改对象作为参数

在下一章中，我们将展示当一个可修改对象（如列表）的引用被传递给一个函数时，该函数可以修改在调用者中的原始对象。

自我测验

1.（填空题）内置函数________返回对象的唯一标识符。

答案： id。

2.（判断题）尝试改变可修改对象会创建新的对象。

答案： 错误。对于不可修改对象来说是这样的。

3.（IPython 会话）创建一个值为 15.5 的 width 变量，然后证明修改该变量会创建一个新对象。显示 width 在修改值前后的标识和值。

答案：

```
In [1]: width = 15.5

In [2]: print('id:', id(width), ' value:', width)
id: 4397553776  value: 15.5

In [3]: width = width * 3

In [4]: print('id:', id(width), ' value:', width)
id: 4397554208  value: 46.5
```

4.16　函数调用栈

为了理解 Python 是如何执行函数调用的，请了解一下被称为**栈**的数据结构（即相关数据项的集合），它类似于一摞盘子。当想把一道菜放到盘子里时，会把它放在最上面的那个盘子里。同样地，当想从中里拿起一个盘子时，也会从最上面拿。栈被称为**后进先出（Last In, First Out, LIFO）的数据结构**——最后一个被**压入**（即放置）到栈上的项就是从栈中**弹出**（即删除）的第一个项。

栈和 Web 浏览器的后退功能

当使用 Web 浏览器访问网站时，栈就在工作了。一个由网址形成的栈为浏览器提供了后退功能。对于我们访问的每一个新网页，浏览器都会将正在查看的网址压入后退功能的栈上。这使得浏览器可以“记住”我们是从哪个网页跳转过来的，便于以后回到那个网页。在决定返回到一个先前的网页之前，提供后退功能的栈可能进行了很多次压入操作。当按下浏览器的后退按钮时，浏览器将弹出栈顶元素以获取前一个网页的地址，然后显示该网页。每次按下后退按钮，浏览器都会弹出栈顶元素并显示该页面。这将一直持续到栈被清空，这意味着通过后退按钮无法返回更多的页面。

栈帧

类似地，**函数调用栈**支持函数调用 / 返回机制。每个函数最终必须将程序控制权返还到调用它的位置。对于每次函数调用，解释器会将一个称为**栈帧**（或**激活记录**）的条目压入栈中。此条目存储了被调用函数需要的返回地址，以使它可以将控制权返回给它的调用者。当函数完成执行时，解释器会弹出函数的栈帧，并将控制权转移到被弹出的返回地址。

栈顶总是存储当前执行的函数在将控制权返还给其调用者时所需的信息。如果一个函数在返还控制权之前调用了另一个函数，解释器会将调用该函数的栈帧压入栈中。于是，新调用的函数在将控制权返还给其调用者时所需的返回地址现在就位于栈顶了。

局部变量和栈帧

大多数函数有一个或多个形参和满足如下条件的局部变量：

- 在函数执行时存在。
- 如果函数调用其他函数，保持活动状态。
- 当函数返回到它的调用者时“销毁”。

被调用函数的栈帧是为函数的本地变量提供内存的最佳位置。该栈帧在函数被调用时被压入，并且在函数执行时存在。当该函数返回时，不再需要它的局部变量，因此它的栈帧将从栈中弹出，其局部变量也不再存在。

栈溢出

当然，计算机中的内存是有限的，所以只有一定数量的内存可以用于存储函数调用栈上的栈帧。如果函数调用过多导致函数调用栈耗尽内存，就会发生称为**栈溢出**的致命错误。[⊖] 栈溢出实际上是很少发生的，除非有一个逻辑错误，即不断调用函数却不返回。

最小特权原则

最小特权原则是优秀软件工程的基础。它规定代码应该只被授予完成指定任务所需的权限和访问权，而非更多。这方面的一个例子是局部变量的作用域，在不需要的时候它不应该是可见的。这就是为什么函数的局部变量被放在函数调用栈的栈帧中，这样就可以在函数执行时使用它们，并在返回时销毁。一旦弹出栈帧，它所占用的内存就可以供新的栈帧使用。另外，栈帧之间无法访问，因此函数不能看到彼此的本地变量。最小特权原则通过防止代码意外地（或恶意地）修改不应该被它访问到的变量值，使程序更加健壮。

自我测验

1.（填空题）用于向栈中添加项和从栈中删除项的栈操作分别称为________和________。

答案：压入，弹出。

⊖ 这就是网站 stackoverflow.com（一个为编程问题提供答案的好网站）得名的原因。

2.（填空题）栈的项被删除时按照________顺序。

答案：后进先出（LIFO）

4.17 函数式程序设计

与 Java 和 C# 等其他流行语言一样，Python 不是一种纯函数式语言。相反，它提供了“函数式”特性，帮助我们编写不太可能包含错误、更简洁、更便于阅读、调试和修改的代码。函数式程序在如今的多核处理器上也可以更容易地并行化，以获得更好的性能。下面的表格中列出了 Python 的大部分关键函数式程序设计能力，并在括号中显示了我们最初涉及其中许多功能的章节。

函数式程序设计主题		
避免副作用（4）	生成器功能（12）	懒惰评估（5）
闭包	高阶函数（5）	列表解析（5）
声明性编程（4）	不变性（4）	操作符模块（5、13、17）
装饰（10）	内部迭代（4）	纯函数（4）
字典理解（6）	迭代器（3）	range 函数（3、4）
过滤器 /map/reduce（5）	itertools 模块（17）	简化（35）
functools 模块	lambda 表达式（5）	集合理解（6）
生成器表达式（5）		

我们在整本书中涵盖了这些特性中的大部分，其中很多是代码示例，还有一些是从读写的角度出发的。我们已经在 for 语句中使用了列表、字符串和内置函数 range 迭代器，以及一些简化函数（函数 sum、len、min 和 max）。我们将在下面讨论声明式编程、不变性和内部迭代。

做什么 vs 怎么做

当执行的任务变得更加复杂时，代码可能变得更难阅读、调试和修改，并且更有可能出现错误。指定代码*如何*工作可能会变得很复杂。

函数式程序设计允许我们简单地说出想要*做什么*。它隐藏了*如何*执行每个任务的许多细节。通常，库代码将为我们解决*如何*执行的问题。我们将看到，这可以消除许多错误。

思考许多其他编程语言中的 for 语句。通常，必须指定计数器控制型迭代的所有细节：控制变量、其初始值、如何累加，以及使用控制变量来确定是否继续迭代的循环延续条件。这种类型的迭代称为**外部迭代**，并且容易出错。例如，我们可能编写不正确的初始化、递增或循环延续条件。外部迭代会**改变**（即修改）控制变量，而 for 语句的代码组通常也会改变其他变量。每次修改变量时，都可能引入错误。函数式程序设计强调**不可变性**。也就是说，它避免了修改变量值的操作。我们将在下一章对此进一步说明。

Python 的 for 语句和 range 函数*隐藏*了大多数计数器控制型迭代的细节。可以指定 range 应该生成*什么*值，以及在生成每个值时接收该值的变量。range 函数知道*如何*生成这些值。类似地，for 语句*知道如何*从 range 中获取每个值，以及*如何*在没有更多值时停止迭代。“指定*做什么*，而非*怎么做*”是**内部迭代**的一个重要方面——函数式程序设计的一个重要概念。

Python 内置函数 sum、min 和 max 都使用内部迭代。要求 grades 列表的元素总和，只需声明要执行的操作——sum(grades)。sum 函数*知道如何*遍历列表并将每个元素添加到动态总和中。声明想做什么，而不是怎么做，这被称为**声明式程序设计**。

纯函数

在纯函数式程序设计语言中，我们关注的是编写纯函数。**纯函数**的结果只取决于传递给它的参数。另外，给定一个（或多个）特定参数，纯函数总是会产生相同的结果。例如，内置函数 sum 的返回值只依赖于传递给它的可迭代变量。给定一个列表 [1, 2, 3]，不管调用它多少次，sum 总是返回 6。而且，纯函数没有副作用。例如，即使将一个可变列表传递给纯函数，该列表存储的值在函数调用前后也是相同的。当调用纯函数 sum 时，它不会修改其实参。

```
In [1]: values = [1, 2, 3]

In [2]: sum(values)
Out[2]: 6

In [3]: sum(values)  # same call always returns same result
Out[3]: 6

In [4]: values
Out[5]: [1, 2, 3]
```

在下一章中，我们将继续使用函数式程序设计的概念。另外，我们将看到函数也是对象，可以作为数据传递给其他函数。

4.18　数据科学入门：离中度量

在描述性统计的讨论中，我们考虑了趋中度量的方法——平均数、中位数和众数。这些数据可以帮助我们将典型的数值划分为一组，比如同学的平均身高，或者某个国家销量最好的汽车品牌（众数）。

当我们讨论一个群体时，整个群体叫作**总体**。有时总体非常庞大，比如在下一次美国总统大选中可能投票的人数，也就是超过 1 亿人。出于实际原因，那些民意调查机构要在总体中仔细挑选出一小部分人口，将其作为**样本**预测谁将成为下一任总统。2016 年大选中，有很多民调的样本规模约为 1000 人。

在本节中，我们将继续讨论基本的描述性统计。我们引入**离中度量**（也称为**可变度量**），这将帮助我们了解数值的分布情况。例如，一个班的学生中，可能有一群学生的身高接近平均水平，而有少数学生的身高偏高或偏矮。

出于我们的目的，我们将同时通过手工和使用 statistics 模块中的函数计算每一种离中度量。将以下 10 个数值作为投掷六面骰子的总体：

```
1, 3, 4, 2, 6, 5, 3, 4, 5, 2
```

方差

为了确定**方差**，[⊖] 我们从这些值的平均值 3.5 开始。可以通过将面值的总和 35 除以投掷次数 10 来得到这个结果。接下来，我们从每个骰子的值中减去均值（这会产生一些负值）：

```
-2.5, -0.5, 0.5, -1.5, 2.5, 1.5, -0.5, 0.5, 1.5, -1.5
```

⊖ 简单起见，我们计算总体方差。总体方差和样本方差之间有细微差别。样本方差除以 $n-1$，而不是 n（本例中掷骰子的次数）。这种差异在小样本中比较显著，随着样本容量的增加而变得不显著。statistics 模块提供了 pvariance 和 variance 函数，分别用于计算总体方差和样本方差。同时，statistics 模块提供了计算总体标准差的 pstdev 函数和计算样本标准差的 stdev 函数。

然后，我们将这些结果平方（只产生正值）：

6.25，0.25，0.25，2.25，6.25，2.25，0.25，0.25，2.25，2.25

最后，我们计算这些平方的均值，即 2.25（22.5/10）——这是**总体方差**。将每个面值与所有面值的平均值之间的差做平方，将凸显**离群值**——离均值最远的值。随着我们对数据分析的深入，有时我们会想要仔细关注离群值，有时我们会想要忽略它们。下面的代码使用 statistics 模块的 pvariance 函数来验证我们手动计算的结果：

```
In [1]: import statistics

In [2]: statistics.pvariance([1, 3, 4, 2, 6, 5, 3, 4, 5, 2])
Out[2]: 2.25
```

标准差

标准差是方差的平方根（在本例中为 1.5），它降低了离群值的影响。方差和标准差越小，数据值越接近均值，数据值与均值之间的总体**离散**（即**扩散**）越少。下面的代码使用 statistics 模块的 pstdev 函数计算了**总体标准差**，以验证我们手动计算的结果：

```
In [3]: statistics.pstdev([1, 3, 4, 2, 6, 5, 3, 4, 5, 2])
Out[3]: 1.5
```

将 pvariance 函数的结果传递给 math 模块的 sqrt 函数，证实了我们的结果 1.5 是正确的：

```
In [4]: import math

In [5]: math.sqrt(statistics.pvariance([1, 3, 4, 2, 6, 5, 3, 4, 5, 2]))
Out[5]: 1.5
```

总体标准差与总体方差的优劣

假设我们已经记录了所在地区 3 月份的华氏温度。可能已经获得了 31 个数字，如 19、32、28 和 35。这些数字的单位是度数。当取这些温度的平方来计算总体方差时，总体方差的单位就变成了“度数的平方”。当取总体方差的平方根来计算总体标准差时，单位又变成了和原温度相同的单位——度数。

自我测验

1.（探讨）为什么我们经常使用样本而非完整的总体进行计算？

答案：因为通常总体的数据规模大到难以管理。

2.（判断题）总体方差相对于总体标准差的优点是它的单位与样本值的单位相同。

答案：错误。这是总体标准差相对于总体方差的优势。

3.（IPython 会话）在本节中，我们讨论了总体方差和总体标准差。总体方差和样本方差之间有细微差别。在我们的示例中，样本方差将除以 9（比样本大小小 1），而不是除以 10（投掷的次数）。在小样本中差异显著，但随着样本容量的增加，差异不再显著。statistics 模块提供 variance 和 stdev 函数，分别计算样本方差和样本标准差。重新进行手动计算，然后使用 statistics 模块的函数来确定这两种计算方法之间的差异。

答案：

```
In [1]: import statistics

In [2]: statistics.variance([1, 3, 4, 2, 6, 5, 3, 4, 5, 2])
Out[2]: 2.5
```

```
In [3]: statistics.stdev([1, 3, 4, 2, 6, 5, 3, 4, 5, 2])
Out[3]: 1.5811388300841898
```

4.19 小结

在本章中，我们创建了自定义函数。从 random 模块和 math 模块导入了功能。介绍了随机数生成，并用它来模拟投掷六面骰子。我们将多个值打包到元组中，以从一个函数返回多个值。我们还拆解了一个元组来访问它的值。并讨论了如何使用 Python 标准库的模块来避免重复工作。

我们创建了带有缺省形参值的函数，并调用了带有关键字实参的函数。我们还定义了具有任意实参表的函数。我们调用了对象的方法，并讨论了标识符的作用域是如何确定程序中可以使用它的位置的。

我们了解了更多关于模块导入的信息。看到了实参是通过引用传递给函数的，以及函数调用栈和栈帧是如何支持函数的调用返回机制的。我们已经在前两章介绍了基本的列表和元组功能。在下一章中，我们将详细讨论它们。

最后，我们继续讨论了描述性统计，介绍了方差和标准差这两种数据分布的度量，以及如何使用 Python 标准库的 statistics 模块中的函数计算它们。

对于某些类型的问题，让函数调用它自己是有效的。**递归函数**直接或间接通过另一个函数调用自己。递归是计算机科学高级课程中讨论较多的一个重要话题。我们将在第 11 章中详细探讨。

练习

除非另有指定，否则每个练习题都使用 IPython 会话完成。

4.1 （探讨：else 子句）在图 4.1 的脚本中，我们没有在 if...else 语句中包含 else 子句。这种选择的原因可能是什么呢？

4.2 （探讨：函数调用栈）如果持续压栈却不弹出，会发生什么？

4.3 （代码纠错）下面的 cube 函数定义中有什么问题？

```
def cube(x):
    """Calculate the cube of x."""
    x ** 3

print('The cube of 2 is', cube(2))
```

4.4 （代码解读）下面的 mystery 函数的功能是什么？假设将列表 [1, 2, 3, 4, 5] 作为实参传递过去。

```
def mystery(x):
    y = 0

    for value in x:
        y += value ** 2

    return y
```

4.5 （代码填补）替换 seconds_since_midnight 函数中的 ***，以使它返回自午夜之后的秒数。该函数应该接收三个表示当前时间的整数。假设小时是一个从 0(午夜) 到 23(晚上 11 点) 的值，分钟和秒是从 0 到 59 的值。用实际时间测试这个函数。例如，如果通过传递 13、30 和 45 来表示 1 : 30 : 45 PM 调用这个函数，它应该返回 48645。

```
def seconds_since_midnight(***):
    hour_in_seconds = ***
    minute_in_seconds = ***
    return ***
```

4.6 （修改 average 函数）我们在 4.11 节中定义的 average 函数可以接收任意数量的实参。但是，如果调用该函数时不传递参数，则会导致 ZeroDivisionError（除零错误）。重新实现这个函数，使其可以接收一个必需实参和任意实参表参数 *args，并相应地更新它的计算。测试函数。该函数将至少需要一个实参，因此将不再遇到 ZeroDivisionError。当调用 average 时不传递实参，Python 将发出一个 TypeError（类型错误），指明 "average() missing 1 required positional argument"。

4.7 （日期时间）Python 的 datetime 模块包含一个 datetime 类型，其中包含一个方法 today，该方法以 datetime 对象的形式返回当前日期和时间。编写一个包含以下语句的无参数的 date_and_time 函数，然后调用 print 函数来显示当前的日期和时间：

```
print(datetime.datetime.today())
```

在我们的系统上，日期和时间按如下格式显示：

2018-06-08 13:04:19.214180

4.8 （四舍五入）在下述网址中研究内置函数 round：

https://docs.python.org/3/library/functions.html#round

然后使用它将浮点值 13.56449 四舍五入到最接近的整数、十分位数、百分位数和千分位数。

4.9 （温度换算）实现一个 fahrenheit 函数，它将返回与摄氏温度相对应的华氏温度。利用如下公式：

$$F = (9/5)*C + 32$$

使用此函数可打印一个图表，显示与 0～100 度范围内所有摄氏温度相对应的华氏温度。结果以小数点后一位的精度表示，以整齐的表格格式打印输出。

4.10 （猜数字）编写一个脚本实现“猜数字”游戏。在 1 到 1000 的范围内随机选择一个要猜的整数。不要将此号码透露给用户。显示提示信息 "Guess my number between 1 and 1000 with the fewest guesses:"。玩家输入第一次猜测的数字。如果猜测不正确，则显示 "Too high. Try again." 或者 "Too low. Try again." 以帮助玩家“锁定”正确答案并提示用户进行下一个猜测。当用户输入正确答案时，显示 "Congratulations. You guessed the number！ "，并允许用户选择是否再玩一次。

4.11 （猜数字 2）修改上一道练习题，统计玩家的猜测次数。如果数字是 10 或更小的数字，显示 "Either you know the secret or you got lucky！ "。如果玩家猜测超过 10 次，显示 "You should be able to do better！ "。为什么要猜不超过 10 次？每进行一次“good guess”，玩家都应该能够消除一半的数字，然后是剩下的一半数字，以此类推。这样做 10 次可以将可能性缩小到一个数字。这种“减半”现象出现在许多计算机科学应用中。例如，在第 11 章中，我们将展示快速的二叉搜索和归并排序算法，并将尝试快速排序练习——每一个都巧妙地使用“减半”实现高性能。

4.12 （仿真：龟兔赛跑）在这个练习题中，将重现经典的龟兔赛跑。将使用随机数生成来模拟这个故事。

我们的参赛者在 70 个方格中的第一个方格开始比赛。每个方格代表赛道上的一个位置。终点线在第 70 个方格。第一个到达或通过第 70 个方格的选手将获得一桶新鲜胡萝卜和莴苣。赛道沿着光滑的山坡蜿蜒而上，所以竞争者有时会滑退。

时钟每秒钟响一次。随着时间流逝，应用程序应该根据下表中的规则调整动物的位置。使用变量来跟踪动物的位置（例如，位置号是 1～70）。让每个动物在 1 号位置（“起跑线”）起跑。如果一只动物后退超过了第一个方格，把它移回第一个方格就可以了。

动物	移动类型	时间占比	实际移动
乌龟	fast plod	50%	向右移动 3 个方格
	slip	20%	向左移动 6 个方格
	slow plod	30%	向右移动 1 个方格
兔子	sleep	20%	未移动
	big hop	20%	向右移动 9 个方格
	big slip	10%	向左移动 12 个方格
	small hop	30%	向右移动 1 个方格
	small slip	20%	向左移动 2 个方格

创建两个函数，它们可以分别生成表中乌龟和兔子的百分比、产生一个范围为 $1 \leqslant i \leqslant 10$ 的随机整数 i。在乌龟的函数中，当 $1 \leqslant i \leqslant 5$ 时执行“fast plod”，当 $6 \leqslant i \leqslant 7$ 时执行“slip”，当 $8 \leqslant i \leqslant 10$ 时执行“slow plod”。在兔子的函数中使用相似的技术。

在比赛开始时要显示：

```
BANG !!!!!
AND THEY'RE OFF !!!!!
```

然后，在每一秒钟（即循环的每次迭代）都要显示一条 70 个位置的线，字母 "T" 表示乌龟的位置，字母 "H" 表示兔子的位置。偶尔，乌龟和兔子也会出现在同一个方格上。在本例中，如果乌龟咬兔子，应用程序应该在那个位置显示 "OUCH!!!"。除了 "T" "H" 和 "OUCH!!!"（平局），其他位置都应为空白。

在每一行显示后，测试动物是否达到或通过了第 70 个方格。如果是，显示获胜者并终止模拟。如果乌龟赢了，显示 "TORTOISE WINS!!! YAY!!!"；如果兔子赢了，显示 "Hare wins. Yuch."。如果两种动物在同一时间获胜，我们可能会更偏袒乌龟（“黑马”，比赛中不被看好的一个），或者可能想要显示 "It's a tie"。如果两种动物都没有赢，就继续循环来模拟下一秒钟。当准备好运行应用程序时，请召集一组观众来观看比赛。你会惊讶于它的复杂程度！

4.13 *（任意实参表）*计算传递给 product 函数的一系列整数的乘积，该函数可以接收一个任意实参表。用多个调用测试函数，每次调用使用不同数量的实参。

4.14 *（计算机辅助教学）*计算机辅助教学（Computer-Assisted Instruction，CAI）是指计算机在教育中的应用。编写一个帮助小学生学习乘法的脚本。创建一个函数，可以随机生成并返回一个包含两个位于 0～9 内整数的二元组。在脚本中使用该函数的结果向用户提示一个问题，例如

```
How much is 6 times 7?
```

如果得到正确的答案，就显示 "Very good！ " 然后再问一个乘法问题。如果答案不正确，则显示 "No. Please try again."。然后让学生再次计算这道题，直到他最终答对为止。

4.15 *（计算机辅助教学：减少学生疲劳）*改变电脑的响应有助于吸引学生的注意力。修改上一个练习题，以为每个答案显示多种响应。对正确答案的可能响应包括 'Very good！ ' 'Nice work！ ' 和 'Keep up the good work！ '。对错误答案的可能响应包括 'No. Please try again.' 'Wrong. Try once more.' 和 'No. Keep trying.'。从 1 到 3 中选择

一个数字，然后用这个值在三个正确或错误的响应中选择一个合适的。

4.16 （*计算机辅助教学：难度等级*）修改前面的练习题，让用户输入一个难度等级。在难度等级为1时，程序只能在问题中使用个位数的数字；而在难度等级为2时，则只能使用两位数的数字。

4.17 （*计算机辅助教学：改变问题的类型*）修改前面的练习题，使得用户可以选择一个类型的算术问题——1代表加法，2代表减法，3代表乘法，4代表除法（避免除以0），5代表所有这些类型的随机混合。

4.18 （*函数式程序设计：内部迭代与外部迭代*）为什么在函数式程序设计中内部迭代比外部迭代更可取？

4.19 （*函数式程序设计：做什么和怎么做*）为什么强调“做什么”的程序设计比强调“怎么做”的程序设计更可取？是什么让强调“做什么”的程序设计具有可行性？

4.20 （*数据科学入门：总体方差和样本方差*）在数据科学入门部分，我们提到了`statistics`模块中的函数计算总体方差和样本方差的方式略有不同。总体标准差和样本标准差也是如此。研究这些差异的原因。

序列：列表和元组

目标

- 创建、初始化列表和元组。
- 引用列表、元组和字符串的元素。
- 对列表进行排序和搜索，对元组进行搜索。
- 将列表和元组传递给函数和方法。
- 使用列表方法执行常见操作，如元素搜索、列表排序、元素插入和元素删除。
- 使用额外的 Python 函数式编程功能，包括匿名函数和操作过滤器、map 和 reduce。
- 使用函数式列表解析来快速轻松地创建列表，并使用生成器表达式生成需要的值。
- 使用二维列表。
- 通过 Seaborn 和 Matplotlib 可视化库增强分析和演示技巧。

5.1 简介

在前面两章中，我们简要介绍了用于表示有序项集合的列表和元组序列类型。**集合**是由相关数据项组成的预先打包的数据结构。举一些关于集合的例子，包括通讯录、图书馆的书、纸牌游戏中的纸牌、你最喜欢的球员、投资组合中的股票、癌症研究中的病人和购物清单。Python 的内置集合使我们能够方便且高效地存储和访问数据。在本章中，我们将更详细地讨论列表和元组。

我们将演示常用的列表和元组操作，并探索列表（可修改）和元组（不可修改）的许多常见功能。每个功能都可以支持相同或不同类型的项使用。列表可以根据需要**动态调整大小**，在执行时增加或减少。我们将讨论一维列表和二维列表。

在前一章中，我们演示了随机数的生成和模拟投掷骰子。我们将以数据科学入门部分结束本章，该部分将使用可视化库 Seaborn 和 Matplotlib 来交互式地开发显示骰子点数频率的静态条形图。在下一章的数据科学入门部分中，我们将展示一个可视化的动画，其中条形图会随着掷骰数量的增加而动态变化——我们将看到大数定律的“作用”。

5.2 列表

这里，我们将更详细地讨论列表，并解释如何引用特定的列表**元素**。本节中展示的许多功能适用于所有序列类型。

创建列表

列表通常存储**同构数据**，即相同数据类型的值。参见列表 c，它包含 5 个整数元素：

```
In [1]: c = [-45, 6, 0, 72, 1543]

In [2]: c
Out[2]: [-45, 6, 0, 72, 1543]
```

它们还可以存储**异构数据**，即许多不同类型的数据。例如，下面的列表包含了学生的名（string）、姓（string）、平均绩点（float）和毕业年份（int）：

```
['Mary', 'Smith', 3.57, 2022]
```

访问列表中的元素

通过列表名称以及用方括号（[]，被称为**订阅操作符**）括起来的元素**索引**（即**位置号**）可以引用列表元素。下面的图表显示了标有元素名称的列表 c：

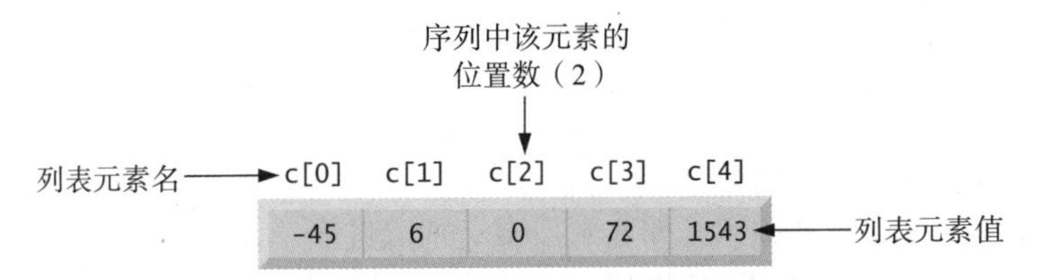

列表中的第一个元素的索引为 0。因此，在由 5 个元素组成的列表 c 中，第一个元素命名为 c[0]，最后一个命名为 c[4]：

```
In [3]: c[0]
Out[3]: -45

In [4]: c[4]
Out[4]: 1543
```

确定列表的长度

要获取列表的长度，可以使用内置的 len **函数**：

```
In [5]: len(c)
Out[5]: 5
```

使用负索引从列表末尾开始访问元素

也可以通过负索引从列表末尾访问元素：

有正索引的元素名　c[0]　c[1]　c[2]　c[3]　c[4]

-45	6	0	72	1543

c[-5]　c[-4]　c[-3]　c[-2]　c[-1]　有负索引的元素名

那么，c[-1] 可以访问列表 c 的最后一个元素（c[4]），c[-5] 可以访问列表 c 的第一个元素：

```
In [6]: c[-1]
Out[6]: 1543

In [7]: c[-5]
Out[7]: -45
```

索引必须是整数或整数表达式

索引必须是整数或整数表达式（或程序片，我们将很快看到）：

```
In [8]: a = 1

In [9]: b = 2

In [10]: c[a + b]
Out[10]: 72
```

使用非整数索引值会导致 `TypeError`（类型错误）。

列表是可变的

列表是可变的——它们的元素可以修改：

```
In [11]: c[4] = 17

In [12]: c
Out[12]: [-45, 6, 0, 72, 17]
```

我们很快就会看到，还可以插入和删除元素，改变列表的长度。

有些序列是不可变的

Python 的字符串和元组序列是不可变的——它们不能被修改。可以得到一个字符串中的单个字符，但是试图给其中一个字符赋一个新值会导致 `TypeError`（类型错误）：

```
In [13]: s = 'hello'

In [14]: s[0]
Out[14]: 'h'

In [15]: s[0] = 'H'
-------------------------------------------------------------------------
TypeError                                 Traceback (most recent call last)
<ipython-input-15-812ef2514689> in <module>()
----> 1 s[0] = 'H'

TypeError: 'str' object does not support item assignment
```

试图访问不存在的元素

使用超出范围的列表、元组或字符串索引会导致 `IndexError`（索引错误）：

```
In [16]: c[100]
-------------------------------------------------------------------------
IndexError                                Traceback (most recent call last)
<ipython-input-19-9a31ea1e1a13> in <module>()
----> 1 c[100]

IndexError: list index out of range
```

在表达式中使用列表元素

列表元素可以作为表达式中的变量：

```
In [17]: c[0] + c[1] + c[2]
Out[17]: -39
```

在列表中添加 +=

让我们从一个空列表 `[]` 开始，然后使用 `for` 语句和 `+=` 将值 1 到 5 添加到列表中——列表会动态增长以适应每个元素：

```
In [18]: a_list = []

In [19]: for number in range(1, 6):
    ...:     a_list += [number]
    ...:

In [20]: a_list
Out[20]: [1, 2, 3, 4, 5]
```

当 += 的左操作数是一个列表时，右操作数必须是可迭代变量；否则将导致 TypeError（类型错误）。在代码片段 [19] 的代码组中，包围 number 的方括号创建了一个单元素列表，我们将其附加到 a_list。如果右操作数包含多个元素，+= 会将它们全部追加。下面将 'Python' 字符附加到 letters 列表中：

```
In [21]: letters = []

In [22]: letters += 'Python'

In [23]: letters
Out[23]: ['P', 'y', 't', 'h', 'o', 'n']
```

如果 += 的右操作数是一个元组，那么它的元素也会被添加到列表中。在本章的后面，我们将使用列表方法 append 向列表中添加元素。

用 + 连接列表

可以使用 + 操作符**连接**两个列表、两个元组或两个字符串。其结果是一个相同类型的新序列，它同时包含左操作数的元素和右操作数的元素，且左操作数的元素在前，右操作数的元素在后。原始序列不变：

```
In [24]: list1 = [10, 20, 30]

In [25]: list2 = [40, 50]

In [26]: concatenated_list = list1 + list2

In [27]: concatenated_list
Out[27]: [10, 20, 30, 40, 50]
```

如果 + 操作符的操作数是不同的序列类型，则会发生 TypeError（类型错误）——例如，连接列表和元组是错误的。

使用 for 和 range 访问列表索引和值

也可以通过索引和订阅操作符（[]）访问列表元素：

```
In [28]: for i in range(len(concatenated_list)):
    ...:     print(f'{i}: {concatenated_list[i]}')
    ...:
0: 10
1: 20
2: 30
3: 40
4: 50
```

调用 range(len(concatenated_list)) 生成一个表示 concatenated_list 索引（在本例中为 0 到 4）的整数序列。当以这种方式进行循环时，必须确保索引值保持在 range 生成的范围内。很快，我们将展示一种更安全的方法，使用内置函数 enumerate 访问元素索引和值。

比较操作符

可以使用比较操作符逐个元素地比较整个列表。

```
In [29]: a = [1, 2, 3]

In [30]: b = [1, 2, 3]

In [31]: c = [1, 2, 3, 4]

In [32]: a == b  # True: corresponding elements in both are equal
Out[32]: True

In [33]: a == c  # False: a and c have different elements and lengths
Out[33]: False

In [34]: a < c  # True: a has fewer elements than c
Out[34]: True

In [35]: c >= b  # True: elements 0-2 are equal but c has more elements
Out[35]: True
```

自我测验

1.（填空题）Python 的字符串和元组序列是________，即它们不能被修改。

答案：不可变的。

2.（判断题）+ 操作符的序列操作数可以是任何序列类型。

答案：错误。+ 操作符的序列操作数必须具有相同的类型；否则将导致 TypeError（类型错误）。

3.（IPython 会话）创建一个 cube_list 函数，它可以计算列表中每个元素的立方数。使用包含 1 到 10 的 numbers 列表调用该函数。展示函数调用后的 numbers 列表。

答案：

```
In [1]: def cube_list(values):
   ...:     for i in range(len(values)):
   ...:         values[i] **= 3
   ...:

In [2]: numbers = [1, 2, 3, 4, 5, 6, 7, 8, 9, 10]

In [3]: cube_list(numbers)

In [4]: numbers
Out[4]: [1, 8, 27, 64, 125, 216, 343, 512, 729, 1000]
```

4.（IPython 会话）使用一个名为 characters 的空列表和一个 += 增广赋值语句，将字符串 'Birthday' 的字符转换到列表中。

答案：

```
In [5]: characters = []

In [6]: characters += 'Birthday'

In [7]: characters
Out[7]: ['B', 'i', 'r', 't', 'h', 'd', 'a', 'y']
```

5.3　元组

正如我们在前一章中所讨论的，元组是不可变的，它通常存储异构数据，但也可以存储同构数据。元组的长度是它的元素数量，在程序执行期间不能更改。

创建元组

要创建一个空元组，请使用空括号：

```
In [1]: student_tuple = ()

In [2]: student_tuple
Out[2]: ()

In [3]: len(student_tuple)
Out[3]: 0
```

回想一下，可以用逗号分隔元组的值：

```
In [4]: student_tuple = 'John', 'Green', 3.3

In [5]: student_tuple
Out[5]: ('John', 'Green', 3.3)

In [6]: len(student_tuple)
Out[6]: 3
```

当输出元组时，Python 总是将其内容显示在括号中。可以用可选的圆括号将元组中逗号分隔的值列表括起来：

```
In [7]: another_student_tuple = ('Mary', 'Red', 3.3)

In [8]: another_student_tuple
Out[8]: ('Mary', 'Red', 3.3)
```

下面的代码创建了一个单元素元组：

```
In [9]: a_singleton_tuple = ('red',)  # note the comma

In [10]: a_singleton_tuple
Out[10]: ('red',)
```

字符串 `'red'` 后面的逗号（`,`）将 `a_singleton_tuple` 标识为元组——括号是可选的。如果省略了逗号，括号将是多余的，`a_singleton_tuple` 将只引用字符串 `'red'`，而不是一个元组。

访问元组元素

元组的元素虽然相关，但通常是多种类型的。通常我们不会迭代它们。相反，可以单独访问每一个元素。像列表索引一样，元组索引也从 0 开始。下面的代码创建表示小时、分钟和秒的 `time_tuple` 元组，显示这个元组，然后使用它的元素来计算从午夜开始的秒数——注意，我们对元组中的每个值执行不同的操作：

```
In [11]: time_tuple = (9, 16, 1)

In [12]: time_tuple
Out[12]: (9, 16, 1)

In [13]: time_tuple[0] * 3600 + time_tuple[1] * 60 + time_tuple[2]
Out[13]: 33361
```

给元组元素赋值会导致 TypeError（类型错误）。

在字符串或元组中增加元素

与列表一样，即使字符串和元组是不可变的，+= 增广赋值语句也可以和它们一起使用。在下面的代码中，在这两个赋值之后，tuple1 和 tuple2 指向同一个元组对象：

```
In [14]: tuple1 = (10, 20, 30)

In [15]: tuple2 = tuple1

In [16]: tuple2
Out[16]: (10, 20, 30)
```

将元组（40，50）连接到 tuple1，创建一个新的元组，然后将它的引用赋给变量 tuple1，而 tuple2 仍然指向原始的元组：

```
In [17]: tuple1 += (40, 50)

In [18]: tuple1
Out[18]: (10, 20, 30, 40, 50)

In [19]: tuple2
Out[19]: (10, 20, 30)
```

对于字符串或元组，+= 右边的项必须分别是字符串或元组，类型混乱会导致 TypeError(类型错误)。

在列表中增加元组

可以使用 += 将一个元组增加到列表：

```
In [20]: numbers = [1, 2, 3, 4, 5]

In [21]: numbers += (6, 7)

In [22]: numbers
Out[22]: [1, 2, 3, 4, 5, 6, 7]
```

元组可以包含可变对象

让我们创建一个 student_tuple，其中包含名、姓和分数列表：

```
In [23]: student_tuple = ('Amanda', 'Blue', [98, 75, 87])
```

虽然元组是不可变的，但是它的列表元素是可变的：

```
In [24]: student_tuple[2][1] = 85

In [25]: student_tuple
Out[25]: ('Amanda', 'Blue', [98, 85, 87])
```

在名为 student_tuple[2][1] 的双下标名称中，Python 将 student_tuple[2] 视为包含列表 [98，75，87] 的元组元素，然后使用 [1] 访问包含 75 的列表元素。代码片段 [24] 中的赋值将该分数替换为 85。

自我测验

1.（判断题）+= 增广赋值语句不能和字符串以及元组一起使用，因为它们是不可变的。

答案：错误。即使字符串和元组是不可变的，+= 增广赋值语句也可以和它们一起使用。

结果是一个新的字符串或新的元组。

2.（判断题）元组只能包含不可变对象。

答案：错误。即使元组是不可变的，它的元素也可以是可变的对象，比如列表。

3.（IPython 会话）创建一个包含 123.45 的单元素元组，然后显示它。

答案：

```
In [1]: single = (123.45,)

In [2]: single
Out[2]: (123.45,)
```

4.（IPython 会话）当尝试使用 + 操作符连接不同类型的序列（例如列表 `[1, 2, 3]` 和元组（`4, 5, 6`））时会发生什么。

答案：

```
In [3]: [1, 2, 3] + (4, 5, 6)
-------------------------------------------------------------------------
TypeError                                 Traceback (most recent call last)
<ipython-input-3-1ac3d3041bfa> in <module>()
----> 1 [1, 2, 3] + (4, 5, 6)

TypeError: can only concatenate list (not "tuple") to list
```

5.4　序列解包

前一章介绍元组解包。可以通过将序列赋值给以逗号分隔的变量列表，来解包获得任意序列的元素。如果赋值符号 = 左边的变量数与其右边序列中的元素数不相同，就会发生 `ValueError`（值错误）:

```
In [1]: student_tuple = ('Amanda', [98, 85, 87])

In [2]: first_name, grades = student_tuple

In [3]: first_name
Out[3]: 'Amanda'

In [4]: grades
Out[4]: [98, 85, 87]
```

下面的代码将字符串、列表和 `range` 生成的序列进行解包：

```
In [5]: first, second = 'hi'

In [6]: print(f'{first}  {second}')
h  i

In [7]: number1, number2, number3 = [2, 3, 5]

In [8]: print(f'{number1}  {number2}  {number3}')
2  3  5

In [9]: number1, number2, number3 = range(10, 40, 10)

In [10]: print(f'{number1}  {number2}  {number3}')
10  20  30
```

通过打包和解包交换值

可以通过序列打包和解包交换两个变量的值：

```
In [11]: number1 = 99

In [12]: number2 = 22

In [13]: number1, number2 = (number2, number1)

In [14]: print(f'number1 = {number1}; number2 = {number2}')
number1 = 22; number2 = 99
```

使用内置函数 enumerate 安全地访问索引和值

前面，我们调用 `range` 函数来生成索引值序列，然后使用索引值和订阅操作符（`[]`）访问 `for` 循环中的列表元素。这很容易出错，因为可能会将错误的实参传递给 `range` 函数。如果 `range` 生成的任意一个值是越界索引，将其用作索引将导致 `IndexError`（索引错误）。

访问元素的索引和值的首选方式是内置函数 **enumerate**。这个函数接收一个可迭代变量，并创建一个迭代器，对于每个元素，该函数返回一个包含元素索引和值的元组。下面的代码使用内置函数 `list` 创建一个包含 `enumerate` 结果的列表：

```
In [15]: colors = ['red', 'orange', 'yellow']

In [16]: list(enumerate(colors))
Out[16]: [(0, 'red'), (1, 'orange'), (2, 'yellow')]
```

类似地，内置函数 `tuple` 可以从一个序列创建一个元组：

```
In [17]: tuple(enumerate(colors))
Out[17]: ((0, 'red'), (1, 'orange'), (2, 'yellow'))
```

下面的 `for` 循环将 `enumerate` 返回的每个元组解包到变量 `index` 和 `value` 中，并显示它们：

```
In [18]: for index, value in enumerate(colors):
    ...:     print(f'{index}: {value}')
    ...:
0: red
1: orange
2: yellow
```

创建一个原始条形图

图 5.1 中的脚本创建了一个原始**条形图**，其中每个条形图的长度由星号（`*`）组成，并且与列表中相应的元素值成比例。我们可以使用 `enumerate` 函数安全地得到列表的索引和值。要运行下述样例代码，请切换到本章的 `ch05` 样例代码文件夹，然后输入：

```
ipython fig05_01.py
```

或者，如果已经在 IPython 中，则使用如下命令：

```
run fig05_01.py
```

```
1  # fig05_01.py
2  """Displaying a bar chart"""
3  numbers = [19, 3, 15, 7, 11]
4
5  print('\nCreating a bar chart from numbers:')
6  print(f'Index{"Value":>8}   Bar')
7
8  for index, value in enumerate(numbers):
9      print(f'{index:>5}{value:>8}   {"*" * value}')
```

```
Creating a bar chart from numbers:
Index   Value   Bar
    0      19   *******************
    1       3   ***
    2      15   ***************
    3       7   *******
    4      11   ***********
```

图 5.1 展示一个条形图

for 语句可以使用 enumerate 获取每个元素的索引和值，然后显示一个包含索引、元素值和相应星号的格式化行。表达式

```
"*" * value
```

创建一个由星号值（value）组成的字符串。当与序列一起使用时，乘法操作符（*）使该序列重复——在本例中，字符串 "*" 的重复次数为 value 的值。在本章的后面，我们将使用开源的 Seaborn 和 Matplotlib 库来展示一个可供发布的可视化条形图。

自我测验

1.（填空题）序列中的元素可以通过将序列赋值给一个用逗号分隔的变量列表来实现________。

答案：解包。

2.（判断题）下面的表达式有错误：

```
'-' * 10
```

答案：错误。在这个上下文中，乘法操作符（*）使字符串（'-'）重复 10 次。

3.（IPython 会话）创建一个 high_low 元组，来表示一周的某一天（字符串）和这一天的高低温度（整数），显示它的字符串表示，然后在交互式 IPython 会话中执行以下任务：

a）用 [] 操作符访问并显示 high_low 元组中的元素。

b）将 high_low 元组解包为 day 和 high 变量。发生了什么？为什么？

答案：执行 b 任务会出现错误，因为必须将序列中的所有元素解包。

```
In [1]: high_low = ('Monday', 87, 65)

In [2]: high_low
Out[2]: ('Monday', 87, 65)

In [3]: print(f'{high_low[0]}: High={high_low[1]}, Low={high_low[2]}')
Monday: High=87, Low=65

In [4]: day, high = high_low
---------------------------------------------------------------------------
ValueError                                Traceback (most recent call last)
```

```
<ipython-input-3-0c3ad5c97284> in <module>()
----> 1 day, high = high_low

ValueError: too many values to unpack (expected 2)
```

4.（IPython 会话）创建包含三个名字字符串的 names 列表。使用 for 循环和 enumerate 函数迭代这些元素，并显示每个元素的索引和值。

答案：

```
In [4]: names = ['Amanda', 'Sam', 'David']

In [5]: for i, name in enumerate(names):
   ...:     print(f'{i}: {name}')
   ...:
0: Amanda
1: Sam
2: David
```

5.5 序列切片

可以对序列进行**切片**，以创建包含原始元素子集的相同类型的新序列。切片操作可以修改可变的序列——那些不修改的可变序列与列表、元组和字符串的工作方式相同。

指定带有起始和结束索引的片

让我们创建一个切片，由列表下标为 2 到 5 的元素组成：

```
In [1]: numbers = [2, 3, 5, 7, 11, 13, 17, 19]

In [2]: numbers[2:6]
Out[2]: [5, 7, 11, 13]
```

切片将复制从冒号左侧的*起始索引*（2）到冒号右侧的*结束索引*（6）（但不包括结束索引）中的元素。原始列表并未被修改。

指定只有结束索引的切片

如果省略起始索引，则默认为 0。因此，切片 numbers[:6] 等价于切片 numbers[0:6]：

```
In [3]: numbers[:6]
Out[3]: [2, 3, 5, 7, 11, 13]

In [4]: numbers[0:6]
Out[4]: [2, 3, 5, 7, 11, 13]
```

指定只有起始索引的切片

如果省略结束索引，则默认序列的长度（这里是 8），因此代码片段 [5] 中的切片包含 numbers 的下标为 6 和 7 的元素：

```
In [5]: numbers[6:]
Out[5]: [17, 19]

In [6]: numbers[6:len(numbers)]
Out[6]: [17, 19]
```

指定一个不带索引的切片

同时省略起始索引和结束索引将复制整个序列：

```
In [7]: numbers[:]
Out[7]: [2, 3, 5, 7, 11, 13, 17, 19]
```

虽然切片创建新对象，但切片只复制元素的浅副本——也就是说，它们复制元素的引用，而不复制其所指向的对象。因此，在上面的代码片段中，新列表的元素引用的对象与原始列表的元素引用相同的对象，而不是单独的副本。在第 7 章中，我们将解释深复制，它实际上复制引用对象本身，届时我们将指出什么时候最好使用深复制。

按步长切片

下面的代码以 2 为步长使用 numbers 中的其他元素创建切片：

```
In [8]: numbers[::2]
Out[8]: [2, 5, 11, 17]
```

我们省略了起始索引和结束索引，因此分别默认为 0 和 len(numbers)。

用负步长进行切片

可以使用负步长以相反的顺序选择切片。下面的代码以相反的顺序简洁地创建了一个新列表：

```
In [9]: numbers[::-1]
Out[9]: [19, 17, 13, 11, 7, 5, 3, 2]
```

这相当于：

```
In [10]: numbers[-1:-9:-1]
Out[10]: [19, 17, 13, 11, 7, 5, 3, 2]
```

通过切片修改列表

可以通过对列表切片修改该列表——列表的其余部分保持不变。下面的代码替换了 numbers 的前三个元素，其余的保持不变：

```
In [11]: numbers[0:3] = ['two', 'three', 'five']

In [12]: numbers
Out[12]: ['two', 'three', 'five', 7, 11, 13, 17, 19]
```

下面将一个空列表赋值给这个三元素切片，从而只删除 numbers 的前三个元素：

```
In [13]: numbers[0:3] = []

In [14]: numbers
Out[14]: [7, 11, 13, 17, 19]
```

下面的代码将列表元素赋值给 numbers 的间隔元素切片：

```
In [15]: numbers = [2, 3, 5, 7, 11, 13, 17, 19]

In [16]: numbers[::2] = [100, 100, 100, 100]

In [17]: numbers
Out[17]: [100, 3, 100, 7, 100, 13, 100, 19]

In [18]: id(numbers)
Out[18]: 4434456648
```

让我们删除 numbers 中的所有元素，使得现有列表为空：

```
In [19]: numbers[:] = []

In [20]: numbers
Out[20]: []

In [21]: id(numbers)
Out[21]: 4434456648
```

删除 numbers 的内容（代码片段 [19]）与为 numbers 赋值一个新的空列表 []（代码片段 [22]）是不同的。为了证明这一点，我们在每次操作后显示 numbers 的标识号。这两次的标识号是不同的，所以它们代表内存中不同的对象：

```
In [22]: numbers = []

In [23]: numbers
Out[23]: []

In [24]: id(numbers)
Out[24]: 4406030920
```

当将一个新对象赋值给一个变量（如代码片段 [21] 所示）时，如果没有其他变量引用原始对象，那么原始对象将被垃圾回收机制收集。

自我测验

1.（判断题）修改序列的切片操作与列表、元组和字符串的工作方式相同。

答案：错误。不可修改序列的切片操作与列表、元组和字符串的工作方式相同。

2.（填空题）假设有一个名为 names 的列表。切片表达式________可以按相反的顺序创建一个包含 names 元素的新列表。

答案：names[::-1]

3.（IPython 会话）创建一个名为 numbers 的列表，其中包含了从 1 到 15 的值，然后用切片分别完成下列操作：

a）选择 number 中的偶数。

b）用 0 替换索引为 5 到 9 的元素，然后显示结果列表。

c）只保留前 5 个元素，然后显示结果列表。

d）通过给切片赋值来删除所有剩余的元素，然后显示结果列表。

答案：

```
In [1]: numbers = list(range(1, 16))

In [2]: numbers
Out[2]: [1, 2, 3, 4, 5, 6, 7, 8, 9, 10, 11, 12, 13, 14, 15]

In [3]: numbers[1:len(numbers):2]
Out[3]: [2, 4, 6, 8, 10, 12, 14]

In [4]: numbers[5:10] = [0] * len(numbers[5:10])

In [5]: numbers
Out[5]: [1, 2, 3, 4, 5, 0, 0, 0, 0, 0, 11, 12, 13, 14, 15]

In [6]: numbers[5:] = []

In [7]: numbers
Out[7]: [1, 2, 3, 4, 5]

In [8]: numbers[:] = []
```

```
In [9]: numbers
Out[9]: []
```

回想一下，对序列进行乘法操作会使该序列重复指定的次数。

5.6 del 语句

del 语句还可用于从列表中删除元素，并从交互式会话中删除变量。可以删除任何有效索引或有效切片中的元素。

删除特定列表索引处的元素

让我们创建一个列表，然后使用 del 删除它的最后一个元素：

```
In [1]: numbers = list(range(0, 10))

In [2]: numbers
Out[2]: [0, 1, 2, 3, 4, 5, 6, 7, 8, 9]

In [3]: del numbers[-1]

In [4]: numbers
Out[4]: [0, 1, 2, 3, 4, 5, 6, 7, 8]
```

从列表中删除切片

下面的代码删除了列表的前两个元素：

```
In [5]: del numbers[0:2]

In [6]: numbers
Out[6]: [2, 3, 4, 5, 6, 7, 8]
```

下面使用切片的步长从整个列表中删除间隔元素：

```
In [7]: del numbers[::2]

In [8]: numbers
Out[8]: [3, 5, 7]
```

删除表示整个列表的切片

下面的代码删除了列表中的所有元素：

```
In [9]: del numbers[:]

In [10]: numbers
Out[10]: []
```

从当前会话中删除变量

del 语句可以删除任何变量。让我们从交互会话中删除 numbers，然后尝试显示变量的值，将导致 NameError：

```
In [11]: del numbers

In [12]: numbers
---------------------------------------------------------------------------
NameError                                 Traceback (most recent call last)
<ipython-input-12-426f8401232b> in <module>()
----> 1 numbers

NameError: name 'numbers' is not defined
```

自我测验

1.（填空题）给定包含 1 到 10 的列表 numbers，del numbers[-2] 将从列表中删除________。

答案：9。

2.（IPython 会话）创建一个名为 numbers 的列表，包含从 1 到 15 的值，然后用 del 语句分别实现下述操作：

a）删除包含前四个元素的切片，然后显示结果列表。

b）从第一个元素开始，使用切片删除列表中的间隔元素，然后显示结果列表。

答案：

```
In [1]: numbers = list(range(1, 16))

In [2]: numbers
Out[2]: [1, 2, 3, 4, 5, 6, 7, 8, 9, 10, 11, 12, 13, 14, 15]

In [3]: del numbers[0:4]

In [4]: numbers
Out[4]: [5, 6, 7, 8, 9, 10, 11, 12, 13, 14, 15]

In [5]: del numbers[::2]

In [6]: numbers
Out[6]: [6, 8, 10, 12, 14]
```

5.7 给函数传递列表

在上一章中，我们提到了所有对象都是通过引用传递的，并演示了如何将不可变对象作为函数实参传递。这里，我们通过研究程序将可变列表对象传递给函数时会发生什么来进一步讨论引用的相关内容。

将整个列表传递给函数

考虑 modify_elements 函数，它接收一个列表引用，然后将列表的每个元素值乘以 2：

```
In [1]: def modify_elements(items):
   ...:     """"Multiplies all element values in items by 2."""
   ...:     for i in range(len(items)):
   ...:         items[i] *= 2
   ...:

In [2]: numbers = [10, 3, 7, 1, 9]

In [3]: modify_elements(numbers)

In [4]: numbers
Out[4]: [20, 6, 14, 2, 18]
```

modify_elements 函数的 items 形参接收到对*原始*列表的引用，因此循环代码组中的语句修改了原始列表对象中的每个元素。

将元组传递给函数

当将一个元组传递给一个函数时，试图修改元组的不可变元素将导致 TypeError（类型错误）：

```
In [5]: numbers_tuple = (10, 20, 30)

In [6]: numbers_tuple
Out[6]: (10, 20, 30)

In [7]: modify_elements(numbers_tuple)
-------------------------------------------------------------------------
TypeError                                 Traceback (most recent call last)
<ipython-input-27-9339741cd595> in <module>()
----> 1 modify_elements(numbers_tuple)

<ipython-input-25-27acb8f8f44c> in modify_elements(items)
      2     """"Multiplies all element values in items by 2."""
      3     for i in range(len(items)):
----> 4         items[i] *= 2
      5
      6

TypeError: 'tuple' object does not support item assignment
```

回想一下，元组可能包含可变对象，比如列表。在将元组传递给函数时，仍然可以修改这些对象。

关于 traceback 的说明

前面的 `traceback` 显示了导致 `TypeError` 的两个代码片段。第一个是代码片段 `[7]` 中的函数调用。第二个是代码片段 `[1]` 中的函数定义。代码行号在每个代码片段代码的前面。我们已经演示了大部分单行代码片段。在这样的代码片段中发生异常时，它的前面总是有 `---->1`，表示第 1 行（代码片段的唯一一行）导致了异常。像 `modify_elements` 的定义这种多行代码片段将显示从 1 开始的连续行号。上面的符号 `---->4` 表示在 `modify_elements` 的第 4 行中发生了异常。不管 `traceback` 有多长，异常都是由带有 `---->` 的最后一行代码引起的。

自我测验

1.（判断题）将列表传递给函数时，不能修改列表的内容。

答案： 错误。当将列表（一个可变对象）传递给函数时，函数接收到一个对原始列表对象的引用，并且可以使用这个引用修改原始列表的内容。

2.（判断题）元组可以包含列表和其他可变对象。当将元组传递给函数时，可以修改那些可变对象。

答案： 正确。

5.8 列表排序

一个称为**排序**的常见计算任务，使我们能够按升序或降序排列数据。排序是一个吸引了大量计算机科学研究的有趣问题。它在数据结构和算法课程中有详细的研究。我们将在第 11 章中更深入地探讨排序的相关内容。

按升序排序列表

列表方法 `sort` 修改列表，以按升序排列元素：

```
In [1]: numbers = [10, 3, 7, 1, 9, 4, 2, 8, 5, 6]

In [2]: numbers.sort()
```

```
In [3]: numbers
Out[3]: [1, 2, 3, 4, 5, 6, 7, 8, 9, 10]
```

按降序排序列表

要按降序排序列表，调用列表的 sort 方法，并将可选关键字参数 **reverse** 设置为 True（默认值为 False）：

```
In [4]: numbers.sort(reverse=True)

In [5]: numbers
Out[5]: [10, 9, 8, 7, 6, 5, 4, 3, 2, 1]
```

内置函数 sorted

内置函数 **sorted** 返回一个新列表，其中包含作为参数的序列中的已排序元素——原始序列未修改。下面的代码演示了对列表、字符串和元组进行排序的 sorted 函数：

```
In [6]: numbers = [10, 3, 7, 1, 9, 4, 2, 8, 5, 6]

In [7]: ascending_numbers = sorted(numbers)

In [8]: ascending_numbers
Out[8]: [1, 2, 3, 4, 5, 6, 7, 8, 9, 10]

In [9]: numbers
Out[9]: [10, 3, 7, 1, 9, 4, 2, 8, 5, 6]

In [10]: letters = 'fadgchjebi'

In [11]: ascending_letters = sorted(letters)

In [12]: ascending_letters
Out[12]: ['a', 'b', 'c', 'd', 'e', 'f', 'g', 'h', 'i', 'j']

In [13]: letters
Out[13]: 'fadgchjebi'

In [14]: colors = ('red', 'orange', 'yellow', 'green', 'blue')

In [15]: ascending_colors = sorted(colors)

In [16]: ascending_colors
Out[16]: ['blue', 'green', 'orange', 'red', 'yellow']

In [17]: colors
Out[17]: ('red', 'orange', 'yellow', 'green', 'blue')
```

将可选关键字参数 reverse 设置为 True 可以使元素按降序排列。

自我测验

1.（填空题）要按降序对列表排序，调用列表方法 sort，并将可选关键字参数________设置为 True。

答案： reverse。

2.（判断题）所有序列都提供了 sort 方法。

答案： 错误。像元组和字符串这样的不可变序列不提供 sort 方法。但是，可以使用内置的 sorted 函数对任何序列在不修改它的前提下进行排序。该函数返回一个新列表，其中包含作为参数的序列中已排序的元素。

3.（IPython 会话）创建一个 foods 列表，包括 'Cookies' 'pizza' 'Grapes'

'apples' 'steak' 和 'Bacon'。使用列表的 sort 方法按升序排序列表。这些字符串是按字母顺序排列的吗？

答案：

```
In [1]: foods = ['Cookies', 'pizza', 'Grapes',
   ...:          'apples', 'steak', 'Bacon']
   ...:

In [2]: foods.sort()

In [3]: foods
Out[3]: ['Bacon', 'Cookies', 'Grapes', 'apples', 'pizza', 'steak']
```

它们可能不是按照我们认为的字母顺序排列的，而是按照基础字符集定义的顺序排列，即**字典顺序排列**。正如我们将在本章后面看到的，字符串是根据字符的数值而非字母进行比较的，大写字母的值小于小写字母的值。

5.9 序列搜索

通常，需要确定一个序列（比如列表、元组或字符串）是否包含与特定**关键字**匹配的值。**搜索**是查找关键字的过程。

列表的 index 方法

列表的 **index** 方法的参数是一个搜索关键字（在列表中查找的值），然后从索引 0 开始遍历列表，返回与要搜索的关键字相匹配的第一个元素的索引：

```
In [1]: numbers = [3, 7, 1, 4, 2, 8, 5, 6]

In [2]: numbers.index(5)
Out[2]: 6
```

如果要搜索的值不在列表中，就会出现 ValueError（值错误）。

指定搜索的起始索引

使用 index 方法的可选参数，可以搜索列表元素的子集。可以使用 *= 来对序列做乘法——也就是将一个序列本身追加多次。在下面的代码片段之后，numbers 包含原始列表内容的两个副本：

```
In [3]: numbers *= 2

In [4]: numbers
Out[4]: [3, 7, 1, 4, 2, 8, 5, 6, 3, 7, 1, 4, 2, 8, 5, 6]
```

下面的代码在更新后的列表中从索引 7 开始到列表末尾的范围内搜索值 5：

```
In [5]: numbers.index(5, 7)
Out[5]: 14
```

指定搜索的起始和结束索引

指定起始和结束索引会导致 index 从起始索引搜索到结束索引位置，但不包括结束索引位置。在代码片段 [5] 中调用 index：

```
numbers.index(5, 7)
```

假设 numbers 的长度作为其可选的第三个参数，等价于：

numbers.index(5, 7, len(numbers))

下面的代码查找了下标为 0 到 3 范围内的元素值 7：

```
In [6]: numbers.index(7, 0, 4)
Out[6]: 1
```

操作符 in 和 not in

操作符 in 可以测试其右操作数的变量中是否包含左操作数的值：

```
In [7]: 1000 in numbers
Out[7]: False

In [8]: 5 in numbers
Out[8]: True
```

类似地，操作符 not in 用于测试其右操作数的变量是否不包含左操作数的值：

```
In [9]: 1000 not in numbers
Out[9]: True

In [10]: 5 not in numbers
Out[10]: False
```

使用操作符 in 以防 ValueError

可以使用操作符 in 来确保对 index 方法的调用不会由于搜索关键字不在相应序列中而导致 ValueErrors：

```
In [11]: key = 1000

In [12]: if key in numbers:
    ...:     print(f'found {key} at index {numbers.index(key)}')
    ...: else:
    ...:     print(f'{key} not found')
    ...:
1000 not found
```

内置函数 any 和 all

有时，只需要知道可迭代变量中的某一项是不是 True，或者是否所有项都为 True。如果内置函数 **any** 的可迭代实参中的某一项为 True，则返回 True。如果内置函数 **all** 的可迭代实参中的所有项都为 True，则返回 True。回想一下，非零值为 True，零值为 False。非空的可迭代对象的计算结果也为 True，而空的可迭代对象的计算结果为 False。函数 any 和 all 是函数式编程中内部迭代的附加例子。

自我测验

1.（填空题）________操作符可用于列表自身的副本扩展列表。

答案： *=。

2.（填空题）操作符________和________可以分别判断序列是否包含某个值。

答案： in，not in。

3.（IPython 会话）创建一个包含 67、12、46、43 和 13 的五元素列表，然后使用列表的 index 方法搜索 43 和 44。确保搜索 44 时没有发生 ValueError。

答案：

```
In [1]: numbers = [67, 12, 46, 43, 13]
```

```
In [2]: numbers.index(43)
Out[2]: 3

In [3]: if 44 in numbers:
   ...:     print(f'Found 44 at index: {numbers.index(44)}')
   ...: else:
   ...:     print('44 not found')
   ...:
44 not found
```

5.10　其他列表方法

列表也有添加和删除元素的方法。以列表 color_names 为例：

```
In [1]: color_names = ['orange', 'yellow', 'green']
```

在特定的列表索引处插入元素

insert 方法可以在指定的索引处添加一个新项。下述代码在索引 0 处插入 'red'：

```
In [2]: color_names.insert(0, 'red')

In [3]: color_names
Out[3]: ['red', 'orange', 'yellow', 'green']
```

在列表的末尾添加元素

可以用 append 方法在列表的末尾添加一个新项：

```
In [4]: color_names.append('blue')

In [5]: color_names
Out[5]: ['red', 'orange', 'yellow', 'green', 'blue']
```

将序列的所有元素添加到列表的末尾

使用 extend 方法可以将另一个序列的所有元素添加到列表的末尾：

```
In [6]: color_names.extend(['indigo', 'violet'])

In [7]: color_names
Out[7]: ['red', 'orange', 'yellow', 'green', 'blue', 'indigo', 'violet']
```

这相当于使用 +=。下面的代码将字符串中的所有字符以及元组中的所有元素添加到一个列表中：

```
In [8]: sample_list = []

In [9]: s = 'abc'

In [10]: sample_list.extend(s)

In [11]: sample_list
Out[11]: ['a', 'b', 'c']

In [12]: t = (1, 2, 3)

In [13]: sample_list.extend(t)

In [14]: sample_list
Out[14]: ['a', 'b', 'c', 1, 2, 3]
```

与其创建一个存储元组的临时变量（如 t）并将它追加到列表中，不如直接用 extend 方法来传递一个元组。在这种情况下，元组的括号是必需的，因为 extend 需要一个可迭代参数：

```
In [15]: sample_list.extend((4, 5, 6))  # note the extra parentheses

In [16]: sample_list
Out[16]: ['a', 'b', 'c', 1, 2, 3, 4, 5, 6]
```

如果省略了所需的圆括号，就会出现 TypeError（类型错误）。

删除列表中第一次出现的元素

remove 方法可以删除第一次出现指定值的元素，如果要删除的实参不在列表中将导致 ValueError（值错误）：

```
In [17]: color_names.remove('green')

In [18]: color_names
Out[18]: ['red', 'orange', 'yellow', 'blue', 'indigo', 'violet']
```

清空列表

要删除列表中的所有元素，可以调用 **clear** 方法：

```
In [19]: color_names.clear()

In [20]: color_names
Out[20]: []
```

这相当于先前介绍的切片赋值：

```
color_names[:] = []
```

统计一个项的出现次数

列表方法 **count** 可以搜索列表中的实参，并返回其出现的次数：

```
In [21]: responses = [1, 2, 5, 4, 3, 5, 2, 1, 3, 3,
    ...:              1, 4, 3, 3, 3, 2, 3, 3, 2, 2]
    ...:

In [22]: for i in range(1, 6):
    ...:     print(f'{i} appears {responses.count(i)} times in responses')
    ...:
1 appears 3 times in responses
2 appears 5 times in responses
3 appears 8 times in responses
4 appears 2 times in responses
5 appears 2 times in responses
```

将列表的元素顺序反向颠倒

列表方法 **reverse** 可以将列表的内容顺序颠倒，而不是像我们先前对切片做的那样创建一个反向的副本：

```
In [23]: color_names = ['red', 'orange', 'yellow', 'green', 'blue']

In [24]: color_names.reverse()

In [25]: color_names
Out[25]: ['blue', 'green', 'yellow', 'orange', 'red']
```

复制列表

列表方法 copy 可以返回一个包含原始列表的浅副本的新列表：

```
In [26]: copied_list = color_names.copy()

In [27]: copied_list
Out[27]: ['blue', 'green', 'yellow', 'orange', 'red']
```

这相当于先前演示的切片操作：

```
copied_list = color_names[:]
```

自我测验

1.（填空题）将序列的所有元素添加到列表的末尾，使用列表方法________，这相当于使用 +=。

答案： extend。

2.（填空题）以 numbers 列表为例，调用________方法相当于 numbers[:]=[]。

答案： clear。

3.（IPython 会话）创建一个名为 rainbow 的列表，其中包含 'green' 'orange' 和 'violet'。连续执行以下操作，使用列表方法并显示每个操作后的列表内容：

a）确定 'violet' 的索引，然后利用该索引在 'violet' 前插入 'red'。

b）将 'yellow' 添加到列表的末尾。

c）将列表的元素顺序颠倒。

d）移除 'orange' 元素。

答案：

```
In [1]: rainbow = ['green', 'orange', 'violet']

In [2]: rainbow.insert(rainbow.index('violet'), 'red')

In [3]: rainbow
Out[3]: ['green', 'orange', 'red', 'violet']

In [4]: rainbow.append('yellow')

In [5]: rainbow
Out[5]: ['green', 'orange', 'red', 'violet', 'yellow']

In [6]: rainbow.reverse()

In [7]: rainbow
Out[7]: ['yellow', 'violet', 'red', 'orange', 'green']

In [8]: rainbow.remove('orange')

In [9]: rainbow
Out[9]: ['yellow', 'violet', 'red', 'green']
```

5.11 用列表模拟栈

前一章介绍了函数调用栈。Python 没有内置的栈类型，但可以将栈看作约束列表。可以使用列表方法 append 实现压入（push）操作，它可以在列表的末尾添加一个新元素。可以使用列表的无参数 pop 方法实现弹出（pop）操作，它可以删除列表末尾的元素并返回该元素。

让我们创建一个名为 stack 的空列表，将两个字符串压入，然后将这两个字符串弹出，以确认它们是按后进先出（LIFO）顺序入栈的：

```
In [1]: stack = []

In [2]: stack.append('red')

In [3]: stack
Out[3]: ['red']

In [4]: stack.append('green')

In [5]: stack
Out[5]: ['red', 'green']

In [6]: stack.pop()
Out[6]: 'green'

In [7]: stack
Out[7]: ['red']

In [8]: stack.pop()
Out[8]: 'red'

In [9]: stack
Out[9]: []

In [10]: stack.pop()
-------------------------------------------------------------------------
IndexError                                Traceback (most recent call last)
<ipython-input-10-50ea7ec13fbe> in <module>()
----> 1 stack.pop()

IndexError: pop from empty list
```

对于每个 pop 代码片段，pop 删除并返回的值被显示出来。对空栈执行弹出操作将导致 IndexError（索引错误），就像访问一个用 [] 表示的不存在的列表元素一样。为了防止出现 IndexError（索引错误），请确保 len（stack）在调用 pop 之前大于 0。如果继续以比弹出操作更快的速度将元素压入栈中，可能会耗尽内存。

在练习中，将会使用列表来模拟另外一个称作**队列**的动态集合。在队列中，将在末尾插入并在头部删除。队列中的元素将按照**先进先出（First-In, First Out, FIFO）的顺序**检索。

自我测验

1.（填空题）可以使用列表模拟栈，通过使用________和________方法在列表的末尾添加或删除元素。

答案： append，pop。

2.（填空题）为了避免在列表中执行 pop 操作时出现 IndexError，应先确保________。

答案： 列表的长度大于 0。

5.12 列表解析

在这里，我们用**列表解析**继续讨论函数式功能——这是创建新列表的简洁和方便的符号。列表解析可以替换许多对现有序列进行迭代的 for 语句，并创建新的列表，例如：

```
In [1]: list1 = []

In [2]: for item in range(1, 6):
   ...:     list1.append(item)
   ...:
```

```
In [3]: list1
Out[3]: [1, 2, 3, 4, 5]
```

使用列表解析来创建一个整数列表

我们可以利用列表解析在一行代码中完成同样的任务：

```
In [4]: list2 = [item for item in range(1, 6)]

In [5]: list2
Out[5]: [1, 2, 3, 4, 5]
```

像代码片段 [2] 中的 for 语句，列表解析中的 **for** 子句

```
for item in range(1, 6)
```

遍历由 range(1,6) 生成的序列。对于每个 item，列表解析评估 for 子句左侧的表达式，并将表达式的值（在这里就是 item 本身）放在新的列表中。代码片段 [4] 的特定解析可以用 list 函数更简洁地实现：

```
list2 = list(range(1, 6))
```

映射：在列表解析的表达式中执行操作

列表解析的表达式可以执行很多任务，例如将元素**映射**到（可能是不同类型的）新值的计算任务。映射是一种常见的函数式编程操作，它产生的结果与被映射的原始数据有相同的元素数量。下面的解析中用表达式 item ** 3 将每个值映射到它的立方值：

```
In [6]: list3 = [item ** 3 for item in range(1, 6)]

In [7]: list3
Out[7]: [1, 8, 27, 64, 125]
```

过滤：包含 if 子句的列表解析

另一个常见的函数式编程操作是**过滤**元素，只选择那些满足条件的元素。这通常会生成一个包含比原数据的元素个数更少的列表。要在列表解析中做到这一点，需要用到 **if 子句**。下面的代码片段中的 list4 只包含由 for 子句产生的偶数值：

```
In [8]: list4 = [item for item in range(1, 11) if item % 2 == 0]

In [9]: list4
Out[9]: [2, 4, 6, 8, 10]
```

处理另一个列表元素的列表解析

for 子句可以处理任何可迭代变量。让我们创建一个小写字符串的列表，并使用一个列表解析来创建一个包含其大写版本的新列表：

```
In [10]: colors = ['red', 'orange', 'yellow', 'green', 'blue']

In [11]: colors2 = [item.upper() for item in colors]

In [12]: colors2
Out[12]: ['RED', 'ORANGE', 'YELLOW', 'GREEN', 'BLUE']

In [13]: colors
Out[13]: ['red', 'orange', 'yellow', 'green', 'blue']
```

自我测验

1.（填空题）列表解析的________子句可以遍历指定的序列。

答案： for。

2.（填空题）列表解析的________子句可以对序列元素进行筛选，只选择满足条件的元素。

答案： if。

3.（IPython 会话）使用列表解析创建一个包含数字 1～5 及其立方值的元组列表——[(1, 1), (2, 8), (3, 27), …]。要创建元组，要将围绕元组的圆括号放在列表解析的 for 子句左侧。

答案：

```
In [1]: cubes = [(x, x ** 3) for x in range(1, 6)]

In [2]: cubes
Out[2]: [(1, 1), (2, 8), (3, 27), (4, 64), (5, 125)]
```

4.（IPython 会话）使用列表解析式和指明步长的 range 函数来创建列表，其中包含小于 30 的 3 的倍数。

答案：

```
In [3]: multiples = [x for x in range(3, 30, 3)]

In [4]: multiples
Out[4]: [3, 6, 9, 12, 15, 18, 21, 24, 27]
```

5.13 生成器表达式

生成器表达式类似于列表解析，但它可以创建一个可迭代的**生成器对象**，以产生满足需求的值。这就是所谓的**惰性求值**。列表解析使用**贪婪求值**，当执行它们时，它们会立即创建列表。对于大量元素，创建一个列表将花费大量内存和时间。所以如果不是立即需要整个列表，生成器表达式可以减少程序的内存消耗，并提高性能。

生成器表达式具有与列表解析相同的功能，但是需要用圆括号而非方括号来定义它们。代码片段 [2] 中的生成器表达式只返回奇数的平方值：

```
In [1]: numbers = [10, 3, 7, 1, 9, 4, 2, 8, 5, 6]

In [2]: for value in (x ** 2 for x in numbers if x % 2 != 0):
   ...:     print(value, end='  ')
   ...:
9  49  1  81  25
```

为了证明生成器表达式没有创建列表，让我们将前面的代码中的生成器表达式赋值给一个变量并查看这个变量：

```
In [3]: squares_of_odds = (x ** 2 for x in numbers if x % 2 != 0)

In [3]: squares_of_odds
Out[3]: <generator object <genexpr> at 0x1085e84c0>
```

文本 "generator object <genexpr>" 表示 square_of_odds 是一个由生成器表达式创建的生成器对象（genexpr）。

自我测验

1.（填空题）生成器表达式是________——它按照需求产生值。

答案：惰性的。

2.（IPython会话）创建一个生成器表达式，求得一个包含10、3、7、1、9、4和2的列表中偶数的立方值。使用list函数来创建这个结果的列表。注意，函数调用的圆括号也作为生成器表达式的圆括号。

答案：

```
In [1]: list(x ** 3 for x in [10, 3, 7, 1, 9, 4, 2] if x % 2 == 0)
Out[1]: [1000, 64, 8]
```

5.14　过滤器、映射和化简

前面的小节介绍了几个函数式特征——列表解析、过滤和映射。在这里，我们演示分别用于过滤和映射的内置函数filter和map。我们将继续讨论将元素集合处理成一个值，例例如其个数、总数、乘积、平均数、最小值或最大值。

使用内置的filter函数过滤序列中的值

让我们使用内置函数filter来获得numbers中的奇数：

```
In [1]: numbers = [10, 3, 7, 1, 9, 4, 2, 8, 5, 6]

In [2]: def is_odd(x):
   ...:     """Returns True only if x is odd."""
   ...:     return x % 2 != 0
   ...:

In [3]: list(filter(is_odd, numbers))
Out[3]: [3, 7, 1, 9, 5]
```

与数据一样，Python中的函数也是可以赋值给变量、传递给其他函数或作为函数返回值的对象。将其他函数看作参数来接收的函数是一种函数式功能，称为**高阶函数**。例如，filter的第一个参数必须是一个函数。这个函数接收一个参数，如果这个值包含在结果中就返回True。例如，如果is_odd函数的参数是奇数，则返回True。filter函数的第二个参数是可迭代变量（numbers），filter针对其中的每一个值调用一次is_odd函数。高阶函数也可以返回一个函数作为结果。

filter函数返回一个迭代器，因此如果不迭代它，就不会产生filter的结果。这又是一个惰性求值的例子。代码片段[3]中，list函数迭代了filter的结果，并创建了一个存储它的列表。我们可以通过有if子句的列表解析获得与上述方法相同的结果。

```
In [4]: [item for item in numbers if is_odd(item)]
Out[4]: [3, 7, 1, 9, 5]
```

使用lambda而非函数

对于简单的函数，比如只返回单表达式值的is_odd函数，可以使用**lambda表达式**（简称lambda）来定义所需要的函数——通常是在其作为参数传递到另一个函数时：

```
In [5]: list(filter(lambda x: x % 2 != 0, numbers))
Out[5]: [3, 7, 1, 9, 5]
```

我们将 filter 的返回值（一个可迭代变量）传递到 list 函数，将结果转换为列表并显示它们。

lambda 表达式是一个匿名函数——一个没有名字的函数。在如下 filter 调用中

```
filter(lambda x: x % 2 != 0, numbers)
```

第一个实参是 lambda

```
lambda x: x % 2 != 0
```

lambda 表达式以 lambda 为关键字开头，然后是一个逗号分隔的参数列表、一个冒号（:）和一个表达式。在这种情况下，参数列表只有一个名为 x 的参数。lambda 隐式返回其表达式的值。所以任何下列形式的简单函数

```
def function_name(parameter_list):
    return expression
```

都可以表示为下列形式的更简洁的 lambda 表达式

```
lambda parameter_list: expression
```

将序列的值映射到新值

让我们用带有 lambda 的内置函数 map 来计算 numbers 中每个值的平方：

```
In [6]: numbers
Out[6]: [10, 3, 7, 1, 9, 4, 2, 8, 5, 6]

In [7]: list(map(lambda x: x ** 2, numbers))
Out[7]: [100, 9, 49, 1, 81, 16, 4, 64, 25, 36]
```

map 函数的第一个实参是一个函数，它接收一个值并返回一个新的值。在这个例子中，这个 lambda 表达式可以计算其实参的平方。map 函数的第二个参数是映射的值的可迭代变量。map 函数使用惰性求值。所以，我们将 map 返回的迭代器传递到 list 函数。这使我们能够遍历并创建映射值的列表。这是一个等价的列表解析：

```
In [8]: [item ** 2 for item in numbers]
Out[8]: [100, 9, 49, 1, 81, 16, 4, 64, 25, 36]
```

结合 filter 和 map

可以将前面的 filter 和 map 操作组合如下：

```
In [9]: list(map(lambda x: x ** 2,
   ...:          filter(lambda x: x % 2 != 0, numbers)))
   ...:
Out[9]: [9, 49, 1, 81, 25]
```

在代码片段 [9] 中做了很多事情，让我们来仔细看看。首先，filter 返回了一个可迭代变量表示 numbers 中的奇数值。然后 map 返回一个可迭代变量表示过滤后的值的平方。最后，list 使用 map 的可迭代结果创建列表。相比前面的代码片段，读者可能更喜欢下述列表解析方式：

```
In [10]: [x ** 2 for x in numbers if x % 2 != 0]
Out[10]: [9, 49, 1, 81, 25]
```

对于 numbers 中的每一个值 x，只有当条件 x%2!=0 为真时才执行表达式 x**2。

化简：用 sum 计算序列中元素的总和

正如我们所知道的，化简可以将序列的元素处理成单个值。我们已经通过内置函数

len、sum、min 和 max 实现过化简过程。还可以使用 functools 模块的 reduce 功能来创建自定义化简。参见 https://docs.python.org/3/library/functools.html 的代码示例。当研究大数据和 Hadoop（第 1 章中简单介绍过）时，我们将演示 MapReduce 程序设计，它是基于函数式程序设计中的过滤器、映射和化简操作的。

自我测验

1.（填空题）________、________和________是函数式程序设计的常见操作。

答案：过滤器、映射、化简。

2.（填空题）________可以将序列的元素处理成单个值，例如它们的个数、总数或平均值。

答案：化简。

3.（IPython 会话）创建一个包含 1 到 15 的列表 numbers，然后执行以下任务：

a）使用带有 lambda 表达式的内置函数 filter，筛选出 numbers 中的偶数元素。并创建一个新列表存储这个结果。

b）使用带有 lambda 表达式的内置函数 map，获得 numbers 中数值的平方。并创建一个新列表存储这个结果。

c）过滤 numbers 中的偶数元素，然后将它们映射到其平方值。并创建一个新列表存储这个结果。

答案：

```
In [1]: numbers = list(range(1, 16))

In [2]: numbers
Out[2]: [1, 2, 3, 4, 5, 6, 7, 8, 9, 10, 11, 12, 13, 14, 15]

In [3]: list(filter(lambda x: x % 2 == 0, numbers))
Out[3]: [2, 4, 6, 8, 10, 12, 14]

In [4]: list(map(lambda x: x ** 2, numbers))
Out[4]: [1, 4, 9, 16, 25, 36, 49, 64, 81, 100, 121, 144, 169, 196, 225]

In [5]: list(map(lambda x: x**2, filter(lambda x: x % 2 == 0, numbers)))
Out[5]: [4, 16, 36, 64, 100, 144, 196]
```

4.（IPython 会话）将由三个华氏温度值 41、32 和 212 组成的列表映射到元组列表中，每个元组包含这个华氏温度值和其对应的摄氏温度值。按照下述公式将华氏温度转换为摄氏温度：

Celsius = (*Fahrenheit* - 32) * (5 / 9)

答案：

```
In [6]: fahrenheit = [41, 32, 212]

In [7]: list(map(lambda x: (x, (x - 32) * 5 / 9), fahrenheit))
Out[7]: [(41, 5.0), (32, 0.0), (212, 100.0)]
```

lambda 表达式（x,（x-32）*5/9）用圆括号创建包含原始华氏温度值（x）以及对应的摄氏温度值，即（x-32）*5/9。

5.15 其他序列处理函数

Python 为序列处理提供了其他内置函数。

使用键函数查找最小值和最大值

我们之前已经介绍了使用参数（如整数、整数列表）的内置化简函数 min 和 max。有时需要找到更复杂对象（如字符串）的最小值和最大值。思考以下比较：

```
In [1]: 'Red' < 'orange'
Out[1]: True
```

在字母表中，字母 'R' 在字母 'o' 的后面，所以可能会期望 'Red' 小于 'orange'，即上述判断的结果是 False。然而，字符串是按照其字符的底层数值相比较的，小写字母的数值大于大写字母的数值。可以用内置函数 ord 来确认一个字符的底层数值：

```
In [2]: ord('R')
Out[2]: 82

In [3]: ord('o')
Out[3]: 111
```

考虑列表 colors，它同时包含大写字符串和小写字母：

```
In [4]: colors = ['Red', 'orange', 'Yellow', 'green', 'Blue']
```

假设我们希望用字母表顺序来确定最小和最大的字符串，而非底层数值顺序（辞典）。如果我们按字母表顺序排列 colors 列表中的元素

```
'Blue', 'green', 'orange', 'Red', 'Yellow'
```

可以看到 'Blue' 是最小的（最接近字母表的开头），'Yellow' 是最大的（最接近字母表的结尾）。

由于 Python 使用数值来比较字符串，所以必须首先将每个字符串的所有字母都转换为小写或大写字母。然后它们的数值就可以代表字母表顺序了。下面的代码片段使 min 和 max 可以按字母顺序确定最小和最大的字符串：

```
In [5]: min(colors, key=lambda s: s.lower())
Out[5]: 'Blue'

In [6]: max(colors, key=lambda s: s.lower())
Out[6]: 'Yellow'
```

key 关键字实参必须是单形参单返回值的函数。在这个例子中，它是一个 lambda 表达式，该表达式调用字符串 **lower** 方法，以获得字符串的小写版本。函数 min 和 max 对每个元素调用 key 实参的函数，并用其结果与其他元素进行比较。

倒序迭代一个序列

内置函数 **reversed** 返回一个迭代器，它使我们能够倒序遍历序列的值。下面的列表解析创建一个新的列表，其中包含 numbers 中按倒序排列的数字值的平方值：

```
In [7]: numbers = [10, 3, 7, 1, 9, 4, 2, 8, 5, 6]

In [8]: reversed_numbers = [item ** 2 for item in reversed(numbers)]

In [9]: reversed_numbers
Out[9]: [36, 25, 64, 4, 16, 81, 1, 49, 9, 100]
```

将可迭代变量与相应元素的元组相结合

内置函数 **zip** 使我们能够同时迭代数据中的多个迭代变量。zip 函数将任意数量的可

迭代变量作为参数，并返回一个迭代器，它生成一个包含索引相同的元素的元组。例如，代码片段 [12] 中调用 zip 生成元组（'Bob', 3.5）、（'Sue', 4.0）和（'Amanda', 3.75），分别由每个列表中索引为 0、1 和 2 的元素组成：

```
In [10]: names = ['Bob', 'Sue', 'Amanda']

In [11]: grade_point_averages = [3.5, 4.0, 3.75]

In [12]: for name, gpa in zip(names, grade_point_averages):
    ...:     print(f'Name={name}; GPA={gpa}')
    ...:
Name=Bob; GPA=3.5
Name=Sue; GPA=4.0
Name=Amanda; GPA=3.75
```

我们将每个元组拆解为 name 和 gpa，并显示它们。zip 函数的最短实参决定了所生成元组的数量。在本例中，两者的长度相同。

自我测验

1.（判断题）在字母表中，字母 'V' 在字母 'g' 的后面，所以 'Violet' < 'green' 的结果是 False。

答案：错误。字符串是按照它们字符的底层数值进行比较的。小写字母的数值高于大写字母。所以这个比较的结果是 True。

2.（填空题）内置函数________返回一个迭代器，它使我们能够倒序遍历序列的值。

答案：reversed。

3.（IPython 会话）创建一个列表 foods，其中包含 'Cookies' 'pizza' 'Grapes' 'apples' 'steak' 和 'Bacon'。用 min 函数找出最小的字符串，然后利用 key 关键字函数重新调用 min 以忽略字符串的大小写。得到的两次结果相同吗？为什么相同或者为什么不同呢？

答案：两次调用 min 的结果是不同的。因为当忽略大小写时，'apples' 是最小的字符串。

```
In [1]: foods = ['Cookies', 'pizza', 'Grapes',
   ...:          'apples', 'steak', 'Bacon']
   ...:

In [2]: min(foods)
Out[2]: 'Bacon'

In [3]: min(foods, key=lambda s: s.lower())
Out[3]: 'apples'
```

4.（IPython 会话）使用 zip 将两个整数列表结合成一个新的列表，其中包含两个列表中相应索引元素的加和。（也就是说，索引为 0 的元素的加和，索引为 1 的元素的加和……）

答案：

```
In [4]: [(a + b) for a, b in zip([10, 20, 30], [1, 2, 3])]
Out[4]: [11, 22, 33]
```

5.16　二维列表

列表可以将其他列表作为元素。这种嵌套的（多维度的）列表的典型使用方法是表示按

行和**列**排列存储信息的值**表**。为了定位特定的表元素，我们指定两个索引——第一个表示元素的行，第二个表示元素的列。

需要两个索引来定位元素的列表称为**二维列表**（还称为**双索引列表**或**双下标列表**）。多维列表则需要两个以上的索引。在这里，我们只介绍二维列表。

创建一个二维列表

考虑一个三行四列的二维列表。这可能代表三个学生的成绩，他们每一个人都在一门课程中参加了四次考试：

```
In [1]: a = [[77, 68, 86, 73], [96, 87, 89, 81], [70, 90, 86, 81]]
```

按如下形式编写列表，以使其行和列的表状结构更加清晰：

```
a = [[77, 68, 86, 73],  # first student's grades
     [96, 87, 89, 81],  # second student's grades
     [70, 90, 86, 81]]  # third student's grades
```

说明二维列表

下面的图显示了列表 a，该表按照行和列显示考试分数值：

	列 0	列 1	列 2	列 3
行 0	77	68	86	73
行 1	96	87	89	81
行 2	70	90	86	81

识别二维列表中的元素

下图显示了列表 a 中元素的名称：

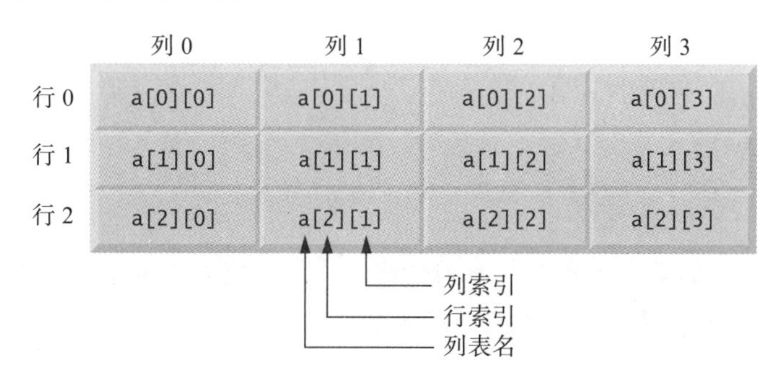

每个元素都以形如 a[*i*][*j*] 的名称来确定——a 是列表名，*i* 和 *j* 是唯一标识每个元素行和列的索引。第 0 行中的元素名称都以 0 作为第一个索引。第 3 列中的元素名称都以 3 作为第二个索引。

在这个二维列表 a 中：

- 77，68，86 和 73 分别在 a[0][0]、a[0][1]、a[0][2] 和 a[0][3] 中初始化。
- 96，87，89 和 81 分别在 a[1][0]、a[1][1]、a[1][2] 和 a[1][3] 中初始化。
- 70，90，86 和 81 分别在 a[2][0]、a[2][1]、a[2][2] 和 a[2][3] 中初始化。

一个 m 行 n 列的列表被称为 $m \times n$ 列表，其含有 $m \times n$ 个元素。

下列 for 嵌套语句可以同时输出上述二维列表的一整行数据：

```
In [2]: for row in a:
   ...:     for item in row:
   ...:         print(item, end=' ')
   ...:     print()
   ...:
77 68 86 73
96 87 89 81
70 90 86 81
```

嵌套循环是怎样执行的

让我们修改嵌套循环以显示列表的名称、行列索引及每个元素的值：

```
In [3]: for i, row in enumerate(a):
   ...:     for j, item in enumerate(row):
   ...:         print(f'a[{i}][{j}]={item} ', end=' ')
   ...:     print()
   ...:
a[0][0]=77  a[0][1]=68  a[0][2]=86  a[0][3]=73
a[1][0]=96  a[1][1]=87  a[1][2]=89  a[1][3]=81
a[2][0]=70  a[2][1]=90  a[2][2]=86  a[2][3]=81
```

`for` 语句的外层遍历二维列表的行时，每次迭代遍历一行。在外层 `for` 语句的每次迭代中，内层 `for` 语句将遍历当前行的每一列。所以在外层循环的第一次迭代中，第 0 行是

```
[77, 68, 86, 73]
```

嵌套循环遍历了这个列表的四个元素：`a[0][0]=77`、`a[0][1]=68`、`a[0][2]=86` 和 `a[0][3]=73`。

外层循环的第二次遍历中，第 1 行是

```
[96, 87, 89, 81]
```

嵌套循环遍历了这个列表的四个元素：`a[1][0]=96`、`a[1][1]=87`、`a[1][2]=89` 和 `a[1][3]=81`。

外层循环的第三次遍历中，第 2 行是

```
[70, 90, 86, 81]
```

嵌套循环遍历了这个列表的四个元素：`a[2][0]=70`、`a[2][1]=90`、`a[2][2]=86` 和 `a[2][3]=81`。

在第 7 章中，我们将介绍 NumPy 库中的 `ndarray` 系列和 pandas 库中的 `DataFrame` 系列。这些使我们能够更简洁、更方便地操作多维列表，而不是像本节中操作二维列表那样去操作多维列表。

自我测验

1.（*填空题*）在一个二维列表中，第一个索引通常标识一个元素的________，第二个索引标识一个元素的________。

答案：行，列。

2.（*指出元素遍历顺序*）下述程序将两行三列的列表 `sales` 的元素依次设置为零，请写出这些元素被置为 0 的顺序：

```
for row in range(len(sales)):
    for col in range(len(sales[row])):
        sales[row][col] = 0
```

答案：`sales[0][0]`, `sales[0][1]`, `sales[0][2]`,

sales[1][0]，sales[1][1]，sales[1][1]。

3.（二维数组）一个两行三列的整数列表 t。

a）它有多少行？

b）它有多少列？

c）它有多少个元素？

d）它的第 1 行元素的名称是什么？

e）它的第 2 列元素的名称是什么？

f）将第 0 行第 1 列的元素的值置为 10。

g）编写一个嵌套 for 语句，将每个元素的值置为其行列索引的加和。

答案：

a）2

b）3

c）6

d）t[1][0]，t[1][1]，t[1][2].

e）t[0][2]，t[1][2].

f）t[0][1] = 10.

g）
```
for row in range(len(t)):
    for column in range(len(t[row])):
        t[row][column] = row + column
```

4.（IPython 会话）一个两行三列的整数列表 t

```
t = [[10, 7, 3], [20, 4, 17]]
```

a）使用嵌套 for 语句遍历 t 的元素，计算并显示 t 所有元素的平均值。

b）使用化简函数 sum 和 len 计算每一行以及每一列元素的总和，编写一个 for 语句，计算并显示 t 所有元素的平均值。

答案：

```
In [1]: t = [[10, 7, 3], [20, 4, 17]]

In [2]: total = 0

In [3]: items = 0

In [4]: for row in t:
   ...:     for item in row:
   ...:         total += item
   ...:         items += 1
   ...:

In [5]: total / items
Out[5]: 10.166666666666666

In [6]: total = 0

In [7]: items = 0

In [8]: for row in t:
   ...:     total += sum(row)
```

```
   ...:     items += len(row)
   ...:

In [9]: total / items
Out[9]: 10.166666666666666
```

5.17　数据科学入门：模拟和静态可视化

前面几章的数据科学入门部分讨论了基本的描述性统计。这里，我们主要关注可视化，它可以帮助我们“了解”数据。可视化为我们提供了一种有效的方式来理解数据，而不仅仅是查看原始数据。

我们使用两个开源的可视化库（Seaborn 和 Matplotlib）来实现静态条形图，用它显示六面骰子模拟的最终结果。**Seaborn 可视化库**构建在 **Matplotlib 可视化库**上，并且简化了许多 Matplotlib 操作。我们将同时使用这两个库的某些功能，因为 Seaborn 的部分操作从 Matplotlib 库返回对象。

在下一章的数据科学入门部分，我们将使用动态可视化使数据“生动起来”。在本章的练习中，我们将使用模拟技术，探索一些流行的卡牌和骰子游戏的特点。

5.17.1　掷 600、60 000 和 6 000 000 次骰子的简单图示

下面的截图显示了投掷 600 次骰子的垂直条形图，统计了每个面出现的次数，以及它们在总次数中的频率百分比。Seaborn 将这种类型的图称为**条形图**：

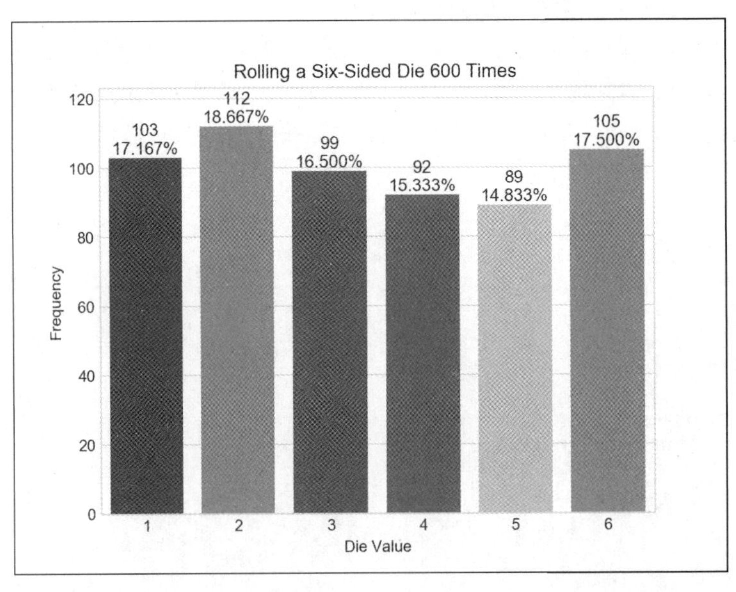

在这里，我们期望每一个面出现 100 次左右。然而，由于投掷次数很少，没有一个频数正好是 100（尽管有些接近 100），大多数百分比也不接近 16.667%（约 1/6）。当我们模拟投掷 60 000 次骰子时，条形图中各条形的大小会更接近。在投掷 6 000 000 次骰子时，它们的大小将几乎完全一样。这是“大数定律”在起作用。下一章将介绍条形图长度动态变化。

我们将讨论如何控制图表的外观和内容，包括：

- 窗口内的图表标题（投掷一个六面骰子 600 次），

- 描述 x 轴的标签投掷值和 y 轴的频数，
- 每个条形上方显示的文本，代表投掷频数和频率百分比，
- 条形颜色。

我们将使用各种 Seaborn 默认选项。例如，Seaborn 根据骰子面值 1～6 确定 x 轴上的文本标签，根据实际投掷频数确定 y 轴上的文本标签。在底层代码中，Matplotlib 根据窗口大小和条形表示值的大小来确定条形的位置和大小。它也根据条形实际表示的投掷频数确定**频数**轴的数字标签。还可以定制很多功能。我们可以根据个人喜好调整这些属性。

下面的第一张截图显示了投掷 60 000 次骰子的结果，想象一下尝试手工完成这个过程。在这种情况下，我们预计每一面大约出现 10 000 次。下面的第二张截图显示了投掷 60 000 000 次骰子的结果——这是永远无法手工完成的！[⊖]在本例中，我们预计骰子的每个面大约出现 1 000 000 次，条形的长度似乎是相同的（它们很接近，但长度并不完全相同）。注意，掷出的骰子越多，频率百分比就越接近预期的 16.667%。

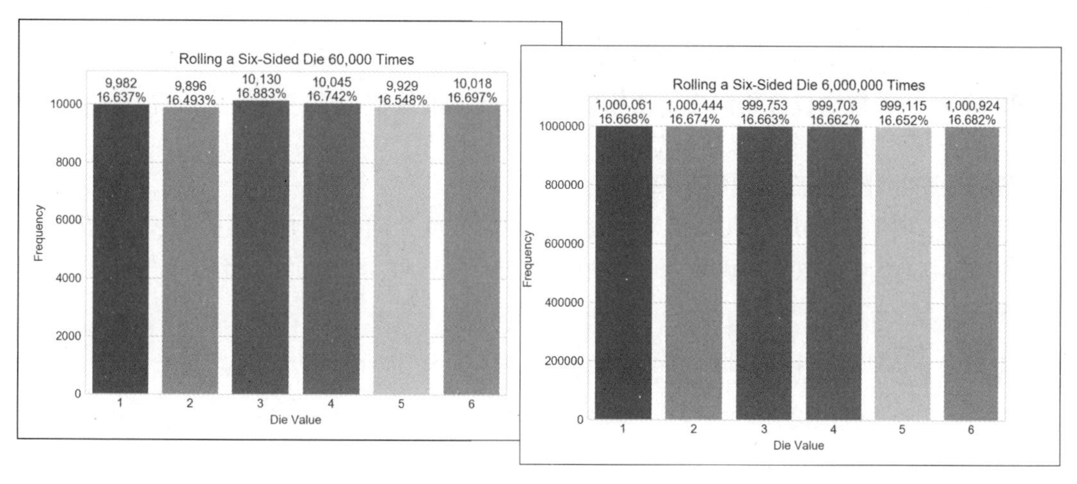

自我测验

（讨论题）如果抛硬币的次数很多，并且正面记为 1，反面记为 2，我们期望的平均值是多少？期望的中位数和众数是多少？

答案：我们期望的平均值是 1.5，这看起来很奇怪，因为它不是可能结果之一。随着抛硬币次数的增加，正面和反面出现的比例应该都接近总数的 50%。然而，在任何时候，它们都不可能完全相同。可能得到的正面要多于反面，反之亦然。随着掷骰次数的增加，正反两面将交替成为出现次数较多的那一面。但只有两种可能的结果，因此给定时间内的中位数和众数将一定是二者之一。

5.17.2　掷骰实验的频数和百分比的可视化

在本节中，将在交互式编程环境中实现上一节中所介绍的条形图。

启动用于交互式 Matplotlib 开发的 IPython

IPython 内置了对交互式开发 Matplotlib 图形的支持，当在进行 Seaborn 图形开发时也

⊖ 20 世纪 70 年代中期，当我们在第一本编程书中介绍投掷骰子的实验时，计算机的速度很慢，以至于我们不得不将模拟次数限制在 6000 次。在写这本书的例子时，我们将次数定为 6 000 000 次，程序在几秒钟内就完成了。然后我们将次数定为 60 000 000 次，也才花了一分钟。

需要使用它。只需使用以下命令启动IPython：

```
ipython --matplotlib
```

导入库

首先，让我们导入将要使用的库：

```
In [1]: import matplotlib.pyplot as plt

In [2]: import numpy as np

In [3]: import random

In [4]: import seaborn as sns
```

1. **matplotlib.pyplot 模块**包含我们需要使用的Matplotlib库的绘图功能。该模块通常以plt为名导入。

2. NumPy（Numerical Python）库包含了unique函数，我们将使用它来统计掷骰次数。**numpy 模块**通常以np为名导入。

3. random模块包含Python的随机数生成函数。

4. **seaborn 模块**包含我们需要使用的Seaborn库的绘图功能。此模块通常以sns为名导入。调查一下为什么会选择这个奇怪的缩写呢？

投掷骰子并计算各面出现的频率

接下来，让我们使用列表解析来创建一个包含600个随机骰子面值的列表，然后使用NumPy的**unique**函数，以确定每个面值出现的次数（骰子六个面值出现的次数）和它们的频率：

```
In [5]: rolls = [random.randrange(1, 7) for i in range(600)]

In [6]: values, frequencies = np.unique(rolls, return_counts=True)
```

NumPy库提供了高性能的**ndarray**集合，它通常比列表快得多[⊖]。虽然我们在这里没有直接使用ndarray，但NumPy的unique函数需要一个ndarray参数并返回一个ndarray。如果传递一个列表（如rolls），NumPy将把它转换为ndarray以获得更好的性能。我们只需将unique函数返回的ndarray分配给一个变量，即可供Seaborn的绘图函数使用。

指定关键字实参**return_counts**=True是在告诉unique要计算每个值的出现次数。在本例中，unique返回一个元组，这个元组由两个一维ndarray组成，其中一个ndarry包含了按顺序排列好的unique值，另一个包含了每个值相应的出现次数。我们将这个元组拆解开，将两个ndarray赋给变量values和frequencies。如果return_counts为False，将只返回unique值的列表。

创建初始的条形图

让我们创建条形图的标题，设置它的样式，然后画出骰子的面值和相应出现的频数：

```
In [7]: title = f'Rolling a Six-Sided Die {len(rolls):,} Times'

In [8]: sns.set_style('whitegrid')

In [9]: axes = sns.barplot(x=values, y=frequencies, palette='bright')
```

⊖　我们将在第7章进行性能比较，并深入学习ndarray。

代码片段 [7] 中的 f-string 使得条形图的标题中包含了投掷的次数。在下述语句中出现的逗号（,）格式说明符

```
{len(rolls):,}
```

作为千位分隔符来显示数字——因此 60000 将显示为 60 000。

默认情况下，Seaborn 将在纯白色背景上绘制图表，但它提供了如下几种样式以供用户选择：'darkgrid' 'whitegrid' 'dark' 'white' 和 'ticks'。代码片段 [8] 指定了 'whitegrid' 样式，它在垂直条形图中显示浅灰色的水平线。这可以帮助我们更容易看到每个对应于条形左侧频数标签的条形高度。

代码片段 [9] 使用 Seaborn 的 **barplot 函数**绘制骰子面值频数图。当执行这段代码时，会出现以下窗口（因为启动 IPython 时使用了 --matplotlib 选项）：

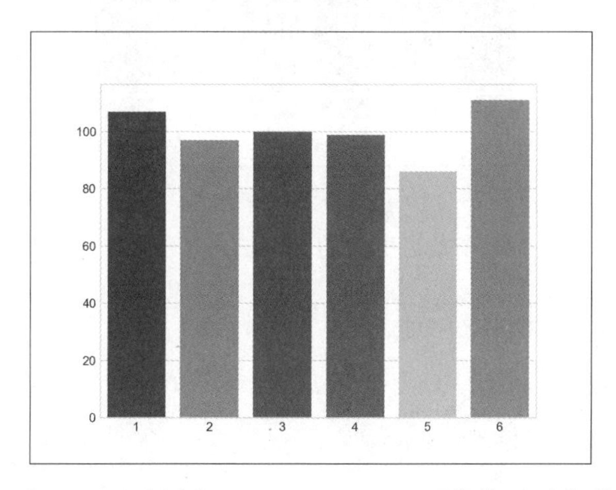

Seaborn 与 Matplotlib 交互，通过创建 Matplotlib **Axes** 对象来显示条形，该对象可以管理出现在窗口中的内容。底层代码中，Seaborn 使用 Matplotlib **Figure** 对象来管理 Axes 将显示的窗口。barplot 函数的前两个实参是 ndarray，分别包含 x 轴和 y 轴值。我们使用可选的 palette 关键字实参将 Seaborn 预定义的调色板设定为 'bright'。可以在下述网址中查看调色板选项：

https://seaborn.pydata.org/tutorial/color_palettes.html

barplot 函数将返回它配置的 Axes 对象。我们将它赋值给变量 axes，这样我们就可以使用它来配置最终绘图的各个部分。当执行相应的代码片段时，对条形图做出的任何改变都会立即显示出来。

设置窗口标题并标记 x 轴和 y 轴

接下来的两个代码片段为条形图添加了一些描述性文本：

```
In [10]: axes.set_title(title)
Out[10]: Text(0.5,1,'Rolling a Six-Sided Die 600 Times')

In [11]: axes.set(xlabel='Die Value', ylabel='Frequency')
Out[11]: [Text(92.6667,0.5,'Frequency'), Text(0.5,58.7667,'Die Value')]
```

代码片段 [10] 使用 axes 对象的 **set_title** 方法来显示图表上方的 title 字符串。此方法返回一个 Text 对象，其中包含标题及其在窗口中的位置，IPython 将其显示出来作为输出以供确认。可以忽略上面代码片段中的 Out[]。

代码片段 [11] 为每个轴添加了标签。set 方法接收的关键字实参用来设置 Axes 对象的属性。该方法沿 x 轴显示了 xlabel 的文本，沿 y 轴显示了 ylabel 的文本，并返回包含标签及其位置的 Text 对象列表。现在的条形图如下：

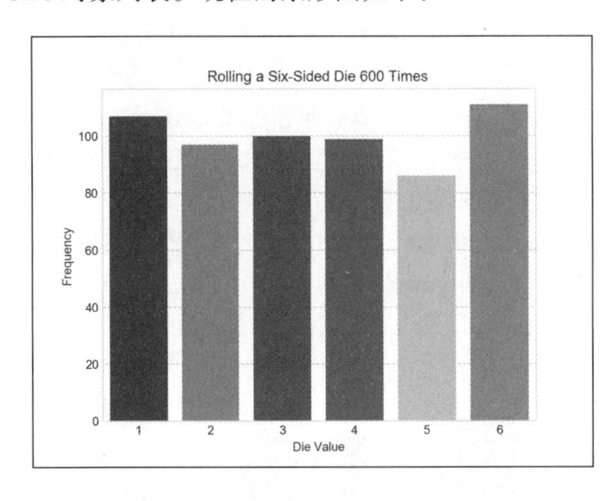

完成条形图

接下来的两个代码片段为每个条形上面的文本留出了空间，完成后将其显示出来：

```
In [12]: axes.set_ylim(top=max(frequencies) * 1.10)
Out[12]: (0.0, 122.10000000000001)

In [13]: for bar, frequency in zip(axes.patches, frequencies):
    ...:     text_x = bar.get_x() + bar.get_width() / 2.0
    ...:     text_y = bar.get_height()
    ...:     text = f'{frequency:,}\n{frequency / len(rolls):.3%}'
    ...:     axes.text(text_x, text_y, text,
    ...:               fontsize=11, ha='center', va='bottom')
    ...:
```

为了给条形上方的文本腾出空间，代码片段 [12] 将 y 轴缩小了 10%。我们通过实验选择了这个值。Axes 对象的 set_ylim 方法有许多可选的关键字实参。在这里，我们只使用 top 来改变 y 轴所表示的最大值。我们将最大频数乘以 1.10，以使得 y 轴比最高列高 10%。

最后，代码片段 [13] 显示每个条形的频数值、占总投掷次数的百分比。axis 对象的 patches 集合包含用于表示图中条形的二维彩色形状。for 语句使用 zip 遍历 patches 及其对应的频数值。每次迭代都会把 zip 返回的一个元组解包成 bar 和 frequency。for 语句的代码组操作如下：

- 第一个语句计算文本的中心 x 坐标。我们将条形左边缘的 x 坐标（bar.get_x()）和条形宽度的一半（bar.get_width()/2.0）的和作为这个结果。
- 第二个语句获取文本的 y 坐标——bar.get_y() 表示条形的顶部。
- 第三个语句创建了一个两行字符串，其中包含该条形的频数值和相应的占总投掷次数的百分比。
- 最后一条语句调用 Axes 对象的 text 方法来显示条形上方的文本。这个方法的前两个实参指定文本的 x-y 位置，第三个参数是要显示的文本。关键字实参 ha 指定了水平对齐方式——我们将文本水平居中于 x 坐标周围。关键字实参 va 指定了垂直对齐方式——我们将文本的底部与 y 坐标对齐。最终的条形图如下图所示：

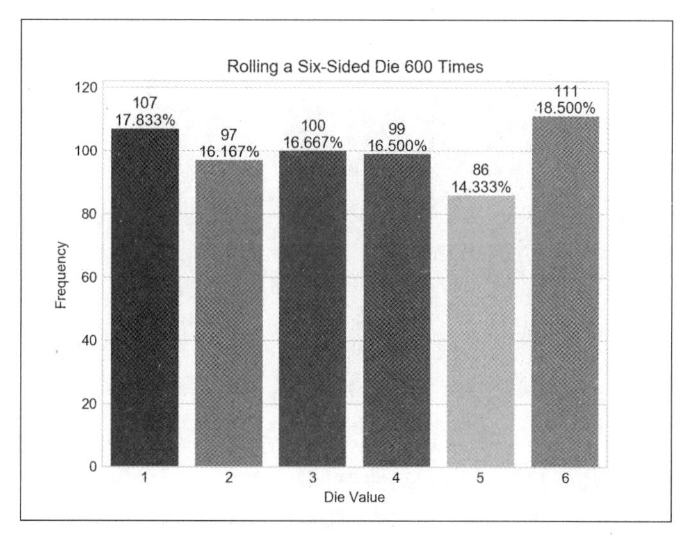

再次投掷并更新条形图——介绍 IPython 魔法

现在已经创建了一个漂亮的条形图，读者可能想尝试不同数量的骰子滚动。首先，通过调用 Matplotlib 的 `cla`（清除轴）函数来清除现有的图形：

```
In [14]: plt.cla()
```

IPython 提供了称为**魔法**的特殊命令，以执行各种任务。让我们使用 **`%recall` 魔法**来获取创建 `rolls` 列表的代码片段 `[5]`，并将代码放在下一个 `In[]` 提示符后：

```
In [15]: %recall 5

In [16]: rolls = [random.randrange(1, 7) for i in range(600)]
```

现在可以编辑代码片段，将投掷次数更改为 60 000，然后按 Enter 键创建一个新的列表：

```
In [16]: rolls = [random.randrange(1, 7) for i in range(60000)]
```

接下来，调用代码片段 `[6]` 到 `[13]`。这将在下一个 `In[]` 提示符中显示指定范围内的所有代码片段。按 Enter 键重新执行以下代码片段：

```
In [17]: %recall 6-13

In [18]: values, frequencies = np.unique(rolls, return_counts=True)
    ...: title = f'Rolling a Six-Sided Die {len(rolls):,} Times'
    ...: sns.set_style('whitegrid')
    ...: axes = sns.barplot(x=values, y=frequencies, palette='bright')
    ...: axes.set_title(title)
    ...: axes.set(xlabel='Die Value', ylabel='Frequency')
    ...: axes.set_ylim(top=max(frequencies) * 1.10)
    ...: for bar, frequency in zip(axes.patches, frequencies):
    ...:     text_x = bar.get_x() + bar.get_width() / 2.0
    ...:     text_y = bar.get_height()
    ...:     text = f'{frequency:,}\n{frequency / len(rolls):.3%}'
    ...:     axes.text(text_x, text_y, text,
    ...:               fontsize=11, ha='center', va='bottom')
    ...:
```

更新后的条形图如下所示：

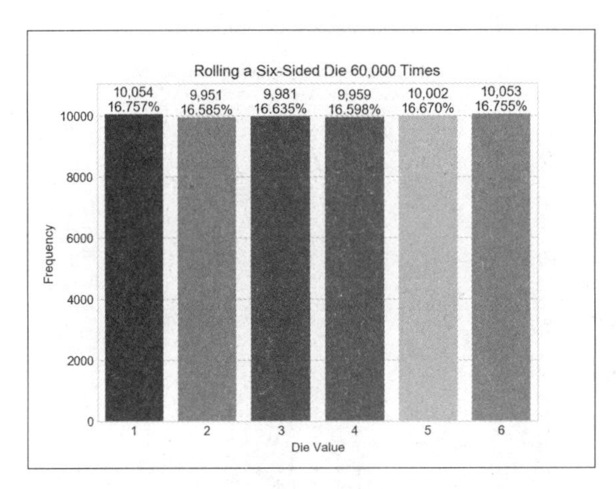

使用 %save 魔法将代码片段保存到文件中

通过交互式平台创建一个条形图后，读者可能希望将代码保存到一个文件中，以将其转换为脚本并在将来运行它。让我们使用 %save **魔法**将代码片段 1 到 13 保存到一个名为 RollDie.py 的文件中。IPython 指明了要写入该文件的代码行数，然后显示出它保存的这些行代码：

```
In [19]: %save RollDie.py 1-13
The following commands were written to file `RollDie.py`:
import matplotlib.pyplot as plt
import numpy as np
import random
import seaborn as sns
rolls = [random.randrange(1, 7) for i in range(600)]
values, frequencies = np.unique(rolls, return_counts=True)
title = f'Rolling a Six-Sided Die {len(rolls):,} Times'
sns.set_style("whitegrid")
axes = sns.barplot(values, frequencies, palette='bright')
axes.set_title(title)
axes.set(xlabel='Die Value', ylabel='Frequency')
axes.set_ylim(top=max(frequencies) * 1.10)
for bar, frequency in zip(axes.patches, frequencies):
    text_x = bar.get_x() + bar.get_width() / 2.0
    text_y = bar.get_height()
    text = f'{frequency:,}\n{frequency / len(rolls):.3%}'
    axes.text(text_x, text_y, text,
              fontsize=11, ha='center', va='bottom')
```

命令行实参；根据脚本显示图表

本章的代码示例中提供了上面保存的 RollDie.py 文件的可编辑版本。我们添加了注释和两个修改，这样就可以使用指定投掷次数来运行脚本，如下所示：

```
ipython RollDie.py 600
```

Python 标准库的 sys **模块**允许脚本接收传递给程序的命令行实参。这些参数包括脚本的名称以及在执行脚本时出现在其右侧的任何值。sys 模块的 argv 列表包含这些参数。在上面的命令中，argv[0] 是字符串 'RollDie.py'，argv[1] 是字符串 '600'。为了用命令行实参的值控制投掷骰子的次数，我们修改了创建 rolls 列表的语句，如下所示：

```
rolls = [random.randrange(1, 7) for i in range(int(sys.argv[1]))]
```

注意，我们将 argv[1] 字符串转换为 int 类型。

在脚本中创建绘图时，Matplotlib 和 Seaborn 不会自动为我们显示条形图。因此，在脚本的最后，我们添加了以下对 Matplotlib 的 show 函数的调用，它将显示包含图形的窗口：

```
plt.show()
```

自我测验

1.（填空题）________格式说明符表示一个数字应该用千位分隔符来显示。

答案：逗号（,）。

2.（填空题）一个 Matplotlib 的________对象可以管理出现在 Matplotlib 窗口中的内容。

答案：Axes。

3.（填空题）Seaborn 的________函数以条形图的形式显示数据。

答案：barplot。

4.（填空题）Matplotlib 的________函数可以显示一个图表窗口。

答案：show。

5.（IPython 会话）使用 %recall 魔法重复代码片段 [14] 到 [18] 的步骤，重画投掷 6 000 000 次骰子的条形图。本练习假设正在继续本节的 IPython 会话。请注意，这六个条形的高度看起来是一样的，尽管每个频率都接近 1 000 000，每个百分比都接近 16.667%。

答案：

```
In [20]: plt.cla()

In [21]: %recall 5

In [22]: rolls = [random.randrange(1, 7) for i in range(6000000)]

In [23]: %recall 6-13

In [24]: values, frequencies = np.unique(rolls, return_counts=True)
    ...: title = f'Rolling a Six-Sided Die {len(rolls):,} Times'
    ...: sns.set_style('whitegrid')
    ...: axes = sns.barplot(values, frequencies, palette='bright')
    ...: axes.set_title(title)
    ...: axes.set(xlabel='Die Value', ylabel='Frequency')
    ...: axes.set_ylim(top=max(frequencies) * 1.10)
    ...: for bar, frequency in zip(axes.patches, frequencies):
    ...:     text_x = bar.get_x() + bar.get_width() / 2.0
    ...:     text_y = bar.get_height()
    ...:     text = f'{frequency:,}\n{frequency / len(rolls):.3%}'
    ...:     axes.text(text_x, text_y, text,
    ...:               fontsize=11, ha='center', va='bottom')
    ...:
```

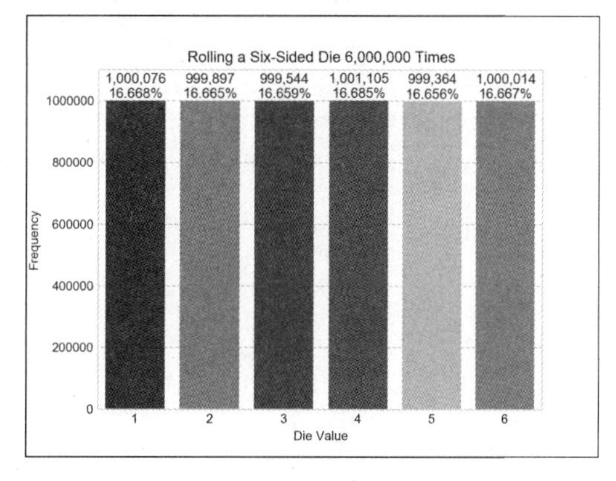

5.18 小结

本章详细介绍了列表和元组序列。我们创建了列表，访问列表的元素并确定列表的长度。列表是可变的，可以修改它们的内容，包括在程序执行时增大或缩小列表。访问不存在的元素会导致 IndexError。我们使用了 for 语句以遍历列表元素。

我们讨论了元组，它像列表一样是序列，但它是不可变的。将元组中的元素解包到单独的变量中。我们使用 enumerate 创建了一个元组的可迭代对象，每个元组都有一个列表索引和相应的元素值。

所有序列都支持切片，这将创建带有原始元素子集的新序列。可以使用 del 语句从列表中删除元素，以及从交互式会话中删除变量。我们可以将列表、列表元素和列表切片传递给函数。本章介绍了如何对列表进行搜索和排序，以及如何搜索元组。我们使用列表方法插入、添加和删除元素、反转列表元素以及复制列表。

我们展示了如何使用列表来模拟栈——在练习中，将使用相同的列表方法用列表来模拟队列。我们使用简明的列表解析符号来创建新的列表。我们使用了额外的内置方法来对列表元素求和、向后遍历列表、查找最小值和最大值、筛选值以及将值映射到新值。我们展示了嵌套列表如何表示按行和列排列的二维表。看到了嵌套的 for 循环如何处理二维列表。

本章最后介绍了数据科学入门部分，展示了一个模拟投掷骰子的实验以及静态可视化。使用 Seaborn 和 Matplotlib 可视化库的详细代码示例创建了投掷骰子实验最终结果的静态可视化条形图。在下一章的数据科学入门部分中，我们将使用动态可视化条形图展示投掷骰子实验的结果，以使条形图“生动起来”。

在第 6 章中，我们将继续讨论 Python 的内置集合。将使用字典来存储键 – 值对的无序集合，这些键 – 值对将不可变的键映射到值，就像传统字典将单词映射到定义一样。我们将使用集合来存储唯一元素的无序集合。

在第 7 章中，我们将更详细地讨论 NumPy 的 ndarray 集合。我们会发现，虽然列表可以很好地处理少量数据，但对于大数据分析应用程序中遇到的大量数据，它们就不那么有效了。对于这种情况，应该使用 NumPy 库的高度优化的 ndarray 集合。ndarray（*n* 维数组）可以比列表快得多。我们将运行 Python 分析测试，看看它的速度有多快。正如我们将看到的，NumPy 还包括许多方便和有效地操作多维数组的功能。在大数据分析应用程序中，处理需求是巨大的，所以我们所能做的一切可以显著提高性能的操作都很重要。在第 17 章中，将使用最流行的大数据数据库之一——MongoDB[⊖]。

练习

使用 IPython 交互式会话完成下述实用练习。

5.1 （代码纠错）下面的代码段有什么问题吗？

a）
```
day, high_temperature = ('Monday', 87, 65)
```

b）
```
numbers = [1, 2, 3, 4, 5]
numbers[10]
```

c）
```
name = 'amanda'
name[0] = 'A'
```

⊖ 这个数据库的名字源于单词“humongous”。

d)
```
numbers = [1, 2, 3, 4, 5]
numbers[3.4]
```
e)
```
student_tuple = ('Amanda', 'Blue', [98, 75, 87])
student_tuple[0] = 'Ariana'
```
f)
```
('Monday', 87, 65) + 'Tuesday'
```
g)
```
'A' += ('B', 'C')
```
h)
```
x = 7
del x
print(x)
```
i)
```
numbers = [1, 2, 3, 4, 5]
numbers.index(10)
```
j)
```
numbers = [1, 2, 3, 4, 5]
numbers.extend(6, 7, 8)
```
k)
```
numbers = [1, 2, 3, 4, 5]
numbers.remove(10)
```
l)
```
values = []
values.pop()
```

5.2 （代码解读）下述函数根据它接收的序列实参做了什么？

```
def mystery(sequence):
    return sequence == sorted(sequence)
```

5.3 （代码补全）替换下面列表解析和 map 函数调用中的 ***。给定一个以英寸[⊖]为单位的高度值列表，隐藏代码将该列表映射到一个包含原始高度值及其对应值（以米为单位）的元组列表。例如，如果原始列表中的一个元素的值为 69 英寸，那么新列表中相应的元素将包含元组（69, 1.7526），前者以英寸为单位，后者以米为单位。1 英寸等于 0.0254 米。

```
[*** for x in [69, 77, 54]]
list(map(lambda ***, [69, 77, 54]))
```

5.4 （迭代顺序）创建一个 2 行 3 列的列表，然后使用一个嵌套循环完成下述任务：

a）将每个元素的值设置为整数，表示嵌套循环处理该元素的顺序。

b）以表格形式显示元素。在顶部使用列索引作为标题，在每行的左侧使用行索引。

5.5 （IPython：切片）创建一个名为 alphabet 的字符串，其中包含 'abcdefghijklmnopqrstuvwxyz'，然后分别执行以下切片操作：

a）使用开始和结束索引，得到字符串的前半部分。

b）只使用结束索引，得到字符串的前半部分。

c）使用开始和结束索引，得到字符串的后半部分。

d）只使用开始索引，得到字符串的后半部分。

e）每个以 'a' 开头的字符串的第二个字母。

f）反转整个字符串。

g）每个以 'z' 开头的反转字符串的第三个字母。

5.6 （返回元组的函数）定义一个函数 rotate，它接收三个参数并返回一个元组，其中第一个参数的索引为 1，第二个参数的索引为 2，第三个参数的索引为 0。定义变量 a、b 和 c，分别存储 'Doug'、22、1984。然后调用该函数三次。对于每次调用，将其结果解包为 a、b 和 c，然后显示它们的值。

5.7 （消除重复）创建一个函数，该函数接收一个列表，并返回一个只包含排序后的无重复值的列表。用一个数字列表和一个字符串列表测试这个函数。

⊖ 1 英寸 = 2.54 厘米。——编辑注

5.8 （Eratosthenes 筛法）质数是大于 1 且只能被它自己和 1 整除的整数。Eratosthenes 筛法是一种优雅而直接的求质数的方法。找出小于 1000 的所有质数的过程是：

a）创建一个包含 1000 个元素的列表 `primes`，所有元素初始化为 `True`。具有质数索引的列表元素（如 2、3、5、7、11，…）将保持 `True`。所有其他列表元素最终将被设置为 `False`。

b）从索引 2 开始，如果给定的元素为 `True`，则遍历列表的其余元素，并将 `primes` 中索引为当前处理元素索引倍数的所有元素设置为 `False`。对于索引 2，列表中索引 2 以外的所有元素都是 2 的倍数（即 4，6，8，10，…，998），将被设置为 `False`。

c）对下一个值为 `True` 的元素重复步骤（b）。对于列表索引 3（初始化为 `True`），列表中除元素 3 之外的所有索引为 3 的倍数（即 6、9、12、15、…、999）的元素都将被设为 `False`。仔细想想（为什么会这样）：999 的平方根是 31.6，需要测试并只将 2、3、5、7、9、11、13、17、19、23、29 和 31 的倍数设置为 False。这将显著提高算法的性能，特别是当决定寻找较大的质数时。

当这个过程完成时，值仍然为 `True` 的列表元素的索引就是一个素数。显示这些索引值。使用包含 1000 个元素的列表来确定并显示小于 1000 的质数。忽略列表元素 0 和 1。[在阅读本书的过程中，将发现其他 Python 功能，使我们能够更巧妙地重新实现这个练习。]

5.9 （回文测试）一个前后拼写都一样的字符串，比如 `'radar'` 就是回文词。编写一个函数 `is_palindrome`，它接受一个字符串，如果该字符串是回文则返回 `True`，否则返回 `False`。使用栈（如 5.11 节中所做的，使用列表模拟）来帮助确定一个字符串是不是回文。函数应该忽略大小写（即 `'a'` 和 `'A'` 是相同的）、空格和标点符号。

5.10 （字谜）一个字符串的字谜是通过重新排列第一个字母而形成的另一个字符串。编写一个脚本，仅使用在本书中学习的技术生成给定字符串的所有可能的字谜。（`itertools` 模块提供了许多函数，包括一个生成排列的函数。）

5.11 （在字符串中总结字母）编写一个函数 `summarize_letters`，该函数接收一个字符串并返回一个元组列表，其中包含字符串中唯一的字母及其出现的次数。测试函数，并显示每个字母及其出现的次数。函数应该忽略大小写（即 `'a'` 和 `'A'` 是相同的）、空格和标点符号。完成后，编写一个语句，说明字符串是否包含字母表中的所有字母。

5.12 （从电话号码到单词生成器）我们会发现这个练习很有趣。标准的电话键盘包含数字 0 到 9。数字 2 到 9 各有三个字母相关联，如下表所示：

数字	字母	数字	字母	数字	字母
2	A B C	5	J K L	8	T U V
3	D E F	6	M N O	9	W X Y
4	G H I	7	P R S		

许多人发现记住电话号码很困难，所以他们使用数字和字母之间的对应关系开发出七个字母的单词（或短语）来与他们的电话号码相对应。例如，一个人的电话号码是 686-2377，可以使用上表中所示的对应关系来找出由七个字母组成的单词“NUMBERS”。每一个由 7 个字母组成的单词或短语都正好对应一个 7 位数的电话号码。一个崭露头角的数据科学企业家可能会想要保留电话号码 244-3282（“BIGDATA”）。

每一个没有 0 或 1 的 7 位数电话号码对应着许多不同的 7 个字母的单词，但这些单词中的大多数代表着无法辨认的胡言乱语。一个电话号码是 738-2273 的兽医会非常庆幸这个号码对应的是“PETCARE”这个短语。

编写一个脚本，给定一个 7 位数，生成与该数字对应的每一个可能的 7 个字母的单词组合。有 2187（3^7）种这样的组合。避免使用数字 0 和 1（没有字母对应）的电话号码。看看电话号码是否对应有意义的单词。

5.13 （从单词或短语到电话号码生成器）就像人们喜欢知道他们的电话号码对应的单词或短语一样，他们也可以选择适合自己业务的单词或短语，并确定与之对应的电话号码。这些号码有时被称为虚荣的电话号码，各种网站都在出售这种电话号码。编写一个与前面练习中类似的脚本，为给定的 7 个字母的字符串生成可能的电话号码。

5.14 （序列排序了吗？）创建一个函数 `is_ordered`，它接收一个序列，如果元素已经排好了顺序则返回 `True`。用排序列表和未排序列表、元组和字符串测试函数。

5.15 （元组表示购货清单）当从一家公司购买产品或服务时，通常会收到一张发票，上面列出了购买的产品和应付的总金额。使用元组来表示由四段数据组成的五金商店购货清单——物品 ID 字符串、物品描述字符串、表示所购买的产品数量的整数，以及（为简单起见）一个表示商品价格的浮点数（通常，货币金额应使用十进制）。使用下表中显示的示例硬件数据。

物品数	物品描述	数量	价格（美元）
83	电动砂光机	7	57.98
24	电锯	18	99.99
7	大锤	11	21.50
77	锤子	76	11.99
39	竖锯	3	79.50

在一个购货清单元组列表上执行以下任务：

a）使用带关键字实参的 `sorted` 函数按物品描述对元组进行排序，然后显示结果。要指定应该用于排序的元组元素，首先从 `operator` 模块中导入 `itemgetter` 函数，如下所示：

```
from operator import itemgetter
```

然后，为 `sorted` 的关键字实参指定 `itemgetter`（*index*），其中 *index* 指定元组中的哪个元素可以用于排序。

b）使用带关键字实参的 `sorted` 函数按价格对元组进行排序，然后显示结果。

c）将每个购货清单的元组映射到一个包含物品描述和数量的元组，按数量对结果排序，然后显示结果。

d）将每个购物清单的元组映射到一个包含物品描述和总价格（数量和商品单价的乘积）的元组，按总价格对结果进行排序，然后显示结果。

e）修改（d）部分，筛选结果中总价格在 200 至 500 美元范围内的值。

f）计算购物清单的总价。

5.16 （信件分类和删除重复）将从 `'a'` 到 `'f'` 的范围内的 20 个随机字母插入一个列表。执行以下任务并显示结果：

a）按升序对列表进行排序。

b）按降序对列表进行排序。

c）获取唯一的值，按升序排序。

5.17 （filter/map 性能）关于以下守则：

```
numbers = [10, 3, 7, 1, 9, 4, 2, 8, 5, 6]
list(map(lambda x: x ** 2,
    filter(lambda x: x % 2 != 0, numbers)))
```

a）filter 操作调用它的 lambda 参数多少次？

b）map 操作调用它的 lambda 参数多少次？

c）如果将 filter 和 map 操作交换，map 操作调用它的 lambda 参数多少次？

为了帮助回答上述问题，请定义与 lambda 表达式执行相同任务的函数。在每个函数中，都包含一个 print 语句，以便每次调用函数时都能看到。最后，用该函数替换上述代码中的 lambda 表达式。

5.18 （对从2到10的偶数的三元组求和）创建一个包含从1到10的列表，使用 filter、map 和 sum 来计算从2到10的偶数构成的三元组的总和。使用列表解析而非 filter 和 map 重新实现代码。

5.19 （查找指定姓氏的人）创建一个包含姓和名的元组列表。使用 filter 定位包含姓氏 Jones 的元组。确保列表中的几个元组具有该姓氏。

5.20 （以表格形式显示二维列表）定义一个名为 display_table 的函数，用于接收二维列表并以表格形式显示其内容。在顶部以标题的形式列出列索引，在每行的左侧列出行索引。

5.21 （计算机辅助教学：减少学生疲劳）重新实现练习题4.15，将计算机的响应存储在列表中。使用随机数生成器来通过随机列表索引选择响应。

5.22 （用列表模拟队列）在本章中，我们使用列表模拟了一个栈。还可以使用列表模拟队列。**队列**类似于超市收银台的排队等候队伍。收银员先为排在前面的人服务，其他顾客只能在队伍末尾排队等待服务。

在队列中，从后面（称为**队尾**）插入元素，从前面（称为**队头**）删除元素。因此，队列是先进先出（First-In，First-Out，FIFO）集合。插入和删除操作通常称为 **enqueue（入队）**和 **dequeue（出队）**。

队列在计算机系统中有很多用途，比如在大量潜在的竞争应用程序和操作系统本身之间共享 CPU。目前没有得到服务的应用程序将一直处于队列中，直到 CPU 空闲可用。队列前面的应用程序是下一个接受服务的应用程序。每个应用程序在接受服务之前逐渐向队列前端推进。

使用列表方法 append（模拟入队）和带实参0的 pop（模拟出队）模拟一个整数队列。将值3、2和1入队，然后将它们出队，以显示它们是按照 FIFO 顺序被删除的。

5.23 （函数式程序设计：filter 和 map 的调用顺序）当组合 filter 和 map 操作时，它们执行的顺序很重要。考虑一个包含10、3、7、1、9、4、2、8、5、6的列表和以下代码：

```
In [1]: numbers = [10, 3, 7, 1, 9, 4, 2, 8, 5, 6]

In [2]: list(map(lambda x: x * 2,
   ...:          filter(lambda x: x % 2 == 0, numbers)))
   ...:
Out[3]: [20, 8, 4, 16, 12]
```

重新排序此代码，首先调用 map，然后调用 filter。发生了什么？为什么？

练习题5.24到练习5.26是相当具有挑战性的。一旦完成了这些，就应该能够执行许多流行的卡牌游戏了。

5.24 （洗牌和发牌）在练习5.24到练习5.26中，我们将在代码中使用元组列表来模拟洗牌和发牌。每个元组表示这副牌中的一张牌，包含一个面值（例如，'Ace'，'Deuce'，'Three'，…，'Jack'，'Queen'，'King'）和一套花色（例如，'Hearts'，'Diamonds'，'Clubs'，'Spades'）。创建一个 initialize_deck 函数，用每种花色对应从 'Ace' 到 'King' 的面值来初始化牌组元组，如下所示：

```
deck = [('Ace', 'Hearts'), ..., ('King', 'Hearts'),
    ('Ace', 'Diamonds'), ..., ('King', 'Diamonds'),
    ('Ace', 'Clubs'), ..., ('King', 'Clubs'),
    ('Ace', 'Spades'), ..., ('King', 'Spades')]
```

在返回列表之前，使用 `random` 模块的 `shuffle` 函数对列表元素进行随机排序。按照如下四列格式输出洗牌结果：

```
Six of Spades       Eight of Spades     Six of Clubs        Nine of Hearts
Queen of Hearts     Seven of Clubs      Nine of Spades      King of Hearts
Three of Diamonds   Deuce of Clubs      Ace of Hearts       Ten of Spades
Four of Spades      Ace of Clubs        Seven of Diamonds   Four of Hearts
Three of Clubs      Deuce of Hearts     Five of Spades      Jack of Diamonds
King of Clubs       Ten of Hearts       Three of Hearts     Six of Diamonds
Queen of Clubs      Eight of Diamonds   Deuce of Diamonds   Ten of Diamonds
Three of Spades     King of Diamonds    Nine of Clubs       Six of Hearts
Ace of Spades       Four of Diamonds    Seven of Hearts     Eight of Clubs
Deuce of Spades     Eight of Hearts     Five of Hearts      Queen of Spades
Jack of Hearts      Seven of Spades     Four of Clubs       Nine of Diamonds
Ace of Diamonds     Queen of Diamonds   Five of Clubs       King of Spades
Five of Diamonds    Ten of Clubs        Jack of Spades      Jack of Clubs
```

5.25 （*玩牌：评估牌局*）修改练习 5.24，以五张牌的元组列表来处理五张牌。然后创建函数（例如，`is_pair`、`is_two_pair`、`is_three_of_a_kind`…）来确定它们接收的作为参数的牌是否包含如下一组牌：

a）一对。

b）两对。

c）三张面值相同的牌。

d）顺子（五张连续面值的牌）。

e）同花（五张同种花色的牌）。

f）三带二（三张牌面值相同，其余两张牌面值相同）。

g）炸弹（四张相同面值的牌，例如：四张 ace）。

h）同花顺（五张相同花色且面值连续的牌）。

i）其他。

详情请见 https://en.wikipedia.org/wiki/List_of_poker_hands，可查看牌的类型，以及它们之间的排名。例如，同一种类的三对比两对强。

5.26 （*玩牌：决定赢牌*）使用练习 5.25 的方法编写一个脚本，处理两副五张牌的扑克牌（即两组包含五张牌元组的列表），评估每一副牌并确定哪一副赢。当每一张牌被处理时，应该将它从代表牌组的元组列表中删除。

5.27 （*数据科学入门：消除重复和计数频率*）使用列表解析创建一个包含从 1 到 10 范围内的 50 个随机值的列表。使用 NumPy 的 `unique` 功能，以获得不重复的值和它们的频率。显示结果。

5.28 （*数据科学入门：调查结果统计*）要求 20 名学生对学生食堂的食物质量从 1 到 5 打分，1 代表“糟糕”，5 代表“非常好”。将 20 条回复列在一个列表中

```
1, 2, 5, 4, 3, 5, 2, 1, 3, 3, 1, 4, 3, 3, 3, 2, 3, 3, 2, 5
```

确定并显示每个等级的频率。使用 5.17.2 节中演示的内置函数、`statistics` 模块函数和 NumPy 函数计算出以下统计值：最小值、最大值、范围、平均数、中位数、众数、方差和标准差。

5.29 （*数据科学入门：调查结果统计可视化*）使用练习 5.28 和 5.17.2 节中学习的技术，显示一个条形图，该条形图显示响应频数及其占总响应的百分比。

5.30 （*数据科学入门：删除条形上方的文本*）修改 5.17.2 节中投掷骰子的模拟过程，以省略显示每个

条形上方的频率和百分比。尽量减少代码行数。

5.31　（数据科学入门：掷硬币）修改 5.17.2 节中投掷骰子的模拟过程，来模拟掷硬币的过程。用随机生成的 1 和 2 分别表示正面和反面。开始时，不要在条形图上面显示相应的频率和百分比。然后修改代码，显示频率和百分比。模拟 200 次、20 000 次和 200 000 次抛硬币。会得到大约 50% 的正面和 50% 的反面吗？看到“大数定律”在这里起作用了吗？

5.32　（数据科学入门：投掷两个骰子）修改本章示例中提供的脚本 `RollDie.py` 来模拟投掷两个骰子。计算两个骰子值的和。每个骰子都有一个从 1 到 6 的值，所以值的总和将从 2 到 12 变化，7 是出现频率最高的和，2 和 12 是出现频率最低的。下面的图表显示了这两个骰子的 36 种等可能的组合及其相应的和：

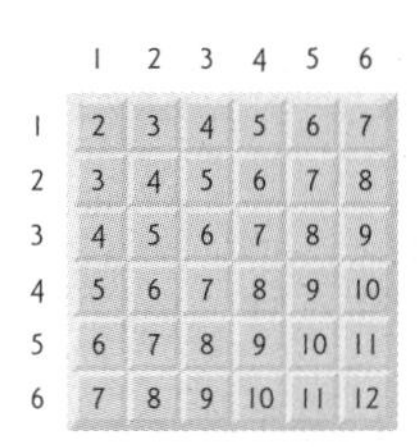

	1	2	3	4	5	6
1	2	3	4	5	6	7
2	3	4	5	6	7	8
3	4	5	6	7	8	9
4	5	6	7	8	9	10
5	6	7	8	9	10	11
6	7	8	9	10	11	12

如果掷 36 000 次骰子：

- 值 2 和 12 分别出现 1/36（2.778%）的时间，因此应该期望它们分别出现约 1000 次。
- 值 3 和 11 分别出现 2/36（5.556%）的时间，因此应该期望它们分别出现约 2000 次，以此类推。

使用命令行参数获取投掷的次数。用条形图总结投掷结果的频率。下面的屏幕截图显示了 360 次、36 000 次、36 000 000 次投掷执行的最终条形图。使用 Seaborn 的 `barplot` 函数的可选 `orient` 关键字参数来指定水平条形图。

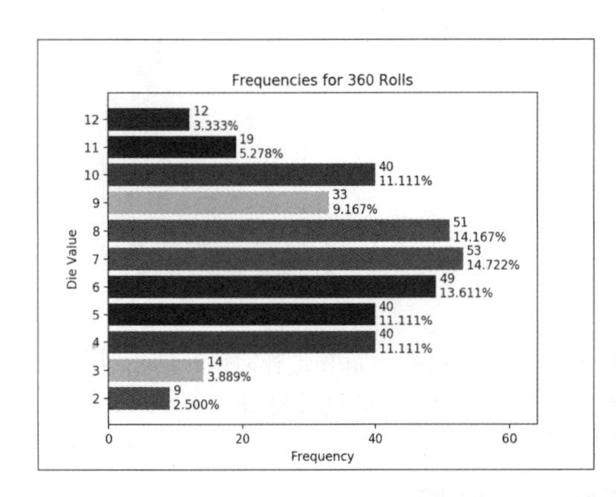

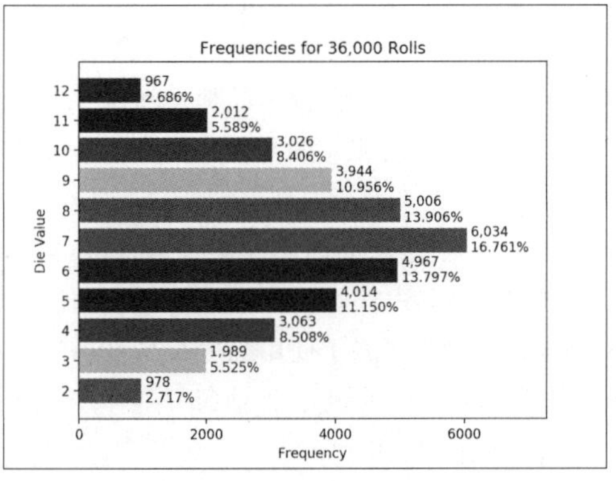

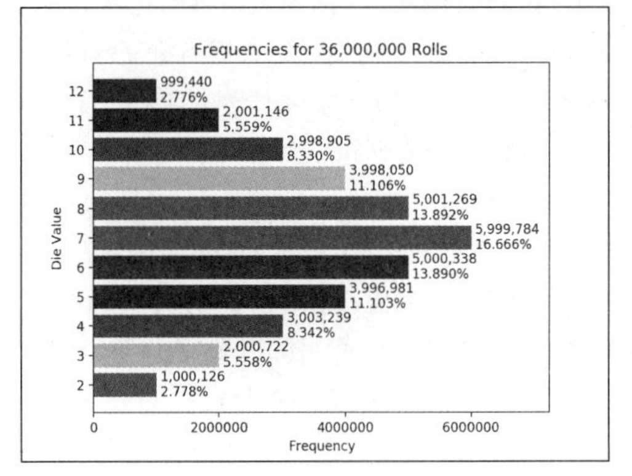

5.33 （数据科学挑战：分析骰子游戏）在这个练习中，将使用在 5.17.2 节中学习的技术修改第 4 章模拟骰子游戏的脚本。该脚本应该接收一个命令行参数，指出要执行的掷骰子游戏的数量，并使用两个列表来跟踪第一次掷、第二次掷、第三次掷等情况下赢和输的游戏总数。将结果总结如下：

a）使用横向条形图，显示第一次、第二次、第三次掷骰子时赢了多少局，输了多少局。由于游戏可以无限期地进行下去，可以通过前 12 次掷骰（一对骰子）来跟踪胜利和失败。不管游戏进行多久，应维护两个计数器用于在 12 次掷骰后跟踪胜利和失败。为胜利和失败创建单独的条形图。

b）掷骰子赢的机会有多大？（注：我们应该发现了掷骰子是最公平的博彩游戏之一。这意味着什么？）

c）一场掷骰子游戏的平均数是多少？中位数是多少？众数是多少？

d）获胜的机会是否随着比赛次数的增加而增加？

第 6 章

Intro to Python for Computer Science and Data Science: Learning to Program with AI, Big Data and the Cloud

字典和集合

目标

- 使用字典表示键 – 值对的无序集。
- 使用集合表示无重复值的无序集。
- 创建、初始化、引用字典和集合的元素。
- 遍历字典的键、值和键 – 值对。
- 添加、删除和更新字典的键 – 值对。
- 使用字典和集合的比较操作符。
- 使用集合操作符和方法合并集合。
- 使用操作符 `in` 和 `not in` 确定字典是否包含某个键或集合是否包含某个值。
- 使用集合的可变操作修改集合的内容。
- 使用解析快速、方便地创建字典和集合。
- 学习如何构建动态可视化结果并在练习中实现更多。
- 增强对可变性和不可变性的理解。

6.1 简介

我们已经讨论了三个内置的有序集——字符串、列表和元组。现在，我们来考虑内置的无序集——字典和集合。**字典**（dictionary）是一个无序的集，它存储**键 – 值对**（key-value pair），把不可变的键映射到值，就像传统的字典一样把单词映射到定义上。**集合**（set）是一个由唯一的不可变元素构成的集。

6.2 字典

字典将键和值联系起来。每个键映射到一个特定的值。下面的表格包含字典的一些样例，有它们的键、键类型、值和值类型：

键	键类型	值	值类型
国家名	`str`	互联网国家代码	`str`
十进制数字	`int`	罗马数字	`str`
州	`str`	农产品	`str` 列表
病人	`str`	生命特征	`int` 和 `float` 的元组
棒球运动员	`str`	击球平均值	`float`
测量指标	`str`	缩写	`str`
存货编码	`str`	库存数量	`int`

唯一键

字典的键必须是不可变的（例如字符串、数字和元组）以及唯一的（没有重复）。多个键可以有相同的值，例如两个不同的存货编码有相同的库存数量。

6.2.1 创建字典

可以将用逗号分隔的键-值对列表括在大括号 {} 中来创建一个字典，每个元素的格式为“键：值”。可以使用 {} 创建一个空字典。

下面使用国家名（'Finland'、'South Africa'、'Nepal'）作为键、对应的互联网国家代码（'fi'、'za'、'np'）作为值创建一个字典：

```
In [1]: country_codes = {'Finland': 'fi', 'South Africa': 'za',
   ...:                  'Nepal': 'np'}
   ...:

In [2]: country_codes
Out[2]: {'Finland': 'fi', 'South Africa': 'za', 'Nepal': 'np'}
```

当打印一个字典时，它的由逗号分隔的键-值对总是由大括号括起来。因为字典是无序集，所以显示的顺序可能和键-值对被添加到字典的顺序不同。代码片段 [2] 输出的键-值对顺序是它们插入字典的顺序，特别提醒不要写依赖于键-值对顺序的代码。

确定字典是否为空

内置的函数 len 返回字典中键-值对的数量。

```
In [3]: len(country_codes)
Out[3]: 3
```

字典名可以直接作为条件来判断其是不是空——非空的字典的计算值为 True：

```
In [4]: if country_codes:
   ...:     print('country_codes is not empty')
   ...: else:
   ...:     print('country_codes is empty')
   ...:
country_codes is not empty
```

空字典的计算值为 False。为了演示，下面的代码调用了 clear 方法来删除字典的键-值对，代码片段 [6] 再次调用并重复执行了代码片段 [4]：

```
In [5]: country_codes.clear()

In [6]: if country_codes:
   ...:     print('country_codes is not empty')
   ...: else:
   ...:     print('country_codes is empty')
   ...:
country_codes is empty
```

自我测验

1.（填空题）________可被认为是无序的集合，每个值通过其关联的键访问。

答案： 字典。

2.（判断题）字典可能包含重复的键。

答案： 错误。字典键一定是唯一的。然而，多个键可以对应相同的值。

3.（IPython 会话）创建一个名为 states 的字典，将三个州的缩写映射到它们的州名，然后打印字典。

答案：

```
In [1]: states = {'VT': 'Vermont', 'NH': 'New Hampshire',
   ...:           'MA': 'Massachusetts'}
   ...:

In [2]: states
Out[2]: {'VT': 'Vermont', 'NH': 'New Hampshire', 'MA': 'Massachusetts'}
```

6.2.2　遍历字典

下面的字典将月份名字符串映射到 int 值，以表示对应月的天数。注意多个键可以有相同的值：

```
In [1]: days_per_month = {'January': 31, 'February': 28, 'March': 31}

In [2]: days_per_month
Out[2]: {'January': 31, 'February': 28, 'March': 31}
```

又一次，字典的字符串表示按照键 – 值对插入的顺序显示，但是这是不能保证的，因为字典是无序的。本章后面我们将会展示如何按顺序处理键。

下面的 for 语句遍历 days_per_month 的键 – 值对，字典方法 items 以元组的形式返回每个键 – 值对，我们将其分解为 month 和 days：

```
In [3]: for month, days in days_per_month.items():
   ...:     print(f'{month} has {days} days')
   ...:
January has 31 days
February has 28 days
March has 31 days
```

自我测验

（填空题）字典方法________以元组的形式返回每个键 – 值对。

答案： items。

6.2.3　基本字典操作

对于本节，我们从创建和显示字典 roman_numerals 开始。我们故意为键 'X' 赋予错误的值 100，稍后再改正：

```
In [1]: roman_numerals = {'I': 1, 'II': 2, 'III': 3, 'V': 5, 'X': 100}

In [2]: roman_numerals
Out[2]: {'I': 1, 'II': 2, 'III': 3, 'V': 5, 'X': 100}
```

访问与键关联的值

得到与键 'V' 关联的值：

```
In [3]: roman_numerals['V']
Out[3]: 5
```

更新现有的键 – 值对的值

可以使用一个赋值声明更新一个与键关联的值，这里我们替换掉键 'X' 的错值：

```
In [4]: roman_numerals['X'] = 10

In [5]: roman_numerals
Out[5]: {'I': 1, 'II': 2, 'III': 3, 'V': 5, 'X': 10}
```

添加一个新的键 – 值对

给一个不存在的键赋值会将键 – 值对插入字典中：

```
In [6]: roman_numerals['L'] = 50

In [7]: roman_numerals
Out[7]: {'I': 1, 'II': 2, 'III': 3, 'V': 5, 'X': 10, 'L': 50}
```

字符串键是区分大小写的。给一个不存在的键赋值会插入一个新的键 – 值对。这可能是我们想要的，或者可能是逻辑错误。

移除一个键 – 值对

使用 del 语句可以从字典中删除一个键 – 值对。

```
In [8]: del roman_numerals['III']

In [9]: roman_numerals
Out[9]: {'I': 1, 'II': 2, 'V': 5, 'X': 10, 'L': 50}
```

也可以使用字典方法 pop 移除一个键 – 值对，这个方法返回被移除的键的值：

```
In [10]: roman_numerals.pop('X')
Out[10]: 10

In [11]: roman_numerals
Out[11]: {'I': 1, 'II': 2, 'V': 5, 'L': 50}
```

尝试访问一个不存在的键

访问一个不存在的键会产生 KeyError：

```
In [12]: roman_numerals['III']
-------------------------------------------------------------------------
KeyError                                  Traceback (most recent call last)
<ipython-input-12-ccd50c7f0c8b> in <module>()
----> 1 roman_numerals['III']

KeyError: 'III'
```

为了避免这个错误，可以使用字典方法 get，这个方法通常返回其参数对应的值。如果没有找到键，get 返回 None。在代码片段 [13] 中，当返回 None 时 IPython 不会显示任何东西。如果指定了 get 的第二个参数，那么没找到键时会返回该值：

```
In [13]: roman_numerals.get('III')

In [14]: roman_numerals.get('III', 'III not in dictionary')
Out[14]: 'III not in dictionary'

In [15]: roman_numerals.get('V')
Out[15]: 5
```

测试一个字典是否包含某个指定的键

操作符 in 和 not in 能确定字典是否包含某个指定的键：

```
In [16]: 'V' in roman_numerals
Out[16]: True

In [17]: 'III' in roman_numerals
Out[17]: False

In [18]: 'III' not in roman_numerals
Out[18]: True
```

自我测验

1.（判断题）给字典不存在的键赋值会导致一个异常。

答案：错误。给字典不存在的键赋值会插入一个新的键–值对。这可能是我们想要的，或者如果错误地指定了键，会导致一个逻辑错误。

2.（填空题）当键在字典中时，如下形式的表达式操作会导致什么？

dictionaryName[*key*] = *value*

答案：这个操作会更新与键关联的值，并替换原来的值。

3.（IPython 会话）字符串字典键是区分大小写的。通过给下面的字典键 'x' 赋值 10 来确认这一点，这样做会新增一个键–值对而不是修改键 'X' 的值：

```
roman_numerals = {'I': 1, 'II': 2, 'III': 3, 'V': 5, 'X': 100}
```

答案：

```
In [1]: roman_numerals = {'I': 1, 'II': 2, 'III': 3, 'V': 5, 'X': 100}

In [2]: roman_numerals['x'] = 10

In [3]: roman_numerals
Out[3]: {'I': 1, 'II': 2, 'III': 3, 'V': 5, 'X': 100, 'x': 10}
```

6.2.4　字典方法 keys 和 values

前面我们用字典方法 items 来遍历由字典的键–值对构成的元组。类似地，方法 keys 和 values 分别用来遍历字典的键和值。

```
In [1]: months = {'January': 1, 'February': 2, 'March': 3}

In [2]: for month_name in months.keys():
   ...:     print(month_name, end='  ')
   ...:
January  February  March

In [3]: for month_number in months.values():
   ...:     print(month_number, end='  ')
   ...:
1  2  3
```

字典视图

字典方法 items、keys 和 values 都会返回一个字典数据的视图。当在遍历一个**视图**（view）时，这个视图只是“看到”字典当前的内容，而没有自己的数据副本。

为了说明视图并不维护自己的字典数据副本，我们先将 keys 返回的视图保存到变量

months_view 中，然后遍历它：

```
In [4]: months_view = months.keys()

In [5]: for key in months_view:
   ...:     print(key, end='  ')
   ...:
January  February  March
```

接着，在 months 中添加一个键–值对并且打印更新后的字典：

```
In [6]: months['December'] = 12

In [7]: months
Out[7]: {'January': 1, 'February': 2, 'March': 3, 'December': 12}
```

现在，我们再一次遍历 months_view。上面添加的键的确被打印了出来：

```
In [8]: for key in months_view:
   ...:     print(key, end='  ')
   ...:
January  February  March  December
```

当遍历视图的时候不要修改字典内容。根据 Python 标准库文档的 4.10.1 节[⊖]，要么得到一个 RuntimeError，要么可能无法循环到视图所有的值。

把字典的键、值和键–值对转换为列表

可能偶尔需要字典的键、值或键–值对的列表。通过把 keys、values 或者 items 返回的视图传递给内置的 list 函数，可以得到一个列表。修改列表并不会修改对应的字典：

```
In [9]: list(months.keys())
Out[9]: ['January', 'February', 'March', 'December']

In [10]: list(months.values())
Out[10]: [1, 2, 3, 12]

In [11]: list(months.items())
Out[11]: [('January', 1), ('February', 2), ('March', 3), ('December', 12)]
```

按顺序遍历键

能够通过内置的 sorted 函数按顺序遍历键，如下：

```
In [12]: for month_name in sorted(months.keys()):
    ...:     print(month_name, end='  ')
    ...:
February  December  January  March
```

自我测验

1.（填空题）字典方法________返回字典键的无序列表。

答案： keys。

2.（判断题）视图有自己的对应字典数据的副本。

答案： 错误。视图没有自己的对应字典数据的副本。字典改变，视图会动态地随之而变。

3.（IPython 会话）为下面的字典构建它的键、值和元素的列表并打印。

```
roman_numerals = {'I': 1, 'II': 2, 'III': 3, 'V': 5}
```

⊖ https://docs.python.org/3/library/stdtypes.html#dictionary-view-objects.

答案：

```
In [1]: roman_numerals = {'I': 1, 'II': 2, 'III': 3, 'V': 5}

In [2]: list(roman_numerals.keys())
Out[2]: ['I', 'II', 'III', 'V']

In [3]: list(roman_numerals.values())
Out[3]: [1, 2, 3, 5]

In [4]: list(roman_numerals.items())
Out[4]: [('I', 1), ('II', 2), ('III', 3), ('V', 5)]
```

6.2.5　字典比较

比较操作符 == 和 != 能用来确定两个字典是否有相同的内容。如果两个字典有完全相同的键 – 值对，那么等于（==）比较的结果为 True，而不管键 – 值对插入字典的顺序如何。

```
In [1]: country_capitals1 = {'Belgium': 'Brussels',
   ...:                      'Haiti': 'Port-au-Prince'}
   ...:

In [2]: country_capitals2 = {'Nepal': 'Kathmandu',
   ...:                      'Uruguay': 'Montevideo'}
   ...:

In [3]: country_capitals3 = {'Haiti': 'Port-au-Prince',
   ...:                      'Belgium': 'Brussels'}
   ...:

In [4]: country_capitals1 == country_capitals2
Out[4]: False

In [5]: country_capitals1 == country_capitals3
Out[5]: True

In [6]: country_capitals1 != country_capitals2
Out[6]: True
```

自我测验

（判断题）仅当两个字典有完全相同的键 – 值对且它们（插入）的顺序相同时，== 计算结果为 True。

答案：错误。当两个字典有完全相同的键 – 值对时，== 计算结果为 True，而不管它们的顺序如何。

6.2.6　样例：学生成绩字典

图 6.1 中的脚本将教师的成绩簿表示为一个字典，这个字典把学生的姓名（字符串）映射到一个整数列表中，这个列表包含学生三场考试的成绩。打印数据的每次循环中（第 13～17 行），我们将键 – 值对解压为 name 和 grades 两个变量，它们分别包含一个学生的姓名及其对应三场考试的成绩。第 14 行使用内置的 sum 函数求得学生成绩总分，然后第 15 行用 total 除以考试次数（len(grades)）得到平均成绩。第 16～17 行分别记录了全部四名学生的成绩和考试次数。第 19 行打印所有考试中所有学生的班级平均成绩。

```
1  # fig06_01.py
2  """Using a dictionary to represent an instructor's grade book."""
3  grade_book = {
4      'Susan': [92, 85, 100],
5      'Eduardo': [83, 95, 79],
6      'Azizi': [91, 89, 82],
7      'Pantipa': [97, 91, 92]
8  }
9
10 all_grades_total = 0
11 all_grades_count = 0
12
13 for name, grades in grade_book.items():
14     total = sum(grades)
15     print(f'Average for {name} is {total/len(grades):.2f}')
16     all_grades_total += total
17     all_grades_count += len(grades)
18
19 print(f"Class's average is: {all_grades_total / all_grades_count:.2f}")
```

```
Average for Susan is 92.33
Average for Eduardo is 85.67
Average for Azizi is 87.33
Average for Pantipa is 93.33
Class's average is: 89.67
```

图 6.1 用字典表示一位老师的成绩簿

6.2.7 样例：词频统计[⊖]

图 6.2 中的脚本构建了一个统计字符串中每个单词出现次数的字典。第 4～5 行创建了一个字符串 text，后面我们会把它分隔成单词，这个过程被称作**标记字符串**。Python 会自动连接括号中用空格分隔的字符串。第 7 行创建一个空字典。字典的键将会是唯一的单词，它的值将会是每个单词在 text 中出现的数量。

第 10 行使用字符串方法 split 分隔 text，split 以分隔字符串参数作为分隔符。如果不提供参数，split 将使用空格分隔。这个方法返回一个标记列表（本例中就是 text 中的单词）。第 10～14 行遍历列表中的单词。对每个 word，第 11 行确定它（键）是否已经在字典中。如果在，第 12 行把这个 word 的数量加 1；否则，第 14 行为这个 word 插入一个新的键 – 值对，初始值为 1。

第 16～21 行在一个两列的表格中总结了结果，这个表格包含每个 word 和其对应的 count。第 18 行和第 19 行的 for 语句遍历了字典的键 – 值对。它把每个键和值分别解压为变量 word 和 count，然后在两列中显示。第 21 行打印不同单词的总数。

Python 标准库模块 collections

Python 标准库中已经包含了我们使用字典和第 10～14 行循环实现的计数功能。collections 模块包含 Counter 类，这个类接收一个可迭代的对象并计算其元素个数。使用 Counter 用更少行的代码实现前面的脚本：

⊖ 词频统计等技术通常用来分析已出版的作品。例如，一些人认为威廉 · 莎士比亚的作品事实上是由弗朗西斯 · 培根爵士、克里托斯弗 · 马洛或其他人写的。把他们作品的词频和莎士比亚的词频比较能发现写作风格上的相似性。在第 12 章中我们会学习其他文档分析技术。

```
In [1]: from collections import Counter

In [2]: text = ('this is sample text with several words '
   ...:         'this is more sample text with some different words')
   ...:

In [3]: counter = Counter(text.split())

In [4]: for word, count in sorted(counter.items()):
   ...:     print(f'{word:<12}{count}')
   ...:
different   1
is          2
more        1
sample      2
several     1
some        1
text        2
this        2
with        2
words       2

In [5]: print('Number of unique keys:', len(counter.keys()))
Number of unique keys: 10
```

```
 1  # fig06_02.py
 2  """Tokenizing a string and counting unique words."""
 3
 4  text = ('this is sample text with several words '
 5          'this is more sample text with some different words')
 6
 7  word_counts = {}
 8
 9  # count occurrences of each unique word
10  for word in text.split():
11      if word in word_counts:
12          word_counts[word] += 1  # update existing key-value pair
13      else:
14          word_counts[word] = 1  # insert new key-value pair
15
16  print(f'{"WORD":<12}COUNT')
17
18  for word, count in sorted(word_counts.items()):
19      print(f'{word:<12}{count}')
20
21  print('\nNumber of unique words:', len(word_counts))
```

```
WORD        COUNT
different   1
is          2
more        1
sample      2
several     1
some        1
text        2
this        2
with        2
words       2
Number of unique words: 10
```

图 6.2　标记字符串并计数不同单词

代码片段 [3] 创建一个 Counter，统计 text.split() 返回的字符串列表。在代码片段 [4] 中，Counter 方法 items 返回每个字符串和其关联的数量构成的元组。我们用内置的 sorted 函数得到这些元组按升序排列的列表。排序默认以元组的第一个元素为基准，如果相同，再比较第二个元素，以此类推。for 语句遍历排序后的列表，在两列中打印每个 word 和 count。

自我测验

1.（填空题）字符串方法________使用方法的字符串参数作为分隔符划分一个字符串。

答案： split。

2.（IPython 会话）用解析创建有 50 个随机整数的列表，整数范围为 1～5。然后使用 Counter 统计每个整数的数量。最后以两列的格式打印结果。

答案：

```
In [1]: import random

In [2]: numbers = [random.randrange(1, 6) for i in range(50)]

In [3]: from collections import Counter

In [4]: counter = Counter(numbers)

In [5]: for value, count in sorted(counter.items()):
   ...:     print(f'{value:<4}{count}')
   ...:
1   9
2   6
3   13
4   10
5   12
```

6.2.8 字典方法 update

可以通过字典方法 update 插入以及更新键 – 值对。首先，创建一个空的 country_codes 字典：

```
In [1]: country_codes = {}
```

下面调用的 update 接收一个由键 – 值对构成的字典作为参数来插入或者更新：

```
In [2]: country_codes.update({'South Africa': 'za'})

In [3]: country_codes
Out[3]: {'South Africa': 'za'}
```

update 方法能将关键字参数转化为键 – 值对并插入。下面的调用自动将 Australia 参数转化为字符串键 'Australia'，与之对应的值为 'ar'：

```
In [4]: country_codes.update(Australia='ar')

In [5]: country_codes
Out[5]: {'South Africa': 'za', 'Australia': 'ar'}
```

代码片段 [4] 给 Australia 赋了一个错误的国家代码。我们用另一个关键字参数更

新和 'Australia' 关联的值，以订正该错误。

```
In [6]: country_codes.update(Australia='au')

In [7]: country_codes
Out[7]: {'South Africa': 'za', 'Australia': 'au'}
```

update 方法也能接收一个包含键 – 值对的可遍历对象，例如由两个元素的元组构成的列表。

6.2.9　字典解析

字典解析为快速创建字典提供了一种方便的表示法，通常用来将一个字典映射到另一个。例如，对一个所有值都不同的字典，能够反转键 – 值对：

```
In [1]: months = {'January': 1, 'February': 2, 'March': 3}

In [2]: months2 = {number: name for name, number in months.items()}

In [3]: months2
Out[3]: {1: 'January', 2: 'February', 3: 'March'}
```

大括号划分了一个字典解析，for 语句左边的表达式以“键：值”的格式指定键 – 值对。解析迭代 months.items()，把每个键 – 值对元组分为变量 name 和 number。表达式“number: name”反转键和值，所以新的字典把月份的序号映射到月份名。

如果 months 包含重复的值会怎样？这些值在 months2 中变成了键，尝试插入一个重复键的时候，会改变已经存在的键对应的值。所以，如果 'February' 和 'March' 原先同时被映射为 2，上面的代码将会产生以下效果：

```
{1: 'January', 2: 'March'}
```

字典解析也能够把字典的值映射到新的值。下面的字典解析把姓名和成绩列表构成的字典转换为姓名和平均成绩的字典。变量 k 和 v 通常分别表示键和值：

```
In [4]: grades = {'Sue': [98, 87, 94], 'Bob': [84, 95, 91]}

In [5]: grades2 = {k: sum(v) / len(v) for k, v in grades.items()}

In [6]: grades2
Out[6]: {'Sue': 93.0, 'Bob': 90.0}
```

这个解析把 grades.items() 返回的每个元组划分成 k（姓名）和 v（成绩列表）。然后，创建一个新的键 – 值对，键为 k，值为 sum(v)/len(v)，该值代表列表元素的平均值。

自我测验

（IPython 会话）用字典解析创建一个字典，这个字典把数字 1～5 映射到它们的立方数。

答案：

```
In [1]: {number: number ** 3 for number in range(1, 6)}
Out[1]: {1: 1, 2: 8, 3: 27, 4: 64, 5: 125}
```

6.3　集合

集合是唯一值构成的无序集。集合仅包含不可改变的对象，比如字符串、int 值、

float 值以及只包含不可变元素的元组。虽然集合是可以遍历的，但是它并不是序列，也不支持索引和方括号 [] 的切片。字典也不支持切片。

用大括号创建集合

下面的代码创建了一个名为 colors 的字符串集合：

```
In [1]: colors = {'red', 'orange', 'yellow', 'green', 'red', 'blue'}

In [2]: colors
Out[2]: {'blue', 'green', 'orange', 'red', 'yellow'}
```

我们可以注意到重复的字符串 'red' 被忽略了（不会出现错误）。集合很重要的一个用途是**去除重复值**，这在创建集合时自动发生。同样，打印的集合的值也不会按照它们被插入的顺序显示出来，正如代码片段 [1] 所示。虽然显示的颜色名是有序的，但是集合是*无序的*。所以请不要写依赖于自身元素顺序的代码。

确定集合的长度

可以使用内置的 len 函数确定集合中元素的个数：

```
In [3]: len(colors)
Out[3]: 5
```

检查值是否在集合中

可以使用 in 和 not in 操作符检查一个集合是否包含某个特定值：

```
In [4]: 'red' in colors
Out[4]: True

In [5]: 'purple' in colors
Out[5]: False

In [6]: 'purple' not in colors
Out[6]: True
```

迭代集合

集合是可迭代的，所以能够通过一个 for 循环处理每个集合元素：

```
In [7]: for color in colors:
   ...:     print(color.upper(), end=' ')
   ...:
RED GREEN YELLOW BLUE ORANGE
```

集合是*无序的*，因此迭代顺序没有意义。

用内置的 set 函数创建集合

我们能通过内置的 set 函数在另一批值上创建集合，这里我们创建了包含几个重复整数值的列表，并将这个列表作为 set 的参数：

```
In [8]: numbers = list(range(10)) + list(range(5))

In [9]: numbers
Out[9]: [0, 1, 2, 3, 4, 5, 6, 7, 8, 9, 0, 1, 2, 3, 4]

In [10]: set(numbers)
Out[10]: {0, 1, 2, 3, 4, 5, 6, 7, 8, 9}
```

如果需要创建空集合，必须使用带小括号的 set 函数而不是空的大括号 {}，因为 {} 表示一个空字典：

```
In [11]: set()
Out[11]: set()
```

Python 将空集合显示为 set() 来避免与空字典的 Phthon 字符串表示（{}）混淆。

冻结集合：一个不可变的集合类型

集合是可变的——能添加或者移除元素，但是集合的元素是不可变的。因此，一个集合不能把其他集合作为元素。**冻结集合**是不可变的集合，在创建后它将无法被修改，所以集合可以把其他冻结集合作为元素。内置的 frozenset 函数可以在任何可迭代对象上创建冻结集合。

自我测验

1.（判断题）集合是唯一的可变和不可变对象的集。

答案：错误。集合是唯一的不可变对象的集。

2.（填空题）可以通过内置的________函数从另一个值的集合创建集合。

答案：set。

3.（IPython 会话）把下面的字符串分配给变量 text，然后用 split 方法将其划分为标记，并且在划分的结果上创建一个集合。最后显示排好序的单词。

'to be or not to be that is the question'

答案：

```
In [1]: text = 'to be or not to be that is the question'

In [2]: unique_words = set(text.split())

In [3]: for word in sorted(unique_words):
   ...:     print(word, end='  ')
   ...:
be  is  not  or  question  that  the  to
```

6.3.1 集合比较

可以使用各种操作符和方法来比较集合。下面的集合包含相同的值，所以 == 返回 True，!= 返回 False。

```
In [1]: {1, 3, 5} == {3, 5, 1}
Out[1]: True

In [2]: {1, 3, 5} != {3, 5, 1}
Out[2]: False
```

< 操作符测试左边的集合是不是右边的集合的**真子集**，也就是说符号左边的集合的元素都在右边的集合中，并且两个集合是不相等的：

```
In [3]: {1, 3, 5} < {3, 5, 1}
Out[3]: False

In [4]: {1, 3, 5} < {7, 3, 5, 1}
Out[4]: True
```

<= 操作符测试左边的集合是不是右边的集合的**非真子集**，也就是说符号左边的集合的元素都在右边的集合中，两个集合可以是相等的：

```
In [5]: {1, 3, 5} <= {3, 5, 1}
Out[5]: True

In [6]: {1, 3} <= {3, 5, 1}
Out[6]: True
```

也可以通过方法 issubset 来检测一个非真子集：

```
In [7]: {1, 3, 5}.issubset({3, 5, 1})
Out[7]: True

In [8]: {1, 2}.issubset({3, 5, 1})
Out[8]: False
```

> 操作符测试左边的集合是不是右边的集合的**真超集**，也就是说符号右边的集合的元素都在左边的集合中，并且左边的集合有更多元素：

```
In [9]: {1, 3, 5} > {3, 5, 1}
Out[9]: False

In [10]: {1, 3, 5, 7} > {3, 5, 1}
Out[10]: True
```

>= 操作符测试左边的集合是不是右边的集合的**非真超集**，也就是说符号右边的集合的元素都在左边的集合中，两个集合可以是相等的：

```
In [11]: {1, 3, 5} >= {3, 5, 1}
Out[11]: True

In [12]: {1, 3, 5} >= {3, 1}
Out[12]: True

In [13]: {1, 3} >= {3, 1, 7}
Out[13]: False
```

也可以通过方法 issuperset 来检测一个非真超集：

```
In [14]: {1, 3, 5}.issuperset({3, 5, 1})
Out[14]: True

In [15]: {1, 3, 5}.issuperset({3, 2})
Out[15]: False
```

任何可迭代对象都可以作为 issubset 或 issuperset 的参数。当参数是非集合的可迭代对象时，这些方法会先将其转换为集合，然后再执行后续操作。

自我测验

1.（判断题）能够比较集合的操作符只有 == 和 !=。

答案：错误。所有的比较操作符都可以用来比较集合。

2.（填空题）如果一个集合的所有元素都在另一集合中，且另一个集合有更多元素，则它是另一个集合的________。

答案：真子集。

3.（IPython会话）使用集合和issuperset来确定字符串'abc def ghi jkl mno'中的字母的集合是不是'hi mon'的字母的集合的超集。

答案：

```
In [1]: set('abc def ghi jkl mno').issuperset('hi mom')
Out[1]: True
```

6.3.2 集合的数学操作

本节介绍集合类型的数学操作符 |、&、- 和 ^ 以及对应的方法。

并集

两个集合的**并集**是由两个集合中所有唯一的元素组成的集合。能通过 **| 操作符**或者集合类型的union方法计算并集：

```
In [1]: {1, 3, 5} | {2, 3, 4}
Out[1]: {1, 2, 3, 4, 5}

In [2]: {1, 3, 5}.union([20, 20, 3, 40, 40])
Out[2]: {1, 3, 5, 20, 40}
```

二进制集合操作符（例如 |）的操作数都必须是集合。相应的集合方法接收一个可迭代对象作为参数——我们传递了一个列表。当集合的数学操作接收一个非集合的可迭代参数时，它会先将参数转化为集合，然后再进行数学操作。同样，虽然新集合的字符串表示以升序显示值，但不应该编写依赖于此的代码。

交集

两个集合的**交集**是由两个集合共同拥有的唯一元素组成的集合。能通过 **& 操作符**或者集合类型的intersection方法计算**交集**：

```
In [3]: {1, 3, 5} & {2, 3, 4}
Out[3]: {3}

In [4]: {1, 3, 5}.intersection([1, 2, 2, 3, 3, 4, 4])
Out[4]: {1, 3}
```

差集

两个集合的**差集**是属于左边操作数而不属于右边操作数的元素构成的集合。能通过 **- 操作符**或者集合类型的difference方法计算**差集**：

```
In [5]: {1, 3, 5} - {2, 3, 4}
Out[5]: {1, 5}

In [6]: {1, 3, 5, 7}.difference([2, 2, 3, 3, 4, 4])
Out[6]: {1, 5, 7}
```

对称差集

两个集合的**对称差集**是两个集合中彼此不同的元素构成的集合。能通过 **^ 操作符**或者集合类型的symmetric_difference方法计算**对称差集**：

```
In [7]: {1, 3, 5} ^ {2, 3, 4}
Out[7]: {1, 2, 4, 5}
```

```
In [8]: {1, 3, 5, 7}.symmetric_difference([2, 2, 3, 3, 4, 4])
Out[8]: {1, 2, 4, 5, 7}
```

不相交

如果两个集合没有共同元素，那么它们是**不相交的**。能通过集合类型方法 isdisjoint 来确定两个集合是否相交：

```
In [9]: {1, 3, 5}.isdisjoint({2, 4, 6})
Out[9]: True

In [10]: {1, 3, 5}.isdisjoint({4, 6, 1})
Out[10]: False
```

自我测验

1.（填空题）如果两个集合没有共同元素，那么它们是________。

答案：不相交的。

2.（IPython 会话）给定集合 {10, 20, 30} 和 {5, 10, 15, 20}，使用集合的数学操作符来生成以下集合：

a）{30}

b）{5, 15, 30}

c）{5, 10, 15, 20, 30}

d）{10, 20}

答案：

```
In [1]: {10, 20, 30} - {5, 10, 15, 20}
Out[1]: {30}

In [2]: {10, 20, 30} ^ {5, 10, 15, 20}
Out[2]: {5, 15, 30}

In [3]: {10, 20, 30} | {5, 10, 15, 20}
Out[3]: {5, 10, 15, 20, 30}

In [4]: {10, 20, 30} & {5, 10, 15, 20}
Out[4]: {10, 20}
```

6.3.3 集合的可变操作符和方法

上一节介绍的操作符和方法都会生成一个新的集合。这里我们讨论修改现有集合的操作符和方法。

集合的可变数学操作符

如同 | 一样，**并集参数赋值** |= 效果与并集操作相同，但是 |= 会改变符号左边的操作数：

```
In [1]: numbers = {1, 3, 5}

In [2]: numbers |= {2, 3, 4}

In [3]: numbers
Out[3]: {1, 2, 3, 4, 5}
```

类似地，集合类型的 update 方法效果与并集操作相同，会改变调用它的集合，该方法的参数可以是任何可迭代的对象：

```
In [4]: numbers.update(range(10))

In [5]: numbers
Out[5]: {0, 1, 2, 3, 4, 5, 6, 7, 8, 9}
```

其他的集合可变操作有：

- 交集参数赋值 &=。
- 差集参数赋值 -=。
- 对称差集参数赋值 ^=。

它们对应的方法的参数均为可迭代对象：

- intersection_update
- difference_update
- symmetric_difference_update

添加和移除元素的方法

如果参数没有在原本的集合中，则集合方法 add 把参数添加到集合中；否则，集合保持不变：

```
In [6]: numbers.add(17)

In [7]: numbers.add(3)

In [8]: numbers
Out[8]: {0, 1, 2, 3, 4, 5, 6, 7, 8, 9, 17}
```

集合方法 remove 把参数从集合中移除，如果集合中不存在该参数，会产生 KeyError：

```
In [9]: numbers.remove(3)

In [10]: numbers
Out[10]: {0, 1, 2, 4, 5, 6, 7, 8, 9, 17}
```

方法 discard 同样会把参数从集合中移除，但是如果集合中不存在该参数，不会产生异常。

也可以使用方法 pop 来任意移除集合的一个元素，但是集合是无序的，我们无法知晓会返回哪个元素：

```
In [11]: numbers.pop()
Out[11]: 0

In [12]: numbers
Out[12]: {1, 2, 4, 5, 6, 7, 8, 9, 17}
```

如果调用 pop 时集合为空，会产生一个 KeyError。

最后，方法 clear 会清空调用它的集合：

```
In [13]: numbers.clear()

In [14]: numbers
Out[14]: set()
```

自我测验

1.（判断题）集合方法 pop 返回第一个被添加到集合中的元素。

答案：错误。集合方法 pop 返回任意一个集合元素。

2.（填空题）集合方法________效果和并集操作相同，会改变调用它的集合。

答案：update。

6.3.4 集合解析

如同字典解析一样，我们能够通过大括号定义集合解析。让我们创建一个新的集合，这个集合只包含 numbers 列表中唯一的偶数：

```
In [1]: numbers = [1, 2, 2, 3, 4, 5, 6, 6, 7, 8, 9, 10, 10]

In [2]: evens = {item for item in numbers if item % 2 == 0}

In [3]: evens
Out[3]: {2, 4, 6, 8, 10}
```

6.4 数据科学入门：动态可视化

前一章的数据科学入门小节介绍了可视化。我们模拟了投掷一个六面骰子，并使用 Seaborn 和 Matplotlib 的可视化库来创建一个静态条形统计图来展示每个面出现的频数和所占比例。本节中，我们将用动态可视化让事物“活起来”。

大数定律

当我们引入随机数生成时，我们提到 random 模块的 randrange 函数确实随机生成整数，那么指定范围内的数在每次调用函数的时候都是等概率（或近似）被选择的。对于一个六面骰子，从 1 到 6 的每个值都应该出现 1/6 次，所以这些值出现的概率都是 1/6，即 16.667%。

在下一节中，我们将创建并执行一个动态的（动画的）投掷骰子模拟脚本。通常情况下我们将看到，尝试投掷的次数越多，每个面出现的概率越接近 16.667%，并且条形图每个条形的高度也逐渐接近相同。这就是大数定律的实际表现。

自我测验

（填空题）随着抛硬币的次数增加，正反面出现的比例都将接近 50%。这是________的实际表现。

答案：大数定律。

6.4.1 了解动态可视化

前面章节的数据科学入门小节中使用 Seaborn 和 Matplotlib 绘制了图表，这些图表帮助我们分析模拟完成后投掷固定次数的骰子的结果。本节将使用 Matpoltlib 的 animation 模块的 FuncAnimation 函数扩充原来的代码，它可以动态地更新条形图。我们将看到随着投掷不断更新，条形图、骰子频率和百分比变得“活起来”。

动画帧

FuncAnimation 由**逐帧动画**实现。每个**动画帧**在每次图表更新时指定需要改变的一切。将这些更新按照时间顺序串在一起，就形成了动画效果。可以通过定义的函数决定每帧显示的内容并传递给 FuncAnimation。

每个动画帧将会：

- 投掷指定次数（1次或者我们想要的次数）的骰子，更新每个面出现的频数。
- 清除当前的图表。
- 构建一个新的条形图来显示更新后的频数。
- 给条形图的每个条形添加新的频数和百分比。

通常来说，每秒显示的帧数越多，动画越流畅。例如，拥有快速移动元素的电子游戏试图每秒至少显示30帧，甚至更多。虽然可以指定两帧播放之间的毫秒数，但是每秒实际的播放帧数受到每帧完成的工作量和计算机的处理器速度的影响。本例每隔33毫秒播放一帧动画，每秒大致播放30（1000/33）帧。尝试更大和更小的值，观察它们如何影响动画。实验对于开发最佳的可视化结果很重要。

运行 RollDieDynamic.py

在前面章节的数据科学入门小节中，我们交互式地开发了静态可视化，因此可以看到执行每条语句的时候代码是如何更新条形图的。带有最终频数和百分比的条形图实际上只被绘制了一次。

在动态可视化中，屏幕的结果经常更新，所以我们能够看见动画。许多事物持续变化——条形的长度、条形上的频数和百分比、轴上的间距和标签，还有图表标题中投掷的总数。因此，我们把可视化写成脚本，而不是交互式地开发。

脚本需要两个命令行参数：

- number_of_frames——需要显示的动画帧数。这个参数的值决定了 FuncAnimation 更新图像的总次数。在每个动画帧中，FuncAnimation 会调用我们定义的用来改变图表的函数（本例中是 update）。
- rolls_per_frame——每个动画帧中投掷骰子的次数。我们会用一个循环投掷这个次数的骰子，并累加结果，然后更新图表的条形和文本，用以表示新的频数。

为了理解我们如何使用这两个值，考虑下面的指令：

```
ipython RollDieDynamic.py 6000 1
```

在本例中，FuncAnimation 共调用 update 6000次，每帧投掷一次骰子，总计投掷6000次。这让我们能够看到一次投掷更新的条形、频数和百分比。在我们的系统上，动画花费了大约3.33分钟（6000/（30×60））来向我们展示6000次投掷的结果。

和投掷骰子比较，在屏幕上显示动画帧是一个相对缓慢的输入输出限制的操作，因为投掷骰子发生在计算机超级快的CPU上。如果每帧动画我们只投掷一次骰子，在可接受的时间内我们无法投掷很多次骰子。此外，如果投掷的次数太少，不太可能看到骰子每个面出现的百分比收敛于预期的16.667%。

为了观察大数定律的实际作用，可以增加每帧投掷骰子的次数来提高执行速度。考虑下面的指令：

```
ipython RollDieDynamic.py 10000 600
```

这样的话，FuncAnimation 会调用我们的 update 10 000次，每帧投掷600次，总计6 000 000次。在我们的系统上，这将会花费大约5.55分钟（10 000/（30×60）），但是每秒显示大约18 000次（30×600）投掷的结果，所以我们很快就能看到频数和频率分别收敛于我们期望的值，即每面出现1 000 000次和所占比例16.667%。

试验投掷的次数以及帧数，直到觉得程序能够最高效地显示可视化结果。观察它的运行并不断调整，直到对动画的质量满意，这个过程有趣而又含义深刻。

样例执行

两次样例执行期间，我们获取了四张屏幕截图。第一张截图中，展示了投掷 64 次骰子的结果，然后是 604 次，总共的投掷次数为 6000 次。实时运行这个脚本，观察条形是如何动态更新的。第二次执行中，截图显示投掷 7200 次骰子的结果，然后是 166 200 次，总共的投掷次数为 6 000 000 次。随着投掷次数的增多，将会看到百分比接近大数定律预测的期望值 16.667%。

执行 6000 帧动画，每帧投掷 1 次：

`ipython RollDieDynamic.py 6000 1`

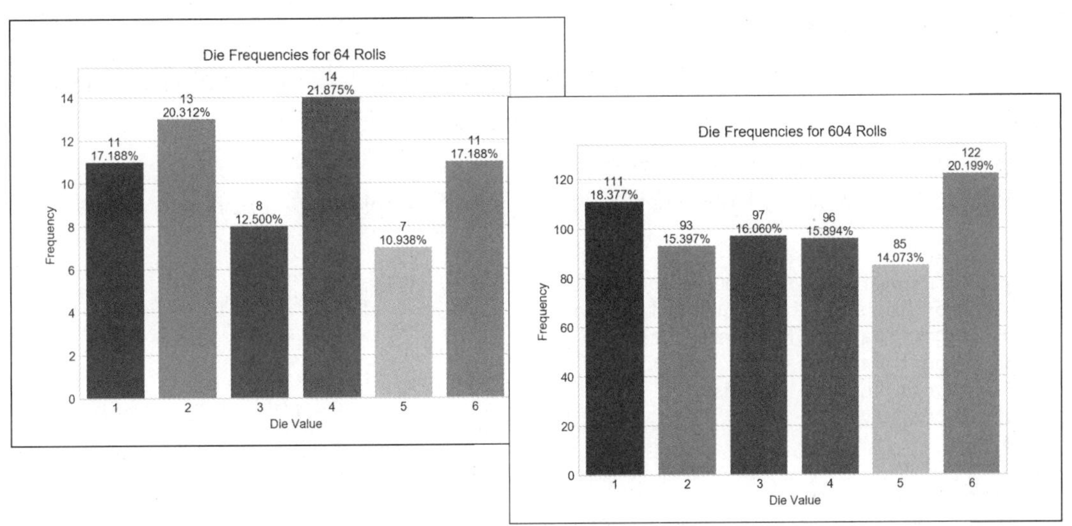

执行 10 000 帧动画，每帧投掷 600 次：

`ipython RollDieDynamic.py 10000 600`

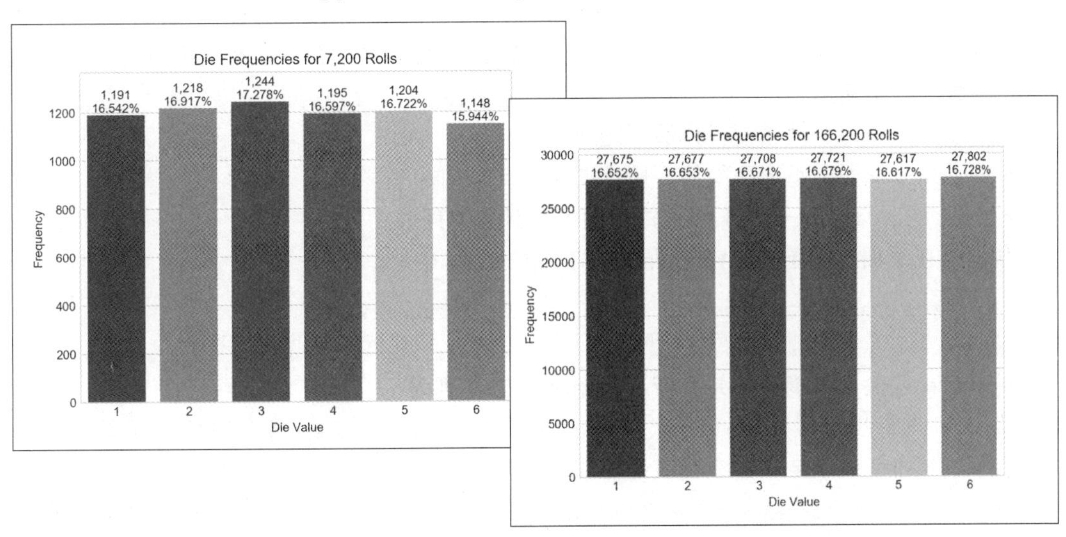

自我测验

1.（填空题）________指定每次图表更新时需要改变的一切。将这些更新按照时间顺序串在一起，就形成了动画效果。

答案：动画帧。

2.（判断题）通常来说，每秒放映更少的帧数将产生更流畅的动画。

答案：错误。通常来说，每秒放映更多的帧数将产生更流畅的动画。

3.（判断题）每秒实际播放的帧数仅受到两个动画帧之间的毫秒数间隔影响。

答案：错误。每秒实际播放的帧数还受到每帧完成的工作量和计算机的处理器速度的影响。

6.4.2　实现动态可视化

本节我们展示的脚本使用了和前面章节的数据科学入门小节中相同的 Seaborn 和 Matplotlib 特性。为了使用 Matplotlib 的动画功能，我们重新组织了代码。

导入 Matplotlib 的 animation 模块

我们主要关注本例中使用的新特性。第 3 行导入了 Matplotlib 的 animation 模块。

```
1  # RollDieDynamic.py
2  """Dynamically graphing frequencies of die rolls."""
3  from matplotlib import animation
4  import matplotlib.pyplot as plt
5  import random
6  import seaborn as sns
7  import sys
8
```

update 函数

第 9～27 行定义 update 函数，每帧都会调用一次 FuncAnimation。这个函数必须至少提供一个参数。第 9～10 行展示函数的开头定义。这些参数是：

- frame_number——我们稍后讨论 FuncAnimation 的 frames 参数的下一个值。虽然 FuncAnimation 要求 update 函数必须拥有这个参数，但是我们在 update 函数中并不使用它。
- rolls——每个动画帧投掷骰子的次数。
- faces——骰子每个面的值，用作图像的 x 轴的标签。
- frequencies——用来保存每个面出现频数的列表。

我们将在下面几个子节中讨论函数体的具体内容。

```
9  def update(frame_number, rolls, faces, frequencies):
10     """Configures bar plot contents for each animation frame."""
```

update 函数：投掷骰子并更新 frequencies 列表

第 12～13 行投掷骰子 rolls 次，每次投掷为 frequencies 列表的相应元素增加 1。注意我们在增加 frequencies 列表的相应元素前把骰子的面值（1 到 6）减去 1，正如我们看到的，frequencies 是一个有 6 个元素的列表（在第 36 行定义），所以它的索引是 0 到 5。

```
11     # roll die and update frequencies
12     for i in range(rolls):
13         frequencies[random.randrange(1, 7) - 1] += 1
14
```

update 函数：配置条形图和文本

update 函数中的第 16 行调用 matplotlib.pyplot 的 cla（清理轴）函数，这个函数在为当前的动画帧绘制新的条形前移除现有的条形图元素。我们在前面章节的数据科学入门小节中讨论了第 17～27 行代码。第 17～20 行代码绘制条形，设置条形图的标题，设置 x 轴和 y 轴的标签并缩放整个图形，为每个条形上的频数和百分比文本留出空间。第 23～27 行代码显示频数和百分比的文本：

```
15        # reconfigure plot for updated die frequencies
16        plt.cla()  # clear old contents contents of current Figure
17        axes = sns.barplot(faces, frequencies, palette='bright')  # new bars
18        axes.set_title(f'Die Frequencies for {sum(frequencies):,} Rolls')
19        axes.set(xlabel='Die Value', ylabel='Frequency')
20        axes.set_ylim(top=max(frequencies) * 1.10)  # scale y-axis by 10%
21
22        # display frequency & percentage above each patch (bar)
23        for bar, frequency in zip(axes.patches, frequencies):
24            text_x = bar.get_x() + bar.get_width() / 2.0
25            text_y = bar.get_height()
26            text = f'{frequency:,}\n{frequency / sum(frequencies):.3%}'
27            axes.text(text_x, text_y, text, ha='center', va='bottom')
28
```

用于配置图表和维持状态的变量

第 30～31 行使用 sys 模块的 argv 列表获取脚本的命令行参数。第 33 行使用 Seaborn 的 'whitegrid' 风格。第 34 行调用 matplotlib.pyplot 模块的 figure 函数，来获取 FuncAnimation 显示动画的 Figure 对象。这个函数的参数是窗口的标题。我们将会看到，这是 FuncAnimation 需要的参数之一。第 35 行创建一个包含骰子每个面值 1～6 的列表，并在图表的 x 轴上显示。第 36 行创建了 6 个元素的 frequencies 列表，每个元素的初始值为 0——每次投掷骰子，我们都会更新这个列表。

```
29  # read command-line arguments for number of frames and rolls per frame
30  number_of_frames = int(sys.argv[1])
31  rolls_per_frame = int(sys.argv[2])
32
33  sns.set_style('whitegrid')  # white background with gray grid lines
34  figure = plt.figure('Rolling a Six-Sided Die')  # Figure for animation
35  values = list(range(1, 7))  # die faces for display on x-axis
36  frequencies = [0] * 6  # six-element list of die frequencies
37
```

调用 animation 模块的 FuncAnimation 函数

第 39～41 行调用 Matplotlib 的 animation 模块的 FuncAnimation 函数来动态地更新条形图。函数返回一个表示动画的对象。然而，这不是显式使用，必须存储对动画的引用；否则，Python 会立刻结束动画，然后把占用的内存返还给系统。

```
38  # configure and start animation that calls function update
39  die_animation = animation.FuncAnimation(
40      figure, update, repeat=False, frames=number_of_frames, interval=33,
41      fargs=(rolls_per_frame, values, frequencies))
42
43  plt.show()  # display window
```

FuncAnimation 有两个需要的参数：

- figure——用来显示动画的 Figure 对象。
- update——每帧调用一次的函数。

在本例中，我们也能传递以下可以选择的关键字参数：

- repeat——如果为 False，则在指定帧数后结束动画。如果为 True（默认值），当动画结束的时候从头重放。
- frames——动画帧的总数，控制 FuncAnimation 调用 update 的次数。传递一个整数和传递一个 range 的效果是等价的，例如，600 意味着 range（600）。FuncAnimation 将这个范围中的一个值作为参数，在每次调用 update 时传递。
- interval——每两帧之间的毫秒数（本例中为 33，默认值为 200）。每次调用 update，FuncAnimation 在下次调用前等待 33 毫秒。
- fargs（“function arguments”的缩写）——传递给 FuncAnimation 的第二个参数中指定函数的其他参数元组。在 fargs 元组中指定的参数对应 update 的参数 rolls、faces 和 frequencies（第 9 行）。

有关 FuncAnimation 的其他可选参数列表，详见

```
https://matplotlib.org/api/_as_gen/
   matplotlib.animation.FuncAnimation.html
```

最后，第 43 行显示窗口。

自我测验

1.（填空题）Matplotlib 的________模块的________函数动态地更新可视化结果。

答案： animation、FuncAnimation。

2.（填空题）FuncAnimation 的________关键字参数允许将自定义参数传递给每个动画帧调用一次的函数。

答案： fargs。

6.5　小结

本章中，我们讨论了 Python 的字典和集合。我们说明了什么是字典，并给了几个例子。我们展示了键 – 值对的语法，以及如何使用用逗号分隔的键 – 值对列表来创建字典，列表用大括号 {} 表示。也可以通过字典解析来创建字典。

使用方括号 [] 来检索与键对应的值，也可以用来插入和更新键 – 值对。我们还使用了字典方法 update 来更改与键对应的值。也可以遍历字典的键、值和元素。

用唯一的不可变值创建集合。用比较操作符比较集合，用集合操作符和方法合并集合，用集合可变操作改变集合的值以及用集合解析来创建集合。我们发现集合是可变的。冻结集合是不可变的，所以它们能被用作集合和冻结集合的元素。

在数据科学入门小节，我们使用动态条形图来显示模拟投掷骰子的结果，以继续动态可视化入门，并让大数定律“活起来”。此外，除了前面章节的数据科学入门小节的 Seaborn 和 Matplotlib 特性展示，我们还使用了 Matplotlib 的 FuncAnimation 函数来控制逐帧播放的动画。FuncAnimation 调用我们自己定义的函数，这个函数指定每个动画帧显示的内容。

下一章我们将使用流行的 NumPy 库讨论面向数组的编程。我们将会看到，NumPy 的

ndarray 集合会比使用 Python 的内置列表执行许多相同的操作快两个数量级。这种能力对于今天的大数据应用来说迟早会派上用场。

练习

除非特别声明，否则每道练习题都使用 IPython 会话。

6.1 （讨论：字典方法）简述以下字典方法的作用：

a）add

b）keys

c）values

d）items

6.2 （代码纠错）下面的代码应该打印字符串 text 中唯一的单词以及每个单词出现的次数。

```
from collections import Counter
text = ('to be or not to be that is the question')
counter = Counter(text.split())
for word, count in sorted(counter):
    print(f'{word:<12}{count}')
```

6.3 （代码功能分析）字典 temperatures 包含四天中每天三次华氏温度的采样值。for 语句的功能是什么？

```
temperatures = {
    'Monday': [66, 70, 74],
    'Tuesday': [50, 56, 64],
    'Wednesday': [75, 80, 83],
    'Thursday': [67, 74, 81]
}

for k, v in temperatures.items():
    print(f'{k}: {sum(v)/len(v):.2f}')
```

6.4 （代码补全）用集合操作符替换下面表达式中的 ***，以得到注释中的运算结果。最后一个操作需要检测左边的操作数是不是右边的操作数的非真子集。对前四个表达式，指出产生结果的集合操作的名称。

```
a) {1, 2, 4, 8, 16} *** {1, 4, 16, 64, 256}  # {1,2,4,8,16,64,256}
b) {1, 2, 4, 8, 16} *** {1, 4, 16, 64, 256}  # {1,4,16}
c) {1, 2, 4, 8, 16} *** {1, 4, 16, 64, 256}  # {2,8}
d) {1, 2, 4, 8, 16} *** {1, 4, 16, 64, 256}  # {2,8,64,256}
e) {1, 2, 4, 8, 16} *** {1, 4, 16, 64, 256}  # False
```

6.5 （重复单词计数）写一个脚本，使用字典确定一条语句中重复单词的出现次数。不区分大小写并假设语句中没有标点符号。使用在 6.2.7 节中学到的技术。单词数量大于 1 被认为是重复的。

6.6 （重复单词移除）编写一个接收单词列表的函数，然后确定唯一的单词并按照字典顺序显示。不区分大小写。这个函数应当使用集合来获取列表中唯一的单词。用几个语句来测试函数。

6.7 （字符计数）回想一下由字符序列构成的字符串。使用类似图 6.2 的技术来编写一个脚本，从用户处输入一个句子，然后使用字典统计每个字母出现的次数。忽略大小写、忽略空格并假设用户不会输入任何标点符号。最终显示一个两列的表格，其中包含按序排列的字母及其数量。挑战：使用集合操作来确定字母表中哪些字母不在原句中。

6.8 （挑战：与支票金额等价的单词）在支票开票系统中，防止支票金额变动是至关重要的。一种常见的安全方法要求同时用数字和文字表示金额。即使有人能改写支票金额的数字，也很难改动文字。创建一个字典，将数字映射到对等的单词。编写一个脚本，输入一个小于 1000 的支票金额数字并使用字典书写与数字等价的单词。例如，金额 112.43 应当写成：

```
ONE HUNDRED TWELVE AND 43/100
```

6.9 （字典操作）使用下面的字典，将国家名映射到因特网顶级域名（Top-Level Domain，TLD）：

```
tlds = {'Canada': 'ca', 'United States': 'us', 'Mexico': 'mx'}
```

执行以下任务并显示结果：

a）检查字典是否包含键 'Canada'。

b）检查字典是否包含键 'France'。

c）遍历键 – 值对并用两列的格式显示它们。

d）添加键 – 值对 'Sweden' 和 'sw'（这是错的）。

e）把键 'Sweden' 的值更新为 'se'。

f）用字典解析反转键和值。

g）在（f）的结果上，使用字典解析把国家名改成大写。

6.10 （集合操作）使用下面的集合：

```
{'red', 'green', 'blue'}
{'cyan', 'green', 'blue', 'magenta', 'red'}
```

显示结果：

a）使用每个比较操作符比较集合。

b）使用集合的数学操作符组合集合。

6.11 （分析掷骰子游戏）修改图 4.2 的脚本来执行 1 000 000 次投掷骰子的游戏。使用一个 wins 字典来记录指定轮数中的获胜次数。类似地，使用一个 losses 字典来记录指定轮数中的失败次数。随着模拟的进行，持续更新字典。

wins 字典的一个典型键 – 值对可能是：

```
4: 50217
```

这代表有 50217 场游戏在第 4 轮投掷后获胜。显示结果摘要，包括：

a）赢得游戏总场数所占比例。

b）输掉游戏总场数所占比例。

c）在指定轮数后决出胜负的游戏总场数所占比例（样例输出的第 2 列）。

d）在进行指定轮数后决出胜负的游戏总场数所占比例（样例输出的第 3 列）。

输出应当类似于下面：

```
Percentage of wins: 50.2%
Percentage of losses: 49.8%
Percentage of wins/losses based on total number of rolls

        % Resolved       Cumulative %
Rolls   on this roll   of games resolved
    1         30.10%              30.10%
    2         20.80%              50.90%
    3         14.10%              65.00%
    4          9.90%              74.90%
    5          7.40%              82.30%
    6          4.60%              86.90%
    7          3.70%              90.60%
    8          2.40%              93.00%
    9          1.90%              94.90%
   10          1.10%              96.00%
```

```
  11       0.90%        96.90%
  12       0.80%        97.70%
  13       0.80%        98.50%
  14       0.30%        98.80%
  15       0.30%        99.10%
  16       0.30%        99.40%
  17       0.50%        99.90%
  25       0.10%       100.00%
```

6.12 （翻译字典）使用在线翻译工具（例如必应微软翻译或谷歌翻译）将英文翻译成另一种语言。创建 `translations` 字典，这个字典将英文单词映射到翻译内容上。用两列的表格显示翻译。

6.13 （同义词字典）使用在线同义词字典查找五个单词的同义词，然后创建 `synonyms` 字典，它把单词映射到每个单词有三个同义词的列表。以键的形式显示字典，并在其下方显示缩进的同义词列表。

6.14 （数据科学入门：抛硬币的可视化）修改练习 5.31 中模拟抛硬币的脚本，让其在抛硬币时动态更新条形图。使用 6.4.2 节中学到的技术。

6.15 （数据科学入门：投掷两个骰子的可视化）修改练习 5.32 中模拟投掷两个骰子的脚本，让其在投掷骰子时动态更新条形图。使用 6.4.2 节中学到的技术。

6.16 （数据科学入门：掷骰子游戏的可视化）重新执行练习 5.33 中的解决方案，使用在 6.4.2 节中学到的技术创建一个动态条形图，显示第一次、第二次、第三次等投掷的胜负。

6.17 （项目：用更健康的食材烹饪）在第 8 章的练习中，将编写一个脚本，允许用户输入烹饪配方中的食材，然后推荐更健康的替代品[⊖]。为该练习做准备，创建一个字典，将食材与潜在的替代品列表对应起来。以下是一些食材替代品：

食材	替代品
1 杯酸奶油	1 杯酸奶
1 杯牛奶	半杯炼乳和半杯水
1 茶匙柠檬汁	半茶匙醋
1 杯白糖	半杯蜂蜜、1 杯糖浆或 1/4 杯龙舌兰花蜜
1 杯黄油	1 杯人造奶油或酸奶
1 杯面粉	1 杯黑麦粉或米粉
1 杯蛋黄酱	1 杯农家干酪或 1/8 杯人造奶油和 7/8 杯酸奶
1 个鸡蛋	2 汤匙玉米淀粉、慈姑粉或土豆淀粉，或者 2 个蛋清，或者半个大香蕉（捣碎）
1 杯牛奶	1 杯豆浆
1 杯油	1 杯苹果酱

字典应当考虑替代品并不总是一对一的。例如，如果一个蛋糕食谱需要三个鸡蛋，可以使用六个鸡蛋的蛋清代替。在网上搜索测量的转换数据和食材替代品。字典应当把食材与潜在的替代品列表对应起来。

⊖ 在对饮食进行重大改变之前，一定要咨询专业人士。

使用 NumPy 进行面向数组的编程

目标

- 学习数组的概念以及它们与列表的区别。
- 使用 `numpy` 模块中高性能的 `ndarray`。
- 用 Python 魔法命令 `%timeit` 比较列表与 `ndarray` 的性能。
- 使用 `ndarray` 高效地存取数据。
- 创建和初始化 `ndarray`。
- 引用单个的 `ndarray` 元素。
- 遍历 `ndarray`。
- 创建和操作多维 `ndarray`。
- 执行常见的 `ndarray` 操作。
- 创建和操作 pandas 的一维 `Series` 和二维 `DataFrame`。
- 自定义 `Series` 和 `DataFrame` 的索引。
- 计算 `Series` 和 `DataFrame` 中基本的描述性统计信息。
- 自定义 pandas 输出格式中浮点数的精度。

7.1 简介

NumPy（Numerical Python，数值 Python）库首次出现于 2006 年，是 Python 数组实现的首选。它提供了一种高性能的、功能丰富的 *n* 维数组类型，称为 **`ndarray`**，从这里起我们将以它的同义词 `array` 来称呼它。NumPy 是 Anaconda Python 发行版安装的众多开源库之一。在 `array` 上的操作要比列表的操作快两个数量级。在大数据世界中，应用程序可能需要对海量基于数组的数据进行大量处理，这种性能优势非常关键。根据 `libraries.io`，超过 450 个 Python 库依赖于 NumPy。许多流行的数据科学库，例如 pandas、SciPy（Scientific Python，科学 Python）和 Keras（用于深度学习）都是建立或者依赖于 NumPy 的。

本章中，我们将探讨 `array` 的基本功能。列表可以有多个维度。通常使用嵌套循环或者列表解析的多个 `for` 语句来处理多维的列表。NumPy 的一个优点是“面向数组的编程”，它使用内部迭代的函数式编程使数组操作简洁而又直接，消除了显式编程循环的外部迭代可能出现的各种 bug。

本章的数据科学入门部分中，我们将开始介绍 pandas 库的多节内容，将会在许多数据科学案例研究章节中使用到它。大数据应用经常需要比 NumPy 数组更灵活的集合——这些集合支持混合数据类型、自定义索引、缺失数据、结构不一致的数据，以及需要将数据处理为合适数据库和数据分析包的形式。我们将介绍 pandas 中与一维数组类似的 Series 以及与二维数组类似的 DataFrame，并展示它们强大的功能。阅读完本章之后，将熟悉四种类似数组的集合——列表、数组、Series 和 DataFrame。在第 16 章中我们还会介绍第五种集合——tensor。

自我测验

（填空）NumPy 提供了________这个数据结构，它通常比列表快得多。

答案： ndarray。

7.2　从已有数据中创建 array

NumPy 文档建议将 numpy **模块**导入为 np，这样就能用 'np.' 访问它的成员：

```
In [1]: import numpy as np
```

numpy 模块提供了多个创建 array 的函数。这里我们使用 array 函数，它接收一个 array 或者其他元素的集合作为参数，并返回一个包含参数中元素的新的 array。我们如下传递一个列表：

```
In [2]: numbers = np.array([2, 3, 5, 7, 11])
```

array 函数将它的参数的元素复制到 array 中。让我们来观察下 array 函数返回对象的类型并显示它的内容：

```
In [3]: type(numbers)
Out[3]: numpy.ndarray

In [4]: numbers
Out[4]: array([ 2,  3,  5,  7, 11])
```

注意类型是 numpy.ndarray，但是所有 array 的输出都为“array.”。当输出 array 时，NumPy 用逗号和空格分隔每个值和其下一个值，并使用相同的字段宽度对所有值右对齐。它根据占字符位最多的值来决定字段的宽度。在本例中，值 11 占了两个字符位置，因此所有的值都被格式化为了两个字符字段。这就是在 [和 2 之间有一个前导空格的原因。

多维参数

array 函数复制参数的维度。让我们用一个两行三列的列表来创建一个 array：

```
In [5]: np.array([[1, 2, 3], [4, 5, 6]])
Out[5]:
array([[1, 2, 3],
       [4, 5, 6]])
```

NumPy 根据维数自动格式化 array，并对每行中的列进行对齐。

自我测验

1.（填空题）array 函数从________创建 array。

答案： 一个 array 或者其他元素的集合。

2.（IPython 会话）从一个列表解析创建一个一维的 array，这个解析产生 2 到 20 之间的偶数。

答案：

```
In [1]: import numpy as np

In [2]: np.array([x for x in range(2, 21, 2)])
Out[2]: array([ 2,  4,  6,  8, 10, 12, 14, 16, 18, 20])
```

3.（IPython 会话）创建一个两行五列的 array，第一行包含 2 到 10 的偶数，第二行包含 1 到 9 的奇数。

答案：

```
In [3]: np.array([[2, 4, 6, 8, 10], [1, 3, 5, 7, 9]])
Out[3]:
array([[ 2,  4,  6,  8, 10],
       [ 1,  3,  5,  7,  9]])
```

7.3　array 属性

array 对象提供**属性**，允许我们知晓关于其结构和内容的信息。这一节中我们将会使用下面的 array：

```
In [1]: import numpy as np

In [2]: integers = np.array([[1, 2, 3], [4, 5, 6]])

In [3]: integers
Out[3]:
array([[1, 2, 3],
       [4, 5, 6]])

In [4]: floats = np.array([0.0, 0.1, 0.2, 0.3, 0.4])

In [5]: floats
Out[5]: array([ 0. ,  0.1,  0.2,  0.3,  0.4])
```

NumPy 不会显示浮点数小数点后面尾随的 0。

确定 array 元素类型

array 函数通过其参数元素确定 array 元素的类型。可以通过 array 的 dtype 属性检查元素的类型：

```
In [6]: integers.dtype
Out[6]: dtype('int64')  # int32 on some platforms

In [7]: floats.dtype
Out[7]: dtype('float64')
```

在下一节将看到，各种 array 创建函数会接收 dtype 关键字作为参数，所以我们能够指定 array 元素的类型。

出于性能原因，NumPy 是用 C 语言编写的，并且使用了 C 语言的数据类型。默认情况下，NumPy 将整数存储为 NumPy 类型 int64——对应 C 语言的 64 位（8 字节）整型数，并将浮点数存储为 NumPy 类型 float64——对应 C 语言的 64 位（8 字节）浮点数。在我们的例子中，最常见的类型是 int64、float64、bool（布尔类型）和用于非数字数据（例如字符串）的 object。所支持类型的完整列表详见 https://docs.scipy.org/doc/numpy/user/

basics.types.html。

确定 array 的维度

属性 ndim 包含 array 的维度，属性 shape 用元组指定 array 的维度：

```
In [8]: integers.ndim
Out[8]: 2

In [9]: floats.ndim
Out[9]: 1

In [10]: integers.shape
Out[10]: (2, 3)

In [11]: floats.shape
Out[11]: (5,)
```

此处 integers 有两行三列（六个元素），floats 是一维的，所以代码片段 [11] 显示了一个单元素的元组（用逗号表示），这个元素包含 floats 的元素数量（五个）。

确定 array 的元素数量和元素大小

可以通过属性 size 查看 array 的元素数量，通过属性 itemsize 查看存储每个元素需要的字节数：

```
In [12]: integers.size
Out[12]: 6

In [13]: integers.itemsize  # 4 if C compiler uses 32-bit ints
Out[13]: 8

In [14]: floats.size
Out[14]: 5

In [15]: floats.itemsize
Out[15]: 8
```

注意 integers 的 size 是 shape 元组值的乘积——两行三列一共六个元素。每个例子中 itemsize 都是 8，因为 integers 包含 int64 值，floats 包含 float64 值，它们都占 8 字节。

遍历多维 array 的元素

通常，我们将使用简洁的函数式编程方式来操作 array。然而，因为 array 是可迭代的，如果愿意，我们可以使用外部迭代：

```
In [16]: for row in integers:
    ...:     for column in row:
    ...:         print(column, end='  ')
    ...:     print()
    ...:
1  2  3
4  5  6
```

可以使用 flat 属性遍历多维 array，就像它是一维的一样：

```
In [17]: for i in integers.flat:
    ...:     print(i, end='  ')
    ...:
1  2  3  4  5  6
```

自我测验

1.（判断题）默认情况下，NumPy 会显示浮点数小数点后尾随的 0。

答案：错误。默认情况下，NumPy 不会显示浮点数小数部分尾随的 0。

2.（IPython 会话）使用上一节自我测验中的二维数组，显示它的维度以及形状。

答案：

```
In [1]: import numpy as np

In [2]: a = np.array([[2, 4, 6, 8, 10], [1, 3, 5, 7, 9]])

In [3]: a.ndim
Out[3]: 2

In [4]: a.shape
Out[4]: (2, 5)
```

7.4　用特定值填充 array

NumPy 提供了函数 zeros、ones 和 full，分别用来创建全为 0、1 或指定值的 array。默认情况下，zeros 和 ones 创建的 array 元素类型是 float64。下面我们展示自定义元素类型的方法。这些函数的第一个参数必须是整数或者整数的元组，以指定期望的维数。如果是一个整数，每个函数返回一个一维的 array，包含指定数量的元素：

```
In [1]: import numpy as np

In [2]: np.zeros(5)
Out[2]: array([ 0.,  0.,  0.,  0.,  0.])
```

对于整数的元组，这些函数返回一个指定维数的多维 array。可以使用函数 zeros 和 ones 的关键值参数 dtype 指定 array 元素类型：

```
In [3]: np.ones((2, 4), dtype=int)
Out[3]:
array([[1, 1, 1, 1],
       [1, 1, 1, 1]])
```

full 返回的 array 包含第二个参数的值和类型的元素：

```
In [4]: np.full((3, 5), 13)
Out[4]:
array([[13, 13, 13, 13, 13],
       [13, 13, 13, 13, 13],
       [13, 13, 13, 13, 13]])
```

7.5　从值域中创建 array

NumPy 为从值域创建 array 提供了优化的函数。我们主要关注等间距的整数和浮点数值域，但是 NumPy 也支持非线性的值域。[⊖]

使用 arange 创建整数值域

让我们使用 NumPy 的 arange 函数来创建整数值域——和内置的 range 函数类似。

⊖ https://docs.scipy.org/doc/numpy/reference/routines.array-creation.html.

本例中，arange 首先确定结果 array 中元素的数量以分配内存，然后把指定值域的值存储在 array 中：

```
In [1]: import numpy as np

In [2]: np.arange(5)
Out[2]: array([0, 1, 2, 3, 4])

In [3]: np.arange(5, 10)
Out[3]: array([5, 6, 7, 8, 9])

In [4]: np.arange(10, 1, -2)
Out[4]: array([10,  8,  6,  4,  2])
```

虽然可以通过传递 range 作为参数来创建 array，但一定要使用 arange，因为它针对 array 有优化。很快我们将会展示确定各种操作执行时间的方法，以比较它们的性能。

使用 linspace 创建浮点数值域

可以使用 NumPy 的 linspace 函数创建等间距的浮点数值域。函数的前两个参数指定了值域的开头和末尾，且末尾的值是被包含在 array 中的。可选的关键字参数为 num，它指定了生成的元素数量，默认值为 50：

```
In [5]: np.linspace(0.0, 1.0, num=5)
Out[5]: array([ 0.  ,  0.25,  0.5 ,  0.75,  1.  ])
```

重塑 array

也可以从一组元素创建 array，然后使用 array 的 reshape 方法将一个一维数组转换为多维数组。让我们创建一个包含从 1～20 整数的 array，然后将其重塑为四行五列：

```
In [6]: np.arange(1, 21).reshape(4, 5)
Out[6]:
array([[ 1,  2,  3,  4,  5],
       [ 6,  7,  8,  9, 10],
       [11, 12, 13, 14, 15],
       [16, 17, 18, 19, 20]])
```

注意前面代码片段中的*链式调用*。首先 arange 生成一个包含值 1～20 的 array，然后我们在该 array 上调用 reshape，以得到显示的 4 乘 5 的 array。

可以重塑任何 array，只要新形状的元素数量和原来的相同。所以六个元素的一维 array 能够变成 3 乘 2 或 2 乘 3 的 array，反之亦然，但是如果尝试将一个 15 个元素的 array 重塑为 4 乘 4 的 array（16 个元素）将会产生 ValueError。

显示庞大的 array

如果显示一个 array，当有超过 1000 个或更多项时，NumPy 会删除输出的中间行、列或者两者都删除。下面的代码片段产生 100 000 个元素。第一种情况显示所有四行，但只显示 25 000 列中的前三列和后三列。符号…表示缺少的数据。第二种情况显示 100 行中的前三行和后三行，以及 1000 列中的前三列和后三列：

```
In [7]: np.arange(1, 100001).reshape(4, 25000)
Out[7]:
array([[     1,      2,      3, ...,  24998,  24999,  25000],
       [ 25001,  25002,  25003, ...,  49998,  49999,  50000],
```

```
       [ 50001,  50002,  50003, ...,  74998,  74999,  75000],
       [ 75001,  75002,  75003, ...,  99998,  99999, 100000]])

In [8]: np.arange(1, 100001).reshape(100, 1000)
Out[8]:
array([[     1,      2,      3, ...,    998,    999,   1000],
       [  1001,   1002,   1003, ...,   1998,   1999,   2000],
       [  2001,   2002,   2003, ...,   2998,   2999,   3000],
       ...,
       [ 97001,  97002,  97003, ...,  97998,  97999,  98000],
       [ 98001,  98002,  98003, ...,  98998,  98999,  99000],
       [ 99001,  99002,  99003, ...,  99998,  99999, 100000]])
```

自我测验

1.（填空题）NumPy 函数________返回包含等间距浮点数值的 ndarray。

答案： linspace。

2.（IPython 会话）使用 NumPy 函数 arange 来创建含有 20 个整数的 array，其值从 2 到 40，然后将结果重塑为 4 乘 5 的 array。

答案：

```
In [1]: import numpy as np

In [2]: np.arange(2, 41, 2).reshape(4, 5)
Out[2]:
array([[ 2,  4,  6,  8, 10],
       [12, 14, 16, 18, 20],
       [22, 24, 26, 28, 30],
       [32, 34, 36, 38, 40]])
```

7.6　列表和 array 的性能：引入 %timeit

大多数 array 操作的速度明显快于对应的列表操作。为了证明这一点，我们将使用 IPython **%timeit 魔法指令**，它将统计操作的平均用时。注意，系统上显示的时间可能与我们在这里显示的时间不同。

记录创建一个包含 6 000 000 次投掷骰子结果的列表的时间

我们已经演示了投掷 6 000 000 次六面骰子。这里我们使用 random 模块的 randrange 函数，并使用列表解析来创建包含六百万次骰子投掷结果的列表，同时用 %timeit 计算操作的用时。注意我们使用行连接符（\）把代码片段 [2] 的语句划分成两行：

```
In [1]: import random

In [2]: %timeit rolls_list = \
   ...:     [random.randrange(1, 7) for i in range(0, 6_000_000)]
6.29 s ± 119 ms per loop (mean ± std. dev. of 7 runs, 1 loop each)
```

默认情况下，%timeit 在循环中执行一条语句，并运行该循环 7 次。如果不指定循环的次数，%timeit 会选择一个适当的值。在我们的测试中，平均耗时超过 500 毫秒的操作只迭代 1 次，少于 500 毫秒的操作迭代 10 次或更多。

执行完语句后，%timeit 显示语句执行的平均时间，以及所有执行的标准差。平均来说，%timeit 表示创建列表花费了 6.29 秒（s），标准差为 119 毫秒（ms）。总的来说，前面的代码片段需要花费 44 秒来运行 7 次。

记录创建一个包含 6 000 000 投掷骰子结果的 array 的时间

现在，我们使用 **numpy.random** 模块的 **randint** 函数来创建一个包含 6 000 000 次投掷骰子的结果的 array：

```
In [3]: import numpy as np

In [4]: %timeit rolls_array = np.random.randint(1, 7, 6_000_000)
72.4 ms ± 635 μs per loop (mean ± std. dev. of 7 runs, 10 loops each)
```

平均情况下，%timeit 表示创建 array 只需要 72.4 毫秒，标准差为 635 微秒（μs）。总的来说，前面的代码片段在我们的电脑上执行不超过半秒钟，大约是代码片段 [2] 的百分之一。使用 array 的运算速度要快两个数量级！

60 000 000 次和 600 000 000 次骰子投掷

现在，我们创建投掷 60 000 000 次骰子的结果的 array：

```
In [5]: %timeit rolls_array = np.random.randint(1, 7, 60_000_000)
873 ms ± 29.4 ms per loop (mean ± std. dev. of 7 runs, 1 loop each)
```

平均而言，创建 array 花费 873 毫秒。

最后，我们创建投掷 600 000 000 次骰子的结果的 array：

```
In [6]: %timeit rolls_array = np.random.randint(1, 7, 600_000_000)
10.1 s ± 232 ms per loop (mean ± std. dev. of 7 runs, 1 loop each)
```

使用 NumPy 创建 600 000 000 个元素需要大约 10 秒钟，而使用列表解析创建 6 000 000 个元素就需要大约 6 秒钟。

基于这些计时研究，可以清楚地看到为什么 array 比列表更适合计算密集型操作。在数据科学案例研究中，我们将探讨性能密集型的大数据和人工智能领域。我们将看到硬件、软件、通信和算法设计如何巧妙地结合在一起，以应对当今应用程序中通常非常巨大的计算挑战。

自定义 %timeit 迭代

每个 %timeit 循环中迭代的次数以及循环的次数都可以通过 -n 和 -r 选项来自定义。下面的代码在每个循环中执行代码片段 [4] 的语句三次，并运行循环两次：[㊀]

```
In [7]: %timeit -n3 -r2 rolls_array = np.random.randint(1, 7, 6_000_000)
85.5 ms ± 5.32 ms per loop (mean ± std. dev. of 2 runs, 3 loops each)
```

其他 IPython 的魔法指令

IPython 为各种任务提供了许多魔法指令，在 IPython 的魔法指令文档上可以看到完整的列表[㊁]。这里是一些有用的指令：

- %load 指令从本地文件或者 URL 链接将代码读入 IPython。
- %save 指令将代码片段保存到文件。
- %run 从 IPython 执行一个 .py 文件。
- %precision 改变 IPython 输出的浮点数的默认精度。

㊀ 对于大多数读者，使用 %timeit 的默认设置就好。

㊁ http://ipython.readthedocs.io/en/stable/interactive/magics.html.

- %cd 在不退出 IPython 的情况下改变文件夹路径。
- %edit 启动一个外部的编辑器，如果需要修改更复杂的代码片段，这将会很有用。
- %history 显示在当前 IPython 会话中执行过的代码片段和指令列表。

自我测验

（IPython 会话）使用 %timeit 指令比较下面两个语句执行的时间。第一个语句用列表解析创建从 0 到 9 999 999 的整数列表，然后用内置的 sum 函数求和。第二个语句用 array 和它的 sum 方法做同样的事。

```
sum([x for x in range(10_000_000)])
np.arange(10_000_000).sum()
```

答案：

```
In [1]: import numpy as np

In [2]: %timeit sum([x for x in range(10_000_000)])
708 ms ± 28.2 ms per loop (mean ± std. dev. of 7 runs, 1 loop each)

In [3]: %timeit np.arange(10_000_000).sum()
27.2 ms ± 676 µs per loop (mean ± std. dev. of 7 runs, 10 loops each)
```

使用列表解析的语句比用 array 的语句多花了 26 倍的时间。

7.7 array 操作符

NumPy 提供了许多操作符，使我们能够编写简单的表达式，以在整个 array 上执行运算。这里我们将演示 array 与数值之间以及相同形状的 array 之间的算术。

array 与单个数值之间的算术操作

首先，通过使用算术操作符和扩展赋值符，对 array 和数值做基于元素的算术。基于元素的操作将会应用到每个元素，所以代码片段 [4] 将每个元素乘 2，代码片段 [5] 将每个元素做立方操作。每个操作返回包含结果的新的 array：

```
In [1]: import numpy as np

In [2]: numbers = np.arange(1, 6)

In [3]: numbers
Out[3]: array([1, 2, 3, 4, 5])

In [4]: numbers * 2
Out[4]: array([ 2,  4,  6,  8, 10])

In [5]: numbers ** 3
Out[5]: array([  1,   8,  27,  64, 125])

In [6]: numbers  # numbers is unchanged by the arithmetic operators
Out[6]: array([1, 2, 3, 4, 5])
```

代码片段 [6] 表明算术操作符并不会修改 numbers。操作符 + 和 * 是可交换的，所以代码片段 [4] 也可以写成 2*numbers。

扩展赋值符会修改左侧操作数的每个元素。

```
In [7]: numbers += 10
```

```
In [8]: numbers
Out[8]: array([11, 12, 13, 14, 15])
```

广播

通常，算术操作符需要两个大小和形状相同的 array 作为操作数。当操作数是单个数值（称为**标量**）时，NumPy 执行基于元素的运算，就好像该标量是与另一个操作数形状相同但所有元素都是标量值的 array。这就是**广播**。代码片段 [4]、[5] 和 [7] 都使用此功能。例如，代码片段 [4] 等价于：

```
numbers * [2, 2, 2, 2, 2]
```

广播也能够应用在不同大小和形状的 array 上，使一些简洁又强大的操作成为可能。在本章后面介绍 NumPy 的通用函数时，我们将展示更多关于广播的例子。

array 之间的算术操作

可以在相同形状的 array 之间执行算术运算和扩展赋值。让我们把一维 arrays numbers 和 numbers2（在下面创建）相乘，每个 array 包含五个元素：

```
In [9]: numbers2 = np.linspace(1.1, 5.5, 5)

In [10]: numbers2
Out[10]: array([ 1.1,  2.2,  3.3,  4.4,  5.5])

In [11]: numbers * numbers2
Out[11]: array([ 12.1,  26.4,  42.9,  61.6,  82.5])
```

结果是两个操作数时对应元素两两相乘（11*1.1、12*2.2、13*3.3 等）组成的新数组。整数 array 和浮点数之间算术运算的结果是浮点数 array。

比较 array

可以将 array 与单个数值和其他 array 进行比较。比较操作按逐个元素进行。比较返回一个 Boolean 值构成的 array，每个元素为 True 或 False，代表比较的结果：

```
In [12]: numbers
Out[12]: array([11, 12, 13, 14, 15])

In [13]: numbers >= 13
Out[13]: array([False, False,  True,  True,  True])

In [14]: numbers2
Out[14]: array([ 1.1,  2.2,  3.3,  4.4,  5.5])

In [15]: numbers2 < numbers
Out[15]: array([ True,  True,  True,  True,  True])

In [16]: numbers == numbers2
Out[16]: array([False, False, False, False, False])

In [17]: numbers == numbers
Out[17]: array([ True,  True,  True,  True,  True])
```

代码片段 [13] 使用广播来确定 numbers 中每个元素是否大于等于 13。其余的代码片段比较每个 array 操作数对应的元素。

自我测验

1.（判断题）当 array 操作符的一个操作数为标量时，NumPy 使用广播进行计算，就好像该标量是和另一个操作数形状相同但每个元素都是标量值的 array。

答案：正确。

2.（IPython 会话）创建一个值从 1 到 5 的数组，然后使用广播计算每个值的平方。

答案：

```
In [1]: import numpy as np

In [2]: np.arange(1, 6) ** 2
Out[2]: array([ 1,  4,  9, 16, 25])
```

7.8 NumPy 计算方法

array 有各种使用其内容进行计算的方法。默认情况下，这些方法忽略 array 的形状并使用所有元素进行计算。例如，计算 array 中所有元素的平均值，而不管其形状如何，然后除以元素的总数。也可以在每个维度上执行这些计算。例如，在一个二维数组中，可以计算每一行和每一列的均值。

考虑一个代表四个学生在三场考试中成绩的 array：

```
In [1]: import numpy as np

In [2]: grades = np.array([[87, 96, 70], [100, 87, 90],
   ...:                    [94, 77, 90], [100, 81, 82]])
   ...:

In [3]: grades
Out[3]:
array([[ 87,  96,  70],
       [100,  87,  90],
       [ 94,  77,  90],
       [100,  81,  82]])
```

我们能使用一些方法计算 sum、min、max、mean、std（标准差）和 var（方差），每个方法都是一个函数式编程的约简：

```
In [4]: grades.sum()
Out[4]: 1054

In [5]: grades.min()
Out[5]: 70

In [6]: grades.max()
Out[6]: 100

In [7]: grades.mean()
Out[7]: 87.83333333333333

In [8]: grades.std()
Out[8]: 8.792357792739987

In [9]: grades.var()
Out[9]: 77.30555555555556
```

按行或列计算

许多计算方法能在 array 的指定维度上执行，即 array 的轴。这些方法接收一个

axis 关键字参数，这个参数指定用于计算的维度，为我们提供在二维 array 中按行或按列执行计算的快速方法。

假设我们想计算每次考试的平均成绩，用 grades 的列显示结果。指定 axis=0 对每列中所有行执行计算：

```
In [10]: grades.mean(axis=0)
Out[10]: array([95.25, 85.25, 83.  ])
```

所以上面的 95.25 是第一列成绩（87、100、94 和 100）的平均值，85.25 是第二列成绩（96、87、77 和 81）的平均值，83 是第三列成绩（70、90、90 和 82）的平均值。同样，NumPy 不会显示 '83.' 小数点尾数后面的 0。还要注意的是，NumPy 肯定会将所有元素都以相同的宽度显示，这就是 '83.' 后面跟着两个空格的原因。

类似地，指定 axis=1 时会对每行中所有列执行计算。为了计算每位学生在所有考试中的平均成绩，我们能使用：

```
In [11]: grades.mean(axis=1)
Out[11]: array([84.33333333, 92.33333333, 87.        , 87.66666667])
```

这会产生 4 个平均值——每个值对应一行。所以 84.33333333 是第 0 行成绩（87、96 和 70）的平均值，其他平均值是剩下的行的平均值。

NumPy 的 array 还有更多的计算方法。对于完整的列表，请查看 https://docs.scipy.org/doc/numpy/reference/arrays.ndarray.html。

自我测验

1.（填空题）NumPy 函数________和________分别计算方差和标准差。

答案： var，std。

2.（IPython 会话）使用 NumPy 的随机数生成来创建包含 12 个随机成绩的数组，每个值在 60 到 100 之间，然后将结果重塑为 3 乘 4 的数组。计算成绩的平均值、每列成绩的平均值和每行成绩的平均值。

答案：

```
In [1]: import numpy as np

In [2]: grades = np.random.randint(60, 101, 12).reshape(3, 4)

In [3]: grades
Out[3]:
array([[94, 72, 76, 91],
       [65, 78, 66, 70],
       [65, 60, 63, 72]])

In [4]: grades.mean()
Out[4]: 72.66666666666667

In [5]: grades.mean(axis=0)
Out[5]: array([74.66666667, 70.        , 68.33333333, 77.66666667])

In [6]: grades.mean(axis=1)
Out[6]: array([83.25, 69.75, 65.  ])
```

7.9 普适函数

NumPy 提供了几十个独立的**普适函数**（或 ufuncs），它们执行各种元素级的操作。每个函数使用一个或两个 array 或类数组（例如列表）作为参数来执行其任务。其中一些函数在对 array 使用类似 + 和 * 的操作符时被调用。

让我们使用 **sqrt 普适函数**来创建一个 array 并计算其值的平方根：

```
In [1]: import numpy as np

In [2]: numbers = np.array([1, 4, 9, 16, 25, 36])

In [3]: np.sqrt(numbers)
Out[3]: array([1., 2., 3., 4., 5., 6.])
```

让我们使用 **add 普适函数**将两个相同形状的 array 相加：

```
In [4]: numbers2 = np.arange(1, 7) * 10

In [5]: numbers2
Out[5]: array([10, 20, 30, 40, 50, 60])

In [6]: np.add(numbers, numbers2)
Out[6]: array([11, 24, 39, 56, 75, 96])
```

表达式 np.add（numbers，numbers2）等价于：

```
numbers + numbers2
```

使用普适函数散播

让我们使用 **multiply 普适函数**将 number2 的每个元素乘以标量 5：

```
In [7]: np.multiply(numbers2, 5)
Out[7]: array([ 50, 100, 150, 200, 250, 300])
```

表达式 np.multiply（numbers2，5）等价于：

```
numbers2 * 5
```

让我们将 numbers2 重塑为 2 乘 3 的 array，然后将其值乘以一个有三个元素的一维 array：

```
In [8]: numbers3 = numbers2.reshape(2, 3)

In [9]: numbers3
Out[9]:
array([[10, 20, 30],
       [40, 50, 60]])

In [10]: numbers4 = np.array([2, 4, 6])

In [11]: np.multiply(numbers3, numbers4)
Out[11]:
array([[ 20,  80, 180],
       [ 80, 200, 360]])
```

这样做是因为 numbers4 的长度和 numbers3 每行的长度相同，所以 NumPy 可以应用乘法操作，它将 numbers4 视为如下 array：

```
array([[2, 4, 6],
       [2, 4, 6]])
```

如果一个普适函数接收两个不同形状的 `array`，但是不支持散播，那么会产生一个 `ValueError`。在以下链接查看散播的规则：https://docs.scipy.org/doc/numpy/user/basics.broadcasting.html。

其他普适函数

NumPy 文档列出了五类普适函数——数学、三角、位操作、比较和浮点数。下面的表格列出了每种类别的一些函数。在以下链接查看完整列表，包含普适函数的描述和更多信息：https://docs.scipy.org/doc/numpy/reference/ufuncs.html。

NumPy 普适函数
Math—`add`、`subtract`、`multiply`、`divide`、`remainder`、`exp`、`log`、`sqrt`、`power` 等。
Trigonometry—`sin`、`cos`、`tan`、`hypot`、`arcsin`、`arccos`、`arctan` 等。
Bit manipulation—`bitwise_and`、`bitwise_or`、`bitwise_xor`、`invert`、`left_shift` 和 `right_shift`。
Comparison—`greater`、`greater_equal`、`less`、`less_equal`、`equal`、`not_equal`、`logical_and`、`logical_or`、`logical_xor`、`logical_not`、`minimum`、`maximum` 等。
Floating point—`floor`、`ceil`、`isinf`、`isnan`、`fabs`、`trunc` 等。

自我测验

1.（填空题）NumPy 提供了几十种独立的函数，这些函数被称作________。

答案：普适函数（或 ufuncs）。

2.（IPython 会话）创建一个值从 1 到 5 的数组，然后使用 `power` 普适函数以及散播，求每个值的立方。

答案：

```
In [1]: import numpy as np

In [2]: numbers = np.arange(1, 6)

In [3]: np.power(numbers, 3)
Out[3]: array([  1,   8,  27,  64, 125])
```

7.10 索引和切片

我们可以使用在第 5 章中演示的相同语法和技术对一维 `array` 进行索引和切片。在这里，我们主要关注特定于 `array` 的索引和切片功能。

二维 `array` 索引

为了选中二维 `array` 中的元素，需指定一个元组，该元组在中括号中包含元素的行和列索引（如代码片段 `[4]` 所示）：

```
In [1]: import numpy as np

In [2]: grades = np.array([[87, 96, 70], [100, 87, 90],
   ...:                    [94, 77, 90], [100, 81, 82]])
   ...:

In [3]: grades
Out[3]:
array([[ 87,  96,  70],
```

```
       [100,  87,  90],
       [ 94,  77,  90],
       [100,  81,  82]])

In [4]: grades[0, 1]  # row 0, column 1
Out[4]: 96
```

选取二维 array 行的子集

为选取单行，在中括号中指定一个索引：

```
In [5]: grades[1]
Out[5]: array([100,  87,  90])
```

为选取连续的多行，使用切片符号：

```
In [6]: grades[0:2]
Out[6]:
array([[ 87,  96,  70],
       [100,  87,  90]])
```

为选取非连续的多行，使用行索引的列表：

```
In [7]: grades[[1, 3]]
Out[7]:
array([[100,  87,  90],
       [100,  81,  82]])
```

选取二维 array 列的子集

可以通过提供一个元组来指定选取的行和列，从而选取列的子集。每个都可以是特定的索引、切片或者列表。让我们只选取第一列中的元素：

```
In [8]: grades[:, 0]
Out[8]: array([ 87, 100,  94, 100])
```

逗号后面的 0 表示我们只选取第 0 列。逗号前面的 : 表示选择列中的某些行。在本例中，: 是一个表示所有行的切片。这也可以是一个指定的行号，一个代表行子集的切片或者要选择的特定行索引的列表，如代码片段 [5]～[7]。

可以通过切片选择连续的列：

```
In [9]: grades[:, 1:3]
Out[9]:
array([[96, 70],
       [87, 90],
       [77, 90],
       [81, 82]])
```

或者使用列索引的列表选择指定的列：

```
In [10]: grades[:, [0, 2]]
Out[10]:
array([[ 87,  70],
       [100,  90],
       [ 94,  90],
       [100,  82]])
```

自我测验

（IPython 会话）给定下面的数组：

```
array([[ 1,  2,  3,  4,  5],
       [ 6,  7,  8,  9, 10],
       [11, 12, 13, 14, 15]])
```

编写语句执行下面的任务：

a）选择第二行。

b）选择第一行和第三行。

c）选择中间三列。

答案：

```
In [1]: import numpy as np

In [2]: a = np.arange(1, 16).reshape(3, 5)

In [3]: a
Out[3]:
array([[ 1,  2,  3,  4,  5],
       [ 6,  7,  8,  9, 10],
       [11, 12, 13, 14, 15]])

In [4]: a[1]
Out[4]: array([ 6,  7,  8,  9, 10])

In [5]: a[[0, 2]]
Out[5]:
array([[ 1,  2,  3,  4,  5],
       [11, 12, 13, 14, 15]])

In [6]: a[:, 1:4]
Out[6]:
array([[ 2,  3,  4],
       [ 7,  8,  9],
       [12, 13, 14]])
```

7.11 视图：浅拷贝

前面的章节介绍了视图对象，即在其他对象中"看到"数据的对象，而不是拥有自己的数据副本。视图也被称作**浅拷贝**。各种数组方法和切片操作会产生 array 的数据视图。

array 的 view 方法返回一个新的数组对象，这个新的对象拥有原始 array 对象的数据视图。首先，我们创建一个 array 和它的视图：

```
In [1]: import numpy as np

In [2]: numbers = np.arange(1, 6)

In [3]: numbers
Out[3]: array([1, 2, 3, 4, 5])

In [4]: numbers2 = numbers.view()

In [5]: numbers2
Out[5]: array([1, 2, 3, 4, 5])
```

我们可以使用内置的 id 函数发现 numbers 和 numbers2 是不同的对象：

```
In [6]: id(numbers)
Out[6]: 4462958592

In [7]: id(numbers2)
Out[7]: 4590846240
```

为了证明 numbers2 和 numbers 显示同样的数据，我们修改 numbers 中一个元素的值，然后显示两个 array：

```
In [8]: numbers[1] *= 10

In [9]: numbers2
Out[9]: array([ 1, 20,  3,  4,  5])

In [10]: numbers
Out[10]: array([ 1, 20,  3,  4,  5])
```

同样，改变视图中的值也会改变原始 array 中的值：

```
In [11]: numbers2[1] /= 10

In [12]: numbers
Out[12]: array([1, 2, 3, 4, 5])

In [13]: numbers2
Out[13]: array([1, 2, 3, 4, 5])
```

切片视图

切片也创建视图。让我们将 numbers2 创建为一个切片，它只显示 numbers 的前三个元素：

```
In [14]: numbers2 = numbers[0:3]

In [15]: numbers2
Out[15]: array([1, 2, 3])
```

再次用 id 确认 numbers 和 numbers2 是不同的对象：

```
In [16]: id(numbers)
Out[16]: 4462958592

In [17]: id(numbers2)
Out[17]: 4590848000
```

我们可以通过尝试访问 numbers2[3] 来确认 numbers2 仅仅是 numbers 前三个元素的视图，因为这会造成 IndexError：

```
In [18]: numbers2[3]
-------------------------------------------------------------------------
IndexError                               Traceback (most recent call last)
<ipython-input-16-582053f52daa> in <module>()
----> 1 numbers2[3]

IndexError: index 3 is out of bounds for axis 0 with size 3
```

现在，我们修改两个 array 共享的元素，然后显示它们。我们再次看到 numbers2 是 numbers 的一个视图：

```
In [19]: numbers[1] *= 20

In [20]: numbers
Out[20]: array([1, 2, 3, 4, 5])

In [21]: numbers2
Out[21]: array([ 1, 40,  3])
```

自我测验

（填空题）视图又被称作________。

答案：浅拷贝。

7.12 深拷贝

虽然视图是单独的 array 对象，它们通过与其他 array 共享元素数据来节约内存。然而，当共享可变的值时，有时候有必要用原始数据的独立副本创建**深拷贝**。这在多核编程中尤为重要：程序的不同部分可能会同时尝试修改数据，然后可能造成破坏。

array 的 copy 方法返回用原始 array 对象的数据的深拷贝创建的新 array。首先，我们创建一个 array 和它的深拷贝：

```
In [1]: import numpy as np

In [2]: numbers = np.arange(1, 6)

In [3]: numbers
Out[3]: array([1, 2, 3, 4, 5])

In [4]: numbers2 = numbers.copy()

In [5]: numbers2
Out[5]: array([1, 2, 3, 4, 5])
```

为了证明 numbers2 对 numbers 中的数据有一个单独的拷贝，我们修改 numbers 中的一个元素，然后显示二者：

```
In [6]: numbers[1] *= 10

In [7]: numbers
Out[7]: array([ 1, 20,  3,  4,  5])

In [8]: numbers2
Out[8]: array([ 1, 2,  3,  4,  5])
```

正如我们看到的，改变只在 numbers 中发生。

copy 模块——其他 Python 对象的深浅拷贝比较

在前面的章节中，我们讨论了浅拷贝。本章中，我们讨论了使用 array 对象的 copy 方法对其进行深拷贝的方法。如果需要对其他类型的 Python 对象进行深拷贝，则将它们传递到 copy 模块的 deepcopy 函数中。

自我测验

1.（判断题）array 方法 copy 返回一个新的 array，这个 array 是原始 array 的视图（浅拷贝）。

答案：错误。array 方法 copy 返回原始 array 的深拷贝。

2.（判断题）copy 模块提供了 deep_copy 函数，它返回其实际参数的深拷贝。

答案：错误。函数的名字是 deepcopy。

7.13 重塑和转置

我们已经使用过 array 方法 reshape 把一个一维范围转换为二维数组。NumPy 提供了各种各样其他的方式来重塑 array。

reshape 与 resize

array 方法 reshape 和 resize 都可以改变数组的维数。reshape 方法返回含有新维数的原始 array 的视图（浅拷贝），它不会改变原始的 array：

```
In [1]: import numpy as np

In [2]: grades = np.array([[87, 96, 70], [100, 87, 90]])

In [3]: grades
Out[3]:
array([[ 87,  96,  70],
       [100,  87,  90]])

In [4]: grades.reshape(1, 6)
Out[4]: array([[ 87,  96,  70, 100,  87,  90]])

In [5]: grades
Out[5]:
array([[ 87,  96,  70],
       [100,  87,  90]])
```

方法 resize 会一并修改原始 array 的形状：

```
In [6]: grades.resize(1, 6)

In [7]: grades
Out[7]: array([[ 87,  96,  70, 100,  87,  90]])
```

flatten 和 ravel

可以使用 flatten 和 ravel 方法将多维数组扁平化为一维的。flatten 方法深拷贝原始 array 的数据：

```
In [8]: grades = np.array([[87, 96, 70], [100, 87, 90]])

In [9]: grades
Out[9]:
array([[ 87,  96,  70],
       [100,  87,  90]])

In [10]: flattened = grades.flatten()

In [11]: flattened
Out[11]: array([ 87,  96,  70, 100,  87,  90])

In [12]: grades
Out[12]:
array([[ 87,  96,  70],
       [100,  87,  90]])
```

为确认 grades 和 flattened 不会共享数据，修改 flattened 的一个元素，然后显示二者：

```
In [13]: flattened[0] = 100

In [14]: flattened
Out[14]: array([100,  96,  70, 100,  87,  90])

In [15]: grades
Out[15]:
array([[ 87,  96,  70],
       [100,  87,  90]])
```

ravel 方法创建原始 array 的视图，这个视图共享 grades array 的数据：

```
In [16]: raveled = grades.ravel()

In [17]: raveled
Out[17]: array([ 87,  96,  70, 100,  87,  90])

In [18]: grades
Out[18]:
array([[ 87,  96,  70],
       [100,  87,  90]])
```

为确认 grades 和 raveled 共享同样的数据，修改 raveled 的一个元素，然后显示二者：

```
In [19]: raveled[0] = 100

In [20]: raveled
Out[20]: array([100,  96,  70, 100,  87,  90])

In [21]: grades
Out[21]:
array([[100,  96,  70],
       [100,  87,  90]])
```

转置行和列

可以快速**转置** array 的行和列，即“翻转” array，使行变成列，列变成行。**T 属性**返回 array 的转置的视图（浅拷贝）。原来的 grades array 代表两名学生（行）在三次考试（列）中的成绩。我们转置行和列来显示三次考试（行）中两名学生（列）的成绩：

```
In [22]: grades.T
Out[22]:
array([[100, 100],
       [ 96,  87],
       [ 70,  90]])
```

转置不会改变原来的 array：

```
In [23]: grades
Out[23]:
array([[100,  96,  70],
       [100,  87,  90]])
```

水平和垂直叠加

可以通过添加多列或多行来组合数组，这被称为水平叠加和垂直叠加。我们来创建另一个 2 乘 3 的成绩数组：

```
In [24]: grades2 = np.array([[94, 77, 90], [100, 81, 82]])
```

假设 grades2 代表 grades 数组的两名学生在三次额外考试中的成绩。通过传递一个包含需要组合的数组的元组，我们用 NumPy 的 hstack（**水平叠加**）**函数**把 grades 和 grades2 组合起来。额外的括号是必须的，因为 hstack 接收一个参数：

```
In [25]: np.hstack((grades, grades2))
Out[25]:
array([[100,  96,  70,  94,  77,  90],
       [100,  87,  90, 100,  81,  82]])
```

接下来，我们假设 grades2 代表另外两个学生在三场考试中的成绩，这种情况下，我们可以用 NumPy 的 vstack（**垂直叠加**）**函数**把 grades 和 grades2 组合起来：

```
In [26]: np.vstack((grades, grades2))
Out[26]:
array([[100,  96,  70],
       [100,  87,  90],
       [ 94,  77,  90],
       [100,  81,  82]])
```

自我测验

（IPython 会话）给定 2 乘 3 的 array：

```
array([[1, 2, 3],
       [4, 5, 6]])
```

使用 hstack 和 vstack 生成以下 array：

```
array([[1, 2, 3, 1, 2, 3],
       [4, 5, 6, 4, 5, 6],
       [1, 2, 3, 1, 2, 3],
       [4, 5, 6, 4, 5, 6]])
```

答案：

```
In [1]: import numpy as np

In [2]: a = np.arange(1, 7).reshape(2, 3)

In [3]: a = np.hstack((a, a))

In [4]: a = np.vstack((a, a))

In [5]: a
Out[5]:
array([[1, 2, 3, 1, 2, 3],
       [4, 5, 6, 4, 5, 6],
       [1, 2, 3, 1, 2, 3],
       [4, 5, 6, 4, 5, 6]])
```

7.14 数据科学入门：pandas Series 和 DataFrame

NumPy 的 array 优化了基于索引访问的同类型数据的组织和管理。但数据科学有其独特的处理需求，需要更多的自定义数据结构。大数据应用必须支持混合的数据类型、自定义索引、缺失数据、结构不一致的数据以及需要按照数据库和数据分析包的格式操作的数据。

pandas 是处理这类数据最受欢迎的库。它提供了两个关键的集合，我们将在几个数据科学入门小节以及整个数据科学案例研究中使用到它们，对一维的集合使用 Series，对二维的集合使用 DataFrame。可以使用 pandas 的 MultiIndex 来操作 Series 和 DadaFrame 里面的多维数据。

2008 年，Wes McKinney 在工业界工作时创造了 pandas。pandas 的名字源自术语“面板数据（panel data)”，意思是随时间测量的数据，例如，股票价格或历史的温度读数。McKinney 需要一个库，其中相同的数据结构可以处理基于时间和非基于时间的数据，并支持数据对齐、缺失数据、通用数据库风格的数据等。[1]

NumPy 和 pandas 密切相关。Series 和 DataFrame 在“幕后”使用 array。Series 和 DataFrame 对许多 NumPy 操作都是有效的参数。类似地，array 对许多 Series 和 DataFrame 也是有效的参数。

pandas 是一个巨大的主题，它的 PDF 文档[2]有超过 2 000 页。在本章和下章数据科学入门小节中，我们将介绍 pandas。我们将讨论 Series 和 DataFrame，并将它们用于支持数据准备。我们将看到，Series 和 DataFrame 可以让我们轻松地执行一些常见任务，例如以各种方式选择元素、过滤 / 映射 / 简化操作（函数式编程和大数据的核心)、数学操作、可视化等。

7.14.1 pandas Series

Series 是增强的一维 array。然而 array 只使用从 0 开始的整数索引，Series 支持自定义索引，甚至包括非整数索引，例如字符串。Series 还提供额外功能，使之更方便用于许多面向数据科学的任务。例如，Series 可能会有缺失的数据，并且许多 Series 操作会默认忽略缺失的数据。

用默认索引创建 Series

默认情况下，Series 有从 0 开始的顺序整数索引。下面从学生成绩的整数列表创建一个 Series：

```
In [1]: import pandas as pd

In [2]: grades = pd.Series([87, 100, 94])
```

初始值也可以是一个元组、字典、array、另一个 Series 或者单个值。我们马上会给出单个值的例子。

显示 Series

pandas 以两列的格式显示一个 Series，索引在左列并左对齐，值在右列并右对齐。列

[1] McKinney，*Wes. Python for Data Analysis: Data Wrangling with Pandas，NumPy，and IPython*，pp. 123–165. Sebastopol，CA: OReilly Media，2018.

[2] 对于最新的 pandas 文档，详见 http://pandas.pydata.org/pandas-docs/stable/.

出 Series 元素后，pandas 会显示底层 array 元素的数据类型（dtype）：

```
In [3]: grades
Out[3]:
0     87
1    100
2     94
dtype: int64
```

注意，与使用相同的两列格式显示列表的相应代码相比，以这样的格式显示 Series 是非常容易的。

用所有值相同的元素创建 Series

可以创建一个所有元素值都相同的 Series：

```
In [4]: pd.Series(98.6, range(3))
Out[4]:
0    98.6
1    98.6
2    98.6
dtype: float64
```

第二个参数是一维的可迭代对象（例如列表、array 或 range），这个对象包含 Series 的索引。索引的数量决定了元素的数量。

访问 Series 的元素

可以用包含索引的中括号来访问 Series 的元素：

```
In [5]: grades[0]
Out[5]: 87
```

为 Series 生成描述性统计

Series 为常见任务提供了许多方法，包括生成描述性统计。这里我们将展示 count、mean、min、max 和 std（标准差）：

```
In [6]: grades.count()
Out[6]: 3

In [7]: grades.mean()
Out[7]: 93.66666666666667

In [8]: grades.min()
Out[8]: 87

In [9]: grades.max()
Out[9]: 100

In [10]: grades.std()
Out[10]: 6.506407098647712
```

每一个都是函数式的简化。调用 Series 的 describe **方法**会产生以下以及更多统计信息：

```
In [11]: grades.describe()
Out[11]:
count     3.000000
mean     93.666667
std       6.506407
min      87.000000
```

```
25%       90.500000
50%       94.000000
75%       97.000000
max      100.000000
dtype: float64
```

25%、50% 和 75% 是**四分位**：

- 50% 代表排序值的中值。
- 25% 代表排序值前一半的中值。
- 75% 代表排序值后一半的中值。

对于四分位，如果中间有两个元素，它们的平均值就是四分位的中值。我们的 Series 只有三个值，所以 25% 四分位是 87 和 94 的均值，75% 四分位是 94 和 100 的均值。总之，**四分位的范围**是 75% 四分位减去 25% 四分位，这是另一种衡量分散度的方法，就像标准差和方差一样。当然，四分位和四分位的范围在更大的数据集中更为有用。

用自定义索引创建 Series

可以用 index 关键字参数指定自定义索引：

```
In [12]: grades = pd.Series([87, 100, 94], index=['Wally', 'Eva', 'Sam'])

In [13]: grades
Out[13]:
Wally     87
Eva      100
Sam       94
dtype: int64
```

本例中，我们使用了字符串索引，但是可以使用其他不可变类型，包括不以 0 开头的整数和非连续的整数。同样，请注意 pandas 是如何巧妙准确地将一个 Series 格式化显示的。

用字典初始化

如果使用字典将 Series 初始化，它的键将变成 Series 的索引，它的值将变成 Series 的元素值：

```
In [14]: grades = pd.Series({'Wally': 87, 'Eva': 100, 'Sam': 94})

In [15]: grades
Out[15]:
Wally     87
Eva      100
Sam       94
dtype: int64
```

通过自定义索引访问 Series 的元素

在有自定义索引的 Series 中，可以用包含自定义索引值的中括号单独访问元素：

```
In [16]: grades['Eva']
Out[16]: 100
```

如果自定义索引是字符串，且这个索引能表示有效的 Python 标识符，pandas 会自动将其添加到 Series 中作为属性，我们可以通过点（.）访问它，如下：

```
In [17]: grades.Wally
Out[17]: 87
```

Series 也有内置的属性。例如，dtype **属性**返回底层的 array 的元素类型：

```
In [18]: grades.dtype
Out[18]: dtype('int64')
```

并且 values **属性**返回底层的 array：

```
In [19]: grades.values
Out[19]: array([ 87, 100,  94])
```

创建字符串的 Series

如果一个 Series 包含字符串，可以使用它的 **str 属性**在其元素上调用字符串方法。首先，我们创建一个与硬件相关的字符串 Series：

```
In [20]: hardware = pd.Series(['Hammer', 'Saw', 'Wrench'])

In [21]: hardware
Out[21]:
0    Hammer
1       Saw
2    Wrench
dtype: object
```

注意 pandas 会将字符串元素值*右对齐*，并且字符串的 dtype 是 object。

让我们在每个元素上调用字符串方法 contains 来确定是否每个元素值都包含小写字母 'a'：

```
In [22]: hardware.str.contains('a')
Out[22]:
0     True
1     True
2    False
dtype: bool
```

pandas 返回一个包含 bool 值的 Series，代表 contains 方法在每个元素上面的结果，索引为 2（'Wrench'）的元素不包含 'a'，所以其元素在 Series 上的结果为 False。注意 pandas 在内部自动迭代，这是函数式编程的另一个例子。str 属性提供了许多字符串处理方法，这些方法和 Python 的字符串类型相似。参见列表：https://pandas.pydata.org/pandas-docs/stable/api.html#string-handling。

下面的代码片段使用字符串方法 upper 产生一个*新的* Series，包含 hardware 中每个元素的大写版本：

```
In [23]: hardware.str.upper()
Out[23]:
0    HAMMER
1       SAW
2    WRENCH
dtype: object
```

自我测验

（*IPython 会话*）使用 NumPy 的随机数生成创建一个包含五个随机整数的 array，它代表夏季的温度，范围为 60～100，然后执行下面的任务：

a）将 array 转换为名为 temperatures 的 Series，然后显示它。

b）确定最低、最高和平均温度。

c）为 Series 生成描述性统计。

答案：

```
In [1]: import numpy as np

In [2]: import pandas as pd

In [3]: temps = np.random.randint(60, 101, 6)

In [4]: temperatures = pd.Series(temps)

In [5]: temperatures
Out[5]:
0     98
1     62
2     63
3     70
4     69
dtype: int64

In [6]: temperatures.min()
Out[6]: 62

In [7]: temperatures.max()
Out[7]: 98

In [8]: temperatures.mean()
Out[8]: 72.4

In [9]: temperatures.describe()
Out[9]:
count     5.000000
mean     72.000000
std      14.741099
min      62.000000
25%      63.000000
50%      69.000000
75%      70.000000
max      98.000000
dtype: float64
```

7.14.2 DataFrame

DataFrame 是增强的二维 array。如同 Series，DataFrame 可以有自定义的行和列索引，并提供额外的操作和功能，使它们更方便用于许多面向数据科学的任务。DataFrame 也支持缺失的数据。DataFrame 的每列是一个 Series。表示每一列的 Series 可能包含不同的元素类型，当我们讨论将数据集加载到 DataFrame 中时就会发现这一点。

从字典创建 DataFrame

让我们从字典创建一个 DataFrame，表示每个学生在三次考试中的成绩：

```
In [1]: import pandas as pd

In [2]: grades_dict = {'Wally': [87, 96, 70], 'Eva': [100, 87, 90],
```

```
   ...:                 'Sam': [94, 77, 90], 'Katie': [100, 81, 82],
   ...:                 'Bob': [83, 65, 85]}
   ...:

In [3]: grades = pd.DataFrame(grades_dict)

In [4]: grades
Out[4]:
   Wally  Eva  Sam  Katie  Bob
0     87  100   94    100   83
1     96   87   77     81   65
2     70   90   90     82   85
```

pandas 以表格形式显示 DataFrame，索引在索引列中左对齐，其余列中的值右对齐。字典的键变成列名，与每个键关联的值变成对应列中的元素值。稍后，我们将展示如何“翻转”行和列。默认情况下，行索引是自动生成的从 0 开始的整数。

用 index 属性自定义 DataFrame 的索引

在创建 DataFrame 时，我们可以通过 index 关键字参数指定自定义索引，如下：

```
pd.DataFrame(grades_dict, index=['Test1', 'Test2', 'Test3'])
```

让我们使用 index **属性**将 DataFrame 的索引从整数序列改为标签：

```
In [5]: grades.index = ['Test1', 'Test2', 'Test3']

In [6]: grades
Out[6]:
       Wally  Eva  Sam  Katie  Bob
Test1     87  100   94    100   83
Test2     96   87   77     81   65
Test3     70   90   90     82   85
```

当指定了索引，必须提供一个一维的集合，这个集合中元素的数量要和 DataFrame 的行数相同；否则，会产生一个 ValueError。Series 也为改变现有的 Series 的索引提供了 index 属性。

访问 DataFrame 的列

pandas 的一个好处是可以快速且方便地用不同方式查看数据，包括选择数据的一部分。让我们先按名称获取 Eva 的成绩，将她的列以 Series 显示：

```
In [7]: grades['Eva']
Out[7]:
Test1    100
Test2     87
Test3     90
Name: Eva, dtype: int64
```

如果 DataFrame 的列 – 名字符串是有效的 Python 标识符，可以将它们用作属性。让我们用 Sam 属性获取 Sam 的成绩：

```
In [8]: grades.Sam
Out[8]:
Test1    94
Test2    77
Test3    90
Name: Sam, dtype: int64
```

通过 loc 和 iloc 属性选择行

虽然 DataFrame 使用 [] 支持索引功能，但是 pandas 的文档推荐使用属性 loc、iloc、at 和 iat，优化这些属性以访问 DataFrame，并且提供除了 [] 之外的额外功能。此外，文档指出使用 [] 来索引通常会产生数据的拷贝，当试图通过 [] 操作的结果来给 DataFrame 赋一个新值时，将产生逻辑错误。

可以用标签并通过 DataFrame 的 **loc 属性**来访问一行。下面列出了在 'Test1' 行中的所有成绩：

```
In [9]: grades.loc['Test1']
Out[9]:
Wally     87
Eva      100
Sam       94
Katie    100
Bob       83
Name: Test1, dtype: int64
```

还可以使用 **iloc 属性**（iloc 中的 i 表示它与整数索引一起使用）通过从 0 开始的整数索引来访问行。下面列出了第二行的所有成绩：

```
In [10]: grades.iloc[1]
Out[10]:
Wally    96
Eva      87
Sam      77
Katie    81
Bob      65
Name: Test2, dtype: int64
```

通过带有 loc 和 iloc 属性的切片和列表选择行

索引可以是切片。当使用包含带有 loc 的标签的切片时，指定的范围包括高索引（'Test3'）：

```
In [11]: grades.loc['Test1':'Test3']
Out[11]:
       Wally  Eva  Sam  Katie  Bob
Test1     87  100   94    100   83
Test2     96   87   77     81   65
Test3     70   90   90     82   85
```

当使用包含带有 iloc 的整数索引的切片时，指定的范围不包括高索引（2）：

```
In [12]: grades.iloc[0:2]
Out[12]:
       Wally  Eva  Sam  Katie  Bob
Test1     87  100   94    100   83
Test2     96   87   77     81   65
```

为选择特定行，使用列表而不是带有 loc 或 iloc 的切片符号：

```
In [13]: grades.loc[['Test1', 'Test3']]
Out[13]:
       Wally  Eva  Sam  Katie  Bob
Test1     87  100   94    100   83
Test3     70   90   90     82   85
```

```
In [14]: grades.iloc[[0, 2]]
Out[14]:
       Wally  Eva  Sam  Katie  Bob
Test1     87  100   94    100   83
Test3     70   90   90     82   85
```

选择行和列的子集

到目前为止，我们只选择了整行。可以通过使用两个切片、两个列表或切片和列表的组合来选择行和列，从而关注 DataFrame 的小子集。

设想只想要 Eva 和 Katie 在 Test1 和 Test2 上的成绩视图。我们可以使用带有两个连续行的切片和两个非连续列的列表的 loc 来实现这一点：

```
In [15]: grades.loc['Test1':'Test2', ['Eva', 'Katie']]
Out[15]:
       Eva  Katie
Test1  100    100
Test2   87     81
```

切片 'Test1':'Test2' 从 Test1 和 Test2 中选择行。列 ['Eva', 'Katie'] 仅从这两列选择对应的成绩。

让我们使用带有列表和切片的 iloc 来选择第一和第三次测试以及这些测试的前面三列：

```
In [16]: grades.iloc[[0, 2], 0:3]
Out[16]:
       Wally  Eva  Sam
Test1     87  100   94
Test3     70   90   90
```

布尔索引

pandas 更强大的选择功能之一是**布尔索引**。例如，让我们选择所有等级为 A 的成绩，即那些大于或等于 90 的成绩：

```
In [17]: grades[grades >= 90]
Out[17]:
       Wally    Eva   Sam  Katie  Bob
Test1    NaN  100.0  94.0  100.0  NaN
Test2   96.0    NaN   NaN    NaN  NaN
Test3    NaN   90.0  90.0    NaN  NaN
```

pandas 检查每个成绩来确定其值是否大于或等于 90，如果是，将其包含在新的 DataFrame 里。条件为 False 的成绩在新的 DataFrame 中被显示为 **NaN（不是数字）**。NaN 是 pandas 缺失值的标记。

让我们选择所有等级为 B 的成绩，即在范围 80～89 中的成绩：

```
In [18]: grades[(grades >= 80) & (grades < 90)]
Out[18]:
       Wally   Eva  Sam  Katie   Bob
Test1   87.0   NaN  NaN    NaN  83.0
Test2    NaN  87.0  NaN   81.0   NaN
Test3    NaN   NaN  NaN   82.0  85.0
```

pandas 的布尔索引使用 Python 的 & 操作符（按位与）将多个条件组合起来，而不是 and 布尔操作符。对于 or 条件，使用 |（按位或）。NumPy 也支持 array 的布尔索引，但是它总

是返回一维数组，只包含满足条件的值。

通过行和列访问特定的 DataFrame 单元格

可以使用 DataFrame 的 at 和 iat 属性来获取 DataFrame 的单个值。如同 loc 和 iloc，at 使用标签，iat 使用整数索引。在每种情况下，行和列索引必须用逗号分隔。让我们选择 Eva 的 Test2 成绩（87）和 Wally 的 Test3 成绩（70）：

```
In [19]: grades.at['Test2', 'Eva']
Out[19]: 87

In [20]: grades.iat[2, 0]
Out[20]: 70
```

也可以给特定的元素赋新值。让我们使用 at 把 Eva 的 Test2 成绩改为 100，然后用 iat 将其改回 87：

```
In [21]: grades.at['Test2', 'Eva'] = 100

In [22]: grades.at['Test2', 'Eva']
Out[22]: 100

In [23]: grades.iat[1, 2] = 87

In [24]: grades.iat[1, 2]
Out[24]: 87.0
```

描述性统计

Series 和 DataFrame 都有 describe **方法**，该方法计算数据的基本描述性统计数据并将它们作为一个 DataFrame 返回。在 DataFrame 中，统计数据是按列计算的（同样，我们很快就会看到如何翻转行和列）：

```
In [25]: grades.describe()
Out[25]:
           Wally         Eva        Sam       Katie        Bob
count   3.000000    3.000000   3.000000    3.000000   3.000000
mean   84.333333   92.333333  87.000000   87.666667  77.666667
std    13.203535    6.806859   8.888194   10.692677  11.015141
min    70.000000   87.000000  77.000000   81.000000  65.000000
25%    78.500000   88.500000  83.500000   81.500000  74.000000
50%    87.000000   90.000000  90.000000   82.000000  83.000000
75%    91.500000   95.000000  92.000000   91.000000  84.000000
max    96.000000  100.000000  94.000000  100.000000  85.000000
```

正如我们所看到的，describe 提供了一种快速总结数据的方法。它通过简洁的函数式调用很好地演示了面向数组的编程的强大功能。pandas 在内部为每列处理计算这些统计数据的所有细节。读者可能会对逐个测试的类似统计数据感兴趣，这样就可以看到所有学生在 Test1、2 和 3 中的表现，我们很快将展示如何做到这一点。

默认情况下，pandas 使用浮点数值计算描述性统计数据，并且用 6 位数的精度显示它们。可以用 pandas 的 **set_option 函数**来控制精度和其他默认设置：

```
In [26]: pd.set_option('precision', 2)

In [27]: grades.describe()
Out[27]:
```

```
       Wally     Eva    Sam   Katie    Bob
count   3.00    3.00   3.00    3.00   3.00
mean   84.33   92.33  87.00   87.67  77.67
std    13.20    6.81   8.89   10.69  11.02
min    70.00   87.00  77.00   81.00  65.00
25%    78.50   88.50  83.50   81.50  74.00
50%    87.00   90.00  90.00   82.00  83.00
75%    91.50   95.00  92.00   91.00  84.00
max    96.00  100.00  94.00  100.00  85.00
```

对于学生成绩，这些统计数据中最重要的可能就是平均值。可以简单地在 DataFrame 上调用 mean 来为每名学生计算平均值：

```
In [28]: grades.mean()
Out[28]:
Wally    84.33
Eva      92.33
Sam      87.00
Katie    87.67
Bob      77.67
dtype: float64
```

很快，我们将展示如何用一行额外的代码得到所有学生在每次考试中的平均成绩。

使用 T 属性转置 DataFrame

可以简单地**转置**行和列，这样只需要使用 **T 属性**，行就会变成列，列会变成行：

```
In [29]: grades.T
Out[29]:
       Test1  Test2  Test3
Wally     87     96     70
Eva      100     87     90
Sam       94     77     90
Katie    100     81     82
Bob       83     65     85
```

T 返回 DataFrame 转置后的视图（不是拷贝）。

假设并非要按学生，而想按测试得到统计数据。简单的在 grades.T 上调用 describe，如下：

```
In [30]: grades.T.describe()
Out[30]:
        Test1  Test2  Test3
count    5.00   5.00   5.00
mean    92.80  81.20  83.40
std      7.66  11.54   8.23
min     83.00  65.00  70.00
25%     87.00  77.00  82.00
50%     94.00  81.00  85.00
75%    100.00  87.00  90.00
max    100.00  96.00  90.00
```

为查看所有同学在每次考试上的平均成绩，仅需在 T 属性上调用 mean：

```
In [31]: grades.T.mean()
Out[31]:
Test1    92.8
Test2    81.2
Test3    83.4
dtype: float64
```

按索引对行排序

为了更容易阅读，通常会对数据排序。我们能够以索引或值为基准，按行或列对 DataFrame 排序。让我们用 sort_index 和关键字参数 ascending=False（默认按升序排列）按索引将行降序排列。这会返回一个包含有序数据的新的 DataFrame：

```
In [32]: grades.sort_index(ascending=False)
Out[32]:
       Wally  Eva  Sam  Katie  Bob
Test3     70   90   90     82   85
Test2     96   87   77     81   65
Test1     87  100   94    100   83
```

按列索引排序

现在让我们按列名将列排为升序（从左到右）。传递 axis=1 **关键字参数**代表我们希望对列索引排序，而不是对行索引排序，axis=0（默认）是对行索引排序：

```
In [33]: grades.sort_index(axis=1)
Out[33]:
       Bob  Eva  Katie  Sam  Wally
Test1   83  100    100   94     87
Test2   65   87     81   77     96
Test3   85   90     82   90     70
```

按列值排序

设想我们希望按降序查看 Test1 的成绩，这样我们就可以按成绩从高到低查看学生的姓名。我们可以像下面这样调用 sort_values 方法：

```
In [34]: grades.sort_values(by='Test1', axis=1, ascending=False)
Out[34]:
       Eva  Katie  Sam  Wally  Bob
Test1  100    100   94     87   83
Test2   87     81   77     96   65
Test3   90     82   90     70   85
```

by 和 axis 关键字参数一起决定将对哪些值排序。本例中，我们根据 Test1 的列值（axis=1）来排序。

当然，如果它们在一列中，那么可以更容易地读取成绩和姓名，所以我们可以对转置的 DataFrame 排序。这里，我们不需要指定 axis 的关键字参数，因为 sort_values 在默认情况下按指定的列排序：

```
In [35]: grades.T.sort_values(by='Test1', ascending=False)
Out[35]:
       Test1  Test2  Test3
Eva      100     87     90
Katie    100     81     82
Sam       94     77     90
Wally     87     96     70
Bob       83     65     85
```

最后，因为只对 Test1 的成绩排序，我们可能根本不想看到其他成绩。所以，让我们组合选择和排序：

```
In [36]: grades.loc['Test1'].sort_values(ascending=False)
```

```
Out[36]:
Katie    100
Eva      100
Sam       94
Wally     87
Bob       83
Name: Test1, dtype: int64
```

拷贝与就地排序

默认情况下 sort_index 和 sort_values 返回原始 DataFrame 的一个副本，这在大数据应用中可能需要大量内存。可以就地对 DataFrame 排序，而不是复制数据。为此，把关键字参数 inplace=True 传递给 sort_index 或 sort_values。

我们已经展示了很多 pandas 的 Series 和 DataFrame 的特性。在下一章的数据科学入门小节，我们将使用 Series 和 DataFrame 整理数据，即清洗、准备数据，以便用于数据库或分析软件。

自我测验

（IPython 会话）给定下面的字典：

```
temps = {'Mon': [68, 89], 'Tue': [71, 93], 'Wed': [66, 82],
         'Thu': [75, 97], 'Fri': [62, 79]}
```

执行以下任务：

a）把字典转换为名为 temperatures 的 DataFrame，其中 'Low' 和 'High' 作为索引，然后显示 DataFrame。

b）使用列名只选择从 'Mon' 到 'Wed' 的列。

c）使用行索引 'Low' 只选择每天的低温。

d）把浮点数精度设为 2，然后计算每天温度的平均值。

e）计算低温和高温的平均值。

答案：

```
In [1]: import pandas as pd

In [2]: temps = {'Mon': [68, 89], 'Tue': [71, 93], 'Wed': [66, 82],
   ...:          'Thu': [75, 97], 'Fri': [62, 79]}
   ...:

In [3]: temperatures = pd.DataFrame(temps, index=['Low', 'High'])  # (a)

In [4]: temperatures  # (a)
Out[4]:
      Mon  Tue  Wed  Thu  Fri
Low    68   71   66   75   62
High   89   93   82   97   79

In [5]: temperatures.loc[:, 'Mon':'Wed']  # (b)
Out[5]:
      Mon  Tue  Wed
Low    68   71   66
High   89   93   82

In [6]: temperatures.loc['Low']  # (c)
Out[6]:
Mon    68
```

```
Tue    71
Wed    66
Thu    75
Fri    62
Name: Low, dtype: int64

In [7]: pd.set_option('precision', 2)  # (d)

In [8]: temperatures.mean()  # (d)
Out[8]:
Mon    78.5
Tue    82.0
Wed    74.0
Thu    86.0
Fri    70.5
dtype: float64

In [9]: temperatures.mean(axis=1)  # (e)
Out[9]:
Low     68.4
High    88.0
dtype: float64
```

7.15 小结

本章探索了使用 NumPy 的高性能 ndarray 来存储和检索数据，以及使用函数式编程来精确地执行常见的数据操作并减少出错的概率。我们用 ndarray 的同义词 array 来简单地引用它。

本章的例子演示了如何创建、初始化和引用一维二维 array 的单个元素。我们使用属性来确定 array 的大小、形状和元素类型。我们展示了用函数创建全为 0、全为 1、全为指定值或范围数值的 array。我们使用 IPython 的 %timeit 魔法指令来比较列表和 array 的性能，并且发现 array 的速度要快上两个数量级。

我们使用 array 的操作符和 NumPy 的普适函数来在拥有相同形状的 array 的每个元素上执行基于元素的运算。我们还看到，NumPy 使用广播在 array 和标量之间、不同形状的 array 之间执行基于元素的运算。我们介绍了各种各样内置的 array 方法，并使用 array 的所有元素进行计算，然后展示了如何逐行或逐列执行这些计算。我们演示了各种各样 array 的切片和索引功能，这些功能比 Python 内置数据结构所提供的要更为强大。我们演示了重塑 array 的各种方法。讨论了如何浅拷贝、深拷贝 array 和其他 Python 对象。

在数据科学入门小节中，我们开始了对流行的 pandas 库的多节介绍，这将会在许多数据科学案例研究章节中使用到。我们了解到，许多大数据应用需要比 NumPy 的 array 更灵活的集合，这些集合需要支持混合数据类型、自定义索引、缺失数据、数据结构不一致以及为数据库和数据分析包所用的格式进行操作的数据。

我们展示了如何创建和操作 pandas 的类一维数组的 Series 和二维数组的 DataFrame。我们自定义了 Series 和 DataFrame 的索引。看到了 pandas 良好的格式化输出并且自定义了浮点数值的精度。我们展示了访问和选择 Series 和 DataFrame 的数据的各种方法。我们使用了 describe 方法来计算 Series 和 DataFrame 的基本的描述性统计。我们展示了如何通过 T 属性转置 DataFrame 的行和列。看到了使用索引值、列名、行数据和列数据对 DataFrame 进行排序的几种方法。我们现在已经熟悉了四种强大的动态集合——列表、

array、Series 和 DataFrame，以及使用它们的上下文。我们将会在第 16 章中增加第五种——tensor。

下一章中，我们将深入研究字符串、字符串格式和字符串方法。我们还会介绍正则表达式，这会被用来匹配文本中的模式串。我们将学到的技能会帮助我们学习第 12 章以及其他关键的数据科学章节。在下一章的数据科学入门小节中，我们将会介绍 pandas 的数据整理，即准备数据，便于在数据库或分析软件中使用。在接下来的章节中，我们将会使用 pandas 分析基本的时间序列以及介绍 pandas 的可视化功能。

练习

可行情况下对每个练习题都使用 IPython 会话。每次创建或修改 array、Series 或 DataFrame 时，显示其结果。

7.1 （填写 array）使用 1 填写一个 2 乘 3 的 array，使用 0 填写一个 3 乘 3 的 array，并使用 7 填写一个 2 乘 5 的 array。

7.2 （广播）使用 arange 创建一个 2 乘 2 的 array，包含数字 0～3。使用广播对原始 array 执行以下操作：

a）将 array 每个元素取立方。

b）将 array 每个元素加上 7。

c）将 array 每个元素乘以 2。

7.3 （基于元素的 array 乘法）创建一个 3 乘 3 的 array，包含从 2 到 18 的偶数。创建第二个 3 乘 3 的 array，包含从 9 到 1 的整数，然后将第一个 array 乘以第二个。

7.4 （用嵌套列表创建 array）使用一个列表作为参数，创建一个 2 乘 5 的 array，这个列表由两个含 5 个元素的列表 [2，3，5，7，11] 和 [13，17，19，23，29] 构成。

7.5 （比较使用 flatten 与 ravel 将 array 扁平化）创建一个 2 乘 3 的 array，包含从 2^0 开始的前 6 个次幂。首先用 flatten 方法将 array 扁平化，然后使用 ravel。每种情况下，显示结果然后显示原始 array 以证明其没被修改。

7.6 （研究：array 方法 astype）查阅 NumPy 文档中的 array 方法 astype，它将 array 中元素的类型转换为另一种类型。使用 linspace 和 reshape 创建一个值为 1.1，2.2，……，6.6 的 2 乘 3 的 array。然后使用 astype 把这个 array 转换为整数的 array。

7.7 （挑战项目：重新实现 NumPy 的 array 输出）NumPy 以良好的基于列的格式输出二维 array，输出中每个元素都是按字段宽度右对齐的。字段宽度的大小取决于 array 中需要最多字符位置显示的元素值。为了理解内置的格式化的强大功能，请编写一个函数，该函数使用循环为二维 array 重新实现 NumPy 的格式化。假设 array 只包含正整数值。

7.8 （挑战项目：重新实现 DataFrame 输出）pandas 以一种具有行列标签的吸引人的基于列的格式显示 DataFrame。每列中的值都是按相同的字宽度右对齐的，这取决于该列中最宽的值。为了理解内置的格式化的强大功能，请编写一个函数，该函数使用循环重新实现 DataFrame 的格式化。假设 DataFrame 只包含正整数值且行和列的标签都是从 0 开始的整数值。

7.9 （array 的索引和切片）创建一个包含值从 0 到 15 的 array，使用 reshape 将其转换为 3 乘 5 的 array，然后使用索引和切片技术实现下面的操作：

a）选择第 2 行。

b）选择第 5 列。

c）选择第 0 行和第 1 行。

d）选择第 2～4 列。

e）选择第 1 行第 4 列的元素。

f）选择同时在第 1 行和第 2 行，第 0、2 和 4 列的所有元素。

7.10 （项目：两位玩家，二维井字棋）编写一个脚本来玩二维井字棋游戏，两个人类玩家在同一台电脑上轮流行动。使用 3 乘 3 的二维 array。每个玩家通过输入一组数字来代表它们想要标记的方块的索引（即 'X' 或 'O'）来表示他们的行动。当第一个玩家行动时，在指定方块放置 'X'。当第二个玩家行动时，在指定方块放置 'O'。每步必须标记一个空的方块。每次行动后，确定游戏是否赢了或者是否平局。

7.11 （挑战项目：玩家与电脑对战的井字棋）修改在上一道练习题中的脚本，让电脑代替一个玩家执行行动。此外，让玩家决定自己先走或后走。

7.12 （超级挑战项目：玩家与电脑对战的 3D 井字棋）开发一个脚本，在一个 4 乘 4 乘 4 的棋盘上游玩 3D 井字棋。[注意：这是一个极其有挑战性的项目！在第 16 章，我们将学习到一些技术，这些技术将帮助开发基于 AI 的方法来解决这个问题。]

7.13 （研究并使用其他广播功能）研究 NumPy 的广播规则，然后创建自己的 array 来测试这些规则。

7.14 （水平叠加和垂直叠加）创建二维的 array

```
array1 = np.array([[0, 1], [2, 3]])
array2 = np.array([[4, 5], [6, 7]])
```

a）使用垂直叠加，通过把 array1 叠在 array2 上边，创建一个名为 array3 的 4 乘 2 的 array。

b）使用水平叠加，通过把 array2 叠在 array1 右边，创建一个名为 array4 的 2 乘 4 的 array。

c）使用垂直叠加，通过叠加两个 array4 的副本，创建一个 4 乘 4 的 array5。

d）使用水平叠加，通过叠加两个 array3 的副本，创建一个 4 乘 4 的 array6。

7.15 （研究并使用 NumPy 的 concatenate 函数）研究 NumPy 的 concatenate 函数，然后使用它重新实现上一道练习题。

7.16 （研究：NumPy 的 tile 函数）研究并使用 NumPy 的 tile 函数创建一个由破折号和星号组成的棋盘图案。

7.17 （研究：NumPy 的 bincount 函数）研究并使用 NumPy 的 bincount 函数来计算范围在 0～99 内的 5 乘 5 随机整数 array 中每个非负整数出现的次数。

7.18 （array 的中位数和众数）NumPy 的 array 提供了 mean 方法，但是没有 median 或 mode。编写函数 median 和 mode，它们使用现有的 NumPy 的功能来确定 array 的中位数（中间值）和众数（最常出现）。无论 array 的形状如何，函数都应该确定其中位数和众数。在三个不同形状的数组上测试函数。

7.19 （增强 array 的中位数和众数）修改在上一道练习题中的函数，使之允许用户提供一个 axis 关键字参数，所以可以逐行或逐列在一个二维 array 上进行计算。

7.20 （性能分析）本章中，我们使用 %timeit 来比较创建一个 6 000 000 次随机投掷骰子的结果的列表与创建一个 6 000 000 次随机投掷骰子的结果的 array 的平均评估时间。虽然我们发现 array 的性能提高了大约两个数量级，但我们在创建列表和 array 时使用了两个不同的随机数生成器和不同的集合构建技术。如果使用了和我们展示的技术相同的技术来创建单元素的列表和单元素的 array，那么创建列表会稍微快一点。对单元素集合重复 %timeie 操作。然后对 10、100、1000、10 000、100 000 和 1 000 000 个元素进行同样操作，并在系统上比较结果。下面的表格展示了我们系统上的结果，测量单位是纳秒（ns）、微秒（μs）、毫秒（ms）和秒（s）。

值的数量	列表平均评估时间	array 平均评估时间
1	1.56 μs ± 25.2 ns	1.89 μs ± 24.4 ns
10	11.6 μs ± 59.6 ns	1.96 μs ± 27.6 ns
100	109 μs ± 1.61 μs	3 μs ± 147 ns
1000	1.09 ms ± 8.59 μs	12.3 μs ± 419 ns
10 000	11.1 ms ± 210 μs	102 μs ± 669 ns
100 000	111 ms ± 1.77 ms	1.02 ms ± 32.9 μs
1 000 000	1.1 s ± 8.47 ms	10.1 ms ± 250 μs

这个分析说明了为什么 `%timeit` 对于快速的性能分析是方便的。然而，还需要发展性能分析。许多因素会影响到性能——底层硬件、操作系统、使用的解释器或编译器、同时运行在电脑上的其他应用等。多年来，随着大数据、数据分析和人工智能的出现，我们对于性能的思考也在迅速发生着改变。当我们走进本书的 AI 部分，就会对系统提出巨大的性能要求，所以思考性能问题总是有利的。

7.21　（浅拷贝 vs 深拷贝）本章中，我们讨论了 `array` 的浅拷贝和深拷贝。Python 内置的列表和字典类型都有 `copy` 方法，它们都是浅拷贝。使用下面的字典

```
dictionary = {'Sophia': [97, 88]}
```

表明字典的 `copy` 方法确实执行了浅拷贝。为此，调用 `copy` 来进行浅拷贝，修改原始字典中存储的列表，然后显示它们以查看它们是否有相同的内容。

接下来，使用 `copy` 模块的 `deepcopy` 函数为字典创建深拷贝。修改原始字典中存储的列表，然后显示它们以证明它们有各自的数据。

7.22　（pandas：`Series`）使用 pandas 的 `Series` 执行下面的任务：

a）从列表 [7，11，13，17] 中创建一个 `Series`。

b）创建一个值全为 100.0 的有 5 个元素的 `Series`。

c）创建一个值为从 0 到 100 随机数的有 20 个元素的 `Series`。

d）创建一个名为 `temperatures` 的列表，其值为浮点数 98.6、98.9、100.2 和 97.9。使用 `index` 关键字参数，自定义索引 ‘`Julie`’、‘`Charlie`’、‘`Sam`’ 和 ‘`Andrea`’。

e）从 d）部分的姓名和值中组成一个字典，然后使用它初始化一个 `Series`。

7.23　（pandas：`DataFrame`）使用 pandas 的 `DataFrame` 执行下面的任务：

a）从 `'Maxine'` `'James'` 和 `'Amanda'` 以及每人对应三个温度读数的字典中创建一个名为 `temperatures` 的 `DataFrame`。

b）使用 `index` 关键字参数和包含 `'Morning'` `'Afternoon'` 和 `'Evening'` 的列表来自定义索引，重新创建 a）部分的 `temperatures DataFrame`。

c）在 `temperatures` 中选择 `'Maxine'` 的温度读数的列。

d）在 `temperatures` 中选择 `'Morning'` 的温度读数的行。

e）在 `temperatures` 中选择 `'Morning'` 和 `'Evening'` 的温度读数的行。

f）在 `temperatures` 中选择 `'Amanda'` 和 `'Maxine'` 的温度读数的列。

g）在 `temperatures` 中选择在 `'Morning'` 和 `'Afternoon'` 中的 `'Amanda'` 和 `'Maxine'`

的元素。

h）使用 describe 方法生成 `temperatures` 的描述性统计数据。

i）转置 `temperatures`。

j）对 `temperatures` 排序，让其列名按字母顺序排列。

7.24　（*AI 项目：用骑士巡游入门启发式规划*）对国际象棋爱好者来说，骑士巡游是一个有趣的谜题，它最初由数学家欧拉提出。骑士能否在空棋盘上移动并且将 64 个方块触碰一次且仅此一次？我们在这里深入研究这个有趣的问题。

骑士只能按 L 形状移动（一个方向两格，其垂直方向一格）。因此，如下图所示，从接近空棋盘中间的方块开始，骑士（标签 K）有 8 种不同走法（标号 0 到 7）。

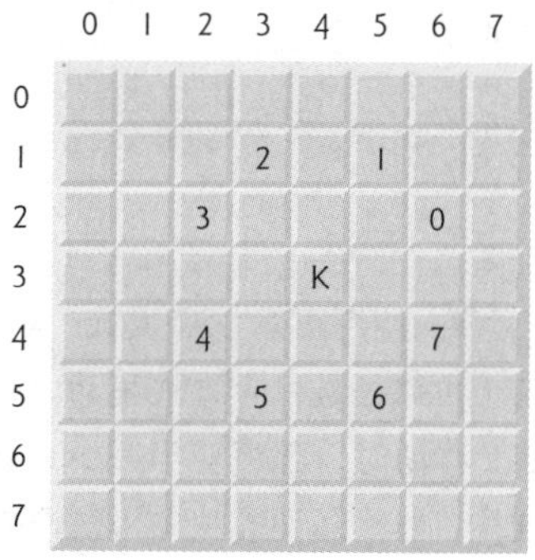

	0	1	2	3	4	5	6	7
0								
1				2		1		
2			3				0	
3					K			
4			4				7	
5				5		6		
6								
7								

a）在纸上绘制一个 8 乘 8 的棋盘，着手尝试骑士巡游。在起始方块中写入 1，第二个方块中写入 2，第三个方块中写入 3，依此类推。在开始巡游前，估计一下能走多远，记住完整的旅行包括 64 步。我们走了多远？这接近估计吗？

b）现在我们来开发一个脚本，它将在一个棋盘上移动骑士，棋盘由一个名为 `board` 的 8 乘 8 的二维数组表示。把每个方块初始化为零。我们以垂直和水平分量来描述八种可能的移动。例如，类型 0 的移动，正如前图所示，由水平向右两格以及垂直向上一格构成。类型 2 的移动由水平向左一格以及垂直向上两格构成。水平向左移动以及垂直向上移动以负数表示。八种移动可以用两个一维数组描述——`horizontal` 和 `vertical`，如下：

```
horizontal[0] = 2        vertical[0] = -1
horizontal[1] = 1        vertical[1] = -2
horizontal[2] = -1       vertical[2] = -2
horizontal[3] = -2       vertical[3] = -1
horizontal[4] = -2       vertical[4] = 1
horizontal[5] = -1       vertical[5] = 2
horizontal[6] = 1        vertical[6] = 2
horizontal[7] = 2        vertical[7] = 1
```

用变量 `current_row` 和 `current_column` 各自表示骑士现在所在的行和列。用 `move_number`（值为 0～7）表示一种移动，脚本应使用这些语句

```
current_row += vertical[move_number]
current_column += horizontal[move_number]
```

编写一个脚本，在棋盘上移动骑士。保留一个从 1 到 64 变化的计数器。记录骑士移动到每个方块的最新计数。测试每种可能的移动，看骑士是否已经访问过那个方块。测试每种移动以确保骑士不会在棋盘外。运行该程序。骑士走了几步？

c）在尝试编写和运行骑士巡游的脚本后，我们可能已经获得了一些有价值的想法。我们将会使用这些想法来*启发式*（例如，一个常识规则）移动骑士。启发式不会保证成功，但是一个

经细心开发的启发式会大大提高成功的机会。我们可能已经发现了外面的方块比靠近中间的方块更麻烦。事实上，最麻烦的方块在四个角落。

直觉告诉我们应该尝试先将骑士移动到最麻烦的方块，保持最容易达到的方块可达，在巡游快结束时棋盘变得拥挤，成功的机会就更大。

我们可以根据可达性将每个方块分类，并总是将骑士移动到最不可达的方块（用骑士的 L 形移动），来开发一个“可达性启发式”。我们用数字来填充二维的 accessibility 数组，每个数字代表该方块有多少个可访问的方块。在一个空白的棋盘上，最接近中心的 16 个方块都是 8，每个角落都是 2，其他方块的可达性为 3、4 或 6，如下所示：

```
2 3 4 4 4 4 3 2
3 4 6 6 6 6 4 3
4 6 8 8 8 8 6 4
4 6 8 8 8 8 6 4
4 6 8 8 8 8 6 4
4 6 8 8 8 8 6 4
3 4 6 6 6 6 4 3
2 3 4 4 4 4 3 2
```

编写一个新版本的骑士巡游，使用可达性启发式。骑士应该总是向最低可达性的方块移动。如果多个方块值相等，骑士可以任选一个方块移动。因此，巡游可以从四个角的任意一个开始。[*注意：*当骑士在棋盘上移动时，程序应当减少可达性数字，因为更多的方块被占用。这样，在任意给定的巡游时间中，每个可达方块的可达性数字应保持与可能访问到该方块的方块数相同。] 运行这个版本的脚本。我们得到一个完整的巡游了吗？修改脚本来执行 64 次巡游，从棋盘上每个方块开始。我们得到了多少个完整的巡游？

7.25　（*骑士巡游项目：暴力方法*）在上一道练习题的 c）部分中，我们开发了骑士巡游问题的一个解决方案。称为“可达性启发式”的方法产生了很多解而且能够高效执行。

随着计算机能力的不断提高，我们可以使用纯粹的计算机性能和相对不太复杂的算法来解决更多的问题。我们把这种方法称为“暴力”的问题解决方法。

a）使用随机数生成使骑士在棋盘上（以其合法的 L 形移动）随机移动。脚本应该运行一遍并显示最终的棋盘。骑士走了多远？

b）很有可能 a）部分产生一个相对较短的巡游。现在修改脚本，尝试 1 000 000 次巡游。使用一个一维 array 来记录每次巡游的长度。当脚本尝试完 1 000 000 次巡游后，应当以简洁的表格格式显示该信息。最好的结果是什么？

c）很有可能 b）部分的脚本给了一些“体面的”巡游，但它们不是完整的巡游。现在一直运行脚本直到产生一个完整的巡游。[*注意：*这个版本的脚本可能在一台高性能计算机上要运行数小时。] 同样，用一个表格记录每次巡游的长度，在第一次完整巡游产生时，显示这个表格。在产生一个完整巡游之前，脚本尝试了多少次？它花费了多长时间？

d）把暴力版本和骑士巡游的可达性启发式版本比较。哪一个需要更仔细地研究这个问题？哪一个算法开发是更有挑战性的？哪一个需要更强大的计算机性能？我们是否可以确定（提前）用可达性启发式方法得到一个完整的巡游？我们是否可以确定（提前）用暴力方法能得到一个完整的巡游？在一般情况下，讨论暴力解决问题的利与弊。

7.26　（*骑士巡游项目：巡游回路测试*）在骑士巡游中，当骑士走完 64 步，并触碰棋盘上的每个方块有且仅有一次时得到一个完整的巡游。当走完 64 步，且最终离骑士的起点方块只有一步时，称之为巡游回路。修改在练习 7.24 中编写的脚本，以测试当得到完整的巡游时，是否能达到巡游回路。

字符串：深入审视

目标

- 理解文本处理。
- 使用字符串方法。
- 格式化字符串的内容。
- 拼接和重复字符串。
- 去除字符串末尾的空格。
- 将小写字母更改为大写，及其逆操作。
- 用比较操作符比较字符串。
- 搜索字符串的子串以及替换子串。
- 切分字符串为标记。
- 在项之间使用指定的分隔符将字符串拼接为单个字符串。
- 创建和使用正则表达式匹配字符串中的模式串、替换子串以及验证数据。
- 使用正则表达式中的元字符、量词、字符类和分组。
- 理解字符串操作对自然语言处理的重要性。
- 理解数据科学术语数据整理、数据加工和数据清洗，以及使用正则表达式将数据整理成偏好的格式。

8.1 简介

我们已经介绍了字符串、字符串格式和几个字符串操作符和方法。字符串支持许多与列表和元组相同的序列操作，而且字符串像元组一样是不可变的。现在，我们将深入审视字符串并介绍正则表达式和 re 模块，我们将用它在文本中匹配模式[⊖]。正则表达式在如今数据丰富的应用中是尤其重要的。在这里学习到的能力将帮助我们准备第 12 章以及其他关键的数据科学章节。在第 12 章中，我们将研究让计算机操作甚至可以“理解”文本的其他方法。下面的表格展示了许多字符串处理和 NLP 相关的应用。在数据科学入门小节，我们将使用 Pandas 的 Series 和 DataFrame 简要介绍数据清理 / 整理 / 加工。

字符串和 NLP 应用		
Anagrams Automated grading of written homework	Inter-language translation Legal document preparation Monitoring social media posts	Spam classification Speech-to-text engines Spell checkers

⊖ 我们将在数据科学案例研究章节中了解到，在文本中搜索模式是机器学习中极为重要的部分。

（续）

字符串和 NLP 应用		
Automated teaching systems	Natural language understanding	Steganography
Categorizing articles	Opinion analysis	Text editors
Chatbots	Page-composition software	Text-to-speech engines
Compilers and interpreters	Palindromes	Web scraping
Creative writing	Parts-of-speech tagging	Who authored Shakespeare's works?
Cryptography	Project Gutenberg free books	Word clouds
Document classification	Reading books, articles, docu-mentation and absorbing knowledge	Word games
Document similarity	Search engines	Writing medical diagnoses from x-rays, scans, blood tests
Document summarization	Sentiment analysis	and many more…
Electronic book readers		
Fraud detection		
Grammar checkers		

8.2 格式化字符串

合适的文本格式化可以让数据更容易被阅读和理解。这里我们展示了许多文本格式化的功能。

8.2.1 表示类型

我们已经了解了用 f- 字符串的基本字符串格式化。当在 f- 字符串中指定一个占位符的值时，Python 会假定把这个值以字符串形式展示，除非指定了另一个类型。在一些情况下，类型是必需的。例如，我们将 `float` 值 `17.489` 格式化，四舍五入保留到百分位：

```
In [1]: f'{17.489:.2f}'
Out[1]: '17.49'
```

Python 只支持浮点数值和 `Decimal` 值的精度。格式化是依赖于类型的，如果尝试使用 `.2f` 来格式化一个类似 `'hello'` 的字符串，会产生 `ValueError`。所以在格式符 `.2f` 中的类型声明 `f` 是必需的。这指定了被格式化的类型，以使 Python 能确定是否允许对该类型使用其他格式化信息。这里，我们展示了一些常用的类型声明。可以在以下链接查看完整列表：

https://docs.python.org/3/library/string.html#formatspec

整数

`d` 类型声明把整数值格式化为字符串：

```
In [2]: f'{10:d}'
Out[2]: '10'
```

还有一些整数表示类型（`b`、`o` 和 `x` 或 `X`）使用二进制、八进制或十六进制数字系统来格式化整数。[㊀]

字符

`c` 类型声明把整数字符代码格式化为对应的字符：

```
In [3]: f'{65:c} {97:c}'
Out[3]: 'A a'
```

㊀ 详见在线附录“数字系统”中二进制、八进制和十六进制数字系统的信息。

字符串

s 类型声明是默认的。如果显式地指定 s，那么需要格式化的值必须是引用字符串的变量、产生字符串的表达式或字符串常量，如下面的第一个占位符所示。如果不指定声明的类型，如下面的第二个占位符，非字符串的值（如整数 7）被转换为字符串：

```
In [4]: f'{"hello":s} {7}'
Out[4]: 'hello 7'
```

这个代码片段中，'hello' 用双引号括起来。回想不能在单引号括起来的字符串中放置单引号。

浮点数和十进制值

已经使用 f 类型声明来格式化浮点数和 Decimal 数值。对于这些类型的极其大和极其小的数值，指数（科学）表示法可以更紧凑地格式化这些值。让我们来展示 f 和 e 在大数值上的区别，每一个在小数点右边都有三位精度：

```
In [5]: from decimal import Decimal

In [6]: f'{Decimal("10000000000000000000000000.0"):.3f}'
Out[6]: '10000000000000000000000000.000'

In [7]: f'{Decimal("10000000000000000000000000.0"):.3e}'
Out[7]: '1.000e+25'
```

对于代码片段 [5] 中的 e 类型声明，格式化的值 1.000e+25 等价于

1.000×10^{25}

如果更喜欢将大写的 E 作为指数，则使用 E 类型声明而不是 e。

自我测验

1.（填空题）类型声明________和________用科学表示法格式化浮点数和 Decimal 值。

答案： e，E。

2.（填空题）类型声明________把字符代码格式化为它对应的字符。

答案： c。

3.（IPython 会话）使用类型说明符 c 来显示字符代码 58、45 和 41 对应的字符。

答案：

```
In [1]: print(f'{58:c}{45:c}{41:c}')
:-)
```

8.2.2 域宽和对齐

之前使用了域宽来格式化指定数量字符位的文本。默认情况下，Python *右*对齐数字并*左*对齐其他值（例如字符串），我们用括号（[]）将下面的结果括起来，以便看到值是如何在域中对齐的：

```
In [1]: f'[{27:10d}]'
Out[1]: '[        27]'

In [2]: f'[{3.5:10f}]'
Out[2]: '[  3.500000]'
```

```
In [3]: f'[{"hello":10}]'
Out[3]: '[hello     ]'
```

代码片段 [2] 显示 Python 默认将六位数精度的 float 值格式化为小数点右边的形式。对于那些字符数比域宽更小的值，剩下的字符位用空格填充。字符数比域宽更大的值用所需要的字符位。

显式指定域中左右对齐的方式

回想可以使用 < 和 > 来指定左右对齐：

```
In [4]: f'[{27:<15d}]'
Out[4]: '[27             ]'

In [5]: f'[{3.5:<15f}]'
Out[5]: '[3.500000       ]'

In [6]: f'[{"hello":>15}]'
Out[6]: '[          hello]'
```

居中域中的值

此外，可以将值*居中*：

```
In [7]: f'[{27:^7d}]'
Out[7]: '[  27   ]'

In [8]: f'[{3.5:^7.1f}]'
Out[8]: '[  3.5  ]'

In [9]: f'[{"hello":^7}]'
Out[9]: '[ hello ]'
```

居中尝试将剩余未被占用的字符位平均分布在格式化值的左边和右边。如果剩下了奇数个字符位，Python 会把额外的空格放在右边。

自我测验

1.（*判断题*）如果不指定对齐方式，所有值会默认以右对齐的方式在域中显示。

答案：错误。只有数字值才会默认按右对齐。

2.（*IPython 会话*）分别在宽度为 10 字符的域中以右对齐、居中、左对齐的方式显示 'Amanda'。用中括号将结果括起来，以便更清晰地看到对齐的结果。

答案：

```
In [1]: print(f'[{"Amanda":>10}]\n[{"Amanda":^10}]\n[{"Amanda":<10}]')
[    Amanda]
[  Amanda  ]
[Amanda    ]
```

8.2.3　数值格式化

这里有各种数值格式化的功能。

用符号格式化正数

有时我们希望在正数前加上正号：

```
In [1]: f'[{27:+10d}]'
Out[1]: '[       +27]'
```

域宽前面的 + 指定正数前面必须添加一个 +。负数总是以 - 开头。为了用 0 而不是空格填充域中剩余的字符，在域宽前放置一个 0（如果有 +，则放在它的后面）：

```
In [2]: f'[{27:+010d}]'
Out[2]: '[+000000027]'
```

在正数前 + 的位置使用空格

空格代表正数应当显示符号位置的空格字符。这对对齐正值和负值以进行显示非常有用：

```
In [3]: print(f'{27:d}\n{27: d}\n{-27: d}')
27
 27
-27
```

注意格式中带有空格的两个数字指定了对齐方式。如果指定了域宽，空格应当出现在域宽前面。

分组数字

可以使用逗号（,）当作千位分隔符格式化数字，如下：

```
In [4]: f'{12345678:,d}'
Out[4]: '12,345,678'

In [5]: f'{123456.78:,.2f}'
Out[5]: '123,456.78'
```

自我测验

1.（填空题）为了显示所有带有符号的数值，在格式符中使用________；对于正数，为了在前面显示空格而不是符号，应当使用________。

答案： +，空格字符。

2.（IPython 会话）打印值 10240.473 和 -3210.9521，每个值前带上符号，以 10 字符的域宽显示且带上千位分隔符，小数点垂直对齐，精度为两位。

答案：

```
In [1]: print(f'{10240.473:+10,.2f}\n{-3210.9521:+10,.2f}')
+10,240.47
 -3,210.95
```

8.2.4 字符串的 format 方法

Python 3.6 版本添加了 f 字符串。在此之前，使用字符串方法 format 来进行格式化。实际上，f 字符串格式化基于 format 方法的功能。我们在这里展示 format 方法是因为我们可能会在 Python 3.6 版本之前的代码中遇到。在介绍 f 字符串之前的许多 Python 的书籍和文章中，可以经常看到 format 方法。但是，我们推荐使用目前提到的较新的 f 字符串格式化。

可以用包含大括号（{}）占位符的格式字符串调用 format 方法，可能需要使用格式符。把需要被格式化的值传递给该方法。让我们格式化 float 值 17.489，按四舍五入方式保留到百分位：

```
In [1]: '{:.2f}'.format(17.489)
Out[1]: '17.49'
```

在占位符中，如果有一个格式符，需要在前面加上冒号（:），就像 f 字符串一样。format 调用的结果是包含新的格式化结果的字符串。

多对占位符

一个格式字符串可能包含多对占位符，这种情况下，format 方法的参数从左到右对应于占位符：

```
In [2]: '{} {}'.format('Amanda', 'Cyan')
Out[2]: 'Amanda Cyan'
```

按位置编号引用参数

格式字符串可以用参数在 format 参数列表中的位置来引用它们，位置从 0 开始：

```
In [3]: '{0} {0} {1}'.format('Happy', 'Birthday')
Out[3]: 'Happy Happy Birthday'
```

注意我们使用了位置号 0（'Happy'）两次，可以随时按任意顺序引用参数。

引用关键字参数

可以在占位符中用关键字来引用关键字参数：

```
In [4]: '{first} {last}'.format(first='Amanda', last='Gray')
Out[4]: 'Amanda Gray'

In [5]: '{last} {first}'.format(first='Amanda', last='Gray')
Out[5]: 'Gray Amanda'
```

自我测验

（IPython 会话）使用字符串方法 format 来重新实现 8.2.1～8.2.3 节自我测验中的 IPython。

答案：

```
In [1]: print('{:c}{:c}{:c}'.format(58, 45, 41))
:-)

In [2]: print('[{0:>10}]\n[{0:^10}]\n[{0:<10}]'.format('Amanda'))
[    Amanda]
[  Amanda  ]
[Amanda    ]

In [3]: print('{:+10,.2f}\n{:+10,.2f}'.format(10240.473, -3210.9521))
+10,240.47
 -3,210.95
```

注意代码片段 [2] 通过参数列表的位置号（0）引用了 format 的参数三次。

8.3　拼接和重复字符串

前面的章节中，我们使用了 + 来拼接字符串，使用 * 来重复字符串。也可以使用扩展赋值来执行这些操作。字符串是不可变的，所以每个操作会给变量分配一个新的字符串对象：

```
In [1]: s1 = 'happy'
```

```
In [2]: s2 = 'birthday'

In [3]: s1 += ' ' + s2

In [4]: s1
Out[4]: 'happy birthday'

In [5]: symbol = '>'

In [6]: symbol *= 5

In [7]: symbol
Out[7]: '>>>>>'
```

自我测验

（IPython 会话）使用 += 操作符来拼接名和姓。然后使用 *= 操作符来创建一个和全名有相同字符数的星号条，并在名字上下打印这个星号条。

答案：

```
In [1]: name = 'Pam'

In [2]: name += ' Black'

In [3]: bar = '*'

In [4]: bar *= len(name)

In [5]: print(f'{bar}\n{name}\n{bar}')
*********
Pam Black
*********
```

8.4 删除字符串的空白符

有几种字符串方法可以用来删除字符串末尾的空白符。每个都会返回一个新的字符串，并不会改变原来的字符串。字符串是不可变的，所以每个修改字符串的方法都会返回一个新的字符串。

删除前导和后置空白符

让我们用字符串方法 `strip` 删除字符串前导和后置的空白符：

```
In [1]: sentence = '\t  \n  This is a test string. \t\t \n'

In [2]: sentence.strip()
Out[2]: 'This is a test string.'
```

删除前导的空白符

方法 `lstrip` 仅删除前导的空白符：

```
In [3]: sentence.lstrip()
Out[3]: 'This is a test string. \t\t \n'
```

删除后置的空白符

方法 `rstrip` 仅删除后置的空白符：

```
In [4]: sentence.rstrip()
Out[4]: '\t  \n  This is a test string.'
```

如结果所示，这些方法移除了各种空白符，包括空格、换行符和制表符。

自我测验

（IPython 会话）使用本节的方法剥离下面字符串的空白符，这个字符串前后均有五个空格：

```
name = '     Margo Magenta     '
```

答案：

```
In [1]: name = '     Margo Magenta     '

In [2]: name.strip()
Out[2]: 'Margo Magenta'

In [3]: name.lstrip()
Out[3]: 'Margo Magenta     '

In [4]: name.rstrip()
Out[4]: '     Margo Magenta'
```

8.5　字符大小写转换

在前面的章节中，使用了字符串方法 lower 和 upper 来把字符串全部转换为小写或大写字母。也可以使用方法 capitalize 和 title 改变字符串的大小写。

仅将字符串首字母大写

方法 capitalize 复制原来的字符串并将新的字符串的首字母大写然后返回（有时也称为句子大写）：

```
In [1]: 'happy birthday'.capitalize()
Out[1]: 'Happy birthday'
```

将字符串每个单词首字母大写

当 title 复制原来的字符串并将新的字符串的每个单词首字母大写然后返回（有时也称为书名大写）：

```
In [2]: 'strings: a deeper look'.title()
Out[2]: 'Strings: A Deeper Look'
```

自我测验

（IPython 会话）演示在字符串 'happy new year' 上调用 capitalize 和 title 的结果。

答案：

```
In [1]: test_string = 'happy new year'

In [2]: test_string.capitalize()
Out[2]: 'Happy new year'

In [3]: test_string.title()
Out[3]: 'Happy New Year'
```

8.6 字符串的比较操作符

可以用比较操作符比较字符串。回想字符串是按照它们底层的整数数值进行比较的。所以大写字母比小写字母要小，因为大写字母的整数值更小。例如，'A' 是 65 而 'a' 是 97。我们已经知晓可以用 ord 来检查字符代码：

```
In [1]: print(f'A: {ord("A")}; a: {ord("a")}')
A: 65; a: 97
```

让我们用比较操作符比较字符串 'Orange' 和 'orange'：

```
In [2]: 'Orange' == 'orange'
Out[2]: False

In [3]: 'Orange' != 'orange'
Out[3]: True

In [4]: 'Orange' < 'orange'
Out[4]: True

In [5]: 'Orange' <= 'orange'
Out[5]: True

In [6]: 'Orange' > 'orange'
Out[6]: False

In [7]: 'Orange' >= 'orange'
Out[7]: False
```

8.7 子串搜索

可以在字符串中搜索单个或者多个相邻的字符（称作子串），以计算出现的次数，确定字符串是否包含子串，或者确定子串位于字符串中的索引。本节中展示的方法均使用底层的数值按字典顺序比较字符。

计算出现次数

字符串方法 count 返回其参数在调用者字符串中出现的次数：

```
In [1]: sentence = 'to be or not to be that is the question'

In [2]: sentence.count('to')
Out[2]: 2
```

如果将第二个参数指定为 *start_index*，count 仅对切片 *string[start_index:]* 搜索，即从 *start_index* 搜索到字符串末尾：

```
In [3]: sentence.count('to', 12)
Out[3]: 1
```

如果将第二个和第三个参数指定为 *start_index* 和 *end_index*，count 仅对切片 *string[start_index:end_inedx]* 搜索，即从 *start_index* 开始，到 *end_index*，但不包含它：

```
In [4]: sentence.count('that', 12, 25)
Out[4]: 1
```

如同 count，本节中介绍的其他字符串方法的 *start_index* 和 *end_index* 参数仅用来搜索原始字符串的切片。

在字符串中定位子串

字符串方法 index 在一个字符串中搜索子串，并返回子串出现的第一个索引；否则，将导致 ValueError：

```
In [5]: sentence.index('be')
Out[5]: 3
```

字符串方法 rindex 和 index 执行同样的操作，但是从字符串的末尾开始搜索并返回子串出现的最后一个索引；否则，将导致 ValueError：

```
In [6]: sentence.rindex('be')
Out[6]: 16
```

字符串方法 find 以及 rfind 与 index 以及 rindex 执行同样的任务，但是如果没有找到子串，则返回 -1 而不是导致 ValueError。

确定字符串是否包含子串

如果仅需要知道字符串是否包含子串，则使用操作符 in 或 not in：

```
In [7]: 'that' in sentence
Out[7]: True

In [8]: 'THAT' in sentence
Out[8]: False

In [9]: 'THAT' not in sentence
Out[9]: True
```

从字符串的起始或末尾定位子串

如果字符串以指定的子串起始或者结尾，那么字符串方法 startwith 和 endwith 返回 True：

```
In [10]: sentence.startswith('to')
Out[10]: True

In [11]: sentence.startswith('be')
Out[11]: False

In [12]: sentence.endswith('question')
Out[12]: True

In [13]: sentence.endswith('quest')
Out[13]: False
```

自我测验

1.（填空题）方法________返回给定子串在字符串中出现的次数。

答案： count。

2.（判断题）如果字符串不包含指定的子串，那么字符串方法 find 会导致 ValueError。

答案： 错误。这种情况下字符串方法会返回 -1。字符串方法 index 会导致 ValueError。

3.（IPython 会话）创建一个循环，它能够定位和显示字符串 'to be or not to be that is the question' 中所有以 't' 开头的单词。

答案：

```
In [1]: for word in 'to be or not to be that is the question'.split():
   ...:     if word.startswith('t'):
   ...:         print(word, end=' ')
   ...:
to to that the
```

8.8 子串替换

一个常见的文本操作是定位子串并替换其值。方法 `replace` 接收两个子串。它会在字符串中搜索第一个参数代表的子串，并用第二个参数代表的子串替换每一次出现。该方法返回一个新的包含结果的字符串。让我们用逗号替换制表符：

```
In [1]: values = '1\t2\t3\t4\t5'

In [2]: values.replace('\t', ',')
Out[2]: '1,2,3,4,5'
```

方法 `replace` 能接收可选的第三个参数，这个参数指定了能替换的最大数量。

自我测验

（IPython 会话）用 `'-->'` 替换字符串 `'1 2 3 4 5'` 中的空格。

答案：

```
In [1]: '1 2 3 4 5'.replace(' ', ' --> ')
Out[1]: '1 --> 2 --> 3 --> 4 --> 5'
```

8.9 字符串拆分和合并

当读一个句子的时候，大脑将其拆分为独立的单词或**标记**，每个单词都传达某种意义。像 IPython 解释器会标记语句，将它们拆分为独立的部分，例如关键字、标识符、操作符和编程语言的其他元素。标记通常由空白字符分隔，例如空格、制表符和换行符，但也可能使用其他字符分隔，用于分隔的字符被称为**分隔符**。

切分字符串

我们之前展示了没有参数的字符串方法 `split` 以每个空白符为基准，以将字符串划分为子串的方法标记字符串，然后返回标记列表。若要用自定义分隔符（例如每个逗号空格对）标记字符串，请指定 `split` 用来标记字符串的分隔符字符串（例如 `', '`）：

```
In [1]: letters = 'A, B, C, D'

In [2]: letters.split(', ')
Out[2]: ['A', 'B', 'C', 'D']
```

如果提供一个整数作为第二个参数，那么它指定切分的最大数量。最后的标记是字符串最大数量切分后剩余的部分：

```
In [3]: letters.split(', ', 2)
Out[3]: ['A', 'B', 'C, D']
```

这里同样有 `rsplit` 方法，该方法和 `split` 执行同样的任务，但是处理最大数量切分字符串是从后往前的。

合并字符串

字符串方法 join 把其参数里的字符串合并，该参数必须是只包含字符串的可迭代对象；否则，会导致 TypeError。连接的项之间的分隔符为调用 join 的字符串。下面的代码创建了包含用逗号分隔值列表的字符串：

```
In [4]: letters_list = ['A', 'B', 'C', 'D']

In [5]: ','.join(letters_list)
Out[5]: 'A,B,C,D'
```

接下来的代码片段合并列表解析的结果，这个解析创建一个字符串列表：

```
In [6]: ','.join([str(i) for i in range(10)])
Out[6]: '0,1,2,3,4,5,6,7,8,9'
```

在第 9 章中，我们将会看到如何处理包含逗号分隔值的文件。这些被称为 CSV 文件，是一种能被电子表格应用（例如 Microsoft Excel 和 Google Sheets）加载的常见的数据存储格式。在数据科学案例研究中，我们将发现许多关键的库，例如 NumPy、pandas 和 Seaborn，它们提供了内置的处理 CSV 数据的功能。

字符串方法 partition 和 rpartition

字符串方法 partition 按照方法的分隔符参数把字符串划分为三个字符串的元组。这三个字符串为

- 原始字符串在分隔符前面的部分。
- 分隔符本身。
- 字符串在分隔符后面的部分。

这可能对划分更复杂的字符串有用。考虑表示学生姓名和成绩的字符串：

```
'Amanda: 89, 97, 92'
```

让我们把原始字符串划分为学生的姓名、分隔符 ': ' 和代表成绩的列表字符串：

```
In [7]: 'Amanda: 89, 97, 92'.partition(': ')
Out[7]: ('Amanda', ': ', '89, 97, 92')
```

为了从字符串的末尾开始搜索分隔符，使用方法 rpartition 来划分。例如，考虑下面的 URL 字符串：

```
'http://www.deitel.com/books/PyCDS/table_of_contents.html'
```

让我们用 rpartition 来从 URL 的末尾划分得到 'table_of_contents.html'：

```
In [8]: url = 'http://www.deitel.com/books/PyCDS/table_of_contents.html'

In [9]: rest_of_url, separator, document = url.rpartition('/')

In [10]: document
Out[10]: 'table_of_contents.html'

In [11]: rest_of_url
Out[11]: 'http://www.deitel.com/books/PyCDS'
```

字符串方法 splitlines

在第 9 章中，我们将会从文件读取文本。如果把大量的文本都读入一个字符串中，可能想要把这个字符串按照换行符划分成行的列表。方法 splitlines 返回新的字符串列表，它代表原始字符串中文本按换行符划分的行。回想 Python 用内嵌的 \n 字符存储多行字符串，该字符表示行中断，如代码片段 [13] 所示：

```
In [12]: lines = """This is line 1
    ...: This is line2
    ...: This is line3"""

In [13]: lines
Out[13]: 'This is line 1\nThis is line2\nThis is line3'

In [14]: lines.splitlines()
Out[14]: ['This is line 1', 'This is line2', 'This is line3']
```

把 True 传递给 splitlines 会在每个字符串后面保留换行符：

```
In [15]: lines.splitlines(True)
Out[15]: ['This is line 1\n', 'This is line2\n', 'This is line3']
```

自我测验

1.（填空题）标记之间用________分隔。

答案：分隔符。

2.（IPython 会话）在一条语句中使用 split 和 join 把下面的字符串重新格式化

'Pamela White'

为下面的字符串

'White, Pamela'

答案：

```
In [1]: ', '.join(reversed('Pamela White'.split()))
Out[1]: 'White, Pamela'
```

3.（IPython 会话）使用 partition 和 rpartition 从下面的 URL 字符串

'http://www.deitel.com/books/PyCDS/table_of_contents.html'

中提取子串 'www.deitel.com' 和 'books/PyCDS'。

答案：

```
In [2]: url = 'http://www.deitel.com/books/PyCDS/table_of_contents.html'

In [3]: protocol, separator, rest_of_url = url.partition('://')

In [4]: host, separator, document_with_path = rest_of_url.partition('/')

In [5]: host
Out[5]: 'www.deitel.com'

In [6]: path, separator, document = document_with_path.rpartition('/')

In [7]: path
Out[7]: 'books/PyCDS'
```

8.10 字符和字符测试方法

字符（数字、字母和 $、@、%、* 等符号）是程序构建的基本块。每个程序由字符构成，当字符进行有意义的分组时，这些字符代表指令和数据，解释器能使用它们执行任务。许多编程语言有分开的字符串和字符类型。在 Python 中，一个字符是一个简单的单字符字符串。

Python 提供了用于测试字符串是否与某些特征匹配的字符串方法。例如，如果在只包含数字字符（0～9）的字符串上调用 isdigit，它会返回 True。当用户输入必须只包含数字时，可以使用这个方法：

```
In [1]: '-27'.isdigit()
Out[1]: False

In [2]: '27'.isdigit()
Out[2]: True
```

如果在只包含数字字母的字符串上调用 isalnum，即只包含数字和字母，它会返回 True：

```
In [3]: 'A9876'.isalnum()
Out[3]: True

In [4]: '123 Main Street'.isalnum()
Out[4]: False
```

下面的表格展示了许多字符测试的方法。如果不满足描述的条件，每个方法返回 False：

字符串方法	描　述
isalnum()	如果字符串仅包含数字和字母，则返回 True
isalpha()	如果字符串仅包含字母，则返回 True
isdecimal()	如果字符串仅包含十进制整数字符（即基 10 整数），且不包含 + 或 – 符号，则返回 True
isdigit()	如果字符串仅包含数字，则返回 True
isidentifier()	如果字符串表示有效标识符，则返回 True
islower()	如果字符串中的所有字母均为小写字符（例如 'a' 'b' 'c'），则返回 True
isnumeric()	如果字符串中的字符表示不带正负号和小数点的数值，则返回 True
isspace()	如果字符串仅包含空白字符，则返回 True
istitle()	如果字符串中每个单词的第一个字符是单词中的唯一大写字符，则返回 True
isupper()	如果字符串中的所有字母都是大写字符（例如 'A' 'B' 'C'），则返回 True

自我测验

1.（填空题）如果字符串只包含字母和数字，那么方法________返回 True。

答案： isalnum。

2.（填空题）如果字符串只包含字母，那么方法________返回 True。

答案： isalpha。

8.11 原生字符串

回想一下，字符串中的反斜杠字符引入了*转义序列*，例如 \n 是换行符，\t 是制表符。所以，如果希望在字符串中包含一个反斜杠，必须使用两个反斜杠字符 \\。这会让一些字符串的阅读变得困难。例如，当指定文件位置时，微软 Windows 使用反斜杠分隔文件夹名。

为了表示文件夹的位置，可能会写：

```
In [1]: file_path = 'C:\\MyFolder\\MySubFolder\\MyFile.txt'

In [2]: file_path
Out[2]: 'C:\\MyFolder\\MySubFolder\\MyFile.txt'
```

对这种情况，原生字符串（前导字符 `r`）会更方便。它们把反斜杠当作常规的字符，而不是转义序列的开头：

```
In [3]: file_path = r'C:\MyFolder\MySubFolder\MyFile.txt'

In [4]: file_path
Out[4]: 'C:\\MyFolder\\MySubFolder\\MyFile.txt'
```

Python 会将原生字符串转换为常规字符串，在其内部表达中仍然使用两个反斜杠字符，正如最后的代码片段所示。原生字符串会提高代码的可读性，特别是使用正则表达式的时候，我们会在下一节讨论。正则表达式通常包含许多反斜杠字符。

自我测验

（填空题）原生字符串 `r'\\Hi!\\'` 代表常规字符串________。

答案：`'\\\\Hi!\\\\'`。

8.12 正则表达式简介

有时需要识别文本中的模式，就像电话号码、电子邮箱地址、邮编、网页地址、社会保险号码等。正则表达式字符串描述了在字符串中匹配字符的搜索模式。

正则表达式能帮助我们从非结构化的文本中提取数据，例如社交媒体帖子。在尝试处理数据前，它们对于确保数据格式正确也很重要。[⊖]

数据验证

在使用文本数据前，经常会使用正则表达式验证数据。例如：

- 美国的邮编由五个数字（例如 02215）后跟着连字符，连字符后跟着四个数字构成（例如 02215-4775）。
- 字符串姓氏只包含字母、空格、撇号和连字符。
- 电子邮箱地址只包含允许顺序中允许的字符。
- 美国社会保险号码包含三个数字、一个连字符、两个数字、一个连字符和四个数字。

常见的数据项无需自己定义正则表达式。如下网站

- https://regex101.com
- http://www.regexlib.com
- https://www.regular-expressions.info

和一些其他网站提供了可以复制和使用的现有正则表达式。许多这样的网站还提供了接口，可以用这些接口测试正则表达式，以确定它们是否满足需求。我们会在练习题中要求这样做。

⊖ 正则表达式的主题可能比我们使用过的大多数 Python 特性更具有挑战性。在掌握了这个主题后，通常能够编写比使用传统字符串处理技术更简洁的代码，从而加快代码的开发过程。还会处理通常不会想到的“边缘”情况，可能避免一些细节的 bug。

正则表达式的其他用途

除了验证数据，正则表达经常用来：

- 从文本中提取数据（有时叫作抓取），例如，在网页中定位所有 URL。[读者可能更喜欢像 BeautifulSoup、XPath 和 lxml 一样的工具。]
- 清洗数据，例如，删除不需要的数据、删除重复的数据、处理不完整的数据、纠正错误、确保数据格式的一致性、处理异常值等。
- 把数据转换为其他格式，例如，为要求数据为 CSV 格式的应用，把用制表符或空格分隔的数据集合重新格式化为逗号分隔的值（CSV）。

8.12.1　re 模块和 fullmatch 函数

为了使用正则表达式，导入 Python 标准库的 re 模块：

```
In [1]: import re
```

最简单的正则表达式函数之一是 fullmatch，它检查其第二个参数的整个字符串是否与第一个参数的模式匹配。

匹配文字

让我们从匹配文字字符开始，即匹配自身的字符：

```
In [2]: pattern = '02215'

In [3]: 'Match' if re.fullmatch(pattern, '02215') else 'No match'
Out[3]: 'Match'

In [4]: 'Match' if re.fullmatch(pattern, '51220') else 'No match'
Out[4]: 'No match'
```

函数的第一个参数为用于匹配的正则表达式。任何字符串都可以作为正则表达式。变量 pattern 的值 '02215' 只包含数字，即按指定顺序匹配它们自己。第二个参数应该为完全匹配该模式的字符串。

如果第二个参数匹配第一个参数的模式，fullmatch 返回包含匹配文本的对象，它的计算结果为 True。我们将在后面细讲这个对象。代码片段 [4] 中，尽管第二个参数包含和正则表达式同样的数字，但是它们的顺序不同。因此没有匹配，fullmatch 返回 None，计算结果为 False。

元字符、字符类和量词

正则表达式通常包含被称为元字符的各种特殊符号，它们如下表所示：

正则表达式元字符										
[]	{}	()	\	*	+	^	$	?	.	|

\ 元字符开始于每个预定义的字符类，每个匹配一组特定的字符类。让我们来验证一个五位数的邮编：

```
In [5]: 'Valid' if re.fullmatch(r'\d{5}', '02215') else 'Invalid'
Out[5]: 'Valid'

In [6]: 'Valid' if re.fullmatch(r'\d{5}', '9876') else 'Invalid'
Out[6]: 'Invalid'
```

在正则表达式 \d{5} 中，\d 是代表数字（0～9）的字符类。字符类是匹配一个字符的正则表达式转义序列。要匹配多个字符，需在字符类后面跟上量词。量词 {5} 重复 \d 五次，如同 \d\d\d\d\d，以匹配五个连续的数字。代码片段 [6] 中，fullmatch 返回 None，因为 '9876' 只包含四个连续的数字字符。

其他预定义的字符类

下面的表格展示了一些常见的预定义字符类，以及它们匹配的字符组。要将元字符匹配为其文字值，则在前面加上反斜杠（\）。例如，\\ 匹配反斜杠（\），\$ 匹配美元符号。

字符类	匹配字符
\d	任意数字（0～9）
\D	任意非数字字符
\s	任意空白字符（例如空格、制表符和换行符）
\S	任意非空白字符
\w	任意单词字符（也称为字母数字字符），即任何大写或小字字母、任何数字或下划线
\W	任意非单词字符

自定义字符类

中括号 [] 定义了自定义字符类，它匹配单个字符。例如，[aeiou] 匹配小写元音、[A-Z] 匹配大写字母、[a-z] 匹配小写字母且 [a-zA-Z] 匹配任何小写或大写字母。

让我们来验证一个没有空格和标点的简单名字。我们将保证它以大写字母（A-Z）开头，后面跟着任意数量的小写字母（a-z）：

```
In [7]: 'Valid' if re.fullmatch('[A-Z][a-z]*', 'Wally') else 'Invalid'
Out[7]: 'Valid'

In [8]: 'Valid' if re.fullmatch('[A-Z][a-z]*', 'eva') else 'Invalid'
Out[8]: 'Invalid'
```

姓名可能包含许多字母。* 量词匹配在其左边出现的零个或多个子表达式（本例中为 [a-z]）。所以 [A-Z][a-z]* 匹配后跟着零个或多个小写字母的大写字母，例如 'Amanda'、'Bo' 甚至 'E'。

当自定义字符类以**插入符**（^）开始时，这个类匹配非指定的字符。所以 [^a-z] 匹配任何非小写字母的字符：

```
In [9]: 'Match' if re.fullmatch('[^a-z]', 'A') else 'No match'
Out[9]: 'Match'

In [10]: 'Match' if re.fullmatch('[^a-z]', 'a') else 'No match'
Out[10]: 'No match'
```

自定义字符类中的元字符被视为文字字符，即字符本身。所以 [*+$] 匹配单个 *、+ 或 $ 字符：

```
In [11]: 'Match' if re.fullmatch('[*+$]', '*') else 'No match'
Out[11]: 'Match'

In [12]: 'Match' if re.fullmatch('[*+$]', '!') else 'No match'
Out[12]: 'No match'
```

*** 和 + 量词**

如果想在名字中有至少一个小写字母，可以把代码片段 [7] 中的 * 量词替换为 +，它匹配一个或多个子表达式：

```
In [13]: 'Valid' if re.fullmatch('[A-Z][a-z]+', 'Wally') else 'Invalid'
Out[13]: 'Valid'

In [14]: 'Valid' if re.fullmatch('[A-Z][a-z]+', 'E') else 'Invalid'
Out[14]: 'Invalid'
```

* 和 + 都是贪心匹配，它们匹配尽可能多的字符。所以正则表达式 [A-Z][a-z]+ 匹配 'Al'、'Eva'、'Samantha'、'Benjamin' 和其他任何以大写字母开头并跟随至少一个小写字母的单词。

其他量词

? 量词匹配零次或一次子表达式：

```
In [15]: 'Match' if re.fullmatch('labell?ed', 'labelled') else 'No match'
Out[15]: 'Match'

In [16]: 'Match' if re.fullmatch('labell?ed', 'labeled') else 'No match'
Out[16]: 'Match'

In [17]: 'Match' if re.fullmatch('labell?ed', 'labellled') else 'No 
match'
Out[17]: 'No match'
```

正则表达式 labell?ed 匹配 labelled（英式英语拼写）和 labeled（美式英语拼写），但是不能匹配拼写错误的单词 labeled。在上面的每个代码片段中，正则表达式（label）的前五个文字与第二个参数的前五个字符匹配。然后 l? 代表其余的 ed 字符前面可以有零个或一个 l 字符。

可以用 {*n*, } 量词匹配至少 *n* 次子表达式。下面的正则表达式匹配包含至少三个数字的字符串：

```
In [18]: 'Match' if re.fullmatch(r'\d{3,}', '123') else 'No match'
Out[18]: 'Match'

In [19]: 'Match' if re.fullmatch(r'\d{3,}', '1234567890') else 'No match'
Out[19]: 'Match'

In [20]: 'Match' if re.fullmatch(r'\d{3,}', '12') else 'No match'
Out[20]: 'No match'
```

可以用 {*n*, *m*} 量词匹配 *n* 到 *m*（包括）次子表达式。下面的正则表达式匹配包含 3 到 6 个数字的字符串：

```
In [21]: 'Match' if re.fullmatch(r'\d{3,6}', '123') else 'No match'
Out[21]: 'Match'

In [22]: 'Match' if re.fullmatch(r'\d{3,6}', '123456') else 'No match'
Out[22]: 'Match'

In [23]: 'Match' if re.fullmatch(r'\d{3,6}', '1234567') else 'No match'
Out[23]: 'No match'
```

```
In [24]: 'Match' if re.fullmatch(r'\d{3,6}', '12') else 'No match'
Out[24]: 'No match'
```

自我测验

1.（判断题）任何字符串都可以作为正则表达式。

答案：正确。

2.（判断题）? 量词仅匹配子表达式一次。

答案：错误。? 量词匹配子表达式零次或一次。

3.（判断题）字符类 [^0-9] 匹配任何数字。

答案：错误。字符类 [^0-9] 匹配任何非数字字符。

4.（IPython 会话）创建并测试一个正则表达式，该表达式匹配一个街道地址，街道地址由一个一位或多位数字后面跟着两个含一个或多个字母的单词组成。标记应该由一个空格分开，例如 123 Main Street。

答案：

```
In [1]: import re

In [2]: street = r'\d+ [A-Z][a-z]* [A-Z][a-z]*'

In [3]: 'Match' if re.fullmatch(street, '123 Main Street') else 'No match'
Out[3]: 'Match'

In [4]: 'Match' if re.fullmatch(street, 'Main Street') else 'No match'
Out[4]: 'No match'
```

8.12.2 子串替换和字符串拆分

re 模块为在一个字符串中替换模式提供 sub 函数，以及根据模式把字符串划分为片的 split 函数。

sub 函数——替换模式

默认情况下，re 模块的 sub 函数用指定的替换文本替换所有出现的模式。让我们把一个用制表符分隔的字符串转换为逗号分隔的字符串：

```
In [1]: import re

In [2]: re.sub(r'\t', ', ', '1\t2\t3\t4')
Out[2]: '1, 2, 3, 4'
```

sub 函数接收三个需要的参数：

- 匹配的模式（制表符 '\t'）。
- 替换的文本（','）。
- 被搜索的字符串（'1\t2\t3\t4'）。

并返回一个新的字符串。关键字参数 count 能够用来指定替换的最多次数：

```
In [3]: re.sub(r'\t', ', ', '1\t2\t3\t4', count=2)
Out[3]: '1, 2, 3\t4'
```

split 函数

split 函数使用正则表达式指定分隔符来标记一个字符串并返回一个字符串列表。让我们以跟着 0 个或多个空白字符的逗号来划分的方式标记一个字符串，其中 \s 是空白字符类，* 代表零个或多个前置的子表达式：

```
In [4]: re.split(r',\s*', '1,  2,  3,4,    5,6,7,8')
Out[4]: ['1', '2', '3', '4', '5', '6', '7', '8']
```

使用关键字参数 maxsplit 指定划分的最大次数：

```
In [5]: re.split(r',\s*', '1,  2,  3,4,    5,6,7,8', maxsplit=3)
Out[5]: ['1', '2', '3', '4,    5,6,7,8']
```

这种情况下，划分 3 次后，第四个字符串包含了原始字符串剩余的内容。

自我测验

1.（IPython 会话）使用逗号和空格替换下面字符串中一个或相邻多个的制表符：

'A\tB\t\tC\t\t\tD'

答案：

```
In [1]: import re

In [2]: re.sub(r'\t+', ', ', 'A\tB\t\tC\t\t\tD')
Out[2]: 'A, B, C, D'
```

2.（IPython 会话）使用正则表达式和 split 方法在一个或多个相邻 $ 字符处划分下面的字符串：

'123$Main$$Street'

答案：

```
In [3]: re.split('\$+', '123$Main$$Street')
Out[3]: ['123', 'Main', 'Street']
```

8.12.3　其他搜索函数和匹配访问

前面我们使用了 fullmatch 函数来确定整个字符串是否和正则表达式匹配。还有几个其他的搜索函数。这里我们讨论 search、match、findall 和 finditer 函数，并展示如何访问匹配的子串。

search 函数——寻找字符串中任何位置的第一个匹配项

search 函数在字符串中搜索与正则表达式匹配的子串的第一次出现，并返回一个包含匹配的子串的匹配对象（SRE_Match 类型）。匹配对象的 group 方法返回子串：

```
In [1]: import re

In [2]: result = re.search('Python', 'Python is fun')

In [3]: result.group() if result else 'not found'
Out[3]: 'Python'
```

如果字符串不包含模式，那么 search 函数返回 None：

```
In [4]: result2 = re.search('fun!', 'Python is fun')

In [5]: result2.group() if result2 else 'not found'
Out[5]: 'not found'
```

使用 match 函数只能在字符串的开头搜索匹配。

使用可选 flags 关键字参数忽略大小写

许多 re 模块的函数接收一个可选的 flags 关键字参数，这个参数改变正则表达式匹配的方式。例如，匹配是默认区分大小写的，但是通过使用 re 模块的 IGNORECASE 常量，可以执行不区分大小写的搜索：

```
In [6]: result3 = re.search('Sam', 'SAM WHITE', flags=re.IGNORECASE)

In [7]: result3.group() if result3 else 'not found'
Out[7]: 'SAM'
```

这里，'SAM' 匹配模式 'Sam'，因为二者有相同的字母，即使 'SAM' 只包含大写字母。

匹配限制在字符串开头或结尾的元字符

正则表达式开头的 ^ 元字符是一个表示表达式只匹配字符串开头的标志：

```
In [8]: result = re.search('^Python', 'Python is fun')

In [9]: result.group() if result else 'not found'
Out[9]: 'Python'

In [10]: result = re.search('^fun', 'Python is fun')

In [11]: result.group() if result else 'not found'
Out[11]: 'not found'
```

类似地，正则表达式末尾的 $ 元字符是一个表示表达式只匹配字符串末尾的标志：

```
In [12]: result = re.search('Python$', 'Python is fun')

In [13]: result.group() if result else 'not found'
Out[13]: 'not found'

In [14]: result = re.search('fun$', 'Python is fun')

In [15]: result.group() if result else 'not found'
Out[15]: 'fun'
```

findall 和 finditer 函数——找到字符串的所有匹配

函数 findall 在字符串中寻找每个匹配的子串并返回匹配的子串的列表。让我们从一个字符串中提取所有的美国电话号码。为了简单起见，我们假设美国电话号码的格式为 ###-###-####：

```
In [16]: contact = 'Wally White, Home: 555-555-1234, Work: 555-555-4321'

In [17]: re.findall(r'\d{3}-\d{3}-\d{4}', contact)
Out[17]: ['555-555-1234', '555-555-4321']
```

函数 finditer 的工作方式类似于 findall，但是它返回匹配对象的惰性迭代。对于大量的匹配，使用 finditer 能节约内存，因为它一次返回一个匹配项，而 findall 一次返回所有匹配项：

```
In [18]: for phone in re.finditer(r'\d{3}-\d{3}-\d{4}', contact):
    ...:     print(phone.group())
    ...:
555-555-1234
555-555-4321
```

捕获匹配的子串

可以使用小括号元字符(和)来捕获匹配的子串。例如，让我们捕获字符串 text 中的姓名和电子邮件地址作为单独的子串：

```
In [19]: text = 'Charlie Cyan, e-mail: demo1@deitel.com'

In [20]: pattern = r'([A-Z][a-z]+ [A-Z][a-z]+), e-mail: (\w+@\w+\.\w{3})'

In [21]: result = re.search(pattern, text)
```

正则表达式指定了两个需要捕获的子串，每个都用元字符(和)标注。这些模式不影响是否在字符串 text 中找到 pattern，仅当在字符串 text 中找到整个 pattern 时，match 函数返回一个匹配对象。

我们考虑下面的正则表达式：

- '([A-Z][a-z]+[A-Z][a-z]+)' 匹配两个由空格分隔的单词。每个单词必须由大写字母开头。
- ', e-mail:' 包含匹配它们自己的文字。
- (\w+@\w+\.\w{3}) 匹配一个简单的电子邮件地址，该地址由一个或多个字母数字字符(\w+)、@ 符号、一个或多个字母数字字符(\w+)、一个点(\.)和三个字母数字字符(\w{3})组成。我们在点前面加上了 \，因为点(.)是代表匹配一个字符的正则表达式元字符。

匹配对象 groups 方法返回一个捕获的子串的元组：

```
In [22]: result.groups()
Out[22]: ('Charlie Cyan', 'demo1@deitel.com')
```

匹配对象 group 方法把整个匹配作为单个字符串返回：

```
In [23]: result.group()
Out[23]: 'Charlie Cyan, e-mail: demo1@deitel.com'
```

可以通过把整数传递到 group 方法中来访问每个捕获的子串。捕获子串的编号从 1 开始(不像列表索引的编号从 0 开始)：

```
In [24]: result.group(1)
Out[24]: 'Charlie Cyan'

In [25]: result.group(2)
Out[25]: 'demo1@deitel.com'
```

自我测验

1.(填空题)函数________在一个字符串中寻找第一个匹配正则表达式的子串。

答案：search。

2.(IPython 会话)假设有一个表示附加问题的字符串，例如：

'10 + 5'

使用正则表达式将字符串划分为表示两个操作数和一个运算的三组，然后显示每个组。

答案：

```
In [1]: import re
```

```
In [2]: result = re.search(r'(\d+) ([-+*/]) (\d+)', '10 + 5')

In [3]: result.groups()
Out[3]: ('10', '+', '5')

In [4]: result.group(1)
Out[4]: '10'

In [5]: result.group(2)
Out[5]: '+'

In [6]: result.group(3)
Out[6]: '5'
```

8.13 数据科学入门：pandas、正则表达式和数据整理

数据并不总是以可供分析的形式出现。例如，它可能会格式错误、不正确甚至缺失。行业研究表明，数据科学家在开始研究之前，会花费多达75%的时间准备数据。为分析准备数据的过程叫作数据整理和数据加工。它们是同义词，从现在开始，我们称之为数据整理。

数据整理最重要的两个步骤是*数据清理*和*转换数据*为数据库系统和分析软件的最佳格式。一些常见的数据清理例子是：

- 删除有缺失值的观察。
- 用合理的值替换缺失值。
- 删除有错误值的观察。
- 用合理的值替换错误值。
- 丢弃离群值（虽然有时希望保留它们）。
- 清除重复值（虽然有时重复值是有效的）。
- 处理不一致的数据等。

我们可能已经觉得数据清理是一个困难而又混乱的过程，很容易做出错误的决定，对结果产生负面的影响。这是正确的。当我们接触到后面章节中的数据科学案例研究时，就会发现数据科学更多的是经验科学，就像医学一样，而不是像理论物理一样的理论科学。经验科学的结论建立在观察和经验之上。例如，当今许多能有效解决医学问题的药物都是通过观察这些药物的早期版本对实验室动物以及最终对人类的影响，并逐渐改进成分和剂量。数据科学家采取的行动可能因项目而异，这取决于数据的质量和性质，并受到来自不断变化的组织和专业标准的影响。

一些常见的数据转换包括：

- 删除不需要的数据和特征（我们将会在数据科学案例研究中更多地讨论特征）。
- 组合相关的特征。
- 对数据进行采样以获得一个有代表性的子集（我们将会在数据科学案例研究中看到，随机采样特别有效，我们将会解释原因）。
- 标准化数据的格式。
- 分组数据等。

保留原始数据总是明智的。我们将会展示清理和转换Pandas的`Series`和`DataFrame`的内容中的数据的简单例子。

数据清理

错误值和缺失值会严重影响到数据分析。一些数据科学家建议不要尝试插入任何“合理值”。相反，他们提倡将缺失值清晰地标注出来并将其留给数据分析包处理。其他人则提出了强烈警告。[⊖]

假设一家医院每天记录病人的体温四次。假设数据由姓名和四个浮点数值组成，例如：

```
['Brown, Sue', 98.6, 98.4, 98.7, 0.0]
```

病人的前三次记录体温分别是 99.7、98.4 和 98.7。最后一次体温缺失了且记录为 0.0，可能是因为传感器故障。前面三次体温的平均值则为 98.75，是一个接近正常的值。然而，如果在计算平均值时包括用 0.0 替换的缺失值，平均值只有 73.93，这显然是一个有问题的结果。当然，医生不会想对这个病人采取激烈的补救措施，关键是要“得到正确的数据”。

清理数据的一种常见办法是用合理值替换缺失的温度，例如病人其他体温读数的平均值。如果我们按照上面的方式来做，那么病人的平均体温将会维持在 98.75，根据其他读数，这很可能是一个平均体温。

数据验证

我们先从城市名 / 五位数邮编键 – 值对的字典创建一个五位数邮编的 Series。我们故意为 Miami 输入了一个无效的邮编：

```
In [1]: import pandas as pd

In [2]: zips = pd.Series({'Boston': '02215', 'Miami': '3310'})

In [3]: zips
Out[3]:
Boston     02215
Miami       3310
dtype: object
```

虽然 zips 看起来像一个二维数组，但它其实是一维的。“第二列”代表 Series 的邮政编码值（来自字典的值），“第一列”代表它们的索引（来自字典的键）。

我们可以使用正则表达式和 Pandas 来验证数据。Series 的 str 属性提供了字符串处理和各种正则表达式方法。让我们使用 str 属性的 match 方法来检查每个邮编是不是有效的：

```
In [4]: zips.str.match(r'\d{5}')
Out[4]:
Boston     True
Miami     False
dtype: bool
```

方法 match 对每个 Series 元素使用正则表达式 \d{5}，试图确认元素是否由五个数字组成。不需要显式地遍历所有邮编，match 会完成此操作。这是使用内部迭代而不是外部迭代的函数式编程的另一个例子。方法返回一个新的 Series，对每个有效的元素，它包含 True。本例中，Miami 的邮政编码不匹配，所以它的元素是 False。

⊖ 本脚注摘自本书的学术评论家之一、圣地亚哥大学商学院的博士 Alison Sanchez 在 2018 年 1 月 20 日发给我们的一条评论。她评论道：“当提到‘用合理值替换’缺失值或错误值时要小心。一个严厉的警告：不允许‘替换’增加统计显著性或给出更‘合理’或‘更好’的结果的值。‘替换’数据不应当变成‘捏造’数据。学生应该学会的第一个规则是不消除或改变与他们的假设相矛盾的值。‘替换的合理值’并不意味着学生可以随意改变值来得到他们想要的结果。”

这里有用来处理无效数据的几种方法。一种是在源处捕获它，并与之交互来纠正这个值。但这并不总是可能的。例如，数据可能来自物联网的高速传感器。这种情况下我们将无法在源头纠正它，因此我们可以应用数据清理技术。在错误的 Miami 邮政编码 3310 下，我们可以查找以 3310 开头的 Miami 的邮政编码。有 33101 和 33109 这两个，我们可以从中选一个。

有时候我们想知道一个值是否包含与模式匹配的子串，而不是将整个值与模式匹配。这种情况下，使用方法 contains 而不是 match。让我们创建字符串的 Series，每个包含一个美国城市、州和邮政编码，然后确认是否每个字符串都包含一个与模式 ' [A-Z]{2} ' 匹配的子串（一个空格跟着两个大写字母，然后接着一个空格）：

```
In [5]: cities = pd.Series(['Boston, MA 02215', 'Miami, FL 33101'])

In [6]: cities
Out[6]:
0    Boston, MA 02215
1     Miami, FL 33101
dtype: object

In [7]: cities.str.contains(r' [A-Z]{2} ')
Out[7]:
0    True
1    True
dtype: bool

In [8]: cities.str.match(r' [A-Z]{2} ')
Out[8]:
0    False
1    False
dtype: bool
```

我们没有指定索引值，所以 Series 默认使用从零开始的索引（代码片段 [6]）。代码片段 [7] 使用 contains 来表示 Series 的元素都包含匹配 ' [A-Z]{2} ' 的子串。代码片段 [8] 使用 match 来展示 Series 的元素都不与 ' [A-Z]{2} ' 整体匹配，因为在它们完整的值中还有其他的字符。

数据重新格式化

我们已经讨论了数据清理。现在我们来考虑将数据整理成其他格式。作为一个简单的例子，假设一个应用程序需要美国的电话号码，其格式为 ###-###-####，每组数字之间用连字符分隔。提供给我们的电话号码是 10 个数字的没有连字符的字符串。我们来创建 DataFrame：

```
In [9]: contacts = [['Mike Green', 'demo1@deitel.com', '5555555555'],
   ...:             ['Sue Brown', 'demo2@deitel.com', '5555551234']]
   ...:

In [10]: contactsdf = pd.DataFrame(contacts,
    ...:                           columns=['Name', 'Email', 'Phone'])
    ...:

In [11]: contactsdf
Out[11]:
         Name             Email       Phone
0  Mike Green  demo1@deitel.com  5555555555
1   Sue Brown  demo2@deitel.com  5555551234
```

在这个 DataFrame 中，我们通过 columns 关键字参数指定了列索引但是没有指定行索引，所以行的索引从 0 开始。同样，输出显示列值是默认右对齐的。这个和 Python 的对齐方式有区别，Python 中数字是默认右对齐的，但是非数值的值是默认左对齐的。

现在，我们用一些函数式编程的方式来整理数据。通过对 DataFrame 的 'Phone' 列调用 Series 的方法 map，来将电话号码映射到正确的格式。方法 map 的参数是一个接收值并返回其映射值的函数。函数 get_formatted_phone 将 10 个连续数字映射成格式 ###-###-####：

```
In [12]: import re

In [13]: def get_formatted_phone(value):
    ...:     result = re.fullmatch(r'(\d{3})(\d{3})(\d{4})', value)
    ...:     return '-'.join(result.groups()) if result else value
    ...:
    ...:
```

块的第一条语句中的正则表达式仅匹配 10 个连续的数字。它捕获包含前面三个数字的、紧接的三个数字的、最后四个数字的子串。return 语句操作如下：

- 如果 result 为 None，简单地返回未修改的 value。
- 否则，我们调用 result.groups() 来获取包含捕获的子串的元组，并将其传递给字符串方法 join 来拼接元素，用 '-' 分隔每个元素，形成映射的电话号码。

Series 方法 map 返回一个新的 Series，包含为列的每个值调用其函数参数的结果。代码片段 [15] 显示结果，包括列名和类型：

```
In [14]: formatted_phone = contactsdf['Phone'].map(get_formatted_phone)

In [15]: formatted_phone
0     555-555-5555
1     555-555-1234
Name: Phone, dtype: object
```

一旦确认数据格式正确，就可以通过将新的 Series 赋值给 'Phone' 列，从而在原来的 DataFrame 中更新它：

```
In [16]: contactsdf['Phone'] = formatted_phone

In [17]: contactsdf
Out[17]:
         Name              Email         Phone
0  Mike Green  demo1@deitel.com  555-555-5555
1   Sue Brown  demo2@deitel.com  555-555-1234
```

我们会在下一章节的数据科学入门小节中继续讨论 pandas，而且我们还会在更后面的几个章节中使用 pandas。

自我测验

1.（填空题）为分析准备数据叫作________或________。处理的一个子集叫作数据清理。

答案：数据整理，数据加工。

2.（IPython 会话）我们假设一个应用要求格式为（###）###-#### 的美国电话号码。修改代码片段 [13] 中的 get_formatted_phone 函数，让其返回新格式的电话号码。然后从代码片段 [9] 和 [10] 中创建 DataFrame，并使用更新后的 get_formatted_phone

函数来整理数据。

答案：

```
In [1]: import pandas as pd

In [2]: import re

In [3]: contacts = [['Mike Green', 'demo1@deitel.com', '5555555555'],
   ...:             ['Sue Brown', 'demo2@deitel.com', '5555551234']]
   ...:

In [4]: contactsdf = pd.DataFrame(contacts,
   ...:                           columns=['Name', 'Email', 'Phone'])
   ...:

In [5]: def get_formatted_phone(value):
   ...:     result = re.fullmatch(r'(\d{3})(\d{3})(\d{4})', value)
   ...:     if result:
   ...:         part1, part2, part3 = result.groups()
   ...:         return '(' + part1 + ') ' + part2 + '-' + part3
   ...:     else:
   ...:         return value
   ...:

In [6]: contactsdf['Phone'] = contactsdf['Phone'].map(get_formatted_phone)

In [7]: contactsdf
Out[7]:
         Name             Email           Phone
0  Mike Green  demo1@deitel.com  (555) 555-5555
1   Sue Brown  demo2@deitel.com  (555) 555-1234
```

8.14 小结

本章中，我们介绍了各种字符串格式化和处理功能。使用f字符串和字符串方法format来格式化字符串。我们展示了用于连接和重复字符串的扩展赋值。使用字符串方法来删除字符串开头和结尾的空格并改变它们的大小写。我们讨论了切分字符串和拼接可迭代字符串的其他方法。介绍了各种字符测试方法。

我们展示了原生字符串，它将反斜杠（\）视作字面字符而不是转义符的开头。这对定义正则表达式非常有用，因为正则表达式可能经常包含许多反斜杠。

接下来我们使用re模块中的函数介绍了正则表达式的强大模式匹配功能。使用fullmatch函数来确保整个字符串匹配一个模式，这对检验数据很有用。我们展示了如何使用replace函数来搜索和替换子串。我们使用split函数，根据匹配正则表达式模式的分隔符来标记字符串。然后展示了各种用来在字符串中搜索模式并访问匹配结果的方法。

在数据科学入门小节，我们介绍了同义词数据整理和数据加工，并展示了一个数据操作样例，也就是转换数据。通过使用正则表达式检验和整理数据，继续对pandas的Series和DataFrame的讨论。

在下一章中，我们会继续使用各种字符串处理功能，介绍从文件读取文本以及将文本写入文件。我们将介绍用于操作逗号分隔值文件（CSV）的csv模块。我们还会介绍异常处理，以在异常发生时处理它们，而不是显示回溯。

练习

可行情况下对每个练习题都使用 IPython。

8.1 （支票保护）虽然电子存款已经变得非常流行，但是工资和应付账款的应用经常打印支票。一个严重的问题是，有人故意更改支票金额，计划以欺骗的方式兑现支票。为了防止美元金额被更改，一些计算机控制的支票书写系统采用了一种叫作支票保护的技术。为计算机打印而设计的支票通常包含为打印的数值准备的固定数量的空格。假设一张薪水支票包含八个空格，计算机应该在其中打印每周的薪水支票金额。如果金额较大，则全部八个空格将被填满：

```
1,230.60 (支票金额)
--------
01234567 (位置数)
```

另一方面，如果金额数较小，那么通常会有几个空格是空白的。例如，

```
  399.87
--------
01234567
```

包含两个空白的空格。如果支票上印有空白，人们就更容易修改金额。支票书写系统通常会插入前导星号来避免修改以及保护金额，如下：

```
**399.87
--------
01234567
```

编写一个脚本，输入一个美元金额，然后在一个包含 10 个字符的域中用支票保护格式打印金额，如果需要，请添加前导零。[提示：在显式指定对齐方式的格式字符串中，可以在对齐说明符前面加上选择的对齐字符。]

8.2 （随机句子）编写一个脚本，使用随机数生成来组合语句。使用四个数组，分别叫作 `article`、`noun`、`verb` 和 `preposition`。从每一组中随机选取一个单词来造句，按照以下顺序：`article`、`noun`、`verb`、`preposition`、`article` 和 `noun`。每当选取一个单词，将其与句子中之前的单词拼接起来。单词之间用空格分隔。输出最后一个句子时，应该以一个大写字母开头，用一个空格结尾。这个脚本应该生成并显示 20 个句子。

8.3 （倒置俚语）编写一个脚本将英语短语编码成一种叫作倒置俚语的编码语言。为了简单起见，使用下面的算法：

要从一个英语短语中形成一个倒置俚语，使用字符串方法 `split` 将短语标记为单词。把每个英语单词转换为倒置俚语单词，把英语单词的首字母放在单词的末尾并加上字母“ay.”。由此，单词“jump”变成了“umpjay”，单词“the”变成了“hetay”，单词“computer”变成了“omputercay”。如果单词以元音开头，就加上“ay”。单词之间的空白仍然为空白。假设英语短语由空白分隔的单词组成，没有标点符号，每个单词都有两个及以上的字母。允许用户输入一个句子，然后用倒置俚语显示这个句子。

8.4 （翻转句子）编写一个脚本，以字符串形式读入一行文本，然后用 `split` 方法标记字符串，将标记以翻转的顺序输出。使用空格字符作为分隔符。

8.5 （标记和比较字符串）编写一个脚本，读入一行文本，使用空格字符作为分隔符标记这个行，并仅输出以 `b` 字母开头的单词。

8.6 （标记和比较字符串）编写一个脚本，读入一行文本，使用空格字符作为分隔符标记这个行，并仅输出以 `ed` 结尾的单词。

8.7 （整数转换为字符）使用 `c` 表示类型显示 0 到 255 之间的字符代码以及对应的字符的表示。

8.8 （整数转换为表情符号）修改前面的练习题，显示10个表情符号，从笑脸开始，它的值为 0x1F600：[1]

值 0x1F600 是一个十六进制（以16为基数）的整数。有关十六进制数字系统的信息，详见在线附录“Number System”。可以在网上搜索“emoji 的 Unicode 完整列表”找到表情符号的代码。Unicode 网站在每个字符代码前加上“U+”（代表 Unicode）。用“0x”替换“U+”，将代码正确地格式化为 Python 十六进制整数。

8.9 （由五个字母的单词创建三个字母的字符串）编写一个脚本，从用户处读入一个五个字母的单词，并基于这个单词的字母产生所有可能的三个字母的字符串。例如，从单词“bathe”产生的三个字母的单词包括“ate”、“bat”、“bet”、“tab”、“hat”、“the”和“tea”。挑战：研究 itertools 模块的函数，然后使用一个适当的函数自动化这个任务。

8.10 （项目：简单情感分析）在网上搜索积极情绪和消极情绪的单词列表。创建一个脚本，输入文本，然后基于消极单词和积极单词的总数确定这个文本是积极的还是消极的。通过选择的主题搜索推特推文来测试脚本，然后从几个推文输入文本。在数据科学案例研究章节中，我们将会深入了解情感分析。

8.11 （项目：计算文字问题）编写一个脚本，允许用户输入数学文字问题，如“two times three”和“seven minus five”，然后使用字符串处理将字符串分解为数字和运算，并返回结果。所以“two times three”会返回6，“seven minus five”会返回2。为简化问题，假设用户只输入从数字0到9的单词，以及 'plus'、'minus'、'times' 和 'divide by' 的运算。

8.12 （项目：乱序的文本）使用字符串处理功能保留一个单词的首尾字母，并打乱首尾之间的字母。在网上搜索“University of Cambridge scrambled text”，找到一篇关于由这样的乱码组成的文本可读性的有趣论文。研究 random 模块的 shuffle 函数以帮助实现本练习的解决方案。

正则表达式练习

8.13 （正则表达式：压缩多个空格为单个空格）检查句子的单词之间是否有多于一个空格。如果有，移除多余的空格然后显示正确的答案。例如 'Hello　World' 应该变成 'Hello World'。

8.14 （正则表达式：捕获子串）使用捕获匹配子串的正则表达式重新实现练习8.5和8.6，然后显示它们。

8.15 （正则表达式：计数字符和单词）使用正则表达式和 findall 函数统计字符串中数字、非数字字符、空白符和单词的数量。

8.16 （正则表达式：定位 URL）使用正则表达式搜索一个字符串并定位所有有效的 URL。对于这个练习题，假设有效 URL 的格式为 http://www.domain_name.extension，其中 extension 必须为两个或三个字母。

8.17 （正则表达式：匹配数字值）编写一个正则表达式，搜索字符串并匹配一个有效的数值。一个数值可以有任意数量的数字，但是它只能有数字和一个小数点，可能还有一个前导正负号。小数点是可选的，但是如果它在数值中，则只能有一个，且它的左边和右边都必须是数字。在有效数字的两边都应该有空格、行首或行尾字符。

8.18 （正则表达式：密码格式验证器）在网上搜索安全密码建议，然后研究现有的验证安全密码的正则表达式。两个密码要求的例子如下：

[1] 表情符号的外观和感觉在不同系统中是有差异的。这里展示的表情符号来自 macOS。此外，在系统的字体中，表情符号可能不会正确显示。

- 密码必须包含至少五个单词，每个单词由连字符、空格、句点、逗号或下划线分开。
- 密码必须至少有8个字符，并至少包含一个大写字母、小写字母、数字和标点符号（例如 `'! @#$%<^>&*?'` 的字符）。

为上述两个要求分别编写正则表达式，然后使用它们测试样例密码。

8.19 （*正则表达式：测试在线正则表达式*）在代码中使用任何正则表达式之前，应该全面测试它以保证满足所有需求。使用一个正则表达式网站（例如 `regex101.com`），搜索并测试现有的正则表达式，然后编写自己的正则表达式测试器。

8.20 （*正则表达式：整理数据*）日期以几种常见格式存储和显示。三种格式是

```
042555
04/25/1955
April 25, 1955
```

使用正则表达式搜索包含日期的字符串，寻找匹配这些格式的子串并将它们整理成其他格式。原始的字符串在每种格式中都应该有一个日期，因此总共有六种转换。

8.21 （*项目：公制转换*）编写一个脚本，帮助用户进行一些常见的公制到英制的转换。代码应该允许用户以字符串的形式指定单位的名称（例如公制单位的厘米、升、克等和英制单位的英寸、夸脱[1]、磅[2]等），并应该回答一些简单的问题，例如

```
'How many inches are in 2 meters?'
'How many liters are in 10 quarts?'
```

代码应该能够识别无效的转换。例如，下面的问题是没有意义的，因为 `'feet'` 是长度的单位，`'kilograms'` 是质量的单位：

```
'How many feet are in 5 kilograms?'
```

假设所有的问题都采用上述格式。使用正则表达式捕获重要的子串，例如上面第一个样例的 `'inches'`、`'2'` 和 `'meters'`。回想一下函数 `int` 和 `float` 能将字符串转换为数字。

更具挑战性的字符串操作练习

前面的练习是针对文本的，旨在测试对基本字符串操作和正则表达式概念的理解。本节包含一系列中级和高级字符串操作练习。我们会发现这些问题很有挑战性，但也很有趣。这些问题难度大不相同。有些需要写一两个小时的代码。还有一些对实验作业很有用，这些作业需要两到三周的学习和实现。有些是具有挑战性的学期项目。在第12章，我们将学习其他文本处理技术，这些技术将使我们能够从机器学习的角度来处理这些练习。

8.22 （*项目：用更健康的食谱烹饪*）在第6章的练习中，我们创建了一个字典，将食材映射到它们可能的替代品列表上。在脚本中使用字典，帮助用户在烹饪时选择更健康的食材。脚本应该从用户读入一个食谱，并建议一些更健康的食材替代品。为了简单起见，脚本应该假设食谱没有诸如茶匙、杯子和汤匙等度量的缩写，并且使用数字表示数量（例如1 egg、2 cups）而不是将它们拼写出来（one egg、two cups）。程序应该显示一个警告，比如“在对饮食做出重大改变之前，一定要咨询医疗专业人员”。程序应该考虑替换并不总是一对一的。例如，一个食谱中的一只鸡蛋可以用两个蛋白替代。

8.23 （*项目：垃圾邮件扫描*）美国组织每年在防垃圾邮件软件、设备、网络资源、带宽和损失的生产力上花费数十亿美元，以处理垃圾邮件（或垃圾电子邮件）。在网上搜索一些最常见的垃圾邮件信息和单词，并检查垃圾邮件文件夹。创建一个包含30个在垃圾邮件中常见的单词和短语列表。编写一个应用程序，用户在其中输入电子邮件信息。然后，扫描信息，寻找30个关键字

---

[1] 1夸脱＝1136.523毫升。——编辑注

[2] 1磅＝453.592 37克。——编辑注

或短语中的每一个。对信息中每次出现的这些关键字或短语，都给信息的“垃圾邮件得分”加上一分。接下来，根据其得分，对这封邮件是垃圾邮件的可能性进行评级。在数据科学案例研究章节，我们将以更复杂的方法解决这个问题。

8.24 （研究：语言间翻译）这个练习会帮助我们探索自然语言处理和人工智能中最具挑战性的问题之一。因特网将我们聚集在一起，使得语言间的翻译变得尤其重要。作为作者，我们经常收到来自全球非英语读者的信息。不久之前，我们会回信给他们，让他们用英语给我们写信，以便我们理解。

随着机器学习、人工智能和自然语言处理的进步，像谷歌翻译（100+ 种语言）和必应微软翻译（60+ 种语言）这样的服务可以即时翻译语言。事实上，这些翻译器非常好，当非英语读者用英文给我们写信时，我们经常会让他们用母语回信，然后我们再在线翻译他们的来信。

在自然语言翻译中有许多挑战性。要了解这一点，用在线翻译服务完成以下任务：

a）从一个英文句子开始。机器翻译知识中一个很流行的语句来自圣经马太福音 26:41，“The spirit is willing, but the flesh is weak.”。

b）将这个句子翻译成另一种语言，例如日文。

c）将日文文本翻译回英文文本。

我们得到原始的句子了吗？通常，把一种语言翻译为另一种语言并翻译回来通常会得到原始句子或者一些接近的句子。尝试将多种语言翻译连接在一起，例如，我们将上面（a）部分的短语从英文翻译成中文，再翻译成日文，接着翻译成阿拉伯文，最后翻译回英文。结果是“The soul is very happy, but the flesh is very crisp.”。它把最喜欢的翻译发送给我们了！

8.25 （项目：国情咨文演讲）所有美国总统的国情咨文演讲在网上都可以找到。复制并粘贴一篇，得到多行的字符串，然后显示统计数据，包括总单词数、总字符数、单词平均长度、句子平均长度、所有单词的单词分布情况、以 `'ly'` 结尾的单词的分布情况以及最长的 10 个单词。在第 12 章，我们将发现更多复杂的分析和比较这类文本的技术。

8.26 （研究：Grammarly）将国情咨文演讲复制并粘贴到免费版本的 Grammarly 或相似的软件中。比较几位总统演讲的阅读水平。

第 9 章

Intro to Python for Computer Science and Data Science: Learning to Program with AI, Big Data and the Cloud

文件和异常

目标

- 理解文件和持久化数据的概念。
- 读、写以及更新文件。
- 读写 CSV 文件，CSV 文件是机器学习数据集常用的文件存储格式。
- 将对象序列化为 JSON 数据交换格式（通常用于在 Internet 上传输），并将 JSON 反序列化为对象。
- 使用 `with` 语句来确保资源被正确释放，避免“资源泄露”。
- 使用 `try` 语句来分隔开可能发生异常的代码，并在对应的 `except` 子句中处理这些异常。
- 当 `try` 代码组中未发生异常时，使用 `try` 语句的 `else` 子句来执行代码。
- 使用 `try` 语句的 `finally` 子句来执行代码，无论在 `try` 中是否引发了异常。
- 使用 `raise` 语句来抛出异常，以指出程序运行时发生的问题。
- 理解导致函数和方法发生异常的回溯。
- 使用 pandas 将 Titanic disaster CSV 数据集载入 `DataFrame` 并进行处理。

9.1 简介

变量、列表、元组、字典、集合、数组、pandas `Series` 和 pandas `DataFrame` 仅提供了临时的数据存储。一旦一个局部变量“超出作用域”或者程序结束，所存储的数据就会丢失。**文件**提供了一般情况下大量数据的长期保留，即使在创建数据的程序结束后这些数据也不会丢失，故存储在文件中的数据是**持久化的**。计算机中的文件存储在辅助存储器上，包括固态硬盘、机械硬盘等。在本章，我们将解释 Python 程序如何创建、更新以及处理数据文件。

我们考虑一些流行的文本文件格式，包括纯文本文件、JSON（JavaScript 对象表示法）文件以及 CSV（逗号分隔值）文件。我们将使用 JSON 来序列化和反序列化对象，从而便于将它们保存到辅助存储器上以及在互联网上传输。请务必阅读本章“数据科学入门”一节，在这一节中，我们将使用 Python 标准库的 `csv` 模块和 pandas 两种方法来加载和操作 CSV 数据。特别地，我们将把目光投向泰坦尼克海难数据集的 CSV 版本。在即将到来的关于机器学习、深度学习等方面的数据科学案例研究的章节中，我们还将使用许多流行的数据集。

作为我们对 Python 安全性不断强调的一部分，我们将讨论使用 Python 标准库的 `pickle` 模块序列化和反序列化数据存在的安全缺陷。相比于 `pickle`，我们更推荐使用

JSON 来执行序列化操作。

我们还将介绍异常处理。异常意味着一个执行时问题。我们已经见过许多类型的异常，比如 ZeroDivisionError、NameError、ValueError、StatisticsError、TypeError、IndexError、KeyError 以及 RuntimeError。我们将展示如何使用 try 语句和对应的 except 子句来在异常发生时进行处理。我们还将讨论 try 语句的 else 和 finally 子句。我们展示的这些特性可以帮助编写健壮的、容错率高的程序，在发生异常时，这些程序可以对问题进行处理，然后继续执行或者优雅地终止。

程序一般会在执行过程中请求和释放资源（例如文件），而通常情况下这些资源的供应是有限的，或者一次只能提供给一个程序使用。我们将展示如何保证程序在使用完资源后，可以正确地释放资源给其他程序使用，即使在程序执行过程发生了异常。为此将会使用 with 语句。

9.2 文件

Python 将文本文件视作一个字符序列，将二进制文件（用于图像、视频等存储）视作一个字节序列。就像在列表和数组中一样，文本文件中的第一个字符或二进制文件中的第一个字节都位于 0 号位置，所以在一个包含了 n 个字符或字节的文件中，最后一个位置的序号是 n–1。下面的图表展示了文件的一个概念视图：

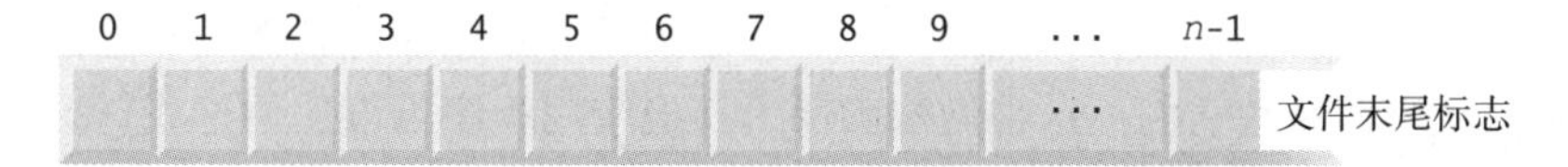

对于打开的每一个文件，Python 都会创建一个文件对象，用于和文件进行交互。

文件的末尾

每个操作系统都会提供一个机制来标识文件的末尾。有些使用文件末尾标志（如上图所示）来代表文件的末尾，其他的可能会在文件中维护一个对文件中所有字符或字节的计数。编程语言通常会向我们隐藏这些操作系统细节。

标准文件对象

当一个 Python 程序开始执行之后，它会创建三个标准文件对象：

- sys.stdin——标准输入文件对象；
- sys.stdout——标准输出文件对象；
- sys.stderr——标准错误文件对象。

尽管它们被认为是文件对象，但它们默认情况下不会从文件中进行读写。input 函数实际上使用了 sys.stdin 来从键盘上获取用户输入。函数 print 实际上将数据输出到了 sys.stdout，它们将显示在命令行上。Python 隐式地将程序的错误和回溯输出到了 sys.stderr，它们也将显示在命令行上。如果需要在代码中使用这些对象，必须导入 sys 模块，但这种情况很罕见。

9.3 文本文件处理

在本节，我们将编写一个简单的文本文件，应收账款系统可用它来追踪公司客户所欠的款项。接下来我们将读取这个文本文件来确认它包含了相应数据。对每个客户，我们将存储客户的账号、姓氏以及欠公司的账户余额。这些数据字段一起构成了一条客户记录。Python 没有给文件规定任何结构，所以 Python 没有原生支持类似记录这样的概念。程序员必须自行组织文件的存储结构来满足应用程序的需求。我们将创建并维护这个文件，文件中的记录按账号排序。在这个意义上，账号可以看作一个记录键。在本章，我们默认在 ch09 示例文件夹中启动了 IPython。

9.3.1　向文本文件中写入数据：with 语句简介

接下来我们将创建一个 account.txt 文件并向其中写入五条客户记录。一般情况下，在文本文件中一个记录占一行内容，所以每条记录以一个换行符结束：

```
In [1]: with open('accounts.txt', mode='w') as accounts:
   ...:     accounts.write('100 Jones 24.98\n')
   ...:     accounts.write('200 Doe 345.67\n')
   ...:     accounts.write('300 White 0.00\n')
   ...:     accounts.write('400 Stone -42.16\n')
   ...:     accounts.write('500 Rich 224.62\n')
   ...:
```

也可以使用 print 函数向文件中写入数据（自动在末尾输出一个 \n），如下：

```
print('100 Jones 24.98', file=accounts)
```

with 语句

有许多应用程序会请求资源，例如文件、网络连接、数据库连接等。一旦这些资源不再被需要，则应该立即释放它们。这种做法确保了其他应用程序可以使用这些资源。Python 的 with 语句：

- 请求资源（在本例中是 accounts.txt 的文件对象）并分配对应的对象到一个变量中（本例中的 accounts）；
- 允许应用程序通过该变量使用对应的资源；
- 当程序控制到达 with 代码组的末尾时，调用资源对象的 close 方法来释放资源。

内建 open 函数

内建 open 函数打开文件 accounts.txt 并将其关联到一个文件对象。mode 参数指定了文件打开模式，表明是不是为了读、写或者读写而打开一个文件。'w' 模式表示打开一个文件用于写入，如果文件不存在则创建它。如果不指定文件的具体路径，Python 则会在当前目录（ch09）创建这个文件。请注意，以写入模式打开的文件会删除该文件中所有已存在的数据。按照约定，.txt 文件扩展名表示一个纯文本文件。

向文件中写入数据

with 语句将 open 函数返回的对象指派给 as 子句后面的变量。在 with 语句代码组中，我们使用变量 accounts 来和文件进行交互。在这个例子中，我们调用了五次该文件对象的 write 方法来向文件中写入五条记录，每一条记录都作为文本中单独的一行，以换行符结束。在 with 语句代码组的末尾，with 语句隐式调用了文件对象的 close 方法来关闭文件。

accounts.txt 文件的内容

在上述代码执行完毕后，ch09 文件夹下面会出现一个包含以下内容的 accounts.txt 文件，可以使用一个文本编辑器打开并阅读这个文件：

```
100 Jones 24.98
200 Doe 345.67
300 White 0.00
400 Stone -42.16
500 Rich 224.62
```

在下一节，我们将读取这个文件并打印它的内容。

自我测验

1.（填空题）________在代码组运行结束后隐式释放资源。

答案： with。

2.（判断题）在程序终止之前保持资源打开是一个好的习惯。

答案： 错误。一旦资源不再被需要就立即释放才是一个好的习惯。

3.（IPython 会话）创建一个 grades.txt 文件并向其中写入下列三条由学号、名字、成绩组成的记录：

```
1 Red A
2 Green B
3 White A
```

答案：

```
In [1]: with open('grades.txt', mode='w') as grades:
   ...:     grades.write('1 Red A\n')
   ...:     grades.write('2 Green B\n')
   ...:     grades.write('3 White A\n')
   ...:
```

上面的代码片段运行结束后，我们可以使用一个文本编辑器来查看 grades.txt：

```
1 Red A
2 Green B
3 White A
```

9.3.2 从文本文件中读取数据

我们刚刚创建了文本文件 accounts.txt 并向其中写入数据，现在让我们从头到尾依次从文件中读取数据。下面的会话从 account.txt 文件读取记录，按列显示每条记录的内容，其中 Account 和 Name 列左对齐，Balance 列右对齐，从而小数点可以垂直对齐：

```
In [1]: with open('accounts.txt', mode='r') as accounts:
   ...:     print(f'{"Account":<10}{"Name":<10}{"Balance":>10}')
   ...:     for record in accounts:
   ...:         account, name, balance = record.split()
   ...:         print(f'{account:<10}{name:<10}{balance:>10}')
   ...:
Account   Name         Balance
100       Jones          24.98
200       Doe           345.67
300       White           0.00
400       Stone         -42.16
500       Rich          224.62
```

如果文件中的内容不应该被修改，则应以只读模式打开文件，这也是最小权限原则的一个例子。这样做可以防止程序意外修改文件。可以通过传递文件打开模式 'r' 作为 open 函数的第二个参数来打开文件进行读取。如果未指定文件所在的目录，open 函数默认该文件处于当前目录下。

迭代一个文件对象，正如上面的 for 语句所做的一样，一次从文件中读取一行并以字符串格式返回。对文件中的每条记录（即每行内容），字符串方法 split 以列表形式返回该行的标记，然后解包给变量 account、name 和 balance[㊀]。for 语句代码组中的最后一条语句使用固定的字段宽度按列显示这些变量。

文件方法 readlines

文件对象的 readlines 方法也可用于读取整个文本文件，该方法返回一个字符串列表，列表中的每一项是代表一行文件内容的字符串。对于小文件来说，使用这个方法完全没问题，但像上面一样通过文件对象迭代获取文件的每一行的方式更高效[㊁]。对一个大文件调用 readlines 方法可能是一项非常耗时的操作，而必须在这项操作完成后才能开始使用包含文件内容的字符串列表。在 for 语句中使用文件对象进行迭代，使得程序可以每次读取文件的一行内容并处理它们。

查找文件的特定位置

在我们读取一个文件时，系统维护了一个**文件位置指针**来表示下一个要读取的字符的位置。有时候我们可能需要在程序执行过程中从头到尾依次处理一个文件好几次，每次都必须将文件位置指针重置到文件的开头。当然可以通过关闭再重新打开文件来做到这一点，或者也可以通过调用文件对象的 seek 方法，如

file_object.seek(0)

并且第二个方法更快。

自我测验

1.（填空题）文件对象的________方法可以用来重置文件位置指针的位置。

答案： seek。

2.（判断题）默认情况下，在 for 语句中通过文件对象进行迭代将每次读取文件的一行并以字符串形式返回。

答案： 正确。

3.（IPython 会话）读取在上一节自我测验中创建的 grades.txt 文件并以 'ID'、'Name' 和 'Grade' 为列名，按列来展示它的内容。

答案：

```
In [1]: with open('grades.txt', 'r') as grades:
   ...:     print(f'{"ID":<4}{"Name":<7}{"Grade"}')
   ...:     for record in grades:
   ...:         student_id, name, grade = record.split()
   ...:         print(f'{student_id:<4}{name:<7}{grade}')
   ...:
ID  Name   Grade
1   Red    A
2   Green  B
3   White  A
```

㊀ 当以空格分隔字符串时（默认），split 会自动丢弃换行符。

㊁ https://docs.python.org/3/tutorial/inputoutput.html#methods-of-file-objects.

9.4 更新文本文件

写入文本文件的格式化数据在修改时总是不可避免会有破坏其他数据的风险。如果 accounts.txt 中的名字 'White' 需要改为 'Williams'，并不能只是简单地覆写原来的名字。White 原本的记录是

```
300 White 0.00
```

如果仅仅是使用 'Williams' 来覆写 'White'，那这条记录就会变成

```
300 Williams00
```

新的名字比原来的名字多包含三个字符，因此 'Williams' 中第二个“i”之后的字符会覆写掉该行的其他字符。在一个格式化的输入–输出模型中，记录及其字段的大小可能会发生变化，这会带来麻烦。例如，7、14、–117、2074 和 27 383 都是整型数，在内部使用相同数目的“原始数据”字节进行存储（在今天的操作系统中通常是 4 个或 8 个字节）。然而，当这些整型数被输出为格式化文本时，它们会变成不同大小的字段。例如，7 是一个字符，14 是两个字符，而 27 383 是五个字符。

为了实现前面的改名操作，我们可以：

- 把位于 300 White 0.00 之前的记录复制到临时文件中，
- 将账户 300 所要更新的、格式正确的记录写入此文件，
- 把位于 300 White 0.00 之后的记录复制到临时文件中，
- 删除旧文件，
- 用原来的文件名重命名临时文件。

这看起来有点笨，因为这样做需要处理文件中的每一条记录，即便只需要更新其中一条记录。在应用程序需要在一次文件遍历中更新多条记录时，采用上述更新文件的方法会更高效一些[⊖]。

更新 accounts.txt

让我们使用 with 语句来更新 accounts.txt 文件，从而将账户 300 的名字从 'White' 改为 'Williams'：

```
In [1]: accounts = open('accounts.txt', 'r')

In [2]: temp_file = open('temp_file.txt', 'w')

In [3]: with accounts, temp_file:
   ...:     for record in accounts:
   ...:         account, name, balance = record.split()
   ...:         if account != '300':
   ...:             temp_file.write(record)
   ...:         else:
   ...:             new_record = ' '.join([account, 'Williams', balance])
   ...:             temp_file.write(new_record + '\n')
   ...:
```

为了方便阅读，我们打开文件对象（代码片段 [1] 和 [2]），然后在代码片段 [3] 的第一行指定它们的变量名。这个 with 语句管理两个资源对象，由跟在 with 之后的逗号分隔的列表所指定。for 语句将每条记录解包到 account、name 和 balance 中。如果 accont 不为 '300'，我们将该 record（包含换行符）写到 temp_file 中。否则我们组装一条

⊖ 在第 17 章中，我们将看到数据库系统是如何高效地解决这个“原地更新”问题的。

将'White'替换为'Williams'的新纪录并写入临时文件中。代码片段[3]执行完毕后，temp_file.txt 包含：

```
100 Jones 24.98
200 Doe 345.67
300 Williams 0.00
400 Stone -42.16
500 Rich 224.62
```

os 模块的文件处理函数

到现在，我们已经有旧的 accounts.txt 文件和新的 temp_file.txt 文件。为了完成更新操作的最后一步，我们需要删除旧的 accounts.txt 文件，然后重命名 temp_file.txt 为 accounts.txt。os 模块[一]提供了可以和操作系统进行交互的函数，包括几个处理系统中的文件和目录的函数。现在既然我们已经创建了临时文件，那么接下来就使用 remove 函数[二]来删除原来的文件：

```
In [4]: import os

In [5]: os.remove('accounts.txt')
```

然后使用 rename 函数来重命名临时文件为'accounts.txt'：

```
In [6]: os.rename('temp_file.txt', 'accounts.txt')
```

自我测验

1.（填空题）os 模块的________和________函数分别负责删除文件和给文件指定一个新的文件名。

答案：remove，rename。

2.（判断题）文本文件中的格式化数据可以原地更新，因为记录及其字段的大小是固定的。

答案：错误。这样的数据在修改时总是不可避免会有破坏文件中其他数据的风险，因为记录及其字段的大小会发生变化。

3.（IPython 会话）对于 accounts.txt 文件，将其中的名字'Doe'更新为'Smith'。

答案：

```
In [1]: accounts = open('accounts.txt', 'r')

In [2]: temp_file = open('temp_file.txt', 'w')

In [3]: with accounts, temp_file:
   ...:     for record in accounts:
   ...:         account, name, balance = record.split()
   ...:         if name != 'Doe':
   ...:             temp_file.write(record)
   ...:         else:
   ...:             new_record = ' '.join([account, 'Smith', balance])
   ...:             temp_file.write(new_record + '\n')
   ...:
```

[一] https://docs.python.org/3/library/os.html.

[二] 谨慎使用 remove 函数，它不会警告我们正在永久删除一个文件。

```
In [4]: import os

In [5]: os.remove('accounts.txt')

In [6]: os.rename('temp_file.txt', 'accounts.txt')
```

9.5 使用 JSON 进行序列化

我们将用于和云计算服务（例如推特、IBM Watson 以及其他服务）等进行交互的库是通过 JSON 对象和应用进行通信的。JSON（JavaScript 对象表示法）是一种基于文本的、人机可读的数据交换格式，用于将对象（如字典、列表等）表示为名 – 值对的集合。JSON 甚至可以表示自定义类型的对象，就像将在下一章构建的一样。

JSON 已经成为跨平台传输对象的首选数据格式，尤其是在使用云计算 Web 服务时，因为这些服务都是通过在互联网上调用相关函数和方法来使用的。在经历一系列的学习后，我们将熟练掌握如何使用 JSON 来进行数据交换。在第 17 章中，我们将把从 Twitter 获得的 JSON 推文对象存储在 MongoDB 中，MongoDB 是一个流行的 NoSQL 数据库。

JSON 数据格式

JSON 对象和 Python 的字典对象很类似。每个 JSON 对象都包含一个以逗号分隔的属性名和值的列表，用大括号表示。例如，下列键 – 值对可能表示一条客户记录：

```
{"account": 100, "name": "Jones", "balance": 24.98}
```

JSON 还支持数组，就像 Python 的列表一样，在中括号中以逗号分隔不同值。例如，下面是一个合法的 JSON 数字数组：

```
[100, 200, 300]
```

在 JSON 对象和数组中的值可以是：

- 用双引号括起来的字符串（如 `"Jones"`）；
- 数字（如 `100` 或 `24.98`）；
- JSON 布尔值（在 JSON 中使用 `true` 或 `false` 表示）；
- `null`（用于表示“没有值”，就像 Python 中的 `None`）；
- 数组（如 `[100, 200, 300]`）；
- 其他 JSON 对象。

Python 标准库模块 json

`json` 模块使得我们可以将对象转换为 JSON（JavaScript 对象表示法）文本格式，这个过程也被称为数据的序列化。考虑如下包含一个键 – 值对的字典，其中键为 `'accounts'`，对应的值是一个字典的列表，表示两个账户的信息。每个账户字典包含三个键 – 值对，分别对应账号、姓名和余额：

```
In [1]: accounts_dict = {'accounts': [
   ...:     {'account': 100, 'name': 'Jones', 'balance': 24.98},
   ...:     {'account': 200, 'name': 'Doe', 'balance': 345.67}]}
```

将一个对象序列化为 JSON 文件

让我们把这个对象按照 JSON 格式写入文件中：

```
In [2]: import json
```

```
In [3]: with open('accounts.json', 'w') as accounts:
   ...:     json.dump(accounts_dict, accounts)
   ...:
```

代码片段 [3] 打开文件 accounts.json，然后使用 json 模块的 dump 函数来将字典 accounts_dict 序列化到文件中。结果文件包含如下文本，我们稍微改动了一下格式以便阅读：

```
{"accounts":
  [{"account": 100, "name": "Jones", "balance": 24.98},
   {"account": 200, "name": "Doe", "balance": 345.67}]}
```

注意，JSON 使用双引号字符来分隔字符串。

反序列化 JSON 文本

json 模块的 load 函数从它的文件对象参数中读取全部 JSON 内容并将其转换为一个 Python 对象。这个过程被称为数据的反序列化。让我们从 JSON 文本中重新构造出原来的 Python 对象：

```
In [4]: with open('accounts.json', 'r') as accounts:
   ...:     accounts_json = json.load(accounts)
   ...:
   ...:
```

现在我们就可以和加载得到的对象进行交互了。比如说，我们可以打印这个字典：

```
In [5]: accounts_json
Out[5]:
{'accounts': [{'account': 100, 'name': 'Jones', 'balance': 24.98},
  {'account': 200, 'name': 'Doe', 'balance': 345.67}]}
```

如我们所愿，可以直接访问字典中的内容。让我们使用 'accounts' 键来获取对应的字典列表：

```
In [6]: accounts_json['accounts']
Out[6]:
[{'account': 100, 'name': 'Jones', 'balance': 24.98},
 {'account': 200, 'name': 'Doe', 'balance': 345.67}]
```

现在，让我们来获取单独的账户字典：

```
In [7]: accounts_json['accounts'][0]
Out[7]: {'account': 100, 'name': 'Jones', 'balance': 24.98}

In [8]: accounts_json['accounts'][1]
Out[8]: {'account': 200, 'name': 'Doe', 'balance': 345.67}
```

尽管我们没有这么做，但其实是可以修改这个字典的。例如，可以在这个列表中添加或删除账户，然后将这个字典写回 JSON 文件中去。

显示 JSON 文本

json 模块的 dumps 函数（dumps 是“dump string”的缩写）会返回一个 JSON 格式对象的 Python 字符串表示。通过使用 dumps 和 load，可以从文件中读取 JSON 对象并以一个非常好的缩进格式来显示它，有时候我们也称之为“漂亮地打印”JSON。如果在调用

dumps 函数时使用 indent 关键字参数，那么返回的字符串会包含换行符以及漂亮的缩进，也可以在调用 dump 函数写入文件时使用 indent 参数：

```
In [9]: with open('accounts.json', 'r') as accounts:
   ...:     print(json.dumps(json.load(accounts), indent=4))
   ...:
{
    "accounts": [
        {
            "account": 100,
            "name": "Jones",
            "balance": 24.98
        },
        {
            "account": 200,
            "name": "Doe",
            "balance": 345.67
        }
    ]
}
```

自我测验

1.（填空题）将一个对象转化为 JSON 文本格式的过程被称为________，从一个 JSON 文本重构一个原来的 Python 对象的过程被称为________。

答案：序列化，反序列化。

2.（判断题）JSON 是一种人机可读的格式，这使得我们可以很方便地通过它在互联网上发送和接收对象。

答案：正确。

3.（IPython 会话）创建一个名为 grades.json 的 JSON 文件，并向其中写入下面的字典对象：

```
grades_dict = {'gradebook':
    [{'student_id': 1, 'name': 'Red', 'grade': 'A'},
     {'student_id': 2, 'name': 'Green', 'grade': 'B'},
     {'student_id': 3, 'name': 'White', 'grade': 'A'}]}
```

然后，从文件中读取并以漂亮的缩进格式打印这个 JSON 对象。

答案：

```
In [1]: import json

In [2]: grades_dict = {'gradebook':
   ...:     [{'student_id': 1, 'name': 'Red', 'grade': 'A'},
   ...:      {'student_id': 2, 'name': 'Green', 'grade': 'B'},
   ...:      {'student_id': 3, 'name': 'White', 'grade': 'A'}]}
   ...:

In [3]: with open('grades.json', 'w') as grades:
   ...:     json.dump(grades_dict, grades)
   ...:

In [4]: with open('grades.json', 'r') as grades:
   ...:     print(json.dumps(json.load(grades), indent=4))
   ...:
```

```
{
    "gradebook": [
        {
            "student_id": 1,
            "name": "Red",
            "grade": "A"
        },
        {
            "student_id": 2,
            "name": "Green",
            "grade": "B"
        },
        {
            "student_id": 3,
            "name": "White",
            "grade": "A"
        }
    ]
}
```

9.6　使用 pickle 进行序列化和反序列化存在的安全问题

Python 标准库的 `pickle` 模块可以把对象序列化为一个特定的 Python 数据格式。注意，Python 文档提供了下列有关 `pickle` 的警告：

- "pickle 文件可能会被其他人恶意修改，如果从互联网上接收到了一个原始的 pickle 文件，不要相信它！它有可能包含恶意代码，从而在我们试图把它转化为 Python 对象时执行任意 Python 代码。但是，如果是在本地使用 pickle 进行读写操作，那么是安全的（当然，前提是其他人无权访问 pickle 文件）。" [㊀]
- " pickle 是一个可以对任意复杂的 Python 对象执行序列化操作的协议。也就是说，它是 Python 专用的并且不能用来和其他编程语言编写的应用进行通信。默认情况下，它也是不安全的：反序列化一个来源不受信任的 pickle 数据可能会执行任意代码，因为该数据可能是被一个经验丰富的攻击者精心修改过的。" [㊁]

9.7　关于文件的其他补充

下面的表格总结了多种文本文件的文件打开模式，其中包括我们上面提到的读写模式。以写入和添加模式打开文件时，若文件不存在，则新建一个文件。以读取模式打开文件时，若文件不存在，则会抛出一个 `FileNotFoundError`。每种文本文件打开模式都有一个对应的二进制文件打开模式，使用 `b` 来指定，如 `'rb'` 或 `'wb+'`。会在需要读写一个二进制文件时用到这些模式，这些二进制文件包括图像、音频、视频、ZIP 压缩文件以及许多其他流行的定制文件格式。

模式	描　述
`'r'`	打开文本文件进行读取。如果在调用 `open` 时没有指定文件打开模式，则默认以该模式打开文件。
`'w'`	打开文本文件进行写入。已有的文件内容会被删除

㊀ https://wiki.python.org/moin/UsingPickle.

㊁ https://docs.python.org/3/tutorial/inputoutput.html#reading-and-writing-files.

(续)

模式	描 述
'a'	打开文本文件以在文件末尾添加内容，如果文件不存在则创建。新数据会写入文件的末尾。
'r+'	打开文本文件进行读写。
'w+'	打开文本文件进行读写。已有的文件内容会被删除。
'a+'	打开文本文件进行读取以及在文件末尾添加内容。新数据会写入文件的末尾。如果文件不存在则创建。

其他文件对象方法

下面是其他的一些有用的文件对象方法。

- 对于文本文件而言，使用 read 方法会返回一个字符串，这个字符串包含由该方法的整型参数指定的字符数。对于二进制文件而言，这个方法会返回指定数目的字节。如果没有指定参数，那么该方法会返回文件的所有内容。
- readline 方法会以字符串形式返回一行文本，如果存在换行符，则包括换行符。该方法在遇到文件末尾时会返回一个空字符串。
- writelines 方法接收一个字符串列表并将内容写入文件中。

Python 中用于创建文件对象的类是在 Python 标准库的 io 模块中定义的（https://docs.python.org/3/library/io.html）。

自我测验

1.（填空题）Python 中用于创建文件对象的类是在 Python 标准库的________模块中定义的。

答案： io。

2.（判断题）read 方法总是返回文件的所有内容。

答案： 错误。可以指定一个参数，指示从文件中读取的字符数（或二进制文件的字节数）。

9.8 异常处理

使用 Python 处理文件时可能会出现各种类型的异常，包括：

- FileNotFoundError：当试图以 'r' 或 'r+' 模式打开一个不存在的文件进行读取时会抛出该异常。
- PermissionError：当试图对一个没有权限的文件进行某些操作时会抛出该异常。这可能会在尝试打开一个账户没有权限访问的文件时发生，或者是在一个账户没有写权限的目录下新建文件时发生，例如存储计算机操作系统的目录。
- ValueError（错误提示信息为 'I/O operation on closed file.'）：当试图写入一个已关闭的文件时会抛出该异常。

9.8.1 除 0 异常和非法输入

让我们来回顾一下在这本书的前面已经见过的两个异常。

除 0

回想一下，如果尝试将一个数除以 0 则会导致一个 ZeroDivisionError：

```
In [1]: 10 / 0
-------------------------------------------------------------------------
ZeroDivisionError                         Traceback (most recent call last)
<ipython-input-1-a243dfbf119d> in <module>()
----> 1 10 / 0

ZeroDivisionError: division by zero

In [2]:
```

这个情况称为解释器抛出了一个异常，异常类型为 `ZeroDivisionError`。在 IPython 中抛出一个异常后，IPython 会：

- 终止该代码片段的执行，
- 打印异常的回溯，
- 显示下一个 `In[]` 命令提示符，从而可以输入下一个代码片段。

如果异常发生在一个脚本中，IPython 会终止这个脚本的执行并打印异常的回溯。

非法输入

回想一下，如果试图将一个不代表数字的字符串（如 `'hello'`）转换为整型数时，`int` 函数会抛出一个类型为 `ValueError` 的异常：

```
In [2]: value = int(input('Enter an integer: '))
Enter an integer: hello
-------------------------------------------------------------------------
ValueError                                Traceback (most recent call last)
<ipython-input-2-b521605464d6> in <module>()
----> 1 value = int(input('Enter an integer: '))

ValueError: invalid literal for int() with base 10: 'hello'

In [3]:
```

9.8.2 try 语句

现在让我们来看看如何处理这些异常，使得代码能够继续处理。考虑下面的脚本和示例执行。脚本中的循环试图从用户那里读取两个整数，然后打印第一个数除以第二个数的结果。该脚本使用异常处理来捕获并处理（或者说解决）出现的所有 `ZeroDivisionError` 和 `ValueError` 异常。在这个例子中，出现异常后该脚本允许用户重新输入。

```
 1  # dividebyzero.py
 2  """Simple exception handling example."""
 3
 4  while True:
 5      # attempt to convert and divide values
 6      try:
 7          number1 = int(input('Enter numerator: '))
 8          number2 = int(input('Enter denominator: '))
 9          result = number1 / number2
10      except ValueError:  # tried to convert non-numeric value to int
11          print('You must enter two integers\n')
12      except ZeroDivisionError:  # denominator was 0
13          print('Attempted to divide by zero\n')
14      else:  # executes only if no exceptions occur
15          print(f'{number1:.3f} / {number2:.3f} = {result:.3f}')
```

```
16            break  # terminate the loop
```

```
Enter numerator: 100
Enter denominator: 0
Attempted to divide by zero

Enter numerator: 100
Enter denominator: hello
You must enter two integers

Enter numerator: 100
Enter denominator: 7
100.000 / 7.000 = 14.286
```

try 子句

Python 使用 try 语句（如第 6～16 行）实现异常的处理。try 语句的 try 子句（第 6～9 行）以关键字 try 开头，后边紧跟一个冒号（:）和一个可能会抛出异常的代码组。

except 子句

一个 try 子句的代码组后面可能会紧跟若干个 except 子句（第 10～11 行、第 12～13 行）。这些子句也被称为*异常处理器*。每个 except 子句指定它负责处理的异常类型。在这个示例中，每个异常处理器只是简单地打印一个指示所发生问题的信息。

else 子句

在 except 子句之后，一个可选的 else 子句（第 14～16 行）给出了只会在 try 代码组没有抛出异常时才会执行的代码。如果在执行示例中的 try 代码组时没有发生异常，则会在第 15 行打印除法的结果并在第 16 行退出循环。

ZeroDivisionError 的控制流

现在让我们基于样例输出的前三行来看看这个示例的控制流：

- 首先，用户输入 100 作为分子，响应 try 代码组中的第 7 行；
- 接着，用户输入 0 作为分母，响应 try 代码组的第 8 行；
- 这时，我们已经有了两个整型数值，所以第 9 行试图用 100 除以 0，导致 Python 抛出了 ZeroDivisionError。程序中引发异常的点通常也称为*抛出点*。

当在 try 代码组中发生异常时，代码组的执行会立即终止。如果 try 代码组后面跟着异常处理器，那么程序的控制流会转向第一个异常处理器。若没有异常处理器，则会触发一个叫*栈展开*的进程，我们会在本章的后面讨论这个过程。

在这个示例中，try 代码组后面有相应的异常处理器，所以解释器会查找第一个和抛出异常相匹配的异常处理器：

- 第 10～11 行的 except 子句处理 ValueError，这和 ZeroDivisionError 不匹配，故该 except 子句的代码组不会执行，程序控制流转向下一个异常处理器；
- 第 12～13 行的 except 子句处理 ZeroDivisionError，这和抛出的异常相匹配，故该 except 子句的代码会执行，打印 "Attempted to divide by zero"。

当一个异常子句成功地处理了异常之后，程序将转到 finally 子句执行（如果有的话），然后转到 try 语句的下一条语句。在这个示例中，我们到达了循环的末尾，所以程序转入下一次循环继续执行。请注意，在一个异常被处理了之后，程序的控制流不会返回到抛出点，而是转到 try 语句之后。之后我们会简短地讨论一下 finally 子句。

ValueError 的控制流

现在我们来看看程序处理 ValueError 的控制流，基于样例输出接下来的三行：

- 首先，用户输入 100 作为分子，响应 try 代码组中的第 7 行；
- 接着，用户输入 hello 作为分母，响应 try 代码组的第 8 行。输入的不是一个有效的整数，故 int 函数会抛出一个 ValueError。

该异常会终止 try 代码组的执行，并且程序的控制流会转到第一个异常处理器。在这个例子中，第 10～11 行的 except 子句和抛出的异常相匹配，所以其代码组会执行，打印 "You must enter two integers"。然后程序会恢复到 try 语句的下一条语句开始执行。同样地，我们到达了程序的末尾，所以程序开始执行下一次循环。

成功相除的控制流

现在我们来看看程序成功执行除法操作的控制流，基于样例输出的最后三行：

- 首先，用户输入 100 作为分子，响应 try 代码组中的第 7 行；
- 接着，用户输入 7 作为分母，响应 try 代码组的第 8 行；
- 这时，我们有了两个有效的整型数值并且分母不是 0，所以第 9 行成功地执行了 100 除以 7。

若在 try 代码组中没有发生异常，那么程序将转到 else 子句执行（如果有的话）；如果不存在相应的 else 子句，程序会继续执行 try 语句的下一条语句。在这个示例的 else 子句中，我们打印了除法的结果，接着跳出循环，随后程序终止。

自我测验

1.（填空题）抛出异常的语句有时候也被称为________。

答案：抛出点。

2.（判断题）在 Python 中，程序是有可能通过关键字 return 返回到异常的抛出点继续执行的。

答案：错误。在异常处理结束之后，程序的控制流会转到 try 语句的下一条语句继续执行。

3.（IPython 会话）在执行 IPython 会话之前，思考一下当分别输入 10.7 和 'Python' 时下面这个函数会打印什么？

```
def try_it(value)
    try:
        x = int(value)
    except ValueError:
        print(f'{value} could not be converted to an integer')
    else:
        print(f'int({value}) is {x}')
```

答案：

```
In [1]: def try_it(value):
   ...:     try:
   ...:         x = int(value)
   ...:     except ValueError:
   ...:         print(f'{value} could not be converted to an integer')
   ...:     else:
   ...:         print(f'int({value}) is {x}')
   ...:
```

```
In [2]: try_it(10.7)
int(10.7) is 10

In [3]: try_it('Python')
Python could not be converted to an integer
```

9.8.3 在一个 except 子句中捕获多个异常

一个 try 子句后面跟着几个 except 子句来处理各种类型的异常是比较常见的。如果几个 except 代码组是完全相同的，可以在单个 except 处理器中指定它们为元组来捕获这些异常类型，如：

except (*type1*, *type2*, ...) as *variable_name*:

as 子句是可选的。通常情况下，程序不需要直接引用捕获的异常对象。如果确实需要，可以使用 as 子句中的变量在 except 代码组中引用异常对象。

9.8.4 函数或方法能够抛出什么异常

异常可能会由 try 代码组中的语句抛出，通过在 try 代码组中直接或间接调用函数或方法，或者是在 Python 解释器执行代码时抛出（例如 ZeroDivisionError）。

在使用任何函数和方法之前，先去阅读它的在线 API 文档，其中指出了这个函数或方法会抛出的异常（如果有的话），以及引发该异常的原因。接着，阅读每个异常类型的在线 API 文档，从而得知可能会引发这些异常的潜在因素。

9.8.5 try 代码组应该封装什么代码

将程序中包含引发异常的语句的重要逻辑段放到 try 代码组中，而不是使用 try 语句将每一条语句包起来。但是，为了实现一个合适的异常处理粒度，每个 try 语句应该包含一段足够小的代码，使得当一个异常发生时，特定的上下文可以被异常处理器获取从而正确地处理异常。如果 try 代码组中的许多语句都会抛出相同的异常，这时可能就需要多个 try 语句来确定每个异常的上下文。

9.9 finally 子句

操作系统通常能阻止多个程序同时操作一个文件。当一个程序完成对文件的处理时，它应该关闭文件从而释放资源，使得其他程序可以使用这个文件（如果它们被允许访问这个文件的话）。关闭文件有助于防止**资源泄露**，即由于使用文件的某个程序一直没有关闭文件，从而导致其他程序不能使用该文件资源的现象。

try 语句的 finally 子句

一个 try 语句可能会在所有 except 或 else 子句之后有一个 finally 子句作为最后的子句。finally 子句一定会被执行，*无论* try 代码组中的代码是正确地执行了还是抛出了异常[⊖]。在其他包含 finally 关键字的语言中，这个特性使得 finally 子句是 try 代码组中放置释放资源相关代码的合适部分。在 Python 中，我们推荐使用 with 语句来实现这

⊖ 唯一的程序控制进入了对应的 try 代码组，而 finally 代码组不会执行的原因是应用先结束运行了，例如调用了 sys 模块的 exit 函数。在这种情况下，操作系统会执行所有程序还未释放的资源的“收尾”工作。

个目标，并在 finally 代码组中放置其他的“收尾”代码。

示例

下面的 IPython 会话验证了 finally 子句总是会执行，无论对应的 try 代码组中是否发生了异常。首先，我们来看看一个不会引发异常的 try 代码组：

```
In [1]: try:
   ...:     print('try suite with no exceptions raised')
   ...: except:
   ...:     print('this will not execute')
   ...: else:
   ...:     print('else executes because no exceptions in the try suite')
   ...: finally:
   ...:     print('finally always executes')
   ...:
try suite with no exceptions raised
else executes because no exceptions in the try suite
finally always executes

In [2]:
```

前面的 try 代码组打印了一条信息，没有抛出任何异常。当程序的控制流成功地到达 try 代码组的末尾时，except 子句会被跳过，else 子句会执行，然后 finally 子句会打印一条信息，表明它总是会执行。当 finally 子句执行结束后，程序的控制流会转到 try 语句的下一条语句。如果是在 IPython 会话中，则会出现下一个 In[] 命令提示符。

现在我们来看看一个会发生异常的 try 代码组：

```
In [2]: try:
   ...:     print('try suite that raises an exception')
   ...:     int('hello')
   ...:     print('this will not execute')
   ...: except ValueError:
   ...:     print('a ValueError occurred')
   ...: else:
   ...:     print('else will not execute because an exception occurred')
   ...: finally:
   ...:     print('finally always executes')
   ...:
try suite that raises an exception
a ValueError occurred
finally always executes

In [3]:
```

这个 try 代码组首先打印一条信息，下一条语句试图将字符串 'hello' 转换为一个整数，这会导致 int 函数抛出一个 ValueError，然后 try 代码组的执行会立即终止，跳过最后一条 print 语句。except 子句捕获 ValueError 异常并打印一条信息。因为引发了异常，所以 else 子句不会执行。接着，finally 子句会打印一条信息，表明它总是会执行。当 finally 子句执行结束后，程序的控制流会转到 try 语句的下一条语句。如果是在 IPython 会话中，则会出现下一个 In[] 命令提示符。

将 with 语句和 try...except 语句结合起来

大多数资源需要明确的释放，例如文件、网络连接和数据库连接，从而会具有和处理这些资源相关的潜在的异常。例如，一个处理文件的程序可能会抛出 IOError 异常。因此一个鲁棒的文件处理代码通常会出现在 try 代码组中，并且包含 with 语句来保证资源会被释放。因为代码在 try 代码组中，所以可以在异常处理器中捕获任何出现的异常。与此同时，不再需要一个 finally 子句，因为 with 语句会处理资源的重新分配。

为了验证这个说法，首先假设我们在向用户请求提供一个文件的文件名，并且他们提供了一个不正确的文件名，例如 gradez.txt 而不是我们先前创建的 grades.txt。这种情况下，在试图打开一个不存在的文件时，open 的调用会抛出一个 FileNotFoundError 异常：

```
In [3]: open('gradez.txt')
-------------------------------------------------------------------------
FileNotFoundError                         Traceback (most recent call last)
<ipython-input-3-b7f41b2d5969> in <module>()
----> 1 open('gradez.txt')

FileNotFoundError: [Errno 2] No such file or directory: 'gradez.txt'
```

为了捕获像 FileNotFoundError 这种会在试图打开一个文件进行读取时发生的异常，用 try 代码组将 with 语句包起来，就像：

```
In [4]: try:
   ...:     with open('gradez.txt', 'r') as accounts:
   ...:         print(f'{"ID":<3}{"Name":<7}{"Grade"}')
   ...:         for record in accounts:
   ...:             student_id, name, grade = record.split()
   ...:             print(f'{student_id:<3}{name:<7}{grade}')
   ...: except FileNotFoundError:
   ...:     print('The file name you specified does not exist')
   ...:
The file name you specified does not exist
```

自我测验

1.（判断题）如果一个 finally 子句出现在一个函数中，那么这个 finally 子句一定会执行，无论该函数是否抛出了异常。

答案：错误。finally 子句只会在程序控制进入对应的 try 代码组时才会执行。

2.（填空题）关闭文件有助于防止________，即由于使用文件的某个程序一直没有关闭文件而导致其他程序不能使用该文件资源的现象。

答案：资源泄露。

3.（IPython 会话）在执行 IPython 会话之前，思考一下当分别输入 10.7 和 'Python' 时下面这个函数会打印什么？

```
def try_it(value)
    try:
        x = int(value)
    except ValueError:
        print(f'{value} could not be converted to an integer')
    else:
        print(f'int({value}) is {x}')
    finally:
        print('finally executed')
```

答案：

```
In [1]: def try_it(value):
   ...:     try:
```

```
   ...:         x = int(value)
   ...:     except ValueError:
   ...:         print(f'{value} could not be converted to an integer')
   ...:     else:
   ...:         print(f'int({value}) is {x}')
   ...:     finally:
   ...:         print('finally executed')
   ...:

In [2]: try_it(10.7)
int(10.7) is 10
finally executed

In [3]: try_it('Python')
Python could not be converted to an integer
finally executed
```

9.10　显式抛出异常

我们已经见过许多由 Python 代码抛出的异常，有时候可能需要编写一个可以抛出异常的函数，从而提醒调用者在函数执行的过程中发生了错误。raise 语句可以显式地抛出一个异常，最简单的抛出异常的格式是

raise *ExceptionClassName*

raise 语句会创建一个给定异常类的实例对象。作为可选项，可以在异常类名称后加上括号，其中包含用于初始化异常对象的参数，通常用于提供自定义错误提示字符串。抛出异常的代码首先应释放在异常发生之前获取的所有资源。在下一节中，我们将展示抛出异常的示例。

在大多数情况下，当需要抛出一个异常时，建议使用以下列表中的 Python 内置异常类型[⊖]：

https://docs.python.org/3/library/exceptions.html

自我测验

（填空题）使用________语句来表明在程序执行过程中发生了一个问题。

答案：raise。

9.11　（可选）栈展开和回溯

每个异常对象都保存了一段信息，这段信息表明导致这个异常发生的一系列函数调用，这在调试代码时非常有用。考虑下面两个函数定义：function1 调用了 function2，并且 function2 抛出了一个异常：

```
In [1]: def function1():
   ...:     function2()
   ...:

In [2]: def function2():
   ...:     raise Exception('An exception occurred')
   ...:
```

调用 function1 会导致出现下面的回溯。为了强调，我们把回溯中导致这个异常发生的代

⊖ 可能想创建特定于应用程序的自定义异常类，我们会在下一章中详细介绍自定义异常。

码行用粗体来表示：

```
In [3]: function1()
---------------------------------------------------------------------------
Exception                                 Traceback (most recent call last)
<ipython-input-3-c0b3cafe2087> in <module>()
----> 1 function1()

<ipython-input-1-a9f4faeeeb0c> in function1()
      1 def function1():
----> 2     function2()
      3

<ipython-input-2-c65e19d6b45b> in function2()
      1 def function2():
----> 2     raise Exception('An exception occurred')

Exception: An exception occurred
```

回溯的细节

回溯在完整的函数调用栈后面展示了发生的异常类型（`Exception`），函数调用栈的最后即为异常抛出点。栈底函数调用会第一个被列出，栈顶函数调用会在最后被列出，所以解释器会打印以下信息作为提示：

```
Traceback (most recent call last)
```

在这次回溯中，下面的文本信息表明了函数调用栈的底部，即在代码片段 `[3]`（由 `ipython-input-3` 指出）中调用的 `function1`：

```
<ipython-input-3-c0b3cafe2087> in <module>()
----> 1 function1()
```

接下来，我们看到在代码片段 `[1]` 中的第二行 `function1` 调用了 `function2`：

```
<ipython-input-1-a9f4faeeeb0c> in function1()
      1 def function1():
----> 2     function2()
      3
```

最后，我们可以看到*异常抛出点*，在这个例子中，代码片段 `[2]` 的第二行抛出了这个异常：

```
<ipython-input-2-c65e19d6b45b> in function2()
      1 def function2():
----> 2     raise Exception('An exception occurred')
```

栈展开

在我们前面的异常处理示例中，异常抛出点处于 `try` 代码组中，并且抛出的异常会被 `try` 语句中相应的异常处理器之一所处理。

如果在一个给定的函数中，抛出的异常没有被捕获，则会触发*栈展开*。让我们来看看在这个例子中的栈展开过程：

- 在 `function2` 中，`raise` 语句抛出了一个异常。因为异常不是在 `try` 代码组中抛出的，故 `function2` 终止运行，其栈帧被移出函数调用栈，然后程序的控制返回到 `function1` 调用 `function2` 的那条语句。
- 在 `function1` 中，调用 `function2` 的语句不在 `try` 代码组中，故 `function1` 终止运行，其栈帧被移出函数调用栈，程序的控制返回到调用 `function1` 的语句，即 IPython 会话的代码片段 `[3]`。

- 代码片段 [3] 的调用不在 try 代码组中，故函数调用过程终止运行。由于该异常没有被捕获（称为未捕获的异常），IPython 打印了回溯，然后等待下一个输入。如果是发生在脚本的一次运行中，那么该脚本会终止运行[㊀]。

查看回溯的小技巧

我们会经常调用属于函数库的函数和方法，这些函数库中的代码通常不是我们写的。而有时候这些函数和方法会抛出异常。当查看一次回溯时，先查看在回溯底部的错误信息，然后向上查看，找到第一行，该行指明了在程序中编写的代码。通常情况下，这是在代码中导致异常发生的位置。

finally 代码组中的异常

在 finally 代码组中抛出异常会导致奇怪的、难以定位的问题。如果发生了一个异常，并且它没有在 finally 代码组执行时进行处理的话，则会触发栈展开。如果 finally 代码组抛出了一个新的异常并且没有被该代码组捕获，那么第一个异常就会丢失，新的异常将传递给下一个封闭的 try 语句。出于这个原因，一个 finally 代码组应该总是将有可能抛出异常的代码用 try 语句包起来，从而使异常可以在该代码组中被处理。

自我测验

1.（填空题）在函数中一个未捕获的异常会导致________，然后该函数的栈帧会被移出函数调用栈。

答案：栈展开。

2.（判断题）异常总是会在抛出了该异常的函数中被处理。

答案：错误。虽然确实可以在抛出异常的函数中处理异常，但通常情况下异常由函数调用栈中的调用者来处理。

3.（判断题）异常只会由 try 语句中的代码抛出。

答案：错误。异常可以由任何代码抛出，无论该代码是否包在 try 语句中。

9.12 数据科学入门：CSV 文件综合处理

纵观本书，我们会在学习各种数据科学概念时处理许多数据集。CSV（逗号分隔值）是一种特别流行的文件格式。在本节中，我们将演示如何用 Python 标准库模块和 pandas 库处理 CSV 文件。

9.12.1 Python 标准库模块 csv

csv 模块[㊁]提供了处理 CSV 文件的函数，许多其他 Python 库同样包含内置的 CSV 支持。

写入 CSV 文件

让我们创建一个使用 CSV 格式的文件 accounts.csv。csv 模块的文档推荐使用关键字参数 newline='' 来打开 CSV 文件，以确保换行被正确处理：

```
In [1]: import csv

In [2]: with open('accounts.csv', mode='w', newline='') as accounts:
   ...:     writer = csv.writer(accounts)
```

㊀ 在使用多线程技术的更高级的应用程序中，未捕获的异常只会终止发生异常的线程，而不必终止整个应用程序。

㊁ https://docs.python.org/3/library/csv.html.

```
   ...:     writer.writerow([100, 'Jones', 24.98])
   ...:     writer.writerow([200, 'Doe', 345.67])
   ...:     writer.writerow([300, 'White', 0.00])
   ...:     writer.writerow([400, 'Stone', -42.16])
   ...:     writer.writerow([500, 'Rich', 224.62])
   ...:
```

.csv 文件扩展名表明该文件是一个 CSV 格式的文件。csv 模块的 writer 函数会返回一个对象，该对象可以将 CSV 数据写入到指定的文件对象。每次调用 writer 的 writerow 方法会接收一个 iterable 对象然后将其存储到文件中，在这里我们使用的是列表。默认情况下，writerow 方法会使用逗号来分隔值，但也可以自定义分隔符[⊖]。运行完上面的代码片段后，accounts.csv 文件应该包含如下内容：

```
100,Jones,24.98
200,Doe,345.67
300,White,0.00
400,Stone,-42.16
500,Rich,224.62
```

CSV 文件通常不会在逗号后面包含空格，但也有些人会添加空格以增加可读性。上面对于 writerow 方法的调用可以替换为一次对 writerows 方法的调用，该调用会输出一个以逗号分隔的代表记录的 iterable 列表。

如果写入的字符串类型数据包含逗号，writerow 会将该字符串括在双引号中。例如，考虑下面的 Python 列表

```
[100, 'Jones, Sue', 24.98]
```

单引号括起来的字符串 'Jones, Sue' 包含一个逗号，用于分隔名和姓。在这个情形下，writerow 会输出这样一条记录：

```
100,"Jones, Sue",24.98
```

双引号括起来的 "Jones, Sue" 表明这是一个独立的值。从该 CSV 文件读取数据的程序会将该记录分成 3 块——100、'Jones, Sue' 和 24.98。

读取 CSV 文件

现在让我们看看如何从文件中读取 CSV 数据。下面的代码片段从 accounts.csv 中读取记录并打印每条记录的内容，产生与前面相同的输出：

```
In [3]: with open('accounts.csv', 'r', newline='') as accounts:
   ...:     print(f'{"Account":<10}{"Name":<10}{"Balance":>10}')
   ...:     reader = csv.reader(accounts)
   ...:     for record in reader:
   ...:         account, name, balance = record
   ...:         print(f'{account:<10}{name:<10}{balance:>10}')
   ...:
Account   Name         Balance
100       Jones          24.98
200       Doe           345.67
300       White            0.0
400       Stone         -42.16
500       Rich          224.62
```

csv 模块的 reader 函数会返回一个可以从给定文件对象中读取数据的对象。就像迭代文

⊖ https://docs.python.org/3/library/csv.html#csv-fmt-params.

件对象一样，同样可以对 reader 对象执行迭代操作，每次迭代获取一条由逗号分隔的记录。前面的 for 语句以值列表的形式返回每条记录，接着我们将其解包到变量 account、name 和 balance 中，然后打印它们。

注意：CSV 数据字段中的逗号

处理包含内嵌逗号的字符串时要小心，比如名字 'Jones, Sue'。如果不小心将该字符串输成了两个字符串 'Jones' 和 'Sue'，那么 writerow 自然会创建一条包含四个字段而不是三个字段的 CSV 记录。读取 CSV 文件的程序通常希望每个记录都有相同数量的字段，否则就会出现问题。例如，考虑以下两个列表：

```
[100, 'Jones', 'Sue', 24.98]
[200, 'Doe'  , 345.67]
```

第一个列表包含四个值而第二个列表只包含三个值。如果这两条记录被写入了同一个 CSV 文件中，然后使用上面的代码片段读取数据，那么下面的语句会执行失败，这条语句试图将一个包含四个字段的记录解包为三个变量：

```
account, name, balance = record
```

注意：不要遗漏逗号或制造多余的逗号

在准备和处理 CSV 文件时要小心，比如，假设文件由记录组成，每个记录由四个以逗号分隔的 int 值组成，例如：

```
100,85,77,9
```

如果不小心遗漏了其中一个逗号，如：

```
100,8577,9
```

那么这条记录就只有三个字段了，其中一个是无效的值 8577。

如果在只需要一个逗号的地方加上了两个相邻的逗号，如：

```
100,85,,77,9
```

那么就有了一条有五个字段而不是四个字段的记录，其中一个字段是错误的空值。

自我测验

1.（填空题）csv 模块提供了读写________（CSV）格式文件的功能。

答案：逗号分隔值。

2.（判断题）csv 模块的 reader 函数会返回一个可以从给定文件对象中读取数据的对象。

答案：正确。

3.（IPython 会话）创建一个文件名为 grades.csv 的文本文件并写入下列记录，这些记录由学生 ID、姓氏和成绩组成：

```
1,Red,A
2,Green,B
3,White,A
```

接着，读取文件 grades.csv 并按照列名 'ID'、'Name'、'Grade' 打印记录。

答案：

```
In [1]: import csv

In [2]: with open('grades.csv', mode='w', newline='') as grades:
   ...:     writer = csv.writer(grades)
   ...:     writer.writerow([1, 'Red', 'A'])
```

```
   ...:     writer.writerow([2, 'Green', 'B'])
   ...:     writer.writerow([3, 'White', 'A'])
   ...:

In [3]: with open('grades.csv', 'r', newline='') as grades:
   ...:     print(f'{"ID":<4}{"Name":<7}{"Grade"}')
   ...:     reader = csv.reader(grades)
   ...:     for record in reader:
   ...:         student_id, name, grade = record
   ...:         print(f'{student_id:<4}{name:<7}{grade}')
   ...:
ID  Name   Grade
1   Red    A
2   Green  B
3   White  A
```

9.12.2 将 CVS 文件读入 pandas DataFrame

在前两章的数据科学入门一节中，我们介绍了许多 pandas 的基本元素。在这里，我们将演示 pandas 加载 CSV 格式文件的能力，然后执行一些基本的数据分析任务。

数据集

在数据科学案例研究中，我们将使用各种免费、开放的数据集来演示机器学习和自然语言处理的概念。在互联网上有各种各样的免费数据集，比如流行的 R 数据集仓库就提供了超过 1100 个 CSV 格式免费数据集的链接。它们最初是为 R 编程语言提供的，供学习和开发统计软件的人员使用，尽管它们并不是仅能用 R 语言处理。可以从下面的 GitHub 地址获取这些数据集

https://vincentarelbundock.github.io/Rdatasets/datasets.html

这个仓库相当流行，以至于有一个 `pydataset` 模块专门用于访问 R 数据集。关于安装指导及使用方法，参见：

https://github.com/iamaziz/PyDataset

另一个大型数据集的来源是：

https://github.com/awesomedata/awesome-public-datasets

一个初学者常用的机器学习数据集是 Titanic disaster 数据集，其中列出了 1912 年 4 月 14 日至 15 日泰坦尼克号撞上冰山沉没时所有乘客的信息，包括他们最后是否幸存的信息。我们将在这里展示如何加载数据集，查看其中部分数据并打印一些描述性统计信息。在本书后面的数据科学章节中，我们将深入挖掘各种流行的数据集。

本地 CSV 文件处理

可以使用 pandas 的 `read_csv` 函数将一个 CSV 数据加载到 `DataFrame` 数据结构中。下面的代码片段加载并显示了在本章前面创建的 CSV 文件 `accounts.csv`：

```
In [1]: import pandas as pd

In [2]: df = pd.read_csv('accounts.csv',
   ...:                  names=['account', 'name', 'balance'])
   ...:

In [3]: df
Out[3]:
   account   name  balance
0      100  Jones    24.98
```

```
1    200    Doe   345.67
2    300  White     0.00
3    400  Stone   -42.16
4    500   Rich   224.62
```

names 关键字参数指定了 DataFrame 的列名，如果不提供这个参数，read_csv 假设 CSV 文件的第一行是一个以逗号分隔的列名列表。

若要将一个 DataFrame 以 CSV 格式保存到文件中，可以调用 DataFrame 的 to_csv 方法：

```
In [4]: df.to_csv('accounts_from_dataframe.csv', index=False)
```

关键字参数 index=False 表明行名（即代码片段 [3] 中 DataFrame 输出左边的 0～4）不会被写入文件中。结果文件将包含列名作为第一行：

```
account,name,balance
100,Jones,24.98
200,Doe,345.67
300,White,0.0
400,Stone,-42.16
500,Rich,224.62
```

9.12.3　读取 Titanic disaster 数据集

Titanic disaster 数据集是最流行的机器学习数据集之一。在第 15 章，会有一道练习要求我们使用这个数据集来“预测”一名乘客是否能幸存，仅基于像性别、年龄和乘客类型等属性。这个数据集支持多种格式，包括 CSV 格式。

通过一个链接来加载 Titanic 数据集

如果有一个代表 CSV 数据集的链接，可以使用 read_csv 将其载入 DataFrame 中。让我们直接从 GitHub 加载 Titanic disaster 数据集：

```
In [1]: import pandas as pd

In [2]: titanic = pd.read_csv('https://vincentarelbundock.github.io/' +
   ...:     'Rdatasets/csv/carData/TitanicSurvival.csv')
   ...:
```

查看 Titanic 数据集中的部分行

这个数据集包含了超过 1300 行数据，每行数据代表一个乘客。根据维基百科，总共有大约 1317 名乘客且其中 815 名最终未能幸免于难[1]。对于大型数据集而言，直接打印 DataFrame 只显示前 30 行数据，接着是“...”，然后显示最后 30 行数据。为了节省空间，让我们使用 DataFrame 的 head 和 tail 方法来查看数据集的前五行和后五行。这两个行数都默认返回五行数据，也可以通过参数来指定需要打印的行数：

```
In [3]: pd.set_option('precision', 2)  # format for floating-point values

In [4]: titanic.head()
Out[4]:
                     Unnamed: 0 survived     sex    age passengerClass
0    Allen, Miss. Elisabeth Walton      yes  female  29.00            1st
```

[1] https://en.wikipedia.org/wiki/Passengers_of_the_RMS_Titanic.

```
1   Allison, Master. Hudson Trevor      yes    male   0.92            1st
2     Allison, Miss. Helen Loraine       no  female   2.00            1st
3  Allison, Mr. Hudson Joshua Crei       no    male  30.00            1st
4  Allison, Mrs. Hudson J C (Bessi       no  female  25.00            1st

In [5]: titanic.tail()
Out[5]:
                     Unnamed: 0 survived     sex    age  passengerClass
1304         Zabour, Miss. Hileni       no  female  14.50            3rd
1305        Zabour, Miss. Thamine       no  female    NaN            3rd
1306  Zakarian, Mr. Mapriededer         no    male  26.50            3rd
1307           Zakarian, Mr. Ortin      no    male  27.00            3rd
1308            Zimmerman, Mr. Leo      no    male  29.00            3rd
```

不难发现，pandas 会调整每列的宽度，或是基于该列中最宽的数据，或是基于列名的宽度，这取决于哪个更宽。同样，可以看到 age 一列中第 1305 行的值为 NaN（not a number，未知数值），表明这是数据集中的一个缺失值。

自定义列名

这个数据集的第一列有一个奇怪的名字（'Unnamed: 0'），我们可以通过设置列名来美化它。让我们把 'Unnamed: 0' 改成 'name'，然后将 'passengerClass' 简化为 'class'：

```
In [6]: titanic.columns = ['name', 'survived', 'sex', 'age', 'class']

In [7]: titanic.head()
Out[7]:
                            name survived     sex    age class
0    Allen, Miss. Elisabeth Walton      yes  female  29.00   1st
1   Allison, Master. Hudson Trevor      yes    male   0.92   1st
2     Allison, Miss. Helen Loraine       no  female   2.00   1st
3  Allison, Mr. Hudson Joshua Crei       no    male  30.00   1st
4  Allison, Mrs. Hudson J C (Bessi       no  female  25.00   1st
```

9.12.4 对 Titanic disaster 数据集进行简单的数据分析

现在，可以使用 pandas 来执行一些简单的分析操作了。例如，让我们来查看一下该数据集的一些描述性统计信息。当对同时包含数值型和非数值型列的 DataFrame 调用 describe 函数时，describe 只会对数值型列计算这些统计信息，在这个例子下，只会计算 age 列：

```
In [8]: titanic.describe()
Out[8]:
           age
count  1046.00
mean     29.88
std      14.41
min       0.17
25%      21.00
50%      28.00
75%      39.00
max      80.00
```

注意这里的 count（1046）和数据集的行数（1309——基于我们调用 tail 函数时显示最后一行的索引是 1308）并不一致。只有 1046(上面 count 的值) 条记录包含 age 值，剩下的 age 值缺失并使用 NaN 来标记，就像 1305 行一样。当执行计算时，pandas 默认忽略缺失值。对于有效的 1046 个乘客年龄，平均（均值）年龄是 29.88 岁，最年轻的（最小值）只有两个月大（0.17*12 等于 2.04），最年长的（最大值）是 80 岁。年龄的中位数是 28（四分位数中的 50%），25% 四分位数是前一半乘客（按照年龄排序）的年龄中位数，75% 四分位数是后一半乘客的年龄中位数。

我们想看看和幸存者相关的统计数据。可以把 survived 和 'yes' 相比较，从而获得一个新的 Series，其中包含 True/False 值，然后使用 describe 来概括结果：

```
In [9]: (titanic.survived == 'yes').describe()
Out[9]:
count       1309
unique         2
top        False
freq         809
Name: survived, dtype: object
```

对于非数值型数据，describe 会打印不同的描述性统计信息：

- count 是结果的总项数；
- unique 代表结果中总共有多少种不同的值（2）——True（幸存）和 False（死亡）；
- top 代表结果中出现最多的值；
- freq 是 top 值出现的次数。

9.12.5　乘客年龄直方图

可视化是一个了解数据的很好的途径。pandas 有许多内置的可视化功能，这些功能使用 Matplotlib 来实现。为了使用这些功能，先在 IPython 中启用 Matplotlib 支持：

```
In [10]: %matplotlib
```

直方图可视化了数值数据分布的范围。DataFrame 的 hist 方法自动分析每个数值列的数据并生成一个相应的直方图。为查看每个数值数据列的直方图，调用 DataFrame 的 hist 方法：

```
In [11]: histogram = titanic.hist()
```

Titanic 数据集只包含一个数值数据列，因此下面的图表显示了一个年龄分布的直方图。对于具有多个数值列的数据集（我们即将在练习中看到），hist 为每个数值列创建一个单独的直方图。

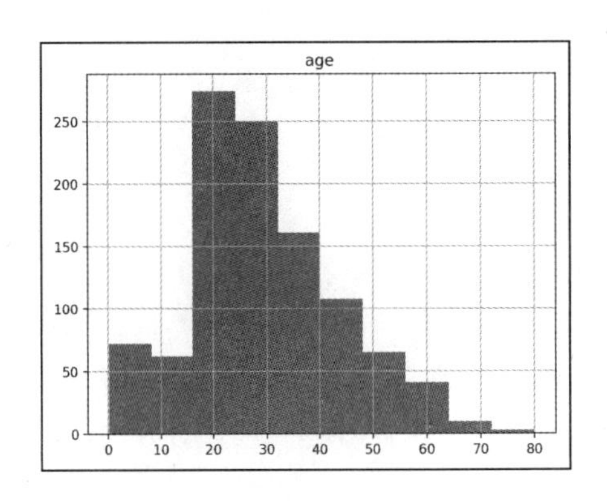

自我测验

1.（填空题）pandas 中的________函数可以从一个 URL 链接或本地文件系统将一个 CSV 数据集载入 DataFrame 中。

答案：read_csv。

2.（IPython 会话）加载在 9.12.1 节自我测验中创建的 grade.csv 文件，然后打印其内容。

答案：

```
In [12]: pd.read_csv('grades.csv', names=['ID', 'Name', 'Grade'])
Out[12]:
   ID   Name Grade
0   1    Red     A
1   2  Green     B
2   3  White     A
```

9.13 小结

在本章中，我们介绍了文本文件处理和异常处理。文件用于持久化存储数据。讨论了文件对象，并提到 Python 将文件视为字符或字节的序列。我们还提到了在 Python 程序开始执行时自动创建的标准文件对象。

我们展示了如何创建、读取、写入和更新文本文件。考虑了几种流行的文件格式——纯文本文件、JSON（JavaScript 对象表示法）文件和 CSV（逗号分隔值）文件。我们使用内置的 open 函数和 with 语句来打开文件，对文件进行读写，with 语句在运行结束时可以自动关闭文件，以防止资源泄漏。我们展示了如何使用 Python 标准库的 json 模块将对象序列化为 JSON 格式并存储在文件中，如何从文件中加载 JSON 对象，又如何将它们反序列化为 Python 对象，以及如何将 JSON 对象漂亮地打印出来以方便查看。

我们讨论了异常是如何表明执行时问题的，并列出了许多已经见过的异常。然后展示了如何通过将代码包在 try 语句中来处理异常，try 语句提供了 except 子句来处理 try 代码组中可能发生的特定类型的异常，从而使程序更加健壮、容错性更高。

我们讨论了 try 语句的 finally 子句，如果程序控制流进入了相应的 try 代码组，那么 finally 子句的代码会在 try 语句的最后执行，无论 try 代码组中是否发生了异常。可以使用 with 语句或者 try 语句的 finally 子句来实现这个目的，我们推荐使用 with 语句。

在数据科学入门一节中，我们使用了 Python 标准库的 csv 模块和第三方的 pandas 库的功能来加载、操作和存储 CSV 数据。在最后，我们将 Titanic disaster 数据集加载到一个 pandas DataFrame 中，更改了一些列名以提高可读性，打印了数据集开头和结尾的部分记录，并对数据执行了一些简单的分析操作。在下一章中，我们将讨论 Python 面向对象编程的能力。

练习

9.1 （班级平均分：将成绩数据写入纯文本文件）图 3.2 给出了一个“班级平均分”的脚本，可以在脚本中输入任意数量的成绩值，在最后跟着一个标记值，然后计算班级平均成绩。另一种方法是从文件中读取成绩数据。在 IPython 会话中编写代码，使得可以将任意数量的成绩数据存储到 grades.txt 纯文本文件中。

9.2　（班级平均分：从纯文本文件中读取成绩数据）在 IPython 会话中编写代码，从在上一道练习中创建的 grade.txt 中读取成绩数据，然后打印每一条成绩数据，以及成绩总和、总数、平均值。

9.3　（班级平均分：将学生记录写入 CSV 文件）假设一个教师只教一个班级，班级中每个学生参加三次考试。教师希望将这些信息存储在一个名为 grades.csv 的文件中，供以后使用。编写代码，使得教师能够输入每个学生的名字和姓氏作为字符串数据，输入学生的三次考试成绩作为整型数据，然后姓名和成绩数据一起构成了一条记录。使用 csv 模块将每条记录写入 grades.csv 文件中。每条记录应该均为单行文字，按照以下 CSV 格式：

名字，姓氏，第一次考试成绩，第二次考试成绩，第三次考试成绩

9.4　（班级平均分：从 CSV 文件中读取学生记录）使用 csv 模块从上一道练习得到的 grades.csv 文件中读取数据，并以表格形式打印。

9.5　（班级平均分：根据 CSV 文件生成一份成绩报告）将上一道练习的成绩打印形式稍做变化，改为生成一份成绩报告，在学生所在行的右侧显示每个学生的平均成绩，在考试列的下方显示每次考试的班级平均成绩。

9.6　（班级平均分：将一个成绩册字典写入 JSON 文件）使用 json 模块重做练习 9.3，将学生信息以 JSON 格式写入文件。可以按以下格式创建学生数据字典以完成这道练习：

gradebook_dict = {'students': [*student1dictionary*, *student2dictionary*, ...]}

9.7　（班级平均分：从 JSON 文件中读取成绩册字典）使用 json 模块重做练习 9.4，从上一道练习创建的 grades.json 文件中读取数据，然后以表格形式打印。在每个学生的三次考试成绩的右侧附加一列打印每个学生的平均成绩，在考试列的下方附加一行打印每次考试的班级平均成绩。

9.8　（使用 pickle 序列化和反序列化对象）我们在前面提到，由于 Python 文档中关于 pickle 的安全警告，我们推荐使用 JSON 进行对象序列化。然而，pickle 已经用于序列化对象很多年了，所以我们很可能在一些 Python 遗留代码中遇到它。根据 Python 文档，“如果在本地使用 pickle 进行读写操作，那么是安全的（当然，前提是其他人无权访问 pickle 文件）[1]。”重做练习 9.6～练习 9.7，使用 pickle 模块的 dump 函数将字典序列化到一个文件中，然后使用其 load 函数进行反序列化。pickle 是一种二进制格式，因此本练习需要对二进制文件进行读写操作。使用文件打开模式 'wb' 打开二进制文件进行写入，使用 'rb' 打开二进制文件进行读取。函数 dump 接收一个需要序列化的对象，以及一个要写入序列化对象的文件对象作为参数。函数 load 接收一个包含序列化数据的文件对象作为参数，并返回原始对象。Python 文档建议对 pickle 文件使用文件扩展名 .p。

9.9　（电话号码单词生成器）在练习 5.12 中，编写了一个电话号码单词生成程序。修改该程序以将其输出写入一个文本文件中。

9.10　（项目练习：对古藤堡计划中的一本书进行分析）古藤堡计划收录了超过 57 000 本免费的电子书，是纯文本文件的一个很好的来源，其网址如下：

https://www.gutenberg.org

这些书在美国已不再受版权保护。更多有关古腾堡计划在其他国家的使用条款和版权信息，参见：

https://www.gutenberg.org/wiki/Gutenberg:Terms_of_Use

[1] https://wiki.python.org/moin/UsingPickle.

从古藤堡计划下载的文本文件版本：

```
https://www.gutenberg.org/ebooks/1342
```

编写一个脚本，从下载的文本文件中读取 *Pride and Prejudice*，生成关于这本书的统计数据，包括总单词数、总字符数、平均单词长度、平均句子长度、包含所有单词频率计数的单词分布数据，以及 10 个最长的单词。在第 12 章中，我们将发现许多更复杂的技术来分析和比较这些文本。

每本古藤堡计划电子书的开头和结尾都有一些附加的文本文字信息，比如许可信息等。这些文字并不是电子书本身的一部分，在分析文本之前，应该先把这些文字从电子书副本中删除。

9.11 （项目练习：将词频可视化为词云）词云是一种将单词可视化的方式，用更大的字体显示更频繁出现的单词。在本道练习中，需要创建一个词云，将 *Pride and Prejudice* 中出现次数最多的 200 个单词可视化。需要使用开源模块 wordcloud[1]的 WordCloud 类，仅用几行代码就可以生成一个词云。

打开 Anaconda Prompt（Windows）、终端（macOS/Linux）或 shell（Linux）并输入以下命令来安装 wordcloud 模块：

```
conda install -c conda-forge wordcloud
```

可以像下面这样创建并配置一个 WordCloud 对象：

```
from wordcloud import WordCloud
wordcloud = WordCloud(colormap='prism', background_color='white')
```

使用上一道练习中的技术，创建一个词频字典，包含 *Pride and Prejudice* 中词频最高的前 200 个单词，然后执行下面的语句来生成一个长方形的词云，并将词云图片保存为硬盘上的一个文件：

```
wordcloud = wordcloud.fit_words(frequencies)
wordcloud = wordcloud.to_file('PrideAndPrejudice.png')
```

然后就可以双击系统上的 PrideAndPrejudice.png 图像文件来查看它了。在第 12 章中，我们将展示如何将词云摆成各种形状。例如，把 *Romeo and Juliet* 词云摆成一个心形图案。

9.12 （项目练习：国情咨文演讲）所有美国总统的国情咨文演讲文本文件都可以从网上下载。下载其中一个演讲的文本文件，编写一个脚本读取该文件，然后打印演讲的统计数据，包括总单词数、总字符数、平均单词长度、平均句子长度、包含所有单词频率计数的单词分布数据，以及 10 个最长的单词。在第 12 章中，将发现许多更复杂的技术来分析和比较这些文本。

9.13 （项目练习：编写一个简单的情感分析器）我们将在数据科学一章中进行大量情感分析。例如，我们将查看大量 Twitter 上关于不同话题的推文，以确定人们对这些话题的看法是积极的还是消极的。我们还会看到许多软件包都有内置的情感分析功能。在这个练习中，需要构建一个基本的情感分析器。一个简单的方法是，在网上搜索包含积极词汇（如开心、愉快……）的文件和包含消极词汇（如难过、生气……）的文件。然后搜索文本，统计其中积极词汇和消极词汇的个数，基于这些计数，评价该文本是积极的、消极的还是中立的。

9.14 （项目练习：基于平均句子长度和平均单词长度进行的简单的相似度检测）威廉·莎士比亚的作品到底是谁写的？一些研究人员认为，弗兰西斯·培根可能是其中部分或全部作品的作者。从古藤堡计划下载一部莎士比亚的作品和一部培根的作品，对每个作品，分别计算其平均句子长度和平均单词长度，然后比较两部作品的数据是否相似。当然，还可以统计更多数据来

[1] https://github.com/amueller/word_cloud.

进行比较。

9.15 （项目练习：使用 csv 模块处理 CSV 数据集）在数据科学入门一节中，我们将 Titanic disaster 数据集载入一个 pandas DataFrame 中，然后使用 DataFrame 的功能来执行一些简单的数据分析操作。在本练习中，需要使用 csv 模块来读取 Titanic disaster 数据集，然后手动计算 age 列包含的有效值的个数，也就是那些不为 'NA' 的值。对那些包含年龄值的记录，计算其平均年龄。需要研究并使用 csv 模块的 DictReader 类来完成这道练习。

9.16 （使用 Pandas 处理 diamonds.csv 数据集）在本书的数据科学一章中，将处理大量数据集，其中许多是 CSV 格式的。我们会频繁地使用 pandas 加载数据集并对机器学习研究使用的数据进行预处理。数据集几乎可以用于任何我们想要研究的东西。有很多可以下载 CSV 或其他格式数据集的数据集仓库，在本章，我们提到了：

https://vincentarelbundock.github.io/Rdatasets/datasets.html

和

https://github.com/awesomedata/awesome-public-datasets

Kaggle 比赛网站[1]：

https://www.kaggle.com/datasets?filetype=csv

拥有大约 11 000 数据集，其中超过 7500 个是 CSV 格式的。美国政府的 data.gov 网站：

https://catalog.data.gov/dataset?res_format=CSV&_res_format_limit=0

拥有超过 300 000 个数据集，其中大约 19 000 个是 CSV 格式的。

在本练习中，需要使用 diamond 数据集来执行一个任务，这个任务和在数据科学入门一节中看到的很类似。该数据集可以从各种来源获得其 CSV 格式文件 diamonds.csv，包括上面列出的 Kaggle 和 Rdatasets 站点。数据集包含 53 940 颗钻石的信息，包括每颗钻石的克拉、切工、颜色、净度、亭深、台面（平顶表面）、价格以及 *x*、*y*、*z* 的测量值信息。Kaggle 网站上关于该数据集的网页描述了其每一列的内容[2]。

完成下列任务来学习和分析 diamond 数据集：

a）从其中一个数据仓库下载 diamonds.csv。

b）使用下列语句将数据集载入 pandas DataFrame 中，该语句使用每个记录的第一列作为行索引。

```
df = pd.read_csv('diamonds.csv', index_col=0)
```

c）打印 DataFrame 的前七行。

d）打印 DataFrame 的后七行。

e）使用 DataFrame 的 describe 方法（只对数值列起作用）来计算数值列（即克拉、亭深、台面、价格、*x*、*y* 和 *z* 列）的描述性统计信息。

f）使用 Series 的 describe 方法来计算分类数据（文本）列（即切工、颜色和净度列）的描述性统计信息。

g）有哪些唯一的类别值（使用 Series 的 unique 方法）？

h）pandas 有许多内置的图形化功能。执行 %matplotlib 魔法函数在 IPython 中启用 Matplotlib 支持，然后调用 DataFrame 的 hist 方法显示每个数值数据列的直方图。下图展示了 DataFrame 中七个数值列的直方图结果：

[1] 必须注册一个免费账号来从 Kaggle 上下载数据，这同样适用于许多其他数据仓库网站。

[2] https://www.kaggle.com/shivam2503/diamonds.

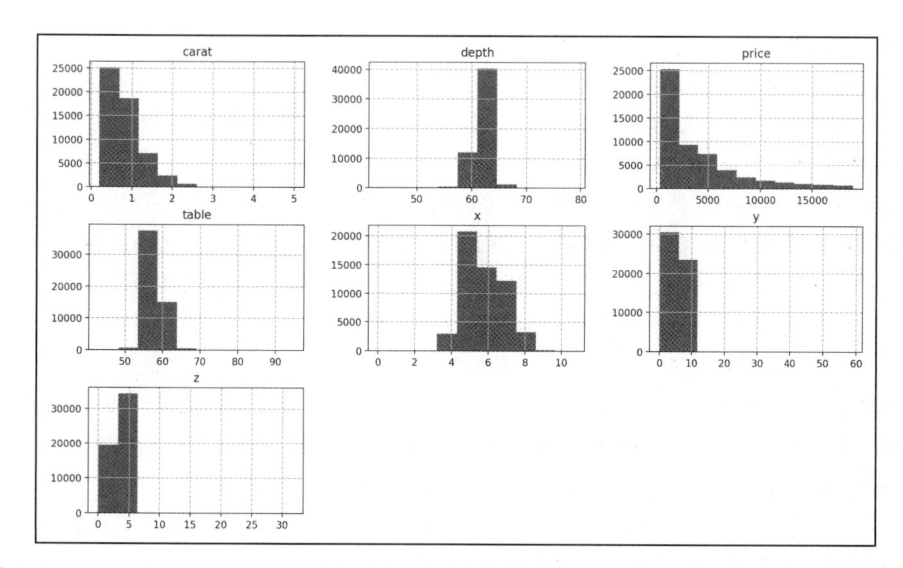

9.17 （使用 pandas 处理 Iris.csv 数据集）对于机器学习小白来说，另一个很流行的数据集是 Iris 数据集，它包含了关于三种鸢尾植物物种的 150 条信息记录。就像 diamond 数据集，Iris 数据集也可以从包括 Kaggle 在内的各种来源获得。研究 Iris 数据集的列[1]，然后完成下列任务来学习和分析该数据集：

a）从其中一个数据仓库下载 Iris.csv。

b）使用下列语句将数据集载入到 pandas DataFrame 中，该语句使用每个记录的第一列作为行索引。

```
df = pd.read_csv('Iris.csv', index_col=0)
```

c）打印 DataFrame 的 head 方法。

d）打印 DataFrame 的 tail 方法。

e）使用 DataFrame 的 describe 方法来计算数值列（即 SepalLengthCm、SepalWidthCm、PetalLengthCm 和 PetalWidthCm 列）的描述性统计信息。

f）pandas 有许多内置的图形化功能。执行 %matplotlib 魔法函数在 IPython 中启用 Matplotlib 支持，然后调用 DataFrame 的 hist 方法显示每个数值数据列的直方图。

9.18 （项目练习：Anscombe Quartet CSV 数据）在网上找到一个包含 Anscombe Quartet 数据的 CSV 文件。将数据加载到一个 pandas DataFrame 中。研究 pandas 内置的用于绘制 *x–y* 坐标对的散点图绘制能力，并使用它来绘制 Anscombe Quartet 数据中的 *x–y* 坐标对。

9.19 （挑战性的项目练习：填字游戏生成器）大多数人都玩过填字游戏，但很少有人尝试去动手制作一个填字游戏。在此，我们建议自己动手生成一个填字游戏，以作为一个字符串操作和文件处理项目。值得一提的是，完成这个项目练习需要大量的技巧和精力。

即使想让最简单的填字游戏生成程序运行起来，也需要解决许多问题。例如，要如何在计算机中表示填字游戏的正方形网格？为此，可以考虑使用一个二维列表，每个列表元素代表一个正方形网格，其中有些元素是“黑色”的，有些元素是“白色”的。一些“白色”单元格会包含一个数字，和横向或竖向线索中的数字相对应。

需要有一个可以直接被脚本使用的词源（例如，计算机化的词典）。此外，这些词语应该以什么形式存储，从而可以更好地满足应用程序复杂的操作要求？关于这个问题，可以考虑使

[1] https://www.kaggle.com/uciml/iris/home.

用 Python 中的字典。

接下来需要生成填字游戏的线索部分，也就是打印每个横向或竖向词语的定义。仅仅打印一个空白的填字游戏版本本身就不是一个简单的问题了，况且如果还想像已发布的填字游戏一样，使得黑色方格的区域是对称的。

9.20 （挑战性的项目练习：拼写检查器）每天使用的许多应用程序都有内置的拼写检查程序。在第 12 章、第 15 章和第 16 章中，我们将学习用于构建复杂拼写检查器的技术。在这个项目练习中，将采取一个更简单、更机械化的方法来实现。为此，需要有一个计算机化的词典作为词源。

在写英文文章时，为什么我们会打错这么多单词？有时候，是因为我们不知道正确的拼写，所以只能猜测地输入。有时候，是因为我们调换了两个字母的位置（如将“default”错误地输入为“defualt”）。有时我们会不小心重复键入同一个字母两次（如将“handy”错误地输入为“hanndy”）。又有些时候我们错按了旁边的键，这个键并非我们原本想按的键（如将“birthday”错误地输入为 biryhday”），还有其他情况等。

设计并实现一个拼写检查器程序。然后创建一个文本文件，其中应同时包含拼写正确和拼写错误的单词。脚本应该在词典中查询每个单词，指出每个不正确的单词，并提供一些可能正确的建议选项。

比如说，可以穷举所有可能的相邻两个字母的单次换位来发现“default”是“default”的直接匹配。当然了，这意味着应用会检查所有其他的单次换位，如“edfault”、“dfeault”、“deafult”、“defalut”和“defautl”。当找到了一个新的换位使其可以匹配词典中的一个单词时，打印一条提示信息，如

```
Did you mean "default"?
```

实现其他的测试行为，例如使用单个字母来替代每对重复的字母，以及其他所有可以开发来提升拼写检查器价值的测试行为。

面向对象程序设计

目标

- 创建自定义类以及这些类的对象。
- 理解构造重要类的好处。
- 控制对成员属性的访问。
- 欣赏面向对象的价值。
- 使用 Python 的特殊方法 `__repr__`、`__str__` 和 `__format__` 来获得一个对象的字符串表示。
- 使用 Python 的特殊方法来重载（重定义）操作符，从而可以对新类的对象使用它们。
- 从现有类中继承方法、属性到新类，然后定制这些类。
- 理解基类（超类）和派生类（子类）的继承概念。
- 理解鸭子类型和多态，它们使得“泛化编程”成为可能。
- 理解 `object` 类，所有类都从 `object` 类继承基本功能。
- 比较组合和继承。
- 构建测试用例到文档字符串中，并使用 `doctest` 运行测试用例。
- 理解命名空间，以及它们对作用域的影响。

10.1 简介

我们在 1.5 节中介绍了面向对象程序设计的基本术语和概念。在 Python 中，一切皆为对象，因此在本书的学习过程中我们一直在不断地使用各种对象。就好像房子是根据蓝图构建的一样，对象是根据类而构建的，类是面向对象程序设计的核心技术之一。即使是从一个大型类构建一个新对象也很简单，通常只需编写一条语句。

构造重要类

我们已经使用过许多由别人创建的类了，在本章，我们将学习如何创建自己的自定义类。将致力于“构造重要类”，帮助我们满足将要构建的应用程序的需求。将使用面向对象程序及其核心技术，包括类、对象、继承和多态。软件应用正在变得越来越大，功能也越来越丰富。面向对象程序设计使设计、实现、测试、调试和更新这些顶级应用程序变得更容易。阅读 10.1 节到 10.9 节对于这些技术的介绍，其中包含大量代码示例。对于大多数人来说，10.10 节到 10.15 节的内容可以跳过，这些小节将提供关于这些技术的额外看法，以及展示一些额外的相关特性。

类库和基于对象的程序设计

在 Python 中进行的绝大多数面向对象程序设计都是**基于对象**的，核心就是创建并使用现有类的对象。在本书的学习过程中，已经使用过许多内置类型的对象了，如 int、float、str、list、tuple、dict 和 set，以及 Python 标准库中的类型（如 Decimal），此外还有 NumPy 中的 arrays、Matplotlib 中的 Figures 和 Axes、pandas 中的 Series 和 DataFrame。

为了充分发挥 Python 的优势，必须熟练掌握许多已有的类。多年来，Python 开源社区构造了大量有价值的类，并将它们打包到类库中。这使我们可以方便地复用现有的类，避免重复工作。此外，广泛使用的开源类库通常会经过更彻底的测试，因此几乎没有 bug，并且会进行充分的性能调优，可以移植到各种设备、操作系统和 Python 版本中使用。可以在 GitHub、BitBucket、SourceForge 等网站上找到丰富的 Python 库，其中大多数只需简单地使用 conda 或 pip 进行安装。这是 Python 流行的一个关键原因。需要的绝大多数类一般都可以在开源库中免费获得。

创建自己的自定义类

类是新的数据类型，每个 Python 标准库和第三方库的类都是一个由其他人构建的自定义类型。在本章中，会开发许多特定于应用的类，如 CommissionEmployee、Time、Card、DeckOfCards 等。我们的数十道章末练习挑战为各种各样的应用程序创建额外的类。

为自己使用而构建的大多数应用程序通常不会用到自定义类，或者只需使用少数几个自定义类。如果成为企业开发团队的一员，可能要处理包含数百个甚至数千个类的应用程序。可以将自己编写的自定义类贡献给 Python 开源社区，但我们并没有义务这么做。此外，各种组织机构通常有与开源代码相关的政策和程序。

继承

在面向对象程序设计中，最令人激动的可能是可以通过继承和组合丰富类库中的类来形成新的类。最终，软件将主要由**标准化的、可复用的组件**构成，就像硬件由可互换的部件构成一样。这将有助于应对开发大型软件所带来的挑战。

在创建新类时，不必编写所有新代码，可以通过**继承**先前定义的**基类**（也称为**超类**）的属性（变量）和方法（类中的函数）来指定新类的初始构成，如此构建的新类被称为**派生类**（或**子类**）。在完成继承后，接下来就可以自定义派生类来满足应用程序的特定需求了。为了最小化自定义的工作量，应该总是尝试继承和需求最相符的基类。要想有效地实现这个目标，需要让自己熟练掌握那些和要构建的应用程序类型密切相关的类库。

多态

我们将解释并阐述**多态**的概念，多态使我们可以很方便地进行“泛化”编程，而无须进行“特殊”编程。只需要简单地向对象发送相同的方法调用，这些对象可能属于许多不同的类型，而每个对象都可以通过“正确地完成任务”来回应方法的调用。因此，相同的方法调用可以呈现“多种形式”，这就是术语“多态”的含义。我们将解释如何通过继承和 Python 中被称为鸭子类型的特性来实现多态。我们会先解释这两种方法，然后分别给出示例。

一个有趣的示例：洗牌切牌模拟

前文已经实现了一个基于随机数字的掷骰子模拟，并使用这些技术实现了一个流行的骰子游戏 craps。此外，我们将提供一个洗牌切牌模拟，实现卡牌游戏。其中 Matplotlib 和公共卡牌图像被用于进行卡牌显式。在章末练习中，可以实现流行的纸牌游戏 21 点和 solitaire

单人纸牌游戏，并评估只有五张扑克的一手牌。

数据类

Python 3.7 的新特性数据类通过使用更简洁的表示方法和类的部分自动生成，来帮助更快地构建类。Python 社区对数据类的早期响应非常积极，和所有重要的新特性一样，数据类可能需要经过一段时间才会被广泛使用。我们会同时使用旧技术和新技术来展示类的开发。

本章介绍的其他概念

我们将学习的其他概念包括：

- 如何指定某些标识符只能在类的内部使用，而类的客户不能访问；
- 实现对自定义类的对象创建字符串表示的特殊方法，以及指定自定义类对象如何使用 Python 的内置操作符（这个过程被称为*操作符重载*）；
- 介绍 Python 异常类层次并创建自定义异常类；
- 使用 Python 标准库的 `doctest` 模块来测试代码；
- Python 是如何使用命名空间来确定标识符作用域的。

10.2 自定义 Account 类

让我们从一个银行 `Account` 类开始，`Account` 类负责保存一个账户户主的名字和余额。一个真实的银行账户类可能还包含很多其他信息，如地址、生日、电话号码、账号等。`Account` 类可以进行增加余额的存款操作和减少余额的取款操作。

10.2.1 Account 类的试用

每个创建的新类都会变成一个新的数据类型，可用于创建对象。这是 Python 被称为**可扩展语言**的原因之一。在查看 `Account` 类的定义之前，先让我们来演示一下它的功能。

导入 Account 类和 Decimal 类

要使用新的 `Account` 类，请从 `ch10` 示例文件夹启动 IPython 会话，然后导入 `Account` 类：

```
In [1]: from account import Account
```

`Account` 类将账户余额视作一个 `Decimal` 类对象来进行维护以及执行相关操作，因此我们还要导入 `Decimal` 类：

```
In [2]: from decimal import Decimal
```

使用构造函数表达式创建一个 Account 对象

要创建一个 `Decimal` 对象，我们可以这么写：

```
value = Decimal('12.34')
```

这也被称为**构造函数表达式**，因为它构建并初始化了一个类的对象，这个过程类似于先根据蓝图构建房屋，然后再用买家喜欢的颜色进行粉刷。构造函数表达式创建一个新的对象并使用在括号中给定的参数初始化它们的数据。类名后面的括号是必须的，即便没有参数。

让我们使用一个构造函数表达式来创建一个 `Account` 对象，并使用账户持有者的名字（字符串）和余额（`Decimal` 对象）对其进行初始化：

```
In [3]: account1 = Account('John Green', Decimal('50.00'))
```

获得一个账户的户主名字和余额信息

让我们来访问 Account 对象的名字（name）和余额（balance）属性：

```
In [4]: account1.name
Out[4]: 'John Green'

In [5]: account1.balance
Out[5]: Decimal('50.00')
```

往一个账户中存钱

Account 的 deposit 方法接收一个大于等于零的美元金额并将其加到余额上：

```
In [6]: account1.deposit(Decimal('25.53'))

In [7]: account1.balance
Out[7]: Decimal('75.53')
```

Account 类的方法执行检验

Account 类的方法会检验它们的参数。比如，如果存款数目是负数，deposit 会抛出一个 ValueError：

```
In [8]: account1.deposit(Decimal('-123.45'))
---------------------------------------------------------------------------
ValueError                                Traceback (most recent call last)
<ipython-input-8-27dc468365a7> in <module>()
----> 1 account1.deposit(Decimal('-123.45'))

~/Documents/examples/ch10/account.py in deposit(self, amount)
     21         # if amount is less than 0.00, raise an exception
     22         if amount < Decimal('0.00'):
---> 23             raise ValueError('Deposit amount must be positive.')
     24
     25         self.balance += amount

ValueError: Deposit amount must be positive.
```

自我测验

1.（填空题）每个创建的新类都会变成一个新的数据类型，可用于创建对象。这是 Python 被称为________语言的原因之一。

答案：可扩展。

2.（填空题）________表达式创建并初始化类的对象。

答案：构造函数。

10.2.2 Account 类的定义

现在让我们来看下 Account 类的定义，它位于文件 account.py 中。

定义一个类

一个类的定义开始于关键字 class（第5行），后面跟着类名和一个冒号（:）。该行也被称为**类头**。Python 代码风格指南建议在多单词类名中，每个单词的开头都要用大写字母（例如，CommissionEmployee）。类代码组中的每个语句都向后缩进一格。

```
1  # account.py
2  """Account class definition."""
```

```
3  from decimal import Decimal
4
5  class Account:
6      """Account class for maintaining a bank account balance."""
7
```

每个类通常都会提供一个描述性文档字符串（第 6 行）。若提供了描述性文档字符串，则该字符串必须出现在类头的下一行。要在 IPython 中查看任意类的文档字符串，输入类名和一个问号，然后按 Enter 键：

```
In [9]: Account?
Init signature: Account(name, balance)
Docstring:      Account class for maintaining a bank account balance.
Init docstring: Initialize an Account object.
File:           ~/Documents/examples/ch10/account.py
Type:           type
```

标识符 Account 既是类名，也是构造函数表达式中用来创建 Account 对象并调用类的 __init__ 方法的名称。出于这个原因，IPython 的帮助机制会同时打印类的 docstring（"Docstring:"）和 __init__ 方法的 docstring（"Init docstring:"）。

初始化 Account 对象：__init__ 方法

在前面一节代码片段 [3] 中的构造函数表达式：

```
account1 = Account('John Green', Decimal('50.00'))
```

创建了一个新的对象，然后调用类中的 __init__ 方法初始化其中的数据。每个创建的新类都可以提供 __init__ 方法来指定如何初始化一个对象的数据属性。在 __init__ 中返回一个除 None 以外的值都会导致 TypeError。回忆一下，None 是在一个函数或方法不包含 return 语句时返回的值。如果参数 balance 是有效的值，Account 类的 __init__ 方法（第 8～16 行）会初始化一个 Account 对象的 name 和 balance 属性：

```
8      def __init__(self, name, balance):
9          """Initialize an Account object."""
10
11         # if balance is less than 0.00, raise an exception
12         if balance < Decimal('0.00'):
13             raise ValueError('Initial balance must be >= to 0.00.')
14
15         self.name = name
16         self.balance = balance
17
```

当调用一个特定对象的方法时，Python 隐式地传递对该对象的引用作为方法的第一个参数。因此，在一个类中，所有的方法都必须指定至少一个参数。按照惯例，大多数 Python 程序员将方法的第一个参数命名为 self。类中的方法只能使用该引用（self）来访问对象的属性和其他方法。此外，在我们的示例中，类 Account 的 __init__ 方法还为 name 和 balance 指定了参数。

if 语句负责检验 balance 参数，如果 balance 小于 0.00，__init__ 会抛出一个 ValueError，然后 __init__ 方法会终止运行。否则，__init__ 方法创建并初始化新 Account 对象的 name 和 balance 属性。

在一个 Account 类对象刚被创建出来时，它还没有任何的属性，它的属性是通过如下形式的赋值语句动态添加的：

self.*attribute_name* = *value*

Python 中的类可能会定义许多**特殊方法**，比如 __init__，每个特殊方法的标识符名称都以双下划线（__）开始和结束。Python 中的 object 类定义了对所有 Python 对象都可用的特殊方法，我们会将本章的后面讨论 object 类。

deposit 方法

Account 类的 deposit 方法将一个大于等于零的金额（amount）加到账户的 balance 属性上。如果 amount 参数小于 0.00，该方法会抛出一个 ValueError，表明只有大于等于零的金额数目才被允许存入账户。如果 amount 参数是有效的，则脚本的第 25 行将其加到对象的 balance 属性上。

```
18      def deposit(self, amount):
19          """Deposit money to the account."""
20
21          # if amount is less than 0.00, raise an exception
22          if amount < Decimal('0.00'):
23              raise ValueError('amount must be positive.')
24
25          self.balance += amount
```

10.2.3　组合：对象引用作为类的成员

每个 Account 对象都有 name 和 balance 成员属性。回想一下，“Python 中一切皆为对象”，这意味着一个对象的属性是其他类对象的引用。例如，一个 Account 对象的 name 属性是一个字符串对象的引用，balance 属性是一个 Decimal 对象的引用。将引用嵌入其他类型的对象中，这是软件复用的一种形式，称为组合，有时候也被称为“ has a（包含）”关系。有一道章末练习要求实现 Circle 类和 Point 类的组合，一个 Circle “ has a（包含）”一个代表圆心的 Point。在本章的后面，我们会讨论建立“is a”关系的继承。

自我测验

1.（填空题）构造函数表达式会调用类中的________方法来初始化该类的一个新对象。

答案：__init__。

2.（判断题）一个类的 __init__ 方法返回该类的一个对象。

答案：错误。一个类的 __init__ 方法初始化该类的一个对象并隐式地返回 None。

3.（IPython 会话）向 Account 类添加一个取款方法 withdraw，如果取款金额大于账户余额，抛出一个 ValueError，表明取款金额必须小于等于账户余额。如果取款金额小于 0.00，抛出一个 ValueError，表明取款金额必须大于等于零。如果取款金额是有效的，从账户余额中减去取款金额。创建一个 Account 对象，先用一个有效的取款金额测试 withdraw 方法，然后用一个大于账户余额的取款金额进行测试，最后用一个小于零的取款金额进行测试。

答案：Account 类的新方法：

```
def withdraw(self, amount):
    """Withdraw money from the account."""

    # if amount is greater than balance, raise an exception
    if amount > self.balance:
        raise ValueError('amount must be <= to balance.')
    elif amount < Decimal('0.00'):
```

```
        raise ValueError('amount must be positive.')

    self.balance -= amount
```

测试 withdraw 方法：

```
In [1]: from account import Account

In [2]: from decimal import Decimal

In [3]: account1 = Account('John Green', Decimal('50.00'))

In [4]: account1.withdraw(Decimal('20.00'))

In [5]: account1.balance
Out[5]: Decimal('30.00')

In [6]: account1.withdraw(Decimal('100.00'))
-------------------------------------------------------------------------
ValueError                                Traceback (most recent call last)
<ipython-input-6-61bb6aa89aa4> in <module>()
----> 1 account1.withdraw(Decimal('100.00'))

~/Documents/examples/ch10/snippets_py/account.py in withdraw(self,
amount)
     30         # if amount is greater than balance, raise an exception
     31         if amount > self.balance:
---> 32             raise ValueError('amount must be <= to balance.')
     33         elif amount < Decimal('0.00'):
     34             raise ValueError('amount must be positive.')

ValueError: amount must be <= to balance.

In [7]: account1.withdraw(Decimal('-10.00'))
-------------------------------------------------------------------------
ValueError                                Traceback (most recent call last)
<ipython-input-7-ab50927d9727> in <module>()
----> 1 account1.withdraw(Decimal('-10.00'))

~/Documents/examples/ch10/snippets_py/account.py in withdraw(self,
amount)
     32             raise ValueError('amount must be <= to balance.')
     33         elif amount < Decimal('0.00'):
---> 34             raise ValueError('amount must be positive.')
     35
     36         self.balance -= amount

ValueError: amount must be positive.
```

10.3 属性访问控制

Account 类的方法会进行自动参数检验，以确保代表余额的 balance 属性总是有效的，即总是大于等于 0.00。在前面的示例中，我们使用了 name 和 balance 属性名来获得它们的属性值，这意味着我们也可以使用这些属性名来修改它们的值，我们来看看下面的 IPython 会话：

```
In [1]: from account import Account
```

```
In [2]: from decimal import Decimal

In [3]: account1 = Account('John Green', Decimal('50.00'))

In [4]: account1.balance
Out[4]: Decimal('50.00')
```

一开始，account1 拥有一个有效的余额，现在，让我们把 balance 属性设置为一个无效的负值，然后打印 balance：

```
In [5]: account1.balance = Decimal('-1000.00')

In [6]: account1.balance
Out[6]: Decimal('-1000.00')
```

代码片段 [6] 的输出显示，account1 的 balance 现在是一个负值了。如我们所见，与方法不同，数据属性无法检验给它们赋的值。

封装

一个类的客户端代码就是任何使用了该类对象的代码。大多数面向对象程序设计语言都可以封装（或隐藏）客户端代码中对象的数据，在这些语言中，这些数据被称为私有数据。

以下划线（_）开头命名的约定

Python 中不存在私有数据，但是，可以使用命名约定来正确定义和使用私有数据。Python 的程序员都遵循一个约定，即任何以下划线（_）开头的属性名只在类的内部使用。客户端代码应该使用类中的方法以及属性（即将在下一节中看到）来和对象中每个仅供内部使用的数据属性进行交互。标识符不以下划线（_）开头的属性被认为可以在客户端代码中公开访问。在下一节中，我们将定义一个 Time 类并使用这些命名约定。然而，即使我们使用了这些约定，属性仍然总是可以访问的。

自我测验

（判断题）像大多数面向对象程序设计语言一样，Python 提供了封装对象中数据属性的功能，如此一来客户端代码就不能直接访问数据。

答案：错误。在 Python 中，所有数据属性都是可访问的。可以用属性命名约定来表明不应该直接从客户端代码访问的属性。

10.4　用于访问数据的属性

让我们来开发一个 Time 类，它以 24 小时制存储时间，小时的范围为 0～23，分和秒的范围都为 0～59。对于这个类，我们提供了属性，它们在客户端代码程序员看来就像是对象的数据属性，但是却能对获取和修改对象数据的行为进行控制。这里假设其他程序员遵循 Python 的约定正确地使用类的对象。

10.4.1　Time 类的试用

在查看 Time 类的定义之前，让我们来演示一下它的功能。首先，确保我们处于 ch10 文件夹中，然后从 timewithproperties.py 导入 Time 类：

```
In [1]: from timewithproperties import Time
```

创建一个 Time 对象

接下来让我们创建一个 Time 对象。Time 类的 __init__ 方法有小时 hour、分钟 minute 和秒 second 三个参数，每个参数的默认值都为 0。在这里，我们指定了 hour 和 minute 参数，second 参数则默认为 0：

```
In [2]: wake_up = Time(hour=6, minute=30)
```

打印一个 Time 对象

Time 类定义了两个将 Time 对象转换为字符串表示的方法。当在 IPython 中对一个变量进行求值时（如下面的代码片段 [3]），IPython 会调用该对象的 __repr__ 特殊方法来产生一个该对象的字符串表示。我们的 __repr__ 实现则会创建一个如下格式的字符串：

```
In [3]: wake_up
Out[3]: Time(hour=6, minute=30, second=0)
```

我们还提供了 __str__ 特殊方法，它会在一个对象被转换为字符串时被调用，比如在使用 print 函数输出该对象时[⊖]。我们的 __str__ 实现会创建一个 12 小时制的字符串：

```
In [4]: print(wake_up)
6:30:00 AM
```

通过 property 属性来获得属性

Time 对象提供了 hour、minute 和 second 的 property 属性，这给获取和修改对象的数据属性提供了便利。但是，正如我们即将看到的，property 属性是作为方法实现的，因此它们可能包含额外的逻辑，比如指定返回的数据属性值的格式，或者在使用新值修改数据属性之前验证该值。在这里，我们获取了 wake_up 对象的 hour 值：

```
In [5]: wake_up.hour
Out[5]: 6
```

虽然看起来这个代码片段只是简单地获取了一个 hour 数据属性的值，但它实际上是对一个 hour 方法的调用，该方法返回一个数据属性的值（我们将该数据属性命名为 _hour，将在下一节中看到）。

设置时间

可以使用 Time 对象的 set_time 方法来设置新时间。和 __init__ 方法一样，set_time 方法提供 hour、minute 和 second 三个参数，每个参数的默认值都为 0：

```
In [6]: wake_up.set_time(hour=7, minute=45)

In [7]: wake_up
Out[7]: Time(hour=7, minute=45, second=0)
```

通过 property 属性来设置属性

Time 类还支持通过它的 property 属性分别设置 hour、minute 和 second 值。让我们将 hour 值更改为 6：

⊖ 如果一个类不提供 __str__ 方法，那么在把该类的对象转换为字符串时，则会调用该类的 __repr__ 方法。

```
In [8]: wake_up.hour = 6

In [9]: wake_up
Out[9]: Time(hour=6, minute=45, second=0)
```

虽然代码片段 [8] 看起来只是简单地对一个数据属性进行了赋值操作，但它实际上是对一个 hour 方法的调用，该方法取 6 作为参数并检验参数值是否有效，然后将其赋给一个对应的数据属性（我们将该数据属性命名为 _hour，将在下一节中看到）。

尝试设置一个无效值

为了证明 Time 类的 property 属性确实检验了赋给它们的值，让我们尝试给 hour 属性赋一个无效值，这将导致一个 ValueError：

```
In [10]: wake_up.hour = 100
------------------------------------------------------------------------
ValueError                                Traceback (most recent call last)
<ipython-input-10-1fce0716ef14> in <module>()
----> 1 wake_up.hour = 100

~/Documents/examples/ch10/timewithproperties.py in hour(self, hour)
     20         """Set the hour."""
     21         if not (0 <= hour < 24):
---> 22             raise ValueError(f'Hour ({hour}) must be 0-23')
     23
     24         self._hour = hour

ValueError: Hour (100) must be 0-23
```

自我测验

1.（填空题）print 函数隐式地调用了特殊方法________。

答案： __str__。

2.（填空题）IPython 调用对象的________特殊方法来产生对象的字符串表示。

答案： __repr__。

3.（判断题）property 属性用起来就像方法。

答案： 错误。property 属性用起来就像数据属性，但正如我们将在下一节看到的，它是以方法的形式实现的。

10.4.2 Time 类的定义

现在我们已经看过 Time 类的功能了，接下来让我们看看它的定义。

Time 类：带有默认参数值的 __init__ 方法

Time 类的 __init__ 方法指定了 hour、minute 和 second 参数，每个参数的默认值都为 0。回想一下，类似于 Account 类的 __init__ 方法，self 参数是待初始化的 Time 对象的引用。包含 self.hour、self.minute 和 self.second 在内的语句看起来是为新的 Time 对象创建了 hour、minute 和 second 属性，但实际上这些语句调用了一些方法，这些方法实现了 Time 类的 property 属性 hour、minute 和 second（第 13～50 行），然后由这些方法创建名为 _hour、_minute 和 _second 的属性，这些命名表明它们应当仅在类的内部使用。

```
1  # timewithproperties.py
2  """Class Time with read-write properties."""
```

```
3
4  class Time:
5      """Class Time with read-write properties."""
6
7      def __init__(self, hour=0, minute=0, second=0):
8          """Initialize each attribute."""
9          self.hour = hour  # 0-23
10         self.minute = minute  # 0-59
11         self.second = second  # 0-59
12
```

Time 类：可读写 property 属性 hour

第 13～24 行定义了一个名为 hour 的公开可访问的**可读写 property 属性**，该 property 属性操作了一个名为 _hour 的数据属性。以单下划线（_）开头的命名约定表明客户端代码不应该直接访问 _hour。正如我们在上一节的代码片段 [5] 和 [8] 中看到的，对于程序员来说，在使用 Time 对象时 property 属性用起来就像数据属性一样。然而，注意 property 属性是以方法的形式实现的。每个 property 属性都定义了一个 getter 方法，该方法获得（即返回）一个数据属性的值，还可以选择定义一个 setter 方法来设置数据属性的值：

```
13     @property
14     def hour(self):
15         """Return the hour."""
16         return self._hour
17
18     @hour.setter
19     def hour(self, hour):
20         """Set the hour."""
21         if not (0 <= hour < 24):
22             raise ValueError(f'Hour ({hour}) must be 0-23')
23
24         self._hour = hour
25
```

@property 装饰器位于 property 属性的 getter 方法定义之前，该方法只接受一个 self 参数。在背后，装饰器为被装饰的函数添加了额外的代码，在我们这个例子中，它使得 hour 函数可以以属性的语法形式来使用，getter 方法的名字即为 property 属性的名字。这个 getter 方法返回了 _hour 数据属性的值。下面的客户端代码表达式调用了该 getter 方法：

```
wake_up.hour
```

还可以在类内部使用 getter 方法，稍后我们将看到这一点。

形如 @property_name.setter 的装饰器（在本例中是 @hour.setter）位于 property 属性的 setter 方法之前。该方法接收两个参数——self 以及一个代表要赋给 property 属性的值的参数（hour）。如果 hour 参数是有效的，该方法会将其赋给 self 对象的 _hour 属性，否则该方法会抛出一个 ValueError。下面的客户端代码表达式通过向 property 属性赋值来调用 setter 方法：

```
wake_up.hour = 8
```

我们还在类内部的 __init__ 函数中调用该 setter 方法：

```
self.hour = hour
```

使用 setter 方法使我们可以在创建和初始化对象的 _hour 属性前验证 __init__ 的 hour 参数，这个验证过程出现在第 9 行中 hour property 属性的 setter 第一次执行时。一个**可读**

写 **property** 属性既有 getter 也有 setter，一个只读 **property** 属性只有 getter。

Time 类：可读写 property 属性 minute 和 second

第26～37行和第39～50行定义了可读写property属性minute和second，每个property属性的setter确保它的第二个参数在0～59范围内（分钟和秒的有效值范围）：

```
26      @property
27      def minute(self):
28          """Return the minute."""
29          return self._minute
30
31      @minute.setter
32      def minute(self, minute):
33          """Set the minute."""
34          if not (0 <= minute < 60):
35              raise ValueError(f'Minute ({minute}) must be 0-59')
36
37          self._minute = minute
38
39      @property
40      def second(self):
41          """Return the second."""
42          return self._second
43
44      @second.setter
45      def second(self, second):
46          """Set the second."""
47          if not (0 <= second < 60):
48              raise ValueError(f'Second ({second}) must be 0-59')
49
50          self._second = second
51
```

Time 类：set_time 方法

我们提供了 set_time 方法，可以通过一次方法调用方便地改变所有三个数据属性的值。第54～56行调用了property属性hour、minute和second的setter方法：

```
52      def set_time(self, hour=0, minute=0, second=0):
53          """Set values of hour, minute, and second."""
54          self.hour = hour
55          self.minute = minute
56          self.second = second
57
```

Time 类：特殊方法 __repr__

当将一个对象传入内建函数 repr 中，比如在IPython会话中对一个变量进行求值时，会隐式地调用该函数，然后 repr 会调用对应的类的 __repr__ 特殊方法来获得该对象的字符串表示：

```
58      def __repr__(self):
59          """Return Time string for repr()."""
60          return (f'Time(hour={self.hour}, minute={self.minute}, ' +
61                  f'second={self.second})')
62
```

Python文档指出，__repr__ 返回对象的"正式"字符串表示。通常，这个字符串看起来像是创建和初始化对象时所用的构造函数表达式[1]，如下所示：

```
'Time(hour=6, minute=30, second=0)'
```

这类似于上一节代码片段 [2] 中的构造函数表达式。Python 有一个内建函数 eval，它可以接收上述字符串作为参数，并使用它创建并初始化一个包含字符串中指定值的 Time 对象。

Time 类：特殊方法 __str__

对于 Time 类，我们还定义了特殊方法 __str__。当使用内建函数 str 将对象转换为字符串，例如打印对象或显式调用 str 方法时，此方法会被隐式地调用。我们将 __str__ 实现为创建一个 12 小时制的字符串，例如 '7:59:59 AM' 和 '12:30:45 PM'：

```
63      def __str__(self):
64          """Print Time in 12-hour clock format."""
65          return (('12' if self.hour in (0, 12) else str(self.hour % 12)) +
66                  f':{self.minute:0>2}:{self.second:0>2}' +
67                  (' AM' if self.hour < 12 else ' PM'))
```

自我测验

1.（填空题）print 函数隐式地调用特殊方法________。

答案： __str__。

2.（填空题）一个________property 属性既有 getter 也有 setter，如果仅提供了 getter，那么说明该 property 属性是一个________property 属性，意味着仅可以获取该 property 属性的值。

答案： 可读写，只读。

3（IPython 会话）在 Time 类中添加一个可读写 property 属性 time，其中 getter 返回一个包含 property 属性 hour、minute 和 second 的值的元组，setter 接收一个包含 hour、minute 和 second 值的元组，并使用它们来设置时间。创建一个 Time 对象并测试新属性。

答案： 新的可读写 property 属性定义如下所示：

```
@property
def time(self):
    """Return hour, minute and second as a tuple."""
    return (self.hour, self.minute, self.second)

@time.setter
def time(self, time_tuple):
    """Set time from a tuple containing hour, minute and second."""
    self.set_time(time_tuple[0], time_tuple[1], time_tuple[2])
```

```
In [1]: from timewithproperties import Time

In [2]: t = Time()

In [3]: t
Out[3]: Time(hour=0, minute=0, second=0)

In [4]: t.time = (12, 30, 45)

In [5]: t
Out[5]: Time(hour=12, minute=30, second=45)

In [6]: t.time
Out[6]: (12, 30, 45)
```

[1] https://docs.python.org/3/reference/datamodel.html.

注意在 property 属性 time 的 setter 方法中对 self.set_time 的调用可以更简洁地表示为

```
self.set_time(*time_tuple)
```

表达式 *time_tuple 使用一元操作符 * 解包 time_tuple 的值，然后将它们作为单独的参数传递。在上述 IPython 会话中，setter 接收到一个元组（12，30，45），然后解包元组并调用 self.set_time，相当于如下语句：

```
self.set_time(12, 30, 45)
```

10.4.3 Time 类定义的设计说明

让我们来看看在上述 Time 类定义中一些和类设计相关的问题。

类的接口

Time 类的 property 属性和方法定义了类的公开接口，即程序员应该使用这些 property 属性和方法来与该类的对象进行交互。

数据属性总是可访问的

虽然我们提供了一个定义良好的接口，但 Python 并没有阻止直接操作数据属性 _hour、_minute 和 _second，比如：

```
In [1]: from timewithproperties import Time

In [2]: wake_up = Time(hour=7, minute=45, second=30)

In [3]: wake_up._hour
Out[3]: 7

In [4]: wake_up._hour = 100

In [5]: wake_up
Out[5]: Time(hour=100, minute=45, second=30)
```

执行完代码片段 [4] 之后，wake_up 对象包含无效的数据。与许多其他面向对象的编程语言（如 C++、Java 和 C#）不同，Python 中的数据属性不能对客户端代码隐藏。正如 Python 的官方教程中所述：“Python 中没有任何东西能强制隐藏数据——它是完全基于约定的。”[⊖]

内部数据的表示

我们选用小时、分钟和秒三个整数值来表示时间，但在内部使用自 0 点开始经过的秒数来表示时间也是完全没有问题的。尽管我们必须重新实现 property 属性 hour、minute 和 second，但程序员可以使用相同的接口并在不知道这些变化的情况下获得同样的结果。本章的章末练习要求对此进行更改，并表明使用 Time 对象的客户端代码不需要更改。

类实现细节的演化

当设计一个类时，在将其公开给其他程序员使用之前，要仔细考虑类的接口。理想情况下，应该设置这样的接口——当更新类的实现细节（内部数据的表示或方法体的实现）时，已有的客户端代码不会受到影响。

如果 Python 程序员都遵循约定，不访问以下划线开头的属性，那么类的设计人员就可以在不破坏客户端代码的情况下改进类实现细节。

⊖ https://docs.python.org/3/tutorial/classes.html#random-remarks.

property 属性

与直接访问数据属性相比，同时提供 `setter` 和 `getter` 的 property 属性似乎没有什么好处，但其实还是存在一些细微的区别的。貌似 `getter` 允许客户端随意读取数据，但 `getter` 可以控制数据的格式。`setter` 可以仔细检查试图修改的数据属性值，防止将数据设置为一个无效值。

工具方法

并不是所有的方法都需要作为类接口的一部分，有些方法应仅作为工具方法在类的内部使用，而不应该成为客户端代码使用的类公共接口的一部分。在 Python 的约定中，这些方法的命名应当以单下划线开头。在其他面向对象的语言中，如 C++、Java 和 C#，这些方法通常被实现为私有方法。

`datetime` 模块

在专业的 Python 开发中，通常使用 Python 标准库的 `datetime` 模块中的功能来表示时间和日期，而不是构建自己的类来表示。可以通过以下网址了解更多关于 `datetime` 模块的信息：

```
https://docs.python.org/3/library/datetime.html
```

此外，我们有一道章末练习就是让使用这个模块来操作日期和时间。

自我测验

1.（填空题）类的________即为程序员应用于和该类的对象进行交互的 property 属性和方法的集合。

答案：接口。

2.（填空题）类的________方法应仅在类的内部使用，而不应该在客户端代码中使用。

答案：工具。

10.5 “私有”属性模拟

在 C++、Java 和 C# 等编程语言中，类会显式地声明哪些类成员是*公开可访问的*。不能在类定义之外访问的类成员是**私有的**，并且仅在定义它们的类中可见。Python 程序员也经常把一些数据或工具方法设为“私有”属性，这些数据或工具方法对于类的内部工作是必不可少的，但并非类公共接口的一部分。

如我们所见，Python 对象的属性*总是*可访问的。然而，Python 对“私有”属性有一个命名约定。假设我们想要创建一个 `Time` 类对象并想*防止*下列赋值语句的执行：

```
wake_up._hour = 100
```

这会将小时数设成一个无效值。相比于将属性命名为 `_hour`，我们还可以将其命名为以双下划线开头的 `__hour`。这个约定表明 `__hour` 是“私有的”，不应该被类的客户端访问。为了帮助防止客户端访问“私有”属性，Python 通过在属性名前面加上 `_ClassName` 来重命名它们，例如 `_Time__hour`。这个过程称为**名称改写**。如果尝试对 `__hour` 赋值，例如

```
wake_up.__hour = 100
```

Python 会抛出一个 `AttributeError`，表明该类没有名为 `__hour` 的属性，我们马上就会展示这个例子。

IPython 的自动完成只显示“公共属性”

此外，当我们通过按 Tab 尝试自动完成下述表达式时，IPython 不会显示有一个或两个

前导下划线的属性，

```
wake_up.
```

只有属于 wake_up 对象的“公共”接口属性才能显示在 IPython 自动完成列表中。

“私有”属性的演示

为了演示名称改写机制，考虑具有一个“公开”数据属性 public_data 和一个“私有”数据属性 __private_data 的类 PrivateClass：

```
1   # private.py
2   """Class with public and private attributes."""
3   
4   class PrivateClass:
5       """Class with public and private attributes."""
6   
7       def __init__(self):
8           """Initialize the public and private attributes."""
9           self.public_data = "public"  # public attribute
10          self.__private_data = "private"  # private attribute
```

让我们创建一个 PrivateData 类的对象来展示这些数据属性的可访问性：

```
In [1]: from private import PrivateClass

In [2]: my_object = PrivateClass()
```

代码片段 [3] 显示我们可以直接访问 public_data 属性：

```
In [3]: my_object.public_data
Out[3]: 'public'
```

然而，当试图在代码片段 [4] 中直接访问 __private_data 时，我们得到了一个 AttributeError，表明类中不存在名为 __private_data 的属性：

```
In [4]: my_object.__private_data
-------------------------------------------------------------------------
AttributeError                            Traceback (most recent call last)
<ipython-input-4-d896bfdf2053> in <module>()
----> 1 my_object.__private_data

AttributeError: 'PrivateClass' object has no attribute '__private_data'
```

这是因为 Python 更改了属性的名称。不幸的是，正如我们将在本节的自我测验中看到的，__private_data 仍然可以间接访问。

自我测验

1.（填空题）Python 会改写以________下划线开头的属性名。

答案：双。

2.（判断题）单下划线开头命名的属性是私有属性。

答案：错误。单下划线开头命名的属性只是传达了类的客户端不应该直接访问该属性的约定，但它确实允许访问。再次强调，“**Python 中没有任何东西能强制隐藏数据——它是完全基于约定的。**”[1]

[1] https://docs.python.org/3/tutorial/classes.html#random-remarks.

3.（IPython 会话）：即使以双下划线（__）开头命名，我们仍然可以访问和修改 __private_data，因为我们知道 Python 重命名属性只是通过在它们的名称前加上 '_ClassName'。对 PrivateData 类的数据属性 __private_data 展示这一过程：

答案：

```
In [5]: my_object._PrivateClass__private_data
Out[5]: 'private'

In [6]: my_object._PrivateClass__private_data = 'modified'

In [7]: my_object._PrivateClass__private_data
Out[7]: 'modified'
```

10.6 案例研究：洗牌和切牌

我们的下一个示例展示了两个定制类，可以使用它们进行洗牌和发牌操作。Card 类表示一张有点数（'Ace', '2', '3', …, 'Jack', 'Queen', 'King'）和花色（'Hearts', 'Diamonds','Clubs','Spades'）的扑克牌。DeckOfCards 类以 Card 对象列表的形式表示一副 52 张扑克牌的牌组。首先，我们在 IPython 会话中尝试使用这些类，演示洗牌和发牌功能，并以文本的形式显示卡牌。接下来，我们会查看类的定义。最后，我们使用另一个 IPython 会话以及 Matplotlib 将 52 张卡牌以图像的形式显示。我们会展示可以从哪里获取好看的公开卡牌图像。

10.6.1 Card 和 DeckofCards 类的试用

在研究 Card 和 DeckOfCards 类之前，让我们先用一个 IPython 会话来演示它们的功能。

创建、洗牌和发牌

首先，从 deck.py 导入类 DeckOfCards 并创建一个该类的对象：

```
In [1]: from deck import DeckOfCards

In [2]: deck_of_cards = DeckOfCards()
```

DeckOfCards 的 __init__ 方法按花色和点数在每种花色中顺序创建 52 个 Card 对象。可以通过打印 deck_of_cards 对象来查看牌组，这会调用 DeckOfCards 类的 __str__ 方法来获取牌组的字符串表示。按从左到右的顺序查看每行输出，确认所有的牌都是按照花色的顺序显示的（红桃 Hearts、方块 Diamonds、梅花 Clubs 和黑桃 Spades）：

```
In [3]: print(deck_of_cards)
Ace of Hearts      2 of Hearts        3 of Hearts        4 of Hearts
5 of Hearts        6 of Hearts        7 of Hearts        8 of Hearts
9 of Hearts        10 of Hearts       Jack of Hearts     Queen of Hearts
King of Hearts     Ace of Diamonds    2 of Diamonds      3 of Diamonds
4 of Diamonds      5 of Diamonds      6 of Diamonds      7 of Diamonds
8 of Diamonds      9 of Diamonds      10 of Diamonds     Jack of Diamonds
Queen of Diamonds  King of Diamonds   Ace of Clubs       2 of Clubs
3 of Clubs         4 of Clubs         5 of Clubs         6 of Clubs
7 of Clubs         8 of Clubs         9 of Clubs         10 of Clubs
Jack of Clubs      Queen of Clubs     King of Clubs      Ace of Spades
```

```
2 of Spades         3 of Spades         4 of Spades         5 of Spades
6 of Spades         7 of Spades         8 of Spades         9 of Spades
10 of Spades        Jack of Spades      Queen of Spades     King of Spades
```

接下来，让我们洗牌并再次打印 deck_of_cards 对象。我们没有为了可再现性提供随机种子，所以每次洗牌时，会得到不同的结果：

```
In [4]: deck_of_cards.shuffle()

In [5]: print(deck_of_cards)
King of Hearts      Queen of Clubs      Queen of Diamonds   10 of Clubs
5 of Hearts         7 of Hearts         4 of Hearts         2 of Hearts
5 of Clubs          8 of Diamonds       3 of Hearts         10 of Hearts
8 of Spades         5 of Spades         Queen of Spades     Ace of Clubs
8 of Clubs          7 of Spades         Jack of Diamonds    10 of Spades
4 of Diamonds       8 of Hearts         6 of Spades         King of Spades
9 of Hearts         4 of Spades         6 of Clubs          King of Clubs
3 of Spades         9 of Diamonds       3 of Clubs          Ace of Spades
Ace of Hearts       3 of Diamonds       2 of Diamonds       6 of Hearts
King of Diamonds    Jack of Spades      Jack of Clubs       2 of Spades
5 of Diamonds       4 of Clubs          Queen of Hearts     9 of Clubs
10 of Diamonds      2 of Clubs          Ace of Diamonds     7 of Diamonds
9 of Spades         Jack of Hearts      6 of Diamonds       7 of Clubs
```

发牌

我们可以通过调用 deal_card 方法一次发一张牌。IPython 调用返回的 Card 对象的 __repr__ 方法，产生在 Out[] 提示符之后显示的输出字符串：

```
In [6]: deck_of_cards.deal_card()
Out[6]: Card(face='King', suit='Hearts')
```

Card 类的其他特性

为了展示 Card 类的 __str__ 方法，让我们另外发一张牌并将其传给内建的 str 函数：

```
In [7]: card = deck_of_cards.deal_card()

In [8]: str(card)
Out[8]: 'Queen of Clubs'
```

每张卡牌都有一个对应的图像文件名，可以通过只读 property 属性 image_name 获取该图像文件名。当我们需要以图像的形式显示卡牌时，很快就会用到这个特性：

```
In [9]: card.image_name
Out[9]: 'Queen_of_Clubs.png'
```

10.6.2 Card 类：引入类属性

每个 Card 对象包含三个字符串 property 属性，分别表示该卡牌的点数 face、花色 suit 和图像名 image_name（一个包含相应图像的文件名）。正如在前一节的 IPython 会话中所看到的，类 Card 还提供了用于初始化和获取各种字符串表示的方法。

类属性 FACES 和 SUITS

一个类的每个对象都有自己的类数据属性副本。例如，每个 Account 对象有自己的 name 和 balance。有时，一个属性应该由类的所有对象共享。类属性（也称为类变量）表示类范围的信息。它属于类，而非该类的特定对象。类 Card 定义了两个类属性（第 5～7 行）：

- FACES 是一个卡牌点数名称的列表。
- SUITS 是一个卡牌花色名称的列表。

```
1  # card.py
2  """Card class that represents a playing card and its image file name."""
3
4  class Card:
5      FACES = ['Ace', '2', '3', '4', '5', '6',
6               '7', '8', '9', '10', 'Jack', 'Queen', 'King']
7      SUITS = ['Hearts', 'Diamonds', 'Clubs', 'Spades']
8
```

应该在类定义中赋值来定义类属性，而不是在类的任何方法或 property 属性中定义（在这种情况下，它们将是局部变量）。FACES 和 SUITS 都是不能修改的常量。回想一下，*Style Guide for Python Code* 建议用大写字母来命名常量[⊖]。

我们将使用这些列表中的元素来初始化我们创建的每张卡片。但是，不需要在每个 Card 对象中都存储这些列表的副本。类属性可以通过类的任何对象访问，但通常通过类的名称访问（如 Card.FACES 或 Card.SUITS）。在导入类定义之后，类属性就存在了。

Card 类的 __init__ 方法

当创建一个 Card 对象时，Card 类的 __init__ 方法定义了该对象的 _face 和 _suit 数据属性：

```
9      def __init__(self, face, suit):
10         """Initialize a Card with a face and suit."""
11         self._face = face
12         self._suit = suit
13
```

只读 property 属性 face、suit 和 image_name

卡牌一旦创建之后，它的 face、suit 和 image_name 就不会再改变，因此我们将它们实现为只读 property 属性（第 14～17 行、第 19～22 行和第 24～27 行）。property 属性 face 和 suit 返回相应的数据属性 _face 和 _suit。一个 property 属性未必需要有相应的数据属性，类 Card 的 property 属性 image_name 很好地说明了这一点，它是通过使用 str(self) 获取 Card 对象的字符串表示，然后用下划线替换所有空格并附加 '.png' 文件扩展名获得的。所以，'Ace of Spades' 就变成了 'Ace_of_Spades.png'。我们将使用这个文件名来加载一张代表卡牌的 PNG 格式图像。PNG（便携式网络图像格式）是一种流行的基于 Web 的图像格式。

```
14     @property
15     def face(self):
16         """Return the Card's self._face value."""
17         return self._face
18
19     @property
20     def suit(self):
21         """Return the Card's self._suit value."""
22         return self._suit
23
```

⊖ 回想一下，Python 中不存在真正的常量，因此 FACES 和 SUITS 仍是可修改的。

```
24      @property
25      def image_name(self):
26          """Return the Card's image file name."""
27          return str(self).replace(' ', '_') + '.png'
28
```

返回卡牌的字符串表示的方法

Card 类提供了三个返回字符串表示的特殊方法。就像在类 Time 中一样，__repr__ 方法返回一个看起来就像创建和初始化 Card 对象时所用的构造函数表达式的字符串表示：

```
29      def __repr__(self):
30          """Return string representation for repr()."""
31          return f"Card(face='{self.face}', suit='{self.suit}')"
32
```

__str__ 方法返回一个格式为 '点数 of 花色' 的字符串，例如 'Ace of Hearts'：

```
33      def __str__(self):
34          """Return string representation for str()."""
35          return f'{self.face} of {self.suit}'
36
```

上一节在 IPython 会话中打印整个牌组时，我们可以看到这些卡牌是按四个左对齐的列显示的。正如将在 DeckOfCards 类的 __str__ 方法中看到的，我们使用 f-string 来将每个字段格式化为 19 个字符的卡牌。当 Card 对象被格式化为字符串时，Card 类的特殊方法 __format__ 将被调用，比如在使用 f-string 进行格式化时：

```
37      def __format__(self, format):
38          """Return formatted string representation for str()."""
39          return f'{str(self):{format}}'
```

该方法的第二个参数是用于格式化对象的格式化字符串。要使用 format 参数的值作为格式说明符，须在冒号的右边将参数名称用花括号括起来。在本例中，我们格式化的是由 str(self) 返回的 Card 对象的字符串表示。当我们在 DeckOfCards 类中展示 __str__ 方法时，将再次讨论 __format__ 特殊方法。

10.6.3 DeckOfCards 类

DeckOfCards 类有一个类属性 NUMBER_OF_CARDS，代表一副牌组中的卡牌数量，并创建两个数据属性：

- _current_card 记录下一张要发的牌（0～51）。
- _deck（第 12 行）是一个包含 52 个 Card 对象的列表。

__init__ 方法

DeckOfCards 类的 __init__ 方法初始化了 Card 对象的列表 _deck。for 语句通过在尾部添加新的 Card 类对象来填充列表 _deck，每个 Card 类对象使用两个字符串进行初始化——一个来自 Card.FACES，另一个来自 Card.SUITS，且 count%13 的计算结果总是在 0 到 3 之间（对应 Card.SUITS 的 4 个下标）。列表 _deck 初始化完毕后，它包含点数从 'Ace' 到 'King'，花色依次为红桃、方片、梅花、黑桃的 52 张卡牌。

```
1  # deck.py
2  """Deck class represents a deck of Cards."""
```

```
3   import random
4   from card import Card
5
6   class DeckOfCards:
7       NUMBER_OF_CARDS = 52  # constant number of Cards
8
9       def __init__(self):
10          """Initialize the deck."""
11          self._current_card = 0
12          self._deck = []
13
14          for count in range(DeckOfCards.NUMBER_OF_CARDS):
15              self._deck.append(Card(Card.FACES[count % 13],
16                  Card.SUITS[count // 13]))
17
```

shuffle 方法

方法 shuffle 将 _current_card 重置为 0，然后使用 random 模块的 shuffle 函数对 _deck 中的卡牌进行洗牌操作：

```
18      def shuffle(self):
19          """Shuffle deck."""
20          self._current_card = 0
21          random.shuffle(self._deck)
22
```

deal_card 方法

方法 deal_card 从牌组 _deck 中发一张牌。回想一下，_current_card 指示了下一张要发的牌的索引（0～51）(即牌组顶部的牌)。第 26 行尝试从 _deck 中获取索引为 _current_card 的元素。若成功获取，该方法将 _current_card 增加 1，然后返回发出的牌；否则该方法返回 None，表示没有更多的牌可以发出了。

```
23      def deal_card(self):
24          """Return one Card."""
25          try:
26              card = self._deck[self._current_card]
27              self._current_card += 1
28              return card
29          except:
30              return None
31
```

__str__ 方法

DeckOfCards 类还定义了特殊方法 __str__，用于获取牌组的字符串表示，其中每一张牌用长度为 19 个字符的字段表示，然后分为四列，每列左对齐显示。第 37 行对给定的卡牌进行格式化，卡牌的 __format__ 特殊方法会被调用，格式说明符 '<19' 作为 __format__ 方法的 format 参数。然后 __format__ 方法使用格式化参数 '<19' 创建卡片的格式化字符串表示。

```
32      def __str__(self):
33          """Return a string representation of the current _deck."""
34          s = ''
35
36          for index, card in enumerate(self._deck):
37              s += f'{self._deck[index]:<19}'
```

```
38            if (index + 1) % 4 == 0:
39                s += '\n'
40
41        return s
```

10.6.4 使用 Matplotlib 显示卡牌图像

目前为止，我们都只是以文本的显式打印卡牌。现在，让我们来以图像的形式显示卡牌。为了演示这点，我们从 Wikimedia Commons 下载 public-domain[㊀]卡牌图像：

```
https://commons.wikimedia.org/wiki/
   Category:SVG_English_pattern_playing_cards
```

它们位于 ch10 示例文件夹的 card_images 子文件夹中。首先，让我们创建一个 DeckOfCards 类对象：

```
In [1]: from deck import DeckOfCards

In [2]: deck_of_cards = DeckOfCards()
```

在 IPython 中启用 Matplotlib

接下来，使用 %matplotlib 魔法指令在 IPython 中启用 Matplotlib 支持：

```
In [3]: %matplotlib
Using matplotlib backend: Qt5Agg
```

为每个图像创建基础路径

在显示每个图像之前，我们得先从 card_images 文件夹中加载它。我们使用 pathlib 模块的 Path 类来构造系统中每个图像文件的完整路径。代码片段 [5] 为当前文件夹（ch10 examples 文件夹）创建一个 Path 对象，当前文件夹的路径用 '.' 表示，然后使用 Path 类的 joinpath 方法添加包含卡牌图像的子文件夹：

```
In [4]: from pathlib import Path

In [5]: path = Path('.').joinpath('card_images')
```

导入 Matplotlib 的特性

接下来，让我们导入显示图像所需的 Matplotlib 模块。我们将使用 matplotlib.image 中的一个函数来加载图片：

```
In [6]: import matplotlib.pyplot as plt

In [7]: import matplotlib.image as mpimg
```

创建 Figure 和 Axes 对象

下面的代码片段使用 Matplotlib 的 subplots 函数创建一个 Figure 对象，我们将把图像显示为 52 个子图，共 4 行（nrows），13 列（ncols）。该函数返回一个包含 Figure（图形）对象和子图 Axes（坐标轴）对象数组的元组，接着我们将其解包到变量 figure 和 axes_list 中：

㊀ https://creativecommons.org/publicdomain/zero/1.0/deed.en.

```
In [8]: figure, axes_list = plt.subplots(nrows=4, ncols=13)
```

在 IPython 中执行上述语句，会立即出现一个 Matplotlib 窗口，其中有 52 个空白的子图。

配置 Axes 对象并显示图片

接下来，我们遍历 `axes_list` 中的所有 `Axes` 对象。回想一下，`ravel` 的功能是为多维数组提供其一维视图。对每个 `Axes` 对象，我们执行以下任务：

- 我们并不是在绘制数据，因此我们不需要为每个图像绘制轴线和标签。for 循环中的前两条语句隐藏了图像的 x 轴和 y 轴。
- 第三条语句发了一张牌并获取其 `image_name`。
- 第四条语句使用 `Path` 类的 `joinpath` 方法将 `image_name` 添加到对象 `path` 中，然后调用 `Path` 类的 `resolve` 方法来确定图像在系统上的完整路径。我们将得到的 `Path` 对象传递给内建的 `str` 函数，获取图像存储位置的字符串表示。然后，我们将该字符串传递给 `matplotlib.image` 模块的 **`imread`** 函数，该函数负责加载图像。
- 最后一条语句调用了 `Axes` 类的 **`imshow`** 方法在当前子图中显示当前图像。

```
In [9]: for axes in axes_list.ravel():
   ...:     axes.get_xaxis().set_visible(False)
   ...:     axes.get_yaxis().set_visible(False)
   ...:     image_name = deck_of_cards.deal_card().image_name
   ...:     img = mpimg.imread(str(path.joinpath(image_name).resolve()))
   ...:     axes.imshow(img)
   ...:
```

最大化图像尺寸

到这里，所有卡牌的图像都显示出来了，为了使卡牌图像尽可能大，可以最大化窗口，然后调用 Matplotlib 的 `Figure` 对象的 **`tight_layout`** 方法，这会删除窗口中大部分多余的空白：

```
In [10]: figure.tight_layout()
```

下图显示了结果窗口的内容：

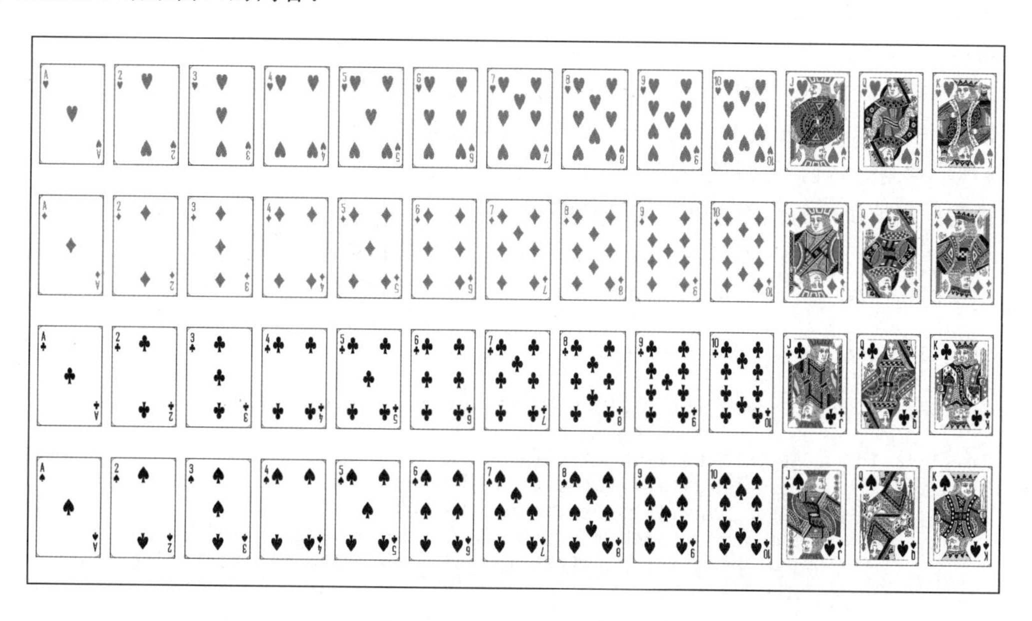

洗牌并重新发牌

若想查看洗牌后的牌组图像，调用牌组的 shuffle 方法，然后重新执行代码片段 [9]：

```
In [11]: deck_of_cards.shuffle()

In [12]: for axes in axes_list.ravel():
    ...:     axes.get_xaxis().set_visible(False)
    ...:     axes.get_yaxis().set_visible(False)
    ...:     image_name = deck_of_cards.deal_card().image_name
    ...:     img = mpimg.imread(str(path.joinpath(image_name).resolve()))
    ...:     axes.imshow(img)
    ...:
```

自我测验

1.（填空题）Matplotlib 的________函数返回一个元组，其中包含一个 Figure 对象和一个 Axes 对象的数组。

答案： subplots。

2.（判断题）Path 类的 appendpath 方法可以添加路径到一个 Path 对象中。

答案： 错误。Path 类的 joinpath 方法可以添加路径到一个 Path 对象中。

3.（填空题）Path 类对象 Path（'.'）代表________。

答案： 当前执行的代码所处的文件夹路径。

4.（IPython 会话）：在本节的 IPython 会话中继续执行以下任务：重新洗牌，然后创建一个包含两行子图、每行显示五张牌的图像，这可能代表了两副五张牌的扑克手牌。

```
In [13]: deck_of_cards.shuffle()

In [14]: figure, axes_list = plt.subplots(nrows=2, ncols=5)

In [15]: for axes in axes_list.ravel():
    ...:     axes.get_xaxis().set_visible(False)
    ...:     axes.get_yaxis().set_visible(False)
    ...:     image_name = deck_of_cards.deal_card().image_name
    ...:     img = mpimg.imread(str(path.joinpath(image_name).resolve()))
```

```
   ...:     axes.imshow(img)
   ...:

In [16]: figure.tight_layout()
```

答案：

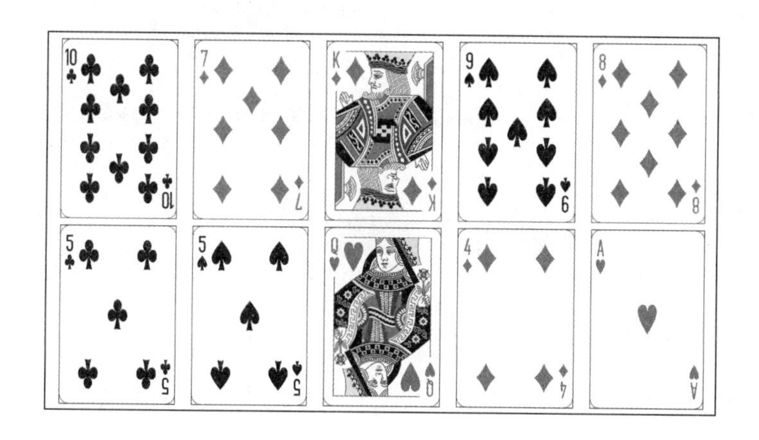

10.7 继承：基类和子类

通常，一个类的对象同时也是另一个类的对象。例如，CarLoan（车贷）类的对象也是Loan（贷款）类的对象，HomeImprovementLoan（房屋改善贷款）和MortgageLoans（抵押贷款）类的对象也是如此。CarLoan类可以说是从Loan类继承而来的。在这个场景下，Loan类是一个基类，CarLoan类是一个子类。车贷是一种特定类型的贷款，但如果说每一笔贷款都是车贷，这也是不正确的——贷款可能为任意类型。下表列出了基类和子类的几个简单例子——基类倾向于"更一般"，而子类则"更具体"：

基类	子类
Student	GraduateStudent, UndergraduateStudent
Shape	Circle, Triangle, Rectangle, Sphere, Cube
Loan	CarLoan, HomeImprovementLoan, MortgageLoan
Employee	Faculty, Staff
BankAccount	CheckingAccount, SavingsAccount

因为每个子类对象同时也是其基类的对象，而一个基类可以有许多子类，所以一个基类所代表的对象集往往比其任何子类所代表的对象集要大。例如，基类Vehicle表示所有交通工具，包括汽车、卡车、船、自行车等。相比之下，子类Car表示一个更小、更具体的交通工具子集。

CommunityMember 类的继承层次结构

继承关系可以形成树状的关系层次结构，基类与其子类之间存在着层次关系。下面我们来看一个类层次结构的示例（如下图所示），也称为**继承层次结构**。一个大学社区有成千上万的成员，包括教职工、学生和校友。教职工包含教员以及职员。教员要么是行政人员（如院长和系主任），要么是教师。这个层次结构还可以包含许多其他类，例如，学生可以是研究生或本科生，本科生可以是一年级、二年级、三年级或四年级。若一个类仅由一个基类派生，称为**单继承**；若一个子类继承自两个或多个基类，称为**多继承**。单继承很容易理解，多继承超出了本书的范围，在使用多继承之前，请先在网络上搜索“Python 多继承中的菱形问题”。

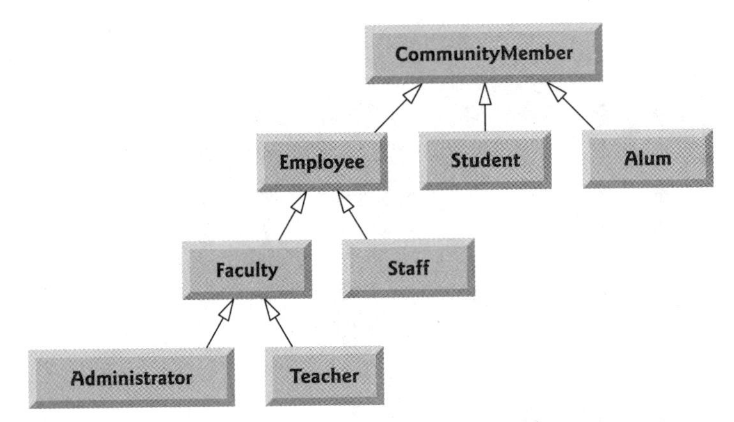

层次结构中的每个箭头代表一个 is-a 关系。当我们沿着这个类层次结构中的箭头向上走时，我们可以说：“一个 Employee 类对象也是一个 CommunityMember 类对象”“一个 Teacher 类对象也是一个 Faculty 类对象。”CommunityMember 是 Employee、Student 和 Alum 的直接基类，是图中所有其他类的间接基类。从底部开始，可以按照箭头将 is-a 关系应用直至最顶部的超类。例如，一个 Administrator 类对象也是一个 Faculty 类对象、一个 Employee 类对象、一个 CommunicatyMember 对象，当然了，最终它也是一个 object 类对象。

Shape 类的继承层次结构

现在我们来看看下图中 Shape 类的继承层次结构，它从基类 Shape 开始，然后是子类二维形状 TwoDimensionalShape 和三维形状 ThreeDimensionalShape。每个形状要么是二维形状，要么是三维形状。该继承层次结构的第三层包含了特定类型的二维形状和三维形状。同样，我们可以跟随从类图底部到这个类层次结构中最顶层的基类的箭头来识别若干个 is-a 关系。例如，三角形 Triangle 是二维形状 TwoDimensionalShape，也是形状 Shape，而球体 Sphere 是三维形状 ThreeDimensionalShape，也是形状 Shape。该继承层次结构还可以包含许多其他类，例如，椭圆和梯形也是二维形状，锥形和圆柱体也是三维形状。

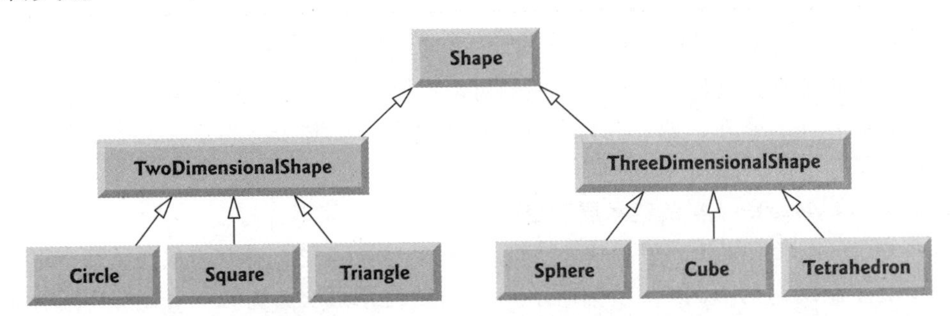

“is a”和“has a”的区别

继承所产生的是**“is a”关系**，在这种关系下，子类类型的对象也可以被视为基类类型的对象。我们还看到过“has a”（组合）关系，在这种关系下，一个类会使用其他类对象的引用作为自己的成员。

自我测验

1.（填空题）基类与其子类之间存在着________关系。

答案：层次。

2.（填空题）在本节的 Shape 类层次结构图中，TwoDimensionalShape 类是 Shape 类的________，是 Circle、Square 和 Triangle 类的________。

答案：子类，基类。

10.8 构建继承层次：引入多态性

让我们使用一个类层次结构的例子来介绍基类及其子类之间的关系，该类层次结构包含一个公司的工资单应用程序中雇员的不同类型。公司中的员工存在很多共同点，但有些类型的员工之间也存在着些许差异，比如佣金员工（将被表示为一个基类的对象）的薪水仅按照其销售额的一定比例发放，而带底薪的佣金员工（将被表示为一个子类的对象）的薪水按照其销售额的一定比例加上基本工资一起发放。

首先，我们给出基类 CommissionEmployee，代表佣金员工。接着，我们创建一个子类 SalariedCommissionEmployee，它继承自 CommissionEmployee 类，代表带底薪的佣金员工。然后，我们使用 IPython 会话创建一个 SalariedCommissionEmployee 类对象，并展示它具有基类和子类的所有功能，但它们计算收入的方式不同。

10.8.1 基类 CommissionEmployee

我们先来看看 CommissionEmployee 类，它提供了以下特性：

- __init__ 方法（第 8～15 行）创建数据属性 _first_name、_last_name 和 _ssn（社会保险号），使用 property 属性 gross_sales 和 commission_rate 的 setter 创建对应的数据属性。
- 只读 property 属性 first_name（第 17～19 行）、last_name（第 21～23 行）和 ssn（第 25～27 行）返回相应的数据属性。
- 可读写 property 属性 gross_sales（第 29～39 行）和 commission_rate（第 41～52 行）的 setter 对数据进行检验。
- earnings 方法（第 54～56 行）计算并返回 CommissionEmployee 对象的字符串表示。
- _repr_ 方法（第 58～64 行）返回 CommissionEmployee 的字符串表示。

```
1   # commmissionemployee.py
2   """CommissionEmployee base class."""
3   from decimal import Decimal
4
5   class CommissionEmployee:
6       """An employee who gets paid commission based on gross sales."""
7
8       def __init__(self, first_name, last_name, ssn,
9                    gross_sales, commission_rate):
10          """Initialize CommissionEmployee's attributes."""
11          self._first_name = first_name
12          self._last_name = last_name
13          self._ssn = ssn
```

```
14          self.gross_sales = gross_sales  # validate via property
15          self.commission_rate = commission_rate  # validate via property
16
17      @property
18      def first_name(self):
19          return self._first_name
20
21      @property
22      def last_name(self):
23          return self._last_name
24
25      @property
26      def ssn(self):
27          return self._ssn
28
29      @property
30      def gross_sales(self):
31          return self._gross_sales
32
33      @gross_sales.setter
34      def gross_sales(self, sales):
35          """Set gross sales or raise ValueError if invalid."""
36          if sales < Decimal('0.00'):
37              raise ValueError('Gross sales must be >= to 0')
38
39          self._gross_sales = sales
40
41      @property
42      def commission_rate(self):
43          return self._commission_rate
44
45      @commission_rate.setter
46      def commission_rate(self, rate):
47          """Set commission rate or raise ValueError if invalid."""
48          if not (Decimal('0.0') < rate < Decimal('1.0')):
49              raise ValueError(
50                  'Interest rate must be greater than 0 and less than 1')
51
52          self._commission_rate = rate
53
54      def earnings(self):
55          """Calculate earnings."""
56          return self.gross_sales * self.commission_rate
57
58      def __repr__(self):
59          """Return string representation for repr()."""
60          return ('CommissionEmployee: ' +
61              f'{self.first_name} {self.last_name}\n' +
62              f'social security number: {self.ssn}\n' +
63              f'gross sales: {self.gross_sales:.2f}\n' +
64              f'commission rate: {self.commission_rate:.2f}')
```

property 属性 `first_name`、`last_name` 和 `ssn` 是只读属性，我们没有选择去验证这些属性的值，尽管我们本可以这么做。比如，我们可以通过确保姓和名具有合理的长度来验证其有效性。我们还可以验证社会保险号码，确保其包含 9 个数字、带或不带连字符（例如，确保它的格式是 ###-##-#### 或 #########，其中每个 # 都是一个数字）。

所有类都直接或间接继承自 `Object` 类

可以通过继承现有类来创建新类。事实上，每个 Python 类都继承自现有类，当没有显式地为新类指定基类时，Python 假定该类直接继承自 object 类。Python 类的层次结构以 object 类开始，object 类是每个类的直接或间接基类。因此，CommissionEmployee 类的类头可以写成

```
class CommissionEmployee(object):
```

CommissionEmployee 后面的圆括号表示继承，括号中可以只包含一个类，即为单继承，也可以包含一个以逗号分隔的基类列表，用于多继承。我们在前面提到，多继承超出了本书的范围。

CommissionEmployee 类继承了 object 类的所有方法。object 类没有任何数据属性。CommissionEmployee 从 object 继承了许多方法，其中有两个是 __repr__ 和 __str__。每个类都会有这两个方法，用于返回被调用对象的字符串表示。当基类方法的实现不适合派生类时，可以用更恰当的实现在派生类中**重载**（即重新定义）该方法。方法 __repr__（第 58～64 行）覆盖了从 object 类继承到 CommissionEmployee 类的默认实现[⊖]。

测试 CommissionEmployee 类

让我们快速测试一下 CommissionEmployee 的一些特性。首先，创建并显示一个 CommissionEmployee 类对象：

```
In [1]: from commissionemployee import CommissionEmployee

In [2]: from decimal import Decimal

In [3]: c = CommissionEmployee('Sue', 'Jones', '333-33-3333',
   ...:     Decimal('10000.00'), Decimal('0.06'))
   ...:

In [4]: c
Out[4]:
CommissionEmployee: Sue Jones
social security number: 333-33-3333
gross sales: 10000.00
commission rate: 0.06
```

接着，让我们计算并打印 CommissionEmployee 对象的收入：

```
In [5]: print(f'{c.earnings():,.2f}')
600.00
```

最后，让我们改变 CommissionEmployee 的销售总额和佣金率，然后重新计算其收入：

```
In [6]: c.gross_sales = Decimal('20000.00')

In [7]: c.commission_rate = Decimal('0.1')

In [8]: print(f'{c.earnings():,.2f}')
2,000.00
```

自我测验

1.（填空题）当基类方法的实现不适合派生类时，可以用更恰当的实现在派生类中________（即重新定义）该方法。

答案：重写。

⊖ https://docs.python.org/3/reference/datamodel.html.

2. (程序阅读题) 解释本节 IPython 会话中代码片段 [6] 具体做了什么：

```
c.gross_sales = Decimal('20000.00')
```

答案：该语句创建了一个 Decimal 类对象，并将其赋值给 CommissionEmployee 的 property 属性 gross_sales，即调用其 setter。setter 检查新值是否小于 Decimal('0.00')。若是，setter 抛出一个 ValueError，指示该值必须大于或等于 0；若否，setter 将新值赋给 CommissionEmployee 的 _gross_sales 属性。

10.8.2 子类 SalariedCommissionEmployee

对于单继承而言，最初子类本来和基类是完全相同的，继承的真正优势来自在子类中定义新特性，替换以及细化自基类继承 SalariedCommissionEmployee 类的特性的能力。

相比于 CommissionEmployee，SalariedCommissionEmployee 中的许多功能即使不完全相同，但也是类似的。这两种类型的员工都有姓、名、社会保险号、总销售额和佣金率这几项数据属性，以及操纵这些数据属性的 property 属性和方法。若要在不使用继承的情况下创建 SalariedCommissionEmployee 类，我们可以复制 CommissionEmployee 类的代码并将其粘贴到类 SalariedCommissionEmployee 中。然后，我们可以修改新类，添加一个基本工资数据属性，以及操纵基本工资的 property 属性和方法，比如一个新的 earnings 方法。这种复制粘贴的方法通常容易出错，更糟糕的是，这会在整个系统中传播许多相同代码（包括错误的代码）的物理副本，从而降低代码的可维护性。继承使我们能够在不复制代码的情况下“吸收”原有类的特性。接下来让我们来看看继承是如何使用的。

声明 SalariedCommissionEmployee 类

现在我们声明子类 SalariedCommissionEmployee，它从 CommissionEmployee 类继承了大部分功能（第 6 行）。一个 SalariedCommissionEmployee 类对象也是一个 CommissionEmployee 类对象（因为继承传递了 CommissionEmployee 类的功能），但 SalariedCommissionEmployee 还包含以下特性：

- __init__ 方法（第 10～15 行），初始化所有从 CommissionEmployee 类继承而来的数据属性（我们稍后会更详细地讨论这点），然后使用 property 属性 base_salary 的 setter 来创建 a_base_salary 数据属性。
- 可读写 property 属性 base_salary（第 17～27 行），其 setter 对数据进行验证。
- earnings 方法（第 29～31 行）的重定义版本。
- __repr__ 方法（第 33～36 行）的重定义版本。

```
1  # salariedcommissionemployee.py
2  """SalariedCommissionEmployee derived from CommissionEmployee."""
3  from commissionemployee import CommissionEmployee
4  from decimal import Decimal
5
6  class SalariedCommissionEmployee(CommissionEmployee):
7      """An employee who gets paid a salary plus
8      commission based on gross sales."""
9
10     def __init__(self, first_name, last_name, ssn,
11                  gross_sales, commission_rate, base_salary):
12         """Initialize SalariedCommissionEmployee's attributes."""
13         super().__init__(first_name, last_name, ssn,
14                          gross_sales, commission_rate)
```

```
15          self.base_salary = base_salary  # validate via property
16
17      @property
18      def base_salary(self):
19          return self._base_salary
20
21      @base_salary.setter
22      def base_salary(self, salary):
23          """Set base salary or raise ValueError if invalid."""
24          if salary < Decimal('0.00'):
25              raise ValueError('Base salary must be >= to 0')
26
27          self._base_salary = salary
28
29      def earnings(self):
30          """Calculate earnings."""
31          return super().earnings() + self.base_salary
32
33      def __repr__(self):
34          """Return string representation for repr()."""
35          return ('Salaried' + super().__repr__() +
36              f'\nbase salary: {self.base_salary:.2f}')
```

继承 CommissionEmployee 类

要想继承某个类，必须首先导入它的定义（第 3 行），第 6 行的

```
class SalariedCommissionEmployee(CommissionEmployee):
```

指定了 SalariedCommissionEmployee 类继承自 CommissionEmployee 类。虽然在 SalariedCommissionEmployee 类中看不到 CommissionEmployee 类的数据属性、property 属性和方法，但它们仍然是新类的一部分，我们很快就会看到这点。

__init__ 方法和内建函数 super

每个子类的 __init__ 必须显式调用其基类的 __init__ 来初始化从基类继承的数据属性。该调用应该为子类 __init__ 方法的第一个语句。SalariedCommissionEmployee 类的 __init__ 方法显式调用了 CommissionEmployee 类的 __init__ 方法（第 13～14 行），用于初始化 SalariedCommissionEmployee 对象的基类部分（即从 CommissionEmployee 类继承的五个数据属性）。代码 super().__init__ 使用内置函数 **super** 来定位和调用基类的 __init__ 方法，并传入初始化继承而来的数据属性所需的五个参数。

重写 earnings 方法

SalariedCommissionEmployee 类的 earnings 方法（第 29～31 行）重写了 CommissionEmployee 类的 earnings 方法（10.8.1 节，第 54～56 行）以计算 SalariedCommissionEmployee 的收入。新版的 earnings 方法通过使用 super().earnings() 表达式调用 CommissionEmployee 的 earning 方法（第 31 行）获得仅基于佣金的部分收入，然后加上 base_salary 计算得到总收入。我们通过在 SalariedCommissionEmployee 的 earnings 方法中调用 CommissionEmployee 的 earnings 方法来计算 SalariedCommissionEmployee 的部分收益，避免了代码的重复，减少了代码维护的难度。

重写 __repr__ 方法

SalariedCommissionEmployee 的 __repr__ 方法（第 33～36 行）重写了 CommissionEmployee 类的 __repr__ 方法（10.8.1 节，第 58～64 行），以返回 Salaried-

CommissionEmployee 的恰当字符串表示。该子类通过拼接 'Salaried' 和 super().__repr__() 返回的字符串来创建部分字符串表示，super().__repr__() 是对 CommissionEmployee 类 __repr__ 方法的调用。接着重写的 __repr__ 方法将拼接得到的部分字符串和基本工资信息再进行拼接，然后返回结果字符串。

测试 SalariedCommissionEmployee 类

让我们测试一下 SalariedCommissionEmployee 类，以表明它确实继承了 CommissionEmployee 类的功能。首先，我们创建一个 SalariedCommissionEmployee 类对象并打印它的所有属性：

```
In [9]: from salariedcommissionemployee import SalariedCommissionEmployee

In [10]: s = SalariedCommissionEmployee('Bob', 'Lewis', '444-44-4444',
    ...:         Decimal('5000.00'), Decimal('0.04'), Decimal('300.00'))
    ...:

In [11]: print(s.first_name, s.last_name, s.ssn, s.gross_sales,
    ...:       s.commission_rate, s.base_salary)
Bob Lewis 444-44-4444 5000.00 0.04 300.00
```

可以看到，SalariedCommissionEmployee 类对象拥有所有 CommissionEmployee 类和 SalariedCommissionEmployee 类的属性。

接下来，让我们计算并打印 SalariedCommissionEmployee 的收入。因为我们是在 SalariedCommissionEmployee 对象上调用的 earnings 方法，所以执行的是该方法的子类版本：

```
In [12]: print(f'{s.earnings():,.2f}')
500.00
```

现在，让我们修改 property 属性 gross_sales、commission_rate 和 base_salary，然后通过 SalariedCommissionEmployee 的 __repr__ 方法打印更新后的数据：

```
In [13]: s.gross_sales = Decimal('10000.00')

In [14]: s.commission_rate = Decimal('0.05')

In [15]: s.base_salary = Decimal('1000.00')

In [16]: print(s)
SalariedCommissionEmployee: Bob Lewis
social security number: 444-44-4444
gross sales: 10000.00
commission rate: 0.05
base salary: 1000.00
```

同样，因为该方法是在 SalariedCommissionEmployee 对象上调用的，所以会执行该方法的子类版本。最后，让我们计算并打印 SalariedCommissionEmployee 的更新后的收入：

```
In [17]: print(f'{s.earnings():,.2f}')
1,500.00
```

测试“is a”关系

Python 提供了两个内建函数——**issubclass** 和 **isinstance** 用于测试“is a”关系。issubclass 函数判断某个类是不是从另一个类派生出来的：

```
In [18]: issubclass(SalariedCommissionEmployee, CommissionEmployee)
Out[18]: True
```

isinstance 函数判断一个对象是否与特定类型具有“is a”关系。因为 SalariedCommissionEmployee 继承自 CommissionEmployee，所以下面两个代码片段都返回 True，证实了这两个类之间的“is a”关系

```
In [19]: isinstance(s, CommissionEmployee)
Out[19]: True

In [20]: isinstance(s, SalariedCommissionEmployee)
Out[20]: True
```

自我测验

1.（填空题）________函数判断一个对象是否与特定类型具有“is a”关系。

答案：isinstance。

2.（填空题）________函数判断某个类是不是从另一个类派生出来的。

答案：issubclass。

3.（程序阅读题）详细解释 SalariedCommissionEmployee 类的 earnings 中的以下语句具体做了什么：

```
return super().earnings() + self.base_salary
```

答案：该语句使用内建函数 super 调用基类 CommissionEmployee 版本的 earnings 方法，然后将结果加上 base_salary，从而计算得到 SalariedCommissionEmployee 的收入。

10.8.3 CommissionEmployee 和 SalariedCommissionEmployee 的多态处理

通过继承，子类的对象也可以被视为其基类的对象。我们可以利用这种“子类对象也是基类对象”的关系来执行一些有趣的操作。例如，我们可以将有继承关系的对象放入列表中，然后遍历列表并将每个元素当作基类对象处理。这使得我们能以一种通用的方式处理各种对象。为了演示这点，我们将 CommissionEmployee 和 SalariedCommissionEmployee 类对象放入列表中，然后打印列表中每个元素的字符串表示及收入：

```
In [21]: employees = [c, s]

In [22]: for employee in employees:
    ...:     print(employee)
    ...:     print(f'{employee.earnings():,.2f}\n')
    ...:
CommissionEmployee: Sue Jones
social security number: 333-33-3333
gross sales: 20000.00
commission rate: 0.10
2,000.00

SalariedCommissionEmployee: Bob Lewis
social security number: 444-44-4444
```

```
gross sales: 10000.00
commission rate: 0.05
base salary: 1000.00
1,500.00
```

如我们所见，每个员工的字符串表示及其收入都可以被正确打印，这就是所谓的多态——面向对象程序设计（Object-Oriented Programming，OOP）的一个关键功能。

自我测验

（填空题）________使得我们可以利用这种“子类对象也是基类对象”的关系来执行一些有趣的操作。

答案：多态。

10.8.4　基于对象和面向对象程序设计的补充

带有方法重写的继承是一种构建软件组件的强大方法，特别是所要构建的组件类似于现有组件，但需要根据应用程序的独特需求进行定制时。在 Python 开源世界中，存在着大量开发良好的类库，因此编程风格应该是：

- 知晓哪些库可用；
- 知晓哪些类可用；
- 创建已有类的对象；
- 向它们发送消息（即调用它们的方法）。

这种程序设计风格称为基于对象的程序设计（Object-Based Programming，OBP）。当使用已知类的对象进行组合时，仍然是在进行基于对象的程序设计。通过继承，我们可以重写方法来定制方法，以满足应用程序的独特需求，并可以多态地处理对象，这被称为面向对象程序设计。使用继承类的对象进行组合同样也是面向对象程序设计。

10.9　鸭子类型和多态

大多数面向对象编程语言都需要基于继承的“is a”关系来实现多态行为。Python 则更为灵活，它使用了一个叫作**鸭子类型的概念**，Python 文档将其描述为：

一种编程风格，不去查看对象的类型来确定它是否有正确的接口；而是简单地调用或使用其方法或属性（“如果它看起来像鸭子，叫起来也像鸭子，那么它就是鸭子。”）。[1]

因此，在运行时刻处理对象时，对象的类型并不重要。只要对象具有想要访问的数据属性、property 属性或方法（以及适当的参数），代码就能正确运行。

让我们再来看一次 10.8.3 节末尾的 for 循环，它对一个员工列表进行处理：

```
for employee in employees:
    print(employee)
    print(f'{employee.earnings():,.2f}\n')
```

在 Python 中，只要列表 employees 中包含的对象满足以下条件，该循环就能正确运行：

- 能使用 print 函数进行打印（即有字符串表示）；
- 有一个可以不使用参数进行调用的 earnings 方法。

所有类都直接或间接地继承自 object，因此它们都继承了一个默认方法，用于获取 print

[1] https://docs.python.org/3/glossary.html#term-duck-typing.

可以打印的字符串表示。如果一个类有一个不带参数就可以调用的 earnings 方法，那么我们可以将该类的对象加入 employees 列表中，即便该对象的类与 CommissionEmployee 类没有“is a”关系。为了演示这一点，我们来看 WellPaidDuck 类：

```
In [1]: class WellPaidDuck:
   ...:     def __repr__(self):
   ...:         return 'I am a well-paid duck'
   ...:     def earnings(self):
   ...:         return Decimal('1_000_000.00')
   ...:
```

WellPaidDuck 类的对象显然不是任何类型的员工，但将其加入 employees 列表后上述循环仍能正确运行。为了演示这一点，让我们创建 CommissionEmployee、SalariedCommissionEmployee 和 WellPaidDuck 类的对象，并将它们放入一个列表中：

```
In [2]: from decimal import Decimal

In [3]: from commissionemployee import CommissionEmployee

In [4]: from salariedcommissionemployee import SalariedCommissionEmployee

In [5]: c = CommissionEmployee('Sue', 'Jones', '333-33-3333',
   ...:                        Decimal('10000.00'), Decimal('0.06'))
   ...:

In [6]: s = SalariedCommissionEmployee('Bob', 'Lewis', '444-44-4444',
   ...:     Decimal('5000.00'), Decimal('0.04'), Decimal('300.00'))
   ...:

In [7]: d = WellPaidDuck()

In [8]: employees = [c, s, d]
```

现在，让我们使用 10.8.3 节中的 for 循环来处理该列表。正如在程序输出中看到的，Python 可以使用鸭子类型来多态地处理列表中所有三个对象：

```
In [9]: for employee in employees:
   ...:     print(employee)
   ...:     print(f'{employee.earnings():,.2f}\n')
   ...:
CommissionEmployee: Sue Jones
social security number: 333-33-3333
gross sales: 10000.00
commission rate: 0.06
600.00

SalariedCommissionEmployee: Bob Lewis
social security number: 444-44-4444
gross sales: 5000.00
commission rate: 0.04
base salary: 300.00
500.00

I am a well-paid duck
1,000,000.00
```

10.10 操作符重载

正如我们看到的，我们可以通过访问对象的属性和 property 属性，或者调用它们的方法来与其进行交互。对于某些类型的操作（比如算术），通过调用方法来实现可能会显得很笨，此时，使用 Python 丰富的内置操作符集会更为方便。

本节展示如何使用**操作符重载**来定义 Python 中的操作符对自定义类型对象的处理。实际上已经在各种类型中频繁地使用了操作符重载，例如：

- 用于计算数值加法、拼接列表、拼接字符串以及将 NumPy 数组中每个元素加上一个值的 + 操作符。
- 用于访问列表、元组、字符串和数组中的元素以及访问字典中特定键对应值的 [] 操作符。
- 用于计算数值乘法、重复序列以及将 NumPy 数组中每个元素乘上一个值的 * 操作符。

可以对大多数操作符进行重载。对于每个可重载的操作符，`object` 类都定义一个特殊的方法，比如对于加法（+）操作符定义了 `__add__`，对于乘法（*）操作符定义了 `__mul__`。重写这些方法使我们能够定义给定操作符如何为自定义类的对象工作。有关特殊方法的完整列表，参见

https://docs.python.org/3/reference/datamodel.html#special-method-names

操作符重载的限制

对于操作符重载，存在着一些限制：

- 操作符的优先级不能通过重载来更改，但可以用括号来强制改变表达式的求值顺序。
- 无法通过重载改变操作符的结合性（左结合和右结合）。
- 操作符的“元数”，即它是一元操作符还是二元操作符，无法通过重载来改变。
- 无法创建新的操作符，只能重载已存在的操作符。
- 不能改变操作符对内置类型对象的作用方式。例如，不能将 + 更改为两个整数相减。
- 操作符重载仅适用于自定义类的对象之间，或自定义类的对象与内置类型的对象之间。

复数

为了演示操作符重载，我们将定义一个名为 `Complex` 的表示复数的类。复数，如 `-3+4i` 和 `6.2-11.73i`，具有如下形式

realPart + *imaginaryPart* * i

其中 i = $\sqrt{-1}$。就像 `int`、`float` 和 `Decimal` 一样，复数也是算术类型。在本节中，我们将创建一个 `Complex` 类，仅重载其 + 加法操作符和 += 增量赋值，然后我们就可以使用 Python 的数学符号来计算 `Complex` 对象的加法了。[⊖]

10.10.1 Complex 类的试用

首先让我们通过使用 `Complex` 类来演示一下它的功能，我们会在下一节讨论其实现细节。从 `complexnumber.py` 导入 `Complex` 类：

```
In [1]: from complexnumber import Complex
```

⊖ 请注意，Python 内置了对复数的支持。在章末练习中，我们会要求探索使用这些内置功能。

接下来，创建并打印几个 Complex 对象。代码片段 [3] 和 [5] 隐式调用了 Complex 类的 __repr__ 方法来获取每个对象的字符串表示：

```
In [2]: x = Complex(real=2, imaginary=4)

In [3]: x
Out[3]: (2 + 4i)

In [4]: y = Complex(real=5, imaginary=-1)

In [5]: y
Out[5]: (5 - 1i)
```

我们选择代码片段 [3] 和 [5] 中显示的 __repr__ 字符串格式来模拟 Python 内置 Complex 类型产生的 __repr__ 字符串。[⊖]

现在，让我们使用 + 操作符将 Complex 对象 x 和 y 相加。该表达式将两个操作数的实部（2 和 5）和虚部（4i 和 -1i）分别相加，然后返回一个包含结果的新 Complex 对象：

```
In [6]: x + y
Out[6]: (7 + 3i)
```

+ 操作符不会修改其操作数：

```
In [7]: x
Out[7]: (2 + 4i)

In [8]: y
Out[8]: (5 - 1i)
```

最后，使用 += 操作符将 y 添加到 x 中，并将结果存储在 x 中。+= 操作符修改其左操作数，但不修改右操作数：

```
In [9]: x += y

In [10]: x
Out[10]: (7 + 3i)

In [11]: y
Out[11]: (5 - 1i)
```

10.10.2 Complex 类的定义

我们已经看过 Complex 类的功能了，现在让我们来看它的定义，看看这些功能是如何实现的。

__init__ 方法

该类的 __init__ 方法接收参数用于初始化 real 和 imaginary 数据属性：

```
1  # complexnumber.py
2  """Complex class with overloaded operators."""
3
4  class Complex:
5      """Complex class that represents a complex number
```

[⊖] Python 使用 j 代替 i 来表示 $\sqrt{-1}$，例如，表达式 3+4j（操作符前后没有空格）创建了一个复数对象，包含实部 real 和虚部 imag 属性，该复数的 __repr__ 字符串为 '(3+4j)'。

```
6         with real and imaginary parts."""
7
8     def __init__(self, real, imaginary):
9         """Initialize Complex class's attributes."""
10        self.real = real
11        self.imaginary = imaginary
12
```

重载 + 操作符

下面对特殊方法 **__add__** 的重写定义了如何重载 + 操作符以在两个 Complex 对象之间应用：

```
13    def __add__(self, right):
14        """Overrides the + operator."""
15        return Complex(self.real + right.real,
16                       self.imaginary + right.imaginary)
17
```

对二元操作符进行重载的方法必须提供两个参数——第一个（self）是左操作数，第二个（right）是右操作数。Complex 类的 __add__ 方法接收两个 Complex 对象作为参数，并返回一个新的 Complex 对象，该对象包含操作数的实部之和以及虚部之和。

我们没有修改任何一个原始操作数的内容，这符合我们对这个操作符的认知，即两个数相加不会改变任何一个原始值。

重载 += 增量赋值

第 18～22 行重写了特殊方法 **__iadd__** 来定义 += 操作符如何将两个 Complex 对象相加：

```
18    def __iadd__(self, right):
19        """Overrides the += operator."""
20        self.real += right.real
21        self.imaginary += right.imaginary
22        return self
23
```

增量赋值会修改其左操作数，因此方法 __iadd__ 会修改代表左操作数的 self 对象，然后返回 self。

__repr__ 方法

第 24～28 行返回一个 Complex 数字的字符串表示：

```
24    def __repr__(self):
25        """Return string representation for repr()."""
26        return (f'({self.real} ' +
27                ('+' if self.imaginary >= 0 else '-') +
28                f' {abs(self.imaginary)}i)')
```

自我测验

1.（填空题）假设 a 和 b 是整数变量，有一个程序执行了计算操作 a+b。现在假设 c 和 d 是字符串变量，有一个程序执行了拼接操作 c+d。这里的两个 + 操作符显然用于不同的目的。这是一个________的例子。

答案： 操作符重载。

2.（判断题）Python 允许创建新的操作符来重载，并改变现有操作符对内置类型的工作方式。

答案：错误。Python 禁止创建新的操作符，操作符重载不能改变操作符对内置类型的工作方式。

3.（IPython 会话）修改 Complex 类，使其支持 - 和 -= 操作符，并对这两个操作符进行测试。

答案：新方法的定义如下（位于 complexnumber2.py）：

```
def __sub__(self, right):
    """Overrides the - operator."""
    return Complex(self.real - right.real,
                   self.imaginary - right.imaginary)

def __isub__(self, right):
    """Overrides the -= operator."""
    self.real -= right.real
    self.imaginary -= right.imaginary
    return self
```

```
In [1]: from complexnumber2 import Complex

In [2]: x = Complex(real=2, imaginary=4)

In [3]: y = Complex(real=5, imaginary=-1)

In [4]: x - y
Out[4]: (-3 + 5i)

In [5]: x -= y

In [6]: x
Out[6]: (-3 + 5i)

In [7]: y
Out[7]: (5 - 1i)
```

10.11 异常类层次和自定义异常处理

在上一章，我们介绍了异常处理。每个异常都是 Python 异常类层次结构中一个类的对象[⊖]，或者是从其中一个类继承而来的一个类的对象。异常类直接或间接继承自基类 BaseException，BaseException 在模块 **exceptions** 中定义。

Python 定义了四个主要的 BaseException 的子类——**SystemExit**、**KeyboardInterrupt**、**GeneratorExit** 和 **Exception**：

- SystemExit 会终止程序执行（或终止交互式会话），在不被捕获时不会像其他异常类型那样产生回溯。
- KeyboardInterrupt 异常在用户输入中断指令（在大多数系统中为 Ctrl + C/control + C）时引发。
- GeneratorExit 异常发生在生成器关闭时，通常是在生成器生成结束或者它的 close 方法被显式调用时引发。

⊖ https://docs.python.org/3/library/exceptions.html.

- Exception 是将遇到的大多数常见异常的基类。我们已经见过许多 Exception 的子类异常，包括 ZeroDivisionError、NameError、ValueError、StatisticsError、TypeError、IndexError、KeyError、RuntimeError 和 AttributeError。通常情况下，StandardError 可以被捕获并处理，这样程序便可以继续运行。

捕获基类异常

异常类层次结构的好处之一是，异常处理器可以捕获特定类型的异常，也可以使用基类类型捕获基类异常以及所有相关的子类异常。例如，指定基类 Exception 的异常处理器可以捕获 Exception 的任何子类的对象。将捕获 Exception 类型的异常处理器放在其他异常处理器之前是一个逻辑错误，因为所有异常都会在到达其他异常处理器之前被捕获，因此，后续异常处理器是不可达的。

自定义异常类

当需要从代码中抛出异常时，通常应该使用 Python 标准库中现有的异常类之一。但是，使用本章前面学习的继承技术，也可以创建自定义异常类，这些异常类直接或间接地派生自 Exception 类。但我们一般不鼓励这么做，尤其是对新手程序员来说。只有在需要捕获和处理与现有异常类型都不同的异常时，才需要定义新的异常类，但这种情况应该非常罕见。

自我测验

1.（填空题）我们将遇到的大多数异常都继承自基类________，它定义在模块________中。

答案： Exception，exceptions。

2.（判断题）当需要从代码中抛出异常时，通常应该使用新的异常类。

答案： 错误。当需要从代码中抛出异常时，通常应该使用 Python 标准库中现有的异常类之一。

10.12 有名元组

在前面，已经用过元组将多个数据属性聚合到一个对象中。Python 标准库的 **collections 模块**还提供了**有名元组**，可以通过名称而非索引号来引用元组的成员。

让我们创建一个简单的有名元组，它可以用来表示一副牌中的一张牌。首先，导入 namedtuple 函数：

```
In [1]: from collections import namedtuple
```

函数 namedtuple 可以创建内置的元组类型的子类。函数的第一个参数是新类型的名称，第二个参数是一个字符串列表，表示该类型的成员：

```
In [2]: Card = namedtuple('Card', ['face', 'suit'])
```

现在，我们有了一个名为 Card 的新的元组类型，并可以在任何可以使用元组的地方使用它。让我们创建一个 Card 对象，通过名称访问它的成员，并显示其字符串表示：

```
In [3]: card = Card(face='Ace', suit='Spades')

In [4]: card.face
Out[4]: 'Ace'

In [5]: card.suit
Out[5]: 'Spades'
```

```
In [6]: card
Out[6]: Card(face='Ace', suit='Spades')
```

有名元组的其他特性

每个有名元组类型都有附加的方法。该类型的**类方法 _make**（即在类上调用的方法）接收一个包含值的可迭代对象，并返回一个有名元组类型的对象：

```
In [7]: values = ['Queen', 'Hearts']

In [8]: card = Card._make(values)

In [9]: card
Out[9]: Card(face='Queen', suit='Hearts')
```

在有些时候这会非常有用，例如，如果有一个表示 CSV 文件中的记录的有名元组类型，那么在读取解析 CSV 记录时，可以直接将它们转换为该有名元组类型的对象。

对于给定的有名元组类型对象，可以获得其成员的名和值的 **OrderedDict** 字典表示。OrderedDict 可以记住键 – 值对插入字典的顺序：

```
In [10]: card._asdict()
Out[10]: OrderedDict([('face', 'Queen'), ('suit', 'Hearts')])
```

有关更多有名元组的特性，参见：

https://docs.python.org/3/library/collections.html#collections.namedtuple

自我测验

1.（填空题）Python 标准库中的 collections 模块的________函数可以创建自定义元组类型，可以通过名称而非索引号来引用元组的成员。

答案： namedtuple。

2.（IPython 会话）创建名为 Time 的有名元组，其成员名为 hour、minute 和 second。然后创建一个 Time 对象，访问它的成员并打印其字符串表示。

答案：

```
In [1]: from collections import namedtuple

In [2]: Time = namedtuple('Time', ['hour', 'minute', 'second'])

In [3]: t = Time(13, 30, 45)

In [4]: print(t.hour, t.minute, t.second)
13 30 45

In [5]: t
Out[5]: Time(hour=13, minute=30, second=45)
```

10.13 Python 3.7 的新数据类简介

虽然有名元组允许通过名称引用其成员，但它们仍然只是元组，而不是类。为了能同时保留有名元组的一些好处以及传统的 Python 类提供的功能，可以使用 Python 3.7 的新**数据类**[⊖]，位于 Python 标准库的 **dataclasses** 模块。

⊖ https://www.python.org/dev/peps/pep-0557/.

数据类是 Python 3.7 最重要的新特性之一。通过使用更简洁的记号以及自动生成大多数类的公共“样板”代码，数据类可以帮助我们更快地构建新类。数据类可能会成为定义许多 Python 类的首选方式。在本节中，我们将介绍数据类的基本原理。在本节的最后，我们会提供包含更多信息的网页链接。

数据类自动生成代码

定义的大多数类都会提供 `__init__` 方法来创建和初始化对象的属性，以及 `__repr__` 方法来指定对象的自定义字符串表示。如果一个类有很多数据属性，创建这些方法可能会变得很烦琐。

数据类可以自动生成数据属性以及 `__init__` 和 `__repr__` 方法。这在处理主要用于聚合相关数据项的类时特别有用。例如，在处理 CSV 记录的应用程序中，可能会需要一个类负责将每条记录的字段表示为该类对象的数据属性。在章末练习中，将看到数据类可以从字段名列表中动态生成。

数据类还会自动生成 `__eq__` 方法，它会重载 == 操作符。任何具有 `__eq__` 方法的类也隐式支持 `!=`。所有类都会继承 `object` 类的默认 `__ne__`（not equals）方法实现，该方法返回与 `__eq__` 相反的结果（如果没有定义 `__eq__`，则抛出 `NotImplemented`）。数据类不会自动生成比较操作符 <、<=、> 和 >= 的重载方法，但它们可以生成。

10.13.1 创建 Card 数据类

让我们使用数据类重新实现 10.6.2 节中的 `Card` 类。新类将被定义在 `carddataclass.py` 中。正如我们将看到的，定义数据类需要一些新语法。在接下来的小节中，我们将在 `DeckOfCards` 类中使用新的 `Card` 数据类，以表明它与原来的 `Card` 类是可互换的，然后讨论使用数据类相对于使用有名元组和传统 Python 类的一些好处。

从 dataclasses 和 typing 模块中导入

Python 标准库的 `dataclasses` 模块定义了实现数据类的装饰器和函数。我们将使用 **@dataclass 装饰器**（在第 4 行导入）来指定一个新类为数据类，并自动生成各种代码。回想一下，我们最初的 `Card` 类定义了类变量 `FACES` 和 `SUITS`，它们均为字符串列表，用于初始化 `Card` 类对象。我们使用 Python 标准库中 **typing 模块**（在第 5 行导入）的 `ClassVar` 和 `List` 来指出 `FACES` 和 `SUITS` 均为列表类型的类变量。稍后我们会详细介绍这些过程：

```
1  # carddataclass.py
2  """Card data class with class attributes, data attributes,
3  autogenerated methods and explicitly defined methods."""
4  from dataclasses import dataclass
5  from typing import ClassVar, List
6
```

@dataclass 装饰器

为了指出一个类为数据类，在类定义前加上 `@dataclass` 装饰器：[1]

```
7  @dataclass
8  class Card:
```

作为可选项，可以给 `@dataclass` 装饰器指定参数（用括号围起来），这些参数帮助数据类确定要自动生成哪些方法。例如，使用装饰器 `@dataclass(order=True)` 的数据类将自

[1] https://docs.python.org/3/library/dataclasses.html#module-level-decorators-classes-and-functions.

动生成比较操作符 <、<=、> 和 >= 的重载方法。这在某些场景下非常有用，例如需要对数据类对象进行排序时。

变量注释：类属性

与常规类不同，数据类在类的内部、类方法外部声明类属性和数据属性。在常规类中，只有类属性是这样声明的，数据属性通常是在 __init__ 中创建的。数据类需要额外的信息或提示来区分类属性和数据属性，这也会影响自动生成的方法的实现细节。

第 9～11 行定义并初始化了类属性 FACES 和 SUITS：

```
9       FACES: ClassVar[List[str]] = ['Ace', '2', '3', '4', '5', '6', '7',
10                                     '8', '9', '10', 'Jack', 'Queen', 'King']
11      SUITS: ClassVar[List[str]] = ['Hearts', 'Diamonds', 'Clubs', 'Spades']
12
```

在第 9 行和第 11 行，注释：

```
: ClassVar[List[str]]
```

是一个**变量注释**[㊀㊁]（有时也称为类型提示），它指出了 FACES 是一个类属性（ClassVar），且为一个字符串列表的引用（List[str]），SUITS 同理。

类变量在类定义中进行初始化，并且特定于类，而非类的某个对象。但是，__init__、__repr__ 和 __eq__ 方法是由类的对象使用的。当一个数据类生成这些方法时，它会检查所有的变量注释，然后在方法实现中只考虑数据属性。

变量注释：数据属性

通常，我们通过形如 self.attribute_name =value 的赋值，在类的 __init__ 方法（或 __init__ 调用的方法）中创建对象的数据属性。因为数据类会自动生成其 __init__ 方法，所以我们需要另一种方法在数据类定义中指定数据属性。不能简单地将它们的名字放在类中，这会产生 NameError，如：

```
In [1]: from dataclasses import dataclass

In [2]: @dataclass
   ...: class Demo:
   ...:     x  # attempting to create a data attribute x
   ...:
-------------------------------------------------------------------------
NameError                                 Traceback (most recent call last)
<ipython-input-2-79ffe37b1ba2> in <module>()
----> 1 @dataclass
      2 class Demo:
      3     x  # attempting to create a data attribute x
      4

<ipython-input-2-79ffe37b1ba2> in Demo()
      1 @dataclass
      2 class Demo:
----> 3     x  # attempting to create a data attribute x
      4

NameError: name 'x' is not defined
```

㊀ https://www.python.org/dev/peps/pep-0526/.

㊁ 变量注释是最近出现的一种语言特性，对于常规类来说是可选的。在大多数遗留 Python 代码中，我们不会看到它们。

与类属性一样，每个数据属性都必须使用变量注释来声明。第 13～14 行定义了数据属性 `face` 和 `suit`。变量注释 `":str"` 表示每个变量都应该是一个字符串对象的引用：

```
13      face: str
14      suit: str
```

定义 property 属性和其他方法

数据类也是类，因此它们同样可以包含 property 属性和方法，并加入类层次结构中（继承或被继承）。对于 `Card` 数据类，我们定义了只读 property 属性 `image_name` 以及自定义的 `__str__` 和 `__format__` 特殊方法，这和我们在本章前面定义的 `Card` 类一样：

```
15      @property
16      def image_name(self):
17          """Return the Card's image file name."""
18          return str(self).replace(' ', '_') + '.png'
19
20      def __str__(self):
21          """Return string representation for str()."""
22          return f'{self.face} of {self.suit}'
23
24      def __format__(self, format):
25          """Return formatted string representation."""
26          return f'{str(self):{format}}'
```

变量注释的补充

可以使用内置类型名称（如 `str`、`int` 和 `float`）、其他类名或 `typing` 模块定义的类型（如前面的 `ClassVar` 和 `List`）来指定变量注释。但即便使用了类型注释，Python 仍然是一种动态类型语言。因此，类型注释不会在执行时强制检查类型。即使 `Card` 类中的 `face` 属性被定义为字符串引用，我们也可以将任意类型的对象赋值给它。下文的自我测验中展示了这一点。

自我测验

1.（填空题）数据类需要________来指定每个类属性或数据属性的数据类型。

答案：变量注释。

2.（填空题）________装饰器指定一个新类为一个数据类。

答案：`@dataclass`。

3.（判断题）Python 标准库的 `annotations` 模块定义了数据类定义中需要的变量注释。

答案：错误。`typing` 模块定义了数据类定义中所需的变量注释。

4.（判断题）默认情况下，数据类会自动生成比较操作符 <、<=、> 和 >= 的重载方法。

答案：错误。默认情况下，数据类会自动生成 == 和 != 操作符的重载方法。只有当 `@dataclass` 装饰器指定关键字参数 `order=True` 时，才会自动生成 <、<=、> 和 >= 操作符的重载方法。

10.13.2　使用 Card 数据类

让我们来演示一下这个新的 `Card` 数据类。首先，创建一个 `Card` 对象：

```
In [1]: from carddataclass import Card

In [2]: c1 = Card(Card.FACES[0], Card.SUITS[3])
```

接着，让我们使用 Card 类自动生成的 __repr__ 方法打印其字符串表示：

```
In [3]: c1
Out[3]: Card(face='Ace', suit='Spades')
```

当把一个 Card 对象传入 print 函数时，print 会调用我们自定义的 __str__ 方法，它返回一个形如 '点数 of 花色' 的字符串形式：

```
In [4]: print(c1)
Ace of Spades
```

让我们来访问数据类的数据属性以及只读 property 属性：

```
In [5]: c1.face
Out[5]: 'Ace'

In [6]: c1.suit
Out[6]: 'Spades'

In [7]: c1.image_name
Out[7]: 'Ace_of_Spades.png'
```

接下来，让我们演示如何通过自动生成的 == 操作符和继承的 != 操作符来比较 Card 对象。首先，另外创建两个 Card 对象，其中一个与第一个创建 Card 对象相同，另一个则与第一个创建 Card 对象不同：

```
In [8]: c2 = Card(Card.FACES[0], Card.SUITS[3])

In [9]: c2
Out[9]: Card(face='Ace', suit='Spades')

In [10]: c3 = Card(Card.FACES[0], Card.SUITS[0])

In [11]: c3
Out[11]: Card(face='Ace', suit='Hearts')
```

现在，使用 == 和 != 比较这些对象：

```
In [12]: c1 == c2
Out[12]: True

In [13]: c1 == c3
Out[13]: False

In [14]: c1 != c3
Out[14]: True
```

我们的 Card 数据类可以与本章前面开发的 Card 类互换。为了演示这一点，我们创建了包含 DeckOfCards 类副本的 deck2.py 文件，并将 Card 数据类导入文件中。下面的代码片段导入 DeckOfCards 类，创建一个该类的对象并打印。回想一下，print 隐式调用了 DeckOfCards 类的 __str__ 方法，该方法将每张卡牌格式化为一个 19 个字符的字段，格式化过程会调用每张卡牌的 __format__ 方法。从左到右查看每行打印的内容，确认所有的牌都是按照花色顺序（Hearts、Diamonds、Clubs 和 Spades）显示的：

```
In [15]: from deck2 import DeckOfCards  # uses Card data class

In [16]: deck_of_cards = DeckOfCards()

In [17]: print(deck_of_cards)
Ace of Hearts      2 of Hearts        3 of Hearts        4 of Hearts
5 of Hearts        6 of Hearts        7 of Hearts        8 of Hearts
9 of Hearts        10 of Hearts       Jack of Hearts     Queen of Hearts
King of Hearts     Ace of Diamonds    2 of Diamonds      3 of Diamonds
4 of Diamonds      5 of Diamonds      6 of Diamonds      7 of Diamonds
8 of Diamonds      9 of Diamonds      10 of Diamonds     Jack of Diamonds
Queen of Diamonds  King of Diamonds   Ace of Clubs       2 of Clubs
3 of Clubs         4 of Clubs         5 of Clubs         6 of Clubs
7 of Clubs         8 of Clubs         9 of Clubs         10 of Clubs
Jack of Clubs      Queen of Clubs     King of Clubs      Ace of Spades
2 of Spades        3 of Spades        4 of Spades        5 of Spades
6 of Spades        7 of Spades        8 of Spades        9 of Spades
10 of Spades       Jack of Spades     Queen of Spades    King of Spades
```

自我测验

（IPython 会话）Python 是一种动态类型语言，因此变量注释不会强制作用于数据类的对象。为了证明这一点，创建一个 Card 对象，将整数 100 赋给其 face 属性然后打印该 Card 对象，同时在赋值前后打印 face 属性的类型

答案：

```
In [1]: from carddataclass import Card

In [2]: c = Card('Ace', 'Spades')

In [3]: c
Out[3]: Card(face='Ace', suit='Spades')

In [4]: type(c.face)
Out[4]: str

In [5]: c.face = 100

In [6]: c
Out[6]: Card(face=100, suit='Spades')

In [7]: type(c.face)
Out[7]: int
```

10.13.3　数据类相较有名元组的优势

与有名元组相比，数据类提供了若干个优点[㊀]：

- 从技术层面而言，尽管每个有名元组代表不同的类型，但有名元组仍是一个元组，所有的元组都可以相互比较。因此，如果不同有名元组类型的对象具有相同的成员数量和相同的成员值，那么它们在比较时会被视作是相等的。而比较不同数据类的对象总是会返回 False，将数据类对象和元组对象相比较同样如此。
- 如果代码中存在元组的解包操作，那么向该元组添加更多成员则会破坏该解包代码。数据类对象无法进行解包，因此，可以在不破坏现有代码的情况下向数据类添加更多

㊀ https://www.python.org/dev/peps/pep-0526/.

的数据属性。

- 数据类可以是继承层次结构中的一个基类或子类。

10.13.4 数据类相较传统类的优势

和在本章前面看到的传统 Python 类相比，数据类提供了许多优势：

- 数据类会自动生成 `__init__`、`__repr__` 和 `__eq__` 方法，节省了时间。
- 数据类可以自动生成比较操作符 <、<=、> 和 >= 的重载方法。
- 当更改数据类中定义的数据属性，然后在脚本或交互式会话中使用它时，自动生成的代码会自动更新。如此一来需要维护和调试的代码就更少了。
- 类属性和数据属性所需的变量注释使我们能够利用静态代码分析工具来分析代码。因此，可以提前消除可能在执行时出现的错误。
- 一些静态代码分析工具和 IDE 可以检查变量注释，并在代码使用了错误类型时发出警告。这可以帮助我们在执行代码之前定位代码中的逻辑错误。在章末练习中，我们将要求使用静态代码分析工具 MyPy 来演示这些警告。

更多信息

数据类还有许多其他功能，例如创建“冻结”的实例，该实例不允许在数据类对象创建后对其属性赋值。有关数据类好处和功能的完整列表，参见

https://www.python.org/dev/peps/pep-0557/

和

https://docs.python.org/3/library/dataclasses.html

在章末练习中，我们将要求对数据类的其他特性进行实验。

10.14 使用文档字符串和 doctest 进行单元测试

软件开发的一个关键方面是代码测试，用来确保软件能够正确工作。然而，即使进行了大量的测试，代码仍然可能包含 bug。根据著名的荷兰计算机科学家 Edsger Dijkstra 的说法，“测试只能证明存在漏洞，而无法证明漏洞不存在。”[1]

模块 doctest 和 testmod 函数

Python 标准库提供 `doctest` 模块来帮助我们测试代码，以及方便地在修改后重新测试代码。当执行 `doctest` 模块的 `testmod` 函数时，它会检查函数、方法和类的文档字符串来查找以 >>> 开头的 `Python` 语句示例，每一行后面都跟着给定语句的预期输出（如果有的话）[2]。然后，`testmod` 函数会执行这些语句并确认它们产生了预期的输出。如果输出和预期不一致，`testmod` 会报错，并指示哪些测试失败了，以便可以定位并修复代码中的问题。在 `docstring` 中定义的每个测试通常仅测试一个特定的代码单元，如函数、方法或类，这种测试称为单元测试。

修改 Account 类

文件 `accountdoctest.py` 包含本章第一个示例中的 `Account` 类。我们修改了 `__init__` 方法的文档字符串以包含四个测试，这些测试可用于确保 `__init__` 方法能

---

[1] J. N. Buxton and B. Randell, eds, *Software Engineering Techniques*, April 1970, p. 16. Report on a conference sponsored by the NATO Science Committee, Rome, Italy, 27–31 October 1969.

[2] 记号 >>> 模仿的是标准 `python` 解释器的输入提示符。

够正确工作：

- 第 11 行的测试创建了一个名为 account1 的示例账户对象。这条语句不会产生任何输出。
- 第 12 行的测试显示了若第 11 行成功执行，account1 的 name 属性的值应该是多少。示例输出如第 13 行所示。
- 第 14 行的测试显示了若第 11 行成功执行，account1 的 balance 属性的值应该是多少。第 15 行显示了示例输出。
- 第 18 行的测试创建了一个包含无效初始余额的 Account 对象。示例输出表明，在这种情况下应该发生 ValueError 异常。对于发生异常情况，doctest 模块的文档建议只显示回溯的第一行和最后一行[⊖]。

可以在测试语句间夹杂一些描述性文本，例如第 17 行。

```
 1  # accountdoctest.py
 2  """Account class definition."""
 3  from decimal import Decimal
 4
 5  class Account:
 6      """Account class for demonstrating doctest."""
 7
 8      def __init__(self, name, balance):
 9          """Initialize an Account object.
10
11          >>> account1 = Account('John Green', Decimal('50.00'))
12          >>> account1.name
13          'John Green'
14          >>> account1.balance
15          Decimal('50.00')
16
17          The balance argument must be greater than or equal to 0.
18          >>> account2 = Account('John Green', Decimal('-50.00'))
19          Traceback (most recent call last):
20              ...
21          ValueError: Initial balance must be >= to 0.00.
22          """
23
24          # if balance is less than 0.00, raise an exception
25          if balance < Decimal('0.00'):
26              raise ValueError('Initial balance must be >= to 0.00.')
27
28          self.name = name
29          self.balance = balance
30
31      def deposit(self, amount):
32          """Deposit money to the account."""
33
34          # if amount is less than 0.00, raise an exception
35          if amount < Decimal('0.00'):
36              raise ValueError('amount must be positive.')
37
38          self.balance += amount
39
40  if __name__ == '__main__':
41      import doctest
42      doctest.testmod(verbose=True)
```

⊖ https://docs.python.org/3/library/doctest.html?highlight=doctest#module-doctest.

__main__ 模块

当加载模块时，Python 会将一个包含模块名称的字符串赋值给模块的全局属性 __name__。当把一个 Python 源文件作为脚本执行时（例如 accountdoctest.py），Python 使用字符串 '__main__' 作为模块名。可以在 if 语句中使用 __name__，比如第 40～42 行，来指定只有当源文件作为脚本执行时才应该执行的代码。在本例中，第 41 行导入 doctest 模块，第 42 行调用模块的 testmod 函数来执行文档字符串单元测试。

运行测试

将 accountdoctest.py 文件作为脚本运行以执行测试。默认情况下，如果不带参数调用 testmod，它不会显示成功测试的测试结果。在这种情况下，如果没有看到任何输出，那么意味着所有的测试都成功执行了。在这个例子中，第 42 行使用关键字参数 verbose=True 调用 testmod。这告诉 testmod 要生成详细的输出，输出中要显示每个测试的结果：

```
Trying:
    account1 = Account('John Green', Decimal('50.00'))
Expecting nothing
ok
Trying:
    account1.name
Expecting:
    'John Green'
ok
Trying:
    account1.balance
Expecting:
    Decimal('50.00')
ok
Trying:
    account2 = Account('John Green', Decimal('-50.00'))
Expecting:
    Traceback (most recent call last):
        ...
    ValueError: Initial balance must be >= to 0.00.
ok
3 items had no tests:
    __main__
    __main__.Account
    __main__.Account.deposit
1 items passed all tests:
   4 tests in __main__.Account.__init__
4 tests in 4 items.
4 passed and 0 failed.
Test passed.
```

在详细模式下，testmod 显示每个测试“试图”做什么以及“预期”结果，如果测试成功，则会在后面跟着一个“ok”。在详细模式下完成测试后，testmod 会显示结果的摘要。

为了展示一个失败的测试，通过在前面加一个 # 来“注释掉” accountdoctest.py 中的第 25～26 行，然后将 accountdoctest.py 作为脚本运行。为了节省空间，我们只显示了 doctest 输出中指示失败测试的部分：

```
...
**********************************************************************
```

```
File "accountdoctest.py", line 18, in __main__.Account.__init__
Failed example:
    account2 = Account('John Green', Decimal('-50.00'))
Expected:
    Traceback (most recent call last):
        ...
    ValueError: Initial balance must be >= to 0.00.
Got nothing
**********************************************************************
1 items had failures:
   1 of   4 in __main__.Account.__init__
4 tests in 4 items.
3 passed and 1 failed.
***Test Failed*** 1 failures.
```

在本例中，我们看到第 18 行的测试失败了。testmod 函数期望得到一个回溯，表明由于无效的初始余额而引发了 ValueError。该异常没有发生，因此测试失败了。作为负责定义这个类的程序员，这个失败的测试表明 __init__ 方法中验证参数的代码有问题。

Ipython 中的 %doctest_mode 魔法指令

为现有代码创建 doctest 的一种快捷方法是：使用 IPython 交互式会话测试代码，然后将该会话复制粘贴到文档字符串中。IPython 的 In[] 和 Out[] 提示符与 doctest 不兼容，所以 IPython 提供了魔法指令 **%doctest_mode**，从而能够以正确的 doctest 格式显示命令提示符。使用该魔法指令可以在两种提示符样式之间进行切换。第一次执行 %doctest_mode 时，IPython 将切换到 >>> 输入提示符，且不会有输出提示符。第二次执行 %doctest_mode 时，IPython 将切换回 In[] 和 Out[] 提示符。

自我测验

1.（填空题）当将一个 Python 源文件作为脚本执行时，Python 会创建一个全局属性 __name__ 并将字符串________赋值给它。

答案：'__main__'。

2.（判断题）当执行 doctest 模块的 testmod 函数时，它会检查代码并自动为我们创建测试。

答案：错误。当执行 doctest 模块的 testmod 函数时，它会检查函数、方法和类的文档字符串来查找以 >>> 开头的 Python 语句示例，每一行后面都跟着给定语句的预期输出（如果有的话）。

3.（IPython 会话）将测试添加到 deposit 方法的文档字符串中，然后执行测试。测试需要创建一个 Account 对象，向其中存入一个有效金额，然后尝试存入一个无效的负金额。存入无效金额将抛出一个 ValueError。

答案：更新后的 deposit 方法的文档字符串如下所示，后面是详细的 doctest 结果：

```
"""Deposit money to the account.

>>> account1 = Account('John Green', Decimal('50.00'))
>>> account1.deposit(Decimal('10.55'))
>>> account1.balance
Decimal('60.55')

>>> account1.deposit(Decimal('-100.00'))
Traceback (most recent call last):
```

```
    ...
ValueError: amount must be positive.
"""
```

```
Trying:
    account1 = Account('John Green', Decimal('50.00'))
Expecting nothing
ok
Trying:
    account1.name
Expecting:
    'John Green'
ok
Trying:
    account1.balance
Expecting:
    Decimal('50.00')
ok
Trying:
    account2 = Account('John Green', Decimal('-50.00'))
Expecting:
    Traceback (most recent call last):
        ...
    ValueError: Initial balance must be >= to 0.00.
ok
Trying:
    account1 = Account('John Green', Decimal('50.00'))
Expecting nothing
ok
Trying:
    account1.deposit(Decimal('10.55'))
Expecting nothing
ok
Trying:
    account1.balance
Expecting:
    Decimal('60.55')
ok
Trying:
    account1.deposit(Decimal('-100.00'))
Expecting:
    Traceback (most recent call last):
        ...
    ValueError: amount must be positive.
ok
2 items had no tests:
    __main__
    __main__.Account
2 items passed all tests:
   4 tests in __main__.Account.__init__
   4 tests in __main__.Account.deposit
8 tests in 4 items.
8 passed and 0 failed.
Test passed.
```

10.15 命名空间和作用域

在第 4 章中，我们展示了每个标识符都有一个作用域，它决定了可以在程序中的什么地方使用它，我们还介绍了局部作用域和全局作用域。在这里，我们继续讨论作用域，并介绍命名空间。

作用域由**命名空间**决定，命名空间将标识符与对象关联起来，并“在底层”以字典的形式实现。所有命名空间都是相互独立的，因此，相同的标识符可能出现在多个命名空间中。Python 中主要有三种命名空间——局部命名空间、全局命名空间和内置命名空间。

局部命名空间

每个函数和方法都有一个**局部命名空间**，它将局部标识符（如参数和局部变量）与对象关联起来。局部命名空间从函数或方法被调用的那一刻起开始存在，直到该方法或函数终止运行，并且只有该函数或方法可以访问该局部命名空间。在函数或方法的代码组中，给不存在的变量赋值会创建一个局部变量并将其添加到局部命名空间中。局部命名空间中的标识符从定义它们的时刻开始，一直到函数或方法终止运行，都处于作用域内。

全局命名空间

每个模块都有一个**全局命名空间**，它将模块的全局标识符（如全局变量、函数名和类名）与对象关联起来。Python 在加载模块时创建模块的全局命名空间。对于模块中的代码而言，模块的全局命名空间会一直存在，且其中的标识符会一直处于作用域内，直到程序（或交互式会话）终止运行。一个 IPython 会话拥有自己的全局命名空间，包含在该会话中创建的所有标识符。

每个模块的全局命名空间还有一个名为 `__name__` 的标识符，其中包含模块的名称，若是 `math` 模块则为 `'math'`，`random` 模块则为 `'random'`。正如在上一节的 `doctest` 示例中看到的，若一个 `.py` 文件作为脚本运行，则其 `__name__` 为 `'__main__'`。

内置命名空间

内置命名空间将 Python 内置函数（例如 `input` 和 `range`）和内置类型（例如 `int`、`float` 和 `str`）的标识符与定义这些函数和类型的对象相关联。Python 在解释器开始执行时创建内置命名空间。对于所有代码而言，内置命名空间的标识符一直处于作用域内，直到程序（或交互式会话）终止运行[⊖]。

在命名空间中查找标识符

当使用一个标识符时，Python 会在当前可访问的命名空间中搜索该标识符，从局部命名空间到全局命名空间再到内置命名空间。为了帮助理解命名空间的搜索顺序，考虑以下 IPython 会话：

```
In [1]: z = 'global z'

In [2]: def print_variables():
   ...:     y = 'local y in print_variables'
   ...:     print(y)
   ...:     print(z)
   ...:

In [3]: print_variables()
local y in print_variables
global z
```

在 IPython 会话中定义的标识符会被添加到会话的全局命名空间中。当代码片段 [3] 调

⊖ 这里假设不会通过在局部或全局命名空间中重新定义内置函数或类型的标识符来隐藏它们。我们在“函数”一章中讨论了隐藏。

用 print_variables 时，Python 会搜索局部、全局和内置的命名空间，如下所示：

- 代码片段 [3] 不在函数或方法中，因此会话的全局命名空间和内置命名空间是当前可访问的。Python 首先搜索会话的全局命名空间，其中包含 print_variables 变量。因此 print_variables 处于作用域内，Python 使用相应的对象来调用 print_variables。
- 当 print_variables 开始执行时，Python 创建函数的局部命名空间。当函数 print_variables 定义局部变量 y 时，Python 将 y 添加到函数的局部命名空间中。现在变量 y 在函数执行结束之前都处于作用域内。
- 接下来，print_variables 调用内置函数 print，传递 y 作为参数。为执行这个调用，Python 必须解析标识符 y 和 print。标识符 y 定义在局部命名空间中，因此它处于作用域内，Python 使用相应的对象（字符串 'local y in print_variables'）作为 print 的参数。为调用 print 函数，Python 还必须找到 print 对应的对象。首先，它在局部命名空间中查找，但命名空间没有定义 print。接下来它在会话的全局命名空间中查找，该命名空间也没有定义 print。最后它转到内置命名空间中查找，该命名空间定义了 print。因此，print 处于作用域内，Python 使用对应的对象完成了 print 的调用。
- 接着，print_variables 再次使用参数 z 调用内置函数 print，该参数不是在局部命名空间中定义的。因此，Python 转到全局命名空间中查找。参数 z 定义在全局命名空间中，故 z 处于作用域内，Python 将使用相应的对象（字符串 'global z'）作为 print 的参数。同样，Python 在内置命名空间中找到标识符 print，并使用相应的对象调用 print。
- 此时，我们到达了 print_variables 函数代码组的末尾，函数结束运行，它的局部命名空间不再存在，这意味着现在局部变量 y 是未定义的。

为了证明 y 是未定义的，让我们尝试打印 y：

```
In [4]: y
------------------------------------------------------------------------
NameError                               Traceback (most recent call last)
<ipython-input-4-9063a9f0e032> in <module>()
----> 1 y

NameError: name 'y' is not defined
```

在这个例子中，由于不存在局部命名空间，因此 Python 在会话的全局命名空间中查找 y。全局命名空间中没有定义标识符 y，故 Python 转到内置命名空间中查找 y。同样地，Python 没有找到 y。没有更多的命名空间可以查找，所以 Python 抛出了 NameError，表明 y 是未定义的。

标识符 print_variables 和 z 仍然存在于会话的全局命名空间中，因此我们可以继续使用它们。例如，让我们对 z 求值：

```
In [5]: z
Out[5]: 'global z'
```

嵌套函数

在前面的讨论中没有涉及的一个命名空间是**外围命名空间**。Python 允许在函数或方法中定义其他嵌套函数。例如，如果一个函数或方法中多次执行了相同的任务，则可以定义一个嵌套函数，以避免外围函数中出现重复代码。当访问嵌套函数中的标识符时，Python 首先查找嵌套函数的局部命名空间，然后是外围函数的命名空间，然后是全局命名空间，最后是内置命名空间。有时这也被称为 **LEGB（局部、外围、全局、内置）规则**。在一个练习中，我们要求创建一个嵌套函数来演示命名空间的搜索顺序。

类命名空间

每个类都有一个存储类属性的命名空间。当访问类属性时，Python 首先在类的空间中查找该属性，然后在基类的命名空间中查找，以此类推，直到找到该属性或到达 `object` 类。如果未找到该属性，则抛出 `NameError`。

对象命名空间

每个对象都有自己的命名空间，其中包含对象的方法和数据属性。类的 `__init__` 方法以一个空对象（`self`）开始，然后将每个数据属性添加到对象的命名空间中。一旦在对象的命名空间中定义了数据属性，使用对象的客户端就可以访问该属性的值。

自我测验

1.（填空题）函数的________命名空间存储了关于在函数内创建的标识符的信息，如它的参数和局部变量。

答案：局部。

2.（判断题）当一个函数试图获取一个属性的值时，Python 先查找局部命名空间，然后是全局命名空间，最后是内置命名空间，直到找到该属性；否则抛出 `NameError`。

答案：正确。

10.16　数据科学入门：时间序列和简单线性回归

在前面我们已经讨论过序列类型了，比如列表、元组和数组。在本节中，我们将讨论**时间序列**，它是与时间点相关的值（称为**观测值**）的序列。例如股票的每日收盘价、每小时的温度读数、飞行中的飞机位置的变化、农作物的年产量和公司的季度利润。典型时间序列或许是来自全球 Twitter 用户的带有时间戳的推文流。在第 13 章中，我们将深入研究 Twitter 数据。

在本节中，我们将使用一种称为简单线性回归的技术来根据时间序列数据进行预测。我们将使用纽约市 1895 年至 2018 年 1 月的平均高温来预测未来 1 月份的平均高温，并估算出 1895 年之前数年 1 月份的平均高温。

在第 15 章中，我们将使用 scikit-learn 库来回顾这个示例。在第 16 章中，我们将使用递归神经网络（Recurrent Neural Network，RNN）来分析时间序列。

在后面的章节中，我们将看到时间序列在金融应用和物联网（IoT）中很受欢迎，同时我们将在第 17 章中讨论相关问题。

在本节中，我们将使用 Seaborn 和 pandas 显示图形，它们都基于 Matplotlib，因此需要在 IPython 中启动 Matplotlib 支持：

```
ipython --matplotlib
```

时间序列

我们将使用的数据是一个观测值按年排序的时间序列。**单变量时间序列**每个时间点仅有一个观测值，例如纽约市某一年 1 月份高温的平均值。**多变量时间序列**每个时间点可以有两个或多个观测值，比如一个天气应用程序中的温度、湿度和气压读数。在这里我们分析一个单变量时间序列。

我们要在时间序列上执行的两个任务分别为：

- **时间序列分析**，它查看现有时间序列数据的模式，帮助数据分析师理解数据。一个常见的分析任务是在数据中寻找**季节性**。例如，在纽约市，每月平均高温因季节不同（冬天、春天、夏天或秋天）而会有显著的变化。
- **时间序列预测**，使用过去的数据来预测未来的数据。

我们会在本节执行时间序列预测任务。

简单线性回归

通过使用一种称为**简单线性回归**的技术，我们会找到月份（每年的 1 月）与纽约市 1 月平均高温之间的线性关系，并凭此进行预测。给定一组代表**自变量**（月 / 年的组合）和**因变量**（该月 / 年的平均高温）的值，简单线性回归用一条直线来描述这些变量之间的关系，这条直线被称为**回归线**。

线性关系

为了理解线性关系的一般概念，我们来考虑华氏温度和摄氏温度间的关系。给定华氏温度，我们可以用以下公式计算对应的摄氏温度：

```
c = 5 / 9 * (f - 32)
```

在这个公式中，`f`（华氏温度）是自变量，`c`（摄氏温度）是因变量——`c` 的每个值都取决于计算中使用的 `f` 值。

接下来我们将华氏温度和相应的摄氏温度画成一条直线。为了说明这一点，让我们先为前面的公式创建一个 `lambda` 函数，并使用它来计算华氏温度 0～100 度对应的摄氏温度，以 10 度为单位递增。我们将每个华氏 / 摄氏度以元组的形式存储在 `temps` 中：

```
In [1]: c = lambda f: 5 / 9 * (f - 32)

In [2]: temps = [(f, c(f)) for f in range(0, 101, 10)]
```

接下来让我们将数据载入一个 `DataFrame`，然后使用其 **`plot` 方法**来显示华氏温度和摄氏温度之间的线性关系。`plot` 方法的 `style` 关键字参数控制数据的外观。字符串 `'.-'` 中的“`.`”表示每个数据点都应该显示为一个圆点，“`-`”表示这些点应该用线连接起来。我们手动将 y 轴标签设为 `'Celsius'`，默认情况下 `plot` 方法仅会在图形左上角的图例中显示 `'Celsius'`。

```
In [3]: import pandas as pd

In [4]: temps_df = pd.DataFrame(temps, columns=['Fahrenheit', 'Celsius'])

In [5]: axes = temps_df.plot(x='Fahrenheit', y='Celsius', style='.-')

In [6]: y_label = axes.set_ylabel('Celsius')
```

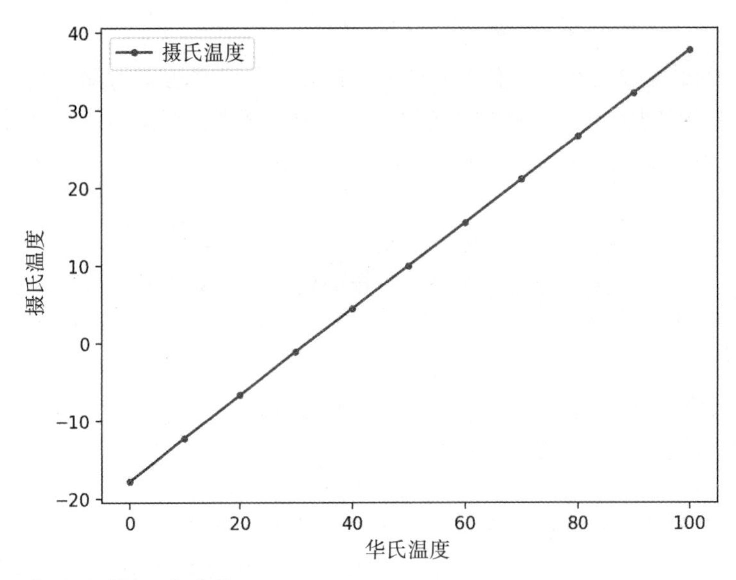

简单线性回归方程的组成成分

如上图所示，任意二维直线上的点都可以用以下公式计算：

$y = mx + b$

其中

- m 为直线**斜率**。
- b 是直线与 y 轴的**截距**（$x = 0$）。
- x 为自变量（本例中为日期）。
- y 为因变量（本例中为温度）。

在简单线性回归中，y 是给定 x 的预测值。

SciPy `stats` 模块中的 `linregress` 函数

简单线性回归可以找出最符合数据的直线，即确定其斜率（m）和截距（b）。下面的图表展示了我们将在本节中处理的时间序列的一些数据点以及相应的回归线。我们添加了垂直线来表示每个数据点到回归线的距离：

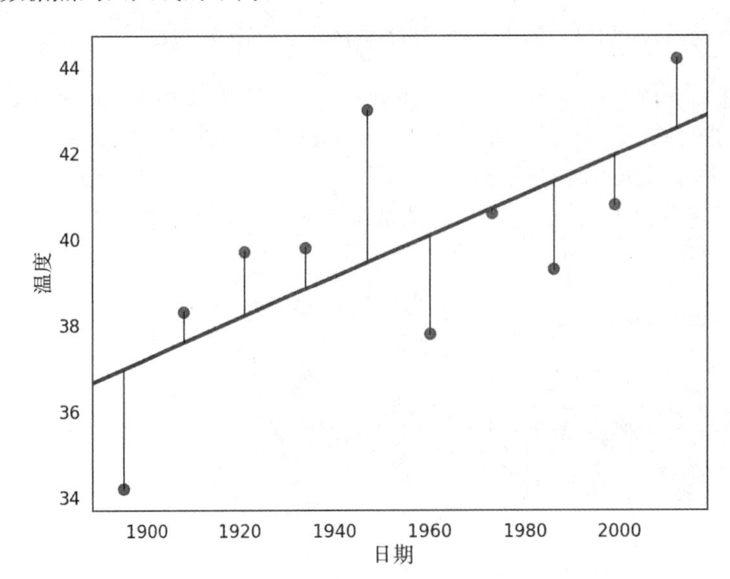

简单线性回归算法迭代地调整斜率和截距，每次调整都会计算每个点到直线距离的平方。当斜率和截距使这些距离的平方和最小时，即为“最佳匹配”。这就是所谓的**最小二乘法**[1]。

SciPy（Scientific Python）库在 Python 中广泛用于工程、科学和数学领域。该库的 `linregress` 函数（来自 `scipy.stats` 模块）可以执行简单线性回归任务。在调用 `linregress` 之后，将得到的斜率和截距代入 $y = mx + b$ 方程中即可进行数据预测。

pandas

在前面的三个“数据科学入门”小节中，我们都使用了 pandas 来处理数据，在本书的剩余部分我们会继续使用 pandas 来处理数据。在本例中，我们将把纽约市 1895～2018 年 1 月平均高温数据从 CSV 文件加载到一个 `DataFrame` 中，然后格式化在本例中使用的数据。

Seaborn 可视化

我们将使用 Seaborn 来绘制 `DataFrame` 的数据，使用回归线来展示 1895 年至 2018 年期间的平均高温趋势。

从 NOAA 获取天气数据

让我们来收集学习所需的数据。美国国家海洋和大气管理局（NOAA）[2]提供了大量公共历史数据，包括特定城市在不同时间间隔下的平均高温时间序列。

我们通过下面的链接从 NOAA 的“Climate at a Glance”时间序列中获得了 1895 年至 2018 年纽约市 1 月份的平均高温数据：

https://www.ncdc.noaa.gov/cag/

在这个网页上，可以选择所有美国地区（包括州、城市等）的温度、降水和其他数据。设置好区域和时间帧后，单击 `Plot` 显示图表并查看所选数据的数据表。在该表的顶部是用于下载数据的链接，有多种数据格式可供选择，包括我们在第 9 章中讨论过的 CSV 格式。在写这本书时，NOAA 可获得的最大日期范围是 1895～2018 年。为了方便学习，我们提供了包含该数据的 `ave_hi_nyc_jan_1895-2018.csv` 文件，这个文件在 `ch10` 示例文件夹中。如果要自己下载数据，请删除最上面的若干行，直到包含 `"Date,Value,Anomaly"` 的行。

该数据的每个观测值包含三列：

- `Date`——形式为 `'YYYYMM'`（例如 `'201801'`）的值。`MM` 总是 `01`，因为我们只下载了每年 1 月份的数据。
- `Value`——一个表示华氏温度的浮点数。
- `Anomaly`——给定日期的值与所有日期平均值之间的差值。在本例中，我们没有使用 `Anomaly` 值，因此我们将忽略它。

将平均高温数据载入一个 `DataFrame` 中

让我们从 `ave_hi_nyc_jan_1895-2018.csv` 载入并显示纽约市的 1 月平均高温数据：

```
In [7]: nyc = pd.read_csv('ave_hi_nyc_jan_1895-2018.csv')
```

我们可以查看 `DataFrame` 的头和尾来初步了解数据：

```
In [8]: nyc.head()
Out[8]:
     Date  Value  Anomaly
```

[1] https://en.wikipedia.org/wiki/Ordinary_least_squares.

[2] http://www.noaa.gov/.

```
0  189501   34.2     -3.2
1  189601   34.7     -2.7
2  189701   35.5     -1.9
3  189801   39.6      2.2
4  189901   36.4     -1.0

In [9]: nyc.tail()
Out[9]:
       Date  Value  Anomaly
119  201401   35.5     -1.9
120  201501   36.1     -1.3
121  201601   40.8      3.4
122  201701   42.8      5.4
123  201801   38.7      1.3
```

数据清洗

我们很快就会使用 Seaborn 来绘制 `Date-Value` 对及其回归线。在绘制 `DataFrame` 中的数据时，Seaborn 使用 `DataFrame` 的列名作为图形的轴的标签。为了便于查看，我们将 `'Value'` 列重命名为 `'Temperature'`：

```
In [10]: nyc.columns = ['Date', 'Temperature', 'Anomaly']

In [11]: nyc.head(3)
Out[11]:
     Date  Temperature  Anomaly
0  189501         34.2     -3.2
1  189601         34.7     -2.7
2  189701         35.5     -1.9
```

Seaborn 使用 `Date` 的值标记 *x* 轴上的刻度线。由于本例只处理 1 月份的温度，若去掉 *x* 轴标签中的 `01`（表示 1 月份），图表的可读性会更好，因此我们将从每个 `Data` 中删除它。首先，让我们检查列的类型：

```
In [12]: nyc.Date.dtype
Out[12]: dtype('int64')
```

这些值都是整数，所以我们可以除以 100 来去掉最后两位数字。回忆一下，`DataFrame` 中的每一列都是一个 `Series`，我们可以调用 `Series` 的 `floordiv` 方法对 `Series` 中的每个元素执行整数除法：

```
In [13]: nyc.Date = nyc.Date.floordiv(100)

In [14]: nyc.head(3)
Out[14]:
   Date  Temperature  Anomaly
0  1895         34.2     -3.2
1  1896         34.7     -2.7
2  1897         35.5     -1.9
```

计算该数据集的基本描述统计数据

为了对数据集中的温度值执行一些快速统计，调用 `Temperature` 列的 `describe` 方法。我们可以看到，数据集中总共有 124 个温度观测值，观测值的均值为 37.60 度，最低和最高温度分别为 26.10 度和 47.60 度：

```
In [15]: pd.set_option('precision', 2)

In [16]: nyc.Temperature.describe()
Out[16]:
count    124.00
mean      37.60
std        4.54
min       26.10
25%       34.58
50%       37.60
75%       40.60
max       47.60
Name: Temperature, dtype: float64
```

预测未来 1 月平均高温

SciPy（Scientific Python）库在 Python 中广泛用于工程、科学和数学领域。其 **stats 模块**提供了 **linregress** 函数，用于计算给定数据点集的回归线的斜率和截距：

```
In [17]: from scipy import stats

In [18]: linear_regression = stats.linregress(x=nyc.Date,
    ...:                                      y=nyc.Temperature)
    ...:
```

函数 `linregress` 接收两个相同长度的一维数组[⊖]，表示数据点的 x 坐标和 y 坐标。关键字参数 x 和 y 分别表示自变量和因变量。`linregress` 返回的对象包含回归线的斜率 `slope` 和截距 `intercept`：

```
In [19]: linear_regression.slope
Out[19]: 0.00014771361132966167

In [20]: linear_regression.intercept
Out[20]: 8.694845520062952
```

我们可以对这些值应用简单线性回归方程得到回归线 $y = mx + b$，来预测给定年份纽约市 1 月份的平均温度。让我们预测一下 2019 年 1 月的平均华氏温度。在下面的计算中，m 为 `linear_regression.slope`，x 为 2019（想预测温度的日期值），b 为 `linear_regression.intercept`：

```
In [21]: linear_regression.slope * 2019 + linear_regression.intercept
Out[21]: 38.51837136113298
```

我们还可以估算出 1895 年以前的平均温度。例如，让我们来估算 1890 年 1 月的平均温度：

```
In [22]: linear_regression.slope * 1890 + linear_regression.intercept
Out[22]: 36.612865774980335
```

在这个例子中，我们有 1895 年到 2018 年的数据。应该能想到，超出这个范围越多，预测就越不可靠。

⊖ 参数也可以是一维的类数组（array-like）对象，如列表或 pandas 的 `Series`。

绘制平均高温散点图及其回归线

接下来，让我们使用 Seaborn 的 **`regplot` 函数**来绘制每个数据点，*x* 轴代表日期，*y* 轴代表温度。`regplot` 函数创建了下面的**散点图**，或者说**点状图**，分散的点表示给定日期的温度，穿过这些点的直线是其回归线：

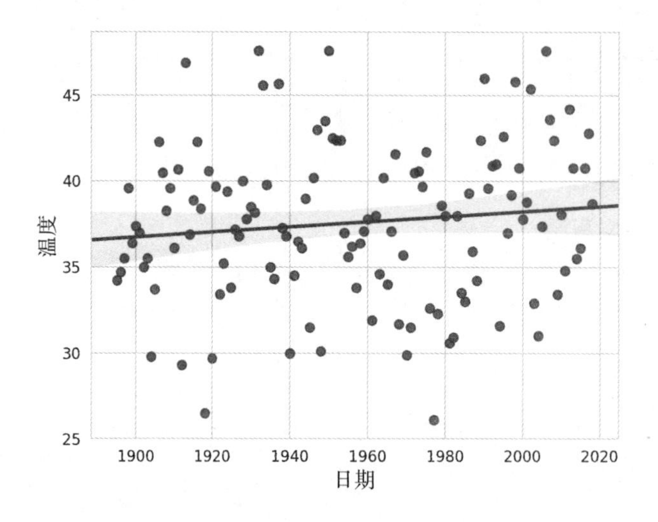

首先必须关闭之前的 Matplotlib 窗口（如果还没有关掉的话），否则，`regplot` 将使用已经包含图形的现有窗口来绘制新的图形。函数 `regplot` 的 `x` 和 `y` 关键字参数是相同长度的一维数组[㊀]，表示要绘制的 *x–y* 坐标对。回想一下，如果列名是有效的 Python 标识符，pandas 会自动为每个列名创建属性[㊁]：

```
In [23]: import seaborn as sns

In [24]: sns.set_style('whitegrid')

In [25]: axes = sns.regplot(x=nyc.Date, y=nyc.Temperature)
```

回归线的斜率（左低右高）表明纽约市在过去 124 年有变暖的趋势。在这个图中，*y* 轴表示一个大小为 21.5 度的温度范围，最小值为 26.1 度，最大值为 47.6 度，因此数据似乎在回归线的上方和下方都有明显的分布，很难看出两者之间的线性关系。这是数据分析可视化中常见的问题。当有反映不同类型数据（在本例中是日期和温度）的轴时，如何合理地确定它们各自的尺度？在上图中，这纯粹是图的高度问题——Seaborn 和 Matplotlib 可以根据数据值的范围自动缩放坐标轴。我们可以缩放数据值在 *y* 轴上的范围以强调线性关系。这里，我们将 *y* 轴的范围从 21.5 度缩放到 60 度（从 10 度到 70 度）：

```
In [26]: axes.set_ylim(10, 70)
Out[26]: (10, 70)
```

㊀ 参数也可以是一维的类数组（array-like）对象，如列表或 pandas 的 `Series`。

㊁ 对于有更多统计背景的读者，回归线周围的阴影区域是回归线的 95% 置信区间。（https://en.wikipedia.org/wiki/Simple_linear_regression#Confidence_intervals）。要绘制没有置信区间的图表，请将关键字参数 `ci=None` 添加到 `regplot` 函数的参数列表中。

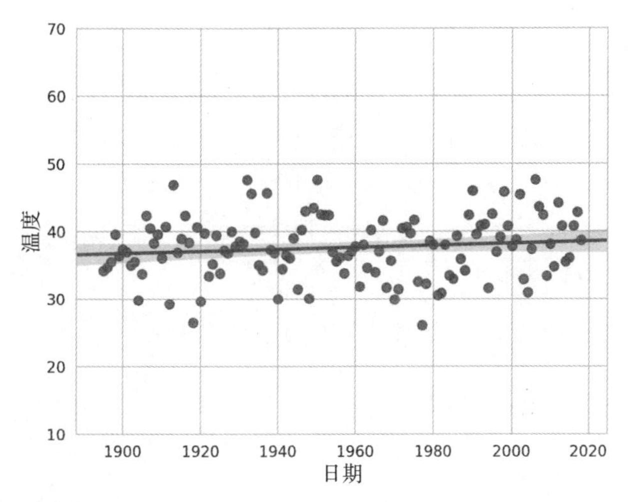

时间序列数据集的获取方式

这里有一些常用的网站，可以在这些网站找到可以用来学习的时间序列：

时间序列数据集来源
https://data.gov/ 这是美国政府的开放数据门户网站。使用“time series”搜索可以搜到超过 7200 个时间序列数据集。
https://www.ncdc.noaa.gov/cag/ 美国国家海洋和大气管理局（NOAA）“Climate at a Glance”门户网站提供了全球以及美国的与天气相关的时间序列。
https://www.esrl.noaa.gov/psd/data/timeseries/ NOAA 的“Earth System Research Laboratory（ESRL）”门户网站提供与气候相关的月度和季节时间序列。
https://www.quandl.com/search Quandl 提供数百个免费的与金融相关的时间序列，此外还有收费的时间序列。
https://datamarket.com/data/list/?q=provider:tsdl 时间序列数据库（TSDL）提供了跨越许多行业的数百个时间序列数据集的链接。
http://archive.ics.uci.edu/ml/datasets.html 加州大学欧文分校（UCI）的机器学习知识库包含了几十个时间序列数据集，涉及各种主题。
http://inforumweb.umd.edu/econdata/econdata.html 马里兰大学的 EconData 服务提供了数千个美国政府机构的金融时间序列的链接。

自我测验

1.（填空题）时间序列________查看现有时间序列数据的模式，帮助数据分析师理解数据。时间序列________使用过去的数据预测未来的数据。

答案：分析，预测。

2.（判断题）在公式 `c = 5 / 9 *(f - 32)` 中，`f`（华氏温度）为自变量，`c`（摄氏温度）为因变量。

答案：正确。

3.（IPython 会话）根据本节交互式会话计算得到的斜率和截距值，假设以这种线性趋势继续下去，在哪一年纽约 1 月份的平均温度可能达到 40 华氏度。

答案：

```
In [27]: year = 2019

In [28]: slope = linear_regression.slope

In [29]: intercept = linear_regression.intercept

In [30]: temperature = slope * year + intercept

In [31]: while temperature < 40.0:
    ...:     year += 1
    ...:     temperature = slope * year + intercept
    ...:

In [32]: year
Out[32]: 2120
```

10.17 小结

在本章中，我们讨论了类创建的细节。我们介绍了如何定义类、创建类的对象、访问对象的属性、调用对象的方法，以及如何定义特殊方法 `__init__` 来创建并初始化新对象的数据属性。

接着我们讨论了对属性的访问控制以及 property 属性的使用。展示了对象的所有属性都可以由客户端直接访问。我们讨论了以单下划线（_）开头命名的标识符，这种标识符表明客户端代码不应该直接访问这些属性。我们还展示了如何通过双下划线（__）开头的命名约定来实现“私有”属性，这种标识符会指示 Python 对属性名进行修改。

我们还实现了一个扑克牌洗牌发牌的模拟，由一个 `Card` 类和一个 `DeckOfCards` 类组成，其中 `DeckOfCards` 类维护了一个卡牌列表。我们使用字符串和卡牌图像两种形式显示卡牌，卡牌图像的显示使用了 Matplotlib 来实现。我们介绍了特殊方法 `__repr__`、`__str__` 和 `__format__`，它们用于创建对象的字符串表示。

接下来，我们把目光投向了 Python 创建基类和子类的能力。展示了如何创建子类，它们可以从超类继承许多功能，并且可以通过重写基类的方法来添加更多功能。我们创建了一个包含基类和子类对象的列表来演示 Python 的多态编程能力。

之后我们介绍了操作符重载，用于定义 Python 的内置操作符如何处理自定义类类型的对象。如我们所见，操作符重载是通过重写所有类从 `object` 类继承的各种特殊方法来实现的。接着我们讨论了 Python 异常类的层次结构以及如何创建自定义异常类。

然后我们展示了如何创建有名元组，使我们能够通过属性名而非索引号来访问元组元素。接下来，我们介绍了 Python 3.7 的新特性数据类，数据类可以自动生成许多在类定义中出现的通用样板代码，例如 `__init__`、`__repr__` 和 `__eq__` 特殊方法。

我们介绍了如何在文档字符串中为代码编写单元测试，然后通过 `doctest` 模块的 `testmod` 函数方便地执行这些测试。最后，我们讨论了 Python 用于确定标识符作用范围的各种名空间。在下一章中，我们将介绍递归、搜索、排序以及大 *O* 这些计算机科学概念。

练习

10.1　（程序纠错）下面 IPython 会话中的代码存在什么问题？

```
In [1]: try:
   ...:     raise RuntimeError()
   ...: except Exception:
   ...:     print('An Exception occurred')
   ...: except RuntimeError:
   ...:     print('A RuntimeError occurred')
   ...:
An Exception occurred
```

10.2 （带有只读 property 属性的 Account 类）修改 10.2.2 节的 Account 类，将 name 和 balance 设计为只读 property 属性，并以单下划线开头重命名类属性。然后重新执行 10.2.2 节的 IPython 会话，以测试更新后的类。为了展示 name 和 balance 是只读的，请尝试给它们赋新值。

10.3 （扩展 Time 类）修改 10.4.2 节的 Time 类，提供一个只读 property 属性 universal_str，该属性返回 Time 对象的 24 小时制字符串表示，每个数字代表小时、分和秒，如 '22:30:00'（晚上 10:30）或 '06:30:00'（早上 6:30）。然后测试这个新的只读 property 属性。

10.4 （修改类的内部数据表示）10.4.2 节的 Time 类将时间表示为三个整数值。修改 Time 类，使用自 0 点经过的秒数来表示时间。用一个 _total_seconds 属性替换 _hour、_minute 和 _second 属性。修改 property 属性 hour、minute 和 second 的方法主体，从而获取以及设置 _total_seconds 属性。使用修改后的 Time 类重新执行 10.4 节的 IPython 会话，以表明更新后的 Time 类可以与原来的 Time 类互换。

10.5 （鸭子类型）回忆一下，有了鸭子类型，不相关的类的对象也可以响应相同的方法调用，只要它们都实现了这些方法。在 10.8 节中，我们创建了一个包含 CommissionEmployee 和 SalariedCommissionEmployee 的列表，然后遍历列表，打印每个员工的字符串表示形式及其收入。在本练习中，需要为每周领取固定工资的员工创建一个 SalariedEmployee 类，并且不要从 CommissionEmployee 或 SalariedCommissionEmployee 类继承。重写 SalariedEmployee 类的 __repr__ 方法并提供一个 earinings 方法。然后创建一个该类的对象，将其添加到 10.8 节末尾的列表中，然后执行循环来展示鸭子类型机制，表明它正确地处理了所有三个类的对象。

10.6 [组合：圆（Circle）的中心“有一个（Has a）”点（Point）] 每个圆的中心都有一个点。创建一个表示（x–y）坐标对的 Point 类，并为属性 _x 和 _y 提供可读写 property 属性 x 和 y，实现 __init__ 和 __repr__ 方法，以及一个接收 x、y 坐标值并设置 Point 新位置的 move 方法。创建一个 Circle 类，包含 _radius 和 _point（一个表示圆中心位置的点）属性，实现 __init__ 和 __repr__ 方法，以及 move 方法，该方法接收一个 x、y 坐标值，并通过调用组合的 Point 对象的 move 方法为圆设置新位置。最后对 Circle 类进行测试，创建一个 Circle 对象，打印其字符串表示，移动该 Circle 对象，然后再次打印其字符串表示。

10.7 （使用 datetime 模块来操作日期和时间）Python 标准库的 **datetime** 模块包含一个用于操作日期和时间的 **datetime** 类，该类提供了多种重载操作符。研究 datetime 类的功能，然后执行以下任务：

a）获取当前日期和时间，并将其存储在变量 x 中；

b）重复 a）并将结果存储在变量 y 中；

c）打印每个 datatime 对象；

d）分别打印每个 datatime 对象的数据属性；

e）使用比较操作符比较两个 datatime 对象；

f）计算 y 和 x 的差。

10.8　（将数据类对象转换为元组和字典）在某些情况下，可能希望将数据类对象当作元组或字典来使用。datacclasses 模块为此提供了 **astuple** 和 **asdict** 函数。研究这些函数，然后创建本章 Card 数据类的对象，并使用这些函数将 Card 对象转换为元组和字典，打印转换后的结果。

10.9　（Square 类）编写一个正方形类 Square。该类应该包含一个 side 属性，并提供一个以边长为参数的 __init__ 方法。另外，提供以下只读 property 属性：

a）perimeter，返回 4×side；

b）area，返回 side×side；

c）diagonal，返回表达式（$2\times side^2$）的平方根。

perimeter、area 和 diagonal 不应有相应的数据属性，而应该使用 side 来计算返回值。创建一个 Square 对象，打印其 side、perimeter、area 和 diagonal 的值。

10.10　（Invoice 类）创建一个名为 Invoice 的类，该类可用于表示一个五金商店售出商品的发票。一个 Invoice 对象应该包括 4 条信息作为数据属性——产品编号（字符串）、产品描述（字符串）、购买数量（int）以及每件产品的价格（Decimal）。Invoice 类需要有一个 __init__ 方法来初始化这四个数据属性。为每个数据属性提供一个 property 属性，每个产品的数量和价格都应该在这些数据属性的 property 属性中进行非负验证，以确保它们仍然有效。提供一个 calculate_invoice 方法，该方法负责返回发票金额（也就是将数量乘以每个产品的价格）。完成实现后展示 Invoice 类的功能。

10.11　（Fraction 类）Python 标准库模块 fractions 提供了一个 Fraction 类，可用于存储一个分数的分子和分母，例如：

$$\frac{2}{4}$$

研究 Fraction 类的功能，然后执行以下任务：

a）将两个 Fraction 对象相加；

b）将两个 Fraction 对象相减；

c）将两个 Fraction 对象相乘；

d）将两个 Fraction 对象相除；

e）以 a/b 的形式打印 Fraction 对象，其中 a 为分子，b 为分母；

f）使用内建函数 float 将 Fraction 对象转换为浮点数。

10.12　（内建类型 complex）Python 内置了支持复数的 complex 类型。研究 complex 类的功能，然后执行以下任务：

a）将两个 complex 对象相加；

b）将两个 complex 对象相减；

c）打印 complex 对象；

d）获取 complex 对象的实部和虚部。

10.13　（doctest）创建一个脚本，需要包含下面的 maximum 函数：

```
def maximum(value1, value2, value3):
    """Return the maximum of three values."""
    max_value = value1

    if value2 > max_value:
        max_value = value2

    if value3 > max_value:
        max_value = value3

    return max_value
```

修改该函数的文档字符串，以定义对 maximum 函数的测试，分别使用三个整数、三个浮点数和三个字符串来调用 maximum 函数。对于每种参数类型都提供三个测试——一个用最大值作为第一个参数，一个用最大值作为第二个参数，一个用最大值作为第三个参数。使用 doctest 运行测试，并确认所有测试都正确执行。接着，将 maximum 函数中的 > 操作符替换为 < 操作，再次运行测试，查看哪些测试会失败。

10.14 （*动态创建 Account 数据类*）datacclasses 模块的 make_dataclass 函数可以使用表示数据类属性的字符串列表来动态创建数据类。研究 make_dataclass 函数，使用以下字符串列表生成 Account 类：

```
['account', 'name', 'balance']
```

创建新 Account 类的对象，然后打印它们的字符串表示，并使用 == 和 != 操作符进行对象间的比较。

10.15 （*不可变数据类对象*）内置类型 int、float、str 和 tuple 都是不可变的。数据类可以标明类对象在创建后即被“冻结”，从而模拟不可变性。客户端代码不能给冻结对象的属性赋值。研究“冻结的”数据类，然后使用“冻结的”数据类重新实现本章的 Complex 类，并展示 Complex 对象被创建后就不能修改了。

10.16 （*Account 类继承层次*）创建一个用于表示银行客户账户的继承层次结构。这家银行的所有客户都可以在他们的账户上存钱，也可以从他们的账户上取款，此外还存在一些比较特别的账户类型。例如，储蓄账户可以从他们的存款中赚取利息。与之相对的，支票账户不能赚取利息，而且每笔交易都要收费。

从本章的 Account 类开始，创建两个子类 SavingsAccount（储蓄账户）和 CheckingAccount（支票账户）。SavingsAccount 应另外包括一个表明利率的数据属性。SavingsAccount 的 calculate_interest 方法应返回利率乘以账户余额的十进制结果。Savings－Account 应直接从 Account 继承 deposit 和 withdraw 方法，而无须重新定义它们。

一个 CheckingAccount 应包含一个十进制数据属性，表示每笔交易收取的费用。CheckingAccount 类应该覆盖 deposit 和 withdraw 方法，从而当任何一个交易成功执行时，它们可以从账户余额中减去费用。这些方法的 CheckingAccount 版本应调用基类 Account 的版本来更新账户余额。CheckingAccount 的 withdraw 方法只有在取款成功时才需要收费（即取款金额不超过账户余额）。

创建每个类的对象并测试它们的方法。调用 SavingsAccount 对象的 calculate_interest 方法，然后将返回的利息金额传递给其 deposit 方法，从而完成利息的获取。

10.17 （*嵌套函数和命名空间*）10.15 节讨论了命名空间以及 Python 如何使用命名空间来确定哪些标识符处于作用域中。我们还提到了 LEGB（局部、外围、全局、内置）规则，用于确定 Python 在命名空间中搜索标识符的顺序。对于以下 IPython 会话中的每个 print 函数调用，列出 Python 为获取其参数而搜索了哪些名空间：

```
In [1]: z = 'global z'

In [2]: def print_variables():
   ...:     y = 'local y in print_variables'
   ...:     print(y)
   ...:     print(z)
   ...:     def nested_function():
   ...:         x = 'x in nested function'
   ...:         print(x)
```

```
   ...:         print(y)
   ...:         print(z)
   ...:     nested_function()
   ...:

In [3]: print_variables()
local y in print_variables
global z
x in nested function
local y in print_variables
global z
```

10.18 (数据科学入门：时间序列）使用洛杉矶从1985年到2018年的1月平均高温重新实现“数据科学入门”一节的示例学习，相关数据集文件 ave_hi_la_jan_1895-2018.csv 位于 ch10 示例文件夹中。相比于纽约，洛杉矶的温度趋势又如何？

10.19 (项目练习：使用 prospector 和 MyPy 实现静态代码分析）在练习3.24中，使用了静态代码分析工具 prospector 来检查代码中的常见错误以及修改建议。prospector 工具还支持使用 MyPy 静态代码分析工具来检查变量注释。在网络上查阅资料研究 MyPy。然后编写脚本，创建本章 Card 数据类的对象，将整数赋值给 Card 对象的字符串属性 face 和 suit，接着使用 MyPy 分析脚本并查看 MyPy 生成的警告消息。有关 MyPy 和 prospector 的使用说明，参见

```
https://github.com/PyCQA/prospector/blob/master/docs/
   supported_tools.rst
```

10.20 (项目练习：单人纸牌游戏）使用本章示例中的 Card 和 DeckOfCards 类，实现最喜欢的单人纸牌游戏。

10.21 (项目练习：21点）使用本章的 DeckOfCards 类实现一个简单的21点游戏。游戏规则如下：

- 庄家给自己和玩家各发两张牌，玩家的两张牌均正面朝上，庄家只有一张牌正面朝上。
- 每张牌都有一个点数，2到10的点数即为自身点数，J、Q、K 的点数计为10。A 可以算作1或11，取决于哪个点数对玩家更有利（我们很快就会看到）。
- 如果玩家前两张牌点数总和是21（也就是说，玩家拿到的是一张点数为10的牌和一张A，在这种情况下这张A的点数为11），那么玩家就拥有“21点”，并立即赢得游戏，但如果庄家也有21点，则为平局。
- 否则，玩家可以一次拿一张额外的牌，玩家的牌面全部朝上，玩家可以决定何时停止取牌。如果玩家的点数总和超过21点，则游戏结束，玩家输掉本局游戏。当玩家对当前的点数感到满意时，可以停止取牌，同时庄家盖着的那张牌会翻过来。
- 如果庄家的点数总和少于16，则必须再拿一张牌；若庄家的点数不少于16，则必须停止拿牌。庄家必须一直拿牌，直到点数总和大于或等于17。如果庄家点数超过21，玩家赢。否则，点数高的那方获胜。如果庄家和玩家的点数相同，则为平局，没有人赢。

对于庄家来说，A 的点数取决于庄家其他牌以及赌场的规则。通常来说，庄家在点数小于等于16时需要继续拿牌，点数大于等于17时停止拿牌。对于“软17”（点数总和为17，其中一张A计11点），有些赌场要求庄家继续拿牌，有些则要求庄家停止拿牌（我们要求庄家停止拿牌）。这手牌之所以被称为“软17”，是因为再拿一张牌无论如何点数都不会超过21。

让玩家使用键盘来进行游戏中的互动：'H' 表示取一张牌，'S' 表示停止拿牌。使用 Matplotlib 以图像的形式显示庄家和玩家的牌，就像我们在本章中所做的那样。

10.22 (项目练习：带有比较操作符重载的 Card 类）修改 Card 类以支持比较操作符，这样就可以

确定一张牌是小于、等于还是大于另一张牌。研究 functools 模块的 total_ordering 装饰器。如果在类定义前有 @total_ordering，并且定义了 __eq__ 和 __lt__（对于 < 操作符）方法，则其余比较操作符 <=、> 和 >= 的重载方法将自动生成。

10.23 （项目练习：扑克牌）练习 5.25～练习 5.26 要求实现用于比较扑克手牌大小的函数。本练习要求开发相同的功能，并且要在本章的 DeckOfCards 类上使用。开发一个名为 Hand 的新类，它代表一手五张扑克牌。重载 Hand 类的比较操作符，使得两个 Hand 对象可以使用比较操作符进行比较。在一个简单的扑克游戏脚本中使用新功能。

10.24 （项目练习：PyDealer 库）我们在本章中演示了纸牌的基本操作洗牌和发牌，但许多纸牌游戏还需要更多额外的功能。就像 Python 中常见的情况一样，现在也已经存在一些库可以帮助构建更复杂的纸牌游戏，PyDealer 库就是其中之一。研究这个库的强大功能，然后使用它来实现最喜欢的纸牌游戏。

10.25 （项目练习：枚举类型）许多编程语言都提供了一种称为枚举类型的语言元素，用于创建有名的常量集。通常来说，使用枚举类型可以提高代码的可读性。可以使用 Python 标准库的 enum 模块，通过创建 enum 基类的子类来模拟这个概念。研究 enum 模块的功能，然后创建表示点数和花色的 enum 子类。修改 Card 类，使用这些枚举常量而非字符串来表示 face 和 suit。

10.26 （软件工程中的抽象类和抽象方法）当我们构思一个类时，我们总是假定程序会使用它来创建对象。但有时，声明一些永远不会实例化其对象的类（因为在某种程度上来说它们是不完整的）也是很有用的。正如我们将看到的，这样的类可以帮助设计优秀的继承层次结构。

具体类——考虑 10.7 节的 Shape 类层次结构。如果 Circle、Square 和 Triangle 类的对象都有 draw 方法，那么我们有理由认为，对 Circle 对象调用 draw 会显示一个圆，对 Square 对象调用 draw 会显示一个正方形，对 Triangle 对象调用 draw 会显示一个三角形。每个类的对象都知道所要绘制的特定形状的所有细节。提供（或继承）所定义的每个方法的实现并可用于创建对象的类称为**具体类**。

抽象类——现在，让我们考虑 Shape 类层次结构中第二层的 TwoDimensionalShape 类。如果我们要创建一个 TwoDimensionalShape 对象并调用其 draw 方法，TwoDimensionalShape 类知道所有的二维形状都是可绘制的，但是它不知道要绘制哪个特定的二维形状——有很多种二维形状！因此，完全实现 TwoDimensionalShape 的 draw 方法是没有意义的。在给定类中定义但不能提供实现的方法称为**抽象方法**。任何具有抽象方法的类都有一个“漏洞”，即不完整的方法实现，这种类被称为**抽象类**。当试图创建抽象类的对象时，Python 会抛出 TypeError。在 Shape 类层次结构中，Shape、TwoDimensionalShape 和 ThreeDimensionalShape 类都是抽象类。它们都知道形状应该是可绘制的，但不知道具体要绘制什么形状。抽象基类过于泛化，以至于无法创建真正的对象。

继承一个通用的设计——创建抽象类的目的是提供一个基类，子类可以从该基类继承一个通用的设计，比如一组特定的属性和方法。因此，这样的类通常被称为**抽象基类**。在 Shape 类层次结构中，子类从抽象基类 Shape 继承了它作为一个形状的基本概念，即常见的属性，如 location（位置）和 color（颜色），以及常见的行为，如 draw（绘制）、move（移动）以及 resize（调整大小）。

多态雇员工资系统——现在，让我们开发一个以抽象类开始的 Employee 类层次结构，然后使用多态性为两个具体子类的对象计算工资。考虑下面的问题陈述：

一家公司按周付给雇员工资。雇员有两种类型。受薪雇员每周的工资是固定的，无论工时多少都不会改变。时薪雇员按工时计算报酬，工时超过40小时的部分按加班时薪计算（1.5倍于普通时薪）。该公司希望实现一个应用程序，可以多态地计算雇员的工资。

Employee类层次结构图——下图显示了Employee类层次结构图。抽象类Employee表示某一个雇员的泛化概念。子类SalariedEmployee（受薪雇员）和HourlyEmployee（时薪雇员）继承自Employee类。按照惯例，Employee用斜体表示，代表它是一个抽象类。具体类的类名不使用斜体：

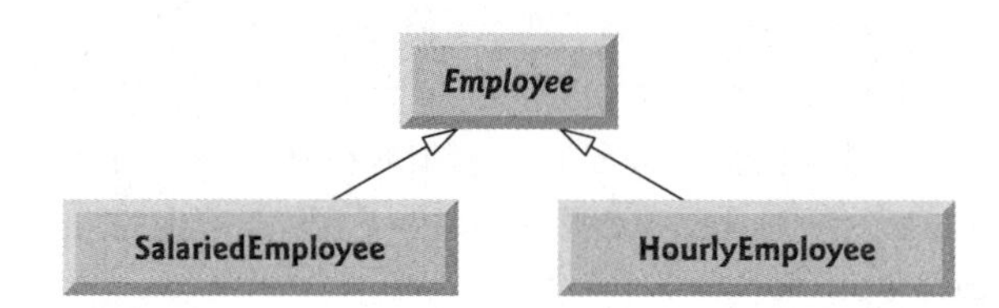

抽象基类Employee——Python标准库的abc（abstract base class，抽象基类）**模块**可以帮助定义抽象类，可以通过继承该模块的**ABC类**来定义自己的抽象基类。抽象基类Employee类应该声明所有雇员应该拥有的方法和属性。每个雇员，不管他的收入是如何计算的，都应该有姓、名和社会保险号码。此外，每个雇员都应该有一个用于计算收入的earnings方法，但是具体的计算方法取决于雇员的类型。这使得earnings成为一个抽象方法，子类都必须重写这个方法。Employee类应该包含：

- __init__方法，用于初始化姓、名和社会保险号码这三个数据属性。
- 姓、名和社会保险号码这三个数据属性的只读property属性。
- 抽象方法earnings，在方法定义前有abc模块的**@abstractmethod**装饰器。具体子类必须实现这个方法。根据Python文档的说法，应该在抽象方法中抛出NotImplementedError[⊖]。
- __repr__方法，返回一个包含雇员姓、名和社会保险号码的字符串。

具体子类SalariedEmployee——该Employee子类应该重写earnings方法以返回SalariedEmployee的周工资。该类还应包括：

- __init__方法，初始化姓、名、社会保险号和每周工资这四个数据属性。前三个应通过调用基类Employee的__init__方法进行初始化。
- 可读写property属性weekly_salary，其setter应保证该property属性总是非负的。
- __repr__方法，返回一个以'SalariedEmployee:'开头的字符串，后面是SalariedEmployee的所有信息。该重写方法应调用Employee版本的__repr__方法。

具体子类HourlyEmployee——该Employee子类应该重写earnings以返回HourlyEmployee基于工时数和时薪的周收入。该类还应包括：

- __init__方法，初始化姓、名、社会保险号和每周工资这四个数据属性。姓、名、社会保险号应通过调用基类Employee的__init__方法进行初始化。
- 可读写property属性hours和wages，它们的setter应保证工时数处于一定范围内（0～168）、时薪总是非负的。
- __repr__方法，返回一个以'HourlyEmployee:'开头的字符串，后面是HourlyEmployee的所有信息。该重写方法应调用Employee版本的__repr__方法。

⊖ https://docs.python.org/3.7/library/exceptions.html#NotImplementedError.

测试类——在 IPython 会话中测试类层次结构：

- 导入 `Employee`、`SalariedEmployee` 和 `HourlyEmployee` 类；
- 尝试创建 `Employee` 类对象，查看发生的 `TypeError`，从而证明不能创建抽象类的对象；
- 创建具体类 `SalariedEmployee` 和 `HourlyEmployee` 的对象并赋值给变量，然后打印每个雇员的字符串表示及其收入；
- 将对象放入列表中，然后遍历列表并多态地处理每个对象，打印每个对象的字符串表示及其收入。

计算机科学思维：递归、搜索、排序和大 *O*

目标

- 学习递归的概念。
- 编写和使用递归函数。
- 确定递归算法的初级问题和递归步骤。
- 学习系统如何处理递归函数调用。
- 比较递归和迭代，包括在什么情况下该用哪一种方法。
- 使用线性搜索和二分搜索查找数组中的给定值。
- 使用简单迭代选择和插入排序算法对数组进行排序。
- 使用更复杂但是性能更好的递归归并排序算法对数组进行排序。
- 使用大 *O* 表示法比较搜索和排序算法的效率。
- 使用 Seaborn 和 Matplotlib 构建选择排序算法动画可视化。
- 在练习中，实现更多的排序算法和动画可视化，并确定这些算法的大 *O* 表示。

11.1 简介

在本章中，我们关注计算机科学思维中的一些关键方面，一些超出编程基础的内容。我们对性能问题的关注是过渡到数据科学章节的好方法，在那些章节中，我们将使用对系统资源提出较高的性能要求的人工智能和大数据技术。

我们从对递归的处理开始。**递归函数**（或方法）通过其他的函数（或方法）直接或间接调用它们自己。当迭代解法不明显时，递归经常可以帮我们更自然地解决问题。我们会给出样例并比较递归编程风格和我们目前已经使用的迭代风格。我们将指出每种情况下该用哪种方法。

接下来，我们将会探讨搜索和排序数组与其他序列的关键主题。这些都是令人入迷的主题，因为无论使用什么算法，最终的结果都是一样的。所以我们会想使用性能“最好”的算法——通常是运行得最快或者是使用最少内存的算法。对于大数据应用程序，也会想选择易于并行化的算法。这样就可以使很多处理器同时工作，比如就像 Google 快速回答搜索查询时所做的那样。

本章重点关注算法设计和性能之间的密切联系。我们会发现那些最简单最显而易见的算法通常性能不佳，所以开发更复杂的算法可以带来更高的性能。我们引入大 *O* 表示，它根据算法完成工作需要的努力程度来给它们简要分类。大 *O* 表示能帮助比较算法的效率。

在本章结尾的选修部分，我们开发了选择排序的动画可视化，这样就可以看到它“动起来”。这是个理解算法如何工作的好方法。它常常可以帮助开发性能更好的算法。

本章包括丰富的递归、搜索和排序练习。将会尝试一些递归的经典问题，实现替代的搜索和排序算法；同时为其中的一些建立动画可视化，来更好地理解算法设计和性能之间的深层联系。

11.2 阶乘

让我们编写一个程序来执行一个著名的数学计算。考虑一个正整数 n 的阶乘，写作 $n!$，读作“n 的阶乘”。这是乘积

$$n \cdot (n-1) \cdot (n-2) \cdot \cdots \cdot 1$$

其中 1！等于 1，0！根据定义为 1。例如，5！是乘积 5 · 4 · 3 · 2 · 1，等于 120。

迭代阶乘法

可以用 for 语句迭代地计算 5！，例如：

```
In [1]: factorial = 1

In [2]: for number in range(5, 0, -1):
   ...:     factorial *= number
   ...:

In [3]: factorial
Out[3]: 120
```

11.3 递归阶乘样例

递归问题求解方法有几个共同点。当调用递归函数解决问题时，它实际上只能求解最简单的情况，或者**初级问题**。如果以初级问题调用函数，它会立即返回结果。如果以更复杂的问题调用函数，它通常会将问题分成两个部分——一部分函数知道如何去做，一部分不知道如何去做。为了让递归可行，后半部分必须是原问题的稍微简化或更小的版本。因为这个新问题与原问题相似，所以函数调用一份自己的全新副本，来处理更小的问题——这被称为递归调用，也被称为递归步骤。将问题分解成两个更小的部分的概念是本书之前介绍的分而治之方法的一种形式。

递归调用执行时，原本的函数调用仍然处于活跃状态（即它还没有完成执行）。因为函数将每个新子问题分成两个概念部分，所以递归步骤可能会导致更多的递归调用。为了让递归最终停止执行，每次函数以原问题更简化的版本调用自身，越来越小的问题序列必须收敛于初级问题。当函数识别出基线条件，它将结果返回给前一份函数副本。随后会发生一系列返回，直到原始函数调用向调用者返回最终结果。

递归阶乘法

可以观察发现 $n!$ 的递归阶乘表示可以写作：

$$n! = n \cdot (n-1)!$$

例如，5！等于 5 · 4！，因为：

$$5! = 5 \cdot 4 \cdot 3 \cdot 2 \cdot 1$$

$$5! = 5 \cdot (4 \cdot 3 \cdot 2 \cdot 1)$$

$$5! = 5 \cdot (4!)$$

可视化递归

对 5！的计算按照如下所示进行。左边一列显示了一系列的递归调用是如何进行的，直

到 1！(初级问题) 计算为 1，结束递归的执行。右边一列显示了自底向上值从每个递归调用返回给它的调用者，直到最终值被计算出和返回。

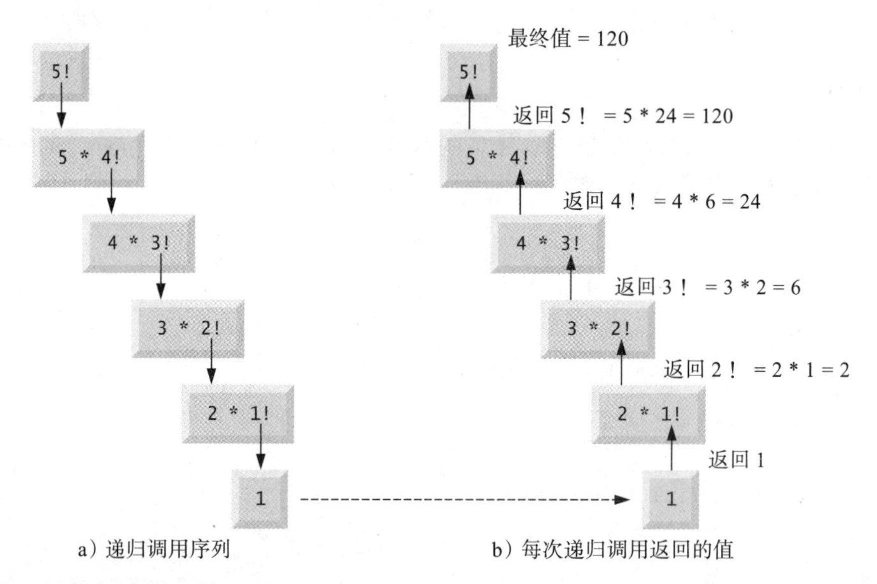

a) 递归调用序列　　　　b) 每次递归调用返回的值

实现一个递归阶乘函数

下面的会话使用递归计算和显示整数 0 到 10 的阶乘：

```
In [1]: def factorial(number):
   ...:     """Return factorial of number."""
   ...:     if number <= 1:
   ...:         return 1
   ...:     return number * factorial(number - 1)  # recursive call
   ...:

In [2]: for i in range(11):
   ...:     print(f'{i}! = {factorial(i)}')
   ...:
0! = 1
1! = 1
2! = 2
3! = 6
4! = 24
5! = 120
6! = 720
7! = 5040
8! = 40320
9! = 362880
10! = 3628800
```

代码片段 [1] 的递归函数 factorial 首先确定终止条件 number <= 1 是不是 True。如果条件为 True（初级问题），factorial 函数返回 1，同时无须进一步递归。如果 number 大于 1，第二个 return 语句将问题表示为 number 和计算 factorial（number-1）的 factorial 递归调用的乘积。这是一个较原始计算 factorial(number) 来说较小的问题。注意，函数 factorial 必须接收非负参数。我们不测试这种情况。

代码片段 [2] 中的循环以值 0 到 10 调用 factorial 函数。输出显示阶乘值快速增长。不像许多其他的编程语言，Python 不限制整数的大小。

间接递归

递归函数可以调用另一个函数，这个函数可能反过来回调该递归函数。这称为**间接递归调用**或**间接递归**。例如，函数 A 调用函数 B，函数 B 回调函数 A。这仍然是递归，因为在函数 A 的第二次调用发生的时候，对函数 A 的第一次调用仍然是活跃的。也就是说，函数 A 的第一次调用尚未完成执行（因为它在等函数 B 向它返回结果），也尚未返回至函数 A 的原始调用者。

栈溢出和无限递归

当然，计算机中的内存量是有限的，所以只有一定数量的内存能够被用于存储函数调用栈上的活动记录。如果出现了超过栈能存储的活动记录的递归函数调用，会出现叫作栈溢出的致命错误[⊖]。这通常是无限递归的结果，可能由忽略初级问题或错误编写递归步骤以致不能收敛于初级问题导致。这个错误和迭代（非递归）解法中的无限循环问题类似。

递归和函数调用栈

在第 4 章中，在理解 Python 是如何执行函数调用的背景下，我们介绍了栈这种数据结构。我们同时讨论了函数调用栈和栈帧。这个讨论同样适用于递归函数调用。每个递归函数调用在函数调用栈上获得自己的栈帧。当给定调用完成时，系统从栈中弹出函数的栈帧，同时控制器返回到调用者，调用者可能是同一个函数的另一份副本。

自我测验

1.（填空题）需要一个________才能成功终止递归。

答案：初级问题

2.（判断题）函数间接调用自己不是递归。

答案：错误。函数以这种方式调用自身是一种间接递归。

3.（判断题）当调用递归函数解决问题时，它只能解决最简单的情况，或者初级问题——除此以外任何情况都需要递归调用。

答案：正确。

4.（判断题）为了让递归可行，递归解法中的递归步骤必须和原问题相似，但是比其稍大一些。

答案：错。为了让递归可行，递归解法中的递归步骤必须和原问题相似，但是比其稍小或更简单。

5.（IPython 会话）大多数其他编程语言将整数存储在一个固定大小的空间中。所以它们的内置整数类型只能表示有限范围的整数值。例如，Java 中的 `int` 类型只能表示范围 –2 147 483 648 到 2 147 483 647 的值。Python 允许整数变得任意大。继续这部分的 IPython 会话，同时执行 `factorial(50)` 函数调用来证明 Python 支持更大的整数。

答案：

```
In [3]: factorial(50)
Out[3]: 30414093201713378043612608166064768844377641568960512000000000000
```

11.4　递归斐波那契数列样例

斐波那契数列：

⊖ 网页 stackoverflow.com 的名字就是这么来的。这是一个得到编程问题答案的非常棒的网站。

0，1，1，2，3，5，8，13，21，…

以0和1开头，并且有以下属性：后面的每一个斐波那契数都是前面两个之和。这个数列存在于自然界中，描述了一种螺旋形式。

连续的斐波那契数之比收敛于常量1.618…，这个数字被称为黄金比例或者黄金分割点。人类发现黄金分割点在美学上令人舒适。建筑师经常在设计窗户、房间和建筑物时将它们的长宽比定为黄金分割点的比例。明信片通常设计为黄金分割点长宽比。

斐波那契数列可以递归定义如下：

fibonacci（0）定义为0。

fibonacci（1）定义为1。

finonacci（n）= fibonacci（n–1）+ fibonacci（n–2）。

斐波那契计算中有两个*基准条件*：

- fibonacci（0）是0。
- fibonacci（1）是1。

fibonacci 函数

让我们来定义 fibonacci 函数，这个函数递归地计算第 n 个斐波那契数：

```
In [1]: def fibonacci(n):
   ...:     if n in (0, 1):  # base cases
   ...:         return n
   ...:     else:
   ...:         return fibonacci(n - 1) + fibonacci(n - 2)
   ...:
```

最初对 fibonacci 函数的调用不是递归调用，但是之后所有从 fibonacci 函数块执行的对 fibonacci 的调用都是递归，因为在那种情况下调用是由函数本身启动的。每次调用 fibonacci，它都会立即测试基础问题，即 n 等于0或 n 等于1，我们只要检查 n 是否在元组（0，1）中即可。如果满足该条件，fibonacci 返回 n，因为 fibonacci（0）是0，fibonacci（1）是1。有趣的是，如果 n 大于1，递归步骤产生两个递归调用，每个调用处理比原 fibonacci 调用稍小的问题。

测试 fibonacci 函数

下面的 for 循环测试 fibonacci 函数，显示0～40的斐波那契值。为了节省空间，我们省略了7～37的斐波那契值输出：

```
In [2]: for n in range(41):
   ...:     print(f'Fibonacci({n}) = {fibonacci(n)}')
   ...:
Fibonacci(0) = 0
Fibonacci(1) = 1
Fibonacci(2) = 1
Fibonacci(3) = 2
Fibonacci(4) = 3
Fibonacci(5) = 5
Fibonacci(6) = 8
...
Fibonacci(38) = 39088169
Fibonacci(39) = 63245986
Fibonacci(40) = 102334155
```

会发现在接近循环结束的时候，计算的速度会大大降低。变量 n 表示在每次循环迭代中该计算哪个斐波那契数。

分析对 fibonacci 函数的调用

下面的示意图展示了函数 fibonacci 是如何计算 fibonacci(3) 的。在图的底部，我们剩下值 1、0、1——这是计算*初级问题*的结果。前两个返回值 1 和 0（从左到右）作为 fibonacci(1) 和 fibonacci(0) 调用的值返回。1 加 0 的和作为 fibonacci(2) 的值返回。这个值和最右边的 fibonacci(1) 调用的结果（1）相加，产生值 2。这个最终结果作为 fibonacci(3) 的值返回。

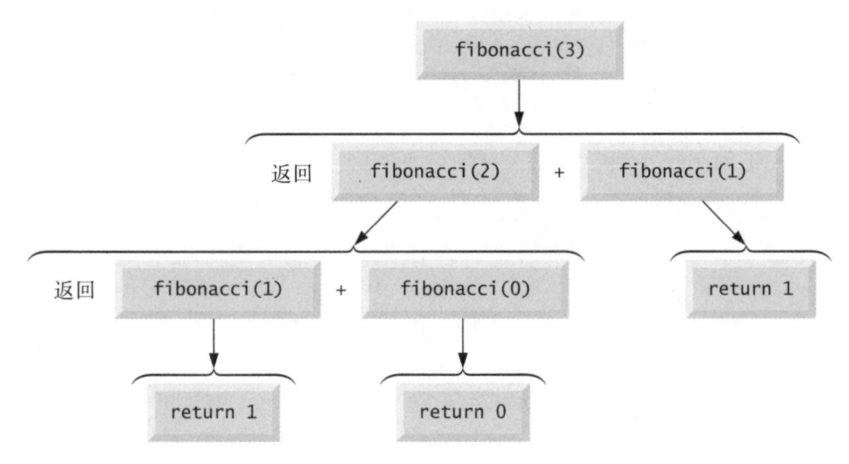

复杂度问题

在涉及像我们用来产生斐波那契数一样的递归程序时，需要十分小心。每个不匹配初级问题（0 或 1）的 fibonacci 函数调用都会导致再多出两个对 fibonacci 函数的调用（代码片段 [1]）。所以，递归调用集合很快就会失控。用递归实现计算斐波那契值 20 需要对 fibonacci 函数进行 21 891 次调用；计算斐波那契值 30 需要 2 692 537 次调用！

当尝试计算更大的斐波那契值时，会发现每计算下一个斐波那契数，都会导致大大增加 fibonacci 函数的计算时间和函数调用次数。例如，斐波那契值 31 需要 4 356 617 次调用，斐波那契值 32 需要 7 049 155 次调用。可以发现，对 fibonacci 的调用次数快速增加——斐波那契值 30 和 31 之间多了 1 664 080 次调用，斐波那契值 31 和 32 之间多了 2 692 538 次调用。斐波那契值 31 和 32 之间增加的调用次数是 30 和 31 之间差值的 1.5 倍多。这种性质的问题能够难倒世界上最强大的计算机。

在复杂度理论的领域中，计算机科学家研究算法完成任务需要付出多少工作，即它们执行多少操作。复杂度问题会在叫“算法”的高级计算机科学课程中详细讨论。我们在本章后面会介绍各种复杂度问题。总的来说，应该避免使用斐波那契风格的递归程序，因为它们会导致系统调用的指数级“爆炸”增长。

自我测验

1.（填空题）连续的斐波那契数之比收敛于常量 1.618…，这个数字被称为________或者________。

答案：黄金比例，黄金分割点。

2.（判断题）在复杂度理论的领域中，计算机科学家研究算法完成任务需要付出多少工作。

答案：正确。

3.（IPython 会话）继续这部分的 IPython 会话，创建一个名为 `iterative_fibonacci` 的函数，使用循环而不是递归来计算斐波那契数。使用迭代和递归版本计算第 32 个、第 33 个和第 34 个斐波那契数。用 `%timeit` 给调用计时，来查看计算时间的差距。

答案：

```
In [3]: def iterative_fibonacci(n):
   ...:     result = 0
   ...:     temp = 1
   ...:     for j in range(0, n):
   ...:         temp, result = result, result + temp
   ...:     return result
   ...:
   ...:

In [4]: %timeit fibonacci(32)
960 ms ± 14.3 ms per loop (mean ± std. dev. of 7 runs, 1 loop each)

In [5]: %timeit iterative_fibonacci(32)
1.72 µs ± 80.8 ns per loop (mean ± std. dev. of 7 runs, 1000000 loops each)

In [6]: %timeit fibonacci(33)
1.54 s ± 12.1 ms per loop (mean ± std. dev. of 7 runs, 1 loop each)

In [7]: %timeit iterative_fibonacci(33)
1.71 µs ± 20.9 ns per loop (mean ± std. dev. of 7 runs, 1000000 loops each)

In [8]: %timeit fibonacci(34)
2.81 s ± 212 ms per loop (mean ± std. dev. of 7 runs, 1 loop each)

In [9]: %timeit iterative_fibonacci(34)
2.05 µs ± 165 ns per loop (mean ± std. dev. of 7 runs, 100000 loops each)
```

11.5　递归与迭代

我们已经学习了 `factorial` 函数和 `fibonacci` 函数，它们都可以递归地或者迭代地实现。在这一小节，我们会比较这两种方法，并且讨论为什么在特定的情况下会选择其中一种方法而不是另一种。

迭代和递归都基于*控制语句*：迭代使用迭代语句（例如，`for` 或者 `while`），而递归使用选择语句（例如，`if`、`if...else` 或 `if...elif...else`）：

- 迭代和递归都涉及*迭代*：迭代明确地使用了迭代语句，而递归通过重复的函数调用实现迭代。
- 迭代和递归都涉及*终止测试*：迭代在不满足循环继续条件时终止，而递归在达到初级问题时终止。
- 计数器控制的迭代和递归都*逐渐接近终止*：迭代不停地修改计数器，直到计数器达到不满足循环继续条件的值；而递归不停地产生原问题的更小版本，直到达到初级问题。
- 迭代和递归都可以*无限执行*：如果循环继续测试永不为假，那么迭代中会出现无限循环；如果递归步骤每次并未以收敛于初级问题的方式减少问题，或者错误地没有测试初级问题，那么会出现无限递归。

递归的缺点

迭代有性能上的欠缺。它反复调用机制，导致了函数调用的开销。就处理器时间和存储器空间而言，这种开销是昂贵的。每个递归调用导致另一份函数的副本被创建（实际上只有函数的变量被复制，这些变量存储在栈帧中）——这一套副本会占用大量内存空间。迭代避免了这些重复的函数调用和额外的内存分配。但是，对于一些算法来说，递归更容易表达和理解，而迭代解法并不是那么明显。

自我测验

1.（填空题）在________的情况下，迭代终止。

答案：达到初级问题。

2.（判断题）迭代和递归都可能无限执行。

答案：正确。

11.6 搜索与排序

搜索数据涉及确定值（称为搜索关键字）是否在数据中，同时如果这个值存在的话，找到它的位置。简单线性搜索和更快但是更复杂的二分搜索是两种常用的搜索算法。基于一个或多个排序关键字，排序让数据按照升序或降序排列。手机联系人列表按照字母表顺序排序，银行账户按照账号排序，员工薪水记录按照社会保险号排序，诸如此类。本章会介绍两个简单的排序算法——选择排序和插入排序，还有更高效但是更复杂的归并排序。下表总结了本书样例和练习中讨论到的搜索和排序的算法、函数和方法。

章节	算法	位置
搜索算法、函数和方法		
5	列表方法 index	5.9 节
8	字符串方法 count、index 和 rindex	8.7 节
	re 模块函数 search、match、findall 和 finditer	8.12 节
	线性搜索	11.7 节
15	二分搜索	11.9 节
	递归二分搜索	练习 11.18
排序算法、函数和方法		
5	列表方法 sort	5.8 节
	内置函数 sorted	5.8 节
	带关键字的内置函数 sorted	练习 5.15
7	DataFrame 方法 sort_index 和 sort_values	7.14 节
15	选择排序	11.11 节
	插入排序	11.12 节
	递归归并排序	11.13 节
	桶排序	练习 11.17
	递归快速排序	练习 11.19

本章中提供的技术主要是要向学生介绍搜索和排序算法背后的概念——高级计算机科学课程通常讨论其他算法。

11.7　线性搜索

查找电话号码，通过搜索引擎查找网站，或者是在字典中查看单词的定义，都涉及搜索大量数据。本节和 11.9 节会讨论两种常见的搜索算法——一个易于编程但是效率相对较低（线性搜索），一个非常高效但是编程更为复杂（二分搜索）。

线性搜索算法

线性搜索算法顺序搜索数组中的每个元素。如果搜索的关键字与数组中的元素不匹配，算法会告知用户搜索关键字不存在。如果搜索关键字在数组中，算法测试每个元素，直到它找到匹配搜索关键字的元素，并且返回该元素的索引。

例如，考虑含有如下值的数组：

```
35  73  90  65  23  86  43  81  34  58
```

和搜索 86 这个值的程序。线性搜索算法首先检查 35 是否匹配搜索关键字。它不匹配，所以算法检查 73 是否匹配搜索关键字。程序继续按顺序遍历数组，测试 90，然后是 65，然后是 23。当程序测试 86 时，它和搜索关键字匹配，程序返回索引 5，即 86 在数组中的位置。如果在检查完每个数组元素后，程序确定搜索关键字与数组中任何一个元素不匹配，它返回一个哨兵值（例如 –1）。

线性搜索实现

我们定义函数 `linear_search`，对整数数组执行线性搜索。该函数接收要搜索的数组（`data`）和 `search_key` 作为参数。`for` 循环遍历 `data` 中的元素，并将每个元素和 `search_key` 比较。如果两个值相等，`linear_search` 返回匹配的元素的 `index`。如果数组中有重复的值，线性搜索会返回第一个匹配搜索关键字的索引。如果循环结束都没有找到值，函数返回 `-1`。

```
In [1]: def linear_search(data, search_key):
   ...:     for index, value in enumerate(data)::
   ...:         if value == search_key:
   ...:             return index
   ...:     return -1
   ...:
   ...:
```

为了测试函数，让我们创建一个有 10 个范围在 10～90 之间的随机整数的数组：

```
In [2]: import numpy as np

In [3]: np.random.seed(11)

In [4]: values = np.random.randint(10, 91, 10)

In [5]: values
Out[5]: array([35, 73, 90, 65, 23, 86, 43, 81, 34, 58])
```

下面的代码段用值 `23`（在索引 `4` 处找到）、`61`（未找到）和 `34`（在索引 `8` 处找到）调用 `linear_search`：

```
In [6]: linear_search(values, 23)
```

```
Out[6]: 4

In [7]: linear_search(values, 61)
Out[7]: -1

In [8]: linear_search(values, 34)
Out[8]: 8
```

自我测验

1.（填空题）________算法顺序搜索数组中的每个元素。

答案：线性搜索

2.（判断题）如果数组中有重复的值，线性搜索找到最后一个匹配的值。

答案：错误。如果有重复的值，线性搜索找到第一个匹配的值。

11.8　算法的效率：大 *O*

所有的搜索算法都实现了同一个目标——如果这样的元素存在的话，找到一个（或者多个）匹配给定搜索关键值的元素。但是，有一些东西能区分各个搜索算法。最主要的区别是它们完成搜索所需要的努力程度。大 *O* 表示法是一种描述这种努力程度的方式，表示算法为了解决问题需要付出多少努力。对于搜索和排序算法来说，这主要取决于有多少数据元素。在本章中，我们用大 *O* 来描述各种搜索和排序算法在最坏情况下的运行次数。

$O(1)$ 算法

假设设计一个算法用来测试数组中的第 1 个元素是否等于第 2 个元素。如果数组有 10 个元素，这个算法需要 1 次比较。如果数组有 1000 个元素，它仍然只需要 1 次比较。算法和数组中元素的数量完全无关。这个算法有恒定的运行时间，用大 *O* 表示法表示为 $O(1)$，读作“order one”。$O(1)$ 的算法不一定只需要一次比较。$O(1)$ 的意思是比较的次数是个常量——它不随着数组大小的增加而增长。测试数组的第 1 个元素是否和接下来的 3 个元素中任意一个元素相等的算法仍然是 $O(1)$ 的，尽管它需要 3 次比较。

$O(n)$ 算法

测试第一个元素是否和数组中的任何其他元素相等的算法最多需要 $n–1$ 次比较，其中 n 是数组元素的个数。如果数组有 10 个元素，这个算法最多需要 9 次比较。如果数组有 1000 个元素，它最多需要 999 次比较。随着 n 变得越来越大，表达式 $n–1$ 中的 n 这个部分“占据主导”，而减去 1 变得无关紧要。大 *O* 的目的就是突出这些主导项，同时忽略那些随着 n 增长而变得无关紧要的项。所以，总共需要 $n–1$ 次比较（比如我们之前描述的算法）的算法是 $O(n)$ 的。$O(n)$ 的算法有线性运行时间。$O(n)$ 通常读作“on the order of *n*”或者简称为“order *n*”。

$O(n^2)$ 算法

现在假设有算法测试数组中任意元素是否在数组其他地方有重复。第 1 个元素必须和数组中的其他所有元素进行比较。第 2 个元素必须和除了第 1 个以外的其他所有元素进行比较（这个元素已经和第 1 个进行过比较）。第 3 个元素必须和除了前两个以外的其他所有元素进行比较。最后，算法有 $(n-1)+(n-2)+\cdots+2+1$（即 $n^2/2-n/2$）次比较。随着 n 增加，n^2 项占据主导，n 项变得无关紧要。再一次，大 *O* 表示法突出 n^2 项，忽略 $n/2$。

大 *O* 关注算法的运行时间如何随所处理项目的数量而增长。假设算法需要 n^2 次比较。对于 4 个元素，算法需要 16 次比较；对于 8 个元素，需要 64 次比较。在这个算法中，将元素数量变为两倍，比较次数会变为四倍。考虑类似的需要 $n^2/2$ 次比较的算法。对于 4 个元素，算法需要 8 次比较；对于 8 个元素，需要 32 次比较。再一次，将元素数量变为两倍，比较次数变为四倍。这两个算法都以 n 的平方增长，所以大 O 忽略常量，两个算法都被认为是 $O(n^2)$ 的，被称为二次运行时间，读作“on the order of n-squared”，或者更简单地读作“order n-squared”。

当 n 很小的时候，$O(n^2)$ 算法（在当今的计算机上）不会明显影响性能。但是随着 n 增大，我们会开始注意到性能的下降。$O(n^2)$ 算法运行在百万元素的数组上需要上亿的“操作”（每一次操作可能会执行几条机器指令）。我们用当前的台式计算机测试了本章中的某个 $O(n^2)$ 算法运行在 1 000 000 个元素的数组上，它运行了许多分钟。一个有十亿元素的数组（在当今的大数据应用程序中非常常见）需要 10^{18} 次操作，在同样的台式计算机上运行完毕需要大约 13.3 年！尽管 $O(n^2)$ 算法很容易编写。我们依然需要有更好大 O 度量的算法。这些更高效的算法通常需要更深邃的思考和努力，但是它们更优越的性能非常值得额外的付出，特别是 n 变得很大或者是算法集成到更大的程序中时。

线性搜索的大 O 表示

线性搜索算法的运行时间为 $O(n)$。这个算法的最坏情况是每个元素都必须被检查，才能确定搜索项是否存在于数组中。如果数组的大小加倍，算法必须执行的比较次数也加倍。如果匹配搜索关键字的元素恰好在数组的前端或者附近，线性搜索可以提供非常出色的性能。但是，我们寻找在所有搜索中平均表现良好的算法，包括那些匹配搜索关键字的元素在数组的后端附近的情况。

线性搜索易于编写，但是相较于其他搜索算法而言可能更慢。如果程序需要在大型数组上执行许多搜索，最好还是实现更高效的算法，比如二分搜索，我们接下来将会介绍。

自我测验

1.（填空题）________表示法表示算法为了解决问题需要付出多少努力。

答案：大 O。

2.（判断题）$O(n)$ 算法有二次运行时间。

答案：错。$O(n)$ 算法有线性运行时间。$O(n^2)$ 算法有二次运行时间。

3.（讨论题）什么时候该选择编写 $O(n^2)$ 算法？

答案：当 n 很小，同时没有时间（或需求）来投入开发更好性能的算法时。

11.9　二分搜索

二分搜索算法相较线性搜索而言效率更高，但是它要求数组有序。这个算法的第一次迭代测试数组的中位元素。如果这个元素和搜索关键字匹配，算法结束。假设数组按照升序排序，那么如果搜索关键字小于中位的元素，它将不能匹配数组后半部分的任何元素，算法只会在数组的前半部分（即第一个元素到中位元素，但不包括中位元素）继续执行。如果搜索关键字大于中位元素，它将不能匹配数组前半部分的任何元素，算法只会在数组的后半部分（即中位元素的后一个元素到最后一个元素）继续执行。每次迭代测试数组剩余部分的中位元素。如果搜索关键字和这个元素不匹配，算法排除剩余的元素的一半。算法要么以找到匹配搜索关键字的元素结束，要么将子数组大小减少到零为止。

样例

例如，考虑有序的有 15 个元素的数组

2 3 5 10 27 30 34 51 56 65 77 81 82 93 99

搜索关键字为 65。实现二分搜索的程序会先检查 51 是不是搜索关键字（因为 51 是数组的中位元素）。搜索关键字（65）大于 51，所以 51 和数组的前半部分被忽略（所有的元素都小于 51），剩下

56 65 77 81 82 93 99

接下来，算法检查 81（是剩余数组的中位元素）是否匹配搜索关键字。搜索关键字（65）小于 81，所以 81 和大于 81 的元素被丢弃。仅仅两次检查之后，算法将需要检查的值个数缩小到只有三个（56、65 和 77）。然后它检查 65（的确匹配搜索关键字），返回包含 65 的数组元素的索引。这个算法只需要 3 次比较就能确定搜索关键字是否匹配数组中的元素。而使用线性搜索算法需要 10 次比较。[注意：在这个例子中，我们使用了有 15 个元素的数组，这样就有明显的中位元素。如果有偶数个元素，数组的居中位置在两个元素的中间。我们实现算法时选择两个元素中更大的那个。]

自我测验

1.（判断题）线性搜索和二分搜索算法要求数组有序。

答案：错误。只有二分搜索要求数组有序。

2.（填空题）用二分搜索，在有 1 000 001 个元素的数组中找到匹配的元素最少需要________次。

答案：一。如果第一次比较中位元素就匹配关键字，则会发生这种情况。

11.9.1　二分搜索实现

文件 binarysearch.py 包含如下定义：

- 函数 binary_search 在数组中搜索指定的关键字
- 函数 remaining_elements 显示被搜索数组中剩余的元素，来可视化算法是如何工作的。
- 函数 main 测试函数 binary_search。

每个函数都会在下面讨论。

函数 binary_search

第 5～30 行定义函数 binary_search，它接收要搜索的数组（data）和搜索关键字（key）作为参数。

```
 1  # binarysearch.py
 2  """Use binary search to locate an item in an array."""
 3  import numpy as np
 4  
 5  def binary_search(data, key):
 6      """Perform binary search of data looking for key."""
 7      low = 0   # 搜索区域的低端
 8      high = len(data) - 1  # 搜索区域的高端
 9      middle = (low + high + 1) // 2  # 中位元素的索引
10      location = -1  # 如果没有找到，返回值 -1
11  
12      # 循环查找元素
13      while low <= high and location == -1:
14          # 打印数组中剩余元素
15          print(remaining_elements(data, low, high))
16  
```

```
17          print('   ' * middle, end='')  # 输出空格对齐
18          print(' * ')  # 表明当前居中位置
19
20          # 如果元素在居中位置找到
21          if key == data[middle]:
22              location = middle  # 位置即为当前居中
23          elif key < data[middle]:  # 中位元素过高
24              high = middle - 1  # 排除后半部分
25          else:  # 中位元素过低
26              low = middle + 1  # 排除前半部分
27
28          middle = (low + high + 1) // 2  # 重新计算中位
29
30      return location  # 返回搜索关键字的位置
31
```

第 7～9 行计算了程序现在正在搜索的数组部分的 low 端索引、high 端索引和 middle 索引。最初，low 端是 0，high 端是数组长度 -1，middle 是这两个值的平均值。

第 10 行初始化元素的 location 值为 -1。如果 binary_search 没有找到 key，就会返回该值。第 13～28 行只要满足 low 小于等于 high（搜索没有完成）和 location 等于 -1（关键字尚未被找到），就会一直循环。第 21 行测试在 middle 元素中的值是否等于 key。如果相等，第 22 行将 middle 赋值给 location，循环终止，同时函数将 location 返回给调用者。每一次循环迭代测试一个值（第 21 行），如果不是 key，则会排除数组中剩余值的一半（第 23～24 或 25～26 行）。

函数 remaining_elements

在 binary_search 中的每次循环迭代，我们都调用函数 remaining_elements(第 15 行）来展示数组中被搜索的部分，然后 binary_search 在 middle 元素下显示星号（第 17～18 行）。remaining_elements 中的第 34 行首先为了对齐，重复三空格字符串 low 次。跟在这一行的后面的剩余部分是索引 low 到 high+1 的数组值的字符串表示。内置函数 str 将它的参数（数组的整型元素）转换为字符串。

```
32  def remaining_elements(data, low, high):
33      """Display remaining elements of the binary search."""
34      return '   ' * low + ' '.join(str(s) for s in data[low:high + 1])
35
```

函数 main

如果以脚本运行文件 binarysearch.py，会调用 main 函数（第 36～53 行）。第 38 行创建了有 15 个元素的数组，随机值在 10～90 之间；第 39 行将值排列成升序。回忆一下，二分搜索算法只适用于有序数组。输出显示，当用户指示程序搜索 23 时，程序首先测试中位元素，在我们的样例执行中即 52（用 * 指出）。搜索关键字小于 52，所以程序排除数组的后半部分并且测试前半部分的中位元素。搜索关键字小于 35，所以程序排除数组的后半部分，只剩下三个元素。最后，程序检查 23（和搜索关键字匹配）并且返回索引 1。

```
36  def main():
37      # 创建和显示随机值数组
38      data = np.random.randint(10, 91, 15)
39      data.sort()
40      print(data, '\n')
41
42      search_key = int(input('Enter an integer value (-1 to quit): '))
```

```
43
44      # 重复输入一个整数；-1 终止程序
45      while search_key != -1:
46          location = binary_search(data, search_key)  # 执行搜索
47
48          if location == -1:  # 没有找到
49              print(f'{search_key} was not found\n')
50          else:
51              print(f'{search_key} found in position {location}\n')
52
53          search_key = int(input('Enter an integer value (-1 to quit): '))
54
55  # 如果这个文件以脚本执行，调用 main 函数
56  if __name__ == '__main__':
57      main()
```

```
[16 23 31 35 36 46 48 52 54 57 63 76 83 89 90]

Enter an integer value (-1 to quit): 23
16 23 31 35 36 46 48 52 54 57 63 76 83 89 90
                      *
16 23 31 35 36 46 48
          *
16 23 31
    *
23 found in position 1

Enter an integer value (-1 to quit): 83
16 23 31 35 36 46 48 52 54 57 63 76 83 89 90
                      *
                        54 57 63 76 83 89 90
                                  *
                                    83 89 90
                                       *
                                    83
                                     *
83 found in position 12

Enter an integer value (-1 to quit): 60
16 23 31 35 36 46 48 52 54 57 63 76 83 89 90
                      *
                        54 57 63 76 83 89 90
                                  *
                        54 57 63
                           *
                              63
                              *
60 was not found

Enter an integer value (-1 to quit): -1
```

11.9.2　二分搜索的大 *O* 表示

在最坏的情况下，用二分搜索查找 1023 个元素的有序数组只需要 10 次比较。重复地将 1023 除以 2（因为在每次比较之后我们可以排除一半的数组）并向下取整（因为我们也去掉中位元素），得到值 511、255、127、63、31、15、7、3、1 和 0。数字 1023（即 $2^{10}-1$）除以 2 只需要 10 次值就为 0，即表示没有更多需要测试的元素。

在二分搜索算法中，除以 2 和一次比较等价。因此，有 1 048 575（$2^{10}-1$）个元素的数

组最多需要 20 次比较找到关键字，而大约有 10 亿个元素的数组最多需要 30 次比较找到关键字。相较于线性搜索，这是巨大的性能改进。对于一个有 10 亿元素的数组来说，这是线性搜索平均 5 亿次比较和二分搜索最大 30 次比较的差距！

对任何有序数组的二分搜索需要的最多比较次数是恰好大于数组元素个数的 2 的幂次的指数，表示为 $\log_2 n$。从大 O 的角度来看，所有的对数增长率大致都是一样的，所以在大 O 表示中底数可以忽略。所以二分搜索的大 O 表示为 $O(\log n)$，也称作对数运行时间，读作“order log n”。这些情况下我们都假设数组是有序的，而保持数组有序也需要时间。我们接下来会讨论排序。

11.10　排序算法

数据排序（即将数据按照一定顺序放置，比如升序或者降序）是计算应用最重要的问题之一。几乎所有的机构都要排序数据，许多时候数据量会非常大。数据排序是有趣的、计算机密集型问题，吸引了许多科研投入。

关于排序需要知道的一件重要的事情就是，无论用哪种算法将数组排序，最终结果（排序好的数组）都会是一样的。对算法的选择只会影响运行时间和程序的内存使用。本章的剩余部分将会介绍三种常见的搜索算法。前两个算法是选择排序和插入排序，相对来说更易于编程但是效率低下。最后一个算法是归并排序，比选择排序和插入排序快很多但是编程难度更大。我们关注原始类型数据，即 `int` 类型的数组排序。

11.11　选择排序

选择排序是一个简单但是效率低下的排序算法。如果以升序搜索，它的第一次迭代选出数组中的最小元素，并将其和第一个元素交换。第二次迭代选出第二小的项（即剩余的元素中的最小项），并将其和第二个元素交换。这个算法不停继续下去，直到最后一次迭代选出第二大的元素并将其和倒数第二个索引交换，从而将最大的元素保留在最后一个索引中。经过第 i 次迭代，数组中最小的 i 项会在数组中前 i 个元素的位置按照升序排序。

例如，考虑数组

```
34  56  14  20  77  51  93  30  15  52
```

实现选择排序的程序首先确定这个数组的最小元素（14），保存在索引 2 中。程序将 14 和 34 交换，结果为

```
14  56  34  20  77  51  93  30  15  52
```

然后程序确定剩余元素的最小值（除了 14 以外的所有元素），即 15，保存在索引 8 中。程序将 15 和 56 交换，结果为

```
14  15  34  20  77  51  93  30  56  52
```

第三次迭代，程序确定下一个最小值（20）并将它和 34 交换。

```
14  15  20  34  77  51  93  30  56  52
```

整个过程一直持续到数组完全有序为止

```
14  15  20  30  34  51  52  56  77  93
```

11.11.1　选择排序实现

文件 `selectionsort.py` 定义了：

- 函数 selection_sort，实现了选择排序算法。
- 函数 main，来测试 selection_sort 函数。

下面给出了程序的一个样例输出。给定数字下面的 -- 符号表示算法已经执行的趟数，-- 上面的数字是在数组中最终排序好的位置，* 表示哪个值是从 -- 最右边的位置交换出来的。

```
Unsorted array: [34 56 14 20 77 51 93 30 15 52]

after pass 1: 14  56  34* 20  77  51  93  30  15  52
              --
after pass 2: 14  15  34  20  77  51  93  30  56* 52
              --  --
after pass 3: 14  15  20  34* 77  51  93  30  56  52
              --  --  --
after pass 4: 14  15  20  30  77  51  93  34* 56  52
              --  --  --  --
after pass 5: 14  15  20  30  34  51  93  77* 56  52
              --  --  --  --  --
after pass 6: 14  15  20  30  34  51* 93  77  56  52
              --  --  --  --  --  --
after pass 7: 14  15  20  30  34  51  52  77  56  93*
              --  --  --  --  --  --  --
after pass 8: 14  15  20  30  34  51  52  56  77* 93
              --  --  --  --  --  --  --  --
after pass 9: 14  15  20  30  34  51  52  56  77* 93
              --  --  --  --  --  --  --  --  --

Sorted array: [14 15 20 30 34 51 52 56 77 93]
```

函数 selection_sort

第 6～19 行定义了实现算法的 selection_sort 函数。第 9～19 行循环 len(data) -1 次。变量 smallest 保存剩余数组中最小元素的索引。第 10 行初始化 smallest 为当前的索引 index1。第 13～15 行循环遍历数组中的剩余元素。对每个元素，第 14 行将它的值和最小元素的值进行比较。如果当前的元素比最小元素小，第 15 行将当前元素的索引赋值给 smallest。当这个循环结束时，smallest 当中会有剩余数组中最小元素的索引。第 18 行用元组打包和解包来把最小的剩余元素交换进数组中下一个有序的位置。

```
1   # selectionsort.py
2   """Sorting an array with selection sort."""
3   import numpy as np
4   from ch11utilities import print_pass
5
6   def selection_sort(data):
7       """Sort array using selection sort."""
8       # 循环遍历 len(data) -1 个元素
9       for index1 in range(len(data) - 1):
10          smallest = index1  # 剩余数组的第一个索引
11
12          # 循环找到最小元素的索引
13          for index2 in range(index1 + 1, len(data)):
14              if data[index2] < data[smallest]:
15                  smallest = index2
16
17          # 将最小元素交换进对应位置
18          data[smallest], data[index1] = data[index1], data[smallest]
19          print_pass(data, index1 + 1, smallest)
20
```

函数 main

在 main 函数中，第 22 行创建了一个有 10 个整数的数组。第 24 行调用 selection_sort 将数组元素排为升序。

```
21  def main():
22      data = np.array([35, 73, 90, 65, 23, 86, 43, 81, 34, 58])
23      print(f'Unsorted array: {data}\n')
24      selection_sort(data)
25      print(f'\nSorted array: {data}\n')
26
27  # 如果这个文件以脚本执行，调用 main 函数
28  if __name__ == '__main__':
29      main()
30
```

11.11.2 实用工具函数 print_pass

在 selection_sort 函数中的第 19 行通过调用来自文件 ch11utilities.py 的函数 print_pass 来显示在本次循环结尾处的数组。函数 print_pass 执行如下任务：

- 第 7～8 行创建并显示 label，其包含每趟输出开头的趟数。
- 第 11～12 行创建并显示包含从开头到位置 index 的数组元素字符串，之间用两个空格隔开。内置函数 str 将它的参数（数组的整数元素）转换成字符串。
- 第 14 行表示用星号（*）跟在 index 处的元素后来交换元素位置。
- 第 17 行创建和显示包含数组剩余元素的字符串。
- 第 20 行在数组已排序位置下显示破折号，来可视化排序。

在每趟循环里，星号旁边的元素和最右边破折号上面的元素进行交换。在下一节中我们实现插入排序算法时还会再用到这个函数。

```
1   # ch11utilities.py
2   """Utility function for printing a pass of the
3   一趟循环结果的实用工具函数"""
4
5   def print_pass(data, pass_number, index):
6       """Print a pass of the algorithm."""
7       label = f'after pass {pass_number}: '
8       print(label, end='')
9
10      # 输出直到选中项的元素
11      print('  '.join(str(d) for d in data[:index]),
12            end='  ' if index != 0 else '')
13
14      print(f'{data[index]}* ', end='') # 用 * 表示交换
15
16      # 输出剩余的元素
17      print('  '.join(str(d) for d in data[index + 1:len(data)]))
18
19      # 标出这趟循环后排序好的元素
20      print(f'{" " * len(label)}{"--  " * pass_number}')
```

11.11.3 选择排序的大 *O* 表示

选择排序算法以 $O(n^2)$ 时间运行。函数 selection_sort 使用嵌套的 for 循环。外层循环（第 9～19 行）遍历数组中前 n–1 个元素，将最小的剩余项交换到它的排序位置。内

层循环（第 13～15 行）遍历剩余数组中的每一项，查找最小的元素。这层循环在外层循环第一次迭代时执行 n–1 次，第二次迭代时执行 n–2 次，然后是 n–3，…，3，2，1。内层循环总共迭代 n（n–1）/2[即（n^2–n）/2] 次。在大 O 表示中，舍去较小项，忽略常量，最终得到 O（n^2）的大 O 表示。注意，无论数组中的元素是随机乱序、部分有序还是完全有序，选择排序始终循环相同的次数。

自我测验

（填空题）用选择排序应用程序处理 1.28 亿元素的数组的时间大概是处理 3200 万元素的数组的时间的________倍。

答案：16，因为 O（n^2）算法处理 4 倍的信息需要 16 倍的时间。

11.12　插入排序

插入排序是另一个简单但是低效的搜索算法。这个算法的第一次迭代获取数组中的第二个元素，如果它小于第一个元素，则将它和第一个元素交换。第二次迭代获取数组中的第三个元素，并将其插入相对于前两个元素的正确位置，这样三个元素保持有序。在这个算法的第 i 次迭代后，原数组中的前 i 个元素会排好序。

考虑以下数组例子，与在讨论选择排序时用的数组一样。

```
34   56   14   20   77   51   93   30   15   52
```

实现插入排序算法的程序会首先查看数组中的前两个元素——34 和 56。这两个数已经是有序的，所以程序继续。如果它们不是有序的，程序会交换它们。

在下一次迭代中，程序查看第三个值 14。这个值小于 56，所以程序在临时变量中存储 14 并将 56 向右移动一个位置。程序然后检查并判定 14 小于 34，所以它将 34 向右移动一个位置。程序现在已经到数组的开头，所以它将 14 移动到 0 号元素位。数组现在是

```
14   34   56   20   77   51   93   30   15   52
```

在下一次迭代中，程序在临时变量中存储 20。然后它将 20 和 56 比较，并将 56 向右移动一个位置，因为 56 大于 20。程序然后比较 20 和 34，34 向右移动一个位置。当程序比较 20 和 14 时，它发现 20 大于 14，并将 20 放在 1 号元素位。数组现在是

```
14   20   34   56   77   51   93   30   15   52
```

用这个算法，在第 i 次迭代后，原数组中的前 i 个元素会排好序，但是它们可能不在它们的最终位置——更小的值可能之后会在数组中定位。

11.12.1　插入排序实现

文件 `insertionsort.py` 定义了：

- 函数 `insertion_sort`，实现了选择排序算法。
- 函数 `main`，来测试 `insertion_sort` 函数。

除了第 26 行调用函数 `insertion_sort` 来将数组元素按升序排序以外，函数 `main`（第 22～27 行）和 11.11.1 节中的 `main` 函数相同。

下面是程序的一个样例输出。给定的数字下面的 -- 符号表示在算法的具体某一次比较之后目前已经排好序的值。

```
Unsorted array: [34 56 14 20 77 51 93 30 15 52]

after pass 1: 34  56* 14  20  77  51  93  30  15  52
              --
after pass 2: 14* 34  56  20  77  51  93  30  15  52
              --  --
after pass 3: 14  20* 34  56  77  51  93  30  15  52
              --  --  --
after pass 4: 14  20  34  56  77* 51  93  30  15  52
              --  --  --  --
after pass 5: 14  20  34  51* 56  77  93  30  15  52
              --  --  --  --  --
after pass 6: 14  20  34  51  56  77  93* 30  15  52
              --  --  --  --  --  --
after pass 7: 14  20  30* 34  51  56  77  93  15  52
              --  --  --  --  --  --  --
after pass 8: 14  15* 20  30  34  51  56  77  93  52
              --  --  --  --  --  --  --  --
after pass 9: 14  15  20  30  34  51  52* 56  77  93
              --  --  --  --  --  --  --  --  --

Sorted array: [14 15 20 30 34 51 52 56 77 93]
```

函数 insertion_sort

第 6～20 行声明了 insertion_sort 函数。第 9～20 行遍历下标 1 到 len（data）项的数组元素。在每次迭代中，第 10 行声明和初始化变量 insert，它保存要插入数组有序部分的元素值。第 11 行声明和初始化变量 move_item，它记录元素要插入的位置。第 14～17 行循环定位元素应该被插入的正确位置。循环会在程序到达数组的前端，或者碰到比要插入的值更小的元素时终止。第 16 行将数组中的一个元素向右移动，第 17 行将要插入下一个元素的位置减少。循环结束后，第 19 行将元素插入对应位置。

```
1  # insertionsort.py
2  """ 用插入排序排序数组 """
3  import numpy as np
4  from ch11utilities import print_pass
5
6  def insertion_sort(data):
7      """ 用插入排序排序数组 """
8      # 循环遍历 len（data）-1 个元素
9      for next in range(1, len(data)):
10         insert = data[next]  # 要插入的值
11         move_item = next  # 放置元素的位置
12
13         # 查找放置当前元素的位置
14         while move_item > 0 and data[move_item - 1] > insert:
15             # 将元素向右移动一个位置
16             data[move_item] = data[move_item - 1]
17             move_item -= 1
18
19         data[move_item] = insert  # 放置要插入的元素
20         print_pass(data, next, move_item)  # 输出算法的一趟循环
21
22 def main():
23     data = np.array([35, 73, 90, 65, 23, 86, 43, 81, 34, 58])
24     print(f'Unsorted array: {data}\n')
25     insertion_sort(data)
26     print(f'\nSorted array: {data}\n')
```

```
27
28  # 如果这个文件以脚本执行，调用 main 函数
29  if __name__ == '__main__':
30      main()
```

11.12.2 插入排序的大 O 表示

插入排序算法也以 $O(n^2)$ 时间运行。与选择排序类似，插入排序的实现包含两个循环。for 循环迭代 len(data)-1 次，将元素插入目前为止已排序好的元素中合适的位置。就本节的应用而言，len(data)-1 等价于 n–1[因为 len(data) 是数组的大小]。while 循环（第 14～17 行）循环遍历数组中前面的元素。在最坏的情况下，while 循环会需要 n–1 次比较。每一个单独的循环以 $O(n)$ 时间运行。在大 O 表示中，嵌套循环意味着必须将比较数量相乘。对于外层循环的每次迭代，内层循环会有一定次数的迭代。在这个算法中，对每次 $O(n)$ 迭代的外层循环，都会有 $O(n)$ 迭代的内层循环。将这两个值相乘得到 $O(n^2)$ 的大 O 表示。

自我测验

1.（判断题）与选择排序算法一样，插入排序算法有线性运行时间。

答案： 错误。两个算法都有二次运行时间。

2.（判断题）选择排序算法的每次迭代都将一个值插入到目前为止已排序的值的排序顺序中。

答案： 正确。

11.13 归并排序

归并排序是一个高效的排序算法，但是从概念上讲，它比选择排序和插入排序更复杂。归并排序通过将数组划分成等长的两个子数组，对每个子数组进行排序，然后将它们合并成一个更大的数组，来对它进行排序。如果数组有奇数个元素，算法创建两个子数组，其中一个数组比另一个多出一个元素。

在这个样例中的归并排序实现是递归的。初级问题是只有一个元素的数组，当然这个数组是有序的，所以递归调用立即返回。递归步骤将数组划分成差不多相等的两部分，递归地搜索它们，然后将两个排好序的数组合并成一个更大的排好序的数组。

假设算法已经合并好更小的数组来创建出以下有序数组

array1:

```
14   20   34   56   77
```

和 array2:

```
15   30   51   52   93
```

归并排序将这两个数组结合成一个更大的有序数组。array1 中最小的元素是 14（在 array1 的索引 0 处）。array2 中最小的元素是 15（在 array2 的索引 0 处）。算法比较 14 和 15，来确定更大数组中最小的元素。来自 array1 的值更小，所以 14 成为合并数组中的第一个元素。算法继续执行，比较 20（array1 中的第二个元素）和 15（array2 中的第一个元素）。来自 array2 的值更小，所以 15 成为更大数组中的第二个元素。算法继续执行，比较 20 和 30，20 成为数组中的第三个元素，以此类推。

11.13.1　归并排序实现

文件 mergesort.py 定义了：

- 函数 merge_sort，初始化排序。
- 函数 sort_array，实现递归归并排序算法，它被函数 mergeSort 调用。
- 函数 merge 将两个有序子数组合并成一个有序子数组。
- 函数 subarray_string 获得一个子数组的字符串表示，用于帮助可视化排序的输出目的。
- 函数 main，测试 merge_sort 函数。

除了第 72 行调用函数 merge_sort 将数组元素排序以外，函数 main（第 69～73 行）和之前的搜索样例的 main 一样。

下面的样例输出可视化归并排序的划分和合并，显示算法每一步的排序进程。这是一个优雅快速的排序算法，非常值得我们花时间逐步仔细查看输出结果来完全理解它。

```
Unsorted array: [34 56 14 20 77 51 93 30 15 52]

split:   34 56 14 20 77 51 93 30 15 52
         34 56 14 20 77
                        51 93 30 15 52

split:   34 56 14 20 77
         34 56 14
                  20 77

split:   34 56 14
         34 56
               14

split:   34 56
         34
            56

merge:   34
            56
         34 56

merge:   34 56
               14
         14 34 56

split:            20 77
                  20
                     77

merge:            20
                     77
                  20 77

merge:   14 34 56
                  20 77
         14 20 34 56 77

split:                  51 93 30 15 52
                        51 93 30
                                 15 52
```

```
split:                    51 93 30
                          51 93
                                30

split:                    51 93
                          51
                             93

merge:                    51
                             93
                          51 93

merge:                    51 93
                                30
                          30 51 93

split:                             15 52
                                   15
                                      52

merge:                             15
                                      52
                                   15 52

merge:                    30 51 93
                                   15 52
                          15 30 51 52 93

merge:    14 20 34 56 77
                          15 30 51 52 93
          14 15 20 30 34 51 52 56 77 93

Sorted array: [14 15 20 30 34 51 52 56 77 93]
```

函数 merge_sort

第 6～7 行定义了 merge_sort 函数。第 7 行调用函数 sort_array 来初始化递归算法，传递 0 和 len（data）-1 作为待排序数组的低索引和高索引。这两个值告诉函数 sort_array 对整个数组进行操作。

```
1  # mergesort.py
2  """Sorting an array with merge sort."""
3  import numpy as np
4
5  # 调用递归 sort_array 方法，开始归并排序
6  def merge_sort(data):
7      sort_array(data, 0, len(data) - 1)
8
```

递归函数 sort_array

函数 sort_array（第 9～26 行）执行递归归并排序算法。第 12 行测试初级问题。如果数组的大小为 1，那么它已经是有序的，所以函数立即返回。如果数组的大小大于 1，函数将数组划分成两部分，递归地调用函数 sort_array 来对两个子数组进行排序，然后合并它们。

第 22 行在数组的前半部分上递归调用函数 sort_array，第 23 行在另一半上递归调用函数 sort_array。当这两个函数调用返回后，数组的这两部分都已经分别排好序。第

26 行调用函数 merge（第 29～61 行），参数为数组两个部分的索引，将两个有序数组合并成一个更大的有序数组。

```
9   def sort_array(data, low, high):
10      """Split data, sort subarrays and merge them into sorted array."""
11      # 测试数组大小等于 1 的初级问题
12      if (high - low) >= 1:  # 如果不是初级问题
13          middle1 = (low + high) // 2  # 计算数组的中间位置
14          middle2 = middle1 + 1  # 计算中间位置的下一个位置
15
16          # 输出划分步骤
17          print(f'split:   {subarray_string(data, low, high)}')
18          print(f'         {subarray_string(data, low, middle1)}')
19          print(f'         {subarray_string(data, middle2, high)}\n')
20
21          # 对数组进行划分，然后对每一半排序（递归调用）
22          sort_array(data, low, middle1)  # 数组的前一半
23          sort_array(data, middle2, high)  # 数组的后一半
24
25          # 在划分调用返回后合并两个有序数组
26          merge(data, low, middle1, middle2, high)
27
```

函数 merge

第 29～61 行定义函数 merge。函数中第 40～50 行一直循环，直到任意一个子数组到达末尾。第 43 行测试哪一个数组开头的元素更小。如果在左边数组的元素小于等于右边的，第 44 行将其放入组合数组的适当位置。如果右边数组中的元素更小，第 48 行将其放入组合数组的适当位置。当 while 循环结束后，其中一个子数组全部都已被放入组合数组中，但是另一个子数组还有数据。第 53 行测试左边的数组是否已经到达末尾。如果为真，第 54 行用切片将 data 中代表右边数组的元素填入 combined 数组的合适元素中。如果左边的还没有到达末尾，那么右边的数组一定已经到达末尾，第 56 行用切片将 data 中代表左边数组的元素填入 combined 数组的合适元素中。最后，第 58 行将 combined 数组复制到 data 引用的原数组中。

```
28  # 将两个有序子数组合并成一个有序子数组
29  def merge(data, left, middle1, middle2, right):
30      left_index = left  # 左子数组索引
31      right_index = middle2  # 右子数组索引
32      combined_index = left  # 临时工作数组索引
33      merged = [0] * len(data)  # 工作数组
34
35      # 合并前输出两个子数组
36      print(f'merge:   {subarray_string(data, left, middle1)}')
37      print(f'         {subarray_string(data, middle2, right)}')
38
39      # 合并数组，直到到达任意一个子数组的末尾
40      while left_index <= middle1 and right_index <= right:
41          # 将当前两个元素中更小的一个放入结果中
42          # 并且移动到数组中的下一个位置
43          if data[left_index] <= data[right_index]:
44              merged[combined_index] = data[left_index]
45              combined_index += 1
46              left_index += 1
47          else:
48              merged[combined_index] = data[right_index]
```

```
49                combined_index += 1
50                right_index += 1
51
52        # 如果左边数组是空的
53        if left_index == middle2:  # 如果为真，将右边数组的剩余部分复制进去
54            merged[combined_index:right + 1] = data[right_index:right + 1]
55        else:  # 右边数组为空，将左边数组的剩余部分复制进去
56            merged[combined_index:right + 1] = data[left_index:middle1 + 1]
57
58        data[left:right + 1] = merged[left:right + 1]  # 复制回 data 内
59
60        # 输出合并的数组
61        print(f'         {subarray_string(data, left, right)}\n')
62
```

函数 subarray_string

在整个算法中，我们通过显示数组的各个部分来展示划分和合并操作。每次操作后，我们调用函数 subarray_string 来创建和显示包含相应子数组项的字符串。第 65 行创建一个空格字符串，保证第一个子数组元素正确对齐。第 66 行将空格隔开的对应元素数据和第 65 行创建的字符串连接起来。第 67 行返回结果。

```
63    # 输出数组中某些值的方法
64    def subarray_string(data, low, high):
65        temp = '   ' * low  # 用来对齐的空格
66        temp += ' '.join(str(item) for item in data[low:high + 1])
67        return temp
68
```

函数 main

main 函数创建要排序的数组，并且调用 merge_sort 来排序数据：

```
69    def main():
70        data = np.array([35, 73, 90, 65, 23, 86, 43, 81, 34, 58])
71        print(f'Unsorted array: {data}\n')
72        merge_sort(data)
73        print(f'\nSorted array: {data}\n')
74
75    # 如果这个文件以脚本执行，调用 main 函数
76    if __name__ == '__main__':
77        main()
```

11.13.2 归并排序的大 O 表示

归并排序远比插入排序和选择排序效率高。考虑第一次（非递归）调用 sort_array。这导致两次对 sort_array 的递归调用，其中每个子数组大约是原数组大小的一半；同时，调用一次 merge 在最坏情况下需要 n–1 次比较来填满原数组，即 $O(n)$。（回忆一下，可以通过每次从两个子数组各取一个元素比较来选出每个数组元素。）两次对 sort_array 的调用导致再多四次 sort_array 调用，每个的子数组大概是原数组大小的四分之一，还有两次对 merge 的调用，最坏情况下每次需要 $n/2$–1 次比较，总比较数为 $O(n)$。这个过程继续执行，每一次 sort_array 调用产生额外的两次 sort_array 调用和一次 merge 调用，直到算法将数组分割成只有一个元素的子数组。在每一层，需要 $O(n)$ 次比较来合并子数组。每一层将数组分成两半，所以将数组长度变为两倍需要多一层。数组长度变为四倍需要多两层。这个模式是对数的，所以有 $\log_2 n$ 层。总的效率是 $O(n \log n)$，这当然比我们

学过的 $O(n^2)$ 排序要快得多。

自我测验

（填空题）归并排序的效率是________。

答案：$O(n \log n)$

11.14 搜索和排序算法的大 O 总结

下表总结了本章涵盖的搜索和排序算法，以及它们的大 O 表示。

算法	位置	大 O 表示
搜索算法		
线性搜索	11.7 节	$O(n)$
二分搜索	11.9 节	$O(\log n)$
递归二分搜索	练习 11.18	$O(\log n)$
排序算法		
选择排序	11.11 节	$O(n^2)$
插入排序	11.12 节	$O(n^2)$
归并排序	11.13 节	$O(n \log n)$

下表列出了本章涵盖的大 O 值和一些 n 的值来突出显示增长率的不同。

n =	$O(\log n)$	$O(n)$	$O(n \log n)$	$O(n^2)$
1	0	1	0	1
2	1	2	2	4
3	1	3	3	9
4	1	4	4	16
5	1	5	5	25
10	1	10	10	100
100	2	100	200	10 000
1000	3	1000	3000	10^6
1 000 000	6	1 000 000	6 000 000	10^{12}
1 000 000 000	9	1 000 000 000	9 000 000 000	10^{18}

11.15 可视化算法

动画可视化能帮助我们理解算法是如何工作的。本节中，我们将用以下内容动画化选择排序算法：

- 5.17 节中的 Seaborn 条形图功能。
- 6.4 节中的 Matplotlib 动画技术。
- `yield` 和 `yield from` 语句，我们将会在这里介绍。

我们已经介绍了选择排序算法和上面的技术。这里，我们将关注如何修改本章前面的选择排序样例来实现动画。

Pysine：演奏音符

为了增强动画效果，我们将使用 Pysine 模块播放代表条柱大小的音符。Pysine 使用 MIDI（Musical Instrument Digital Interface，乐器数字接口），基于赫兹表示的声音频率生成音符。

要安装 Pysine，请打开 Anaconda Prompt（Windows[⊖]）、Terminal（macOS / Linux）或 shell（Linux），然后执行以下命令：

```
pip install pysine
```

执行动画

可以按以下方式执行动画：

```
ipython selectionsortanimation.py 10
```

来对 1～10 范围内的值进行排序。考虑以下样例屏幕截图：

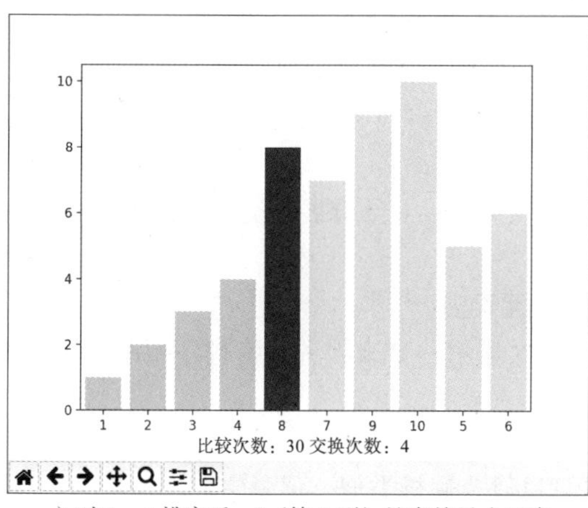

a）对 1～4 排序后，8（第 5 列）是当前最小元素

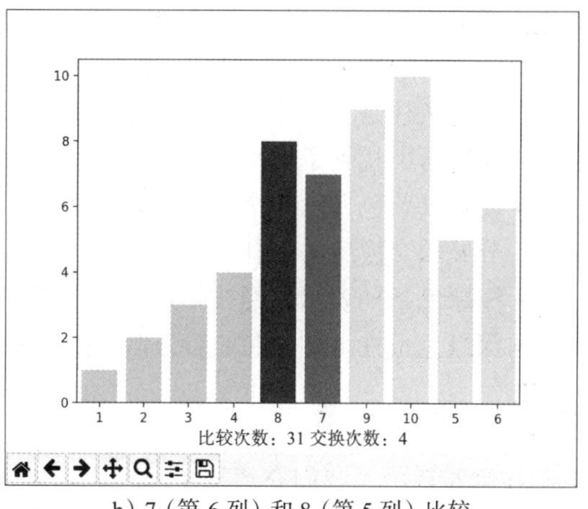

b）7（第 6 列）和 8（第 5 列）比较

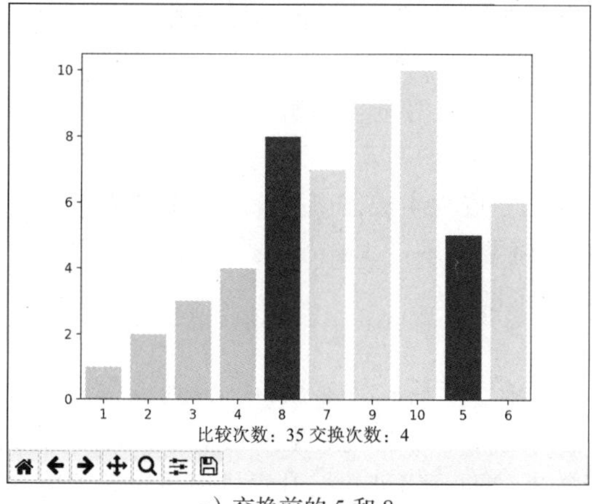

c）交换前的 5 和 8

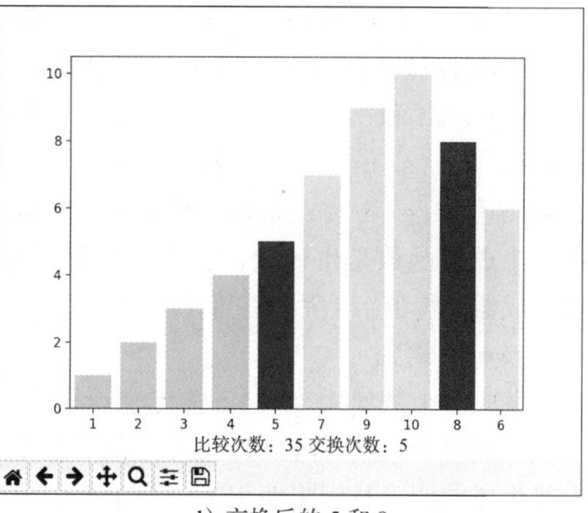

d）交换后的 5 和 8

⊖ Windows 用户可能需要以管理员身份运行 Anaconda Prompt，以获取适当的软件安装特权。为此，请在开始菜单中右键单击 Anaconda Prompt，然后以 administrator 身份选择 More>Run。

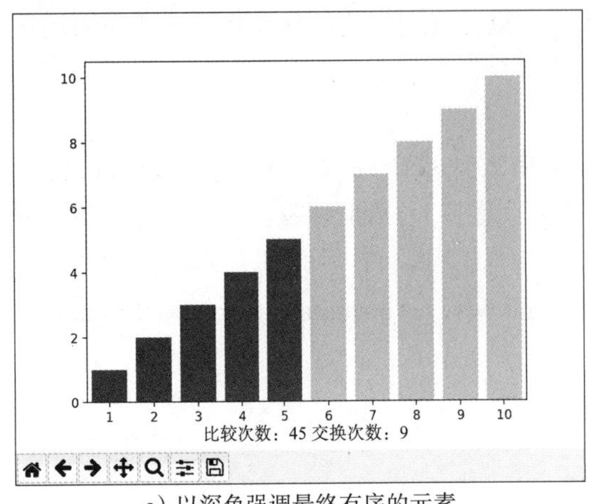

e）以深色强调最终有序的元素

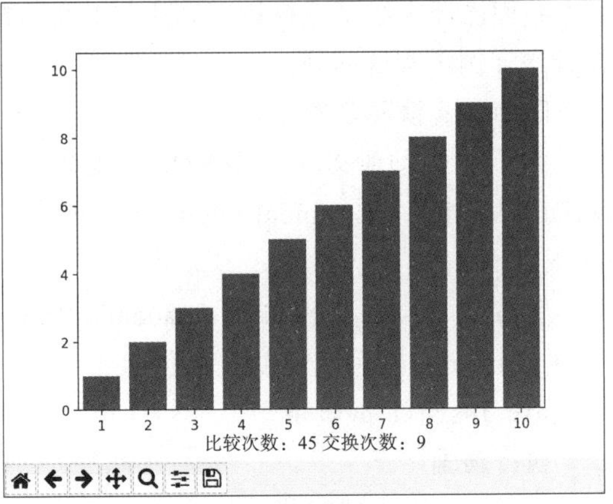

f）最终结果

每个有色条柱有如下含义：

- 灰色条柱，如 a～d 部分，尚未排序，并且当前未进行比较。
- 当定位要交换进位置的最小元素时，动画显示一个紫色条柱和一个红色条柱，如 b 部分。在遍历未排序元素寻找最小剩余值时，紫色条柱代表在索引 `smallest` 处的值。红色条柱是另一个正在被比较的剩余元素。每次比较红色条柱都移动一次。只有在当前遍历中找到了更小的元素，紫色条柱才会移动。
- 动画以紫色显示两个参与交换的条柱，如 c 和 d 部分。c 部分展示交换前的条柱，d 部分展示交换后的条柱。
- 浅绿色条柱表示已经按排序放置在最终位置的元素。
- 深绿色条柱，如 e 和 f 部分，在排序完成时一次显示一个来强调最终排序顺序。

11.15.1　生成器函数

在第 5 章中，我们介绍了生成器表达式。它们和列表解析类似，但是它们用惰性求值创建生成器对象，*在需要时产生值*。

下一小节介绍的 `selection_sort` 函数实现了选择排序算法，但是穿插着：

- 记录我们要在动画中显示的信息的语句。
- `yield` 和 `yield from` 语句，提供 `FuncAnimation` 要传递给 `update` 函数的值。
- `play_sound` 调用来演奏音符。

`yield` 和 `yield from` 语句使得 `selection_sort` 成为生成器函数。与生成器表达式一样，生成器函数是*惰性的，在需要时返回值*。我们将要实现的 `FuncAnimation` 在需要时从生成器获得值，然后将它们传递给 `update` 来动画化算法。

`yield` 语句

生成器函数使用 `yield` 关键字返回下一个生成项，然后它暂停执行，直到程序请求另一项。当 Python 解释器遇到生成器函数调用，它创建一个可迭代的生成器对象，记录下一个要生成的值。我们将使用下一章中的生成器函数来帮助我们创建按升序排序数组元素算法的动画可视化。

让我们来创建一个生成器函数，该函数迭代遍历值序列，同时返回每个值的平方。

```
In [1]: def square_generator(values):
   ...:     for value in values:
   ...:         yield value ** 2
   ...:
```

代码片段 [2] 调用 square_generator 来创建生成器对象，它在访问其值之前不会返回任何值。

```
In [2]: squares = square_generator(numbers)
```

访问值的一种方法是遍历生成器对象：

```
In [3]: for number in squares:
   ...:     print(number, end='  ')
   ...:
100  400  900
```

每次想要再次遍历生成器的值时，都必须创建新的生成器对象。让我们重新创建生成器，同时用内置函数 next 一次访问一个值，该函数接收一个可迭代的参数并且返回它的下一项。

```
In [4]: squares = square_generator(numbers)

In [5]: next(squares)
Out[5]: 100

In [6]: next(squares)
Out[6]: 400

In [7]: next(squares)
Out[7]: 900

In [8]: next(squares)
------------------------------------------------------------------------
StopIteration                             Traceback (most recent call last)
<ipython-input-8-e7cf8d24b3b2> in <module>()
----> 1 next(squares)

StopIteration:
```

当没有更多的项能处理时，生成器产生一个 StopIteration 异常，这也是 for 语句在迭代遍历可迭代对象时知道该何时停止的方法。我们会在选择排序动画代码中碰到 yield from 语句时再讨论它。

11.15.2　实现选择排序动画

现在，让我们实现动画。

import 语句

第 3～8 行导入我们使用的模块。我们从文件 ch11soundutilities.py 导入 play_sound（第 8 行），会在样例后讨论这个文件。

```
1  # selectionsortanimation.py
2  """Animated selection sort visualization."""
3  from matplotlib import animation
4  import matplotlib.pyplot as plt
5  import numpy as np
6  import seaborn as sns
```

```
7  import sys
8  from ch11soundutilities import play_sound
9
```

显示动画每一帧的 update 函数

与 6.4 节一样，我们定义一个 update 函数，Matplotlib 的 FuncAnimation 的每一帧动画都调用它一次，来重新绘制动画的图形元素。

```
10  def update(frame_data):
11      """ 显示表示当前状态的条柱 """
12      # 提取用来更新图表的信息
13      data, colors, swaps, comparisons = frame_data
14      plt.cla()  # 清空当前图表旧内容
15
16      # 创建条形图，设置它的 xlabel
17      bar_positions = np.arange(len(data))
18      axes = sns.barplot(bar_positions, data, palette=colors)  # 新条柱
19      axes.set(xlabel=f'Comparisons: {comparisons}; Swaps: {swaps}',
20               xticklabels=data)
21
```

update 方法的 frame_data 参数接收一个元组，它包含更新条形图的信息。第 13 行将 frame_data 中的信息提取为：

- data——被排序数组。
- colors——颜色名字数组，包含每个条柱的特定颜色。
- swaps——整数，表示目前为止已执行的交换次数。
- comparisions——整数，表示目前为止已执行的比较次数。

我们在 x 轴下方显示 comparisions 和 swaps 的值，这样就可以看到它们随着排序的执行而更新。

第 18 行指定 colors 数组作为 barplot 的 palette，而不是让 Seaborn 为条柱选择颜色。当 barplot 为每个 data 中的值创建条柱时，它使用 colors 中对应索引的颜色。这让我们能够用颜色强调目前已经排好序的值、算法现在正在比较的值和算法正在交换的值。第 19～20 行显示目前已执行的 comparisons 和 swaps 作为 x 轴标签，同时设置 data 数组的值作为条柱下方的 x 轴刻度标签。随着排序动画继续执行，我们会看见条柱和它对应的刻度标签都在改变位置。

flash_bars 函数：闪烁将要交换的条柱

我们在算法交换两个元素值时对这两个元素进行强调，在交换前和交换后调用 flash_bars 来闪烁对应的条柱。函数接收将要交换的值的索引，还有 data 数组、colors 数组、swaps 和 comparisions 的值。最后的两个参数只在 yield 语句中使用。样例中每个这样的语句返回一个 FuncAnimation 传递给 update 函数 frame_data 参数的值元组。

```
22  def flash_bars(index1, index2, data, colors, swaps, comparisons):
23      """Flash the bars about to be swapped and play their notes."""
24      for x in range(0, 2):
25          colors[index1], colors[index2] = 'white', 'white'
26          yield (data, colors, swaps, comparisons)
27          colors[index1], colors[index2] = 'purple', 'purple'
28          yield (data, colors, swaps, comparisons)
29          play_sound(data[index1], seconds=0.05)
30          play_sound(data[index2], seconds=0.05)
31
```

循环（第 24～30 行）迭代两次，同时执行以下任务：

- 要创建闪烁特效，我们首先将条柱涂白来“清除”条柱。所以第 25 行将 `index1` 和 `index2` 处的 `colors` 数组元素设置成 `'white'`。
- 第 26 行 `yield data`、`colors`、`swaps` 和 `comparisons`，这样 `FuncAnimation` 可以将它们传递给函数 `update`，然后被用来绘制下一帧动画。
- 第 27 行和第 28 行重复前面两步，但是将条柱重新显示为紫色来完成闪烁效果。
- 第 29 行和第 30 行以每个索引处的数据值调用 `play_sound`，演奏对应条柱大小的音符 0.05 秒。

当 `play_sound` 的调用在交换前发生时，音符演奏的音调递减来表示值是无序的。条柱越大，它的音调越高，反之亦然。当调用发生在交换后，音符演奏的音调递增，表示值现在是有序的。

selection_sort 生成器函数

在算法开始前，第 35～36 行初始化 `swaps` 和 `comparisons` 计数器。第 37 行创建 `colors` 数组，指定所有的条柱初始颜色为 `'lightgray'`。我们将会在整个算法中修改这个数组的元素，来以不同的方式强调条柱。第 40 行将 `data`、`colors`、`swaps` 和 `comparisons` `yield` 至 `FuncAnimation`。每次产生值，`FuncAnimation` 都将它们传递给 `update` 函数。第一个 `yield` 语句让动画显示最初未排序的条柱。

```
32  def selection_sort(data):
33      """用选择排序算法排序数据，
34      并且产生 update 函数用来可视化算法的值"""
35      swaps = 0
36      comparisons = 0
37      colors = ['lightgray'] * len(data)  # 条柱颜色列表
38
39      # 显示表示随机值的初始条柱
40      yield (data, colors, swaps, comparisons)
41
42      # 遍历 len(data)-1 个元素
43      for index1 in range(0, len(data) - 1):
44          smallest = index1
45
46          # 循环找最小元素的索引
47          for index2 in range(index1 + 1, len(data)):
48              comparisons += 1
49              colors[smallest] = 'purple'
50              colors[index2] = 'red'
51              yield (data, colors, swaps, comparisons)
52              play_sound(data[index2], seconds=0.05)
53
54              # 比较在 index 和 smallest 位置的元素
55              if data[index2] < data[smallest]:
56                  colors[smallest] = 'lightgray'
57                  smallest = index2
58                  colors[smallest] = 'purple'
59                  yield (data, colors, swaps, comparisons)
60              else:
61                  colors[index2] = 'lightgray'
62                  yield (data, colors, swaps, comparisons)
63
64          # 保证最后一个条柱不是紫色
65          colors[-1] = 'lightgray'
```

```
66
67            # 闪烁将要交换的条柱
68            yield from flash_bars(index1, smallest, data, colors,
69                                  swaps, comparisons)
70
71            # 交换在 index1 和 smallest 位置的元素
72            swaps += 1
73            data[smallest], data[index1] = data[index1], data[smallest]
74
75            # 闪烁刚刚交换的条柱
76            yield from flash_bars(index1, smallest, data, colors,
77                                  swaps, comparisons)
78
79            # 表明 index1 处条柱现在在它的最终位置
80            colors[index1] = 'lightgreen'
81            yield (data, colors, swaps, comparisons)
82
83        # 表明最后一个条柱现在在它的最终位置
84        colors[-1] = 'lightgreen'
85        yield (data, colors, swaps, comparisons)
86        play_sound(data[-1], seconds=0.05)
87
88        # 演奏每个条柱的音符一次，然后将它变为深绿色
89        for index in range(len(data)):
90            colors[index] = 'green'
91            yield (data, colors, swaps, comparisons)
92            play_sound(data[index], seconds=0.05)
93
```

第 43～81 行的嵌套循环实现选择排序算法。这里我们重点关注动画增强功能：

- 嵌套循环的每次迭代将 comparisons 加一（第 48 行），来记录总共执行了多少次比较。
- 在算法的一次遍历中，索引 smallest 处的条柱一直是紫色的（第 49 行）。随着嵌套循环执行，这个条柱的位置总是在变。
- 在算法的一次遍历中，索引 index2 处的条柱一直是红色的（第 50 行）。红色条柱表示在这次遍历中正在和最小值比较的值。
- 在每次嵌套循环的迭代中，第 51 行 yield data、colors、swaps 和 comparisons，所以我们能看见紫色和红色的条柱，表示正在被比较的值。
- 第 52 行演奏红色条柱大小对应的音符。我们马上会了解如何选择音符频率。
- 如果第 55～62 行找到了更小的值，我们将原来的 smallest 条柱变为浅灰色，同时将新的 smallest 条柱变为紫色。不然我们就将 index2 处的条柱变为浅灰色。

这些步骤保证在比较期间，只有一个条柱是红色的，且只有一个条柱是紫色的。无论是哪种情况，我们为下一动画帧 yield 值。

- 第 65 行保证在一趟遍历结束时最后一个条柱不是紫色。
- 每次外层循环的迭代都以一个交换结束。第 68～77 行在交换前闪烁对应的条柱，增加 swaps 计数，执行交换并再次闪烁对应的条柱。当一个生成器函数（在这个例子中是 selection_sort）需要 yield 另一个生成器函数的结果时，就需要有链式生成器函数。在这种情况下，必须用 yield from 语句（第 68～69 行和第 76～77 行）调用后一个函数（flash_bars）。这样可以保证用于下一个 update 调用的 flash_bars yield 的值“传递”至 FuncAnimation。

- 第 80 行将 index1 处的元素变成浅绿色，表示它现在已经在最终排序位置，第 81 行 yield 来绘制下一个动画帧。

当算法的外层循环结束后，data 中最后一个元素也在最终位置，所以第 84 行将其变成浅绿色，yield 来绘制下一动画帧，同时演奏条柱的音符。动画的最后一部分，第 89～92 行将条柱逐个变成深绿色，yield 来绘制下一动画帧，同时演奏这个条柱的音符。当动画帧数据源没有更多的值时，FuncAnimation 终止执行。在这个样例中，selection_sort 函数终止时会出现这种情况。

main 函数：启动动画

main 函数配置和启动动画。如果指定搜索值的个数为命令行参数，第 95 行使用那个值；否则，它使用 10 作为默认值。第 98～99 行创建并打乱数组。

```
94  def main():
95      number_of_values = int(sys.argv[1]) if len(sys.argv) == 2 else 10
96
97      figure = plt.figure('Selection Sort')  # 显示条形图的 figure
98      numbers = np.arange(1, number_of_values + 1)  # 创建数组
99      np.random.shuffle(numbers)  # 打乱数组
100
101     # 启动动画
102     anim = animation.FuncAnimation(figure, update, repeat=False,
103         frames=selection_sort(numbers), interval=50)
104
105     plt.show()  # 显示图表
106
107 # 如果这个文件以脚本执行，调用 main 函数
108 if __name__ == '__main__':
109     main()
```

第 102～103 行创建 FuncAnimation。回想一下，frames 关键字参数接收一个值，指定要执行多少帧动画。在这个样例中，frames 关键字接收对生成器函数 selection_sort 的调用作为参数。所以动画的帧数取决于什么时候生成器“用光”值。selection_sort yield 的值是 update 函数 frame_data 的来源。当 selection_sort yield 一个新的元组值时，selection_sort 暂停执行（记录它中断的位置），同时 FuncAnimation 将元组传递给 update，update 显示下一帧动画。当 update 结束执行后，selection_sort 从它暂停的地方继续执行算法。

声音实用工具函数

文件 ch11soundutilities.py 包含两个常量，我们用这两个常量以编程方式计算音符频率和三个播放 MIDI 音符的函数：

- TWELFTH_ROOT_2 表示 2 的 12 次方根，A3 代表钢琴中第三个八度音阶中音符 A 的频率。在第 11 行的计算中，i 如果是正值，则产生频率比 A3 高的音符；如果是负值，则产生更低频率的音符。i 的每个连续值表示钢琴的下一个键，所以如果 i 为 12，对应音符为 A4，即高一个八度音阶中的 A。类似地，如果 i 为 -12，对应音符为 A2。
- 函数 play_sound（第 8～11 行）接收两个参数，指定高于 A3 的步长（即钢琴上的琴键）来定义音符以及播放该音符的时间长度（以秒为单位）。第 11 行调用 pysine 模块的 sine 函数来根据指定的 frequency 和 duration 播放音符。
- 在这个样例中没有使用函数 play_found_sound 和 play_not_found_sound。我们提供了它们，以解答练习 11.23，在该练习中，将创建二分搜索的动画可视化。

这两个函数播放特定的音符来分别表示搜索关键字是否找到。

```
1  # ch11soundutilities.py
2  """Functions to play sounds."""
3  from pysine import sine
4
5  TWELFTH_ROOT_2 = 1.059463094359  # 2的12次方根。
6  A3 = 220  # 第三个八度音阶音符A的赫兹频率
7
8  def play_sound(i, seconds=0.1):
9      """播放代表条柱大小的音符。
10     根据https://pages.mtu.edu/~suits/NoteFreqCalcs.html进行计算。"""
11     sine(frequency=(A3 * TWELFTH_ROOT_2 ** i), duration=seconds)
12
13 def play_found_sound(seconds=0.1):
14     """播放一串音符，表示对象已找到"""
15     sine(frequency=523.25, duration=seconds) # C5
16     sine(frequency=698.46, duration=seconds) # F5
17     sine(frequency=783.99, duration=seconds) # G5
18
19 def play_not_found_sound(seconds=0.3):
20     """播放一个音符，表示对象未找到"""
21     sine(frequency=220, duration=seconds) # A3
```

11.16 小结

本章结束了对Python编程的介绍，也带我们深度体验了一些超出编程基础的计算机科学思维。我们创建了递归函数，即调用自身的函数。这些函数（或者方法）通常将问题分割成两个概念部分——初级问题和递归步骤。后者是原问题的较小版本，通过递归函数调用执行。我们也了解了一些常见的递归样例，包括计算阶乘和斐波那契数。还比较了递归和迭代问题求解方法。

我们也介绍了搜索和排序。讨论了两个搜索算法——线性搜索和二分搜索，以及三个排序算法——选择排序、插入排序和递归归并排序。我们介绍了大*O*表示，以帮助表示算法的效率，方便比较解决同一个问题的不同算法的效率。

我们给出了用Seaborn和Matplotlib实现的动画可视化选择排序。用Matplotlib `FuncAnimation`类来驱动动画。我们重写`selection_sort`函数为生成器函数，以提供动画里显示的值。

在本书的下一部分，我们将给出一系列的实现案例研究，这些案例混合使用AI和大数据技术。我们将探究自然语言处理、数据挖掘、Twitter、IBM Watson和认知计算、有监督和无监督机器学习、卷积神经网络和递归神经网络的深度学习。还将讨论大数据软件和硬件基础设施，包括NoSQL数据库、Hadoop和Spark，重点会强调性能。我们将会学到一些特别酷的东西！

练习

11.1 下面的代码是干什么的？

```
In [1]: def mystery(a, b):
   ...:     if b == 1:
   ...:         return a
   ...:     else:
```

```
   ...:         return a + mystery(a, b - 1)
   ...:

In [2]: mystery(2, 10)
Out[2]: ?????
```

11.2　找到下面递归函数的逻辑错误，并且解释如何纠正错误。这个函数应该计算 0 到 n 的和。

```
In [3]: def sum(n):
   ...:     if n == 0:
   ...:         return 0
   ...:     else:
   ...:         return n + sum(n)
   ...:
```

11.3　下面的代码是干什么的？

```
In [4]: def mystery(a_array, size):
   ...:     if size == 1:
   ...:         return a_array[0]
   ...:     else:
   ...:         return a_array[size - 1] + mystery(a_array, size - 1)
   ...:

In [5]: import numpy as np

In [6]: numbers = np.arange(1, 11)

In [7]: mystery(numbers, len(numbers))
Out[7]: ?????
```

11.4　在 11.3 节，我们给出了递归 factorial 函数。如果将 if 语句从 factorial 函数中移除，然后调用函数，会发生什么呢？

11.5　（递归 power 函数）编写一个递归函数 power (base, exponent)，当调用它时返回

$base^{exponent}$

例如 power (3, 4) = 3 * 3 * 3 *3。假设 exponent 是一个大于等于 1 的整数。提示：递归步骤应该使用关系式

$base^{exponent} = base \cdot base^{exponent-1}$

终止条件为满足 exponent 等于 1，因为

$base^1 = base$

将这个函数包含在程序中，同时这个程序能让用户输入 base 和 exponent。

11.6　（递归斐波那契修改）修改 11.4 节的递归 fibonacci 函数，使其能记录总函数调用次数。显示 fibonacci (10)、fibonacci (20) 和 fibonacci (30) 的调用次数。

11.7　（改善递归斐波那契性能：记忆化）研究叫作记忆化的性能增强技术。修改 11.4 节的递归 fibonacci 函数，使之包含记忆化。比较两个版本的 fibonacci (10)、fibonacci (20) 和 fibonacci (30) 的性能。

11.8　（可视化递归）看着递归"动起来"是非常有意思的。修改本章给出的递归 factorial 函数，使其能够打印它的局部变量和递归调用参数。对于每次递归调用，将其输出在单独一行上显示，并且增加一级缩进。使输出清楚、有趣和有意义。本题的目标就是设计和实现一种输出格式，让人能更轻松地理解递归。

11.9　（最大公因数）整数 x 和 y 的最大公因数是能同时被 x 和 y 整除的最大整数。编写并测试返回 x

和 y 最大公因数的递归函数 gcd。x 和 y 的 gcd 按如下递归方式定义：如果 y 等于 0，gcd (x, y) 等于 x；否则，gcd (x, y) 等于 gcd (y, x % y)，其中 % 为余数操作符。

11.10　（回文串）回文串是一种正着拼写和反着拼写都一样的字符串。一些回文串的例子有："radar""able was i ere i saw elba" 和（如果忽略空格）"a man a plan a canal panama"。编写递归函数 test_palindrome，如果存储在数组中的字符串是回文串，则返回 True，如果不是则返回 False。该函数忽略字符串中的空格和符号。

11.11　（八皇后）一个围棋爱好者的难题就是八皇后问题，问题是这样的：是否可能将八个皇后放在空棋盘上，使得这些皇后不互相"攻击"？（即没有两个皇后在同一行、同一列或者同一对角线。）例如，如果一个皇后放在棋盘的左上角，则其他皇后不能放在下图所示标记的所有位置。用递归方法解决这个问题。[提示：题解应该从第一列开始，并且寻找可以放置皇后的位置的行——最开始，将皇后放在第一行。然后题解应该递归搜索剩余列。在最初的几列中，可能会有好几个可以放置皇后的位置。选择第一个可以放置的位置。如果到达某一列时没有放置皇后的可能位置，程序应该返回到前一列，然后将那一列的皇后移动到新一行。这种不停地往回并尝试新的选择是递归回溯的一个例子。]

*	*	*	*	*	*	*	*
*	*						
*		*					
*			*				
*				*			
*					*		
*						*	
*							*

11.12　（汉诺塔）在本章中，我们学习了可以轻松同时递归或者迭代实现的函数。在本练习中，我们给出一个问题，它的递归解法展现了递归的优雅，而它的迭代解法可能不那么容易得出。

汉诺塔是每位崭露头角的计算机科学家必须解决的著名经典问题之一。传说中在遥远的东方的一座寺庙中，僧人们正在尝试将一堆金盘从一个钻石柱移动到另一个。下图展示了这些柱子，其中有四个盘子在柱子 1 上。

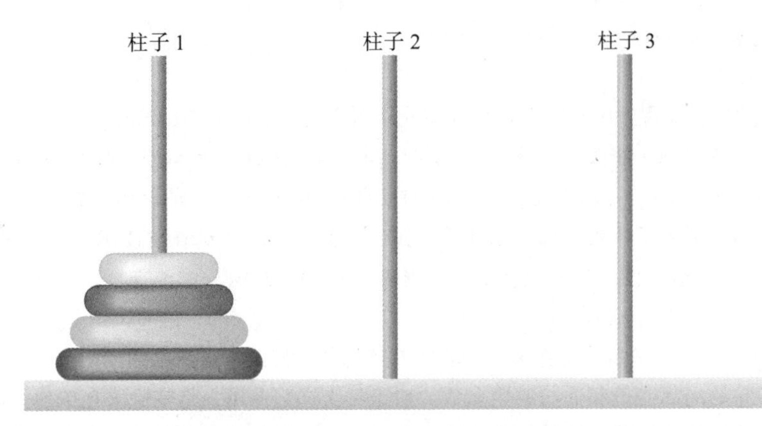

最初的盘子堆有 64 个盘子串在一个柱子上，按照从底到顶由大到小排列。僧人们尝试将堆从一个柱子移动到另一个柱子上，但是有如下约束条件：每次只能移动一个盘子，并且任何时刻更大的盘子都不能放在更小的盘子上面。提供三个柱子，一个用来临时放置盘子。

据说，当僧人们完成任务时世界将终结，所以我们没有什么动力去帮助他们。

让我们假设僧人尝试将盘子从柱子 1 移动到柱子 3。我们希望开发一种算法，能够显示柱子到柱子的盘子移动的精确顺序。

如果我们要用传统函数解决这个问题，我们会很快发现自己被绝望地困在管理盘子中。但是，如果我们使用递归来解决这个问题，则会让步骤变得简单。移动 n 个盘子可以从只移动 $n-1$ 个盘子这个角度看（递归方法），如下：

a）将 $n-1$ 个盘子从柱子 1 移动到柱子 2，使用柱子 3 作为临时放置区域。

b）将最后一个盘子（最大的）从柱子 1 移动到柱子 3。

c）将 $n-1$ 个盘子从柱子 2 移动到柱子 3，使用柱子 1 作为临时放置区域。

当最后的任务涉及移动 $n=1$ 个盘子时（即初级问题），整个过程结束。这个任务仅仅通过移动盘子就完成了，不需要临时放置区域。编写程序解决汉诺塔问题。使用带有四个参数的递归函数：

a）要移动的盘子数量。

b）这些盘子最初串在哪个柱子上。

c）这堆盘子要移动到哪个柱子上。

d）作为临时放置区域的柱子。

显示精确的盘子移动指令，包括从起始柱到终点柱。要将一堆三个盘子从柱子 1 移动到柱子 3，程序显示以下的移动步骤：

1 → 3（意思是从柱子 1 到柱子 3 移动一个盘子）
1 → 2
3 → 2
1 → 3
2 → 1
2 → 3
1 → 3

11.13　（大 O 的对数部分）二分搜索和归并排序的什么关键方面分别影响了它们的大 O 表示的对数部分？

11.14　（比较插入排序和归并排序）什么情况下插入排序比归并排序好？什么情况下归并排序比插入排序好？

11.15　（归并排序：排序子数组）在前文中，我们说在归并排序将数组划分成两个子数组后，它将这两个子数组排序并且合并。为什么有人会对“然后它将这两个子数组排序”的描述感到困惑？

11.16　（排序算法计时）移除来自本章定义的函数 `selection_sort`、`insertion_sort` 和 `merge_sort` 的输出语句，然后将每个样例的源代码文件导入 IPython。创建一个有 100 000 个元素的随机整数数组，使名为 `data1`，同时通过对原数组调用方法 `copy` 创建另外两份数组的副本（`data2` 和 `data3`）。然后，按照如下方法使用 `%timeit` 来比较各个搜索算法的性能：

```
%timeit -n 1 -r 1 selectionsort.selection_sort(data1)
%timeit -n 1 -r 1 insertionsort.insertion_sort(data2)
%timeit -n 1 -r 1 mergesort.merge_sort(data3)
```

`selection_sort` 和 `insertion_sort` 是否花费了差不多相同的时间？`merge_sort` 是否快得多？

11.17　（桶排序）桶排序首先有一个需要排序的正整数一维数组和一个二维整数数组，其行索引从 0 到 9，列索引从 0 到 $n-1$，其中 n 是要被排序的值的个数。二维数组的每一行称为一个桶。编写一个叫 `BucketSort` 的类，其中包含函数 `sort`，函数按照如下内容运行：

a) 根据一维数组中每个值的第一个数字（最右边）将其放入桶数组的某一行。例如，将 97 放入第 7 行，3 放入第 3 行，100 放入第 0 行。这个过程叫作*分配遍历*。

b) 按行遍历桶数组，将一行的值复制回原数组中。这个过程叫作*聚集遍历*。先前一维数组中的值的新顺序为 100、3 和 97。

c) 对接下来的每个数字位置重复这个过程（十位、百位、千位，等等）。第二次（十位）遍历的时候，将 100 放入第 0 行，3 放入第 0 行（因为 3 没有十位），97 放入第 9 行。聚集遍历后，一维数组中值的顺序为 100、3 和 97。第三次（百位）遍历后，将 100 放入第 1 行，3 放入第 0 行，97 放入第 0 行（在 3 之后）。在最后一次聚集遍历之后，原数组有序排列。

二维桶数组的长度是要排序的整数数组长度的 10 倍。这种排序方法性能优于选择排序和插入排序，但是需要的存储空间多得多——选择排序和插入排序只需要额外多一个元素的空间。这两类算法的比较是时间 / 空间互换的例子：桶排序比选择排序和插入排序使用更多的空间，但是性能更好。这个版本的桶排序需要每次遍历都将所有的数据复制回原数组中。另一种可能的实现方法是创建另一个二维桶数组，然后在两个桶数组之间反复交换数据。

11.18 （*递归二分搜索*）修改本章的 `binary_search` 函数，执行对数组的递归二分搜索。函数接收参数为搜索关键字、开始索引和结束索引。如果找到搜索关键字，返回它在数组中的索引。如果没有找到搜索关键字，返回 –1。

11.19 （*快速排序*）一种叫作快速排序的递归排序方法对一维数组值使用如下基本算法。

a) 分治步骤：取未排序数组中的第一个元素，并确定它在有序数组中的最终位置（即数组中所有在这个元素左边的值都小于它，所有在它右边的值都大于它——我们会在下面说明如何实现）。我们现在有一个在正确位置的元素和两个未排序的子数组。

b) 递归步骤：在每个未排序子数组上执行*步骤* 1。每次在子数组上执行*步骤* 1，就又有一个元素被放置在它在有序数组的最终位置上，同时创建两个未排序子数组。当子数组只有一个元素时，这个元素就在它的最终位置上（因为一个元素的数组本来就是有序的）。

基本算法看上去非常简单，但是我们如何确定每个子数组的第一个元素的最终位置？考虑如下例子，给出一组值（加粗的元素是分治元素——将会被放在它在有序数组中的最终位置）：

37　2　6　4　89　8　10　12　68　45

从数组最右边的元素开始，将 37 和每个元素比较，直到找到某个元素小于 37；然后将 37 和该元素交换。第一个小于 37 的元素是 12，所以 37 和 12 交换。新数组是

12　2　6　4　89　8　10　**37**　68　45

元素 12 是斜体，表示它刚刚才和 37 交换。

从数组的左边开始，但是从 12 后面的元素开始，将每个元素和 37 比较，直到找到一个元素大于 37——然后将 37 和该元素交换。第一个大于 37 的元素是 89，所以 37 和 89 交换。新数组是

12　2　6　4　**37**　8　10　*89*　68　45

从右边开始，但是从 89 前面的元素开始，将每个元素和 37 比较，直到找到一个元素小于 37——然后将 37 和该元素交换。第一个小于 37 的元素是 10，所以 37 和 10 交换。新数组是

12　2　6　4　*10*　8　**37**　89　68　45

从左边开始，但是从 10 后面的元素开始，将每个元素和 37 比较，直到找到一个元素大于 37——然后将 37 和该元素交换。没有其他元素大于 37，所以当我们将 37 和它自己比较的时候，我们知道 37 已经在有序数组中的最终位置。每个在 37 左边的值都小于它，每个在 37

右边的值都大于它。

在之前的数组上使用分治后，就有两个未排序的子数组。包含小于 37 的值的子数组有值 12、2、6、4、10 和 8。包含大于 37 的值的子数组有值 89、68 和 45。排序继续递归执行，两个子数组按照和原数组相同的方式分治。

根据前面的讨论，编写递归函数 `quick_sort_helper` 来排序一维整数数组。函数接收被排序原数组的起始索引和结束索引为参数。从接收原排序数组的 `quick_sort` 函数调用这个函数。

11.20　(*确定各种算法的大 O*) 确定以下各个算法的大 O。可能需要上网研究其中一些内容：

a) 在 Python 列表中，根据索引取出或者设置一个对象。

b) 在 Python 有序列表中按顺序插入一个新的值。

c) Shell `short` 数组。

d) 冒泡排序数组。

e) 有 n 个盘子的汉诺塔。[*提示*：对于 n=1、2、3、4、5 或 6，移动操作次数分别为 1、3、7、15、31、63。] 我们会发现汉诺塔的大 O —— $O(2^n)$ ——远比本章中的 $O(n^2)$ 排序要差得多。如果有 64 个盘子，操作次数是 18 446 744 073 709 551 615。如果僧人们能够每秒移动一个盘子，需要 584 942 417 355 年才能移完这 64 个盘子。

f) 找到 n 个不同对象的所有排列（不同的排列）。[*提示*：对于数字 1、2 和 3，有 6 种排列——123、132、213、231、312 和 321。] 对于数字 1、2、3 和 4，有 24 种排列。对于数字 1、2、3、4 和 5，有 120 种排列。我们会发现这个问题的大 O 甚至比汉诺塔还要糟糕得多。

11.21　(*项目：快速排序动画*) 查看和本章样例一起提供的 `QuickSort.mp4` 视频文件。使用在选择排序动画中学到的技术，修改练习 11.19 的答案，显示快速排序算法动画的动态效果。

11.22　(*项目：归并排序动画*) 使用在选择排序动画中学到的技术，修改本章给出的归并排序，显示算法动画的动态效果。

11.23　(*项目：二分搜索动画*) 使用在选择排序动画中学到的技术，修改本章给出的二分搜索，显示算法动画的动态效果。`ch11soundutilities.py` 文件包含本题要用的函数 `play_found_sound` 和 `play_not_found_sound`。

11.24　(*挑战项目：动画化汉诺塔*) 下面的网站：

```
https://svn.python.org/projects/stackless/trunk/Demo/tkinter/guido/
   hanoi.py
```

有用 tkinter 模块实现的动画汉诺塔。学习代码然后修改它，让它运行得更快。(*注意*：代码中有一个拼写小错误——`tkinter` 的 `import` 语句的 `T` 大写了，但是应该为小写。)

11.25　(*项目：递归目录搜索*) 为了更好地理解递归的概念，让我们来看一个对于计算机用户来说很熟悉的例子——计算机上文件系统目录的递归定义。计算机通常将相关的文件存储在一个目录下（也叫作文件夹）。目录可以是空的，可以包含文件也可以包含其他的目录，通常这叫作子目录。每个子目录也可以包含文件和目录。如果我们想列出一个目录中的每个文件（包括目录的子目录中的所有文件），我们需要创建一个函数，首先列出最初的目录的文件，然后进行递归调用以列出目录的每个子目录中的文件。初级问题满足条件为：到达某个目录但是这个目录不包含任何子目录。到这里，所有原目录的文件都被列出，同时不需要更进一步的递归。编写 `print_directory` 函数，参数为目录，递归遍历该目录的文件和子目录。每次递归调用打印多一“层”的输出应该缩进文件和目录名称，这样就可以看出文件和目录的结构。在文件或者目录名前加上 `F`（表示文件）或者 `D`（表示目录）以示区分。

自然语言处理

目标

- 执行自然语言处理任务，这是许多即将到来的数据科学案例研究章节的基础。
- 运行大量的 NLP 演示。
- 使用 TextBlob、NLTK、Textatistic 和 spaCy NLP 库及预训练的模型来执行各种 NLP 任务。
- 将文本标记为单词和句子。
- 使用词类标记。
- 使用情感分析来确定文本是积极的、消极的或者中性的。
- 检测文本的语言并使用 TextBlob 的谷歌翻译支持在语言之间进行翻译。
- 通过词干提取和词形还原得到词根。
- 使用 TextBlob 的拼写检查和更正功能。
- 得到单词释义、同义词和反义词。
- 从文本中删除停止词。
- 创建词云。
- 使用 Textatistic 评测文本可读性。
- 使用 spaCy 库进行命名实体识别和相似度检测。

12.1 简介

闹钟把我们吵醒，我们按下“闹钟关闭”按钮。拿起手机，阅读短信，查看最新的新闻剪辑。听电视主持人采访明星。与家人、朋友和同事交谈，倾听他们的反应。有一个听力受损的朋友，可以通过手语与他交流，他喜欢有近距离字幕的视频节目。有一个盲人同事，他读盲文，听电脑读书阅读器读的书，听屏幕阅读器讲他的电脑屏幕上的内容。阅读邮件，从重要的通信中区分垃圾邮件并发送电子邮件。阅读小说或非小说作品。一边开车，一边观察像“停车”“限速 35 公里”和“道路建设中”的路标。给车下达口头指令，例如“打电话回家”“播放古典音乐”或者问这样的问题：“最近的加油站在哪里？”教孩子怎么说话和阅读。给朋友寄慰问卡。从教材学习知识。阅读报纸和杂志。在课堂或者会议上记笔记。为了在国外待一个学期学习一门外语。收到一封西班牙语的客户的邮件，然后通过免费的翻译程序翻译它。用英语回复，因为知道客户能简单地把电子邮件翻译回西班牙语。不确定一封邮件的语言，但是语言检测软件会立即为我们识别并将其翻译为英语。

这些都是自然语言交流的例子，包括文本、声音、视频、手语、盲文和其他形式，使用了如英语、西班牙语、法语、俄语、汉语、日语等数百种语言。本章中，将通过一系列动手演示、IPython会话、自我测验练习、广泛的章末练习和项目来掌握许多自然语言处理（Natural Language Processing，NLP）的能力。我们将在即将到来的数据科学案例研究章节中使用许多这些NLP功能。

自然语言处理是在文本集合上执行的，这些文本集合由推文、Facebook帖子、对话、影评、莎士比亚戏剧、历史文档、新闻条目、会议日志等组成。一个文本集合叫作语料库（corpus），它的复数是corpora。

自然语言缺乏数学的精确性。意义的细微差别使自然语言理解尤为困难。文本的意义会受到它的上下文和读者“世界观”的影响。例如，搜索引擎通过以前的搜索来“了解用户”。好处是能获得更好的搜索结果。坏处是侵犯隐私。

12.2 TextBlob[1]

TextBlob是一个面向对象的NLP文本处理库，它建立在NLTK和pattern NLP库上，并简化了许多它们的操作。一些TextBlob可以执行的NLP任务包括：

- 标记——将文本划分为称为**标记**的部分，标记是有意义的单位，例如单词和数字。
- 词类（POS）标记——辨别每个单词的词性，例如名词、动词、形容词等。
- 名词短语提取——定位代表名词的单词组，例如“red brick factory”[2]。
- 情感分析——确定文本是否有积极的、中性的或消极的情感。
- 由谷歌翻译支持的语言间翻译和语言检测。
- 变形[3]——将单词变为复数或单数。还有其他方面的变形但不是TextBlob的一部分。
- 拼写检查和拼写纠正。
- 词干提取——通过去掉前缀或后缀得到单词的词根。例如“varieties”的词根是“variety”。
- 词形还原——像词干提取一样，但是真实单词的产生基于原来单词的上下文。例如，“varieties”的词形格式为“variety”。
- 词频——确定每个单词在语料库中出现的频率。
- 用于查找单词定义、同义词和反义词的WordNet集成。
- 停止词去除——删除常见的单词，例如a、an、the、I、we、you等，以便于分析语料库中重要的单词。
- n-grams模型——在语料库中产生一组连续的词语，用于识别经常彼此相连的词语。

许多这些功能被用作更复杂的NLP任务的一部分。在本节中，我们将使用TextBlob和NLTK执行这些NLP任务。

安装TextBlob模块

为了安装TextBlob，打开Anaconda Prompt（Windows）、Terminal（macOS/Linux）或shell（Linux），然后执行下面的命令：

---

[1] https://textblob.readthedocs.io/en/latest/.

[2] 短语“红色砖厂”（red brick factory）诠释了自然语言理解的难点。“红色砖厂”是一个生产红色砖头的工厂？是一个红色的工厂，生产各种颜色的砖头？是一个用红色砖头砌的工厂，生产任何类型的产品？在今天的音乐界，它甚至可以是一个摇滚乐队的名字，或者是智能手机上的游戏的名字。

[3] https://en.wikipedia.org/wiki/Inflection.

```
conda install -c conda-forge textblob
```

Windows 用户可能需要以管理员身份运行 Anaconda Prompt 以获得适当的软件安装权限。为了这样做，在开始菜单栏的 Anaconda Prompt 邮件，选择更多 > 以管理员身份运行。

一旦安装完成，执行下面的命令下载 TextBlob 使用的 NLTK 语料库：

```
ipython -m textblob.download_corpora
```

这些包括：

- 用于词性标注的 Brown Corpus（由 Brown 大学创建[1]）。
- 用于英语标记的 Punkt。
- 用于单词释义、同义词和反义词的 WordNet。
- 用于词性标注的 Averaged Perceptron Tagger。
- 用于将文本分解为组成成分的 conll2000，例如名词、动词、名词短语等，也称为文本块。conll2000 名字来源于创建块数据的会议——Conference on Computational Natural Language Learning。
- 用于情感分析的 Movie Reviews。

Gutenberg 计划

Gutenberg 计划的免费电子书是分析文本的一个很好的来源：

```
https://www.gutenberg.org
```

这个网站包含超过 57 000 本各种格式的电子书，包括纯文本文件。这些书在美国已经没有版权了。关于 Gutenberg 计划在其他国家的使用条管和版权，详见：

```
https://www.gutenberg.org/wiki/Gutenberg:Terms_of_Use
```

在本节的一些例子中，我们使用了莎士比亚的《罗密欧与朱丽叶》的纯文本电子书，能在此链接中找到：

```
https://www.gutenberg.org/ebooks/1513
```

Gutenberg 计划不允许有计划地访问它的电子书。为此，必须复制这些书[2]。为了下载《罗密欧与朱丽叶》的纯文本电子书，在该书网页上右键单击 **Plain Text UTF-8** 链接，然后选择链接另存为…（Chrome/FireFox）、下载链接文件为…（Safari）或者目标另存为（Microsoft Edge）选项来将书保存到系统中。把它作为 RemeoAndJuliet.txt 保存到 `ch12` 例子的文件夹中以确保我们的示例代码能正确运行。为了分析目的，我们删除了“THE TRAGEDY OF ROMEO AND JULIET”前面的 Gutenberg 计划文本，以及文件末尾以下文开头的 Gutenberg 计划信息：

```
End of the Project Gutenberg EBook of Romeo and Juliet,
by William Shakespeare
```

自我测验

（填空题）TextBlob 是一个面向对象的 NLP 文本处理库，它建立在________和________NLP 库之上，并简化了访问它们的功能。

答案：NLTK，pattern。

---

[1] https://en.wikipedia.org/wiki/Brown_Corpus.

[2] https://www.gutenberg.org/wiki/Gutenberg:Information_About_Robot_Access_to_our_Pages.

12.2.1 创建一个 TextBlob

TextBlob[1]是 textblob 模块的 NLP 基础类。让我们创建一个包含两个句子的 TextBlob：

```
In [1]: from textblob import TextBlob

In [2]: text = 'Today is a beautiful day. Tomorrow looks like bad weather.'

In [3]: blob = TextBlob(text)

In [4]: blob
Out[4]: TextBlob("Today is a beautiful day. Tomorrow looks like bad
weather.")
```

TextBlob 以及我们稍后将会看到的 Sentence 和 Word 支持字符串方法并能够与字符串比较。它们也提供了各种 NLP 任务的方法。Sentence、Word 和 TextBlob 继承自 BaseBlob，所以它们有很多共同的方法和属性。

[注意：我们在下面的几个自我测验和小节中使用了代码片段 [3] 的 TextBlob，我们将继续前面的交互会话。]

自我测验

1.（填空题）________是 textblob 模块的 NLP 基础类。

答案： TextBlob。

2.（判断题）TextBlob 支持字符串方法并且可以使用比较符与字符串比较。

答案： 正确。

3.（IPython 会话）创建一个包含 'This is a TextBlob' 的名为 exercise_blob 的 TextBlob。

答案：

```
In [5]: exercise_blob = TextBlob('This is a TextBlob')

In [6]: exercise_blob
Out[6]: TextBlob("This is a TextBlob")
```

12.2.2 语料化：文本的断句和取词

自然语言处理经常要求在执行其他 NLP 任务之前对文本进行标记。TextBlob 为访问 TextBlob 中的句子和单词提供了方便的属性。让我们使用 sentence 属性得到一个 Sentence 对象的列表：

```
In [7]: blob.sentences
Out[7]:
[Sentence("Today is a beautiful day."),
 Sentence("Tomorrow looks like bad weather.")]
```

words 属性返回一个包含 Word 对象列表的 WordList 对象，代表 TextBlob 删除标点符号后的每个单词：

[1] http://textblob.readthedocs.io/en/latest/api_reference.html#textblob.blob.TextBlob.

```
In [8]: blob.words
Out[8]: WordList(['Today', 'is', 'a', 'beautiful', 'day', 'Tomorrow',
'looks', 'like', 'bad', 'weather'])
```

自我测验

（IPython 会话）创建一个有两个句子的 `TextBlob`，然后将它标记为 `Sentence` 和 `Word`，并显示所有标记：

```
In [9]: ex = TextBlob('My old computer is slow. My new one is fast.')

In [10]: ex.sentences
Out[10]: [Sentence("My old computer is slow."), Sentence("My new one is
fast.")]

In [11]: ex.words
Out[11]: WordList(['My', 'old', 'computer', 'is', 'slow', 'My', 'new',
'one', 'is', 'fast'])
```

12.2.3　词性标记

词性（Parts-Of-Speech，POS）标记是根据上下文对单词进行评估，以确定每个单词的词性的过程。英语中有八大词性——名词、代词、动词、形容词、副词、介词、连词和感叹词（表示情感的单词，后面通常跟着标点符号，例如“Yes！”或者“Ha！”）。每个类别中有很多子类别。

一些单词有多种含义。例如，单词“set”和“run”各有上百种含义！如果在dictionary.com 查阅单词“run”的释义，可以发现它能作为动词、名词、形容词或形容词短语的一部分。POS 标记的一个重要作用是在一个单词可能有许多种含义的情况下确定它的含义。这对帮助电脑“理解”自然语言有重要帮助。

tags 属性返回一个元组列表，每个列表包含一个单词和代表其词性标签的字符串：

```
In [12]: blob
Out[12]: TextBlob("Today is a beautiful day. Tomorrow looks like bad
weather.")

In [13]: blob.tags
Out[13]:
[('Today', 'NN'),
 ('is', 'VBZ'),
 ('a', 'DT'),
 ('beautiful', 'JJ'),
 ('day', 'NN'),
 ('Tomorrow', 'NNP'),
 ('looks', 'VBZ'),
 ('like', 'IN'),
 ('bad', 'JJ'),
 ('weather', 'NN')]
```

默认情况下，`TextBlob` 使用 `PatternTagger` 来确定词性。这个类使用了 *pattern* 库的词性标记功能：

`https://www.clips.uantwerpen.be/pattern`

可以在下面的链接中阅览这个库的 63 个词性标签：

`https://www.clips.uantwerpen.be/pages/MBSP-tags`

在前面代码片段的输出中：

- Today、day 和 weather 被标记为 NN，即单数名词或复数名词。
- is 和 look 被标记为 VBZ，即第三人称单数现在进行时。
- a 被标记为 DT，即一个限定词。[⊖]
- beautiful 和 bad 被标记为 JJ，即一个形容词。
- Tomorrow 被标记为 NNP，即一个专有单数名词。
- like 被标记为 IN，即一个从属连词或介词。

自我测验

1.（填空题）________是根据上下文对单词进行评估，以确定每个单词的词性的过程。

答案： 词性（POS）标记。

2.（IPython 会话）显示句子 'My dog is cute' 的词性标签。

答案：

```
In [14]: TextBlob('My dog is cute').tags
Out[14]: [('My', 'PRP$'), ('dog', 'NN'), ('is', 'VBZ'), ('cute', 'JJ')]
```

在上面的输出中，POS 标签 PRP$ 表示所有格代名词。

12.2.4 提取名词短语

假设我们准备购买一个滑水橇，所以在网上搜索它们。我们可能会搜索“best water ski”。这种情况下，“water ski”是一个名词短语。如果搜索引擎没有正确解析名词短语，可能无法得到最好的搜索结果。在网上搜索“best water”“best ski”和“best water ski”并观察得到的结果。

TextBlob 的 noun_phrases 属性返回一个包含 Word 对象列表的 WordList 对象，一个 Word 对象文本中每个名词短语：

```
In [15]: blob
Out[15]: TextBlob("Today is a beautiful day. Tomorrow looks like bad
weather.")

In [16]: blob.noun_phrases
Out[16]: WordList(['beautiful day', 'tomorrow', 'bad weather'])
```

注意一个 Word 代表的名词短语可以包含多个单词。WordList 是 Python 内置的列表类型的扩展。WordList 为词干提取、词形还原、单数化和复数化提供了额外功能。

自我测验

（IPython 会话）展示句子 'The red brick factory is for sale' 的名词短语。

答案：

```
In [17]: TextBlob('The red brick factory is for sale').noun_phrases
Out[17]: WordList(['red brick factory'])
```

12.2.5 使用 TextBlob 的默认情感分析器进行情感分析

情感分析是最常见的和最有价值的 NLP 任务之一，它能确定文本是积极的、中性的还

⊖ https://en.wikipedia.org/wiki/Determiner.

是消极的。例如，公司可以用它来确定人们在网上对他们的产品评价是正面的还是负面的。考虑积极的单词“good”和消极的单词“bad”。一个句子包含“good”或“bad”并不意味着这个句子的情绪一定是积极的或者消极的。例如下面的句子

```
The food is not good.
```

显然是情绪消极的。又如句子

```
The movie was not bad.
```

显示是情绪积极的，虽然可能没有下面的句子那么积极：

```
The movie was excellent!
```

情感分析是一个复杂的机器学习问题。然而，像 `TextBlob` 这样的库有为运行情感分析预训练的机器学习模型。

获得 TextBlob 的情感

`TextBlob` 的 `sentiment` 属性返回一个 `Sentiment` 对象，表示其文本是积极的还是消极的以及是客观的还是主观的：

```
In [18]: blob
Out[18]: TextBlob("Today is a beautiful day. Tomorrow looks like bad
weather.")

In [19]: blob.sentiment
Out[19]: Sentiment(polarity=0.07500000000000007,
subjectivity=0.8333333333333333)
```

在前面的输出中，`polarity` 表示情感值，其值从 `-1.0`（消极）到 `1.0`（积极），`0.0` 表示中性。`subjectivity` 的值从 `0.0`（客观的）到 `1.0`（主观的）。基于我们 `TextBlob` 的值，整体的情绪接近中性，文本几乎是主观的。

从情感对象获得 polarity 和 subjectivity

大多数情况下，上面显示的值可能提供了比需要的精度更高的精度。这可能会降低数值输出的可读性。IPython 的魔法指令 `%precision` 允许为独立的 `float` 对象和内置类型（列表、字典和元组）的 `float` 对象指定默认的精度。让我们使用魔法指令将 `polarity` 和 `subjectivity` 的值保留到小数点后面三位数：

```
In [20]: %precision 3
Out[20]: '%.3f'

In [21]: blob.sentiment.polarity
Out[21]: 0.075

In [22]: blob.sentiment.subjectivity
Out[22]: 0.833
```

获得一个 Sentence 的情感

也可以从单个句子的层面上得到情感。让我们用 `sentence` 属性获得一个 `Sentence`[⊖] 对象列表，然后遍历它们，并显示每个 `Sentence` 的情感属性：

```
In [23]: for sentence in blob.sentences:
    ...:     print(sentence.sentiment)
    ...:
```

⊖ http://textblob.readthedocs.io/en/latest/api_reference.html#textblob.blob.Sentence.

```
Sentiment(polarity=0.85, subjectivity=1.0)
Sentiment(polarity=-0.6999999999999998, subjectivity=0.6666666666666666)
```

这可以解释为什么整个 `TextBlob` 的 `sentiment` 接近 `0.0`（中性），因为一个句子是积极的（`0.85`），而另一个句子是消极的（`-0.6999999999999998`）。

自我测验

（IPython 会话）从 `TextBlob` 导入 `Sentence` 模块，生成 `Sentence` 对象，然后检测本节简介中使用的三个句子的情感。

答案：代码片段 `[25]` 的输出显示句子的情感有些消极（因为"not good"）。代码片段 [26] 的输出显示句子的情绪有些积极（因为"not bad"）。代码片段 `[27]` 的输出显示句子的情绪是完全积极的（因为"excellent"）。输出显示所有三个句子都是主观的，最后一个句子是完全积极和主观的。

```
In [24]: from textblob import Sentence

In [25]: Sentence('The food is not good.').sentiment
Out[25]: Sentiment(polarity=-0.35, subjectivity=0.6000000000000001)

In [26]: Sentence('The movie was not bad.').sentiment
Out[26]: Sentiment(polarity=0.3499999999999999,
subjectivity=0.6666666666666666)

In [27]: Sentence('The movie was excellent!').sentiment
Out[27]: Sentiment(polarity=1.0, subjectivity=1.0)
```

12.2.6 使用 NaiveBayesAnalyzer 进行情感分析

默认情况下，`TextBlob` 以及从其中得到的 `Sentence` 和 `Word` 使用 `PatternAnalyzer` 确定情感，`PatternAnalyzer` 使用了和 `Pattern` 库中相同的情感分析技术。`TextBlob` 还附带一个 `NaiveBayesAnalyzer`[1]（模块 `textblob.sentiments`），它是根据电影评论训练出来的。Naive Bayes[2]是一种常用的机器学习文本分类算法。下面使用了 `analyzer` 关键字参数来指定一个 `TextBlob` 的情感分析器。回想前面进行中的 IPython 会话，文本包含 `'Today is a beautiful day. Tomorrow looks like bad weather.'`：

```
In [28]: from textblob.sentiments import NaiveBayesAnalyzer

In [29]: blob = TextBlob(text, analyzer=NaiveBayesAnalyzer())

In [30]: blob
Out[30]: TextBlob("Today is a beautiful day. Tomorrow looks like bad
weather.")
```

让我们使用 `TextBlob` 的 `setiment` 属性来显示 `NaiveBayesAnalyzer` 下文本的情感：

```
In [31]: blob.sentiment
Out[31]: Sentiment(classification='neg', p_pos=0.47662917962091056,
p_neg=0.5233708203790892)
```

---

[1] https://textblob.readthedocs.io/en/latest/api_reference.html#moduletextblob.en.sentiments.

[2] https://en.wikipedia.org/wiki/Naive_Bayes_classifier.

本例中，总体的情感被分为了消极（classification='neg'）。Sentiment 对象 p_pos 显示 TextBlob 是 47.66% 积极的，它的 p_neg 显示 TextBlob 是 52.34% 消极的。由于整体的情感只是更消极一点，我们可能认为这个 TextBlob 的情感总体上是中性的。

现在，让我们获取每个 Sentence 的情感：

```
In [32]: for sentence in blob.sentences:
    ...:     print(sentence.sentiment)
    ...:
Sentiment(classification='pos', p_pos=0.8117563121751951,
p_neg=0.18824368782480477)
Sentiment(classification='neg', p_pos=0.174363226578349,
p_neg=0.8256367734216521)
```

请注意我们从 NaiveBayesAnalyzer 得到的 Sentiment 对象不包括 polarity 和 subjectivity，而是包含一个分类——'pos'（积极的）或 'neg'（消极的），以及值从 0.0 到 1.0 的 p_pos（积极性百分比）和 p_neg（消极性百分比）。再一次，我们看到第一个句子是积极的，第二个句子是消极的。

自我测验

（IPython 会话）使用 NaiveBayesAnalyzer 检查句子 'The movie was excellent!' 的情感。

答案：

```
In [33]: text = ('The movie was excellent!')

In [34]: exblob = TextBlob(text, analyzer=NaiveBayesAnalyzer())

In [35]: exblob.sentiment
Out[35]: Sentiment(classification='pos', p_pos=0.7318278242290406,
p_neg=0.26817217577095936)
```

12.2.7 语言检测和翻译

语言间的翻译是自然语言处理和人工智能中一个有挑战性的问题。随着机器学习、人工智能和自然语言处理技术的进步，像谷歌翻译（100+ 种语言）和微软必应翻译器（60+ 种语言）一样的服务可以即时在语言之间翻译。

跨语言翻译对去国外旅行的人也很有用。他们可以用翻译应用翻译菜单、路标等。甚至还有翻译现场演讲的能力，这让我们可以与不懂自然语言的人实时进行交谈。[一][二]如今一些智能手机可以与入耳式耳机一起工作，提供许多语言的接近实时的翻译。[三][四][五]在第 14 章，我们将开发一个脚本，它能够接近实时地在 Waston 支持的语言中进行跨语言的翻译。

TextBlob 库使用谷歌翻译来检测文本的语言并将 TextBlob、Sentence 和 Word 翻译成其他语言。[六]让我们使用 detect_language 方法来确定我们操作的文本的语言（'en'

㊀ https://www.skype.com/en/features/skype-translator/.

㊁ https://www.microsoft.com/en-us/translator/business/live/.

㊂ https://www.telegraph.co.uk/technology/2017/10/04/googles-new-headphones-can-translate-foreign-languages-real/.

㊃ https://store.google.com/us/product/google_pixel_buds?hl=en-US.

㊄ http://www.chicagotribune.com/bluesky/originals/ct-bsi-google-pixel-buds-review-20171115-story.html.

㊅ 这些功能需要连接网络。

是英语):

```
In [36]: blob
Out[36]: TextBlob("Today is a beautiful day. Tomorrow looks like bad
weather.")

In [37]: blob.detect_language()
Out[37]: 'en'
```

接下来,让我们使用 translate 方法将文本转换为西班牙语('es')然后检测结果的语言。关键字参数指定了目标语言。

```
In [38]: spanish = blob.translate(to='es')

In [39]: spanish
Out[39]: TextBlob("Hoy es un hermoso dia. Mañana parece mal tiempo.")

In [40]: spanish.detect_language()
Out[40]: 'es'
```

接下来,让我们将 TextBlob 翻译为简体中文(指定为 'zh' 或 'zh-CN')然后检测结果的语言:

```
In [41]: chinese = blob.translate(to='zh')

In [42]: chinese
Out[42]: TextBlob("今天是美好的一天。明天看起来像恶劣的天气。")

In [43]: chinese.detect_language()
Out[43]: 'zh-CN'
```

方法 detect_language 的输出总是以 'zh-CN' 表示简体中文,即使 translate 函数能以 'zh' 或 'zh-CN' 接收简体中文。

在前面的每个例子中,谷歌翻译自动检测源语言。可以通过传递 from_lang 关键字参数显式地向 translate 方法指定源语言:

```
chinese = blob.translate(from_lang='en', to='zh')
```

谷歌翻译使用 iso-639-1[⊖]语言代码,在下面链接列出

https://en.wikipedia.org/wiki/List_of_ISO_639-1_codes

对于支持的语言,应该使用这些代码作为 fram_lang 和 to 关键字参数的值。谷歌翻译支持的语言列表:

https://cloud.google.com/translate/docs/languages

不带参数时调用 translate 将会把检测到的源语言翻译为英语:

```
In [44]: spanish.translate()
Out[44]: TextBlob("Today is a beautiful day. Tomorrow seems like bad
weather.")

In [45]: chinese.translate()
Out[45]: TextBlob("Today is a beautiful day. Tomorrow looks like bad
weather.")
```

⊖ ISO 是国际标准组织(International Organization for Standardization)的缩写(https://www.iso.org/)。

注意英语结果中细微的不同。

自我测验

（IPython 会话）将 'Today is a beautiful day.' 翻译为法语，然后检测语言。

答案：

```
In [46]: blob = TextBlob('Today is a beautiful day.')

In [47]: french = blob.translate(to='fr')

In [48]: french
Out[48]: TextBlob("Aujourd'hui est un beau jour.")

In [49]: french.detect_language()
Out[49]: 'fr'
```

12.2.8　变形：复数化和单数化

变形是相同单词的不同形式，例如单数和复数（例如“person”和“people”）以及不同的动词时态（例如“run”和“ran”）。当计算词频时，可能希望首先将所有词形变化的单词转换为相同的形式，以便获得更精确的词频。Word 和 WordList 都支持将单词转换为单数或复数形式。让我们将一组 Word 对象复数化和单数化：

```
In [1]: from textblob import Word

In [2]: index = Word('index')

In [3]: index.pluralize()
Out[3]: 'indices'

In [4]: cacti = Word('cacti')

In [5]: cacti.singularize()
Out[5]: 'cactus'
```

正如我们在上面看到的，复数化和单数化是一个复杂的任务，不像在一个单词末尾添加或者删除“s”和“es”那样简单。

也可以对 WordList 做同样的操作：

```
In [6]: from textblob import TextBlob

In [7]: animals = TextBlob('dog cat fish bird').words

In [8]: animals.pluralize()
Out[8]: WordList(['dogs', 'cats', 'fish', 'birds'])
```

注意单词“fish”的单数和复数形式是一样的。

自我测验

（IPython 会话）将单词 'children' 单数化，将单词 'focus' 复数化。

答案：

```
In [1]: from textblob import Word

In [2]: Word('children').singularize()
```

```
Out[2]: 'child'

In [3]: Word('focus').pluralize()
Out[3]: 'foci'
```

12.2.9 拼写检查和更正

对于自然语言处理任务，重要的是文本没有拼写错误。用于编写和编辑文本的软件包，例如微软的 Word、谷歌 Docs 和其他软件，会在输入时自动检查拼写，通常会在拼写错误的单词下面画一条红线。其他工具允许手动调用拼写检查器。

可以通过 Word 的 spellcheck 方法检查其拼写，它会返回一个包含可能正确的拼写及其置信值元组的列表。假设我们想要打“they”但是误拼成了“theyr”。拼写检查结果将显示两种可能的更正，其中单词“they”有最大的置信值：

```
In [1]: from textblob import Word

In [2]: word = Word('theyr')

In [3]: %precision 2
Out[3]: '%.2f'

In [4]: word.spellcheck()
Out[4]: [('they', 0.57), ('their', 0.43)]
```

注意有最大置信值的单词可能不是在给定文本中的正确单词。

TextBlob、Sentence 和 Word 都有 correct 方法，可以调用它们更正拼写。在一个 Word 上面调用 correct 返回置信值（即 spellcheck 的返回值）最高的单词作为正确拼写：

```
In [5]: word.correct()  # chooses word with the highest confidence value
Out[5]: 'they'
```

在 TextBlob 或 Sentence 上调用 correct 会检查每个单词的拼写。对于每个错误的单词，correct 会使用置信值最高的正确拼写替换它：

```
In [6]: from textblob import Word

In [7]: sentence = TextBlob('Ths sentense has missplled wrds.')

In [8]: sentence.correct()
Out[8]: TextBlob("The sentence has misspelled words.")
```

自我测验

1.（判断题）可以使用 Word 的 correct 方法检查其拼写，它会返回一个包含可能正确的拼写及其置信值元组的列表。

答案：错误。可以使用 Word 的 spellcheck 方法检查其拼写，它会返回一个包含可能正确的拼写及其置信值元组的列表。

2.（IPython 会话）更正 'I canot beleive I misspeled thees werds' 的拼写。

答案：

```
In [1]: from textblob import TextBlob
```

```
In [2]: sentence = TextBlob('I canot beleive I misspeled thees werds')

In [3]: sentence.correct()
Out[3]: TextBlob("I cannot believe I misspelled these words")
```

12.2.10　规范化：词干提取和词形还原

词干提取删除一个单词的前缀或后缀，只留下词干，它可能并不是一个实际的单词。词形还原也是类似的，但是会将词形和词义纳入考虑，并以实际单词返回结果。

词干提取和词形还原是归一化操作，需要准备用于分析的单词。例如，在计算文本主体中单词的统计信息之前，可以将所有单词转换为小写，这样大写和小写单词就不会被区别对待。有时候，我们可能希望使用一个单词的词根代表这个单词的许多形式。例如，在一个给定的应用中，我们可能希望将这些单词都视作“program”：program、programs、programmer、programming 和 programmed（还包括英式英语的拼写，例如 programmes）。

Word 和 WordList 通过 stem 和 lemmatize 方法支持词干提取和词形还原。让我们在 Word 上使用它们：

```
In [1]: from textblob import Word

In [2]: word = Word('varieties')

In [3]: word.stem()
Out[3]: 'varieti'

In [4]: word.lemmatize()
Out[4]: 'variety'
```

自我测验

1.（判断题）词干提取和词形还原是相似的，但是会将词性和词义纳入考虑并以实际单词返回结果。

答案：错误。词形还原和词干提取是相似的，但是会将词形和词义纳入考虑并以实际单词返回结果。

2.（IPython 会话）对单词 'strawberries' 词干提取和词形还原。

答案：

```
In [1]: from textblob import Word

In [2]: word = Word('strawberries')

In [3]: word.stem()
Out[3]: 'strawberri'

In [4]: word.lemmatize()
Out[4]: 'strawberry'
```

12.2.11　词频

各种检测文档之间相似度的技术都依赖于词频。正如我们在这里看到的，TextBlob 自动计算词频。首先，让我们将莎士比亚的《罗密欧与朱丽叶》加载到一个 TextBlob。为此，我们将使用 Python 标准库 pathlib 模块的 Path 类：

```
In [1]: from pathlib import Path

In [2]: from textblob import TextBlob

In [3]: blob = TextBlob(Path('RomeoAndJuliet.txt').read_text())
```

使用之前下载的 RomeoAndJuliet.txt 文件[1]。我们假设从该文件夹启动了 IPython 会话。当使用 Path 的 read_text 方法读入文件时，它会在读完文件时立即关闭文件。

可以通过 TextBlob 的 word_counts 字典访问词频。让我们来数一下剧中的几个单词：

```
In [4]: blob.word_counts['juliet']
Out[4]: 190

In [5]: blob.word_counts['romeo']
Out[5]: 315

In [6]: blob.word_counts['thou']
Out[6]: 278
```

如果已经将 TextBlob 标记为了 WordList，可以通过 count 方法得到指定单词的词频：

```
In [7]: blob.words.count('joy')
Out[7]: 14

In [8]: blob.noun_phrases.count('lady capulet')
Out[8]: 46
```

自我测验

1.（判断题）可以通过 TextBlob 的 counts 字典访问词频。

答案：错误。可以通过 word_counts 字典访问词频。

2.（IPython 会话）使用本节中 IPython 会话的 TextBlob，确定《罗密欧与朱丽叶》中停止词“a”“an”和“the”出现的次数。

答案：

```
In [9]: blob.word_counts['a']
Out[9]: 483

In [10]: blob.word_counts['an']
Out[10]: 71

In [11]: blob.word_counts['the']
Out[11]: 688
```

12.2.12 从 WordNet 中获取定义、同义词和反义词

WordNet[2]是一个由普林斯顿大学创建的单词数据库。TextBlob 库使用了 NLTK 库的 WordNet 接口，允许检查单词定义并获得同义词和反义词。有关更多信息，请查看 NLTK WordNet 的接口文档：

```
https://www.nltk.org/api/nltk.corpus.reader.html#module-
  nltk.corpus.reader.wordnet
```

[1] 每本 Gutenberg 计划的电子书都包括额外的文本，例如它们的许可信息，这不是电子书本身的一部分。对于本例，我们使用了一个文本编辑器从电子书副本中删除了该文本。

[2] https://wordnet.princeton.edu/.

获取定义

首先，创建 Word：

```
In [1]: from textblob import Word

In [2]: happy = Word('happy')
```

Word 类的 definitions 属性返回包含这个单词在 WordNet 数据库中的所有定义的列表：

```
In [3]: happy.definitions
Out[3]:
['enjoying or showing or marked by joy or pleasure',
 'marked by good fortune',
 'eagerly disposed to act or to be of service',
 'well expressed and to the point']
```

数据库不一定包含给定单词的每个字典定义。还有一个 define 方法允许传递词性作为参数，这样就可以获得匹配该词性的定义。

获取同义词

可以通过 synsets 属性获取 Word 的 synsets，即同义词的集合。结果为 Synset 对象的列表：

```
In [4]: happy.synsets
Out[4]:
[Synset('happy.a.01'),
 Synset('felicitous.s.02'),
 Synset('glad.s.02'),
 Synset('happy.s.04')]
```

每个 Synset 代表了一个同义词组。在符号 happy.a.01 中：

- happy 是原始 Word 的词形还原的形式（本例中是一样的）。
- a 是词性，a 代表形容词，n 代表名词，v 代表动词，r 代表副词，s 代表附属形容词。WordNet 中的许多形容词 synset 都有代表类似形容词的附属同义词集。
- 01 是一个从 0 开始的索引号。许多单词有多种含义，这是 WordNet 数据库中对应含义的索引。

还有一个 get_synsets 方法允许传递一个词性作为参数，这样就可以获得匹配该词性的 Synset。

可以遍历 synsets 列表找到原始单词的同义词。每个 Synset 的 lemmas 方法会返回代表同义词的 Lemma 对象列表。Lemma 的 name 方法将同义词作为字符串返回。在下面的代码中，对于每个 synsets 列表中的 Synset，嵌套的 for 循环遍历 Synset 的 Lemma（如果有）。然后我们将同义词添加到名为 synonyms 的集合。我们使用一个集合整体，因为它能够自动去除添加的重复值：

```
In [5]: synonyms = set()

In [6]: for synset in happy.synsets:
   ...:     for lemma in synset.lemmas():
   ...:         synonyms.add(lemma.name())
   ...:
```

```
In [7]: synonyms
Out[7]: {'felicitous', 'glad', 'happy', 'well-chosen'}
```

获取反义词

如果由 Lemma 代表的单词在 WordNext 数据库中有反义词，那么调用 Lemma 的 antonyms 方法会返回代表反义词的 Lemma 列表（如果数据库中没有反义词，返回一个空列表）。在代码片段 [4] 中，可以发现 'happy' 有四个 Synset。首先，我们获取 synsets 列表索引 0 处的 Synset 的 Lemmas：

```
In [8]: lemmas = happy.synsets[0].lemmas()

In [9]: lemmas
Out[9]: [Lemma('happy.a.01.happy')]
```

本例中，lemmas 返回一个 Lemma 元素的列表。我们能检查数据库中是否有任何和那个 Lemma 对应的反义词：

```
In [10]: lemmas[0].antonyms()
Out[10]: [Lemma('unhappy.a.01.unhappy')]
```

结果是代表反义词的 Lemma 的列表。这里我们能发现 'happy' 在数据库中的一个反义词是 'unhappy'。

自我测验

1.（填空题）一个________代表给定单词的同义词。

答案： Synset。

2.（IPython 会话）显示单词“boat”的 synsets 和 definitions。

答案：

```
In [1]: from textblob import Word

In [2]: word = Word('boat')

In [3]: word.synsets
Out[3]: [Synset('boat.n.01'), Synset('gravy_boat.n.01'),
Synset('boat.v.01')]

In [4]: word.definitions
Out[4]:
['a small vessel for travel on water',
 'a dish (often boat-shaped) for serving gravy or sauce',
 'ride in a boat on water']
```

本例中有三个 Synset，definitions 属性显示对应的定义。

12.2.13 删除停止词

停止词在文本中很常见，在分析之前它们经常会被从文中删除，因为它们通常不提供有用的信息。下面的表格展示了 NLTK 的英文停止词列表，它由 NLTK stopwords 模块的 words 函数[⊖]（等下会用到）返回：

⊖ https://www.nltk.org/book/ch02.html.

NLTK 的英文停止词列表

```
['a', 'about', 'above', 'after', 'again', 'against', 'ain', 'all', 'am', 'an',
'and', 'any', 'are', 'aren', "aren't", 'as', 'at', 'be', 'because', 'been',
'before', 'being', 'below', 'between', 'both', 'but', 'by', 'can', 'couldn',
"couldn't", 'd', 'did', 'didn', "didn't", 'do', 'does', 'doesn', "doesn't",
'doing', 'don', "don't", 'down', 'during', 'each', 'few', 'for', 'from',
'further', 'had', 'hadn', "hadn't", 'has', 'hasn', "hasn't", 'have', 'haven',
"haven't", 'having', 'he', 'her', 'here', 'hers', 'herself', 'him', 'him-self',
'his', 'how', 'i', 'if', 'in', 'into', 'is', 'isn', "isn't", 'it', "it's",
'its', 'itself', 'just', 'll', 'm', 'ma', 'me', 'mightn', "mightn't", 'more',
'most', 'mustn', "mustn't", 'my', 'myself', 'needn', "needn't", 'no', 'nor',
'not', 'now', 'o', 'of', 'off', 'on', 'once', 'only', 'or', 'other', 'our',
'ours', 'ourselves', 'out', 'over', 'own', 're', 's', 'same', 'shan', "shan't",
'she', "she's", 'should', "should've", 'shouldn', "shouldn't", 'so', 'some',
'such', 't', 'than', 'that', "that'll", 'the', 'their', 'theirs', 'them',
'themselves', 'then', 'there', 'these', 'they', 'this', 'those', 'through',
'to', 'too', 'under', 'until', 'up', 've', 'very', 'was', 'wasn', "wasn't",
'we', 'were', 'weren', "weren't", 'what', 'when', 'where', 'which', 'while',
'who', 'whom', 'why', 'will', 'with', 'won', "won't", 'wouldn', "wouldn't",
'y', 'you', "you'd", "you'll", "you're", "you've", 'your', 'yours', 'yourself',
'yourselves']
```

NLTK 还有其他几种自然语言的停止词列表。在使用 NLTK 的停止词列表之前，必须下载它们，可以使用 `nltk` 模块的 `download` 函数：

```
In [1]: import nltk

In [2]: nltk.download('stopwords')
[nltk_data] Downloading package stopwords to
[nltk_data]     C:\Users\PaulDeitel\AppData\Roaming\nltk_data...
[nltk_data]   Unzipping corpora\stopwords.zip.
Out[2]: True
```

本例中，我们加载了 `'english'` 的停止词列表。首先从 `nltk.corpus` 中模块中导入 `stopwords`，然后使用 `stopwords` 方法 `words` 来加载 `'english'` 的停止词列表：

```
In [3]: from nltk.corpus import stopwords

In [4]: stops = stopwords.words('english')
```

接下来，我们创建一个需要删除停止词的 `TextBlob`：

```
In [5]: from textblob import TextBlob

In [6]: blob = TextBlob('Today is a beautiful day.')
```

最后，为了删除停止词，在列表解释器中使用 `TextBlob` 的单词，只有当单词不在 `stops` 中时，才将它加入结果列表中：

```
In [7]: [word for word in blob.words if word not in stops]
Out[7]: ['Today', 'beautiful', 'day']
```

自我测验

1. (填空题)________在文本中非常常见，通常在分析文本前会被从文中删除。

答案：停止词。

2.（IPython 会话）从包含句子 'TextBlob is easy to use' 的 TextBlob 中删除停止词。

答案：

```
In [1]: from nltk.corpus import stopwords

In [2]: stops = stopwords.words('english')

In [3]: from textblob import TextBlob

In [4]: blob = TextBlob('TextBlob is easy to use.')

In [5]: [word for word in blob.words if word not in stops]
Out[5]: ['TextBlob', 'easy', 'use']
```

12.2.14　n-gram 模型

n-gram[⊖]是 *n* 个文本项的序列，例如单词中的字母或句子中的单词。在自然语言处理中，n-gram 可用于识别经常彼此相邻的字母或单词。对于基于文本的用户输入，这可以帮助预测用户将要输入的下一个字母或单词，例如在 IPython 中完成项输入时使用 tab 补全，或者在最喜欢的智能手机通讯应用中向朋友输入消息时补全。对于语音到文本的转换，可以使用 n-grams 来提高转换的质量。n-grams 是同现关系的一种形式，即单词或字母在正文中彼此相邻出现。

TextBlob 的 ngrams 方法默认产生长度为三的 WordList n-gram 列表，被称作三元模型。可以传递关键字参数 *n* 来产生想要长度的 n-gram。输出显示第一个三元模型包含句子中的前三个单词（'Today''is' 和 'a'）。然后，ngrams 创建一个从句子第二个单词开始的三元模型（'is''a' 和 'beautiful'）等，直到其创建包含 TextBlob 最后三个单词的三元模型：

```
In [1]: from textblob import TextBlob

In [2]: text = 'Today is a beautiful day. Tomorrow looks like bad weather.'

In [3]: blob = TextBlob(text)

In [4]: blob.ngrams()
Out[4]:
[WordList(['Today', 'is', 'a']),
 WordList(['is', 'a', 'beautiful']),
 WordList(['a', 'beautiful', 'day']),
 WordList(['beautiful', 'day', 'Tomorrow']),
 WordList(['day', 'Tomorrow', 'looks']),
 WordList(['Tomorrow', 'looks', 'like']),
 WordList(['looks', 'like', 'bad']),
 WordList(['like', 'bad', 'weather'])]
```

下面产生的 n-gram 由五个单词组成：

```
In [5]: blob.ngrams(n=5)
Out[5]:
[WordList(['Today', 'is', 'a', 'beautiful', 'day']),
```

⊖ https://en.wikipedia.org/wiki/N-gram.

```
 WordList(['is', 'a', 'beautiful', 'day', 'Tomorrow']),
 WordList(['a', 'beautiful', 'day', 'Tomorrow', 'looks']),
 WordList(['beautiful', 'day', 'Tomorrow', 'looks', 'like']),
 WordList(['day', 'Tomorrow', 'looks', 'like', 'bad']),
 WordList(['Tomorrow', 'looks', 'like', 'bad', 'weather'])]
```

自我测验

1.（填空题）n-gram 是________的一种形式，即单词在正文中彼此相邻出现。

答案：同现关系。

2.（IPython 会话）为 'TextBlob is easy to use' 产生每个由三个单词组成的 n-gram。

答案：

```
In [1]: from textblob import TextBlob

In [2]: blob = TextBlob('TextBlob is easy to use.')

In [3]: blob.ngrams()
Out[3]:
[WordList(['TextBlob', 'is', 'easy']),
 WordList(['is', 'easy', 'to']),
 WordList(['easy', 'to', 'use'])]
```

12.3 用柱状图和词云进行词频可视化

前面我们获得了几个单词在《罗密欧与朱丽叶》中的词频。有时频率可视化会增强语料分析能力。可视化数据的方法往往不止一种，有时一种方法优于其他方法。例如，我们可能对单词关联于另一个的词频感兴趣，或者可能只是对语料库中单词的关联用法感兴趣。在本节中，我们将看到两种可视化词频的方法：

- 一个定量显示《罗密欧与朱丽叶》中频次最高的 20 个单词的条状图，每个条柱代表每个单词及其频次。
- 一个定性显示的词云（Word Cloud），频率越高的单词字体越大，频率越低的单词字体越小。

12.3.1 用 pandas 进行词频可视化

让我们将《罗密欧与朱丽叶》中频率最高的 20 个非停止词可视化。为此，我们将会使用 TextBlob、NLTK 和 pandas 的特性。pandas 的可视化功能是基于 Matplotlib 的，所以以下面的指令启动本次 IPython 会话：

```
ipython --matplotlib
```

加载数据

首先，让我们加载《罗密欧与朱丽叶》。在执行下面的代码之前，从 ch12 样例文件夹启动 IPython，以便可以访问之前章节中下载的电子书文件 RomeoAndJuliet.txt：

```
In [1]: from pathlib import Path

In [2]: from textblob import TextBlob

In [3]: blob = TextBlob(Path('RomeoAndJuliet.txt').read_text())
```

接下来，加载 NLTK 停止词：

```
In [4]: from nltk.corpus import stopwords

In [5]: stop_words = stopwords.words('english')
```

获取词频

为了可视化前 20 的单词，我们需要每个单词及其频数。调用 `blob.word_counts` 字典的 `items` 方法获取词频元组的列表：

```
In [6]: items = blob.word_counts.items()
```

删除停止词

接下来，使用列表解析来删除包含任何停止词的元组：

```
In [7]: items = [item for item in items if item[0] not in stop_words]
```

表达式 `item[0]` 从每个元组获取单词，所以我们可以检测它是否在 `stop_words` 中。

按频率对单词排序

为确定前 20 的单词，对 `items` 的元组按频数降序排序。我们可以使用带有 `key` 参数的内置的 `sorted` 函数按每个元组的频数对元组排序。为了指定排序的元组的元素，使用 Python 标准库 `operator` 模块的 `itemgetter` 函数：

```
In [8]: from operator import itemgetter

In [9]: sorted_items = sorted(items, key=itemgetter(1), reverse=True)
```

对于 `sorted` 顺序 `items` 的元素，它会通过表达式 `itemgetter(1)` 访问每个元组中索引为 1 的元素。`reverse=True` 关键字参数表示元组以降序排序。

获取前 20 的单词

接下来，我们使用切片从 `sorted_items` 中获得前 20 的单词。当 `TextBlob` 标记语料库时，它在撇号处将所有缩写分开，并将撇号的总数作为一个“单词”计算在内。《罗密欧与朱丽叶》有很多缩写。如果显示 `sorted_items[0]`，就会发现最常出现的“单词”在它们当中，有 867 次。[⊖]我们只想显示单词，所以忽略掉元素 0，获取包含从 `sorted_items` 的 1 到 20 的元素的切片：

```
In [10]: top20 = sorted_items[1:21]
```

将 top20 转换为 `DataFrame`

接下来，我们将 `top20` 元组列表转换为 pandas 的 `DataFrame`，所以可以方便地将其可视化：

```
In [11]: import pandas as pd

In [12]: df = pd.DataFrame(top20, columns=['word', 'count'])

In [13]: df
Out[13]:
```

⊖ 在某些局部下这并不会发生，0 号元素确实是 `'romeo'`。

```
        word  count
0      romeo    315
1       thou    278
2     juliet    190
3        thy    170
4    capulet    163
5      nurse    149
6       love    148
7       thee    138
8       lady    117
9      shall    110
10     friar    105
11      come     94
12  mercutio     88
13  lawrence     82
14      good     80
15  benvolio     79
16    tybalt     79
17     enter     75
18        go     75
19     night     73
```

可视化 DataFrame

为了可视化数据，我们使用 `DataFrame` 的 `plot` 属性的 `bar` 方法。参数指定需要沿 x 轴或 y 轴显示的某一列的数据，并且我们不希望在图上显示图例：

```
In [14]: axes = df.plot.bar(x='word', y='count', legend=False)
```

`bar` 方法创建并显示 Matplotlib 的条形图。

当观察显示的最初的条形图时，我们会注意到有些单词被截断了。要解决这个问题，使用 Matplotlib 的 `gcf`（获取当前图像）函数来获取 pandas 显示的 Matplotlib 图，然后调用图像的 `tight_layout` 方法。这会压缩条形图以确保其所有元素合适：

```
In [15]: import matplotlib.pyplot as plt

In [16]: plt.gcf().tight_layout()
```

最终的图像如下：

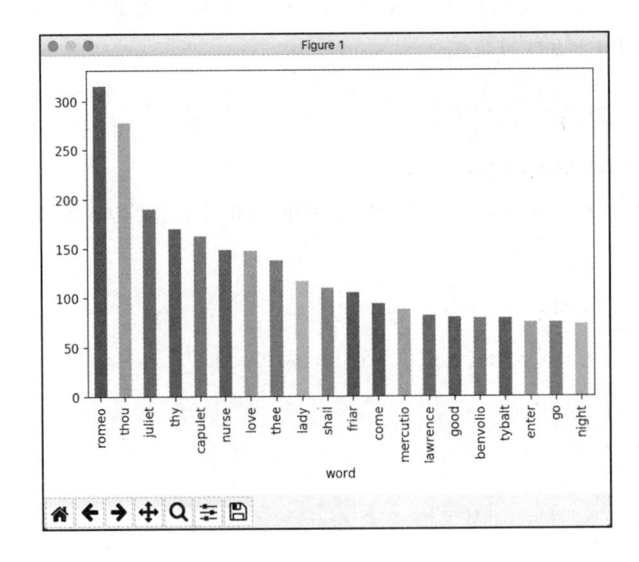

12.3.2 用词云进行词频可视化

接下来，我们会创建一个《罗密欧与朱丽叶》的词云，它会将前200的单词可视化。可以使用开源的wordcloud模块[1]的WordCloud类来用几行代码生成词云。默认情况下，wordcloud创建矩形的词云，但正如我们看到的，该库可以创建任意形状的词云。

安装wordcloud模块

为了安装wordcloud，打开Anaconda提示符（Windows）、终端（macOS/Linux）或者shell（Linux）并输入命令：

```
conda install -c conda-forge wordcloud
```

Windows用户可能需要以管理员身份运行Anaconda提示符以获得正确的软件安装权限。为此，在开始菜单中右键单击Anaconda提示符并选择更多 > 以管理员身份运行。

加载文本

首先，我们加载《罗密欧与朱丽叶》。在执行下面代码前，从ch12样例文件夹启动IPython，以便可以访问之前下载的电子书文件RomeoAndJuliet.txt：

```
In [1]: from pathlib import Path

In [2]: text = Path('RomeoAndJuliet.txt').read_text()
```

加载指定词云形状的蒙版图像

为创建一个给定形状的词云，可以使用一张叫作*蒙版*的图像来初始化词云对象。WordCloud用文本来填充蒙版图像的非白色区域。本例中我们将使用一个心形，在ch12样例文件夹中提供了mask_heart.png。更复杂的蒙版需要更多的时间来创建词云。

我们通过使用Anaconda自带的imageio模块的imread函数来创建蒙版图像：

```
In [3]: import imageio

In [4]: mask_image = imageio.imread('mask_heart.png')
```

这个函数以NumPy array的形式返回图像，这是WordCloud所需要的。

配置WordCloud对象

接下来，让我们创建和配置WordCloud对象：

```
In [5]: from wordcloud import WordCloud

In [6]: wordcloud = WordCloud(colormap='prism', mask=mask_image,
   ...:     background_color='white')
   ...:
```

默认的WordCloud像素宽度和高度为400x200，除非指定width和height关键字参数或者蒙版图像。对于一个蒙版图像，WordCloud尺寸就是图像的尺寸。WordCloud在内部使用Matplotlib。WordCloud从颜色映射中分配随机颜色。可以提供colormap关键字参数并使用Matplotlib的命名颜色映射之一。有关颜色映射名称及其颜色的列表，请参见：

https://matplotlib.org/examples/color/colormaps_reference.html

蒙版关键字参数指定我们之前加载的mask_image。默认情况下，单词绘制在黑色背景上，但是我们通过指定'white'背景，使用background_color关键字参数自定义了它。有

[1] https://github.com/amueller/word_cloud.

关 WordCloud 关键字参数的完整列表，请参阅

```
http://amueller.github.io/word_cloud/generated/
   wordcloud.WordCloud.html
```

生成 Word Cloud

WordCloud 的 generate 方法接受要在词云中使用的文本作为参数，并创建词云，返回为 WordCloud 对象：

```
In [7]: wordcloud = wordcloud.generate(text)
```

在创建词云之前，generate 首先使用 wordcloud 模块内置的停止词列表从文本参数中删除停止词。然后 generate 为其余的单词计算词频。默认情况下，该方法在词云中最多使用 200 个单词，但是可以使用 max_words 关键字参数自定义这个值。

将 Word Cloud 保存到图像文件

最后，我们使用 WordCloud 的 to_file 方法将词云图像保存到指定的文件：

```
In [8]: wordcloud = wordcloud.to_file('RomeoAndJulietHeart.png')
```

进入 ch12 示例文件夹，在系统上双击 RomeoAndJuliet.png 图像文件查看图像，我们的版本可能在不同位置、以不同颜色显示图像：

从字典生成 Word Cloud

如果已经有一个代表词频的键－值对的字典，可以将其传递给 WordCloud 的 fit_words 方法。这个方法会假设已经删除了停止词。

用 Matplotlib 显示图像

如果想在屏幕中显示图像，可以使用 IPython 魔法指令

```
%matplotlib
```

来允许在 IPython 中支持 Matplotlib，然后执行下面的语句：

```
import matplotlib.pyplot as plt
plt.imshow(wordcloud)
```

自我测验

1.（填空题）________是显示单词的图像，频率越高的单词字体越大，频率越低的单词字体越小。

答案： 词云。

2.（IPython 会话）当创造自己的词云时，我们提供了椭圆的、圆形的和星形的蒙版。继续本节 IPython 会话并使用 `mask_star.png` 图像生成另一个《罗密欧与朱丽叶》词云。

答案：

```
In [9]: mask_image2 = imageio.imread('mask_star.png')

In [10]: wordcloud2 = WordCloud(width=1000, height=1000,
    ...:     colormap='prism', mask=mask_image2, background_color='white')
    ...:

In [11]: wordcloud2 = wordcloud2.generate(text)

In [12]: wordcloud2 = wordcloud2.to_file('RomeoAndJulietStar.png')
```

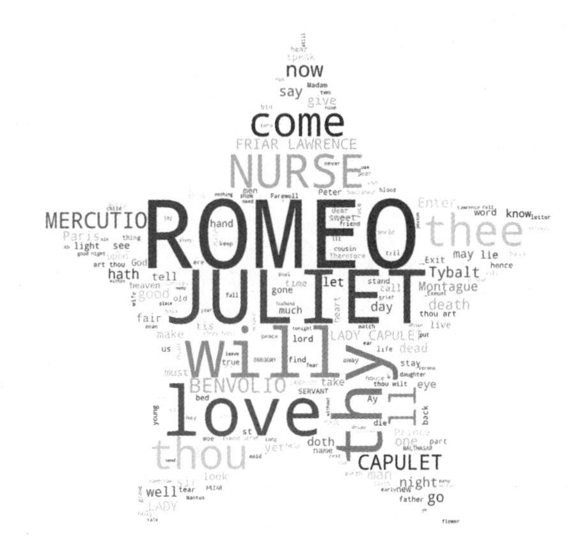

12.4 使用 Textatistic 进行可读性评估

自然语言处理的一个有趣的应用是评估文本的可读性，它受到使用的词汇、句子结构、句子长度、主题等的影响。在写这本书的时候，我们使用了付费工具 Grammarly 来帮助调整写作，并确保文本对广大读者的可读性。

在本节中，我们将使用 Textatistic 库[㊀]来评估可读性。[㊁]在自然语言处理中，有许多公式用于计算可读性。Textatistic 使用五个流行的可读性公式，即 Flesch Reading Ease、Flesch-Kincaid、Gunning Fog、Simple Measure of Gobbledygook（SMOG）和 Dale-Chall。

安装 Textatistic

为安装 Textatistic，打开 Anaconda 提示符（Windows）、终端（macOS/Linux）或 shell（Linux），然后执行下面的指令：

㊀ https://github.com/erinhengel/Textatistic.

㊁ 其他 Python 的可读性评估库包括 readability-score、textstat、readability 和 pylinguistics。

```
pip install textatistic
```

Windows 用户可能需要以管理员身份运行 Anaconda 提示符以获得正确的软件安装权限。为此，在开始菜单中右键单击 Anaconda 提示符并选择更多 > 以管理员身份运行。

计算统计量和可读性分数

首先，将《罗密欧与朱丽叶》加载到 text 变量中：

```
In [1]: from pathlib import Path

In [2]: text = Path('RomeoAndJuliet.txt').read_text()
```

计算统计量和可读性分数需要一个 Textatistic 对象，用想评估的文本初始化它：

```
In [3]: from textatistic import Textatistic

In [4]: readability = Textatistic(text)
```

Textatistic 方法 dict 返回一个包含各种统计量和可读性分数的字典[㊀]：

```
In [5]: %precision 3
Out[5]: '%.3f'

In [6]: readability.dict()
Out[6]:
{'char_count': 115141,
 'word_count': 26120,
 'sent_count': 3218,
 'sybl_count': 30166,
 'notdalechall_count': 5823,
 'polysyblword_count': 549,
 'flesch_score': 100.892,
 'fleschkincaid_score': 1.203,
 'gunningfog_score': 4.087,
 'smog_score': 5.489,
 'dalechall_score': 7.559}
```

还可以通过与前面输出中显示的键同名的 Textatistic 属性访问字典中的每个值。统计量会产生包括：

- char_count—文本中的字符数。
- word_count—文本中的单词数。
- sent_count—文本中的句子数。
- sybl_count—文本中的音节数。
- notdalechall_count—不在 Dale-Chall 列表上的单词的数量，这是一个五年级中 80% 的学生都能理解的单词列表。[㊁]与总字数相比，这个数字越高，则认为文本的可读性越差。
- polysyblword_count—有大于等于三个音节的单词数。
- flesch_score—Flesch Reading Ease 分数，可以映射到一个年级水平。超过 90 分的分数被认为是五年级学生可读的。成绩在 30 分以下需要大学文凭。介于两者之间的范围相当于其他年级的水平。

㊀ 每本 Gutenberg 的电子书包含额外的文本，例如许可信息，那不是电子书本身的部分。对于本例，我们使用文本编辑器删除电子书副本的这些文本。

㊁ http://www.readabilityformulas.com/articles/dale-chall-readability-word-list.php.

- fleschkincaid_score—Flesch-Kincaid 分数，对应于特定的年级水平。
- gunningfog_score—Gunning Fog 索引值，对应于特定的年级水平。
- smog_score—Simple Measure of Gobbledygook（SMOG），理解文本需要接受的教育年限。通常认为该测量对健康护理资料尤其有效。[一]
- dalechall_score—Dale-Chall 分数，可以映射到从 4 年级以下到大学毕业生（16 年级）及以上的年级水平。这个分数被认为对大范围的文本类型是最可靠的。[二][三]

可以在这里和其他网站了解这些可读性评分

https://en.wikipedia.org/wiki/Readability

Textatistic 文档还展示了所使用的可读性公式：

http://www.erinhengel.com/software/textatistic/

自我测验

1.（填空题）________表示读者理解文本的难易程度。

答案：可读性。

2.（IPython 会话）使用本节 IPython 的结果，计算每个句子的平均单词数、每个单词的平均字母数和每个单词的平均音节数。

答案：

```
In [7]: readability.word_count / readability.sent_count  # sentence length
Out[7]: 8.117

In [8]: readability.char_count / readability.word_count  # word length
Out[8]: 4.408

In [9]: readability.sybl_count / readability.word_count  # syllables
Out[9]: 1.155
```

12.5 使用 spaCy 进行命名实体识别

NLP 能够确定文本的类型。其中一个关键的方面叫作命名实体识别，它试图定位和分类诸如日期、时间、数量、地点、人、事物、组织等。在本节中，我们将使用 spaCy NLP 库[四][五]中的命名实体识别功能来分析文本。

安装 spaCy

为安装 Textatistic，打开 Anaconda 提示符（Windows）、终端（macOS/Linux）或 shell（Linux），然后执行下面的指令：

```
conda install -c conda-forge spacy
```

Windows 用户可能需要以管理员身份运行 Anaconda 提示符以获得正确的软件安装权限。为此，在开始菜单中右键单击 Anaconda 提示符并选择更多 > 以管理员身份运行。

一旦安装完成，也可以执行下面的指令，以便 spaCy 能够下载它处理英文（en）文本需

[一] https://en.wikipedia.org/wiki/SMOG.

[二] https://en.wikipedia.org/wiki/Readability#The_Dale%E2%80%93Chall_formula.

[三] http://www.readabilityformulas.com/articles/how-do-i-decide-which-readability-formula-to-use.php.

[四] https://spacy.io/.

[五] 可能还想查看 Textacy（https://github.com/chartbeat-labs/textacy），它是一个建立在 spaCy 上的 NLP 库，支持额外的 NLP 任务。

要的额外组件：

```
python -m spacy download en
```

加载语言模型

使用spaCy的第一步是加载表示要分析的文本的自然语言的语言模型。为此，调用spacy模块的load函数。让我们加载上面下载的英文模型：

```
In [1]: import spacy

In [2]: nlp = spacy.load('en')
```

spaCy文档推荐使用变量名nlp。

创建spaCy Doc

接下来，使用nlp对象创建一个表示处理文档的spaCy Doc对象。[㊀]我们使用我们在许多本书中介绍万维网的一个句子：

```
In [3]: document = nlp('In 1994, Tim Berners-Lee founded the ' +
   ...:     'World Wide Web Consortium (W3C), devoted to ' +
   ...:     'developing web technologies')
   ...:
```

获取命名实体

Doc对象的ents属性返回Span对象的一个元组，它表示在Doc中找到的命名实体。每个Span有许多属性。[㊁]让我们迭代Span并显示text和label_属性：

```
In [4]: for entity in document.ents:
   ...:     print(f'{entity.text}: {entity.label_}')
   ...:
1994: DATE
Tim Berners-Lee: PERSON
the World Wide Web Consortium: ORG
```

每个Span的text属性以字符串的形式返回一个实体，且label_属性返回一个代表实体类型的字符串。这里，spaCy找到三个实体，它们分别表示一个DATE（1994）、一个PERSON（Tim Berners-Lee）和一个ORG（组织，即World Wide Web Consortium）。为了解更多有关spaCy的内容，详见其Quickstart指南：

https://spacy.io/usage/models#section-quickstart

自我测验

1.（判断题）命名实体识别尝试定位文本中的人名。

答案：错误。命名实体识别尝试定位并分类诸如日期、时间、数量、地点、人、事物、组织等。

2.（IPython会话）显示下面句子中的命名实体

'Paul J. Deitel is CEO of Deitel & Associates, Inc.'

答案：

```
In [1]: import spacy

In [2]: nlp = spacy.load('en')
```

㊀ https://spacy.io/api/doc.

㊁ https://spacy.io/api/span.

```
In [3]: document = nlp('Paul J. Deitel is CEO of ' +
   ...:                'Deitel & Associates, Inc.')
   ...:

In [4]: for entity in document.ents:
   ...:     print(f'{entity.text}: {entity.label_}')
   ...:
Paul J. Deitel: PERSON
Deitel & Associates, Inc.: ORG
```

12.6 使用 spaCy 进行相似性检测

相似性检测是分析文档以确定它们类似程度的过程。一种可能的相似性检测技术是词频计数。例如，有些人认为威廉·莎士比亚的作品实际上可能是由弗朗西斯·培根爵士、克里斯托弗·马洛或其他人写的。[一]比较他们作品的词频和莎士比亚作品的词频，可以看出他们在写作风格上的相似之处。

我们将在后面的章节中讨论各种可以用于研究文档相似性的机器学习技术。然而，正如Python中经常出现的情况，spaCy 和 Gensim 等库可以为我们完成此工作。这里，我们将使用 spaCy 的相似性检测特征来比代表较莎士比亚的《罗密欧与朱丽叶》和克里斯托弗·马洛的《爱德华二世》的 Doc 对象。可以从 Gutenberg 计划下载《爱德华二世》，就像我们在本章前面为《罗密欧与朱丽叶》做的那样。[二]

加载语言模型并创建一个 spaCy Doc

和前面的小节一样，我们先加载英文模型：

```
In [1]: import spacy

In [2]: nlp = spacy.load('en')
```

创建 spaCy **Doc**

接下来，我们创建两个 Doc 对象，一个为《罗密欧与朱丽叶》，一个为《爱德华二世》：

```
In [3]: from pathlib import Path

In [4]: document1 = nlp(Path('RomeoAndJuliet.txt').read_text())

In [5]: document2 = nlp(Path('EdwardTheSecond.txt').read_text())
```

比较书本的相似性

最后，我们使用 Doc 类的 similarity 方法得到一个从 0.0（不相似）到 1.0（完全一致）的值，它表示文档的相似程度：

```
In [6]: document1.similarity(document2)
Out[6]: 0.9349950179100041
```

正如我们所见，spaCy 认为这两份文档有显著的相似性。为了进行比较，我们还创建了一个表示当前新闻故事的 Doc，并将其与 Romeo 和 Juliet 进行比较。正如预期的那样，spaCy 返回了一个较低的值，表明这些文档之间几乎没有相似性。尝试将当前的新闻文章复制到文本

[一] https://en.wikipedia.org/wiki/Shakespeare_authorship_question.

[二] 每本 Gutenberg 的电子书包含额外的文本，例如许可信息，那不是电子书本身的部分。对于本例，我们使用文本编辑器删除电子书副本的这些文本。

文件中，然后自己执行相似性比较。

自我测验

1.（填空题）________是分析文档以确定它们的类似程度的过程。

答案：相似性检测。

2.（IPython 会话）如果将莎士比亚的作品进行比较，会发现它们之间有很高的相似性，尤其是在同一类型的戏剧之间。《罗密欧与朱丽叶》是莎士比亚的悲剧之一。莎士比亚的另外三部悲剧是《哈姆雷特》、《麦克白》和《李尔王》。从 Gutenberg 计划下载这三个剧本，然后使用本节展示的 spaCy 代码比较每个剧本与《罗密欧与朱丽叶》的相似性。

答案：

```
In [1]: import spacy

In [2]: nlp = spacy.load('en')

In [3]: from pathlib import Path

In [4]: document1 = nlp(Path('RomeoAndJuliet.txt').read_text())

In [5]: document2 = nlp(Path('Hamlet.txt').read_text())

In [6]: document1.similarity(document2)
Out[6]: 0.9653729533870296

In [7]: document3 = nlp(Path('Macbeth.txt').read_text())

In [8]: document1.similarity(document3)
Out[8]: 0.9601267484020871

In [9]: document4 = nlp(Path('KingLear.txt').read_text())

In [10]: document1.similarity(document4)
Out[10]: 0.9966456936385792
```

12.7 其他 NLP 库和工具

我们已经展示了各种 NLP 库，但是研究可用的选择范围总是有利的，这样就可以为任务权衡出最好的工具。下面是一些附加的大部分免费和开源的 NLP 库和 API：

- Gensim——相似度检测和主题建模。
- Google Cloud Natural Language API——基于云服务的 NLP 任务的 API，例如命名实体识别、情感分析、词性分析和可视化、确定内容类别等。
- Microsoft Linguistic Analysis API。
- 必应情感分析——微软的必应搜索引擎现在在其搜索结果中使用情感。到撰写本文时，搜索结果中的情感分析仅在美国可用。
- PyTorch NLP——NLP 的深度学习库。
- Stanford CoreNLP——用 Java 写的扩展 NLP 库，它提供了 Python 封装。包括协引用解析，它查找对同一事物的所有引用。
- Apache OpenNLP——另一个用于常见任务的基于 Java 的 NLP 库，包括协引用解析。可使用 Python 的封装。
- PyNLPl（pineapple）——Python NLP 库，包括基本的和更多复杂的 NLP 功能。

- SnowNLP——简化中文文本处理的 Python 库。
- KoNLPy——韩语 NLP。
- stop-words——有多种语言的停止词 Python 库。我们在本章中使用 NLTK 的停止词列表。
- TextRazor——一个付费的基于云服务的 NLP API，它提供一个免费的版本。

12.8 机器学习和深度学习的自然语言应用

许多自然语言应用程序需要机器学习和深度学习技术。我们将在机器学习和深度学习章节中讨论以下内容：

- 回答自然语言问题——例如，出版社 Pearson Education 与 IBM Watson 有合作关系，后者将 Watson 用作虚拟导师。学生向 Watson 提出自然语言问题并得到答案。
- 总结文档——分析文档并生成简短的总结（也称为摘要），例如，可以包含在搜索结果中，并能帮助确定阅读的内容。
- 语音合成（语音到文本）和语音识别（文本到语音）——我们在第 14 章中会使用这些技术，以及语言间的文本到文本的翻译，来开发一种近乎实时的语言间的语音到语音的翻译器。
- 协同过滤——用于实现推荐系统（“如果喜欢这部电影，可能还会喜欢……”）。
- 文本分类——例如，将新闻文章进行分类，如世界新闻、国家新闻、地方新闻、体育、商业、娱乐等。
- 主题建模——找到文档讨论的主题。
- 反讽检测——通常和情感分析一起使用。
- 文本简化——让文本更简洁和易读。
- 语音到手语的转换，反之同理——让听力受损的人能够对话。
- 唇读技术——为不能说话的人提供，将唇动转换为文本或语音，以实现对话。
- 闭路字幕——为视频添加文字字幕。

12.9 自然语言数据集

可以与自然语言处理共同应用的大量文本数据源：

- 维基百科——一些或全部维基百科（https://meta.wikimedia.org/wiki/Datasets）。
- IMDB（Internet Movie Database）——各种可用的电影和电视剧。
- UCI 的文本数据集——包含 Spambase 数据集的许多数据集。
- Project Gutenberg——超过 50 000 本免费的电子书，它们在美国已经没有版权。
- Jeopardy！数据集——超过 200 000 道 Jeopardy！电视节目的问题。人工智能领域的一个里程碑发生在 2011 年，IBM Watson 打败了 Jeopardy！的全世界最著名的两位玩家。
- 自然语言处理数据集：https://machinelearningmastery.com/datasets-natural-language-processing/。
- NLTK 数据：https://www.nltk.org/data.html。
- 标注情感的句子数据集（来源包括 IMDB.com、amazon.com、yelp.com）。
- AWS 上的公开数据注册——亚马逊 Web 服务上托管的数据集的可搜索目录（https://registry.opendata.aws）。
- 亚马逊的客户评论数据集——超过 1.3 亿条产品评论（https://registry.opendata.aws/

amazon-reviews/)。
- Pitt.edu 语料库(http://mpqa.cs.pitt.edu/corpora/)。

12.10 小结

本章中,使用几个 NLP 库执行了各种自然语言处理(NLP)任务。了解到 NLP 是在称为语料库的文本集合上执行的。我们讨论了使自然语言难以理解的细微差别。

我们主要讨论了 TextBlob NLP 库,它构建在 NLTK 和模式库之上,但是更容易使用。创建了 `TextBlob` 并将其标记为 `Sentence` 和 `Word`。确定了 `TextBlob` 中每个单词的词性,并提取了名词短语。

我们使用 `TextBlob` 库默认的情感分析器和 `NaiveBayesAnalyzer`,演示了如何评估 `TextBlob` 和 `Sentence` 的积极或消极的情感。学习了如何使用 `TextBlob` 库的谷歌翻译集成来检测文本的语言并执行语言间的翻译。

我们展示了各种其他 NLP 任务,包括单数化和复数化、拼写检查和纠正、使用词干提取和词形提取的归一化以及获取词频。从 WordNet 中获取单词的定义、同义词和反义词。还使用了 NLTK 的停止词列表来从文本中删除停止词,并且创建了包含连续单词组的 n-grams 模型。

我们展示了如何使用 pandas 的内置绘图功能将单词频率定量地可视化为条形图。然后,我们使用 `wordcloud` 库将单词频率定性地可视化为词云。使用 Textatistic 库执行了可读性评估。最后,使用 spaCy 来定位命名实体并在文档之间进行相似性检测。在下一章中,将继续使用自然语言处理,因为我们将使用 Twitter API 介绍数据挖掘推文。

练习

12.1 (*使用 requests 和 Beautiful Soup 库抓取网页*)网页是 NLP 任务中使用的极好的文本来源。在下面的 IPython 会话中,将使用 `requests` 库下载 `www.python.org` 主页的内容,这叫作网页抓取。然后使用 Beautiful Soup 库[⊖]从页面中仅提取文本。删除结果文本中的停止词,然后使用 `wordcloud` 模块基于文本创建词云。

```
In [1]: import requests

In [2]: response = requests.get('https://www.python.org')

In [3]: response.content  # gives back the page's HTML

In [4]: from bs4 import BeautifulSoup

In [5]: soup = BeautifulSoup(response.content, 'html5lib')

In [6]: text = soup.get_text(strip=True)  # text without tags
```

在前面的代码中,代码片段 `[1]`~`[3]` 获取一个网页。`get` 函数接收一个 URL 作为参数,并将相应的网页作为 `Response` 对象返回。`Response` 的 `content` 属性包含网页的内容。代码片段 `[4]`~`[6]` 仅获得网页的文本。代码片段 `[5]` 创建了一个 `BeautifulSoup` 对象来处理 `response.content` 中的文本。带有关键字参数 `strip=True` 的 `BeautifulSoup` 方法 `get_text` 只返回网页的文本,而不返回浏览器用于显示网页的结构信息。

⊖ 它的模块名叫作 `bs4`,即 Beautiful Soup 4。

12.2 （标记文本和名词短语）使用练习 12.1 的文本，创建一个 TextBlob，然后将其标记为 Sentence 和 Word，并提取名词短语。

12.3 （新闻文章的情绪）使用练习 12.2 的技术，下载一个时事新闻文章的网页并创建 TextBlob。显示整个 TextBlob 和每个 Sentence 的情感。

12.4 （使用 NaiveBayesAnalyzer 分析新闻文章的情感）重复上一道练习，但是使用 NaiveBayes-Analyzer 进行情感分析。

12.5 （对 Gutenberg 计划的书拼写检查）下载一本 Gutenberg 计划的书并创建 TextBlob。将 TextBlob 标记为 Word 并确定是否有拼写错误。如果有，显示可能的更正。

12.6 （莎士比亚的《哈姆雷特》的词频条形图和词云）使用本章学到的技术，基于莎士比亚的《哈姆雷特》，创建一个前 20 词频的条形图和词云。使用 ch12 示例文件夹提供的 mask_novel.png 文件作为蒙版。

12.7 （Textatistic：新闻文章的可读性）使用第一道练习的技术，从几个新闻网站下载主题相同的时事新闻文章。对它们进行可读性评估，以确定哪些网站最易读。对于每篇文章，计算每个句子的平均单词数、每个单词的平均字母数和每个单词的平均音节数。

12.8 （spaCy：命名实体识别）使用第一道练习的技术，下载一篇时事新闻文章，然后使用 spaCy 库的命名实体识别功能来显示文章中命名的实体（人、地点、组织等）。

12.9 （spaCy：相似性检测）使用第一道练习的技术，下载几篇主题相同的时事新闻文章并比较它们的相似性。

12.10 （spaCy：莎士比亚相似性检测）使用本章中学到的 spaCy 技术，从 Gutenberg 计划中下载一篇莎士比亚的喜剧，并将其与《罗密欧与朱丽叶》进行相似性比较。

12.11 （textblob.utils 功能函数）TextBlob 的 textblob.utils 模块提供了几个用于清理文本的功能函数，包括 strip_punc 和 lowerstrip。用一个字符串和关键字参数 all=True 调用 strip_punc 来删除字符串的标点符号。用一个字符串和关键字参数 all=True 调用 lowerstrip 来得到一个全部小写的、空白符和标点符号被删除的字符串。在《罗密欧与朱丽叶》上试验每个函数。

12.12 （研究：有趣的报纸标题）为了理解处理自然语言及其固有的歧义问题是多么棘手，研究一下“有趣的报纸标题”。罗列发现的挑战。

12.13 （尝试演示：命名实体识别）在网上搜索斯坦福大学的 Named Entity Tagger 和认知计算小组的 Named Entity Recognition Demo。用选择的语料库运行每一个演示。比较二者的结果。

12.14 （尝试演示：TextRazor）TextRazor 是众多提供免费版的付费商业 NLP 产品之一。在网上搜索 TextRazor 的在线演示。粘贴到选择的语料库中，并单击 Analyze 来分析语料库中的类别和主题，突出显示其中的关键句子和单词。单击每个分析后的文本下面的链接以获得更详细的分析。单击 Analyze 和 Clear 右边的 Advanced Options 链接可以获得许多附加特性，包括分析不同语言文本的功能。

12.15 （项目：使用 Textatistic 的可读性得分）用 Gutenberg 计划中著名作家的书尝试 Textatistic。

12.16 （项目：谁写了莎士比亚的作品）使用本章介绍的 spaCy 相似性检测代码，将莎士比亚的《麦克白》与其他几个可能写过莎士比亚作品的作者的主要作品进行比较（参见 https://en.wikipedia.org/wiki/Shakespeare_authorship_question）。在 https://en.wikipedia.org/wiki/List_of_Shakespeare_authorship_candidates 上找到 Gutenberg 计划中几个列出的作者的作品，然后使用 spaCy 来比较他们的作品与《麦克白》的相似性。这几位作者的哪部作品与《麦克白》最相似？

12.17 （项目：相似性检测）衡量两个文档之间相似性的一种方法是比较每个文档中使用的词性的频率。分别为 Gutenberg 计划的两本相同作者和不同作者的书籍建立词性频率字典，并比较结果。

12.18 （项目：文本可视化浏览器）使用 http://textvis.lnu.se/ 查看上百个文本可视化。可以按类别过滤可视化，如它们执行的分析任务、可视化种类、使用的数据源种类等。每个可视化的摘要都提供了一个链接，可以在那里了解更多关于它的信息。

12.19 （项目：斯坦福 CoreNLP）为使用 CoreNLP，在网上搜索“ Stanford CoreNLP Python”，来找到 Stanford 的 Python 模块列表，然后用它的特性对在本章中学到的任务进行试验。

12.20 （项目：spaCy 和 spacy-readability）我们在本章中使用 Textatistic 进行可读性评估。还有许多其他的可读性库，比如 readability-score、textstat、readability、pylinguistics 和 spacy-readability，它们与 spaCy 协同运行。研究 spacy-readability 模块，然后使用它来评估《李尔王》(来自 Gutenberg 计划）的可读性。

12.21 （项目：世界和平）如我们所知，`TextBlob` 通过连接到谷歌翻译来进行语言翻译。确定谷歌翻译识别的语言范围。编写一个脚本，将英文单词“ Peace”翻译成每种支持的语言。使用 `ch12` 示例文件夹中提供的 `mask_circle.png` 文件在一个圆形词云中以相同大小的文本显示翻译。

12.22 （项目：自学一门新语言）借助当今的自然语言工具，包括语言间的翻译以及各种语言的语音到文本和文本到语音转换，可以开发一个帮助学习新语言的自我导师。查找可以处理各种语言的 Python 语音到文本和文本到语音库。编写一个脚本，允许指定希望学习的语言（仅使用 TextBlob 通过谷歌翻译支持的语言）。然后，脚本应允许用英语说一些东西，把语音转录成文本，再将文本翻译成选择的语言，并使用文本到语音把翻译好的文本念出来，以便我们听到。用单词、言辞、数字、句子、人物和事物来尝试脚本。

12.23 （项目：用 Python 访问维基百科）在网上搜索允许访问 Wikipedia 和类似网站内容的 Python 模块。编写脚本来练习这些模块的功能。

12.24 （项目：用 Gensim 生成文档摘要）文档摘要包括分析文档并提取内容以生成摘要。例如，随着当今巨大的信息流，这对于忙碌的医生研究最新的医学进展以提供最好的护理是很有用的。摘要可以帮助他们确定一篇论文是否值得一读。研究 Gensim 库的 `gensim.summarization` 模块的 `summarize` 和 `keyword` 函数，然后用它们总结文本，并提取重要的单词。用以下指令安装 Gensim：

```
conda install -c conda-forge gensim
```

假设 `text` 是表示语料库的字符串，下面的 Gensim 代码总结了文本并显示文本中的关键字列表：

```
from gensim.summarization import summarize, keywords
print(summarize(text))
print(keywords(text))
```

12.25 （挑战项目：维基百科语料库的六度分离）读者可能听说过“六度分离”，它用来寻找地球上任意两个人之间的联系。这个想法是，观察一个人与朋友和家人的联系，然后再观察他们的朋友和家人的联系，等等，通常可以在前六个层次的联系中找到两个人之间的联系。

在网上搜索“ Python 六度分离”，我们将发现许多实现。执行其中的一些，来观察它们是怎样做的。接下来，研究如何使用维基百科 API 和 Python 模块。选择两个名人。加载第一个人的维基百科页面，然后使用命名实体识别来定位此人维基百科页面中的任何名称。然后对找到的每个名字的维基百科页面重复这个过程。执行六层深度的这个过程，为原始人物的维基百科页面建立一个人物关联图。在此过程中，检查另一个人的名字是否出现在图中，并打印出人员链。在第 17 章中，我们将讨论 Neo4j 图形数据库，它可以用来解决这个问题。

12.26 （项目：同义词链到反义词）当沿着同义词链——同义词的同义词的同义词——进入任意层次时，经常会遇到似乎与原始单词无关的单词。虽然很少，但实际上在一些情况下，沿着同义词链会最终得到原始词的一个反义词。请参阅论文“ Websterian Synonym Chains”得到几个例子：

```
https://digitalcommons.butler.edu/cgi/
  viewcontent.cgi?article=3342&context=wordways
```

在上面的论文中选择一个同义词链。使用本章介绍的 WordNet 特性来获取第一个单词的同义词和反义词。接下来，对于 Synset 中的每个单词，先获取它们的同义词，然后是这些同义词的同义词，以此类推。当在每一层得到同义词时，检查它们中是否有一个是初始单词的反义词。如果是，则显示指向反义词的同义词链。

12.27 （项目：信息隐写）信息隐写将信息藏在另外的信息中。这个词的字面意思是“涵盖写作”。在网上搜索“文本隐写”和“自然语言隐写”。编写脚本，使用各种隐写技术来隐藏文本中的信息，并从中提取信息。

Twitter 数据挖掘

目标

- 了解 Twitter 在商业、品牌、声誉、情感分析、预测等领域的影响力。
- 学习使用 Tweepy，它是用于 Twitter 数据挖掘的非常流行的 Python Twitter API 之一。
- 使用 Twitter 搜索 API 来下载符合需求的历史推文。
- 使用 Twitter 流处理 API 实时采样正在发生的推文流。
- 查看 Twitter 返回的推文对象是否包含除文本之外的有价值的信息。
- 使用上一章学习的自然语言处理技术对推文进行清洗和预处理，为分析做好准备。
- 对推文进行情感分析。
- 使用 Twitter 趋势 API 分析推文的趋势。
- 使用 folium 和 OpenStreetMap 绘制推文地理位置分布图。
- 了解多种存储推文的技术手段，这些技术在本书中都有讨论。

13.1 简介

我们总是在试图预测未来。野餐时会下雨吗？股票市场或个人证券会涨还是会跌？何时会涨，何时会跌？涨跌幅度如何？下次选举人们将如何投票？一家新的石油勘探企业找到石油的概率有多大？如果找到了，它可能会生产多少石油？如果棒球队将击球理念改为“全力以赴”，会赢得更多比赛吗？航空公司估计的未来几个月的客流量是多少？应该如何购买石油商品期货来保证公司以最低的成本获得所需的供应呢？飓风的移动路线可能是怎样的？它可能会变得多强大（1、2、3、4 或 5 级）？这类信息对应急准备工作至关重要。这场金融交易会不会是骗局？这次抵押贷款会不会出现违约？这场疫情可能会迅速传播吗？如果有可能，那么会传播到哪个地理区域？

预测是一个具有挑战性的过程，而且往往成本高昂，但潜在的回报是巨大的。通过学习本章和后续章节中提到的技术，我们将看到人工智能（通常与大数据一起）是如何迅速提高预测能力的。

在本章中，我们将重点关注 Twitter 数据挖掘，寻找推文中包含的情感信息。数据挖掘是在大量数据（通常是大数据）中搜索，以找到对个人或组织有价值的知识的过程。从推文中挖掘出的情感信息可以帮助预测一场选举的结果、一部新电影可能创造的收入，以及一家公司营销活动的成功程度，还可能会帮助企业发现竞争对手产品的弱点。

我们将通过 Web 服务连接到 Twitter，然后使用 Twitter 搜索 API 来从大量的历史推文中挖掘，还将使用 Twitter 流处理 API 对大量新推文进行采样。使用 Twitter 趋势 API，我们将看到人们讨论的话题的趋势。此外，我们还将发现在第 12 章中学到的很多东西对本章构建 Twitter 应用程序非常有用。

正如我们在本书中所看到的，由于存在着众多强大的库，通常只需几行代码就可以执行复杂的任务。这也是 Python 及其健壮的开源社区吸引人的原因之一。

Twitter 已经取代了主要的新闻机构，成为有新闻价值的事件的第一来源。大多数 Twitter 帖子都是公开的，随着全球事件的发生而实时发布。人们在 Twitter 上坦率地谈论任何话题，并谈论他们的个人以及职场生活。他们评论社会、娱乐和政治以及任何能想到的场景。他们会用手机在事件发生时拍摄并上传照片和视频。通常会听到 Twitterverse 和 Twittersphere 这两个术语，它们指的是那些发送、接收或分析推文的数亿用户。

Twitter 是什么

Twitter 成立于 2006 年，是一家微博公司，如今是互联网上非常受欢迎的网站之一。它的概念很简单，人们写的短消息被称为*推文*（tweet），最初限制在 140 个字符，但最近大多数语言都增加到了 280 个字符。一般来说，任何人都可以选择关注（follow）其他任何人。这与 Facebook、LinkedIn 等其他社交媒体平台上封闭、紧密的社区不同，在这些平台上，“关注关系”必须是相互的。

Twitter 的统计数据

Twitter 有数亿用户，每天发送数亿条推文，每秒发送数千条推文[1]。在网上搜索“互联网统计数据”和“ Twitter 统计数据”可以帮助我们客观地看待这些数字。一些“ Twitter 用户”有超过 1 亿的关注者。专注的 Twitter 用户通常每天都会发布几条推文，以保持与其关注者的互动。Twitter 上关注者最多的通常是娱乐圈人士。开发人员从实时推文流中挖掘信息，这被比作“从消防水管里喝水”，因为推文产生的速度非常快。

Twitter 和大数据

Twitter 已经成为全球研究人员和商业人士最喜欢的大数据来源。Twitter 允许普通用户免费访问一小部分较近期的推文。通过与 Twitter 的特殊约定，一些第三方企业（以及 Twitter 本身）提供付费访问更大的推文数据库。

注意事项

不能总是相信在互联网上看到的一切，在 Twitter 上也不例外。例如，人们可能会使用虚假信息试图操纵金融市场或影响政治选举。对冲基金经理通常会部分根据其关注的推文流来交易证券，但他们很谨慎。这是建立基于社交媒体内容的*关键业务*或*关键任务*系统所面临的挑战之一。

今后，我们会大量使用 Web 服务。互联网连接可能会中断，服务可能会改变，有些服务并非在所有国家都可用。这就是云计算编程的真实情况。当使用 Web 服务时，我们无法像编写桌面应用程序那样可靠地编程。

自我测验

1.（*填空题*）通过________来连接 Twitter 的 API。

答案：Web 服务。

2.（*判断题*）在 Twitter 上，“关注关系”必须是相互的。

答案：错误。这在大多数其他社交网络上是这样的。在 Twitter 上，可以关注任何人，即使他们没有关注你。

---

[1] http://www.internetlivestats.com/twitter-statistics/.

13.2 Twitter API 概况

Twitter 的 API 是基于云计算的 Web 服务，因此执行本章中的代码需要有互联网连接。**Web 服务**是在云上调用的方法，与本章使用的 Twitter API、下一章使用的 IBM Watson API，以及需要云计算服务时使用的其他 API 一样。每个 API 方法都有一个 Web 服务**终端**，该终端由一个 URL 表示，可以使用该 URL 在 Internet 上调用该方法。

Twitter 的 API 包括许多功能类别，有些是免费的，有些是付费的。大多数都有**速率限制**，限制了每 15 分钟可以使用它们的次数。在本章中，将使用 Tweepy 库调用以下 Twitter API 中的方法：

- **身份验证 API**——将 Twitter 凭证（我们会在稍后讨论）发送给 Twitter，以便使用其他 API。
- **账户和用户 API**——访问有关账户的信息。
- **推文 API**——搜索历史推文，访问推文流以挖掘实时推文等。
- **趋势 API**——查找热门话题的位置，并根据位置获得热门话题列表。

要查看 Twitter API 类别、子类别以及单个方法的大量列表，参阅：

`https://developer.twitter.com/en/docs/api-reference-index.html`

速率限制：提醒

Twitter 希望开发者能负责任地使用其服务。每个 Twitter API 方法都有一个**速率限制**，即每 15 分钟可以发出请求（即调用）的最大数量。如果在某个方法达到速率限制后继续调用该方法，Twitter 可能会阻止使用它的 API。

在使用任何 API 方法之前，请阅读其文档并知晓其速率限制[1]。我们将配置 Tweepy 在遇到速率限制时等待，这有助于防止超过速率限制。有些方法同时列出了用户速率限制和应用速率限制。本章的所有示例使用的都是*应用速率限制*。用户速率限制适用于允许个人用户登录 Twitter 的应用程序，比如代表与 Twitter 进行交互的第三方应用程序，如来自其他供应商的智能手机应用程序。

有关速率限制的详细信息，参见

`https://developer.twitter.com/en/docs/basics/rate-limiting`

有关单个 API 方法特定的速率限制，参见

`https://developer.twitter.com/en/docs/basics/rate-limits`

以及每个 API 方法的文档。

其他限制

对于数据挖掘而言，Twitter 就是一个金矿，它允许用户使用其免费服务做很多事情。我们会为所构建的应用程序的价值而感到惊讶，这甚至可以促进个人和职业生涯的发展。*但是，如果不遵守 Twitter 的规则和规定，开发人员账户可能会被禁用。应仔细阅读以下网页以及它们所链接的文档：*

- 服务条款：https://twitter.com/tos。
- 开发者协议：https://developer.twitter.com/en/developer-terms/agreement-and-policy.html。
- 开发人员政策：https://developer.twitter.com/en/developer-terms/。
- 其他限制：https://developer.twitter.com/en/developer-terms/。

[1] 请记住，Twitter 可能会在未来更改这些限制。

一会儿我们将看到，我们只能搜索最近 7 天的推文，且使用免费的 Twitter API 只能获取有限数量的推文。一些书籍和文章声称可以直接从 twitter.com 抓取推文来绕过这些限制。然而，Twitter 的服务条款明确表示，“未经 Twitter 事先同意的抓取服务是明确禁止的”。

自我测验

1.（填空题）使用________API 可以将 Twitter 凭证发送给 Twitter，以便使用其他 API。

答案：身份验证。

2.（判断题）Twitter 允许对其 API 方法进行任意频率、任意次数的调用。

答案：错误。Twitter 的 API 方法有速率限制。如果超过了速率限制，Twitter 可能会阻止继续使用它的 API。

13.3 创建一个 Twitter 账户

Twitter 要求用户申请开发人员账户来使用它的 API。前往

`https://developer.twitter.com/en/apply-for-access`

并提交申请。如果还没有开发人员账户，那么必须注册一个作为此过程的一部分。我们会被问及账户的用途（如学术研究、学生等）。必须仔细阅读并同意 Twitter 的条款来完成申请，最后仔细确认电子邮件地址。

Twitter 会检验每一个申请，我们无法保证每个申请都会通过。在撰写本文时，个人使用账户会立即得到批准。Twitter 开发者论坛称，对于企业用户来说，这个过程需要几天到几周的时间。

13.4 获取 Twitter 凭证——创建一个 app

拥有 Twitter 开发人员账户后，还必须获得与 Twitter API 交互的凭证。为此，需要创建一个 app。每个 app 都有单独的凭证。要创建 app，请登录

`https://developer.twitter.com`

然后按照以下步骤操作：

1. 在页面的右上角，单击账户的下拉菜单，选择 Apps。
2. 单击 Create an app。
3. 在 App name 字段中指定 app 的名称。如果通过 API 发送推文，此 app 名称将是推文的发送者。如果创建的应用程序要求用户通过 Twitter 登录，这个名称也会显示给用户。我们在本章中不会做这两件事，因此像“名字 Test App”这样的名字就足以在本章中使用。
4. 在 Application description 字段中，输入对 app 的描述。当创建基于 Twitter 的 app，且其他人会使用该 app 时，这可以描述 app 的用途。对于本章的学习，可以输入“学习使用 Twitter API”。
5. 在 Website URL 字段中输入网站地址。当创建基于 Twitter 的 app 时，这应该是托管 app 的网站。出于学习目的，可以输入 Twitter URL：https://twitter.com/YourUserName，YourUserName 即为 Twitter 账户名。例如，URL https://twitter.com/nasa 对应于 NASA（美国国家航空航天局）的账户名 @nasa。
6. Tell us how this app will be used 字段是一个至少有 100 个字符的描述，它帮助 Twitter

员工了解 app 的用途。出于学习目的，我们可以输入："我是 Twitter 应用程序开发的新手，正在学习如何使用 Twitter API，完全出于教育目的。"

7. 保留其余字段为空，并单击 Create，然后仔细查看（冗长的）开发人员条款，并再次单击 Create。

获取凭证

在完成上面的 7 个步骤之后，Twitter 会显示一个网页，可以在上面管理 app。在页面的顶部是 App details、Keys and tokens 和 Permissions 选项卡。单击 Keys and tokens 选项卡查看 app 的凭证。在初始状态下，页面会显示 Consumer API keys——API key 和 API secret key。单击 Create 获取 access token 以及 access token secret。所有的四个密钥都将用于和 Twitter 进行身份验证，以便调用它的 API。

存储凭证

一种良好的习惯是，不要在源代码中直接包含 API 密钥以及 access token（或任何其他凭证，如用户名和密码），因为这会将它们暴露给任何阅读代码的人。应该将密钥存储在一个单独的文件中，并且永远不要与任何人共享该文件[一]。

在后面几节中执行的代码假设将 `consumer key`、`consumer secret`、`access token` 和 `access token secret` 放在下面所示的 `keys.py` 文件中。可以在 `ch13` 示例文件夹中找到这个文件：

```
consumer_key='YourConsumerKey'
consumer_secret='YourConsumerSecret'
access_token='YourAccessToken'
access_token_secret='YourAccessTokenSecret'
```

编辑此文件，将 `YourConsumerKey`、`YourConsumerSecret`、`YourAccessToken` 和 `YourAccess-TokenSecret` 分别替换为 `consumer key`、`consumer secret`、`access token` 和 `access token secret` 值，然后保存该文件。

OAuth 2.0

consumer key、consumer secret、access token 和 access token secret 都是 OAuth 2.0 身份验证过程[二][三]（有时也称为 OAuth dance）的一部分，Twitter 使用该身份验证过程来控制对其 API 的访问。Tweepy 库可以帮助处理 OAuth 2.0 身份验证的细节，只需提供 consumer key、consumer secret、access token 和 access token secret。

自我测验

1.（填空题）consumer key、consumer secret、access token 和 access token secret 都是________身份验证过程的一部分，Twitter 使用该身份验证过程来控制对其 API 的访问。

答案：OAuth 2.0。

2.（判断题）在拥有开发人员账户之后，还必须获取用于和 API 进行交互的凭证。为此，需要创建一个 app，每个 app 都有独立的凭证。

答案：正确。

㊀ 推荐做法是使用像 bcrypt（https://github.com/pyca/ bcrypt/）这样的加密库来加密密钥、访问令牌或代码中使用的任何其他凭证，只有在需要将它们发送给 Twitter 时才读取并解密。

㊁ https://developer.twitter.com/en/docs/basics/authentication/overview.

㊂ https://oauth.net/.

13.5 推文中有什么

Twitter 的 API 方法返回的是 JSON 对象。JSON（JavaScript 对象表示法）是一种基于文本的数据交换格式，用于将对象表示为名 - 值对的集合，通常在调用 Web 服务时使用。JSON 是一种对人和计算机而言都可读的格式，这使得数据在互联网上易于流通。

JSON 对象类似于 Python 中的字典。每个 JSON 对象都会包含一个*属性名*和值的列表，格式如下面的花括号所示：

{*属性名* 1：值 1，*属性名* 2：值 2}

和 Python 一样，JSON 列表的值用逗号分隔，位于方括号中：

[值 1，值 2，值 3]

为了方便使用，Tweepy 会在幕后使用定义在 Tweepy 库中的类，将 JSON 对象转换为 Python 对象。

推文对象中的关键属性

一条推文（也称为*状态更新*）最多包含 280 个字符，但是 Twitter API 返回的推文对象还包含许多描述推文各方面信息的元数据属性，例如：

- 推文什么时候创建的。
- 谁创建的。
- 包含话题标签、链接、@ 谁以及媒体（如图片和视频，通过 URL 给出）的列表。
- 其他信息。

下面的表格列出了推文对象的一些关键属性：

属性	描述
created_at	以 UTC（协调世界时）格式表示的创建日期和时间
entities	Twitter 从推文中提取 hashtags（话题标签）、urls（链接）、user_mentions（用户引用，即 @ *用户名*引用）、media（媒体，如图片和视频）、symbols（符号）和 polls（投票），并将它们作为列表放入字典 entities 中，可以使用这些键名访问它们
extended_tweet	对于超过 140 个字符的推文，包含诸如推文的 full_text（全文）和 entities 等细节
favorite_count	其他用户点击“喜欢”的次数
coordinates	发送推文的坐标（经纬度）。通常为 null（在 Python 中为 None），因为许多用户禁用发送位置数据
place	用户可以将一个地点与一条推文联系起来。如果有，这里会是一个 place 对象 https://developer.twitter.com/en/docs/tweets/data-dictionary/overview/geo-objects#place-dictionary；否则为 null（在 Python 中为 None）
id	推文的 ID，以整数表示。Twitter 建议使用 id_str，以提高可移植性
id_str	推文整型 ID 的字符串表示
lang	推文所用的语言，如 'en' 表示英语、'fr' 表示法语
retweet_count	其他用户转发该推文的次数
text	推文的文本数据。如果采取的是新的 280 个字符的限制，并且推文包含了超过 140 个字符，这个属性将被截断，truncated 属性将被设置为 true。如果一条有 140 个字符的推文被转发之后超过 140 个字符也会发生这种情况
user	一个 User 对象，表示发布推文的用户。对于 User 对象的 JSON 属性，参见 https://developer.twitter.com/en/docs/tweets/datadictionary/overview/user-object

推文 JSON 对象的示例

让我们来看看下面来自账户 `@nasa` 的推文的 JSON 示例：

```
@NoFear1075 Great question, Anthony! Throughout its seven-year mis-
sion, our Parker #SolarProbe spacecraft... https://t.co/xKd6ym8waT'
```

我们添加了行号并重新格式化了 JSON 中的一部分。注意，并不是每个 Twitter API 方法都支持推文 JSON 中的某些字段，这些差异在每种方法的在线文档中都有解释。


```
1  {'created_at': 'Wed Sep 05 18:19:34 +0000 2018',
2   'id': 1037404890354606082,
3   'id_str': '1037404890354606082',
4   'text': '@NoFear1075 Great question, Anthony! Throughout its seven-year
        mission, our Parker #SolarProbe spacecraft… https://t.co/xKd6ym8waT',
5   'truncated': True,
6   'entities': {'hashtags': [{'text': 'SolarProbe', 'indices': [84, 95]}],
7      'symbols': [],
8      'user_mentions': [{'screen_name': 'NoFear1075',
9          'name': 'Anthony Perrone',
10         'id': 284339791,
11         'id_str': '284339791',
12         'indices': [0, 11]}],
13     'urls': [{'url': 'https://t.co/xKd6ym8waT',
14         'expanded_url': 'https://twitter.com/i/web/status/
          1037404890354606082',
15         'display_url': 'twitter.com/i/web/status/1…',
16         'indices': [117, 140]}]},
17  'source': '<a href="http://twitter.com" rel="nofollow">Twitter Web
   Client</a>',
18  'in_reply_to_status_id': 1037390542424956928,
19  'in_reply_to_status_id_str': '1037390542424956928',
20  'in_reply_to_user_id': 284339791,
21  'in_reply_to_user_id_str': '284339791',
22  'in_reply_to_screen_name': 'NoFear1075',
23  'user': {'id': 11348282,
24     'id_str': '11348282',
25     'name': 'NASA',
26     'screen_name': 'NASA',
27     'location': '',
28     'description': 'Explore the universe and discover our home planet with
      @NASA. We usually post in EST (UTC-5)',
29     'url': 'https://t.co/TcEE6NS8nD',
30     'entities': {'url': {'urls': [{'url': 'https://t.co/TcEE6NS8nD',
31            'expanded_url': 'http://www.nasa.gov',
32            'display_url': 'nasa.gov',
33            'indices': [0, 23]}]},
34      'description': {'urls': []}},
35     'protected': False,
36     'followers_count': 29486081,
37     'friends_count': 287,
38     'listed_count': 91928,
39     'created_at': 'Wed Dec 19 20:20:32 +0000 2007',
40     'favourites_count': 3963,
41     'time_zone': None,
42     'geo_enabled': False,
43     'verified': True,
44     'statuses_count': 53147,
45     'lang': 'en',
46     'contributors_enabled': False,
47     'is_translator': False,
48     'is_translation_enabled': False,
```

```
49        'profile_background_color': '000000',
50        'profile_background_image_url': 'http://abs.twimg.com/images/themes/
         theme1/bg.png',
51        'profile_background_image_url_https': 'https://abs.twimg.com/images/
         themes/theme1/bg.png',
52        'profile_image_url': 'http://pbs.twimg.com/profile_images/188302352/
         nasalogo_twitter_normal.jpg',
53        'profile_image_url_https': 'https://pbs.twimg.com/profile_images/
         188302352/nasalogo_twitter_normal.jpg',
54        'profile_banner_url': 'https://pbs.twimg.com/profile_banners/11348282/
         1535145490',
55        'profile_link_color': '205BA7',
56        'profile_sidebar_border_color': '000000',
57        'profile_sidebar_fill_color': 'F3F2F2',
58        'profile_text_color': '000000',
59        'profile_use_background_image': True,
60        'has_extended_profile': True,
61        'default_profile': False,
62        'default_profile_image': False,
63        'following': True,
64        'follow_request_sent': False,
65        'notifications': False,
66        'translator_type': 'regular'},
67     'geo': None,
68     'coordinates': None,
69     'place': None,
70     'contributors': None,
71     'is_quote_status': False,
72     'retweet_count': 7,
73     'favorite_count': 19,
74     'favorited': False,
75     'retweeted': False,
76     'possibly_sensitive': False,
77     'lang': 'en'}
```

Twitter JSON 对象资源

关于完整的、可读性更强的推文对象属性列表，参见：

```
https://developer.twitter.com/en/docs/tweets/data-dictionary/
   overview/tweet-object.html
```

Twitter 将每条推文的字数限制从 140 个字符增加到 280 个字符，添加的更多细节参见

```
https://developer.twitter.com/en/docs/tweets/data-dictionary/
   overview/intro-to-tweet-json.html#extendedtweet
```

关于 Twitter API 返回的所有 JSON 对象的总览，以及指向特定 JSON 对象细节的链接，参见

```
https://developer.twitter.com/en/docs/tweets/data-dictionary/
   overview/intro-to-tweet-json
```

自我测验

1.（填空题）Twitter API 返回的推文对象包含许多描述推文各方面信息的________属性。

答案：元数据。

2.（判断题）JSON 是一种对人和计算机而言都可读的格式，这使得数据在互联网上易于流通。

答案：正确。

13.6　Tweepy

我们将使用Tweepy库[1]（`http://www.tweepy.org/`）来和Twitter API进行交互，Tweepy是非常流行的用于和Twitter API进行交互的Python库之一。Tweepy使得访问Twitter的功能变得很容易，并向我们隐藏处理Twitter API返回的JSON对象的细节。可以在以下网页查看Tweepy的文档[2]：

```
http://docs.tweepy.org/en/latest/
```

更多信息以及Tweepy的源代码，请访问

```
https://github.com/tweepy/tweepy
```

安装Tweepy

要安装Tweepy，打开Anaconda Prompt（Windows）、终端（macOS/Linux）或者shell（Linux），然后执行以下命令：

```
pip install tweepy==3.7
```

Windows用户可能需要以管理员身份运行Anaconda Prompt，以避免出现软件安装的权限问题。为此，右键单击开始菜单里的Anaconda Prompt，然后选择More>Run as administrator。

安装geopy

当学习使用Tweepy时，还会用到`tweetutilities.py`文件（在本章的示例代码中提供）中的函数。该文件中的一个工具函数依赖于**geopy库**（https://github.com/geopy/geopy），我们会在13.15节讨论此内容。为安装geopy，执行以下命令：

```
conda install -c conda-forge geopy
```

13.7　通过Tweepy与Twitter进行身份验证

在接下来的几节中，将通过Tweepy调用各种基于云计算的Twitter API。在这里，首先将使用Tweepy与Twitter进行身份验证，并创建一个**Tweepy API对象**，这是通过互联网来使用Twitter API的通道。在后续的小节中，将通过调用`API`对象的方法来使用各种Twitter API。

在调用任何Twitter API之前，必须使用API key、API secret key、access token和access token secret来与Twitter进行身份验证[3]。从`ch13`示例文件夹运行IPython，然后导入**tweepy模块**和早些时候修改过的`keys.py`文件。可以导入任何`.py`文件作为一个模块，且不需要在`import`语句中写出`.py`文件扩展名：

```
In [1]: import tweepy

In [2]: import keys
```

当将`keys.py`作为模块导入时，可以分别以`keys.variable_name`的形式访问该文件

---

[1] Twitter推荐的其他Python库包括Birdy、python-twitter、Python Twitter Tools、TweetPony、TwitterAPI、twitter-gobject、TwitterSearch和twython。具体细节参见https://develop-er.twitter.com/en/docs/developer-utilities/twitter-libraries.html。

[2] Tweepy文档还在开发中。在撰写本文时，Tweepy还没有对应于Twitter API返回的JSON对象的类的文档。Tweepy中的类使用与JSON对象相同的属性名和结构。可以通过查看Twitter的JSON文档来确定要访问属性的正确名称。我们会解释所有代码中用到的属性，并在脚注中提供指向Twitter JSON描述的链接。

[3] 我们可能希望创建的app使用户能够登录并管理他们的Twitter帐户、发布推文、阅读其他用户的推文、搜索推文等。关于用户身份验证的更多细节请查看Tweepy的身份验证教程：http://docs.tweepy.org/en/latest/auth_tutorial.html.

中定义的四个变量。

创建并配置一个 OAuthHandler 来与 Twitter 进行身份验证

通过 Tweepy 与 Twitter 进行身份验证包括两个步骤。首先，创建一个 Tweepy 模块的 **`OAuthHandler`** 类对象，将 API key 和 API secret key 传递给其构造函数。**构造函数**是一个与类同名的函数（在本例中为 `OAuthHandler`），它接收用于配置新对象的参数：

```
In [3]: auth = tweepy.OAuthHandler(keys.consumer_key,
   ...:                            keys.consumer_secret)
   ...:
```

调用 `OAuthHandler` 对象的 `set_access_token` 方法来指定 access token 和 access token secret：

```
In [4]: auth.set_access_token(keys.access_token,
   ...:                       keys.access_token_secret)
   ...:
```

创建一个 API 对象

现在可以创建用于和 Twitter 进行交互的 `API` 对象了：

```
In [5]: api = tweepy.API(auth, wait_on_rate_limit=True,
   ...:                  wait_on_rate_limit_notify=True)
   ...:
```

我们在这个 `API` 构造函数的调用中指定了三个参数：

- `auth` 是包含凭证的 `OAuthHandler` 对象。
- 关键字参数 `wait_on_rate_limit=True` 告诉 Tweepy，每当到达一个给定 API 方法的速率限制时等待 15 分钟，这确保不会违反 Twitter 的速率限制规定。
- 关键字参数 `wait_on_rate_limit_notify=True` 告诉 Tweepy，如果由于速率限制而需要等待，应该在命令行显示一条消息来提醒。

现在可以通过 Tweepy 与 Twitter 交互了。请注意，下面几节中的代码示例是作为一个持续的 IPython 会话进行展示的，因此无须重复在这里经历的身份验证过程。

自我测验

1.（填空题）通过 Tweepy 与 Twitter 进行身份验证包括两个步骤。首先，创建一个 Tweepy 模块的________类对象，将 API key 和 API secret key 传递给其构造函数。

答案：`OAuthHandler`。

2.（判断题）`tweepy.API` 调用的关键字参数 `wait_on_rate_limit_notify=True` 告诉 Tweepy 超过速率限制时终止用户的 API 调用行为。

答案：错误。该调用告诉 Tweepy 在因避免超过速率限制而等待时，是否应该在命令行显示一条消息表明它正在等待速率限制恢复。

13.8 从 Twitter 账户中获取信息

在与 Twitter 进行身份验证后，就可以使用 Tweepy `API` 对象的 `get_user` **方法**来获得 `tweepy.models.User` **对象**了，其中包含 Twitter 用户的账户信息。让我们来获取 NASA 的 Twitter 账户 `@nasa` 的 `User` 对象：

```
In [6]: nasa = api.get_user('nasa')
```

get_user 方法是通过调用 Twitter API 的 users/show 方法实现的[注]。通过 Tweepy 调用的每一个 Twitter 方法都有速率限制。每 15 分钟调用 Twitter 的 users/show 方法获取特定用户的账户信息的次数上限为 900。就像我们提到其他 Twitter API 方法时一样，我们会提供一个方法文档链接的脚注，可以在方法文档中查看其速率限制。

tweepy.models 中的每个类都对应于一个 Twitter 返回的 JSON 对象。例如，User 类对应于 Twitter 的 **user 对象**：

```
https://developer.twitter.com/en/docs/tweets/data-dictionary/
  overview/user-object
```

tweepy.models 中的每个类都有一个读取 JSON 对象并将其转换为相应的 Tweepy 类对象的方法。

获取账户基本信息

让我们来访问 User 对象的某些属性并展示 @nasa 账户的基本信息：

- **id 属性**是用户加入 Twitter 时由 Twitter 创建的账户 ID 号。
- **name 属性**是与用户账户相关联的名称。
- **screen_name 属性**是用户的 Twitter 昵称（@nasa）。name 和 screen_name 都可以创建，以保护用户的隐私。
- **description 属性**是来自用户资料的描述。

```
In [7]: nasa.id
Out[7]: 11348282

In [8]: nasa.name
Out[8]: 'NASA'

In [9]: nasa.screen_name
Out[9]: 'NASA'

In [10]: nasa.description
Out[10]: 'Explore the universe and discover our home planet with @NASA.
We usually post in EST (UTC-5)'
```

获取最近的状态更新

User 对象的 **status 属性**返回一个 **tweepy.models.Status** 类对象，对应于一个 Twitter 的**推文对象**：

```
https://developer.twitter.com/en/docs/tweets/data-dictionary/
  overview/tweet-object
```

Status 对象的 **text 属性**包含该账户最新推文的文本：

```
In [11]: nasa.status.text
Out[11]: 'The interaction of a high-velocity young star with the cloud of
gas and dust may have created this unusually sharp-... https://t.co/
J6uUf7MYMI'
```

text 属性最初适用于不超过 140 个字符的推文。上面的“…”表明推文文本被截断了。在 Twitter 将字符限制增加到 280 个字符时，添加了一个 **extended_tweet 属性**（我们会在稍后

[注] https://developer.twitter.com/en/docs/accounts-and-users/follow-search-get-users/api-reference/get-users-show.

演示)，用于访问 141 到 280 个字符之间的推文中的文本以及其他信息。在本例中，Twitter 将 text 设置为 extended_tweet 的文本的截断版。此外，转发推文也经常会导致截断，因为添加字符后转发可能会超过字符限制。

获取关注者数量

可以通过 **followers_count 属性**来查看一个账户的关注者数量：

```
In [12]: nasa.followers_count
Out[12]: 29453541
```

虽然这个数字已经很大了，但有些账户的关注者数量甚至超过了 1 亿[1]。

获取好友数量

类似地，可以使用 **friends_count 属性**查看一个账户的好友数量（即一个账户关注其他账户的数量）：

```
In [13]: nasa.friends_count
Out[13]: 287
```

获取自己的账户信息

也可以访问自己账户的上述属性。为此，先调用 Tweepy API 对象的 **me 方法**，例如：

```
me = api.me()
```

这会返回在上一节中用于和 Twitter 进行身份验证的账户的 User 对象。

自我测验

1.（填空题）在与 Twitter 进行身份验证后，就可以使用 Tweepy API 对象的________方法来获得 tweepy.models.User 对象了，其中包含 Twitter 用户的账户信息。

答案： get_user。

2.（判断题）转发推文也经常会导致截断，因为添加字符后转发可能会超过字符限制。

答案： 正确。

3.（IPython 会话）使用 API 对象获取 NASAKepler 账户的 User 对象，然后打印其关注者数量和最新推文。

答案：

```
In [14]: nasa_kepler = api.get_user('NASAKepler')

In [15]: nasa_kepler.followers_count
Out[15]: 611281

In [16]: nasa_kepler.status.text
Out[16]: 'RT @TheFantasyG: Learning that there are #MorePlanetsThanStars
means to me that there are near endless possibilities of unique
discoveries...'
```

13.9 Tweepy Cursor 简介：获取一个账户的关注者和好友

在调用 Twitter API 方法时，收到的结果通常是对象的集合，例如 Twitter 时间线中的推文、另一个账户时间线中的推文或匹配指定搜索条件的推文列表。一条时间线由该用户以及该用户的好友（即该用户关注的其他账户）发送的推文组成。

[1] https://friendorfollow.com/twitter/most-followers/.

每个 Twitter API 方法的文档都说明了方法在一次调用中可以返回的最大条目数，称为结果的**页**。当请求的结果多于给定方法可以返回的结果数目时，Twitter 返回的 JSON 会指出还存在更多的页需要获取。Tweepy 的游标类 `Cursor` 可以帮助处理这些细节。一个 **`Cursor`** 在调用给定方法时会检查 Twitter 是否指示还有额外的结果页。如果有，`Cursor` 会自动再次调用该方法来获取这些结果。这个过程会一直持续，直到没有更多的结果要获取，当然同时还会受到方法的速率限制。如果将 API 对象配置为在达到速率限制时等待（正如我们所做的那样），则 `Cursor` 会遵循速率限制，并在调用之间根据需要而等待。下面的小节将讨论 `Cursor` 的基本原理。更多细节请参阅 `Cursor` 教程：

http://docs.tweepy.org/en/latest/cursor_tutorial.html

13.9.1　确定一个账户的关注者

让我们使用 Tweepy 的 `Cursor` 来调用 API 对象的 **`followers` 方法**，该方法会调用 Twitter API 的 `followers/list` 方法[⊖]来获取账户的关注者。默认情况下，Twitter 按 20 个一组返回结果，但可以请求一次最多返回 200 个。为了展示这个方法，我们将抓取 10 个 NASA 的关注者。

`followers` 方法返回的是 `tweep.models.User` 对象，其中包含每个关注者的信息。首先我们创建一个列表来存储 `User` 对象：

```
In [17]: followers = []
```

创建一个游标

接下来我们创建一个 `Cursor` 对象，它将对 NASA 账户调用 `followers` 方法，对哪个账户调用方法是由关键字参数 `screen_name` 指定的：

```
In [18]: cursor = tweepy.Cursor(api.followers, screen_name='nasa')
```

`Cursor` 的构造函数接收要调用的方法名称作为参数，本例中为 `api.followers`，这表明 `Cursor` 将调用 `API` 对象中的 `followers` 方法。如果 `Cursor` 的构造函数接收到任何额外的关键字参数，如 `screen_name`，这些参数将传递给在构造函数的第一个参数中指定的方法。因此，这个 `Cursor` 只获取 Twitter 账户 `@nasa` 的关注者。

获取结果

现在我们就可以使用 `Cursor` 来获取关注者信息了。下面的 `for` 语句遍历了表达式 `cursor.items(10)` 返回的结果。`Cursor` 的 **`items` 方法**会开启对 `api.follwers` 的调用并返回 `followers` 方法的结果。在本例中，我们将 `10` 传递给 `items` 方法，表示仅请求 10 个结果：

```
In [19]: for account in cursor.items(10):
    ...:     followers.append(account.screen_name)
    ...:

In [20]: print('Followers:',
    ...:       ' '.join(sorted(followers, key=lambda s: s.lower())))
    ...:
```

⊖ https://developer.twitter.com/en/docs/accounts-and-users/follow-search-get-users/api-reference/get-followers-list.

```
Followers: abhinavborra BHood1976 Eshwar12341 Harish90469614 heshamkisha
Highyaan2407 JiraaJaarra KimYooJ91459029 Lindsey06771483 Wendy_UAE_NL
```

上述代码片段调用内置的 sorted 函数按升序打印关注者，该函数的第二个参数是一个函数，用于确定 followers 中的元素如何排序。在本例中，我们使用了一个 lambda 函数，它将每个关注者名称都转换为小写字母，这样我们就可以进行不区分大小写的排序了。

自动翻页

如果请求的结果数量超过了调用一次 followers 所能返回的数量，则 items 方法会通过多次调用 api.follower 自动对结果进行“翻页”。回想一下，默认情况下，followers 一次最多返回 20 个关注者，因此前面的代码只需要调用一次 followers。为了一次获取最多 200 个关注者，我们可以使用关键字参数 count 来创建 Cursor，如下所示：

```
cursor = tweepy.Cursor(api.followers, screen_name='nasa', count=200)
```

如果没有为 items 方法指定参数，Cursor 将尝试获取该账户的所有关注者。对于有大量关注者的账户来说，由于 Twitter 的速率限制，这可能需要花费大量时间。Twitter API 的 followers/list 方法一次最多可以返回 200 个关注者，Twitter 允许每 15 分钟最多调用 15 次该方法。因此，使用 Twitter 的免费 API 每 15 分钟最多可以获取 3000 个关注者。回想一下，我们将 API 对象配置为在达到速率限制时自动等待，因此，如果试图获取一个有超过 3000 名关注者的账户的所有关注者，每获取 3000 名关注者后，Tweepy 会自动暂停 15 分钟并显示一条消息。在撰写本文时，NASA 已经拥有超过 2950 万名关注者。以每小时 1.2 万名关注者的速度计算，总共需要 100 天才能获取到所有 NASA 的关注者。

注意，在本例中，我们可以不使用 Cursor，而是直接调用 followers 方法，因为我们只需获取少量的关注者。我们在这里使用 Cursor 是为了展示通常是如何调用 followers 方法的。在后面的一些示例中，对于少量结果，我们将直接调用 API 方法来获取，而不会使用 Cursor。

获取关注者的 ID

虽然一次只可以获取最多 200 个关注者的完整 User 对象，但可以通过调用 API 对象的 **followers_ids 方法**来获得更多关注者的 Twitter ID 号码。这会调用 Twitter API 的 followers/ids 方法，该方法每次最多返回 5000 个关注者的 ID 号码（再次强调，这些速率限制可能会改变）[1]。每 15 分钟最多可以调用该方法 15 次，因此可以在每个速率限制区间内获取 75 000 个账户 ID 号码。这在与 API 对象的 **lookup_users 方法**结合使用时特别有用。lookup_users 方法调用了 Twitter API 的 users/lookup 方法[2]，该方法一次最多可以返回 100 个 User 对象，每 15 分钟最多可以调用 300 次。因此，使用这种组合方式，可以在每个速率限制区间内获取最多 30 000 个 User 对象。

自我测验

1.（填空题）每个 Twitter API 方法的文档都说明了方法在一次调用中可以返回的最大条目数，称为结果的________。

答案：页。

2.（判断题）虽然一次只可以获取最多 200 个关注者的完整 User 对象，但可以通过调用 API 对象的 followers_ids 方法来获得更多关注者的 Twitter ID 号码。

---

[1] https://developer.twitter.com/en/docs/accounts-and-users/follow-search-get-users/api-reference/get-followers-ids.

[2] https://developer.twitter.com/en/docs/accounts-and-users/follow-search-get-users/api-reference/get-users-lookup.

答案：正确。

3.（IPython 会话）使用一个 `Cursor` 来获取并打印 `NASAKepler` 账户的 10 个关注者：

```
In [21]: kepler_followers = []

In [22]: cursor = tweepy.Cursor(api.followers, screen_name='NASAKepler')

In [23]: for account in cursor.items(10):
    ...:     kepler_followers.append(account.screen_name)
    ...:

In [24]: print(' '.join(kepler_followers))
cheleandre_ FranGlacierGirl Javedja88171520 Ameer90577310 c4rb0hydr8
rashadali77777 ICPN2019 us0OU5hSZ8BwnsA KHRSC1 xAquos
```

13.9.2　确定一个账户的关注对象

`API` 对象的 **`friends` 方法**调用 Twitter API 的 `friends/list` 方法[1]来获得一个 `User` 对象列表，表示该账户的好友。Twitter 默认按 20 个一组返回结果，但是一次最多可以请求 200 个，就像我们讨论过的 `followers` 方法一样。Twitter 允许每 15 分钟调用 `friends/list` 方法 15 次。让我们来获取 NASA 的 10 个好友账户：

```
In [25]: friends = []

In [26]: cursor = tweepy.Cursor(api.friends, screen_name='nasa')

In [27]: for friend in cursor.items(10):
    ...:     friends.append(friend.screen_name)
    ...:

In [28]: print('Friends:',
    ...:       ' '.join(sorted(friends, key=lambda s: s.lower())))
    ...:
Friends: AFSpace Astro2fish Astro_Kimiya AstroAnnimal AstroDuke
NASA3DPrinter NASASMAP Outpost_42 POTUS44 VicGlover
```

自我测验

（填空题）API 对象的 **`friends` 方法**调用 Twitter API 的________方法来获得一个 `User` 对象列表，表示该账户的好友。

答案：`friends/list`。

13.9.3　获取一个用户的近期推文

API 的 **`user_timeline` 方法**从特定账户的时间线中返回推文。时间线包括该账户的推文以及该账户好友的推文。该方法会调用 Twitter API 的 `status /user_timeline` 方法[2]，返回最近的 20 条推文，一次最多可以返回 200 条。此方法只能返回一个账户的 3200 条最近推文，每 15 分钟可以调用 1500 次。

`user_timeline` 方法会返回 `Status` 对象，每个对象代表一条推文。每个 `Status` 的 `User` 属性都指向一个 `tweepy.models.User` 对象，包含发送该推文的用户的信息，例如该用户的 `screen_name`。`Status` 的 `text` 属性包含推文的文本。让我们打印来自

[1] https://developer.twitter.com/en/docs/accounts-and-users/follow-search-get-users/api-reference/get-friends-list.

[2] https://developer.twitter.com/en/docs/tweets/timelines/api-reference/get-status-es-user_timeline.

@nasa 的三条推文的文本及其 screen_name：

```
In [29]: nasa_tweets = api.user_timeline(screen_name='nasa', count=3)

In [30]: for tweet in nasa_tweets:
    ...:     print(f'{tweet.user.screen_name}: {tweet.text}\n')
    ...:
NASA: Your Gut in Space: Microorganisms in the intestinal tract play an
especially important role in human health. But wh… https://t.co/
uLOsUhwn5p

NASA: We need your help! Want to see panels at @SXSW related to space
exploration? There are a number of exciting panels… https://t.co/
ycqMMdGKUB

NASA: "You are as good as anyone in this town, but you are no better than
any of them," says retired @NASA_Langley mathem… https://t.co/nhMD4n84Nf
```

这些推文都被截断了（由…表明），这意味着这些推文使用的是新的 280 个字符的限制。我们将使用 extended_tweet 属性来访问这类推文的全部文本信息。

在上述代码片段中，我们选择直接调用 user_timeline 方法，并使用 count 关键字参数指定要检索的推文数量。如果希望获取超过 200 条推文（一次调用所能返回的最大数目），那么应该使用我们之前介绍的 Cursor 来调用 user_timeline。回想一下，如果需要，Cursor 会多次调用该方法来实现自动翻页。

从自己的时间线抓取近期推文

可以调用 API 的 **home_timeline** 方法，就像：

```
api.home_timeline()
```

以从自己的时间线中获取推文[㊀]，即自己的推文和来自好友的推文。该方法调用的是 Twitter 的 status/home_timeline 方法[㊁]。默认情况下，home_timeline 返回最近的 20 条推文，一次最多可以返回 200 条推文。同样，要从时间线中获取超过 200 条推文，应该使用 Tweepy Cursor 来调用 home_timeline。

自我测验

1.（填空题）可以调用 API 的 home_timeline 方法从自己的时间线中获取推文，也就是自己的推文和来自________的推文。

答案：好友。

2.（IPython 会话）获取并打印 NASAKepler 账户的两条推文。

答案：

```
In [31]: kepler_tweets = api.user_timeline(
    ...:     screen_name='NASAKepler', count=2)
    ...:

In [32]: for tweet in kepler_tweets:
    ...:     print(f'{tweet.user.screen_name}: {tweet.text}\n')
    ...:
NASAKepler: RT @TheFantasyG: Learning that there are
#MorePlanetsThanStars means to me that there are near endless
possibilities of unique discoveries…
```

㊀ 指的是用于和 Twitter 进行身份验证的账户。

㊁ https://developer.twitter.com/en/docs/tweets/timelines/api-reference/get-statuses-home_timeline.

```
NASAKepler: @KerryFoster2 @NASA Refueling Kepler is not practical since
it currently sits 94 million miles from Earth. And with… https://t.co/
D2P145ELON
```

13.10 搜索近期推文

Tweepy **API** 的 **search** 方法返回与查询字符串相匹配的推文。根据该方法的文档，Twitter 只保留最近 7 天的推文的搜索索引，并且搜索不能保证返回所有匹配的推文。search 方法调用的是 Twitter 的 search/tweets 方法[⊖]，该方法默认一次返回 15 条推文，最多可以返回 100 条。

tweetutilities.py 中的工具函数 print_tweets

在本节，我们创建了一个工具函数 print_tweets，它接收 API 的 search 方法调用的结果，并打印每个推文的用户 screen_name 和推文的文本。如果该推文所使用的语言不是英语且 tweet.lang 不为 'und'（未定义），我们还会使用 TextBlob 将推文翻译成英语，就像在第 12 章中所做的那样。为使用 print_tweets 函数，请从 tweetutilities.py 导入它：

```
In [33]: from tweetutilities import print_tweets
```

该文件中的 print_tweets 函数的定义如下所示：

```
def print_tweets(tweets):
    """For each Tweepy Status object in tweets, display the
    user's screen_name and tweet text. If the language is not
    English, translate the text with TextBlob."""
    for tweet in tweets:
        print(f'{tweet.screen_name}:', end=' ')

        if 'en' in tweet.lang:
            print(f'{tweet.text}\n')
        elif 'und' not in tweet.lang:  # translate to English first
            print(f'\n  ORIGINAL: {tweet.text}')
            print(f'TRANSLATED: {TextBlob(tweet.text).translate()}\n')
```

搜索包含特定词语的推文

让我们来搜索一下最近三条关于 NASA 火星机遇号探测器的推文。search 方法的关键字参数 q 指定查询字符串，表示想要搜索的内容，关键字参数 count 指定要返回的推文数量：

```
In [34]: tweets = api.search(q='Mars Opportunity Rover', count=3)

In [35]: print_tweets(tweets)
Jacker760: NASA set a deadline on the Mars Rover opportunity! As the dust
on Mars settles the Rover will start to regain power… https://t.co/
KQ7xaFgrzr

Shivak32637174: RT @Gadgets360: NASA 'Cautiously Optimistic' of Hearing
Back From Opportunity Rover as Mars Dust Storm Settles
https://t.co/O1iTTwRvFq

ladyanakina: NASA's Opportunity Rover Still Silent on #Mars. https://
t.co/njcyP6zCm3
```

⊖ https://developer.twitter.com/en/docs/tweets/search/api-reference/get-search-tweets.

与其他方法一样，如果想要请求的结果数目超过调用一次 search 所能返回的数目，则应使用 Cursor 对象。

使用 Twitter 搜索操作符进行搜索

可以在查询字符串中使用各种 Twitter 搜索操作符来优化搜索结果。下表列出了几个 Twitter 搜索操作符，可以组合多个操作符来构造更复杂的查询。关于所有操作符，前往

https://twitter.com/search-home

并单击 operators 链接。

示例	目标推文
python twitter	隐式的逻辑与操作符——查找包含 python 和 twitter 的推文
python OR twitter	逻辑或（OR）操作符——查找包含 python、twitter 或两者都包含的推文
python ?	?（问号）——查找提 python 相关问题的推文
planets -mars	–（负号）——查找包含 planets 但不包含 mars 的推文
python :)	:)(笑脸）——查找包含 python 的积极情感推文
python :(	:((悲伤脸）——查找包含 python 的消极情感推文
since:2018-09-01	查找在指定日期当天或之后的推文，日期格式必须为 YYYY-MM-DD
near: "New York City"	查找发送地点靠近纽约市的推文
from:nasa	从账户 @nasa 发送的推文中查找
to:nasa	查找回复账户 @nasa 的推文

让我们使用 from 和 since 操作符来获取 NASA 自 2018 年 9 月 1 日起的三条推文，对于我们而言，应该更换一个七天内的日期来执行这段代码：

```
In [36]: tweets = api.search(q='from:nasa since:2018-09-01', count=3)

In [37]: print_tweets(tweets)
NASA: @WYSIW Our missions detect active burning fires, track the
transport of fire smoke, provide info for fire managemen… https://t.co/
jx2iUoMlIy

NASA: Scarring of the landscape is evident in the wake of the Mendocino
Complex fire, the largest #wildfire in California… https://t.co/
Nboo5GD90m

NASA: RT @NASAglenn: To celebrate the #NASA60th anniversary, we're
exploring our history. In this image, Research Pilot Bill Swann prepares
for a…
```

搜索带有某个话题标签的推文

推文通常包含以 # 开头的**话题标签**来表明一些重要的东西，比如一个热门话题。让我们来获取两条包含话题标签 #collegefootball 的推文。

```
In [38]: tweets = api.search(q='#collegefootball', count=2)

In [39]: print_tweets(tweets)
dmcreek: So much for #FAU giving #OU a game. #Oklahoma #FloridaAtlantic
#CollegeFootball #LWOS

theangrychef: It's game day folks! And our BBQ game is strong. #bbq
#atlanta #collegefootball #gameday @ Smoke Ring https://t.co/J4lkKhCQE7
```

自我测验

1.（填空题）Tweepy API 的________方法返回与查询字符串相匹配的推文。

答案： search。

2.（判断题）如果想要请求的结果数目超过调用一次 search 所能返回的数目，则应使用 API 对象。

答案： 错误。如果想要请求的结果数目超过调用一次 search 所能返回的数目，则应使用 Cursor 对象。

3.（IPython 会话）查找来自账户 nasa 的包含 'astronaut' 的推文。

答案：

```
In [40]: tweets = api.search(q='astronaut from:nasa', count=1)

In [41]: print_tweets(tweets)
NASA: Astronaut Guion "Guy" Bluford never aimed to become the first
African-American in space, but #OTD in 1983 he soared… https://t.co/
bIjl88yJdR
```

13.11 趋势发现：Twitter 趋势 API

如果一个话题“病毒式传播”，那么可能会同时有数千人甚至数百万人在 Twitter 上谈论它。Twitter 将这些话题称为热门话题，并且会维护全球的热门话题列表。通过 Twitter 的趋势 API，可以获得热门话题的地点列表，以及每个地点的前 50 个热门话题列表。

13.11.1 热门话题的地点

Tweeepy API 的 **trends_available 方法**调用 Twitter API 的 trends/available[注] 方法来获得 Twitter 上所有热门话题的地点列表。trends_available 方法返回一个表示这些地点的字典列表。当我们执行这段代码时，有 467 个热门话题地点：

```
In [42]: trends_available = api.trends_available()

In [43]: len(trends_available)
Out[43]: 467
```

trends_available 返回的列表的每一个元素（即一个字典）都包含许多信息，包括地点的 name 和 woeid（在下面讨论）：

```
In [44]: trends_available[0]
Out[44]:
{'name': 'Worldwide',
 'placeType': {'code': 19, 'name': 'Supername'},
 'url': 'http://where.yahooapis.com/v1/place/1',
 'parentid': 0,
 'country': '',
 'woeid': 1,
 'countryCode': None}
In [45]: trends_available[1]
Out[45]:
{'name': 'Winnipeg',
```

[注] https://developer.twitter.com/en/docs/trends/locations-with-trending-topics/api-reference/get-trends-available.

```
'placeType': {'code': 7, 'name': 'Town'},
'url': 'http://where.yahooapis.com/v1/place/2972',
'parentid': 23424775,
'country': 'Canada',
'woeid': 2972,
'countryCode': 'CA'}
```

Twitter 趋势 API 的 `trends/place` 方法（稍后讨论）使用 Yahoo！ Where on Earth ID（WOEID）来查找热门话题。WOEID 值为 1 代表全球，其他地点有唯一的大于 1 的 WOEID 值。我们将在接下来的两个小节中使用 WOEID 值来获得特定城市的热门话题以及全球的热门话题。下表显示了几个地标、城市、州以及大洲的 WOEID 值。请注意，尽管这些都是有效的 WOEID，但 Twitter 并不一定有所有这些地点的热门话题。

地点	WOEID	地点	WOEID
Statue of Liberty	23617050	Iguazu Falls	468785
Los Angeles, CA	2442047	United States	23424977
Washington, D.C.	2514815	North America	24865672
Paris, France	615702	Europe	24865675

还可以搜索靠近指定经纬度的地点的热门话题。为此，调用 Tweepy API 的 **`trends_closest`** **方法**，该方法调用了 Twitter API 的 `trends/ closest` 方法[1]。

自我测验

1.（填空题）如果一个话题“病毒式传播”，那么可能会同时有数千人甚至数百万人在 Twitter 上谈论它。Twitter 将这些话题称为________话题。

答案：热门。

2.（判断题）Twitter 趋势 API 的 `trends/place` 方法（稍后讨论）使用 Yahoo！ Where on Earth ID（WOEID）来查找热门话题，WOEID 值为 1 代表全球。

答案：正确。

13.11.2　获取热门话题列表

Tweeepy API 的 **`trends_place`** **方法**调用 Twitter 趋势 API 的 `Trends/place`[2]方法来获取指定 WOEID 位置的前 50 个热门话题。可以从我们前面讨论的 `trends_available` 或 `trends_closest` 方法返回的每个字典中的 `woeid` 属性获取 WOEID，或者也可以在以下网址搜索某个城市 / 城镇、州、国家、地址、邮政编码或地标的 WOEID：

`http://www.woeidlookup.com`

还可以以编程的方式，通过 Python 库（如 `woeid`[3]）使用 Yahoo！的 Web 服务来查找 WOEID：

`https://github.com/Ray-SunR/woeid`

全球热门话题

让我们来获取今天的全球热门话题（结果肯定会和我们的不同）：

```
In [46]: world_trends = api.trends_place(id=1)
```

[1] https://developer.twitter.com/en/docs/trends/locations-with-trending-topics/api-reference/get-trends-closest.

[2] https://developer.twitter.com/en/docs/trends/trends-for-location/api-reference/get-trends-place.

[3] 需要有一个 Yahoo！的 API key 来使用 `woeid`，详细要求参见 `woeid` 模块的文档。

trends_place 方法返回一个仅包含一个字典元素的列表，该字典的 'trends' 键对应的值是一个列表，列表中的每个元素都是一个代表热门话题的字典：

```
In [47]: trends_list = world_trends[0]['trends']
```

每个热门话题字典都有 name、url、promoted_content（表明该推文是一个广告）、query 和 tweet_volume 键（如下所示）。以下是位于西班牙的热门话题（#BienvenidoSeptiembre 的意思是“欢迎九月”）：

```
In [48]: trends_list[0]
Out[48]:
{'name': '#BienvenidoSeptiembre',
 'url': 'http://twitter.com/search?q=%23BienvenidoSeptiembre',
 'promoted_content': None,
 'query': '%23BienvenidoSeptiembre',
 'tweet_volume': 15186}
```

对于推文数量超过 10 000 条的热门话题，tweet_volume 为推文的数量，不超过则 tweet_volume 为 None。让我们使用一个列表解析式来过滤列表，从而得到一个只包含超过 10 000 条推文的热门话题的列表：

```
In [49]: trends_list = [t for t in trends_list if t['tweet_volume']]
```

接下来让我们依据 tweet_volume 将热门话题降序排序：

```
In [50]: from operator import itemgetter

In [51]: trends_list.sort(key=itemgetter('tweet_volume'), reverse=True)
```

现在让我们来打印前五名热门话题的名字：

```
In [52]: for trend in trends_list[:5]:
    ...:     print(trend['name'])
    ...:
#HBDJanaSenaniPawanKalyan
#BackToHogwarts
Khalil Mack
#ItalianGP
Alisson
```

纽约市的热门话题

现在让我们来看看纽约市的五大热门话题（WOEID 为 2459115）。下面的代码执行的任务与上面相同，仅 WOEID 不同：

```
In [53]: nyc_trends = api.trends_place(id=2459115)  # New York City WOEID

In [54]: nyc_list = nyc_trends[0]['trends']

In [55]: nyc_list = [t for t in nyc_list if t['tweet_volume']]

In [56]: nyc_list.sort(key=itemgetter('tweet_volume'), reverse=True)

In [57]: for trend in nyc_list[:5]:
    ...:     print(trend['name'])
    ...:
```

```
#IDOL100M
#TuesdayThoughts
#HappyBirthdayLiam
NAFTA
#USOpen
```

自我测验

1.（填空题）还可以以编程的方式，通过 Python 库（如________）使用 Yahoo！的 Web 服务来查找 WOEID。

答案：woeid。

2.（判断题）语句 todays_trends = api.trends_place(id=1) 获取今天的美国热门话题。

答案：错误。实际上它获取的是今天的全球热门话题。

3.（IPython 会话）打印今天美国的前 3 个热门话题。

答案：

```
In [58]: us_trends = api.trends_place(id='23424977')

In [59]: us_list = us_trends[0]['trends']

In [60]: us_list = [t for t in us_list if t['tweet_volume']]

In [61]: us_list.sort(key=itemgetter('tweet_volume'), reverse=True)

In [62]: for trend in us_list[:3]:
    ...:     print(trend['name'])
    ...:
Cory Booker
Burt Reynolds
#ThursdayThoughts
```

13.11.3 根据热门话题创建词云

在第 12 章中，我们使用了 WordCloud 库来创建词云。在这里我们再用一次 WordCloud 来可视化纽约市超过 10 000 条推文的热门话题。首先让我们创建一个由热门话题的 name 和 tweet_volumes 组成键 – 值对的字典：

```
In [63]: topics = {}

In [64]: for trend in nyc_list:
    ...:     topics[trend['name']] = trend['tweet_volume']
    ...:
```

接下来，让我们从 topics 字典的键 – 值对中创建一个词云 WordCloud，然后将词云输出到图像文件 TrendingTwitter.png 中（在代码下方显示）。参数 prefer_horizontal=0.5 建议应该有 50% 的单词是水平的，尽管软件可能会为了适应内容而忽略这一点：

```
In [65]: from wordcloud import WordCloud

In [66]: wordcloud = WordCloud(width=1600, height=900,
    ...:     prefer_horizontal=0.5, min_font_size=10, colormap='prism',
    ...:     background_color='white')
    ...:
```

```
In [67]: wordcloud = wordcloud.fit_words(topics)

In [68]: wordcloud = wordcloud.to_file('TrendingTwitter.png')
```

结果词云如下，结果会基于运行代码当天热门话题的不同而不同：

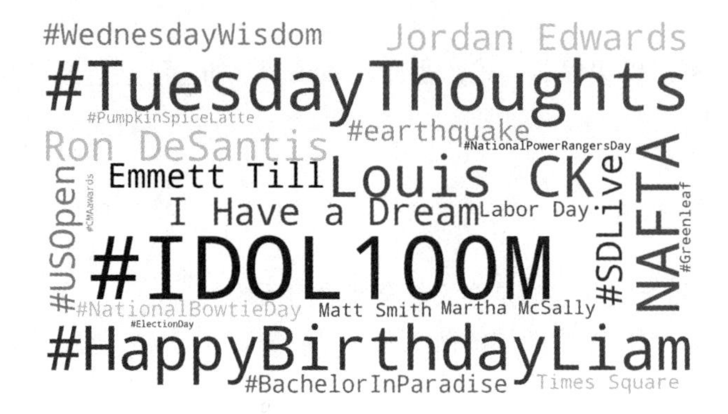

自我测验

（IPython 会话）使用上一节自我测验中的 `us_list` 列表创建词云。

答案：

```
In [69]: topics = {}

In [70]: for trend in us_list:
    ...:     topics[trend['name']] = trend['tweet_volume']
    ...:

In [71]: wordcloud = wordcloud.fit_words(topics)

In [72]: wordcloud = wordcloud.to_file('USTrendingTwitter.png')
```


13.12 分析推文前的清洗 / 预处理过程

数据清洗是数据科学家执行的最常见的任务之一。取决于想要处理推文的方式，需要使用不同的自然语言处理过程来标准化推文，可以通过执行下表中的部分或全部数据清理任务来完成这一步骤。其中许多都可以使用第 12 章中介绍的库来完成：

推文清洗任务	
将所有文本转换为相同大小写的文本	去掉停止词
去掉话题标签中的 #	去掉 RT（转发）和 FAV（喜欢）
去掉 @- 提到的	去掉网页链接
去掉重复的推文	提取词干
去掉多余的空格	还原词形
去掉话题标签	分词
去掉标点符号	

推文预处理库和 TextBlob 工具函数

在本节中，我们将使用**推文预处理库**

https://github.com/s/preprocessor

来执行一些基本的推文清洗。它可以自动去掉：

- 网页链接
- `@`- 提到的（如 `@nasa`）
- 话题标签（如 `#mars`）
- Twitter 保留词（如表示转发的 `RT` 和表示喜欢的 `FAV`，后者类似于其他社交网络上的“喜欢”）
- 表情符号（去掉全部或者仅去掉笑脸）
- 数字

或者它们的任意组合。下表展示了模块中代表这些选项的常量：

选项	选项常量
@-提到的（如 `@nasa`）	`OPT.MENTION`
表情符号	`OPT.EMOJI`
话题标签（如 `#mars`）	`OPT.HASHTAG`
数字	`OPT.NUMBER`
保留词（`RT` 和 `FAV`）	`OPT.RESERVED`
笑脸符号	`OPT.SMILEY`
网页链接	`OPT.URL`

安装推文预处理库

要安装推文预处理库，打开 Anaconda Prompt（Windows）、终端（macOS/Linux）或 shell（Linux），然后输入以下命令：

```
pip install tweet-preprocessor
```

Windows 用户可能需要以管理员身份运行 Anaconda Prompt，避免出现软件安装的权限问题。为此，右键单击开始菜单里的 Anaconda Prompt，然后选择 More > Run as administrator。

清洗推文

让我们来执行一些基本的推文清洗，本章后面的示例中将用到这些清洗手段。推文预处理库的模块名为 `preprocessor`，其文档建议按如下方式导入模块：

```
In [1]: import preprocessor as p
```

调用模块的 set_options 函数来设置清洗选项。在本例中，我们想删除网页链接和 Twitter 保留词：

```
In [2]: p.set_options(p.OPT.URL, p.OPT.RESERVED)
```

现在让我们来清洗一条包含一个保留词和一个网页链接的示例推文：

```
In [3]: tweet_text = 'RT A sample retweet with a URL https://nasa.gov'

In [4]: p.clean(tweet_text)
Out[4]: 'A sample retweet with a URL'
```

自我测验

（判断题）推文预处理库可以自动去掉网页链接、@- 提到的（如 @nasa）、话题标签（如 #mars）、Twitter 保留词（如表示转发的 RT 和表示喜欢的 FAV，后者类似于其他社交网络上的“喜欢”）、表情符号（去掉全部或者仅去掉笑脸）和数字，或者它们的任意组合。

答案：正确。

13.13 Twitter 流处理 API

Twitter 的免费流处理 API 可以动态地随机选择新产生的推文发送到 app，每天最多发送总推文的 1%。根据 InternetLiveStats.com 的数据，全球每秒会产生约 6000 条推文，每天有超过 5 亿条推文被发送[㊀]。因此流处理 API 每天可为我们提供约 500 万条推文。Twitter 曾经允许免费访问推文流中 10% 的推文，但该项服务（被称为消防软管）现在变为一个付费服务。在本节，我们将定义一个类并使用一个 IPython 会话来介绍处理推文流的步骤。注意，接收推文流的代码创建了一个自定义类，需要继承自另一个类，我们在第 10 章讨论了这些问题。

13.13.1 创建 StreamListener 的子类

流处理 API 会返回和搜索条件相匹配的推文。Twitter 使用一个持久连接来推送（也就是发送）推文到 app，而不是在每次调用方法时都建立连接。推文到达的速率取决于搜索条件，话题越热门，推文就会越快到达。

需要创建 Tweepy 的 **StreamListener** 类的子类来处理推文流。该类的对象充当监听器的角色，每个新推文（或由 Twitter 发送的其他消息[㊁]）到达时，它都会收到通知。Twitter 发送的每条消息都会导致对 StreamListener 的方法的调用，下表总结了几个这样的方法。StreamListener 已经定义了下表中的每个方法，因此只需按需重新定义需要的方法——这称为重写。有关更多 StreamListener 的方法，请参见：

https://github.com/tweepy/tweepy/blob/master/tweepy/streaming.py

方法	描述
on_connect(self)	在成功连接到 Twitter 流时调用。该方法中的语句只有在 app 连接到 Twitter 流后才会执行

㊀ http://www.internetlivestats.com/twitter-statistics/.

㊁ 关于这类消息的更多信息，参见 https://developer.twitter.com/en/docs/tweets/filter-realtime/guides/streaming-message-types.html。

（续）

方法	描述
on_status(self,status)	在推文到达时调用——status 是一个 Tweepy 的 Status 类的对象
on_limit(self,track)	在速率限制通知到达时调用。如果搜索匹配的推文数多于 Twitter 根据其当前推文流速率限制可以提供的推文数，就会发生这种情况。在这种情况下，速率限制通知包含无法发送的匹配推文的数量
on_error(self,status_code)	在 Twitter 发送错误代码时调用
on_timeout(self)	在连接超时时调用，即 Twitter 服务器未响应时
on_warning(self,notice)	在 Twitter 发送断开连接警告，表明连接可能会被关闭时调用。例如，Twitter 维护了一个推送到 app 的推文队列。如果 app 读取推文的速度不够快，on_warning 方法的 notice 参数将包含一个警告消息，表明在队列满时连接终止

TweetListener 类

TweetListener 类定义在 TweetListener.py 中，是 StreamListener 类的子类。在本节我们将介绍 TweetListener 类的构成。第 6 行表明 TweetListener 类是 tweepy.StreamListener 类的子类，这确保了我们的新类拥有 StreamListener 类的默认方法实现。

```
1  # tweetlistener.py
2  """tweepy.StreamListener subclass that processes tweets as they arrive."""
3  import tweepy
4  from textblob import TextBlob
5
6  class TweetListener(tweepy.StreamListener):
7      """Handles incoming Tweet stream."""
8
```

TweetListener 类：__init__ 方法

下面几行定义了 TweetListener 类的 __init__ 方法，该方法会在创建新的 TweetListener 对象时调用。参数 api 是 TweetListener 用来和 Twitter 进行交互的 Tweepy API 对象。参数 limit 是要处理的推文总数，默认为 10。增加这个参数是为了让我们能够控制要接收的推文数量。一会儿就能看到，当处理的推文数达到这个限制时，我们就会终止推文流。如果将 limit 设置为 None，则推文流不会自动终止。第 11 行创建了一个实例变量来记录已处理的推文数量，第 12 行创建了一个常量来存储 limit 值。如果对前面章节提到的 __init__ 和 super() 不太熟悉，那么只需要知道第 13 行确保了 api 对象能被正确保存，以供监听器对象使用。

```
9      def __init__(self, api, limit=10):
10         """Create instance variables for tracking number of tweets."""
11         self.tweet_count = 0
12         self.TWEET_LIMIT = limit
13         super().__init__(api)  # call superclass's init
14
```

TweetListener 类：on_connect 方法

on_connect 方法会在 app 成功连接到 Twitter 流时调用。我们重写了其默认实现，以显示“Connection successful（连接成功）”消息。

```
15      def on_connect(self):
16          """Called when your connection attempt is successful, enabling
17          you to perform appropriate application tasks at that point."""
18          print('Connection successful\n')
19
```

TweetListener 类：on_status 方法

on_status 方法会在每个推文到达时由 Tweepy 调用。该方法的第二个参数接收一个代表推文的 Tweepy Status 对象。第 23～26 行获取了推文的文本信息。首先，我们假设推文使用新的 280 个字符的限制，因此我们尝试访问推文的 extended_tweet 属性并获取它的 full_text。若推文没有 extended_tweet 属性，则会引发异常，此时我们转而获取其 text 属性。第 28～30 行打印发送推文的用户的 screen_name、推文的 lang（即语言）以及推文文本 tweet_text。如果推文的语言不是英语（'en'），第 32～33 行会使用一个 TextBlob 来翻译推文并以英语来打印推文。我们将 self.tweet_count 增加 1（第 36 行），然后与 self.TWEET_LIMIT 进行比较，并将比较结果返回。如果 on_status 返回 True，则流传输保持打开。当 on_status 返回 False 时，Tweepy 将和推文流断开连接。

```
20      def on_status(self, status):
21          """Called when Twitter pushes a new tweet to you."""
22          # get the tweet text
23          try:
24              tweet_text = status.extended_tweet.full_text
25          except:
26              tweet_text = status.text
27
28          print(f'Screen name: {status.user.screen_name}:')
29          print(f'   Language: {status.lang}')
30          print(f'     Status: {tweet_text}')
31
32          if status.lang != 'en':
33              print(f' Translated: {TextBlob(tweet_text).translate()}')
34
35          print()
36          self.tweet_count += 1  # track number of tweets processed
37
38          # if TWEET_LIMIT is reached, return False to terminate streaming
39          return self.tweet_count != self.TWEET_LIMIT
```

13.13.2　流处理初始化

让我们使用一个 IPython 会话来测试一下 TweetListener。

身份验证

首先，必须与 Twitter 进行身份验证并创建一个 Tweepy API 对象：

```
In [1]: import tweepy

In [2]: import keys

In [3]: auth = tweepy.OAuthHandler(keys.consumer_key,
   ...:                            keys.consumer_secret)
   ...:

In [4]: auth.set_access_token(keys.access_token,
```

```
   ...:                      keys.access_token_secret)
   ...:

In [5]: api = tweepy.API(auth, wait_on_rate_limit=True,
   ...:                  wait_on_rate_limit_notify=True)
   ...:
```

创建 TweetListener 对象

接下来，创建一个 `TweetListener` 类的对象并使用 `api` 对象对其进行初始化：

```
In [6]: from tweetlistener import TweetListener

In [7]: tweet_listener = TweetListener(api)
```

我们没有指定 `limit` 参数，因此这个 `TweetListener` 会在处理 10 条推文后结束。

创建 Stream 对象

Tweepy `Stream` 对象管理和 Twitter 流的连接，并将消息传递给 `TweetListener`。`Stream` 类构造函数的 `auth` 关键字参数接收 `api` 对象的 `auth` 属性，该属性包含了先前配置好的 `OAuthHandler` 对象。`listener` 关键字参数接收 `listener` 对象作为传入参数：

```
In [8]: tweet_stream = tweepy.Stream(auth=api.auth,
   ...:                              listener=tweet_listener)
   ...:
```

启动推文流

`Stream` 对象的 **filter 方法**负责启动流传输过程。让我们追踪一下关于 NASA 火星漫游者的推文。这里，我们使用 `track` 参数来传递搜索词列表：

```
In [9]: tweet_stream.filter(track=['Mars Rover'], is_async=True)
```

流处理 API 会返回匹配任意搜索词的推文的完整推文 JSON 对象，并且不仅会匹配出现在推文文本中的搜索词，还会匹配在 @- 提示、话题标签、扩展 URL 以及 Twitter 在推文对象的 JSON 中维护的其他信息中出现的搜索词。因此，如果仅通过查看推文文本，可能看不到正在追踪的搜索词。

异步与同步

参数 `is_async=True` 表示 `filter` 应该将推文流初始化为**异步推文流**。这使得代码可以在监听器等待接收推文时继续执行，此外还可以提前终止推文流。当在 IPython 中执行一个异步推文流时，会看到下一个 `In[]` 提示符，并可以通过将 `stream` 对象的 `running` 属性设置为 `False` 来终止推文流，如下所示：

```
tweet_stream.running=False
```

如果没有 `is_async=True` 参数，`filter` 会将推文流初始化为**同步推文流**。在这种情况下，IPython 会在流结束后显示下一个 `In[]` 提示符。异步推文流尤其适合于 GUI 应用程序，这样用户就可以在推文到达时继续与应用程序的其他部分交互。下面是由两个推文组成的输出的一部分：

```
Connection successful

Screen name: bevjoy:
   Language: en
```

```
     Status: RT @SPACEdotcom: With Mars Dust Storm Clearing, Opportunity
Rover Could Finally Wake Up https://t.co/OIRP9UyB8C https://t.co/
gTfFR3RUkG

Screen name: tourmaline1973:
   Language: en
     Status: RT @BennuBirdy: Our beloved Mars rover isn't done yet, but
she urgently needs our support! Spread the word that you want to keep
calling ou…

...
```

`filter` 方法的其他参数

`filter` 方法还有一些用于根据 Twitter 用户 ID 号（跟踪来自特定用户的推文）以及位置来优化推文搜索的参数。更多细节参见：

```
https://developer.twitter.com/en/docs/tweets/filter-realtime/guides/
   basic-stream-parameters
```

Twitter 的限制

营销人员、研究人员等经常会保存从流 API 接收到的推文。如果正在保存推文，Twitter 会要求在收到删除消息时删除对应的信息或位置数据。如果在 Twitter 将推文推送给我们之后删除了推文或者推文的位置数据，那么 Twitter 就会向我们发送删除消息，要求删除对应的信息或位置数据。在这两种情况下，监听器的 **`on_delete` 方法**都会被调用。关于删除规则和删除信息的细节参见：

```
https://developer.twitter.com/en/docs/tweets/filter-realtime/guides/
   streaming-message-types
```

自我测验

1.（填空题）Twitter 使用一个持久连接来________（也就是发送）推文到 app，而不是在每次调用方法时都建立连接。

答案： 推送。

2.（判断题）Twitter 的免费流处理 API 可以动态地随机选择新产生的推文发送到 app，每天最多发送总推文的 10%。

答案： 错误。Twitter 的免费流处理 API 可以动态地随机选择新产生的推文发送到 app，每天最多发送总推文的 1%。

13.14　推文情感分析

在第 12 章中，我们演示了对句子的情感分析。许多研究人员和公司会对推文进行情感分析。例如，政治研究人员可能会在选举季查看 Twitter 上推文表现出来的情绪，以了解人们对特定政客和问题的看法。公司可能会分析 Twitter 上推文表现出来的情绪，以了解人们对其产品以及竞争对手的产品分别有什么看法。

在本节，我们将使用上一节介绍的技术来创建一个脚本（`sentimentlistener.py`），它可以帮我们判断人们对于某个特定话题的情绪。该脚本会计算它处理的所有积极、中性和消极推文的总数，并打印结果。

该脚本接收两个命令行参数，分别代表想要用于判断情感的推文话题和推文数——只计算未删除的推文。病毒性话题会有大量的转发，但我们并不会计算转发的推文，因此可能需要一些时间来获得指定数量的推文。可以在 `ch13` 文件夹下执行以下命令来运行脚本：

```
ipython sentimentlistener.py football 10
```

然后会产生如下所示的输出。在输出中，该脚本会在积极推文前加一个“+”，在消极推文前加一个“-”，在中性推文前加一个空格。

```
- ftblNeutral: Awful game of football. So boring slow hoofball complete
waste of another 90 minutes of my life that I'll never get back #BURMUN

+ TBulmer28: I've seen 2 successful onside kicks within a 40 minute span.
I love college football

+ CMayADay12: The last normal Sunday for the next couple months. Don't
text me don't call me. I am busy. Football season is finally here?

  rpimusic: My heart legitimately hurts for Kansas football fans

+ DSCunningham30: @LeahShieldsWPSD It's awsome that u like college
football, but my favorite team is ND - GO IRISH!!!

  damanr: I'm bummed I don't know enough about football to roast
@samesfandiari properly about the Raiders

+ jamesianosborne: @TheRochaSays @WatfordFC @JackHind Haha.... just when
you think an American understands Football.... so close. Wat…

+ Tshanerbeer: @PennStateFball @PennStateOnBTN Ah yes, welcome back
college football. You've been missed.

- cougarhokie: @hokiehack @skiptyler I can verify the badness of that
football

+ Unite_Reddevils: @Pablo_di_Don Well make yourself clear it's football
not soccer we follow European football not MLS soccer

Tweet sentiment for "football"
Positive: 6
 Neutral: 2
Negative: 2
```

接下来我们会介绍该脚本（`sentimentlistener.py`）的内容，并且只关注其在本例中展现的新功能。

导入

第 4～8 行导入 `keys.py` 文件以及在整个脚本中用到的库：

```
1  # sentimentlisener.py
2  """Script that searches for tweets that match a search string
3  and tallies the number of positive, neutral and negative tweets."""
4  import keys
5  import preprocessor as p
6  import sys
7  from textblob import TextBlob
8  import tweepy
9
```

`SentimentListener` 类：`__init__` 方法

除了用于和 Twitter 交互的 `API` 对象之外，`__init__` 方法还接收另外三个参数：

- `sentiment_dict`——用于统计不同推文情感数据的字典。

- topic——我们的目标话题，确保它会出现在结果推文文本中。
- limit——需要处理的推文数（不包括我们剔除的那些推文）。

它们都被存储在当前的 SentimentListener 对象（self）中。

```
10  class SentimentListener(tweepy.StreamListener):
11      """Handles incoming Tweet stream."""
12
13      def __init__(self, api, sentiment_dict, topic, limit=10):
14          """Configure the SentimentListener."""
15          self.sentiment_dict = sentiment_dict
16          self.tweet_count = 0
17          self.topic = topic
18          self.TWEET_LIMIT = limit
19
20          # set tweet-preprocessor to remove URLs/reserved words
21          p.set_options(p.OPT.URL, p.OPT.RESERVED)
22          super().__init__(api)  # call superclass's init
23
```

on_status 方法

每接收到一条推文，on_status 方法会：

- 获取推文的文本（第 27～30 行）。
- 跳过这条推文，若为转发推文（第 33～34 行）。
- 清洗推文，去掉 URL 以及诸如 RT、FAV 的保留词（第 36 行）。
- 跳过这条推文，若推文文本中不包含话题词（第 39～40 行）。
- 使用 TextBlob 判断推文的情感信息，并据此更新 sentiment_dict（第 43～52 行）。
- 打印推文文本（第 55 行），在积极推文前加“+”，消极推文前加“-”，中性推文前加空格。
- 判断处理的推文数是否已达给定上限（第 57～60 行）。

```
24      def on_status(self, status):
25          """Called when Twitter pushes a new tweet to you."""
26          # get the tweet's text
27          try:
28              tweet_text = status.extended_tweet.full_text
29          except:
30              tweet_text = status.text
31
32          # ignore retweets
33          if tweet_text.startswith('RT'):
34              return
35
36          tweet_text = p.clean(tweet_text)  # clean the tweet
37
38          # ignore tweet if the topic is not in the tweet text
39          if self.topic.lower() not in tweet_text.lower():
40              return
41
42          # update self.sentiment_dict with the polarity
43          blob = TextBlob(tweet_text)
44          if blob.sentiment.polarity > 0:
45              sentiment = '+'
46              self.sentiment_dict['positive'] += 1
47          elif blob.sentiment.polarity == 0:
48              sentiment = ' '
```

```
49                self.sentiment_dict['neutral'] += 1
50            else:
51                sentiment = '-'
52                self.sentiment_dict['negative'] += 1
53
54            # display the tweet
55            print(f'{sentiment} {status.user.screen_name}: {tweet_text}\n')
56
57            self.tweet_count += 1  # track number of tweets processed
58
59            # if TWEET_LIMIT is reached, return False to terminate streaming
60            return self.tweet_count != self.TWEET_LIMIT
61
```

主程序

主程序定义在函数 main 中（第 62～87 行，我们会在下面的代码之后讨论），执行这个脚本时 main 函数会在第 90～91 行被调用。sentimentlistener.py 可以被导入 IPython 或其他模块中来使用 SentimentListener 类，就像我们前一节中使用 TweetListener 类一样。

```
62  def main():
63      # configure the OAuthHandler
64      auth = tweepy.OAuthHandler(keys.consumer_key, keys.consumer_secret)
65      auth.set_access_token(keys.access_token, keys.access_token_secret)
66
67      # get the API object
68      api = tweepy.API(auth, wait_on_rate_limit=True,
69                       wait_on_rate_limit_notify=True)
70
71      # create the StreamListener subclass object
72      search_key = sys.argv[1]
73      limit = int(sys.argv[2])  # number of tweets to tally
74      sentiment_dict = {'positive': 0, 'neutral': 0, 'negative': 0}
75      sentiment_listener = SentimentListener(api,
76          sentiment_dict, search_key, limit)
77
78      # set up Stream
79      stream = tweepy.Stream(auth=api.auth, listener=sentiment_listener)
80
81      # start filtering English tweets containing search_key
82      stream.filter(track=[search_key], languages=['en'], is_async=False)
83
84      print(f'Tweet sentiment for "{search_key}"')
85      print('Positive:', sentiment_dict['positive'])
86      print(' Neutral:', sentiment_dict['neutral'])
87      print('Negative:', sentiment_dict['negative'])
88
89  # call main if this file is executed as a script
90  if __name__ == '__main__':
91      main()
```

第 72～73 行获取了命令行参数。第 74 行创建了用于统计不同推文情感数据的字典 sentiment_dict。第 75～76 行创建了 SentimentListener。第 79 行创建了 Stream 对象。我们再一次通过调用 Stream 的 filter 方法初始化了推文流（第 82 行）。但是，这个示例使用的是同步流，因此第 84～85 行仅会在处理完指定数目（limit）的推文后再打印推文情感报告。在本例对 filter 方法的调用中，我们还提供了关键字参数 languages，它指定了一个语言代码列表。语言代码 'en' 告诉 Twitter 应当仅返回英语推文。

13.15　地理编码与地图显示

在本节，我们将从推文流收集推文，然后绘制这些推文的发送位置。大多数推文不包括经纬度坐标，因为默认情况下 Twitter 对所有用户禁用了这个功能。希望在推文中包含自己确切位置的用户必须选择开启该功能。虽然大多数推文并不包含精确的位置信息，但很大一部分推文包含了用户的家庭位置信息。但即便如此，很多位置信息有时也是无效的，例如用户可能会选择自己最喜欢的电影里的虚构地点或者“远方”作为自己的家庭位置信息。

为了简单起见，在本节我们将使用推文的 `User` 对象的 `location` 属性在一个交互式地图上绘制该用户的位置。可以随意放大、缩小该地图，或者拖动该地图以查看不同区域（称为平移）。对于每条推文，我们都会在地图上显示一个标记，单击它会弹出一个包含用户昵称和推文文本的窗口。

我们将忽略转发的推文以及不包含目标话题的推文。对于其他推文，我们将统计带有位置信息的推文所占的百分比。当我们获取这些位置的经纬度信息时，还将统计那些包含无效位置数据的推文所占的百分比。

geopy 库

我们将使用 **geopy 库**（https://github.com/geopy/geopy）来把位置转换为经纬度坐标（称为**地理编码**），以便我们在地图上放置标记。该库支持数十个地理编码 Web 服务，其中许多都有免费或者精简版。在本例中，我们将使用 **OpenMapQuest 地理编码服务**（稍后讨论）。此外，我们在 13.6 节中安装了 geopy。

OpenMapQuest 地理编码 API

我们将使用 OpenMapQuest 地理编码 API 将位置（如波士顿、MA）转换为它们的纬度和经度（如 42.360 253 4 和 –71.058 291 2），以便在地图上绘制标记。OpenMapQuest 的免费版目前允许每月进行 15 000 次处理。为使用该服务，首先在以下网址注册账户：

```
https://developer.mapquest.com/
```

成功登录后，访问

```
https://developer.mapquest.com/user/me/apps
```

然后单击 Create a New Key，在 App Name 一栏填入选择的名字，Callback URL 一栏留空，最后单击 Create App 来创建一个 API key。接着，在 Web 页面单击 app 的名字来查看 consumer key。在本章前面用过的 `keys.py` 文件中，替换下行的 YourKeyHere 来存储 consumer key：

```
mapquest_key = 'YourKeyHere'
```

和之前一样，我们将导入 `keys.py` 来访问该密钥。

folium 库和 Leaflet.js JavaScript Mapping 库

为了处理地图相关事宜，我们将用到 **folium 库**：

```
https://github.com/python-visualization/folium
```

它使用了流行的 Leaflet.js JavaScript Mapping 库来显示地图。folium 生成的地图保存为 HTML 文件，可以在 Web 浏览器中查看。执行以下命令以安装 folium：

```
pip install folium
```

OpenStreetMap.org 上的地图

默认情况下，Leaflet.js 使用的是来自 `OpenStreetMap.org` 的开源地图。这些地图的版权归 OpenStreetMap.org 的贡献者所有。要使用这些地图[1]，需要以下版权声明：

```
Map data © OpenStreetMap contributors
```

并且它们声明：

必须指明这些数据须在符合开放数据库许可（Open Database License）的情况下使用。这可以通过提供一个指向 www.openstreetmap.org/copyright 或 www.opendatacommons.org/licenses/odbl 的 “License” 或 “Terms” 链接来实现。

自我测验

1.（填空题）geopy 库使得我们可以将位置转换为经纬度坐标（称为________），从而可以在地图上绘制位置。

答案：地理编码。

2.（填空题）OpenMapQuest 地理编码 API 可以将位置（如波士顿、MA）转换为它们的________和________，以便在地图上绘制标记。

答案：纬度，经度。

13.15.1　推文的获取和地图显示

让我们交互式地来开发绘制推文位置的代码。我们用到了 `tweetutilities.py` 中的工具函数以及 `locationlistener.py` 中的 `LocationListener` 类。我们将在后面的小节中解释工具函数和这个类的细节。

获取 API 对象

就像其他流处理示例一样，先与 Twitter 进行身份验证并获取 Tweepy `API` 对象。在本例中，我们通过调用 `tweetutilities.py` 中的 `get_API` 工具函数来获取 `API` 对象：

```
In [1]: from tweetutilities import get_API

In [2]: api = get_API()
```

`LocationListener` 所需的集合

我们的 `LocationListener` 类需要两个集合：列表 `tweets` 用于存储我们收集的推文，字典 `counts` 用于统计我们收集的推文总数以及包含位置数据的推文数：

```
In [3]: tweets = []

In [4]: counts = {'total_tweets': 0, 'locations': 0}
```

创建 `LocationListener`

在本例中，`LocationListener` 将收集 50 条关于 `'football'` 的推文：

```
In [5]: from locationlistener import LocationListener

In [6]: location_listener = LocationListener(api, counts_dict=counts,
   ...:     tweets_list=tweets, topic='football', limit=50)
   ...:
```

`LocationListener` 将使用我们的工具函数 `get_tweet_content` 从每个推文中提取昵称、推文文本和位置，并将这些数据存入字典中。

[1] https://wiki.osmfoundation.org/wiki/Licence/Licence_and_Legal_FAQ.

配置并启动推文流

接下来，设置我们的 Stream 以查找有关 'football' 的英语推文：

```
In [7]: import tweepy

In [8]: stream = tweepy.Stream(auth=api.auth, listener=location_listener)

In [9]: stream.filter(track=['football'], languages=['en'], is_async=False)
```

然后便是等待接收推文。虽然我们没有在这里展示收集到的推文（为了节省空间），但实际上 LocationListener 会打印每个推文的昵称和文本，以便看到实时的推文流。如果没有收到任何推文（也许是因为现在不是足球赛季），可以按 Ctrl + C 终止上面的代码片段，然后使用其他搜索词重试。

打印位置的统计信息

下一个 In[] 提示符出现后，我们就可以查看已处理的推文总数、带有位置信息的推文数及其所占总推文的百分比：

```
In [10]: counts['total_tweets']
Out[10]: 63

In [11]: counts['locations']
Out[11]: 50

In [12]: print(f'{counts["locations"] / counts["total_tweets"]:.1%}')
79.4%
```

在这次执行中，79.4% 的推文包含位置数据。

对位置进行地理编码

现在，让我们使用 tweetutilities.py 中的工具函数 get_geocodes 对存储在推文列表中的每条推文的位置进行地理编码：

```
In [13]: from tweetutilities import get_geocodes

In [14]: bad_locations = get_geocodes(tweets)
Getting coordinates for tweet locations...
OpenMapQuest service timed out. Waiting.
OpenMapQuest service timed out. Waiting.
Done geocoding
```

有时，OpenMapQuest 的地理编码服务会超时，这意味着它不能立即处理请求，需要再次尝试。在这种情况下，函数 get_geocodes 会打印一条消息，等待一小段时间后重试地理编码请求。

我们即将看到，对于每条包含有效位置的推文，get_geocodes 函数会向 tweets 列表中的推文字典添加两个新键——'latitude' 和 'longitude'，对应的值即为 OpenMapQuest 返回的推文的坐标。

打印无效位置的统计信息

在下一个 In[] 提示符出现后，我们就可以查看包含无效位置数据的推文的占比：

```
In [15]: bad_locations
Out[15]: 7
```

```
In [16]: print(f'{bad_locations / counts["locations"]:.1%}')
14.0%
```

在本例中，50 条包含位置数据的推文里，7 条（14%）包含的是无效的位置数据。

清洗数据

在将推文位置绘制到地图上之前，先使用一个 pandas 的 DataFrame 来清洗数据。当使用 tweets 列表创建一个 DataFrame 时，对于那些无效的位置数据，其 'latitude' 和 'longitude' 列的值为 NaN。可以通过调用 DataFrame 的 **dropna 方法**来去掉这些行：

```
In [17]: import pandas as pd

In [18]: df = pd.DataFrame(tweets)

In [19]: df = df.dropna()
```

使用 folium 创建地图

现在，让我们使用 folium 来创建一个 Map，后续我们会在这个 Map 上绘制推文位置：

```
In [20]: import folium

In [21]: usmap = folium.Map(location=[39.8283, -98.5795],
    ...:                    tiles='Stamen Terrain',
    ...:                    zoom_start=5, detect_retina=True)
    ...:
```

关键字参数 location 指定了一个序列，其中包含地图中心点的纬度和经度坐标。上面的经纬度坐标值是美国大陆的地理中心坐标（http://bit.ly/CenterOfTheUS）。但我们需要绘制的推文有些可能是在美国以外的地方。在这种情况下，当打开地图时，一开始是看不到它们的。可以使用地图左上角的 + 和 – 按钮来分别放大和缩小地图，或者用鼠标拖动地图来浏览世界上的各个地方。

关键字参数 zoom_start 指定地图的初始缩放级别，缩放级别越小显示的范围就越大。上面的缩放级别 5 可以显示整个美国大陆。关键字参数 detect_retina 使得 folium 能够检测高分辨率显示器。当检测到高分辨率显示器时，folium 会向 OpenStreetMap.org 请求高分辨率的地图并相应地改变缩放级别。

为推文位置创建弹出标记

接下来，让我们遍历 DataFrame 并向 Map 添加包含推文文本的 folium Popup 对象。在本例中，我们使用 itertuples 方法将 DataFrame 的每一行转换为元组，元组的各个属性对应于 DataFrame 的各列：

```
In [22]: for t in df.itertuples():
    ...:     text = ': '.join([t.screen_name, t.text])
    ...:     popup = folium.Popup(text, parse_html=True)
    ...:     marker = folium.Marker((t.latitude, t.longitude),
    ...:                            popup=popup)
    ...:     marker.add_to(usmap)
    ...:
```

首先，我们创建一个字符串（text），它由用户昵称 screen_name 和推文文本 text 组成，以冒号分隔。单击地图上对应的标记时就会显示这些字符串的内容。第二条语句创建了一个 folium **Popup** 来显示这些文本。第三条语句创建了一个 folium **Marker** 对象，使用一个包含纬度和经度的元组来指定标记的位置。关键字参数 popup 把推文的 Popup 对象和新的 Marker 对象关联了起来。最后一条语句调用了 Marker 的 **add_to 方法**来指定显示该标记的地图。

保存地图

最后一步是调用 Map 的 save 方法来将地图存储为 HTML 文件，可以直接双击该文件在浏览器上打开：

```
In [23]: usmap.save('tweet_map.html')
```

结果地图如下所示，在地图上，标记可能会有所不同：

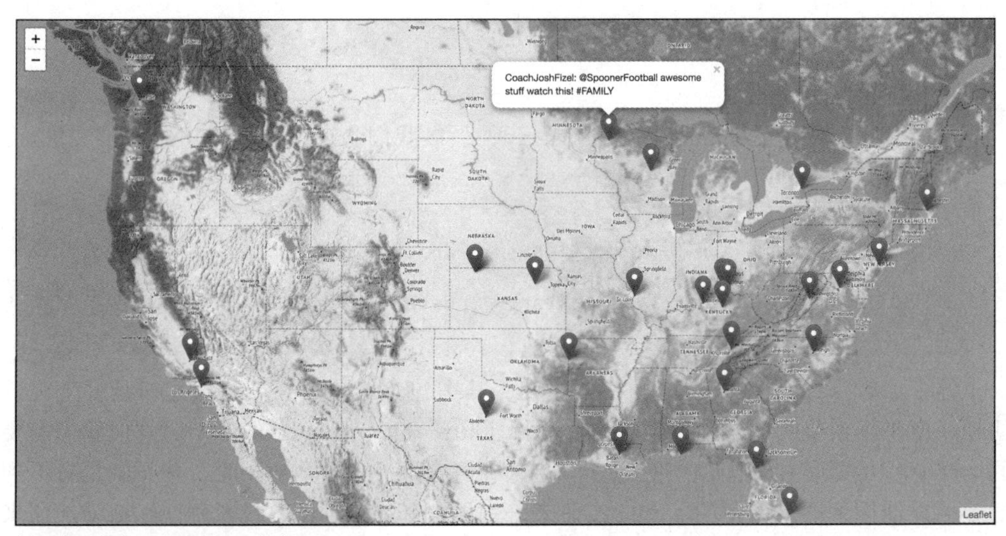

Map data © OpenStreetMap contributors.
The data is available under the Open Database License www.openstreetmap.org/copyright.

自我测验

1.（填空题）使用 folium 的________和________类可以对地图上的任意位置进行标记，并设置用户单击标记后显示的文本。

答案： Marker，Popup。

2.（填空题）pandas 中的 DataFrame 类有许多方法，其中________方法可以创建一个迭代器，使用该迭代器可以按照元组的形式访问 DataFrame 的每一行。

答案： itertuples。

13.15.2　tweetutilities.py 中的实用工具函数

在本节，我们将介绍在前一节的 IPython 会话中用到的工具函数 get_tweet_content 和 get_geo_codes。为了便于讨论，在每个示例代码中行号都从 1 开始。这两个实用工具函数都定义在 tweetutilities.py 文件中，该文件位于 ch13 示例文件夹中。

实用工具函数 get_tweet_content

get_tweet_content 函数接收一个 Status 对象（推文）作为参数，然后创建一个包含推文的 screen_name（第 4 行）、text（第 7～10 行）和 location（第 12～13 行）的字典。仅在关键字参数 location 为 True 时字典才会包含推文的位置信息。对于推文的文本，我们可以尝试使用 extended_tweet 的 full_text 属性，如果 full_text 不可用，我们可以转而使用 text 属性：

```
1  def get_tweet_content(tweet, location=False):
2      """Return dictionary with data from tweet (a Status object)."""
3      fields = {}
4      fields['screen_name'] = tweet.user.screen_name
5
6      # get the tweet's text
7      try:
8          fields['text'] = tweet.extended_tweet.full_text
9      except:
10         fields['text'] = tweet.text
11
12     if location:
13         fields['location'] = tweet.user.location
14
15     return fields
```

实用工具函数 get_geocodes

get_geocodes 函数接收一个包含推文以及推文位置地理编码的字典作为参数。如果成功解析了某个给定推文的地理编码，那么该函数会将其经纬度添加到 tweet_list 中对应的推文字典里。这部分代码需要用到 geopy 模块的 OpenMapQuest 类，我们在 tweetutilities.py 中导入了这个类：

```
from geopy import OpenMapQuest
```

```
1  def get_geocodes(tweet_list):
2      """Get the latitude and longitude for each tweet's location.
3      Returns the number of tweets with invalid location data."""
4      print('Getting coordinates for tweet locations...')
5      geo = OpenMapQuest(api_key=keys.mapquest_key)  # geocoder
6      bad_locations = 0
7
8      for tweet in tweet_list:
9          processed = False
10         delay = .1  # used if OpenMapQuest times out to delay next call
11         while not processed:
12             try:  # get coordinates for tweet['location']
13                 geo_location = geo.geocode(tweet['location'])
14                 processed = True
15             except:  # timed out, so wait before trying again
16                 print('OpenMapQuest service timed out. Waiting.')
17                 time.sleep(delay)
18                 delay += .1
19
20         if geo_location:
21             tweet['latitude'] = geo_location.latitude
22             tweet['longitude'] = geo_location.longitude
23         else:
24             bad_locations += 1  # tweet['location'] was invalid
25
26     print('Done geocoding')
27     return bad_locations
```

该函数按照如下流程工作：

- 第 5 行创建了一个 OpenMapQuest 对象，后续我们会使用这个对象来解析位置信息。关键字参数 api_key 从之前编辑好的 key.py 文件中载入。

- 第 6 行初始化了 bad_locations 变量，我们使用这个变量来记录我们收集到的推文中包含无效位置信息的推文数。
- 在循环中，第 9～18 行尝试解析当前推文的位置信息。如前所述，OpenMapQuest 的地理编码服务有时会超时，这意味着在未来一小段时间内该服务将不可用，如果短时间内请求过多就有可能出现这种情况。基于这个原因，while 循环会一直执行到 processed 为 True。在每次迭代中，该循环使用推文的位置字符串作为参数调用 OpenMapQuest 对象的 **geocode 方法**。如果解析成功，则将 processed 设置为 True 并终止循环。否则，在第 16～18 行显示超时消息，并告诉循环等待 delay 秒，然后将 delay 增大，以防再次超时。第 17 行调用了 Python 标准库 time 模块的 sleep 方法来暂停代码的执行。
- 在退出 while 循环后，第 20～24 行检查是否有位置数据返回。若有，将其添加到推文字典中，否则将计数器 bad_locations 加 1。
- 最后，该函数会打印一条消息表明解析已完成并返回 bad_locations 的值。

自我测验

（IPython 会话）使用 OpenMapQuest 的地理解析对象来获取芝加哥的经纬度。

答案：

```
In [1]: import keys

In [2]: from geopy import OpenMapQuest

In [3]: geo = OpenMapQuest(api_key=keys.mapquest_key)

In [4]: geo.geocode('Chicago, IL')
Out[4]: Location(Chicago, Cook County, Illinois, United States of
America, (41.8755546, -87.6244212, 0.0))
```

13.15.3 LocationListener 类

LocationListener 类可以执行的任务有很多与我们在前面的流示例中演示的相同，因此我们在这里仅关注类中的某几行：

```
1  # locationlistener.py
2  """Receives tweets matching a search string and stores a list of
3  dictionaries containing each tweet's screen_name/text/location."""
4  import tweepy
5  from tweetutilities import get_tweet_content
6
7  class LocationListener(tweepy.StreamListener):
8      """Handles incoming Tweet stream to get location data."""
9
10     def __init__(self, api, counts_dict, tweets_list, topic, limit=10):
11         """Configure the LocationListener."""
12         self.tweets_list = tweets_list
13         self.counts_dict = counts_dict
14         self.topic = topic
15         self.TWEET_LIMIT = limit
16         super().__init__(api)  # call superclass's init
17
18     def on_status(self, status):
19         """Called when Twitter pushes a new tweet to you."""
20         # get each tweet's screen_name, text and location
```

```
21            tweet_data = get_tweet_content(status, location=True)
22
23            # ignore retweets and tweets that do not contain the topic
24            if (tweet_data['text'].startswith('RT') or
25                self.topic.lower() not in tweet_data['text'].lower()):
26                return
27
28            self.counts_dict['total_tweets'] += 1  # original tweet
29
30            # ignore tweets with no location
31            if not status.user.location:
32                return
33
34            self.counts_dict['locations'] += 1  # tweet with location
35            self.tweets_list.append(tweet_data)  # store the tweet
36            print(f'{status.user.screen_name}: {tweet_data["text"]}\n')
37
38            # if TWEET_LIMIT is reached, return False to terminate streaming
39            return self.counts_dict['locations'] != self.TWEET_LIMIT
```

在这个示例中，`__init__` 方法接收了一个 `counts` 字典和 `tweets_list` 作为参数，其中 `counts` 字典用来记录我们处理了多少条推文，`tweets_list` 用来存储工具函数 `get_tweet_content` 返回的字典。

`on_status` 方法将：

- 调用 `get_tweet_content` 方法来获取每条推文的用户昵称、文本和位置。
- 若推文是一条转发推文或者推文不包含我们关心的话题，则忽略该推文，我们仅使用原始的推文以及包含我们的搜索字符串的推文。
- 将 `counts` 字典的 `'total_tweet'` 关键字对应的值加 1，来记录我们处理的原始推文数。
- 忽略不包含位置数据的推文。
- 将 `counts` 字典的 `'locations'` 关键字对应的值加 1，表明我们找到了一条包含位置信息的推文。
- 将 `get_tweet_content` 返回的 `tweet_data` 字典添加到列表 `tweets_list` 中。
- 打印推文的用户昵称以及推文文本，确定程序是否在正常工作。
- 检查处理的推文数是否已经达到上限 `TWEET_LIMIT`，若已达到上限则返回 `False` 终止流传输。

13.16 存储推文的方法

为了方便分析，通常会使用以下方法来存储推文：

- CSV 文件——一种我们在第 9 章中介绍的文件格式。
- 内存中的 pandas `DataFrame` 数据结构——CSV 文件可以轻松加载到 `DataFrame` 中进行清洗和操作。
- SQL 数据库——例如 MySQL，一个免费并且开源的关系数据库管理系统（RDBMS）。
- NoSQL 数据库——Twitter 以 JSON 文档的形式返回推文，因此存储它们的最自然的方法是将它们存在一个 NoSQL JSON 文档数据库中，例如 MongoDB。Tweepy 通常对开发者隐藏 JSON 文件。如果想直接对 JSON 文件进行操作，请使用我们将在第 19 章中展示的技术，使用 PyMongo 库进行操作。

13.17　Twitter 和时间序列

时间序列是指带有时间戳的值序列。例如每日收盘价、某地区每日的高温、美国每月的就业数据、某公司的季度收益等。对推文进行时间序列分析是很自然的一件事情，因为每条推文都带有时间戳。在第 15 章中，我们将使用一种叫作简单线性回归的技术来对时间序列进行预测。当我们在第 16 章学习循环神经网络时，我们还会再次回顾时间序列。

13.18　小结

在本章，我们探讨了如何对 Twitter 进行数据挖掘。Twitter 可能是所有社交媒体网站中最开放以及最容易访问的，同时也是最常用的大数据来源。在本章的学习过程中，我们创建了一个 Twitter 开发人员账户，并使用账户凭证连接到 Twitter。我们讨论了 Twitter 的速率限制和一些附加规则，并说明了遵守这些规则的重要性。

我们研究了推文的 JSON 表示，使用 Tweepy（广泛使用的 Twitter API 客户端之一）与 Twitter 进行身份验证并访问其 API。我们可以看到，Twitter API 返回的推文除了包含推文文本以外还包含很多元数据。我们确定了一个账户的关注者以及一个账户关注了谁，还查看了一个用户最近的推文。

我们使用 Tweepy 的 `Cursor` 来方便地从各种 Twitter API 请求连续的结果页。我们使用 Twitter 的搜索 API 来下载符合指定条件的推文。我们使用 Twitter 的流处理 API 来挖掘实时推文流。我们使用 Twitter 的趋势 API 来确定不同地点的热门话题，并根据热门话题创建了一个词云。

我们使用推文预处理库对推文进行清洗和预处理，为分析做好准备，然后对推文进行情感分析。我们使用 folium 库创建了一个推文位置地图，并与它进行交互以查看特定位置的推文。我们列举了存储推文的常见方式，指出推文序列本来就是一种时间序列数据形式。在下一章中，我们将研究 IBM Watson 及其认知计算能力。

练习

13.1　（英语推文的占比）毫无疑问 Twitter 是一个国际社交网络。使用 Twitter 搜索 API 查看 10 000 条推文。看看每条推文的 `lang` 属性。统计并打印每种语言的推文数量。

13.2　（转发推文的占比）查看 10 000 条推文并统计以 Twitter 保留词 `RT`（表明推文是转发推文）开头的推文的占比。

13.3　（字符数超过 140 的推文的占比）查看 10 000 条推文并统计字符数超过 140 的推文的占比。

13.4　（基础账户信息）获取一个感兴趣的推特账号的 ID、名称、昵称和描述。

13.5　（用户时间线）获取一个感兴趣的推特账号的最近 10 条推文。

13.6　（情感分析）搜索推文时，可以在搜索条件中包含“ :)”和“ :(”来分别查看积极的和消极的推文。搜索 10 条积极推文和 10 条消极推文，然后使用 `TextBlob` 情感分析来确认每条推文是积极的还是消极的。

13.7　（推文对象压缩）我们已经看过典型推文的完整 JSON 表示，对于新的 280 个字符限制的推文而言，其 JSON 表示大约包含 9000 个字符的信息。当使用 Tweepy 处理这种推文时，最后得到的 `Status` 对象会很大。对于大多数应用程序而言，只需要用到其中相对较少的对象属性。编写一个脚本，可以提取推文公共属性的一小部分，并将它们存在 CSV 文件中。

13.8　（使用 pandas 绘制趋势条形图）使用在第 12 章中学习的 pandas 绘图技术，创建一个条形图，展示选择的特定城市的 Twitter 热门话题的推文数。

13.9 （热门话题词云）使用 Twitter 的趋势 API 来确定拥有热门话题的位置。选择其中一个位置并显示其热门话题列表。

13.10 （推文地图修改）在本章的推文地图示例中，为了简单起见，我们使用了 Status 对象的 location 属性来获取用户的位置。另一种获取位置的方法是检查推文对象的 coordinates 属性，查看推文是否包含经纬度信息。仅有一小部分推文包含该字段。更新代码，只查看带有 coordinates 的推文，并使用这些坐标来绘制地图。可能需要浏览大量的推文才能获取足够的信息，从而让地图上的内容看起来比较丰富。统计找到的推文数，然后除以收到的推文总数，以统计直接包含经纬度信息的推文的占比。

13.11 （项目练习：在地图上只显示位于美国本土的推文）在 geopy 的在线文档中查看其支持的地理编码 API，找到一个支持反向地理编码的 API，使用该 API 完成地理编码器对象的 reverse 方法，向该方法提供坐标信息返回的是坐标对应的位置。打印并研究结果中的 JSON 属性。接着，修改本章的地图示例以使用此功能。检查每条推文的位置，只在地图上标出那些位于美国本土的推文。

13.12 （项目练习：Twitter Geo API）使用 Twitter Geo API 的 reverse_geocode 方法来找出 20 个在纬度 47.6205 和经度 –122.3493（西雅图太空针塔，为 1962 年世界博览会而建）附近的位置。

13.13 （项目练习：Twitter Geo API）使用 Twitter Geo API 的 search 方法来找出埃菲尔铁塔附近的位置。该方法可以接收经纬度、地点名称或 IP 地址。

13.14 （项目练习：Twitter Geo API）前两个练习中的 reverse_geocode 和 search 方法返回的结果包括位置 ID。使用 Twitter Geo API 的 place_id 方法获取返回的每个位置的信息。

13.15 （项目练习：使用 folium 构建热度图）在本章，使用 folium 库创建了一个可以显示推文位置的交互式地图。调研如何使用 folium 制作热度图。建立一个 folium 热度图，显示一个给定话题在整个美国范围内的推特活跃度。

13.16 （项目练习：将推文流实时翻译为英语）Twitter 是一个全球网络。使用 Twitter 和在第 12 章中学到的语言翻译服务，对一个讲西班牙语的城市的推文进行数据挖掘。具体而言，获取该城市的热门话题列表，从该城市最热门的话题流中获取 10 条推文，使用 TextBlob 将推文翻译为英语。

13.17 （项目练习：对外语推文进行数据挖掘）将语言翻译功能添加到已有示例中。使用语言翻译服务来丰富应用程序的功能，我们将在第 14 章中学习语言翻译服务。

13.18 （项目练习：推文清洗器 / 预处理器）13.12 节讨论了推文的清洗和预处理过程，并演示了如何使用推文预处理库进行基本的推文清洗。使用搜索 API 获取 100 条推文。尝试使用推文预处理器的所有特性对推文进行预处理。然后，调研并使用 TextBlob 的工具函数 lowerstrip 删除推文中所有的标点符号，并将文本转换为小写字母。打印每条推文的原始版本和清洗后版本。

13.19 （项目练习：Facebook 数据挖掘）现在已经熟悉了如何对 Twitter 进行数据挖掘，研究一下如何对 Facebook 进行数据挖掘，并仿照本章的示例在 Facebook 上完成类似的实验，然后使用 Facebook 特有的功能开发一些新的数据挖掘示例。

13.20 （项目练习：LinkedIn 数据挖掘）现在已经熟悉了如何对 Twitter 进行数据挖掘，研究一下如何对 LinkedIn 进行数据挖掘，并仿照本章的示例在 LinkedIn 上完成类似的实验。然后使用 LinkedIn 特有的功能（特别是针对专业人士的那些功能）开发一些新的数据挖掘示例。

13.21 （项目练习：利用 Twitter 预测股票）在如何使用 Twitter 预测股票方面已经发表了许多文章和

学术论文，其中有些方法相当数学化。选择几家上市公司，对提及这些公司的推文进行情感分析。根据情绪值的强弱，给出对购买或出售这些公司股票的建议。这种投资方式能赚到钱吗？如果这种方法在股票预测上获得了成功，还可以在债券和期货市场上应用类似的方法。

13.22　（项目练习：对冲基金利用 Twitter 预测证券市场）一些对冲基金使用强大的计算设备和复杂的软件来预测证券市场的走势。它们必须能够分辨出哪些是关于公司及其产品的正确信息，哪些是来自试图影响股价的人的虚假信息。研究一下这种软件应该找出哪些信息，然后实现一个能够检测虚假信息的系统。

13.23　（项目练习：预测电影票房）研究“如何利用 Twitter 预测新电影票房”，尝试只用本书中学到的技术来完成预测。使用将在第 15 章和第 16 章中学到的技术可以改进结果。可以使用类似的技术来预测舞台剧、电视节目等各种类型的节目是否会成功。这种预测的准确度肯定会随着时间的推移而上升。最终可以预见的是，在多年预测中学到的东西可以在节目的设计过程中起到指导作用。

13.24　（项目练习：绘制社交图）使用 API 可以查看一个 Twitter 账户关注了谁以及谁关注了这个账户，据此可以构建一张“社交图”来展示 Twitter 账户之间的关系。研究 NetworkX 工具，编写一个脚本，使用 NetworkX 绘制 Twitter 中一个小的“子社区”的社交图。

13.25　（项目练习：利用 Twitter 预测选举）在互联网上研究“如何利用 Twitter 预测选举”，开发并在地方、州和全国选举中测试方法。在完成第 15 章和第 16 章的学习之后，试着改进方法。

13.26　（项目练习：预测 Twitter 用户的性别）对于营销人员而言，客户的性别信息通常也是很有价值的。尝试使用目前学到的技术从推文中判断用户的性别，之后尝试使用在第 15 章和第 16 章中学到的技术来改进结果。请经常查看 Twitter 最新的规则和规定，确保没有损害其他用户的隐私或其他权利。

13.27　（项目练习：利用 Twitter 预测用户是保守派还是自由派）这类信息对进行政治竞选活动的人很有价值。尝试使用目前学到的技术来完成预测。之后尝试使用在第 15 章和第 16 章中学到的技术来改进结果。请经常查看 Twitter 的最新规则和规定，确保没有损害用户的隐私或其他权利。

13.28　（项目练习：利用 Twitter 寻找工作机会）许多公司鼓励员工定期在推特上发布推文，介绍他们正在进行的开发工作以及就业机会。分析大量所在领域的公司的推文流，查看其中是否有感兴趣的处于开发状态下的项目。

13.29　（项目练习：利用 Twitter 查看国会选区的推文）调研 `govtrack.us`，该网站上有一条这样的声明：“我们鼓励重复使用本网站上的任何材料。”对于感兴趣的几个国会选区，分析其主要城市的热门话题，然后试着从 Twitter 上确定每个选取的民主党人、共和党人和无党派人士的相对比例。研究“不公正划分选区”（gerrymandering）一词，该词常用于消极语境，看看政客们是如何利用这些占比的变化来获取政治优势的，并找出不公正划分选区在积极语境下使用的实例。

13.30　（项目练习：访问 YouTube API）在本章，我们使用 Web 服务并通过 API 来访问 Twitter。广受欢迎的视频网站 YouTube 每天提供数十亿次视频观看服务。查找能够快速方便地访问 YouTube API 的 Python 库，然后使用这些 API 将 YouTube 视频集成到 Twitter 应用程序中，比如为热门话题显示相关的 YouTube 视频。

13.31　（项目练习：利用 Twitter 和空间数据追踪自然灾害）研究空间数据的相关知识，然后利用 Twitter 和空间数据来实现一个可以跟踪飓风、地震和龙卷风等自然灾害的系统。

13.32　（项目练习：带表情符号的 Twitter 情感分析）表情符号就是用来表达情绪的，这在情感分析中非常有用。将常见的表情符号划分为积极的、消极的或中性的，然后在推文中查找这些表情符号，并根据这些符号完成对推文情绪的分类。

13.33 （项目练习：推文标准化——扩展常用缩写）搜索社交媒体上常见的缩写以及原词，向预处理脚本添加扩展推文中缩写的功能。找到可以完成扩展的工具，有些工具可能只适用于特定领域。

13.34 （项目练习：推文标准化——缩短“延伸词”）缩短“延伸词”，比如将“soooooooooo”缩短为“so”，并列出社交媒体上常用的延伸词。

13.35 （项目练习：推文流的情感分析）对某个事件的推文流进行情感分析，关注整个事件过程中推文情绪的变化。

13.36 （项目练习：查找积极和消极情绪的单词）网络上有很多免费开源的情感分析数据集，比如 IMDB（互联网电影数据库）等。其中许多数据集给电影、航空服务等贴上了情感标签，比如积极的、消极的或中性的。分析一个或多个情感分析数据集，分别找出描述积极情绪和消极情绪最常用的词语，然后在 Twitter 上搜索这些积极、消极的词语，并根据匹配结果判断推文的情绪是积极的还是消极的。对每条推文，将情绪结果与 TextBlob 返回的结果进行比较。

13.37 （商机）浏览 business.twitter.com，研究 Twitter 的商业应用，开发一个基于 Twitter 的商业应用程序。

13.38 （Uber 的可视化视频）在本章，我们在地图上完成了推文的可视化。要了解更多有关实时数据可视化的知识，请观看下面的可视化视频，来了解 Uber 是如何使用可视化来优化业务的：https://www.youtube.com/watch?v = nly30QYsXWA

IBM Watson 和认知计算

目标

- 了解 Watson 的一系列服务，并免费使用精简版来熟悉它们。
- 尝试大量 Watson 服务的演示。
- 了解什么是认知计算，以及如何将其整合到应用程序中。
- 注册一个 IBM 云账户并获得使用其各种服务的凭证。
- 安装 Watson 开发者云 Python SDK 来与 Watson 的服务进行交互。
- 使用 Python 将 Watson 的语音转文字、翻译和文字转语音服务整合到一起，开发一个面向旅行者的随身翻译应用程序。
- 查看其他参考资料，如 IBM Watson 红皮书，它们将帮助我们快速开始自定义 Watson 应用程序的开发。

14.1 简介

在第 1 章，我们讨论了 IBM 人工智能的一些著名成就，其中包括在一场 100 万美元的比赛中击败了《危险边缘》(Jeopardy) 的两名最佳人类选手。Watson 赢得了这场比赛，之后 IBM 将奖金捐献给了慈善机构。Watson 同时执行数百种语言分析算法，在大小为 4TB 的 2 亿页内容（包括所有的维基百科）中找到正确答案[㊀㊁]。IBM 的研究人员使用了机器学习和强化学习技术来训练 Watson，我们将在下一章讨论这两种技术[㊂]。

在我们为这本书做研究的早期，我们发觉 Watson 正在不断壮大，因此我们给 Watson 以及相关话题设置了谷歌提醒。通过这些提醒、时事通讯和博客，我们收集了 900 多篇与 Watson 相关的文章、文档和视频。我们调查了许多 Watson 的竞争对手的服务，最后发现 Watson 的“不需要信用卡”政策及其免费的精简版服务[㊃]对那些想免费试用 Watson 服务的人来说是最友好的。

IBM Watson 是一个基于云的认知计算平台，可以应用于广泛的现实场景。认知计算系统模拟了人类大脑的模式识别和决策能力，可以不断地消耗数据来进行“学习”[㊄㊅㊆]。在本章

㊀ https://www.techrepublic.com/article/ibm-watson-the-inside-story-of-how-the-jeopardy-winning-supercomputer-was-born-and-what-it-wants-to-do-next/.

㊁ https://en.wikipedia.org/wiki/Watson_（computer）.

㊂ https://www.aaai.org/Magazine/Watson/watson.php，*AI Magazine*，Fall 2010.

㊃ 请经常查看 IBM 网站上的最新用词，因为这些用词和服务可能会发生变化。

㊄ http://whatis.techtarget.com/definition/cognitive-computing.

㊅ https://en.wikipedia.org/wiki/Cognitive_computing.

㊆ https://www.forbes.com/sites/bernardmarr/2016/03/23/what-everyone-should-know-about-cognitive-computing.

我们将概述 Watson 众多的 Web 服务，并给出一个使用 Watson 医疗的示例，演示 Watson 的许多能力。下一页的表格展示了一部分 Watson 的应用实例。

Watson 提供了一组有趣的功能，我们可以将其集成到应用程序中。在本章，将注册并配置一个 IBM 云[⊖]账户，然后使用 Watson 精简版服务，参照 IBM 的演示尝试 Watson 的各种 Web 服务，比如自然语言翻译、语音转文字、文字转语音、自然语言理解、聊天机器人、分析文本以识别图像和视频中的音调和视觉对象。我们还会简要概述 Watson 的一些额外服务和工具。

Watson 用例		
广告投放	诈骗预防	私人助理
人工智能	游戏	预见性维护
增强智能	遗传学	产品推荐
增强现实	医疗保健	机器人和无人机
聊天机器人	图像处理	自动驾驶汽车
隐藏字幕	物联网	情感分析
认知计算	翻译	智能家居
语音交互	机器学习	体育
犯罪预防	恶意程序检测	供应链管理
用户支持	医学诊疗	威胁侦测
网络霸凌检测	医学成像	虚拟现实
药物开发	音乐	声音处理
教育	自然语言处理	天气预报
面部识别	自然语言理解	安全生产
金融	目标识别	

我们将安装 Watson 开发者云 Python 软件开发包（SDK），以便在 Python 代码中通过编程的方式访问 Watson 服务。接着在我们自己的实例研究中，将混合多个 Watson 服务来轻松快速地开发一个面向旅行者的翻译应用程序。这款应用可以让只说英语的人和只说西班牙语的人进行口头交流，从而跨过语言障碍。具体而言，首先将英语和西班牙语的音频录音转录为文本，然后将文本翻译为另一种语言，最后根据翻译好的文本合成并播放英语和西班牙语音频。在本章的最后是本书中最丰富的练习 / 项目集之一，在完成这些练习 / 项目之后，我们便具备了开发基于 Watson 的解决方案的能力，可以解决大量有趣的问题。Watson 的服务可以在本书的其他数据科学章节中使用，因此我们还将在后续章节中加入与 Watson 有关的练习和项目。

Watson 的能力在不断变化和发展。在我们编写这本书的时候，不断地有新服务被添加，现有服务被多次更新或删除。在撰写本文时，我们对 Watson 的服务及其使用步骤的描述是准确的。如有必要，我们将在这本书的网页（www.deitel.com）上发布更新。

⊖ IBM 云之前叫作 Bluemix。仍然会在本章的许多链接中看到“bluemix”的出现。

自我测验

1.（填空题）IBM 的研究人员使用了________学习和强化学习技术来训练 Watson，我们将在下一章讨论这两种技术。

答案：机器。

2.（判断题）IBM Watson 是一个基于桌面的认知计算平台，可以应用于广泛的现实场景。

答案：错误。IBM Watson 是基于云的，而不是基于桌面的。

3.（判断题）安装 Watson 开发者云 Python 软件开发包（SDK）后便可以在 Python 代码中通过编程的方式访问 Watson 服务。

答案：正确。

14.2　IBM 云账户和云控制台

需要一个免费的 IBM 云账户来访问 Watson 的精简版服务。每个服务的描述网页列出了该服务在不同版本下的服务内容。尽管精简版服务在使用上有一定的限制，但它们能帮助熟悉 Watson 的特性并使用这些服务开发应用程序。这些服务的限制可能会有所变化，因此我们不在此列出这些限制，而是给出每个服务的网页地址。就在我们编写这本书的时候，IBM 显著地增加了对某些服务的限制。付费版服务可用于商业级应用程序。

要获取一个免费的 IBM 云账户，遵循以下网页的指引进行操作：

`https://console.bluemix.net/docs/services/watson/index.html#about`

然后将会收到一封电子邮件，按照电子邮件里的指引确认账户，之后便可以使用该账户登录到 IBM 云控制台了。完成上述步骤后，可以前往位于以下网址的 **Watson 控制面板**：

`https://console.bluemix.net/developer/watson/dashboard`

在这个页面，可以：

- 浏览 Watson 的服务；
- 链接到已注册使用的服务；
- 查看开发者资源，包括 Watson 文档、软件开发包以及大量的 Watson 学习资源；
- 查看使用 Watson 创建的应用程序。

稍后，将注册并获得使用各种 Watson 服务的凭证。可以在位于以下网址的 **IBM 云控制面板**中查看以及管理服务列表以及凭证列表：

`https://console.bluemix.net/dashboard/apps`

还可以通过单击 Watson 控制面板的 `Existing Services` 来查看上述列表。

自我测验

（填空题）访问 Watson 的精简版服务需要一个免费的________。

答案：IBM 云账户。

14.3　Watson 服务

本节概述一众 Watson 服务，并对每一项服务都给出包含其详细信息的链接。请务必动手运行这些服务的演示来切实体验这些服务。对于所有 Watson 服务的文档以及 API 参考的链接，参见：

`https://console.bluemix.net/developer/watson/documentation`

对于每一项服务，我们都会在脚注给出包含其详细信息的链接。当准备好使用某个特定的服务时，单击其详细信息页面上的 Create 按钮来设置凭证。

Watson 助理

Watson 助理服务[一]可用于构建聊天机器人和虚拟助理，用户可以通过自然语言文本与它们进行交互。IBM 提供了一个 Web 接口用于训练 Watson 助理服务在特定场景下的表现，可以针对应用程序的使用场景，使用该接口训练 Watson 助理服务以获得更好的表现。例如，训练一个天气预报聊天机器人专门回答如“纽约市的天气预报是什么？”这种问题。在客服场景下，可以创建聊天机器人回答客户的问题，并在必要时将客户转接到正确的部门。访问以下网址，尝试 Watson 助理服务的演示来查看一些示例交互：

```
https://www.ibm.com/watson/services/conversation/demo/index.html#demo
```

视觉识别

视觉识别服务[二]使应用程序能够定位并理解图像和视频中的信息，包括颜色、物体、人脸、文本、食物以及不适当的内容。IBM 提供了预定义的模型（在服务演示中使用了该预定义模型），或者也可以训练并使用自己的模型（将在第 16 章中对此进行尝试）。访问下面的网址，使用其提供的图片以及自己上传的图片来尝试该服务的演示：

```
https://watson-visual-recognition-duo-dev.ng.bluemix.net/
```

语音转文字

语音转文字服务[三]可以将语音音频文件转换为音频的文字转录，我们将在构建本章的应用程序中使用到这个服务。可以给该服务一些关键字，让它去“听”，然后它会告诉我们是否找到了这些关键字，匹配的可信度是多少，以及在音频中匹配的位置。该服务可以区分多个说话者。可以使用这个服务来实现一个声控应用程序，或者实时转录音频等。访问下面的网址，使用其示例音频或者自己上传音频来尝试该服务的演示：

```
https://speech-to-text-demo.ng.bluemix.net/
```

文字转语音

文字转语音服务[四]可以根据文本来合成语音，我们也将在构建本章的应用程序中使用到这个服务。可以使用**语音合成标记语言**（Speech Synthesis Markup Language，SSML），在文本中嵌入指令，以控制语音的变化、节奏、音高等。目前，该服务支持英语（美国和英国）、法语、德语、意大利语、西班牙语、葡萄牙语和日语。访问下面的网址，使用其普通示例文本、包含 SSML 的示例文本以及自己上传示例文本来尝试该服务的演示：

```
https://text-to-speech-demo.ng.bluemix.net/
```

语言翻译

语言翻译服务[五]有两个关键的组件：

- 在不同语言之间翻译文本；
- 识别用 60 多种语言之一书写的文本。

我们也将在构建本章的应用程序中使用到这个服务。该服务支持英语和许多语言之间的翻

㊀ https://console.bluemix.net/catalog/services/watson-assistant-formerly-conversation.

㊁ https://console.bluemix.net/catalog/services/visual-recognition.

㊂ https://console.bluemix.net/catalog/services/speech-to-text.

㊃ https://console.bluemix.net/catalog/services/text-to-speech.

㊄ https://console.bluemix.net/catalog/services/language-translator.

译，也支持其他语言之间的翻译。访问下面的网址，尝试该服务的演示，将文本翻译成不同的语言：

https://language-translator-demo.ng.bluemix.net/

自然语言理解

自然语言理解服务[一]可以对文本进行分析并得到若干信息，包括文本的整体情感、根据相关性排列的关键字等。除此之外，该服务还可以识别出：

- 人物、地点、职位、组织、公司和数量；
- 类别和概念，如体育，政府和政治；
- 词性，如主语和动词。

还可以使用 Watson 知识工作室（我们将在稍后讨论）训练该服务，以适应特定的行业或应用领域。访问下面的网址，使用其示例文本、自己粘贴的文本或者一个在线文章或文档的链接来尝试该服务的演示：

https://natural-language-understanding-demo.ng.bluemix.net/

探索发现

Watson 探索发现服务[二]与自然语言理解服务具有许多相同的特性。除去与自然语言理解服务相同的部分，企业还可以使用该服务对文档进行存储和管理。例如，某个组织可以使用 Watson 探索发现服务存储所有的文本文档，还可以在整个文档集中使用自然语言理解服务。访问下面的网址，尝试该服务的演示，它可以搜索一个公司最新的新闻文章：

https://discovery-news-demo.ng.bluemix.net/

性格分析

性格分析服务[三]可以分析文本的人物性格特征。根据服务描述，它可以帮助“深入了解人们是如何以及为何这样思考、行动和感受的。这项服务使用了语言分析技术和人格理论，从非结构化文本中推断出一个人的属性。”这些信息可以帮助厂家将产品广告投放给那些最有可能购买这些产品的人。访问下面的网址，使用其内置的文档或来自不同 Twitter 账户的推文，以及自己粘贴的文本或自己的推特账户上的推文来尝试该服务的演示：

https://personality-insights-livedemo.ng.bluemix.net/

语气分析器

语气分析器服务[四]将文本的语气分为三类进行分析：

- 情绪——愤怒、厌恶、恐惧、喜悦、悲伤；
- 社会倾向——开放性、负责性、外向性、亲和性等情绪范围上的描述；
- 语言风格——善于分析的、自信的、试探性的。

访问下面的网址，使用其示例推文、示例产品评论、示例电子邮件或者自行提供文本来尝试下面的演示。将同时看到在文档层级和句子层级上的语气分析：

https://tone-analyzer-demo.ng.bluemix.net/

[一] https://console.bluemix.net/catalog/services/natural-language-understanding.

[二] https://console.bluemix.net/catalog/services/discovery.

[三] https://console.bluemix.net/catalog/services/personality-insights.

[四] https://console.bluemix.net/catalog/services/tone-analyzer.

自然语言分类器

可以使用特定于应用程序的句子和短语来训练**自然语言分类器服务**[⊖]，然后对每个句子或短语进行分类。例如，我们可能希望把“在产品使用方面我需要帮助”归类为“技术支持”，而把“我的账单不正确”归类为“账单”。一旦训练好了分类器，该服务便可以接收句子和短语，然后使用 Watson 的认知计算能力以及分类器进行分类，返回这些句子和短语最佳匹配的分类及其匹配概率。可以使用返回的分类及其概率来确定应用程序中下一步应该怎么做。例如，在客服应用场景下，有人打电话咨询一个特定的产品，可以使用语音转文字服务将问题转化为文本，接着使用自然语言分类器服务对文本进行分类，然后将电话转接给合适的人员或部门。需要注意的是，该服务未提供精简版。在下面的演示中，输入一个关于天气的问题，然后该服务将告诉我们问题是关于温度的还是关于天气状况的：

```
https://natural-language-classifier-demo.ng.bluemix.net/
```

同步和异步功能

本书讨论的许多 API 都是同步的——当调用一个函数或方法时，程序会等待该函数或方法返回，然后再继续执行下一个任务。**异步的**程序可以启动一个任务，然后继续执行其他任务，在原始任务完成并返回结果时再通知主程序。许多 Watson 服务同时提供了同步和异步 API。

语音转文字的演示是异步 API 的一个很好的例子。该演示程序处理两个人说话的音频样本，当服务转录音频时，它会返回中间的转录结果，即使它还未能区分不同的说话者。演示可以在服务继续工作时显示这些中间结果。有时，服务检测出是谁在说话，那么演示就会显示“检测到说话者”。在最后，该服务会发送更新的转录结果以区分不同的说话者，并取代之前的转录结果。

对于今天的多核计算机和多计算机集群而言，异步 API 有利于提高程序性能。然而，使用异步 API 进行编程可能比使用同步 API 更复杂。在介绍 Watson 开发者云 Python SDK 的安装时，我们提供了一个指向 GitHub 上 SDK 代码示例的链接，在那里可以看到多个服务的同步异步版本的使用示例。每个服务的 API 引用都提供了完整的详细信息。

自我测验

1.（填空题）可以使用________在文本中嵌入指令，以控制语音的变化、节奏、音高等。

答案：语音合成标记语言（SSML）。

2.（填空题）________可以对文本进行分析并得到若干信息，包括文本的整体情感、根据相关性排列的关键字等。

答案：自然语言理解服务。

3.（判断题）同步的程序可以启动一个任务，然后继续执行其他任务，在原始任务完成并返回结果时再通知主程序。

答案：错误。异步的程序可以启动一个任务，然后继续执行其他任务，在原始任务完成并返回结果时再通知主程序。

14.4 额外的服务和工具

在本节，我们将介绍几个 Watson 的高级服务和工具。

⊖ https://console.bluemix.net/catalog/services/natural-language-classifier.

Watson 工作室

Watson 工作室[1]是用于创建和管理 Watson 项目的新界面，可以通过这个界面在这些项目上与团队成员进行合作。可以添加数据，完成待分析数据的准备工作，创建 Jupyter Notebook 来与数据进行交互，使用 Watson 的深度学习功能创建并训练模型。Watson 工作室提供单用户的精简版。在单击服务详细信息网页

```
https://console.bluemix.net/catalog/services/data-science-experience
```

上的 Create 完成 Watson 工作室的配置后，就可以通过以下网址来访问 Watson 工作室了：

```
https://dataplatform.cloud.ibm.com/
```

Watson 工作室上有一些预先配置过的项目[2]，单击 Create a project 以查看：

- 标准配置（Standard）——“可以处理任何类型的资产，根据需要为分析资产添加服务。”
- 数据科学（Data Science）——“分析数据，挖掘数据的内在价值，并与他人分享发现。”
- 视觉识别（Visual Recognition）——“使用 Watson 视觉识别服务对视觉内容进行标记和分类。”
- 深度学习（Deep Learning）——“构建神经网络，部署深度学习模型。”
- 模型构建器（Modeler）——“构建 modeler 流来训练 SPSS 模型或者设计深度神经网络。”
- 商业分析（Business Analytics）——“为数据创建可视化面板，从而更快地看到数据的内在价值。”
- 数据工程（Data Engineering）——“使用 Data Refinery 组合、清洗、分析以及改造数据。”
- 流处理（Stream Flow）——“使用流媒体分析服务获取并分析流数据。”

知识工作室

有许多 Watson 服务使用的是预定义模型，但 Watson 允许提供在特定行业或应用背景下训练好的自定义模型。Watson 的知识工作室[3]可以帮助构建自定义模型。它允许企业团队合作构建并训练新模型，训练好的模型可以部署到 Watson 服务上使用。

机器学习

Watson 机器学习服务[4]允许使用流行的机器学习框架，包括 Tensorflow、Keras、scikit-learn 等给应用添加预测功能。我们将在接下来的两章中使用到 scikit-learn 和 Keras 这两种机器学习框架。

知识目录

Watson 知识目录[5][6]是用于安全管理、查找和共享组织中数据的高级企业级工具。该工具提供了以下功能：

- 集中访问企业的本地数据、基于云的数据以及机器学习模型；
- 支持 Watson 工作室，用户可以查找并访问数据，然后轻松地在机器学习项目中使用它；
- 安全策略可以确保只有那些有权限访问特定数据的人才能访问这些数据；

[1] https://console.bluemix.net/catalog/services/data-science-experience.
[2] https://dataplatform.cloud.ibm.com/.
[3] https://console.bluemix.net/catalog/services/knowledge-studio.
[4] https://console.bluemix.net/catalog/services/machine-learning.
[5] https://medium.com/ibm-watson/introducing-ibm-watson-knowledge-catalog-cf42c13032c1.
[6] https://dataplatform.cloud.ibm.com/docs/content/catalog/overview-wkc.html.

- 支持超过 100 个数据清洗和整理操作；
- 其他功能。

Congos 分析

IBM 的 Cognos 分析服务[1]有 30 天的免费试用期，它使用人工智能和机器学习技术来挖掘并可视化数据中的信息，并且不需要进行任何编程操作。它还提供了一个自然语言接口，可以通过这个接口向它问问题，Cognos 分析服务会基于从数据中获取的知识来回答问题。

自我测验

1.（填空题）Watson 的________可以帮助构建自定义模型。

答案：知识工作室。

2.（填空题）Watson 机器学习服务允许使用流行的机器学习框架，包括 Tensorflow、Keras、scikit-learn 等给应用添加________功能。

答案：预测。

14.5 Watson 开发者云 Python SDK

在本节，将安装下一节 Watson 案例学习完全实现所需的模块。为了便于编写代码，IBM 提供了 Watson 开发者云 Python SDK（软件开发工具包），其 **watson_developer_cloud 模块**包含了将用来与 Watson 服务进行交互的类。使用每个服务都需要创建一个相应的对象，然后通过调用对象的方法与服务进行交互。

要安装该 SDK[2]，打开 Anaconda Prompt（Windows，以管理员身份运行）、终端（macOS/Linux）或者 shell（Linux），然后执行以下命令[3]：

```
pip install --upgrade watson-developer-cloud
```

用于音频录制和回放的模块

还需要两个额外的模块用于音频录制（PyAudio）和回放（PyDub）。使用以下命令来安装这两个模块[4]：

```
pip install pyaudio
pip install pydub
```

SDK 使用示例

在 GitHub 上，IBM 提供了 SDK 的示例代码，演示了如何使用 Watson 开发者云 Python SDK 的类来访问 Watson 服务。可以访问以下网址来查看这些使用示例：

```
https://github.com/watson-developer-cloud/python-sdk/tree/master/
   examples
```

自我测验

（判断题）Watson 开发者云 Python SDK 的 `watson_developer_cloud` 模块包含了每个与 Watson 服务进行交互的类。

答案：正确。

---

[1] https://www.ibm.com/products/cognos-analytics.

[2] 有关详细的安装指导和出错解决方法，参见 https://github.com/watsondeveloper-cloud/python-sdk/blob/develop/README.md。

[3] Windows 用户可能需要从 https://visualstudio.microsoft.com/visual-cpp-build-tools/ 安装 Microsoft 的 C++ 构建工具，然后再安装 watson-developer-cloud 模块。

[4] Mac 用户可能需要先执行 conda install -c conda-forge portaudio。

14.6　案例研究：旅行者随身翻译应用

假设我们在一个说西班牙语的国家旅行，但不会说西班牙语，而又需要和一个不会说英语的人交流。可以使用一个翻译应用程序来完成交流，先说英语，翻译程序可以将英语翻译为西班牙语，再用西班牙语将翻译后的内容读出来。然后说西班牙语的人就可以回复，翻译程序可以将西班牙语翻译为英语，再用英语将翻译后的内容告诉我们。

在本节，将使用三个强大的 IBM Watson 服务来实现这样一个旅行者随身翻译应用[⊖]，使得语言不通的人可以几乎实时交谈。像这样将服务组合起来可以称为创建了一个**混搭**。这个应用程序还使用了我们在第 9 章中介绍的简单文件处理功能。

自我测验

（填空题）将服务组合起来可以称为创建了一个________。

答案：混搭。

14.6.1　运行前准备

将用到若干个 IBM Watson 服务的精简（免费）版来构建这个应用程序。在运行应用程序之前，请确保已经注册了一个 IBM 云账户，就像我们在本章前面讨论的那样，这样就可以获得该应用使用到的三个服务中每个服务的凭证。在获取凭证之后（按照下面描述的步骤），请立即将其插入我们的 `keys.py` 文件中（位于 ch14 示例文件夹），我们会在示例中导入这个文件。注意永远不要泄露凭证！

当配置下面的服务时，在每个服务的凭证页面会显示该服务的 URL。这些 URL 是 Watson 开发者云 Python SDK 使用的默认 URL，因此不必复制它们。在 14.6.3 节，我们将展示 `simpleLanguageTranslator.py` 脚本文件，并对其中的代码进行详细介绍。

注册语音转文字服务

该应用使用了 Watson 的语音转文字服务，将英语和西班牙语音频文件分别转录为英语和西班牙语文本。要使用该服务，必须获取一个用户名和对应的密码。按照如下步骤进行操作：

1. 创建一个服务实例：前往 https://console.bluemix.net/catalog/services/speech-to-text，单击页面底部的 Create 按钮，这会自动生成一个 API 密钥，并跳转到语音转文字服务的使用教程页面。

2. 获取服务凭证：要查看 API 密钥，请单击页面左上角的 Manage。在 Credentials 右侧，单击 Show Credentials，然后复制 API 密钥，将其粘贴到 `keys.py` 中的变量 `speech_to_text_key` 的字符串中，`keys.py` 位于本章的 `ch14` 示例文件夹中。

注册文字转语音服务

该应用使用了 Watson 的文字转语音服务，根据文本合成对应的语音。这项服务同样要求获取一个用户名和对应的密码。按照如下步骤操作：

1. 创建一个服务实例：前往 https://console.bluemix.net/catalog/services/text-to-speech，单击页面底部的 Create 按钮，这会自动生成一个 API 密钥，并跳转到该服务的使用教程页面。

2. 获取服务凭证：要查看 API 密钥，请单击页面左上角的 Manage。在 Credentials 右侧，

⊖ 这些服务未来可能会发生变化。如果确实发生了变化，我们将在英文原书的网页（http://www.deitel.com/books/IntroToPython）上发布更新。

单击 Show Credentials，然后复制 API 密钥，将其粘贴到 keys.py 中的变量 text_to_speech_key 的字符串中，keys.py 位于本章的 ch14 示例文件夹中。

注册语言翻译服务

该应用还使用了 Watson 的语言翻译服务，将文本发送给 Watson，然后接收 Watson 返回的翻译好的文本。这项服务同样要求获取一个用户名和对应的密码。按照如下步骤操作：

1. 创建一个服务实例：前往 https://console.bluemix.net/catalog/services/language-translator，单击页面底部的 Create 按钮，这会自动生成一个 API 密钥，并跳转到一个管理该服务的页面。

2. 获取服务凭证：在 Credentials 右侧，单击 Show Credentials，然后复制 API 密钥，将其粘贴到 keys.py 中的变量 translate_key 的字符串中，keys.py 位于本章的 ch14 示例文件夹中。

查看凭证

随时都可以单击以下网页上的服务实例来查看凭证：

https://console.bluemix.net/dashboard/apps

自我测验

（填空题）在拥有一个 IBM 云账户之后，便可以获取用于和 Watson 服务进行交互的________了。

答案：凭证。

14.6.2 运行应用

在将凭证添加到脚本中之后，打开 Anaconda Prompt（Windows）、终端（macOS/Linux）或者 shell（Linux）。在 ch14 示例文件夹下执行以下命令以运行脚本[⊖]：

```
ipython SimpleLanguageTranslator.py
```

处理提问

该应用一共会执行 10 步，这 10 步我们都有在代码注释中指出。在开始运行该应用后：

第 1 步会给用户输出提示信息并记录一个问题。首先，该应用会显示：

```
Press Enter then ask your question in English
```

并等待输入回车。当输入回车后，该应用会显示：

```
Recording 5 seconds of audio
```

然后读出问题。假设说的是“Where is the closest bathroom?”在 5 秒后，该应用会显示：

```
Recording complete
```

第 2 步会与 Watson 的语音转文字服务进行交互，将声音转录为文本，并显示结果：

```
English: where is the closest bathroom
```

第 3 步接着使用 Watson 的语言翻译服务将英语文本翻译成西班牙语，并显示由 Watson 返回的翻译文本：

```
Spanish: ¿Dónde está el baño más cercano?
```

第 4 步将该西班牙语文本发送给 Watson 的文字转语音服务以将文本转换为音频文件。

第 5 步播放第 4 步得到的西班牙语音频文件。

⊖ 我们在这个应用程序中使用到的 pydub.playback 模块会在运行我们的脚本时发出警告。该警告与我们未使用的模块特性有关，可以忽略。要去掉该警告，可以从 https://www.ffmpeg.org 安装用于 Windows、macOS 或 Linux 的 ffmpeg。

处理回复

到这里，我们已准备好处理讲西班牙语的人的回复了。

第 6 步显示：

```
Press Enter then speak the Spanish answer
```

并等待输入回车。当输入回车后，该应用会显示：

```
Recording 5 seconds of audio
```

然后录制讲西班牙语的人的回复。我们不会说西班牙语，所以我们用 Watson 的文字转语音服务预先录制 Watson 的西班牙语回答“El baño más cercano está en El restaurante”，然后调节音量到足够大，便于让我们的电脑麦克风进行录制。我们提供了这个预先录制的音频文件 `SpokenResponse.wav`，位于 `ch14` 示例文件夹。如果要使用这个文件，请在按下上面的回车键后快速播放它，因为该应用只会录制 5 秒[⊖]。为了确保音频快速加载和播放，可能需要在按下回车键开始录音之前播放一次该音频。5 秒后，该应用会显示：

```
Recording complete
```

第 7 步会与 Watson 的语音转文字服务进行交互，将西班牙语音频转录为文本并显示结果：

```
Spanish response: el baño más cercano está en el restaurante
```

第 8 步接着使用 Watson 的语言翻译服务将西班牙语文本翻译成英语，并显示结果：

```
English response: The nearest bathroom is in the restaurant
```

第 9 步将该英语文本发送给 Watson 的文字转语音服务以将文本转换为音频文件。

第 10 步播放第 9 步得到的英语音频。

自我测验

（填空题）Watson 的文字转语音服务可以将文本转换为________。

答案：音频。

14.6.3　`SimpleLanguageTranslator.py` 脚本详细解读

在本节，我们将详细介绍 `SimpleLanguageTranslator.py` 脚本的源代码，为了便于解读，我们将该脚本中的代码划分为若干个连续编号的小块。就像我们在第 3 章中所做的那样，我们使用自顶向下的方法来介绍我们编写该脚本的过程，那么最顶部就是：

开发一个翻译应用程序，使英语和西班牙语使用者能够交流。

第一个推进是：

将一个英语问题翻译成西班牙语音频。

将西班牙语的回答翻译成英语音频。

我们可以将其中第一行进一步拆分为五个步骤：

第 1 步：显示提示字符串，并英语语音录制为音频文件。

第 2 步：将英语音频转录为英语文本。

第 3 步：将英语文本翻译为西班牙语文本。

第 4 步：根据西班牙语文本合成西班牙语音频并将其保存为一个音频文件。

⊖ 为了简单起见，我们将应用程序设置为录制 5 秒音频。可以在函数 `record_audio` 中使用变量 `SECONDS` 来控制录制时间。此外，其实我们可以创建一个录音机，一旦它检测到声音就开始录音，在一段时间的寂静后再停止录音，但这样代码会变得更复杂。

第 5 步：播放西班牙语音频文件。

我们同样可以将第二行拆分为五个步骤：

第 6 步：显示提示字符串，并西班牙语音录制为音频文件。

第 7 步：将西班牙语音频转录为西班牙语文本。

第 8 步：将西班牙语文本翻译为英语文本。

第 9 步：根据英语本合成英语音频并将其保存为一个音频文件。

第 10 步：播放英语音频文件。

这种自顶向下的开发过程将一个复杂问题拆分成多个小问题逐步解决，凸显了分治法的好处。

我们在 `SimpleLanguageTranslator.py` 脚本中完成了上述 10 个步骤的代码实现。第 2 步和第 7 步使用了 Watson 的语音转文字服务，第 3 步和第 8 步使用了 Watson 的语言翻译服务，第 4 步和第 9 步使用了 Watson 的文字转语音服务。

导入 Watson SDK 类

第 4～6 行导入了 `watson_developer_cloud` 模块中的类，该模块在安装 Watson 开发者云 Python SDK 时便一同安装了。下面的类都需要使用先前获得的 Watson 凭证来与相应的 Watson 服务进行交互：

- **`SpeechToTextV1`**[㊀] 类可以将音频文件发送给 Watson 的语音转文字服务，并接收包含转录后文本的 JSON[㊁] 文档；
- **`LanguageTranslatorV3`** 类可以将文本发送给 Watson 的语言翻译服务，并接收包含翻译文本的 JSON 文档；
- **`TextToSpeechV1`** 类可以将文本文件发送给 Watson 的文字转语音服务，并接收以指定语言朗读的文本的音频。

```
1  # SimpleLanguageTranslator.py
2  """Use IBM Watson Speech to Text, Language Translator and Text to Speech
3     APIs to enable English and Spanish speakers to communicate."""
4  from watson_developer_cloud import SpeechToTextV1
5  from watson_developer_cloud import LanguageTranslatorV3
6  from watson_developer_cloud import TextToSpeechV1
```

其他被导入的模块

第 7 行导入了包含 Watson 凭证的 `keys.py` 文件。第 8～11 行导入了和音频处理相关的模块：

- 使用 `pyaudio` 模块可以从麦克风录制音频。
- 使用 `pydub` 和 `pydub.playback` 模块可以载入播放音频文件。
- 使用 Python 标准库的 `wave` 模块可以保存 WAV（波形音频文件格式）文件。WAV 是一种流行的音频格式，最初由 Microsoft 和 IBM 开发。该应用使用了 `wave` 模块将录制的音频保存为名为 `.wav` 的文件，之后我们会将该文件发送给 Watson 的语音转文字服务来进行转录。

```
7  import keys  # contains your API keys for accessing Watson services
8  import pyaudio  # used to record from mic
```

㊀ 类名中的 V1 表示服务的版本号。当 IBM 修改其服务时，它会向 watson_developer_cloud 模块添加新类，而不是修改现有的类。这确保了现有的应用程序不会在服务更新后出现问题。在撰写本文时，语音转文字和文字转语音服务是版本 1（V1），语言翻译服务是版本 3（V3）。

㊁ 我们在第 13 章中介绍了 JSON。

```
 9 import pydub  # used to load a WAV file
10 import pydub.playback  # used to play a WAV file
11 import wave  # used to save a WAV file
12
```

主程序：run_translator 函数

接下来让我们看看定义在函数 run_translator 中的整个程序的主干部分，这个主程序调用了许多后面定义的函数。为了便于讨论，我们根据实现将 run_translator 分为 10 个步骤进行解读。在第 1 步（第 15～17 行），我们显示了英文命令提示符，引导用户按下回车键并说出问题。record_audio 函数随后录制 5 秒音频并将其保存为名为 english.wav 的文件：

```
13 def run_translator():
14     """Calls the functions that interact with Watson services."""
15     # Step 1: Prompt for then record English speech into an audio file
16     input('Press Enter then ask your question in English')
17     record_audio('english.wav')
18
```

在第 2 步，我们调用了 speech_to_text 函数，将文件 english.wav 发送给 Watson 的语音转文字服务，让其使用预定义模型 'en-US_BroadbandModel'[⊖]将音频转录为文本。然后显示转录后的文本：

```
19     # Step 2: Transcribe the English speech to English text
20     english = speech_to_text(
21         file_name='english.wav', model_id='en-US_BroadbandModel')
22     print('English:', english)
23
```

在第 3 步，我们调用了 translate 函数，将第 2 步得到的转录后文本发送给 Watson 的语言翻译服务进行翻译。这里我们让语言翻译服务使用其预定义模型 'en-es' 来将英语（en）翻译为西班牙语（es）。然后显示翻译得到的西班牙语文本：

```
24     # Step 3: Translate the English text into Spanish text
25     spanish = translate(text_to_translate=english, model='en-es')
26     print('Spanish:', spanish)
27
```

在第 4 步，我们调用了 text_to_speech 函数，将第 3 步得到的西班牙语文本发送给 Watson 的文字转语音服务，并使用其 'es-US_SofiaVoice' 发音进行转换。我们还指定了存储该音频的文件名：

```
28     # Step 4: Synthesize the Spanish text into Spanish speech
29     text_to_speech(text_to_speak=spanish, voice_to_use='es-US_SofiaVoice',
30         file_name='spanish.wav')
31
```

在第 5 步，我们调用了函数 play_audio 来播放文件 'spanish.wav'，该文件包含了我们在第 3 步翻译得到的文本的西班牙语音频。

```
32     # Step 5: Play the Spanish audio file
33     play_audio(file_name='spanish.wav')
34
```

最后，第 6～10 步重复了第 1～5 步的过程，不过是从西班牙语音频转换为英语音频。

⊖ 对于大多数语言来说，Watson 的语音转文字服务同时支持宽带和窄带模式。这两种模式与音频质量有关。对于 16khz 或更高频率的音频，IBM 建议使用宽带模式。在我们的应用程序中，我们录制的音频频率为 44.1 kHZ。

- 第 6 步录制了西班牙语音频。
- 第 7 步使用语音转文字服务，使用预定义模型 'es-ES_BroadbandModel' 将西班牙语音频转换为西班牙语文本。
- 第 8 步使用语言翻译服务，使用 'es-en'（西班牙语转英语）模型将西班牙语文本翻译为英语文本。
- 第 9 步使文字转语音服务，使用 'enUS_AllisonVoice' 发音创建英语音频。
- 第 10 步播放英语音频。

```
35        # Step 6: Prompt for then record Spanish speech into an audio file
36        input('Press Enter then speak the Spanish answer')
37        record_audio('spanishresponse.wav')
38
39        # Step 7: Transcribe the Spanish speech to Spanish text
40        spanish = speech_to_text(
41            file_name='spanishresponse.wav', model_id='es-ES_BroadbandModel')
42        print('Spanish response:', spanish)
43
44        # Step 8: Translate the Spanish text into English text
45        english = translate(text_to_translate=spanish, model='es-en')
46        print('English response:', english)
47
48        # Step 9: Synthesize the English text into English speech
49        text_to_speech(text_to_speak=english,
50            voice_to_use='en-US_AllisonVoice',
51            file_name='englishresponse.wav')
52
53        # Step 10: Play the English audio
54        play_audio(file_name='englishresponse.wav')
55
```

接着让我们来实现在第 1 步到第 10 步中调用的那些函数。

speech_to_text 函数

为使用 Watson 的语音转文字服务，函数 speech_to_text（第 56～87 行）创建了一个名为 stt（语音转文字的简写）的 SpeechToTextV1 对象，并将前面配置好的 API 密钥作为参数传递给构造函数。with 语句（第 62～65 行）打开由参数 file_name 指定的音频文件，并将返回的文件对象分配给 audio_file。打开模式 'rb' 表示我们的目的是读取（r）二进制数据（b），因为音频文件是以二进制格式进行存储的。紧接着，第 64～65 行使用 SpeechToTextV1 对象的 **recognition 方法**来调用语音转文字服务。该方法接收三个关键字参数：

- audio 参数指定要发送给语言转文字服务的文件（audio_file）。
- content_type 参数指定文件内容的媒体类型，'audio/wav' 表示该文件是一个以 WAV 格式存储的音频文件[⊖]。
- model 参数指定服务使用哪个口语模型来识别语音并将其转录为文本。我们的应用程序使用了预定义模型 'enUS_BroadbandModel'（用于转换英语音频）和 'es-ES_BroadbandModel'（用于转换西班牙语音频）。

```
56    def speech_to_text(file_name, model_id):
57        """Use Watson Speech to Text to convert audio file to text."""
```

⊖ 媒体类型以前被称为 MIME（Multipurpose Internet Mail Extension，多用途因特网邮件扩展）类型——一种数据格式的标准，程序可以使用该标准来正确地解释数据。

```
58        # create Watson Speech to Text client
59        stt = SpeechToTextV1(iam_apikey=keys.speech_to_text_key)
60
61        # open the audio file
62        with open(file_name, 'rb') as audio_file:
63            # pass the file to Watson for transcription
64            result = stt.recognize(audio=audio_file,
65                content_type='audio/wav', model=model_id).get_result()
66
67        # Get the 'results' list. This may contain intermediate and final
68        # results, depending on method recognize's arguments. We asked
69        # for only final results, so this list contains one element.
70        results_list = result['results']
71
72        # Get the final speech recognition result--the list's only element.
73        speech_recognition_result  = results_list[0]
74
75        # Get the 'alternatives' list. This may contain multiple alternative
76        # transcriptions, depending on method recognize's arguments. We did
77        # not ask for alternatives, so this list contains one element.
78        alternatives_list = speech_recognition_result['alternatives']
79
80        # Get the only alternative transcription from alternatives_list.
81        first_alternative = alternatives_list[0]
82
83        # Get the 'transcript' key's value, which contains the audio's
84        # text transcription.
85        transcript = first_alternative['transcript']
86
87        return transcript  # return the audio's text transcription
88
```

`recognize` 方法会返回一个 `DetailedResponse` 对象，该对象的 `getResult` 方法会返回一个包含转录后文本的 JSON 文档，我们将其存在了变量 `result` 中。JSON 文件格式规范，内容取决于具体的问题：

```
{
  "results": [                                             Line 70
    {                                                      Line 73
      "alternatives": [                                    Line 78
        {                                                  Line 81
          "confidence": 0.983,
          "transcript": "where is the closest bathroom "   Line 85
        }
      ],
      "final": true
    }
  ],
  "result_index": 0
}
```

JSON 包含嵌套的字典和列表。为了简化该数据结构，第 70～85 行使用了若干个短语句来每次“挑选”一个部分，直到我们获得转录后的文本——`"where is the closest bathroom"`，然后返回该字符串。围绕 JSON 每个部分的框以及框中的行号对应了第 70～85 行的语句，这些语句按照如下流程工作：

- 第 70 行将键 `'results'` 对应的列表赋值给变量 `result_list`：

```
results_list = result['results']
```

根据传递给方法 recognize 的参数的不同，该列表可能同时包含中间结果和最终结果。有时中间结果可能是有用的，例如在转录新闻广播等实时音频时。我们仅请求了最终结果，因此这个列表只包含一个元素[㊀]。

- 第 73 行将最终的音频识别结果赋值给变量 speech_regconition_result，即 results_list 中唯一的元素：

```
speech_recognition_result  = results_list[0]
```

- 第 78 行

```
alternatives_list = speech_recognition_result['alternatives']
```

将键 'alternatives' 对应的列表赋值给了变量 alternatives_list。该列表可能包含多个可选的转录结果，这取决于 recognize 方法的参数。我们传递的参数最终得到的是一个单元素列表。

- 第 81 行将 alternatives_list 中唯一的元素赋值给变量 first_alternative：

```
first_alternative = alternatives_list[0]
```

- 第 85 行将键 'transcript' 对应的值赋值给变量 transcript，该值即为音频转录后的文本：

```
transcript = first_alternative['transcript']
```

- 最后，第 87 行将该音频转录后的文本作为结果返回。

第 70～85 行可以使用下面这条长语句来代替：

```
return result['results'][0]['alternatives'][0]['transcript']
```

但我们更倾向于将其拆分成若干条简单的短语句。

translate 函数

为访问 Watson 的语言翻译服务，函数 translate（第 89～111 行）首先创建了一个名为 language_translator 的 LanguageTranslatorV3 对象，并将服务版本（'2018-05-31'[㊁]）、前面配置好的 API 密钥和服务的 URL 作为参数传递给构造函数。第 93～94 行使用 LanguageTranslatorV3 对象的 translate 方法来调用 LanguageTranslator 服务，并传递两个关键字参数：

- text 参数指定翻译原文。
- model_id 参数指定语言翻译服务用于理解原文并进行翻译所用的预定义模型。在我们的应用程序中，model 是 IBM 的预定义模型 'en-es'（用于将英语翻译为西班牙语）或 'es-en'（用于将西班牙语翻译为英语）。

```
89  def translate(text_to_translate, model):
90      """Use Watson Language Translator to translate English to Spanish
91          (en-es) or Spanish to English (es-en) as specified by model."""
92      # create Watson Translator client
93      language_translator = LanguageTranslatorV3(version='2018-05-31',
94          iam_apikey=keys.translate_key)
```

㊀ 关于方法 recognize 的参数及其 JSON 回复的更多细节，参见 https://www.ibm.com/watson/developercloud/speech-to-text/api/v1/python.html?python#recognize-sessionless。

㊁ 根据语言翻译服务的 API 参考，'2018-05-31' 是撰写本书时最新的版本字符串。只有当 IBM 对 API 进行了不向后兼容的更改时才会更改版本字符串。但即便对 API 进行了这种更改，服务也只会使用在版本字符串中指定的 API 版本来响应调用。更多信息请参见 https://www.ibm.com/watson/de-velopercloud/language-translator/api/v3/python.html?python#versioning。

```
95
96      # perform the translation
97      translated_text = language_translator.translate(
98          text=text_to_translate, model_id=model).get_result()
99
100     # Get 'translations' list. If method translate's text argument has
101     # multiple strings, the list will have multiple entries. We passed
102     # one string, so the list contains only one element.
103     translations_list = translated_text['translations']
104
105     # get translations_list's only element
106     first_translation = translations_list[0]
107
108     # get 'translation' key's value, which is the translated text
109     translation = first_translation['translation']
110
111     return translation  # return the translated string
112
```

该方法会返回一个 DetailedResponse 对象，该对象的 getResult 方法会返回一个 JSON 文档，形如：

```
{
  "translations": [                                          Line 103
    {                                                        Line 106
      "translation": "¿Dónde está el baño más cercano? "     Line 109
    }
  ],
  "word_count": 5,
  "character_count": 30
}
```

返回的 JSON 的内容会随着问题的不同而不同。同样地，该 JSON 包含嵌套的字典和列表。第 103～109 行使用了若干条短语句来挑选出翻译后的文本 "¿Dónde está el baño más cercano?"。围绕 JSON 每个部分的框以及框中的行号对应于第 103～109 行的语句，这些语句按照如下流程工作：

- 第 103 行获取了列表 'translations'：

```
translations_list = translated_text['translations']
```

如果调用方法 translate 时传递的 text 参数包含多个字符串，那么该列表将包含多个元素。因为我们只传递了一个字符串，所以获得的列表也只包含一个元素。

- 第 106 行获取了 translations_list 中唯一的元素：

```
first_translation = translations_list[0]
```

- 第 109 行获取了键 'translation' 对应的值，即翻译后的文本：

```
translation = first_translation['translation']
```

- 第 111 行返回了翻译后的文本。

第 103～109 行可以使用下面这条长语句来代替：

```
return translated_text['translations'][0]['translation']
```

但同样地，我们更倾向于将其拆分成若干条简单的短语句。

text_to_speech 函数

为使用 Watson 的文字转语音服务，函数 text_to_speech（第 113～122 行）创建了一个名为 tts（语音转文字的简写）的 TextToSpeechV1 对象，并将前面配置好的 API 密钥作为参数传递给构造函数。with 语句打开由参数 file_name 指定的音频文件，并将返回的文件对象分配给 audio_file。打开模式 'wb' 表示我们的目的是写入（w）二进制数据（b）。我们会将语音转文字服务返回的音频作为内容写到该文件中。

```
113 def text_to_speech(text_to_speak, voice_to_use, file_name):
114     """Use Watson Text to Speech to convert text to specified voice
115        and save to a WAV file."""
116     # create Text to Speech client
117     tts = TextToSpeechV1(iam_apikey=keys.text_to_speech_key)
118
119     # open file and write the synthesized audio content into the file
120     with open(file_name, 'wb') as audio_file:
121         audio_file.write(tts.synthesize(text_to_speak,
122             accept='audio/wav', voice=voice_to_use).get_result().content)
123
```

第 121～122 行调用了两个方法。首先，我们通过调用 TextToSpeechV1 对象的 synthesize 方法来调用文字转语音服务，传递三个参数：

- text_to_speak 参数指定待转换的字符串。
- accept 关键字参数指定文字转语音服务返回的媒体类型，同样地，'audio/wav' 表明 WAV 格式的音频文件。
- voice 关键字参数指定文本转语音服务使用哪一种预定义的发音。我们使用 'en-US_AllisonVoice' 来朗读英语文本，使用 'es-US_SofiaVoice' 来朗读西班牙语文本。Watson 为各种语言提供了许多男性和女性发音[⊖]。

Watson 返回的 DetailedResponse 对象包含了文本的朗读音频文件，同样地，通过 get_result 方法获取结果。我们访问返回的文件的 content 属性以获得字节形式的音频，并将它们传递给 audio_file 对象的 write 方法，将字节输出到 a.wav 文件中。

record_audio 函数

使用 pyaudio 模块可以从麦克风录制音频。函数 record_audio（第 124～154 行）定义了几个常量（第 126～130 行），用于配置来自计算机麦克风的音频信息流。我们根据 pyaudio 模块的在线文档进行如下设置：

- FRAME_RATE——每秒 44 100 帧，即 44.1kHZ，是常见的 CD 音质音频频率。
- CHUNK——1024 代表程序每次处理 1024 帧。
- FORMAT——pyaudio.paInt16 为每帧的大小（在本例中为 16 位或者说 2 字节大小的整数）。
- CHANNELS——2 代表每帧的采样数为 2。
- SECONDS——5 代表我们每次录制音频的时长为 5 秒。

```
124 def record_audio(file_name):
125     """Use pyaudio to record 5 seconds of audio to a WAV file."""
126     FRAME_RATE = 44100  # number of frames per second
127     CHUNK = 1024  # number of frames read at a time
128     FORMAT = pyaudio.paInt16  # each frame is a 16-bit (2-byte) integer
129     CHANNELS = 2  # 2 samples per frame
130     SECONDS = 5  # total recording time
```

⊖ 完整列表参见 https://www.ibm.com/watson/developercloud/text-to-speech/api/v1/python.html?python#get-voice。可以尝试使用其他发音来进行实验。

```
131
132        recorder = pyaudio.PyAudio()  # opens/closes audio streams
133
134        # configure and open audio stream for recording (input=True)
135        audio_stream = recorder.open(format=FORMAT, channels=CHANNELS,
136            rate=FRAME_RATE, input=True, frames_per_buffer=CHUNK)
137        audio_frames = []  # stores raw bytes of mic input
138        print('Recording 5 seconds of audio')
139
140        # read 5 seconds of audio in CHUNK-sized pieces
141        for i in range(0, int(FRAME_RATE * SECONDS / CHUNK)):
142            audio_frames.append(audio_stream.read(CHUNK))
143
144        print('Recording complete')
145        audio_stream.stop_stream()  # stop recording
146        audio_stream.close()
147        recorder.terminate()  # release underlying resources used by PyAudio
148
149        # save audio_frames to a WAV file
150        with wave.open(file_name, 'wb') as output_file:
151            output_file.setnchannels(CHANNELS)
152            output_file.setsampwidth(recorder.get_sample_size(FORMAT))
153            output_file.setframerate(FRAME_RATE)
154            output_file.writeframes(b''.join(audio_frames))
155
```

第 132 行创建了一个 **PyAudio 对象**，我们将从中获取输入音频流，从麦克风录制音频。第 135～136 行使用 PyAudio 对象的 **open 方法**打开输入流，使用常量 FORMAT、CHANNELS、FRAME_RATE 和 CHUNK 对流进行配置。input 关键字参数设置为 True 表示流用于接收音频输入。open 方法会返回一个用于与流交互的 pyaudio 的 **Stream** 对象。

第 141～142 行使用 Stream 对象的 **read 方法**每次从输入流中获取 1024 帧（即 CHUNK），然后将其添加到列表 audio_frames 中。我们将 FRAME_RATE 乘以 SECOND，然后将结果除以 CHUNK，便得到了每次迭代使用 CHUNK 帧生成 5 秒音频所需的循环迭代总数。读取结束后，第 145 行调用 Stream 对象的 **stop_stream 方法**结束录音，第 146 行调用 Stream 对象的 **close 方法**关闭流，最后在第 147 行调用 PyAudio 对象的 **terminate 方法**释放用于管理音频流的底层音频资源。

第 150～154 行的 with 语句使用 wave 模块的 open 函数打开由 file_name 指定的 WAV 文件，以二进制格式（'wb'）进行写入。第 151～153 行配置了 WAV 文件的通道数、采样宽度（使用 PyAudio 对象的 **get_sample_size 方法**获得）以及帧率。最后在第 154 行将音频内容写入文件。表达式 b''.join(audio_frames) 表示将所有帧的字节连接成一个字节串。在字符串前加上 b 表示它是一个字节串而不是一个字符串。

play_audio 函数

为了播放由 Watson 的文字转语音服务返回的音频文件，我们使用 pydub 和 pydub.playback 模块的功能。首先，第 158 行使用 pydub 模块的 **AudioSegment** 类的 **from_wav 方法**来加载 WAV 文件。该方法会返回一个新的表示音频文件的 AudioSegment 对象。159 行调用 pydub.playback 模块的 **play 函数**来播放 AudioSegment 对象，并将 AudioSegment 对象作为参数传递给 play 函数。

```
156 def play_audio(file_name):
157     """Use the pydub module (pip install pydub) to play a WAV file."""
```

```
158         sound = pydub.AudioSegment.from_wav(file_name)
159         pydub.playback.play(sound)
160
```

执行 run_translator 函数

当以脚本的形式运行 SimpleLanguageTranslator.py 时，run_translator 函数就会被调用：

```
161 if __name__ == '__main__':
162     run_translator()
```

分治法有利于方便快捷地创建一个强大的混搭应用。我们在案例中详尽地进行了任务分解以及 Watson 服务绑定，有效地验证了这一点。

自我测验

1.（判断题）可以通过 SpeechToTextV1 类向 Watson 的语音转文字服务发送一个音频文件，并接收一个包含转录后文本的 XML 文档。

答案：错误。Watson 返回的是 JSON 文档，而非 XML 文档。

2.（填空题）语言翻译服务的________模型可以将英语翻译为西班牙语。

答案：'en-es'。

3.（填空题）________类型 'audio/wav' 表明数据是以 WAV 格式存储的音频。

答案：媒体。

4.（判断题）每秒 44 100 帧是常见的蓝光音质音频频率。

答案：错误。每秒 44 100 帧是常见的 CD 音质音频频率。

5.（代码解释题）脚本中第 121～122 行的 content 属性是什么？

答案：content 属性代表的是字节形式的从文字转语音服务接收的音频文件。我们把这些字节写到了一个音频文件中。

6.（代码解释题）脚本中第 97～98 行的关键字参数 model_id 的作用是什么？

答案：model_id 指定了语言翻译服务用于理解原文并进行翻译所使用的模型。

14.7 Watson 资源

IBM 提供了大量资源来帮助开发者熟悉他们的服务以及使用这些服务来构建应用程序。

Watson 服务的文档

Watson 服务的文档位于：

https://console.bluemix.net/developer/watson/documentation

每个服务都有对应的文档和 API 参考链接。通常每个服务的文档会包含下面条目的部分或全部：

- 入门教程；
- 该服务的视频概述；
- 服务演示链接；
- 包含更具体的操作以及教程文档的链接；
- 示例应用；
- 其他资源，例如更高级的教程、视频、博客文章等。

每个服务的 API 参考都会使用多种语言（包括 Python）来展示与服务进行交互的所有细

节。单击 Python 选项卡查看适用于 Python 的文档以及相应的 Watson 开发者云 Python SDK 代码示例。API 参考会解释调用给定服务时的所有可选项、该服务可以返回的回复类型、示例回复等。

Watson 的 SDK

我们使用了 Watson 的开发者云 Python SDK 来开发本章的脚本。此外 Watson 还有许多适用于其他语言和平台的 SDK，完整的 SDK 列表位于：

```
https://console.bluemix.net/developer/watson/sdks-and-tools
```

学习资源

在学习资源网页

```
https://console.bluemix.net/developer/watson/learning-resources
```

会找到有关下列内容的链接：

- 有关 Watson 的特性以及 Watson 和 AI 在工业中的应用的博客文章。
- Watson 的 GitHub 仓库（开发者工具、SDK 和示例代码）。
- Watson 的 YouTube 频道（稍后讨论）。
- 代码模式，IBM 将其称为“解决复杂编程问题的路线图”。有些是用 Python 实现的，但仍可能发现其他代码模式对设计和实现 Python 应用程序也很有帮助。

Watson 视频

Watson 的 YouTube 频道

```
https://www.youtube.com/user/IBMWatsonSolutions/
```

包含了数百个视频，向我们展示了有关 Watson 使用的方方面面。还有一些短视频展示了 Watson 在各个行业的应用。

IBM 红皮书

以下 IBM 红皮书详细介绍了 IBM 云以及 Watson 服务，帮助我们掌握 Watson 开发技能。

- 使用 IBM 云开发应用程序的要点：http://www.redbooks.ibm.com/abstracts/sg248374.html。
- 使用 IBM Watson 服务构建认知应用——第 1 集 **入门**：http://www.redbooks.ibm.com/abstracts/sg248387.html。
- 使用 IBM Watson 服务构建认知应用——第 2 集 **交流**（现在叫作 Watson 助理）：http://www.redbooks.ibm.com/abstracts/sg248394.html。
- 使用 IBM Watson 服务构建认知应用——第 3 集 **识别**：http://www.redbooks.ibm.com/abstracts/sg248393.html。
- 使用 IBM Watson 服务构建认知应用——第 4 集 **自然语言分类器**：http://www.redbooks.ibm.com/abstracts/sg248391.html。
- 使用 IBM Watson 服务构建认知应用——第 5 集 **语言翻译**：http://www.redbooks.ibm.com/abstracts/sg248392.html。
- 使用 IBM Watson 服务构建认知应用——第 6 集 **语音转文字和文字转语音**：http://www.redbooks.ibm.com/abstracts/sg248388.html。
- 使用 IBM Watson 服务构建认知应用——第 7 集 **自然语言理解**：http://www.redbooks.ibm.com/abstracts/sg248398.html。

自我测验

（填空题）IBM 提供了许多________，IBM 将其称为“解决复杂编程问题的路线图”。

答案：代码模式。

14.8 小结

在本章，我们介绍了 IBM 的 Watson 认知计算平台，并概述了其广泛的服务。Watson 提供了许多有趣的功能，并且这些功能可以集成到应用程序中。IBM 鼓励开发者使用其免费的精简版进行学习和实验。为此，我们注册并配置了一个 IBM 云账户，尝试了 Watson 各种服务的演示，如自然语言翻译、语音转文字、文字转语音、自然语言理解、聊天机器人、文本语气分析，以及图像和视频中的视觉对象识别。

本章中，我们安装了 Watson 开发者云 Python SDK，从而以编程的方式从 Python 代码访问 Watson 服务。在旅行者随身翻译应用中，我们整合了几种 Watson 服务，使只说英语和只说西班牙语的人能够轻松地进行口头交流。我们把英语和西班牙语的录音转录成文本，再把文本翻译成另一种语言，然后根据翻译文本合成英语和西班牙语音频。最后，我们讨论了各种 Watson 的资源，包括文档、博客、Watson 的 GitHub 仓库、Watson 的 YouTube 频道、用 Python（以及其他语言）实现的代码模式和 IBM 红皮书。

练习

14.1 （尝试一下：Watson 语音转文字）使用电脑麦克风录制朗读一段文本的音频，然后将音频上传到 Watson 语音转文字的演示网址：https://speech-to-text-demo.ng.bluemix.net/。检查转录后的结果，看看 Watson 有没有理解错了的单词。

14.2 （尝试一下：Watson 语音转文字——检测不同的说话者）在取得朋友的许可后，使用电脑麦克风录制你们之间的对话，然后将音频上传到 Watson 语音转文字的演示网址：https://speech-to-text-demo.ng.bluemix.net/。启用检测多个说话者的选项。当演示将音频转录成文本时，检查 Watson 是否能准确地区分说话者们的声音并分别转录为对应的文本。

14.3 （视觉对象识别）调研视觉识别服务，并使用其演示来定位照片和朋友的照片中的各种元素。

14.4 （语言翻译应用改进）在旅游者随身翻译程序的第 1 步和第 6 步，我们只打印了英语文本，提示用户按下回车键并录音。现要求对该应用进行改进，同时打印英语和西班牙语提示文本。

14.5 （语言翻译应用改进）对于某些语言，文字转语音服务可以支持多种发音。例如，英语有四种发音，西班牙语也有四种发音。尝试在应用中使用不同的发音。关于这些发音的名字，参见

```
https://www.ibm.com/watson/developercloud/text-to-speech/api/v1/
   python.html?python#get-voice
```

14.6 （语言翻译应用改进）我们的旅行者随身翻译应用只支持英语和西班牙语。调研 Watson 目前的语音转文字、语言翻译和文字转语音服务支持的共同语言。选择其中一个并在我们的应用中使用该语言替换西班牙语。

14.7 （联合国困境：语言间翻译）语言间翻译是人工智能和自然语言处理中最具挑战性的问题之一。联合国会场上有数百种语言。在撰写本文时，Watson 语言翻译服务允许将一个英语句子翻译为西班牙语，然后将西班牙语翻译为法语，然后将法语翻译为德语，然后将德语翻译为意大利语，最后将意大利语翻译回英语。最终结果和原文的差异可能会让我们感到惊讶。有关 Watson 允许的所有语言间翻译列表，参见

`https://console.bluemix.net/catalog/services/language-translator`

使用 Watson 的语言翻译服务构建一个 Python 应用程序，该应用程序执行上述一系列翻译，在此过程中打印每种语言的文本以及最终的英语结果。这有助于感受我们来自许多国家的人们相互理解的困难之处。

14.8　（*Python 披萨店*）开发一个应用程序，使用 Watson 的文字转语音和语音转文字服务与点披萨的人进行口头交流。应用应该先对顾客的到来表示欢迎，并询问他们想要什么尺寸的披萨（小或大），然后询问顾客是否喜欢意大利辣香肠（是或不是），接着询问顾客是否喜欢蘑菇（是或不是）。用户说出每个答案做出回应。在处理完用户的反馈后，应用应口头总结订单并对顾客的光临表示感谢。作为额外挑战，可以考虑研究并使用 Watson 助理服务来构建一个聊天机器人来解决这个问题。

14.9　（*语言翻译服务：语言识别*）调研语言翻译服务检测文本语言的能力。然后编写一个应用程序，将一个包含各种语言的文本字符串发送给语言翻译服务，看看它是否能正确识别源语言。关于语言翻译服务支持的众多语言，参见 https://console.bluemix.net/catalog/services/language-translator。

14.10　（*Watson 物联网平台*）Watson 还提供了 Watson 物联网（IoT）平台，用于分析来自互联网设备的实时数据流，比如来自温度传感器、运动传感器等设备的数据。想要感受一下实时数据流，可以遵循网址

`https://discover-iot.eu-gb.mybluemix.net/#/play`

的指示将手机连接到演示，然后在电脑和手机屏幕上观看实时传感器数据的展示。在电脑屏幕上，手机图像会随着对手机的移动和旋转而动态移动来展示手机的方向。

14.11　（*倒置俚语翻译程序*）研究英语单词翻译成倒置俚语的规则。开发一个应用程序，从用户那里获取一条句子，然后将句子编码成倒置俚语，打印倒置俚语文本并合成语音朗读 `'the sentence` *将原句子插在这* `in pig Latin is` *将倒置俚语句子插在这* `'`（使用英语文本和倒置俚语文本替换对应的斜体文本）。为简单起见，假设英语句子由以空格隔开的单词组成，没有标点符号，所有单词都有两个或两个以上的字母。

14.12　（*随机故事撰写程序*）编写一个使用随机数生成来创建、打印并读出句子的脚本。使用四个字符串数组，分别叫作 `article`（冠词）、`noun`（名词）、`verb`（动词）和 `preposition`（介词）。按照下列顺序从各个数组中随机选择一个单词来创建一个句子：`article`、`noun`、`verb`、`preposition`、`article`、`noun`。每挑选出一个单词，就将其拼接到句子中的前一个单词的后面，单词之间应该用空格隔开。打印一个句子时，应以大写字母开头，以句号结尾。让该脚本创造一个由几句话组成的短篇故事，并使用文字转语音服务进行朗读。

14.13　（*视力测试程序*）读者肯定测试过视力。在视力检查中，我们被要求遮住一只眼睛，然后大声读出斯奈伦视力表上的字母。这些字母排成 11 行，只包括字母 C、D、E、F、L、N、O、P、T、Z。第一行只有一个很大的字母。当向下看时，每行的字母数量会增加，字体大小会减小，最后一行是 11 个很小的字母。根据能读出的字母，测试人员可以准确地衡量视力。开发一个视力测试程序，首先创建一个类似于专业医疗人员使用的斯奈伦表的视力测试表（https://en.wikipedia.org/wiki/Snellen_chart）。

该应用程序应该提示用户读出每个字母，然后使用语音合成来判断用户是否读对了字母。在测试结束时，显示并读出“视力是 20/20”或者其他符合用户视力的值。

14.14　（*项目练习：语音合成标记语言*）调研 SSML（语音合成标记语言），然后使用它对一段文本进行标记，以查看指定的 SSML 是如何影响 Watson 合成语音的。尝试改变音调、节奏、音高等

进行实验。使用文本以及各种不同的声音在 Watson 文字转语音的演示中尝试：

`https://text-to-speech-demo.ng.bluemix.net/`

可以在 https://www.w3.org/TR/speech-synthesis/ 上了解更多关于 SSML 的信息。

14.15 （项目练习：文字转语音和 SSML——唱出《生日快乐》）使用 Watson 的文字转语音服务和 SSML 来让 Watson 唱出《生日快乐》，由用户输入他们的名字。

14.16 （升级版龟兔赛跑）在练习 4.12 中为龟兔赛跑模拟的解决方案添加语音播报功能。在比赛进行的过程中使用语音来播报比赛的进程，可以使用如“各就各位，预备——跑！”“他们出发了！”“乌龟领先了！”“兔子在打盹”等短语进行播报。并在比赛结束时宣布获胜者。

14.17 （项目练习：带 SSML 的升级版龟兔赛跑）在练习 14.16 的解决方案中加入 SSML 的使用，使得语音播报听起来就像是电视上的体育播音员在解说一场赛跑。

14.18 （有挑战的项目练习：语言翻译应用——支持任意时长的音频）我们的旅行者随身翻译应用程序可以让每个讲话者录音 5 秒。研究如何使用 PyAudio（非 Watson 的功能）来检测某人是何时开始说话和停止说话的，这样就可以录制任何长度的音频。注意：完成该功能的代码将会很复杂。

14.19 （项目练习：使用 Watson 助理构建一个聊天机器人）调研 Watson 助理服务，然后前往 https://console.bluemix.net/developer/watson/dashboard 并单击 Build a chatbot。在单击 Create 后，按照提供的步骤构建聊天机器人。务必遵循入门教程中的指引进行操作：

```
https://console.bluemix.net/docs/services/conversation/getting-
   started.html#getting-started-tutorial
```

14.20 （商机：机器人应用程序）研究常见的机器人应用。指出它们是如何改进业务的。例如在呼叫中心场景下，客户可以省去等待人工接听花费的时间。机器人可以询问客户对回答是否满意，如果客户满意了就挂断电话，若不满意机器人可以将客户转接到人工客服。机器人可以积累大量的专业知识。如果是企业家，可以开发强大的机器人供那些组织购买。在医疗保健、回答社会保障和医疗保险问题、帮助旅行者规划旅行线路等领域，机会比比皆是。

14.21 （项目练习：单位换算程序）编写一个应用程序，使用语音识别和语音合成技术帮助用户进行单位换算。允许用户指定单位名称（例如，公制的厘米、升、克以及英制的英寸、夸脱、磅），并能回答简单的问题，如

`'2 米是多少英寸？ '`

`'10 夸脱是多少升？ '`

程序应当能识别非法转换，例如

`'5 千克是多少英尺？ '`

就是一个无意义的问题，因为英尺是长度单位而千克是质量单位。使用语音合成技术来读出结果同时以文本的形式打印结果。若问题是非法的，那么程序应说 `'这是一个非法转换。'` 并以文本的形式打印相同的信息。

14.22 （可以实现的有挑战性的项目练习：声音驱动的文本编辑器）在本章学习的语音合成和识别技术可用来实现一些对于不能使用双手的人来说特别有用的应用程序。创建一个简单的文本编辑器应用程序，允许用户通过朗读的方式输入以及编辑文本。应用应提供基本的编辑功能，如通过语音命令完成插入和删除操作。

14.23 （项目练习：Watson 情感分析）在第 12 章和第 13 章，我们都对情感分析技术进行了介绍。使用 Watson 自然语言理解服务的情感分析功能对在第 13 章中分析过的一些推文进行分析。比较分析结果。

机器学习：分类、回归和聚类

目标

- 用 scikit-learn 和流行数据集进行机器学习研究。

15.1 简介

在本章和下一章中，我们将介绍机器学习——人工智能最令人激动和有希望的子领域之一。我们会知道如何快速解决一些具有挑战性同时也十分有趣的问题，而可能在几年前，无论是新手还是有经验的程序员都不会去尝试这些问题。机器学习是一个庞大、复杂的话题，从这其中引出许多微妙的问题。我们的目标是友好地、手把手地为读者介绍一些简单的机器学习技术。

什么是机器学习？

我们真的可以让机器（即我们的计算机）学习吗？在本章和下一章中，我们就将展示这种魔法是怎么发生的。这种新的应用程序开发风格的“秘密武器”是什么？是大量的数据。我们编写程序让应用程序从数据中学习，而不是将专业知识写入我们的应用程序。

我们将给出许多基于 Python 语言的代码样例，它们创建有效的机器学习模型，然后用它们做出非常准确的预测。本章中包含许多练习和项目，能帮助我们丰富机器学习的专业知识。

预测

如果能够改进天气预报从而挽救生命，最大程度地减少人员受伤和财产损失，是不是非常棒？如果能改进癌症诊断和治疗方案来挽救生命，或者是改进商业预测来最大化利润和保住人们的工作呢？如果是检测欺诈性信用卡交易和保险索赔呢？如果是预测客户“流失”，房屋可能卖出的价格、新电影的票房和新产品服务的预估收入呢？如果是预测教练和球员赢得更多比赛和冠军的最佳策略呢？现在有了机器学习，所有这些预测都得到了实现。

机器学习应用领域

下表给出了一些机器学习的热门应用领域：

机器学习应用领域		
异常检测	检测场景中的物体	推荐系统（“购买这个商品的人也买了…”）
聊天机器人	检测数据中的模式	无人驾驶汽车（更宽泛地讲，自动驾驶汽车）
将电子邮件归类为垃圾邮件或非垃圾邮件	诊断医学	情感分析（例如将影评归类为正面的、负面的和中性的）

（续）

机器学习应用领域		
将新闻归类为运动、财经、政治等	面部识别	垃圾邮件过滤
计算机视觉和图像分类	保险诈骗检测	时间序列预测，例如股票价格预测和天气预报
信用卡诈骗检测	计算机网络中的入侵检测	声音识别
数据压缩	笔迹识别	
数据恢复	市场营销：将客户划分为集群	
社交媒体（例如脸书、推特、领英）数据挖掘	自然语言翻译（英语到西班牙语、法语到日语等）	
	预测抵押贷款违约	

15.1.1　scikit-learn

我们将使用流行的 scikit-learn *机器学习库*。scikit-learn 也被叫作 sklearn，它将最高效的机器学习算法非常方便地打包为*评估器*。每个算法都是封装好的，所以看不到这些算法工作的复杂细节和艰深数学知识。我们应该感到满意——在开车的时候并不知道引擎、变速箱、刹车系统和转向系统的复杂工作细节。下一次踏进电梯选择目标楼层，或者是打开电视选择想看的节目的时候，考虑一下这个问题。我们真的理解智能手机内部硬件和软件的工作原理吗？

我们将用 scikit-learn 和少量的 Python 代码快速建立强大的模型来分析数据，从数据中获取见解并（最重要地）做出预测。我们将使用 scikit-learn 在数据子集上训练每个模型，然后在剩余的数据上*测试*每个模型来查看模型的运行情况。模型已经训练完后，就要用它们根据未曾见过的数据做出预测。我们通常会对结果感到惊讶。突然间，大部分情况下都用来做死记硬背活计的计算机也会有智能特征。

scikit-learn 有自动训练和测试模型的工具。虽然可以指定参数来自定义模型，同时改善它们的性能，但在本章中，我们通常使用模型的*默认参数*，同样也可以获得令人赞叹的结果，甚至是更好的结果。在练习中，我们会研究 auto-sklearn，它能够自动执行用 scikit-learn 实现的许多任务。

应该为项目选择哪一个 scikit-learn 评估器

很难事先知道哪一个模型在数据上运行效果最好，所以通常会尝试很多模型，然后选出效果最好的那个。我们会看到，scikit-learn 让这种选择变得非常方便。一种常见的方法是运行许多模型然后选择最好的。我们如何评估哪个模型性能最好？

我们会在许多不同的模型上尝试不同类型的数据集。大部分情况下都不会知道 sklearn 评估器内部的复杂数学算法的细节，但是随着经验的积累，我们会熟悉对于一些特定类型的数据集和问题来说，哪种算法最好。即使有了这样的经验，也不太可能根据直觉就选择出最适合新数据集的模型。所以 scikit-learn 让我们很轻松地能够“全部试试”。最多需要几行代码就能建立和使用每个模型。这些模型会报告它们的性能，这样就可以比较结果然后选择性能最好的模型。

15.1.2 机器学习的类型

我们将研究两种主要的机器学习类型：有监督的机器学习（用于有标记数据）和无监督的机器学习（用于无标记数据）。

例如，如果我们在开发一款识别猫狗的计算机视觉应用程序，会用大量标有“狗”的照片和标有“猫”的照片训练模型。如果模型是有效的，当用它处理无标记的照片时，它会识别从未见过的狗和猫。训练的照片越多，模型能准确预测新照片哪些是狗、哪些是猫的概率越大。在大数据和海量而经济的计算力时代，可以用即将学到的技术建立一些非常准确的模型。

有监督的机器学习

监督式机器学习分为两类——分类和回归。用行和列组成的数据集训练机器学习模型，每一行代表一个数据样本，每一列代表该样本的特征。在监督式机器学习中，每个样本都有一个关联的标签，称为目标（如“狗”或“猫”）。这是当将新数据提供给模型时，模型需要预测的值。

数据集

我们将使用一些“玩具”数据集，每个只有少量的样本，同时样本的特征数也是有限的。同样也会使用几个有丰富特征的真实数据集，其中一个有几千个样本，有一个有上万的样本。在大数据世界中，数据集通常有上百万的样本，有时甚至更多。

有大量的免费开放数据集提供给大家学习数据科学。像 scikit-learn 之类的库打包流行的数据集供实验使用，同时提供从各种仓库（比如 `openml.org`）加载数据集的方式。全世界的政府、企业和其他机构都在提供各种各样主题的数据集。本章将会在样例、练习和项目中大量使用免费的数据集进行机器学习方法练习。

分类

我们会使用最简单的分类算法之一——k 近邻算法——来分析 scikit-learn 自带的 Digits 数据集。分类算法预测样本属于哪个离散的类（类别）。二分类用两个类别，比如邮件分类应用中的“垃圾邮件”或“非垃圾邮件”。多分类使用超过两个的类别，例如 Digits 数据集中从 0 到 9 的 10 个类别。关于电影描述的分类方案可能尝试将它们分类为“动作”“冒险”“奇幻”“爱情”“历史”等。

回归

回归模型预测连续的输出，比如第 10 章数据科学入门部分的天气时间序列分析中的预测气温输出。在本章中，我们将回顾那个简单线性回归样例，这一次我们将用 scikit-learn 中的 `LinearRegression` 评估器。接下来，我们用 `LinearRegression` 评估器对 scikit-learn 自带的 California Housing 数据集执行多元线性回归。我们会预测美国人口普查区域房价的中位数，考虑每个区域的八个特征，比如房间数均值、房龄均值、卧室数量均值和人均收入。相较于单特征简单线性回归，`LinearRegression` 评估器在默认情况下使用数据集中所有的数值特征，从而做出更成熟的预测。

无监督机器学习

接下来，我们将用聚类算法介绍无监督的机器学习。我们会使用降维（和 scikit-learn 的 TSNE 评估器）来将 Digits 数据集的 64 个特征压缩至两个，以便用于可视化。这样我们就可以很好地看到 Digits 数据是如何“聚集起来”的。这个数据集包含手写的数字，这些数字就和邮局电脑需要识别信封上标明的邮政编码一样。这是一个有挑战性的计算机视觉问题，因为每个人的笔迹都是独特的。但是，我们只用几行代码建立聚类模型，就能取得令人印象深刻的结果。同时，我们在实现这些的时候，并不需要理解聚类算法的内部工作原理。这就是面向对象编程的迷人之处。我们会在下一章再次看到这种方便的面向对象编程，我们会用开源 Keras 库建立强大的深度学习模型。

k 均值聚类和 Iris 数据集

我们会介绍最简单的无监督机器学习算法——k 均值聚类，然后将其用在 scikit-learn 自带的 Iris 数据集上。我们会用降维法（和 scikit-learn 的 PCA 评估器）将 Iris 数据集的四个特征压缩至两个，以便可视化。我们会显示数据集中三种 Iris 的聚类，并且画出每个聚类的质心，即聚类的中心点。最后，我们会运行多重聚类评估器，比较它们将 Iris 数据集样本分成三类的能力差别。

通常聚类的数量 *k* 是指定的。k 均值将数据分为 *k* 类。和许多机器学习算法一样，k 均值是*迭代的*，并逐渐接近指定的聚类数量。

k 均值聚类在无标记数据中也能找到相似点。这样最后就能给数据分配标签，让有监督的机器学习评估器来处理它。因为人工标记数据既烦琐又容易出错，并且世界上绝大部分数据都是无标记的，无监督机器学习是一个很重要的工具。

大数据和大型计算机处理能力

如今可供使用的数据量已经非常大，并且在爆炸增长。过去几年全世界产生的数据量已经和从文明发源一直到几年前为止的数据量一样多。我们通常会谈论起大数据，但是“大”可能已经不足以描述数据正在变得有多庞大。

人们过去常说：“我淹没在数据洪流中完全不知所措。”但是有了机器学习后，我们现在可以说：“让大数据朝我奔涌而来，这样我就可以用机器学习技术去获取见解，做出预测。”

现在这些都能得到实现，因为计算能力在*爆炸增长*，计算机存储空间和辅助存储量都在*大幅增加*，同时成本急剧下降。所有的这一切都让我们能从其他角度思考解决方案。我们现在可以通过编程让计算机从海量的数据中*学习*。现在都和从数据中进行预测有关。

15.1.3 scikit-learn 自带的数据集

下表列出了 scikit-learn 自带的数据集。[㊀]它也提供了从其他来源加载数据集的方式，比如 `openml.org` 提供的超过两万个数据集。

scikit-learn 自带的数据集	
“玩具”数据集	现实数据集
波士顿房价	Olivetti 面部数据
鸢尾花植物	20 个新闻组文本
糖尿病	Wild 面部识别的已标记面部数据
手写数字光学识别	森林覆盖类型
Linnerrud	RCV1
葡萄酒识别	Kddcup99
威斯康辛乳腺癌（已诊断）	加州房屋

㊀ http://scikit-learn.org/stable/datasets/index.html.

15.1.4 典型数据科学研究步骤

我们将执行典型机器学习案例研究的几个步骤，包括：

- 加载数据集。
- 用 pandas 和可视化探索数据。
- 改变数据（将非数字数据转换成数字数据，因为 scikit-learn 要求数字数据；在本章中，我们使用“已经可以直接用”的数据，但是我们会在第 16 章再次讨论这个问题）。
- 将数据分成训练和测试两个部分。
- 创建模型。
- 训练和测试模型。
- 调整模型并且评估它的准确度。
- 对模型没见过的实时数据进行预测。

在第 7 章的数据科学简介部分，我们讨论了使用 pandas 处理缺失和错误的值。这些都是在开始机器学习之前处理好数据的重要步骤。

自我测验

1.（填空题）机器学习主要分为两类—— ________机器学习，用于有标记数据；以及________机器学习，用于无标记数据。

答案：有监督的，无监督的

2.（判断题）使用机器学习，我们不是将专业知识写入我们的应用程序，而是编写程序让应用程序从数据中学习。

答案：对。

15.2 案例研究：用 k 近邻算法和 Digits 数据集进行分类（第 1 部分）

为了更高效地处理邮件，同时将每封邮件派送到正确的目的地，邮政服务计算机必须能够扫描手写的名字、地址和邮政编码，同时识别字母和数字。我们将会在本章中看到，即使是新手程序员使用强大的库（如 scikit-learn）也可以解决这些机器学习问题。下一章中，我们在学习卷积神经网络深度学习技术的时候，会使用更强大的计算机视觉功能。

分类问题

在本节中，我们会研究有监督机器学习中的分类，分类尝试预测每个样本所属的不同类[1]。例如，如果有狗的照片和猫的照片，可以将每张图片分类为“狗”或者“猫”。这是一个二元分类问题，因为有两个类别。

我们会使用 scikit-learn 自带的 **Digits 数据集**[2]，该数据集由表示 1797 个手写数字（0 到 9）的 8 × 8 像素图像组成。我们的目标是预测每个图像代表的数字。因为有 10 个可能的数字（类别），这是一个**多元分类问题**。用有**标记数据**训练分类模型，我们已经预先知道每个数字的类别。在这个案例研究中，我们会使用最简单的机器学习分类算法之一——k 近邻（k-NN）——来识别手写数字。

下面的低分辨率数字 5 的可视化是使用 Matplotlib 从一个数字的 8 × 8 像素原始数据生

[1] 注意这里的术语“类”的意思是“类别”，不是 Python 语言概念中的类。

[2] http://scikit-learn.org/stable/datasets/index.html#optical-recognition-ofhandwritten-digits-dataset.

成的。我们将展示如何使用 Matplotlib 临时显示这样的图像：

研究人员从 20 世纪 90 年代早期 MNIST 数据库生成的成千上万个 32 × 32 像素图像中创建了这个数据集中的图像。如今有了高清相机和扫描仪，可以用很高的分辨率捕获这样的图像。

我们的方法

我们会用两节介绍这个案例研究。在这一节中，我们会首先介绍机器学习案例研究的基本步骤：

- 确定训练模型的数据。
- 加载和处理数据。
- 将数据分为训练集和测试集。
- 选择和建立模型。
- 训练模型。
- 做出预测。

我们会看到在 scikit-learn 中，这些步骤每一个最多只需要几行代码。在下一节中，我们会：

- 评估结果。
- 调整模型。
- 运行几个分类模型并选择最好的模型。

我们在 Matplotlib 中启动 IPython，利用 Seaborn 进行数据可视化：

```
ipython --matplotlib
```

自我测验

（填空题）________分类将样本分为两个不同的类别，________分类将样本分为多个不同的类别。

答案：二元，多元。

15.2.1　k 近邻算法

scikit-learn 支持许多分类算法，包括最简单的 **k 近邻**（k-NN）。这个算法通过查看离测试样本最近（距离上）的 *k* 个训练样本来预测测试样本的类别。例如，考虑下图中蓝、紫、绿、红四种颜色的点代表四个样本类。为了方便讨论，我们用颜色名字代表类名。

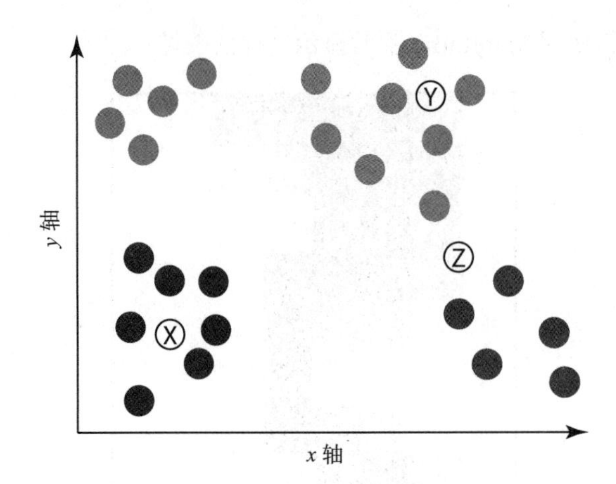

我们想预测新样本 X、Y 和 Z 分别属于哪一类。我们先假设用每个样本的最近的三个邻居做出预测，三是 k 近邻算法中的 *k*。

- 样本 X 的三个最近的邻居都是紫色点，所以我们预测 X 的类别是紫色。
- 样本 Y 的三个最近的邻居都是绿色点，所以我们预测 Y 的类别是绿色。
- 对于样本 Z，选择并不明确，因为它出现在绿色和红色的点之间。最近的三个邻居中，一个是绿色的，两个是红色的。在 k 近邻算法中，有最多“票数”的类别获胜。所以基于两票红色对一票绿色，我们预测 Z 的类别是红色。在 kNN 算法中选择奇数 *k* 值可以保证得票数不等，避免平局。

超参数和超参数调整

在机器学习中，一个**模型**实现一个机器学习算法。在 scikit-learn 中，模型被称为**评估器**。机器学习中有两类参数：

- 在从提供的数据中学习时，评估器计算的参数。
- 在创建代表模型的 scikit-learn 评估器对象时提前明确规定的参数。

提前明确规定的参数称为超参数。

在 k 近邻算法中，*k* 是超参数。为了方便，我们用 scikit-learn 的默认超参数值。在现实机器学习研究中，我们会想用不同的 *k* 值做实验，来得到可能的最佳模型。这个过程称作**超参数调整**。稍后我们会用超参数调整选择 *k* 的值，能够让 k 近邻算法对 Digits 数据集做出最佳预测。scikit-learn 还有自动超参数调试功能，我们之后会在练习中进一步了解。

自我测验

1.（判断题）在机器学习中，一个模型实现一个机器学习算法。在 scikit-learn 中，模型被称作评估器。

答案：对。

2.（填空题）选择 k 近邻算法的最佳 *k* 值的过程被称作 ______。

答案：超参数调整。

15.2.2　加载数据集

`sklearn.datasets` 模块的 `load_digits` 函数返回一个 scikit-learn `Bunch` 对象，包含数字数据和有关 Digits 数据集的信息（称作**元数据**）：

```
In [1]: from sklearn.datasets import load_digits

In [2]: digits = load_digits()
```

Bunch 是 dict 的子类，有用于与数据集交互的额外属性。

显示描述

scikit-learn 自带的 Digits 数据集是 UCI（加州大学尔湾分校）ML 手写数字数据集的子集，该数据集见：

```
http://archive.ics.uci.edu/ml/datasets/
   Optical+Recognition+of+Handwritten+Digits
```

原始的 UCI 数据集有 5 620 个样本——3823 个用于训练，1797 个用于测试。scikit-learn 自带的数据集只包含 1 797 个测试样本。Bunch 的 **DESCR** 属性包含数据集的描述。根据 Digits 数据集的描述[㊀]，每个样本有 64 个特征（由 Number of Attributes 说明），代表一个 8 × 8 的图片，其中每个像素值在 0～16 之间（由 Attribute Information 说明）。这个数据集没有缺失值（由 Missing Attribute Values 说明）。64 个特征可能看起来非常多，但是真实世界的数据集有时可能有上百、上千、上千万个特征。

```
In [3]: print(digits.DESCR)
.. _digits_dataset:

Optical recognition of handwritten digits dataset
--------------------------------------------------

**Data Set Characteristics:**

    :Number of Instances: 5620
    :Number of Attributes: 64
    :Attribute Information: 8x8 image of integer pixels in the range
     0..16.
    :Missing Attribute Values: None
    :Creator: E. Alpaydin (alpaydin '@' boun.edu.tr)
    :Date: July; 1998

This is a copy of the test set of the UCI ML hand-written digits datasets
http://archive.ics.uci.edu/ml/datasets/
   Optical+Recognition+of+Handwritten+Digits

The data set contains images of hand-written digits: 10 classes where
each class refers to a digit.

Preprocessing programs made available by NIST were used to extract
normalized bitmaps of handwritten digits from a preprinted form. From a
total of 43 people, 30 contributed to the training set and different 13
to the test set. 32x32 bitmaps are divided into nonoverlapping blocks of
4x4 and the number of on pixels are counted in each block. This generates
an input matrix of 8x8 where each element is an integer in the range
0..16. This reduces dimensionality and gives invariance to small
distortions.

For info on NIST preprocessing routines, see M. D. Garris, J. L. Blue, G.
T. Candela, D. L. Dimmick, J. Geist, P. J. Grother, S. A. Janet, and C.
L. Wilson, NIST Form-Based Handprint Recognition System, NISTIR 5469,
1994.
```

㊀ 我们将一些关键信息加粗表示。

```
.. topic:: References

  - C. Kaynak (1995) Methods of Combining Multiple Classifiers and Their
    Applications to Handwritten Digit Recognition, MSc Thesis, Institute
    of Graduate Studies in Science and Engineering, Bogazici University.
  - E. Alpaydin, C. Kaynak (1998) Cascading Classifiers, Kybernetika.
  - Ken Tang and Ponnuthurai N. Suganthan and Xi Yao and A. Kai Qin.
    Linear dimensionality reduction using relevance weighted LDA. School
    of Electrical and Electronic Engineering Nanyang Technological
    University. 2005.
  - Claudio Gentile. A New Approximate Maximal Margin Classification
    Algorithm. NIPS. 2000.
```

查看样本和目标的大小

`Bunch` 对象的 **data** 和 **target** 属性都是 NumPy `array`：

- `data` 数组包含 1797 个样本（数字图片），每个样本有 64 个特征，特征值在 0～16 之间，代表像素强度。使用 Matplotlib，我们将强度可视化为从白（0）到黑（16）的灰色色度。

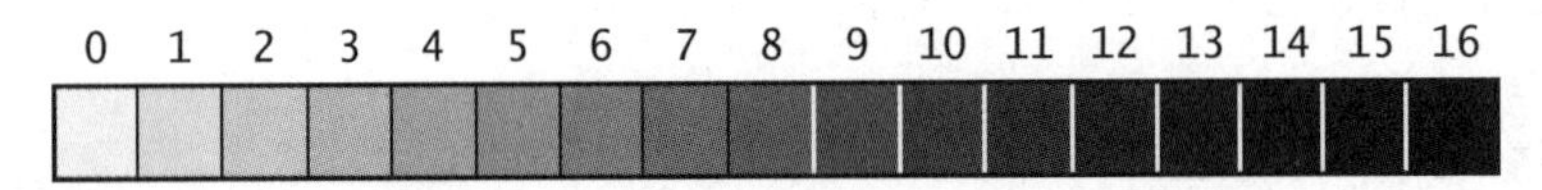

- `target` 数组包含图片的标签，即每张图片代表的数字的类别。数组叫作 `target`，是因为当做出预测的时候，目的是“命中目标”值。如果想要看到整个数据集的样本标签，可以每 100 个样本显示一次 `target` 值。

```
In [4]: digits.target[::100]
Out[4]: array([0, 4, 1, 7, 4, 8, 2, 2, 4, 4, 1, 9, 7, 3, 2, 1, 2, 5])
```

我们可以通过查看 `data` 数组的 `shape` 属性确认样本数量和（每个样本的）特征数量。这里可以看到有 1797 行（样本）和 64 列（特征）。

```
In [5]: digits.data.shape
Out[5]: (1797, 64)
```

可以通过查看 target 数组的 shape 属性确认目标值的数量和样本的数量。

```
In [6]: digits.target.shape
Out[6]: (1797,)
```

一个数字图片样本

每张图片都是二维的，以像素为单位有宽度和高度。`load_digits` 返回的 `Bunch` 对象包含一个 `images` 属性，这个属性是一个数组，其中每一个元素都是一个二维的 8 × 8 数组，代表一张数字图片的像素强度。尽管原始数据集将每个像素表示为 0～16 的整数值，scikit-learn 还是将这些值存储为浮点型（NumPy 类型 `float64`）。例如，这是表示索引 13 处样本图片的二维数组：

```
In [7]: digits.images[13]
Out[7]:
array([[ 0.,  2.,  9., 15., 14.,  9.,  3.,  0.],
       [ 0.,  4., 13.,  8.,  9., 16.,  8.,  0.],
       [ 0.,  0.,  0.,  6., 14., 15.,  3.,  0.],
```

```
       [ 0.,  0.,  0., 11., 14.,  2.,  0.,  0.],
       [ 0.,  0.,  0.,  2., 15., 11.,  0.,  0.],
       [ 0.,  0.,  0.,  0.,  2., 15.,  4.,  0.],
       [ 0.,  1.,  5.,  6., 13., 16.,  6.,  0.],
       [ 0.,  2., 12., 12., 13., 11.,  0.,  0.]])
```

这是这个二维数组所表示的图片，我们很快会展示用于显示这个图片的代码：

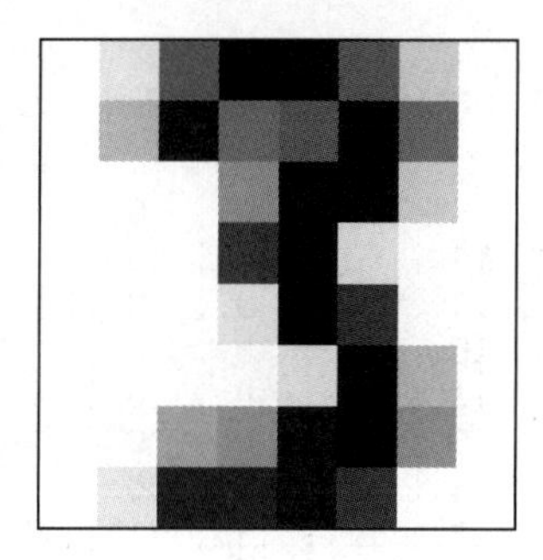

用 scikit-learn 准备要用的数据

scikit-learn 的机器学习算法要求样本存储在一个浮点值二维数组中（或者二维数组状集合，例如列表的列表或者 pandas 的 DataFrame）：

- 每一行代表一个样本。
- 每一行的每一列代表该样本的一个特征。

为了将每个样本表示在一行中，多维数据（如代码片段 [7] 展示的二维图片数组）必须展平为一维数组。

如果正在处理包含类别特征的数据（通常表示为字符串，比如"spam"或"not-spam"），也需要将这些特征预处理为数字值，称为 one-hot 编码，在下一章中我们会介绍该内容。scikit-learn 的 **sklearn.preprocessing** 模块提供了将类别数据转换为数字数据的功能。Digits 数据集没有类别特征。

为了方便起见，load_digits 函数返回可以用于机器学习的已经预处理好的数据。Digits 数据集是数字的，所以 load_digits 函数只要将每张图片的二维数组展平为一维数组就可以了。例如，代码片段 [7] 展示的 8 × 8 数组 digits.images[13] 对应于下面展示的 1 × 64 数组 digits.data[13]：

```
In [8]: digits.data[13]
Out[8]:
array([ 0.,  2.,  9., 15., 14.,  9.,  3.,  0.,  0.,  4., 13.,  8.,  9.,
       16.,  8.,  0.,  0.,  0.,  0.,  6., 14., 15.,  3.,  0.,  0.,  0.,
        0., 11., 14.,  2.,  0.,  0.,  0.,  0.,  0.,  2., 15., 11.,  0.,
        0.,  0.,  0.,  0.,  0.,  2., 15.,  4.,  0.,  0.,  1.,  5.,  6.,
       13., 16.,  6.,  0.,  0.,  2., 12., 12., 13., 11.,  0.,  0.])
```

在这个一维数组中，最开始的八个元素是二维数组的第 0 行，接下来的八个元素是二维数组的第 2 行，以此类推。

自我测验

1.（填空题）Bunch 对象的________和________属性是 NumPy 数组，分别包含数据集的样本和标签。

答案： data，target

2.（判断题）scikit-learn Bunch 对象只包含数据集的数据。

答案：错。scikit-learn Bunch 对象包含数据集的数据和有关数据集的信息（称作元数据），可以通过 `DESCR` 属性得到。

3.（IPython 会话）对于 Digits 数据集中的 22 号样本，显示它的 8 × 8 图片数据和图片表示的数字值。

答案：

```
In [9]: digits.images[22]
Out[9]:
array([[ 0.,  0.,  8., 16.,  5.,  0.,  0.,  0.],
       [ 0.,  1., 13., 11., 16.,  0.,  0.,  0.],
       [ 0.,  0., 10.,  0., 13.,  3.,  0.,  0.],
       [ 0.,  0.,  3.,  1., 16.,  1.,  0.,  0.],
       [ 0.,  0.,  0.,  9., 12.,  0.,  0.,  0.],
       [ 0.,  0.,  3., 15.,  5.,  0.,  0.,  0.],
       [ 0.,  0., 14., 15.,  8.,  8.,  3.,  0.],
       [ 0.,  0.,  7., 12., 12., 12., 13.,  1.]])

In [10]: digits.target[22]
Out[10]: 2
```

15.2.3　可视化数据

我们应该认真观察待处理数据。这个过程称作数据探索。对于数字图片，可以通过 Matplotlib implot 函数显示图片来对图片的样子进行初步了解。下面的图片展示了数据集的前 24 张图像。观察下图中 3 的图片的第一行、第三行、第四行和 2 的图片的第一行、第三行、第四行的差别就可以看出，手写数字识别是非常有难度的问题。

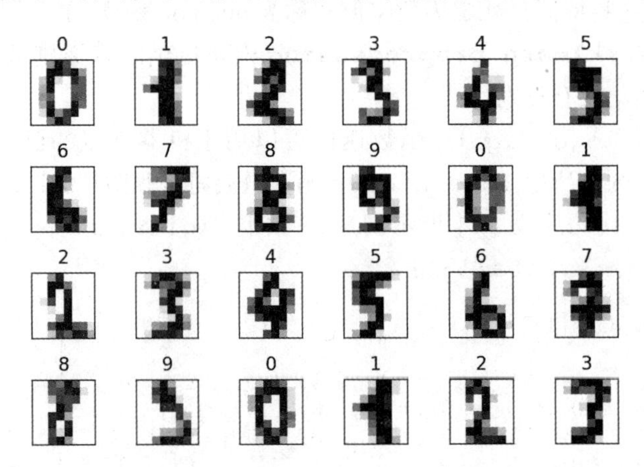

创建示意图

让我们来看看显示这 24 个数字的代码。下面的 `subplots` 函数调用创建一个 6 × 4 英寸的 `Figure`[由 `figsize (6, 4)` 关键字参数指定]，包含 24 个子图，按照 4 行（`nrows=4`）6 列（`ncols=6`）排列。每个子图都有自己的 `Axes` 对象，我们将会用它来显示每个数字图像：

```
In [11]: import matplotlib.pyplot as plt

In [12]: figure, axes = plt.subplots(nrows=4, ncols=6, figsize=(6, 4))
```

函数 subplots 以二维 NumPy 数组的形式返回 Axes 对象。初始情况下，Figure 如下所示，在每个子图的 *x* 轴和 *y* 轴上会有标签（我们后面将会去除）。

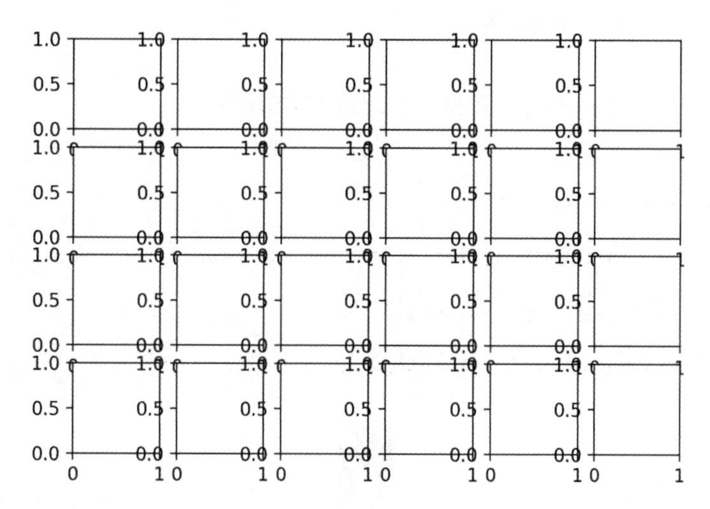

显示图片和去除数轴标签

接下来，使用 for 语句和内置的 zip 函数并行遍历 24 个 Axes 对象、digits.images 中前 24 个图片和 digits.target 中前 24 个值。

```
In [13]: for item in zip(axes.ravel(), digits.images, digits.target):
    ...:     axes, image, target = item
    ...:     axes.imshow(image, cmap=plt.cm.gray_r)
    ...:     axes.set_xticks([])  # 去除 x 轴标记
    ...:     axes.set_yticks([])  # 去除 y 轴标记
    ...:     axes.set_title(target)
    ...: plt.tight_layout()
    ...:
    ...:
```

回忆 NumPy 数组方法 ravel 创建多维数组的一维视图。同时，回忆 zip 每次产生的元组包含 zip 的每个参数相同索引处的元素，包含最少元素的参数确定 zip 返回多少个元组。

循环的每次迭代：

- 解压一个 zip 对象元组为三个变量，分别代表 Axes 对象、image 值和 target 值。
- 调用 Axes 对象的 imshow 方法显示一张图像。关键字参数 cmap=plt.cm.gray_r 确定图像显示的颜色。值 plt.cm.gray_r 是一个颜色表——一组特意选好的搭配和谐的颜色。这个颜色表能让我们将图片像素以灰度显示，0 是白色，16 是黑色，之间的值为逐渐加深的灰色色度。Matplotlib 的其他颜色表名字参见 https:// matplotlib.org/examples/color/colormaps_reference.html。每个都能够通过 plt.cm 对象或者 'gray_r' 之类的字符串访问。
- 用空列表调用 Axes 对象的 set_xticks 和 set_yticks 方法，表示 *x* 轴和 *y* 轴都不应该有标记。
- 调用 Axes 对象的 set_title 方法在图片上方显示 target 值，表示图片代表的实际值。

循环结束后，我们调用 tight_layout 去除 Figure 上下左右的多余空格，这样数字图片的行列就能占满整个 Figure。

自我测验

1.（填空题）熟悉数据的过程叫作________。

答案： 数据探索。

2.（IPython 会话）显示 Digits 数据集 22 号样本的图片。

答案：

```
In [14]: axes = plt.subplot()

In [15]: image = plt.imshow(digits.images[22], cmap=plt.cm.gray_r)

In [16]: xticks = axes.set_xticks([])

In [17]: yticks = axes.set_yticks([])
```

15.2.4 将数据分为训练集和测试集

通常用数据集的一个子集训练机器模型。一般来说，用于训练的数据越多，训练的效果越好。同时需要划一部分数据用于测试，这样就可以用模型从未见过的数据评估它的性能。当我们觉得模型已经有良好的性能时，就可以用它来对从未见过的新数据做出预测。

我们首先将数据分为训练集和测试集，分别训练和测试模型。数据通常先进行随机打乱，然后进行划分。**sklearn.model_selection** 模块的 **train_test_split** 函数将数据打乱以实现随机化，然后将 data 数组中的样本和 target 数组中的目标值分为训练集和测试集。这样能保证训练集和测试集有相似的特征。函数 train_test_split 返回一个四元组，元组中的前两个元素是划分为训练集和测试集的样本，后面两个对应的是划分为训练集和测试集的目标值。约定俗成的是，大写的 X 用来代表样本，小写的 y 用来代表目标值。

```
In [18]: from sklearn.model_selection import train_test_split

In [19]: X_train, X_test, y_train, y_test = train_test_split(
    ...:     digits.data, digits.target, random_state=11)
    ...:
```

我们假设数据类别是均衡的，即样本都平均分为不同的类别。scikit-learn 自带的分类数据集都是这样。不均衡的类别可能会导致错误的结果。

在第 4 章，我们了解了如何播种随机数生成器以提高可再现性。在机器学习研究中，使用同样的随机选择的数据能够帮助他人确认结果。函数 train_test_split 提供关键字参数 random_state 来提高可再现性。当使用同样的种子值运行代码，train_test_split 会选择相同的数据作为训练集和测试集。在这里我们选择种子值（11）。

训练集和测试集大小

查看 X_train 和 X_test 的 shape，可以发现在默认情况下，train_test_split 保留 75% 的数据用于训练，25% 的数据用于测试。

```
In [20]: X_train.shape
Out[20]: (1347, 64)

In [21]: X_test.shape
Out[21]: (450, 64)
```

如果想指定不同的划分方式，可以用 train_test_split 函数的关键字参数 test_size 和 train_size 设定测试集和训练集的大小。用从 0.0 到 1.0 的浮点值指定分给每个训练集的数据百分比。可以使用整数值设定精确到个数的样本数。如果指定了其中的某一个关键字参数，另一个就可以被推断出。例如，语句

```
X_train, X_test, y_train, y_test = train_test_split(
    digits.data, digits.target, random_state=11, test_size=0.20)
```

指定了 20% 的数据用于测试，所以可推断得出 train_size 为 0.80。

自我测验

1.（判断题）通常用数据集所有的数据训练模型。

答案：错误。将一部分数据用于测试是很重要的，这样就可以用模型从未见过的数据来评估它的性能。

2.（讨论题）对于 Digits 数据集，下面的语句会分给训练和测试各多少个样本？

```
X_train, X_test, y_train, y_test = train_test_split(
    digits.data, digits.target, test_size=0.40)
```

答案：1078 和 719。

15.2.5 创建模型

KNeighborsClassifier 评估器（**sklearn.neighbors** 模块）实现 k 近邻算法。首先，我们创建 KNeighborsClassifier 评估器对象：

```
In [22]: from sklearn.neighbors import KNeighborsClassifier

In [23]: knn = KNeighborsClassifier()
```

要创建评估器，只要创建一个对象即可。这个对象实现 k 近邻算法的内部细节都隐藏在对象后面，只要调用它的方法就可以了。这就是 Python 面向对象编程的精髓所在。

15.2.6 训练模型

接下来，我们调用 KNeighborsClassifier 对象的 fit 方法，将样本的训练集（X_train）和目标训练集（y_train）加载入评估器：

```
In [24]: knn.fit(X=X_train, y=y_train)
Out[24]:
KNeighborsClassifier(algorithm='auto', leaf_size=30, metric='minkowski',
           metric_params=None, n_jobs=None, n_neighbors=5, p=2,
           weights='uniform')
```

对于大部分 scikit-learn 评估器来说，fit 方法将数据加载入评估器，然后用数据在后台执行复杂的计算，学习数据并且训练模型。KNeighborsClassifier 的 fit 方法仅仅将数据加载入评估器，因为 k-NN 实际上并没有初始的学习过程。评估器被称为**懒惰**的，是因为它只在我们使用它做出预测时才执行工作。在本章和下一章中，会使用许多有明显训练阶段的模型。在真实世界的机器学习应用中，有时候需要花费几分钟、几小时、几天甚至是几个月来训练模型。我们将会在下一章中了解到，叫作 GPU 和 TPU 的特殊用途高性能硬件可以大大缩短模型训练时间。

如代码片段 [24] 的输出所示，fit 方法返回评估器，所以 IPython 输出它的字符串表示，包括评估器的*默认设置*。n_neighbors 的值对应 k 近邻算法中的 k。默认情况下，KNeighborsClassifier 查看最近的五个邻居做出预测。为了简便，我们直接使用默认评估器设置。KNeighborsClassifier 的具体描述见：

```
http://scikit-learn.org/stable/modules/generated/
  sklearn.neighbors.KNeighborsClassifier.html
```

许多设置的内容超出了本书的范围。在这个案例研究的第二部分，我们会讨论如何选择 n_neighbors 的最佳值。

自我测验

1.（*填空题*）KNeighborsClassifier 是________，因为它只在我们使用它做出预测时才执行工作。

答案：懒惰的。

2.（*判断题*）scikit-learn 评估器的 fit 方法只加载数据集。

答案：错误。大部分 scikit-learn 评估器的 fit 方法将数据加载入评估器，然后用数据在后台执行复杂的计算，学习数据并且训练模型。

15.2.7　预测数字类别

现在我们已经将数据加载入 KNeighborsClassifier，我们可以将它和测试样本一起做出预测。调用评估器的 predict 方法，其中 X_test 作为参数，返回包含每张测试图片的类别预测数组。

```
In [25]: predicted = knn.predict(X=X_test)

In [26]: expected = y_test
```

让我们来看看前 20 个测试样本的 predicted 数字和 expected 数字：

```
In [27]: predicted[:20]
Out[27]: array([0, 4, 9, 9, 3, 1, 4, 1, 5, 0, 4, 9, 4, 1, 5, 3, 3, 8, 5, 6])

In [28]: expected[:20]
Out[28]: array([0, 4, 9, 9, 3, 1, 4, 1, 5, 0, 4, 9, 4, 1, 5, 3, 3, 8, 3, 6])
```

我们可以看到，在前 20 个元素中，predicted 和 expected 数组只有索引 18 处的值不同。我们的期望是 3，但是模型预测是 5。

让我们用一个列表解析式定位整个测试集合中的所有错误预测，即 predicted 和 expected 值不匹配的地方。

```
In [29]: wrong = [(p, e) for (p, e) in zip(predicted, expected) if p != e]

In [30]: wrong
Out[30]:
[(5, 3),
 (8, 9),
 (4, 9),
 (7, 3),
 (7, 4),
 (2, 8),
 (9, 8),
 (3, 8),
 (3, 8),
 (1, 8)]
```

列表解析式用 `zip` 创建包含 `predicted` 和 `expected` 元素的元组。`p`（预测的值）和 `e`（期望的值）不同，即预测错误时我们将元组纳入结果中。在这个例子中，评估器在 450 个测试样例中只预测错了 10 个。所以这个评估器的预测准确度是令人惊叹的 97.78%，这仅仅是我们用了评估器默认参数的结果。

自我测验

1.（IPython 会话）使用 `predicted` 和 `expected` 数组，计算并显示预测准确度百分数。

答案：

```
In [31]: print(f'{(len(expected) - len(wrong)) / len(expected):.2%}')
97.78%
```

2.（IPython 会话）使用 `for` 循环重写代码片段 `[29]` 的列表解析式。想用哪种代码风格？

答案：

```
In [32]: wrong = []

In [33]: for p, e in zip(predicted, expected):
    ...:     if p != e:
    ...:         wrong.append((p, e))

In [34]: wrong
Out[34]:
[(5, 3),
 (8, 9),
 (4, 9),
 (7, 3),
 (7, 4),
 (2, 8),
 (9, 8),
 (3, 8),
 (3, 8),
 (1, 8)]
```

15.3 案例研究：用 k 近邻算法和 Digits 数据集进行分类（第 2 部分）

在这一节中，我们将继续数字分类案例研究。我们会：

- 评估 k-NN 分类评估器的准确度。
- 执行多个评估器并且比较它们的结果，这样可以选出最佳的评估器。

- 展示如何调整 k-NN 的超参数 *k* 以得到 `KNeighborsClassifier` 的最佳性能。

15.3.1　模型准确度指标

当训练并且测试完模型之后，我们会想衡量它的准确度。这里我们介绍两种实现方法，一种是分类评估器的 `score` 方法，另一种是混淆矩阵。

评估器方法 score

每个评估器有一个 **score** 方法，它返回评估器对于传递的测试数据参数性能好坏的指示值。对于分类评估器来说，这个方法返回的是对于测试数据的预测准确度。

```
In [35]: print(f'{knn.score(X_test, y_test):.2%}')
97.78%
```

`kNeighborsClassifier` 在默认 *k* 值（即 `n_neighbors=5`）下达到了 97.78% 的预测准确度。马上，我们会使用超参数调整尝试确定 *k* 的最佳值，希望我们能够达到更好的准确度。

混淆矩阵

另一种得到分类评估器的准确度的方法就是通过混淆矩阵，它显示给定类别的正确和不正确的预测值（也称作命中和未命中）。直接调用 `sklearn.metrics` 模块的函数 `confusion_matrix`，将 `expected` 类别和 `predicted` 类别作为参数传递，如：

```
In [36]: from sklearn.metrics import confusion_matrix

In [37]: confusion = confusion_matrix(y_true=expected, y_pred=predicted)
```

`y_true` 关键字参数给定了测试样本的实际类别。人们用肉眼看数据集的图片，然后将它们按照类别标注（数字的值）。`y_pred` 关键字参数给定这些测试图片的预测数字。

下面就是前面的调用产生的混淆矩阵。正确的预测显示在从左上角到右下角的对角线上。这条对角线称为主对角线。不在主对角线上的非零值表示错误的预测：

```
In [38]: confusion
Out[38]:
array([[45,  0,  0,  0,  0,  0,  0,  0,  0,  0],
       [ 0, 45,  0,  0,  0,  0,  0,  0,  0,  0],
       [ 0,  0, 54,  0,  0,  0,  0,  0,  0,  0],
       [ 0,  0,  0, 42,  0,  1,  0,  1,  0,  0],
       [ 0,  0,  0,  0, 49,  0,  0,  1,  0,  0],
       [ 0,  0,  0,  0,  0, 38,  0,  0,  0,  0],
       [ 0,  0,  0,  0,  0,  0, 42,  0,  0,  0],
       [ 0,  0,  0,  0,  0,  0,  0, 45,  0,  0],
       [ 0,  1,  1,  2,  0,  0,  0,  0, 39,  1],
       [ 0,  0,  0,  0,  1,  0,  0,  0,  1, 41]])
```

每行代表一个不同的类别，即数字 0～9 中的一个。每一行的各列表示分入各个类别的测试样本的数量。例如，第 0 行：

```
[45,  0,  0,  0,  0,  0,  0,  0,  0,  0]
```

表示数字 0 类别。这些列表示十个从 0 到 9 的可能的目标类别。因为我们是在研究数字，类别（0～9）和行列索引数（0～9）恰好相同。在第 0 行，45 个测试样本分类为数字 0，没有测试样本错分为 1～9。所以数字 0 被 100% 正确预测。

另一方面，考虑第 8 行，表示数字 8 的结果：

```
[ 0,  1,  1,  2,  0,  0,  0,  0, 39,  1]
```

- 在索引 1 处第 2 列的 1 表示一个 8 被错误地分类为 1。
- 在索引 2 处第 3 列的 1 表示一个 8 被错误地分类为 2。
- 在索引 3 处第 4 列的 2 表示两个 8 被错误地分类为 3。
- 在索引 8 处第 9 列的 39 表示 39 个 8 被正确地分类为 8。
- 在索引 9 处第 10 列的 1 表示一个 8 被错误地分类为 9。

所以算法正确地预测了 88.63%（44 个中对了 39 个）的 8。前面我们看到这个评估器的总预测准确度是 97.78%。8 的预测准确度低于总体水平，表示这个数字相较于其他数字显然更难识别。

分类报告

sklearn.metrics 模块提供函数 **classification_report**，它会根据期望和预测值产生一张分类指标表[⊖]。

```
In [39]: from sklearn.metrics import classification_report

In [40]: names = [str(digit) for digit in digits.target_names]

In [41]: print(classification_report(expected, predicted,
    ...:        target_names=names))
    ...:
              precision    recall  f1-score   support

           0       1.00      1.00      1.00        45
           1       0.98      1.00      0.99        45
           2       0.98      1.00      0.99        54
           3       0.95      0.95      0.95        44
           4       0.98      0.98      0.98        50
           5       0.97      1.00      0.99        38
           6       1.00      1.00      1.00        42
           7       0.96      1.00      0.98        45
           8       0.97      0.89      0.93        44
           9       0.98      0.95      0.96        43

   micro avg       0.98      0.98      0.98       450
   macro avg       0.98      0.98      0.98       450
weighted avg       0.98      0.98      0.98       450
```

在报告中：

- 准确率（precision）是某个给定数字的正确预测的总数除以预测总数。可以通过查看混淆矩阵的每一列确认准确率。例如，如果查看索引 7 的第 8 列，在第 3 行第 4 行有 1，表示有一个 3 和一个 4 被错分为 7；第 7 行的 45 表示有 45 张图片被正确分类为 7。所以数字 7 的准确率是 45/47，即 0.96。
- 召回率（recall）是某个给定数字的正确预测总数除以应该被预测为这个数字的样本总数。可以通过查看混淆矩阵的每一行确认召回率。例如，如果查看索引 8 的第 9 行，会发现三个 1 和一个 2，表示一些 8 被误分为其他的数字，39 表示 39 张图片被分类正确。所以数字 8 的正确召回率是 39/44，即 0.89。
- f1-score：这是准确率和召回率的平均值。
- support：给定期望值的样本数量。例如，50 个样本标记为 4，38 个样本标记为 5。

⊖ http://scikit-learn.org/stable/modules/model_evaluation.html#precision-recalland-f-measures.

有关显示在报告底部的平均值的详细信息，查看：

http://scikit-learn.org/stable/modules/generated/
  sklearn.metrics.classification_report.html

可视化混淆矩阵

热力图将值显示为颜色，通常将更高幅度的值显示为更深的颜色。Seaborn 的绘图函数适用于二维数据。当使用 pandas `DataFrame` 作为数据源的时候，Seaborn 自动用列名和行索引标记它的可视化。让我们将混淆矩阵转化为 `DataFrame`，然后画出它：

```
In [42]: import pandas as pd

In [43]: confusion_df = pd.DataFrame(confusion, index=range(10),
    ...:     columns=range(10))
    ...:

In [44]: import seaborn as sns

In [45]: axes = sns.heatmap(confusion_df, annot=True,
    ...:                    cmap='nipy_spectral_r')
    ...:
```

Seaborn 函数 **heatmap** 从指定的 `DataFrame` 创建热图。关键字参数 `annot=True`（“annotation”的缩写）在图表的右侧显示一个颜色条，表示不同的值分别对应热图的哪种颜色。`cmap='nipy_spectral_r'` 关键字参数指定使用哪种热图。我们使用 `nipy_spectral_r` 热图和颜色条里标出的颜色。当用热图显示混淆矩阵时，主对角线和不正确的预测都被很好地突出表示出来。

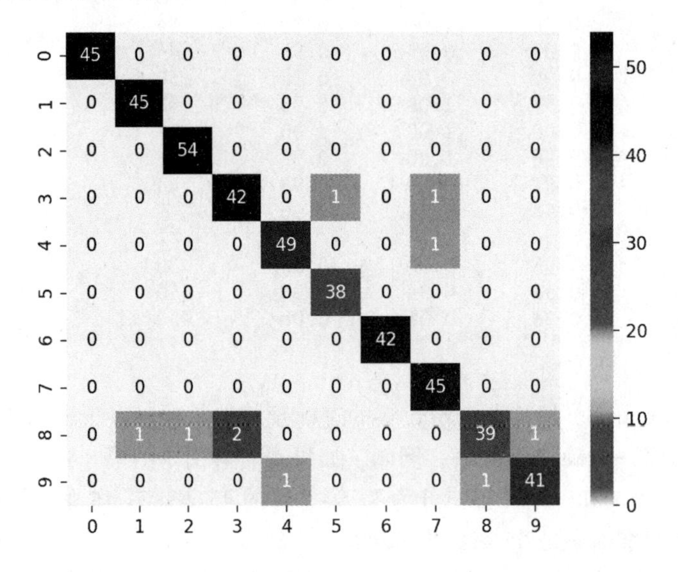

自我测验

1.（填空题）Seaborn 的________将值显示为颜色，通常将更高幅度的值显示为更深的颜色。

答案：热图。

2.（判断题）在分类报告中，准确率表示某一类别正确预测的总数除以该类别的样本总数。

答案：正确。

3.（讨论题）解释本节中给出的混淆矩阵的第 3 行：

[0, 0, 0, 42, 0, 1, 0, 1, 0, 0]

答案：在索引 3 第 4 列处的数字 42 表示 42 个 3 被正确预测为 3。在索引 5 第 6 列、索引 7 第 8 列处的 1 表示一个 3 被误分为 5，另一个 3 被误分为 7。

15.3.2 k 折交叉验证

k 折交叉验证能够让我们将所有的数据既用于训练也用于测试，通过用数据集的不同部分重复训练和测试模型，来更好地了解模型对新数据的预测效果。k 折交叉验证将数据集分为相等大小的 k 个组（这里的 k 和 k 近邻算法的 k 没有关系）。然后不停地用 k–1 组训练模型，剩下的一组测试模型。例如，考虑用分组 k = 10 和从 1 到 10 的编号。在 10 组的情况下，我们进行 10 次连续的训练和测试周期：

- 首先，我们用第 1～9 组训练，然后用第 10 组测试。
- 其次，我们用第 1～8 组、第 10 组训练，然后用第 9 组测试。
- 其次，我们用第 1～7 组、第 9～10 组训练，然后用第 8 组测试。

这个训练测试周期会一直进行下去，直到每一组都已经被用过测试模型。

KFold 类

scikit-learn 提供 **KFold** 类和 **cross_val_score** 函数（两个都在模块 sklearn.model_selection 中）帮助执行前文描述的训练和测试周期。让我们用 Digits 数据集和前面创建的 KNeighborsClassifier 执行 k 折交叉验证。首先，创建 KFold 对象：

```
In [46]: from sklearn.model_selection import KFold

In [47]: kfold = KFold(n_splits=10, random_state=11, shuffle=True)
```

关键字参数为：

- n_splits=10，表示分组数。
- random_state=11，给出随机数生成器种子，便于以后实验的可再现性。
- shuffle=True，在分组之前让 KFold 对象通过打乱来随机化数据。如果样本是有序的或者分组的，打乱的步骤就显得尤为重要。例如，本章后面我们将会使用的 Iris 数据集包含三种鸢尾花的 150 个样本，前 50 个样本是山鸢尾，接下来的 50 个是杂色鸢尾，最后 50 个是维吉尼亚鸢尾。如果我们不打乱样本，那么训练集可能不包含某一种鸢尾花，而测试集可能只包含该种类。

使用 KFold 对象和函数 cross_val_score

接下来，我们使用函数 cross_val_score 来训练和测试模型：

```
In [48]: from sklearn.model_selection import cross_val_score

In [49]: scores = cross_val_score(estimator=knn, X=digits.data,
    ...:     y=digits.target, cv=kfold)
    ...:
```

关键字参数为：

- estimator=knn，表明要验证的评估器。
- X=digits.data，表明用来训练和测试的样本。

- y=digits.target，表示样本的目标预测。
- cv=kfold，指定使用交叉验证生成器，它定义了如何划分用于训练和测试的样本和目标。

函数 cross_val_score 返回准确度评分数组，每组各一个。如下所示，模型非常准确。最低的准确度评分是 0.977 777 78（97.78%）；在一种情况下，预测整组的准确度是 100%。

```
In [50]: scores
Out[50]:
array([0.97777778, 0.99444444, 0.98888889, 0.97777778, 0.98888889,
       0.99444444, 0.97777778, 0.98882682, 1.        , 0.98324022])
```

获得准确度评分后，可以通过计算 10 个评分的平均数和标准差来对模型的准确性有一个总体的感觉（或者选择其他的分组数量）。

```
In [51]: print(f'Mean accuracy: {scores.mean():.2%}')
Mean accuracy: 98.72%

In [52]: print(f'Accuracy standard deviation: {scores.std():.2%}')
Accuracy standard deviation: 0.75%
```

平均来说，模型准确度为 98.72%，甚至比我们之前用 75% 的数据训练 25% 的数据测试模型得到的 97.78% 的结果要更好。

自我测验

1.（判断题）如果样本是有序的或者分组的，在分组之前通过打乱来随机化数据是非常重要的。

答案：正确。

2.（判断题）当调用 cross_val_score 执行 k 折交叉验证的时候，函数返回用每组数据测试模型后产生的最佳得分。

答案：错误。函数返回包含每组得分的数组。这些得分的平均数是评估器的总分数。

15.3.3　运行多个模型以选择最佳模型

很难事先知道对于给定的数据集，哪种机器学习的模型效果最好，特别是当这些模型向用户隐藏了运行的细节时难度更大。尽管 KNeighborsClassifier 对于数字图片的预测准确度非常高，其他更准确的 scikit-learn 评估器也是有可能存在的。scikit-learn 提供了许多可以快速训练和测试数据的模型。这鼓励运行多种模型，再决定对于某个特定的机器学习研究哪种模型是最佳的。

让我们用上一节的方法来比较几个分类评估器——KNeighborsClassifier、SVC 和 GaussianNB（还有更多）。尽管我们还没有学习 SVC 和 GaussianNB 评估器，scikit-learn 还是能够很容易地让我们在它们的默认设置下试用[⊖]。首先，让我们导入另外两个评估器：

```
In [53]: from sklearn.svm import SVC

In [54]: from sklearn.naive_bayes import GaussianNB
```

⊖ 在编写本书时，为了避免在当时的 scikit-learn 版本（版本 0.20）下出现 warning，我们创建 SVC 评估器时使用了单关键词参数。这个参数值在 scikit-learn 版本 0.22 时会变成默认值。

然后，我们创建评估器。下面的字典包含 KNeighborsClassifier、SVC 和 GaussianNB 评估器的键 – 值对：

```
In [55]: estimators = {
    ...:     'KNeighborsClassifier': knn,
    ...:     'SVC': SVC(gamma='scale'),
    ...:     'GaussianNB': GaussianNB()}
    ...:
```

现在，我们可以执行这些模型：

```
In [56]: for estimator_name, estimator_object in estimators.items():
    ...:     kfold = KFold(n_splits=10, random_state=11, shuffle=True)
    ...:     scores = cross_val_score(estimator=estimator_object,
    ...:         X=digits.data, y=digits.target, cv=kfold)
    ...:     print(f'{estimator_name:>20}: ' +
    ...:           f'mean accuracy={scores.mean():.2%}; ' +
    ...:           f'standard deviation={scores.std():.2%}')
    ...:
KNeighborsClassifier: mean accuracy=98.72%; standard deviation=0.75%
                 SVC: mean accuracy=99.00%; standard deviation=0.85%
          GaussianNB: mean accuracy=84.48%; standard deviation=3.47%
```

循环遍历 estimators 字典的每一项，对于每一对键 – 值执行以下任务：

- 将键存入 estimator_name，将值存入 estimator_object。
- 创建 KFold 对象打乱数据并将其分为 10 组。关键字参数 random_state 在这里尤为重要，因为它保证每个评估器都使用相同的分组，这样我们能保证有“可比性”。
- 用 cross_val_score 评估当前的 estimator_object。
- 显示评估器的名字，然后显示 10 组数据准确度得分的平均数和标准差。

根据结果，我们可以看出 SVC 评估器的准确度稍微更好一些，起码是在使用评估器默认设置的时候更好一些。通过调整一些评估器的设置，我们可能得到更好的结果。KNeighborsClassifier 和 SVC 评估器的准确度非常相近，所以我们可能需要通过执行超参数调整来决定这两个谁更好。

scikit-learn 评估器图表

scikit-learn 文档提供一份图表，帮助用户根据它们的数据类型大小和机器学习的任务选择正确的评估器：

https://scikit-learn.org/stable/tutorial/machine_learning_map/index.html

自我测验

1.（判断题）应该在开始机器学习研究前就选择最好的评估器。

答案：错误。对于给定的数据集，提前知道哪种机器学习模型是最佳的是非常难的，特别是它们向用户隐藏了实现细节。因此，应该运行多个模型确定哪个最适合研究。

2.（讨论题）会怎样修改这一节的代码，让它也能够测试 LinearSVC 评估器？

答案：首先应该导入 LinearSVC 类，然后在 estimators 字典中加入键 – 值对 ('LinearSVC': LinearSVC())，然后执行 for 循环测试字典中的每一个评估器。

15.3.4 超参数调整

本节前面我们提到过 k 近邻算法中的 *k* 是算法的超参数。超参数在使用算法前就已经设定好，然后用来训练模型。在现实世界的机器学习研究中，会使用超参数调整来选择产生最佳可能预测的超参数值。

为了确定 k-NN 算法最佳的 *k* 值，先尝试 *k* 的不同值然后比较每个的评估器性能。我们可以用和比较评估器类似的方式来实现。下面的循环创建（再一次地，我们在 k-NN 中用奇数 *k* 值避免平票）*k* 值为奇数 1～19 的 `KNeighborsClassifiers`，然后对每个评估器执行 k 折交叉验证。可以从准确度得分和标准差看出，k-NN 中用 *k* 值 1 产生了对 Digits 数据集最精确的预测。也可以看出随着 *k* 值不断增长，准确度有下降的趋势：

```
In [57]: for k in range(1, 20, 2):
    ...:     kfold = KFold(n_splits=10, random_state=11, shuffle=True)
    ...:     knn = KNeighborsClassifier(n_neighbors=k)
    ...:     scores = cross_val_score(estimator=knn,
    ...:         X=digits.data, y=digits.target, cv=kfold)
    ...:     print(f'k={k:<2}; mean accuracy={scores.mean():.2%}; ' +
    ...:           f'standard deviation={scores.std():.2%}')
    ...:
k=1 ; mean accuracy=98.83%; standard deviation=0.58%
k=3 ; mean accuracy=98.78%; standard deviation=0.78%
k=5 ; mean accuracy=98.72%; standard deviation=0.75%
k=7 ; mean accuracy=98.44%; standard deviation=0.96%
k=9 ; mean accuracy=98.39%; standard deviation=0.80%
k=11; mean accuracy=98.39%; standard deviation=0.80%
k=13; mean accuracy=97.89%; standard deviation=0.89%
k=15; mean accuracy=97.89%; standard deviation=1.02%
k=17; mean accuracy=97.50%; standard deviation=1.00%
k=19; mean accuracy=97.66%; standard deviation=0.96%
```

机器学习并不是没有代价的，特别是当我们遇到大数据和深度学习时。必须“了解数据”同时“了解工具”。例如，随着 *k* 的增大计算时间迅速增长，因为 k-NN 寻找最近的邻居时需要执行更多的计算。在练习中，我们会要求尝试函数 `cross_validate`，它实现交叉验证的同时也对结果计时。

自我测验

（判断题）当创建评估器对象时，scikit-learn 默认的超参数值对所有的机器学习研究来说都是最好的。

答案：错误。默认超参数值方便快速测试评估器。在现实世界的机器学习研究中，会使用超参数调整来选择产生最佳可能预测的超参数值。

15.4　案例研究：时间序列和简单线性回归

上一节中，我们展示了每个样本与不同类别相关联的分类。在这里，我们继续讨论简单的线性回归—最简单的回归算法—从第 10 章的“数据科学入门”部分开始。我们来回想一下，给定表示自变量和因变量的数值合集，使简单的线性回归就可以描述这些变量与一条直线之间的关系，这条直线被称为回归线。

之前，我们对 1895～2018 年纽约市 1 月份平均高温数据的时间序列执行了简单的线性回归操作，使用 Seaborn 的 `regplot` 函数创建了具有相应回归线的数据散点图。我们还使用 `scipy.stats` 模块的 `linregress` 函数来计算回归线的斜率和截距。然后，利用这些值预测了未来的温度并估算过去的温度。

在本节中，我们将会：

使用 scikit-learn 评估器重新实现在第 10 章中展示的简单线性回归。

使用 Seaborn 的 scatterplot 函数绘制数据，并使用 Matplotlib 的 plot 函数显示回归线。

使用 scikit-learn 评估器计算所得的回归系数和截距值以进行预测。

稍后，我们还将研究多元线性回归（也简称为线性回归）。

为了方便起见，我们在 ch14 示例文件夹中名为 ave_hi_nyc_jan_1895-2018.csv 的 CSV 文件中提供了温度数据。再次在启用 Matplotlib 支持的情况下启动 IPython：

```
ipython --matplotlib
```

将平均高温数据加载到 DataFrame 中

正如在第 10 章中所做的，下面从 ave_hi_nyc_jan_1895-2018.csv 加载数据，将 'Value' 列重命名为 'Temperature'，删除每个日期值末尾的“01”并显示一些数据样本：

```
In [1]: import pandas as pd

In [2]: nyc = pd.read_csv('ave_hi_nyc_jan_1895-2018.csv')

In [3]: nyc.columns = ['Date', 'Temperature', 'Anomaly']

In [4]: nyc.Date = nyc.Date.floordiv(100)

In [5]: nyc.head(3)
Out[5]:
   Date  Temperature  Anomaly
0  1895         34.2     -3.2
1  1896         34.7     -2.7
2  1897         35.5     -1.9
```

将数据拆分为训练集和测试集

在这个例子中，我们将使用 sklearn.linear_model 中的 LinearRegression 评估器。默认情况下，该评估器使用数据集中的所有数字特征执行多元线性回归（将在下一节中讨论）。在这里，我们使用一个特征作为自变量来执行简单的线性回归。因此，需要从数据集中选择一个特征（Date）。

当从二维的 DataFrame 中选择一列时，会得到一个一维 Series。然而，scikit-learn 评估器要求训练数据和测试数据是二维数组（或二维数组类数据，例如 list 列表或 pandas 的 DataFrames 列表）。如果想要将一维数据与评估器一起使用，必须将其从包含 n 个元素的一维序列转换为包含 n 行 1 列的二维数组，如下所示。

正如在之前的案例研究中所做的那样，将数据拆分为训练集和测试集。再次使用关键字参数 random_state 进行再现：

```
In [6]: from sklearn.model_selection import train_test_split

In [7]: X_train, X_test, y_train, y_test = train_test_split(
   ...:     nyc.Date.values.reshape(-1, 1), nyc.Temperature.values,
   ...:     random_state=11)
   ...:
```

表达式 nyc.Date 返回 Date 列的 Series，Series 的 attribute 值返回包含该 Series 值的 NumPy 数组。要将这个一维数组转换为二维数组，需要调用数组的 reshape 函数。reshape 函数的两个参数一般是明确的行数和列数。但是，第一个元素“–1”告诉

reshape 函数根据数组中的列数（1）和元素个数（124）来推断行数。被转换的数组只有一列，因此 reshape 函数将行数推断为 124，因为将 124 个元素放入只有一个列的数组中的唯一方法是，将它们分配到 124 行。

可以通过检查 X_train 和 X_test 的 shape 命令来确认 75%～25% 的训练集 – 测试集拆分：

```
In [8]: X_train.shape
Out[8]: (93, 1)

In [9]: X_test.shape
Out[9]: (31, 1)
```

训练模型

scikit-learn 没有单独的简单线性回归类，因为它只是多元线性回归的一个特例，所以需要训练一个 LinearRegression 评估器：

```
In [10]: from sklearn.linear_model import LinearRegression

In [11]: linear_regression = LinearRegression()

In [12]: linear_regression.fit(X=X_train, y=y_train)
Out[12]:
LinearRegression(copy_X=True, fit_intercept=True, n_jobs=None,
         normalize=False)
```

训练好评估器之后，fit 方法返回评估器，IPython 显示出其字符串表示。有关默认设置的说明，请参阅

```
http://scikit-learn.org/stable/modules/generated/
   sklearn.linear_model.LinearRegression.html
```

为了找到数据的最佳拟合回归线，LinearRegression 评估器迭代地调整斜率和截距值，以最小化数据点到回归线的距离平方和。在第 10 章的“数据科学入门”部分，我们已经深入了解了如何寻找斜率和截距值。

现在，我们可以得到计算 $y = mx+b$ 时使用的斜率和截距，然后进行预测，斜率值（m）存储在评估器的 coeff_ 属性中，截距值（b）存储在评估器的 intercept_ 属性中：

```
In [13]: linear_regression.coef_
Out[13]: array([0.01939167])

In [14]: linear_regression.intercept_
Out[14]: -0.30779820252656265
```

稍后我们将使用它们来绘制回归线并对特定日期进行预测。

测试模型

使用 X_test 中的样本测试模型，并通过显示每第五个元素的预测值和期望值来检查整个数据集中的一些预测结果—我们将在 14.5.8 节中讨论如何评估回归模型的准确性：

```
In [15]: predicted = linear_regression.predict(X_test)

In [16]: expected = y_test

In [17]: for p, e in zip(predicted[::5], expected[::5]):
    ...:     print(f'predicted: {p:.2f}, expected: {e:.2f}')
    ...:
```

```
predicted: 37.86, expected: 31.70
predicted: 38.69, expected: 34.80
predicted: 37.00, expected: 39.40
predicted: 37.25, expected: 45.70
predicted: 38.05, expected: 32.30
predicted: 37.64, expected: 33.80
predicted: 36.94, expected: 39.70
```

预测未来的温度和估计过去的温度

使用回归系数和截距值来预测 2019 年 1 月的平均高温（编写本书时，2019 年还未到来），并估算 1890 年 1 月的平均高温。下面的代码中的 `lambda` 表达式实现了直线方程

$y = mx + b$

其中，coef_ 为 m，intercept_ 为 b。

```
In [18]: predict = (lambda x: linear_regression.coef_ * x +
    ...:                      linear_regression.intercept_)
    ...:

In [19]: predict(2019)
Out[19]: array([38.84399018])

In [20]: predict(1890)
Out[20]: array([36.34246432])
```

使用回归线可视化数据集

接下来，我们使用 Seaborn 的 `scatterplot` 函数和 Matplotlib 的 `plot` 函数绘制数据集的散点图。首先，对 `nyc` 数据的 `DataFrame` 使用 `scatterplot` 函数来显示数据点：

```
In [21]: import seaborn as sns

In [22]: axes = sns.scatterplot(data=nyc, x='Date', y='Temperature',
    ...:     hue='Temperature', palette='winter', legend=False)
    ...:
```

其中，关键字参数为：

- `data`，指定包含所要显示数据的 `DataFrame`（`nyc`）。
- `x` 和 `y`，分别指定为 `nyc` 的行名和列名，`x` 轴为 `'Date'`，`y` 轴为 `'Temperature'`。行列的对应值构成了用于绘制散点的 x–y 坐标对。
- `hue`，指定应使用哪一列的数据来确定散点的颜色，这里使用 `'Temperature'` 列。在这个例子中，颜色并不是特别重要，但我们想要为图添加一些视觉效果。
- `palette`，指定从 Matplotlib 颜色表中选择散点的颜色。
- `legend = False`，指定 `scatterplot` 函数不应显示图例—它默认为 `True`，但在这个示例中不需要图例。

正如在第 10 章中所做的，缩放 y 轴的值的范围，这样一旦显示出回归线，就能更好地看到线性关系：

```
In [23]: axes.set_ylim(10, 70)
Out[23]: (10, 70)
```

接下来，显示回归线。首先，在 `nyc.Date` 中创建一个包含最小和最大日期值的数组，它们是回归线的起点和终点的 x 坐标：

```
In [24]: import numpy as np

In [25]: x = np.array([min(nyc.Date.values), max(nyc.Date.values)])
```

将数组 x 传递给代码片段 [18] 中的 lambda 表达式，会产生一个包含相应预测值的数组，其作为 y 坐标的值：

```
In [26]: y = predict(x)
```

最后，使用 Matplotlib 的 plot 函数绘图，x 和 y 数组分别代表每个点的 *x* 坐标和 *y* 坐标：

```
In [27]: import matplotlib.pyplot as plt

In [28]: line = plt.plot(x, y)
```

得到的散点图和回归线如下图所示，该图与第 10 章的“数据科学入门”部分所示的图几乎相同。

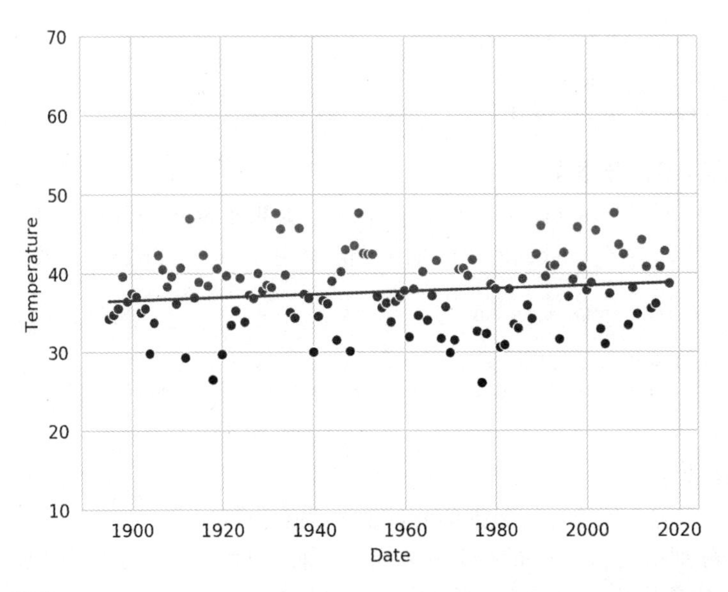

过拟合 / 欠拟合

在创建模型时，一个关键目标是确保它能够对未知数据进行准确的预测，阻碍准确预测的两个常见问题是欠拟合和过拟合：

欠拟合：当模型过于简单而无法根据其训练数据进行预测时，就会发生欠拟合。比如，实际问题确实需要非线性模型时，仍然使用简单线性回归这样的线性模型。再比如，四季的温度变化很大，如果正在尝试创建一个可以预测全年温度的通用模型，那么简单的线性回归模型会导致欠拟合。

过拟合：当模型过于复杂时会发生过拟合，最极端的情况是一个能够记住其训练数据的模型。如果新数据看起来与训练数据完全相同，那么这可能可以接受，但通常情况下并非如此。当使用过拟合模型进行预测时，与训练数据匹配的新数据将产生完美的预测，但模型却不知道该如何处理从未见过的数据。

有关欠拟合和过拟合的其他信息，请参阅：

- https://en.wikipedia.org/wiki/Overfitting
- https://machinelearningmastery.com/overfitting-and-underfitting-with-machine-learning-algorithms/

自我测验

1.（填空题）`LinearRegression` 对象的________和________属性可以分别作为方程 $y=mx+b$ 中的 m 和 b。

答案：`coeff_`，`intercept_`。

2.（判断题）默认情况下，`LinearRegression` 评估器执行简单线性回归。

答案：错误。默认情况下，`LinearRegression` 评估器使用数据集中的所有数字特征，执行多元线性回归。

3.（IPython 会话）使用预测表达式估计 1889 年和 2020 年的一月平均最高气温。

答案：

```
In [29]: predict(1889)
Out[29]: array([36.34246432])

In [30]: predict(2100)
Out[30]: array([38.86338185])
```

15.5 案例研究：基于加利福尼亚房价数据集的多元线性回归

在第 10 章的数据科学入门部分，我们使用 pandas、Seaborn 的 `regplot` 函数和 SciPy 的 `stats` 模块的 `linregress` 函数对小型天气数据时间序列进行了简单的线性回归。在上一节中，我们使用 scikit-learn 的 `LinearRegression` 评估器、Seaborn 的 `scatterplot` 函数和 Matplotlib 的 `plot` 函数对其进行了再现。现在，我们将对大得多的实际数据集做线性回归。

加利福尼亚房价数据集是 scikit-learn 中内置的数据集，有 20 640 个样本，每个样本有 8 个数字特征。我们将使用所有的 8 个数字特征执行多元线性回归，而不是仅使用单个特征或特征子集，来进行更复杂的房价预测。scikit-learn 将再次为我们完成大部分的工作—`LinearRegression` 评估器默认执行多元线性回归。

我们使用 Matplotlib 和 Seaborn 可视化一些数据，因此需要在启用 Matplotlib 支持的情况下启动 IPython：

```
ipython --matplotlib
```

15.5.1 加载数据集

根据 scikit-learn 中关于加利福尼亚房价数据集的描述："该数据集来自 1990 年美国人口普查，每个街区使用一行，街区是美国人口普查局发布样本数据的最小地理单位（一个街区通常有 600 到 3000 人口）。"该数据集有 20 640 个样本—每个街区对应一个样本—每个样本有 8 个特征：

- 收入中值——单位为万美元，因此 8.37 代表 83 700 美元。
- 房屋年龄中值——数据集中此特征的最大值为 52。
- 平均房间数量。

- 平均卧室数量。
- 街区人口。
- 平均房屋入住率。
- 街区纬度。
- 街区经度。

每个样本有一个对应的房价中值作为其目标值，单位为10万美元，因此3.55代表355 000美元。在数据集中，此特征的最大值为5，表示500 000美元。

可以预计，更多卧室数或更多房间数或更高收入就意味着更高的房价，通过组合这些特征来进行房价预测，更有可能获得更准确的预测。

加载数据集

下面加载该数据集并熟悉它，sklearn.datasets模块中的fetch_california_housing函数返回一个Bunch对象，其中包含有关数据集的数据和其他信息：

```
In [1]: from sklearn.datasets import fetch_california_housing

In [2]: california = fetch_california_housing()
```

展示数据描述

我们来看一下该数据集的描述，其中，DESCR信息包括：

- Number of Instances——该数据集包含20 640个样本。
- Number of Attributes——每个样本有8个特征（属性）。
- Attribute Information——特征描述。
- Missing Attribute Values——该数据集中没有缺少任何属性值。

根据描述，该数据集中的目标变量是房价中值—这是我们将通过多元线性回归预测的值。

```
In [3]: print(california.DESCR)
.. _california_housing_dataset:

California Housing dataset
--------------------------

**Data Set Characteristics:**

    :Number of Instances: 20640

    :Number of Attributes: 8 numeric, predictive attributes and
        the target

    :Attribute Information:
        - MedInc        median income in block
        - HouseAge      median house age in block
        - AveRooms      average number of rooms
        - AveBedrms     average number of bedrooms
        - Population    block population
        - AveOccup      average house occupancy
        - Latitude      house block latitude
        - Longitude     house block longitude

    :Missing Attribute Values: None
```

```
This dataset was obtained from the StatLib repository.
http://lib.stat.cmu.edu/datasets/

The target variable is the median house value for California districts.

This dataset was derived from the 1990 U.S. census, using one row per
census block group. A block group is the smallest geographical unit for
which the U.S. Census Bureau publishes sample data (a block group typi-
cally has a population of 600 to 3,000 people).

It can be downloaded/loaded using the
:func:`sklearn.datasets.fetch_california_housing` function.

.. topic:: References

   - Pace, R. Kelley and Ronald Barry, Sparse Spatial Autoregressions,
     Statistics and Probability Letters, 33 (1997) 291-297
```

同样，`Bunch` 对象的 `data` 和 `target` 属性是 NumPy 数组，包含 20 640 个样本及其目标值。我们可以通过查看 `data` 数组的 `shape` 属性来确认样本（行）和特征（列）的数量，该属性显示出 20 640 行 8 列：

```
In [4]: california.data.shape
Out[4]: (20640, 8)
```

类似地，可以通过 `target` 数组的 `shape` 属性来查看目标值的数量（即房价中值），确认它和样本数量是匹配的：

```
In [5]: california.target.shape
Out[5]: (20640,)
```

`Bunch` 对象的 `feature_names` 属性包含 `data` 数组中每列对应的特征名称：

```
In [6]: california.feature_names
Out[6]:
['MedInc',
 'HouseAge',
 'AveRooms',
 'AveBedrms',
 'Population',
 'AveOccup',
 'Latitude',
 'Longitude']
```

15.5.2 使用 pandas 探索数据

本节使用 pandas 中的 `DataFrame` 进一步探索数据，还将在下一节中使用 `DataFrame` 和 Seaborn 来可视化一些数据。首先，导入 pandas 并设置一些选项：

```
In [7]: import pandas as pd

In [8]: pd.set_option('precision', 4)

In [9]: pd.set_option('max_columns', 9)

In [10]: pd.set_option('display.width', None)
```

在 set_option 的调用中：

- 'precision' 是小数点的右侧显示的最大位数。
- 'max_columns' 是输出 DataFrame 的字符串表示时要显示的最大列数。默认情况下，如果 pandas 无法从左到右填充所有列，则会在中间删除列并显示省略号（...）。'max_columns' 设置允许 pandas 使用多行输出显示所有列，正如接下来将要看到的，DataFrame 中有 9 列，包括 california.data 中的 8 个数据集特征和针对目标房价中值添加的一列（california.target）。'display.width' 指定 Command Prompt（Windows）、Termind（macOS / Linux）或 shell（Linux）的字符宽度，值 None 表示 pandas 在对 Series 和 DataFrame 规范字符串表示时自动检测显示宽度。

接下来，我们从 Bunch 对象的 data、target 和 feature_names 数组创建一个 Data-Frame。下面的第一行代码使用 california.data 中的数据和 california.feature_names 指定的列名创建初始 DataFrame，第二行代码为 california.target 中存储的中值房价添加一列：

```
In [11]: california_df = pd.DataFrame(california.data,
    ...:                              columns=california.feature_names)
    ...:

In [12]: california_df['MedHouseValue'] = pd.Series(california.target)
```

可以使用 head 函数查看部分数据。请注意，pandas 首先显示 DataFrame 的前六列，然后跳行显示其余列。列标题“AveOccup”右侧的“\”表示下面显示更多列，只有当运行 IPython 的窗口太窄而无法从左到右显示所有列时，才会看到“\”：

```
In [13]: california_df.head()
Out[13]:
   MedInc  HouseAge  AveRooms  AveBedrms  Population  AveOccup  \
0  8.3252      41.0    6.9841     1.0238       322.0    2.5556
1  8.3014      21.0    6.2381     0.9719      2401.0    2.1098
2  7.2574      52.0    8.2881     1.0734       496.0    2.8023
3  5.6431      52.0    5.8174     1.0731       558.0    2.5479
4  3.8462      52.0    6.2819     1.0811       565.0    2.1815

   Latitude  Longitude  MedHouseValue
0     37.88    -122.23          4.526
1     37.86    -122.22          3.585
2     37.85    -122.24          3.521
3     37.85    -122.25          3.413
4     37.85    -122.25          3.422
```

下面通过计算 DataFrame 的统计信息来了解每列中的数据。请注意，收入和房价中值（以数十万计）是从 1990 年开始的，并且现在有显著提高：

```
In [14]: california_df.describe()
Out[14]:
            MedInc     HouseAge     AveRooms    AveBedrms   Population  \
count   20640.0000   20640.0000   20640.0000   20640.0000   20640.0000
mean        3.8707      28.6395       5.4290       1.0967    1425.4767
std         1.8998      12.5856       2.4742       0.4739    1132.4621
min         0.4999       1.0000       0.8462       0.3333       3.0000
25%         2.5634      18.0000       4.4407       1.0061     787.0000
50%         3.5348      29.0000       5.2291       1.0488    1166.0000
```

```
75%          4.7432      37.0000       6.0524       1.0995   1725.0000
max         15.0001      52.0000     141.9091      34.0667  35682.0000

          AveOccup     Latitude    Longitude  MedHouseValue
count   20640.0000   20640.0000   20640.0000     20640.0000
mean        3.0707      35.6319    -119.5697         2.0686
std        10.3860       2.1360       2.0035         1.1540
min         0.6923      32.5400    -124.3500         0.1500
25%         2.4297      33.9300    -121.8000         1.1960
50%         2.8181      34.2600    -118.4900         1.7970
75%         3.2823      37.7100    -118.0100         2.6472
max      1243.3333      41.9500    -114.3100         5.0000
```

自我测验

（讨论题）根据 DataFrame 的总结统计，1990 年加利福尼亚所有街区群的平均家庭收入是多少？

答案：$38 707（3.870 7 * 10 000，回忆一下数据集的收入中位数是以万计的）。

15.5.3 可视化特征

绘制每种特征上的目标值对数据可视化是有帮助的—对于本案例，可以查看房价中值与每种特征的关系。为了使可视化更清晰，可以使用 DataFrame 中的 sample 函数随机选择 20 640 个样本中的 10% 来绘图：

```
In [15]: sample_df = california_df.sample(frac=0.1, random_state=17)
```

关键字参数 frac 指定要选择的数据比例（0.1 表示 10%），关键字参数 random_state 为随机数生成器设定种子，我们任意设置的整数种子值（17）对可重复性至关重要。每次使用相同的种子值时，sample 函数都会选择 DataFrame 行的相同随机子集，从而在绘制数据图表时，就会得到相同的结果。

接下来，我们将使用 Matplotlib 和 Seaborn 来显示 8 个特征中每个特征的散点图，这两个库都可以用来显示散点图。Seaborn 更具吸引力并且需要更少的代码，因此我们使用 Seaborn 进行创建。首先，导入两个库，并使用 Seaborn 的 set 函数将每个图的字体缩放到默认大小的两倍：

```
In [16]: import matplotlib.pyplot as plt

In [17]: import seaborn as sns

In [18]: sns.set(font_scale=2)

In [19]: sns.set_style('whitegrid')
```

以下代码用于显示散点图。沿着 x 轴每个点显示了一个特征，沿着 y 轴每个点显示了一个房价中值（california.target），因此我们可以看到每个特征和房价中值如何相互关联。我们为每个特征显示单独的散点图，窗口按照代码片段 [6] 中列出的特征顺序显示，最近显示的窗口位于最前面：

```
In [20]: for feature in california.feature_names:
    ...:     plt.figure(figsize=(16, 9))
    ...:     sns.scatterplot(data=sample_df, x=feature,
```

```
   ...:                    y='MedHouseValue', hue='MedHouseValue',
   ...:                    palette='cool', legend=False)
   ...:
```

对于每个特征名，代码段首先创建了一个 16 × 9 英寸的 Matplotlib 图像（`Figure`）——由于绘制的数据点较多，因此选择使用更大的窗口，如果此窗口大于屏幕，则 Matplotlib 会将图像与屏幕匹配。Seaborn 使用当前的 `Figure` 来显示散点图，如果不先创建一个 `Figure`，Seaborn 将会自动创建一个，我们提前创建了 `Figure`，因此可以将包含超过 2000 个点的散点图显示在一个大窗口中。

接下来，该代码创建了一个 Seaborn `scatterplot`，其中 *x* 轴显示当前特征，*y* 轴显示 `MedHouseValue`（房价中值），`MedHouseValue` 用来确定散点的颜色（色调）。图中有一些需要注意的有趣的事情如下所示：

1. 显示纬度和经度的图各有两个密度特别大的区域。如果在线搜索在那些密集区域出现的纬度值和经度值，会发现它们代表的是洛杉矶和旧金山两个较大的区域，这里的房价往往更高。

2. 在每个图中，*y* 轴值为 5 的水平线上的点代表房价中值为 500 000 美元。1990 年美国人口普查表中的最高房价是“500 000 美元或更多”。因此，任何房价中值超过 500 000 美元的街区在数据集中仍然列为 5，这样做对于数据探索和可视化也是令人信服的。

3. 在 `HouseAge` 图中，*x* 轴值为 52 的地方有一条由点组成的垂线，这是因为 1990 年美国人口普查表中可以选择的最高房屋年龄为 52 岁，因此任何房屋年龄中值超过 52 岁的街区在数据集都列为 52。

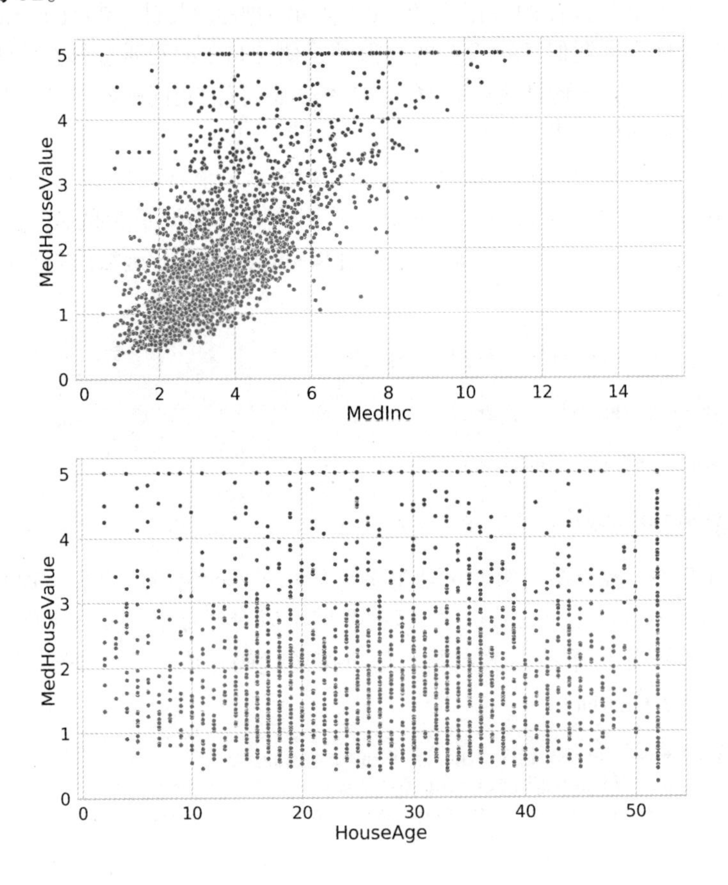

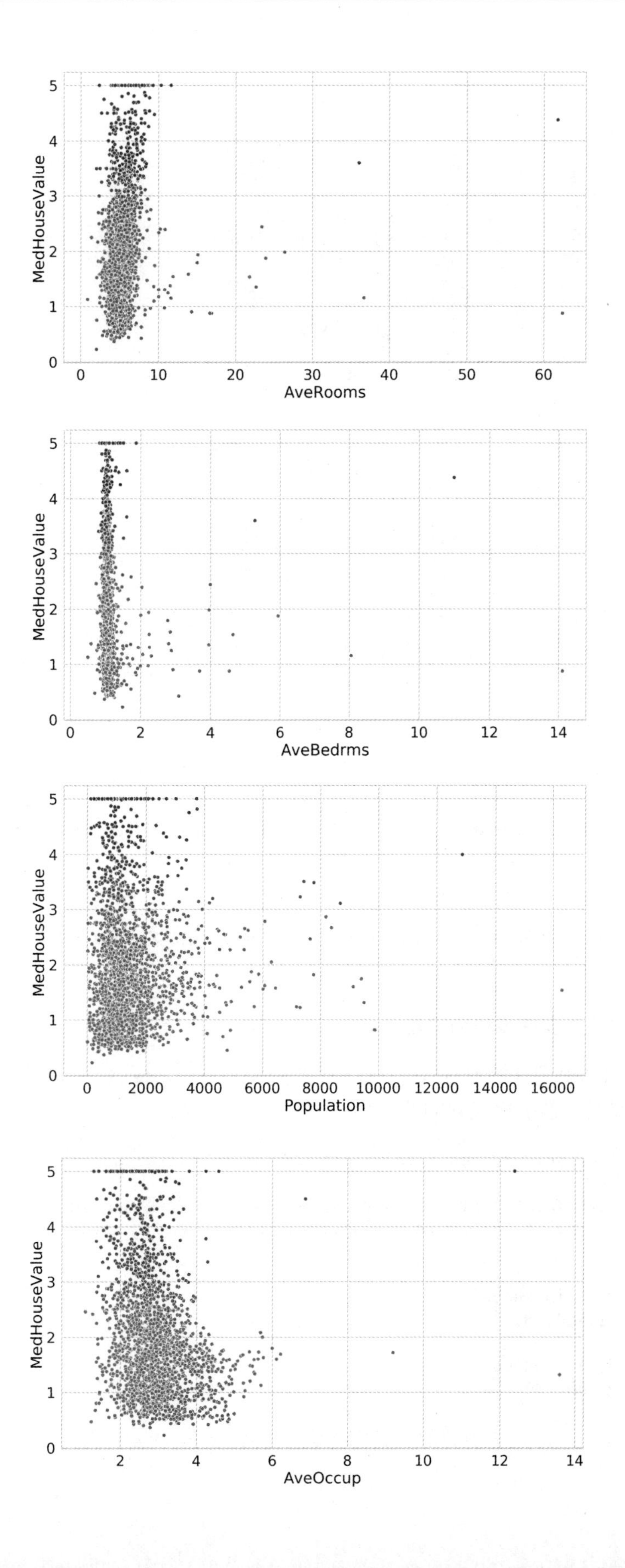
MedHouseValue
AveRooms
MedHouseValue
AveBedrms
MedHouseValue
Population
MedHouseValue
AveOccup

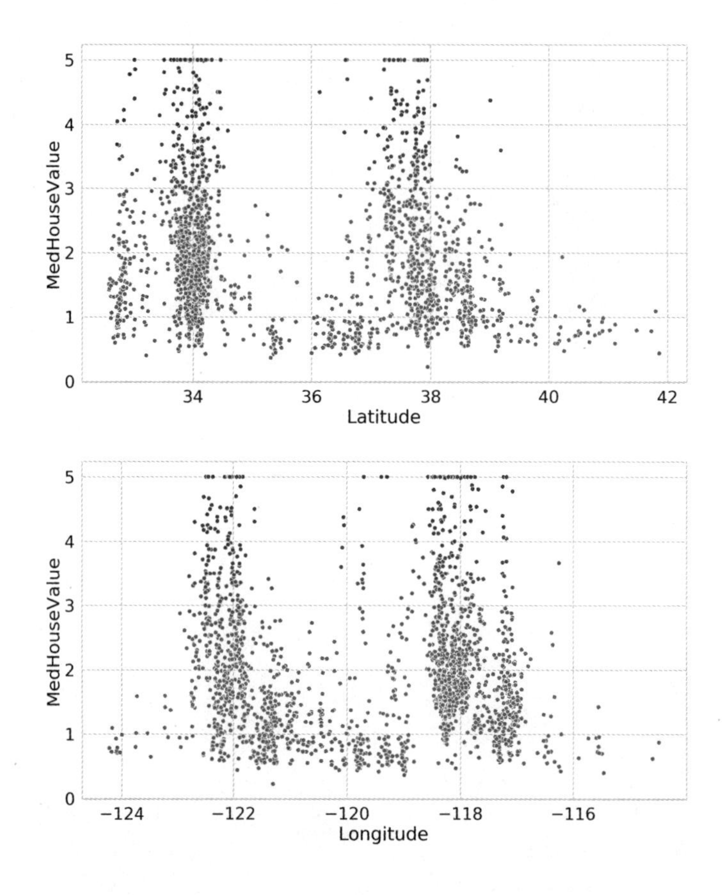

自我测验

1.（填空题）**DataFrame** 的________方法返回随机选择的 **DataFrame** 的子集。

答案： sample。

2.（讨论题）为什么随机选择数据集样本子集绘制散点图是实用的？

答案： 当你在了解特别大的数据集的时候，可能样本数量太多以至于无法知道它们究竟是怎样分布的。

15.5.4　将数据分为训练集和测试集

为了准备训练模型和测试模型，我们再次使用 train_test_split 函数将数据拆分为训练集和测试集，然后检查它们的大小：

```
In [21]: from sklearn.model_selection import train_test_split

In [22]: X_train, X_test, y_train, y_test = train_test_split(
    ...:     california.data, california.target, random_state=11)
    ...:

In [23]: X_train.shape
Out[23]: (15480, 8)

In [24]: X_test.shape
Out[24]: (5160, 8)
```

使用 train_test_split 函数的关键字参数 random_state 为随机数生成器设置种子以

获得可重复性。

15.5.5 训练模型

下面来训练模型。默认情况下，LinearRegression 评估器使用数据集中的所有特征来执行多元线性回归。如果包含的是任何分类的而不是数字的特征，则会发生错误。如果数据集包含分类数据，则必须将分类特征预处理为数字特征（将在下一章中进行处理），或者必须从训练过程中排除分类特征。使用 scikit-learn 捆绑的数据集的好处是，它们已经被处理为可以直接用来做机器学习任务的正确格式。

正如在前两段代码中看到的那样，X_train 和 X_test 都包含 8 列—每个特征一列。下面创建一个 LinearRegression 评估器，并调用它的 fit 函数来训练评估器：

```
In [25]: from sklearn.linear_model import LinearRegression

In [26]: linear_regression = LinearRegression()

In [27]: linear_regression.fit(X=X_train, y=y_train)
Out[27]:
LinearRegression(copy_X=True, fit_intercept=True, n_jobs=None,
         normalize=False)
```

多元线性回归为每个特征生成单独的回归系数（存储在 coeff_）和截距（存储在 intercept_ 中）：

```
In [28]: for i, name in enumerate(california.feature_names):
    ...:     print(f'{name:>10}: {linear_regression.coef_[i]}')
    ...:
    MedInc: 0.4377030215382206
  HouseAge: 0.009216834565797713
  AveRooms: -0.10732526637360985
 AveBedrms: 0.611713307391811
Population: -5.756822009298454e-06
  AveOccup: -0.0033845664657163703
  Latitude: -0.419481860964907
 Longitude: -0.4337713349874016

In [29]: linear_regression.intercept_
Out[29]: -36.88295065605547
```

对于正系数，房价中值随着特征值的增加而增加。对于负系数，房价中值随着特征值的增加而减少。请注意，人口系数有一个负指数（e-06），因此系数的实际值为 -0.000005756822009298454，几乎为零，可见一个街区的人口显然对房价中值影响不大。

可以通过下面的等式使用这些值进行预测：

$$y = m_1x_1 + m_2x_2 + \cdots + m_nx_n + b$$

其中，

- m_1，m_2，…，m_n 为特征的系数；
- b 为截距；
- x_1，x_2，…，x_n 为特征值（即自变量的值）；
- y 为预测值（即因变量的值）。

自我测验

（判断题）默认情况下，LinearRegression 评估器使用数据集中所有的特征执行多元线性回归。

答案：错误。默认情况下，LinearRegression 评估器使用数据集中所有的数字特征执行多元线性回归。如果特征是分类的而不是数字的就会出现错误。类别特征必须预处理为数字特征，或者在训练过程中去除类别特征。

15.5.6 测试模型

现在，我们通过调用评估器的 predict 方法来测试模型，将测试样本作为参数。正如在前面每个示例中所做的，将预测值存储在 predicted 中，期望值存储在 expected 中：

```
In [30]: predicted = linear_regression.predict(X_test)

In [31]: expected = y_test
```

我们来看看前 5 个预测值及其对应的期望值：

```
In [32]: predicted[:5]
Out[32]: array([1.25396876, 2.34693107, 2.03794745, 1.8701254 ,
2.53608339])

In [33]: expected[:5]
Out[33]: array([0.762, 1.732, 1.125, 1.37 , 1.856])
```

通过分类，我们发现预测值是与数据集中现有类别匹配的离散类别，而使用回归很难得到准确的预测，因为回归有连续的输出。x_1，x_2，…，x_n 的每个可能值

$$y = m_1x_1 + m_2x_2 + \cdots + m_nx_n + b$$

都能得到一个预测值。

15.5.7 可视化预测房价和期望房价

我们来看看测试数据的预测房价和期望房价。首先，创建一个包含预期值和期望值的 DataFrame：

```
In [34]: df = pd.DataFrame()

In [35]: df['Expected'] = pd.Series(expected)

In [36]: df['Predicted'] = pd.Series(predicted)
```

然后，将数据绘制为散点图，其中 x 轴为期望房价（目标），y 轴为预测房价：

```
In [37]: figure = plt.figure(figsize=(9, 9))

In [38]: axes = sns.scatterplot(data=df, x='Expected', y='Predicted',
    ...:     hue='Predicted', palette='cool', legend=False)
    ...:
```

接下来，限制 x 轴和 y 轴，使得两个轴使用相同的比例：

```
In [39]: start = min(expected.min(), predicted.min())
```

```
In [40]: end = max(expected.max(), predicted.max())

In [41]: axes.set_xlim(start, end)
Out[41]: (-0.6830978604144491, 7.155719818496834)

In [42]: axes.set_ylim(start, end)
Out[42]: (-0.6830978604144491, 7.155719818496834)
```

现在，我们来绘制一条代表完美预测的直线（注意，这不是回归线），下面的代码段显示了图形左下角（`start`，`start`）和右上角（`end`，`end`）的点之间的线，第三个参数（`'k--'`）表示该行的样式，字母“`k`”表示黑色，符号“`--`”表示以虚线绘制：

```
In [43]: line = plt.plot([start, end], [start, end], 'k--')
```

如果每个预测值都与期望值匹配，那么所有的点都将沿着虚线绘制。在下图中，随着期望值的增大，更多的预测值会低于该线。因此，该模型预测的房价中值随着其期望值升高会降低。

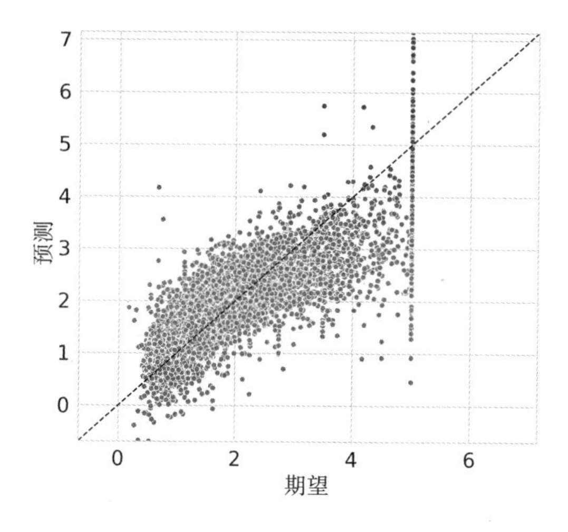

15.5.8 回归模型指标

scikit-learn 提供了很多度量函数来评估评估器的预测结果，并通过比较为特定的研究选择最佳评估器，这些指标因评估器类型而异。例如，在 `Digits` 数据集分类案例研究中使用的 `sklearn.metrics` 中的 `confusion_matrix` 函数和 `classification_report` 函数就是两个专门用于评估分类评估器的度量函数。

回归评估器的很多评价指标中有一个是模型的决定系数，也称 R^2 得分，是用于评价回归预测效果的。要计算评估器的 R^2 得分，需调用 `sklearn.metrics` 模块的 `r2_score` 函数：

```
In [44]: from sklearn import metrics

In [45]: metrics.r2_score(expected, predicted)
Out[45]: 0.6008983115964333
```

R^2 得分的范围为 0.0～1.0，其中 1.0 是最好的，R^2 得分为 1.0 表示评估器为给定的自变量完美地预测了因变量，R^2 得分为 0.0 表示模型无法根据自变量的值进行任意准确性的预测。

回归模型的另一个常见指标是均方误差，即

- 计算每个期望值和预测值之间的差，这称为误差。

- 取每个差的平方。
- 计算平方值的均值。

要计算评估器的均方误差，需调用mean_squared_error函数（来自模块sklearn.metrics）：

```
In [46]: metrics.mean_squared_error(expected, predicted)
Out[46]: 0.5350149774449119
```

利用均方误差指标对评估器进行比较时，均方误差值最接近1的评估器最适合我们的数据。在下一节中，我们将使用加利福尼亚房价数据集运行几个不同的回归评估器，scikit-learn中包含的评估器评价指标的列表，请参阅https://scikit-learn.org/stable/modules/model_evaluation.html。

自我测验

1.（填空题）R^2得分为________表示在给定自变量的值的情况下，评估器完美预测了因变量的值。

答案：1.0

2.（判断题）当比较评估器时，均方误差值最接近0的那个是最适合你的数据的评估器。

答案：正确。

15.5.9　选择最佳模型

正如在分类案例研究中所做的那样，我们来尝试用几个其他的评估器来确定是否有比LinearRegression更好的评估器。下面这个例子中，我们将使用已经创建的linear_regression评估器以及ElasticNet、Lasso和Ridge回归评估器（全部来自sklearn.linear_model模块）。有关这些评估器的详细信息，请参阅https://scikit-learn.org/stable/modules/linear_model.html。

```
In [47]: from sklearn.linear_model import ElasticNet, Lasso, Ridge

In [48]: estimators = {
    ...:     'LinearRegression': linear_regression,
    ...:     'ElasticNet': ElasticNet(),
    ...:     'Lasso': Lasso(),
    ...:     'Ridge': Ridge()
    ...: }
```

我们仍然使用基于KFold对象和cross_val_score函数的k折交叉验证运行评估器。这里，传递给cross_val_score函数一个额外的关键字参数scoring ='r2'，表明该函数需给出k折交叉验证中每一折样本作为测试集的R^2得分，R^2=1.0是表现最好的，然后再对所有得分求平均，从结果来看，对该数据集，LinearRegression评估器和Ridge评估器是最好的预测模型：

```
In [49]: from sklearn.model_selection import KFold, cross_val_score

In [50]: for estimator_name, estimator_object in estimators.items():
    ...:     kfold = KFold(n_splits=10, random_state=11, shuffle=True)
    ...:     scores = cross_val_score(estimator=estimator_object,
    ...:         X=california.data, y=california.target, cv=kfold,
    ...:         scoring='r2')
```

```
   ...:     print(f'{estimator_name:>16}: ' +
   ...:           f'mean of r2 scores={scores.mean():.3f}')
   ...:
LinearRegression: mean of r2 scores=0.599
      ElasticNet: mean of r2 scores=0.423
           Lasso: mean of r2 scores=0.285
           Ridge: mean of r2 scores=0.599
```

15.6 案例研究：无监督学习（第 1 部分）——降维

在数据科学处理中，我们需要了解自己的数据。无监督机器学习和可视化可以通过查找未标记样本之间的模式和关系来帮助我们实现这一目标。

对于在本章之前使用过的单变量时间序列等数据集，很容易对其进行可视化，这个数据集有两个变量—日期和温度，只需在两个维度上绘制数据，每个坐标轴对应一个变量。使用 Matplotlib、Seaborn 和其他可视化库，你可以使用 3D 可视化功能绘制具有三个变量的数据集。但是，如何对三维以上的数据进行可视化呢？比如在 `Digits` 数据集中，每个样本都有 64 个特征和一个目标值，而在大数据中，样本可以具有数百、数千甚至数百万个特征。

为了可视化具有很多特征（即多维度）的数据集，需要首先将数据减少到二维或三维，这需要一种无监督的机器学习技术—降维。进而在绘制结果信息时，就可能会看到数据的模式，这有助于我们选择最合适的机器学习算法。例如，如果某个可视化图中包含多个集群，则可能表明数据集中存在不同的类别信息。这种情况下，分类算法可能是合适的。当然，首先需要确定每个集群中样本的类别，这可能要求进一步研究集群中的样本以查看它们的共同点。

降维还可用于其他目的，对具有超大维度的大数据训练评估器可能需要数小时、数天、数周或更长时间，人类也很难去想象这种超大维度的数据，这被称为维度灾难。如果数据具有密切相关的特征，就可以通过降维来消除某些特征，以提高训练性能。但是，这可能会降低模型的准确性。

回想一下，`Digits` 数据集被标记为 10 个代表数字 0～9 的类，如果忽略这些标签并使用降维来将数据集的特征减少到两个维度，就可以可视化所得数据。

加载数据集

启动 IPython：

```
ipython --matplotlib
```

加载数据集：

```
In [1]: from sklearn.datasets import load_digits

In [2]: digits = load_digits()
```

创建 `TSNE` 评估器来降维

接下来，我们将使用 `TSNE` 评估器（来自 `sklearn.manifold` 模块）来执行降维。该评估器使用 t 分布随机邻域嵌入（t-SNE）算法来分析数据集的特征并将它们减少到指定的维数。我们先尝试流行的 `PCA`（主成分分析）评估器，发现结果不理想，所以切换到了 TSNE。PCA 将在本案例稍后研究的内容中进行展示。

首先，创建一个 `TSNE` 对象，通过关键字参数 `n_components` 将数据集的特征降到二维，与之前提到的其他评估器一样，使用关键字参数 `random_state` 来确保在显示数字集群时“渲染序列”的可重复性：

```
In [3]: from sklearn.manifold import TSNE

In [4]: tsne = TSNE(n_components=2, random_state=11)
```

将 Digits 数据集的特征降至二维

scikit-learn 中的降维过程通常包括两个步骤—使用数据集训练一个评估器，然后使用评估器将数据转换为指定的维数。这些步骤可以使用 TSNE 方法中的 fit 命令和 transform 命令单独执行，也可以使用 fit_transform 方法在一个命令中执行：

```
In [5]: reduced_data = tsne.fit_transform(digits.data)
```

TSNE 的 fit_transform 方法在训练评估器然后再执行降维时需要花一些时间。在我们的系统上，需要花大约 20 秒。当任务完成时，它返回一个与 digits.data 具有相同行数的数组，但只返回两个列，可以通过检查 reduced_data 的 shape 来确认：

```
In [6]: reduced_data.shape
Out[6]: (1797, 2)
```

可视化降维数据

既然已将原始数据集缩减为仅两个维度，就可以使用散点图来显示数据了。这里，我们使用 Matplotlib 的 scatter 函数，而不是 Seaborn 的 scatterplot 函数，因为 scatter 函数返回所绘制的图的合集。

```
In [7]: import matplotlib.pyplot as plt

In [8]: dots = plt.scatter(reduced_data[:, 0], reduced_data[:, 1],
   ...:                    c='black')
   ...:
```

scatter 函数的前两个参数是 reduced_data 的列数据（0 和 1），包含 x 轴和 y 轴的数据。关键字参数 c='black' 指定散点的颜色。我们没有标记坐标轴，因为这些数据与原始数据集的特征不对应，TSNE 评估器生成的新特征可能与数据集的原始特征完全不同。

下图显示了生成的散点图，可以看出有明显的集群，不过似乎有 11 个主要集群，而不是 10 个，还有一些似乎不属于任何特定集群的“散乱”数据点。根据之前对 Digits 数据集的研究，这也是合理的，因为有些数字很难分类。

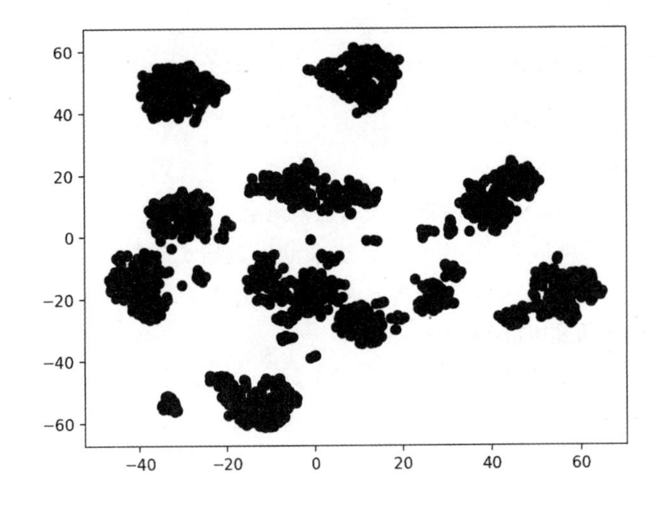

用不同的颜色可视化每个数字的降维数据

虽然上图显示了集群，但我们不知道每个集群中的所有点是否都代表相同的数字。如果不是这样的，那么集群就没有意义。我们使用 Digits 数据集中的已知 target 为所有点着色，以便可以看到这些集群是否确实代表特定的数字：

```
In [9]: dots = plt.scatter(reduced_data[:, 0], reduced_data[:, 1],
   ...:     c=digits.target, cmap=plt.cm.get_cmap('nipy_spectral_r', 10))
   ...:
   ...:
```

scatter 的关键字参数 c = digits.target 指定了由目标值确定点颜色。我们还添加了关键字参数

```
cmap=plt.cm.get_cmap('nipy_spectral_r', 10)
```

来指定给点着色时使用的颜色表。这里是为 10 个数字对应的散点着色，所以使用 Matplotlib 的 cm 对象的 get_cmap 方法（来自 matplotlib.pyplot 模块）来加载颜色表（'nipy_spectral_r'），并从中选择 10 种不同的颜色。

下面的代码在图表右侧添加了一个颜色栏，以便能看到每种颜色代表的数字：

```
In [10]: colorbar = plt.colorbar(dots)
```

下图就展示了对应于数字 0～9 的 10 个集群。同样，有一些较小的孤独点无法进行归类。可以看出，k 近邻这种无监督学习方法可以很好地处理这些数据，我们还可以通过实验研究 Matplotlib 的 Axes3D，它提供了 x 轴、y 轴和 z 轴，用以绘制三维图形。

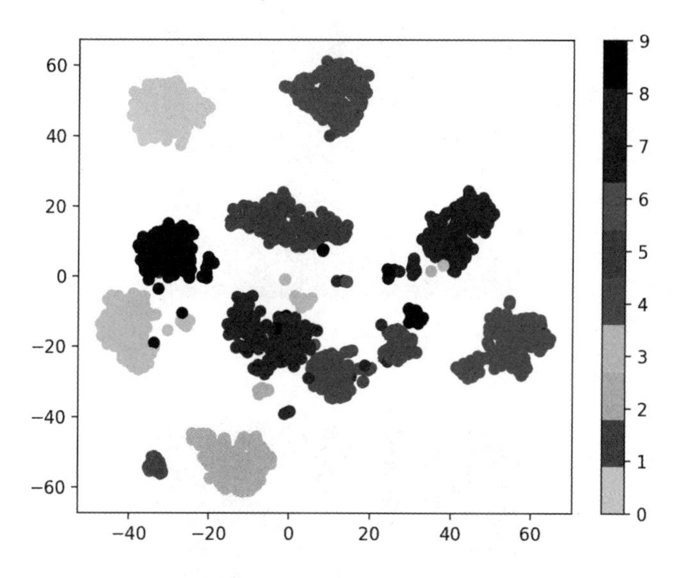

自我测验

1.（填空题）使用降维训练评估器，然后使用评估器将数据转变为指定的维度，这两个步骤可以分别用 **TSNE** 的________和________方法分别实现，或者使用 **fit-transform** 方法在一条语句中实现。

答案：fit、transform。

2.（判断题）无监督机器学习和可视化可以通过寻找未标记样本的模式和关系来了解数据。

答案：正确。

15.7 案例研究：无监督学习（第2部分）——k均值聚类

本节介绍最简单的无监督机器学习算法——k均值（k-means）聚类。该算法用于分析未标记样本，并尝试将它们放在相关的集群中。“k均值”中的 k 表示希望对数据强加的集群数。

该算法使用类似于k近邻算法的距离计算，将样本都划归到预先指定数目的集群中。每个样本集群围绕一个质心（即集群的中心点）进行分组。起初，算法从数据集的样本中随机选择 k 个质心，然后将剩余的样本放置在距离其质心最接近的集群中，迭代地重新计算质心，并将样本再重新分配给各个集群，直到对于所有的集群，从质心到其集群中所有样本的距离被都最小化。算法的结果为：

- 一维标签数组，指示每个样本所属的集群；
- 表示每个集群中心的二维质心数组。

鸢尾花数据集

我们将使用scikit-learn中自带的`Iris`（鸢尾花）数据集，对它通常用分类和聚类进行分析。虽然此数据集已被标记，但此处忽略这些标签以进行聚类操作。然后，再使用这些标签来判定k均值算法对样本聚类的效果。

鸢尾花数据集被称为“toy数据集”，因为它只有150个样本和4个特征，该数据集描述了三种鸢尾花（山鸢尾、变色鸢尾和维吉尼亚鸢尾）各50个样本，它们的照片如下图所示。每个样品的特征包括萼片长度、萼片宽度、花瓣长度和花瓣宽度，均以厘米为单位。萼片是每朵花的较大的外部部分，作用是在花蕾开花之前保护较小的内部花瓣。

山鸢尾

资料来源：美国国家公园

变色鸢尾

资料来源：Jefficus提供，见https://commons.wikimedia.org/w/index.php?title=User:Jefficus&action=edit&redlink=1

维吉尼亚鸢尾

资料来源：Christer T Johansson

自我测验

1.（填空题）每个聚类的样本都围绕________聚集，即聚类的中心点。

答案：质心。

2.（判断题）k 均值聚类算法学习数据集，然后自动确定合适的聚类数量。

答案：错误。算法将样本分为提前指定好的聚类数量。

15.7.1　加载 Iris 数据集

使用 `ipython --matplotlib` 启动 IPython，然后使用 `sklearn.datasets` 模块的 `load_iris` 函数获取包含数据集的 `Bunch` 对象：

```
In [1]: from sklearn.datasets import load_iris

In [2]: iris = load_iris()
```

`Bunch` 对象的 `DESCR` 属性表示有 150 个样本（`Number of Instances`），每个样本有 4 个特征（`Number of Attributes`）。该数据集中没有缺失值。数据集通过用整数 0、1 和 2 标记样本来对样本进行分类，整数 0、1 和 2 分别代表山鸢尾、变色鸢尾和维吉尼亚鸢尾三种鸢尾花。忽略这些标签并尝试利用 k 均值聚类算法来确定样本的类别。下面的粗体字显示的是 `DESCR` 属性中比较关键的信息：

```
In [3]: print(iris.DESCR)
.. _iris_dataset:

Iris plants dataset
--------------------

**Data Set Characteristics:**

    :Number of Instances: 150 (50 in each of three classes)
    :Number of Attributes: 4 numeric, predictive attributes and the class
    :Attribute Information:
        - sepal length in cm
        - sepal width in cm
        - petal length in cm
        - petal width in cm
        - class:
                - Iris-Setosa
                - Iris-Versicolour
                - Iris-Virginica
```

```
    :Summary Statistics:

    ============== ==== ==== ======= ===== ====================
                    Min  Max   Mean    SD   Class Correlation
    ============== ==== ==== ======= ===== ====================
    sepal length:   4.3  7.9   5.84   0.83    0.7826
    sepal width:    2.0  4.4   3.05   0.43   -0.4194
    petal length:   1.0  6.9   3.76   1.76    0.9490  (high!)
    petal width:    0.1  2.5   1.20   0.76    0.9565  (high!)
    ============== ==== ==== ======= ===== ====================

    :Missing Attribute Values: None
    :Class Distribution: 33.3% for each of 3 classes.
    :Creator: R.A. Fisher
    :Donor: Michael Marshall (MARSHALL%PLU@io.arc.nasa.gov)
    :Date: July, 1988

The famous Iris database, first used by Sir R.A. Fisher. The dataset is
taken from Fisher's paper. Note that it's the same as in R, but not as in
the UCI Machine Learning Repository, which has two wrong data points.

This is perhaps the best known database to be found in the pattern
recognition literature.  Fisher's paper is a classic in the field and
is referenced frequently to this day.  (See Duda & Hart, for example.)
The data set contains 3 classes of 50 instances each, where each class
refers to a type of iris plant.  One class is linearly separable from the
other 2; the latter are NOT linearly separable from each other.

.. topic:: References

   - Fisher, R.A. "The use of multiple measurements in taxonomic
     problems"
     Annual Eugenics, 7, Part II, 179-188 (1936); also in "Contributions
     to Mathematical Statistics" (John Wiley, NY, 1950).
   - Duda, R.O., & Hart, P.E. (1973) Pattern Classification and Scene
     Analysis.
     (Q327.D83) John Wiley & Sons.  ISBN 0-471-22361-1.  See page 218.
   - Dasarathy, B.V. (1980) "Nosing Around the Neighborhood: A New System
     Structure and Classification Rule for Recognition in Partially
     Exposed Environments".  IEEE Transactions on Pattern Analysis and
     Machine Intelligence, Vol. PAMI-2, No. 1, 67-71.
   - Gates, G.W. (1972) "The Reduced Nearest Neighbor Rule".  IEEE
     Transactions on Information Theory, May 1972, 431-433.
   - See also: 1988 MLC Proceedings, 54-64.  Cheeseman et al"s AUTOCLASS
     II conceptual clustering system finds 3 classes in the data.
   - Many, many more ...
```

检查样品、特征和目标的数量

可以通过data数组的shape来确认样本数和每个样本的特征数，并且可以通过target数组的shape来确认目标数：

```
In [4]: iris.data.shape
Out[4]: (150, 4)

In [5]: iris.target.shape
Out[5]: (150,)
```

数组target_names包含target数组的数字标签的名称，dtype ='<U10'表示这些名称是最多包含10个字符的字符串：

```
In [6]: iris.target_names
Out[6]: array(['setosa', 'versicolor', 'virginica'], dtype='<U10')
```

数组 feature_names 包含一个 data 数组中每列字符串名称的列表：

```
In [7]: iris.feature_names
Out[7]:
['sepal length (cm)',
 'sepal width (cm)',
 'petal length (cm)',
 'petal width (cm)']
```

15.7.2 探索 Iris 数据集：使用 pandas 进行描述性统计

下面使用 DataFrame 来探索鸢尾花数据集。正如我们在加利福尼亚房价案例研究中所做的，需要设置 pandas 选项来规范输出格式：

```
In [8]: import pandas as pd

In [9]: pd.set_option('max_columns', 5)

In [10]: pd.set_option('display.width', None)
```

使用 feature_names 数组作为列名，创建一个包含 data 数组内容的 DataFrame：

```
In [11]: iris_df = pd.DataFrame(iris.data, columns=iris.feature_names)
```

接下来，添加一个包含每个样本品种名称的列。下面的代码段中的列表使用 target 数组中的值来查找 target_names 数组中的相应品种名称：

```
In [12]: iris_df['species'] = [iris.target_names[i] for i in iris.target]
```

下面用 pandas 来查看一些样本，再次注意 pandas 在列标题的右侧显示了一个“\”，表示下面会显示更多的列：

```
In [13]: iris_df.head()
Out[13]:
   sepal length (cm)  sepal width (cm)  petal length (cm)  \
0                5.1               3.5                1.4
1                4.9               3.0                1.4
2                4.7               3.2                1.3
3                4.6               3.1                1.5
4                5.0               3.6                1.4

   petal width (cm) species
0               0.2  setosa
1               0.2  setosa
2               0.2  setosa
3               0.2  setosa
4               0.2  setosa
```

计算一些数值列的描述性统计数据：

```
In [14]: pd.set_option('precision', 2)

In [15]: iris_df.describe()
Out[15]:
```

```
       sepal length (cm)  sepal width (cm)  petal length (cm)  \
count             150.00            150.00             150.00
mean                5.84              3.06               3.76
std                 0.83              0.44               1.77
min                 4.30              2.00               1.00
25%                 5.10              2.80               1.60
50%                 5.80              3.00               4.35
75%                 6.40              3.30               5.10
max                 7.90              4.40               6.90

       petal width (cm)
count            150.00
mean               1.20
std                0.76
min                0.10
25%                0.30
50%                1.30
75%                1.80
max                2.50
```

在 'species' 列上调用 describe 方法可确认它包含了三个值。这里，我们事先知道样本属于三个类别，但在无监督机器学习中并非总是如此。

```
In [16]: iris_df['species'].describe()
Out[16]:
count        150
unique         3
top       setosa
freq          50
Name: species, dtype: object
```

15.7.3　使用 Seaborn 的 pairplot 可视化数据集

下面来可视化数据集中的特征，了解数据的更多信息的一种方法就是，查看这些特征是如何相互关联的。该数据集有 4 个特征，我们无法在一幅图中将其中一个与其他三个相对应，但是可以对所有特征两两做图。代码片段 [20] 使用 Seaborn 的 pairplot 函数创建了一个图形网格，绘制每个特征相对其自身和其他指定特征的散点图：

```
In [17]: import seaborn as sns

In [18]: sns.set(font_scale=1.1)

In [19]: sns.set_style('whitegrid')

In [20]: grid = sns.pairplot(data=iris_df, vars=iris_df.columns[0:4],
    ...:     hue='species')
    ...:
```

其中，关键字参数为：

- data—包含要绘制的数据的 DataFrame。
- vars—包含要绘制的变量的名称的序列。对于 DataFrame，这些是要绘制的列的名称。这里使用前 4 个 DataFrame 的列，这 4 个列分别代表萼片长度、萼片宽度、花瓣长度和花瓣宽度。
- hue—用于指定所绘制数据的颜色的 DataFrame 的列，这里通过鸢尾品种对数据进行着色。

前面对 pairplot 的调用产生了以下 4×4 的图形网格，实时运行这个示例，你可以看到 pairplot 的 3 个不同数据点颜色。

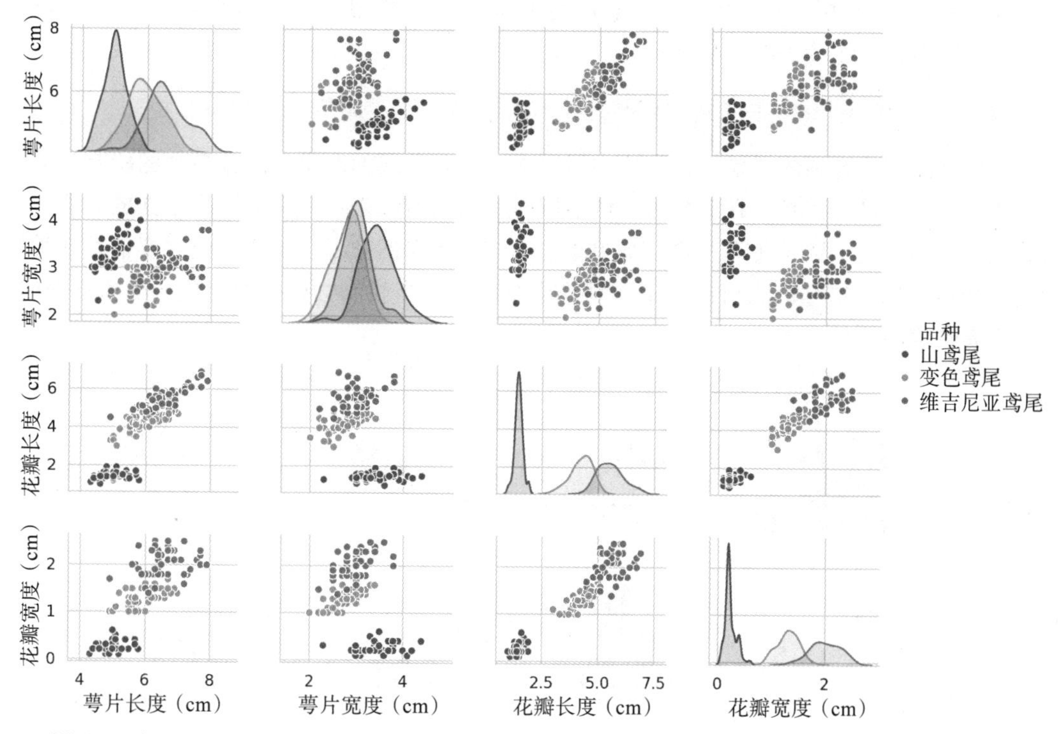

沿左上角到右下角的图显示了该列中绘制的特征的分布，图中从左到右为特征值的范围，从顶部到底部为具有这些值的样本数量。观察萼片长度的分布。

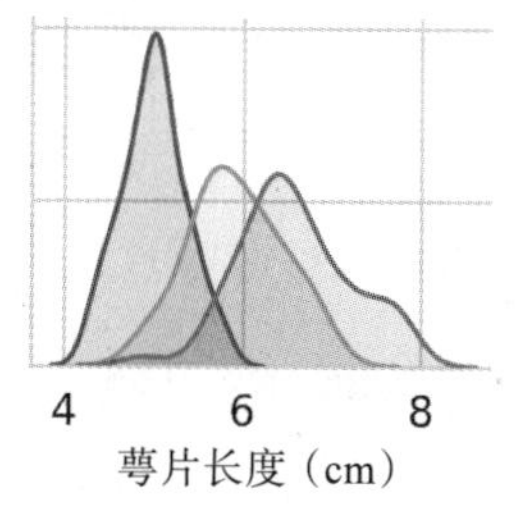

图中，最高的阴影区域表示山鸢尾的萼片长度范围（沿 x 轴显示）大约为 4～6 厘米，并且大多数山鸢尾样本位于该范围的中间（大约 5 厘米）。类似地，最右边的阴影区域表示维吉尼亚鸢尾的萼片长度范围约为 4～8.5 厘米，并且大多数维吉尼亚鸢尾样品的萼片长度为 6～7 厘米。

其他图显示了该特征相对于其他特征的散点图。在第一列中，其他三个图分别绘制了沿 y 轴的萼片宽度、花瓣长度和花瓣宽度以及沿 x 轴的萼片长度。

运行此代码时，将在全彩色输出图中看到，为每个鸢尾品种使用单独的颜色会显示出这些品种如何在特征 – 特征的基础上彼此相关。有趣的是，从所有的散点图中都能很清楚地将表示山鸢尾的蓝色点与表示其他品种的橙色点和绿色点分开，这表明山鸢尾确实属于单一类别。我们也可以看到其他两个品种有时会相互混淆，如某些橙色点和绿色点会重叠。例如，如果看萼片宽度与萼片长度的散点图，会发现变色鸢尾和维吉尼亚鸢尾混合在一起。这表明，如果只有萼片的宽度和长度测量值，将很难区分这两个品种。

用单色显示显示 pairplot

如果删除 **hue** 关键字参数，那么 **pairplot** 函数仅使用一种颜色来绘制所有的数据，因为它不知道如何区分不同的品种：

```
In [21]: grid = sns.pairplot(data=iris_df, vars=iris_df.columns[0:4])
```

正如下面即将看到的结果图，在这种情况下，沿对角线的图是显示该特征的所有值的分布的直方图，不区分品种。在分析每个散点图时，它们看起来可能只有两个不同的集群，尽管我们已经知道这个数据集有三类。如果事先不知道集群的数量，那么可能需要请教熟悉该数据的领域专家，这样的人可能知道数据集中有三种，当我们尝试对数据执行机器学习时，这是很有价值的信息。

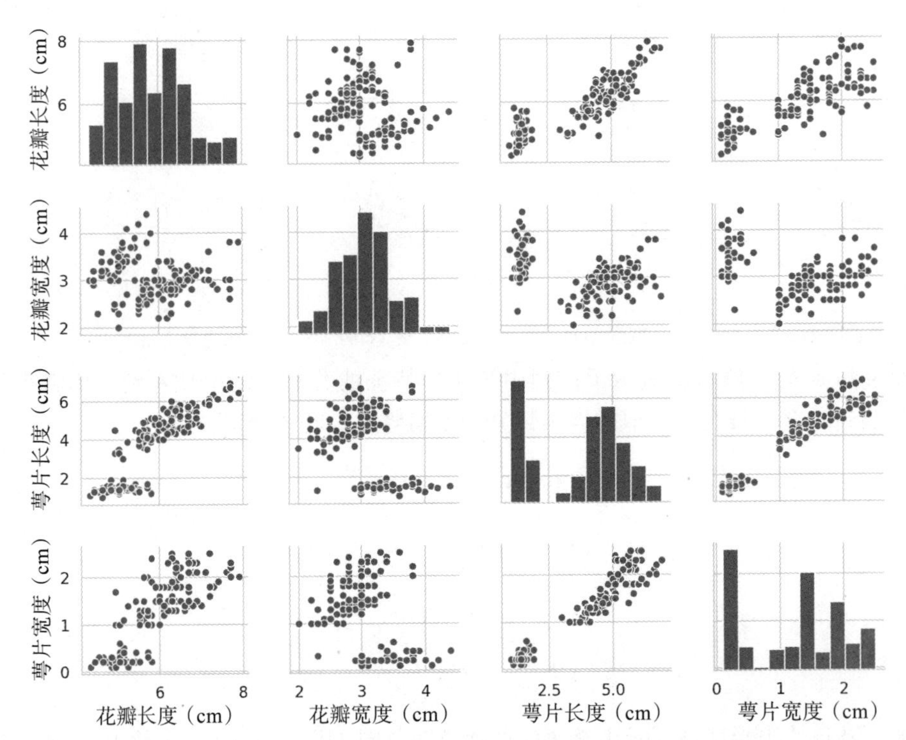

pairplot 图表适用于少量特征或特征子集，这样你会有少量的行和列，并且对于相对较小的样本，通过它就可以查看数据点。随着特征和样本数量的增加，每个散点很快会变得太小以至于无法读取。对于较大的数据集，可以选择绘制特征的子集，并随机选择样本子集，以了解数据。

自我测验

1.（填空题）Seaborn 的________函数创建网格散点图表示各个特征之间的关系。

答案： pairplot

2.（判断题）特征分布图表示特征值的范围（从左到右）和那些值的样本数量（从顶到底）

答案： 正确。

15.7.4 使用 KMeans 评估器

在本节中，我们将通过 scikit-learn 的 KMeans 评估器（来自 sklearn.cluster 模块）来进行 k 均值聚类，以将鸢尾花数据集中的每个样本放入一个集群中。与其他评估器一样，KMeans 评估器会隐藏算法的复杂数学细节，使其易于使用。

创建评估器

创建 KMeans 对象：

```
In [22]: from sklearn.cluster import KMeans

In [23]: kmeans = KMeans(n_clusters=3, random_state=11)
```

关键字参数 n_clusters 指定 k 均值聚类算法的超参数 k，KMeans 评估器需要计算集群并标记每个样本。当训练 KMeans 评估器时，算法会为每个集群计算一个质心来表示集群的中心数据点。

n_clusters 参数的默认值为 8。通常，我们会依赖熟悉数据的领域专家来帮助我们选择合适的 k 值。但是，使用超参数调整可以估计出一个合适的 k，稍后会做这个工作。这种情况下，我们知道了数据中有三种鸢尾花，所以使用 n_clusters=3 来观察 KMeans 在有标记的鸢尾样本上的表现。再次使用 random_state 关键字参数实现可重复性。

拟合模型

接下来，将通过调用 KMeans 对象的 fit 方法来训练评估器，该步骤用于执行前面讨论的 k 均值算法：

```
In [24]: kmeans.fit(iris.data)
Out[24]:
KMeans(algorithm='auto', copy_x=True, init='k-means++', max_iter=300,
    n_clusters=3, n_init=10, n_jobs=None, precompute_distances='auto',
    random_state=11, tol=0.0001, verbose=0)
```

与其他评估器一样，fit 方法返回评估器对象，IPython 显示其字符串表示。可以在链接

https://scikit-learn.org/stable/modules/generated/
  sklearn.cluster.KMeans.html

上查看 KMeans 的默认参数。

训练完成后，KMeans 对象包含：

一个 labels_ 数组，其值为 0 到 n_clusters-1（在此示例中为 0 到 2），表示样本所属的集群。

一个 cluster_centers_ 数组，其中每行代表一个质心。

将计算机集群标签与鸢尾花数据集的目标值进行比较

由于鸢尾花数据集已标记，因此可以查看其 target 数组值，以了解 k 均值算法将样本聚类为三种鸢尾的效果。对于未标记数据，我们需要依赖领域专家来帮助我们评估预测的类别是否正确。

在这个数据集中，前 50 个样本是山鸢尾，接下来的 50 个是变色鸢尾，最后的 50 个是维吉尼亚鸢尾。鸢尾花数据集的 target 数组表示的值为 0～2。如果 KMeans 评估器完美地选择了集群，那么评估器的 labels_ 数组中每组的 50 个元素应该具有不同的聚类标签。在下面的结果中，请注意 KMeans 评估器使用 0～k–1 的值来标记集群，但这些标记与鸢尾

花数据集的 target 数组无关。

我们使用切片来查看每组的 50 个鸢尾花样本是如何聚类的。下面的代码段显示前 50 个样本都放在集群 1 中：

```
In [25]: print(kmeans.labels_[0:50])
[1 1 1 1 1 1 1 1 1 1 1 1 1 1 1 1 1 1 1 1 1 1 1 1 1 1 1 1 1 1 1 1 1 1 1 1
 1 1 1 1 1 1 1 1 1 1 1 1 1 1]
```

接下来的 50 个样本应放入第二个集群中。下面的代码段显示大多数样本都放在集群 0 中，但是有两个样本放在了集群 2 中：

```
In [26]: print(kmeans.labels_[50:100])
[0 0 2 0 0 0 0 0 0 0 0 0 0 0 0 0 0 0 0 0 0 0 0 0 0 0 0 2 0 0 0 0 0 0 0 0
 0 0 0 0 0 0 0 0 0 0 0 0 0 0]
```

同样，最后 50 个样本应放入第 3 个集群中。下面的代码段显示这些样本中的大部分都放在了集群 2 中，但是其中有 14 个样本放在了集群 0 中，表明该算法认为样本属于不同的集群：

```
In [27]: print(kmeans.labels_[100:150])
[2 0 2 2 2 2 0 2 2 2 2 2 2 0 0 2 2 2 2 0 2 0 2 0 2 2 0 0 2 2 2 2 2 0 2 2
 2 2 0 2 2 2 0 2 2 2 0 2 2 0]
```

这三段代码的结果证实了我们在本节前面的 pairplot 图表中看到的—山鸢尾完美地形成一个集群，变色鸢尾和维吉尼亚鸢尾之间存在一些混淆。

自我测验

（IPython 会话）在鸢尾花数据集上使用 k 均值聚类分为两类，然后显示评估器 **labels_** 数组的前 50 个和后 100 个元素。

答案：

```
In [28]: kmeans2 = KMeans(n_clusters=2, random_state=11)

In [29]: kmeans2.fit(iris.data)
Out[29]:
KMeans(algorithm='auto', copy_x=True, init='k-means++', max_iter=300,
    n_clusters=2, n_init=10, n_jobs=None, precompute_distances='auto',
    random_state=None, tol=0.0001, verbose=0)

In [30]: print(kmeans2.labels_[0:50])
[1 1 1 1 1 1 1 1 1 1 1 1 1 1 1 1 1 1 1 1 1 1 1 1 1 1 1 1 1 1 1 1 1 1 1 1 1
 1 1 1 1 1 1 1 1 1 1 1 1 1]

In [31]: print(kmeans2.labels_[50:150])
[0 0 0 0 0 0 0 1 0 0 0 0 0 0 0 0 0 0 0 0 0 0 0 0 0 0 0 0 0 0 0 0 0 0 0 0 0
 0 0 0 0 0 0 1 0 0 0 0 1 0 0 0 0 0 0 0 0 0 0 0 0 0 0 0 0 0 0 0 0 0 0 0 0 0
 0 0 0 0 0 0 0 0 0 0 0 0 0 0 0 0 0 0 0 0 0 0 0 0 0 0]
```

在这种情况下，你可以看到最后 100 个样本中只有三个被单独放入了一个集群中。

15.7.5 主成分分析降维

接下来，我们将使用 PCA 评估器（来自 sklearn.decomposition 模块）来执行降维。此评估器使用主成分分析算法来分析数据集的特征并将其降至指定的维数。对于鸢尾花数据集，我们首先尝试了前面讲的 TSNE 估计，但对得到的结果不是很满意，所以切换到 PCA 进行以下演示。

创建 PCA 对象

与 TSNE 评估器一样，PCA 评估器使用关键字参数 n_components 来指定维数：

```
In [32]: from sklearn.decomposition import PCA

In [33]: pca = PCA(n_components=2, random_state=11)
```

将鸢尾花数据集的特征转换为二维

接下来，我们通过调用 PCA 评估器的 fit 方法和 transform 方法来训练评估器并生成降维数据：

```
In [34]: pca.fit(iris.data)
Out[34]:
PCA(copy=True, iterated_power='auto', n_components=2, random_state=11,
  svd_solver='auto', tol=0.0, whiten=False)

In [35]: iris_pca = pca.transform(iris.data)
```

当任务完成时，返回一个与 iris.data 行数相同的数组，但只有两列，可以通过检查 iris_pca 的形状来确认：

```
In [36]: iris_pca.shape
Out[36]: (150, 2)
```

请注意，我们分别调用了 PCA 评估器的 fit 方法和 transform 方法，而不是直接调用 fit_transform 方法，之前将 fit_transform 方法与 TSNE 评估器一起使用过。在这个例子中，我们将重新使用训练过的评估器（由 fit 生成）并再次使用 transform 方法将聚类质心从四维减少到二维，以便绘制出每个集群的质心位置。

可视化降维数据

既然已将原始数据集降为二维，那么接下来可以使用散点图来显示这些数据。这里，我们将使用 Seaborn 的 scatterplot 函数。首先，将降维后的数据转换为 DataFrame 并添加一个品种列（我们将用它来确定散点的颜色）：

```
In [37]: iris_pca_df = pd.DataFrame(iris_pca,
    ...:                            columns=['Component1', 'Component2'])
    ...:

In [38]: iris_pca_df['species'] = iris_df.species
```

接下来，我们用 Seaborn 绘制散点图：

```
In [39]: axes = sns.scatterplot(data=iris_pca_df, x='Component1',
    ...:     y='Component2', hue='species', legend='brief',
    ...:     palette='cool')
    ...:
```

KMeans 对象的 cluster_centers_ 数组中的每个质心都具有与原始数据集相同的特征数（在本例中为 4 个）。要绘制质心，必须对它们降维，你可以将质心视为其群集中的“平均”样本，因此，应使用用于为该集群中其他样本降维的相同 PCA 评估器来转换每个质心：

```
In [40]: iris_centers = pca.transform(kmeans.cluster_centers_)
```

现在，将三个集群的质心绘制为更大的黑点，使用 Matplotlib 的 `scatter` 函数直接绘制这三个质心，而不是先将 `iris_centers` 数组转换为 `DataFrame`：

```
In [41]: import matplotlib.pyplot as plt

In [42]: dots = plt.scatter(iris_centers[:,0], iris_centers[:,1],
    ...:                    s=100, c='k')
    ...:
```

关键字参数 `s=100` 指定绘制点的大小，关键字参数 `c ='k'` 指定点应以黑色显示。

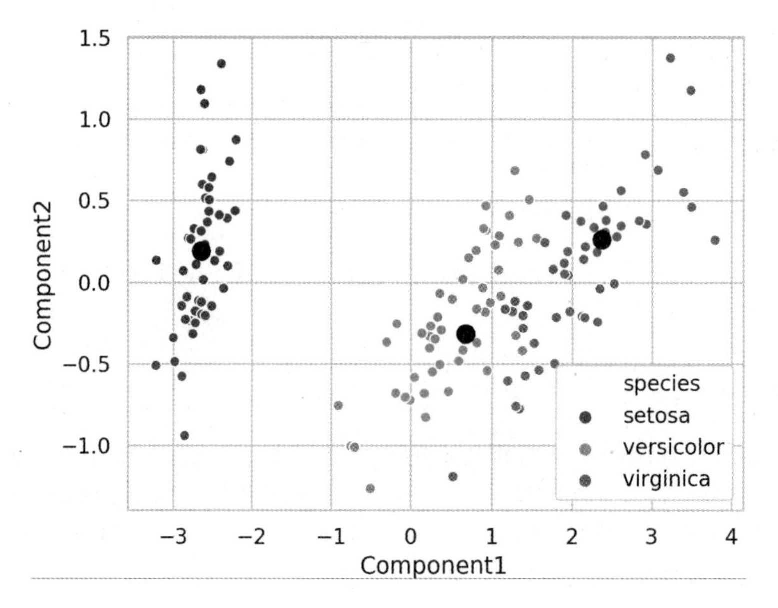

自我测验

1.（判断题）在 `KMeans` 对象的 `cluster_centers_` 数组中的质心有着和原数据集相同的特征数量。

答案：正确

2.（讨论题）下列语句的目的是什么？

```
iris_centers = pca.transform(kmeans.cluster_centers_)
```

答案：这条语句是在创建 `pca` 对象时将质心降到指定的维度数量。在鸢尾花案例研究中，我们能够在它们对应的集群中心二维绘制降维后的质心。

15.7.6　选择最佳聚类评估器

正如在分类和回归案例研究中所做的那样，下面来运行多个聚类算法，看看它们如何很好地聚类三种鸢尾花。在这里，我们将尝试使用之前创建的 `KMeans` 对象和 scikit-learn 的 `DBSCAN`、`MeanShift`、`SpectralClustering`、`AgglomerativeCluster` 评估器创建的对象来为鸢尾花数据集聚类。与 `KMeans` 一样，可以预先为 `SpectralClustering` 和 `AgglomerativeClustering` 评估器指定集群的数量：

```
In [43]: from sklearn.cluster import DBSCAN, MeanShift,\
```

```
    ...:     SpectralClustering, AgglomerativeClustering

In [44]: estimators = {
    ...:     'KMeans': kmeans,
    ...:     'DBSCAN': DBSCAN(),
    ...:     'MeanShift': MeanShift(),
    ...:     'SpectralClustering': SpectralClustering(n_clusters=3),
    ...:     'AgglomerativeClustering':
    ...:         AgglomerativeClustering(n_clusters=3)
    ...: }
```

下列循环的每次迭代都会调用一种评估器的 `fit` 方法，`iris.data` 作为其中的参数，然后使用 NumPy 的 `unique` 函数来获取三组样本的集群标签和数量并显示结果。我们没有预先指定 `DBSCAN` 评估器和 `MeanShift` 评估器的集群数量。有趣的是，`DBSCAN` 评估器正确地预测了三个集群（标记为 –1、0 和 1），尽管它在同一集群中放置了 100 个维吉尼亚鸢尾和变色鸢尾中的 84 个，但是 `MeanShift` 评估器只预测了两个集群（标记为 0 和 1），并在同一集群中放置了 100 个维吉尼亚鸢尾和变色鸢尾中的 99 个：

```
In [45]: import numpy as np

In [46]: for name, estimator in estimators.items():
    ...:     estimator.fit(iris.data)
    ...:     print(f'\n{name}:')
    ...:     for i in range(0, 101, 50):
    ...:         labels, counts = np.unique(
    ...:             estimator.labels_[i:i+50], return_counts=True)
    ...:         print(f'{i}-{i+50}:')
    ...:         for label, count in zip(labels, counts):
    ...:             print(f'   label={label}, count={count}')
    ...:

KMeans:
0-50:
   label=1, count=50
50-100:
   label=0, count=48
   label=2, count=2
100-150:
   label=0, count=14
   label=2, count=36

DBSCAN:
0-50:
   label=-1, count=1
   label=0, count=49
50-100:
   label=-1, count=6
   label=1, count=44
100-150:
   label=-1, count=10
   label=1, count=40

MeanShift:
0-50:
   label=1, count=50
50-100:
   label=0, count=49
   label=1, count=1
100-150:
```

```
    label=0, count=50

SpectralClustering:
0-50:
    label=2, count=50
50-100:
    label=1, count=50
100-150:
    label=0, count=35
    label=1, count=15

AgglomerativeClustering:
0-50:
    label=1, count=50
50-100:
    label=0, count=49
    label=2, count=1
100-150:
    label=0, count=15
    label=2, count=35
```

虽然这些算法标记了每个样本，但这种标签只是表示不同的集群。得到集群的信息后该如何进一步处理呢？如果目标是在监督机器学习中使用数据，通常需要研究每个集群中的样本，以尝试确定它们的相关性并标记它们。正如我们将在下一章中看到的，无监督学习常用于深度学习应用中，使用无监督学习技术处理未标记数据的一些示例包括来自 Twitter 的推文、Facebook 帖子、视频、照片、新闻文章、客户评论、观影者影评等。

15.8　小结

在本章中，我们使用流行的 scikit-learn 库开始了机器学习研究。机器学习分为两种：适用于标记数据的有监督机器学习，以及适用于未标记数据的无监督机器学习。我们继续使用 Matplotlib 和 Seaborn 来强调可视化，特别是在深入了解数据时。

我们讨论了 scikit-learn 如何方便地将机器学习算法打包为评估器，它们都是封装的，因此即使不知道这些算法的复杂细节，也仍然可以使用少量的代码快速创建模型。

我们看到了有监督机器学习的分类和回归，使用最简单的分类算法之一——k 近邻，来分析捆绑在 scikit-learn 中的 `Digits` 数据集，可以看到分类算法预测了样本所属的类别。二分类问题使用两个类别（例如“垃圾邮件”或“非垃圾邮件”），多分类问题使用两个以上的类别（例如包含 10 个类别的 `Digits` 数据集）。

我们执行了典型的机器学习案例研究的每一步，包括加载数据集，使用 pandas 和可视化探索数据，拆分数据以进行训练和测试，创建模型，训练模型和进行预测。我们讨论了为什么要将数据划分为训练集和测试集，以及通过混淆矩阵和分类报告评估分类评估器的准确性的方法。

我们提到很难事先知道哪种模型会在特定数据上表现最佳，因此通常会尝试多种模型并选择性能最佳的那个。我们发现运行多个评估器是很容易的事情，还使用了超参数调整和 k 折交叉验证来为 k 近邻算法选择最佳的 *k* 值。

我们重新审视了第 10 章的“数据科学入门”部分中的时间序列和简单线性回归示例，这次使用了 scikit-learn 的 `LinearRegression` 评估器来实现，接下来又使用了 `LinearRegression` 评估器对加利福尼亚房价数据集执行多元线性回归，该数据集是

scikit-learn 自带的。可以看到，默认情况下，`LinearRegression` 评估器使用数据集中的所有数值特征比使用简单线性回归能够进行更复杂的预测。之后，我们又运行了多个 scikit-learn 评估器来比较它们的表现并选择最佳的。

接下来，我们介绍了一种无监督机器学习方法，并提到它通常和聚类算法一起使用。我们使用降维方法（和 scikit-learn 的 `TSNE` 评估器一起）将 `Digits` 数据集的 64 个特征压缩为两个以进行可视化，这使得我们能够看到 `Digits` 数据的聚类结果。

我们展示了一种最简单的无监督机器学习算法——k 均值聚类，并在鸢尾花数据集上进行了演示，该数据集也是捆绑在 scikit-learn 中的。我们使用降维（使用 scikit-learn 的 `PCA` 评估器）将鸢尾花数据集的四个特征压缩为两个以进行可视化，从而显示数据集中的三个鸢尾品种及其质心的聚类。最后，我们运行了多个聚类评估器来比较它们将鸢尾花数据集的样本标记为三个集群的能力。

下一章，我们将通过讨论深度学习和强化学习来继续机器学习技术的研究，并将解决一些引人入胜且具有挑战性的问题。

练习

15.1 （使用 PCA 可视化数字数据集）在本章中，我们实现了数字数据集聚类的可视化。为了实现它，我们首先使用 scikit-learn 的 `TSNE` 评估器将数据集的 64 个特征减少至两个，然后使用 Seabor 绘制结果。使用 scikit-learn 的 `PCA` 评估器重新对样例实现降维，然后绘制结果。对比在之前的案例研究中绘制的图表，二者有何异同？

15.2 （使用 `TSNE` 可视化鸢尾花数据集）在本章中，我们实现了鸢尾花数据集的可视化。为了实现它，我们首先使用 scikit-learn 的 `PCA` 评估器将数据的四个特征减少至两个，然后使用 Seaborn 绘制结果。使用 scikit-learn 的 `TSNE` 评估器重新对样例实现降维，然后绘制结果。对比在之前的案例研究中绘制的图表，二者有何异同？

15.3 （Seanborn pairplot 图）为加利福尼亚房屋数据集创建一个 Seaborn `pairplot` 图（和我们对鸢尾花数据集所做的一样）。尝试使用 Matplotlib 的功能来平移和缩放图表。这些可以通过 Matplotlib 窗口中的图标实现。

15.4 （手写数字人类肉眼识别）在本章中，我们分析了数字数据集并且使用 scikit-learn 的 `kNeighbors-Classifier` 高精确度地识别了数字。人类能够识别的和 `kNeighborsClassifier` 一样好吗？创建一个脚本，随机选择显示每张图片然后要求用户输入 0 到 9 的数字确认图片显示的数字。记录用户的准确度。用户的识别准确度和 k 近邻机器学习算法相比如何？

15.5 （使用 TSNE 以 3D 可视化数字数据集）在 15.6 节中，我们二维可视化了数字数据集的集群。在这个练习中，我们将使用 `TSNE` 和 Matplotlib 的 **`Axes3D`** 创建一个 3D 散点图，提供 x，y 和 z 轴以供三维绘制。首先，加载数字数据集，创建一个 `TSNE` 评估器将数据减少至三维，然后调用评估器的 `fit_transform` 方法减少数据集的维度。将结果存储在 `reduced_data` 中。接下来，执行以下代码：

```
from mpl_toolkits.mplot3d import Axes3D

figure = plt.figure(figsize=(9, 9))

axes = figure.add_subplot(111, projection='3d')

dots = axes.scatter(xs=reduced_data[:, 0], ys=reduced_data[:, 1],
```

```
    zs=reduced_data[:, 2], c=digits.target,
    cmap=plt.cm.get_cmap('nipy_spectral_r', 10))
```

这段代码导入 Axes3D，创建 Figure，调用 Figure 的 add_subplot 方法获取一个 Axes3D 对象以用于创建三维图表。在调用 Axes3D scatter 方法时，关键字参数 xs、ys 和 zs 表示在 *x*，*y* 和 *z* 轴绘制的一维数组值。图表显示后，使用鼠标将图片上下左右旋转，这样你就可以从不同的角度观察集群。下面的图片显示原始的 3D 图片和两个旋转过后的视角：

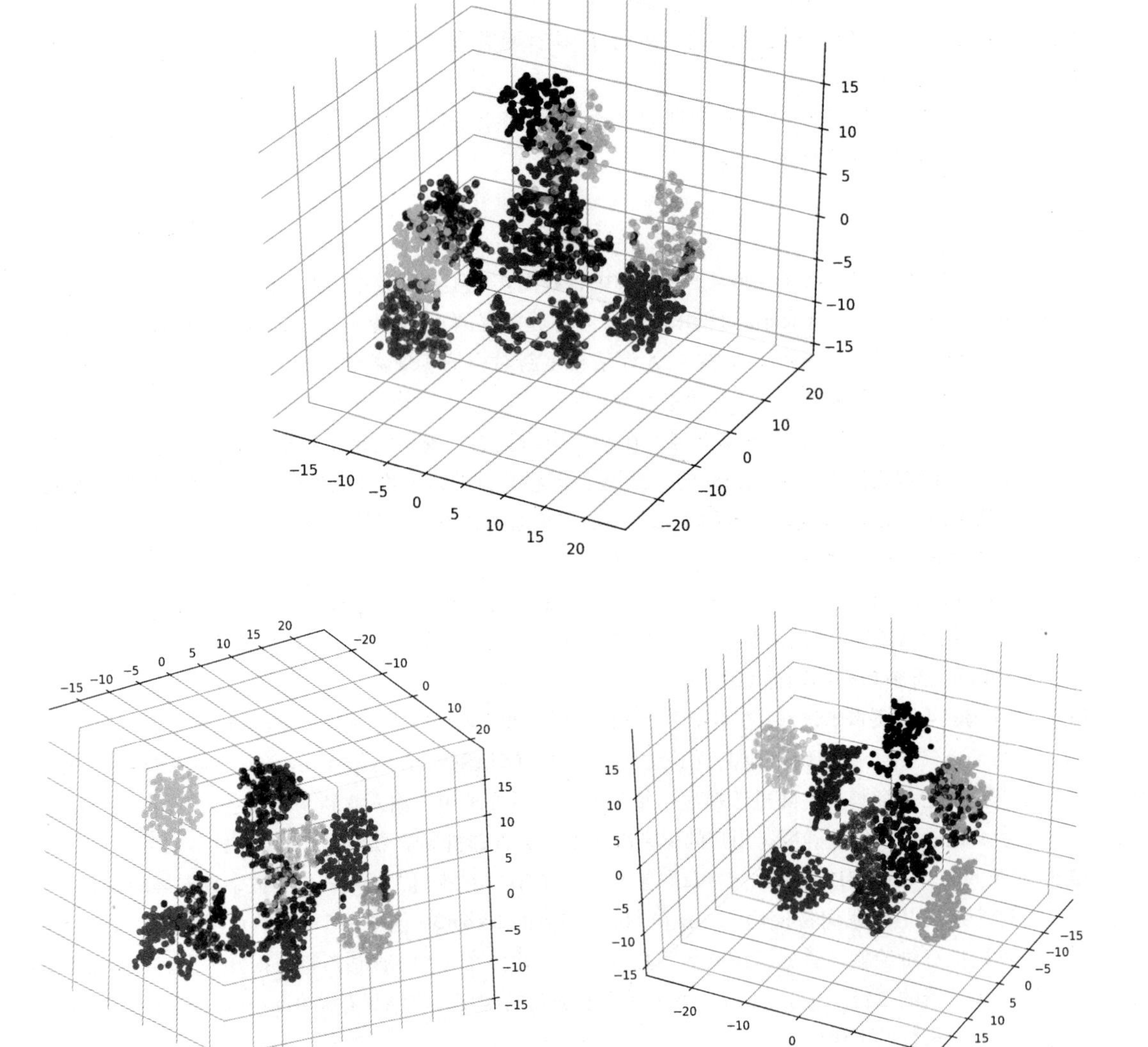

15.6 （简单线性回归和纽约市年度平均气温时间序列）访问 NOAA 的气候概览界面（https://www.ncdc.noaa.gov/cag），然后下载 1895 年至今（1895～2017）的纽约市平均年度气温的时间序列数据。为了方便起见，我们在文件 ave_yearly_temp_nyc_1895-2017.csv 中提供了数据。使用平均年度气温数据重新实现 15.4 节的简单线性回归案例研究。练习中的气温趋势和平均一月高温相比如何？

15.7 （分类鸢尾花数据集）我们使用无监督学习对鸢尾花数据集的样本进行聚类。实际上数据集是有标记的，所以可以用于 scikit-learn 的有监督机器学习评估器。使用你在数字数据集分类案例研究中学到的方法，加载鸢尾花数据集然后使用 k 近邻算法对其进行分类。使用 `KNeighborsClassifier` 默认的 *k* 值。预测的准确度是多少？

15.8 （鸢尾花数据集分类：超参数调整）使用 scikit-learn 的 `KFold` 类和 `cross_val_score` 函数，确定使用 `KNeighborsClassifier` 分类鸢尾花样本的最佳 k 值。

15.9 （鸢尾花数据集分类：选择最佳评估器）和我们在数字案例研究中所做的一样，对鸢尾花数据集运行多个分类评估器，比较结果选出性能最好的一个。

15.10 （使用 `DBSCAN` 和 `MeanShift` 对数字数据集进行聚类分析）回忆当使用 `DBSCAN` 和 `MeanShift` 聚类评估器的时候，我们并没有提前给出聚类的数量。分别对数字数据集使用这两个评估器，看看它们是否能够将数字分为 10 个聚类。

15.11 （使用 `%timeit` 统计训练和预测的时间）在 k 近邻算法中，随着 *k* 值的增大分类样本的计算时间也在增长。使用 `%timeit` 统计 `KNeighborsClassifier` 交叉验证数字数据集的运行时间。使用 *k* 值 1、10 和 20。比较结果。

15.12 （使用 `cross_validate`）在本章中，我们使用了 `cross_val_score` 函数和 `KFold` 类对数字数据集执行 `KNeighborsClassifier` 的 k 折交叉验证。在 k 近邻算法中，随着 *k* 值的增大，分类样本的计算时间也在增长。研究 `sklearn.model_selection` 模块的 `cross_validate` 函数，然后使用在 15.3.4 节的循环中，执行交叉验证和统计计算时间。将显示计算时间作为循环输出的一部分。

15.13 （线性回归和海平面趋势）NOAA 的海平面趋势网站 https://tidesandcurrents.noaa.gov/sltrends/ 提供全世界的海平面时间序列数据。使用他们的 Trend Tables 链接获取美国和全世界城市的海平面时间序列列表。可用的日期因城市而异。选择几个 100% 的数据都可用的城市（如 `%Complete` 列所示）。点击 Station ID 列的链接，显示时间序列数据表，你可以将它们以 CSV 文件导出到你的系统里。使用你在本章中学到的方法使用 Seaborn 的 `regplot` 函数加载和绘制数据集到同一个图表上。在 IPython 的交互模式中，每一次调用 `regplot` 默认使用同一个图表，然后将数据以新颜色加入图表中。每个地点的海平面上升的趋势都相同吗？

15.14 （线性回归和海洋温度趋势）海洋温度会改变鱼类的洄游模式。从 https://www.ncdc.noaa.gov/cag/global/time-series/globe/ocean/ytd/12/1880-2018 下载 1880-2018 年的 NOAA 的全球平均地表温度异常时间序列数据，然后使用 Seaborn 的 `regplot` 函数加载和绘制数据集。你能发现什么趋势？

15.15 （线性回归和糖尿病数据集）研究 scikit-learn 自带的糖尿病数据集 https://scikit-learn.org/stable/datasets/index.html#diabetes-dataset 数据集包含 442 个样本，每个样本有 10 个特征和一个标签表示“一年后相较于起始时间疾病的发展程度。”使用这个数据集，重新实现本章 15.5 节中多元线性回归案例研究的各个步骤。

15.16 （简单线性回归和加利福尼亚房屋数据集）在正文中，我们对加利福尼亚房屋数据集使用了简单线性回归。当你拥有有价值的特征，同时你有选择运行简单线性回归和多元线性回归的权力时，你通常会选择多元线性回归以获得更精准的预测。如你所见，scikit-learn 的 `LinearRegression` 评估器默认使用所有的数字特征来执行线性回归。

在这个练习中，你将使用每个特征执行单元线性回归，并且同本章中多元线性回归的预测结果进行比较。首先将数据集分为训练集和测试集，然后像我们在本章简单线性回归案例研究部分中对 `DataFrame` 所做的一样，选择一个特征。使用那个特征训练模型，然后和你在多元线性回归案例研究中所做的一样做出预测。对八个特征重复这些步骤。比较每个简单线性回归和多元线性回归的 R^2 得分。哪一个产生了最好的结果？

15.17　（*二元分类和乳腺癌数据集*）查看 scikit-learn 自带的乳腺癌威斯康辛诊断数据集

```
https://scikit-learn.org/stable/datasets/index.html#breast-cancer-
   dataset
```

数据集包含 569 个样本，每个样本有 30 个特征和一个标签表示肿瘤是恶性（0）的还是良性（1）的。因为只有两种标签，所以这个数据集通常用来执行**二元分类**。使用这个数据集，重新实现本章 15.2～15.3 节分类案例研究的步骤。使用 GaussianNB（高斯朴素贝叶斯 Gaussian Naive Bayes 的缩写）评估器。当你执行多个分类器确定最适合乳腺癌威斯康辛诊断数据集的那一个时，请包括 `estimators` 字典中的 `LogisticRegression` 分类器。逻辑回归是另一种流行的二元分类算法。

15.18　（*专题研究：确定 k 均值聚类的 k 值*）在 k 近邻分类样例中，我们展示了如何使用超参数调整选择最佳的 *k* 值。在 k 均值聚类中，其中一个挑战就是确定聚集数据的合适 *k* 值。确定 *k* 值的其中一种方法称为肘部法则。学习肘部法则，然后将其用于数字数据集和鸢尾花数据集，看看这个方法能否得出每个数据集正确的分类数量。

15.19　（*专题研究：自动化超参数调整*）使用我们在 15.3.4 节给出的循环方法确定 k 近邻算法的 *k* 值调整一个超参数，是相对来说比较容易的。如果你需要调整多个超参数呢？ sikit-learn 的 `sklearn.model_selection` 模块提供自动超参数调整工具帮助你完成这个任务。**`GridSearchCV`** 类使用蛮力方法调整超参数，它尝试你提供的范围内超参数每一个可能的组合值。**`RandomizedSearchCV`** 类通过使用你提供的超参数值的随机样本优化调参性能。研究这些类，然后用每个类重新实现 15.3.4 节的超参数调整。统计每个方法得出结果的时间。

15.20　（*Quandl 金融时间序列*）Quandl 提供海量的金融时间序列数据，并且有 Python 库将它们载入为 pandas `DataFrames`，以便于你在学习机器学习的过程中进行使用。许多时间序列都是免费的。通过以下网站进一步了解 Quandl 的金融数据搜索引擎

```
https://www.quandl.com/search
```

了解他们提供时间序列的范畴。了解并安装他们的 Python 模块

```
conda install -c conda-forge quandl
```

然后使用模块下载他们的 `'YALE/SPCOMP'`（标准普尔综合指数）时间序列（或者你选择的其他时间序列）。接下来，使用下载好的时间序列数据，执行 15.5 节线性回归案例研究中的步骤。只使用一行中所有特征都有值的数据。

15.21　（*专题研究：数字多分类和 MNIST 数据集*）在本章中，我们分析了 scikit-learn 自带的数字数据集。这是个简化版本的子集，原始数据集是 MNIST 数据集，提供了 70 000 个数字图片样本和目标。每个样本表示一张 28 乘 28 的图片（784 个特征）。使用 MNIST 重新实现本章的数字分类案例研究。你可以在 scikit-learn 中使用如下语句下载 MNIST：

```
from sklearn.datasets import fetch_openml
mnist = fetch_openml('mnist_784', version=1, return_X_y=True)
```

函数 `fetch_mldata` 从 `mldata.org` 下载数据集，网站中包含接近 900 个机器学习数据集，在网站中可以通过不同的方式搜索数据集。

15.22　（*专题研究：数字多分类和 EMNIST 数据集*）EMNIST 数据集包含超过 800 000 个数字和字符图片。你可以使用所有的 800 000 个字符或者是子集。其中一个子集包含 280 000 个数字，大约每个数字（0～9）有 28 000 个。当样本平均分配到不同的类别中，这个数据集可以被称为

是平衡分类的。你可以从如下网站下载数据集

https://www.nist.gov/itl/iad/image-group/emnist-dataset

数据格式为 MATLAB 软件使用的格式，然后使用 SciPy 的 `loadmat` 函数（模块 `scipy.io`）加载数据。下载好的数据包含多个文件：一个文件为一整个数据集，还有其他文件是各种子集。加载数字子集，然后将加载的数据转换为 scikit-learn 可以使用的格式。接下来，使用 280 000 个 EMNIST 数字重新实现本章中的数字分类案例研究。

15.23 （专题研究：字符多分类和 EMNIST 数据集）在上一个练习中，你下载了 EMNIST 数据集并且使用了数字数据集。另一个子集包含 145 600 个字符，其中每个字符（A～Z）大约有 5600 个。使用字符图片重新完成上一个练习。

15.24 （试一试：聚类）Acxiom 是一个营销技术公司。他们的 Personicx 音效软件将人群按照营销目的识别分类。试用他们的“我是什么类别？”工具

https://isapps.acxiom.com/personicx/personicx.aspx

来看看他们认为你属于营销的哪个类别。

15.25 （专题研究：AutoML.org 和 Auto-Sklearn）当前有许多研究致力于简化机器学习，并且使之能够为“大部分人”所用。其中一个成果来自 AutoML.org，提供了一种自动机器学习工具。他们的 **auto-sklearn** 库在

https://automl.github.io/auto-sklearn

工具会查看你想用的数据集，会“自动搜索正确的学习算法”和“最优化超参数”。了解 auto-sklearn 的功能然后：

- 使用 `AutoSklearnClassifier` 评估器替代 `KNeighborsClassifier` 评估器重新实现数字分类案例研究（15.2 节～15.3 节）。
- 使用 `AutoSklearnRegressor` 评估器替代 `LinearRegression` 评估器重新实现加利福尼亚房屋数据集回归案例研究（15.5 节）。

在每个案例中，auto-sklearn 得出的结果和原来的案例研究的结果相比如何？ auto-sklearn 是否选择了相同的模型？

15.26 （调研：支持向量机）许多书本和文章中都提到支持向量机通常能够得到最好的有监督机器学习结果。研究和比较支持向量机和其他机器学习算法。支持向量机性能最好的主要原因是什么？

15.27 （调研：机器学习的道德和偏见）机器学习和人工智能引发了很多道德和偏见问题。是否应该允许人工智能算法在没有人类输入的情况下解雇公司员工？是否应该允许人工智能军事武器在没有人类输入的情况下做出杀戮决定？人工智能算法通常从人类收集的数据中学习。如果数据包含有关种族、宗教、性别和其他方面的人类偏见怎么办？一些人工智能项目已经被证明学习了人类偏见[一]。调研机器学习道德和偏见问题，列出你了解到的 10 个最常见的问题。

15.28 （专题研究：特征选择）特征选择[二]涉及在训练机器学习模型时选择要使用的数据集特征。调研特征选择和 scikit-learn 的特征选择功能

https://scikit-learn.org/stable/modules/feature_selection.html

对数字数据集应用 scikit-learn 的特征选择功能，然后重新实现 15.2～15.3 节的分类案例研究。对加利福尼亚房屋数据集应用 scikit-learn 的特征选择功能，然后重新实现 15.5 节的线性回归案例研究。在每个案例中是否得到了更好的结果？

[一] https://www.digitalocean.com/community/tutorials/an-introduction-to-machine-learning#human-biases.

[二] https://en.wikipedia.org/wiki/Feature_selection.

15.29　（调研：特征工程）特征工程[1]包括在数据集已有特征的基础上创建新特征。例如，我们可能会将特征转化为不同的格式（比如将文字数据转化为数字数据，或者将日期时间戳转化为一天中的时间），或者可能将多个特征结合为一个特征（比如将经度和纬度特征转化为一个地址特征）。调研特征工程并解释它是如何被用于改进有监督机器学习的预测性能的。

15.30　（专题研究：桌面机器学习工作台——KNIME 分析工作台）有许多免费或者付费的机器学习软件包（有基于网络的软件和桌面软件），可以使用少量代码或者不编写代码就能执行机器学习研究。这种工具被称为**工作台**。KNIME 是一个开源桌面机器学习分析工作台，可以通过以下网址获取

`https://www.knime.com/knime-software/knime-analytics-platform`

研究 KNIME，安装并使用它实现本章的机器学习研究。

15.31　（专题研究：研究基于网络的机器学习软件，微软 Azure 学习工作室，IBM Watson Studio 和谷歌云人工智能平台）微软 Azure 学习工作室，IBM Watson Studio 和谷歌云人工智能平台都是基于网络的机器学习工具。微软和 IBM 提供免费套餐，谷歌提供延长的免费试用。调研这些基于网络的工具，使用感兴趣的工具实现本章的机器学习研究。

15.32　（调研专题研究：二元分类和泰坦尼克数据集和 scikit-learn `DecisionTree-Classifier` 评估器）决策树是商业应用中很流行的可视化决策结构的方法。网络调研“决策树”。使用在第 9 章中学习到的方法加载 RDATAsets 目录的泰坦尼克灾难数据集。其中一种很流行的分析这个数据集的方式是使用决策树预测某个乘客是否在这场灾难中幸存。`DecisionTreeClassifier` 内部会构建一个决策树，可以使用 `export_graphviz` 函数（`sklearn.tree` 模块）以 DOT 图形语言输出。你可以使用开源 Graphviz 可视化软件根据 DOT 文件创建决策树图形。

[1] https://en.wikipedia.org/wiki/Feature_engineering.

深度学习

目标

- 了解什么是神经网络，以及它是如何实现深度学习的。
- 创建 Keras 神经网络。
- 理解 Keras 层、激活函数、损失函数和优化器。
- 使用在 MNIST 数据集上训练的卷积神经网络（CNN）来识别手写的数字。
- 使用在 IMDb 数据集上训练的循环神经网络（RNN）对影片的评价进行正负面二分类。
- 使用 TensorBoard 进行深度神经网络训练的可视化。
- 了解什么是强化学习、Q-learning 和 OpenAI，并在练习中深入研究。
- 了解 Keras 预训练的神经网络。
- 了解面向计算机视觉应用、在大规模 ImageNet 数据集上预训练模型的应用价值。

16.1 简介

AI 最令人兴奋的领域之一是深度学习，它是机器学习的重要组成部分，最近几年中在计算机视觉和许多其他领域中产生了令人印象深刻的成果。随着大数据的可用性、处理器能力、互联网速度、并行计算硬件以及软件的飞速进步，越来越多的组织和个人在使用资源密集型深度学习的解决方案。

Keras 和 TensorFlow

在前面的章节中，scikit-learn 让我们能够通过一条语句，方便地定义机器学习模型。而深度学习模型需要更复杂的设置，通常连接多个层。我们将使用 Keras 构建深度学习模型，它为 Google 的 TensorFlow（使用最为广泛的一个深度学习库）提供了友好的接口。为便于学习深度神经网络，谷歌 Mind 团队的 François Chollet 开发了 Keras[一]，他的书《用 Python 深度学习》[二]是必读的。谷歌内部有上千个 TensorFlow 和 Keras 项目在进行[三][四]，这个数字还正在迅速增长。

模型

深度学习模型很复杂且需要广泛的数学背景来理解其内部工作原理。正如我们在整本书

[一] Keras 还为微软的 CNTK 和蒙特利尔大学的 Theano（在 2017 年停止开发）提供友好的接口。其他流行的深度学习框架包括 Caffe（ttp://caffe.berkeleyvision.org/）、Apache MXNet（https://mxnet.apache.org/）和 PyTorch（https://pytorch.org/）。

[二] Chollet, François. Deep Learning with Python. Shelter Island, NY: Manning Publications, 2018.

[三] http://theweek.com/speedreads/654463/google-more-than-1000-artificial-intelligence-projects-works.

[四] https://www.zdnet.com/article/google-says-exponential-growth-of-ai-is-changing-nature-of-compute/.

中所做的，我们将避免复杂的数学内容，更偏向于自然语言解释。

Keras之于深度学习犹如scikit-learn之于机器学习。它们封装了复杂的数学内容，因此开发人员只需要定义、参数化和操作这些封装后的对象。借助Keras，可以利用预先存在的组件构建模型，并根据个性需求快速地对这些组件参数化。这是我们在整本书中一直提及到的基于对象的编程。

使用模型进行科学实验

机器学习和深度学习基于经验而非基于理论。我们将尝试许多模型，以多种方式调试它们，直到找到最适合应用的模型。Keras简化了此类实验。

数据集大小

当拥有大量数据时，深度学习效果很好。面向小规模数据时，深度学习可以和迁移学习[一][二]、数据增强[三][四]等技术相结合。迁移学习将过往训练模型的知识作为新模型训练的基础。数据增强从现有数据中派生新数据。例如，在图像数据集中，可以左右旋转图像来丰富数据集。不过，一般来说，拥有的数据越多，就更易于训练深度学习模型。

处理能力

深度学习需要强大的处理能力。大规模数据集上的复杂模型可能需要花费数小时、数天甚至更多时间来训练。但我们在本章中介绍的模型，在使用传统CPU的计算机上只需几分钟或不到一小时就可完成训练。只需要一台相对较新的个人电脑。后期，我们将讨论由NVIDIA和Google开发的GPU（Graphics Processing Unit，图形处理单元）和TPU（Tensor Processing Unit，张量处理单元）特殊高性能硬件，以满足边缘深度学习应用所需的高性能计算需求。

绑定的数据集

Keras自带了一些流行的数据集。将在本章的示例中使用其中的两个，并在练习中使用另外几个。可以在网上找到这些数据集上的更多Keras项目，包括采用不同方法的项目。

在第15章中，使用了scikit-learn的Digits数据集，其中包含1797张手写数字图像，这些图像是从更大的MNIST数据集（60 000张训练图像和10 000张测试图像）中挑选出来的[五]。在本章中，将使用完整的MNIST数据集。我们将构建一个Keras卷积神经网络（CNN或ConvNet）模型，它将在测试集上实现高效的数字图像识别。卷积神经网络特别适用于计算机视觉任务，比如识别手写数字和字符，或者识别图像和视频中的物体（包括人脸）。还将使用Keras循环神经网络基于IMDb电影点评数据集实现情感分析，训练集和测试集中的点评被标记为了正面或负面。

深度学习的未来

深度学习的自动化功能使得构建深度学习解决方案变得更加容易。其中包括来自德克萨

[一] https://towardsdatascience.com/transfer-learning-from-pre-trained-models-f2393f124751.

[二] https://medium.com/nanonets/nanonets-how-to-use-deep-learning-when-you-have-lim- ited-data-f68c0b512cab.

[三] https://towardsdatascience.com/data-augmentation-and-images-7aca9bd0dbe8.

[四] https://medium.com/nanonets/how-to-use-deep-learning-when-you-have-limited-data-part-2-data-augmentation-c26971dc8ced.

[五] “The MNIST Database.” MNIST Handwritten Digit Database，Yann LeCun，Corinna Cortes and Chris Burges. http://yann.lecun.com/exdb/mnist/.

斯A&M大学Data Lab的Auto-Keras[一]、百度的EZDL[二]和谷歌的AutoML[三]。我们将在练习中了解Auto-Keras。

自我测验

1.（填空题）________由谷歌Mind团队的François Chollet开发，它提供了Google TensorFlow友好接口。

答案：Keras。

2.（填空题）________适用于计算机视觉任务，例如识别手写数字和字符或识别图像和视频中的物体（包括人脸）。

答案：卷积神经网络。

16.1.1 深度学习应用

深度学习正在被广泛使用于各种应用，例如：

- 玩游戏。
- 计算机视觉：对象识别、模式识别、人脸识别。
- 自动驾驶汽车。
- 机器人。
- 改善用户体验。
- 聊天机器人。
- 诊断医疗状态。
- 谷歌搜索。
- 人脸识别。
- 自动添加图像和视频的字幕。
- 增强图像分辨率。
- 语音识别。
- 语言翻译。
- 预测选举结果。
- 预测地震和天气。
- 谷歌Sunroof，确定是否能将太阳能板放在屋顶上。
- 生成型应用——生成原始图像、按指定艺术风格加工已有图像、为黑白图像和视频添加颜色、音乐创作、文字创作（书籍、诗歌）等。

16.1.2 深度学习演示

了解这四个深度学习案例并上网搜索更多内容，包括前一节中我们提到的现实应用程序：

- DeepArt.io——对照片按指定艺术风格进行加工。https://deepart.io/。
- DeepWarpDemo——分析人物的照片并将照片人物眼睛朝不同方向移动。。
- Image-to-Image——将线条绘图转换为图片。https://affinelayer.com/pixsrv/。

[一] https://autokeras.com/.

[二] https://ai.baidu.com/ezdl/.

[三] https://cloud.google.com/automl/.

- 谷歌翻译移动应用（从手机的软件商店下载）——将照片中的文本翻译为另一门语言（例如，给西班牙语写的路标或菜单拍一张照片，并将其翻译为英语）。

16.1.3 Keras 资源

以下是在学习深度学习时有价值的一些资源。

- 答疑解惑：Keras 团队的 slack channel 见 https://kerasteam.slack.com。
- 学习资料：https://blog.keras.io。
- Keras 文档：http://keras.io。
- 项目资料：短期实验项目、研究型实验项目、综合课程项目或论文主题。在 https://arXiv.org 访问 arXiv（人们在这里公开他们的研究论文，通过同行评审后正式发表，可以得到迅速的反馈。因此这个网站能让我们获取到最新的研究成果）。

16.2 Keras 内置数据集

这里有一些用于练习深度学习的 Keras 的数据集（来自模块 tensorflow.keras.datasets[1]）。我们将在章节的示例、练习和项目中使用这些数据集：

- MNIST[2]手写数字数据库——手写数字识别，此数据集包含 28*28 的灰度数字图像，标记为 0 到 9，一共有 60 000 张用于训练的图像和 10 000 张用于测试的图像。我们将在第 16.6 节中使用此数据集，并研究卷积神经网络。
- Fashion-MNIST[3]数据库——服装分类，此数据集包含 28*28 的灰度服装图像，标记为 10 个类别[4]，一共有 60 000 张用于训练的图像和 10 000 张用于测试的图像。一旦为使用 MNIST 创建了一个模型，就可以通过更改几条语句来重新使用该模型。将会在练习中使用此数据集。
- IMDb 电影点评[5]——电影点评情感分析，一共有 25 000 条用于训练的点评和 25 000 条用于测试的点评，每条点评包含一个正（1）或负（0）面标记。我们将在 16.9 节中使用此数据集，并研究循环神经网络。
- CIFAR10[6]小图像分类——用于小型图像分类，此数据集包含 32*32 的彩色图像，标记为 10 个类别，一共有 50 000 张用于训练的图像和 10 000 用于测试的图像。将在练习中使用卷积神经网络分析此数据集。
- CIFAR100[7]小图像分类——同样用于小型图像分类，此数据集包含 32*32 的彩色图像，标记为 100 个类别，一共有 50 000 张用于训练的图像和 10 000 张用于测试的图像。如果做了 CIFAR10 的练习题，应该很快就能将卷积神经网络调整为适用于 CIFAR100。

---

[1] 在独立的 Keras 库中，模块名以 keras 开头而不是 tensorflow.keras。

[2] “The MNIST Database.” MNIST Handwritten Digit Database，Yann LeCun，Corinna Cortes and Chris Burges. http://yann.lecun.com/exdb/mnist/.

[3] Han Xiao and Kashif Rasul and Roland Vollgraf，Fashion-MNIST: a Novel Image Dataset for Benchmarking Machine Learning Algorithms，arXiv，cs.LG/1708.07747.

[4] https://keras.io/datasets/#fashion-mnist-database-of-fashion-articles.

[5] Andrew L. Maas，Raymond E. Daly，Peter T. Pham，Dan Huang，Andrew Y. Ng，and Christopher Potts.（2011）. Learning Word Vectors for Sentiment Analysis. The 49th Annual Meeting of the Association for Computational Linguistics（ACL 2011）.

[6] https://www.cs.toronto.edu/~kriz/cifar.html.

[7] https://www.cs.toronto.edu/~kriz/cifar.html.

16.3 自定义 Anaconda 环境

在运行本章的示例之前，需要安装我们使用的库。在本章的示例中，我们将使用 TensorFlow 深度学习库版本的 Keras[一]。在撰写本书时，TensorFlow 还不支持 Python 3.7。因此，需要 Python 3.6.x 来执行本章的示例。我们将展示如何设置 Keras 和 TensorFlow 的自定义环境。

Anaconda 的环境

Anaconda Python 的发布版自定义环境较为简单。它为每个不同的版本库提供了独立的配置，即使代码依赖于特定的 Python 或库版本，这可以帮助提高可再现性[二]。

Anaconda 默认的环境叫作基础环境。它在安装 Anaconda 的时候被创建，并包含所有 Anaconda 自带的 Python 库。除非另有指定，安装的任何额外的库也会被放置在那儿。自定义环境允许为特定任务安装特定的库。

创建 Anaconda 环境

`conda create` 命令创建一个环境。让我们创建一个名为 `tf_env`（可以取自己喜欢的）的 TensorFlow 环境。在终端、shell 或 Anaconda 命令提示符上执行下面的命令[三][四]：

```
conda create -n tf_env tensorflow anaconda ipython jupyterlab
   scikit-learn matplotlib seaborn h5py pydot graphviz
```

该命令将决定上述库的依赖关系，然后显示所有将会被安装到新环境的库。因为该命令包含较多依赖，所以这可能会花费几分钟。当看见提示符：

```
Proceed ([y]/n)?
```

按下 Enter 键来创建环境以及安装库[五]。

激活备用的 Anaconda 环境

为使用自定义的环境，执行 `conda activate` 命令：

```
conda activate tf_env
```

该命令只作用于当前的终端、shell 或 Anaconda 命令提示符。激活该自定义环境后，其他安装的库会变成自定义环境的部分，而不是基础环境。如果打开了另一个不同的终端、shell 或 Anaconda 命令提示符，默认情况下他们将会使用 Anaconda 的基础环境。

停用 Anaconda 环境

当使用完一个自定义环境，可以执行下面的命令在当前终端、shell 或 Anaconda 命令提示符中返回基础环境：

```
conda deactivate
```

[一] 还有一个独立的版本，允许在 TensorFlow、微软的 CNTK 或蒙特利尔大学的 Theano 之间进行选择（2017 年停止开发）。

[二] 在下一章中，我们将介绍把 Docker 作为另一个可再现性机制，并介绍一种在本地计算机上安装复杂环境的便捷方法。

[三] Windows 用户应当以管理员身份运行 Anaconda 命令提示符。

[四] 如果有一台兼容 TensorFlow 的 NVIDIA GPU 的电脑，可以将 `tensorflow` 库替换为 `tensorflow-gpu` 以获得更好的性能。有关详细信息，参见 https://www.tensorflow.org/install/gpu。一些 AMD GPU 也可以被 TensorFlow 使用：http://timdettmers.com/2018/11/05/which-gpu-for-deep-learning/。

[五] 当我们创建默认的环境时，conda 安装 Python3.6.7，这是与 tensorflow 库兼容的最新的 Python 版本。

Jupyter Notebook 和 JupyterLab

本章的示例仅以 Jupyter Notebook 的形式提供，这将使我们更容易尝试这些示例。可以调整我们提供的选项并重新执行 notebook。对于本章，应该从 `ch16` 示例文件夹中启动 JupyterLab。

自我测验

（填空题）Anaconda 中默认的环境叫作________环境。

答案：基础。

16.4 神经网络

深度学习是使用人工神经网络的一种机器学习形式。人工神经网络（或神经网络）是一种软件结构，其运作方式与科学家认为的我们大脑的工作方式类似。我们的生物神经系统受*神经元*[一]控制，神经元通过称为*突触*[二]的通路相互通信。随着我们的学习，特定的神经元让我们能够执行给定的任务，例如步行、与人更高效地交流。我们需要走路的时候这些神经元就*被激活*[三]。

人工神经元

在神经网络中，相互连接的人工神经元模拟人脑的神经元，以助于网络学习。在学习过程中，在学习目标的驱动下，特定神经元之间的连接不断得到加强和优化。在有监督的深度学习中（我们将在本章中使用），我们的目标是预测随数据样本附带的目标标签。为此，我们将训练一个通用神经网络模型，然后我们可以用它来对不可见的数据进行预测[四]。

人工神经网络图

下图显示了一个*三层*的神经网络。每个圆表示一个神经元，它们之间的线模拟了突触。一个神经元的输出成为另一个神经元的输入，因此得到术语*神经网络*。此图显示了一个全连接的网络，给定层中的每个神经元都连接到下一层的所有神经元：

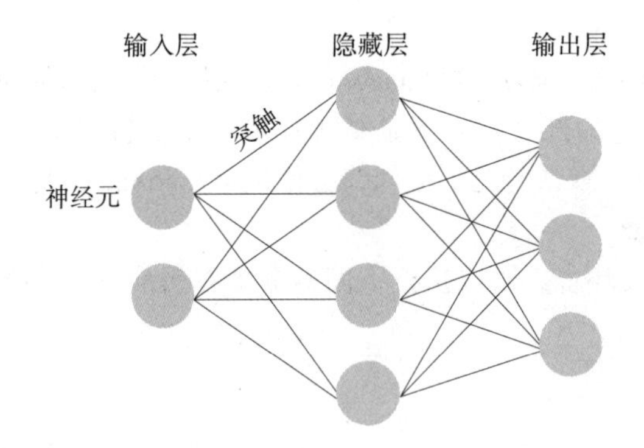

学习是一个迭代过程

当我们还是个孩子的时候，并没有瞬间学会走路。而是通过重复去学习这个技能。学会并综合这个运动的各个有机成分，使我们能够走路——学会站立、学会平衡保持站立、学会抬起脚并向前移动，等等。我们从环境中得到了反馈。当成功行走时，父母微笑着鼓掌。当

[一] https://en.wikipedia.org/wiki/Neuron.

[二] https://en.wikipedia.org/wiki/Synapse.

[三] https://www.sciencenewsforstudents.org/article/learning-rewires-brain.

[四] 在机器学习中，可以创建无监督的深度学习网络，这已经超出本章的范畴了。

跌倒时，可能会撞到头，感到疼痛。

同样，随着时间的推移，我们以迭代方式训练神经网络。每次迭代称为轮次，并处理训练数据集中的每个样本一次。没有“正确”的轮次数量，这是一个超参数，可能需要根据训练数据和模型进行调整。网络的输入是训练样本的特征。一些层从前面层的输出中学习新的特征，而另一些层则解释这些特征以进行预测。

人工神经元如何确定是否激活突触

在训练阶段，神经网络将计算两层神经元之间的每个连接的值，这些值称作权重。就神经元而言，计算其输入的权和，并将其传递给神经元的激活函数。这个函数将根据输入的“权和”确定激活哪些神经元，就像大脑中的神经元传递信息以响应来自眼睛、鼻子、耳朵等的输入一样。下图显示了一个神经元接收三个输入（黑点）并产生一个输出（空心圆），该输出将传递给下一层中的所有或部分神经元，具体取决于神经网络层的类型：

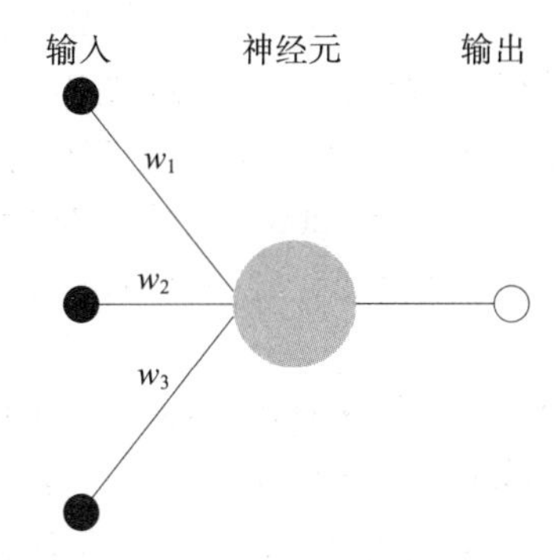

值 w_1、w_2 和 w_3 是权重。在从头开始训练的新模型中，这些值由模型随机初始化。当网络训练时，它尝试将网络的预测标签与样本的实际标签之间的误差率降至最低。误差率称为损失，确定损失的计算称为损失函数。在整个训练过程中，神经网络确定每个神经元对整体损失的贡献量，然后返回各层并调整权重，以尽量减少损失。此技术称为反向传播。优化这些权重是逐渐发生的，通常通过一个称为梯度下降的过程。

自我测验

1.（判断题）深度学习只支持带有标签的数据集的有监督学习。

答案：错误。机器学习中，可以创建无监督的深度学习网络。

2.（填空题）在一个________的神经网络中，给定层的每个神经元都与下一层所有神经元相连。

答案：全连接。

16.5 张量

深度学习框架通常以张量的形式操纵数据。“张量”本质上是一个多维数组。像 TensorFlow 一样的框架会将所有的数据打包成一个或多个张量，它们用于执行数学计算，使神经网络能够学习。随着维度数量的增加和数据丰富程度的提高（例如，图像、音频和视频比文本更丰富），这些张量可能会变得相当大。Chollet 讨论了在深度学习中通常遇到的张量类型[㊀]：

- 0D（0 维的）张量——被称作标量的单个值。

㊀ Chollet, François. Deep Learning with Python. Section 2.2. Shelter Island, NY: Manning Publications, 2018.

- 1D 张量——与向量这样的一维数组类似。1D 张量可能代表一个序列，例如来自传感器的每小时温度读数序列或一个电影点评的一些单词序列。
- 2D 张量——与矩阵这样的二维数组类似。2D 张量可能代表一张灰度图像，张量的两个维度是图像的像素宽和高，每个元素的值为该像素的强度。
- 3D 张量——与三维数组类似。例如用来表示彩色图像的三维数组。前面两个维度代表图像的像素宽和高，每个位置的深度能表示给定像素颜色的红色、绿色与蓝色（RGB）的分量。一个 3D 的张量也可以表示包含灰度图像的 2D 张量的集合。
- 4D 张量——4D 张量可以用来表示 3D 张量的色彩图像的集合。它也可以用来表示一个视频。视频的每一帧本质上是一张彩色图像。
- 5D 张量——可以用来表示包含视频的 4D 张量的集合。

张量通常以值的元组的形状出现，其中元素数量指定张量的维度数，元组中的每个值指定张量相应维度的大小。

假设我们正在创建一个深度学习网络，用于识别和跟踪每秒 30 帧的 4K（高分辨率）视频中的物体。4K 视频中的每帧为 3840 乘 2160 像素。假设像素以红色、绿色和蓝色分量显示彩色。因此，每帧将是一个包含 24 883 200 个元素（3840*2160*3）的 3D 张量，每个视频将是一个包含帧序列的 4D 张量。如果视频有一分钟长，每个张量会有 44 789 760 000 个元素！

每分钟有超过 600 个小时的视频被上传到 YouTube[一]，因此仅仅一分钟的上传量，Google 就可以拥有包含 1 612 431 360 000 000 个元素的张量，用于训练深度学习模型，这就是大数据。如我们所看到的，张量可以迅速地变得庞大，因此有效地操纵它们至关重要。这是大多数深度学习在 GPU 上执行的关键原因之一。最近，Google 创造了 TPU（张量处理单元），它是专门被设计用于执行张量操作的，其运行速度比 GPU 快。

高性能处理器

现实世界的深度学习需要强大的处理器，因为张量可能很庞大，而大张量的计算对处理器要求很高。最常用于深度学习的处理器有：

- NVIDIA GPU（图像处理单元）——GPU 最初由 NVIDIA 等公司开发用于电子游戏，GPU 处理海量数据的速度比传统 CPU 快得多，从而使开发人员能够更高效地训练、验证和测试深度学习模型，并且用它们做更多实验。张量运算通常以海量数据的矩阵运算为主，而 GPU 在数学矩阵运算方面进行了针对性优化，这也是深度学习被称为在“引擎盖下”工作的一个根本原因。NVIDIA 的 Volta Tensor Core 专为深度学习而设计[二][三]。许多 NVIDIA GPU 都与 TensorFlow 兼容，因此与 Keras 也兼容，可以增强深度学习模型的性能[四]。
- 谷歌 TPU（张量处理单元）——认识到深度学习对它的未来至关重要，Google 开发了 TPU（张量处理单元），如今在它们的 TPU 云服务中使用，“在单个 pod 中可提供高达 11.5 petaflops 的性能”[五]（即每秒 11 500 000 亿次浮点运算）。此外，TPU 的设计特别节

㊀ https://www.inc.com/tom-popomaronis/youtube-analyzed-trillions-of-data-points-in-2018-revealing-5-eye-opening-behavioral-statistics.html.

㊁ https://www.nvidia.com/en-us/data-center/tensorcore/.

㊂ https://devblogs.nvidia.com/tensor-core-ai-performance-milestones/.

㊃ https://www.tensorflow.org/install/gpu.

㊄ https://cloud.google.com/tpu/.

能，对于像谷歌这样的公司来说，这是一个重要的关注点，这些公司已经有庞大的计算集群，这些集群以指数速度增长且耗费大量能源。

自我测验

1.（填空题）深度学习框架通常以________的形式操纵数据。

答案：张量。

2.（判断题）张量总是在标准的 CPU 上被处理。

答案：错误。张量会迅速地变得庞大而且会对处理器提出极致的需求。因为这个原因，大多数深度学习都运行在 GPU 上或谷歌的 TPU（张量处理单元）上。

3.（填空题）________维的张量可以代表灰度图像的一个集合。

答案：三。

16.6 视觉处理的卷积神经网络和使用 MNIST 数据集的多分类器

在第 15 章中，我们使用与 scikit-learn 绑定的 Digits 数据集中的 8*8 像素、低分辨率的图像对手写数字进行分类。该数据集是高分辨率 MNIST 手写数字数据集的一个子集。这里，我们将使用 MNIST 的卷积神经网络[1]（也称为 convnet 或 CNN）来了解深度学习。卷积神经网络在计算机视觉应用中很常见，例如识别手写数字和字符、识别图像和视频中的物体。它们也用于非视觉应用，比如自然语言处理和推荐系统。

Digits 数据集只有 1797 个样本，而 MNIST 有 70 000 个有标记的数字图像样本——60 000 个用于训练，10 000 个用于测试。每个样本是一个 28*28 像素的灰度图像（共 784 个特征），用 NumPy 数组表示。每个像素是一个从 0 到 255 的值，它代表该像素的强度（或明暗度），Digits 数据集使用了更小粒度的阴影值，这个值从 0 到 16。MNIST 的标签是从 0 到 9 的整数值，表示每个图像代表的数字。

在前面章节使用的机器学习模型进行的数字图像的预测分类（一个 0 到 9 的整数）的基础上，本章构建的卷积神经网络模型将进行概率分类[2]。对于每个数字图像，模型将输出一个包含 10 个概率的数组，每个概率表示该数字属于 0 到 9 类中的某个类的可能性。概率最高的类别为预测值。

Keras 和深度学习的可再现性

我们在整本书中都讨论了可再现性的重要性。在深度学习中，可再现性更加困难，因为运行库会大量并行化浮点数运算，每次计算的顺序可能不同，这可能会产生不同的结果。在 Keras 中获得可再现性的结果需要结合 Keras FAQ 中描述的环境设置和代码设置：

`https://keras.io/getting-started/faq/#how-can-i-obtain-reproducible-results-using-keras-during-development.`

基本的 Keras 神经网络

Keras 神经网络由以下部分组成：

- 网络（也叫作模型）——神经元构成的层的序列，用于从样本中进行学习。每一层的神经元接收输入，处理它们（通过*激活函数*）并产生输出。网络输入层指定样本数据维度并接受训练数据，随后的隐藏层进行学习，输出层产生预测。堆叠的隐藏层层数越多，网络越深，这就是深度学习这个术语的由来。

---

[1] https://en.wikipedia.org/wiki/Convolutional_neural_network.

[2] https://en.wikipedia.org/wiki/Probabilistic_classification.

- 损失函数——网络预测目标值好坏的测量。损失值越小表示预测结果越好。
- 优化器——试图使损失函数产生的值最小化，从而调整网络以做出更好的预测。

启动 JupyterLab

本节假设已经激活了在16.3节创建的 `tf_env` Anaconda 环境并且从 `ch16` 示例文件夹启动了 JupyterLab。可以在 JupyterLab 中打开 `MNIST_CNN.ipynb` 文件并执行我们在代码单元中提供的代码，或者也可以创建一个新的 notebook 并自己输入代码。如果读者愿意，可以在 IPython 的命令行上运行，但是，把代码放在 Jupyter Notebook 上可以更容易地重复执行本章的例子。

提醒一下，可以重置 Jupyter Notebook，并通过选择 Restart Kernel and Clear All Outputs…从 JupyterLab 的 Kernel 菜单中清除输出。这将会终止 notebook 的执行并清除它的输出。如果模型表现得不好，而且想尝试不同的超参数，或者重构神经网络，可以这样做[⊖]。然后，可以一次重新执行 notebook 的一个代码单元，或者通过选择 JupyterLab 的 Run 菜单的 Run All 来执行整个 notebook。

自我测验

1.（填空题）卷积神经网络在________应用中很常见，例如识别手写数字和字母以及识别图像和视频中的物体。

答案：计算机视觉。

2.（填空题）________分类表示样本属于模型预测的每个类的可能性。

答案：概率。

3.（判断题）优化器产生一个衡量网络预测目标值好坏的测量。

答案：错误。损失函数产生一个衡量网络预测目标值好坏的测量。优化器试图使损失函数产生的值最小化，从而调整网络以做出更好的预测。

16.6.1 加载 MNIST 数据集

让我们导入 `tensorflow.keras.datasets.mnist` 模块，这样就可以加载数据集：

```
[1]: from tensorflow.keras.datasets import mnist
```

注意，因为我们使用的是 Keras 的 TensorFlow 内置版本，Keras 模块的名称以 `"tensorflow."` 开头。在独立的 Keras 版本中，模块名以 `"keras."` 开头，因此应当在上面使用 `Keras.datasets`。Keras 使用 TensorFlow 来执行深度学习模型。

mnist 模块的 `load_data` 函数加载 MNIST 训练和测试集：

```
[2]: (X_train, y_train), (X_test, y_test) = mnist.load_data()
```

当调用 `load_data` 时，它会在系统上下载 MNIST 数据。函数返回包含训练集和测试集的两个元素的元组。每个元素本身都是一个元组，分别包含样本和标签。

自我测验

（填空题）默认情况下，Keras 使用________作为其后台来执行深度学习模型。

答案：TensorFlow。

⊖ 我们有时得重复执行两次这个菜单选项来清除输出。

16.6.2 数据观察

让我们在使用数据之前先观察它一下。首先，我们检查训练集图像（X_train）、训练集标签（y_train）、测试集图像（X_test）和测试集标签（y_test）的维数：

```
[3]: X_train.shape
[3]: (60000, 28, 28)

[4]: y_train.shape
[4]: (60000,)

[5]: X_test.shape
[5]: (10000, 28, 28)

[6]: y_test.shape
[6]: (10000,)
```

可以从 X_train 和 X_test 的形状中看到，图像的分辨率比 scikit-learn 的 Digits 数据集（8 × 8）中的图像更高。

可视化数字

让我们把一些数字图像可视化。首先，在 notebook 中启用 Matplotlib，导入 Matplotlib 和 Seaborn 并设置字体比例：

```
[7]: %matplotlib inline

[8]: import matplotlib.pyplot as plt

[9]: import seaborn as sns

[10]: sns.set(font_scale=2)
```

IPython 的魔法指令

```
%matplotlib inline
```

表示基于 Matplotlib 的图形应当显示在 notebook 中，而不是在单独的窗口中。要了解更多，可以在 Jupyter Notebook 中使用 IPython 魔法指令，请参阅：

https://ipython.readthedocs.io/en/stable/interactive/magics.html

接下来，我们将显示一组从 MNIST 训练集中随机选择的 24 张图像。回想一下在第 7 章中，可以将一个索引序列作为 NumPy 数组的下标传递，从而只选择那些索引对应的数组元素。在这里，我们将使用该功能在 X_train 数组和 y_train 数组的相同索引处选择元素。这将确保我们为每个随机选择的图像显示正确的标签。

NumPy 的 choice 函数（numpy.random 模块）从第一个参数值指示的数组（在本例中，是一个包含 X_train 下标范围的数组）中，随机选择若干 [由第二个参数（24）指定] 个元素。函数返回一个包含所选值的数组，存储在 index 中。表达式 X_train[index] 和 y_train[index] 使用 index 从两个数组中获取相应的元素。代码单元格的其余部分是前一章 Digits 案例研究中的可视化代码：

```
[11]: import numpy as np
      index = np.random.choice(np.arange(len(X_train)), 24, replace=False)
      figure, axes = plt.subplots(nrows=4, ncols=6, figsize=(16, 9))
```

```
    for item in zip(axes.ravel(), X_train[index], y_train[index]):
        axes, image, target = item
        axes.imshow(image, cmap=plt.cm.gray_r)
        axes.set_xticks([])  # remove x-axis tick marks
        axes.set_yticks([])  # remove y-axis tick marks
        axes.set_title(target)
    plt.tight_layout()
```

可以在下面的输出中发现 MNIST 的数字图像的分辨率比 scikit-learn 的 Digits 数据集更高：

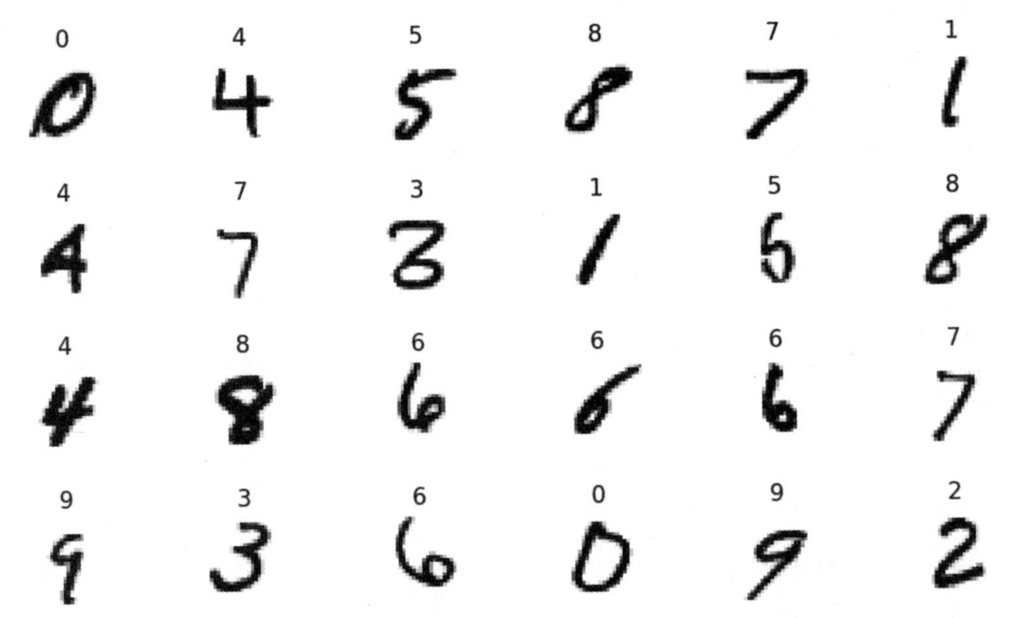

看看这些数字，就会明白为什么识别手写数字是一项挑战：

- 有人写“打开”的 4（像第一行和第三行），有人写“关闭”的 4（像第二行）。虽然每个 4 都有一些相似的特征，但它们彼此都不一样。
- 第二行的 3 看上去很奇怪——更像是合并在一起的 6 和 7。而第四行中的 3 更清晰。
- 第二行的 5 很容易与 6 混淆。
- 此外，人们书写数字的角度不一样，可以看到在第三排和第四排的四个 6，两个直立，一个向左倾斜，一个向右倾斜。

多次运行前面的代码片段，可以看到其他随机选择的数字[⊖]。实验中，如果不在每个数字上面显示标签，可能很难识别其中的一些数字。我们很快就会发现我们的第一个卷积神经网络将如何准确地预测 MNIST 测试集的数字。

16.6.3　数据准备

回想一下在第 15 章中，scikit-learn 绑定的数据集被预处理成其模型所需的形状。在现实世界的研究中，通常需要做一些或全部的数据准备。为在 Keras 卷积神经网络中使用，需要对 MNIST 数据集做一些准备。

重塑图像数据

Keras 卷积神经网络要求以 NumPy 数组的输入，其每个样本都要有形状：

⊖　如果多次运行上述代码单元，那么其旁边的代码片段编号将每次递增，就像在 IPython 命令行中所做的那样。

（宽度，高度，通道）

对于 MNIST，每个图像的宽度和高度都为 28 像素，每个像素有一个通道（从 0 到 255 的像素灰度明暗），所以每个样本的形状为：

```
(28, 28, 1)
```

全彩图像的每个像素值为 RGB（红 / 绿 / 蓝），它有三个通道——色彩的红、绿和蓝分量分别有一个通道。

随着神经网络从图像中学习，它创造了更多的通道。学习的通道将代表更复杂的特征，如边缘、曲线和线，而不是明暗或颜色，最终将使网络能基于这些额外的特征和它们的组合来识别数字。

为了在卷积神经网络中使用，让我们将 60 000 个训练集和 10 000 个测试集图像重塑为正确的维数并确认它们的新形状。回想一下，NumPy 数组 `reshape` 方法接收一个表示数组新形状的元组：

```
[12]: X_train = X_train.reshape((60000, 28, 28, 1))

[13]: X_train.shape
[13]: (60000, 28, 28, 1)

[14]: X_test = X_test.reshape((10000, 28, 28, 1))

[15]: X_test.shape
[15]: (10000, 28, 28, 1)
```

归一化图像数据

数据样本中的数值特征的范围可能变化很大。在数据被规范到 0.0 到 1.0 之间或平均值为 0.0 且标准差为 1.0 时，深度学习网络表现得更好[㊀]。将数据规范到其中一种形式称为归一化。

在 MNIST 中，每个像素都是 0～255 范围内的整数。下面的语句使用 NumPy 数组方法 `astype` 将这些值转换为 32 位（4 字节）浮点数，然后将结果数组中的每个元素除以 255，产生范围为 0.0～1.0 的归一化值：

```
[16]: X_train = X_train.astype('float32') / 255

[17]: X_test = X_test.astype('float32') / 255
```

独热编码：将标签从整数转换为类别数据

如前所述，卷积神经网络对每个数字的预测将是一个包含 10 个概率的数组，表明该数字属于 0 到 9 中的某一类的可能性。当我们评估模型的准确性时，Keras 将模型的预测值与标签进行比较。为了做到这一点，Keras 要求两者具有相同的形状。然而，每个数字的 MNIST 标签是 0～9 范围内的一个整数。因此，我们必须将标签转换为类别数据——也就是说，与预测格式相匹配的类别数组。为此，我们将使用一个称为独热编码的过程[㊁]，该过程将数据转换为 1.0 和 0.0 的数组，其中只有一个元素是 1.0，其余的都是 0.0。对于 MNIST，一

㊀ S. Ioffe and Szegedy, C.. " Batch Normalization: Accelerating Deep Network Training by Reducing Internal Covariate Shift." https://arxiv.org/abs/1502.03167.

㊁ 这个术语来自某些数字电路，在这种电路中，一组比特位只允许打开一个比特（即值为 1）。https://en.wikipedia.org/wiki/One-hot。

个独热编码的值将是代表 0 到 9 类别的 10 个元素的数组。独热编码也可以应用于其他类型的数据。

我们精确地知道每个数字属于哪个类别，因此数字标签的类别表示由该数字索引的元素为 1.0 而所有其他元素为 0.0 的数组组成（同样，Keras 内部使用浮点数）。所以 7 的类别表示为：

```
[0.0, 0.0, 0.0, 0.0, 0.0, 0.0, 0.0, 1.0, 0.0, 0.0]
```

3 的类别表示为：

```
[0.0, 0.0, 0.0, 1.0, 0.0, 0.0, 0.0, 0.0, 0.0, 0.0]
```

`tensorflow.keras.utils` 模块提供 `to_categorical` 函数来执行独热编码。该函数计算唯一的类别数，然后为每个被编码的项创建一个类别数长度的数组，指定位置为 1.0。让我们将包含值 0～9 的一维数组 `y_train` 和 `y_test` 转换为类别数据的二维数组，这样做之后，这些数组的行就像上面所示的那样。代码片段 `[21]` 为数字 5 输出一个样本的类别数据（回想一下，NumPy 只显示小数点，而不会显示浮点数值尾随的 0）：

```
[18]: from tensorflow.keras.utils import to_categorical

[19]: y_train = to_categorical(y_train)

[20]: y_train.shape
[20]: (60000, 10)

[21]: y_train[0]
[21]: array([ 0.,  0.,  0.,  0.,  0.,  1.,  0.,  0.,  0.,  0.],
dtype=float32)

[22]: y_test = to_categorical(y_test)

[23]: y_test.shape
[23]: (10000, 10)
```

自我测验

1.（填空题）在数据被规范到 0.0 到 1.0 之间或平均值为 0.0 且标准差为 1.0 时，深度学习网络表现得更好。将数据规范到其中一种形式称为________。

答案：归一化。

2.（代码的作用分析）假设 `y_train` 包含 MNIST 数据集的训练数据的 0～9 整数标签，下面语句的作用是什么？

```
y_train = to_categorical(y_train)
```

答案：这条语句将 `y_train` 的数据独热编码，把每个元素从单独的整数标签（范围 0～9）转换为 1.0 和 0.0 的数组，只允许代表数字标签的元素为 1.0，其余的为 0.0。

16.6.4　构造神经网络

我们已经准备好了数据，现在来配置一个卷积神经网络。从使用 **`tensorflow.keras.models`** **模块**的 Keras **`Sequential`** **模块**开始：

```
[24]: from tensorflow.keras.models import Sequential

[25]: cnn = Sequential()
```

由此产生的网络将依次执行它的各层——某一层的输出成为下一层的输入。这就是所谓的前馈网络。但是，当我们讨论循环神经网络时，会看到并不是所有的神经网络都是这样运作的。

增加网络层

典型的卷积神经网络由几层组成——接收训练样本的输入层，学习样本的隐藏层，产生预测概率的输出层。我们将在这里创建一个基本的卷积神经网络。我从 **tensorflow.keras.layers** 模块导入在本例中使用的层类：

```
[26]: from tensorflow.keras.layers import Conv2D, Dense, Flatten,
      MaxPooling2D
```

我们将在下面逐一讨论。

卷积

我们将从卷积层开始我们的网络，卷积层使用彼此接近的像素之间的关系来学习每个样本的小区域中的有用特征（或模式）。这些特征成为下一层的输入。

卷积学习的小区域称为核或块。让我们来研究一下 6×6 图像的卷积。考虑下面的图，其中 3×3 的阴影方块表示核——这些数字只是表示访问和处理核的顺序的位置数字：

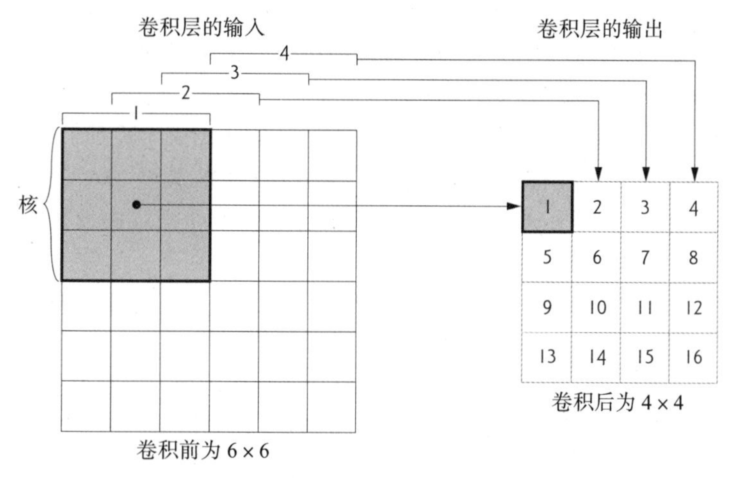

可以将核看作一个“滑动窗口”，卷积层每次在图像中从左到右移动一个像素。当核到达右边缘时，卷积层将核向下移动一个像素并重复这个从左到右的过程。核大小是一个可调的超参数，通常是 3×3 的[⊖]，但有时我们会为高分辨率的图像建立使用 5×5 和 7×7 的卷积神经网络。

最初，核位于原始图像的左上角，即上面输入层的核位置 1（有阴影的方块）。卷积层使用这 9 个特征进行数学计算以“学习”它们，然后在层输出的位置 1 处输出 1 个新的特征。通过观察彼此附近的特征，该网络开始识别诸如边缘、直线和曲线等特征。

接下来，卷积层将核向右移动一个像素（称为步长）到位置 2。这个新位置与前一个位置三列中的两列重合，因此卷积层可以学习所有相互接触的特征。层从核位置 2 的 9 个特征中学习，并将一个新的特征输出到层输出的位置 2，例如：

⊖ https://www.quora.com/How-can-I-decide-the-kernel-size-output-maps-and-layers-ofCNN.

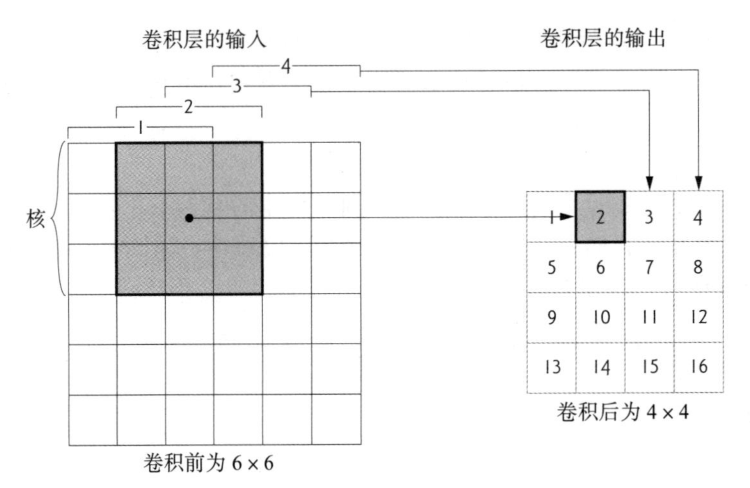

对于一个 6×6 的图像和一个 3×3 的核，卷积层将执行两次上面的操作，以产生该层输出的位置 3 和 4 的特征。然后，卷积层将核向下移动一个像素，并再次从左到右处理接下来的四个核位置，产生位置 5～8、9～12 和最后的 13～16 的输出。图像从左到右、从上到下的完整遍历称为一次滤波。对于一个 3×3 的核，滤波后的尺寸（上面示例中的 4×4）将比输入尺寸（6×6）小 2。对于每个 28×28 的 MNIST 图像，滤波后的输出大小是 26×26。

在处理像 MNIST 中那样的小图像时，卷积层中的滤波器数量通常是 32 或 64，且每次滤波会产生不同的结果。滤波器的数量取决于图像的尺寸——高分辨率的图像有更多的特征，因此它们需要更多的滤波器。如果研究一下 Keras 团队用来生成他们预先训练的卷积神经网络的代码[一]，会发现他们在最初的卷积层中使用了 64、128 甚至 256 个滤波器。基于它们的卷积网络以及 MNIST 图像较小的事实，我们将在第一个卷积层中使用 64 个滤波器。由卷积层产生的一组滤波称为特征映射。

随后的卷积层将先前特征图中的特征结合起来，以识别更大的特征，等等。如果我们在做人脸识别，前面的层次可能识别线条、边缘和曲线，后面的层次可能开始将这些特征组合成更大的特征，如眼睛、眉毛、鼻子、耳朵和嘴巴。由于卷积的关系，一旦网络学会了一个特征，它就可以识别出图像中任何位置的特征。这就是卷积神经网络用于图像中物体识别的原因之一。

添加一个卷积层

让我们在模型中添加一个 Conv2D 卷积层：

```
[27]: cnn.add(Conv2D(filters=64, kernel_size=(3, 3), activation='relu',
                     input_shape=(28, 28, 1)))
```

Conv2D 层由以下参数配置：

- filters=64——结果特征映射中滤波的数量。
- kernel_size=（3，3）——每个滤波中用的核的大小。
- activation='relu'——'relu'（线性整流函数）激活函数用来产生此层的输出。'relu' 是在当今深度学习网络中使用最为广泛的激活函数[二]，其性能优异，易于计算[三]，它通常被推荐用于卷积层[四]。

[一] https://github.com/keras-team/keras-applications/tree/master/keras_applications.

[二] Chollet，François. Deep Learning with Python. p. 72. Shelter Island，NY: Manning Publications，2018.

[三] https://towardsdatascience.com/exploring-activation-functions-for-neural-networks-73498da59b02.

[四] https://www.quora.com/How-should-I-choose-a-proper-activation-function-for-the-neural-network.

因为这是模型的第一层，我们还传递 `input_shape=(28, 28, 1)` 参数来指定每个样本的形状。这将自动创建一个输入层来加载样本并将它们传递到 `Conv2D` 层，它实际上是第一个隐藏层。在 Keras 中，每个后续的层都根据前一层的输出形状推断其 `input_shape`，使层更容易堆叠。

第一个卷积层输出的尺寸

在前面的卷积层中，输入样本是 28 × 28 × 1 的，即每个样本有 784 个特征。我们为这一层指定了 64 个滤波和 3 × 3 的核，所以每个图像的输出是 26 × 26 × 64，即总共 43264 个特性的特征映射，其维数有显著增加，且我们处理的特征数比在第 15 章中的模型多很多。随着每一层添加更多的特征，得到的特征映射的维数会显著增大。这就是深度学习研究通常需要强大的处理能力的原因之一。

过拟合

回想前面的章节，当模型相对于它所建模的东西过于复杂时，可能会发生过拟合。在最极端的情况下，模型会记住它的训练数据。当使用过拟合模型进行预测时，如果新数据与训练数据相匹配，那么预测将是准确的，但如果使用从未见过的数据，模型的表现可能会很差。

在深度学习中，由于层的维数过大，往往会发生过拟合[㊀㊁㊂]。这使得网络学习训练集数字图像的特定特征，而不是学习数字图像的一般特征。防止过拟合的一些技术包括更少轮次的训练迭代、数据扩充、dropout 和 L1/L2 正则化[㊃㊄]。我们将在本章后面讨论。

更高的维数还会增加（有时会暴增）计算时间。如果是在 CPU 上而不是 GPU 或 TPU 上执行深度学习，那么训练可能会慢得令人难以忍受。

添加一个池化层

为了减少过拟合和计算时间，卷积层后面通常是一层或多层减小卷积层输出维数的层。池化层通过丢弃特征来压缩（或降采样）结果，这有助于使模型更通用。最常见的池化技术称为最大池化，它检查一个 2 × 2 的功能块，只保留最大的功特征。为了理解池化，让我们再次假设一组 6 × 6 的特性。在下面的图表中，6 × 6 的正方形中的数值代表我们希望压缩的特征，位置 1 的 2 × 2 深灰色正方形代表要检查的初始特征池：

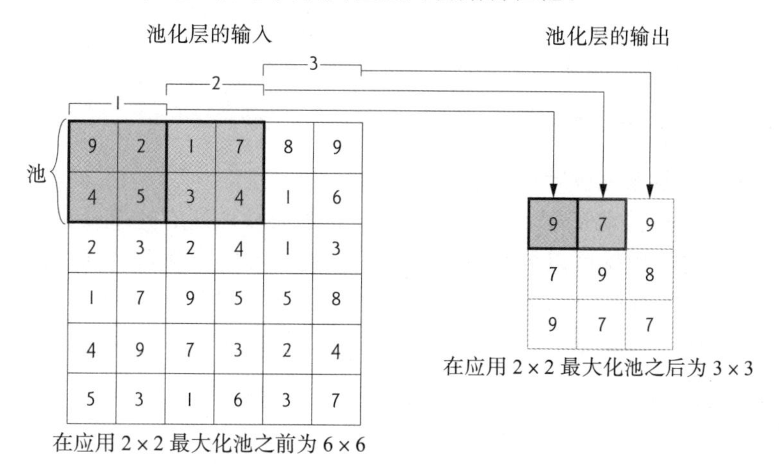

㊀ https://cs231n.github.io/convolutional-networks/.

㊁ https://medium.com/@cxu24/why-dimensionality-reduction-is-important-dd60b5611543.

㊂ https://towardsdatascience.com/preventing-deep-neural-network-from-overfitting-953458db800a.

㊃ https://towardsdatascience.com/deep-learning-3-more-on-cnns-handling-overfitting-2bd5d99abe5d.

㊄ https://www.kdnuggets.com/2015/04/preventing-overfitting-neural-networks.html.

最大池化层首先查看上面位置 1 中的池，然后输出其最大特征，在图中为 9。与卷积不同，池之间没有重叠。池按其宽度移动——对于一个 2 × 2 的池，步长是 2。对于第二个池，由 2 × 2 的浅灰色方块表示，层输出为 7。对于第三个池，层输出为 9。一旦池到达右边缘，池化层按它的高度向下移动（2 行），然后从左到右继续。因为每一组 4 个的特征被缩减为 1 个，所以 2 × 2 的池将特征的数量压缩了 75%。

让我们为模型添加一个 `MaxPooling2D` 层：

```
[28]: cnn.add(MaxPooling2D(pool_size=(2, 2)))
```

这将前一层的输出从 26 × 26 × 64 减少到 13 × 13 × 64。在练习中，我们将要求研究和使用 `Dropout` 层，它提供了另一种减少过拟合的技术。

尽管池化是减少过拟合的常用技术，但一些研究表明，使用更大核步长的额外卷积层可以在不丢弃特征的情况下减少尺寸和过拟合[㊀]。

增加另一个卷积层和池化层

卷积神经网络通常有许多卷积层和池化层。Keras 团队的卷积神经网络倾向于在后面的卷积层中增加一倍的滤波器数量，以使模型能够学习特性之间的更多关系[㊁]。那么，让我们添加带有 128 个滤波器的第二个卷积层，然后是第二个池化层，再次将维数降低 75%：

```
[29]: cnn.add(Conv2D(filters=128, kernel_size=(3, 3), activation='relu'))

[30]: cnn.add(MaxPooling2D(pool_size=(2, 2)))
```

第二个卷积层的输入是第一个池化层的 13 × 13 × 64 大小的输出。因此，代码片段 [29] 的输出将是 11 × 11 × 128。对于像 11 × 11 这样的奇数维度，Keras 池化默认是向下舍入的（在这个例子中是 10 × 10），所以这个池化层的输出将是 5 × 5 × 128。

扁平化结果

此时，前一层的输出是三维的（5 × 5 × 128），但我们模型的最终输出将是一个一维数组，包含 10 个概率，它对数字进行分类。为了准备一维的最终预测，我们首先需要将前一层的三维输出扁平化。Keras `Flatten` 层将其输入重塑为一维。在这种情况下，`Flatten` 层的输出将是 1 × 3200 的（即 5 * 5 * 128）：

```
[31]: cnn.add(Flatten())
```

添加一个 Dense 层来减少特征数量

`Flatten` 层之前的隐藏层学习数字特征。现在需要获取所有这些特征并学习它们之间的关系，这样我们的模型就可以分类每个图像所代表的数字。学习特征之间的关系和执行分类是通过完全连接的 `Dense` 层来完成的，就像本章前面神经网络图所示的那样。下面的 `Dense` 层创建了 128 个神经元（单元），它们从上一层的 3200 个输出中学习：

```
[32]: cnn.add(Dense(units=128, activation='relu'))
```

许多卷积神经网络至少包含一个 `Dense` 层，如上图所示。卷积神经网络适用于更复

㊀ Tobias, Jost, Dosovitskiy, Alexey, Brox, Thomas, Riedmiller, and Martin. " Striving for Simplicity: The All Convolutional Net." April 13, 2015. https://arxiv.org/abs/1412.6806.

㊁ https://github.com/keras-team/keras-applications/tree/master/keras_applications.

杂的图像数据集，如 ImageNet——一个拥有超过 1400 万张图像的数据集[一]，它们具有更高分辨率的图像，通常有几个 Dense 层以及 4096 个神经元。可以在 Keras 的几个预先训练的 ImageNet 卷积神经网络[二]中看到这样的配置，我们将在 16.11 节列出它们。

添加另一个 Dense 层来产生最终输出

我们的最后一层是 Dense 层，它将输入分类为代表 0 到 9 类别的神经元。softmax 激活函数将剩余 10 个神经元的值转换为分类概率。产生最高概率的神经元代表对给定数字图像的预测：

```
[33]: cnn.add(Dense(units=10, activation='softmax'))
```

打印模型的摘要

模型的 summary 方法向我们展示了模型的层。需要注意的一些有趣的事情是不同层的输出形状和参数的数量。参数是网络在训练过程中学习到的权重[三][四]。这是一个相对较小的网络，但它将需要学习近 500 000 个参数！这仅是针对那些分辨率不到大多数智能手机主屏幕图标四分之一的小图像。想象一下，要处理高分辨率的 4K 视频帧或当今数码相机产生的超高分辨率图像，网络必须学会多少特征。在 Output Shape 中，None 仅意味着模型不能提前知道我们将提供多少个训练样本，这只有在开始训练时才知道。

```
[34]: cnn.summary()
_________________________________________________________________
Layer (type)                 Output Shape              Param #
=================================================================
conv2d_1 (Conv2D)            (None, 26, 26, 64)        640
_________________________________________________________________
max_pooling2d_1 (MaxPooling2 (None, 13, 13, 64)        0
_________________________________________________________________
conv2d_2 (Conv2D)            (None, 11, 11, 128)       73856
_________________________________________________________________
max_pooling2d_2 (MaxPooling2 (None, 5, 5, 128)         0
_________________________________________________________________
flatten_1 (Flatten)          (None, 3200)              0
_________________________________________________________________
dense_1 (Dense)              (None, 128)               409728
_________________________________________________________________
dense_2 (Dense)              (None, 10)                1290
=================================================================
Total params: 485,514
Trainable params: 485,514
Non-trainable params: 0
_________________________________________________________________
```

另外，请注意这里没有“不可训练的”参数。默认情况下，Keras 训练所有参数，但也有可能避免训练某个特定的层，这通常发生在调整网络或在新模型中使用另一个模型学习的参数的时候（这个过程称为*迁移学习*，我们将在练习中探索）[五]。

[一] http://www.image-net.org.

[二] https://github.com/keras-team/keras-applications/tree/master/keras_applications.

[三] https://hackernoon.com/everything-you-need-to-know-about-neural-networks-8988c3ee4491.

[四] https://www.kdnuggets.com/2018/06/deep-learning-best-practices-weight-initialization.html.

[五] https://keras.io/getting-started/faq/#how-can-i-freeze-keras-layers.

可视化模型结构

可以使用 tensorflow.keras.utils 模块的 plot_model 函数可视化模型摘要：

```
[35]: from tensorflow.keras.utils import plot_model
      from IPython.display import Image
      plot_model(cnn, to_file='convnet.png', show_shapes=True,
                 show_layer_names=True)
      Image(filename='convnet.png')
```

在 convnet.png 保存可视化结果，我们使用 IPython.display 模块的 Image 类在 notebook 中显示图像。Keras 在图像中分配了层名[⊖]：

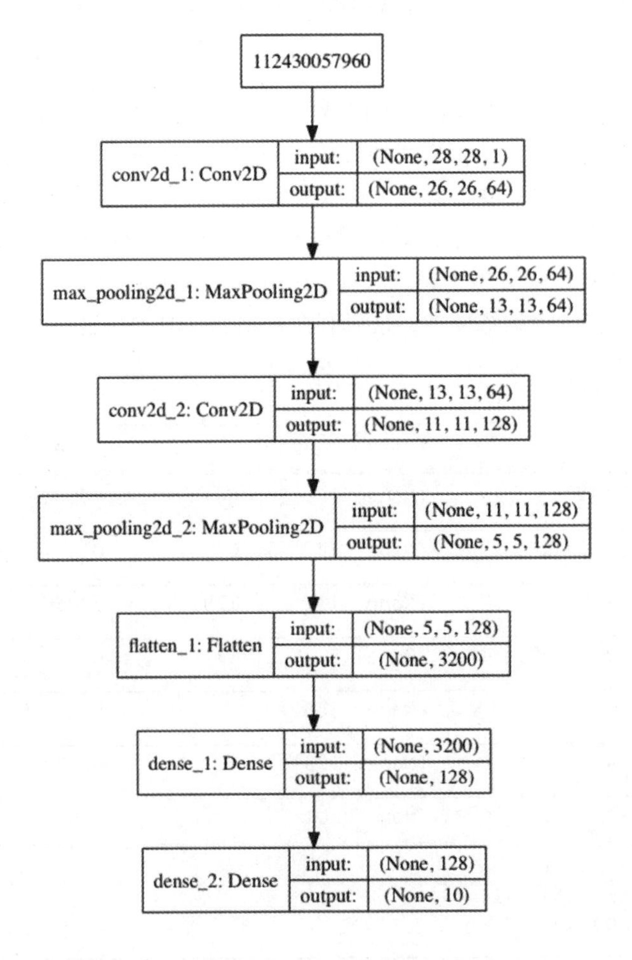

编译模型

一旦添加了所有的层，调用它的 compile 方法来完成模型：

```
[36]: cnn.compile(optimizer='adam',
                  loss='categorical_crossentropy',
                  metrics=['accuracy'])
```

参数为：

- optimizer='adam'——这个模型在整个神经网络学习过程中使用优化器调整权重。

⊖ 在图的顶部具有大整数值 112430057960 的节点似乎是当前 Keras 版本的一个错误。这个节点代表输入层，应该说是“InputLayer”。

有许多优化器[1]——'adam' 在各种各样的模型中都表现得很好[2][3]。

- loss='categorical_crossentropy'——这是优化器在多分类网络中使用的损失函数，如我们预测 10 个类别数字的卷积神经网络。随着神经网络的学习，优化器尝试最小化损失函数返回的值。损失越低，神经网络对每幅图像的预测就越好。对于二分类（我们将在本章后面使用）任务，Keras 提供了 'binary_crossentropy'；对于回归任务，提供了 'mean_squared_error'。有关其他损失函数，请参见 https://keras.io/losses/。
- metrics=['accuracy']——这是神经网络生成的一个指标列表，以帮助我们评估模型。准确性是分类模型中常用的指标。在本例中，我们将使用 accuracy 来检查正确预测的百分比。有关其他指标的列表，请参见 https://keras.io /metrics/。

自我测验

1.（填空题）________网络将一层的输出作为输入依次传递到下一层。

答案：前馈。

2.（填空题）________层使用彼此接近的像素间的关系学习有用的特征（或模式），如边缘、直线和曲线。

答案：卷积。

3.（填空题）在深度学习中，当层的维数变得太大时，往往会发生一种称为________的问题。

答案：过拟合。

4.（判断题）在 Keras 中，必须为添加到神经网络模型中的每个新的层指定输入的形状。

答案：错误。只需要为第一层指定输入形状。Keras 会根据前一层的输出形状推断每一层的输入形状。

5.（判断题）在卷积神经网络中，通过卷积层来学习特征之间的关系并进行分类。

答案：错误。卷积层学习特征。Dense 层学习特征之间的关系并进行分类。

6.（填空题）________激活函数将神经元输出转换为多分类的分类概率。

答案：softmax。

7.（代码功能分析）假设 cnn 是一个 Keras 卷积神经网络模型，下面语句的作用是什么？

```
cnn.add(MaxPooling2D(pool_size=(2, 2)))
```

答案：这将在名为 cnn 的现有神经网络模型中添加一个新的 MaxPooling2D 层。因为 pool_size 被指定为 2×2，前一层的输出中的每个 2×2 的方块将被压缩为一个值，将前一层的输出压缩 75%。

8.（代码功能分析）假设 cnn 是一个 Keras 卷积神经网络模型，下面语句的作用是什么？

```
cnn.compile(optimizer='adam',
            loss='categorical_crossentropy',
            metrics=['accuracy'])
```

[1] 有关更多的 Keras 优化器，请参见 https://keras.io/optimizers/。

[2] https://medium.com/octavian-ai/which-optimizer-and-learning-rate-should-i-use-for-deep-learning-5acb418f9b2.

[3] https://towardsdatascience.com/types-of-optimization-algorithms-used-in-neural-networks-and-ways-to-optimize-gradient-95ae5d39529f.

答案：该语句将模型配置为使用 'adam' 优化器、categorical_crossentropy 损失函数来执行多分类，并使用 'accuracy' 指标来表示网络预测样本类的好坏。

16.6.5　训练和评估模型

和 scikit-learn 模型类似，我们调用 Keras 的 fit 方法来训练一个它的模型：

- 在 scikit-learn 中，前面两个参数指定训练数据及其标签。
- epochs 指定模型应该处理整个训练数据集的轮次数。正如我们前面提到的，神经网络是迭代训练的。
- batch_size 指定在每个轮次内同一时间要处理的样本的数量。大多数模型指定从 32 到 512 的 2 的幂次大小。较大的 batch 会降低模型的准确性[㊀]。范例中我们选择 64。在练习中，将尝试不同的值，以了解它们如何影响模型的性能。
- 一般情况下，需要使用一些样本来验证模型。如果在每个轮次之后指定验证数据，模型将使用它进行预测并显示验证损失和准确性。可以研究这些值来调整隐藏层和 fit 方法的超参数，或者可能改变模型的层组成。在这里，我们使用 validation_split 参数来表明模型应该保留训练样本的最后 10%（0.1）用于验证[㊁]，在本例中，6000 个样本将用于验证。如果有单独的验证数据，可以使用 validation_data 参数（将在 16.9 节中看到）指定一个包含样本数组和目标标签的元组。一般来说，最好是随机选择验证数据。可以使用 scikit-learn 的 train_test_split 函数来实现这个目的（我们将在本章后面做这个），然后通过 validation_data 参数传递随机选择的数据。

在下面的输出中，我们以粗体突出显示了训练精度（acc）和验证精度（val_acc）：

```
[37]: cnn.fit(X_train, y_train, epochs=5, batch_size=64,
              validation_split=0.1)
Train on 54000 samples, validate on 6000 samples
Epoch 1/5
54000/54000 [==============================] - 68s 1ms/step - loss:
0.1407 - acc: 0.9580 - val_loss: 0.0452 - val_acc: 0.9867
Epoch 2/5
54000/54000 [==============================] - 64s 1ms/step - loss:
0.0426 - acc: 0.9867 - val_loss: 0.0409 - val_acc: 0.9878
Epoch 3/5
54000/54000 [==============================] - 69s 1ms/step - loss:
0.0299 - acc: 0.9902 - val_loss: 0.0325 - val_acc: 0.9912
Epoch 4/5
54000/54000 [==============================] - 70s 1ms/step - loss:
0.0197 - acc: 0.9935 - val_loss: 0.0335 - val_acc: 0.9903
Epoch 5/5
54000/54000 [==============================] - 63s 1ms/step - loss:
0.0155 - acc: 0.9948 - val_loss: 0.0297 - val_acc: 0.9927
[37]: <tensorflow.python.keras.callbacks.History at 0x7f105ba0ada0>
```

在 16.7 节中，我们将介绍 TensorBoard——一个用于可视化深度学习模型数据的 TensorFlow 工具。我们将特别查看显示训练和验证的准确性和损失值如何随轮次变化的图

㊀ Keskar, Nitish Shirish, Dheevatsa Mudigere, Jorge Nocedal, Mikhail Smelyanskiy and Ping Tak Peter Tang. “On Large-Batch Training for Deep Learning: Generalization Gap and Sharp Minima.” CoRRabs/1609.04836 (2016). https://arxiv.org/abs/1609.04836.

㊁ https://keras.io/getting-started/faq/#how-is-the-validation-split-computed.

表。在 16.8 节中，我们将演示 Andrej Karpathy 的 ConvnetJS 工具，该工具在网页浏览器中训练卷积神经网络，并动态可视化各层的输出，包括每个卷积层在学习时“看到”的内容。在练习中，我们将运行 MNIST 和 CIFAR10 模型。这些将帮助我们更好地理解神经网络的复杂运算过程。

随着训练的进行，fit 方法会输出显示每个 epoch 的进展、epoch 执行所需的时间（在本例中，每个 epoch 花费 63～70 秒）以及该过程的评估指标信息。在该模型的最后一轮 epoch，训练准确率（acc）达到了 99.48%，验证样本（val_acc）的准确率达到 99.27%。这些数字已经令人赞叹了，而我们还没有尝试调优超参数或调整层的数量和类型，这可能导致更好（或更糟）的结果。与机器学习一样，深度学习是一门经验科学，从大量实验中受益。

评估模型

现在我们可以在模型尚未测试的数据上检查模型的准确性。为此，我们调用模型的 evaluate 方法，该方法将显示处理测试样本所花费的时间（在本例中为 4 秒零 366 微秒）：

```
[38]: loss, accuracy = cnn.evaluate(X_test, y_test)
10000/10000 [==============================] - 4s 366us/step

[39]: loss
[39]: 0.026809450998473768

[40]: accuracy
[40]: 0.9917
```

根据前面的输出，我们的卷积神经网络模型在预测没遇见过的数据时准确率为 99.17%，并且我们还没有尝试调整模型。只要在网上做一点调查，就可以找到预测 MNIST 准确度接近 100% 的模型。本章末尾的练习要求实验不同数量的层、不同类型的层和层参数，并观察这些变化如何影响结果。

做出预测

模型的 predict 方法预测参数 X_test 中数字图像的类别：

```
[41]: predictions = cnn.predict(X_test)
```

我们可以通过观察 y_test[0] 查看第一个样本属于哪个数字：

```
[42]: y_test[0]
[42]: array([0., 0., 0., 0., 0., 0., 0., 1., 0., 0.], dtype=float32)
```

根据这个输出，第一个样本是数字 7，因为测试样本标签的分类表示在索引 7 处被指定为 1.0——回想一下，我们是通过独热编码创建这个表示的。

让我们查看通过 predict 方法返回的第一个样本的概率：

```
[43]: for index, probability in enumerate(predictions[0]):
          print(f'{index}: {probability:.10%}')
0: 0.0000000201%
1: 0.0000001355%
2: 0.0000186951%
3: 0.0000015494%
4: 0.0000000003%
5: 0.0000000012%
6: 0.0000000000%
7: 99.9999761581%
```

```
8: 0.0000005577%
9: 0.0000011416%
```

根据输出，predictions[0] 表示我们的模型相信这个数字有几乎 100% 的确定性是 7。并不是所有的预测都有这么高的确定性。

定位不正确的预测

接下来，我们想查看一些预测不正确的图像，以了解我们的模型在哪里出现了问题。例如，如果预测模型总是错误地预测 8，也许我们需要在训练数据中增加更多的 8。

在我们看到错误的预测之前，我们需要定位它们。以 predictions[0] 为例，要确定预测是否正确，我们必须将 predictions[0] 中概率最大的索引与 y_test[0] 中包含 1.0 的元素的索引进行比较。如果这些索引值相同，那么预测是正确的；否则，它就是错误的。NumPy 的 argmax 函数确定其数组参数中值最大元素的下标。让我们用它来定位错误的预测。在下面的代码片段中，p 是预测值的数组，e 是期望值的数组（期望值是数据集测试图像的标签）：

```
[44]: images = X_test.reshape((10000, 28, 28))
      incorrect_predictions = []

      for i, (p, e) in enumerate(zip(predictions, y_test)):
          predicted, expected = np.argmax(p), np.argmax(e)

          if predicted != expected:
              incorrect_predictions.append(
                  (i, images[i], predicted, expected))
```

Keras 学习时的样本形状为（28，28，1）。在这个片段中，我们首先将其重塑为 Matplotlib 显示需要的（28，28）。接下来，我们使用 for 语句填充列表 incorrect_predictions。我们对表示 predictions 和 y_test 数组的行执行 zip，然后枚举它们，获取它们的索引。如果 p 和 e 的 argmax 结果不同，那么预测是不正确的，我们在 incorrect_predictions 添加一个元组，该元组包含上述不正确样本的索引、图像、predicted 值和 expected 值。我们可以用以下方法确认（测试集中的 10 000 幅图像）预测错误的总数：

```
[45]: len(incorrect_predictions)
[45]: 83
```

可视化不正确的预测

下面的代码片段显示了 24 张错误的图片，分别标注了每张图片的索引、预测值（p）和期望值（e）：

```
[46]: figure, axes = plt.subplots(nrows=4, ncols=6, figsize=(16, 12))

      for axes, item in zip(axes.ravel(), incorrect_predictions):
          index, image, predicted, expected = item
          axes.imshow(image, cmap=plt.cm.gray_r)
          axes.set_xticks([])  # remove x-axis tick marks
          axes.set_yticks([])  # remove y-axis tick marks
          axes.set_title(
              f'index: {index}\np: {predicted}; e: {expected}')
      plt.tight_layout()
```

在读取期望值前，观察每个数字并写下我们认为的答案。这是了解数据的一个重要部分：

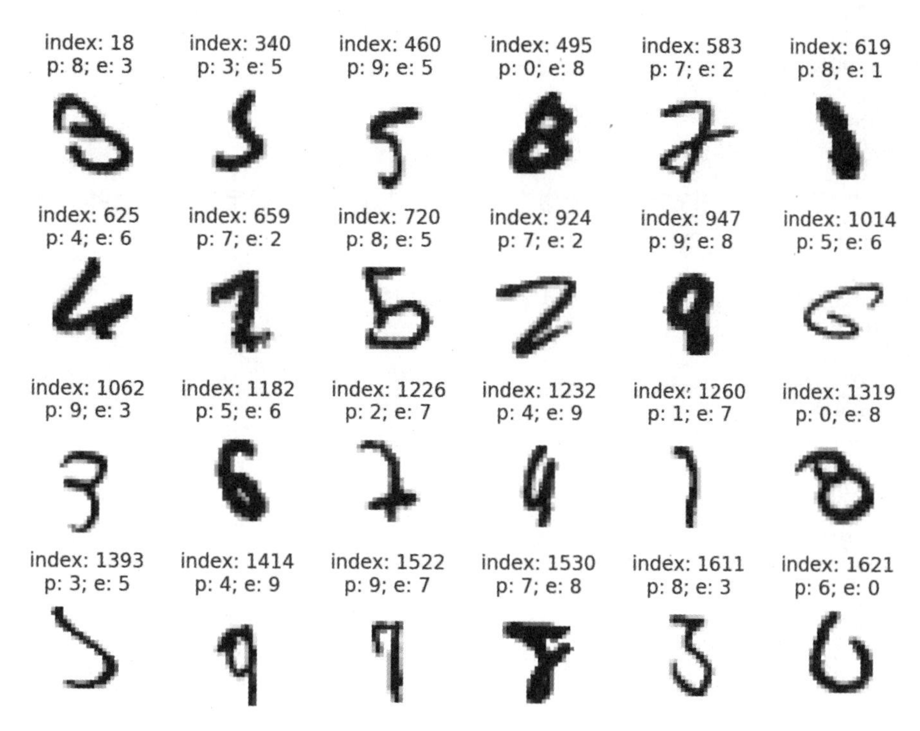

显示几个不正确预测的概率

让我们看看一些错误预测的概率。下面的函数显示了指定预测数组的概率：

```
[47]: def display_probabilities(prediction):
          for index, probability in enumerate(prediction):
              print(f'{index}: {probability:.10%}')
```

尽管图像输出的第一行中的 8（索引 495 处）看起来像一个 8，但我们的模型遇到了麻烦。正如在下面的输出中看到的，模型预测这个图像为 0，但也认为它有 16% 的可能性是 6，有 23% 的可能性是 8：

```
[48]: display_probabilities(predictions[495])
0: 59.7235262394%
1: 0.0000015465%
2: 0.8047289215%
3: 0.0001740813%
4: 0.0016636326%
5: 0.0030567855%
6: 16.1390662193%
7: 0.0000001781%
8: 23.3022540808%
9: 0.0255270657%
```

第一行的 2（指数 583）被预测为 7，有 62.7% 的确定性，但模型也认为它有 36.4% 的概率为 2：

```
[49]: display_probabilities(predictions[583])
0: 0.0000003016%
1: 0.0000005715%
2: 36.4056706429%
```

```
3: 0.0176281916%
4: 0.0000561930%
5: 0.0000000003%
6: 0.0000000019%
7: 62.7455413342%
8: 0.8310816251%
9: 0.0000114385%
```

第二行开头的 6（索引 625）被预测为 4，尽管这还远不能确定。在这个例子中，它是 4 的概率（51.6%）仅略高于是 6 的概率（48.38%）：

```
[50]: display_probabilities(predictions[625])
0: 0.0008245181%
1: 0.0000041209%
2: 0.0012774357%
3: 0.0000000009%
4: 51.6223073006%
5: 0.0000001779%
6: 48.3754962683%
7: 0.0000000085%
8: 0.0000048182%
9: 0.0000785786%
```

自我测验

1.（判断题）Keras 模型的 `fit` 方法的 `validation_split` 参数告诉它随机选择训练样本的百分之一来作为验证数据使用。

答案：错误。`fit` 方法从训练样本的末端提取验证样本。对于随机选择的验证样本，可以使用 scikit-learn 中的 `train_test_split`，并将选定的数据传递给 `fit` 方法的 `validation_data` 参数。

2.（填空题）在深度学习中，由于层的维数过大，往往会发生________。

答案：过拟合。

16.6.6　保存和加载模型

神经网络模型需要大量的训练时间。一旦设计并测试了满足需要的模型，就可以保存它的状态。这允许我们稍后加载它，以做出更多的预测。有时，模型会被加载并针对新问题进行进一步的训练。例如，我们模型中的层已经知道如何识别线和曲线等特征，这对识别手写字符很有用（就像在 EMNIST 数据集中一样）。因此，可以潜在地加载现有模型，并使用它作为更鲁棒的模型的基础。这个过程被称为迁移学习[1][2]，即将一个现有模型的知识迁移到一个新的模型中。Keras 模型的 `save` 方法以一种称为 Hierarchical Data Format（HDF5）的格式存储模型的结构和状态信息。默认使用 `.h5` 文件扩展名：

```
[51]: cnn.save('mnist_cnn.h5')
```

可以使用 `tensorflow.keras.models` 模块的 `load_model` 函数来加载一个保存的模型：

```
from tensorflow.keras.models import load_model
cnn = load_model('mnist_cnn.h5')
```

[1] https://towardsdatascience.com/transfer-learning-from-pre-trained-models-f2393f124751.

[2] https://medium.com/nanonets/nanonets-how-to-use-deep-learning-when-you-have-limited-data-f68c0b512cab.

然后可以调用模型的方法。例如，如果获得了更多的数据，可以调用 predict 来对新数据做出额外的预测，或者可以调用 fit 来使用额外的数据开始训练。

Keras 提供了几个额外的函数，使能够保存和加载模型的各个方面。有关更多信息，请参见

https://keras.io/getting-started/faq/#how-can-i-save-a-keras-model

自我测验

（填空题）可以加载先前保存的模型，并使用它作为更鲁棒的模型的基础。这个过程被称为________，即将现有模型的知识迁移到一个新的模型。

答案：迁移学习。

16.7 用 TensorBoard 进行神经网络训练的可视化

深度学习网络过于复杂，内部进行着许多隐藏的过程，使我们很难了解和完全理解所有的细节，这给测试、调试和更新模型和算法带来了挑战。深度学习学习特征，但特征数量大而且不宜理解。

TensorBoard[㊀][㊁]是谷歌提供的一个用于可视化神经网络的工具，支持 TensorFlow 和 Keras。就像汽车的仪表板可视化汽车的传感器数据，如速度、发动机温度和汽油剩余的数量一样，TensorBoard 仪表板可视化深度学习模型的数据，它可以让我们洞察模型的好坏并潜在地帮助我们调整其超参数。这里，我们将介绍 TensorBoard。我们鼓励在练习中多多探索它。

执行 TensorBoard

TensorBoard 监控系统中的文件夹，寻找包含数据的文件，这些数据将在网页浏览器中可视化。在这里，将创建该文件夹，运行 TensorBoard 服务器，然后通过浏览器访问它。执行以下步骤：

1. 将终端、shell 或 Anaconda 命令提示符更改到 ch16 文件夹。

2. 确保自定义的 Anaconda 环境 tf_env 被激活：

```
conda activate tf_env
```

3. 执行下面的命令来创建一个名为 logs 的子文件夹，深度学习模型将会将信息写入里面，TensorBoard 将会可视化它：

```
mkdir logs
```

4. 运行 TensorBoard：

```
tensorboard --logdir=logs
```

5. 现在可以在浏览器中访问 TensorBoard：

```
http://localhost:6006
```

如果在执行任何模型之前连接到了 TensorBoard，它会显示“No dashboards are active for the current data set”[㊂]。

TensorBoard 仪表板

TensorBoard 监视指定的文件夹，查找模型在训练期间输出的文件。当 TensorBoard 发

㊀ https://github.com/tensorflow/tensorboard/blob/master/README.md.

㊁ https://www.tensorflow.org/guide/summaries_and_tensorboard.

㊂ TensorBoard 现在无法在微软的 Edge 浏览器中运行。

现更新时，它将数据加载到仪表板中：

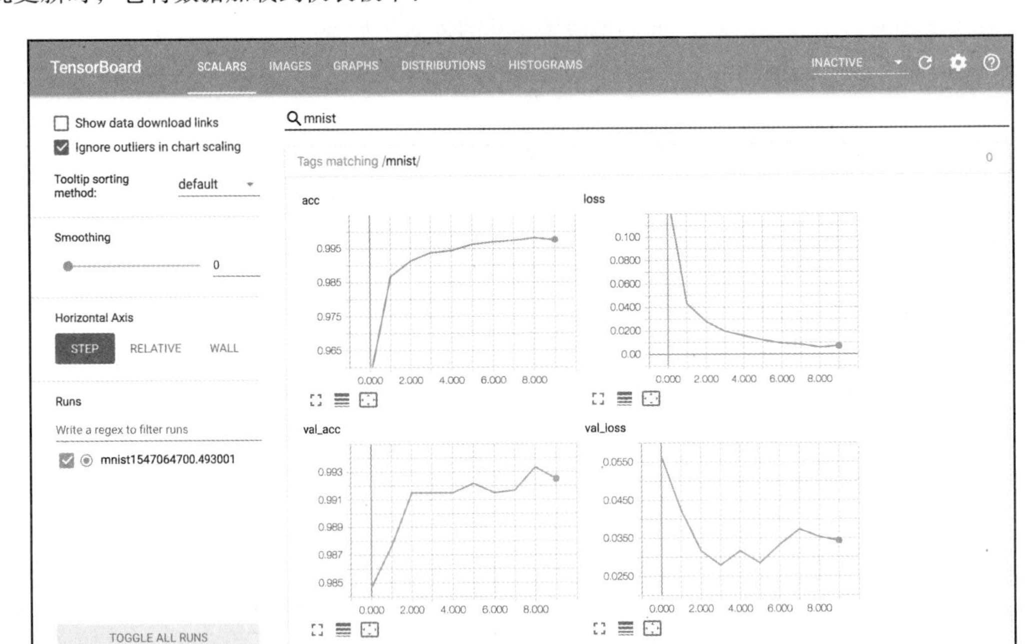

可以在训练时或训练结束后查看数据。上面的仪表板显示了TensorBoard的SCALARS选项卡，它显示了各个值随时间变化的图表，比如第一行显示的训练准确性（acc）和训练损失（loss），第二行显示的验证准确性（val_acc）和验证损失（val_loss）。这些图表显示了我们的MNIST卷积神经网络的10轮次运行，该神经网络存储于notebook MNIST_CNN_TensorBoard.ipynb中。训练轮次沿着x轴显示，从0开始。精度和损失值显示在y轴上。观察训练和验证的准确性，可以看到前5个轮次的结果与前一节中的5个轮次相似。

观察10轮次运行，训练正确率在前9轮持续提高，之后略有下降。这可能是开始过拟合的点，但我们可能需要进行更长久的训练来找到答案。对于验证精度，可以看到它快速上升，然后在后5轮内相对平稳，然后上升，然后下降。对于训练损失，可以看到它迅速下降，然后在第九轮后持续下降，在那之前略有增加。验证损失迅速下降，然后又反弹回来。我们可以运行这个模型更多轮，来观察结果是否得到改善，但根据这些图表，似乎在第6轮前后，我们得到了一个很好的训练和验证准确性的结合，此时验证损失最小。

通常，这些图是垂直堆叠在仪表板上的。我们使用搜索域（上面的图中）来显示任何文件夹名中具有“mnist”名称的文件，我们将在稍后配置它。TensorBoard可以同时从多个模型加载数据，可以选择将哪个模型可视化，便于比较几个不同的模型或同一模型的多次运行。

复制MNIST的卷积神经网络的notebook

为本例创建新的notebook：

1. 在JupyterLab的File Browser选项中右键单击MNIST_CNN.iypnb并选择Duplicate来创建一个notebook的拷贝。

2. 右键单击名为MNIST_CNN-Copy1.ipynb的新notebook，然后选择Rename，输入名称MNIST_CNN_TensorBoard.ipynb并按回车。

双击其名打开notebook。

配置 Keras 用于写入 TensorBoard 的日志文件

为使用 TensorBoard，在 `fit` 模型之前，需要配置一个 `TensorBoard` 对象（模块 `tensorflow.keras.callbacks`），模型将使用该对象将数据写入 `TensorBoard` 监视的指定文件夹。这个对象在 Keras 中称为回调。在 notebook 中，单击调用模型的 `fit` 方法的代码片段的左侧，然后输入 `a`，这是在当前代码单元上方添加新代码单元的快捷方式（使用 `b` 表示下方）。在新的单元格中，输入以下代码来创建 `TensorBoard` 对象：

```
from tensorflow.keras.callbacks import TensorBoard
import time

tensorboard_callback = TensorBoard(log_dir=f'./logs/mnist{time.time()}',
    histogram_freq=1, write_graph=True)
```

参数为：

- `log_dir`——将在其中写入此模型日志文件的文件夹的名称。符号 `'./logs/'` 表示我们在之前创建的日志文件夹中创建一个新文件夹，后面跟着 `'mnist'` 和当前时间。这确保了 notebook 的每次新执行都有自己的日志文件夹。这将使我们能够在 TensorBoard 中比较多次执行。
- `histogram_freq`——Keras 将输出到模型日志文件的 epoch 中的频率。在本例中，我们将把每个 epoch 的数据写入日志。
- `write_graph`——当其为真时，将会输出一个模型的图。可以在 TensorBoard 的 GRAPHS 选项卡中看到图像。

更新我们的 `fit` 调用

最后，我们需要修改代码段 37 中的原始 `fit` 方法调用。对于本例，我们将 `epoch` 的数量设置为 10，并添加 `callbacks` 参数，这是一个回调对象列表[1]：

```
cnn.fit(X_train, y_train, epochs=10, batch_size=64,
        validation_split=0.1, callbacks=[tensorboard_callback])
```

现在可以通过选择 Kernel > Restart Kernel and Run All Cells 来在 JupyterLab 中重新执行 notebook。在第一个 epoch 完成时，将会开始在 `TensorBoard` 中看到数据。

自我测验

（填空题）________可以可视化 Keras 和 TensorFlow 神经网络，让我们了解模型是如何学习的，并可能帮助我们调整它的超参数。

答案：TensorBoard。

16.8 ConvnetJS：基于浏览器的深度学习训练和可视化

在本节中，我们将概述 Andrej Karpathy 的基于 JavaScript 的 ConvnetJS 工具，用于在浏览器中训练和可视化卷积神经网络[2]：

`https://cs.stanford.edu/people/karpathy/convnetjs/`

可以运行 ConvnetJS 示例卷积神经网络或者自己创建。我们已经在几种桌面、平板电脑和手机浏览器上使用过这个工具。

---

[1] 查看 Keras 的其他回调，详见 https://keras.io/callbacks/。

[2] 也可以从 GitHub 下载 ConvnetJS，详见 https://github.com/karpathy/convnetjs。

我们将在练习中使用 ConvnetJS MNIST 数据集训练卷积神经网络。演示展示了一个可滚动的仪表板，随着模型训练动态更新，并包含几个部分：

训练统计

此部分包含一个 Pause 按钮，使我们能够停止学习并“冻结”当前仪表板的可视化。暂停演示程序后，按钮文本更改为 resume。再次单击该按钮继续训练。本节还提供训练统计数据，包括训练和验证的准确性以及训练损失图。

实例化一个网络和训练器

在本节中，将看到创建卷积神经网络的 JavaScript 代码。默认的网络与 16.6 节的卷积神经网络有类似的层。ConvnetJS 文档[㊀]展示了支持的层类型以及配置它们的方法。可以在提供的文本框中试验不同的层配置，并通过单击 change network 按钮开始训练更新的网络。

网络可视化

这个章节一次性图示了一次完整的训练，以及网络如何通过每一层处理图像。单击 Pause 按钮，查看所有层的给定数字输出，以了解网络在学习过程中“看到”它的内容。网络的最后一层产生概率分类。它显示了 10 个正方形——9 个黑色和 1 个白色，表示当前数字图像的预测的类别。

在测试集上的预测样例

最后一部分显示随机选择的测试集图像和每个数字的前三个可能的类别。绿色条形图上显示的是概率最高的那个，红色条形图上显示的是其他两个。每个条的长度是一个类的可能性的可视化指标。

练习

在练习中，使用 MNIST 和 CIFAR10 数据集演示进行实验，这些数据集将 32 × 32 的彩色图像分类为 10 个类别：飞机、汽车、鸟、猫、鹿、狗、青蛙、马、船和卡车。

16.9　序列处理的循环神经网络：使用 IMDb 数据集进行情感分析

在 MNIST CNN 网络中，我们专注于*顺序应用*的堆叠层。非顺序模型是可能的，在这里我们会看到*循环神经网络*。在本节中，我们使用 Keras 绑定的 IMDb（互联网电影数据库）电影评论数据集[㊁]进行二分类，预测给定评论的情绪是积极的还是消极的。

我们将使用循环神经网络（Recurrent Neural Network，RNN），它处理数据序列，如时间序列或句子中的文本。术语“循环”源于这样一个事实，神经网络包含*循环*，其中给定层的输出在下一个时间步长中成为同一层的输入。在时间序列中，时间步长是下一个时间点。在文本序列中，“时间步长”将是单词序列中的下一个单词。

RNN 的循环使它们能够学习和记住序列中数据之间的关系。例如，考虑我们在第 12 章中使用的下列句子。句子

```
The food is not good.
```

㊀ https://cs.stanford.edu/people/karpathy/convnetjs/docs.html.

㊁ Maas, Andrew L. and Daly, Raymond E. and Pham, Peter T. and Huang, Dan and Ng, Andrew Y. and Potts, Christopher, "Learning Word Vectors for Sentiment Analysis, " Proceedings of the 49th Annual Meeting of the Association for Computational Linguistics: Human Language Technologies, June 2011. Portland, Oregon, USA. Association for Computational Linguistics, pp. 142–150. http://www.aclweb.org/anthology/P11-1015.

显然是有消极情感的。类似的，句子

```
The movie was good.
```

是有积极情感的，虽然不如下面的句子积极

```
The movie was excellent!
```

在第一句中，“good”这个词本身就具有积极的情感。然而，当前面加上先出现在序列的“not”时，情感就会变得消极。RNN 会考虑序列前期和后期部分之间的关系。

在前面的例子中，决定情感的词是相邻的。然而，在确定文本的意思时，可能要考虑很多单词，以及它们之间任意数量的单词。在本节中，我们将使用一个 Long Short-Term Memory（Long Short-Term Memory，LSTM）层，它使神经网络具有循环性，并对处理类似于上面描述的序列的学习进行了优化。

RNN 被用于执行包括下面的许多任务[1][2][3]：

- 预测文本输入——显示可能输入的接下来的单词。
- 情感分析。
- 用语料库中预测的最佳答案回答问题。
- 语言间的翻译。
- 为视频自动添加字幕。

自我测验

1.（填空题）________被用来预测两个可能的类别，例如情感分析中的积极或消极情感。

答案：二分类。

2.（判断题）神经网络总是按顺序执行它们的层，例如一个给定层的输出会立即传递给下一个层。

答案：错误。循环神经网络中循环层的输出可以作为输入返回到该层，有效地创建一个循环。

3.（填空题）Long Short-Term Memory（LSTM）层让一个神经网络________且针对处理序列的学习有优化。

答案：循环性。

16.9.1 加载 IMDb 电影点评数据集

包含 Keras 的 IMDb 电影点评数据集包含 25 000 个训练样本和 25 000 个测试样本，每个样本都用其积极（1）或消极（0）情感进行标记。让我们导入 `tensorflow.keras.datasets.imdb` 模块，以便加载数据集：

```
[1]: from tensorflow.keras.datasets import imdb
```

`imdb` 模块的 `load_data` 函数返回 IMDb 训练和测试集。数据集中有超过 88 000 个独特的单词。`load_data` 函数允许指定要导入的独特单词的数量，作为训练和测试数据的一部分。在这种情况下，我们只加载最常出现的前 10 000 个单词，因为系统的内存限制以及我们（故意）在 CPU 上训练，而不是 GPU（因为我们的大多数读者没有拥有 GPU 和 TPU

[1] https://www.analyticsindiamag.com/overview-of-recurrent-neural-networks-and-heir-applications/.

[2] https://en.wikipedia.org/wiki/Recurrent_neural_network#Applications.

[3] http://karpathy.github.io/2015/05/21/rnn-effectiveness/.

的系统）。加载的数据越多，训练所需的时间就越长，但是更多的数据可能有助于生成更好的模型：

```
[2]: number_of_words = 10000

[3]: (X_train, y_train), (X_test, y_test) = imdb.load_data(
         num_words=number_of_words)
```

load_data 函数返回一个包含训练和测试集的两个元素的元组。每个元素本身都是一个元组，分别包含样本和标签。在给定的点评中，load_data 用占位符值替换前 10 000 以外的所有单词，稍后我们将讨论这个问题。

自我测验

（讨论题）Keras IMDb 数据集的 load_data 函数的 num_words 参数的作用是什么？

答案：这个参数使我们能够指定想要加载和处理的最频繁出现的单词的数量。如果正在使用 CPU 进行训练，并且存在内存限制，那么这将非常有用。

16.9.2　数据观察

检查训练集样本（X_train）、训练集标签（y_train）、测试集样本（X_test）和测试集标签（y_test）的维数：

```
[4]: X_train.shape
[4]: (25000,)

[5]: y_train.shape
[5]: (25000,)

[6]: X_test.shape
[6]: (25000,)

[7]: y_test.shape
[7]: (25000,)
```

数组 y_train 和 y_test 是包含 1 和 0 的一维数组，表示每个点评是积极的还是消极的。根据前面的输出，X_train 和 X_test 也应该是一维的。然而，它们的元素实际上是整数的列表，每个整数代表一个评论的内容，如代码片段 [9] 所示[⊖]：

```
[8]: %pprint
[8]: Pretty printing has been turned OFF

[9]: X_train[123]
[9]: [1, 307, 5, 1301, 20, 1026, 2511, 87, 2775, 52, 116, 5, 31, 7, 4,
91, 1220, 102, 13, 28, 110, 11, 6, 137, 13, 115, 219, 141, 35, 221, 956,
54, 13, 16, 11, 2714, 61, 322, 423, 12, 38, 76, 59, 1803, 72, 8, 2, 23,
5, 967, 12, 38, 85, 62, 358, 99]
```

Keras 深度学习模型需要数值数据，所以 Keras 团队为我们提前处理好了 IMDb 数据集。

电影点评编码

因为影评是数字编码的，要查看原文，需要知道每个数字对应的单词。Keras 的 IMDb

⊖　在这里我们使用 %pprint 魔法指令关闭漂亮打印，以便可以水平显示以下代码片段的输出，而不是垂直显示，以节省空间。可以通过重新执行 %pprint 魔法指令重新打开漂亮打印。

数据集提供了一个字典，它将单词映射到它们的索引。每个单词对应的值是它在整个评论集中所有单词中的频率排名。所以排名为 1 的单词是出现频率最高的单词（由 Keras 团队从数据集中计算得出），排名为 2 的单词是出现频率第二高的单词，以此类推。

尽管字典值以 1 开始作为最经常出现的单词，但在每个编码的评论中（如前面所示的 X_train[123]），排名值偏移 3。因此，任何包含出现频率最高的单词的点评都将有 4 这个值，无论该单词出现在这个点评的哪个位置。Keras 在每个编码点评中保留 0、1 和 2 的值，用于以下目的：

- 点评中的值 0 表示填充。Keras 深度学习算法期望所有的训练样本都具有相同的维度，因此一些评论可能需要扩展到给定的长度，一些则需要缩短到该长度。需要扩展的评论用 0 填充。
- 值 1 代表 Keras 内部使用的标记，用于表示用于学习的文本序列的开始。
- 点评中的值 2 表示一个未知单词，通常是一个未加载的单词，因为我们使用 num_words 参数调用了 load_data。在这种情况下，任何包含频率排名大于 num_words 的单词的点评都将把这些单词的数值替换为 2。当加载数据时，这些都由 Keras 处理。

因为每个点评的数值都被偏移了 3，所以我们在解码点评时必须考虑到这一点。

解码电影点评

让我们解码一个点评。首先，通过调用 tensorflow.keras.datasets.imdb 模块的 get_word_index 函数来获得单词到索引的字典：

```
[10]: word_to_index = imdb.get_word_index()
```

单词 'great' 可能出现在一个积极的电影点评中，所以让我们查看它是否在字典中：

```
[11]: word_to_index['great']
[11]: 84
```

根据输出，'great' 是数据集中第 84 位最常见的单词。如果在字典中查找一个不存在的单词，会得到一个异常。

要将频率排名转换为单词，我们首先反转 word_to_index 字典的映射，这样我们就可以根据其频率排名查找每个单词。下面的字典解析反转映射：

```
[12]: index_to_word = \
          {index: word for (word, index) in word_to_index.items()}
```

回想一下，dictionary 的 items 方法使我们能够遍历键 – 值对元组。我们将每个元组解压到变量 word 和 index 中，然后用表达式 index:word 在新字典中创建一个项。

下面的列表解析从新字典中获得前 50 个单词——回想一下，最频繁的单词的值为 1：

```
[13]: [index_to_word[i] for i in range(1, 51)]
[13]: ['the', 'and', 'a', 'of', 'to', 'is', 'br', 'in', 'it', 'i',
'this', 'that', 'was', 'as', 'for', 'with', 'movie', 'but', 'film', 'on',
'not', 'you', 'are', 'his', 'have', 'he', 'be', 'one', 'all', 'at', 'by',
'an', 'they', 'who', 'so', 'from', 'like', 'her', 'or', 'just', 'about',
"it's", 'out', 'has', 'if', 'some', 'there', 'what', 'good', 'more']
```

注意，这些词大部分都是停止词。根据应用程序的不同，可能希望删除或保留停止词。例如，如果正在创建一个预测文本的应用程序，该应用程序将提示用户正在输入的句子中的下一个单词，那么可能希望保留停止单词，以便将它们显示为预测。

现在，我们可以解码一篇点评了。我们使用 index_to_word 字典的双参数方法 get 而不是 [] 操作符来获取每个键的值。如果一个值不在字典中，get 方法将返回它的第二个参数，而不是引发异常。参数 i-3 解释了每个点评频率排名的编码评论中的偏移量。当 Keras 保留值 0～2 出现在点评中，get 返回 '?'；否则，get 将返回 index_to_word 字典中键为 i-3 的单词：

```
[14]: ' '.join([index_to_word.get(i - 3, '?') for i in X_train[123]])
[14]: '? beautiful and touching movie rich colors great settings good
      acting and one of the most charming movies i have seen in a while i
      never saw such an interesting setting when i was in china my wife
      liked it so much she asked me to ? on and rate it so other would
      enjoy too'
```

我们可以从 y_train 数组中看到，这篇评论被归类为积极的：

```
[15]: y_train[123]
[15]: 1
```

16.9.3　数据准备

每个点评的字数各不相同，但 Keras 要求所有样本具有相同的维数。所以，我们需要进行一些数据准备。在这种情况下，我们需要将每条点评限制在相同的单词数内。一些点评需要用额外的数据填充，而其他的则需要截断。pad_sequences 实用函数（模块 tensorflow.keras.preprocessing.sequence）将 X_train 的样本（即它的行）重塑为 maxlen 参数（200）指定的特征数，并返回一个二维数组：

```
[16]: words_per_review = 200

[17]: from tensorflow.keras.preprocessing.sequence import pad_sequences

[18]: X_train = pad_sequences(X_train, maxlen=words_per_review)
```

如果一个样本有更多的特性，pad_sequences 会将它截断到指定的长度。如果一个样本具有较少的特征，pad_sequences 会在序列的开头加 0 来填充到指定的长度。确认 X_train 的新形状：

```
[19]: X_train.shape
[19]: (25000, 200)
```

我们还必须重塑 X_test，以便稍后在本例中评估模型时使用：

```
[20]: X_test = pad_sequences(X_test, maxlen=words_per_review)

[21]: X_test.shape
[21]: (25000, 200)
```

将测试数据划分为验证和测试数据

在我们的卷积神经网络中，我们使用了 fit 方法的 validation_split 参数，以表明应该留出 10% 的训练数据，以在模型训练时验证模型。对于本例，我们将手动将

25 000 个测试样本划分为 20 000 个测试样本和 5000 个验证样本。然后，我们将通过参数 validation_data 将 5000 个验证样本传递给模型的 fit 方法。让我们使用前面章节的 scikit-learn 的 train_test_split 函数来划分测试集：

```
[22]: from sklearn.model_selection import train_test_split
      X_test, X_val, y_test, y_val = train_test_split(
          X_test, y_test, random_state=11, test_size=0.20)
```

让我们同样通过检查 X_test 和 X_val 的形状来确认划分：

```
[23]: X_test.shape
[23]: (20000, 200)

[24]: X_val.shape
[24]: (5000, 200)
```

自我测验

1.（代码功能分析）假设 X_train 包含不同长度序列的训练样本，下面的语句的功能是什么？

```
X_test = pad_sequences(X_train, maxlen=500)
```

答案： 它使用 tensorflow.keras.preprocessing.squence 模块的 pad_sequences 函数来确保 X_train 中的每个样本长度为 500。序列大于 500 的样本将被截断为 500，序列小于 500 的样本将用前导 0 填充。

2.（编写语句）X_test 和 y_test 表示来自数据集的 50 000 个测试样本。编写一条使用 train_test_split 的语句来随机选择 20 000 个这样的数据作为验证数据。确保每次选择相同的 20 000 个元素：

答案：

```
X_test, X_val, y_test, y_val = train_test_split(
    X_test, y_test, random_state=11, test_size=0.40)
```

16.9.4 构造神经网络

接下来，我们将配置 RNN。再一次，我们以一个 Sequential 模型开始，将添加组成网络的层：

```
[25]: from tensorflow.keras.models import Sequential

[26]: rnn = Sequential()
```

接下来导入我们将在模型中使用的层：

```
[27]: from tensorflow.keras.layers import Dense, LSTM

[28]: from tensorflow.keras.layers.embeddings import Embedding
```

添加嵌入层

前面我们使用独热编码将 MNIST 数据集的整数标签转换为类别数据。每个标签的结果是一个向量，其中除一个元素外所有元素都为 0。我们可以对表示单词的索引值这样做。但是，本例处理 10 000 个不同的单词。这意味着我们需要一个 10 000 * 10 000 的数组来表示所有的单词。那是 100 000 000 个元素，几乎所有的数组元素都是 0。这不是编码数据的高效方法。如果我们要处理的数据集有 88 000 多个不同的单词，我们将需要一个包含近 80 亿个元素的数组！

为了降低维数，处理文本序列的 RNN 通常从嵌入层开始，该层以更紧凑的稠密向量表示对每个单词进行编码。由嵌入层产生的向量还捕获了单词的上下文——也就是说，给定的单词与它周围的单词相关联的方式。因此，嵌入层使 RNN 能够学习训练数据之间的词关系。

还有一些流行的预定义词嵌入，比如 Word2Vec 和 GloVe。它们可以加载到神经网络中，以节省训练时间。当有较少训练数据可用时，它们有时还用于向模型添加基本的单词关系。这可以提高模型的准确性，允许它建立在先前学习的单词关系之上，而不是试图学习那些数据量不足的关系。

让我们创建一个 `Embedding` 层（模块 `tensorflow.keras.layers`）：

```
[29]: rnn.add(Embedding(input_dim=number_of_words, output_dim=128,
                        input_length=words_per_review))
```

参数为：

- `input_dim`——不同单词的数量。
- `output_dim`——每个词嵌入的大小。如果加载 Word2Vec 和 GloVe 等预先存在的词嵌入[一]，必须将其设置为与加载的词嵌入的大小相匹配。
- `input_length=words_per_review`——每个输入样本中单词的数量。

添加 LSTM 层

接下来我们添加一个 LSTM 层：

```
[30]: rnn.add(LSTM(units=128, dropout=0.2, recurrent_dropout=0.2))
```

参数为：

- `units`——层中神经元的数量。神经元越多，网络能记住的就越多。作为指导原则，可以从处理序列的长度（本例中为 200 个）和试图预测的类数量（本例中为 2 个）之间的值开始[二]。
- `dropout`——在处理该层的输入和输出时，随机停用的神经元的百分比。就像我们的卷积神经网络中的池化层一样，dropout 是一种经过验证的减少过拟合的技术[三][四]。Keras 提供了一个 `Dropout` 层，可以将其添加到模型中。
- `recurrent_dropout`——当该层的输出再次反馈到该层时，随机停用的神经元的百分比，以此允许网络从它之前看到的东西中学习。

LSTM 层执行其任务的机制超出了本书的范围。Chollet 说：“不需要了解任何关于 LSTM 单位元的具体结构；作为人类，工作不应该是去理解它。我们只需要记住 LSTM 单位元的目的是什么：允许在以后重新注入过去的信息。”[五]

[一] https://blog.keras.io/using-pre-trained-word-embeddings-in-a-keras-model.html.

[二] https://towardsdatascience.com/choosing-the-right-hyperparameters-for-a-simple-lstm-using-keras-f8e9ed76f046.

[三] Yarin, Ghahramani, and Zoubin. “A Theoretically Grounded Application of Dropout in Recurrent Neural Networks.” October 05, 2016. https://arxiv.org/abs/1512.05287.

[四] Srivastava, Nitish, Geoffrey Hinton, Alex Krizhevsky, Ilya Sutskever, and Ruslan Salakhutdinov. “Dropout: A Simple Way to Prevent Neural Networks from Overfitting.” Journal of Machine Learning Research 15 (June 14, 2014): 1929-1958. http://jmlr.org/papers/volume15/srivastava14a/srivastava14a.pdf.

[五] Chollet, François. *Deep Learning with Python*. p.204. Shelter Island, NY: Manning Publications, 2018.

添加一个 Dense 输出层

最后，我们需要获取 LSTM 层的输出，并将其缩减为一个结果，表明点评是积极的还是消极的，因此 `units` 参数的值为 1。这里我们使用“`sigmoid`”激活函数，它是二进制分类的首选[⊖]。它将任意值减小到 0.0～1.0 的范围内，产生一个概率：

```
[31]: rnn.add(Dense(units=1, activation='sigmoid'))
```

编译模型并显示摘要

接下来，我们编译模型。本例中，只有两个可能的输出，所以我们使用 `binary_crossentropy` 损失函数：

```
[32]: rnn.compile(optimizer='adam',
                  loss='binary_crossentropy',
                  metrics=['accuracy'])
```

下面是我们的模型的概要。注意，尽管 RNN 的层数比卷积神经网络少，但 RNN 的可训练参数（网络权重）几乎是卷积神经网络的三倍，而且参数越多意味着更长的训练时间。大量参数主要来自词汇表中的单词数量（我们加载 10 000 个单词）乘以 `Embedding` 层输出的神经元数量（128）：

```
[33]: rnn.summary()

_________________________________________________________________
Layer (type)                 Output Shape              Param #
=================================================================
embedding_1 (Embedding)      (None, 200, 128)          1280000
_________________________________________________________________
lstm_1 (LSTM)                (None, 128)               131584
_________________________________________________________________
dense_1 (Dense)              (None, 1)                 129
=================================================================
Total params: 1,411,713
Trainable params: 1,411,713
Non-trainable params: 0
```

自我测验

1.（*判断题*）当在文本序列上执行深度学习时，必须创建自己的词嵌入来学习数据集中单词之间的关系。

答案：错误。有预定义的词嵌入，如 Word2Vec 和 GloVe，可以将它们加载到神经网络中，以节省训练时间，或者在可用训练数据较少的情况下向模型添加基本的单词关系。

2.（*编写语句*）假设数据集有 100 000 个不同的单词，并且数据集中的序列有 500 个单词长，那么编写一条语句，创建一个输出大小为 256 的 Keras 嵌入层，并将其添加到一个名为 `network` 的现有的 `Seuenqial` 对象中。

答案：

```
network.add(Embedding(input_dim=100000, output_dim=256,
                      input_length=500))
```

3.（*编写语句*）编写一条语句，创建一个有 256 个单元以及 50% 的 `dropout` 的 Keras LSTM。

⊖ Chollet, François. Deep Learning with Python. p.114. Shelter Island, NY: Manning Publications, 2018.

答案：

```
network.add(LSTM(units=256, dropout=0.5, recurrent_dropout=0.5))
```

16.9.5 训练和评估模型

让我们来训练我们的模型[⊖]。请注意，在每个 epoch 中，模型的训练时间明显长于我们的卷积神经网络。这是因为 RNN 模型需要学习大量的参数（权重）。为了可读性更高，我们将准确性（`acc`）和验证准确性（`val_acc`）值加粗，它们表示模型预测正确的训练样本和 `validation_data` 样本的百分比。

```
[34]: rnn.fit(X_train, y_train, epochs=10, batch_size=32,
              validation_data=(X_test, y_test))
Train on 25000 samples, validate on 5000 samples
Epoch 1/5
25000/25000 [==============================] - 299s 12ms/step - loss:
0.6574 - acc: 0.5868 - val_loss: 0.5582 - val_acc: 0.6964
Epoch 2/5
25000/25000 [==============================] - 298s 12ms/step - loss:
0.4577 - acc: 0.7786 - val_loss: 0.3546 - val_acc: 0.8448
Epoch 3/5
25000/25000 [==============================] - 296s 12ms/step - loss:
0.3277 - acc: 0.8594 - val_loss: 0.3207 - val_acc: 0.8614
Epoch 4/5
25000/25000 [==============================] - 307s 12ms/step - loss:
0.2675 - acc: 0.8864 - val_loss: 0.3056 - val_acc: 0.8700
Epoch 5/5
25000/25000 [==============================] - 310s 12ms/step - loss:
0.2217 - acc: 0.9083 - val_loss: 0.3264 - val_acc: 0.8704
[34]: <tensorflow.python.keras.callbacks.History object at 0xb3ba882e8>
```

最后，使用测试数据对结果进行评估。函数 `evaluate` 返回损失和准确度值。在本例中，模型的准确率为 85.99%：

```
[35]: results = rnn.evaluate(X_test, y_test)
20000/20000 [==============================] - 42s 2ms/step

[36]: results
[36]: [0.3415240607559681, 0.8599]
```

注意到与我们的 MNIST 卷积神经网络的结果相比，这个模型的准确率似乎较低，但这是一个更困难的问题。如果在网上搜索其他的 IMDb 情感分析二分类研究，会发现很多结果都在 80% 左右。所以我们用这个只有三层的小循环神经网络做得相当好。在练习中，将被要求学习一些在线模型并生成一个更好的模型。

16.10 深度学习模型调参

在 16.9.5 节中，注意在 `fit` 方法的输出中，测试精度（85.99%）和验证精度（87.04%）都显著低于 90.83% 的训练精度。这些差异通常是过拟合的结果，因此我们的模型有很大的

⊖ 在撰写本书时，当我们执行这条语句时，TensorFlow 显示了一个警告。这是一个已知的 TensorFlow 问题，根据论坛，我们可以安全地忽略这个警告。

改进空间[一][二]。如果查看每代 epoch 的输出，会注意到训练和验证的准确率都在不断提高。回想一下，训练太多代 epoch 可能会导致过拟合，但也有可能我们还没有进行足够的训练。也许这个模型的一个超参数调优选项是增加 epoch 的数量。

一些影响模型性能的变量包括：

- 训练数据的多少。
- 测试数据的多少。
- 验证数据的多少。
- 层数的多少。
- 使用层的类型。
- 层的顺序。

在我们的 IMDb RNN 样例中，我们可以调整的包括：

- 尝试不同数量的训练数据——我们只使用了前 10 000 个单词。
- 每个点评中不同的单词数量——我们只使用了 200 个。
- 每层中不同的神经元数量。
- 更多层。
- 可以加载预训练的词向量，而不是使用我们从头训练的 Embedding 层。

多次训练模型所需的计算时间非常重要，因此，在深度学习中，通常不需要使用 k 折交叉验证或网格搜索等技术来调优超参数[三]。有各种各样的调优技术[四][五][六][七]，但其中一个特别有前途的领域是自动机器学习（AutoML）。例如，AutoKeras[八]库专门用于为 Keras 模型自动选择最佳配置。谷歌云的 AutoML 和百度的 EZDL 是其他各种自动机器学习的成果之一。

自我测验

（判断题）对模型训练过少代 epoch 会发生过拟合。

答案：错误。过拟合通常发生在对模型训练太多代 epoch 时。这是用 TensorBoard 来可视化模型的一种方式，可能会很有帮助。

16.11 ImageNet 上预训练的卷积神经网络模型

有了深度学习，可以使用预训练的深度神经网络模型来做下面的事情，而不是通过费时的训练、验证和测试重新开始每个项目：

㊀ https://towardsdatascience.com/deep-learning-overfitting-846bf5b35e24.

㊁ https://hackernoon.com/memorizing-is-not-learning-6-tricks-to-prevent-overfit-ting-in-machine-learning-820b091dc42.

㊂ https://www.quora.com/Is-cross-validation-heavily-used-in-deep-learning-or-is-it-too-expensive-to-be-used.

㊃ https://towardsdatascience.com/what-are-hyperparameters-and-how-to-tune-the-hy-perparameters-in-a-deep-neural-network-d0604917584a.

㊄ https://medium.com/machine-learning-bites/deeplearning-series-deep-neural-net-works-tuning-and-optimization-39250ff7786d.

㊅ https://flyyufelix.github.io/2016/10/03/fine-tuning-in-keras-part1.html and https://flyyufelix.github.io/2016/10/08/fine-tuning-in-keras-part2.html.

㊆ https://towardsdatascience.com/a-comprehensive-guide-on-how-to-fine-tune-deep-neural-networks-using-keras-on-google-colab-free-daaaa0aced8f.

㊇ https://autokeras.com/.

- 做出新预测。
- 继续用新的数据进一步训练它们。
- 将近似问题的模型学习到的权重迁移到一个新的模型中——这叫作*迁移学习*。

Keras 预训练的卷积神经网络模型

Keras 绑定了以下预训练的卷积神经网络模型[一]，每个都在 ImageNet[二]上预训练——一个不断增长的有超过 1400 万张图像的数据集：

- Xception
- VGG16
- VGG19
- ResNet50
- Inception v3
- Inception-ResNet v2
- MobileNet v1
- DenseNet
- NASNet
- MobileNet v2

重复使用预训练的模型

ImageNet 太大了，无法在大多数计算机上进行有效的训练，所以大多数对使用它感兴趣的人都是从一个较小的预训练模型开始的。

可以重用每个模型的结构并使用新数据来训练它，或者可以重用预训练的权重。举几个简单的例子，详见 https://keras.io/applications/。

ImageNet 挑战

在本章末尾的项目中，将研究和使用其中一些绑定的模型。还将研究 *ImageNet Large Scale Visual Recognition Challenge*，以评估对象检测和图像识别模型[三]。这个比赛从 2010 年持续到 2017 年。ImageNet 现在在 Kaggle 竞赛网站上有一个持续运行的挑战，叫作 *ImageNet Object Localization Challenge*[四]。其目标是识别"一个图像中的所有对象，然后可以对这些图像进行分类和注释"。ImageNet 每季度发布一次当前参与者的排行榜。

在第 15 章和第 16 章中看到的很多内容都是关于 Kaggle 竞赛网站的。对于许多机器学习和深度学习任务，并没有明显的最优解决方案。人们的创造力真的是唯一的限制。在 Kaggle 上，公司和组织资助竞赛，鼓励世界各地的人们开发性能更好的解决方案，而不是为他们的业务或组织做一些重要的事情。有时公司会提供奖金，在著名的 Netflix 竞赛中奖金高达 100 万美元。Netflix 希望其模型能得到 10% 或更好的改进，根据人们对之前影片的评价来确定人们是否喜欢一部电影[五]。他们利用这些结果来向会员们提出更好的建议。即使没有赢得 Kaggle 竞赛，这也是一个很好的方法来获得处理当前感兴趣问题的经验。

[一] https://keras.io/applications/.

[二] http://www.image-net.org.

[三] http://www.image-net.org/challenges/LSVRC/.

[四] https://www.kaggle.com/c/imagenet-object-localization-challenge.

[五] https://netflixprize.com/rules.html.

16.12 强化学习

强化学习是机器学习的一种形式，它的算法从环境中学习，类似于人类的学习方式——例如，一个视频游戏爱好者学习一款新游戏，或者一个婴儿学习走路或认识自己的父母。

算法实现了一个智能体，该智能体通过尝试执行任务来学习，接收关于成功或失败的反馈，做出调整，然后再次尝试。目标是最大化奖赏。智能体会因为做正确的事而得到正奖赏，而做错误的事则会得到负奖赏（即惩罚）。智能体使用这些信息来确定下一步要执行的动作，并且必须尝试最大化奖赏。

强化学习在一些里程碑式的人工智能应用中彰显力量，吸引人们的注意力和想象力。2011 年，IBM 的 Waston 在一场奖金为 100 万美元的比赛中击败了世界上两个最厉害的人类 Jeopardy！玩家。Waston 同时执行了数百种语言分析算法，以在需要 4TB 存储空间的 2 亿页内容（包括维基百科的全部内容）中找到正确答案[一][二]。Waston 用机器学习训练，并使用强化学习技术来学习游戏策略（比如什么时候回答，选择哪个方块，每天要花多少钱赌双打）[三][四]。

掌握中国棋盘围棋

围棋是中国几千年前发明的一种棋盘游戏[五]，它被广泛认为是迄今为止我们发明的最复杂的游戏之一，拥有 10^{170} 种可能的棋盘配置[六]。为了让读者了解这个数字有多大，据说在已知的宇宙中（只）有 10^{78} 到 10^{87} 个原子[七][八]！2015 年，由谷歌旗下 DeepMind 集团创建的 AlphaGo，利用深度学习和两个神经网络打败了欧洲围棋冠军樊麾。围棋被认为是比国际象棋复杂得多的游戏。

AlphaZero

最近，谷歌对其 AlphaGo AI 进行了推广，创建了 AlphaZero——一种使用强化学习来自学玩其他游戏的 AI。2017 年 12 月，AlphaZero 在不到四个小时的时间里学会了下棋规则并自学了下棋。然后，它在 100 局比赛中击败或打平了世界国际象棋冠军程序 Stockfish 8。在自我训练了仅 8 个小时的围棋后，AlphaZero 就能够与它的前身 AlphaGo 对弈，并在 100 局棋中赢了 60 局[九]。

16.12.1 Deep Q-Learning

最流行的强化学习技术之一是 Deep Q-Learning，最初在谷歌 DeepMind 团队的论文

㊀ https://www.techrepublic.com/article/ibm-watson-the-inside-story-of-how-the-jeopardy-winning-supercomputer-was-born-and-what-it-wants-to-do-next/.

㊁ https://en.wikipedia.org/wiki/Watson_(computer).

㊂ https://www.aaai.org/Magazine/Watson/watson.php, *AI Magazine*, Fall 2010.

㊃ https://developer.ibm.com/articles/cc-reinforcement-learning-train-software-agent/.

㊄ http://www.usgo.org/brief-history-go.

㊅ https://www.pbs.org/newshour/science/google-artificial-intelligence-beats-champion-at-worlds-most-complicated-board-game.

㊆ https://www.universetoday.com/36302/atoms-in-the-universe/.

㊇ https://en.wikipedia.org/wiki/Observable_universe#Matter_content.

㊈ https://www.theguardian.com/technology/2017/dec/07/alphazero-google-deepmind-ai-beats-champion-program-teaching-itself-to-play-four-hours.

Playing Atari with Deep reinforcement learning 中被描述[⊖]。通过 Deep Q-Learning，他们能够开发出一个智能体，它能通过观察屏幕上像素的变化来学习玩雅达利电子游戏。

Deep Q-Learning 将 Q-Learning 与深度学习结合起来。在 Q-Learning 中，Q 函数通过环境当前状态和智能体执行的动作组合来确定奖赏。例如，如果智能体正在尝试着学习避开障碍物，那么它做出的每一个没有撞上障碍物的动作都将获得正奖赏，而每一个与障碍物碰撞的动作都将获得负奖赏（也就是惩罚）。

16.12.2 OpenAI Gym

玩游戏是强化学习的一个重要应用。一个叫作 OpenAI Gym（https://gym.openai.com）的工具已经成为强化学习研究的流行工具。它附带了几个游戏环境，可以用它来实验强化学习以及开发自己的算法。还有很多附加的环境（来自雅达利和其他公司），可以下载并安装到 OpenAI Gym 中。在本章的一个项目练习中，将研究 OpenAI Gym 并实验它的 CartPole 环境（如下所示）。这是一个简单的游戏，有一个推车（黑色矩形角），可以在一个维度的轨道上向左或向右移动，还有一个杆（垂直的线）铰接在推车上。这个游戏的目标是保持杆子垂直。当杆子下落时，算法会左右移动购物车，将杆子恢复到垂直位置。

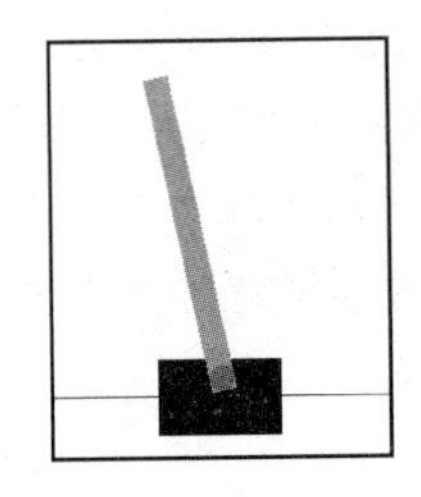
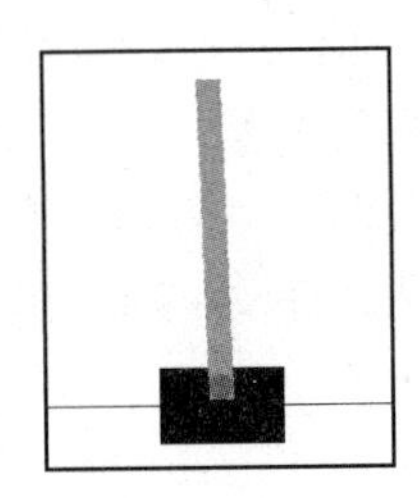
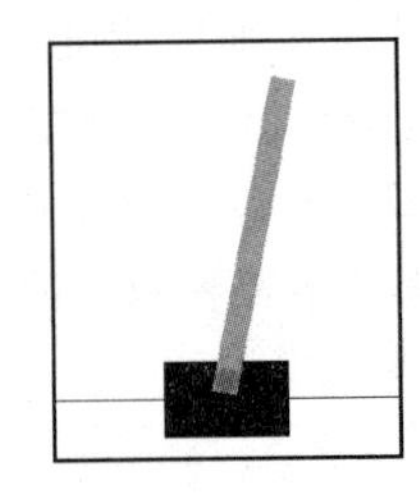

16.13 小结

在第 16 章中，我们展望了人工智能的未来。深度学习和强化学习已经抓住了计算机科学和数据科学社区的想象力。这可能是这本书中最重要的人工智能章节。

我们提到了关键的深度学习平台，说明谷歌的 TensorFlow 是应用最广泛的。我们讨论了为 TensorFlow 提供友好接口的 Keras 为何变得如此受欢迎。

我们为 TensorFlow、Keras 和 JupyterLab 设置了一个自定义的 Anaconda 环境，然后使用该环境来实现 Keras 示例。

我们解释了什么是张量以及为什么它们对深度学习至关重要。我们讨论了用于建立 Keras 深度学习模型的神经元和多层神经网络的基础知识。我们考虑了一些流行的层类型以及如何排列它们。

我们介绍了卷积神经网络（convnet），并指出它们特别适合于计算机视觉应用。然后，我们使用 MNIST 手写数字数据库构建、训练、验证和测试了一个卷积神经网络，其预测精度达到了 99.17%。这是值得注意的，因为我们只使用了一个基本模型，而没有进行任何超参数调优。在练习中，可以尝试更复杂的模型并调优超参数，来尝试获得更好的性能。我们列出了许多有趣的计算机视觉任务，其中很多都可以在练习中进行研究。

⊖ Volodymyr, Koray, David, Alex, Ioannis, Daan, Riedmiller, and Martin. "Playing Atari with Deep Reinforcement Learning." December 19, 2013. https://arxiv.org/abs/1312.5602.

我们介绍了用于可视化 TensorFlow 和 Keras 神经网络训练和验证的 TensorBoard。我们还讨论了 ConvnetJS，这是一个基于浏览器的卷积神经网络训练和可视化工具，可以让我们了解训练过程。

接下来，我们提出了用于处理数据序列的循环神经网络（RNN），如时间序列或句子中的文本。我们使用 RNN 和 IMDb 电影评论数据集进行二分类，预测每个评论的情绪是积极的还是消极的。我们还讨论了深度学习模型的优化，以及像 NVIDIA 的 GPU 和谷歌的 TPU 这样的高性能硬件是如何让更多的人能够处理更多的深度学习研究的。

考虑到训练深度学习模型昂贵且耗时，我们展示了使用预训练模型的策略。我们列出了在大量 ImageNet 数据集上训练的各种 Keras 卷积神经网络图像处理模型，并讨论了迁移学习如何使我们使用这些模型快速有效地创建新模型。

我们简要介绍了强化学习、深度 Q-Learning 和 OpenAI Gym。在练习中，可以研究它们的应用。

深度学习和强化学习是庞大、复杂的主题。我们在本章集中讨论基础知识。在练习中，可以探索其他有趣的主题。其中许多都可以成为很好的学期项目、指导学习主题、顶点项目主题和所有层次的论文主题。

在下一章中，我们将介绍支持我们在第 12 章到第 16 章中讨论的各种人工智能技术的大数据基础设施。我们将考虑用于大数据批处理和实时流应用程序的 Hadoop 和 Spark 平台。我们将研究关系数据库和用于查询它们的 SQL 语言——它们已经主宰了数据库领域几十年。我们将讨论大数据如何带来关系数据库无法很好处理的挑战，并考虑为处理这些挑战而设计的 NoSQL。我们将以对物联网（IoT）的讨论来结束本书，物联网无疑将成为世界上最大的大数据来源，并将为企业家提供许多发展前沿业务的机会，从而真正改变人们的生活。

练习

卷积神经网络

16.1 （*图像识别：Fashion-MNIST 数据集*）Keras 捆绑了服装的 Fashion-MNIST 数据库，像 MNIST 数字数据集一样，它提供了 28 × 28 的灰度图像。Fashion-MNIST 包含了 10 个类别的服装图片——0（T 恤 / 上衣）、1（裤子）、2（套衫）、3（连衣裙）、4（外套）、5（凉鞋）、6（衬衫）、7（运动鞋）、8（包）、9（短靴）——以及 60 000 个训练样本和 10 000 个测试样本。将本章的卷积神经网络示例修改为加载和处理 Fashion-MNIST，而不是 MNIST——这只需要导入正确的模块，加载数据，然后用这些图像和标签运行模型，最后重新运行整个示例。与 MNIST 相比，模型在 Fashion-MNIST 上的表现如何？训练时间比较如何？

16.2 （*MNIST 手写数字超参数调优：改变核大小*）在我们展示的 MNIST 卷积神经网络中，把核的大小从 3 × 3 更改为 5 × 5。重新执行模型。这将如何改变预测的精度？

16.3 （*MNIST 手写数字超参数调优：改变批大小*）在我们展示的 MNIST 卷积神经网络中，使用的训练批的大小为 64。更大的批会减小模型的精度。重新以 32 和 128 的批大小执行模型。这些值如何改变预测精度？

16.4 （*卷积神经网络层*）在本章的卷积神经网络模型中移除第一个 Dense 层。这对预测精度有怎样的改变？一些 Keras 预训练的卷积神经网络包含有 4096 个神经元的 Dense 层。在本章的卷积神经网络模型的两个 Dense 层之前添加这样一个层。这对预测精度有怎样的改变？

16.5 （*训练数据集的大小重要吗？*）仅使用原始训练数据集的 25% 重新运行 MNIST 卷积神经网络模

型，然后是50%、75%。使用scikit-learn的train_test_split函数来随机选择训练数据集项。将结果与使用完整训练数据集训练模型时的结果相比较。

16.6 （过拟合）如果在相同的数据上训练和测试，模型可能会对数据过拟合。使用全部70 000个训练和测试样本训练MNIST模型，然后在测试数据上评估模型并观察结果。

循环神经网络

16.7 （TensorBoard：可视化深度学习）使用TensorBoard（16.7节）来为本章的循环神经网络可视化训练和验证精度以及损失值。修改示例以尝试更少和更多代（epoch）。这会怎样影响预测精度。

16.8 （IMDb情感分析：删除停止词）在16.9节的循环神经网络示例中，使用在第12章中学到的技术从训练和测试集的评论中删除停止词。这会影响RNN模型的预测精度吗？

16.9 （IMDb情感分析：加载预训练的词嵌入）修改16.9节的IMDb RNN，使用预训练的Word2Vec嵌入，而不是一个Embedding层。有关如何做到这一点的详细信息，参见https://blog.keras.io/using-pretrained-word-embeddings-in-a-keras-model.html。重新执行RNN。加载预训练的词嵌入改进了模型的表现吗？

ConvnetJS可视化

16.10 （运行演示：使用ConvnetJS工具可视化MNIST卷积神经网络）16.8节介绍了Andrej Karpathy的基于浏览器的ConvnetJS深度学习工具，用于训练卷积神经网络并观察其结果。访问ConvnetJS网站https://cs.stanford.edu/people/karpathy/convnetjs/并研究其功能。运行演示"使用卷积神经网络对MNIST数字进行分类"，并研究16.8节中描述的仪表板输出，以更好地了解卷积神经网络在学习时看到的内容。通过修改实例化一个网络和训练器节中的超参数，观察更改超参数是如何影响模型的统计数据的，然后单击change network按钮，开始使用更新后的模型进行训练。

16.11 （运行演示：使用ConvnetJS工具来可视化CIFAR10卷积神经网络）Keras绑定的CIFAR10数据集包含32×32彩色图像。在"使用卷积神经网络分类CIFAR-10"演示中重复前面练习，它将彩色图像分类为飞机、汽车、鸟、猫、鹿、狗、青蛙、马、船和货车。

卷积神经网络项目和研究

16.12 （项目：最好的MNIST卷积神经网络结构）研究最好的MNIST卷积神经网络并使用Keras实现它们。结果和本章的MNIST卷积神经网络相比如何？

16.13 （项目：CIFAR10卷积神经网络）Keras绑定的CIFAR10数据集包含32×32彩色图像，分为10个类别，其中50 000张图像用于训练，10 000张图像用于测试。使用在MNIST样例学习中学到的卷积神经网络技术，创建、训练并评估CIFAR10卷积神经网络。和使用过的那些MNIST相比，预测的精度如何？

16.14 （研究：Doppelganger——找一个和自己长得一样的人）人们常说，每个人都有一个二重身，也就是长得很像的人。研究深度学习卷积神经网络可能被用来分析图像，寻找长得相似的人。找一个能找到二重身的Keras convnet。定位人的图像数据集来训练模型。使用名人的照片，看看这个模型预测出哪些照片是这个名人的二重身。

16.15 （项目：使用scikit-learn来评估MNIST模型的表现）使用scikit-learn的分类报告和混淆矩阵来检查本章的MNIST模型精确性。使用Seaborn来可视化混淆矩阵。

16.16 （项目：MNIST手写数字模型调优）尝试在本章的卷积神经网络的Flatten层前面添加第三对Conv2D和Pooling层。在新的Conv2D层中使用256个神经元。这将怎样影响模型的性能？

16.17 （项目：卷积神经网络和Dropout）Dropout层已被证明可以减少过拟合并提高预测性能。通常情况下，它们会在每一次权重更新时，随机地去激活给定层中一定比例的神经元。卷积层后面的 Dropout 通常设置为 20%～50%[㊀㊁]。然而，对于每个模型和数据集，最优设置是不同的[㊂]。Dropout 也可以应用到其他层。请研究 Dropout 层的最佳设置以及它们通常被放置在 Keras 模型中的位置，然后在本章的卷积神经网络中至少使用一个 Dropout 层。它是否改善了模型的性能？

16.18 （项目：使用额外的 Convnet 层替换 Pooling 层）尽管池化是减少过拟合的常用技术，一些研究表明，使用更大的内核步长的额外的卷积层可以减少维数和过拟合，而不丢弃特征。请阅读 https://arxiv.org/abs/1412.6806 上的研究论文 "Striving for Simplic-ity: The All Convolutional Net"，然后仅使用 `Conv2D` 和 `Dense` 层重新实现本章的卷积神经网络。这将怎样影响模型的性能？

16.19 （项目：EMNIST 手写数字和字母）EMNIST 数据集（https://www.nist.gov/itl/iad/image-group/emnist-dataset）是 MNIST 的最新版本。EMNIST 在 62 个不均衡的类别中有 814 255 个数字和字母图像，这意味着数据集的样本不均匀地分布在 A～Z、A～Z 和 0～9 的类别中。这些数据是以一种叫作 Matlab 的软件所使用的格式提供的。可以通过 SciPy 的 `loadmat` 函数（模块 `scipy.io`）将它加载到 Python 中。下载的数据集包含几个文件——一个用于整个数据集，另几个用于不同的子集。

研究 EMNIST 并搜索和研究现有的 Python EMNIST 深度学习模型。加载 EMNIST 数据并准备它与 Keras 一起使用。使用 scikit-learn 的 `train_test_split` 函数将数据分割为训练集、验证集和测试集。将 70% 的数据用于训练，10% 用于验证，20% 用于测试。使用 EMNIST 和它的 62 个类别重新实现本章的 MNIST 卷积神经网络。预测精度是多少？

16.20 （项目：使用预训练的 MNIST 模型预测 EMNIST 数字）对于这道练习题，加载 EMNIST 的数字子集，它包含 280 000 张数字图像。加载在本章训练的 MNIST 卷积神经网络模型，然后使用它来评估 EMNIST 数字的预测精度。使用 EMNIST 的模型的精度如何？

16.21 （项目：使用预训练的 MNIST 模型预测 EMNIST 数字）对于这道练习题，为练习 16.19 中训练的字母和数字加载 Keras 的 MNIST 数据集和 EMNIST 卷积神经网络模型。EMNIST 模型预测 MNIST 的数字的精度如何？

16.22 （项目：使用 MNIST 和 EMNIST 数字迁移学习）使用 scikit-learn 的 `train_test_split` 函数将 EMNIST 的数字子集划分为训练集（70%）、验证集（20%）和测试集（10%）。加载在本章中训练的 MNIST 卷积神经网络模型，然后使用它的 `fit` 方法来继续训练使用创建的 EMNIST 训练集的模型。通过 `validation_data` 参数把验证集传递给 `fit`。使用测试数据评估更新的模型。和前面的练习相比，模型精度如何？

16.23 （项目：二分类——猫与狗）研究和下载 Kaggle 的猫与狗数据集（https://www.kaggle.com/c/dogs-vs-cats），并研究使用它的深度学习模型。使用本章中介绍的技术实现自己的深度学习卷积神经网络来执行二分类。与其他研究猫与狗的卷积神经网络相比，卷积神经网络在预测一幅图像是猫还是狗上有多好？

16.24 （项目：使用预训练的 Keras 卷积神经网络模型预测图像类别）正如我们在 16.11 节中提到的，Keras 带有几个预训练的卷积神经网络模型。在网上调查它们。加载 https://keras.io/ 展示的一个或多个模型并使用它们来预测自己图像的物体的类别。

㊀ https://machinelearningmastery.com/dropout-regularization-deep-learning-models-keras/.

㊁ http://jmlr.org/papers/volume15/srivastava14a.old/srivastava14a.pdf.

㊂ http://micsymposium.org/mics2018/proceedings/MICS_2018_paper_27.pdf.

16.25　（研究：用 Keras 给图像配字幕）研究如何实现图像自动配字幕。调查如何使用 Keras 的预训练模型来创建图像字幕。定位、研究并执行现有的 Keras 图像字幕模型。用自己的图片尝试。

16.26　（研究：用 Keras 给视频配字幕）研究如何实现视频自动配字幕。调查使用 Keras 来实现一个视频字幕系统。定位、研究并执行现有的 Keras 字幕模型。用自己的视频尝试。

16.27　（研究：OpenCV 物体检测、人脸检测和人脸识别）研究 OpenCV 如何被用来实现计算机视觉系统的物体检测、人脸检测和人脸识别等。尝试几个基于 Python 的 OpenCV 示例。在自己的图像数据上尝试这些模型。

16.28　（研究：使用卷积神经网络读唇）研究深度学习和计算机视觉如何被用于唇读系统。定位、研究和执行现有的 Keras 唇读实现。在选择的视频中尝试这些。

16.29　（研究：使用卷积神经网络手语识别）研究深度学习如何被用于实现手语识别系统。定位、研究和执行现有的 Keras 手语识别实现。

循环神经网络项目和研究

16.30　（项目：改进 IMDb RNN）我们的 RNN 示例的准确率为 85.99%。尝试通过将每条评论的字数增加到 500 个，将 LSTM 层的神经元数量增加到 256 个，来提升我们模型的性能。这些变化将如何影响模型的准确性？在网上研究 RNN 模型，寻找其他可能提高性能的方法。

16.31　（项目：使用 LSTM 的垃圾邮件检测器）根据 `statista.com` 的数据，超过 50% 的电子邮件是垃圾邮件[㊀]。利用深度学习和 Keras 研究垃圾邮件检测。使用 Spambase 数据集（https://archive.ics.uci.edu/ml/datasets/spambase）、Keras 和在本章中学到的循环神经网络技术来实现一个深度学习二分类模型，该模型可以预测电子邮件是不是垃圾邮件。请观察其他垃圾邮件数据集，并尝试应用上述模型。

16.32　（研究：推荐引擎和协同过滤）像亚马逊、Netflix 和 Spotify 等公司使用推荐引擎和协同过滤来帮助顾客做出决定，比如购买哪些产品、听什么音乐或看什么电影。研究推荐引擎、协同过滤以及如何使用 Keras 实现这些技术。我们会遇到的一个流行数据集是 MovieLens 100K 数据集，它有来自 1000 个用户的 1700 部电影的 100 000 条评级。定位基于 Keras 的电影推荐模型，研究它们的代码并进行尝试。

16.33　（研究：异常检测）信用卡公司、保险公司、网络安全公司等利用机器学习和深度学习技术，通过寻找数据中的异常来检测欺诈和安全漏洞。研究异常检测技术以及如何用 Keras 实现。寻找样本异常检测数据集。定位、研究并尝试现有的 Keras 异常检测模型。

16.34　（研究：基于 Keras 和 LSTM 的时间序列预测）使用 Keras 研究时间序列预测。定位、研究并运行现有的时间序列预测示例。

16.35　（研究：基于 RNN 的文本摘要）文档摘要包括分析文档并提取内容以生成摘要。例如，由于当今巨大的信息流，这可能有助于忙碌的医生研究最新的医学进展，以提供最好的护理。摘要可以帮助他们决定一篇论文是否值得一读。研究如何在 Keras 中实现文本摘要。定位、研究和尝试现有的 Keras 文本摘要实现。

16.36　（研究：聊天机器人和 RNN）研究聊天机器人和循环神经网络。定位、研究并运行用 Keras RNN 实现的聊天机器人示例。

自动化深度学习项目

16.37　（项目：Auto-Keras 自动化深度学习）前面的一些练习要求调优神经网络结构和超参数。研究深度学习库 Auto-Keras（https://autokeras.com/），它可以自动找到合适的深度学习网络配置和超参数。然后，使用 Auto-Keras 重新实现本章的 MNIST 和 IMDb 示例。将 Auto-Keras 模型

㊀ https://www.statista.com/statistics/420391/spam-email-traffic-share/.

的准确度与我们在本章中介绍的模型进行比较。

强化学习项目和研究

16.38 （研究：谷歌的 AlphaZero）研究谷歌的 AlphaZero 是如何使用强化学习来学习怎样玩游戏的。

16.39 （项目：强化学习、深度 Q-Learning、OpenAI Gym 和使用 CartPole 环境玩游戏）在 16.12 节中，我们简要介绍了强化学习、Deep-Q Learning 和 OpenAI Gym。研究 OpenAI Gym（https://gym.openai.com/），安装并执行它的 CartPole 环境，而不实现任何强化学习。接下来，使用 Deep-Q Learning 和 Keras 研究 Cartpole 问题的解决方案，然后研究和运行它们的代码。开发自己的 CartPole 解决方案。

16.40 （研究：其他 OpenAI 游戏环境）OpenAI Gym 有许多雅达利电子游戏环境（https://gym.openai.com/envs/#atari）。研究并执行其中的几个。找到玩这些游戏的 Keras 深度 Q-Learning 实现，然后研究并运行它们的代码。

16.41 （研究：Pong from Pixels）阅读 Andrej Karpathy 的博客文章"Pong from Pixels"（http://karpathy.github.io/2016/05/31/rl/）。下载并尝试他的 OpenAI Gym Pong 强化学习实现：https://gist.github.com/karpathy/a4166c7fe253700972fcbc77e4ea32c5。

16.42 （研究：使用强化学习、OpenAI Gym 和 Keras 解决迷宫）研究如何用强化学习、OpenAI Gym 和 Keras 解决迷宫。下载一个 OpenAI Gym 迷宫环境，并尝试找到的迷宫强化学习解决方案。

16.43 （研究并观看：谷歌 DeepMind 智能体学习走路）阅读谷歌 DeepMind 团队的博客文章 https://deepmind.com/blog/producing-flexible-behavior-simulation -environments/，他们在其中讨论了如何教 AI 智能体走路。观看这个过程的视频：https://www.youtube.com/watch?v=hx_bgoTF7bs。对于更多细节，请在 https://arxiv.org/abs/1707.02286 参阅他们的研究论文"Emergence of Locomotion Behaviours in Rich Environments"。

16.44 （研究：使用深度 Q-Learning 的强化学习）在 https://storage.googleapis.com/deepmind-media/dqn/DQNNaturePaper.pdf 阅读谷歌 DeepMind 团队的论文"Human-level control through deep reinforcement learning"。

16.45 （研究：无人驾驶汽车）研究深度强化学习是如何被用于帮助无人驾驶汽车学习驾驶的。

16.46 （研究：OpenAI Gym Retro）模拟器是一种软件，它可以使计算机模拟不同的计算机系统的运行。例如，有许多视频游戏模拟器允许在当前的计算机上执行老的视频游戏。研究 OpenAI Gym Retro（https://github.com/openai/retro），它可以将视频游戏模拟器用作 OpenAI Gym 环境。Gym Retro 目前支持各种雅达利、NEC、任天堂和世嘉模拟器。尝试一些环境。寻找并尝试使用 Gym Retro 环境的 Python 强化学习解决方案。

16.47 （研究：商业和工业中的强化学习）强化学习在商业和工业中有很多使用案例，包括优化收债[1]、自我训练机器人、优化仓库空间管理、动态产品定价、股票交易、配送路线优化、个性化购物体验、计算资源管理、红绿灯系统等。研究这些用例是如何使用强化学习的，并调查其他用例。

16.48 （研究：计算神经科学中的强化学习）研究强化学习是如何在计算神经科学中被使用的[2]。

16.49 （研究：3D 井字棋）研究并尝试 Keras 深度 Q-Learning 的三维井字棋的实现。可以打败这个算法吗？

---

[1] https://www.researchgate.net/publication/ 220272023_Optimizing_debt_collections_using_constrained_reinforcement_learning.

[2] http://www.princeton.edu/~yael/ICMLTutorial.pdf.

生成式深度学习

16.50　（观看：由 AI 机器人制作的 Sunspring 电影）研究电影《Sunspring》（https://en.wikipedia.org/wiki/Sunspring），它是由一个人工智能机器人使用神经网络编写的。在 http://www.thereforefilms.com/sunspring.html 观看这部电影。

16.51　（演示：DeepDream——迷幻艺术）研究谷歌的 DeepDream，它使用 Inception 卷积神经网络（和 Keras 绑定的预训练模型）生成迷幻图像。在 https://deepdreamgenerator.com/ 查看它们的在线演示和图库。如果对源代码感兴趣，请参阅 https://github.com/google/deepdream。尝试动手用这种方法来生成艺术作品。

16.52　（研究：创造性深度学习——对抗生成网络）对抗生成网络（Generative Adversarial Network，GAN）[㊀][㊁]是一种深度学习网络，通过使用两个相互竞争的深度学习网络，可以创建真实但虚假的图像和视频。它们的应用有创建游戏物品和任务、从原始图像生成服装模特不同姿势的图像、对现有图像应用不同艺术风格、从现有艺术品生成相同风格的新作品（风格迁移）、从低分辨率图像生成高分辨率图像等。研究对抗生成网络的应用，并尝试找到的任何演示。调查如何在 Keras 中实现这样的网络。

16.53　（研究：创造性深度学习——把写作转换为莎士比亚风格）研究如何使用循环神经网络和 LSTM 生成不同写作风格的文本。寻找把写作转变成莎士比亚风格的演示。尝试找到的任何演示。

deep fakes

16.54　（研究：检测 deep fakes）人工智能技术让我们有可能创造出看起来像根本不存在的人的原始照片的图像，以及 deep fakes——捕捉人们的表情、声音、肢体动作和面部表情的逼真假视频。研究用于检测 deep fakes 的深度学习技术。

16.55　（研究：deep fakes 的伦理）研究围绕 deep fakes 的许多伦理问题。

进一步的研究

16.56　（研究：进化学习）研究进化学习的最新发展，它也被称为神经进化、进化算法和进化计算。一些人认为这些技术有一天可能会取代深度学习。

16.57　（研究：扑克中的深度学习）研究深度学习如何被用于实现扑克游戏智能体，从而打败世界上最强的扑克玩家。

㊀ https://en.wikipedia.org/wiki/Generative_adversarial_network.

㊁ https://skymind.ai/wiki/generative-adversarial-network-gan.

大数据：Hadoop、Spark、NoSQL 和 IoT

目标

- 了解什么是大数据，以及它的增长速度有多快。
- 使用结构化查询语言（Structured Query Language，SQL）来操作 SQLite 关系数据库。
- 了解四种主要的 NoSQL 数据库。
- 将 tweet 存储在 MongoDB NoSQL JSON 文档数据库中，并在 Folium 地图上实现其可视化。
- 了解 Apache Hadoop，以及如何在大数据批处理应用程序中使用它。
- 在微软 Azure HDInsight 云服务上构建 Hadoop MapReduce 应用。
- 了解 Apache Spark，以及如何在高性能、实时的大数据应用程序中使用它。
- 使用 Spark 流处理小批量的数据。
- 了解物联网（IoT）和发布 / 订阅模型。
- 从模拟的互联网连接设备发布消息，并在仪表板上将其消息可视化。
- 订阅 PubNub 的实时推特及物联网流，并将数据可视化。

17.1 简介

在 1.13 节中，我们介绍了大数据。在本章中，我们将讨论处理大数据的主流硬件和软件基础设施，并在几个本地的和基于云的大数据平台上开发完整的应用程序。

数据库

数据库是关键的大数据基础设施，用于存储和操作我们正在创建的大量数据。数据库对于安全、保密地维护数据是至关重要的，特别是在美国的 HIPAA（Health Insurance Portability and Accountability Act）和欧盟的 GDPR（General Data Protection Regulation）等更加严格的隐私法的背景下。

首先，我们将介绍关系数据库，它将结构化数据存储在每行有固定列数的表中。将通过结构化查询语言（Structured Query Language，SQL）操作关系数据库。

今天产生的大多数数据都是非结构化数据，比如 Facebook 帖子和 Twitter 推文的内容，或者像 JSON 和 XML 文档等半结构化数据。Twitter 将每个 tweet 的内容处理成一个带有大量*元数据*的半结构化 JSON 文档，正如在第 13 章中看到的那样。关系数据库不适合处理大数据应用程序中的非结构化和半结构化数据。因此，随着大数据的发展，新型的数据库应运而生，以有效地处理这些数据。我们将讨论四种主要类型的 NoSQL 数据库——键 – 值数据库、文档数据库、柱状数据库和图形数据库。此外，我们还将概述融合了关系数据库和

NoSQL 数据库优点的 NewSQL 数据库。许多 NoSQL 和 NewSQL 供应商通过免费层和免费试用，使得用户很容易开始使用他们的产品，通常是在需要最少安装和设置的基于云的环境中。这使得在“深入”之前获得大数据经验变得很实际。

Apache Hadoop

今天的许多数据是如此之大，以至于一个系统无法容纳它们。随着大数据的增长，我们需要分布式数据存储和并行处理能力，以更高效地处理数据。这就产生了复杂的技术，如用于分布式数据处理的 Apache Hadoop，它可以利用计算机集群进行大规模并行处理，可以自动和正确地帮处理复杂的细节。我们将讨论 Hadoop、它的架构以及如何在大数据应用程序中使用它。我们将指导使用 Microsoft Azure HDInsight 云服务配置一个多节点 Hadoop 集群，然后使用它来执行一个用 Python 实现的 Hadoop MapReduce 作业。虽然 HDInsight 不是免费的，但微软会给一个新账户，让我们可以运行本章的代码示例，而不会产生额外的费用。

Apache Spark

随着大数据处理需求的增长，信息技术领域正在不断寻找提高性能的方法。Hadoop 通过将任务分解成多个部分来执行任务，这些部分需要在多台计算机上执行大量磁盘 I/O。开发 Spark 是为了在内存中执行某些大数据任务，以获得更好的性能。

我们将讨论 Apache Spark、它的架构以及如何在高性能且实时的大数据应用程序中使用它。将使用 filter/map/reduce 函数式编程功能实现一个 Spark 应用程序。首先，我们将使用在电脑上本地运行的 Jupyter Docker stack 构建一个示例，然后使用基于云的微软 Azure HDInsight 多节点 Spark 集群来实现它。在练习中，还将使用免费的 Databricks Community Edition 来完成这个示例。

我们将介绍用于处理小批量流数据的 Spark 流。Spark 流以指定的短时间间隔收集数据，然后向我们提供要处理的那批数据。将实现一个处理 tweet 的 Spark 流应用程序。在这个示例中，将使用 Spark SQL 查询存储在 Spark 数据帧中的数据，与 pandas 数据帧不同，Spark 数据帧可能包含分布在集群中的许多计算机上的数据。

物联网

最后，我们将介绍物联网（IoT）——全球数十亿个不断产生数据的设备。我们将介绍发布 / 订阅模型，物联网和其他类型的应用程序使用该模型将数据用户和数据提供者连接到一起。首先，不需要编写任何代码，将使用 Freeboard.io 构建基于 Web 的仪表板，以及从 PubNub 消息服务获得的实时流样本。接下来，将模拟一个连接互联网的恒温器，它可以使用 Python 的 Dweepy 模块将消息发布到免费的 Dweet.io 上。然后使用 Freeboard.io 中的数据创建一个可视化的仪表盘。最后，将构建一个 Python 客户端，该客户端订阅 PubNub 服务的示例实时流，并使用 Seaborn 和 Matplotlib `FuncAnimation` 对流实现动态可视化。

章末练习

丰富的练习集鼓励我们使用更多的大数据云和桌面平台、额外的 SQL 和 NoSQL 数据库、NewSQL 数据库和物联网平台。其中一个练习要求使用维基百科作为另一个流行的大数据源。另一个要求使用流行的 Raspberry Pi 设备模拟器来实现物联网应用程序。

体验云和桌面大数据软件

云供应商关注面向服务的体系结构（Service-Oriented Architecture，SOA）技术，在这种技术中，它们提供了与应用程序连接并在云中使用的“作为服务（as-a-Service)”功能。云供应商提供的常见服务包括[⊖]：

"as-a-Service" 缩略词（注意有几个是一样的）	
Big data as a Service (BDaaS)	Platform as a Service (PaaS)
Hadoop as a Service (HaaS)	Software as a Service (SaaS)
Hardware as a Service (HaaS)	Storage as a Service (SaaS)
Infrastructure as a Service (IaaS)	Spark as a Service (SaaS)

在本章中，将获得一些基于云的工具的实践经验。在本章的例子中，将使用以下平台：

- 免费的 MongoDB Atlas 云集群。
- 一个运行在微软 Azure HDInsight 云服务上的多节点 Hadoop 集群——为此，将使用一个新的 Azure 账户附带的积分。
- 一个运行在本地计算机上的免费单节点 Spark"集群"，使用 Jupyter Docker-stack 容器。
- 一个多节点 Spark 集群，同样运行在微软的 Azure hdinsight 上——为此将继续使用 Azure 新账户的积分。

在项目练习中，可以探索各种其他选项，包括来自 Amazon Web services、谷歌 Cloud 和 IBM Watson 的基于云的服务，以及 Hortonworks 和 Cloudera 平台的免费桌面版本（也有基于云的付费版本）。还将探索和使用运行在免费的基于云的 Databricks Community Edition 上的单节点 Spark 集群。Spark 的创造者创建了 Databricks。

经常查阅所使用的各项服务的最新条款和条件。有些需要启用积分卡计费功能才能使用它们的集群。注意：一旦分配了 Microsoft Azure HDInsight 集群（或其他供应商的集群），它们就会产生成本。当使用 Microsoft Azure 等服务完成案例研究时，请确保删除集群及其其他资源（如存储）。这将有助于增加 Azure 新账户的积分。

安装和设置在不同的平台和时间上有所不同。始终遵循每个供应商的最新步骤。如果有问题，最好的帮助来源是供应商的 support 功能和论坛。另外，可以查看 stackoverflow.com 这样的网站——其他人可能会问类似的问题，并从开发人员社区得到答案。

算法和数据

算法和数据是 Python 编程的核心。本书的前几章主要是关于算法的。我们引入了控制语句并讨论了算法开发。前面接触到的数据都是小规模的——主要是单个整数、浮点数和字符串。第 5～9 章强调了如何将数据结构化为列表、元组、字典、集合、数组和文件。在第 11 章中，我们重新关注了算法，使用大 O 符号来帮助我们量化算法工作的难度。

数据的意义

数据的意义是什么呢？我们可以利用这些数据来更好地诊断癌症吗？能拯救生命？提高患者的生活质量？减少污染？节约用水？增加作物产量？减少毁灭性风暴和火灾造成的损失？建立更好的治疗方案？创造就业机会？提高公司盈利能力吗？

第 12～16 章的数据科学案例研究都聚焦于人工智能。在本章中，我们将重点关注支持 AI 解决方案的大数据基础设施。随着这些技术使用的数据继续呈指数级增长，我们希望从这些数据中学习，并以惊人的速度学习。我们将结合复杂的算法、硬件、软件和网络设计来

⊖ 若想获得更多关于"as-a-Service"缩略词的信息，请前往 https://en.wikipedia.org/wiki/Cloud_computing 和 https://en.wikipedia.org/wiki/As_a_service。

实现这些目标。我们已经介绍了各种机器学习技术，从数据中可以挖掘出很多深刻的见解。随着更多数据的产生，尤其是大数据的出现，机器学习可能会变得更加有效。

大数据源码

以下文章和网站提供了数百个免费大数据源码的链接：

大数据源码
"Awesome-Public-Datasets," GitHub.com, `https://github.com/caesar0301/awesome-public-datasets`.
"AWS Public Datasets," `https://aws.amazon.com/public-datasets/`.
"Big Data And AI: 30 Amazing (And Free) Public Data Sources For 2018," by B. Marr, `https://www.forbes.com/sites/bernardmarr/2018/02/26/big-data-and-ai-30-amazing-and-free-public-data-sources-for-2018/`.
"Datasets for Data Mining and Data Science," `http://www.kdnuggets.com/datasets/index.html`.
"Exploring Open Data Sets," `https://datascience.berkeley.edu/open-data-sets/`.
"Free Big Data Sources," Datamics, `http://datamics.com/free-big-data-sources/`.
Hadoop Illuminated, Chapter 16. Publicly Available Big Data Sets, `http://hadoopilluminated.com/hadoop_illuminated/Public_Bigdata_Sets.html`.
"List of Public Data Sources Fit for Machine Learning," `https://blog.bigml.com/list-of-public-data-sources-fit-for-machine-learning/`.
"Open Data," Wikipedia, `https://en.wikipedia.org/wiki/Open_data`.
"Open Data 500 Companies," `http://www.opendata500.com/us/list/`.

自我测验

1.（填空题）________数据库将结构化数据存储在行列数量固定的表中，并通过结构化查询语言（SQL）进行操作。

答案：关系型

2.（填空题）今天产生的大多数数据都是________数据，比如 Facebook 帖子和 Twitter 推文的内容，或者 JSON 和 XML 文档等数据。

答案：非结构化、半结构化。

3.（填空题）云供应商专注于提供与应用程序连接、并在云中使用的"作为服务"功能的________技术。

答案：面向服务的体系结构（SOA）。

17.2 关系型数据库和结构化查询语言

数据库至关重要，尤其是对大数据而言。在第 9 章中，我们展示了基于 CSV 文件和 JSON 文件的文本文件顺序处理。当要处理文件的大部分或全部数据时，这两种方法都很有用。另一方面，在事务处理中，快速定位并更新单个数据项是至关重要的。

数据库是数据的综合集合。数据库管理系统（DataBase Management System，DBMS）提供了以与数据库格式一致的方式存储和组织数据的机制。数据库管理系统可以方便地访问和存储数据，而不必关心数据库的内部表示。

关系数据库管理系统（Relational DataBase Management System，RDBMS）将数据存储

在表中，并定义表之间的关系。结构化查询语言（SQL）几乎通用于关系数据库系统，用于操作数据和执行查询，查询功能需要给定预满足的条件[⊖]。

流行的开源 RDBMS 包括 SQLite、PostgreSQL、MariaDB 和 MySQL。这些都允许任何人免费下载和使用。它们都支持 Python。我们将使用与 Python 绑定的 SQLite。一些流行的专有 RDBMS 包括 Microsoft SQL Server、Oracle、Sybase 和 IBM Db2。

表、行、列

关系数据库是基于逻辑表的数据表示，它可以在不考虑其物理结构的情况下访问数据。下面的图表显示了一个可能在人事系统中使用的员工表：

Number	Name	Department	Salary	Location
23603	Jones	413	1100	New Jersey
24568	Kerwin	413	2000	New Jersey
34589	Larson	642	1800	Los Angeles
35761	Myers	611	1400	Orlando
47132	Neumann	413	9000	New Jersey
78321	Stephens	611	8500	Orlando

行（指 34589 所在行）　主键（指 Number 列）　列（指 Department 列）

该表的主要用途是存储员工的属性。表由行组成，每一行描述一个单独的实体。这里，每一行代表一个员工。行由包含单个属性值的列组成。该表中有六行。`Number` 列表示主键——一列（或一组列），其值对于每一行都是唯一的。这保证了每一行都可以由其主键标识。主键的例子有社会安全号、员工 ID 号和库存系统中的零件号——其中每一个的值都保证是唯一的。在本例中，行是按主键升序排列的，但也可以按降序排列，或者根本不按特定顺序排列。

每一列表示一个不同的数据属性。在一个表中，行是唯一的（按主键），但是特定的列值可能在行之间重复。例如，上述员工表的 `Department` 列中有三个不同的行包含编号 413。

选择数据子集

不同的数据库用户通常对不同的数据以及数据之间不同的关系感兴趣。大多数用户只需要行和列的子集。查询功能可以指定从表中选择数据的哪些子集。可以使用结构化查询语言来定义查询。例如，可以从上述员工表中选择数据来查询每个部门的位置，将结果按部门序号递增排列。结果如下所示。我们稍后将讨论 SQL。

Department	Location
413	New Jersey
611	Orlando
642	Los Angeles

SQLite

17.2 节的其余部分中的代码示例使用了 Python 包含的开源 SQLite 数据库管理系统，但大多数流行的数据库系统支持 Python。每个数据库系统通常都提供一个遵循 Python 的数据库应用程序编程接口（DB-API）的模块，它指定了用于操作任何数据库的通用对象和方法名称。

自我测验

1.（填空题）关系数据库中的表由________和________组成。

答案：行、列。

⊖　本章的写作假设 SQL 发音为“see-quel”。有些人更喜欢“ess que el”。

2.（填空题）________可以唯一地标识表中的每条记录。

答案：主键。

3.（判断题）Python的数据库应用程序编程接口指定了用于操作任何数据库的通用对象和方法名称。

答案：正确。

17.2.1 books数据库

本节将提供一个包含关于我们的几本书的信息的图书数据库。我们将使用ch17示例文件夹的sql子文件夹中提供的脚本，通过Python标准库的sqlite3模块在SQLite中设置数据库。然后，我们将介绍数据库的表。我们将在一个IPython会话中使用这个数据库来引入各种数据库概念，包括创建、读取、更新和删除数据的操作——所谓的CRUD操作。在介绍表时，我们将使用SQL和pandas DataFrame来显示每个表的内容。然后，在接下来的几节中，我们将讨论其他SQL特性。

创建books数据库

在Anaconda命令提示符、终端或shell中，切换到ch17示例文件夹中的sql子文件夹。下面的sqlite3命令可以创建一个名为books.db的SQLite数据库，并执行books.sql这个SQL脚本，它定义了如何创建数据库的表，并使用数据填充它们：

```
sqlite3 books.db < books.sql
```

符号<表示将books.sql填充到sqlite3命令中。当命令完成时，数据库就可以使用了。开始一个新的IPython会话。

用Python连接数据库

要在Python中使用数据库，首先要调用sqlite3的connect函数来连接数据库并获取一个connection对象：

```
In [1]: import sqlite3

In [2]: connection = sqlite3.connect('books.db')
```

authors表

数据库中有三个表：authors、author_ISBN和titles。authors表存储所有的作者，并有三列：

- id——作者的唯一ID号。这个整数列是可以自动增数的，即对于插入表中的每一行，SQLite会将id值增加1，以确保每一行都有一个唯一的值。这个列是表的主键。
- first——作者的名字（字符串）。
- last——作者的姓氏（字符串）。

查看authors表的内容

让我们使用一个SQL查询和pandas来查看authors表的内容：

```
In [3]: import pandas as pd

In [4]: pd.options.display.max_columns = 10

In [5]: pd.read_sql('SELECT * FROM authors', connection,
   ...:             index_col=['id'])
   ...:
```

```
Out[5]:
         first    last
id
1         Paul  Deitel
2       Harvey  Deitel
3        Abbey  Deitel
4          Dan   Quirk
5    Alexander    Wald
```

pandas 的 `read_sql` 函数执行了一个 SQL 查询，并返回一个包含查询结果的数据帧。函数的参数是：

- 表示要执行的 SQL 查询语句的字符串。
- 本例中 SQLite 数据库的 `connection` 对象。
- 一个 `index_col` 关键字参数，指示哪一列应该作为数据帧的行索引（在本例中是作者的 id 值）。

正如我们将看到的，当没有传递 `index_col` 时，索引值从 0 开始出现在数据帧每行的左侧。

SQL 的 `SELECT` 查询可以从数据库中的一个或多个表中获取行和列。

在下述查询语句中：

```
SELECT * FROM authors
```

星号（*）是一个通配符，表示查询从 `authors` 表中获取所有列。稍后我们将更详细地讨论 `SELECT` 查询语句。

`titles` 表

`titles` 表存储所有的书，并有四列：

- `isbn`——书的 ISBN（字符串）是该表的主键。ISBN 是“国际标准书号”（International Standard Book Number）的缩写，这是一种编号方案，出版商使用它来给每一本书一个唯一的标识号。
- `title`——书的标题（字符串）。
- `edition`——该书的版本号（整数）。
- `copyright`——该书的版权年（字符串）。

让我们使用 SQL 和 pandas 来查看 `titles` 表的内容：

```
In [6]: pd.read_sql('SELECT * FROM titles', connection)
Out[6]:
         isbn                           title  edition copyright
0  0135404673      Intro to Python for CS and DS        1      2020
1  0132151006      Internet & WWW How to Program        5      2012
2  0134743350             Java How to Program       11      2018
3  0133976890                C How to Program        8      2016
4  0133406954   Visual Basic 2012 How to Program       6      2014
5  0134601548          Visual C# How to Program        6      2017
6  0136151574         Visual C++ How to Program        2      2008
7  0134448235              C++ How to Program       10      2017
8  0134444302          Android How to Program        3      2017
9  0134289366         Android 6 for Programmers        3      2016
```

`author_ISBN` 表

`author_ISBN` 表使用以下两列将 `authors` 表中的作者与 `titles` 表中的图书联系起来：

- `id`——作者的 id（整数）。

- isbn——图书的 ISBN（字符串）。

id 列是一个外键，它是该表中的一列，它与另一个表中的主键列相匹配——特别是 authors 表的 id 列。isbn 列也是一个外键——它与 titles 表的 isbn 主键列相匹配。一个数据库可能有许多表。设计数据库时的一个目标是最小化表之间的数据重复。为此，每个表代表一个特定的实体，外键有助于在多个表中链接数据。主键和外键是在创建数据库表时指定的（在我们的例子中，是在 books.sql 脚本中）。

这个表中的 id 和 isbn 列共同构成一个复合主键。该表中的每一行都唯一地匹配一个作者与一本书的 ISBN。这个表包含很多条目，所以让我们使用 SQL 和 pandas 来查看前 5 行：

```
In [7]: df = pd.read_sql('SELECT * FROM author_ISBN', connection)

In [8]: df.head()
Out[8]:
   id        isbn
0   1  0134289366
1   2  0134289366
2   5  0134289366
3   1  0135404673
4   2  0135404673
```

每个外键值必须作为主键值出现在另一个表的一行中，这样 DBMS 才能确保外键值是有效的。这就是所谓的引用完整性规则。例如，DBMS 通过检查 authors 表中是否有一行以该 id 作为主键，确保特定 author_ISBN 行的 id 值是有效的。

外键还允许从这些表中选择多个表中的相关数据并进行组合——这称为连接数据。主键和相应的外键之间存在一对多的关系——一个作者可以写多本书，同样，一本书可以由多位作者合著。因此，一个外键可以在其表中出现多次，但在另一个表中只能出现一次（作为主键）。例如，在 books 数据库中，ISBN 0134289366 出现在多个 author_ISBN 行中，因为这本书有多个作者，但它作为 titles 中的主键只出现一次。

实体 – 关系图

下面的 books 数据库的实体 – 关系（Entity-Relationship，ER）图显示了数据库的表以及它们之间的关系：

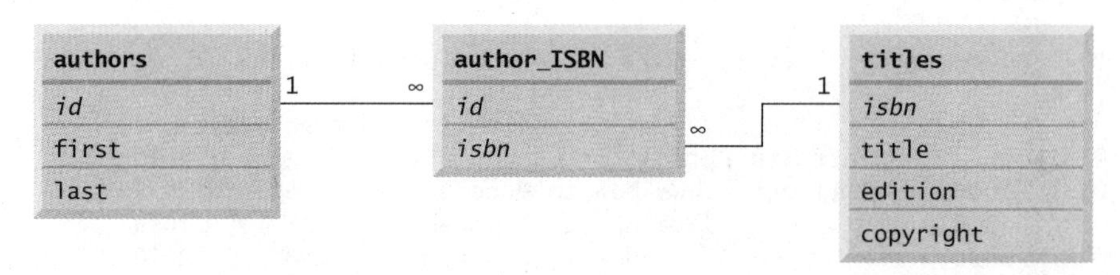

每个框中的第一个格中是表的名称，其余格中是表的列名。斜体的列名为主键。表的主键唯一地标识表中的每一行。每一行都必须有一个主键值，并且该值在表中必须是唯一的。这就是所谓的实体完整性规则。同样，对于 author_ISBN 表，主键是这两列的组合——这称为复合主键。

连接表的线表示表之间的关系。考虑一下 authors 和 author_ISBN 之间的线。在 authors 端有一个 1，在 author_ISBN 端有一个无穷符号（∞）。这表示一对多关系。对于 authors 表中的每个作者，author_ISBN 表中可以有该作者所写图书的任意数量的 isbn，也就是说，一个作者可以写任意数量的图书，因此一个作者的 id 可以出现在 author_ISBN

表的多个行中。关系行将 authors 表（其中的 id 是主键）中的 id 列链接到 author_ISBN 表（其中的 id 是外键）中的 id 列。表之间的线将主键链接到相匹配的外键。

titles 表和 author_ISBN 表之间的线说明了一对多的关系——一本书可以由多个作者编写。这条线将 titles 表中的主键 isbn 链接到表 author_ISBN 中的相匹配的外键。实体 – 关系图中的关系说明 author_ISBN 表的唯一作用是在 authors 和 titles 表之间建立多对多关系——一个作者可以写多本书，一本书可以有多个作者。

SQL 关键字

下面的小节继续在 books 数据库的上下文中介绍 SQL，通过下表中的 SQL 关键字演示 SQL 查询和语句。其他 SQL 关键字不在本文讨论范围之内：

SQL 关键字	描述
SELECT	从一个或多个表中检索数据
FROM	查询中涉及的表，每个 SELECT 都需要
WHERE	选择标准，用于确定要检索、删除或更新的行。在 SQL 语句中可选
GROUP BY	对行进行分组的标准，SELECT 查询中的可选项
ORDER BY	对行进行排序的标准，SELECT 中的可选项
INNER JOIN	合并多个表中的行
INSERT	将行插入指定的表
UPDATE	更新指定表中的行
DELETE	删除指定表中的行

自我测验

1.（填空题）________是一个表中的字段，其每个条目在另一个表中都有一个唯一的值，且在那个表中的字段是它的主键。

答案：外键。

2.（判断题）每个外键值必须作为另一个表的主键值出现，这样 DBMS 才能确保外键值是有效的——这就是实体完整性规则。

答案：错误。这是引用完整性规则。实体完整性规则规定，每一行都必须有一个主键值，并且该值在表中必须是唯一的。

17.2.2 SELECT 查询

上一节使用 SELECT 语句和 * 通配符获取表中的所有列。通常，只需要列的一个子集，特别是在大数据中，可能有数十、数百、数千或更多列。若要仅检索特定列，请指定以逗号分隔的列名列表。例如，让我们只从 authors 表中检索 first 和 last 列：

```
In [9]: pd.read_sql('SELECT first, last FROM authors', connection)
Out[9]:
       first    last
0       Paul  Deitel
1     Harvey  Deitel
2      Abbey  Deitel
3        Dan   Quirk
4  Alexander    Wald
```

17.2.3 WHERE 子句

经常会在数据库中选择满足特定选择条件的行，特别是在可能包含数百万或数十亿行的大数据数据库中。只有满足选择条件（正式称为谓词）的行才会被选中。SQL 的 WHERE 子句可以指定查询的选择条件。让我们在所有书中选择 title、edition、copyright 且 copyright 年份大于 2016。

SQL 查询中的字符串值由单引号分隔，如 '2016'：

```
In [10]: pd.read_sql("""SELECT title, edition, copyright
    ...:                FROM titles
    ...:                WHERE copyright > '2016'""", connection)
Out[10]:
                        title  edition copyright
0  Intro to Python for CS and DS        1      2020
1           Java How to Program       11      2018
2      Visual C# How to Program        6      2017
3            C++ How to Program       10      2017
4        Android How to Program        3      2017
```

模式匹配：0 个或多个字符

WHERE 子句可以包含操作符 <、>、<=、>=、=、<>（不等于）和 LIKE。操作符 LIKE 用于模式匹配——搜索与给定模式相匹配的字符串。包含百分比（%）通配符的模式将搜索在百分比字符所在位置有 0 个或多个字符的字符串。例如，让我们找到姓氏以字母 D 开头的所有作者：

```
In [11]: pd.read_sql("""SELECT id, first, last
    ...:                FROM authors
    ...:                WHERE last LIKE 'D%'""",
    ...:             connection, index_col=['id'])
    ...:
Out[11]:
     first   last
id
1     Paul  Deitel
2   Harvey  Deitel
3    Abbey  Deitel
```

模式匹配：任意字符

模式字符串中的下划线（_）表示该位置上的单个通配符。让我们在所有作者中选择姓氏以任意字符开头、第二个字母是 b、后跟任意数量的附加字符（由 % 指定）的行：

```
In [12]: pd.read_sql("""SELECT id, first, last
    ...:                FROM authors
    ...:                WHERE first LIKE '_b%'""",
    ...:             connection, index_col=['id'])
    ...:
Out[12]:
    first   last
id
3   Abbey  Deitel
```

自我测验

（填空题）SQL 关键字________后面是指定的要在查询中选择条目的选择条件。

答案： WHERE

17.2.4 ORDER BY 子句

ORDER BY 子句可以将查询结果排序为升序（从最低到最高）或降序（从最高到最低），分别由 ASC 和 DESC 指定。默认的排序顺序是升序的，所以 ASC 是可选的。让我们按升序对 titles 进行排序：

```
In [13]: pd.read_sql('SELECT title FROM titles ORDER BY title ASC',
    ...:                  connection)
Out[13]:
                                  title
0           Android 6 for Programmers
1              Android How to Program
2                    C How to Program
3                  C++ How to Program
4        Internet & WWW How to Program
5         Intro to Python for CS and DS
6                 Java How to Program
7   Visual Basic 2012 How to Program
8             Visual C# How to Program
9            Visual C++ How to Program
```

多列排序

为实现多列排序，要在 ORDER BY 关键字后指定以逗号分隔的列名列表。让我们按姓氏对作者的名字排序，然后按姓氏对所有名字相同的作者排序：

```
In [14]: pd.read_sql("""SELECT id, first, last
    ...:                FROM authors
    ...:                ORDER BY last, first""",
    ...:             connection, index_col=['id'])
    ...:
Out[14]:
        first    last
id
3       Abbey  Deitel
2      Harvey  Deitel
1        Paul  Deitel
4         Dan   Quirk
5   Alexander    Wald
```

排序顺序可以根据列而变化。让我们按姓氏降序排列作者，按名字升序对姓氏相同的作者进行排序：

```
In [15]: pd.read_sql("""SELECT id, first, last
    ...:                FROM authors
    ...:                ORDER BY last DESC, first ASC""",
    ...:             connection, index_col=['id'])
    ...:
Out[15]:
        first    last
id
5   Alexander    Wald
4         Dan   Quirk
3       Abbey  Deitel
2      Harvey  Deitel
1        Paul  Deitel
```

结合 WHERE 和 ORDER BY 子句

WHERE 和 ORDER BY 子句可以组合在一个查询中。让我们在 titles 表中获取 title 末尾是 'How to Program' 的所有书的 isbn、title、edition 和 copyright，并将它们按 title 升序排列。

```
In [16]: pd.read_sql("""SELECT isbn, title, edition, copyright
    ...:                FROM titles
    ...:                WHERE title LIKE '%How to Program'
    ...:                ORDER BY title""", connection)
Out[16]:
         isbn                             title  edition copyright
0  0134444302          Android How to Program         3      2017
1  0133976890                C How to Program         8      2016
2  0134448235              C++ How to Program        10      2017
3  0132151006   Internet & WWW How to Program         5      2012
4  0134743350             Java How to Program        11      2018
5  0133406954 Visual Basic 2012 How to Program         6      2014
6  0134601548        Visual C# How to Program         6      2017
7  0136151574       Visual C++ How to Program         2      2008
```

自我测验

（填空题）SQL 关键字________指定了查询中所有条目的排列顺序。

答案：ORDER BY

17.2.5　合并来自多个表的数据：INNER JOIN

回想一下，books 数据库的 author_ISBN 表将 author 链接到与它们相匹配的 title。如果我们不将这些信息分离到单独的表中，那么我们需要 titles 表中的每个条目中都包含作者信息。这将导致写了多本书的作者信息会重复存储。

可以使用 INNER JOIN 合并来自多个表的数据，这个操作被称为连接表。让我们生成一个作者列表，每个作者附带其所写的书的 ISBN——因为这个查询有很多结果，所以我们只显示结果的前五个：

```
In [17]: pd.read_sql("""SELECT first, last, isbn
    ...:                FROM authors
    ...:                INNER JOIN author_ISBN
    ...:                    ON authors.id = author_ISBN.id
    ...:                ORDER BY last, first""", connection).head()
Out[17]:
    first    last        isbn
0   Abbey  Deitel  0132151006
1   Abbey  Deitel  0133406954
2  Harvey  Deitel  0134289366
3  Harvey  Deitel  0135404673
4  Harvey  Deitel  0132151006
```

INNER JOIN 的 ON 子句使用一个表中的主键列和另一个表中的外键列来确定要从每个表合并哪些行。这个查询将 authors 表的 first 和 last 与 author_ISBN 表的 isbn 列合并，并先按 last、再按 first 升序对结果进行排序。

请注意 ON 子句中的语法：authors.id（table_name.column_name）。如果两个表中的列名称相同，则需要使用限定名称语法。这种语法可以在任何 SQL 语句中使用，以区分不同表中具有相同名称的列。在一些系统中，可以使用符合数据库名的表名执行跨数据库查询。同样地，查询可以包含 ORDER BY 子句。

自我测验

（填空题）________可以指定来自多个表的字段，这些字段可以在连接表时用于区分不同的表。

答案：限定名称。

17.2.6 INSERT INTO 语句

至此，已经查询了已存储数据。有时，我们将执行修改数据库的 SQL 语句。为此，将使用 sqlite3 的 Cursor 对象，可以通过调用 connection 的 Cursor 方法获得它：

```
In [18]: cursor = connection.cursor()
```

pandas 的 read_sql 方法实际上在后台使用 Cursor 执行查询并访问结果行。

INSERT INTO 语句可以向表中插入一行。让我们通过调用 Cursor 的 execute 方法向 authors 表中插入一个名为 Sue Red 的新作者，execute 执行 SQL 参数并返回该 Cursor：

```
In [19]: cursor = cursor.execute("""INSERT INTO authors (first, last)
    ...:                             VALUES ('Sue', 'Red')""")
    ...:
```

SQL 关键字 INSERT INTO 后面紧跟着要在其中插入新行的表，以及圆括号中以逗号分隔的列名列表。列名列表后面是 SQL 关键字 VALUES 和在圆括号中以逗号分隔的值列表。提供的值必须在顺序和类型上与指定的列名相匹配。

我们没有为 id 列指定值，因为它是 authors 表中的自动递增列——这是在创建该表的 books.sql 脚本中指定的。对于每一个新行，SQLite 会给它赋值一个唯一的 id 值，该值是自动递增序列中的下一个值（例如，1、2、3 等）。在这种情况下，Sue Red 的 id 号码是 6。为了确认这一点，让我们查询一下 authors 表的内容：

```
In [20]: pd.read_sql('SELECT id, first, last FROM authors',
    ...:             connection, index_col=['id'])
    ...:
Out[20]:
        first    last
id
1        Paul  Deitel
2      Harvey  Deitel
3       Abbey  Deitel
4         Dan   Quirk
5   Alexander    Wald
6         Sue     Red
```

注意包含单引号的字符串

SQL 用单引号（'）划定字符串。自身带有单引号的字符串（例如 O 'Malley）必须在单引号出现的位置有两个单引号（例如，'O''Malley'）。其中第一个字符充当第二个字符的转义字符。不将作为 SQL 语句一部分的单引号字符进行转义是一种 SQL 语法错误。

17.2.7 UPDATE 语句

UPDATE 语句可以修改现有的值。让我们假设 Sue Red 的姓氏在数据库中是不正确的，并将其更新为 'Black'：

```
In [21]: cursor = cursor.execute("""UPDATE authors SET last='Black'
    ...:                             WHERE last='Red' AND first='Sue'""")
```

UPDATE 关键字后面紧接着要更新的表、关键字 SET 和表示要修改的列及其新值的以逗号分割的 column_name = value 的列表。如果不指定 WHERE 子句，则该条修改将应用于每一行。该查询中的 WHERE 子句表明，我们应该只更新姓为 'Red'、名为 'Sue' 的行。

当然，也可能有很多人有着相同的名字和姓氏。想要只更改一行，最好在 WHERE 子句中使用行唯一的主键。在本例中，我们可以指定：

```
WHERE id = 6
```

对于修改数据库的语句，Cursor 对象的 rowcount 属性包含一个整数值，表示被修改的行数。如果这个值是 0，说明未做任何更改。下面的代码确认 UPDATE 修改了一行：

```
In [22]: cursor.rowcount
Out[22]: 1
```

我们也可以通过列出 authors 表的内容来确认更新：

```
In [23]: pd.read_sql('SELECT id, first, last FROM authors',
    ...:                 connection, index_col=['id'])
    ...:
Out[23]:
        first    last
id
1        Paul  Deitel
2      Harvey  Deitel
3       Abbey  Deitel
4         Dan   Quirk
5   Alexander    Wald
6         Sue   Black
```

17.2.8 DELETE FROM 语句

SQL 的 DELETE FROM 语句可以从表中删除行。让我们使用 Sue Black 的 ID 从 authors 表中删除她：

```
In [24]: cursor = cursor.execute('DELETE FROM authors WHERE id=6')

In [25]: cursor.rowcount
Out[25]: 1
```

可选的 WHERE 子句确定要删除哪些行。如果省略 WHERE，则会删除表中的所有行。下面是删除操作后的 authors 表：

```
In [26]: pd.read_sql('SELECT id, first, last FROM authors',
    ...:                 connection, index_col=['id'])
    ...:
Out[26]:
        first    last
```

```
id
1         Paul  Deitel
2       Harvey  Deitel
3        Abbey  Deitel
4          Dan   Quirk
5    Alexander    Wald
```

关闭数据库

当不再需要访问数据库时，应该调用 connection 的 close 方法来断开与数据库的连接。因为我们将在下一个自我测验中使用数据库，所以保持连接：

```
connection.close()
```

大数据中的 SQL

SQL 在大数据领域的重要性与日俱增。在本章的后面，我们将使用 Spark SQL 在 Spark 数据帧中查询数据，这些数据可能分布在 Spark 集群中的多台计算机上。我们将看到 Spark SQL 与本节中介绍的 SQL 非常相似。还将在练习中使用 Spark SQL。

自我测验

1.（IPython 会话）从 titles 表中筛选出所有 title 和 edition，并按 edition 降序排列。只显示前三个结果。

答案：

```
In [27]: pd.read_sql("""SELECT title, edition FROM titles
    ...:                  ORDER BY edition DESC""", connection).head(3)
Out[28]:
                           title  edition
0              Java How to Program       11
1               C++ How to Program       10
2                 C How to Program        8
```

2.（IPython 会话）从 authors 表中选择所有名字以 'A' 开头的作者。

答案：

```
In [28]: pd.read_sql("""SELECT * FROM authors
    ...:                  WHERE first LIKE 'A%'""", connection)
Out[28]:
   id      first   last
0   3      Abbey  Deitel
1   5  Alexander    Wald
```

3.（IPython 会话）SQL 的 NOT 关键字可以反转 WHERE 子句的条件。请从 titles 表中选择所有不以 'How to Program' 结尾的 title。

答案：

```
In [29]: pd.read_sql("""SELECT isbn, title, edition, copyright
    ...:                  FROM titles
    ...:                  WHERE title NOT LIKE '%How to Program'
    ...:                  ORDER BY title""", connection)
Out[29]:
         isbn                            title  edition copyright
0  0134289366        Android 6 for Programmers        3      2016
1  0135404673  Intro to Python for CS and DS        1      2020
```

17.3　NoSQL 和 NewSQL 大数据数据库：导览

几十年来，关系数据库管理系统一直是数据处理的标准。然而，它们需要结构化的数据，这些数据适合于整齐的矩形表。随着数据的大小以及表和关系数量的增加，关系数据库变得更加难以高效地操作。在今天的大数据世界里，NoSQL 和 NewSQL 数据库的出现是为了满足传统关系数据库无法满足的数据存储和处理需求。大数据需要大量数据库，这些数据库通常分布在世界各地的数据中心，由大量商用计算机组成。据 statista.com 统计，目前全球有超过 800 万个数据中心[1]。

NoSQL 最初的意思就是它的名字所暗示的。随着 SQL 在大数据领域的重要性日益增长——比如 Hadoop 中的 SQL 和 Spark SQL——NoSQL 现在被称为“不仅仅是 SQL”。NoSQL 数据库用于非结构化数据，如照片、视频和电子邮件、文本信息和社交媒体帖子中的自然语言，以及 JSON 和 XML 文档等半结构化数据。半结构化数据通常是用非结构化数据和称为元数据的附加信息包装而成的。例如，YouTube 视频是非结构化数据，但 YouTube 也维护每个视频的元数据，包括谁发布了它、何时发布、标题、描述，以帮助人们发现视频的标签、隐私设置等——所有这些都从 YouTube API 返回为 JSON。这个元数据为非结构化的视频数据增加了结构，使其成为半结构化数据。

接下来的几个小节将概述四种 NoSQL 数据库类别——键值、文档、列（也称为基于列的）和图形。此外，我们将概述 NewSQL 数据库，它混合了关系数据库和 NoSQL 数据库的特性。在 17.4 节，我们将展示一个案例研究，在该案例中，我们在 NoSQL 文档数据库中存储并操作大量 JSON tweet 对象，然后在美国的 Folium 地图上交互式可视化地显示数据汇总。在练习中，还可以探索其他类型的 NoSQL 数据库。还可以查看 NoSQL 图数据库中著名的“六度分割”问题的实现。

17.3.1　NoSQL 键值数据库

与 Python 字典一样，键值数据库[2]也存储键 – 值对，但它们针对分布式系统和大数据处理进行了优化。为了可靠性，它们倾向于在多个集群节点中复制数据。

一些键值数据库，如为了提高性能，Redis 是在内存中实现的；另一些则将数据存储在磁盘上，如 HBase，它运行在 Hadoop 的 HDFS 分布式文件系统上。其他流行的键值数据库包括 Amazon DynamoDB、谷歌云数据存储和 Couchbase。DynamoDB 和 Couchbase 是多模型数据库，也支持文档。HBase 也是一个面向列的数据库。

17.3.2　NoSQL 文档数据库

文档数据库[3]存储半结构化数据，如 JSON 或 XML 文档。在文档数据库中，通常为特定的属性添加索引，这样可以更高效地定位和操作文档。例如，假设存储的是物联网设备生成的 JSON 文档，每个文档都包含一个类型属性。可以为该属性添加索引，这样就可以根据文档的类型筛选文档。如果没有索引，仍然可以执行该任务，只是速度变慢了，因为必须完整地搜索每个文档才能找到属性。

[1] https://www.statista.com/statistics/500458/worldwide-datacenter-and-it-sites/.

[2] https://en.wikipedia.org/wiki/Key-value_database.

[3] https://en.wikipedia.org/wiki/Document-oriented_database.

最流行的文档数据库（以及最流行的整体 NoSQL 数据库[一]）是 MongoDB，它的名字来源于嵌入在单词“humongous”中的一系列字母。在一个例子中，我们将在 MongoDB 中存储大量的 tweet 进行处理。回想一下，Twitter 的 API 以 JSON 格式返回 tweet，因此它们可以直接存储在 MongoDB 中。获得 tweet 后，我们将在 pandas DataFrame 和 Folium 地图上对它们进行汇总。其他流行的文档数据库包括 Amazon DynamoDB（也是一种键值数据库）、Microsoft Azure Cosmos DB 和 Apache CouchDB。

17.3.3 NoSQL 列数据库

在关系数据库中，常见的查询操作是为每一行获取特定列的值。因为数据被组织成行，所以选择特定列的查询的性能很差。数据库系统必须获取每一个匹配的行，找到所需的列，并丢弃该行的其余信息。列数据库[二][三]（也称为面向列数据库）类似于关系数据库，但它以列而不是行存储结构化数据。因为列的所有元素都存储在一起，所以选择给定列的所有数据会更有效率。

考虑 `books` 数据库中的 `authors` 表：

```
         first    last
id
1         Paul  Deitel
2       Harvey  Deitel
3        Abbey  Deitel
4          Dan   Quirk
5    Alexander    Wald
```

在关系数据库中，一行的所有数据都存储在一起。如果我们把每一行看成一个 Python 元组，行将表示为 `(1, 'Paul', 'Deitel')`，`(2, 'Harvey', 'Deitel')` 等。在列数据库中，给定列的所有值都将存储在一起，如 `(1, 2, 3, 4, 5)`，`('Paul', 'Harvey', 'Abbey', 'Dan', 'Alexander')` 和 `('Deitel', 'Deitel', 'Deitel', 'Quirk', 'Wald')`。每个列中的元素按行顺序维护，因此每个列中给定索引处的值属于同一行。流行的列数据库包括 MariaDB ColumnStore 和 HBase。

17.3.4 NoSQL 图数据库

图将对象之间的关系进行建模[四]。对象被称为节点（或顶点），关系被称为边。边是定向的。例如，一条表示从起始城市到目的地城市（而不是相反）的航空公司飞行路线的边。图数据库[五]存储节点、边及其属性。

如果使用社交网络，如 Instagram、Snapchat、Twitter 和 Facebook，考虑一下社交图谱，它由认识的人（节点）和他们之间的关系（边）组成。每个人都有自己的社交圈，这些社交圈是相互关联的。我们将在练习中了解到著名的“六度分割”问题，它是说世界上任何两个人都可以在世界范围内的社交图谱中以最多六条边而相互连接[六]。Facebook 的算法利用其数

[一] https://db-engines.com/en/ranking.

[二] https://en.wikipedia.org/wiki/Columnar_database.

[三] https://www.predictiveanalyticstoday.com/top-wide-columnar-store-databases/.

[四] https://en.wikipedia.org/wiki/Graph_theory.

[五] https://en.wikipedia.org/wiki/Graph_database.

[六] https://en.wikipedia.org/wiki/Six_degrees_of_separation.

十亿月度活跃用户[1]的社交图谱来决定哪些事件应该出现在每位用户的新闻动态中。通过观察我们的兴趣、朋友、他们的兴趣等，Facebook 可以预测他们认为与我们最相关的事情[2]。

许多公司使用类似的技术来创建推荐引擎。当在亚马逊上浏览一件商品时，他们会用用户和产品的图表向人们展示在购买前浏览过的同类相似商品。当在 Netflix 上浏览电影时，他们会使用用户和他们喜欢的电影的图表来推荐用户可能感兴趣的电影。

Neo4j 是最流行的图形数据库之一。许多真实世界的图形数据库用例参见：

```
https://neo4j.com/graphgists/
```

在大多数用例中都显示了 Neo4j 生成的图样例。这些图可以将图节点之间的关系可视化出来。可以阅读一下 Neo4j 的免费 PDF 书籍——Graph Databases[3]。

17.3.5 NewSQL 数据库

关系数据库的主要优点包括安全性和事务支持。特别是关系数据库通常使用 ACID（原子性、一致性、隔离性、持久性）[4]事务处理性质：

- 原子性确保只有在事务的所有步骤都成功时才修改数据库。如果去自动取款机取 100 元，除非有足够的钱来支付提款，而且自动柜员机里有足够的钱来满足要求，否则这 100 元钱不会被从账户中删除。
- 一致性确保数据库状态总是有效的。在上面的提现示例中，交易后的新账户余额将准确反映从账户中提现的金额（可能还有 ATM 手续费）。
- 隔离性确保并发事务按顺序执行。例如，如果两个人共用一个银行账户，并且两人都试图同时从两个独立的 ATM 机取款，那么一笔交易必须等待另一笔交易完成。
- 持久性确保对数据库的更改即使在硬件故障时也能幸存。

如果研究 NoSQL 数据库的优缺点，就会发现 NoSQL 数据库通常不提供 ACID 支持。使用 NoSQL 数据库的这一类应用程序通常不需要支持 ACID 的数据库提供的技术保障。许多 NoSQL 数据库通常遵循 BASE（基本可用性、软状态、最终一致性）模型，这种模型更关注数据库的可用性。ACID 数据库在写入数据库时保证一致性，而 BASE 数据库则在以后的某个时间点提供一致性。

NewSQL 数据库融合了关系数据库和 NoSQL 数据库在大数据处理任务中的优点。一些流行的 NewSQL 数据库包括 VoltDB、MemSQL、Apache Ignite 和 Google Spanner。

自我测验

1.（判断题）关系数据库需要非结构化或半结构化的数据。

答案：错误。关系数据库需要适合于矩形表的结构化数据。

2.（填空题）NoSQL 的命名含义是指________。

答案：Not Only SQL。不仅是 SQL。

3.（判断题）NoSQL 文档数据库存储的文档中都是键 – 值对。

答案：错误。NoSQL 键值数据库存储键 – 值对。NoSQL 文档数据库存储半结构化数据，如 JSON 或 XML 文档。

---

[1] https://zephoria.com/top-15-valuable-facebook-statistics/.

[2] https://newsroom.fb.com/news/2018/05/inside-feed-news-feed-ranking/.

[3] https://neo4j.com/graph-databases-book-sx2.

[4] https://en.wikipedia.org/wiki/ACID_（computer_science）.

4.（填空题）哪种 NoSQL 数据库类型类似于关系数据库？________

答案：列（或面向列）数据库。

5.（填空题）哪种 NoSQL 数据库类型利用节点和边存储数据？________

答案：图数据库。

17.4 案例研究：MongoDB JSON 文档数据库

MongoDB 是一个文档数据库，能够存储和检索 JSON 文档。Twitter 的 API 将 tweet 作为 JSON 对象返回给我们，我们可以直接将其写入 MongoDB 数据库。在本节中，将：

- 用 Tweepy 传送关于 100 位美国参议员的 tweet，并将它们存储到 MongoDB 数据库。
- 用 pandas 通过 tweet 活跃度来总结十大参议员。
- 显示一个交互式的美国 Folium 地图，每个州有一个弹出标记，显示州名和两位参议员的名字、他们的政党和 tweet 统计。

将使用免费的基于云的 MongoDB Atlas 集群，它不需要安装，目前允许存储 512MB 的数据。如果想要存储更多，可以从下述网址下载 MongoDB 社区服务器：

`https://www.mongodb.com/download-center/community`

并在本地运行它，或者可以注册 MongoDB 的付费 Atlas 服务。

安装与 MongoDB 交互所需的 Python 库

将使用 Python 中的 pymongo 库与 MongoDB 数据库进行交互。还需要 dnspython 库来连接 MongoDB Atlas 集群。要安装这些库，可以使用以下命令：

```
conda install -c conda-forge pymongo
conda install -c conda-forge dnspython
```

keys.py

`ch17` 示例文件夹的 TwitterMongoDB 子文件夹包含了这个示例的代码和 `keys.py` 文件。编辑此文件，以获得 Twitter 凭证和第 13 章中的 OpenMapQuest 密钥。在我们讨论了如何创建 MongoDB Atlas 集群之后，还需要将 MongoDB 连接字符串添加到这个文件。

17.4.1 创建 MongoDB Atlas 集群

要注册一个免费账户，请登录

`https://mongodb.com`

然后输入电子邮件地址，单击 Get started free。在下一页，输入姓名并创建密码，然后阅读它们的服务条款。如果同意，请单击本页的 Get started free，我们将看到设置集群的页面。单击 Build my first cluster 启动。

它们通过弹出的气泡引导完成入门步骤，描述并指向需要完成的每个任务。它们免费提供针对 Atlas cluster（他们称之为 M0）的默认设置，因此只需在 cluster name 部分为集群指定一个名称，然后单击 Create cluster。现在，它们将带我们进入集群页面并开始创建新的集群，这需要几分钟的时间。

接下来，将出现一个 Connect to Atlas 的教程，显示需要的额外步骤清单，让我们启动和运行：

- 创建第一个数据库用户——这使我们能够登录到集群。
- 将 IP 地址加入白名单——这是一种安全措施，确保只有验证过的 IP 地址才允许与集群交互。若想要从多个位置（学校、家庭、工作场所等）连接到这个集群，需要将打算连接的每个 IP 地址加入白名单。

- 连接到集群——在这个步骤中，将定位集群的连接字符串，这将使 Python 代码能够连接到服务器。

创建第一个数据库用户

在弹出的教程窗口中，单击 Create your first database user 继续学习教程，然后根据页面上的提示查看集群的 Security 选项卡，然后单击 + ADD NEW USER。在 Add New User 对话框中，创建用户名和密码。把它们记录下来——我们马上就会用到。单击 Add User 返回到 Connect to Atlas 弹出教程。

将 IP 地址加入白名单

在弹出的教程窗口中，单击 Whitelist your IP address 继续学习教程，然后根据页面上的提示查看集群的 IP 白名单，并单击 + ADD IP ADDRESS。在 Add Whitelist Entry 对话框中，可以添加当前计算机的 IP 地址或允许从任何地方访问，不推荐将这些地方用于生产数据库，但可以用于学习目的。单击 ALLOW ACCESS FROM ANYWHERE，然后单击 Confirm 返回到 Connect to Atlas 弹出教程。

连接到集群

在弹出的教程窗口中，单击 Connect to your cluster 以继续学习教程，然后根据页面上的提示查看集群的 Connect to YourClusterName 对话框。从 Python 连接到 MongoDB Atlas 数据库需要一个连接字符串。要获取连接字符串，请单击 Connect Your Application，然后单击 Short SRV connection string。连接字符串将在 Copy the SRV address 下方出现。单击 COPY 以复制字符串。将此字符串粘贴到 `keys.py` 文件中作为 `mongo_connection_string` 的值。将连接字符串中的“`<PASSWORD>`”替换为密码，并将数据库名称“`test`”替换为“`senators`”，这将是本例中的数据库名称。在 Connect to YourClusterName 的底部，单击 Close。现在可以与 Atlas 集群交互了。

17.4.2　将 tweet 注入 MongoDB

首先，我们将展示一个连接到 MongoDB 数据库的交互式 IPython 会话，通过 Twitter 流下载当前的 tweet，并根据 tweet 数量总结“十大参议员”。接下来，我们将展示 TweetListener 类，该类可以处理传入的 tweet 并在 MongoDB 中按 JSON 格式存储它们。最后，我们将继续通过 IPython 会话创建一个交互式的 Folium 地图，该地图可以显示来自我们存储的 tweet 中的信息。

使用 Tweepy 与 Twitter 进行身份验证

首先，让我们使用 Tweepy 与 Twitter 进行身份验证：

```
In [1]: import tweepy, keys

In [2]: auth = tweepy.OAuthHandler(
   ...:     keys.consumer_key, keys.consumer_secret)
   ...: auth.set_access_token(keys.access_token,
   ...:     keys.access_token_secret)
   ...:
```

接下来，配置 Tweepy `API` 对象，如果我们的应用达到任何 Twitter 速率限制，就等待它。

```
In [3]: api = tweepy.API(auth, wait_on_rate_limit=True,
   ...:                  wait_on_rate_limit_notify=True)
   ...:
```

加载参议员的数据

我们将使用 `senator.csv` 文件（位于 `ch17` 示例文件夹中的 `TwitterMongoDB` 子文件夹）中的信息跟踪并了解每个美国参议员。该文件包含这位参议员的双字母州代码、姓名、党派、Twitter 句柄和 Twitter ID。

Twitter 允许通过数字 Twitter ID 跟踪特定用户，但是这些 ID 必须以这些数字值的字符串表示形式提交。因此，让我们将 `senator.csv` 加载到 pandas 中，将 `TwitterID` 值转换为字符串（使用 `Series` 的 `astype` 方法），并显示几行数据。在本例中，我们将 `6` 设置为要显示的最大列数。稍后我们将在 `DataFrame` 中添加另一列，这个设置将确保所有列都显示出来，而不是中间有一些省略号：

```
In [4]: import pandas as pd

In [5]: senators_df = pd.read_csv('senators.csv')

In [6]: senators_df['TwitterID'] = senators_df['TwitterID'].astype(str)

In [7]: pd.options.display.max_columns = 6

In [8]: senators_df.head()
Out[8]:
  State             Name Party    TwitterHandle           TwitterID
0    AL   Richard Shelby     R       SenShelby             21111098
1    AL       Doug Jomes     D    SenDougJones   941080085121175552
2    AK  Lisa Murkowski      R    lisamurkowski             18061669
3    AK    Dan Sullivan      R  SenDanSullivan           2891210047
4    AZ          Jon Kyl     R       SenJonKyl             24905240
```

配置 MongoClient

要将 tweet 的 JSON 作为文档存储在 MongoDB 数据库中，必须首先通过 `pymongo MongoClient` 连接到 MongoDB Atlas 集群，它会把接收到集群的连接字符串作为参数：

```
In [9]: from pymongo import MongoClient

In [10]: atlas_client = MongoClient(keys.mongo_connection_string)
```

现在，我们可以得到一个表示参议员数据库的 `pymongo` 数据库对象。如果数据库不存在，下面的语句将创建数据库：

```
In [11]: db = atlas_client.senators
```

建立 tweet 流

让我们指定要下载的 tweet 数量并创建 `TweetListener`。我们将表示 MongoDB 数据库的 `db` 对象传递给 `TweetListener`，以便它可以将 tweet 写入数据库。根据人们发布有关参议员的 tweet 的速度，可能需要几分钟到几小时才能收到 1 万条 tweet。出于测试目的，我们可能想要使用较少的数据：

```
In [12]: from tweetlistener import TweetListener

In [13]: tweet_limit = 10000
```

```
In [14]: twitter_stream = tweepy.Stream(api.auth,
    ...:     TweetListener(api, db, tweet_limit))
    ...:
```

开始注入 tweet

Twitter 实时注入允许跟踪多达 400 个关键字，并同时跟踪多达 5000 个 Twitter ID。在本例中，我们跟踪参议员的 Twitter 句柄以及 Twitter ID。这应该能使我们获得每个参议员发出、接收或相关的推特信息。为了显示进度，我们将显示收到的每条 tweet 的昵称和时间戳，以及到目前为止的 tweet 总数。为了节省空间，我们在这里只显示其中一条 tweet 输出，并将用户的昵称替换为 XXXXXXX：

```
In [15]: twitter_stream.filter(track=senators_df.TwitterHandle.tolist(),
    ...:     follow=senators_df.TwitterID.tolist())
    ...:
    Screen name: XXXXXXX
     Created at: Sun Dec 16 17:19:19 +0000 2018
Tweets received: 1
...
```

`TweetListener` 类

在本例中，我们稍微修改了第 13 章中的 `TweetListener` 类。下面显示的大部分 Twitter 和 Tweepy 代码与我们之前看到的代码是相同的，所以我们在这里只关注新的内容：

```
1  # tweetlistener.py
2  """TweetListener downloads tweets and stores them in MongoDB."""
3  import json
4  import tweepy
5
6  class TweetListener(tweepy.StreamListener):
7      """Handles incoming Tweet stream."""
8
9      def __init__(self, api, database, limit=10000):
10         """Create instance variables for tracking number of tweets."""
11         self.db = database
12         self.tweet_count = 0
13         self.TWEET_LIMIT = limit  # 10,000 by default
14         super().__init__(api)  # call superclass's init
15
16     def on_connect(self):
17         """Called when your connection attempt is successful, enabling
18         you to perform appropriate application tasks at that point."""
19         print('Successfully connected to Twitter\n')
20
21     def on_data(self, data):
22         """Called when Twitter pushes a new tweet to you."""
23         self.tweet_count += 1  # track number of tweets processed
24         json_data = json.loads(data)  # convert string to JSON
25         self.db.tweets.insert_one(json_data)  # store in tweets collection
26         print(f'    Screen name: {json_data["user"]["name"]}')
27         print(f'     Created at: {json_data["created_at"]}')
28         print(f'Tweets received: {self.tweet_count}')
29
30         # if TWEET_LIMIT is reached, return False to terminate streaming
31         return self.tweet_count != self.TWEET_LIMIT
32
33     def on_error(self, status):
34         print(status)
35         return True
```

以前，TweetListener 重写了 on_status 方法来接收表示 tweet 的 Tweepy Status 对象。这里，我们重写了 on_data 方法（第 21～31 行）。on_data 接收每个 tweet 对象的原始 JSON，而不是 Status 对象。第 24 行将 on_data 接收到的 JSON 字符串转换成了 Python JSON 对象。每个 MongoDB 数据库包含一个或多个文档集合。在第 25 行，表达式

```
self.db.tweets
```

访问数据库对象 db 的 tweets 集合，如果它不存在，就创建它。第 25 行使用 tweets 集合的 insert_one 方法将 JSON 对象存储在 tweets 集合中。

统计每位参议员的 tweet

接下来，我们将对 tweets 集合进行全文搜索，并计算包含每个参议员 Twitter 句柄的 tweet 数量。为了在 MongoDB 中进行文本搜索，必须为集合创建文本索引[⊖]。它指定要搜索的文档字段。每个文本索引都定义为一个元组，其中包含要搜索的字段名称和索引类型（'text'）。MongoDB 的通配符说明符（$**）表示文档中的每个文本字段（在我们的例子中是一个 JSON tweet 对象）都应该为全文搜索建立索引：

```
In [16]: db.tweets.create_index([('$**', 'text')])
Out[16]: '$**_text'
```

定义了索引之后，就可以使用集合的 count_documents 方法来计算集合中包含指定文本的文档的总数。让我们在数据库的 tweets 集合中搜索 senators_df 数据帧的 TwitterHandle 列中的每个 twitter 句柄：

```
In [17]: tweet_counts = []

In [18]: for senator in senators_df.TwitterHandle:
    ...:     tweet_counts.append(db.tweets.count_documents(
    ...:         {"$text": {"$search": senator}}))
    ...:
```

在本例中，传递给 count_documents 的 JSON 对象表明我们正在使用名为 text 的索引来搜索参议员的值。

显示每位参议员的 tweet 数

让我们创建一个 senators_df 数据帧的副本，其中包含 tweet_counts 作为一个新列，然后根据 tweet 数显示“十大参议员”：

```
In [19]: tweet_counts_df = senators_df.assign(Tweets=tweet_counts)

In [20]: tweet_counts_df.sort_values(by='Tweets',
    ...:     ascending=False).head(10)
    ...:
Out[20]:
   State                Name Party    TwitterHandle   TwitterID  Tweets
78    SC      Lindsey Graham     R  LindseyGrahamSC   432895323    1405
41    MA   Elizabeth Warren     D        SenWarren   970207298    1249
8     CA   Dianne Feinstein     D     SenFeinstein   476256944    1079
20    HI       Brian Schatz     D      brianschatz    47747074     934
62    NY       Chuck Schumer     D       SenSchumer    17494010     811
24    IL    Tammy Duckworth     D   SenDuckworth  1058520120     656
```

⊖ 关于 MongoDB 索引类型、文本索引和操作符的更多细节，请详见：https://docs.mongodb.com/manual/indexes 和 https://docs.mongodb.com/manual/core/index-text 以及 https://docs.mongodb.com/manual/reference/operator。

```
13    CT  Richard Blumenthal      D    SenBlumenthal   278124059      646
21    HI        Mazie Hirono      D      maziehirono    92186819      628
86    UT         Orrin Hatch      R    SenOrrinHatch   262756641      506
77    RI  Sheldon Whitehouse      D    SenWhitehouse   242555999      350
```

获取州位置以绘制标记

接下来，我们将使用在第 13 章中学到的技术来获取每个州的纬度和经度坐标。我们很快就会用这些在一个 Folium 地图的弹出标记上定位，其中包含每个州参议员的 tweet 的名字和数量。

`state_codes.py` 文件中包含一个 `state_codes` 字典，它可以将两个字母的州代码映射到它们的完整州名。我们将使用完整的州名和 `geopy` 的 `OpenMapQuest geocode` 函数来查找每个州的位置[1]。首先，让我们导入所需的库和 `state_codes` 字典：

```
In [21]: from geopy import OpenMapQuest

In [22]: import time

In [23]: from state_codes import state_codes
```

接下来，让我们使用 `geocoder` 对象将位置名称转换为 `Location` 对象：

```
In [24]: geo = OpenMapQuest(api_key=keys.mapquest_key)
```

每个州有两名参议员，因此我们可以查找每个州的位置，并使用该州两名参议员的 `location` 对象。让我们获取唯一的状态名，然后按升序排序：

```
In [25]: states = tweet_counts_df.State.unique()

In [26]: states.sort()
```

接下来的两个代码片段使用来自第 13 章节的代码来查找每个州的位置。在代码片段 `[28]` 中，我们使用州名后跟 `',USA'` 来调用 `geocode` 函数，以确保我们得到美国的位置[2]，因为在美国之外还有其他地方与美国的州名相同。为了显示进度，我们显示每个新的 `Location` 对象的字符串：

```
In [27]: locations = []

In [28]: for state in states:
    ...:     processed = False
    ...:     delay = .1
    ...:     while not processed:
    ...:         try:
    ...:             locations.append(
    ...:                 geo.geocode(state_codes[state] + ', USA'))
    ...:             print(locations[-1])
    ...:             processed = True
    ...:         except:  # timed out, so wait before trying again
    ...:             print('OpenMapQuest service timed out. Waiting.')
    ...:             time.sleep(delay)
```

[1] 我们使用完整的州名，因为在我们的测试中，两个字母的州代码并不总是返回正确的位置。

[2] 当我们最初执行华盛顿州的地理编码时，OpenMapQuest 返回了华盛顿特区的位置。因此，我们修改了 state_code .py 以使用“华盛顿州”代替。

```
   ...:             delay += .1
   ...:
Alaska, United States of America
Alabama, United States of America
Arkansas, United States of America
...
```

按州对推文数进行分组

我们将使用一个州内两位参议员的tweet总数来在地图上为这个州着色。深色代表推文数量较高的州。为准备测绘数据，我们使用pandas数据帧的groupby方法将参议员按州分组，计算各州推文总数：

```
In [30]: tweets_counts_by_state = tweet_counts_df.groupby(
    ...:     'State', as_index=False).sum()
    ...:

In [31]: tweets_counts_by_state.head()
Out[31]:
  State  Tweets
0    AK      27
1    AL       2
2    AR      47
3    AZ      47
4    CA    1135
```

代码片段[30]中的as_index=False关键字实参指示状态代码应该是产生的GroupBy对象的列中的值，而不是行的索引。GroupBy对象的sum方法将数字数据（按状态发送的tweet）相加。代码片段[31]显示了GroupBy对象的几行，以便可以看到一些结果。

创建地图

接下来，让我们创建映射。我们可能想要调整缩放。在我们的系统上，下面的代码片段创建了一个地图，在这个地图中，我们最初只能看到美国大陆。请记住，Folium地图是交互式的，所以一旦地图显示出来，可以滚动放大和缩小或拖动查看不同的区域，如阿拉斯加或夏威夷：

```
In [32]: import folium

In [33]: usmap = folium.Map(location=[39.8283, -98.5795],
    ...:                    zoom_start=4, detect_retina=True,
    ...:                    tiles='Stamen Toner')
    ...:
```

创建一个choropleth来给地图着色

choropleth使用指定颜色的值为地图中的区域着色。让我们创建一个choropleth，根据参议员tweet句柄的数量将各州标上颜色。首先，将Folium的us-states.json文件保存在下列网址包含此示例的文件夹中：

```
https://raw.githubusercontent.com/python-visualization/folium/
  master/examples/data/us-states.json
```

该文件包含一个名为GeoJSON（Geographic JSON）的JSON衍生语言，它可以描述形状的边界——在本例中是美国每个州的边界。chorpleth使用这些信息为每个州着色。可以在http://geojson.org/[⊖]了解更多关于GeoJSON的信息。以下代码片段创建了choropleth，然后

⊖ Folium在其示例文件夹https://github.com/ python-visualization/ Folium /tree/master/examples/data中提供了其他几个GeoJSON文件。也可以在http://geojson.io上创建自己的网站。

将其添加到 map 中：

```
In [34]: choropleth = folium.Choropleth(
    ...:     geo_data='us-states.json',
    ...:     name='choropleth',
    ...:     data=tweets_counts_by_state,
    ...:     columns=['State', 'Tweets'],
    ...:     key_on='feature.id',
    ...:     fill_color='YlOrRd',
    ...:     fill_opacity=0.7,
    ...:     line_opacity=0.2,
    ...:     legend_name='Tweets by State'
    ...: ).add_to(usmap)
    ...:

In [35]: layer = folium.LayerControl().add_to(usmap)
```

在本例中，我们使用了以下参数：

- `geo_data = 'us-states.json'`——这是一个包含 GeoJSON 的文件，它指定了要着色的形状。
- `name='choropleth'`——Folium 将 `choropleth` 显示为地图上的一层。这是将要出现在地图图层控件中的那个图层的名称，它使能够隐藏和显示图层。当单击地图上的图层图标时，这些控件就会出现。
- `data=tweets_counts_by_state`——这是一个 pandas 数据帧（或 `Series`），包含了决定 `choropleth` 颜色的值。
- `columns=['State', 'Tweets']`——当数据是一个数据帧时，这是一个包含两个列的列表，它们表示用于对 `Choropleth` 进行着色的键和相应的值。
- `key_on='feature.id'`——这是 GeoJSON 文件中的一个变量，`choropleth` 将该值与列参数中的值进行绑定。
- `fill_color='YlOrRd'`——这是一个颜色地图，指定用于填充州的颜色。Folium 提供 12 种色图：`'BuGn'`,`'BuPu'`,`'GnBu'`,`'OrRd'`,`'PuBu'`,`'PuBuGn'`,`'PuRd'`, `'RdPu'`, `'YlGn'`, `'YlGnBu'`, `'YlOrBr'` 和 `'YlOrRd'`。

应该尝试这些色图，以找到最有效和最令人赏心悦目的一个。

- `fill_opacity=0.7` —— 一个从 0.0（透明）到 1.0（不透明）的值，指定各州显示的填充颜色的透明度。
- `line_opacity=0.2` —— 一个从 0.0（透明）到 1.0（不透明）的值，指定用于描述州的边界线的透明度。
- `legend_name='Tweets by State'` —— 在地图的顶部，`Choropleth` 会显示一个颜色条（图例），指示颜色所代表的值范围。这个 `legend_name` 文本将出现在颜色条的下面。

`Choropleth` 关键字实参的完整列表载于：

```
http://python-visualization.github.io/folium/
  modules.html#folium.features.Choropleth
```

为每个州创建地图 Marker 标记

接下来，我们将为每个州创建 `Marker` 标记。为了确保参议员按每个州的标记中 tweet 的数量降序显示，我们将 `tweet_counts_df` 按 `'Tweets'` 列降序排序：

```
In [36]: sorted_df = tweet_counts_df.sort_values(
    ...:     by='Tweets', ascending=False)
    ...:
```

下面代码片段中的循环可以创建标记。首先，

```
sorted_df.groupby('State')
```

根据 `'State'` 对 `sorted_df` 进行分组。数据帧的 `groupby` 方法维护每个组中原始的行顺序。在给定的群组中，推文最多的参议员将排在第一位，因为我们在代码片段 `[36]` 中按推文数量降序排序：

```
In [37]: for index, (name, group) in
enumerate(sorted_df.groupby('State')):
    ...:     strings = [state_codes[name]]  # used to assemble popup text
    ...:
    ...:     for s in group.itertuples():
    ...:         strings.append(
    ...:             f'{s.Name} ({s.Party}); Tweets: {s.Tweets}')
    ...:
    ...:     text = '<br>'.join(strings)
    ...:     marker = folium.Marker(
    ...:         (locations[index].latitude, locations[index].longitude),
    ...:         popup=text)
    ...:     marker.add_to(usmap)
    ...:
    ...:
```

我们将分组的数据帧传递给 `enumerate`，这样我们就可以得到每个组的索引，我们将使用这个索引在 `locations` 列表中查找每个州的位置。每个组都有一个名称（我们按州代码分组）和组中的一系列项（代表那个州的两名参议员）。循环操作如下：

- 我们在 `state_codes` 字典中查找完整的州名，然后将其存储在 `strings` 列表中——我们将使用这个列表来组装 `Marker` 的弹出文本。
- 嵌套循环遍历 `group` 集合中的项，每个项返回一个命名元组，该元组包含给定参议员的数据。我们为当前参议员创建一个包含姓名、党派和 tweet 数量的格式化字符串，然后将其添加到 `strings` 列表中。
- `Marker` 文本可以使用 HTML 进行格式化。我们将字符串列表中的元素连接起来，通过用一个 HTML 的 `<br>` 元素在 HTML 中创建一个新行，从而实现将每个元素与下一个元素分开。
- 我们创建 `Marker` 标记。第一个参数是标记的位置，它是一个包含纬度和经度的元组。`popup` 关键字实参指定用户单击标记时要显示的文本。
- 我们把标记加到地图上。

显示地图

最后，让我们把地图保存为一个 HTML 文件

```
In [38]: usmap.save('SenatorsTweets.html')
```

在 Web 浏览器中打开 HTML 文件以查看地图并与之交互。回想一下，可以拖动地图看到阿拉斯加和夏威夷。这里我们显示南卡罗来纳州标记的弹出文本：

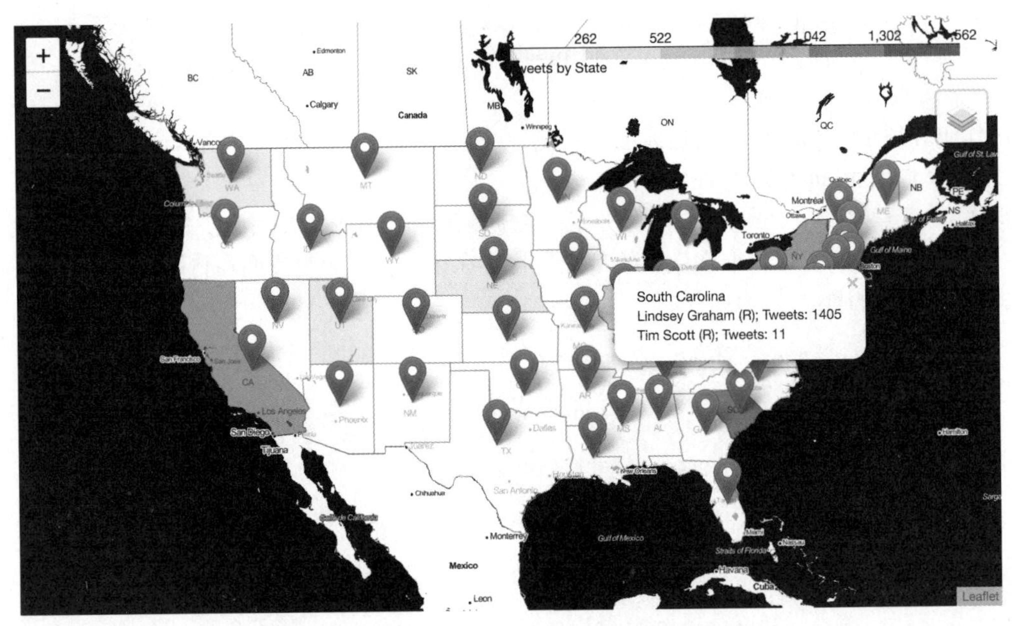

本章末尾的一个练习要求使用在前几章中学到的情感分析技术，对那些发送提及每位参议员姓名的 tweet 的人所表达的情绪进行积极、中立或消极的评级。

自我测验

1.（写语句）假设 `atlas_client` 是一个连接到 MongoDB Atlas 集群的 `pymongo MongoClient`，写一条语句创建一个名为 `football_players` 的新数据库，并将结果对象存储在 `db` 中。

答案：`db = atlas_client.football_players`

2.（填空题）`pymongo` 集合对象的________方法可以将一个新文档插入集合中。

答案：`insert_one`

3.（判断题）一旦在集合中插入了文档，就可以立即对其内容进行文本搜索。

答案：错误。要执行文本搜索，必须首先为集合创建文本索引，指定要搜索的文档字段。

4.（填空题）`folium` 的________使用 GeoJSON 为地图添加颜色。

答案：`Choropleth`

17.5 Hadoop

接下来的几节将展示 Apache Hadoop 和 Apache Spark 如何通过庞大的计算机集群、大规模并行处理、Hadoop MapReduce 编程和 Spark 内存处理技术来解决大数据存储和大数据处理的挑战。在这里，我们将讨论 Apache Hadoop，这是一项关键的大数据基础设施技术，也是大数据处理领域许多最新进展的基础，以及不断进化以支持当今大数据需求的整个软件工具生态系统。

17.5.1 Hadoop 概述

当谷歌在 1998 年被推出时，在线数据量已经非常庞大，大约有 240 万个网站[⊖]——真正

⊖ http://www.internetlivestats.com/total-number-of-websites/.

的大数据。如今已有近 20 亿个网站[一]（几乎是千倍的增长），而谷歌每年处理超过两万亿次的搜索[二]！自从谷歌搜索问世以来，我们就一直在使用它，我们觉得如今的响应速度要快得多。

当谷歌开发他们的搜索引擎时，他们知道需要快速返回搜索结果。唯一可行的方法是使用辅助存储器和主存的巧妙组合来存储和索引整个互联网。当时的计算机无法保存这么多数据，也无法以足够快的速度分析这么多数据，以保证及时的搜索 – 查询响应。因此谷歌开发了一个集群系统，将大量的计算机（称为节点）捆绑在一起。因为拥有更多的计算机和它们之间更多的连接意味着更有可能出现硬件故障，它们还内置了高级别的冗余，以确保即使集群中的节点发生故障，系统也能继续运行。这些数据分布在所有这些廉价的"商品计算机"上。为了满足搜索需求，集群中的所有计算机都并行搜索它们在本地拥有的那部分网络。然后这些搜索的结果将被整合起来。

为此，谷歌需要开发集群的硬件和软件，包括分布式存储。谷歌公布了它的设计，但没有开放其软件的源代码。雅虎的程序员从谷歌在"Google File System"论文[三]中的设计入手，建立了自己的系统。他们将他们的工作开源，Apache 组织将系统实现为 Hadoop。这个名字来自一个 Hadoop 创建者之一的孩子的大象填充玩具。

另外两篇谷歌论文也促进了 Hadoop 的发展——"MapReduce: Simplified Data Processing on Large Clusters"[四]和"Bigtable: A Distributed Storage System for Structured Data"[五]，这是 Apache HBase（一个键值、基于列的 NoSQL 数据库）的基础[六]。

HDFS、MapReduce 和 YARN

Hadoop 的关键组件是：

- HDFS（Hadoop 分布式文件系统），用于存储整个集群的海量数据。
- MapReduce 用于实现处理数据的任务。

在本书的前面，我们介绍了基本的函数式编程和 filter/map/reduce。Hadoop MapReduce 在概念上与之相似，只是大规模并行而已。一个 MapReduce 任务分为映射（mapping）和约简（reduction）两步。映射 [也可能包括过滤（filtering）] 横跨整个集群处理原始数据，并将其映射到键 – 值对的元组中。然后，约简可以组合这些元组，以生成 MapReduce 任务的结果。关键是如何执行 MapReduce 步骤。Hadoop 将数据分成多个批次，并分布在集群中的各个节点上——小到几个节点，大到具有 40 000 个节点和超过 100 000 个核的雅虎集群[七]。Hadoop 还将 MapReduce 任务的代码分发到集群中的节点上，并在每个节点上并行执行这些代码。每个节点只处理存储在该节点上的一批数据。约简会将所有节点的结果组合在一起，产生最终的结果。为了协调这一点，Hadoop 使用 YARN（yet another resource negotiator，另一个资源协商者）来管理集群中的所有资源，并安排执行任务。

Hadoop 生态系统

尽管 Hadoop 始于 HDFS 和 MapReduce，紧随其后的是 YARN，但它已经发展成为一个

[一] http://www.internetlivestats.com/total-number-of-websites/.

[二] http://www.internetlivestats.com/google-search-statistics/.

[三] http://static.googleusercontent.com/media/research.google.com/en//archive/gfssosp2003.pdf.

[四] http://static.googleusercontent.com/media/research.google.com/en//archive/mapreduce-osdi04.pdf.

[五] http://static.googleusercontent.com/media/research.google.com/en//archive/bigtable-osdi06.pdf.

[六] 许多其他有影响力的大数据相关论文（包括我们提到的那些）可以在下面的网址中找到：https://bigdata-madesimple.com/research-papers-that-changed-the-world-of-big-data/。

[七] https://wiki.apache.org/hadoop/PoweredBy.

包括 Spark（在 17.6～17.7 节讨论）和许多其他 Apache 项目的大型生态系统[一][二][三]。

- Ambari（https://ambari.apache.org）—— 管理 Hadoop 集群的工具。
- Drill（https://drill.apache.org）—— 在 Hadoop 和 NoSQL 数据库中用 SQL 查询非关系数据。
- Flume（https://flume.apache.org）—— 一个用于汇集和存储（在 HDFS 和其他存储）流事件数据（比如大容量的服务器日志、物联网消息等）的服务。
- HBase（https://hbase.apache.org）—— 一个用于“数十亿行乘[四]数百万列——在商品硬件集群之上”的大数据的 NoSQL 数据库。
- Hive（https://hive.apache.org）—— 使用 SQL 与数据仓库中的数据交互。数据仓库汇集了来自不同来源的各种类型的数据。常见的操作包括提取数据、转换数据并将其加载（称为 ETL）到另一个数据库中，这样就可以分析数据并从中创建报告。
- Impala（https://impala.apache.org）—— 一个用于跨 Hadoop HDFS 或 HBase 平台，并对其分布式数据进行实时 SQL 查询的数据库。
- Kafka（https://kafka.apache.org）—— 实时消息，流处理和存储，通常转换和处理高容量流数据，如网站活动和流式物联网数据。
- Pig（https://pig.apache.org）—— 一个脚本平台，它可以将数据分析任务从名为 Pig Latin 的脚本语言转换为 MapReduce 任务。
- Sqoop（https://sqoop.apache.org）—— 用于在数据库之间移动结构化、半结构化和非结构化数据的工具。
- Storm(https://storm.apache.org)—— 一个实时流处理系统，用于数据分析、机器学习、ETL 等任务。
- ZooKeeper（https://zookeeper.apache.org）—— 用于管理集群配置和集群间协调的服务。

Hadoop 提供者

许多云供应商将 Hadoop 作为一种服务提供，包括 Amazon EMR、Google Cloud DataProc、IBM Watson Analytics Engine、Microsoft Azure HDInsight 等。此外，像 Cloudera 和 Hortonworks 这样的公司（在撰写本书时它们正在合并）通过主要的云供应商提供集成的 Hadoop 生态系统组件和工具。它们还提供免费的可下载环境，可以在本地[五]上运行这些环境来学习、开发和测试，然后再使用可能会带来巨大成本的基于云的主机。在 17.5.3 节中，我们通过使用 Microsoft 基于云的 Azure HDInsight 集群来介绍 MapReduce 编程，该集群将 Hadoop 作为服务提供。

Hadoop 3

Apache 继续发展 Hadoop。Hadoop 3[六]于 2017 年 12 月发布，它有很多改进，包括更好的性能和显著提高的存储效率[七]。

㊀ https://hortonworks.com/ecosystems/.

㊁ https://readwrite.com/2018/06/26/complete-guide-of-hadoop-ecosystem-components/.

㊂ https://www.janbasktraining.com/blog/introduction-architecture-components-hadoopecosystem/.

㊃ 我们用“by”替换了原文中的“X”。

㊄ 首先检查它们的重要系统需求，以确保有运行它们所需的磁盘空间和内存。

㊅ 有关 Hadoop 3 的特性列表，请参见 https://hadoop.apache.org/docs/r3.0.0/。

㊆ https://www.datanami.com/2018/10/18/is-hadoop-officially-dead/.

17.5.2 用 MapReduce 汇总 *Romeo and Juliet* 的词长度

在接下来的几个小节中，将使用 Microsoft Azure HDInsight 创建一个基于云的多节点计算机集群。然后，我们在 MapReduce 任务中确定 `RomeoAndJuliet.txt`（来自第 12 章）中每个单词的长度，然后总结每个长度的单词数量。在定义了任务的映射和约简步骤之后，可以将任务提交给 HDInsight 集群，Hadoop 将决定如何使用计算机集群来执行任务。

17.5.3 在 Microsoft Azure HDInsight 上创建 Apache Hadoop 集群

大多数主流云供应商都支持 Hadoop 和 Spark 计算集群，可以对它们进行配置，以满足应用程序的需求。基于云的多节点集群通常是付费服务，不过大多数供应商提供免费试用或积分，这样就可以试用他们的服务。

我们希望体验一下设置集群并使用它们执行任务的过程。因此，在这个 Hadoop 示例中，将使用 Microsoft Azure 的 HDInsight 服务来创建基于云的计算机集群，并在其中测试我们的示例。前往

```
https://azure.microsoft.com/en-us/free
```

注册一个账户。微软需要信用卡来进行身份验证。

很多服务都是免费的，有些可以继续使用 12 个月。有关这些服务的信息，请参阅：

```
https://azure.microsoft.com/en-us/free/free-account-faq/
```

微软也会给用户积分，让我们尝试它们的付费服务，比如它们的 HDInsight Hadoop 和 Spark 服务。一旦积分用完或过了 30 天（哪个先到，就按哪个算），就不能继续使用付费服务了，除非授权微软自动扣费。

因为在这些示例中，将使用新的 Azure 账户的信用㊀，我们将讨论如何配置一个低成本集群，使用比微软默认分配的更少的计算资源㊁。（注意：一旦分配了一个集群，不管是否在使用它，它都会产生成本。因此，当完成这个案例研究时，一定要删除集群和其他资源，这样就不会产生额外的费用。）更多信息，请参见：，

```
https://docs.microsoft.com/en-us/azure/azure-resource-manager/
   resource-group-portal
```

有关 Azure 的文档和视频，请访问：

- https://docs.microsoft.com/en-us/azure/ —— Azure 文档。
- https://channel9.msdn.com/ —— 微软的 Channel 9 视频网络。
- https://www.youtube.com/user/windowsazure —— YouTube 上的微软 Azure 频道。

创建 HDInsight Hadoop 集群

下面的链接解释了如何使用 Azure HDInsight 服务为 Hadoop 建立集群：

```
https://docs.microsoft.com/en-us/azure/hdinsight/hadoop/apache-
   hadoop-linux-create-cluster-get-started-portal
```

在执行 Create a Hadoop cluster 的步骤时，请注意以下几点：

㊀ 要了解微软最新的免费账户功能，请访问 https://azure.microsoft.com/en-us/free/。

㊁ 对于微软推荐的集群配置，请参阅 https://docs.microsoft.com/en-us/ azure/hdinsight/hdinsight-component-versioning#default-node-configuration-andvirtual-machine-size-For-clusters。如果配置的集群对于给定的场景来说太小了，那么当尝试部署集群时，将收到一个报错。

- 在步骤 1 中，通过在下述网址登录账户访问 Azure 门户

  `https://portal.azure.com`
- 在步骤 2 中，Data + Analytics 现在被称为 Analytics，HDInsight 图标和图标颜色相比教程中显示的有所改变。
- 在步骤 3 中，必须选择一个不存在的集群名称。当输入群集名称时，Microsoft 将检查该名称是否可用，如果不可用，则显示一条消息。必须创建一个密码。对于 Resource group，还需要单击 Create new 并提供组名。这一步中的所有其他设置保持原样。
- 在步骤 5 中，在“ Select a Storage account”下，单击“ Create new”，提供一个小写字母和数字的存储账户名称。与集群名称相同，存储账户名称必须是唯一的。

当查看 Cluster summary 时，将看到微软最初将集群配置为 Head(2 x D12 v2)、Worker(4 x D4 v2)。在撰写本书时，这种配置的每小时估计成本为 3.11 美元。这个设置总共使用了 6 个 CPU 节点和 40 个核——远远超过了我们演示所需的数量。

可以编辑此设置以使用更少的 CPU 和内核，这也节省了成本。让我们将配置更改为使用功能较弱的计算机的 16 核 4 CPU 集群。在 Cluster summary 中：

1. 单击 Cluster size 右侧的 Edit。
2. 修改 Number of Worker 为 2。
3. 单击 Worker node size，然后 View all，选择 D3 v2（这是 Hadoop 节点的最小 CPU 大小），然后单击 Select。
4. 单击 Head node size，然后 View all，选择 D3 v2，单击 Select。
5. 单击 Next，然后再次单击 Next，返回 Cluster summary。微软将验证新的配置。
6. 启用 Create 按钮后，单击它来部署集群。

微软需要 20～30 分钟来“启动”集群。在此期间，Microsoft 将分配集群所需的所有资源和软件。

经过上述更改后，根据类似配置的集群的平均使用情况，集群的估计成本为每小时 1.18 美元。我们的实际收费比这还低。如果在配置集群时遇到任何问题，微软提供了基于聊天的 HDInsight 帮助：

```
https://azure.microsoft.com/en-us/resources/knowledge-center/
   technical-chat/
```

17.5.4　Hadoop Streaming

对于像 Python 这样的 Hadoop 本身不支持的语言，必须使用 Hadoop streaming 来实现任务。在 Hadoop streaming 中，实现映射和约简步骤的 Python 脚本通过标准输入流和标准输出流与 Hadoop 通信。通常，标准输入流读取键盘，标准输出流写入命令行。

但是，这些数据可以被重定向（就像 Hadoop 那样），从其他源读取数据，并写入其他目的地。Hadoop 对流的使用如下：

- Hadoop 为映射脚本（称为 mapper 映射器）提供输入。这个脚本从标准输入流读取输入。
- mapper 将其结果写入标准输出流。
- Hadoop 将 mapper 的输出作为约简脚本（称为 reducer 约简器）的输入，该脚本从标准输入流中读取数据。
- reducer 将其结果写入标准输出流。

- Hadoop 将 reducer 的输出写入 HDFS。

我们曾在第 5 章中讨论了函数式编程和 filter、map 和 reduce，应该对上面使用的 mapper 和 reducer 术语很熟悉。

17.5.5 实现 mapper

在本节中，将创建一个 mapper 脚本，该脚本接受来自 Hadoop 的文本行作为输入，并将它们映射到键 – 值对，其中每个键都是一个单词，其对应值为 1。mapper 单独查看每个单词，因此就它而言，每个单词只有一个。在下一节中，reducer 将按键汇总这些键 – 值对，将每个键的计数汇总为一个值。默认情况下，Hadoop 希望 mapper 的输出和 reducer 的输入及输出都以键 – 值对的形式存在，这些键 – 值对用制表符分隔。

在 mapper 脚本（length_mapping.py）中，符号 #! 第 1 行告诉 Hadoop 使用 python3 执行 Python 代码，而不是默认安装 Python 2。这一行必须在文件中所有其他注释和代码之前。在撰写本书时，已安装 Python 2.7.12 和 Python 3.5.2。注意，因为集群没有 Python 3.6 或更高版本，所以不能在代码中使用 f-string。

```
1  #!/usr/bin/env python3
2  # length_mapper.py
3  """Maps lines of text to key-value pairs of word lengths and 1."""
4  import sys
5  
6  def tokenize_input():
7      """Split each line of standard input into a list of strings."""
8      for line in sys.stdin:
9          yield line.split()
10 
11 # read each line in the the standard input and for every word
12 # produce a key-value pair containing the word, a tab and 1
13 for line in tokenize_input():
14     for word in line:
15         print(str(len(word)) + '\t1')
```

生成器函数 tokenize_input（第 6～9 行）从标准输入流中读取几行文本，并为每一行返回一个字符串列表。在本例中，我们没有像在第 12 章中那样删除标点符号或停止词。

当 Hadoop 执行脚本时，第 13～15 行迭代 tokenize_input 中的字符串列表。对于列表中的每个列表（行）和每个字符串（词），第 15 行输出一个键 – 值对，它以单词的长度作为键，包含一个制表符（\t）和值 1，表示有一个单词（到目前为止）具有该长度。当然，可能有很多这样长的单词。MapReduce 算法的约简步骤将汇总这些键 – 值对，将所有具有相同键的键 – 值对汇总为单个的键 – 值对。

17.5.6 实现 reducer

在 reducer 脚本（length_reducer.py）中，函数 tokenize_input（第 8～11 行）是一个生成器函数，它读取并分割 mapper 生成的键 – 值对。同样，MapReduce 算法提供了标准输入。对于每一行，tokenize_input 将去除任何开头或结尾的空白（比如结束的换行符），并生成一个包含键和值的列表。

```
1  #!/usr/bin/env python3
2  # length_reducer.py
3  """Counts the number of words with each length."""
```

```
4  import sys
5  from itertools import groupby
6  from operator import itemgetter
7
8  def tokenize_input():
9      """Split each line of standard input into a key and a value."""
10     for line in sys.stdin:
11         yield line.strip().split('\t')
12
13 # produce key-value pairs of word lengths and counts separated by tabs
14 for word_length, group in groupby(tokenize_input(), itemgetter(0)):
15     try:
16         total = sum(int(count) for word_length, count in group)
17         print(word_length + '\t' + str(total))
18     except ValueError:
19         pass  # ignore word if its count was not an integer
```

当MapReduce算法执行这个reducer时，第14～19行使用`itertools`模块中的`groupby`函数将相同值的字长进行分组：

- 第一个参数调用`tokenize_input`来获取表示键–值对的列表。
- 第二个参数表示键–值对应该根据每个列表中索引为0的元素（就是键）进行分组。

第16行计算给定键的所有计数。第17行输出一个新的键–值对，由单词及其总数组成。MapReduce算法获取所有最终的单词计数输出，并将它们写入HDFS(Hadoop文件系统）的文件中。

17.5.7 准备运行MapReduce示例

接下来，将文件上传到集群，这样就可以执行示例了。在命令提示符、终端或shell，切换到包含`mapper`和`reducer`脚本及`RomeoAndJuliet.txt`文件的文件夹。我们假设这三个文件都在本章的ch17示例文件夹中，所以一定要先将`RomeoAndJuliet.txt`文件复制到这个文件夹中。

将脚本文件复制到HDInsight Hadoop集群

输入以下命令以上传文件。请确保将YourClusterName替换为在设置Hadoop集群时指定的集群名称，并在键入整个命令后才按Enter键。下面命令中的冒号是必需的，表示在提示时提供集群密码。在提示符下，输入设置集群时指定的密码，然后按Enter键：

```
scp length_mapper.py length_reducer.py RomeoAndJuliet.txt
    sshuser@YourClusterName-ssh.azurehdinsight.net:
```

第一次这样做时，出于安全原因，会询问我们是否信任目标主机（即Microsoft Azure）

将RomeoAndJuliet复制到Hadoop文件系统

要让Hadoop读取`RomeoAndJuliet.txt`的内容并向mapper提供文本行，必须首先将文件复制到Hadoop的文件系统中。首先，必须使用ssh[㊀]登录到集群并访问其命令行。在命令提示符、终端或shell中，执行以下命令。请确保将YourClusterName替换为集群名称。再次，系统会提示输入集群密码：

㊀ Windows用户：如果ssh不能正常工作，请安装并启用它，详见https://blogs.msdn.microsoft.com/powershell/2017/12/15/using-the-openssh-beta-in-windows-10-fall-creators-update-and-windows-server-1709/。完成安装后，注销并重新登录或重新启动系统以启用ssh。

```
ssh sshuser@YourClusterName-ssh.azurehdinsight.net
```

对于本例，我们将使用下面的 Hadoop 命令将文本文件复制到集群提供的现有文件夹 /examples/data 中，以便与 Microsoft Azure Hadoop 教程一起使用。同样，只有当输入完整的命令时才按 Enter 键：

```
hadoop fs -copyFromLocal RomeoAndJuliet.txt
    /example/data/RomeoAndJuliet.txt
```

17.5.8 运行 MapReduce 作业

现在，可以通过执行以下命令在集群上为 RomeoAndJuliet.txt 运行 MapReduce 作业。为了方便起见，我们在 yarn.txt 文件中提供了这个命令的文本，这样就可以复制和粘贴它。为了可读性，我们在这里重新格式化了命令：

```
yarn jar /usr/hdp/current/hadoop-mapreduce-client/hadoop-streaming.jar
   -D mapred.output.key.comparator.class=
      org.apache.hadoop.mapred.lib.KeyFieldBasedComparator
   -D mapred.text.key.comparator.options=-n
   -files length_mapper.py,length_reducer.py
   -mapper length_mapper.py
   -reducer length_reducer.py
   -input /example/data/RomeoAndJuliet.txt
   -output /example/wordlengthsoutput
```

yarn 命令调用了 Hadoop 的 YARN 工具来管理和协调对 MapReduce 任务使用的 Hadoop 资源的访问。hadoop-streaming.jar 文件包含了允许使用 Python 来实现 mapper 和 reducer 的 Hadoop streamig 实用程序。两个 -D 选项设置了 Hadoop 属性，使其能够按键的数字降序排列（KeyFieldBasedComparator）（-n；减号表示降序）而不是按字母顺序。其他命令行参数有：

- -files——以逗号分隔的文件名列表。Hadoop 将这些文件复制到集群中的每个节点，这样它们就可以在每个节点上本地执行。
- -mapper——映射器脚本文件的名称。
- -reducer——约简器脚本文件的名称。
- -input——作为输入提供给映射器的文件或目录。
- -output——将要写入输出的 HDFS 目录。如果此文件夹已经存在，则会发生错误。

下面的输出显示了 Hadoop 作为 MapReduce 作业执行时的一些反馈信息。为了节省空间，我们用…替换了输出的部分，并加粗了几行重要的内容，包括：

- “要处理的输入路径”的总数——本例中的一个输入源是 RomeoAndJuliet.txt 文件。
- “拆分的数量”（在这个例子中为 2）基于我们集群中的工作节点的数量。
- 完成进度百分比信息。
- File System Counters，包括读取和写入的字节数。
- Job Counters，显示使用的映射和约简任务的数量以及各种计时信息。
- Map-Reduce Framework，它显示了关于执行步骤的各种信息。

```
packageJobJar: [] [/usr/hdp/2.6.5.3004-13/hadoop-mapreduce/hadoop-
streaming-2.7.3.2.6.5.3004-13.jar] /tmp/streamjob2764990629848702405.jar
tmpDir=null
...
18/12/05 16:46:25 INFO mapred.FileInputFormat: Total input paths to
process : 1
18/12/05 16:46:26 INFO mapreduce.JobSubmitter: number of splits:2
...
18/12/05 16:46:26 INFO mapreduce.Job: The url to track the job: http://
hn0-paulte.y3nghy5db2kehav5m0opqrjxcb.cx.internal.cloudapp.net:8088/
proxy/application_1543953844228_0025/
...
18/12/05 16:46:35 INFO mapreduce.Job:  map 0% reduce 0%
18/12/05 16:46:43 INFO mapreduce.Job:  map 50% reduce 0%
18/12/05 16:46:44 INFO mapreduce.Job:  map 100% reduce 0%
18/12/05 16:46:48 INFO mapreduce.Job:  map 100% reduce 100%
18/12/05 16:46:50 INFO mapreduce.Job: Job job_1543953844228_0025
completed successfully
18/12/05 16:46:50 INFO mapreduce.Job: Counters: 49
        File System Counters
             FILE: Number of bytes read=156411
             FILE: Number of bytes written=813764
...
        Job Counters
             Launched map tasks=2
             Launched reduce tasks=1
...
        Map-Reduce Framework
             Map input records=5260
             Map output records=25956
             Map output bytes=104493
             Map output materialized bytes=156417
             Input split bytes=346
             Combine input records=0
             Combine output records=0
             Reduce input groups=19
             Reduce shuffle bytes=156417
             Reduce input records=25956
             Reduce output records=19
             Spilled Records=51912
             Shuffled Maps =2
             Failed Shuffles=0
             Merged Map outputs=2
             GC time elapsed (ms)=193
             CPU time spent (ms)=4440
             Physical memory (bytes) snapshot=1942798336
             Virtual memory (bytes) snapshot=8463282176
             Total committed heap usage (bytes)=3177185280
...
18/12/05 16:46:50 INFO streaming.StreamJob: Output directory: /example/
wordlengthsoutput
```

查看单词数

Hadoop MapReduce 将输出保存到 HDFS 中，所以要查看实际的单词数，必须通过执行以下命令查看集群中的 HDFS 文件：

```
hdfs dfs -text /example/wordlengthsoutput/part-00000
```

下面是上述命令的结果：

```
18/12/05 16:47:19 INFO lzo.GPLNativeCodeLoader: Loaded native gpl library
18/12/05 16:47:19 INFO lzo.LzoCodec: Successfully loaded & initialized
native-lzo library [hadoop-lzo rev
b5efb3e531bc1558201462b8ab15bb412ffa6b89]
1       1140
2       3869
3       4699
4       5651
5       3668
6       2719
7       1624
8       1062
9       855
10      317
11      189
12      95
13      35
14      13
15      9
16      6
17      3
18      1
23      1
```

删除集群以免产生费用

注意：请务必删除集群和相关资源（如存储），这样就不会产生额外的费用。在 Azure 门户中，单击 All resources 查看资源列表，其中包括设置的集群和存储账户。如果不删除它们，两者都会产生费用。选择每个资源并单击 Delete 按钮将其删除。我们将被要求输入 yes 进行确认。更多信息请参见：

```
https://docs.microsoft.com/en-us/azure/azure-resource-manager/
  resource-group-portal
```

自我测验

1.（填空题）Hadoop 的关键组件________用于在集群中存储大量数据，________用于实现处理数据的任务。

答案：HDFS（Hadoop Distributed File System）、MapReduce。

2.（填空题）为了学习、开发和测试，在投入云服务之前，供应商________和________提供免费的可下载环境，集成了 Hadoop 生态系统组件。

答案：Cloudera，Hortonworks。

3.（填空题）________命令可以启动 MapReduce 任务。

答案：yarn

4.（填空题）要在不支持 MapReduce 的 Python 等语言中实现 MapReduce 任务，必须使用 Hadoop________，其中 mapper 和 reducer 通过________与 Hadoop 交互。

答案：流、标准输入和标准输出流。

5.（判断题）Hadoop MapReduce 对 mapper 的输出格式和 reducer 的输入输出格式没有要求。

答案：错误。MapReduce 期望 mapper 的输出和 reducer 的输入和输出以键 – 值对的形式存在，其中每个键和值用一个制表符分隔。

6.（判断题）Hadoop MapReduce 将任务的最终输出保存在主存中，方便访问。

答案：错误。在大数据处理中，结果通常不适合保存在主存中，所以 Hadoop MapReduce 将其最终输出写入 HDFS。要访问结果，必须从写入输出的 HDFS 文件夹中读取。

17.6 Spark

在本节中，我们将概述 Apache Spark。我们将使用 Python 的 PySpark 库和 Spark 的函数式 filter/map/reduce 功能来实现一个简单的单词计数示例。这个例子统计了《罗密欧与朱丽叶》中的单词数量。

17.6.1 Spark 概述

当处理真正的大数据时，性能至关重要。Hadoop 适合基于磁盘的批处理——从磁盘读取数据、处理数据并将结果写回磁盘。许多大数据应用程序需要比磁盘密集型操作更好的性能。特别是，需要实时或接近实时处理的快速流应用程序无法在基于磁盘的架构中工作。

历史

Spark 最初于 2009 年在加州大学伯克利分校投入开发，由美国国防部高级研究计划局（DARPA）资助。最初，它是作为高性能机器学习的分布式执行引擎而创建的[一]。它使用了一种内存架构，这种架构对 100TB 数据的排序速度比 1/10 的机器上的 Hadoop MapReduce 快 3 倍[二]，并且运行一些工作负载的速度比 Hadoop 快 100 倍[三]。Spark 在批处理任务上的性能明显更好，这使得许多公司用 Spark 取代了 Hadoop MapReduce[四,五,六]。

架构和组件

虽然它最初是为了在 Hadoop 上运行而开发的，使用了如 HDFS 和 YARN 等 Hadoop 组件，但是 Spark 可以独立在一台计算机上运行（通常用于学习和测试）、独立在单个集群上运行或使用不同的集群管理器和分布式存储系统。对于资源管理，Spark 在 Hadoop YARN、Apache Mesos、Amazon EC2、Kubernetes 上运行，支持 HDFS、Apache Cassandra、Apache HBase、Apache Hive 等多种分布式存储系统[七]。

Spark 的核心是弹性分布式数据集（Resilient Distributed Dataset，RDD），可以使用函数式编程来处理分布式数据。除了从磁盘读取数据和向磁盘写入数据之外，Hadoop 还使用冗余进行容错，这甚至增加了更多基于磁盘的开销。RDD 仅在数据不能装入内存时才使用磁盘，否则都保留在内存中，并且不存储冗余数据，以这种方式来消除磁盘开销。Spark 通过记住创建每个 RDD 时使用的步骤来处理容错问题，因此当集群节点发生故障时，它可以重建给定的 RDD[八]。

Spark 将 Python 中指定的操作分发到集群的节点上并行执行。Spark streaming 允许在接收数据时处理数据。Spark 数据帧类似于 pandas 数据帧，允许将 RDD 作为已命名列的集合来查看。可以使用 Spark 数据帧与 Spark SQL 一起对分布式数据执行查询。Spark 还包括

㊀ https://gigaom.com/2014/06/28/4-reasons-why-spark-could-jolt-hadoop-intohyperdrive/.

㊁ https://spark.apache.org/faq.html.

㊂ https://spark.apache.org/.

㊃ https://bigdata-madesimple.com/is-spark-better-than-hadoop-map-reduce/.

㊄ https://www.datanami.com/2018/10/18/is-hadoop-officially-dead/.

㊅ https://blog.thecodeteam.com/2018/01/09/changing-face-data-analytics-fast-datadisplaces-big-data/.

㊆ http://spark.apache.org/.

㊇ https://spark.apache.org/research.html.

Spark MLlib（Spark Machine Learning Library），它可以让我们执行在第 15 章和第 16 章学到的机器学习算法。我们将在接下来的几个示例中使用 RDD、Spark streaming、DataFrame 和 Spark SQL。将在章节练习题中探索 Spark MLlib。

供应商

Hadoop 供应商通常也提供 Spark 支持。除了在 17.5 节中列出的供应商，还有一些专供 Spark 的供应商，如 Databricks。它们提供一个“围绕 Spark 构建的零管理云平台”[⊖]。它们的网站也是用来学习 Spark 的优秀资源。付费的 Databricks 平台在 Amazon AWS 或 Microsoft Azure 运行。Databricks 还提供了免费的 Databricks 社区版，这是一个同时开始使用 Spark 和 Databricks 环境的好方法。本章末尾的一个练习题需要研究 Databricks 社区版，然后用它在接下来的小节中重新实现 Spark 示例。

17.6.2 Docker 和 Jupyter Docker 栈

在本节中，我们将展示如何下载并执行包含 Spark 和 PySpark 模块的 Docker 栈，以便从 Python 访问 Spark。将在 Jupyter Notebook 上编写 Spark 示例的代码。首先，让我们来总览 Docker。

Docker

Docker 是一种将软件打包成容器（也称为镜像）的工具，它将跨平台执行软件所需的一切打包在一起。我们在本章中使用的一些软件包需要复杂的设置和配置。对于其中许多配置，可以免费下载现有的 Docker 容器，并在台式机或笔记本电脑上本地运行。这使得 Docker 成为帮助我们快速方便地开始使用新技术的好方法。

Docker 还有助于研究和分析研究的*可再现性*。可以创建定制的 Docker 容器，它配置了在学习中使用的每个软件和每个库的版本。这将使其他人能够重新创建使用的环境，然后再现工作，并将帮助我们在以后重新生成结果。在本节中，我们将使用 Docker 下载并执行一个预先配置好的用于运行 Spark 应用程序的 Docker 容器。

安装 Docker

可以在下述网址为 Windows 10 Pro 或 macOS 安装 Docker：

```
https://www.docker.com/products/docker-desktop
```

在 Windows 10 Pro 上，必须允许“`Docker for Windows.exe`”安装程序对系统进行更改，以完成安装过程。为此，当 Windows 询问是否允许安装程序对系统进行更改时请单击 Yes[⊜]。Windows 10 家庭用户必须使用 Virtual Box 虚拟机，请参见：

```
https://docs.docker.com/machine/drivers/virtualbox/
```

Linux 用户应该安装 Docker 社区版，如下所述：

```
https://docs.docker.com/install/overview/
```

Docker 的一般概述，请阅读入门指南：

```
https://docs.docker.com/get-started/
```

⊖ https://databricks.com/product/faq.

⊜ 一些 Windows 用户可能不得不遵循下述网址中的“允许特定应用程序更改受控文件夹”的说明：https://docs.microsoft.com/en-us/windows/security/threat-protection/windows-defender-exploit-guard/customize-controlled-folders-exploit-guard。

Jupyter Docker 栈

Jupyter Notebook 团队已经为常见的 Python 开发场景预先配置了几个 Jupyter“Docker 栈”容器。每一个都可以让我们使用 Jupyter Notebook 来试验强大的功能，而不必担心复杂的软件设置问题。在每种情况下，都可以在 Web 浏览器中打开 JuyterLab，在 JuyterLab 中打开笔记本并开始编写代码。JuyterLab 还提供了一个终端窗口，可以在浏览器中像使用电脑终端、Anaconda 命令提示或 shell 一样使用它。到目前为止，我们在 IPython 中展示的所有内容都可以通过在 JupyterLab 的终端窗口中使用 IPython 来执行。

我们将使用 jupyter/pyspark-notebook Docker 栈，它预先配置了在计算机上创建和测试 Apache Spark 应用程序所需的一切。如果结合安装本书中使用过的其他 Python 库，就可以使用这个容器实现本书的大多数示例。要了解更多关于可用 Docker 栈的信息，请访问：

```
https://jupyter-docker-stacks.readthedocs.io/en/latest/index.html
```

运行 Jupyter Docker 栈

在执行下一步之前，请确保计算机上当前没有运行 JupyterLab。让我们下载并运行 jupyter /pyspark-notebook Docker 栈。为了确保在关闭 Docker 容器时不会丢失工作，我们将向容器中附加一个本地文件系统的文件夹，并使用它来保存笔记本。Windows 用户应该将“\”替换为“^.”：

```
docker run -p 8888:8888 -p 4040:4040 -it --user root \
    -v fullPathToTheFolderYouWantToUse:/home/jovyan/work \
    jupyter/pyspark-notebook:14fdfbf9cfc1 start.sh jupyter lab
```

第一次运行上述命令时，Docker 将下载下述名称的容器：

```
jupyter/pyspark-notebook:14fdfbf9cfc1
```

符号“:14fdfbf9cfc1”表示要下载的 jupyter /pyspark-notebook 容器的特定编号。在撰写本文时，14fdfbf9cfc1 是该容器的最新版本。像我们在这里所做的那样指定版本有助于实现可再现性。如果命令中没有":14fdfbf9cfc1"，那么 Docker 会下载最新版本的容器，这可能包含不同的软件版本，可能与试图执行的代码不兼容。Docker 容器接近 6GB，所以初始下载时间将取决于互联网连接的速度。

在浏览器中打开 JupyterLab

下载并运行容器后，将在命令提示符、终端或 shell 窗口中看到如下语句：

```
Copy/paste this URL into your browser when you connect for the first
time, to login with a token:
        http://(bb00eb337630 or 127.0.0.1):8888/?token=
            9570295e90ee94ecef75568b95545b7910a8f5502e6f5680
```

复制这个十六进制的长字符串（系统上的字符串将与这个不同）：

```
9570295e90ee94ecef75568b95545b7910a8f5502e6f5680
```

然后在浏览器中打开 http://localhost:8888/lab（localhost 对应于前面输出的 127.0.0.1），并将令牌粘贴到 Password or token 字段中。单击 Log in 以进入 JupyterLab 界面。如果不小心关闭了浏览器，请转到 http://localhost:8888/lab 继续会话。

在这个 Docker 容器中运行的 JupyterLab 中，位于 JupyterLab 界面左侧的 Files 选项卡中的工作文件夹代表了用 `docker run` 命令的 `-v` 选项附加到容器中的文件夹。在这个文件夹中，可以打开提供给我们的 notebook 文件。默认情况下，创建的任何新 notebook 或其他文件都将保存到此文件夹中。因为 Docker 容器的工作文件夹连接到了计算机上的一个文件夹，所以即使决定删除 Docker 容器，在 JuyterLab 中创建的任何文件都将保留在计算机上。

访问 Docker 容器的命令行

每个 Docker 容器都有一个命令行界面，就像在本书中运行 IPython 时使用的那样。通过这个接口，可以将 Python 包安装到 Docker 容器中，甚至像之前那样使用 IPython。

打开一个单独的 Anaconda 命令提示符、终端或 shell，用下述命令列出当前运行的 Docker 容器：

```
docker ps
```

这个命令的输出很宽，所以文本行很可能换行，如下所示：

```
CONTAINER ID        IMAGE                                   COMMAND
         CREATED             STATUS              PORTS
  NAMES
f54f62b7e6d5        jupyter/pyspark-notebook:14fdfbf9cfc1   "tini -g --
/bin/bash"  2 minutes ago       Up 2 minutes        0.0.0.0:8888->8888/tcp
  friendly_pascal
```

在我们的系统输出的最后一行中，第三行列标题下的名称是 Docker 随机分配给正在运行的容器的名称——`friendly_pascal`——在系统上的名称可能不同。要访问容器的命令行，需要执行以下命令，用运行中的容器名替换 container_name：

```
docker exec -it container_name /bin/bash
```

Docker 容器在底层使用 Linux，因此将看到一个 Linux 提示符，可以在其中输入命令。本节中的应用程序将使用第 12 章中使用的 NLTK 和 TextBlob 库的特性。这两个都没有预装在 Jupyter Docker 栈中。要安装 NLTK 和 TextBlob，输入以下命令：

```
conda install -c conda-forge nltk textblob
```

停止并重新启动 Docker 容器

每次用 `docker run` 启动一个容器，Docker 都会给我们一个不包含以前安装的任何库的新实例。因此，应该坚持跟踪容器名称，以便从另一个 Anaconda 命令提示符、终端或 shell 窗口来使用它，以停止并重新启动这个容器。下述命令

```
docker stop container_name
```

将关闭容器。命令

```
docker restart container_name
```

将重新启动容器。Docker 还提供了一个名为 Kitematic 的 GUI 应用程序，可以使用它来管理容器，包括停止和重新启动它们。可以从 https://kitematic.com/ 获得这个应用，并通过 Docker 菜单访问它。以下用户指南概述了如何使用该工具管理容器：

```
https://docs.docker.com/kitematic/userguide/
```

17.6.3 使用 Spark 进行词统计

在本节中，我们将使用 Spark 的过滤、映射和约简功能来实现一个简单的单词计数示例，该示例汇总了 *Romeo and Juliet* 中的单词。可以使用在 `SparkWordCount` 文件夹（应该将 `RomeoAndJuliet.txt` 文件从第 12 章中复制过来）中现有的名为 `RomeoAndJulietCounter.ipynb` 的 notebook，或者创建一个新的 notebook，然后输入并执行我们显示的代码片段。

加载 NLTK 停止词

在这个应用程序中，我们将使用在第 12 章中学到的技术，在计算单词的频率之前从文

本中消除停止词。首先，下载 NLTK 停止词：

```
[1]: import nltk
     nltk.download('stopwords')
[nltk_data] Downloading package stopwords to /home/jovyan/nltk_data...
[nltk_data]   Package stopwords is already up-to-date!
[1]: True
```

接着，加载停止词：

```
[2]: from nltk.corpus import stopwords
     stop_words = stopwords.words('english')
```

配置一个 SparkContext

一个 SparkContext（来自模块 pyspark）对象可以让我们访问 Python 中的 Spark 的功能。许多 Spark 环境为我们创建了 SparkContext，但是在 Jupyter 的 pyspark-notebook Docker 栈中，必须创建这个对象。

首先，让我们通过创建 SparkConf 对象（来自模块 pyspark）来指定配置选项。下面的代码片段调用该对象的 setAppName 方法来指定 Spark 应用程序的名称，并调用其对象的 setMaster 方法来指定 Spark 集群的 URL。URL 'local[*]' 表示 Spark 是在本地计算机上执行的（而不是基于云的集群），星号表示 Spark 应该使用与计算机内核相同的线程数来运行我们的代码：

```
[3]: from pyspark import SparkConf
     configuration = SparkConf().setAppName('RomeoAndJulietCounter')\
                                .setMaster('local[*]')
```

线程可以使得单个节点的集群并发执行部分 Spark 任务，以模拟 Spark 集群提供的并行性。当我们说两个任务同时运行时，我们的意思是它们都在同时取得进展——通常是通过在短时间内执行一个任务，然后允许另一个任务执行来实现的。当我们说两个任务并行运行时，我们指的是它们同时执行，这是 Hadoop 和 Spark 在基于云的计算机集群上执行的关键好处之一。

接下来，创建 SparkContext，传递 SparkConf 作为其实参：

```
[4]: from pyspark import SparkContext
     sc = SparkContext(conf=configuration)
```

读取文本文件并将其映射到单词

SparkContext 使用函数式编程技术，如应用于弹性分布式数据集（RDD）的过滤、映射和约简。一个 RDD 接受 Hadoop 文件系统中存储在整个集群中的数据，并允许指定一系列处理步骤来转换 RDD 中的数据。这些处理步骤是惰性的（第 5 章）——它们不会执行任何工作，直到指示 Spark 应该处理该任务。

以下代码片段指定了三个步骤：

- SparkContext 的 textFile 方法从 RomeoAndJuliet.txt 中加载文本行，并将其作为代表每行字符串的 RDD（来自 pyspark 模块）返回。
- RDD 的 map 方法使用其 lambda 参数来移除 TextBlob 的 strip_punc 函数中的所有标点符号，并将每行文本转换为小写。这个方法返回一个新的 RDD，可以在这个 RDD 上指定要执行的其他任务。

• RDD 的 flatMap 方法使用其 lambda 参数将每行文本映射到单词中，并生成单个单词列表，而不是单个文本行。flatMap 的结果是一个新的 RDD 代表 *Romeo and Juliet* 中的所有文字。

```
[5]: from textblob.utils import strip_punc
     tokenized = sc.textFile('RomeoAndJuliet.txt')\
                   .map(lambda line: strip_punc(line, all=True).lower())\
                   .flatMap(lambda line: line.split())
```

删除停止词

接下来，让我们使用 RDD 的 filter 方法来创建一个没有停止词的新 RDD：

```
[6]: filtered = tokenized.filter(lambda word: word not in stop_words)
```

计算每个剩余单词

现在我们只有非停止词了，我们可以计算每个单词出现的次数。为此，我们首先将每个单词映射到一个包含单词和计数 1 的元组。这与我们在 Hadoop MapReduce 中所做的类似。Spark 将把约简任务分配到集群的各个节点上。在生成的 RDD 上，我们调用 reduceByKey 方法，将 operator 模块的 add 函数作为参数传递过去。这让 reduceByKey 方法将包含相同单词（键）的元组的计数加在一起：

```
[7]: from operator import add
     word_counts = filtered.map(lambda word: (word, 1)).reduceByKey(add)
```

查找计数大于或等于 60 的单词

因为 *Romeo and Juliet* 中有数百个单词，让我们过滤一下 RDD，只保留那些出现次数超过 60 次的单词：

```
[8]: filtered_counts = word_counts.filter(lambda item: item[1] >= 60)
```

排序并显示结果

至此，我们已经指定了统计单词次数的所有步骤。当调用 RDD 的 collect 方法时，Spark 启动上面指定的所有处理步骤，并返回一个包含最终结果的列表——在本例中是单词及其计数组成的元组。从我们的角度来看，一切似乎都在一台计算机上执行。但是，如果 SparkContext 的配置是集群，Spark 将为我们在集群的工作节点之间分配任务。在下面的代码片段中，结果是按元组中的计数 [itemgetter (1)] 降序排序（reverse=True）的。

下面的代码片段调用 collect 方法来获取结果，并按单词数降序排序：

```
[9]: from operator import itemgetter
     sorted_items = sorted(filtered_counts.collect(),
                           key=itemgetter(1), reverse=True)
```

最后，让我们显示结果。首先，我们确定字母最多的单词，这样就可以将该长度的字段中的所有单词右对齐，然后显示每个单词及其计数：

```
[10]: max_len = max([len(word) for word, count in sorted_items])
      for word, count in sorted_items:
          print(f'{word:>{max_len}}: {count}')
[10]:    romeo: 298
          thou: 277
```

```
      juliet: 178
         thy: 170S
       nurse: 146
     capulet: 141
        love: 136
        thee: 135
       shall: 110
        lady: 109
       friar: 104
        come: 94
    mercutio: 83
        good: 80
    benvolio: 79
       enter: 75
          go: 75
        i'll: 71
      tybalt: 69
       death: 69
       night: 68
    lawrence: 67
         man: 65
        hath: 64
         one: 60
```

17.6.4　在 Microsoft Azure 上运行 Spark Word Count

正如我们前面所说的，我们希望提供两种工具，既可以用于免费的开发场景，也可以用于真实的开发场景。在本节中，将在 Microsoft Azure HDInsight Spark 集群上实现 Spark Word Count 示例。

使用 Azure Portal 在 HDInsight 中创建 Apache Spark 集群

下面的链接解释了如何使用 HDInsight 服务建立 Spark 集群：

```
https://docs.microsoft.com/en-us/azure/hdinsight/spark/apache-spark-
   jupyter-spark-sql-use-portal
```

在执行 Create an HDInsight Spark cluster 步骤的同时，请注意我们在本章前面的 Hadoop 集群设置中列出的相同问题，要在 Cluster type 中选择 Spark。

同样，默认集群配置提供的资源比示例所需的更多。因此，在 Cluster summary 中，执行在 Hadoop 集群设置中所示的步骤，将工作节点的数量更改为 2，并将工作节点和头节点配置为使用 `D3 v2` 计算机。当单击 Create 后，需要 20 到 30 分钟来配置和部署集群。

将库安装到集群中

如果 Spark 代码需要的库没有安装在 HDInsight 集群中，则需要安装它们。要查看默认安装的库，可以使用 ssh 登录到集群（正如我们在本章前面所展示的）并执行命令：

```
/usr/bin/anaconda/envs/py35/bin/conda list
```

由于代码将在多个集群节点上执行，所以必须在每个节点上安装库。Azure 要求创建一个 Linux shell 脚本，该脚本指定了安装库的命令。当将该脚本提交给 Azure 时，它会验证该脚本，然后在每个节点上执行它。Linux shell 脚本超出了本书的范围，而且脚本必须托管在 Azure 可以从其中下载文件的 Web 服务器上。因此，我们创建了一个安装脚本，用于安装我们在 Spark 示例中使用的库。执行以下步骤来安装这些库：

1. 在 Azure portal 中，选择集群。

2. 在集群搜索框下的项目列表中，单击 Script Actions。

3. 单击 Submit new 以配置库安装脚本的选项。Script type 选择 Custom，对于 Name 指定 `libraries`，对于 Bash script URI 使用：http：//deitel.com/bookresources/IntroToPython/install_libraries.sh。

4. 检查 Head 和 Worker 以确保脚本在所有节点上都安装了库。

5. 单击 Create。

当集群完成脚本执行时，如果它成功执行，将在脚本操作列表中的脚本名称旁边看到一个绿色的成功标志。否则，Azure 会通知有错误。

将 RomeoAndJuliet.txt 复制到 HDInsight 集群中

正如在 Hadoop 演示中所做的那样，让我们使用 scp 命令将在第 12 章中使用的 `RomeoAndJuliet.txt` 文件上传到集群。在命令提示符、终端或 shell 中，切换到包含文件的文件夹（我们假设是本章的 `ch17` 文件夹），然后输入以下命令。将 YourClusterName 替换为在创建集群时指定的名称，并在键入整个命令后才按 Enter 键。冒号是必需的，它表示在提示时提供集群密码。在提示符下，输入设置集群时指定的密码，然后按 Enter 键：

```
scp RomeoAndJuliet.txt sshuser@YourClusterName-ssh.azurehdinsight.net:
```

接下来，使用 `ssh` 登录到集群并访问它的命令行。在一个命令提示符、终端或 shell 中，执行以下命令。请确保将 YourClusterName 替换为集群名称。然后，系统会再次提示输入集群密码：

```
ssh sshuser@YourClusterName-ssh.azurehdinsight.net
```

要在 Spark 中使用 `RomeoAndJuliet.txt` 文件，首先要使用 `ssh` 会话通过执行以下命令将文件复制到集群的 Hadoop 文件系统中。再一次，我们将微软已经存在的文件夹 `/examples/data` 与 HDInsight 教程一起使用。

然后，只有当输入完整的命令时再按 Enter 键：

```
hadoop fs -copyFromLocal RomeoAndJuliet.txt
    /example/data/RomeoAndJuliet.txt
```

在 HDInsight 中访问 Jupyter Notebook

在撰写本书时，HDInsight 使用的是旧版的 Jupyter Notebook 界面，而不是前面显示的较新的 JupyterLab 界面。要快速浏览旧界面，请参阅：

```
https://jupyter-notebook.readthedocs.io/en/stable/examples/Notebook/
   Notebook%20Basics.html
```

要在 HDInsight 中访问 Jupyter Notebook，请在 Azure 门户中选择 All resources，然后选择集群。在 Overview 选项卡中，在 Cluster dashboard 下选择 Jupyter notebook。这将打开一个 Web 浏览器窗口并要求登录。使用在设置集群时指定的用户名和密码。如果没有指定用户名，则默认为 admin。登录后，Jupyter 会显示一个包含 `PySpark` 和 `Scala` 子文件夹的文件夹。其中包含 Python 和 Scala Spark 教程。

上传 RomeoAndJulietCounter.ipynb Notebook

可以通过单击 New 并选择 PySpark3 来创建新的 notebook，也可以从计算机上上传现有的 notebook。对于本例，让我们上传上一节的 `RomeoAndJulietCounter.ipynb` notebook，并将其修改为与 Azure 兼容。为此，单击 Upload 按钮，切换到 `ch17` 示例文件夹的 `SparkWordCount` 文件夹，选择 `RomeoAndJulietCounter.ipynb`，然后单击

Open。这将显示文件夹中的文件，其右侧有一个 Upload 按钮。单击该按钮可将 notebook 放置到当前文件夹中。接下来，单击 notebook 的名称，在一个新的浏览器选项卡中打开它。Jupyter 将显示一个 Kernel not found 的对话框。选择 PySpark3 并单击 OK。目前不要运行任何单元格。

修改 Notebook 以使其与 Azure 一起使用

执行以下步骤，完成步骤后执行每个单元格：

1. HDInsight 集群不允许 NLTK 将下载的停止词存储在 NLTK 的默认文件夹中，因为它是系统保护文件夹的一部分。在第一个单元中，如下所示修改调用 `nltk.download('stopwords')`，以将停止词存储在当前文件夹（`'.'`）中：

```
nltk.download('stopwords', download_dir='.')
```

当执行第一个单元格时，单元格下面会出现 `Starting Spark application`，而 HDInsight 会为我们设置一个名为 `sc` 的 `SparkContext` 对象。当此任务完成时，将执行单元格的代码并下载停止词。

2. 在第二个单元格中，在加载停止词之前，必须告诉 NLTK 它们位于当前文件夹中。在 `import` 语句之后添加以下语句，告诉 NLTK 在当前文件夹中搜索其数据：

```
nltk.data.path.append('.')
```

3. 因为 HDInsight 为我们设置了 `SparkContext` 对象，不需要原始 notebook 的第三个和第四个单元格，所以可以删除它们。要做到这一点，可以在其中单击并从 Jupyter 的 Edit 菜单中选择 Delete Cells，或者在单元格左边的空白处单击并输入 `dd`。

4. 在下一个单元格中，必须指定底层 Hadoop 文件系统中 `RomeoAndJuliet.txt` 的位置。用下述字符串替换 `'RomeoAndJuliet.txt'`：

```
'wasb:///example/data/RomeoAndJuliet.txt'
```

`wasb:///` 符号表示 `RomeoAndJuliet.txt` 存储在 Windows Azure Storage Blob（WASB）中，即 Azure 到 HDFS 文件系统的接口。

5. 因为 Azure 目前使用的是 Python 3.5.x，它不支持 f-string。因此，在最后一个单元格中，将 f-string 替换为以下使用 string 的 `format` 方法的老式 Python 字符串格式：

```
print('{:>{width}}: {}'.format(word, count, width=max_len))
```

将看到与前一节相同的最终结果。

注意：在使用完集群和其他资源后，一定要删除它们，这样就不会产生费用。更多信息请参见：

```
https://docs.microsoft.com/en-us/azure/azure-resource-manager/
    resource-group-portal
```

请注意，当删除 Azure 资源时，notebook 也将被删除。可以在 Jupyter 中通过选择 File > Download as > Notebook（.ipynb）来下载刚刚执行的 notebook。

自我测验

1.（讨论题）Docker 是如何帮助实现可再现性的？

答案：Docker 可以让我们创建定制的 Docker 容器，用研究中使用的每个软件和每个库的版本来配置它。这使其他人能够重新创建使用的环境，然后证明我们的工作。

2.（填空题）Spark 使用________架构来提高性能。

答案：内存

3.（判断题）Hadoop 和 Spark 都通过复制数据来实现容错。

答案：错误。Hadoop 通过跨节点复制数据来实现容错。Spark 通过记住创建每个 RDD 的步骤来实现容错，这样在集群节点失败时可以重新创建 RDD。

4.（判断题）Spark 在批处理任务上的性能明显更好，这使得许多公司用 Spark 取代 Hadoop MapReduce。

答案：正确。

5.（判断题）`SparkContext` 使用函数式的 filter、map 和 reduce 操作，应用于弹性分布式数据集（RDD）。

答案：正确。

6.（讨论题）假设 `sc` 是一个 `SparkContext`，下述代码在做什么？当语句完成时，会产生任何结果吗？

```
from textblob.utils import strip_punc
tokenized = sc.textFile('RomeoAndJuliet.txt')\
            .map(lambda line: strip_punc(line, all=True).lower())\
            .flatMap(lambda line: line.split())
```

答案：这段代码首先从一个文本文件创建一个 `RDD`。接下来，它使用 `RDD` 的 `map` 方法生成一个新的 `RDD`，其中包含删除了标点符号的文本行，并且全部为小写字母。最后，它生成另一个新的 `RDD`，表示所有行中的单个单词。这个语句只指定了处理步骤，这些步骤都是惰性的，所以在调用一个 `RDD` 方法（如 `collect`）来启动处理步骤之前，不会产生任何结果。

17.7 Spark 流：使用 pyspark-notebook Docker 栈进行 Twitter 哈希标注统计

在本节中，将创建并运行一个 Spark 流应用程序，在该应用程序中，将收到一个关于指定的主题的 tweet 流，并在一个条形图中总结每 10 秒更新的前 20 个标签。为了实现本示例的目的，将使用第一个 Spark 示例中的 Jupyter Docker 容器。

这个例子有两个部分。首先，使用第 13 章中的技术，创建一个脚本从 Twitter 注入 tweet。然后，我们将在 Jupyter Notebook 上使用 Spark streaming 来阅读推文并总结标签。

这两个部分将通过网络套接字与彼此通信——这是*客户端/服务器*网络的一个低级视图，其中*客户端*应用程序使用类似于文件 I/O 的技术通过网络与*服务器*应用程序通信。程序可以读取或写入套接字，类似于读取或写入文件。套接字表示连接的一个端点。在这种情况下，*客户端*将是一个 Spark 应用程序，而*服务器*将是一个脚本，它接收 tweet 流并将它们发送到 Spark 应用程序。

启动 Docker 容器并安装 Tweepy

本例中，将把 Tweepy 库安装到 Jupyter Docker 容器中。按照 17.6.2 节的说明启动容器并将 Python 库安装到容器中。使用如下命令安装 Tweepy：

```
pip install tweepy
```

17.7.1 将 tweet 注入套接字

脚本 `starttweetstream.py` 包含第 13 章中的 `TweetListener` 类的修改版本。它将指定数量的 tweet 流发送到本地计算机上的套接字。当 tweet 达到上限时，脚本将关闭套接字。我们已经使用过 Twitter streaming，所以我们将只关注最新的内容。确保文件 keys.py（在 ch17 文件夹的 Spark 标签 Summarizer 子文件夹中）包含 Twitter 证书。

在 Docker 容器中执行脚本

在本例中，将使用 JupyterLab 的终端在一个窗口中执行 starttweetstream.py，然后在另一个窗口中使用 notebook 执行 Spark 任务。在 Jupyter pyspark-notebook Docker 容器运行时，在 Web 浏览器中打开

```
http://localhost:8888/lab
```

在 JuyterLab 中，选择 File > New > Terminal 打开一个包含终端的新窗口。这是一个基于 Linux 的命令行。输入 ls 命令并按 Enter 键将列出当前文件夹的内容。默认情况下，将看到容器的工作文件夹。

为了执行 starttweetstream.py，必须首先使用如下命令[⊖]切换到 Spark Hashtag Summarizer 文件夹：

```
cd work/SparkHashtagSummarizer
```

现在可以使用下述命令执行脚本了：

```
ipython starttweetstream.py number_of_tweets search_terms
```

其中 number_of_tweets 指定了要处理的 tweets 总数，search_terms 指定了一个或多个用于过滤 tweet 的空格分隔字符串。例如，下面的命令将发送 1000 条关于足球的 tweet：

```
ipython starttweetstream.py 1000 football
```

在这一点上，脚本将显示“Waiting for connection”，并将等到 Spark 连接才开始注入 tweet。

starttweetstream.py 的 import 导入语句

为了便于讨论，我们将 startweetstream.py 分成了几个部分。首先，我们要导入脚本中将使用的模块。Python 标准库的 socket 模块提供了允许 Python 应用通过 socket 通信的功能。

```
1  # starttweetstream.py
2  """Script to get tweets on topic(s) specified as script argument(s)
3     and send tweet text to a socket for processing by Spark."""
4  import keys
5  import socket
6  import sys
7  import tweepy
8
```

TweetListener 类

同样，我们已经看到了 TweetListener 类中的大部分代码，所以我们只关注这里的新内容：

- __init__ 方法（第 12～17 行）现在接收表示套接字的 connection 参数，并将其存储在 self.connection 属性中。我们将使用这个套接字将标签发送到 Spark 应用程序。
- 在 on_status 方法中（第 24～44 行），第 27～32 行从 Tweepy Status 对象中提取出标签，将它们转换为小写，并创建一个以空格分隔的字符串来发送给 Spark。关键语句在第 39 行：

⊖ Windows 用户应该注意，Linux 使用 / 而不是 \ 来分隔文件夹，并且文件和文件夹名是区分大小写的。

```
self.connection.send(hashtags_string.encode('utf-8'))
```

它使用 connection 对象的 send 方法将 tweet 文本发送到从该套接字读取的每个应用程序。send 方法期望以一个字节序列作为它的参数。字符串方法调用 encode ('utf-8') 将字符串转换为字节。Spark 将自动读取字节并重构字符串。

```
 9  class TweetListener(tweepy.StreamListener):
10      """Handles incoming Tweet stream."""
11  
12      def __init__(self, api, connection, limit=10000):
13          """Create instance variables for tracking number of tweets."""
14          self.connection = connection
15          self.tweet_count = 0
16          self.TWEET_LIMIT = limit  # 10,000 by default
17          super().__init__(api)  # call superclass's init
18  
19      def on_connect(self):
20          """Called when your connection attempt is successful, enabling
21          you to perform appropriate application tasks at that point."""
22          print('Successfully connected to Twitter\n')
23  
24      def on_status(self, status):
25          """Called when Twitter pushes a new tweet to you."""
26          # get the hashtags
27          hashtags = []
28  
29          for hashtag_dict in status.entities['hashtags']:
30              hashtags.append(hashtag_dict['text'].lower())
31  
32          hashtags_string = ' '.join(hashtags) + '\n'
33          print(f'Screen name: {status.user.screen_name}:')
34          print(f'   Hashtags: {hashtags_string}')
35          self.tweet_count += 1  # track number of tweets processed
36  
37          try:
38              # send requires bytes, so encode the string in utf-8 format
39              self.connection.send(hashtags_string.encode('utf-8'))
40          except Exception as e:
41              print(f'Error: {e}')
42  
43          # if TWEET_LIMIT is reached, return False to terminate streaming
44          return self.tweet_count != self.TWEET_LIMIT
45  
46      def on_error(self, status):
47          print(status)
48          return True
49  
```

Main 应用程序主体

当运行脚本时将执行第 50～80 行。之前已经连接到 Twitter 来注入 tweet，所以这里我们只讨论这个示例中的新内容。

第 51 行通过将命令行参数 sys.argv[1] 转换一个整数，表示要处理的 tweet 数量。回想一下，sys.argv[0] 表示脚本的名称。

```
50  if __name__ == '__main__':
51      tweet_limit = int(sys.argv[1])  # get maximum number of tweets
```

第 52 行调用 socket 模块的 socket 函数，该函数返回一个 socket 对象，我们将使用该对象来等待来自 Spark 应用程序的连接。

```
52      client_socket = socket.socket()  # create a socket
53
```

第 55 行使用一个元组来调用套接字对象的 bind 方法，该元组包含计算机的主机名或 IP 地址以及该计算机上的端口号。这些组合在一起表示该脚本将等待来自另一个应用程序的初始连接：

```
54      # app will use localhost (this computer) port 9876
55      client_socket.bind(('localhost', 9876))
56
```

第 58 行调用套接字的 listen 方法，该方法使得脚本等待，直到接收到连接。这是防止 Twitter 流在 Spark 应用程序连接之前启动的语句。

```
57      print('Waiting for connection')
58      client_socket.listen()  # wait for client to connect
59
```

一旦 Spark 应用程序连接，第 61 行调用套接字的 accept 方法，该方法接受连接。该方法返回一个元组，其中包含一个新的套接字对象，脚本将使用该对象与 Spark 应用程序以及该 Spark 应用程序所在电脑的 IP 地址通信。

```
60      # when connection received, get connection/client address
61      connection, address = client_socket.accept()
62      print(f'Connection received from {address}')
63
```

接下来，我们使用 Twitter 进行身份验证并开始注入。第 73～74 行设置了流，将套接字对象连接传递给 TweetListener，以使它可以使用套接字向 Spark 应用程序发送标签。

```
64      # configure Twitter access
65      auth = tweepy.OAuthHandler(keys.consumer_key, keys.consumer_secret)
66      auth.set_access_token(keys.access_token, keys.access_token_secret)
67
68      # configure Tweepy to wait if Twitter rate limits are reached
69      api = tweepy.API(auth, wait_on_rate_limit=True,
70                       wait_on_rate_limit_notify=True)
71
72      # create the Stream
73      twitter_stream = tweepy.Stream(api.auth,
74          TweetListener(api, connection, tweet_limit))
75
76      # sys.argv[2] is the first search term
77      twitter_stream.filter(track=sys.argv[2:])
78
```

最后，第 79～80 行调用套接字对象的 close 方法来释放它们的资源。

```
79      connection.close()
80      client_socket.close()
```

17.7.2 tweet 哈希标注汇总：Spark SQL 简介

在本节中，将使用 Spark streaming 读取通过 starttweetstream.py 脚本使用套接字发送的标签，并对结果进行汇总。可以创建一个新的 notebook，并输入在这里看到的代码或加载我们在 ch17 示例文件夹的 Spark Hashtag Summarizer 子文件夹中提供的 hashtag summarizer.ipynb notebook。

导入库

首先，让我们导入该 notebook 中使用的库。我们将在使用 `pyspark` 类时解释它们。在 `IPython` 中，我们导入了 `display` 模块，该模块包含可以在 Jupyter 中使用的类和实用程序函数。特别地，我们将使用 `clear_output` 函数在显示新图表之前删除现有图表：

```
[1]: from pyspark import SparkContext
     from pyspark.streaming import StreamingContext
     from pyspark.sql import Row, SparkSession
     from IPython import display
     import matplotlib.pyplot as plt
     import seaborn as sns
     %matplotlib inline
```

这个 Spark 应用程序以 10 秒的时间分批总结标签。在处理每一批之后，它会显示一个 Seaborn barplot。IPython 魔法指令

```
%matplotlib inline
```

表明基于 Matplotlib 的图形应该显示在 notebook 中，而不是显示在它们自己的窗口中。回想一下，Seaborn 使用的就是 Matplotlib。

我们在整本书中使用了几种 IPython 魔法。有许多专门用于 Jupyter Notebook 的魔法。有关魔法的完整列表，请参见：

https://ipython.readthedocs.io/en/stable/interactive/magics.html

获取 SparkSession 的实用函数

很快我们就会看到，可以使用 Spark SQL 查询 RDD 中的数据。Spark SQL 使用 Spark 数据帧获取底层 RDD 的表视图。`SparkSession`（`pyspark.sql` 模块）用于从 RDD 创建数据帧。

每个 Spark 应用程序只能有一个 `SparkSession` 对象。下面的函数中，我们参阅了 *Spark Streaming Programming Guide*[1]，其中定义了 `SparkSession` 实例已经存在时获取 `SparkSession` 实例的正确方法，如果它还不存在，则创建 `SparkSession` 实例[2]：

```
[2]: def getSparkSessionInstance(sparkConf):
         """Spark Streaming Programming Guide's recommended method
            for getting an existing SparkSession or creating a new one."""
         if ("sparkSessionSingletonInstance" not in globals()):
             globals()["sparkSessionSingletonInstance"] = SparkSession \
                 .builder \
                 .config(conf=sparkConf) \
                 .getOrCreate()
         return globals()["sparkSessionSingletonInstance"]
```

基于 Spark 数据帧显示条形图的实用函数

在 Spark 处理每批标签之后，我们将调用 `display_barplot` 函数。每次调用都会清除之前的 Seaborn barplot，然后根据它接收到的 Spark 数据帧显示一个新的 barplot。首先，我们调用 Spark `DataFrame` 的 `toPandas` 方法将其转换为与 Seaborn 一起使用的 pandas 数据帧。接下来，我们从 `IPython.display` 模块调用 `clear_output` 函数。关键字参

[1] https://spark.apache.org/docs/latest/streaming-programming-guide.html#dataframeand-sql-operations.

[2] 因为这个函数是从 *Spark Streaming Programming Guide* 的“DataFrame 和 SQL 操作”一章（https://spark.apache.org/docs/latest/streaming-programmingguide.html#dataframe-and-sql-operations）中截取出来的，我们没有为了使用 Python 的标准函数命名风格而对它重命名，也没有使用单引号来分隔字符串。

数 wait=True 表示该函数应该删除前面的图（如果有的话），但只在新图准备好显示时才删除。函数中的其余代码使用我们前面展示的标准 Seaborn 技术。函数调用 sns.color_palette ('cool', 20) 来从 Matplotlib 的 'cool' 色板中选择 20 种颜色：

```
[3]: def display_barplot(spark_df, x, y, time, scale=2.0, size=(16, 9)):
         """Displays a Spark DataFrame's contents as a bar plot."""
         df = spark_df.toPandas()

         # remove prior graph when new one is ready to display
         display.clear_output(wait=True)
         print(f'TIME: {time}')

         # create and configure a Figure containing a Seaborn barplot
         plt.figure(figsize=size)
         sns.set(font_scale=scale)
         barplot = sns.barplot(data=df, x=x, y=y
                               palette=sns.color_palette('cool', 20))

         # rotate the x-axis labels 90 degrees for readability
         for item in barplot.get_xticklabels():
             item.set_rotation(90)

         plt.tight_layout()
         plt.show()
```

总结目前为止的前 20 个标签的实用函数

在 Spark streaming 中，DStream 是一个 RDD 序列，每个 RDD 代表一个要处理的小批数据。很快我们就会看到，可以指定一个为 stream 中的每个 RDD 执行任务的函数。在这个应用程序中，count_tags 函数将统计给定 RDD 中的标签数量，将它们添加到当前的总数中（由 SparkSession 维护），然后显示一个更新的前 20 个标签的条形图，以使我们可以看到前 20 个标签是如何随着时间的推移而变化的[⊖]。为了便于讨论，我们将这个函数分解为更小的部分。首先，我们使用 SparkContext 的配置信息调用实用函数 getSparkSessionInstance 来获取 SparkSession。每一个 RDD 都可以通过 context 属性访问 SparkContext：

```
[4]: def count_tags(time, rdd):
         """Count hashtags and display top-20 in descending order."""
         try:
             # get SparkSession
             spark = getSparkSessionInstance(rdd.context.getConf())
```

接下来，我们调用 RDD 的 map 方法来将 RDD 中的数据映射到 Row 对象（pyspark.sql 包中）。本例中的 RDD 包含标签和数量的元组。Row 构造函数使用其关键字参数的名称来为该行中的每个值指定列名。在这种情况下，tag[0] 是元组中的标签，tag[1] 是该标签的总数：

```
             # map hashtag string-count tuples to Rows
             rows = rdd.map(
                 lambda tag: Row(hashtag=tag[0], total=tag[1]))
```

⊖ 当第一次调用该函数时，如果还没有收到带有标签的 tweet，可能会看到意料之外的错误信息。这是因为我们只是在标准输出中显示错误消息。一旦出现带有标签的 tweet，这条信息就会消失。

下面的语句创建了一个包含 Row 对象的 Spark 数据帧。我们将使用 Spark SQL 来查询数据，以获得前 20 个标签及其总数：

```
        # create a DataFrame from the Row objects
        hashtags_df = spark.createDataFrame(rows)
```

要查询 Spark 数据帧，首先要创建一个表格视图，它使 Spark SQL 能够像查询关系数据库中的表一样查询数据帧。Spark DataFrame 的 createOrReplaceTempView 方法可以为 DataFrame 创建一个临时表视图，并在查询的 from 子句中命名这个视图：

```
        # create a temporary table view for use with Spark SQL
        hashtags_df.createOrReplaceTempView('hashtags')
```

一旦有了一个表格视图，就可以使用 Spark SQL 来查询数据[⊖]。下述语句使用 SparkSession 实例的 sql 方法来执行 Spark SQL 查询，从标签表格视图中选择标签和总数的两列，将选中的行以降序（desc）顺序排列，然后返回结果的前 20 行（limit 20）。Spark SQL 返回一个包含结果的新的 Spark 数据帧：

```
        # use Spark SQL to get top 20 hashtags in descending order
        top20_df = spark.sql(
            """select hashtag, total
               from hashtags
               order by total, hashtag desc
               limit 20""")
```

最后，我们将 Spark 数据帧传递给 display_barplot 实用程序函数。标签和总数将分别显示在 x 轴和 y 轴上。我们还将显示 count_tags 被调用的时间：

```
        display_barplot(top20_df, x='hashtag', y='total', time=time)
    except Exception as e:
        print(f'Exception: {e}')
```

得到 SparkContext

这个 notebook 中的其余代码设置 Spark streaming 来从 starttweetstream.py 脚本中读取文本，并指定如何处理 tweet。首先，我们创建 SparkContext 来连接到 Spark 集群：

```
[5]: sc = SparkContext()
```

得到 StreamingContext

对于 Spark streaming，必须创建一个 StreamingContext（pyspark.streaming 模块），将 SparkContext 以及以秒为单位处理批量流数据的频率作为参数。在这个应用程序中，我们将每 10 秒处理一批——这是批处理间隔：

```
[6]: ssc = StreamingContext(sc, 10)
```

根据数据到达的速度，可能希望缩短或延长批处理间隔。有关这个和其他性能相关问题的讨论，请参见 *Spark Streaming Programming Guide* 的 Performance Tuning 一节：

```
https://spark.apache.org/docs/latest/streaming-programming-
   guide.html#performance-tuning
```

⊖ Spark SQL 的语法请参见 https://spark.apache.org/sql/。

为维护状态设置检查点

默认情况下，Spark streaming 在处理 RDD 流时不维护状态信息。但是，可以使用 Spark 检查点来跟踪流状态。

检查点可以：

- 容错——在集群节点或 Spark 应用程序失败的情况下重新启动流。
- 状态转换——例如汇总到目前为止接收到的数据（就像我们在本例中做的一样）。

`StreamingContext` 的 `checkpoint` 方法可以设置检查点文件夹：

```
[7]: ssc.checkpoint('hashtagsummarizer_checkpoint')
```

对于基于云的集群中的 Spark 流应用程序，需要在其中指定一个 HDFS 中的位置用于存放 `checkpoint` 文件夹。本例是在本地 Jupyter Docker 镜像上进行的，所以我们简单地指定了一个文件夹的名称，Spark 将在当前文件夹中创建 `checkpoint` 文件夹（在我们的例子中，是 `ch17` 文件夹的 `SparkHashtagSummarizer`）。有关检查点的详细信息，请参阅

https://spark.apache.org/docs/latest/streaming-programming-guide.html#checkpointing

通过套接字连接到流

`StreamingContext` 的 `socketTextStream` 方法可以连接到一个将接收数据流的套接字，并返回接收数据的 `DStream`。该方法的参数是 `StreamingContext` 应该连接到的主机名和端口号——这些参数必须与 `startweetstream.py` 脚本中等待的连接相匹配：

```
[8]: stream = ssc.socketTextStream('localhost', 9876)
```

标记标签的行

我们在 `DStream` 上使用函数式编程调用一个 `DStream` 来指定对流数据执行的处理步骤。下面调用 `DStream` 的 `flatMap` 方法标记一行以空格分隔的标签，并返回一个新的 `DStream` 表示单个标签：

```
[9]: tokenized = stream.flatMap(lambda line: line.split())
```

将标签映射到 hashtag-count 对的元组

接下来，类似于本章前面的 Hadoop mapper，我们使用 `DStream` 的 `map` 方法来获得一个新的 `DStream`，其中每个 hashtag 映射到一个 hashtag-count 对（在本例中为元组），其中的 `count` 初始值为 `1`：

```
[10]: mapped = tokenized.map(lambda hashtag: (hashtag, 1))
```

统计到目前为止的标签数

`DStream` 的 `updateStateByKey` 方法接收一个双参数的 `lambda`，它可以对给定键的计数进行合计，并将它们加到之前的键的总数上：

```
[11]: hashtag_counts = tokenized.updateStateByKey(
          lambda counts, prior_total: sum(counts) + (prior_total or 0))
```

为每个 RDD 指定要调用的方法

最后，我们使用 `DStream` 的 `foreachRDD` 方法来指定每个处理过的 RDD 都应该传递

给 count_tags 函数，然后 count_tags 总结到目前为止的前 20 个标签并显示一个条形统计图：

```
[12]: hashtag_counts.foreachRDD(count_tags)
```

启动 Spark stream

现在，我们已经指定了处理步骤，调用 StreamingContext 的 start 方法连接到套接字并开始流处理。

```
[13]: ssc.start()  # start the Spark streaming
```

下图显示了处理关于"football"的 tweet 流时生成的条形图样例。因为 football 在美国是一项不同的运动，在世界其他地方"football"既与 American football 有关，也与我们所说的 soccer 有关——所以我们掩盖了三个不适合发表的标签：

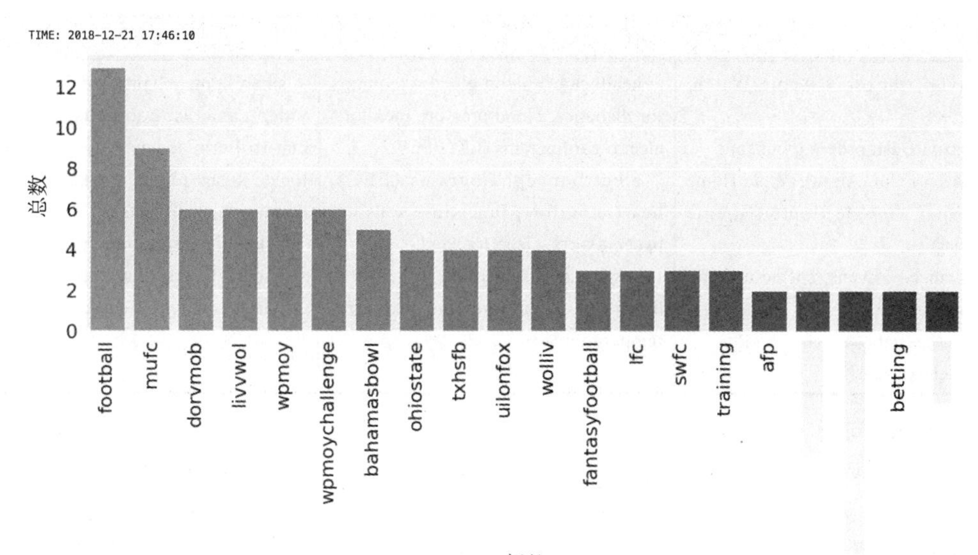

自我测验

1.（填空题）Spark DataFrame 的________方法返回一个 pandas 数据帧。

答案： toPandas。

2.（判断题）可以使用 Spark SQL 以熟悉的结构化查询语言（SQL）的语法来查询 RDD 对象。

答案： 错误。Spark SQL 需要一个 Spark 数据帧的表视图。

3.（讨论题）假设 hashtags_df 是一个 Spark 数据帧，下面的代码是在做什么？

```
hashtags_df.createOrReplaceTempView('hashtags')
```

答案： 该语句会创建（或替换）一个 DataFrame hashtags_df 的临时表视图，并将其命名为 'hashtags'，以便在 Spark SQL 查询中使用。

4.（判断题）默认情况下，Spark streaming 在处理 RDD 流时不维护状态信息。但是，可以使用 Spark 检查点来跟踪流状态，以便进行容错和状态转换，例如统计到目前为止接收的数据。

答案： 正确。

17.8　物联网和仪表盘

在 20 世纪 60 年代末，互联网以 ARPANET（阿帕网）开始发展，它最初连接四个大学并在 20 世纪 70 年代末增长到 10 个节点[1]。在过去的 50 年中，它已发展到数十亿电脑、智能手机、平板电脑和一个可供各种类型设备连接的巨大规模的全球互联网。任何连接到互联网的设备都是物联网（IoT）中的“物”。

每个设备都有一个唯一的网络协议地址（IP 地址）来标识它。连接设备的激增耗尽了大约 43 亿可用的 IPv4（Internet Protocol version 4）地址[2]，并促进了 IPv6 的发展，IPv6 支持大约 3.4×10^{38} 个地址（很多个 0）[3]。

高德纳（Gartner）和麦肯锡（McKinsey）等顶级研究公司预测，到 2020 年，全球联网设备将从目前的 60 亿部跃升至 200 亿～300 亿部[4]。众多预测表明这个数字可能是 500 亿。计算机控制的联网设备将继续激增。下述表格中是一个一小部分物联网设备类型和应用。

IoT 设备		
activity trackers—Apple Watch, FitBit, … Amazon Dash ordering but-tons Amazon Echo (Alexa), Apple Home Pod (Siri), Google Home (Google Assistant) appliances—ovens, coffee makers, refrigerators, … driverless cars earthquake sensors	healthcare—blood glucose monitors for diabetics, blood pressure monitors, electro-cardiograms (EKG/ECG), electroencephalograms (EEG), heart monitors, ingestible sensors, pacemak-ers, sleep trackers, … sensors—chemical, gas, GPS, humidity, light, motion, pressure, temperature, …	smart home—lights, garage openers, video cameras, doorbells, irrigation con-trollers, security devices, smart locks, smart plugs, smoke detectors, thermo-stats, air vents tsunami sensors tracking devices wine cellar refrigerators wireless network devices

物联网的问题

虽然物联网有很多新鲜感和机遇，但其中并不是所有都是正向的。有很多安全、隐私和道德方面的问题。不安全的物联网设备已被用于对计算机系统执行分布式拒绝服务（DDOS）攻击[5]。我们打算用来保护家的家庭安全摄像头可能会被黑客入侵，让其他人可以获取视频流。语音控制设备总是“监听”它们的触发词。这导致了对隐私和安全的担忧。孩子们不小心通过与 Alexa 设备对话在亚马逊上订购了产品，各种电视广告可以通过说出触发词来激活谷歌家庭设备，并让谷歌助手为我们读出维基百科上关于该产品的页面[6]。有些人担心这些装置可能被用来偷听。就在最近，一名法官命令亚马逊交出 Alexa 的录音供刑事案件使用[7]。

例子

在这部分中，我们讨论了 IoT 和用于通信的其他类型应用程序的发布 / 订阅模型。首先，如果不编写任何代码，将使用 Freeboard.io 构建一个基于 web 的仪表盘，并订阅来自

[1] https://en.wikipedia.org/wiki/ARPANET#History.

[2] https://en.wikipedia.org/wiki/IPv4_address_exhaustion.

[3] https://en.wikipedia.org/wiki/IPv6.

[4] https://www.pubnub.com/developers/tech/how-pubnub-works/.

[5] https://threatpost.com/iot-security-concerns-peaking-with-no-end-in-sight/131308/.

[6] https://www.symantec.com/content/dam/symantec/docs/security-center/white-papers/istr-security-voice-activated-smart-speakers-en.pdf.

[7] https://techcrunch.com/2018/11/14/amazon-echo-recordings-judge-murder-case/.

PubNub 服务的样本实时流。接下来，将模拟一个与互联网连接的恒温器，它会使用 Python 的 Dweepy 模块向免费的 Dweet.io 服务发布消息，然后创建一个基于 Freeboard.io 的可视化仪表板。最后，将构建一个 Python 客户端，它订阅 PubNub 服务的样本实时流并利用 Seaborn 和 Matplotlib funcanation 将其动态可视化。在练习中，我们将使用其他的物联网平台、模拟器和实时流进行实验。

17.8.1　发布和订阅

物联网设备（以及许多其他类型的设备和应用程序）通常通过发布 / 订阅（发布者 / 订阅者）系统与其他设备或应用程序进行通信。发布者是向基于云的服务发送消息的任何设备或应用程序，该服务又会将这个消息发送给所有订阅者。通常，每个发布者指定一个主题（topic）或通道（channel），每个订阅者指定他们希望接收消息的一个或多个主题或通道。现在有许多发布 / 订阅系统正在使用。在本节的其余部分中，我们将使用 PubNub 和 Dweet.io。在练习中，可以研究 Apache Kafka——一个 Hadoop 生态系统组件，可以提供高性能的发布 / 订阅服务、实时流处理和流数据存储。

17.8.2　用 Freeboard 仪表盘可视化 PubNub 样本实时流

PubNub 是一种面向实时应用程序的发布 / 订阅服务，在这种应用程序中，任何连接到互联网的软件和设备都可以通过短消息进行通信。它们的常见应用包括物联网、聊天、在线多人游戏、社交应用和协作应用。PubNub 提供了一些用于学习目的的实时流，包括一个模拟物联网传感器的实时流（17.8.5 节列出了其他的）。

实时数据流的一个常见用途是将它们可视化以进行监控。在本节中，将把 PubNub 的实时模拟传感器流连接到 Freeboard.io 的网页仪表盘。汽车的仪表盘可以将汽车传感器的数据可视化，显示诸如外部温度、车速、发动机温度、行驶时间和剩余汽油量等信息。基于网页的仪表盘可以对各种来源（包括物联网设备）的数据做同样的事情。

Freeboard.io 是一个基于云的动态仪表盘可视化工具。我们将看到，无须编写任何代码，就可以轻松地将 Freeboard.io 连接到各种数据流，并在数据到达时将其可视化。下面的仪表板可视化了 PubNub 模拟物联网传感器流中四个模拟传感器的其中三个传感器的数据：

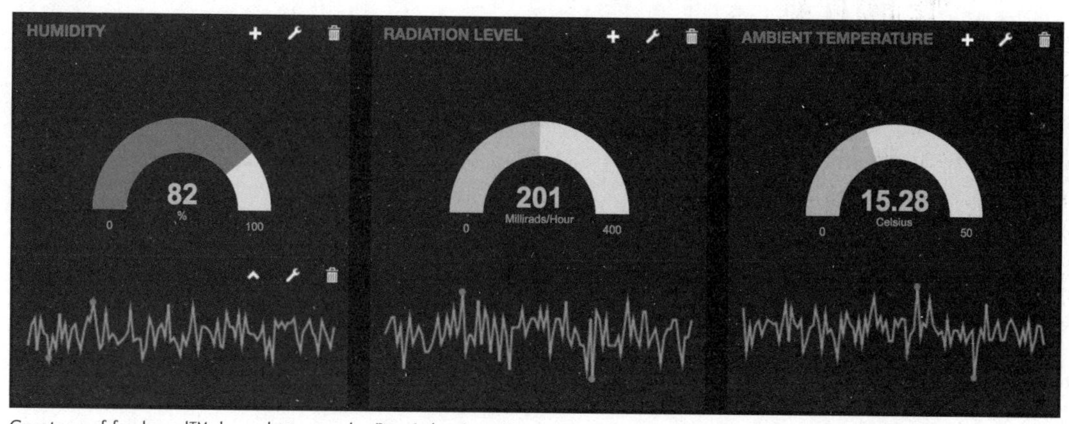

Courtesy of freeboard™, brought to you by Bug Labs, Inc. (`https://freeboard.io`, `https://buglabs.net`)

对于每个传感器，我们使用一个Gauge（半圆形的可视化图形）和一个Sparkline（锯齿线）来可视化数据。完成本节后，将看到随着每秒多条新数据的到达，Gauge和Sparkline将频繁移动。

除了它们的付费服务，Freeboard.io在GitHub上提供了一个开源版本（选项较少）。它们还提供了教程，展示如何添加自定义插件，从而可以开发自己的可视化工具并添加到仪表盘中。

注册Freeboard.io

在本例中，请在下述网址中为Freeboard.io注册一个30天试用

`https://freeboard.io/signup`

完成注册后，就会出现My Freeboards页面。如果愿意，可以单击Try a Tutorial按钮，将从智能手机获得的数据可视化。

创建一个新的仪表板

在My Freeboards页面的右上角，在enter a name字段中输入`Sensor Dashboard`，然后单击Create New按钮创建一个仪表盘。这将显示仪表板设计器。

添加数据源

如果在设计仪表板之前添加了数据源，就可以在添加时对每个可视化进行配置：

1. 在DATASOURCES下，单击ADD以指定新的数据源。

2. DATASOURCE对话框的TYPE下拉列表中显示了当前支持的数据源，不过也可以为新数据源开发插件[⊖]。选择PubNub。每个PubNub样本实时流的网页指定了Channel和Subscribe键。从PubNub的Sensor Network页面（https://www.pubnub.com/developers/realtime-data-streams/sensor-network/）复制这些值，然后将它们的值插入相应的DATASOURCE对话框字段中。为数据源提供一个Name，然后单击SAVE。

增加湿度传感器面板

Freeboard.io仪表板被划分为分组可视化的面板。可以拖动多个面板来重新排列它们。单击+ Add Pane按钮来添加一个新的面板。每个面板都可以有一个标题。要设置标题，可以单击面板上的扳手图标，将TITLE设置为`Humidity`，然后单击SAVE。

在Humidity面板上添加一个量规Gauge

要向面板添加可视化效果，请单击其+按钮以显示WIDGET对话框。TYPE下拉列表显示了几个内置的小部件。选择Gauge。在VALUE字段的右侧，单击+ DATASOURCE，然后选择数据源的名称。这将显示来自该数据源的可用值。单击humidity，选择湿度传感器的数值。将UNITS设置为%，然后单击SAVE。这将显示新的可视化结果，它可以立即开始显示来自传感器流的值。

注意，湿度值在小数点右侧有四位精度。PubNub支持JavaScript表达式，因此可以使用它们来执行计算或格式化数据。例如，可以使用JavaScript的`Math.round`函数来将湿度值近似到最接近的整数。要做到这一点，需要将鼠标悬停在gauge上，并单击它的扳手图标。然后，在VALUE字段前插入"`Math.round(`"，在其后插入"`)`"，然后单击SAVE。

⊖ 所列的一些数据源只是通过Freeboard.io得到的，而非从GitHub上开源的Freeboard得到的。

在 humidity 面板上添加 sparkline

sparkline 是一种没有轴的折线图，通常用于让我们了解数据值是如何随时间变化的。通过单击 humidity 面板的 + 按钮，然后从 TYPE 下拉列表中选择 sparkline 来为湿度传感器添加 sparkline。对于 VALUE，再次选择数据源和 humidity，然后单击 SAVE。

完成仪表盘

使用上述技术，添加另外两个面板，并将它们拖到第一个面板的右侧。分别将其命名为 Radiation Level 和 Ambient Temperature，并按照上面所示为每个面板配置一个 Gauge 和 Sparkline。对于 Radiation Level 的 gauge，请指定 UNITS 为 `Millirads/Hour`，且将 MAXIMUM 设为 400。对于 Ambient Temperaturegauge，请指定 UNITS 为 Celsius，且将 MAXIMUM 设为 50。

17.8.3 用 Python 模拟联网的恒温器

仿真是计算机最重要的应用之一。我们在前面的章节中使用了模拟掷骰子。在物联网中，使用模拟器来测试应用程序是很常见的，特别是当在开发应用程序的过程中没有访问实际设备和传感器时。许多云供应商都有物联网模拟功能。在练习中，将探索 IBM Watson 物联网平台和 IOTIFY.io。

这里，将创建一个脚本来模拟一个联网的恒温器向 `dweet.io` 定期发布 JSON 消息（称为 dweet）。“dweet”这个名字基于“tweet”——dweet 就像设备发出的 tweet。如今，许多联网的安全系统都包括温度传感器，它可以在管道结冰前发出低温警告，或在可能发生火灾时发出高温警告。我们的模拟传感器将发送包含位置和温度的 dweet，以及低温（温度达到 3 摄氏度时为 True）和高温（温度达到 35 摄氏度时为 True）提示信息。在下一节中，我们将使用 freeboard.io 来创建一个简单的仪表板，在消息到达时显示温度变化，以及低温和高温警告灯。

安装 Dweepy

为了将消息发布到 `dweet.io`，需要先安装 Dweepy 库：

```
pip install dweepy
```

这个库很容易使用。可以在以下网址查看它的文档：

```
https://github.com/paddycarey/dweepy
```

调用 simulator.py 脚本

模拟恒温器的 Python 脚本 `simulator.py` 位于 `ch17` 示例文件夹的 `iot` 子文件夹中。可以使用两个命令行参数来调用这个模拟器，这两个参数分别表示要模拟的总消息数和发送 dweet 之间的间隔秒数：

```
ipython simulator.py 1000 1
```

发送 Dweet

`simulator.py` 如下所示。它使用了在本书中学习过的随机数生成和 Python 技术，所以我们将专注于通过 Dweepy 向 `dweet.io` 发布消息的几行代码。为了便于讨论，我们对下面的脚本进行了分解。

默认情况下，`dweet.io` 是一个公共服务，所以任何应用程序都可以发布或订阅消息。当发布消息时，我们会想要为设备指定一个唯一的名字。我们使用了 `'temperature-`

`simulator-deitel-python'`（第 17 行）[⊖]。第 18～21 行定义了一个 Python 字典，它将存储当前传感器信息。Dweepy 发出这条 dweet 时会将其转换成 JSON 格式。

```
1  # simulator.py
2  """A connected thermostat simulator that publishes JSON
3  messages to dweet.io"""
4  import dweepy
5  import sys
6  import time
7  import random
8
9  MIN_CELSIUS_TEMP = -25
10 MAX_CELSIUS_TEMP = 45
11 MAX_TEMP_CHANGE = 2
12
13 # get the number of messages to simulate and delay between them
14 NUMBER_OF_MESSAGES = int(sys.argv[1])
15 MESSAGE_DELAY = int(sys.argv[2])
16
17 dweeter = 'temperature-simulator-deitel-python'  # provide a unique name
18 thermostat = {'Location': 'Boston, MA, USA',
19               'Temperature': 20,
20               'LowTempWarning': False,
21               'HighTempWarning': False}
22
```

第 25～53 行产生指定的模拟消息数量。在每次循环迭代中，我们做以下工作：

- 在 –2 到 +2 度范围内生成随机温度变化，并修改温度。
- 确保温度保持在允许范围内。
- 检查低、高温传感器是否触发，从而更新恒温器字典。
- 显示到目前为止已经生成了多少消息。
- 使用 Dweepy 发送信息到 `dweet.io`（第 52 行）。
- 使用 `time` 模块的 `sleep` 函数实现在生成另一条消息之前等待的指定时间。

```
23 print('Temperature simulator starting')
24
25 for message in range(NUMBER_OF_MESSAGES):
26     # generate a random number in the range -MAX_TEMP_CHANGE
27     # through MAX_TEMP_CHANGE and add it to the current temperature
28     thermostat['Temperature'] += random.randrange(
29         -MAX_TEMP_CHANGE, MAX_TEMP_CHANGE + 1)
30
31     # ensure that the temperature stays within range
32     if thermostat['Temperature'] < MIN_CELSIUS_TEMP:
33         thermostat['Temperature'] = MIN_CELSIUS_TEMP
34
35     if thermostat['Temperature'] > MAX_CELSIUS_TEMP:
36         thermostat['Temperature'] = MAX_CELSIUS_TEMP
37
38     # check for low temperature warning
39     if thermostat['Temperature'] < 3:
40         thermostat['LowTempWarning'] = True
41     else:
42         thermostat['LowTempWarning'] = False
43
```

⊖ 为了真正保证名字的唯一性，dweet.io 可以为我们创建一个名字。Dweepy 文档解释了是如何做到这一点的。

```
44        # check for high temperature warning
45        if thermostat['Temperature'] > 35:
46            thermostat['HighTempWarning'] = True
47        else:
48            thermostat['HighTempWarning'] = False
49
50        # send the dweet to dweet.io via dweepy
51        print(f'Messages sent: {message + 1}\r', end='')
52        dweepy.dweet_for(dweeter, thermostat)
53        time.sleep(MESSAGE_DELAY)
54
55    print('Temperature simulator finished')
```

不需要注册就可以使用该服务。第一次调用 dweepy 的 dweet_for 函数发送一个 dweet（第 52 行）。dweet.io 会为设备创建名称。该函数接收设备名（dweeter）和表示要发送消息（thermostat）的字典作为参数。一旦执行了这个脚本，就可以通过浏览器在下述网址中立即开始跟踪 dweet.io 上的消息：

```
https://dweet.io/follow/temperature-simulator-deitel-python
```

如果想使用不同的设备名称，请将“temperature-simulator-deitel-python”替换为要使用的名称。该网页包含两个选项卡。Visual 选项卡显示各个数据项，显示任何数值的 sparkline。Raw 选项卡显示 Dweepy 发送到 dweet.io 的实际 JSON 消息。

17.8.4　使用 freeboard.io 创建仪表盘

dweet.io 和 freeboard.io 的网址是由同一家公司经营的。在上一节讨论的 dweet.io 的网页中，可以单击 Create a Custom Dashboard 按钮来打开一个新的浏览器选项卡，其中是已经为温度传感器实现的默认仪表盘。默认情况下，freeboard.io 将配置一个名为 Dweet 的数据源并自动生成一个仪表板，其中包含了一个为 dweet JSON 中的每个值创建的一个面板。在每个面板中，文本小部件将在消息到达时显示相应的值。

如果希望创建自己的仪表盘，可以使用 17.8.2 节中的步骤创建数据源（这次选择 Dweepy）并创建新的面板和小部件，也可以修改自动生成的仪表盘。

下面是由四个小部件组成的仪表板的三个屏幕截图：

- 显示当前温度的 Gauge 小部件。对于这个小部件的 VALUE 设置，我们选择了数据源的 Temperature 字段。我们还将 UNTIS 设置为摄氏度，最小值和最大值分别为 –25 度和 45 度。
- 一个以华氏温度显示当前温度的文本部件。对于这个小部件，我们将把 INCLUDE SPARKLINE 和 ANIMATE VALUE 设置为 YES。对于这个小部件的 VALUE 设置，我们再次选择数据源的 Temperature 字段，然后将下述式子添加到 VALUE 字段的末尾：

  ```
  * 9 / 5 + 32
  ```
- 最后，我们添加两个 Indicator Light 指示灯小部件。对于第一个指示灯的 VLAUE 设置，我们选择数据源的 LowTempWarning 字段，将 TITLE 标题设置为 Freeze Warning，将 ON TEXT 设置为 LOW TEMPERATURE WARNING——ON TEXT 表示当值为 true 时显示的文本。对于第二个指示灯的 VALUE 设置，我们选择数据源的 HighTempWarning 字段，将 TITLE 标题设置为 High Temperature Warning，将 ON TEXT 设置为 HIGH TEMPERATURE WARNING。

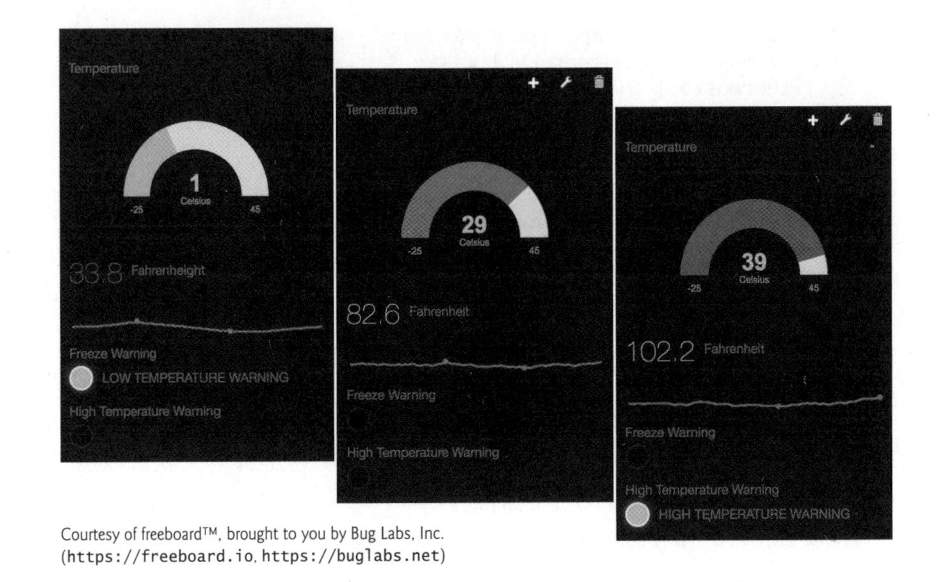

Courtesy of freeboard™, brought to you by Bug Labs, Inc.
(https://freeboard.io, https://buglabs.net)

17.8.5　创建 Python PubNub 订阅器

PubNub 提供了 pubnub Python 模块，便于执行发布 / 订阅操作。它们还提供了 7 个样本流供试验——4 个实时流和 3 个模拟流[⊖]：

- Twitter Stream ——从 Twitter 实时流提供多达每秒 50 条 tweet，不需要 Twitter 证书。
- Hacker News Articles ——该网站最近的文章。
- State Capital Weather ——为美国各州首府提供天气数据。
- Wikipedia Changes ——维基百科的一系列编辑。
- Game State Sync ——从多人游戏模拟数据。
- Sensor Network ——模拟来自辐射、湿度、温度和环境光传感器的数据。
- Market Orders ——模拟五家公司的股票指令。

在本节中，将使用 pubnub 模块订阅其模拟市场订单流，然后将不断变化的股票价格可视化为 Seaborn 条形图，如下所示：

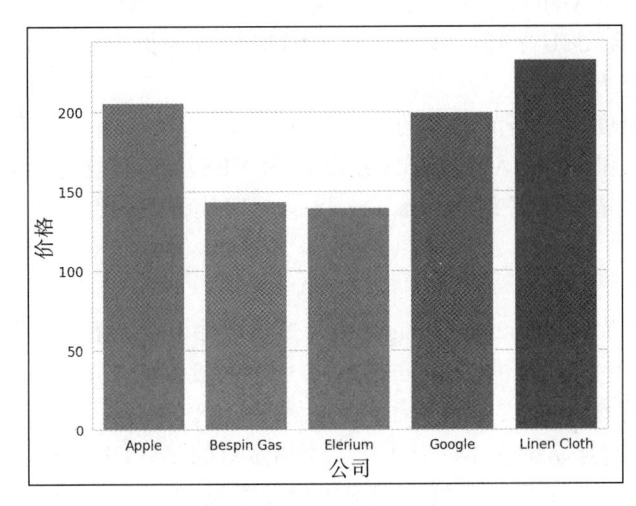

⊖ https://www.pubnub.com/developers/realtime-data-streams/.

当然，也可以将消息发布到流。有关详细信息，请参见 https://www.pubnub.com/docs/python/pubnub-python-sdk 上 pubnub 模块的文档。

要准备在 Python 中使用 PubNub，执行以下命令来安装 pubnub 模块的最新版本——'>=4.1.2' 确保至少安装 pubnub 模块的 4.1.2 版本：

```
pip install "pubnub>=4.1.2"
```

订阅流并将股票价格可视化的脚本 stocklistener.py 定义在 ch17 文件夹的 pubnub 子文件夹中。为了便于讨论，我们在这里将脚本分解成几部分。

消息格式

模拟的 Market Orders 流返回的 JSON 对象包含五个键 – 值对：'bid_price'，'order_quantity','symbol','timestamp' 和 'trade_type'。对于本例，我们只使用 'bid_price' 和 'symbol'。PubNub 客户端将 JSON 数据返回给我们作为 Python 字典。

导入库

第 3～13 行导入了本例中需要使用的库。我们讨论的 PubNub 类型是在第 10～13 行导入的，我们将在下面遇到它们。

```
1   # stocklistener.py
2   """Visualizing a PubNub live stream."""
3   from matplotlib import animation
4   import matplotlib.pyplot as plt
5   import pandas as pd
6   import random
7   import seaborn as sns
8   import sys
9
10  from pubnub.callbacks import SubscribeCallback
11  from pubnub.enums import PNStatusCategory
12  from pubnub.pnconfiguration import PNConfiguration
13  from pubnub.pubnub import PubNub
14
```

用于存储公司名称和价格的列表和数据帧

列表中的公司包含了在 Market Orders 流中报告的公司的名称，以及 pandas 的 companies_df 数据帧，我们将在该数据帧中储存每一个公司的最新价格。我们将用 Seaborn 来显示一个该数据帧的条形图。

```
15  companies = ['Apple', 'Bespin Gas', 'Elerium', 'Google', 'Linen Cloth']
16
17  # DataFrame to store last stock prices
18  companies_df = pd.DataFrame(
19      {'company': companies, 'price' : [0, 0, 0, 0, 0]})
20
```

SensorSubscriberCallback 类

当订阅 PubNub 流时，必须添加一个监听器，它接收来自通道的状态通知和消息。这类似于以前定义过的 Tweepy 监听器。为了创建监听器，必须定义一个 Subscriber-Callback（pubnub.callbacks 的模块）的子类，我们在代码结束后讨论这个问题：

```
21  class SensorSubscriberCallback(SubscribeCallback):
22      """SensorSubscriberCallback receives messages from PubNub."""
23      def __init__(self, df, limit=1000):
24          """Create instance variables for tracking number of tweets."""
```

```
25          self.df = df  # DataFrame to store last stock prices
26          self.order_count = 0
27          self.MAX_ORDERS = limit  # 1000 by default
28          super().__init__()  # call superclass's init
29
30      def status(self, pubnub, status):
31          if status.category == PNStatusCategory.PNConnectedCategory:
32              print('Connected to PubNub')
33          elif status.category == PNStatusCategory.PNAcknowledgmentCategory:
34              print('Disconnected from PubNub')
35
36      def message(self, pubnub, message):
37          symbol = message.message['symbol']
38          bid_price = message.message['bid_price']
39          print(symbol, bid_price)
40          self.df.at[companies.index(symbol), 'price'] = bid_price
41          self.order_count += 1
42
43          # if MAX_ORDERS is reached, unsubscribe from PubNub channel
44          if self.order_count == self.MAX_ORDERS:
45              pubnub.unsubscribe_all()
46
```

SensorSubscriberCallback 类的 __init__ 方法会将每个新股票价格存储在数据帧中。PubNub 客户端每次收到新的状态信息时都会调用重写的 status 方法。在本例中，我们查看了消息，这些消息表明我们是否订阅了某个频道。

当新消息从频道到达时，PubNub 客户端会调用重写的 message 方法（第 36～45 行）。第 37 行和第 38 行从消息中获取公司名称和价格，我们将显示该消息以便可以看到消息已经到达了。第 40 行使用 DataFrame 数据帧的 at 方法来定位正确的公司行及其 'price' 列，然后为该元素指定新的价格。一旦 order_count 达到 MAX_ORDERS，第 45 行将调用 PubNub 客户端的 unsubscribe_all 方法来取消对频道的订阅。

update 函数

本例使用第 6 章数据科学简介部分中学到的动画技术将货物价格可视化。update 函数指定了如何绘制一个动画帧，并由我们马上要定义的 FuncAnimation 函数反复调用。我们使用 Seaborn 的 barplot 函数将 companies_df 数据中的数据可视化，将 'company' 列的值和 'price' 列的值分别作为 x 轴和 y 轴。

```
47  def update(frame_number):
48      """Configures bar plot contents for each animation frame."""
49      plt.cla()  # clear old barplot
50      axes = sns.barplot(
51          data=companies_df, x='company', y='price', palette='cool')
52      axes.set(xlabel='Company', ylabel='Price')
53      plt.tight_layout()
54
```

配置图

在脚本的主要部分中，我们首先设置 Seaborn 图表风格并创建将显示条形图的 Figure 对象：

```
55  if __name__ == '__main__':
56      sns.set_style('whitegrid')  # white background with gray grid lines
57      figure = plt.figure('Stock Prices')  # Figure for animation
58
```

配置 FuncAnimation 并显示窗口

接下来，我们将配置调用 update 函数的 FuncAnimation，然后调用 Matplotlib 的 show 方法来显示图。通常，此方法会阻止脚本继续，直到关闭这个图。这里，我们传递 block=False 关键字参数以允许脚本继续运行，这样我们就可以配置 PubNub 客户端并订阅一个频道。

```
59        # configure and start animation that calls function update
60        stock_animation = animation.FuncAnimation(
61            figure, update, repeat=False, interval=33)
62        plt.show(block=False)  # display window
63
```

配置 PubNub 客户端

接下来，我们将配置 PubNub 订阅密钥，PubNub 客户端将使用该密钥与频道名称结合来共同订阅该频道。密钥被指定为 PNConfiguration 对象（pubnub.pnconfiguration 模块）的一个属性，第 69 行将其传递给新的 PubNub 客户端对象（模块 pubnub.pubnub）。第 70～72 行创建 SensorSubscriberCallback 对象，并将其传递给 PubNub 客户端的 add_listener 方法，以便从频道接收消息。我们使用一个命令行参数来指定要处理的消息总数。

```
64        # set up pubnub-market-orders sensor stream key
65        config = PNConfiguration()
66        config.subscribe_key = 'sub-c-4377ab04-f100-11e3-bffd-02ee2ddab7fe'
67
68        # create PubNub client and register a SubscribeCallback
69        pubnub = PubNub(config)
70        pubnub.add_listener(
71            SensorSubscriberCallback(df=companies_df,
72                limit=int(sys.argv[1] if len(sys.argv) > 1 else 1000))
73
```

订阅频道

下面的语句完成了订阅过程，表示我们希望从名为 'pubnub-market-orders' 的频道接收消息。execute 方法开始推流。

```
74        # subscribe to pubnub-sensor-network channel and begin streaming
75        pubnub.subscribe().channels('pubnub-market-orders').execute()
76
```

确保图形保持在屏幕上

对 Matplotlib 的 show 方法的第二次调用确保了在关闭其窗口之前，Figure 一直保持在屏幕上。

```
77        plt.show()  # keeps graph on screen until you dismiss its window
```

自我测验

1.（填空题）物联网设备（以及许多其他类型的设备和应用程序）通常通过________系统与其他物联网设备或应用程序相互通信。

答案：pub / sub（发布者 / 订阅者）

2.（填空题）________是任何向基于云的服务发送消息的设备或应用程序，基于云的服务将该消息发送给所有________。

答案：发布者，订阅者。

3.（填空题）________是一个没有轴的折线图，它通常用来让我们了解数据值是如何随时间变化的。

答案：sparkline。

4.（填空题）在一个订阅频道的 PubNub Python 客户端中，必须创建一个________的子类，然后注册该类的一个对象来接收来自频道的状态通知和消息。

答案：`SubscribeCallback`。

17.9　小结

在本章中，我们介绍了大数据，讨论了如何获取大数据，并讨论了处理大数据的硬件和软件基础设施。我们介绍了传统的关系数据库和结构化查询语言（SQL），并使用 `sqlite3` 模块在 SQLite 中创建和操作图书数据库。我们还演示了将 SQL 查询结果加载到 pandas `DataFrame` 数据帧中。

我们讨论了四种主要的 NoSQL 数据库类型——键 - 值、文档、柱状和图，并介绍了 NewSQL 数据库。我们将 JSON tweet 对象作为文档存储在基于云的 MongoDB Atlas 集群中，然后将它们汇总在一个显示在 Folium 地图上的交互式可视化结果中。

我们介绍了 Hadoop 以及如何在大数据应用程序中使用它。我们使用 Microsoft Azure HDInsight 服务配置了一个多节点 Hadoop 集群，然后使用 Hadoop 流创建并执行了一个 Hadoop MapReduce 任务。

我们讨论了 Spark 以及如何在高性能、实时大数据应用程序中使用它。首先在自己的计算机上本地运行的 Jupyter Docker 栈上使用了 Spark 的函数式 filter/map/reduce 功能，然后再使用微软 Azure HDInsight 多节点 Spark 集群。接下来，我们介绍了用于小批量数据处理的 Spark 流。作为该示例的一部分，我们使用 Spark SQL 查询存储在 Spark `DataFrame` 数据帧中的数据。

本章最后介绍了物联网（IoT）和发布 / 订阅模型。使用了 Freeboard.io 从 PubNub 创建一个实时样本流的可视化仪表板。模拟了一个联网的自动调温器，它会使用 Python 的 `Dweepy` 模块向免费的 `dweet.io` 发送信息，然后使用 Freeboard.io 来显示模拟设备的数据。最后，使用 Python 模块订阅了一个 PubNub 示例实时流。

丰富的练习集合鼓励我们使用更多的大数据云和桌面平台，以及 SQL 和 NoSQL 数据库、NewSQL 数据库和物联网平台。可以把维基百科作为另一个大数据源，可以用树莓派和 Iotify 模拟器实现物联网。

感谢读者阅读本书我们希望读者喜欢这本书，并觉得它有趣且有益。最重要的是，我们希望各位读者能够在继续学业和追求职业生涯的过程中，将所学到的技术应用于面临的挑战。

练习

SQL 和 RDBMS 练习

17.1　（图书数据库）在 IPython 会话中，对 17.2 节中的图书数据库执行以下任务：

a）从 `authors` 表中选择所有作者的姓氏并按降序排列。

b）从 `titles` 表中选择所有书名并按升序排列。

c）使用 `INNER JOIN` 选择出一个特定作者的所有书籍。包括书名、版权年份和 ISBN 书号。

按标题的字母顺序排列这些信息。

d）在 authors 表中插入一名新的作者。

e）为一名作者插入一个新的标题。请记住，图书必须在 author_ISBN 表和 titles 表中各有一个条目。

17.2 （Cursor 的 fetchall 方法和 description 属性）当使用 sqlite3 Cursor 的 execute 方法执行查询时，查询的结果将存储在 Cursor 对象中。Cursor 的 description 属性包含关于以元组的元组形式存储的结果的元数据。每个嵌套元组的第一个值是查询结果中的列名。Cursor 的 fetchall 方法以元组列表的形式返回查询结果的数据。研究 description 属性和 fetchall 方法。打开 books 数据库，使用 Cursor 的 execute 方法选择 titles 表中的所有数据，然后使用 description 和 fetchall 来以表格形式显示这些数据。

17.3 （Contacts 数据库）研究 ch17 示例文件夹的 sql 子文件夹中提供的 books.sql 脚本。将脚本保存为 addressbook.sql 并修改它以创建一个名为 contacts 的表。该表应该包含一个自动增加的 id 列和一个人的名字、姓氏和电话号码的文本列。在 IPython 会话中，将联系人插入数据库中，查询数据库以列出所有联系人和具有特定姓氏的联系人，更新联系人，删除联系人。

17.4 （项目：针对 SQLite 的数据库浏览器）研究开源的针对 SQLite 的数据库浏览器（https://sqlitebrowser.org/）。该工具提供了一个图形用户界面，可以在其中查看 SQLite 数据库并与之交互。使用该工具打开 books.db 数据库，查看 authors 表中的内容。在 IPython 中，添加一个新的作者并删除它，这样就可以在 SQLite 的数据库浏览器中实时看到表的更新。

17.5 （项目：MariaDB）研究 MariaDB 关系数据库管理系统及其相应的 Python 支持，然后使用它创建一个数据库，并重新实现在 17.2 节中的 IPython 会话。可能需要更新这个创建数据库表的 SQL 脚本，因为一些特性（如自动增量整数主键）因关系数据库管理系统而异。

NoSQL 数据库练习

17.6 （MongoDB Twitter 示例修改：情感分析增强）使用在第 12 章中学到的情感分析技术，将 17.4 节的案例研究修改如下。允许用户选择参议员，然后使用 pandas DataFrame 显示该参议员在各州的正面、负面和中性推文的摘要。用正面的、负面的和中性的情绪来描绘每个状态。弹出式地图标记应该显示该状态下每个情绪的 tweet 数。

17.7 （项目：Neo4j NoSQL 图形数据库的六度分割）著名的“六度分割”问题说的是世界上任意两个人都可以通过六个或更少的熟人关系彼此联系在一起。基于此的游戏叫作“Six degrees of Kevin Bacon”，在这款游戏中，好莱坞的任何两个电影明星都可以通过他们在电影中扮演的角色与 Kevin Bacon 联系在一起（因为他在很多电影中都出现过）。Neo4j 的 Cypher 语言用于查询 Neo4j 数据库。在《Cypher 基础指南》(https://neo4j.com/developer/guide-cypher-basics/) 中，他们使用电影数据库实现了“Six degrees of Kevin Bacon”。在系统上安装 Neo4j 数据库并实现它们的解决方案。

Hadoop 练习

17.8 （项目：基于 Hortonworks HDP 沙盒的本地 Hadoop）Hortonworks 沙盒（https://hortonworks.com/products/sandbox/）是一个针对 Hadoop、Spark 等相关技术的开源桌面平台。安装一个桌面版本的 Hortonworks 数据平台（HDP）沙盒，然后使用它来执行本章的 Hadoop MapReduce 的示例。注意：在安装 HDP 沙盒之前，请确保系统满足大量的磁盘和内存要求。

17.9 （项目：基于 Cloudera CDH Quickstart VM 的本地 Hadoop）Cloudera CDH 是一个基于 Hadoop、Spark 等相关技术的开源桌面平台。安装一个 Cloudera 桌面快速启动虚拟机（在线搜索

"Cloudera CDH Quickstart VM"），然后使用它来执行本章的 Hadoop MapReduce 示例。注意：在安装 Cloudera CDH 快速启动虚拟机之前，请确保系统满足大量的磁盘和内存要求。

17.10 （研究项目：Apache Tez）研究 Apache Tez——MapReduce 的高性能替代品。Tez 是如何实现相对于 MapReduce 的性能改进的？

Spark 练习

17.11 （项目：基于 Hortonworks HDP 沙盒的本地 Spark）Hortonworks 沙盒（https://hortonworks.com/products/sandbox/）是一个针对 Hadoop、Spark 等相关技术的开源桌面平台。安装桌面版本的 Hortonworks 数据平台（HDP）沙盒，然后使用它来执行本章的 Spark 示例。注意：在安装 HDP 沙盒之前，请确保系统满足大量的磁盘和内存要求。

17.12 （项目：基于 Cloudera Quickstart VM 的本地 Spark）Cloudera CDH 是针对 Hadoop、Spark 等相关技术开发的开源桌面平台。安装一个 Cloudera 桌面快速启动虚拟机（在线搜索"Cloudera CDH 快速启动虚拟机"），然后使用它来执行本章的 Spark 示例。注意：在安装快速入门虚拟机之前，请确保系统满足大量的磁盘和内存要求。

17.13 （项目：Spark ML）第 15 章介绍了几种流行的机器学习算法。这些算法和许多其他算法都可以在 Spark 中通过 Spark ML 和 PySpark 库实现。在 PySpark 中研究 Spark ML，然后利用 Jupyter `pyspark-notebook` Docker 容器重新实现机器学习章节中的示例之一。

17.14 （项目：IBM 的 Apache Spark 服务）研究 IBM Watson 的 Apache Spark 服务（https://console.bluemix.net/catalog/services/apache-spark），它为 Spark 流和 Spark MLlib 提供免费的 Lite 层支持，然后使用它来实现第 15 章中的机器学习研究之一。

物联网和订阅 / 发布练习

17.15 （Watson 物联网平台）研究 Watson 物联网平台免费 Lite 层（https://console.bluemix.net/catalog/services/internet-of-things-platform）。它们提供一个实时的流演示，可以直接从智能手机接收传感器数据，可以为手机提供一个 3D 可视化界面，并显示传感器数据。当移动手机时，可视化界面会实时更新。更多信息请参见 https://developer.ibm.com/ iotplatform/2017/12/07/use-device-simulator-watson-iot-platform。

17.16 （树莓派和物联网）IOTIFY 是一种物联网模拟服务。研究 IOTIFY，然后跟随它们的 Hello IoT 教程，该教程使用了模拟的树莓派设备。

17.17 （基于 IEX、PubNub 和 Freeboard.io 的流媒体股票价格仪表盘）研究 IEX（https://iextrading.com/）和 GitHub 上的 Python 模块提供的免费股票报价 API，使我们能够在 Python 应用程序中使用它们的 API。创建一个 Python IEX 客户端，接收特定公司的报价（可以在线查找他们的股票行情符号）。研究如何向 PubNub 频道发布以及如何将报价发布到频道。使用 Freeboard.io 来创建一个仪表板，订阅创建的 PubNub 频道，并在股票价格信息到达时将其可视化。

17.18 （项目：Dweet.io 和 Dweepy）用 Dweet.io 和 Dweepy 实现一个基于文本的聊天客户端脚本。每个运行脚本的人都将指定自己的用户名。默认情况下，所有客户端都将发布和订阅相同的频道。作为一种增强功能，它使用户能够选择要使用的频道。

17.19 （项目：GitHub 上的 Freeboard）Freeboard.io 在 GitHub 上提供了一个免费的开源版本（选项较少）。找到这个版本，在系统上安装它，并使用它实现 17.8 节中展示的仪表板。

17.20 （项目：PubNub 和 Bokeh）Bokeh 可视化库使我们能够从 Python 创建可视化仪表板。此外，它还提供了动态更新可视化的流支持。研究 Bokeh 的流功能，然后将它们与 PubNub 的模拟传感器流一起使用，以创建可视化传感器数据的 Python 客户端。

17.21 （研究项目：企业家物联网）如果我们想创办一家企业，物联网为我们提供了许多机会。为企业家研究物联网机会，并为企业创造和描述一个原始想法。

17.22 （研究项目：智能手表和活动追踪器）研究可穿戴物联网设备苹果手表和 Fitbit。列出它们提供的传感器和它们能够监控的内容，以及它们提供的帮助监控健康状况的仪表盘。

17.23 （研究项目：Kafka 发布 / 订阅消息）在本章中，我们学习了流媒体和发布 / 订阅消息。Apache Kafka（https://kafka.apache.org）支持实时消息传递、流处理和存储，它通常用于转换和处理大量流数据，如网站活动和流 IoT 数据。研究 Apache Kafka 的应用以及使用它的平台。

平台练习

17.24 （项目：基于 Databricks 社区版的 Spark）Databricks[一]是一个分析平台，由最初在加州大学伯克利分校创建 Spark 的人创建。除了可以通过 Amazon AWS 和 Microsoft Azure 获得它，他们还提供了一个免费的基于云的 Databricks 社区版（https://databricks.com/product/faq/community-edition），它运行在 AWS[二]上，让我们无须在本地安装任何软件就可以了解和试验 Spark。事实上，他们使用免费的 Databricks 社区实现了他们的著作 *Spark: the Definitive Guide* 中的所有示例。

研究 Databricks 社区版的功能并在 https://databricks.com/spark/gettingstarted-with-apache-spark 学习 Apache Spark 快速入门教程。它们的笔记本格式和命令与 Jupyter 相似，但并不完全相同。接下来，使用 Databricks 社区版重新实现 17.6～17.7 节中的 Spark 示例。要将 Python 模块安装到 Databricks 集群中，请遵循 https://docs.databricks.com/user-guide/libraries.html 上的说明。像我们在本书中使用的许多数据科学函数库一样，Databricks 包括可以在学习 Spark 时使用的流行数据集：https://docs.databricks.com/user-guide/faq/databricks-datasets.html

17.25 （项目：IBM Watson 分析引擎）可以通过 IBM 的 Watson 分析引擎访问 Hadoop 生态系统中的 Hadoop、Spark 和其他工具。首先，Watson Lite 层允许每 30 天创建一个集群，并最多使用 50 个节点小时[三]，以便可以评估平台或测试 Hadoop 和 Spark 任务。IBM 还提供一个单独的 Apache Spark 服务和其他各种与大数据相关的服务。研究 Watsson 分析引擎，然后使用它来实现和运行本章的 Hadoop 和 Spark 示例。有关 IBM 服务的完整列表，请参阅它们的目录：https://console.bluemix.net/catalog/

其他练习

17.26 （研究项目：棒球中的大数据）大数据分析技术已经被一些棒球队采用，并且人们认为该技术帮助了 2004 年的红袜队和 2016 年的小熊队在长期冷门之后赢得了世界大赛。《点球成金》[四]和《大数据棒球》[五]分别记录了 2002 年奥克兰运动家队和 2013 年匹兹堡海盗的数据分析成功案例。《华尔街日报》报道说，由于使用数据分析，棒球比赛的平均时间变长了，动作变少了[六]。请阅读这两本书中的一本或两本，了解大数据分析是如何在体育运动中使用的。

17.27 （研究项目：NewSQL 数据库）研究 NewSQL 数据库 VoltDB、MemSQL、Apache Ignite 和谷歌 Spanner，并讨论它们的关键特性。

17.28 （研究项目：CRISPR 基因编辑）研究大数据如何与 CRISPR 基因编辑结合使用。研究和讨论

[一] http://databricks.com.

[二] https://databricks.com/product/faq/community-edition.

[三] https://console.bluemix.net/docs/services/AnalyticsEngine/faq.html#how-does-the-lite-plan-work-.

[四] Lewis, M., *Moneyball: The Art of Winning an Unfair Game*. W. W. Norton & Company. 2004.

[五] Sawchik, T., *Big Data Baseball: Math, Miracles, and the End of a 20-Year Losing Streak*. Flatiron Books.2016.

[六] "Baseball learns data's downside—analytics leads to longer games with less action," October 3, 2017. https://www.wsj.com/articles/the-downside-of-baseballs-data-revolutionlong-games-less-action-1507043924.

由 CRISPR 基因编辑引起的伦理和道德问题。

17.29　（研究：大数据伦理难题）假设大数据分析预测一个没有犯罪记录的人有很大的可能性犯下严重的罪行。警察应该逮捕那个人吗？调查与大数据相关的伦理问题。

17.30　（研究项目：隐私和数据完整性立法）在本章中，我们提到了美国的 HIPAA（健康保险便携性和责任法案）和欧盟的 GDPR（一般数据保护条例）。像这样的法律变得越来越普遍和严格。研究这些规律，以及它们如何影响大数据分析思维。

17.31　（研究项目：交叉引用数据库）调查并评论不同数据库间交叉引用个人事实所引起的隐私问题。

17.32　（研究项目：个人可识别信息）保护用户的个人身份信息（Personally Identifiable Information，PII）是隐私保护的一个重要方面。在大数据背景下对这一问题进行研究和评论。

17.33　（研究项目：维基百科作为大数据源）维基百科是一种流行的大数据源。调查它们提供的访问信息的能力。一定要检查 `wikipedia` Python 模块，并构建一个使用 Wikipedia 数据的应用程序。

REVIEWER COMMENTS

"For a while, I have been looking for a book in Data Science using Python that would cover the most relevant technologies. Well, my search is over. A must-have book for any practitioner of this field. The machine learning chapter is a real winner!! The dynamic visualization is fantastic." **—Ramon Mata-Toledo, Professor, James Madison University**

"IBM Watson is an exciting chapter. I enjoyed running the code and using the Watson service. The code examples put together a lot of Watson services in a really nifty example. I enjoyed the OOP chapter—doctest unit testing is nice because you can have the test in the actual docstring so things are traveling together. The line-by-line explanations of the static and dynamic visualizations of the die rolling are just great." **—Daniel Chen, Data Scientist, Lander Analytics**

"A lucid exposition of the fundamentals of Python and Data Science. Excellent section on problem decomposition. Thanks for pointing out seeding the random number generator for reproducibility. I like the use of dictionary and set comprehensions for succinct programming. "List vs. Array Performance: Introducing %timeit" is convincing on why one should use ndarrays. Good defensive programming. Great section on Pandas Series and DataFrames—one of the clearest expositions that I have seen. The section on data wrangling is excellent. Natural Language Processing is an excellent chapter! I learned a tremendous amount going through it. Great exercises." **—Shyamal Mitra, Senior Lecturer, University of Texas**

"My game programming students would appreciate these exercises." **—Pranshu Gupta, Assistant Professor, DeSales U.**

"I like the discussion of exceptions and tracebacks. I really liked the Data Mining Twitter chapter; it focused on a real data source, and brought in a lot of techniques for analysis (e.g., visualization, NLP). I like that the Python modules helped hide some of the complexity. Word clouds look cool." **—David Koop, Assistant Professor, U-Mass Dartmouth**

"I love the text! The right level for IT students. The examples are definitely a high point to this text. I love the quantity and quality of exercises. Avoiding heavy mathematics fits an IT program well." **—Dr. Irene Bruno, George Mason University**

"A great introduction to deep learning." **—Alison Sanchez, University of San Diego**

"I was very excited to see this textbook. I like its focus on data science and a general purpose language for writing useful data science programs. The data science portion distinguishes this book from most other introductory Python books." **—Dr. Harvey Siy, University of Nebraska at Omaha**

"The collection of exercises is simply amazing. I've learned a lot in this review process, discovering the exciting field of AI. I liked the Deep Learning chapter, which left me amazed with the things that have already been achieved in this field. Many of the projects are really interesting." **—José Antonio González Seco, Consultant**

"An impressive hands-on approach to programming meant for exploration and experimentation." **—Elizabeth Wickes, Lecturer, School of Information Sciences, University of Illinois at Urbana-Champaign**

"I was impressed at how easy it was to get started with NLP using Python. A meaningful overview of deep learning concepts, using Keras. I like the streaming example." **—David Koop, Assistant Professor, U-Mass Dartmouth**

"Really like the use of f-strings, instead of the older string-formatting methods. Seeing how easy TextBlob is compared to base NLTK was great. I never made word clouds with shapes before, but I can see this being a motivating example for people getting started with NLP. I'm enjoying the chapters in the latter parts of the book. They are really practical. I really enjoyed working through all the Big Data examples, especially the IoT ones." **—Daniel Chen, Data Scientist, Lander Analytics**

"A good overview of various neural networks with coding examples for classification problems for which neural networks are commonly used. The exercises in this chapter will give students insight into how changing the structure of neural networks and the amount of training/testing data affect performance. The Twitter examples covering trending topics, creating word clouds, and mapping the location of users are instructive and engaging. I like the real-world examples of data munging. Reviewing this book was enjoyable and even though I was fairly familiar with Python, I ended up learning a lot." **—Garrett Dancik, Associate Professor of Computer Science/Bioinformatics, Eastern Connecticut State University**

"I really liked the live input-output. The thing that I like most about this product is that it is a Deitel & Deitel book (I'm a big fan) that covers Python." **—Dr. Mark Pauley, University of Nebraska at Omaha**

REVIEWER COMMENTS

“Wonderful for first-time Python learners from all educational backgrounds and majors. My business analytics students had little to no coding experience when they began the course. In addition to loving the material, it was easy for them to follow along with the example exercises and by the end of the course were able to mine and analyze Twitter data using techniques learned from the book. The chapters are clearly written with detailed explanations of the example code, which makes it easy for students without a computer science background to understand. The modular structure, wide range of contemporary data science topics, and companion Jupyter notebooks make this a fantastic resource for instructors and students of a variety of Data Science, Business Analytics, and Computer Science courses. The "Self Checks" are great for students. Fabulous Big Data chapter—it covers all of the relevant programs and platforms. Great Watson chapter! This is the type of material that I look for as someone who teaches Business Analytics. The chapter provided a great overview of the Watson applications. Also, your translation examples are great for students because they provide an "instant reward"—it's very satisfying for students to implement a task and receive results so quickly. Machine Learning is a huge topic and this chapter serves as a great introduction. I loved the housing data example—very relevant for business analytics students. The chapter was visually stunning.”
—Alison Sanchez, Assistant Professor in Economics, University of San Diego

“I like the new combination of topics from computer science, data science, and stats. A compelling feature is the integration of content that is typically considered in separate courses. This is important for building data science programs that are more than just cobbling together math and computer science courses. A book like this may help facilitate expanding our offerings and using Python as a bridge for computer and data science topics. For a data science program that focuses on a single language (mostly), I think Python is probably the way to go.” **—Lance Bryant, Shippensburg University**

“The end-of-the-chapter problems are a real strength of this book (and of Deitel & Deitel books in general). I would likely use this book. The most compelling feature is that it could, theoretically, be used for both computer science and data science programs.”
—Dr. Mark Pauley, University of Nebraska at Omaha

“I agree with the authors that CS curricula should include data science—the authors do an excellent job of combining programming and data science topics into an introductory text. The material is presented in digestible sections accompanied by engaging interactive examples. This book should appeal to both computer science students interested in high-level Python programming topics and data science applications, and to data science students who have little or no prior programming experience. Nearly all concepts are accompanied by a worked-out example. A comprehensive overview of object-oriented programming in Python—the use of graphics is sure to engage the reader. A great introduction to Big Data concepts, notably Hadoop, Spark, and IoT. The examples are extremely realistic and practical.” **—Garrett Dancik, Eastern Connecticut State University**

“I can see students feeling really excited about playing with the animations. Covers some of the most modern Python syntax approaches and introduces community standards for style and documentation. The breadth of each chapter and modular design of this book ensure that instructors can select sections tailored to a variety of programming skill levels and domain knowledge. The sorting visualization program is neat. The machine learning chapter does a great job of walking people through the boilerplate code needed for ML in Python. The case studies accomplish this really well. The later examples are so visual. Many of the model evaluation tasks make for really good programming practice.”
—Elizabeth Wickes, Lecturer, School of Information Sciences, University of Illinois at Urbana-Champaign

“An engaging, highly-accessible book that will foster curiosity and motivate beginning data scientists to develop essential foundations in Python programming, statistics, data manipulation, working with APIs, data visualization, machine learning, cloud computing, and more. Great walkthrough of the Twitter APIs—sentiment analysis piece is very useful. I've taken several classes that cover natural language processing and this is the first time the tools and concepts have been explained so clearly. I appreciate the discussion of serialization with JSON and pickling and when to use one or the other—with an emphasis on using JSON over pickle—good to know there's a better, safer way! Very clear and engaging coverage of recursion, searching, sorting, and especially Big O—several "Aha' moments. The sorting animation is illustrative, useful, and fun. I look forward to seeing the textbook in use by instructors, students, and aspiring data scientists very soon.” **—Jamie Whitacre, Data Science Consultant**